计算机网络

第6版

[美] 安德鲁 · S. 特南鲍姆（Andrew S. Tanenbaum）
[美] 尼克 · 费姆斯特尔（Nick Feamster） 著
[美] 戴维 · 韦瑟罗尔（David Wetherall）
潘爱民 译
苏金树 徐明伟 审

清華大學出版社
北京

图书在版编目(CIP)数据

计算机网络:第6版/(美)安德鲁·S.特南鲍姆(Andrew S. Tanenbaum),(美)尼克·费姆斯特尔(Nick Feamster),(美)戴维·韦瑟罗尔(David Wetherall)著;潘爱民译. —2版. —北京:清华大学出版社, 2022.6

(清华计算机图书译丛)

ISBN 978-7-302-60471-6

Ⅰ.①计…　Ⅱ.①安…　②尼…　③戴…　④潘…　Ⅲ.①计算机网络-高等学校-教材　Ⅳ.①TP393

中国版本图书馆 CIP 数据核字(2022)第 051426 号

责任编辑:龙启铭　战晓雷

封面设计:刘　键

责任校对:徐俊伟

责任印制:朱雨萌

出版发行:清华大学出版社

网　　址:http://www.tup.com.cn, http://www.wqbook.com

地　　址:北京清华大学学研大厦 A 座　　**邮　　编**:100084

社 总 机:010-83470000　　**邮　　购**:010-62786544

投稿与读者服务:010-62776969, c-service@tup.tsinghua.edu.cn

质量反馈:010-62772015, zhiliang@tup.tsinghua.edu.cn

课件下载:http://www.tup.com.cn,010-83470236

印 装 者:定州启航印刷有限公司

经　　销:全国新华书店

开　　本:185mm×260mm　　**印　张**:44　　**字　　数**:1100 千字

版　　次:2012 年 3 月第 1 版　2022 年 6 月第 2 版　　**印　　次**:2022 年 6 月第 1 次印刷

定　　价:138.00 元

产品编号:086647-01

序　一

本书作者 Andrew S. Tanenbaum 是世界著名的计算机科学教育家，获得了美国麻省理工学院的理学学士学位和加利福尼亚大学伯克利分校的哲学博士学位。Tanenbaum 目前是荷兰阿姆斯特丹 Vrije 大学的计算机科学系荣誉教授，他曾经在该大学的计算机科学系讲授操作系统、计算机网络以及相关课程 40 多年。Tanenbaum 是 ACM 会士和 IEEE 会士，也是荷兰皇家艺术和科学学院院士，获得过 1994 年度 ACM Karl V. Karlstrom 杰出教育家奖，入选了《世界名人录》。Tanenbaum 还获得过 ACM、IEEE 和 USENIX 的许多科学奖项。

本书是世界上最著名的计算机网络教科书，被国内外众多高校用作"计算机网络"课程的首选教材。从 1980 年的第一个版本开始，本书已经到了现在的第 6 版。计算机网络五十多年的发展历史，沉淀了大量的技术，有的技术已经完成了历史使命，有的还在蓬勃发展中。本书成功的地方在于，按照每个时期计算机网络技术的发展，将最核心的技术按照层次结构中自下而上的顺序进行讲解。与前面的版本相比，第 6 版在保持篇幅不增加的情况下，将最近 10 年间的技术更新纳入进来，既保持了作者对计算机网络的讲述体系，又体现了计算机网络的最新发展全貌。

从教材内容的安排上，本书第 6 版仍然按照计算机网络的分层模型系统展开，在给出了计算机网络的基本概念后，从物理层开始，然后是数据链路层、介质访问控制子层、网络层、传输层、应用层，最后介绍了网络安全。但本书的每一章都进行了许多修订，每一章的内容都融进了最近几年的新技术和未来的发展趋势，以便跟上计算机网络日益变化的情况。比如，第 8 章进行了全面修订，这一章的关注点已经从密码学转向了网络安全，关于勒索病毒、DDoS 攻击等话题占据了章节中的重要位置，所以作者重写了这一章来详细讲解这些重要的内容，使读者对网络安全有一个全面的认识。

我在清华大学从事"计算机网络"课程的教学工作三十多年了，一直把本书作为主要的教学参考书，深深体会到本书新颖实用的内容，通俗清晰的描述，流畅简捷的语言和由浅入深的引导。近年来，随着本书的中文翻译版在中国大陆地区的出版发行，广大教师和学生更能体会本书的风采了。

本书虽然主要是高校计算机相关专业的本科教科书，但适用的读者对象还是很广泛的。对于想学习和了解计算机网络的专科生、本科生及研究生，本书可以作为他们的一本理想教材和教学参考书；对于那些从事网络工程、网络技术服务及使用网络的工程技术人员、用户，本书也是一本很好的基础性参考读物。

我愿意把本书介绍给我国的广大读者。

吴建平

中国工程院院士，清华大学教授

于北京清华园

2022 年 5 月

序　二

自 1969 年互联网的前身 ARPANET 诞生以来，互联网技术给世界带来了翻天覆地的变化，网络成为全世界工作、生活、娱乐的重要手段，成为世界经济发展的重要引擎。据统计，全球有大约 58%的人成为了互联网用户。

在过去的 50 多年来，网络技术也逐渐成为一个内容丰富的技术体系、一个极富活力的技术生态，主要表现在 3 方面：

一是网络基础设施的协议方面。网络的传输速率从最初的 kb/s 级提升到 Mb/s 级、100Mb/s、1Gb/s、2.5Gb/s、10Gb/s、40Gb/s、100Gb/s，再到 400Gb/s，且多种联网技术手段并存。同时，也有部分技术淡出，例如 FDDI、ATM、帧中继等技术基本成为历史。到 2022 年 4 月，关于互联网基础协议的 RFC 已经超过 9000 个，互联网 BGP 路由的 AS 超过 7 万个，运营商和企业用户的路由器超过一亿台。

二是互联网的数据中心方面。2021 年，全球有 326 个超大数据中心，数据中心数据传输速率达到 1.7ZB/月，也就是 52.47Pb/s，全球数据中心速率为 100Gb/s 的链路达到 524 691 条，平均每个数据中心约有 830 个 100Gb/s 出口。

三是互联网的计算能力方面。互联网的计算能力以超乎想象的速度发展。以全球 TOP 500 超级计算机的计算能力为例，无论是排在第一名的超级计算机的单机计算能力，还是 TOP 500 超级计算机的总计算能力，都几乎按照 10 倍率直线上升。1993 年，TOP 500 超级计算机的总计算能力不到 1TFLOPS；2021 年，TOP 500 超级计算机的总计算能力增长到数 EFLOPS。

上述 3 方面，也就是网络协议、数据中心、计算能力，作为互联网的核心要素，相互推动，相互激励，使得互联网日益成为一个复杂的巨型系统，因而需要有一本深入浅出地解释网络技术的教科书。

近年来，我国提出新基建、“东数西算”等战略措施，国际上元宇宙热潮已成为新热点。本人认为，元宇宙是网络空间(cyberspace)的再一次延伸和拓展，为网络空间增加了新内涵，注入了新的发展动力。从网络技术看，AR/VR 技术成为连接虚拟世界与现实世界的新桥梁、新界面，既有现实世界在虚拟世界的数字孪生，也有现实环境与虚拟环境的相互融合，还有虚拟世界与现实世界的叠加，因而给网络技术带来了新挑战。例如，在全息会议中，每个参会人都需要 1Tb/s 的传输能力。

再向前看，我们生活的现实世界是四维世界，也就是经度、纬度、海拔和时间。我们可以将从现实世界到虚实交融世界的连续变化称为第五维。现实世界是这个维度的零点，没有虚拟的内容；现实世界与虚拟世界的完全融合是无限远处。数字孪生、元宇宙等将大大提高虚拟成分，最终达到现实世界与虚拟世界的完全融合。要实现这种融合，需要网络具备几乎无上限的实时能力和带宽能力，网络技术也将迎来新的机遇和挑战。

因此，需要更多的人关注网络技术，学习网络技术，涌现更多的网络技术人才。

教科书是知识传递、人才培养的重要基础。安德鲁·S.特南鲍姆教授于 1980 年出版了本书的第1版。该书至今已经修订了5次,在国际上畅销了40多年,成为网络领域名副其实的经典教科书。最新的第6版在略为压缩篇幅的基础上,有3个突出的特点:一是补充了近10年的相关新内容;二是内容更加聚焦计算机网络自身,删减了部分应用方面的内容;三是重新编写了与安全相关的内容。

本书译者潘爱民老师已经离开高校,但受清华大学出版社龙启铭编辑的邀请,依然在百忙中抽出时间,经过一年多的努力,高质量地完成了翻译工作。作为网络从业者,我非常钦佩和赞赏潘爱民老师的辛勤付出。

苏金树

CCF 互联网专业委员会主任委员,国防科技大学教授

2022年5月

译 者 序

计算机网络已经无处不在，并且深刻地影响了我们的生活。在过去的 20 多年间，我们感受到了计算机网络带来的威力，它已经成为物理基础设施和数字基础设施最重要的组成部分。在 20 世纪 90 年代后期，我们通过 PC 可以方便地连接到 Internet，利用电子邮件跟其他地方的人进行通信，通过门户网站可以了解时事新闻，通过搜索引擎可以找到各种信息，通过论坛参与各种社会组织或者专业组织。进入 2000 年以后，计算机网络更加全方位地进入到我们的生活和工作中，从办公自动化，到无纸化办公，再到随时随地移动办公；从网络游戏，到手机游戏，再到虚拟现实和增强现实；从文本通信，到多媒体通信，再到无处不在的音视频分享；从网上购物，到网上银行，再到各种生活服务；从企业信息化，到智能制造，再到产业数字化……所有这些进步，背后都由于计算机网络的不断发展。

这是一本承载着计算机网络发展历史的教科书，如果要在所有关于计算机网络的书中选一本最有代表性、最有学科意义的书，那必定非本书莫属了。从 1980 年第一个版本开始，本书已经到了现在的第 6 版。计算机网络 40 多年的发展历史沉淀了大量的技术，有的技术已经完成了历史使命，而有的技术还在蓬勃发展当中。本书成功的地方在于，按照每个时期的计算机网络技术发展，将最核心的技术按照层次结构中自下而上的顺序进行讲解。与前面的版本相比，第 6 版在保持篇幅不增加的情况下，将最近 10 年间的技术更新融合进来，既保持了作者对计算机网络的讲解体系，又体现了计算机网络的发展全貌。

本书共有 9 章，秉承了作者一贯的讲解体系，既有宏观的引领，也有详细的主题描述，适合系统性的学习和阅读。

第 1 章可以说是最精彩的一章，作者在这一章中高屋建瓴地介绍了计算机网络的应用、类型、实例、协议、模型、标准化，以及政策、法律和社会问题。当你读完了整本书以后再回头重读这一章时，你一定会发现自己的理解和认识提高了很多。我相信，对于这一章，每多读一遍就会有新的收获。其中网络实例这一节（1.4 节）尤其值得一读，读者可以了解 Internet 的历史和移动网络的发展。

第 2～7 章分别介绍了物理层、数据链路层、介质访问控制子层、网络层、传输层和应用层。每一章都介绍了最经典的理论和最新的研究成果。作者善于将复杂的理论或原理用易于理解的方式表达出来。对于每个主题中的最新研究成果，作者在合适的章节中，用简洁的语言讲述基本的思想，并提供参考文献以供进一步阅读和研究。此外，在每一章适当的地方，也会针对特定的技术提供一些有关政策、法律和社会问题方面的讨论。

第 8 章讲述了关于网络安全的内容。安全性是计算机网络的一个重要话题，而且由于安全性涉及网络的每一层，所以作者将这一章放在后面。这一章涵盖了网络安全基本原则、网络攻防技术、密码学、认证协议、通信安全、电子邮件安全和 Web 安全等内容。这些内容足以让读者对网络与信息安全有全面的认识，其中最后一节关于社会问题的介绍非常有意思，值得认真一读。

第 9 章给出的阅读清单和参考文献对于科研人员来说是一份丰厚大礼，这使得本书也像一部计算机网络的百科全书。可以这样说,当你想要了解计算机网络领域中某一个主题时,借助于本书中有关章节的论述以及第 9 章给出的阅读清单和参考文献,你一定能快速地进入相应的领域,并且找到最为重要的参考资料。

本书适合作为教材,既可用于课堂讲授,也适合自学使用。对于计算机类专业的本科生和研究生,这是一本理想的教科书或参考书,每一章后面给出的大量习题可以帮助学生巩固和复习所学知识。同时,对于计算机网络研究人员和从事网络工程的技术人员来说,本书也不失为一本很好的参考用书。

18 年前我翻译了本书的第 4 版,从此与这本书结缘。2020 年夏天,龙启铭编辑找到我,希望我继续翻译本书的新版本。由于这几年我经营着一家公司,日常工作繁忙,能抽出的时间没有那么多。但出于对本书的喜爱和感情,也很想再重新学习一遍计算机网络,所以我最终还是接手了本书的翻译工作。经过一年多的日夜努力,终于完成了全书的翻译。其中第 8 章,我请张戈翻译了初稿,最后由我定稿。由于计算机网络覆盖的学科范围太广,有些领域我并不熟悉,因而翻译错误在所难免,请读者指正。

潘爱民

2022 年 1 月于杭州

作译者介绍

【Andrew S.Tanenbaum】

Andrew S.Tanenbaum 获得了美国麻省理工学院的理学学士学位和加利福尼亚大学伯克利分校的哲学博士学位。他目前是荷兰阿姆斯特丹 Vrije 大学计算机科学系的荣誉教授,他曾经在该大学的计算机科学系讲授操作系统、计算机网络以及相关课程 40 多年。他主要研究高可靠的操作系统,不过,在过去很多年他也致力于编译器、分布式系统、安全性以及其他一些课题的研究工作。在这些研究项目上他已经产出了 200 多篇期刊论文和会议论文。

Tanenbaum 教授也编写(或合著)了 5 部图书,现在已出版的共有 24 个版本。这些书已经被翻译成 21 种语言,包括汉语、法语、德语、日语、韩语、罗马尼亚语、塞尔维亚语、西班牙语以及泰国语等,被全世界各地的大学采用。

他也是 MINIX 的开发者,这是 UNIX 的一个复制品,最初主要用于学生的编程实验。这个操作系统也直接激发了 Linux 的产生,Linux 最初就是以 MINIX 为平台开发的。

Tanenbaum 是 ACM 会士和 IEEE 资深会士,也是荷兰皇家艺术和科学学院院士。他获得过 ACM、IEEE 和 USENIX 的许多科学奖项,详细请参见他的 Wiki 页面。他也有两个荣誉博士学位。他的个人主页是 www.cs.vu.nl/～ast。

【Nick Feamster】

Nick Feamster 是美国芝加哥大学计算机科学教授以及数据与计算中心(CDAC)主任。他的研究聚焦在计算机网络和网络系统的许多方面,其中包括网络运营、网络安全、Internet 审查以及机器学习在计算机网络中的应用。

他于 2005 年获得了美国麻省理工学院的计算机科学博士学位,此前分别于 2000 年和 2001 年获得了麻省理工学院的电子工程学士学位和计算机科学硕士学位。他是 LookSmart 公司的早期员工(LookSmart 后来成为 AltaVista 的目录服务),并编写了该公司的第一个 Web 爬虫程序。在 Damballa 公司,他帮助设计了该公司的第一个僵尸网络检测算法。

Feamster 教授是 ACM 会士。由于将数据驱动的方法应用于网络安全方向这一贡献,他获得了美国青年科学家与工程师总统奖(Presidential Early Career Award for Scientists and Engineers,PECASE)。他早期在路由控制平台(Routing Control Platform)上的工作,由于对软件定义网络的影响而获得了 USENIX Test of Time 奖。他创建了第一个关于此主题的在线课程。他也是佐治亚理工学院的在线计算机科学硕士程序的创始导师。

Feamster 是一个狂热的长跑爱好者,已经完成了 20 场马拉松赛,包括美国波士顿、纽约和芝加哥的马拉松赛。

【David J. Wetherall】

David J. Wetherall 目前在 Google 公司任职。他以前是华盛顿大学西雅图分校计算机科学与工程系副教授,也是 Intel 公司在西雅图的实验室的顾问。他出生于澳大利亚,获得了西澳大利亚大学的工程学士学位以及美国麻省理工学院计算机科学博士学位。

Wetherall 博士在过去 20 年一直从事网络领域的工作。他专注于网络系统,尤其是无线网络和移动计算、Internet 协议的设计和网络测量的研究。

他获得了 ACM SIGCOMM Test-of-Time 奖,以表彰他在活动网络(一个可快速引入新的网络服务的体系架构)方向的开拓性工作。他获得了 IEEE William Bennett 奖,以奖励他在 Internet 映射领域取得的突破性进展。2002 年,他的研究获得了 NSF CAREER 奖的认可,并且于 2004 年成为斯隆基金会会士。

Wetherall 博士积极参与网络研究社群。他是 SIGCOMM、NSDI、MobiSys 的程序委员会联合主席以及 ACM HotNets 研讨会的联合发起人。他已经服务了许多网络会议的程序委员会,并且是 *ACM Computer Communication Review* 的编辑。

【潘爱民】

潘爱民,现为杭州指令集智能科技有限公司董事长,之江实验室智能计算高级研究专家。他获得了北京大学计算机科学博士学位、清华大学自动化系硕士学位以及南开大学数学系学士学位。潘爱民长期从事软件和系统技术的研究与开发工作,撰写了大量软件技术文章,著译了多部经典计算机图书(包括 2004 年出版的本书第 4 版中译本)。

潘爱民曾经任教于北京大学和清华大学(兼职),后进入企业界,先后任职于微软亚洲研究院、盛大网络公司和阿里巴巴公司,2018 年 9 月,他创立杭州指令集智能科技有限公司,专门从事物联网操作系统的研发与商业化,将人工智能、大数据和物联网技术应用于城市建筑物和智能制造等各种物联网场景。

潘爱民曾经是北京大学王选研究所信息安全实验室主任、微软亚洲研究院研究员、盛大创新研究院专家顾问、阿里巴巴 YunOS 首席架构师、阿里巴巴集团安全部总架构师、阿里巴巴业务平台首席架构师,目前也担任多所大学的兼职或客座教授。

前　　言

本书现在已经更新到第 6 版了。它的每个版本都对应了在不同的阶段计算机网络是如何使用的。当第 1 版在 1980 年问世时，网络还只是学术上的一种好奇心的体现。但到 1988 年出版第 2 版时，网络已经被用于大学和大型商业机构。当第 3 版于 1996 年出版时，计算机网络，尤其是 Internet 已成为千百万人日常生活中的一部分。到 2003 年出版第 4 版时，人们利用无线网络和移动计算机访问 Web 和 Internet 早就司空见惯。而到第 5 版时，网络被用于内容分发（尤其是通过 CDN 和对等网络分发视频）和移动设备。现在，正值第 6 版出版之际，行业的重心是非常高性能的网络，包括 5G 蜂窝网络、100Gb/s 以太网，以及即将到来的速度可达 11Gb/s 的 IEEE 802.11ax WiFi。

第 6 版新增内容

在本书的诸多变化之中，最重要的一点是 Nick Feamster 教授加入进来，成为本书的联合作者。Feamster 教授拥有麻省理工学院的博士学位，现在是芝加哥大学的终身教授。

另一个重要的变化是，第 8 章（关于安全）已经由阿姆斯特丹自由大学（Vrije University）的 Herbert Bos 教授进行了全面修订。这一章的关注点已经从密码学转向了网络安全。关于破解、DoS 攻击等话题占据了每天新闻中的重要位置，所以我们也非常高兴，Bos 教授已经重写了这一章来详细讲解这些重要的内容。这一章讨论了漏洞、如何修复漏洞、攻击者如何应对这些修复、防御者又如何反应等无止境的攻防对抗。这一章对密码学的内容做了压缩，以便为大量的网络安全新内容腾出空间。

当然，书中还有许多其他的变化，以便跟上计算机网络日益变化的世界。每一章中主要的变化如下面所述。

第 1 章是概述，其主旨与以前的版本相同，但内容已被修订，并更新到计算机网络的最新发展。特别值得一提的更新是加入了关于物联网（Internet of Things）和现代蜂窝体系架构（包括 4G 和 5G 网络）的讨论。关于 Internet 政策的很多讨论也已经更新了，特别是关于网络中立性的讨论。

第 2 章的更新包括在接入网络中更为流行的物理介质的讨论，比如 DOCSIS 和光纤架构。这一章还加入了关于现代蜂窝网络的架构和技术，关于卫星网络的内容也整体更新了。诸如虚拟化这样的新兴技术也加进来了，还包括了关于移动虚拟网络运营商和蜂窝网络切片的讨论。关于政策的讨论进行了重组和更新，加入了关于无线圆形场所的策略问题（比如频谱）的讨论。

第 3 章的更新包括将 DOCSIS 作为一个协议例子，因为它是一项广泛使用的接入技术。当然，关于纠错编码的很多内容仍然不会过时。

在第 4 章也与时俱进，加入了关于 40Gb/s 和 100Gb/s 以太网、IEEE 802.11ac、IEEE 802.11ad 和 IEEE 802.11ax 的新内容。关于 DOCSIS 的新内容也引入进来，解释了线缆网络中的 MAC 子层。关于 IEEE 802.16 的内容已经删除了，因为看起来这项技术将败给蜂窝4G和5G技术。关于RFID的内容也被删除了,以便为新增的内容腾出空间,而且也因为它不是与网络直接相关的话题。

第5章的更新更加清晰地阐明了关于拥塞管理的讨论,使得这些内容更加符合现代网络的发展。关于流量管理的内容也更新了,变得更加清晰易懂;关于流量整形和流量工程的讨论也更新了。这一章包含了介绍软件定义网络(SDN)的全新内容,包括OpenFlow和可编程硬件(如Tofino)。这一章还包含了有关SDN新出现的一些应用的讨论,比如带内网络遥测。有些关于IPv6的讨论也更新了。

第6章被大幅度修订了,包含了新的关于现代传输协议的内容,包括TCP CUBIC、QUIC和BBR。关于性能测量的内容完全重写了,现在聚焦在计算机网络吞吐量的测量方面,其中有大量讨论集中于以下问题:随着接入ISP的速度增加,在测量接入网络吞吐量方面面临的挑战。这一章也包含了新的关于测量用户体验的内容,这是性能测量方向的一个新兴领域。

第7章也被大幅度修订了。删除了超过60页的内容,因为它们与计算机网络主题关系不大。关于DNS的内容几乎完全重写,以反映出DNS方向的最新发展,其最新的趋势是,加密DNS以及普遍意义上增强DNS的隐私特性。这一章也讨论了一些新出现的协议,比如基于HTTPS的DNS,以及DNS的其他隐私保护技术。关于Web的讨论也全面更新了,以反映出Web上日益增长的加密部署,以及充斥在Web上的大量隐私问题(如痕迹跟踪)。这一章包含了关于Web隐私的全新一节、关于现代内容分发技术(如内容分发网络)的大量讨论,以及关于对等网络的扩展讨论。关于Internet的演进也被改写了,以反映出向分布式云服务的发展趋势。

第8章的内容被全面修订了。在以前的版本中,这一章几乎全部聚焦在通过密码学的手段实现信息安全。然而,密码学只是网络安全的一个方面,对于实践中发生的各种安全事故,通常情况下密码学并不是真正的问题所在。为此,这一章增加了新的内容,涉及安全原则、基础的攻击技术、防御技术以及各种与系统相关的安全性话题。而且,我们对原有的章节进行了更新,去掉了一些已经过时的加密技术,引入了新版本的协议和标准。

第9章包含一个更新过的阅读清单,以及一个全面的参考文献。

此外,本书还增加了很多新的习题和新的参考资料。

缩略词列表

计算机图书往往充满了各种缩略词,本书也不例外。当你阅读完本书的时候,下面这些词你应该都会想得起来:AES、AMI、ARP、ARQ、ASK、BGP、BSC、CCK、CDM、CDN、CRL、DCF、DES、DIS、DMT、DMZ、DNS、EAP、ECN、EDE、EPC、FDD、FDM、FEC、FSK、GEO、GSM、HFC、HLR、HLS、HSS、IAB、IDS、IGP、IKE、IPS、ISM、ISO、ISP、ITU、IXC、IXP、KDC、LAN、LCP、LEC、LEO、LER、LLD、LSR、LTE、MAN、MEO、MFJ、MGW、MIC、MME、MPD、MSC、MSS、MTU、NAP、NAT、NAV、NCP、NFC、NIC、NID、NRZ、ONF、OSI、PAR、PCF、PCM、PCS、PGP、PHP、PIM、PKI、PON、POP、PPP、PSK、RAS、RCP、RED、RIP、RMT、RNC、RPC、RPR、RTO、RTP、SCO、SDH、SDN、SIP、SLA、SNR、SPE、SSL、TCG、TCM、TCP、TDM、TLS、TPM、UDP、URL、USB、UTP、UWB、VLR、VPN、

W3C、WAF、WAN、WDM、WEP、WFQ 和 WPA。

但不用担心，这里的每一个词都会以蓝色字的形式出现，并且在使用前都会先有定义。你可以做一个有趣的测验：在阅读本书以前看一看你能认识多少个缩略词，并将这个数目写在页边上；在阅读完本书以后再测试一下。

教师资料

需要本书配套的 PPT 讲义、习题解答的教师，请与 381844463@qq.com 联系。

学生资料

配套的 Web 站点 www.pearsonhighered.com/tanenbaum 也包含了可公开访问的提供给学生的资料，包括：

- 书中的插图和程序。
- 信息隐藏演示案例。
- 协议模拟器。

此外，作者的 Web 站点 www.computernetworksbook.com 包含了其他一些提供给学生的资料。

致谢

在第 6 版的写作过程中，有许多人为我们提供了帮助。我们特别感谢 Phyllis Davis(St. Louis Community College)、Farah Kandah(University of Tennessee，Chattanooga)、Jason Livingood(Comcast)、Louise Moser(University of California，Santa Barbara)、Jennifer Rexford (Princeton)、Paul Schmitt(Princeton)、Doug Sicker(CMU)、Wenye Wang(North Carolina State University)和 Greg White(Cable Labs)。

Tanenbaum 教授的一些学生对于本书的草稿提出了极有价值的反馈意见，感谢他们的建议和反馈，他们是 Ece Doganer、Yael Goede、Bruno Hoevelaken、Elena Ibi、Oskar Klonowski、Johanna Sänger、Theresa Schantz、Karlis Svilans、Mascha van der Marel 和 Anthony Wilkes。

Jesse Donkervliet(Vrije Universiteit)提供了许多新的章末习题，用于考查读者的学习和掌握情况。

Paul Nagin(Chimborazo Publishing，Inc.)提供了供教师使用的英文 PPT 讲义。

Pearson 出版社的编辑 Tracy Johnson 一如既往地以多种方式确保了本书的顺利出版。若没有她的指导、推动和坚持，第 6 版可能永远完成不了。谢谢你，Tracy，我们真心感激你的帮助。

最后，我们要感谢那些最重要的人。Suzanne 已经有了 23 次经历并且现在仍然是那么有耐心和关爱。Barbara 和 Marvin 现在知道了好的教科书和不好教科书之间的差异，并且总是鼓励我写出好的教科书。Daniel 和 Matilde 加入到我们的家庭中，太棒了。Aron、Nathan、Olivia 和 Mirte 可能不会阅读这本书，但他们鼓舞了我，使我对未来充满了希望(Andrew S. Tanenbaum)。Marshini、Mila 和 Kira：我最喜欢的网络是我们一起建立的那个网络。谢谢你们的支持和关爱(Nick Feamster)。Katrin 和 Lucy 提供了无尽的支持,总是设法让我面带微笑。谢谢你们(David J.Wetherall)。

Andrew S. Tanenbaum
Nick Feamster
David J.Wetherall

目　　录

第1章 引　　言

在过去的3个世纪中，每个世纪都有一种占主导地位的新技术。18世纪伴随着工业革命到来的是伟大的机械系统时代；19世纪是蒸汽机时代；在20世纪的发展历程中，关键的技术是信息收集、处理和分发。同时我们还看到其他方面的发展，遍布全球的电话网络建设，无线电广播和电视的发明，计算机工业的诞生及其超乎想象的成长，通信卫星发射上天，当然还有Internet。谁会知道21世纪又将带来哪些奇迹呢？

技术快速发展的一个结果是，这些领域在21世纪正在迅速地融合，信息收集、传输、存储和处理之间的差别正在快速消失。对于具有数百个办公室的大型组织来说，尽管这些办公室分布在广阔的地理区域，但工作人员有望通过一个按钮就能查看到最远分部的当前状态。随着信息收集、处理和分发能力的不断提高，人们对于更加复杂的信息处理技术的需求增长得更快。

1.1 使用计算机网络

与其他工业（比如汽车业和航空运输业）相比，计算机工业还非常年轻。尽管如此，计算机却在很短的时间内有了惊人的发展。在计算机诞生之初的20年间，计算机系统是高度中心化的，通常被放置于一个单独的房间中。一般来说，这个房间配有透明玻璃墙，供参观的人围观房间里这个伟大的电子奇迹。中等规模的公司或者大学可能会有一台或两台计算机，即使大型的研究机构也最多只有几十台计算机。要在50年内有大量功能更强但体积比邮票还小的计算机能成规模地、数十亿台地生产出来，在当时的人们看来纯属科学幻想。

计算机和通信的结合对计算机系统的组织方式产生了深远的影响。过去那种用户必须带着任务到一个放置了大型计算机的房间里，再进行数据处理的“计算机中心”概念，虽然曾经主宰过计算模式，但现在已经完全过时（尽管具有数千台Internet服务器的数据中心当前很普遍）。这种由一台计算机服务于整个组织内所有计算需求的老式模型已经被新的模型所取代——大量相互独立但彼此连接的计算机共同完成计算任务。这些系统称为**计算机网络**（computer network）。如何设计并组织这些网络就是本书的主题。

纵贯全书，我们将使用术语“计算机网络”表示一组相互连接的、自治的计算设备的集合。如果两台计算机能够交换信息，则称这两台计算机是**相互连接的**（interconnected）。这种连接可以通过各种传输介质进行，包括铜线、光缆和无线电波（比如微波、红外线和通信卫星）。通过本书读者将会看到，网络可以有不同的大小、形状和形式。这些网络通常连接在一起，构成更大的网络，**Internet**就是最著名的网络的网络的典型例子。

1.1.1　信息访问

对信息的访问有许多种形式。通过 Internet 访问信息最常用的方法是使用 Web 浏览器,通过这种方式用户可以从各种各样的 Web 站点获得信息,包括日益流行的社交媒体站点。智能手机上的移动应用现在也可以让用户访问远程的信息。涉及的话题包括艺术、商业、厨艺、政府、健康、历史、兴趣爱好、娱乐、科学、运动、旅游等。其中的乐趣无穷无尽,有一些可以准确地描述,也有一些难以言表。

新闻组织大部分已经迁移到线上了,有些甚至完全停止了印刷生产。对包括新闻在内的信息的访问,正趋向于越来越个性化。有些在线出版物甚至允许你告诉他们,你对腐败官员、大火、名人丑闻和流行病感兴趣,但不喜欢足球。这种趋势肯定会影响到 12 岁报童们的就业,但在线分发方式使得新闻的分发可以到达更大量、更广泛的人群。

新闻越来越被社交媒体平台所控制,用户在这些平台上可以张贴新闻内容,也可以分享从各种途径获得的内容。而且,在这些平台上,任何特定的用户看到的新闻都可以根据显性的用户偏好和复杂的机器学习算法设置优先级和个性化服务,这些机器学习算法可以根据用户的历史信息预测用户的偏好。社交媒体平台上的在线出版和内容管理支持一种投资模型,它在很大程度上依赖于高度定向的广告活动,其背后必然隐含了对每个用户行为数据的收集。这些信息有时候会被滥用。

在线数字图书馆和零售站点现在拥有从学术杂志到图书等各种内容的数字版本。许多专业机构,比如 ACM(www.acm.org)和 IEEE Computer Socity(www.computer.org),已经将它们所有的杂志和会议论文集线上化了。电子书阅读器和在线图书馆可能某一天会淘汰印刷图书。怀疑论者应该想一想,印刷机是如何淘汰中世纪手抄本的。

Internet 上更多的信息是通过客户-服务器模型(client-server model)访问的。在这个模型中,客户显式地向拥有特定信息的服务器发出请求,如图 1-1 所示。

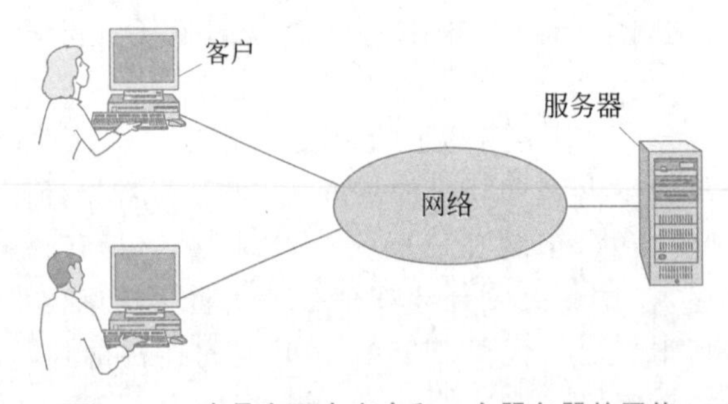

图 1-1　一个具有两个客户和一台服务器的网络

这样的客户-服务器模型是一种广泛采用的模型,构成了许多网络应用的基础。最受欢迎的实现是 Web 应用,在这种应用中,服务器在接收到可能要更新数据库的客户请求时,它会根据数据库生成 Web 页面。当客户和服务器位于同一座建筑物内(并且属于同一个公司)时,可以采用这种模型;当客户和服务器在地理位置上相隔很远时,这种模型也能适用。比如,一个人在家里也可以使用这种模型访问 WWW 页面,此时的远程 Web 服务器是这种模型中的服务器,用户的个人计算机是这种模型中的客户。在大多数情况下,一台服务器可以同时处理大量(成百上千个)客户的请求。

如果我们更仔细地考察客户-服务器模型,大致上可以看到该模型涉及两个进程(即运行着的程序),一个位于客户上,另一个位于服务器上。双方的通信形式是这样的:客户进程通过网络将一条请求消息发送给服务器进程,然后客户进程等待应答消息;当服务器进程获得了该请求消息后,它就执行客户请求的工作,或者查询客户请求的数据,然后发回一条应答消息。图1-2显示了这些消息。

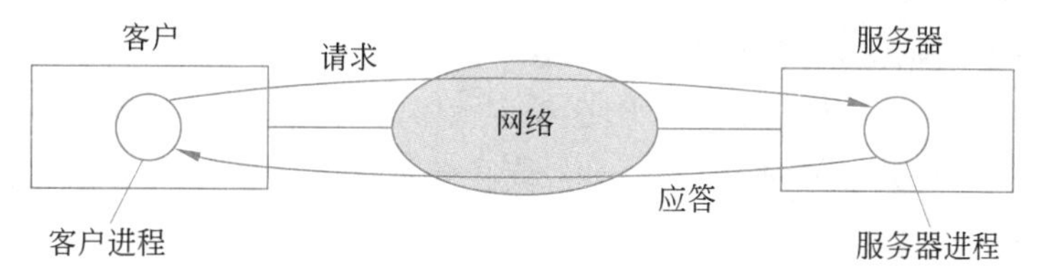

图1-2　客户-服务器模型的请求和应答消息

另一种流行的访问信息的模型是对等通信(peer-to-peer communication)(Parameswaran et al, 2001)。在这种模型中,多个个体构成一个松散的群组,每个个体可以与群组内的其他个体进行通信,如图1-3所示。原则上,每个人可以与其他一个或多个人进行通信。这种模型中没有固定的客户和服务器。

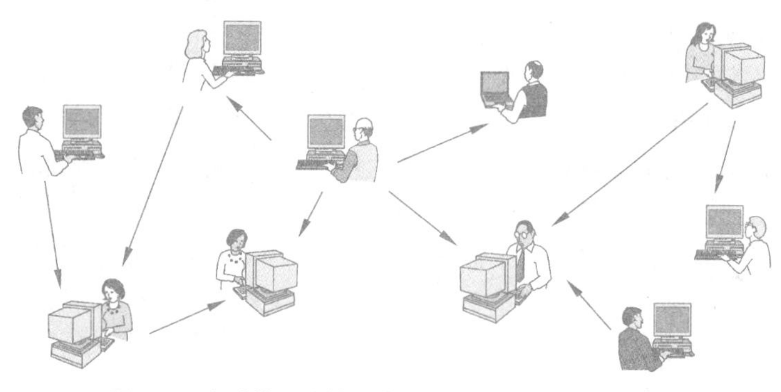

图1-3　在对等通信模型中没有固定的客户和服务器

许多对等系统,比如BitTorrent(Cohen, 2003),并没有中心化的内容数据库;相反,每个用户维护了一份本地的内容数据库以及该对等系统内其他成员的列表。于是,每个新用户可以访问任何一个已有的成员,看看他有什么,并获得其他成员的名称,以便查找更多的内容和更多的成员名称。这个查找过程可以无限地重复,从而建立一个庞大的本地数据库,它包含该系统中的内容。这样的行为对于人来说是非常单调乏味的,但对于计算机来说正是其擅长的。

对等通信模型通常用于共享音乐和视频。它真正引起人们关注的是在2000年,一个称为Napster的音乐共享服务在经历了一次有历史纪念意义的版权侵犯案件以后被法院勒令关闭了(Lam和Tan, 2001;Macedonia, 2000)。对等通信的合法应用现在仍然存在,这包括乐迷们分享公有版权的音乐、家庭成员之间共享照片和视频以及用户下载公共软件包等。事实上,最流行的Internet应用之一——电子邮件,在概念上也属于对等通信模型。这种形式的通信可能在未来还会有相当大的增长。

1.1.2 人-人通信

21世纪的人-人通信等同于19世纪的电话。电子邮件已经成为全世界数十亿人的日常工作和生活的基础,而且它的使用还在快速增长。电子邮件通常包含音频、视频以及文本和图片。电子邮件什么时候能包含气味?可能还要再等等。

许多Internet用户现在通过某种即时通信(instant messaging)的形式应答Internet上的其他用户。这种通信形式演变自1970年以来一直在使用的UNIX talk程序,它允许两个人相互实时地各自输入消息。除此以外,还有多人参与的消息服务,比如**Twitter**服务,人们可以向自己的朋友圈、其他关注者(follower)或者全世界发送简短的消息(可能包含视频),这种消息称为推文(tweet)。

Internet还可以应用于传送音频(比如,Internet广播电台、流式音乐服务)和视频(比如Netflix、YouTube)。除了作为一种与远方的朋友进行通信的廉价方式以外,这些应用程序还可以提供丰富的上网体验,比如远程学习(telelearning),这意味着再也不用早早起床再赶到教室上8:00开始的课了。从长远的观点来看,或许可以证明,网络的使用对于提高人类之间的沟通效率比任何其他形式都更为重要,它对于那些不得不面对地理障碍的人们将变得尤为重要,因为网络使得他们能访问原本生活在大城市中的人们才能享受的服务。

人-人通信和访问信息都属于社交网络应用。在这些应用中,信息的流动被人们彼此声明的关系所驱动。**Facebook**是最流行的社交网站之一,它允许人们创建和更新自己的个人档案,并与那些和自己结为朋友的其他人共享这种更新。其他的社交网络应用可以通过朋友的朋友的介绍,把新闻消息发送给朋友,比如前面所述的Twitter等。

甚至更松散的一群人也可以一起工作来创建内容。比如,**Wiki**是一个协作型Web网站,由一个社团的成员进行编辑。最著名的Wiki是维基百科(Wikipedia),这是一部任何人都可以阅读和编辑的在线百科全书,除此之外还有数以千计的其他Wiki。

1.1.3 电子商务

在线购物早已流行,用户可以浏览上千家公司的在线目录,并且让产品发货到他们家门口。顾客以电子方式购买了一件商品,如果不清楚如何使用该商品,还可以获得在线技术支持。

电子商务中得到广泛应用的另一个领域是金融机构服务。许多人通过电子方式支付账单、管理银行的账户,甚至处理他们的投资业务。金融技术或者fintech应用使得用户可以在线方式处理各种各样的金融交易,包括在银行账户之间转账,甚至在朋友之间转账。

二手货物的在线拍卖已经变成了一个庞大的行业。与基于客户-服务器模型的传统电子商务不同,在线拍卖是对等模型,消费者既可以是买方也可以是卖方,只不过有一个中心服务器存放了供拍卖产品的数据库。

由于to与2在英文中有同样的发音,所以,某些形式的电子商务有了一些可爱的小标签,其中最流行的一些如图1-4所列。

标记	全称	例子
B2C	企业对消费者	在线购书
B2B	企业对企业	汽车制造商向供应商订购轮胎
G2C	政府对消费者	政府分发电子税收表单
C2C	消费者对消费者	在线拍卖二手物品
P2P	对等	音乐或文件共享，Skype

图 1-4 最流行的电子商务形式

1.1.4 娱乐

第四类应用是娱乐。家庭娱乐方面的应用在近几年有了巨大的发展，音乐、广播和电视节目以及电影通过 Internet 的分发已经开始与传统分发机制分庭抗礼。用户可以查找、购买以及下载 MP3 歌曲和高清质量的电影，并将它们添加到自己的个人收藏中。现在的电视节目通过 IP 电视(IPTV)能到达更多的家庭，IP 电视采用了 IP 技术而不是有线电视电缆或无线传输系统。流媒体应用引导用户调到 Internet 广播电台收听节目，或者观看最近播出的他们喜爱的电视节目或电影。当然，所有这些内容都可以在家庭内不同的设备之间移动，比如显示器和扬声器，而且通常通过一个无线网络连接 Internet。

不久以后，或许就有可能史无前例地搜索任何国家的任何电影或电视节目，并即时显示在你的屏幕上。新电影可能是可以互动的，通过事先设定所有情形下的替代场景，偶尔给观众一些故事发展方向的提示(比如，麦克白应该谋杀国王，或者只是等待时机)。电视直播也可能是互动的，观众可以参与竞猜节目、选择参赛者等。

另一种娱乐形式是玩游戏。现在已经有多人实时仿真游戏，比如在虚拟地牢里藏猫猫(hide-and-seek)，双方用飞行模拟器试图击落对方成员。虚拟世界提供了持久性的设置，使得成千上万的用户可以通过三维图形动画体验一个共享的虚拟现实。

1.1.5 物联网

普适计算(ubiquitous computing)是指将计算带入人们的日常生活，正如 Mark Weiser (1991)展望的那样。许多家庭已经安装了有线的安全系统，包括门和窗的传感器，还有许多嵌入智能家居监控的传感器，比如能源消耗。家庭的用电、燃气及自来水的读数可以通过网络上报。这种功能将节省大量的费用，因为公司不再需要派人上门抄表。安装的烟雾探测器可呼叫消防部门，而不是仅仅发出很大的噪声(如果恰好没有人在家，这种报警器价值不大)。智能电冰箱可以在牛奶快要喝完的时候订购更多的牛奶。随着传感器和通信成本的下降，越来越多的测量和报告都将通过网络完成。这一正在进行中的巨大变革通常称为物联网(Internet of Things，IoT)，正在将人们的几乎每一个电子设备都接入 Internet。

已经有越来越多的消费类电子设备可以联网了。比如，一些高端相机已经有无线联网的能力，可用它把照片发送到附近的显示器上进一步查看。职业运动摄影师首先无线连接到一个接入点，然后通过接入点上网，就可以给他们的编辑实时发送自己拍摄的照片。诸如电视机这样的墙插设备可以使用电力线网络(power-line network)发送信息,而输送电力的线路贯穿了整个房子。这些物体出现在网络上可能并不非常令人惊讶,但那些人们并不认为是计算机的物体也能感知并发送信息倒是有点令人意想不到。比如,你的淋浴喷头可以记录用水情况,当你浑身泡沫时给你可视化的反馈,而在你洗完澡后把这些数据报告给家庭环境监测应用程序,以便帮助你节省水费。

1.2 计算机网络的类型

计算机网络有许多截然不同的类型。本节概述了一些网络,包括那些常用于接入Internet的网络(移动接入网络和宽带接入网络)、用于放置我们每天使用的数据及应用程序的网络(数据中心网络),将接入网络与数据中心连接起来的网络(传输网络),以及在园区、办公大楼或其他机构使用的网络(企业网络)。

1.2.1 宽带接入网络

1977年,Ken Olsen担任数字设备公司(Digital Equipment Corporation,DEC)总裁,这是一家当时排名第二的计算机厂商(仅次于IBM公司)。当被问及为什么该公司没有大举进入个人计算机市场时,他说:“没有任何原因促使用户在家里摆放一台计算机。”历史证明,事实恰好与之相反,DEC公司现已不复存在。人们最初购买计算机用于文字处理和玩游戏。现在,人们购买一台家用计算机最普遍的原因或许是用来访问Internet。而且,许多消费类电子设备,比如机顶盒、游戏终端、电视机甚至门锁,都内置了可访问计算机网络(特别是无线网络)的计算机。家庭网络已经广泛应用于娱乐休闲,包括收听、观看或创作音乐、照片和视频。

Internet接入服务为家庭用户提供了到远程计算机的连通性(connectivity)。与企业一样,家庭用户可以访问信息、与他人沟通、购买产品和服务。现在的主要好处来自让这些设备与家庭外面的其他目标连接起来。以太网的发明者Bob Metcalfe曾经提出一个假说——网络的价值与用户数量的平方成正比,因为这大概是网络能形成的不同连接的数量(Gilder,1993)。这个假说称为Metcalfe定律,它有助于解释Internet的普及是如何源自它的规模性的。

如今,宽带接入网络仍然在高速增长中。在世界的许多地方,宽带接入通过铜线(比如电话线)、同轴电缆或者光纤进入家庭。宽带接入的速度也在继续增长,发达国家的许多宽带接入提供商已经可以为单独的家庭提供每秒千兆位的传输速率。在世界的有些地方,特别是在发展中国家和地区,主流的Internet接入模式是移动方式。

1.2.2 移动和无线接入网络

可移动的计算机,比如笔记本计算机、平板计算机和智能手机,是计算机工业中增长最为迅猛的领域之一。它们的销售早已超过了台式计算机。为什么会有人需要一台移动计算机?人们往往希望使用移动设备阅读和发送电子邮件、推文,观看电影,下载音乐,玩游戏,查看地图,或者只是在Web上搜索信息或寻找乐趣。他们希望在家里和办公室里做所有他们想做的事情。自然地，他们希望在陆地、海上或空中任何一个地方做这些事情。

与 Internet 的连通性使这些移动应用的许多场景成为可能。由于在汽车、船舶和飞机上是不可能拖着一根线缆连接网络的，所以在无线网络领域有许多业务增长点。由电话公司经营的蜂窝网络是大家非常熟悉的一种无线网络，通过移动电话的覆盖把人们连在一起。基于 IEEE 802.11 标准的无线热点(hotspot)是另一种针对移动计算机和电话、平板计算机等移动设备的无线网络。它们出现在人们到达的每个地方，已经形成了咖啡馆、旅馆、机场、学校、火车和飞机等场所的广泛覆盖。任何人只要有一台移动设备和一个无线调制解调器，就可以打开计算机并通过热点接入 Internet，就像把计算机接入有线网络一样。

无线网络对于运货车队、出租车、快递专车以及修理工与他们的后方基地保持联络特别有价值。比如，在许多城市中，出租车司机是独立经营的，他们不受雇于任何一家出租车公司。在这样的城市中，出租车上有一个专门供司机观看的显示器，当有乘客叫车时，中心调度室就会输入该乘客的上车地点和目的地。此信息会显示在司机的显示器上，并且还会有提示音。第一个在显示器上按下按钮的司机就会接到该乘客的请求。移动联网和无线联网的兴起也产生了地面交通的一场革命，"共享经济"使得驾驶员可以用他们的手机作为一个接单设备，就像 Uber 和 Lyft 这样的网约车公司一样。

无线网络对于军事也非常重要。如果想要短时间内在地球上任何一个地方进行一场战争，那么，指望使用局域网络设施进行通信可能不是个好主意，最好能够有随身的网络。

虽然无线网络和移动计算常常联系在一起，但它们并不是一回事，如图 1-5 所示。这里，我们可以看到固定无线(fixed wireless)和移动无线(mobile wireless)之间的区别。甚至笔记本计算机有时候也可以是有线的。比如，游客可以把笔记本计算机接入酒店房间的有线网络插孔，这样即使没有无线网络，游客也拥有了移动的工作能力。无线网络的日益普及使得这种情形越来越少见了。不过，对于高性能而言，有线网络总是更佳的选择。

无线网络	移动计算	典型应用
不是	不是	办公室的台式计算机
不是	是	酒店房间里使用的一台笔记本计算机
是	不是	未布线的建筑物内的网络
是	是	手持计算机清点商店库存

图 1-5 无线网络和移动计算的组合

反过来，有些无线计算机是不移动的。在尚未布线的家庭、办公室或者酒店，用无线连接台式计算机或者媒体播放器比安装有线连接设施更加便利。安装一个无线网络只需购买一个里面有些电子元器件的小盒子，拆开包装并插入接口即可。这种方案比让工人在整个大楼内铺设电缆管道要便宜得多。

最后，也有一些真正移动的无线应用，比如用手持笔记本计算机在仓库周围边走动边记录库存。在许多繁忙的飞机场，负责租赁汽车归还工作的雇员在停车场都配备了无线移动计算机。他们扫描客户归还的汽车的条形码或者RFID芯片,他们的移动计算机向主计算机发出请求以获取该汽车的租用信息,然后通过内置的打印机当场打印出账单。

移动无线应用的关键驱动力是手机。手机和Internet的融合正在加速移动应用的日益增长。诸如Apple iPhone和Samsung Galaxy这样的智能手机,将移动电话和移动计算机的多个方面结合起来了。这些手机也连接到无线热点,并且可以自动在网络之间切换,以便为用户选择最好的无线热点。基于蜂窝网络的短消息(text messaging)或短信(texting,在美国以外也被称为短消息服务(Short Message Service,SMS)曾经盛极一时。它使得手机用户输入一条短消息,然后通过蜂窝网络将该消息传递给另一个手机用户。短信非常盈利,因为运营商中继一条短信只花不到一美分,这是一种收费高的服务。手机短信一度是移动运营商极其赚钱的业务。现在,有许多替代的方案,可以使用手机的流量包,或者使用无线网络,包括WhatsApp、Signal和Facebook Messenger,都可以取代SMS。

其他消费类电子设备也可以使用蜂窝网络和热点网络与远程计算机连接。无论用户漫游到哪里都可以用平板计算机或电子书阅读器下载一本新买的书、最新一期杂志或当天的报纸。电子相框则可以及时地用新鲜的图像更新它们的显示。

手机通常知道它们自己的位置。全球定位系统(Global Positioning System,GPS)可以直接定位一个设备,手机通常也利用已知位置的WiFi热点之间进行三角测算,以确定它们的位置。有些应用是与位置相关的。移动地图和导航就是例子,因为拥有GPS功能的手机和汽车有可能对于你要去的地方有更好的建议。当然,也可以用移动地图搜索附近的书店、中餐馆或本地天气预报。其他一些服务可能会记录位置信息,比如给照片和视频标注是在哪里拍摄的。这种标注称为“地理标记”(geo-tagging)。

手机在移动商务(mobile-commerce,m-commerce)场景中被日益广泛使用(Senn,2000)。手机发出的短信可在购买自动售货机里的食物、电影票等其他小件物品时认证支付,从而替代现金和信用卡支付,然后这个费用将出现在手机的花费账单上。当配备了近场通信(Near Field Communication,NFC)技术后,手机就可以充当RFID智能卡,与附近的RFID读写器进行交互,从而完成支付。这一现象背后的驱动力来自移动设备制造商和网络运营商,它们都在努力寻找一种如何从电子商务中分得一杯羹的方式。从商店的角度来看,这项支付方案可替他们节省支付给信用卡公司的大部分费用,这笔费用可能有几个百分点。当然,这一计划也可能适得其反,因为在一家商店徘徊的顾客可能在购买物品前使用他们移动设备上的RFID或条形码阅读器查询商家竞争对手的价格,并用它们得到一份附近哪个商店有售以及售价的详细报告。

移动商务得以推行的一个巨大因素是手机用户已经习惯了为每件事情付费(相反,Internet用户希望一切都免费)。如果一个Web网站要收取一定的费用后才允许其用户通过信用卡支付,那么立即就能听到来自用户的巨大反对声。然而,如果手机运营商的用户在一家商店的收银台前稍微挥动一下手机就能结账,然后因为这种便利性而支付一笔小小的费用,它可能会被视作正常行为而接受。时间会告诉我们究竟怎么样。

随着未来计算机尺寸的缩小,移动和无线计算机的使用将更加快速地增长,将来会有什么样的可能方式,或许现在还没有人能预见。让我们来快速浏览一些可能性。传感器网络(sensor network)由可以感知物理世界状态的节点组成,这些节点收集它们感知的信息,并通过无线中继发送。这些节点可能被嵌入人们熟悉的物品中，比如在汽车或手机里，或者可能是单独的某台小设备。比如，你的汽车可以从车载诊断系统中收集有关位置、速度、振动和燃油效率等数据，并将这些信息上传至一个数据库中(Hull 等，2006)。这些数据有助于行车时发现坑洼，在拥挤的道路附近规划行车路线，并告诉你与同一段道路上的其他司机相比，你是否是一个“油老虎”。

传感器网络是革命性的技术，它为从前无法观察到的行为提供了丰富的数据。一个例子是跟踪单个斑马的迁移活动，在每个动物身上放置一个小的传感器(Juang 等，2002)。研究人员已经能把一台无线计算机打包成一个 1mm 边长的立方体(Warneke 等，2001)。有了如此小的移动计算机，即使是很小的鸟类、啮齿类动物和昆虫都可以被人类跟踪。

无线停车咪表可以通过无线链路的即时验证接受信用卡或借记卡支付。它们还可以报告停车位何时在使用中，这样可以让司机下载最新的停车场地图到自己的汽车中，以便更容易地找到一个可用的停车位。当然，一旦停车咪表超时，它就检查是否汽车还在(通过反射信号)，并将超时情况报告给停车管理部门。据估计，仅在美国，各城市政府用此方式就能多收取 100 亿美元(Harte 等，2000)。

1.2.3 数据中心网络

许多 Internet 服务现在都是通过“云”或者数据中心网络(data-center network)提供服务的。现代的数据中心网络拥有几十万甚至几百万台服务器，它们位于同一个地方，通常在数千米长的建筑物中密集地排列在机架上。数据中心网络服务于当前日益增长的云计算(cloud computing)服务，它们被设计成可在数据中心的服务器之间或者在数据中心与 Internet 其他地方之间“搬运”大量的数据。

如今，人们使用的许多应用和服务，从访问的 Web 站点，到用来记笔记的、基于云的文档编辑器，都将数据存储在某个数据中心网络中。数据中心网络会面临规模带来的挑战，包括网络吞吐量和能耗两个方面。网络吞吐量的一个主要挑战是所谓的“跨区域带宽(cross-section bandwidth)”，即网络中任何两台服务器之间的数据传输速率。早期的数据中心网络是基于简单的树状拓扑设计的，有三层交换：接入层、汇聚层和核心层。这种简单的设计没有很好的规模扩展性，也易受故障影响。

许多受欢迎的 Internet 服务都需要将内容分发给世界各地的用户。为了做到这一点，Internet 上的许多网站和服务采用了 **CDN**(Content Delivery Network，内容分发网络)。CDN 是大量服务器的集合，它们在地理上分布于各处，因而用户要请求的内容可以放在尽可能靠近用户的地方。大的内容提供商，比如 Google、Facebook 和 Netflix，都运营着他们自己的 CDN；而有些 CDN，比如 Akamai 和 Cloudflare，则为那些没有自己 CDN 的小型服务商提供托管服务。

用户想要访问的内容，从静态文件到流式视频，可能要在一个 CDN 的许多地方进行复制。当一个用户请求内容时，CDN 必须确定应该将哪一份副本提供给该用户。此过程必须考虑到每个副本与用户之间的距离、每个 CDN 服务器的负载以及网络本身的流量负载和拥塞情况。

1.2.4 传输网络

Internet跨越了许多个独立运营的网络。用户的Internet服务提供商运营的网络,通常来说,跟托管用户平常访问的Web站点的那个网络并非同一个网络。通常情况下,内容和应用都托管在数据中心网络中,用户可能通过一个接入网络访问这些内容。因此,这些内容必须跨越Internet,从数据中心到接入网络,最终到达用户的设备上。

当内容提供商和用户的ISP(Internet Service Provider,Internet服务提供商)并不直接连接时,它们通常依赖于一个传输网络(transit network)在两者之间进行传送。传输网络通常对端到端传送流量的ISP和内容提供商两者都进行收费。如果托管内容的网络和接入网络需要交换足够多的流量,那么,它们可能会直接互连起来。直接互连很常见的一个例子是大的ISP和大的内容提供商,比如Google或Netflix。在这样的情形下,ISP和内容提供商必须建设并维护好网络基础设施,以便提供直接连接服务(通常在多个地理位置上)。

传统上,传输网络被称为骨干网络(backbone network),因为它承载着两个端点之间传送流量的角色。很多年以前,传输网络盈利丰厚,因为其他网络都要依赖它们(并且要付钱)与Internet连接起来。

然而,过去十多年间已经发生了两个趋势。第一个趋势是,内容整合到少数大的内容提供商那里,这是由云托管服务和大型内容分发网络催生的。第二个趋势是,单个ISP接入网络的覆盖范围越来越广。虽然ISP接入网络曾经是小型的、区域性的,但现在很多ISP接入覆盖面是全国性的(甚至国际性的),它们能够连接到其他网络的地理位置的范围增大了,同时它们的用户基数也增加了。随着接入网络和内容提供商网络的规模(以及谈判筹码)持续增大,越大型的网络越不依赖于传输网络传送它们的流量,它们更倾向于直接互连,传输网络仅仅作为备份而已。

1.2.5 企业网络

大多数机构(比如公司、大学)有许多计算机。每个员工可能都有一台计算机用于完成各种任务,从产品设计到制作工资单等。通常情况下,这些计算机都连接到一个公共的网络,这使得员工可以共享数据、信息和计算资源。

资源共享(resoure sharing)使得软件程序、设备,特别是数据,让网络上的其他用户也可以使用,而无须考虑这些资源或者用户的物理位置。一个很普遍的例子是,办公室工作人员共享一个公用的打印机。很多员工都不需要私用的打印机,因而,共用一个高容量的网络打印机比配备大量的单独打印机通常更便宜、更快速,也更易于维护。

有可能比共享打印机和备份系统这样的物理资源更重要的是共享信息。绝大多数公司都有在线的客户记录、产品信息、资产目录、财务报表、税务信息等。如果一家银行所有的计算机都宕机了,那么这家银行可能持续不了5min。而拥有计算机控制生产线的现代制造工厂则持续不了5s。即使一家小的旅行社或者三个人的律师事务所,现在也高度依赖计算机网络,其员工需要及时地访问相关的信息和文档。

对于小的公司,这些计算机可能位于单个办公室,甚至在单独的建筑物内;对于大一点的公司，计算机和员工可能分散在很多个国家的几十个办公室和工厂里。比如，纽约的一个销售有时候可能要访问位于新加坡的一个产品库存数据库。一种称为**VPN**（Virtual Private Network，**虚拟专用网络**）的网络能够把位于不同地点的独立网络连接成一个逻辑网络。换句话说，简单的事实是，一个用户就算离他的数据有15 000km远，也不应该妨碍他像使用本地数据一样使用这些数据。这个目标概括起来可以这样说：它试图终结这种"地理位置束缚"。

按照最简单的方式，可以这样想象：一个公司的信息系统包含了一个或多个数据库，其中存放了公司的信息，而有一些员工需要远程访问这些信息。在这个模型中，数据存放在称为**服务器**的性能强大的计算机中。通常这些服务器集中放置，并且由系统管理员维护。相应地，员工在其桌面上使用一些简单的计算机，称为**客户**，通过这些计算机可以访问远程的数据，比如将数据插入他们正在编制的电子表格中（有时候将这些客户计算机的使用者也称为"客户"，但是，根据上下文应该可以明确区分"客户"的到底是计算机还是它的使用者）。客户和服务器通过一个网络连接起来，如图1-1所示。注意，在图1-1中只是将网络表示成一个椭圆，没有任何细节。当只需要用最抽象的方式表示一个网络的时候就用这种形式；当需要更多细节的时候，就会提供这些细节。

构建企业计算机网络的第二个目标与人有关，而与信息甚至计算机都无关。计算机网络可以在员工之间提供功能强大的**通信媒介**（communication medium）。现在，几乎每家公司，只要有两台或多台计算机，员工就使用**电子邮件**（electronic mail，E-mail）系统进行大量的日常通信。实际上，在办公室饮水机旁边人们通常在抱怨每天必须处理大量的E-mail，而其中的一些E-mail意义不大，因为公司老板发现只需点一下鼠标按钮就可以将同样的消息（通常并没有多少实际内容）发送给所有的下属。

员工之间可以通过计算机网络（而不必再通过电话公司）打电话。这项技术称为**IP电话**（IP telephony），如果采用了Internet技术则称为**IP语音**（**VoIP**，Voice over IP）。通话每一端的麦克风和扬声器可能属于一个具有VoIP功能的手机或者员工的计算机。公司发现这是一个节省电话费用的绝妙方式。

通过计算机网络还可以拥有更丰富的通信方式。可以把视频添加到音频中，使得不同地方的多个员工在举行会议时可以彼此看到和听到。这项技术形成了一个很强大的工具，可以节省以前出差所需的费用和时间。**桌面共享**（desktop sharing）使得远程工作人员可以看着一个图形化计算机屏幕进行交互，因而两个或多个不在同一地点工作的人可以很容易地读写一块共享的黑板，或者合写一份报告。当一人对某个在线文档做了修改时，其他人可立即看到这种改变，而不必等待数天后的信件。这样的速度提升使得远程群体之间易于进行协同，而这在以前是不可能的。类似远程医疗（比如远程病人监护）这样的更有野心的远程协同形式现在刚刚开始使用，但可能会变得越来越重要。有时人们会说通信和交通运输正在进行一场比赛，无论谁赢得比赛都将淘汰另一个。

对许多公司来说，第三个目标是开展电子商务，特别是与客户和供应商开展业务。航空、书店以及其他零售商已经发现许多客户喜欢在家购物的便利性。因此，许多公司提供在线形式的商品和服务目录，并允许在线下订单。汽车、飞机和计算机等制造商从许多供应商处购买子系统，然后将它们组装起来。利用计算机网络，制造商可以根据需要以电子方式下订单。这样不仅可以大量减少库存，还可以提高工作效率。

1.3 网络技术:从局部到全球

网络的范围可以是个人的、小型的、大型的和全球性的。本节将探讨各种实现不同大小和规模的网络的联网技术。

1.3.1 个域网

个域网(Personal Area Network,PAN)允许设备在一个人的活动范围内进行通信。一个常见的例子是通过一个无线网络将计算机与外围设备连接起来,另一个例子是通过一个网络将无线头戴耳机和手表与智能手机连接起来。还有一种常见的情形是,耳塞式耳机与智能手机不用线连接起来,也能让数字音乐播放器在一定距离内连接到汽车里。

几乎每一台计算机都有显示器、键盘、鼠标和打印机。如果不使用无线传输技术,那么这些外设必须通过连接线连接到计算机。许多新用户很难找到合适的连接线并将连接线插入合适的小孔中(即使这些连接线通常使用了不同形状和彩色标记),以至于大多数计算机供应商提供了一种服务,即派遣技术人员到用户家中进行安装。为了帮助这些用户,一些公司联合设计了一种短距离无线网络,称为蓝牙(bluetooth),以连接这些计算机组件而不必再使用连接线。他们的设计是这样的:如果用户的设备有蓝牙,那么就不再需要连接线。用户只要把它们的电源关闭,再打开电源,它们就开始通信了。对于许多人来说,这种简易操作是一大利好。

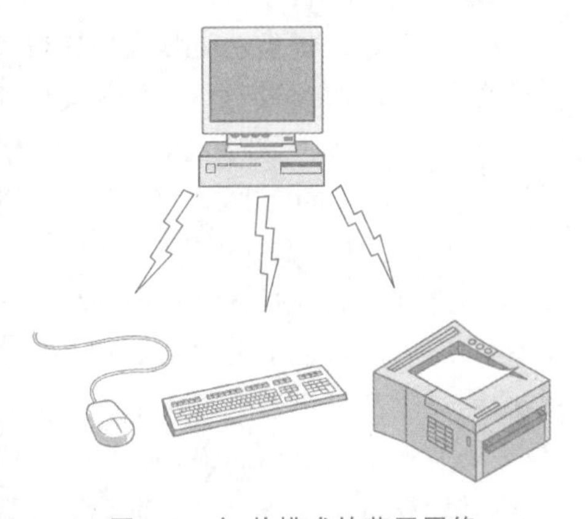

图 1-6 主-从模式的蓝牙网络

在最简单的形式中,蓝牙网络采用主-从模式,如图 1-6 所示。系统单元(PC)通常是主设备,与鼠标、键盘等从设备进行通信。主设备告诉从设备该使用什么地址、何时可以传输、它们能够传输多长时间、它们可以使用什么频等。我们将在第 4 章详细讨论蓝牙网络。

PAN 也可以采用其他短程通信技术搭建,我们将在第 4 章中对此进行讨论。

1.3.2 局域网

局域网(Local Area Network,LAN)是一种私有网络,一般在单个建筑物内或建筑物附近,比如家庭、办公室或工厂。局域网被广泛用来连接个人计算机和消费类电子设备,使它们能够共享资源(比如打印机)和交换信息。

无线 LAN 今天已经无处不在了。它们最初在家庭、旧办公楼、食堂和其他一些安装电缆成本太高的场所受到欢迎。在这些系统中,每台计算机都有一个无线调制解调器和一个天线,用来与其他计算机通信。在大多数情况下,每台计算机与一个称为接入点(Access Point,AP)、无线路由器(wireless router)或者基站(base station)的设备进行通信,如图 1-7(a)所示。该设备负责中继无线计算机之间的数据包,也负责中继无线计算机和 Internet 之间的数据包。AP 就像学校里一个备受欢迎的可爱小孩，因为每个人都想与之交谈。另一个常见场景是，在一个称为网状网络（mesh network）的配置中，也涉及相邻设备之间中继数据包。在有些情形下，这些中继设备也是与终端同样的节点；然而，更常见的是，网状网络包含一组单独的节点，它们只负责中继流量。网状网络在发展中国家和地区很常见，因为在这些地方要部署跨区域的连接可能非常麻烦，或者成本极高。网状网络作为家庭网络也变得越来越流行了，特别是对于大家庭。

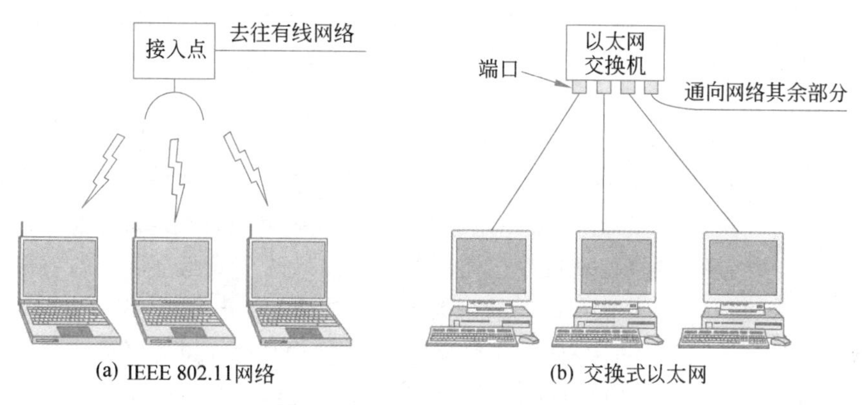

图 1-7　无线 LAN 和有线 LAN

无线 LAN 有一个非常流行的标准称为 **IEEE 802.11**，通常称为 WiFi。它的运行速率从 11Mb/s（IEEE 802.11b）到 7Gb/s（IEEE 802.11ad）。请注意，本书将沿用传统的线路测量速率：1Mb/s 等于 1 000 000b/s；1Gb/s 等于 1 000 000 000b/s。2 的幂次只用于存储单位，其中 1MB 内存是 2^{20}B 或者 1 048 576B。我们将在第 4 章讨论 IEEE 802.11。

有线 LAN 使用了各种不同的传输技术，常见的物理传输模式是铜线、同轴电缆和光纤。有线 LAN 的范围有限制，这意味着最坏情况下的传输时间也是有界限的，并且事先可以知道。了解这些界限对于设计网络协议很有帮助。通常情况下，有线 LAN 的运行速度为 100Mb/s～40Gb/s。它们的延迟很低（永远不会超过数十微秒，通常会低得多），而且很少发生传输错误。与无线 LAN 相比，有线 LAN 通常有较低的延迟、较低的丢包率以及更高的带宽，但随着技术的发展，这一性能差距已经缩小很多了。通过电缆或光纤发送信号比通过空气发送信号要容易得多。

许多有线 LAN 是由点到点链路构成的。通常称为以太网（Ethernet）的 IEEE 802.3 是迄今为止最常见的有线 LAN 类型。图 1-7（b）显示了一个交换式以太网（switched Ethernet）的拓扑例子。每台计算机使用以太网协议，通过一条点到点链路连接到一台称为交换机（switch）的设备上。交换机的任务是在与之连接的多台计算机之间中继数据包，并根据每个数据包中的地址确定该数据包要发送给哪台计算机。

一台交换机有多个端口（port），每个端口可以连接到一台其他设备，比如一台计算机或者另一台交换机。为了建立较大的 LAN，交换机可以插入彼此的端口中。如果把它们插入在一起形成一个环，会发生什么事？网络仍然能工作吗？幸运的是，Perlman（1985）考虑到了这种情况，现在世界上所有的交换机都使用了她的防环形算法。这正是协议的工作任务，协议必须找到数据包可安全到达目标计算机的路径。我们将在第 4 章了解这一过程是如何工作的。

也有可能将一个大的物理LAN分成两个较小的逻辑LAN。你可能会疑惑这有什么用。有时,网络设备的布局不一定与组织结构相匹配。比如,一家公司的工程部门和财务部门都有计算机在同一个物理LAN上,因为它们位于同一座大楼的同一翼。如果工程部门和财务部门逻辑上有自己独享的**虚拟局域网**(Virtual LAN,VLAN),那么它们就更易于管理各自的系统。在这个设计中,每个端口都有一个颜色标签,比如,绿色表示工程部门,红色表示财务部门。交换机在转发数据包时,将连到绿色端口的计算机和连到红色端口的计算机隔离开来。比如,在红色端口上发送的广播数据包将不会被连到绿色端口上的计算机收到,就好像它们是两个相互独立的局域网一样。我们将在第4章的结尾讨论VLAN。

当然,还有其他的有线LAN拓扑结构。事实上,交换式以太网是原始以太网设计的一个现代版本,在最初的以太网设计中,所有的数据包在一根电缆上广播。同一时刻至多只有一台计算机能够发送成功,为此,需要一个分布式仲裁机制解决冲突问题。它使用一个简单的算法：只要电缆空闲,计算机就可以传输数据包。如果两个或两个以上的数据包发生冲突,每台计算机只是等待一个随机时间后再次试图发送。为清晰起见,我们将该版本称为**经典以太网**(classic Ethernet),你对此可能会心存疑虑,你将在第4章了解它。

无线和有线广播LAN可以以静态方式或动态方式分配资源。一个典型的静态分配方案是,将时间分割成离散的时间间隔并使用轮循算法,让每台计算机只能在分配给它的**时间槽**(time slot)到来时才能广播数据。当一台计算机在分配给它的时间槽到来时没有任何数据需要发送,这种静态分配算法就浪费了信道容量,因此大多数系统都动态地分配信道(即按需分配)。

一个公共信道的动态分配方法可以是集中式的,也可以是分散式的。在集中式的信道分配方法中,有一个实体,比如蜂窝网络中的基站,由它决定接下来谁使用信道。为了做出这一决定,它可能会接收多个数据包,根据某个内部算法确定这些数据包的优先次序。在分散式信道分配方法中,没有一个中心实体,每台计算机必须自行决定是否可以传输。你可能认为这种做法将导致混乱,但后面会介绍许多种旨在将这种潜在的混乱秩序化的算法——当然,前提是所有计算机都遵守规则。

1.3.3 家庭网络

家庭中的LAN,即**家庭网络**(**home network**),值得特别关注。家庭网络是LAN的一种。它们可能有许多种类广泛又相互迥异的连接Internet的设备,在面对大量非技术型用户的环境中,家庭网络必须特别易于管理、稳定和安全。

很多年前,家庭网络可能是由无线LAN上的几台笔记本计算机组成的。如今,家庭网络可能包含了各种各样的设备,如智能手机、无线打印机、恒温器、防盗警报器、烟感器、灯具、照相机、电视、立体声音响、智能扬声器、冰箱等。连接Internet的电器和消费类电子产品不断涌现,通常称之为物联网(Internet of things),利用它有可能将任何电子设备(包括各种类型的传感器)都连接到Internet。大量的连接Internet的设备,其种类迥异,这为设计、管理和保护家庭网络带来了新的挑战。对家庭的远程监控正变得越来越普及,其应用范围从安全监控,到远程维修,再到居家养老。比如,许多成年子女愿意花一些钱来帮助他们年迈的父母安全地生活在自己的家里。

尽管家庭网络只是另一种 LAN，但出于多方面原因，实际上它相比其他的 LAN 有不同的属性。

第一，连接到家庭网络的设备必须非常易于安装和维护。无线路由器是常常遭遇退货的电子产品，因为人们购买无线路由器是希望在家里搭建一个立即可用的无线网络，但发现他们不得不面临多次拨打技术支持电话的局面。这些设备需要傻瓜式地使用就能工作，用户无须阅读并完全理解一份 50 页的手册。

第二，安全性和可靠性越来越重要，因为设备不安全可能对消费者的健康和人身安全带来直接的威胁。丢失一些文件、遭遇邮件病毒，这是一回事；小偷通过手机解除了你的安全防护系统，然后将你家洗劫一空，这是完全不同的另一回事。过去几年间，已经有无数不安全或有故障的 IoT 设备导致的各种事情发生。比如，通过恶意的第三方脚本就可以冻结管道或者远程控制设备。在许多设备上缺乏严格的安全设计，使得一个窥探者有可能观察到用户在家庭中的各种活动细节；甚至当通信的内容被加密时，他也能知道正在通信的设备的类型以及通信的流量和频率，这些会暴露用户行为的许多隐私信息。

第三，随着人们购买各种消费电子设备并且将它们连接到家庭网络中，家庭网络需要随之不断发展。因此，与更加同质化的企业 LAN 不同的是，家庭网络的连接技术可能要更为多样化。尽管有这种多样性存在，人们还是希望这些设备能够相互通信（比如，他们希望能够用一个厂商生产的语音设备控制另一个厂商的灯具）。这些设备一旦安装以后，可能会在数年（或数十年）一直连接到家庭网络。这意味着没有接口的隐忧：最初告诉消费者购买带有 IEEE 1394（火线）接口的外设，几年后回收该设备并告诉消费者 USB 3.0 才是本月应当使用的接口，然后不久又切换到 IEEE 802.11g 的接口——哎呀，不，用 IEEE 802.11n——不，等等，应该是 IEEE 802.11ac——对不起，我们的意思是用 IEEE 802.11ax。如此多变显然是说不过去的。

最后，在消费类电子产品上的利润是很小的，许多设备的目标是尽可能低价。当面临着选择买哪一个可连接 Internet 的数字相框时，许多用户可能会选择便宜的那一款。降低消费者设备成本的压力使得要想达成上面的目标变得更加困难。安全性、可靠性和互操作能力最终都需要成本。在有些情况下，生产商或者消费者可能需要有更强的动机或刺激以制定或坚持公认的标准。

家庭网络通常在无线网络上工作。便利性和成本两个因素都倾向于选择无线网络连接，因为家庭中往往没有布好的线可用，或者更糟糕的是需要改造原有布线。随着可连接 Internet 的设备的不断增多，要在家里有电源插座的地方留一个有线网络端口变得越来越不方便了。无线网络则越来越方便，性价比也更高。然而，在家里依赖无线网络则引入了特有的性能和安全挑战。

首先，随着用户在家庭网络上交换越来越多的流量，以及在家庭网络上连接越来越多的设备，无线网络越来越变成一个性能瓶颈。当家庭网络性能很差的时候，一种常见的现象是谴责 ISP 服务太差。ISP 显然非常不喜欢这样。

其次，无线的电波可以穿透墙壁（主要在流行的 2.4GHz 频段上，5GHz 要少一些）。尽管在过去十年间无线安全性已经有了显著的改进，但是，它仍然要承受很多可能导致信息泄露的攻击，流量中某些特定的部分，比如设备硬件地址和流量传输数量，仍然是非加密的。在第 8 章中，我们将研究如何利用加密提供安全性保障，但说起来容易，让没有经验的用户做起来就困难了。

电力线网络(power-line network)允许插入墙上插座的设备在家庭内广播信息。无论如何你都必须把电视的电源插头插入插座,与此同时你便获得了与 Internet 的连接。这种网络可同时携带电源和数据信号,该方案的核心部分是在不同的频段上提供这两种功能。

1.3.4 城域网

城域网(Metropolitan Area Network,MAN)的范围可覆盖一座城市。最有名的 MAN 的例子是有线电视网。这种系统由早期的社区天线系统发展而来,主要用在那些从空中接收电视信号条件较差的地区。在这些早期系统中,常常把一个很大的天线放在附近的山上,电视信号通过该天线转发到订户的家里。

最初,这些网络都是由本地设计的一些自组网(ad hoc)系统。然后一些公司开始参与商业化运作,它们从当地政府部门拿到筹建整个城市网络的合同。接下来是电视节目的编排,以及专门针对有线电缆而设计的整个频道分配。通常这些频道是高度专业化的,比如有的频道全部是新闻节目,有的频道是体育运动节目,有的是烹饪节目,有的是园艺节目,等等。但是,从初期的网络建设一直到 20 世纪 90 年代后期,这些频道只能专用于电视节目的接收。

当 Internet 开始吸引大量用户时,有线电视网络运营商也意识到,只需要对原有的系统稍做改动,就可以利用原来尚未使用的频段提供双向的 Internet 服务。从这时候起,有线电视系统就从传送电视节目这单一模式演变为一个 MAN。近似地,一个 MAN 看起来很像图 1-8 中所示的系统。在图 1-8 中,电视信号和 Internet 流量都先被送到一个集中式线缆前端(cable head-end,或线缆调制解调器终端系统),然后再分发到居民的家中。我们在第 2 章将讨论这个主题的细节。

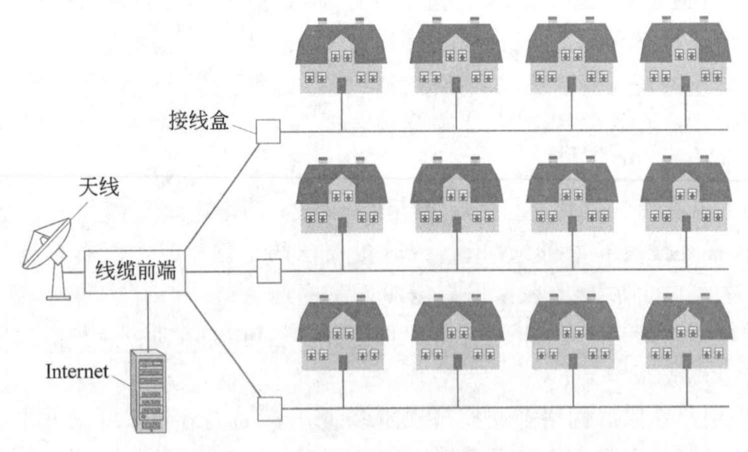

图 1-8 基于有线电视网的 MAN

有线电视网不是唯一的 MAN。最近发展起来的高速无线 Internet 接入技术催生了另一种 MAN,它已经被标准化为 IEEE 802.16,就是俗称的 WiMAX。然而,它似乎并没有发展起来。其他的无线技术,包括 LTE(Long Term Evolution,长期演进技术)和 5G,也将涵盖在这一主题下。

1.3.5 广域网

广域网(Wide Area Network,WAN)可以跨越很大的地理区域,可以是一个国家、一个洲甚至多个洲。WAN 可能服务于一个私有的组织,比如在企业 WAN 的情形下;它也可以提供商业服务,比如在传输网络的情形下。

我们将从有线广域网开始讨论,采用在不同城市有分支机构的公司作为案例加以说明。图 1-9 中的 WAN 连接了该公司设在墨尔本、珀斯和布里斯班 3 个城市的办公室。每个办公室都有专门运行用户程序(即应用程序)的计算机。我们将按照传统的说法把这些计算机称为主机(host),然后把连接这些主机的网络的其余部分称为通信子网(communication subnet),简称为子网(subnet)。子网把信息从一个主机传送到另一个主机,就像电话系统把说话者的话(实际上是声音)传递给接听者一样。

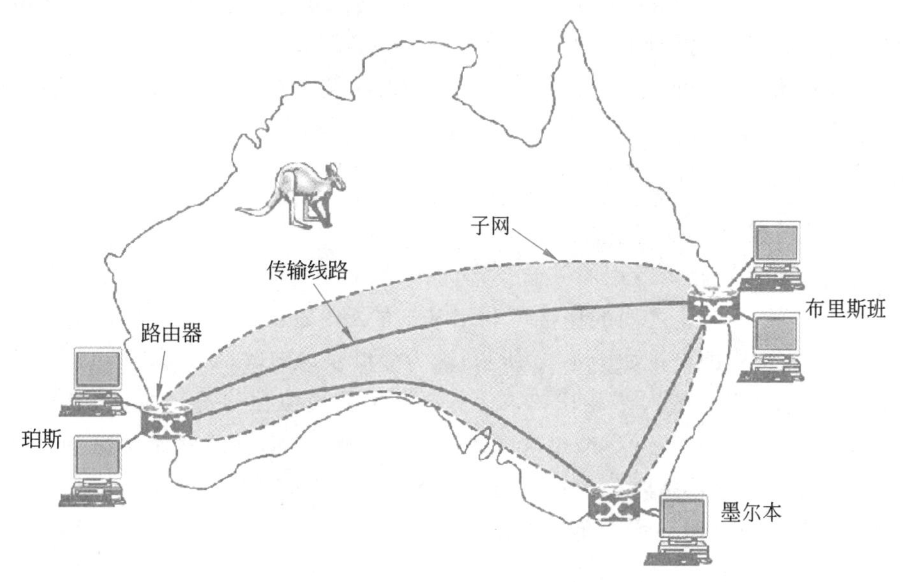

图 1-9 连接某公司设在 3 个城市的办公室的 WAN

在大多数 WAN 中,子网由两个不同部分组成:传输线路和交换设备。传输线路(transmission line)负责在计算机之间移动比特。它们可以是铜线、光纤甚至无线链路。大多数机构没有铺设自己的传输线路,而是使用电信公司的线路。交换设备(switching element)或简称为交换机(switch)是专用的设备,负责连接两条或两条以上传输线路。当数据到达一条进入线路时,交换设备必须选择一条外出线路把数据转发出去。这些负责交换的计算机在过去有各种不同的名称,现在最常用的名称是路由器(router)。

在大多数 WAN 中,网络包含许多传输线路,每条线路连接一对路由器。两台没有共享传输线路的路由器需要通过其他路由器进行连接。在网络中可能有许多条路径将这两台路由器连接起来。一个网络决定该使用哪一条路径的过程被称为路由算法(routing algorithm)。每台路由器决定将一个数据包接下来发送到哪里的过程被称为转发算法(forwarding algorithm)。我们将在第 5 章详细讨论这两种算法。

关于术语"子网",这里给出一个简短的注释。最初,子网的唯一含义是一组路由器和通信线路的集合,主要负责将数据包从源主机移动到目标主机。读者应该知道,它已经拥有第二个更新的含义,与网络寻址紧密相关。我们将在第5章讨论这个新含义,第5章之前我们都沿用这一初始的含义(即一组线路和路由器的集合)。

我们描述的WAN看起来类似一个大型的有线LAN,但除了线路更长之外也有一些非常重要的差异。在WAN中,主机和子网通常由不同的人拥有和经营。在上面的例子中,员工们可能仅仅负责自己的计算机,而公司的IT部门负责网络的其余部分。我们在后续的例子中将看到更清晰的界限,其中子网由网络提供商或者电话公司负责运营。把网络中纯粹的通信方面(子网)与应用方面(主机)分离开来将极大地简化整个网络设计。

第二个差异是,路由器通常连接不同类型的网络技术。比如,办公室内部的网络可能是交换式以太网,而长距离传输线路可能是SONET链路(将在第2章讨论)。这里显然需要某些设备将它们结合起来。细心的读者会注意到,这超越了我们对一个网络的定义。这意味着许多WAN实际上是互联网络(internetwork),或者复合网络,即由多个网络组成的网络。我们将在1.3.6节更多地介绍有关互联网络的内容。

最后一个差异在于子网连接了什么。子网可以连接单独的计算机,就像连接到LAN的情形一样;或者连接整个LAN。这说明了大型网络是如何从小一点的网络构建起来的。就子网而言,它做的是同样的工作。

虚拟专用网络和SD-WAN

一个机构可能并不租赁专用的传输线路,而是依靠Internet把它的多个办公室连接起来。在这种方式下,办公室之间的连接可利用基础的Internet能力建立虚拟链路。正如前面曾经提到过的,这样的安排如图1-10所示,称为虚拟专用网络(Virtual Private Network,VPN)。与专用物理链路的网络相比,VPN具有一贯的虚拟化优势,它提供了重用某种资源(Internet连接)的灵活性。VPN也有虚拟化的常见缺点,即缺乏对底层资源的控制。使用专用线路能获得的容量是明确的;而使用VPN,其性能可能会随着底层Internet连接的性能变化而有所不同。网络本身也可能由某一家商业的Internet服务提供商(ISP)运营。图1-11显示了这种结构,它将WAN站点相互连接起来,也与Internet的其余部分连接起来。

其他种类的WAN大量使用了无线技术。在卫星系统中,地面上的每台计算机都有一个天线,通过它与轨道上的卫星交换数据。所有计算机都可以侦听到卫星的输出,而且在某些情况下,还能侦听到"同胞"计算机向上传输给卫星的信号。卫星网络在本质上是广播的;在广播属性很重要的情况下,或者当没有地面基础设施的情况下,卫星网络显得特别有用(想象一下石油公司在一个荒芜的沙漠里进行勘探的场景)。

蜂窝电话网络是采用无线技术的另一个WAN的例子。该系统已经经历了5代:第一代是模拟的,只能用于语音;第二代是数字的,也只能用于语音;第三代也是数字的,但可同时用于语音和数据;第四代是纯数字的,即使语音也是数字的;第五代也是纯数字的,比第四代更快,同时延迟更低。

一个蜂窝基站的覆盖范围大大超过了一个无线LAN的范围,一般用千米来度量,而不只是几十米的范围。基站通过一个骨干网络连接在一起,该骨干网络通常是有线的。蜂窝网络的数据传输速率一般为100Mb/s的量级,远远小于高达7Gb/s量级的无线LAN。我

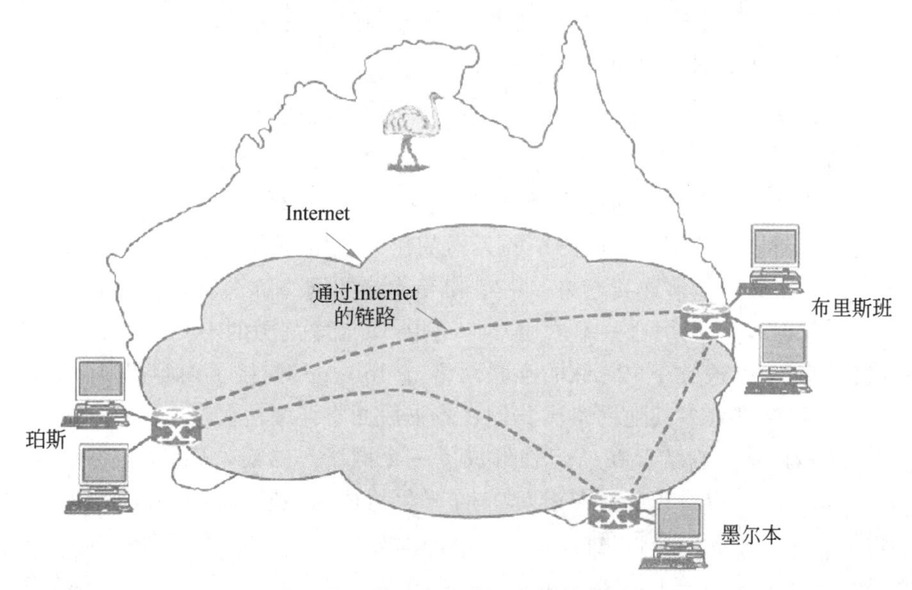

图 1-10　使用虚拟专用网络的 WAN

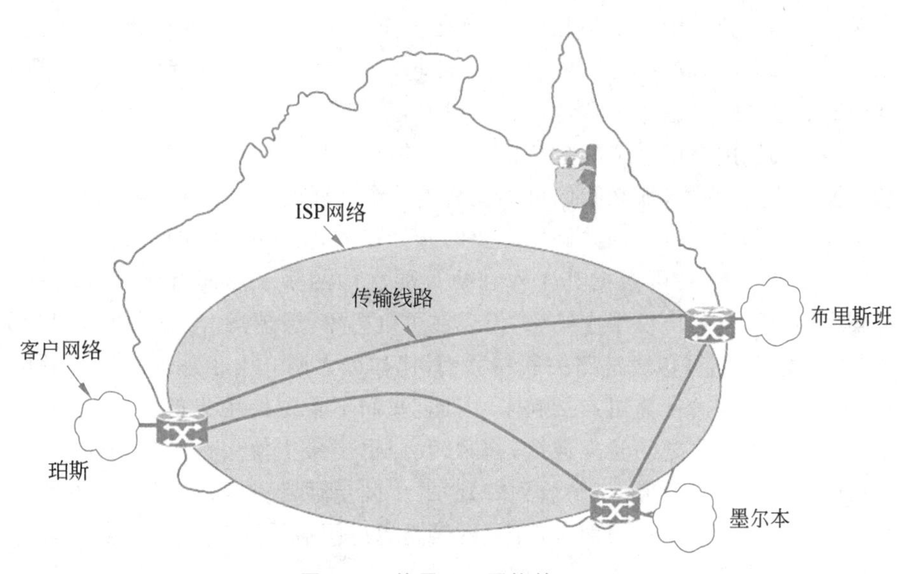

图 1-11　使用 ISP 网络的 WAN

们在第 2 章中将详细介绍有关这些网络的内容。

最近，一些分布在多个地理区域并且需要将多个站点连接起来的机构开始设计和部署一种称为软件定义的 WAN(software-defined WAN，SD-WAN)的网络，它使用多种不同的、互补的技术将这些分离的站点连接起来，但是为整个网络提供了统一的 SLA(Service-Level Agreement，服务等级协议)。比如，一个网络可能组合使用昂贵的、专用的租赁线路连接了多个远程位置，使用补充的、不那么昂贵的常规 Internet 连接将这些位置连接起来。用软件编写的逻辑实时地对这些交换元素重新进行编程，以便从成本和性能两方面对网络进行优化。SD-WAN 是 SDN(Software-Defined Network，软件定义的网络)的一个例子，SDN 这种技术在过去十年获得了充分的发展，它描述了利用可编程交换机和独立软件程序实现的控制逻辑控制一个网络的通用网络体系架构。

1.3.6 互联网络

世界上存在着许许多多的网络，它们通常使用不同的硬件和软件技术。连接到一个网络中的人经常要与连接到另一个网络中的人通信。为了做到这一点，要求那些互不相同且通常不兼容的网络必须能够连接起来。一组相互连接的网络称为互联网络(internetwork)或互联网(internet)。我们用这些术语通常是泛指，而全球范围的 **Internet**(因特网)则通常用首字母大写来表示(这是一个特殊的互联网络)。Internet 连接了内容提供商、接入网络、企业网络、家庭网络和许多其他网络。我们在本书后面将详细地讨论 Internet。

一个子网和它的主机结合在一起就形成了一个网络。然而，“网络”(network)这个词的用法通常比较宽泛(也比较容易混淆)。一个子网可能描述成一个网络，如图 1-11 中“ISP 网络”的情形。一个互联网络也可能描述成一个网络，如图 1-9 中 WAN 的情形。我们将遵循类似的做法，如果要将一个网络与其他的安排或配置区分开来，那么，我们将坚持网络最初的定义，即由一种技术相互连接在一起的计算机集合。

互联网络牵涉到独立运营的不同网络相互的连接。从我们的观点来看，将一个 LAN 和一个 WAN 连接起来，或者把两个 LAN 连接起来，这是组成一个互联网络的常见做法，但针对该领域的术语很难达成一致意见。一般而言，如果两个或多个独立运营的网络出资实现互连，或者，如果两个或多个网络从根本上采用了不同的底层技术(比如广播技术与点到点技术以及有线与无线)，那么我们可能就有了一个互联网络。

将两个或多个网络连接起来并提供必要的转译设备，其硬件和软件两方面合起来的总称是网关(gateway)。网关可根据其工作在协议层次中的哪一层而有所区分。我们从 1.4 节开始将更多地谈到层和协议层次结构，但现在可以想象，层越高，与应用捆绑得越紧密，比如 Web；而层次越低，则与传输链路关联越紧密，比如以太网。由于形成一个互联网络带来的好处是可以把跨网络的计算机连接起来，因此，我们不希望使用太低层的网关，否则我们将无法在不同类型的网络之间建立连接；同时，我们也不希望使用太高层的网关，否则跨网络的连接只能适用于特定的应用。“恰到好处”的中间层通常称为网络层，路由器是一个在网络层交换数据包的网关。一般而言，互联网络是通过网络层网关或路由器连接的。然而，即使单个大型网络通常也包含许多路由器。

1.4 网络实例

计算机联网这一主题覆盖了许多不同种类的网络，规模有大有小，有知名的也有不知名的。不同的网络有不同的目标、规模和技术。在本节中，我们将介绍一些网络实例，以便读者对于计算机网络领域中的多样性有所认识。

我们首先从 Internet 开始，这或许是世界上最著名的网络，我们将讨论它的历史、发展历程以及相应技术。其次我们将考虑移动电话网络，从技术角度看，它与 Internet 有很大的不同。接下来我们将介绍 IEEE 802.11，即占主导地位的无线 LAN 标准。

1.4.1 Internet

Internet 是大量不同网络的集合，这些网络使用特定的公共协议，并提供特定的公共服务。Internet 是一个不同寻常的系统，它不是由任何一个机构规划出来的，也不受任何一个机构控制。为了更好地理解 Internet，让我们从它的起源开始，看它是如何发展起来的以及为什么会发展起来。如果你要了解关于 Internet 发展的辉煌历史，强烈建议你看一看 John Naughton 的书(2000)。这是一本难得的好书，不仅读起来有趣，而且为严谨的网络发展史学家提供了 20 页的参考书目。本节中的有些材料就是以这本书为基础的。关于网络发展最近的历史，可以参考 Brian McCullough 的书(2018)。

当然，关于 Internet 及其历史和协议也有无数的技术专著。比如，有关 Internet 更多的信息可以参考 Severance(2015)。

ARPANET

故事始于 20 世纪 50 年代后期，在冷战高峰期，美国国防部希望建立一个"命令-控制"网络，即使在核战争爆发的情况下它也能够生存下来。在当时，所有的军事通信都使用被大家认为非常脆弱的公共电话网络。从图 1-12(a)我们可以看出秉持这种观点的理由。图 1-12(a)中黑色的点代表电话交换局，每个电话交换局都连接着几千部电话；然后，这些交换局再连接到更高层次的交换局(长途局)，从而形成全国性的层次结构，整个结构只有很少量的冗余。这个系统的脆弱性在于，一旦几个关键的长途局遭到破坏，则整个系统有可能被分割成多个孤岛，因而，五角大楼的将军们就无法再呼叫洛杉矶的基地了。

1960 年左右，美国国防部给了兰德公司一份合同，授权它寻找一个解决方案。兰德公司的雇员 Paul Baran 提出了一个高度分布式和容错的设计，如图 1-12(b)所示。由于任何两个交换局之间的路径长度都超过了模拟信号不失真传输的最长距离，所以 Baran 建议采用数字形式的数据包交换技术。Baran 给美国国防部写了几份报告详细阐述他的思想(Baran，1964)。五角大楼的官员们喜欢这个概念，并且请 AT&T 公司(当时美国国家电话系统的垄断商)建立一个原型系统。但 AT&T 公司立即否定了 Baran 的想法。这个世界

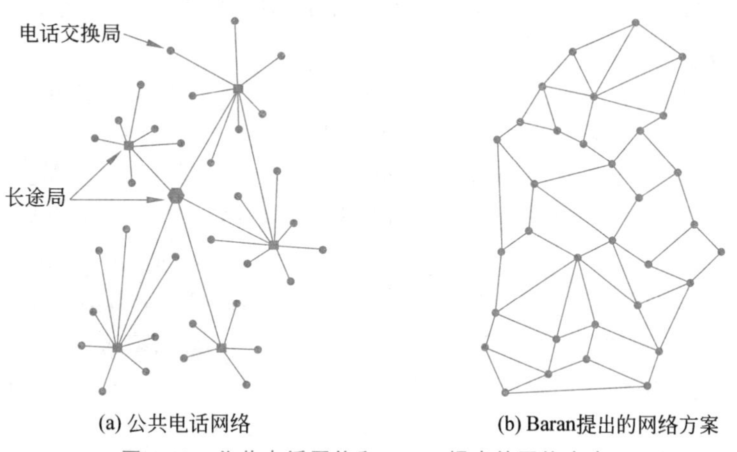

图 1-12 公共电话网络和 Baran 提出的网络方案

上最大、最富有的公司是不会允许一个自以为是的年轻人(至少来自加州,而AT&T当时是一家东海岸的公司)告诉自己如何建立一个电话系统。他们说Baran的网络是不可能建立起来的,于是Baran的想法被扼杀了。

几年过去了,美国国防部还是没有得到一个更好的"命令-控制"系统。为了理解接下来发生的事情,我们必须回到1957年10月,当时苏联发射了第一颗人造卫星(Sputnik),在太空领域打败了美国。当时的美国总统艾森豪威尔试图找出是谁在玩忽职守,他很惊讶地发现,陆军、海军和空军都在为五角大楼的研究经费预算而争吵不休。他的第一反应是建立一个专门的国防研究组织,即高级研究计划局(Advanced Research Projects Agency,**ARPA**)。ARPA没有科学家,也没有实验室,事实上,除了一间办公室和少量的预算(按照五角大楼的标准)以外什么也没有。ARPA的工作方式是给那些想法比较有前景的大学或者公司发放项目资助和签约合同。

在刚开始的几年中,ARPA试图确定自己的使命应该是什么。在1967年,ARPA的项目经理Larry Roberts将注意力从如何实现对计算机的远程访问转移到网络技术上。他联系了各种专家确定要做些什么。其中一个专家——Wesley Clark建议建立一个数据包交换子网,将每台主机连接到它自己的路由器上。

在消除了最初的怀疑后,Roberts同意了这种想法,并且于1967年下半年在田纳西州Gatlinburg举行的ACM SIGOPS SOSP会议(关于操作系统原理的研讨会)上展示了这份有点含糊不清的文章(Roberts, 1967)。令Roberts感到惊讶的是,此次会议上的另一篇文章描述了一个类似的系统,该系统不仅有设计方案,而且英国国家物理实验室(National Physical Laboratory,NPL)在Donald Davies的指导下已经完全实现了该系统。NPL系统还不是一个国家级的系统。它只是将NPL园区中的几台计算机连接起来,然而,它让Roberts相信,数据包交换的思想是可以工作的。而这一思想引用了当时已被弃置不用的Baran早期研究工作。Roberts从Gatlinburg回来之后决定建立一个网络,这就是后来称为**ARPANET**的网络。

在当时的计划中,ARPANET的子网由一些小型机组成,这些小型机称为接口消息处理器(Interface Message Processor,**IMP**),它们通过当时最先进的56kb/s传输线路连接起来。为了保证高可靠性,每个IMP至少与两个其他IMP连接。在子网上发送的每个数据包都包含完整的目标地址,所以,如果有一些线路和IMP被毁坏,后续的数据包能被自动地重新路由到其他可替代的路径上。

网络中的每个节点都包含一个IMP和一台主机,这两个设备位于同一个房间中,通过一条很短的线连接起来。主机给IMP发送的消息最长可达8063b;然后IMP把这些消息分成数据包(每个数据包最多1008b),再独立地向目标节点转发。每一个数据包必须在完整地到达一个节点之后才可以被再次转发,所以,该子网是第一个电子的、存储-转发的数据包交换网络。

ARPA以招标的形式建立该子网。有12家公司参与竞标。在评估了所有的项目申请书之后,ARPA选择了BBN公司,这是马萨诸塞州剑桥的一家咨询公司。在1968年12月,ARPA与BBN公司签署了建立子网并编写子网所需软件的合同。BBN公司选择了经过特殊改进的Honeywell DDP-316小型机作为IMP。它有12KB 16位字的核心内存,但没有磁盘,因为可移动部件被认为是不可靠的。通过租用电话公司56kb/s的线路将这些IMP相互连接起来。虽然56kb/s现在通常是农村地区唯一的选择,但在当时这也价格不菲,需要很多钱才能买得到。

软件分成两部分:子网软件和主机软件。子网软件包括主机-IMP连接的IMP端、IMP-IMP协议以及一个专门为提高可靠性而设计的源IMP-目标IMP协议。最初的ARPANET设计如图1-13所示。

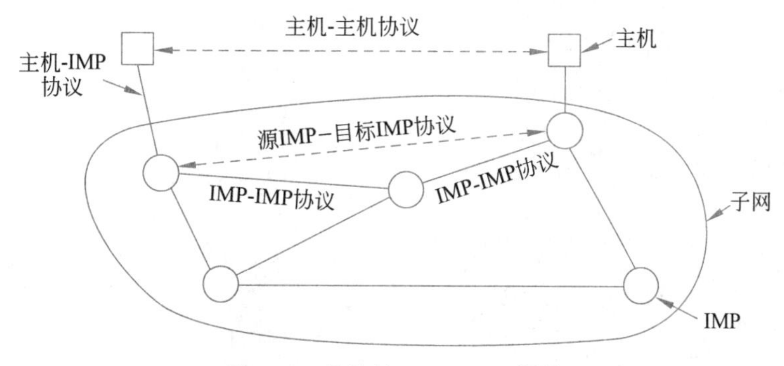

图1-13 最初的ARPANET设计

在子网外还需要其他软件,即主机-IMP连接的主机端、主机-主机协议以及应用软件。事情很快变得明朗了,BBN公司认为,当这个子网能够在主机-IMP的线路上接收到消息,并且把消息放到目标方的主机-IMP线路上时,它的任务就完成了。

然而,Roberts有一个问题:主机也需要软件。为了解决这个问题,1969年夏季,他在犹他州的Snowbird召集了一次网络研究人员的会议,其中大多数是研究生。研究生们希望有一个网络专家向他们解释该网络的宏伟设计以及需要的软件,然后给每个人分配任务,编写其中的一部分软件。他们惊讶地发现,这里既没有网络专家,也没有宏伟设计,他们必须自己想办法找到该做的事情。

然而,不管怎么样,1969年12月,一个实验性的网络上线运行了,它包含4个节点:UCLA(加州大学洛杉矶分校)、UCSB(加州大学圣芭芭拉分校)、SRI(斯坦福研究院)和犹他大学。之所以选择这4个点,是因为这4个机构获得了ARPA的许多合同,而且都有一些不同类型且完全不兼容的主机(使得这一项工作更加有趣)。在这两个月之前,第一个主机-主机消息就从UCLA节点发往SRI节点,其中UCLA节点的团队由Len Kleinrock领导(他是数据包交换理论的先驱)。随着越来越多的IMP被交付和安装,网络增长得很快,迅速扩展到整个美国。图1-14显示了ARPANET在最初3年中的快速增长。

除了帮助羽翼未丰的ARPANET成长外,ARPA还资助了有关卫星网络和移动数据包无线网络使用方面的研究工作。在一次著名的演示中,一辆正在加州行驶的卡车通过数据包无线网络向SRI发送消息,然后SRI将该消息通过ARPANET转发到东海岸,再通过卫星网络发送到伦敦大学学院(UCL)。这样,卡车中的研究人员就可以一边在加州的公路上行驶,一边使用伦敦的计算机了。

这次实验也验证了已有的ARPANET协议并不适合跨越不同网络运行。这个观察结果催生了有关协议的更多研究工作开展,并最终导致了TCP/IP的发明(Cerf和Kahn,1974)。TCP/IP是专门用来处理互联网络通信的协议族。随着越来越多的网络挂接到

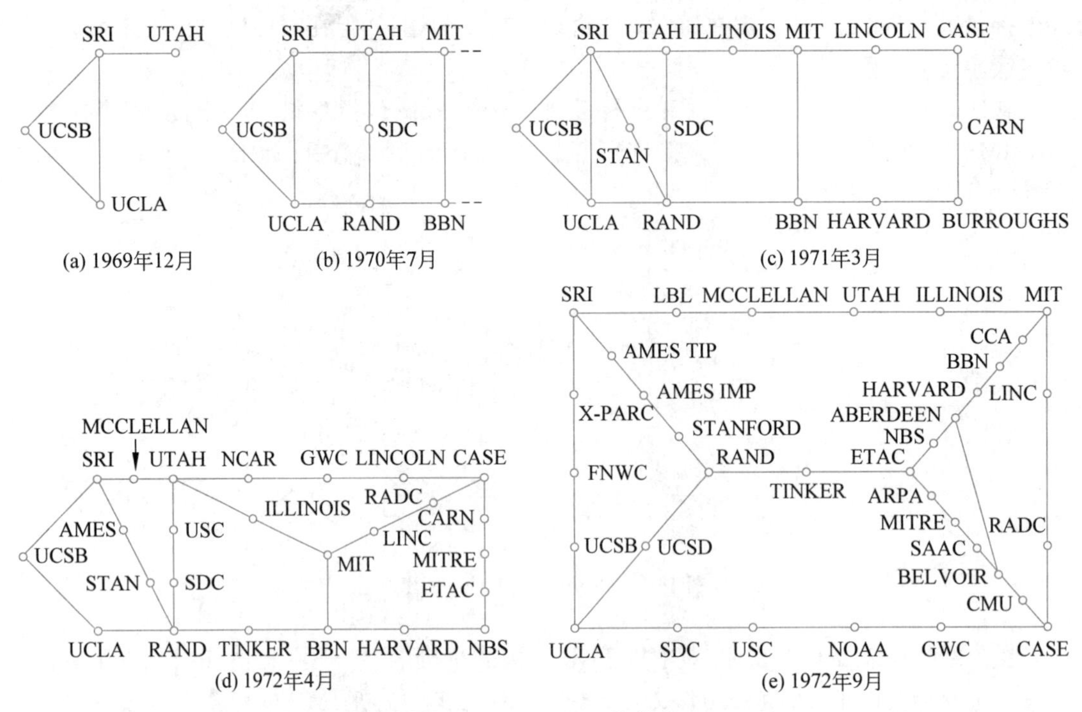

图 1-14 ARPANET 的增长

ARPANET 上,网络互连的通信变得越来越重要了。

为了促进这些新协议的应用,ARPA 又签订了几个在不同计算机平台上实现 TCP/IP 的合同,包括 IBM、DEC 和 HP 的系统,以及 Berkeley UNIX。加州大学伯克利分校的研究人员为即将发布的 Berkeley UNIX 4.2 BSD 用一种新的编程接口重写了 TCP/IP,该编程接口称为套接字(socket)。他们还编写了许多应用程序、工具以及管理程序,以便展示通过套接字使用网络有多么容易。

真是机缘巧合,许多大学刚刚得到了第二台或者第三台 VAX 计算机和连接它们的 LAN,但是它们却没有联网软件。当 Berkeley UNIX 4.2 BSD 横空出世时,包括 TCP/IP、套接字编程接口以及许多网络工具的整个软件包被立即采纳。而且,通过 TCP/IP 把 LAN 连接到 ARPANET 非常容易,许多 LAN 也的确这样做了。由此,在 20 世纪 70 年代中期,TCP/IP 的应用得到了极其快速的增长。

NSFNET

到了 20 世纪 70 年代后期,美国国家科学基金会(National Science Foundation,NSF)注意到了 ARPANET 对大学研究工作产生的巨大影响。有了 ARPANET,不同国家的科学家可以共享数据并协同开展研究项目。然而,如果一个大学想要接入 ARPANET,必须与美国国防部签订研究合同,而这是许多大学不具备的。NSF 最初的应对措施是在 1981 年资助一个计算机科学网络(Computer Science Network,**CSNET**)。该网络将计算机系和工业研究实验室通过拨号和租用线路连接到 ARPANET。到 20 世纪 80 年代后期,NSF 更进一步,决定设计一个 ARPANET 的继任网络,对所有大学的研究组都开放。

为了使这件事情得以实质性地启动起来,NSF 决定建立一个骨干网,将它的 6 个超级计算机中心连接起来，这6个计算机中心分别位于San Diego、Boulder、Champaign、Pittsburgh、Ithaca和Princeton。每台超级计算机都配备一个小的兄弟设备，包括一台称为**fuzzball**的LSI-11微型计算机。这些微型计算机通过56kb/s租用线路连接起来，形成了子网结构，这与ARPANET使用的硬件技术相同。然而，软件技术并不相同，fuzzball从一开始就使用TCP/IP，这使得它成为第一个TCP/IP WAN。

NSF还资助了一些(最终大约20个)连到骨干网上的区域性网络，使得数以千计的大学、研究实验室、图书馆和博物馆的用户可以访问NSF的任何一台超级计算机，并且用户相互之间可以进行通信。整个网络，包括骨干网和区域网，合起来统称为**NSFNET**(National Science Foundation Network，美国国家科学基金会网络)。它通过卡内基梅隆大学机房内一条连接IMP和fuzzball的链路连接到ARPANET。1988年的NSFNET骨干网如图1-15所示。

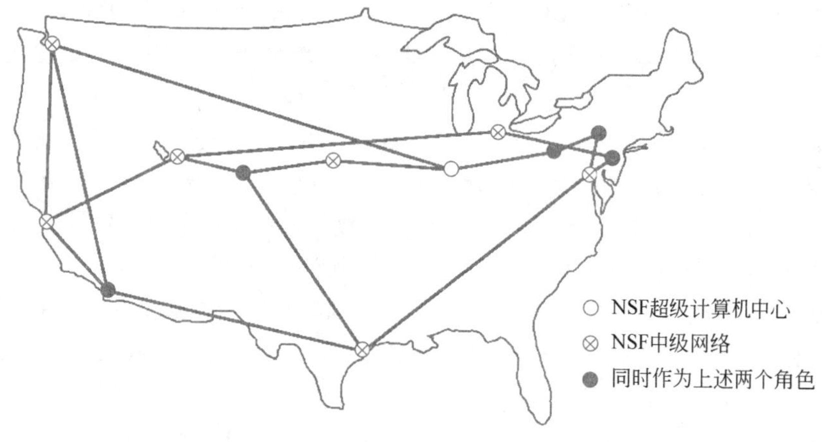

图1-15　1988年的NSFNET骨干网

NSFNET很快获得了成功，从一开始就超负荷地运转。NSF立即着手规划它的下一个网络，并且与总部设在密歇根州的MERIT财团签订了一份合同，由它负责运行该网络。它从MCI(在2006年已经被Verizon收购)租用了448kb/s的光纤信道来构建骨干网的第二个版本，采用IBM PC-RT作为路由器。很快，NSFNET网络又超负荷了。到1990年，第二个骨干网升级到1.5Mb/s。

随着网络的不断增长，NSF意识到政府不可能永远不停地资助网络发展。同时，商业组织也想要加入这个网络，但是受到NSF的章程限制，即商业组织不能使用由NSF出资运营的网络。因此，NSF鼓励MERIT、MCI和IBM组成一个非营利性的公司，作为迈向商业化道路的第一步，该公司称为**ANS**(Advanced Networks and Services，**高级网络与服务**)。1990年，ANS正式接管了NSFNET，并且将1.5Mb/s链路升级到45Mb/s，构成了**ANSNET**。该网络运行了5年，然后被出售给美国在线(America Online)。但此时，许多公司已经在提供商业性的IP服务，很明显此时政府应该退出网络服务商业圈了。

为了使传输更加容易，并且确保每一个区域网络都可以与其他的每个区域网络进行通信，NSF与4个不同的网络运营商签订合同，建立**网络接入点**(Network Access Point，**NAP**)。这4个网络运营商分别是PacBell(旧金山)、Ameritech(芝加哥)、MFS(华盛顿特区)和Sprint(纽约市,为了NAP的目的,宾夕法尼亚和新泽西也算在了纽约市内)。任何一个网络运营商,如果要想给NSF区域网络提供骨干网服务,则它必须连接所有的NAP。

这种安排意味着从任何一个区域网络发出的数据包都可以选择骨干网运营商,从它所在的NAP到达目标NAP。因此,骨干网运营商不得不为了区域网络的业务而在服务和价格上进行竞争,当然,这正是NSF的意图所在。最终的结果是,原来的骨干网的概念被一个由商业驱动的竞争性基础设施取代。许多人喜欢批评美国联邦政府不会创新,但是在网络领域,正是美国国防部和NSF建立了作为Internet基础的网络基础设施,然后它们又把该设施交给工业界运行,事情就这样发生了。当美国国防部请AT&T公司构建ARPANET时,AT&T公司由于看不到计算机网络的价值而拒绝承接这个项目。

在20世纪90年代,许多其他国家和区域也纷纷建立了国家研究网络,通常采用ARPANET和NSFNET的模式,其中包括欧洲的EuropaNET和EBONE,刚开始的时候它们使用2Mb/s链路,后来升级到34Mb/s链路。最终欧洲的网络基础设施也交给了工业界。

从此以后Internet发生了巨大的改变。它的规模随着20世纪90年代早期万维网的出现而呈现爆炸式增长。Internet系统协会(Internet Systems Consortium)的最新数据显示,在Internet上可见的主机数已经超过6亿台,这一数目仅仅是一个保守估计。当1994年第一届WWW会议在CERN举行时,这一数目已远远超过几百万了。

人们使用Internet的方式也发生了根本改变。起初,学术领域的电子邮件、新闻组、远程登录和文件传输等应用占据主导地位。后来逐步发展到普通人也使用电子邮件,然后是Web网站和对等内容分发,比如现在已经关闭了的Napster。现在实时媒体分发和社交网络(比如Twitter、Facebook)成了主流。现在Internet上占主体地位的流量形式是流式视频(比如Netflix和YouTube)。这些进展给Internet带来了更丰富的媒体种类,因而产生了更多的流量,同时对Internet体系结构本身也带来了影响。

Internet体系结构

随着Internet规模的爆炸式增长,它的体系结构也发生了很大变化。接下来,我们将尝试概述今天的Internet看起来是什么样子的。业务领域的持续变化使得局面非常复杂,电话公司(电信公司)、有线电视公司和互联网服务提供商往往很难分辨谁正做什么业务。造成这种局面的驱动因素之一是电信业的融合,即一个网络有了与以前不同的应用。比如,在"三网融合"(triple play)的驱动下,一个公司可以在相同的网络连接上推销电话业务、有线电视和Internet服务,其价格比这3个服务单独计费低得多。因此,相比于现实情况,这里给出的描述只是一个简化版本。今天正确的东西在明天未必是正确的。

图1-16显示了Internet体系结构的概貌。让我们来逐步查看每个部分,首先从家用计算机开始(在图1-16的边缘)。为了加入Internet,家用计算机必须连到一个Internet服务提供商(ISP),用户从该ISP购买Internet接入服务。这样家用计算机就可以与Internet上所有其他可访问的主机交换数据包。有多种Internet接入类型,通常根据它们能提供的带宽和需要的成本来区分,但最重要的属性是连通性。

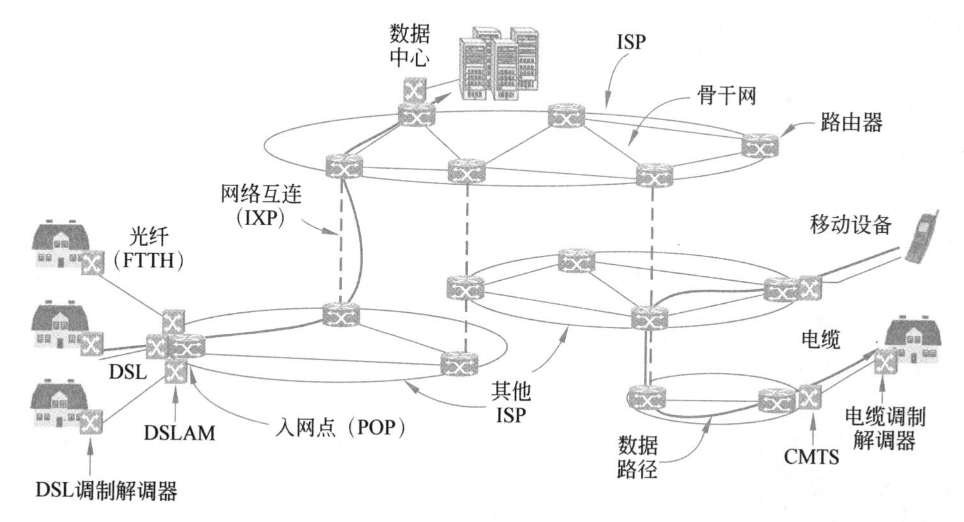

图 1-16　Internet 体系结构的概貌

连接 Internet 和家庭的一种常用方法是通过有线电视基础设施发送信号。这种有线网络，有时候称为 HFC（Hybrid Fiber-Coaxial，混合光纤同轴电缆网络），是一个集成的基础设施，它使用一种称为 DOCSIS（Data Over Cable Service Interface Specification，同轴电缆数据接口规范）的基于数据包的机制传输各种数据服务，包括电视信号、高速数据以及语音。家庭端的设备称为电缆调制解调器（cable modem），而电缆头端的设备称为 CMTS（Cable Modem Termination System，电缆调制解调器终端系统）。单词 modem 是 modulator/demodulator（调制器和解调器）的缩写，指任何能在数字比特与模拟信号之间进行转换的设备。

接入网络受限于“最后一英里”（last mile）或最后一段传输的带宽。在过去 10 年，DOCSIS 标准发展迅速，已经可以对家庭网络支持很高的吞吐量。最新的 DOCSIS 3.1 全双工标准引入了对上行和下行数据速率对称的支持，允许最大容量达到 10Gb/s。最后一英里网络部署的另一个选项是采用一种称为 FTTH（Fiber to the Home，光纤到户）的技术运营光纤到家庭的网络连接。对企业来说，租用一条从办公室到最近的 ISP 的专用高速传输线路是合理的。在世界上有些地区的大城市中，能够租用到 10Gb/s 的线路。比如，在北美，T3 线路的运行速率大约为 45Mb/s。在世界上的其他地区，特别在发展中地区，既没有线缆网络，也没有光纤部署。有些这样的地区，正直接跳跃到以高速无线网络或移动网络作为 Internet 接入的最主要方法。我们将在 1.4.2 节中对移动 Internet 接入做一个综述性介绍。

现在，我们可以在家庭和 ISP 之间移动数据包了。我们把客户数据包进入 ISP 网络并使用其服务的位置称为 ISP 的 POP（Point of Presence，入网点）。下一步，我们将解释数据包如何在不同的 ISP 入网点之间移动。从这个点开始，系统就完全是数字化的，而且采用的是数据包交换技术。

ISP 网络可能是区域性、国家级或国际范围的。我们已经看到，它们的体系结构包含了长距离传输线路，这些线路将不同城市的 ISP 服务的 POP 中的路由器相互连接起来。这些装备称为 ISP 的骨干（backbone）。如果数据包的目标是由该 ISP 直接服务的主机，那么该数据包通过该ISP的骨干网进行路由,并直接传递给目标主机。否则,它必须被移交给另一个ISP。

ISP将它们的网络连接起来,在Internet交换点(Internet eXchange Point,IXP)交换流量。相互连接的ISP被认为彼此对等(peer)。全世界各地城市有很多IXP,它们在图1-16中被绘制成垂直的虚线,因为ISP网络在地理范围上是重叠的。基本上,一个IXP是一个装满了路由器的房间,每个ISP至少有一台路由器。房间里的快速光纤LAN将所有的路由器连接起来,因此数据包可以从任何一个ISP骨干网被转发到任何一个其他ISP骨干网。IXP可能是大型的,并且由一些业务上彼此竞争的机构分别拥有。最大的一个IXP是阿姆斯特丹的Internet交换中心(AMS-IX),那里连接着超过800个ISP,通过该中心交换着超过4000Gb/s的流量。

ISP是否对等取决于ISP之间的业务关系,它们之间可以有很多种可能的关系。比如,一个小型ISP可能会给较大的ISP一定的费用,以便获得其提供的Internet连通性服务,从而能够到达遥远的主机,这种情况非常像客户从Internet服务提供商处购买服务的情形。在这种情况下,小型ISP支付的是中转(transit)费。另外,两个大型ISP可能决定互相交换流量,这样,其中任何一个ISP给另一个ISP传送一些流量都无须支付中转费。Internet存在着许多悖论,其中之一就是公开竞争客户的ISP往往私下合作,建立对等关系(Metz,2001)。

数据包通过Internet的路径依赖于对等ISP的选择。如果正在传递一个数据包的ISP与目标ISP是对等关系,则它可以直接将数据包传递给对等ISP;否则,它可能将数据包路由到离一个付费中转提供商最近的地方,以便该中转提供商传递数据包。图1-16显示了两条跨越ISP的路径。通常,一个数据包选用的路径并不是通过Internet的最短路径,它可能是最不拥塞或者最便宜的ISP。

有少数中转提供商,包括AT&T和Level 3,运营着大型国际骨干网,数以千计的路由器通过高带宽光纤链路相互连接在一起。这些ISP不需要支付中转费。它们通常称为1级(tier 1)ISP,正是它们形成了Internet的骨干网,因为所有其他ISP都必须与它们连接才能到达整个Internet。

提供大量内容的公司(比如Facebook和Netflix)都把它们的服务器放在数据中心(data center),那里与Internet其余部分有很好的连接。这些数据中心是专为计算机而不是为人类设计的,摆满一排排机架。这样的装置称为服务器农场(server farm)。代管(colocation)或托管(hosting)数据中心让客户把诸如服务器之类的装置放在ISP的POP,以便在服务器与ISP骨干网之间形成短程的快速连接。Internet托管行业已日益虚拟化,因此现在租用一台运行在服务器农场的虚拟计算机变得很常见,无须真正安装一台物理计算机。这些数据中心是如此之大(几十万或几百万台计算机),以至于电费成为其运营的主要成本,所以数据中心有时建立在电力很便宜的地方。比如,Google公司在俄勒冈州的达尔斯建了一个20亿美元的数据中心,因为它靠近哥伦比亚河上的一个大型水坝发电站,该发电站可以提供便宜的绿色电力。

通常,Internet体系结构已经被看成一个层次结构,其顶部是1级ISP,其他的网络沿着层次结构依次向下,取决于它们是大型的区域网络还是小型的接入网络,如图1-17所示。然而,在过去10年间,这一层次结构进化了很多,已经显著地“扁平化”了,如图1-18所示。

这种变化的推动力是“超级巨头”内容提供商的出现，包括 Google、Netflix、Twitch 和 Amazon，以及 Akamai、Limelight 和 Cloudflare 等全球分布的 CDN。它们再一次改变了 Internet 的体系结构。在过去，这些内容提供商不得不依赖于中转网络把内容转送到本地的接入提供商；现在，接入提供商和内容提供商都迅速发展，变得如此巨大，以至于它们通常在许多不同位置都直接相互连接起来。在许多情况下，经常可以看到的 Internet 路径是直接从客户的接入提供商到达内容提供商。在有些情况下，内容提供商甚至将它的服务器托管在接入提供商的网络内部。

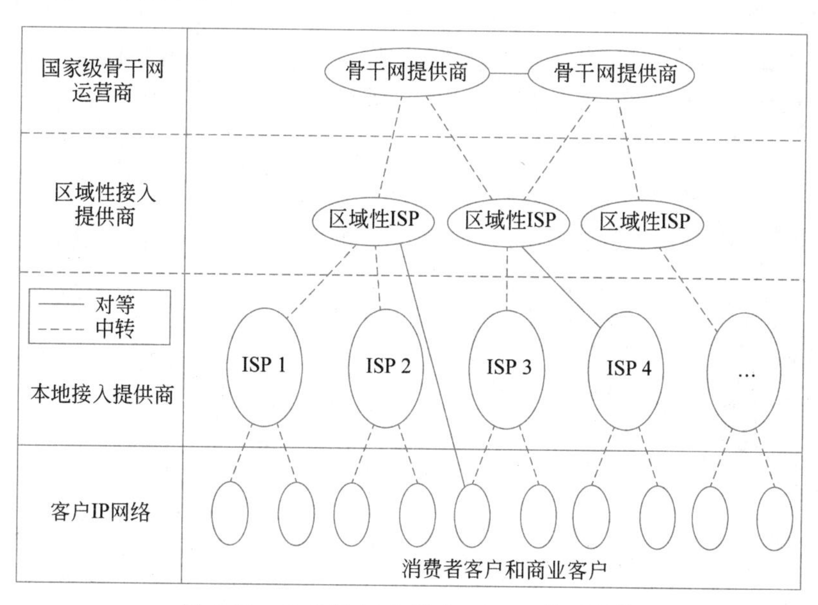

图 1-17　20 世纪 90 年代的 Internet 体系结构

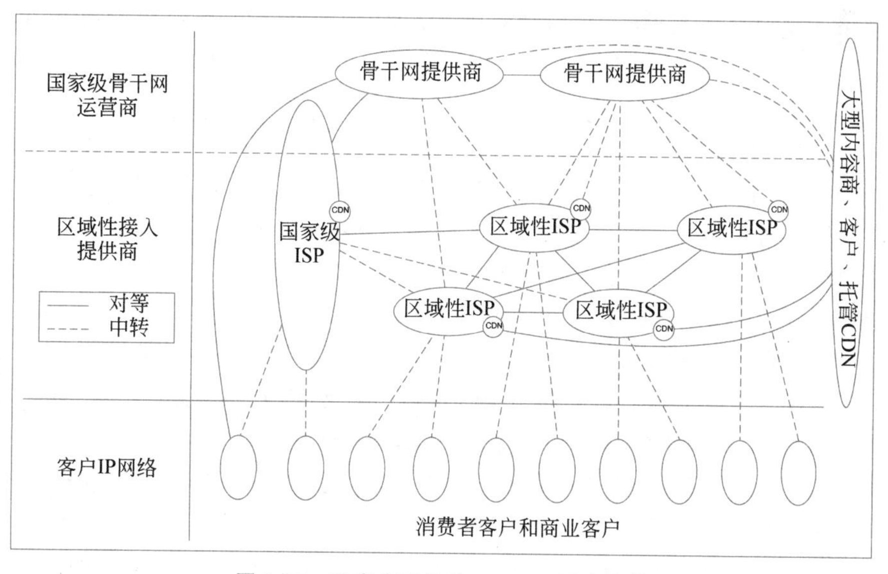

图 1-18　现在扁平化的 Internet 层次结构

1.4.2　移动网络

在全球移动网络已经有超过50亿用户了,这差不多是全球人口的65%。这些用户中的大多数(即使不是绝大多数)都通过其移动设备访问Internet(ITU,2016)。在2018年,移动Internet流量超过了全球在线流量的一半。因此,接下来有必要讨论移动电话网络。

移动网络体系结构

移动电话网络的体系结构与Internet的体系结构非常不一样。它有几个部分,图1-19中显示的是简化版本的4G LTE体系结构。这是一种常用的移动网络标准,仍将继续使用,直至被第五代网络(即5G)替代为止。下面简短地讨论每一代的历史。

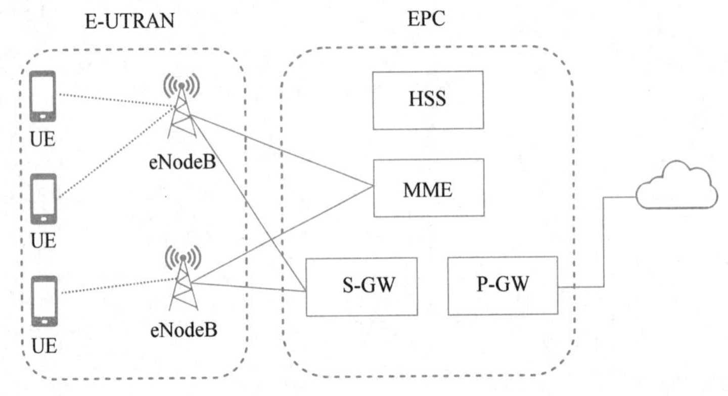

图1-19　简化版本的4G LTE体系结构

首先是**E-UTRAN**(Evolved UMTS Terrestrial Radio Access Network,**演进的UMTS陆地无线接入网**),这是一个很有想象力的名称,是一个无线通信协议,被用于在移动设备(比如蜂窝电话)和**蜂窝基站**(cellular base station,现在被称为**eNodeB**)之间进行通信。**UMTS**(Universal Mobile Telecommunication System,**通用移动电信系统**)是蜂窝电话网络的正式名称。在过去几十年间,空中接口的进步已经极大地增加了无线数据传输速率(现在仍然在增加)。空中接口建立在**CDMA**(Code Division Multiple Access,**码分多址**)的基础之上,第2章将研究这一技术。

蜂窝基站连同它的控制器一起构成了**无线接入网络**(radio access network)。这部分是移动电话网络的无线一侧。控制器节点或**无线网络控制器**(Radio Network Controller,**RNC**)控制如何使用无线电频谱,而基站实现空中接口。

移动电话网络的其余部分负责运载无线接入网络的流量。它被称为**核心网络**(core network)。在4G网络中,核心网络已经演变成分组交换网络,现在称为**EPC**(Evolved Packet Core,**演进的分组核心网**)。3G UMTS核心网络是从以前2G GSM系统使用的核心网络演变而来的;4G EPC完成了到完全分组交换核心网络的切换。5G系统也是完全数字的。现在这些不可能再回去了,模拟时代已经结束了(就像渡渡鸟已经灭绝了一样)。

数据服务已经变成了移动电话网络中一个比以往任何时候都更加重要的部分,它最初是从GSM中的短信服务以及像**GPRS**(General Packet Radio Service,**通用分组无线服务**)这样的早期数据包服务开始的。这些老式的数据服务以几十千位每秒的速率运行,但用户希望更高的速率。新的移动电话网络支持数百兆位每秒的传输速率。作为比较,语音通话通常在 64kb/s 的速率通道上可以承载,典型情况下还可以有 3～4 倍压缩。

为了运载所有这些数据,UMTS 核心网络节点直接连接到一个分组交换网络上。S-GW(Serving Network Gateway,服务网络网关)和 P-GW(Packet Data Network Gateway,分组数据网络网关)负责在移动设备与连接外部分组网络(比如 Internet)的接口之间来回传递数据包。

这一转换方案可以在未来的移动电话网络中继续使用。手机上甚至使用 Internet 协议建立连接,按照 IP 语音的方式,通过分组数据网络进行语音通话。从无线接入到核心网络的全程都使用 IP 和数据包。当然,IP 网络的设计方式也在不断地发生变化,以便支持更好的服务质量。如果它没有相应的服务质量,那么破碎的音频和跳跃的视频就不能打动付费用户。我们在第 5 章将介绍这个主题。

移动电话网络和传统 Internet 之间的另一个差异是移动性。当用户移出一个蜂窝基站的覆盖范围,进入另一个蜂窝基站的覆盖范围时,数据流必须从旧蜂窝基站重新路由到新蜂窝基站。这一技术称为移交(handover)或转交(handoff),如图 1-20 所示。

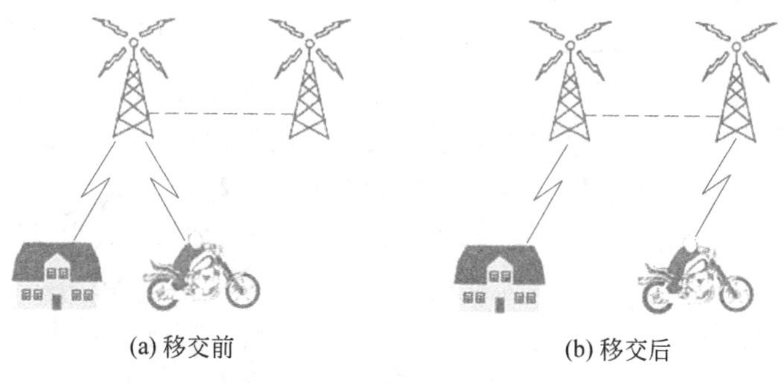

图 1-20 移动电话的移交

当信号质量下降时,不管是移动设备还是基站,都可能请求移交。在有些蜂窝网络中,通常是基于 CDMA 技术的蜂窝网络中,有可能在与旧基站断开连接之前就连接到新基站了。这样可提高移动连接的质量,因为服务期间不会出现中断。移动设备在很短的一瞬间实际上连接了两个基站,这样的移交方式称为软移交(soft handover),以区别于硬移交(hard handover)。在硬移交中,移动设备先与旧的基站断开连接,然后再与新基站建立连接。

与此相关的一个问题是,当有进入的呼叫时,首先是如何找到一个移动用户的。每个移动电话网络在其核心网络中都有一个归属用户服务器(Home Subscriber Server,HSS),它知道每个用户的位置,以及其他用于身份验证和授权的个人资料信息。以这种方式,可以通过联系 HSS 找到每个移动用户。

最后要讨论的一个领域是安全性。从历史上看,长期以来,电话公司采取了比 Internet 公司更为严格的安全措施,因为它们需要对服务收费,以及避免(付款)欺诈。不幸的是,除此之外没有其他理由可言。然而,在从 1G 到 5G 技术的演进过程中,移动电话公司已经能够为移动用户提供一些基本的安全机制。

从 2G 的 GSM 系统开始,移动电话分为手机和一个可插拔的芯片两部分,该芯片中包含了用户的身份和账户信息,它被非正式地称为**SIM卡**(SIM card),即**用户标识模块**(Subscriber Identity Module)的简称。SIM卡可以切换到不同的手机来激活它们,它们提供了安全的基础。当GSM用户到其他国家度假或商务旅行时,他们往往带着自己的手机,但抵达目的地之后花几美元买一张新的SIM卡,就可以在本地通话而无须支付漫游费。

为了防御欺诈,SIM卡上的信息被移动电话网络用来认证用户及检查是否允许他们使用网络。通过UMTS网络,手机也使用SIM卡上的信息检查它是否在与一个合法的网络进行通话。

安全的另一个考虑是隐私。无线信号能广播到附近所有的接收器,因此,为了使通话难以被窃听,可以用SIM卡上的加密密钥对传输消息进行加密。这种方法提供了比1G系统更好的隐私性,1G系统很容易被窃听。但加密方案也不是万能的,因为加密方案本身也有弱点。

分组交换和电路交换

自从联网开始之初,在支持分组交换网络(无连接的网络)的人群与支持电路交换网络(面向连接的网络)的人群之间上演了一场争论,并且一直在持续。**分组交换**(packet switching)的支持者来自Internet社群。在一个无连接的设计中,每个数据包都独立于任何其他的数据包被路由。因此,如果在一个会话进行过程中有些路由器出现故障,只要系统能够动态地重新配置自己,后续的数据包就可以找到通向目的地的其他路径,于是,即使新的路径不同于前面数据包所使用的路径,这个会话也不会受影响。

电路交换(circuit switching)的支持者来自电话公司的阵营。在电话系统中,呼叫方必须拨打被叫方的号码,等待连接以后才能通话或发送数据。此连接的设置建立了一条通过电话系统的路径,该路径一直被维持到通话终止。所有的信息或数据包都沿着同样的路径,如果路径上的某条线路或某台交换机出现故障,则通话会立即被终止,因而它在容错性方面不如无连接设计。

电路交换更容易实现更好的服务质量,因为通过提前建立一个连接,子网可以预留链路带宽、交换机缓冲空间以及CPU时间等。如果系统试图建立一个呼叫时,没有足够的资源可供使用,则该次呼叫将被拒绝,呼叫方将听到一个忙信号。通过这种方式,一旦连接已被建立,则该连接将得到良好的服务。

在图1-19中,令人惊喜的是,核心网络中同时包含了分组交换和电路交换设备。这显示了移动电话网络正在发生转变,移动电话公司能够实现一种服务,或者有时能同时实现两种服务。旧的移动电话网络使用电路交换核心,以传统的电话网络风格传递语音通话。这种传统概念体现在UMTS网络中的**移动交换中心**(Mobile Switching Center,**MSC**)、**网关移动交换中心**(Gateway Mobile Switching Center,**GMSC**)以及在诸如**公共交换电话网络**(Public Switched Telephone Network,**PSTN**)这样的电路交换核心网络中负责建立连接的**媒体网关**(Media Gateway,**MGW**)上。

前3代移动网络:1G、2G和3G

在过去的50年间,伴随着移动网络的巨大增长,移动网络的体系结构发生了很大变化。第一代移动电话系统使用连续变化的(模拟)信号而非(数字)比特序列传输语音通话。**高级移动电话系统**(Advanced Mobile Phone System,**AMPS**)是一种得到广泛使用的第一代

(1G)移动电话系统,于1982年在美国部署。第二代(2G)移动电话系统切换到以数字形式传输语音通话,增加了容量,增强了安全性,而且提供短信服务。1991年开始部署的全球移动通信系统(Global System for Mobile communications,GSM)已成为世界上广泛使用的移动电话系统,它是一个2G系统。

第三代(3G)移动电话系统从2001年开始部署,它能同时提供数字语音和宽带数字数据服务。关于3G有很多行业术语和许多不同的标准可供选择。3G的宽泛定义由ITU(一个国际标准组织,我们将在本章后面讨论)完成:为静止或步行的用户提供至少2Mb/s的传输速率,为行驶中的车辆提供至少384kb/s的传输速率。UMTS是主要的3G系统,已经在全球范围内得到部署。它也是后继的各种移动电话系统的基础。它可以提供高达14Mb/s的下行链路和近6Mb/s的上行链路。未来的版本将使用多天线和多电台,为用户提供更高的传输速率。

3G系统与之前的2G和1G系统一样,无线电频谱依然是稀缺的资源。政府给移动电话网络运营商发放部分频谱的使用许可,通常采用的方式是频谱拍卖,网络运营商投标竞拍。拥有一段获得许可的频谱更易于设计和运营系统,因为不允许其他运营商在这段频谱上传输,但获得这种许可往往耗资巨大。比如,在英国,2000年5个3G许可的拍卖总额约为400亿美元。

正因为频谱稀缺,从而导致了蜂窝网络的出现,如图1-21所示,现在的移动电话网络就采用了这种设计。为了管理用户之间的无线电干扰,系统的覆盖区域被分成一个个蜂窝。在一个蜂窝内,为用户分配互相不干扰的信道,而且分配的信道对相邻蜂窝也不能干扰太大。这使得相邻蜂窝中的频谱得以很好地重复使用,即频率重用(frequency reuse),从而增加了整个网络的容量。在1G系统中,每个语音通话在特定的频率上进行,使用的频率都要经过仔细选择,从而使得它们不与邻近蜂窝发生冲突。在这种方式下,一个给定的频率只能一次被几个蜂窝重用。现代的3G系统允许每个蜂窝使用全部的频率,但以一种允许相邻蜂窝之间存在可接受的干扰的方式分配频率。蜂窝的设计有许多变体,其中包括在蜂窝发射塔上使用定向天线或扇形天线进一步减少相邻蜂窝之间的频率干扰,但基本思路是相同的。

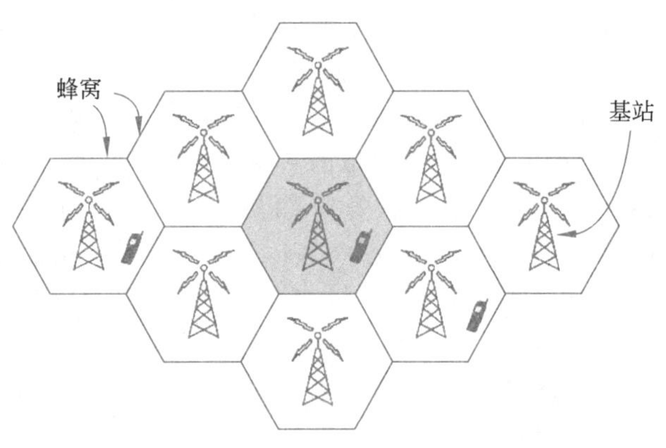

图1-21 蜂窝网络

现代移动网络:4G和5G

移动电话网络注定要在未来的网络中扮演重要的角色。现在它们的移动宽带应用已经远远超越了语音通话,这对空中接口、核心网络体系结构和未来网络的安全性产生了重大影响。在2000年以后出现的4G及后4G(Long Term Evolution,LTE,**长期演进**)技术提供了更快的速度。

在2000年以后,4G LTE很快变成了移动Internet接入的主流模式,超过了像IEEE 802.16(有时称为**WiMAX**)这样的竞争者。5G技术有希望提供更快的速度——可以达到10Gb/s,有望在21世纪20年代早期被大规模部署。这些技术的一个主要差异在于它们依赖的频谱不同。比如,4G使用的频段达到了20MHz;与此相比,5G的设计是可以运行在更高的频段中,可达到6GHz。移到更高频率带来的挑战是,更高频率的信号并不如低频信号那样传播得远,这在技术上必须考虑,通过新的算法和技术解决信号衰减、干扰和错误,包括多输入多输出(Multiple-Input Multiple-Output,MIMO)天线阵列。而且在这些频率上的短微波也容易被水吸收,这就需要付出专门的努力做到下雨天也可以工作。

1.4.3 无线网络(WiFi)

几乎在笔记本计算机一出现时,许多人就有一个梦想,当他们走进办公室时随身携带的笔记本计算机就会神奇地自动接入Internet。各种Internet标准化工作组为实现这一目标已经工作了很多年。最实际的做法是在办公室和笔记本计算机上都配备短程无线电发射器和接收器,以便它们进行通话。

这一领域的工作使得各种各样的公司迅速推动了无线LAN市场的发展。但麻烦的是,没有任何两个无线LAN产品是相互兼容的。标准的不一致意味着配备了X品牌的无线接口的计算机将无法与同一个房间里配备了Y品牌的基站正常协同工作。在20世纪90年代中期,工业界决定制定一个无线LAN标准,所以,从事有线LAN标准化的IEEE委员会被赋予了起草无线LAN标准的职能。

第一个要做的决定最简单:将要制定的标准叫什么。IEEE 802标准委员会制定的所有其他LAN标准都有一个编号,比如IEEE 802.1、IEEE 802.2和IEEE 802.3,直至IEEE 802.10,所以无线LAN标准被冠以IEEE 802.11。它的俗称是**WiFi**,但这是一个重要标准并值得尊重,所以我们还是用正式的名称称呼它,即IEEE 802.11。在过去多年中,IEEE 802.11标准的许多变体和版本也相继出现并不断演进。

在解决了名称以后,接下来的问题更难了。第一个问题是找到一个合适的、尚可使用的频段,最好在全世界范围内都可用。对此采取的解决办法与移动电话网络使用的办法恰好相反。IEEE 802.11系统不是使用昂贵的、需要获得许可的频谱,而是运行在无须授权的频段上,比如**工业、科学和医疗频段**(Industrial Scientific, and Medical,**ISM**),这些频段由ITU-R定义(比如902～928MHz、2.4～2.5GHz和5.725～5.825GHz)。所有设备都可以使用这一频段,只需要它们限制自己的发射功率,以允许不同的设备并存。当然,这意味着IEEE 802.11无线设备可能会发现自己必须与无绳电话、车库开门器和微波炉竞争。所以,除非设计者允许他人可以打开他们的车库门,否则保留原来的开门权利是非常重要的。

IEEE 802.11网络有客户,比如笔记本计算机和移动电话,也有安装在建筑物内的称为**接入点**(Access Point,**AP**)的基础设施。接入点有时也称为**基站**(base station)。接入点连接到有线网络上,客户之间的所有通信都要通过接入点进行。客户与位于无线电范围内的其他客户直接通话也是有可能的,比如在一个没有接入点的办公室内,两台计算机直接进行通信。这种组织方式称为自组织网络(ad hoc network)。这种模式远远不如接入点模式常用。这两种模式如图 1-22 所示。

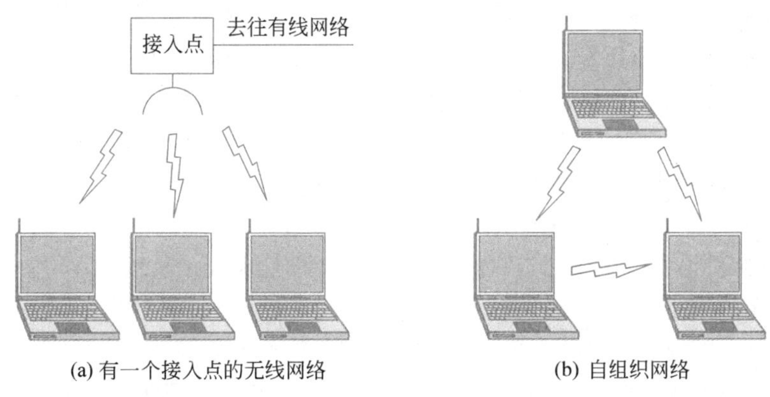

图 1-22 接入点模式网络与自组织网络

IEEE 802.11 传输随着无线条件的变化而异常复杂,哪怕是环境中的很小一点变化都会引起无线传输的复杂化。在 IEEE 802.11 使用的频率上,无线电信号可以被固态物体反射,使得一个传输的多个回波可能沿不同的路径到达接收器。回波可能相互抵消或增强,造成接收到的信号出现大幅波动。这种现象称为多径衰减(multipath fading),如图 1-23 所示。

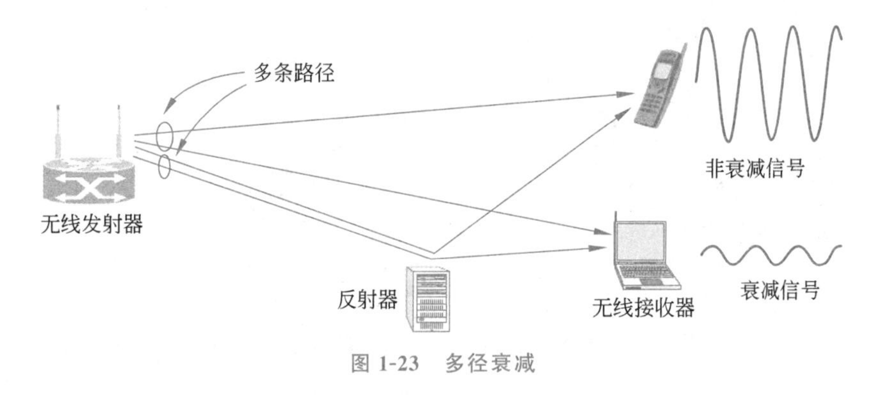

图 1-23 多径衰减

解决这种可变无线环境问题的关键想法是路径多样性(path diversity),即沿多条独立路径的信息发送。这样,即使由于衰减造成其中一条路径上的无线条件变差,信息还是有可能会收到的。这些独立的路径通常内置在硬件用到的数字调制方案中。可以选择的方案包括:使用整个允许频段中的不同频率,跟随不同天线之间的不同空中路径,或者在不同时间段内重复比特。

不同版本的 IEEE 802.11 使用了这些技术。最初的标准(1997 年)定义的无线 LAN 运行在 1Mb/s 或 2Mb/s 上,采用频率跳跃或将信号扩展到允许频段的方法。从一开始人们就抱怨它太慢了,所以工作组开始制定更快的标准。扩频设计得到进一步扩展,并成为速率高达 11Mb/s 的 IEEE 802.11b 标准(1999 年)。然后,IEEE 802.11a(1999 年)和 IEEE 802.11g(2003 年)标准切换到了一个不同的调制方案,称为正交频分复用(Orthogonal Frequency Division Multiplexing,**OFDM**)。OFDM 将频谱的宽频带分成许多窄带,不同的比特在这些窄带上并行发送。我们将在第2章介绍这种改进方案,它将IEEE 802.11a/g的速率提升了54Mb/s。虽然这已经是一个显著的进步,但人们仍然希望有更大的吞吐量以支持更高要求的应用。该标准最新的一些版本提供了更高的速率。已经普遍部署的IEEE 802.11ac可以运行在3.5Gb/s的速率上。新的IEEE 802.11ad可以运行在7Gb/s上,但只能用在单个房间的室内,因为在它使用的频率上的无线电波不能很好地穿透墙壁。

由于无线电本质上是一种广播介质,IEEE 802.11还必须处理因多个传输同时发送而导致的冲突问题,因为同时发送可能会干扰信号的接收。为了解决这个问题,IEEE 802.11采用了**载波侦听多路访问**(Carrier Sense Multiple Access,**CSMA**),该方案借鉴了经典的有线以太网的设计思想。具有讽刺意味的是,以太网的设计吸取了早期在夏威夷开发的、一个称为**ALOHA**的无线网络的思想:计算机在发送前等待一个随机时间间隔,如果它们听到别人已经在发送,则推迟自己的发送。这个方案使得两台计算机在同一时间发送的可能性小得多。然而,在无线环境下,它不像在有线网络情况下工作得那么好。要明白为什么会这样,请参考图1-24。假设计算机A正在向计算机B传输数据,但是A发射器的无线范围太小,无法到达计算机C。如果C也要传输数据给B,它可以在开始之前先侦听,但事实上它并没有听到任何东西,这并不意味着它的传输会成功。C在开始之前无法听到A正在传输数据,这将会导致传输发生冲突。发生任何冲突后,发送方必须等待另一个较长的随机时间,然后重发数据包。尽管有这样或那样的一些问题,但这个方案在实践中工作得足够好。

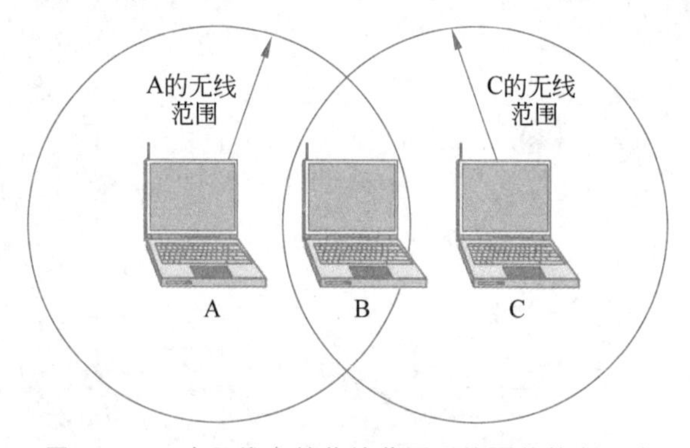

图1-24 一个无线电的传输范围不能覆盖整个系统

移动性是另一个挑战。如果一个移动客户从他正在使用的接入点移动到另一个接入点的覆盖范围内,则需要以某种方式完成移交工作。对应的解决方案是,IEEE 802.11网络可以由多个蜂窝组成,每个都有自己的接入点,并且通过一个分布式系统把这些蜂窝连接在一起。该分布式系统往往是交换式以太网,但它可以使用任何技术。随着客户的移动,他们可能会发现另一个接入点的信号比当前正在使用的接入点的信号质量更好,于是改变自己与接入点的关联。从外部来看,整个系统就像是一个单一的有线LAN。

这就是说,到目前为止,相比移动电话网络的移动性,IEEE 802.11的价值有限。典型情况下,IEEE 802.11用于流动的客户从一个固定位置移动到另一个固定位置,而不是用于“在路上”的情形。移动性并不真正为流动场景所需要。即使使用IEEE 802.11的移动性,它也只是延伸了单个IEEE 802.11网络的范围,可能至多覆盖一座大型建筑物。未来的解决方案需要提供跨越不同网络和不同技术的移动性(比如,IEEE 802.21针对的是有线网络与无线网络之间的移交问题)。

最后,还有安全性问题。由于无线传输是广播性质的,附近的计算机很容易接收到并非发送给它们的数据包。为了防止这一点,IEEE 802.11 标准还包括了一个称为有线等效保密(Wired Equivalent Privacy,WEP)的加密方案。当时的想法是让无线网络的安全像有线网络的安全一样。这是一个好主意,但不幸的是,这个方案有缺陷,并且很快被攻破(Borisov 等,2001)。此后它已被更新的方案所替代,IEEE 802.11i 标准中有不同的加密细节,该方案也称为 WiFi 保护接入(WiFi Protected Access),最初称为 WPA,现在更名为 WPA2。还有更复杂的协议,比如 IEEE 802.1X,它允许接入点使用基于证书的客户认证方法,并且客户可使用各种不同的方法向接入点认证自己。

IEEE 802.11 已经引发了一场无线联网的革命,并且一直在持续着。它除了部署在建筑物内,现在还普遍出现在火车、飞机、船只和汽车上,所以人们无论身在何处都可以在 Internet 上冲浪。移动电话和所有形式的消费电子产品(从游戏机到数码相机)都可以用 IEEE 802.11 进行通信。甚至 IEEE 802.11 还有一个与其他类型的移动技术融合的方向,这种融合的一个典型例子是 LTE-Unlicensed(LTE-U,非授权频段 LTE)。LTE-U 是 4G LTE 蜂窝网络技术的一个改编版本,运行在无须授权的频段上,可作为 ISP 提供的 WiFi 热点的一个替代。我们将在第 4 章回到所有这些移动和蜂窝网络技术上进行讨论。

1.5　网络协议

本节首先从讨论各种网络协议的设计目标开始,然后探索在网络协议设计中的一个中心概念:层次结构,最后谈一谈面向对象与无连接服务以及支持这些服务的各种特定服务原语。

1.5.1　设计目标

网络协议通常会遵循一组公共的设计目标,包括可靠性(能够从错误、故障、失败中恢复的能力)、资源分配(对公共、有限的资源的共享访问)、演进性(允许协议随着时间增强和增量部署)以及安全性(防止网络受到各种类型的攻击)。在本节中,我们从高层次的角度逐一进行探讨。

可靠性

计算机网络中的一些关键设计问题会一层接着一层地出现。下面,我们将简要地提一些格外重要的问题。

可靠性是保证一个网络正确运行的设计问题,即使该网络是由一些本身并不可靠的组件构成也应如此。请想象数据包中的比特穿越网络时的情形。由于存在电气噪声、随机无线信号、硬件缺陷、软件错误等原因,其中的某些比特到达接收端时已经遭到了破坏(即被逆转了),这种可能性是存在的。我们发现并修复这些错误的可能性又如何呢?

从接收到的信息中发现错误使用的一种机制是检错(error detection)编码。没有正确接收到的信息可以被重新传输,直到被正确接收为止。更强大的编码还能纠错(error correction),即从最初收到的可能不正确的比特中恢复正确的消息。这两种机制都需要加入冗余信息才能工作。低层协议保护单独链路上发送的数据包,高层协议利用这些冗余信息检测接收到的内容是否正确。

另一个可靠性问题是在网络中找到一条可以工作的路径。通常,在源和目的地之间存在多条路径,而且在一个大型网络中可能有一些链路或路由器发生故障。比如,假设柏林的网络出现了故障,那么从伦敦发送到罗马的数据包如果选择了一条经过柏林的路径,将无法通过,但我们可以把从伦敦发往罗马的数据包改道经过巴黎。网络应该能自动做出这种决策。这个话题就是所谓的路由(routing)。

资源分配

第二个设计问题是资源分配。当网络变得很大时,新的问题就会出现。城市有交通堵塞、电话号码资源不足的问题,也容易迷路。许多人在他们自己邻近的地区没有这些问题,但是到了整个城市范围,这些就可能成为大问题。当网络规模变大时仍然能工作得很好的设计称为可扩展的(scalable,或可伸缩的)。网络基于其底层的资源(比如传输线路的容量)向主机提供服务。要做好这些工作,网络需要一些划分其资源用途的机制,使得一台主机不会太多地干扰到另一台主机。

许多设计根据主机的短期需求动态地共享网络带宽,而不是给每个主机分配可能使用也可能不使用的固定带宽。这种设计称为统计复用(statistical multiplexing),即根据需求统计共享带宽。它可以用在低层次的单条链路上,也可以用在网络的较高层次上,甚至用在网络应用中。

在每一层都会发生的一个分配问题是,如何保证一个快速发送方不会用数据淹没一个慢速接收方。针对这个问题,通常会使用从接收方到发送方的反馈。这个主题就是流量控制(flow control)。有时还会出现网络超载的问题,因为太多的计算机要发送太多的流量,而网络又没有能力传递所有的流量。这样的网络超载称为拥塞(congestion)。一种策略是,当一台计算机出现拥塞时,它将减少对网络的资源需求(比如带宽)。这种策略可用于所有层次。

有趣的是,我们可以观察到,网络已经不只提供带宽,它可以提供更多的资源。对于诸如传递视频直播的应用来说,传递的实时性非常重要。大多数网络必须为那些需要这种实时(real-time)传递的应用程序提供服务,与此同时,它们还必须为那些要求高吞吐量的应用程序也提供服务。服务质量(Quality of Service,QoS)是实现这些竞争需求机制平衡的评价指示名称。

演进性

第三个设计问题关注的是网络的演进。随着时间的推移,网络增长得越来越大,出现的新设计需要与现有的网络进行连接。我们刚刚看到了,支撑这种变化的关键是结构化机制,即,将整个问题分解开,并且隐藏实现的细节——协议分层。当然,对于设计者来说,还有许多其他的策略可以使用。

由于网络上有许多计算机,每一层在特定的消息中都需要用一种机制标识涉及的发送方和接收方。这种机制在低层和高层分别称为寻址(addressing)和命名(naming)。

网络增长的一个方面体现为不同的网络技术往往具有不同的限制。比如,并非所有的通信信道都能维持其上的消息的发送顺序,为此出现了一些对消息进行编号的解决方案。

另一个例子是网络能够传输的消息的最大长度差异，为此出现了对消息进行拆分、传输然后重组的机制。这些话题合起来就是所谓的网络互联（internetworking）。

安全性

最后一个设计问题是保护网络，抵御各种不同的威胁。前面提到的一种威胁是通信窃听。提供保密性（confidentiality）的机制能抵御这种威胁，并且它可以用在多个层次上。认证（authentication）机制防止有人假冒他人身份。它可以用来区分假的银行 Web 网站和真的银行 Web 网站；或者让蜂窝网络检查一个电话真的是从你的手机打出去的，因而必须由你支付电话账单。完整性（integrity）机制则可以防止消息发生诡秘的变化，比如把"从我的账号中扣除 10 美元"改成"从我的账号中扣除 1000 美元"。所有这些设计都基于加密技术，我们将在第 8 章介绍这方面的知识。

1.5.2　协议层次结构

为了降低网络设计的复杂性，绝大多数网络都组织成一个层次栈（stack of layer）或分级栈（stack of level），每一层都建立在其下一层的基础之上。层的个数、每一层的名字、每一层的内容以及每一层的功能在各种网络中不尽相同。但每一层的目的都是向上一层提供特定的服务，而把如何实现这些服务的细节对上一层加以屏蔽。从某种意义上说，每一层都是一种虚拟机，它向上一层提供特定的服务。

人们对这种分层的概念实际上并不陌生，它已被广泛应用于计算机科学中，只是具有不同的称谓，包括信息隐藏、抽象数据类型、数据封装以及面向对象程序设计。其基本思想是：一个特定的软件（或硬件）向其用户提供某种服务，但是将内部状态和算法的细节隐藏起来。

当一台计算机上的第 n 层与另一台计算机上的第 n 层进行对话时，该对话中使用的规则和约定统称为第 n 层协议。基本上，所谓协议（protocol）是指通信双方就如何进行通信所做的一种约定。打个比喻，当一位女士被介绍给一位男士时，她可能会选择伸出她的手，然后这位男士可以握她的手或者亲吻她的手，具体的行为要取决于（比如说）她是一次商务会议中的美国律师还是一场正式舞会上的欧洲公主。一旦违反协议，将使得通信更加困难，尽管也不是完全不可能的。

图 1-25 显示了一个 5 层网络。不同计算机上构成相应层次的实体称为对等体（peer）。这些对等体可能是软件进程、硬件设备甚至是人类。换句话说，正是这些使用协议进行通信的对等体实现了彼此通话。

实际上，数据并不是从一台计算机的第 n 层直接传递到另一台计算机的第 n 层。相反，每一层都将数据和控制信息传递给它下面的一层，这样一直传递到最低层。第 1 层下面是物理介质（physical medium），通过它进行实际的通信。在图 1-25 中，虚箭线表示虚拟通信，实箭线表示物理通信。

在每一对相邻层之间的是接口（interface）。接口定义了下层向上层提供哪些原语操作和服务。当网络设计者决定一个网络中应该包含多少层以及每一层应该做什么时，其中最重要的一个考虑是必须清晰定义层与层之间的接口。为了做到这一点，要求每一层完成一组特定的、有明确含义的功能。除了使层与层之间必须传递的信息量最小化以外，清晰定义的接口可以使得将一层替换为完全不同的协议或实现更加容易。比如，想象一下将所有的

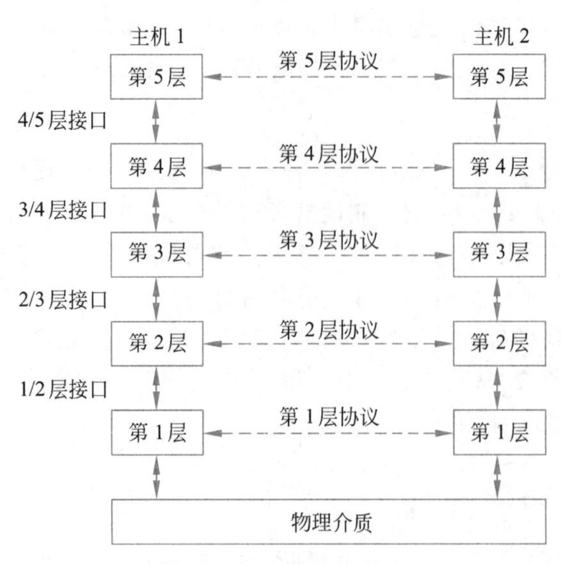

图 1-25 层、协议和接口

电话线路替换成卫星信道,因为对于新协议或新实现来说,所有要做的是向紧邻的上层提供与旧协议或者旧实现完全相同的一组服务。很常见的情形是,不同的主机使用同一协议的不同实现(经常是由不同公司编写的)。事实上,某一层的协议本身是可以改变的,甚至无须通知上层和下层。

层和协议的集合称为**网络体系结构**(network architecture)。网络体系结构的规范必须包含足够的信息,以便实现者为每一层编写的程序或者设计的硬件能正确地遵守适当的协议。然而,不管是实现的细节还是接口的规范,都不是网络体系结构的一部分,因为它们隐藏在计算机内部,对于外界是不可见的。甚至一个网络中所有计算机上的接口也不必都一样,只要每台计算机能够正确地使用所有的协议即可。一个特定的系统使用的协议列表,即每一层一个协议,称为**协议栈**(protocol stack)。网络体系结构、协议栈以及协议本身是本书的主要内容。

打个比方也许有助于解释多层通信的概念。假设有两位哲学家(第 3 层中的对等进程),其中一个会讲乌尔都语和英语,另一个会讲汉语和法语。由于他们两人没有共同的语言,所以他们每个人都雇用了一个翻译(第 2 层中的对等进程),每个翻译又依次联系了一位秘书(第 1 层中的对等进程)。哲学家 1 希望将他对兔子的喜爱之情传达给对方的哲学家。为了做到这一点,他将一条消息(用英语)通过 2/3 层接口传递给他的翻译,这条消息是"I like rabbits",如图 1-26 所示。两位翻译同意用一种双方都能理解的中立语言交流,即荷兰语,所以这条消息被转译为"Ik vind konijnen leuk"。语言的选择是第 2 层协议的事情,所以使用什么样的语言由第 2 层的对等进程决定。

然后,翻译将消息交给秘书,让她传送出去,比如,通过传真来传送(这是第 1 层协议)。当消息到达另一端的秘书时,秘书将消息传递给本地的翻译,消息被翻译成法语,然后通过 2/3 层接口传送给哲学家。注意,每一个协议都完全独立于其他的协议,只要接口保持不变。两个翻译可以从荷兰语切换成另一种语言,比如说芬兰语,只要双方能够达成一致,就不用改变与第 1 层和第 3 层的接口。类似地,秘书可以不用电子邮件而改用电话,根本不会

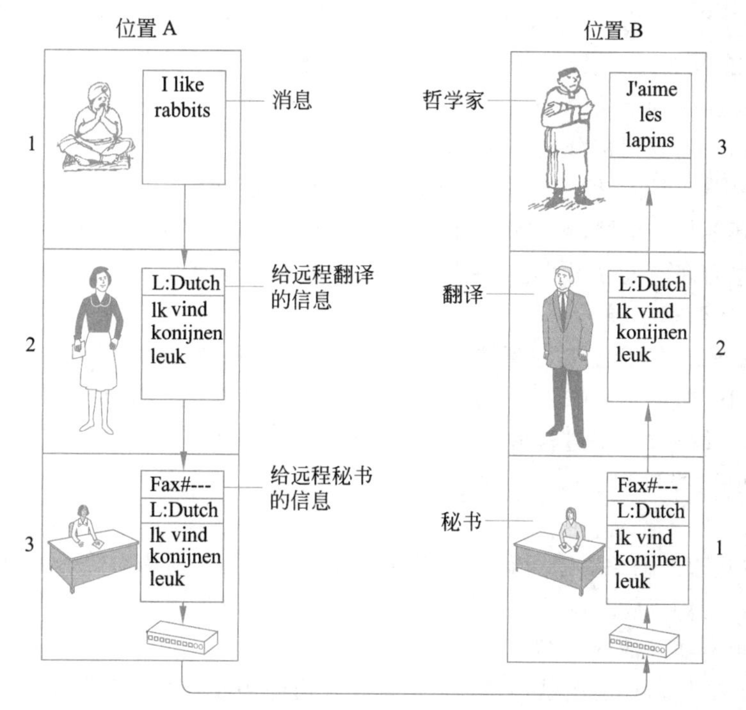

图 1-26 "哲学家-翻译-秘书"体系结构

干扰(甚至不用通知)其他层。每个进程还可以加入某些专门给它的对等进程的信息。这些信息不会被传递到上面的一层。

现在考虑一个更有技术性的例子：如何为图 1-27 中的 5 层网络的最顶层提供通信功能。假设在第 5 层上运行的一个应用进程产生了一条消息 M，并且将它交给第 4 层以便进一步传输。第 4 层在消息的前面加上一个头(header)，用来标识该消息，并且把结果传给第 3 层；该头包含了一些控制信息，比如地址，以便目标计算机的第 4 层用于递交消息。某些层用到的控制信息还可以是消息序号(以防下面的层不保留消息顺序)、消息大小、时间等。

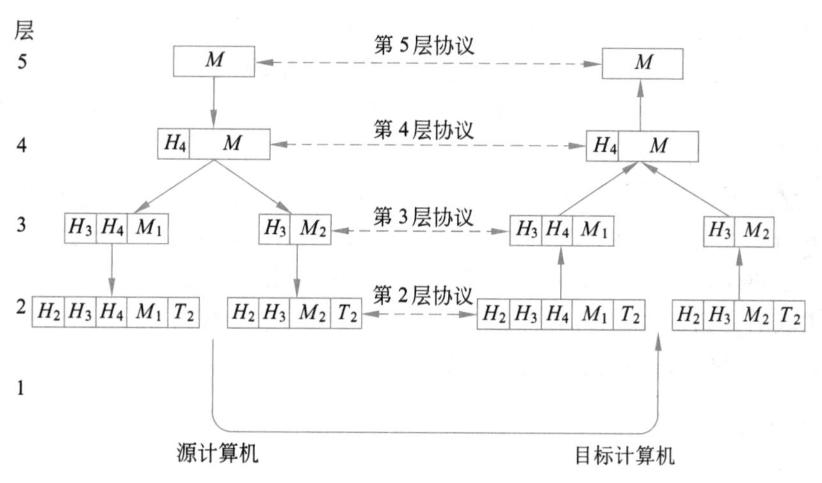

图 1-27 支持第 5 层通信的消息传递

在许多网络中,对第 4 层协议中所能传递的消息大小没有任何限制,但是几乎所有第 3 层协议对此总会强加一个限制。因此,第 3 层必须把进入的消息分割成较小的单元,即数据包,简称包(packet),并且在每个数据包前面加上第 3 层的头。在这个例子中,M 被分割成两部分：M_1 和 M_2,这两部分被分开传输。

第 3 层决定使用哪些输出线路,并且把数据包传递给第 2 层;第 2 层不仅在每一个信息上加一个头,还要加一个尾,然后将结果单元送给第 1 层,以便进行物理传输。在接收端的计算机上,消息自底向上逐层传递,在传递过程中各个头被逐层剥离。第 n 层以下的头没有一个会被传递到第 n 层。

为了理解图 1-27,最重要的事情是虚拟通信和实际通信之间的关系,以及协议和接口之间的差别。比如,第 4 层中的对等进程之间的通信在概念上可以认为是通过第 4 层协议"水平"进行的。每一个对等进程可能都有一个类似于 SendToOtherSide 和 GetFromOtherSide 这样的过程,但这些过程实际上通过 3/4 层接口与下面的层进行通信,并不是与另一端通信。

关于对等进程的抽象对于所有的网络设计都至关重要。利用对等进程抽象,在设计整个网络时,可以把难以管理的任务分解成几个较小的、易于管理的设计问题,即单独的层的设计。因此,所有实际的网络都用到了分层设计。

值得指出的是,协议层次结构中较低的层往往由硬件或者固件实现。然而,即使它们被(全部或者部分)嵌入到硬件中,依然会涉及复杂的协议算法。

1.5.3 连接与可靠性

每一层可以向上面的层提供两种类型的服务：面向连接的服务和无连接的服务。它们也可能提供各种层次的可靠性。

面向连接的服务

面向连接的服务(connection-oriented service)是按照电话系统建模的。当你想跟某个人通话时,首先要拿起电话,输入号码,然后说话,最后挂机。类似地,为了使用一个面向连接的网络服务,该服务的用户首先建立一个连接,然后使用该连接,最后释放该连接。对于一个连接,其本质的方面在于它像一个管道：发送方把对象(数据位)推入管道的一端,接收方在管道的另一端将它们取出来。在绝大多数情况下,发送的顺序是一直保持的,所以,数据位会按照发送的顺序到达。

在有些情况下,当建立一个连接时,发送方、接收方和子网就一组将要使用的参数进行协商(negotiation),比如最大消息长度、要求的服务质量以及其他一些因素。一般情况下,一方提出一个建议,另一方接受或拒绝该建议,或者提出相反的建议。电路(circuit)是一个与连接相关联的资源(比如固定的带宽)的另一个名字。这个概念可追溯到电话网络,在电话网络中,一条电路就是通过铜线传送电话交谈内容的路径。

无连接的服务

与面向连接服务相对应的是无连接服务(connectionless service),这是按照邮政系统建模的。每条消息(信件)都携带了完整的目标地址,每条消息都路由经过系统中的中间节点,其路径独立于所有后续的消息。消息在不同的上下文中有不同的名称,数据包/包是网络层的消息名称。如果中间节点只有在收到消息的全部内容之后才将它发送给下一个节点，那么就称这种处理方式为存储-转发交换(store-and-forward switching)。另一种处理方式是在消息还没有被全部接收完毕以前就向下一个节点发送，这种处理方式称为直通式交换(cut-through switching)。通常来说，当两条消息被发往同一个目的地时，首先被发送的消息将会先到达；然而，也有可能发生这样的情况，先发送的消息被延迟，因而后发送的消息先到达。

并不是所有的应用都要求连接。比如，垃圾邮件传播者给许多接收地址发送电子垃圾邮件。不可靠(意味着没有被确认)的无连接服务通常称为数据报服务(datagram service)，它与电报服务非常类似，电报服务也不会给发送方返回确认。

可靠性

面向连接的服务和无连接的服务都可以用可靠性(reliability)表述其特征。有些服务是可靠的，意味着它们从来不丢失数据。通常，一个可靠的服务是这样实现的：接收方会向发送方确认其收到的每条消息，因而发送方可以保证消息已到达。确认过程本身要引入额外的开销和延迟，通常这是值得的，但有时候为了可靠性而付出的代价太高了。

适合用可靠的面向连接的服务的典型情形是文件传输。文件的拥有者希望确保所有的数据位都能够正确地到达接收方，而且到达的顺序与发送的顺序相同。很少有用户愿意选择一种偶尔会出现乱码或者丢失数据位的文件传输服务，即使它的传输速度很快也不愿意。

可靠的面向连接的服务有两个细微的变体：消息序列和字节流。在前一种变体中，消息的边界始终得以保持。当发送两个1024B的消息时，收到的仍然是两个独立的长度为1024B的消息，而绝不会是一个长度为2048B的消息。在后一种变体中，该连接只是一个字节流，没有任何消息边界。当2048B到达接收方时，接收方无从判断它们是以一个长度为2048B的消息发送的，还是以两个长度为1024B的消息发送的，或者是以2048个长度只有1B的消息发送的。如果把一本书的每一页都当作单独的消息，通过网络发送给一台照排机，那么，保持消息的边界就非常重要；而为了下载一部电影，需要的只是一个从服务器到用户计算机的字节流，此时电影中的消息边界(不同场景)并不重要。

在有些情形下，的确需要这种无须建立连接就可发送一条消息的便利性，但可靠性仍然是基本需求。有确认的数据报服务(acknowledged datagram service)就是为这些应用提供的。这就像在寄挂号信时要求一个回执一样。当发送方收到回执时可确定这封信已经被送到接收方手中，没有在投递途中丢失。手机上的文本消息服务也是这样一个例子。

使用不可靠通信的概念刚开始可能会令人感到疑惑。毕竟，为什么真的有人会选择不可靠通信而不是可靠的通信呢？首先，在给定的层上，可能没有可以使用的可靠通信(这里指有确认的)。比如，以太网并没有提供可靠通信。数据包可能偶尔会在传输过程中被损坏，需要由上层协议处理这个问题。许多可靠服务是建立在不可靠数据报服务之上的。其次，为了提供可靠服务而引入的固有延迟可能是不可接受的，特别在诸如多媒体的实时应用中。由于这些原因，可靠通信和不可靠通信是共存的。

在有些应用中，因确认而引入的传输延迟是不可接受的。其中一个这样的应用是数字化语音流量(互联网电话，即Voice over IP，缩写为VoIP)。对于VoIP用户来说，他们宁可时不时地听到线路上有一点噪音，也不能忍受因等待确认而带来的延迟。类似地，当传输一个视频会议时,有少数的像素错误不算什么问题,但是让图像停顿下来纠正传输错误,或者要等待很长时间才得到一个完全正确的视频流,则让人不可接受。

还有一种服务是请求-应答服务(request-reply service)。在这种服务中,发送方传输一个包含了某个请求的数据报,应答数据报包含了答案。请求-应答服务通常用于在客户-服务器模型中实现通信:客户发出一个请求,然后服务器对此做出响应。比如,一个手机客户向地图服务器发出一个查询请求,要获取附近中餐馆的列表信息;服务器就会发送相应的中餐馆列表。

图1-28概括了上面讨论的服务类型。其中,前3种是面向连接的服务,后3种是无连接的服务。

服务	例子
可靠的消息流	页面序列
可靠的字节流	电影下载
不可靠的连接	VoIP
不可靠的数据报	垃圾邮件
有确认的数据报	文本消息
请求-应答	数据库查询

图1-28 6种不同类型的服务

1.5.4 服务原语

服务是由一组原语(primitive,也称为操作)正式定义的,用户进程通过这些原语(操作)访问该服务。这些原语告诉服务要执行某个动作,或者报告在对等实体上执行的动作。如果协议栈位于操作系统中(通常情况下是这样的),则这些原语往往是一些系统调用。这些系统调用会进入内核模式,然后将计算机的控制权交给操作系统以发送必要的数据包。

有哪些原语可供使用,取决于提供的服务的本质。面向连接的服务的原语与无连接的服务的原语是不同的。举一个实现可靠字节流的最小服务原语的例子,可以考虑如图1-29所示的原语。对于Berkeley套接字接口用户来说,这些原语是他们非常熟悉的,因为这些原语就是该接口的一个简化版本。

原语	含义
LISTEN	阻塞操作,等待进来的连接请求
CONNECT	与等待中的对等实体建立连接
ACCEPT	接受来自对等实体的连接请求
RECEIVE	阻塞操作,等待进来的消息
SEND	给对等实体发送一条消息
DISCONNECT	终止一个连接

图1-29 为简单面向连接服务提供的6个服务原语

这些原语在客户-服务器环境下可用来实现请求-应答交互过程。为了展示原语是如何工作的,下面描述一个用确认数据报实现该服务的简单协议。

首先,服务器执行 LISTEN,表示它已经准备好接收进来的连接请求。实现 LISTEN 的常见方式是将它设计为一个阻塞的系统调用。在执行了 LISTEN 原语以后,服务器进程被阻塞(挂起),直到有连接请求出现。

接着,客户进程执行 CONNECT 原语,以便与服务器建立连接。CONNECT 调用需要指定跟谁建立连接,所以它可能带有一个参数,用于指定服务器的地址。然后,操作系统通常会向对方发送一个数据包,请求对方建立连接,如图 1-30 中的①所示。客户进程被挂起,直到有应答为止。

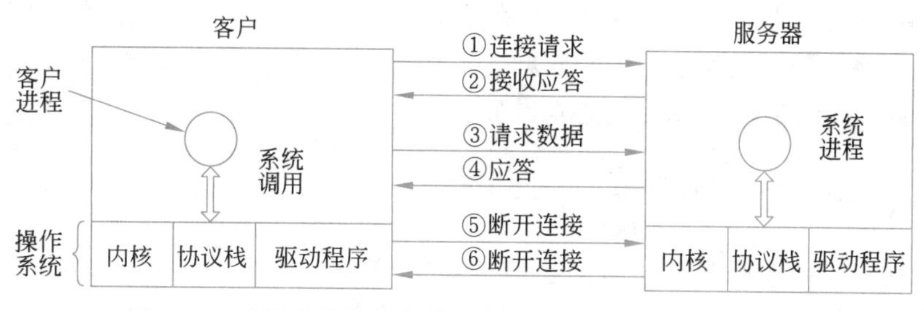

图 1-30 使用确认数据包的一个简单客户-服务器交互过程

当该数据包到达服务器时,操作系统看到这是一个请求连接的数据包,它就检查是否有一个监听进程。如果有,它就解除该监听进程的阻塞。然后服务器进程用 ACCEPT 调用创建连接。这会给客户进程送回一个应答②,以便接受此连接请求。此应答到达客户端,就会解除客户进程的阻塞。到这时,客户和服务器都在运行,并且已经建立了一个连接。

此协议与现实生活中的一个情形可以很好地类比,即消费者(客户)打电话给一家公司的客户服务经理。每天开始上班后,客户服务经理就坐在他的电话机旁准备接听电话。稍后,一个客户拨入一个电话,当客户服务经理拿起电话后,两者之间的连接便建立起来了。

下一步,服务器执行 RECEIVE,准备接收第一个请求。通常情况下,服务器在确认消息到达客户以前,立即从 LISTEN 的阻塞状态释放出来。RECEIVE 调用阻塞了服务器。

然后,客户执行 SEND 发送它的请求③,接着执行 RECEIVE,以便得到应答。请求数据包到达服务器后,服务器解除阻塞,可以处理该请求。处理完该请求后,服务器通过 SEND 将应答返回给客户④。该数据包到达客户后,客户进程解除阻塞,它就可以检查服务器返回的应答。如果客户还有其他的请求,它现在可以继续发送请求。

当客户的任务已经完成时,它通过执行 DISCONNECT 终止该连接⑤。一般情况下,首先发起的 DISCONNECT 是一个阻塞调用,将客户进程挂起,并且给服务器发送一个数据包,表明已经不再需要该连接。当服务器收到这个数据包时,它也发出一个自己的 DISCONNECT,向客户表示确认并释放该连接⑥。当服务器的数据包到达客户时,客户进程解除阻塞,该连接被终止。

以上就是面向连接通信的整个工作过程。

当然,生活不会如此简单。这里很多地方都有可能出现错误:时间顺序可能会出错(比如 CONNECT 在 LISTEN 之前完成),数据包可能会丢失,等等。我们将在后面的章节中详细地讨论这些问题,而此刻,图 1-30 只是简要地说明了客户-服务器之间可能通过确认数据包工作的通信过程,因而忽略了丢失数据包的情形。

既然完成这个协议总共要求 6 个数据包,人们可能会疑惑为什么不使用无连接协议呢?答案在于,在一个完美的环境下这可能是可以的,此时只需要两个数据包:一个用于请求,另一个用于应答。然而,在面对任一方向上出现的大消息(比如 1MB 大小的文件)、传输错误、丢失数据包等的时候,情况就发生变化了。如果应答消息包含了几百个数据包,其中一些数据包可能会在传输过程中丢失,那么,客户如何知道是否有些数据包丢失了呢?客户如何知道实际接收到的最后一个数据包就是真正最后发送的那个数据包呢?假如客户还要请求第二个文件,那么客户如何断定是第二个文件的数据包 1 到达,而不是第一个文件丢失的数据包 1 突然找到了到达客户的路径呢?简而言之,在现实世界中,在一个不可靠的网络上,简单的请求-应答协议往往是不够的。在第 3 章中,我们将详细地讨论各种协议,看看它们如何克服这些问题以及其他的一些问题。现在,读者只要明白,在两个进程之间有一个可靠的、有序的字节流,有时候真的是非常方便。

1.5.5 服务和协议的关系

服务和协议是两个截然不同的概念,它们之间的区别非常重要,有必要在这里再次强调。服务是指一层向它上一层提供的一组原语(操作)。服务定义了该层能够代表其用户执行哪些操作,但是它并不涉及这些操作如何实现。服务与两层之间的接口有关,低层是服务的提供者,而上层是服务的用户。服务在使上层完成它该做的工作时使用了低层。

与服务不同的是,协议是一组规则,规定了同一层上对等实体之间交换的数据包或者消息的格式和含义。对等实体利用协议实现它们的服务定义。它们可以自由地改变其协议,只要不改变提供给用户的服务即可。按照这种方式,服务和协议是完全解耦的,这是任何一个网络设计者都应该很好地理解的关键概念。

再强调一下这一关键点:服务与相邻层之间的接口相关;而协议与不同计算机上两个对等实体之间发送的数据包相关。服务和协议的关系如图 1-31 所示。不能混淆这两个概念,这一点非常重要。

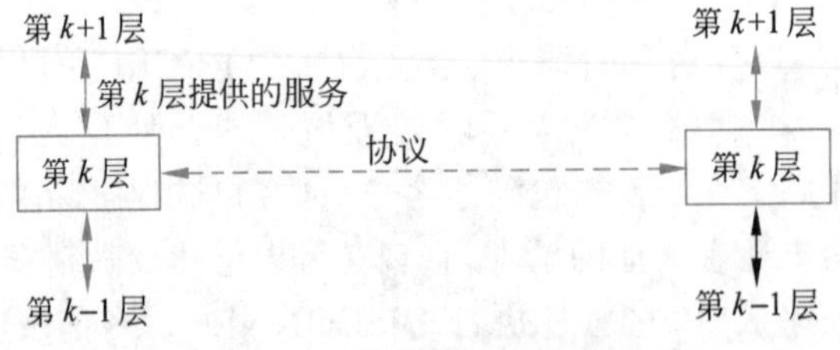

图 1-31 服务和协议的关系

这里有必要用编程语言对这两个概念做一个类比。服务就好像是一个抽象数据类型,或者是面向对象语言中的对象。它定义了在对象上可以执行的操作,但是并没有指定这些操作该如何实现。而协议与服务的具体实现有关,它对于该服务的用户是不可见的。

许多早期的协议并没有将服务和协议区分开。实际上,一个典型的层可能有一个 SEND PACKET 服务原语,它需要用户提供一个指针,指向一个已经完全装配好的数据包。这样的安排意味着协议的任何一点改变都立即会暴露给用户。现在,绝大多数网络设计者都把这样的设计视为一种严重的失误。

1.6 参考模型

分层的协议设计是网络设计中的关键抽象之一。主要的问题之一是如何定义每一层的功能以及层与层之间的接口。两个普遍流行的模型是 TCP/IP 参考模型和 OSI 参考模型。我们接下来依次讨论这两个模型以及本书后面部分将使用的模型,最后一个模型是我们在两者之间取的一个中间融合模型。

1.6.1 OSI 参考模型

OSI 参考模型如图 1-32 所示(这里省略了物理介质)。该模型基于国际标准化组织(International Standards Organization,ISO)开发的提案,作为各层中用到的协议是迈向国际标准化的第一步(Day 和 Zimmermann,1983)。该模型于 1995 年进行了修订(Day,1995)。它被称为 OSI(Open Systems Interconnection,开放系统互连)参考模型,因为它的设计目的是将开放的系统(即那些为了与其他系统通信而开放的系统)连接起来。本书将它简称为 OSI 模型。

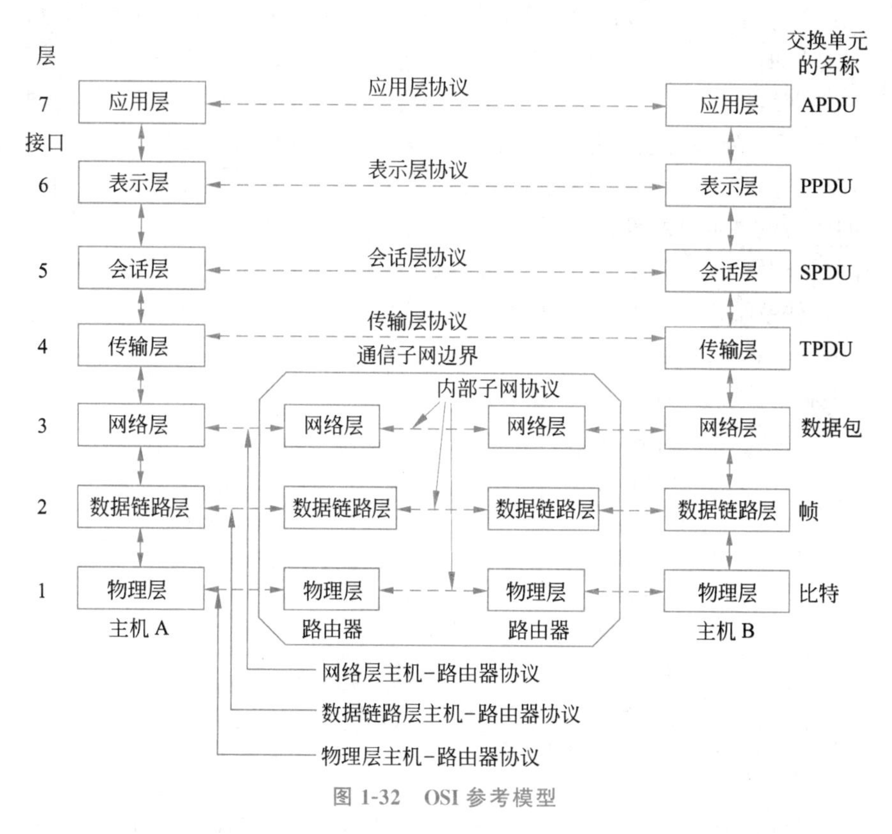

图 1-32 OSI 参考模型

OSI 模型有 7 层。适用于这 7 层的基本原则简要概括如下:

(1) 应该在需要一个不同抽象体的地方创建一层。

(2) 每一层都应该执行一个明确定义的功能。

(3) 每一层功能的选择应该向定义国际标准化协议的做法看齐。

(4) 层与层边界的选择应该使跨越接口的信息流最小。

(5) 层数应该足够多,从而使不同的功能不会被不必要地混杂在同一层中;但同时层数又要足够少,以避免体系结构变得过于庞大。

以下 3 个概念对于 OSI 模型是最重要的:

(1) 服务。

(2) 接口。

(3) 协议。

OSI 模型最大的贡献可能是使这 3 个概念之间的区别更清晰地显现出来。每一层都为它上面的层提供一些服务。此服务的定义明确了该层要做什么,而不是上面的对等体如何访问它,或者该层是如何工作的。

TCP/IP 参考模型最初并没有清晰地区分服务、接口和协议,人们试图在它既成事实标准以后再对它进行改进,使它更加符合 OSI 模型风格。

1.6.2 TCP/IP 参考模型

TCP/IP 参考模型不仅被所有广域计算机网络的鼻祖 ARPANET 所采用,也被其继任者——全球范围的 Internet 所采用。正如前面所讲述的,ARPANET 是由美国国防部资助的一个研究性网络。它通过租用的电话线,最终将几百所大学和政府部门的计算机设备连接起来。后来,当卫星和无线网络也加入时,原来的协议在与它们互连时遇到了很大的麻烦,因而需要一种新的参考体系结构。因此,几乎从一开始,实现以无缝的方式将多个网络连接起来的能力就是主要的设计目标之一。这一体系结构后来成为 **TCP/IP 参考模型**,它是以其中两个最主要的协议命名的。OSI 参考模型和 TCP/IP 参考模型各层的对应关系如图 1-33 所示。该体系结构最初由 Cerf 和 Kahn(1974)描述,后来又被重新提炼和定义,作为 Internet 领域中的一个标准(Braden,1989)。Clark 讨论了该模型背后的设计哲学(Clark,1988)。本书将它简称为 TCP/IP 模型。

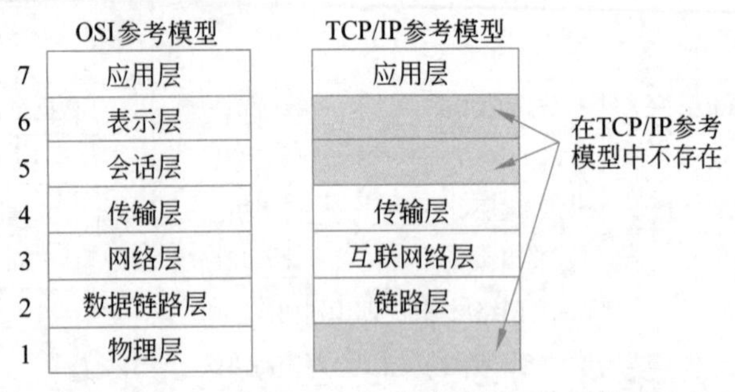

图 1-33 OSI 参考模型和 TCP/IP 参考模型各层的对应关系

由于美国国防部担心其一些贵重的主机、路由器和互联网络的网关设备可能会在片刻间遭受来自苏联的攻击而突然崩溃,所以,另一个主要的目标是,即使在损失子网硬件的情况下网络还能够存活下来,已有的会话不被打断。换句话说,美国国防部希望,即使源主机和目标主机之间的一些主机或者传输线路突然不能工作，只要源主机和目标主机还在运行，那么它们之间的连接就要能保持工作。此外，由于当时展望的各种应用程序对网络的需求差别很大——从文件传输到实时的语音传输，因而十分需要一种灵活的体系结构。

链路层

这些要求导致该模型选择了数据包交换网络，它以一个可跨越不同网络的无连接层为基础。模型中的最低层是链路层(link layer)，该层描述了诸如串行线和经典以太网这样的链路必须实现哪些功能才能满足无连接的互联网络层的需求。这不是常规意义上的一层，而是主机与传输线路之间的一个接口。TCP/IP 模型的早期版本忽略了这一点。

互联网络层

互联网络层(internet layer)是将整个网络体系结构贯穿在一起的关键层。该层的任务是允许主机将数据包注入任何网络中，并且让这些数据包独立地到达目的地(这些目的地可能在不同的网络上)。数据包的到达顺序与它们被发送的顺序可以完全不同，在这种情况下，如果需要按序递交数据，那么重新排列这些数据包的任务由高层完成。请注意，虽然在 Internet 中也包含了互联网络层，但这里的“互联网络”(internet)是一般意义上的用法。

这里可以把互联网层与(蜗牛般的)邮政系统做一个比较。在某个国家，一个人可以将多封国际信件投递到一个信箱中，只要有一点点运气，这些信件绝大多数会被投递到目标国家的正确地址。这些信件或许沿途经过了一个或者多个国际信件关卡，但是这些对于用户来说是完全透明的(即不可见的)。而且，每个国家(即每个网络)有它自己的邮戳、特定的信封规格，以及投递规则，这些差异对于用户而言也是不可见的。

互联网络层定义了官方的数据包格式和协议，称为因特网协议(Internet Protocol，**IP**)，与之相伴的还有一个称为因特网控制消息协议(Internet Control Message Protocol，**ICMP**)的辅助协议。互联网络层的任务是将 IP 数据包投递到它们该去的地方。很显然，数据包的路由是这里最主要的问题之一，拥塞管理也是。路由问题已经在很大程度上被解决了，但是拥塞管理问题只能在更高层的帮助下处理。

传输层

在 TCP/IP 模型中，位于互联网络层之上的那一层现在通常称为传输层(transport layer)。它的设计目标是允许源主机和目标主机上的对等实体进行对话，这与 OSI 模型的传输层一样。这里定义了两个端到端的传输协议。第一个是传输控制协议(Transport Control Protocol，**TCP**)，它是一个可靠的、面向连接的协议，允许从一台主机发出的字节流被正确无误地递交到互联网络的另一台主机上。它把进来的字节流分割成离散的消息，并把每条消息传递给互联网络层。在目标主机上，接收 TCP 的进程把收到的消息重新装配到输出流中。TCP 还负责流量控制，以便确保一个快速的发送方不会因发送太多的消息而淹没一个处理能力跟不上的慢速接收方。

传输层的第二个协议是用户数据报协议(User Datagram Protocol，**UDP**)，它是一个不可靠的无连接协议，适用于那些不需要 TCP 的有序性或流量控制功能，而由自己提供这些功能(如果有)的应用程序。UDP 也被广泛用于那些一次性的客户-服务器类型的请求-应答查询应用，以及那些准时交付比精确交付更加重要的应用，比如传输语音或者视频。TCP/IP 模型及相关协议如图 1-34 所示，从中可以看出 IP、TCP 和 UDP 三者之间的关系。

自从这个模型被开发出来以后,许多其他的网络也实现了IP。

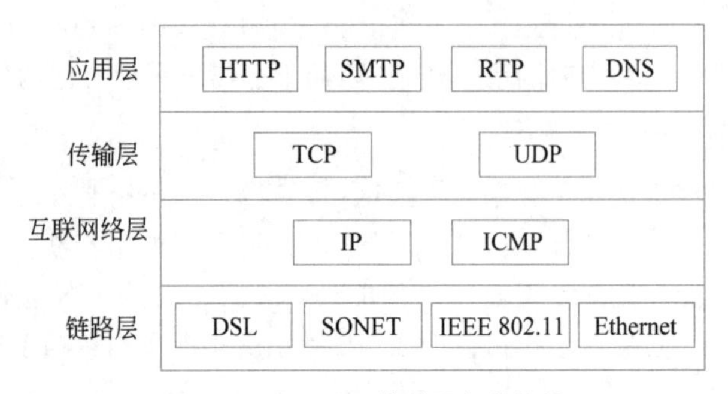

图1-34 TCP/IP模型及相关协议

应用层

TCP/IP模型并没有会话层和表示层。当时的模型提出者觉得并不需要这两层,因为应用程序已经包含了所需的任何会话和表示功能。实践证明这种观点是正确的:对于绝大多数应用来说,这两层并没有多大用处,所以它们基本上已经被永远遗弃了。

在传输层之上是应用层(application layer),它包含了所有的高层协议。最早的高层协议包括虚拟终端协议(Telnet)、文件传输协议(FTP)和简单邮件传送协议(SMTP)。经过了多年的发展以后,许多其他协议被加入应用层,其中一些重要协议如图1-34所示,包括将主机名称映射到其网络地址的域名系统(Domain Name System,DNS)协议、用于获取万维网页面的HTTP以及用于递交语音或者电影等实时媒体的RTP。

1.6.3 对OSI参考模型和协议的批评

不论OSI模型及其协议还是TCP/IP模型及其协议都不完美。针对它们都有一些批评意见,现在有,过去也有。在本节以及1.6.4节,我们来看看对它们的一些批评。首先从OSI模型开始,然后再看看TCP/IP模型。

在本书第2版出版时(1989年),在这个领域中的许多专家看来,OSI模型及其协议将统领整个网络世界,所有其他的模型及其协议都会出局。但这种情况并没有发生,为什么?回头看一看其中一些原因可能会非常有启发。OSI模型及其协议的问题可以概括为糟糕的时机、糟糕的设计、糟糕的实现以及糟糕的政治。

糟糕的时机

首先我们来看第一个理由:糟糕的时机。一个标准在什么时候建立对于它的成功与否绝对至关重要。MIT的David Clark有一个关于标准的理论,他称之为两头大象的启示,如图1-35所示。

图1-35显示了围绕一个新主题的活动情况。当一个主题被首次发现时,会出现大量各种形式的研究活动,比如以研究、讨论、论文和会议等形式。过了一段时间以后,这种活动逐渐消退,企业发现了该主题,于是数十亿美元的投资热潮就开始了。

关键的一点在于,标准的制定工作必须处于这两头大象的中间。如果标准制定得太早(在研究结果尚未很好地形成以前),该主题尚未被人们很好地理解,其结果就是一个坏的标

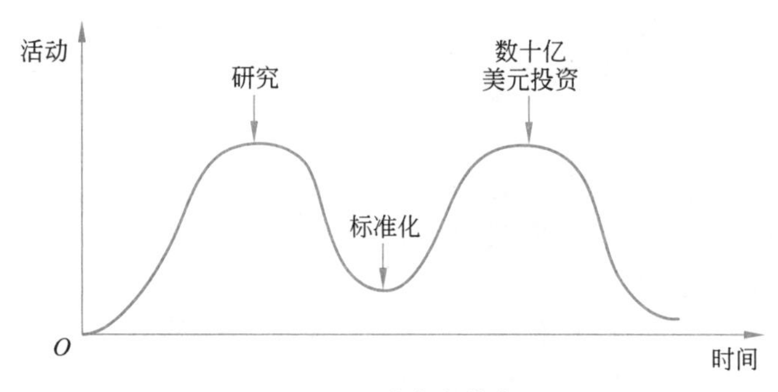

图 1-35　两头大象的启示

准;如果标准制定得太晚,则许多公司可能已经通过各种不同的方式投入了大量资金,他们所做的事情忽略了标准。如果两头大象之间的间隔太短(因为大家都急于快速启动),那么制定标准的人有可能被夹在中间而举步维艰。

现在看来,OSI 模型的协议标准就这样被夹在了中间。当 OSI 模型出现的时候,与之竞争的 TCP/IP 协议已经被广泛地应用于研究性大学。虽然几十亿美元的投资热潮尚未开始,但是,学术市场足够大,使得许多厂商开始谨慎地提供 TCP/IP 产品。当 OSI 模型出来的时候,这些厂商并不想支持第二个协议栈,除非他们被迫这样做,因此 OSI 模型没有相应的初始产品供应。由于每一家公司都在观望等待,结果是没有哪家公司先走这一步,所以 OSI 模型从来没有被真正实现过。

糟糕的设计

OSI 模型一直没有流行起来的第二个原因在于,该模型和相关协议都存在缺陷。之所以选择 7 层结构,很大程度上是出于政治上的考虑,而非技术因素;其中的两层(会话层和表示层)几乎是空的,而另外两层(数据链路层和网络层)又太满了。

OSI 模型以及相应的服务定义和协议都极其复杂。如果将标准打印出来,堆叠起来的文档高达 1m。它们难以实现,而且操作起来也很低效。在这样的情景下,令人想起了 Paul Mockapetris 出的一个谜语,并且被 Rose(1993)引用过:

问:当你碰到一个握有国际标准的霸权主义者时会得到什么?

答:他会给你一些你不能理解的东西。

除了难以理解以外,OSI 模型在设计上的另一个问题是有些功能,比如编址、流量控制和差错控制等,重复地出现在每一层。比如,Saltzer 等(1984)已经指出,要想真正有效,差错控制必须在最高层完成,所以在较低层不断地重复这一功能往往是不必要的,也是低效的。

糟糕的实现

由于 OSI 模型和协议过于复杂,毫不奇怪的是,最初的那些实现不仅庞大,而且很笨拙,也很慢。任何试图使用 OSI 模型的人无不被搞得焦头烂额。没过多久,人们就把 OSI 模型与“糟糕的质量”联系在一起了。尽管随着时间的推移,相关产品有了改进,但是这种印象已经深深刻在人们心中。一旦人们认定了某个事情是很差的,它就失去机会了。

相反,TCP/IP 模型的早期实现之一是作为 Berkeley UNIX 的一部分,运行得非常好

(更不用说它是免费的)。很快,人们就开始使用它,进而形成了一个庞大的用户群,这进一步促进了它的提高和改进,然后又导致了更大的用户群。这是螺旋式上升而不是下降。

糟糕的政治

由于 TCP/IP 模型最初的实现,很多人(特别在学术界)都把 TCP/IP 模型看作 UNIX 的一部分,而 UNIX 在 20 世纪 80 年代的学术圈中毫无疑问属于"天之骄子",备受宠爱。

另一方面,OSI 模型则被普遍认为是欧洲电信部门、欧共体以及后来的美国政府的产物。尽管这种观点只是部分正确,但是政府官僚们试图把技术上不足的标准强加给可怜的研究人员和程序员去实际开发计算机网络,这并不能帮助 OSI 模型解脱困境。有些人把这种发展方式类比于 IBM 公司在 20 世纪 60 年代宣布 PL/I 将成为未来语言这一事件;美国国防部在 IBM 公司声明之后不久就做了强制更正,宣称未来语言实际上是 Ada。

1.6.4　对 TCP/IP 参考模型和协议的批评

TCP/IP 模型和协议也有自己的问题。

第一,该模型并没有明确区分服务、接口和协议的概念。好的软件工程实践都要求区分哪些是规范,哪些是实现,这一点 OSI 模型非常谨慎地做到了,但是 TCP/IP 模型并没有做到。因此,在使用新技术设计新网络时,TCP/IP 模型并不是一个很好的参考指南。

第二,TCP/IP 模型一点也不通用,也非常不适合用来描述 TCP/IP 之外的任何其他协议栈。比如,试图使用 TCP/IP 模型描述蓝牙是完全不可能的。

第三,按照分层协议环境下使用的术语,TCP/IP 模型中的链路层并不是通常意义上的一层,它只是一个接口(位于 OSI 模型中的网络层和数据链路层之间)。而接口和层的区别是非常重要的,不应该将两者混淆。

第四,TCP/IP 模型并没有区分物理层和数据链路层。而这是两个完全不同的层。物理层必须考虑铜线、光纤和无线通信的传输特征;而数据链路层的任务则是确定帧的开始和结束,并且按照所需的可靠程度把帧从一边发送到另一边。一个正确的模型应该包括这两个独立的层。但 TCP/IP 模型没有这样做。

最后,尽管 IP 和 TCP 经过了仔细设计和思考,并且很好地实现了,但是还有很多其他早期的协议是自主形成的。通常这些协议是由一群不知疲倦的研究生开发的,然后这些协议实现被免费分发出去,从而得到了广泛的应用,在用户中的地位根深蒂固,导致其他协议难以取而代之。但现在有一些协议陷入了尴尬的境地。比如,虚拟终端协议 Telnet 最初是为每秒 10 个字符的机械电传打字终端设计的,它根本不需要图形用户界面和鼠标,然而 50 年以后它仍然在使用。

1.6.5　本书使用的模型

如前所述,OSI 模型的优势在于模型本身(去掉表示层和会话层),它已被证明对于讨论计算机网络特别有益;而 TCP/IP 模型的优势体现在协议上,这些协议已被广泛使用多年。由于计算机科学家喜欢自己构造和使用模型,我们将使用如图 1-36 所示的模型作为本书的框架。

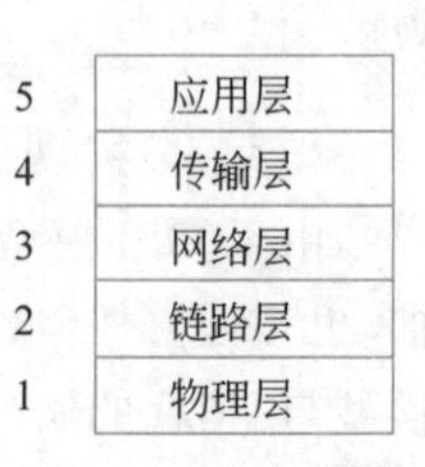

图 1-36　本书使用的模型

这个模型有 5 层，从物理层往上经过链路层、网络层、传输层到应用层。

物理层规定了如何跨越不同的介质以电气(或其他模拟)信号传输数据。

链路层关注的是如何在两台直接相连的计算机之间发送有限长度的消息，并具有指定级别的可靠性。以太网和 IEEE 802.11 是链路层协议的例子。

网络层处理的是如何把多条链路结合到网络中，以及如何把网络与网络联结成互联网络，以便使我们可以在两个相隔遥远的计算机之间发送数据包。网络层的任务包括找到传递数据包经过的路径。IP 是我们在这一层要学习的主要协议。

传输层增强了网络层的传递保证，通常具有更高的可靠性，而且提供了传递数据的抽象，比如满足不同应用需求的可靠字节流。TCP 是传输层协议的一个重要协议。

最后，应用层包含了使用网络的应用程序。许多网络应用程序(但并不是所有网络应用程序)有用户界面，比如 Web 浏览器。然而，我们关心的是应用程序中使用网络的那部分程序，在 Web 浏览器的情况下就是 HTTP。应用层也有重要的支撑程序供许多其他应用程序使用，比如 DNS。这些形成了让网络真正工作起来的整体。

本书后面各章的顺序就以此模型为基础安排。通过这种方式，我们保留了 OSI 模型的价值，以便于理解网络体系结构，但把关注的重点放在实践中的重要协议上，包括从 TCP/IP 及相关协议到一些新的协议，比如 IEEE 802.11、SONET 和蓝牙。

1.7 标准化

Internet 技术中的创新通常也依赖于政策和法律层面的因素，就如同依赖于技术本身一样。从历史角度看，Internet 协议已经经过了一个标准化过程，因而得到了发展。现在我们来看一看这个过程。

1.7.1 标准化和开源

世界上有许多网络生产商和供应商，它们都有自己做事的思维模式。如果不加以协调，事情就会变得混乱不堪，用户将无所适从。摆脱这种局面的唯一办法是大家都遵守一些网络标准。好的标准不仅使不同的计算机可以相互进行通信，而且使遵循相应标准的产品可以扩大市场。大的市场可以促进大批量的生产、制造业的规模经济、更好的实现以及其他一些好处，比如更低的价格、用户接受程度的提高。

在本节中，我们将快速审视非常重要但鲜为人知的国际标准化世界。首先让我们弄明白标准究竟包含些什么。一个理性的人或许会假设，标准就是要说明协议应该如何工作，这样人们才能很好地实现它。但这样的想法是错误的。

标准定义了互操作所需的一切，不能多，也不能少。这样才能促使更大的市场出现，也让企业在产品质量上展开竞争。比如，IEEE 802.11 标准定义了多种传输速率，但却没有规定发送方应使用哪个速率，这是一个良好性能的关键因素，完全由生产产品的厂商来决定。在这种方式下，由于有这么多实现选择，而且标准通常又定义了许多选项，因此要获得互操作性是很难的。对于 IEEE 802.11，存在着这么多的问题，按照业已成为通用实践的策略，一个名为 **WiFi 联盟**(WiFi Alliance)的商业集团开始就 IEEE 802.11 标准的互操作性开展工作。在软件定义联网的环境中,ONF(Open Networking Foundation,开放网络基金会)旨在开发这些标准以及相应的开源软件实现,以保证协议的互操作性,控制可编程的网络交换机。

一个协议标准定义了线路之上的协议,但没有定义设备内部的服务接口,当然,除了有助于解释该协议的那部分以外。实际的服务接口通常是私有的。比如,一台计算机系统内TCP与IP的接口方式跟它与远程主机的通信没有多大关系。它只关心远程主机是否运行TCP/IP。事实上,TCP和IP往往实现在一起,两者之间没有任何明显的接口。这就是说,良好的服务接口对于协议被采纳是非常有价值的,比如良好的API(Application Programming Interface,应用编程接口),而且最好的接口(比如Berkeley套接字)可能会非常受欢迎。

标准可以分为两大类:事实标准和法定标准。事实[de facto,是"来自事实"(from the fact)的拉丁语]标准是指那些已经形成但没有任何正式计划的标准。作为Web运行基础的HTTP就是作为一个事实标准而开始的。它是Tim Berners-Lee在CERN开发的早期万维网浏览器的一部分,它的使用也随着Web增长而腾飞。蓝牙是事实标准的另一个例子。它最初由爱立信公司开发,现在几乎每个人都在用它。

相反,法定[de jure,即"依据法律"(by law)的拉丁语]标准是指通过一些正规标准化组织的审批而采纳的标准。国际性的标准化权威组织通常可以分成两类:国家政府间通过条约建立的组织和自愿的非条约组织。在计算机网络标准的领域中,每一类都有一些组织,著名的有ITU、ISO、IETF和IEEE,下面我们将分别进行讨论。

在实践中,标准、公司和标准化组织之间的关系是错综复杂的。事实标准往往演变成法定标准,特别是如果标准很成功的话。HTTP就是这种情况的一个例子,它很快被IETF采纳。标准化组织通常认可彼此的标准,看起来就像朋友之间互相友好地拍背问候一样,其目的是增加一项技术的市场。最近以来,围绕着特定技术形成的许多自组织商业联盟在制定和完善网络标准过程中也扮演了重要的角色。比如,第三代合作伙伴计划(Third Generation Partnership Project,3GPP)是一个电信协会之间的合作组织,旨在推动UMTS 3G移动电话标准。

1.7.2 电信领域最有影响力的组织

全世界电话公司的法律地位在不同的国家之间有很大的差异。美国是一个极端,它有许多个(大多数都很小)私有的电话公司。随着AT&T公司在1984年被分解(AT&T曾经是世界上最大的公司,它为全美80%左右的电话提供电话服务),以及1996年的《电信法》(Telecommunications Act)修订了监管条款以鼓励竞争,更多公司进入电信领域。然而,鼓励竞争的想法并没有如计划的那样有效。大型的电话公司并购小一些的电话公司,直到在大多数区域只有一个(或至多两个)留下来。

另一个极端是这样一些国家:所有的通信都由国家政府完全垄断,包括邮件、电报、电话,经常还包括广播电台和电视。世界上大多数国家都可归到这一类中。在有些情况下,电信管理局是一个国有公司;而在其他一些情况下,电信管理局只是政府的一个分支机构,通常称为邮电部(Post,Telegraph,and Telephone administration,PTT)。全球范围内的发展趋势是朝着自由竞争、脱离政府垄断的方向发展。大多数欧洲国家现在已经对它们的PTT

进行了(部分)私有化改造;但在其他一些地方,这个进程仍然非常缓慢。

有了这么多不同的服务提供商,显然有必要提供全球范围内的兼容性,以确保一个国家的用户(和计算机)可以呼叫另一个国家的用户(和计算机)。实际上,这种需求已经存在很长时间了。在1865年,欧洲许多政府的代表聚集在一起,形成了一个标准化组织,就是今天国际电信联盟(International Telecommunication Union,ITU)的前身。它的任务是对国际电信进行标准化。在当时,所谓国际电信只是指电报。

即使在那个时候也很明显:如果一半的国家使用莫尔斯编码而另一半国家使用其他编码,那么就会带来问题。当电话也变成一种国际服务时,ITU又承担了电话标准化的工作。1947年,ITU成为联合国的一个机构。

ITU有大约200个政府成员,包括几乎所有联合国会员国。由于美国没有PTT,但必须有人代表美国出现在ITU中,于是这个任务被交给了美国国务院(the State Department)。可能的理由是ITU必须与外国打交道,而这正是美国国务院擅长的。ITU有700多个部门和合作成员,包括电话公司(如AT&T、Vodafone、Sprint)、电信设备制造商(如Cisco、Nokia、Nortel)、计算机供应商(如Microsoft、Dell、Toshiba)、芯片制造商(如Intel、Motorola、TI)和其他对这一领域感兴趣的公司(比如Boeing、CBS、VeriSign)。

ITU有3个主要部门。我们将焦点主要集中在ITU-T上,这是电信标准化部门,主要关注电话和数据通信系统。1993年以前,ITU-T称为CCITT,这是如下法文名称中的首字母缩写:Comité Consultatif International Télégraphique et Téléphonique。ITU-R是无线电通信部门,主要协调全球无线电频率利益集团之间的竞争。第三个部门是ITU-D,即发展部门,它的主要任务是促进信息和通信技术的发展,以便缩小有效获取信息技术的国家和获取信息技术受限的国家之间的“数字鸿沟”。

ITU-T的任务是对电话、电报和数据通信接口做出技术性的建议。这些建议通常会变成国际上认可的标准,尽管技术上的建议仅仅是建议,政府可以采纳也可以忽视,根据它们自己的意愿(因为政府就像13岁的男孩子,不会欣然接受命令)。实际上,一个国家采纳一个与世界各地所用标准不同的电话标准是完全自由的,但是他们要付出的代价是将自己孤立了,其后果是,外面没有人能呼叫进来,里边没有人能呼叫出去。这对于很多地方,可能是一个现实问题。

ITU-T的实际工作由它的研究组完成。它当前有11个研究组,通常大的研究组有400人,覆盖的主题从电话计费到多媒体服务再到安全性。比如,SG 15负责对光纤连接到户的标准化工作。这项标准化工作使得生产厂商有可能生产出可在世界各地使用的产品。为了尽可能地完成所有该做的事情,研究组又分成各个工作组(working party),工作组又进一步分为专家组(expert team),专家组再分为专案小组(ad hoc group)。可见,一旦成为官僚,就总要落入官僚主义的套路。

尽管如此,ITU-T实际上还是完成了很多事情。自从它成立以来,已经产生了超过3000份建议,大多数建议被广泛应用于实践中。比如,H.264(也是ISO标准MPEG-4 AVC)被广泛用于视频压缩,X.509公钥证书被用于安全的Web浏览和数字签名的电子邮件。

自20世纪80年代开始,电信业从国家性质转变成全球性的行业,随着这种转变的完成,标准变得越来越重要,而且越来越多的组织希望参与到标准制定工作中来。关于ITU

的更多信息,请参考 Irmer 的论文(1994)。

1.7.3 国际标准领域最有影响力的组织

国际标准是由国际标准化组织[①](International Standards Organization,**ISO**)制定和发布的,这是一个成立于1946年自愿的、非条约性质的组织。它的成员是161个国家和地区的标准组织。这些成员包括ANSI(美国)、BSI(英国)、AFNOR(法国)、DIN(德国)等。

ISO为大量的主题制定标准,从螺栓和螺母,到电话架的外形(更别提可可豆(ISO 2451)、渔网(ISO 1530)、女式内衣(ISO 4416)和其他一些人们不认为可以标准化的主题)。在有关电信标准方面,ISO和ITU-T经常合作(ISO是ITU-T的成员),以避免被人讽刺两个官方组织制定互不兼容的国际标准。

目前已经颁布的标准已经超过了21 000个,其中包括OSI标准。ISO有200多个技术委员会(Technical Committee,TC),这些技术委员会按照创建的顺序进行编号,每个技术委员会处理某个特定的主题。TC1处理螺栓和螺母(对螺栓的螺纹和斜度进行标准化)工艺。JTC1处理信息技术,包括网络、计算机和软件。它是第一个(迄今为止唯一的)联合技术委员会(Joint Technical Committee,JTC),创建于1987年,是通过合并TC97和IEC的活动组建的,这里的IEC是另一个标准化机构。每个TC有多个子委员会(subcommittee,SC),子委员会再细分为工作组(Working Group,WG)。

实际的工作大部分是由工作组中超过100 000个全球志愿者完成的。许多"志愿者"是被他们的雇主指派为ISO工作的,因为这些公司的产品正在进行标准化;其他一些"志愿者"则是政府官员,他们期望自己国家做的事情能变成国际标准。学术领域中的专家在许多工作组中也很活跃。

ISO采纳标准的程序是经过精心设计的,目的是尽可能获得广泛的同意和支持。当某个国家标准化组织认为需要某个领域的国际标准时,标准化程序就开始了。首先形成一个工作组,由工作组提出一个委员会草案(Committee Draft,**CD**);然后该草案被传送给所有的成员审核,他们有6个月的时间评价这份草案。如果绝大多数成员都同意该草案,则再生成一份修订文档,称为国际标准草案(Draft International Standard,**DIS**)。该标准草案被发给成员传阅以征求意见,并进行投票表决。根据这一轮的结果,形成国际标准(International Standard,**IS**)的最后文本,在获得认可之后公开发布。在有较大争议的领域,委员会草案或者国际标准草案可能需要经过几次修订,才能获得足够的票数。整个过程可能要持续几年。

国家标准和技术协会(National Institute of Standards and Technology,**NIST**)是美国商业部的一个部门,以前称为国家标准局(National Bureau of Standards)。它颁发的标准是美国政府采购时必须强制性执行的。当然,美国国防部除外,它有自己定义的标准。

在标准化领域中另一个有很大影响的组织是电气和电子工程师协会(Institute of Electrical and Electronics Engineers,**IEEE**),它是世界上最大的专业组织。除了每年发行大量的杂志和召开几百次会议以外,IEEE有一个标准化组,该标准化组专门制定电气工程和计算领域中的标准。IEEE 802委员会已经标准化了很多类型的LAN。我们在本书后面

---

① 确切地说,ISO的真实名称是标准化的国际组织(International Organization for Standardization)。

将要学习其中一些LAN。实际的工作是由许多工作组完成的，如图1-37所示。各个IEEE 802工作组的成功率并不高，有了IEEE 802.x这样的编号并不保证会成功。但是成功的故事(特别是IEEE 802.3和IEEE 802.11)对工业界和全球的影响却是巨大的。

编号	主题
IEEE 802.1	LAN概述与体系结构
IEEE 802.2	逻辑链路控制
IEEE 802.3*	以太网
IEEE 802.4†	令牌总线(主要被用在制造业)
IEEE 802.5†	令牌环(IBM的LAN技术)
IEEE 802.6†	双队列双总线(早期城域网)
IEEE 802.7†	宽带技术的技术咨询组
IEEE 802.8†	光纤技术的技术咨询组
IEEE 802.9†	同步LAN(实时应用)
IEEE 802.10†	虚拟LAN和安全
IEEE 802.11*	无线LAN(WiFi)
IEEE 802.12†	优先级需求(HP的AnyLAN)
IEEE 802.13	不吉利的数字；没人愿意使用
IEEE 802.14†	线缆调制解调器(已消失：行业协会首先使用的)
IEEE 802.15*	个域网(蓝牙，Zigbee)
IEEE 802.16†	宽带无线(WiMAX)
IEEE 802.17†	弹性数据包环
IEEE 802.18	无线电规范问题的技术咨询组
IEEE 802.19	所有标准并存的技术咨询组
IEEE 802.20	移动宽带无线(类似于IEEE 802.16e)
IEEE 802.21	介质独立切换(在不同技术间漫游)
IEEE 802.22	无线区域网

最重要的标准用 * 标注；标注 † 的为放弃和停止的标准。

图1-37 802工作组

1.7.4 Internet标准领域最有影响力的组织

全球性的Internet有它自己的标准化机制，该标准化机制与ITU-T和ISO截然不同。它们之间的区别可以粗略地类比为：参加ITU-T或者ISO标准会议的人总是穿着正装，而参加Internet标准会议的人则穿着休闲装(除了在San Diego开会以外，在那里他们穿着短裤和T恤衫)。

ITU-T 和 ISO 会议的参会者由企业官员和政府公务员组成,对于他们来说标准化是他们的工作。他们把标准化看作一件大好事,而且积极致力于这项工作。相反,Internet 领域中的人则更喜欢无政府主义,他们视之为一种原则。然而,在 Internet 领域有无数人在做自己的事情,他们很少有交流。因此,无论多么地令人遗憾,标准有时候还是需要的。在这样的环境下,MIT 的 David Clark 曾经对 Internet 标准化发表过一个非常著名的评述,即 Internet 标准是由“粗糙的共识和运行中的代码”(rough consensus and running code)组成的。

在建立 ARPANET 时,美国国防部成立了一个非正式委员会来监督它的运行。1983 年,该委员会更名为 **Internet 活动委员会**(Internet Activities Board,**IAB**),并且被赋予了更多的使命,即保持 ARPANET 和 Internet 的相关研究人员大致朝着同一个方向前进,这有点像赶着一群猫往前走一样。缩写词 IAB 的原形后来改为 Internet Architecture Board (**Internet 体系结构委员会**)。

在 IAB 中,大约每 10 个成员牵头从事一个重要方面的工作。IAB 每年开几次会议,讨论研究结果,并且将讨论意见反馈给美国国防部和 NSF,因为当时的大部分研究经费是由美国国防部和 NSF 提供的。当需要一个标准(比如一种新的路由算法)时,IAB 成员就会研究出对应的标准,然后宣布该标准带来的变化,于是,那些作为软件领域中坚力量的研究生就开始实现该标准。这里的交流过程是通过一系列技术报告进行的,称为**请求注释**(Request For Comments,**RFC**)。RFC 是在线存储的,任何感兴趣的人都可以从 www.ietf.org/rfc 获取。所有的 RFC 都按照创建的时间顺序编号,现在已经有超过 8000 个 RFC。本书中将引用很多 RFC。

到了 1989 年,Internet 增长得如此之快,以至于这种高度非正式的风格不再行之有效了。当时许多厂商已经开始提供 TCP/IP 产品,它们不想仅仅因为 10 个研究人员有了更好的思路就改变这些产品。于是,在 1989 年夏季,IAB 被重组。研究人员被安排到 **Internet 研究任务组**(Internet Research Task Force,**IRTF**)中,Internet 研究任务组和 **Internet 工程任务组**(Internet Engineering Task Force,**IETF**)一起成为 IAB 的附属机构。后来,IAB 又接纳了更多的人参与进来,他们代表了更为广泛的组织,而不仅仅是研究团体。IAB 最初是个“传宗接代”的组,其中的成员服务年限为两年,新成员由老成员指定。后来,建立了 **Internet 协会**(Internet Society),它由许多对 Internet 感兴趣的人组成。因此,从某种意义上讲,Internet 协会可以与 ACM 或者 IEEE 相提并论。它由选举产生的理事会管理,理事会指定 IAB 成员。

这种将 IAB 划分成两个组织的思路是:IRTF 专注于长期的研究,而 IETF 处理短期的工程事项。它们通过这种方式在各自的轨道上发展。IETF 被分成很多工作组,每个工作组解决某个特定问题。在初期,这些工作组的主席合起来组成指导委员会,指导整个工程任务组的工作。工作组的主题包括新的应用、用户信息、OSI 整合、路由与编址、安全、网络管理以及标准。最终,成立的工作组太多了(超过了 70 个),只好将工作组按领域组织,每个领域的主席集中起来组成指导委员会。

此外,IAB 还按照 ISO 模式采纳了一个更加正式的标准化过程。为了将一个基本思想变成一个**标准提案**(Proposed Standard),首先要在 RFC 中完整地描述整个思想,并且在 Internet 社团中引起足够的兴趣,使得人们愿意考虑它。为了进一步推进到**标准草案**(Draft

Standard)阶段,必须有一个可正常工作的实现,并且必须经过至少两个独立网站、历时4个月以上的严格测试。如果IAB确信这个想法是合理的,并且软件可以工作,那么它可以声明该RFC成为Internet标准(Internet Standard)。有些Internet标准已经成为美国国防部标准(MIL-STD),从而成为对美国国防部供应商的强制要求。

对于Web标准,万维网联盟(World Wide Web Consortium,W3C)负责开发协议和指导意见,以促进Web的长期发展。它是一个行业联盟,由Tim Berners-Lee领导,成立于1994年Web真正开始腾飞之时。W3C现在有500多个成员,包括公司、大学和其他组织。W3C已经制定了超过100项W3C建议,标准覆盖的主题正如其名称所示,比如HTML和Web隐私。

1.8 策略、法律和社会问题

像500年前的印刷厂一样,计算机网络使得普通公民以前所未有的方式分发和查看内容。但伴随着网络带来的好处也出现了一些负面问题,这种新的能力也引发了许多尚未解决的社会、政治和伦理问题。本节将提供一份简要的综述。在本书的每一章,我们将在合适的地方针对特定的技术提供一些有关政策、法律和社会问题的讨论。这里,我们将关注一些正在影响Internet技术一系列领域的高层次策略和法律问题,包括流量优先性、数据采集和隐私以及对在线自由言论的控制。

1.8.1 在线言论

社交网络、留言板、内容共享网站和其他应用程序允许人们与志同道合的人分享他们的意见。只要话题限制在技术主题或类似园艺这样的个人爱好上,就不会有太多的问题出现。

当人们真正关心的话题涉及政治、宗教或者性的时候,麻烦就来了。公开张贴的一些观点可能会强烈地刺痛某些人。而且,这些观点不一定只是文本的形式,人们还可以在这些平台上分享高分辨率的彩色照片和视频片段。在有些情况下,比如传播儿童色情信息或者煽动恐怖主义,语音也可能是不合法的。

社交媒体和称为用户生产内容(user-generated content)的平台,其充当非法或反动语音的渠道的能力已经引发了重大问题,涉及这些平台审核内容的职责。在很长一段时间里,诸如Fackbook、Twitter、Youtube和其他的用户生产内容的平台一直享受着免于起诉的特权,即使被起诉的内容托管在他们的站点上。比如,在美国,《通信规范法》(Communications Decency Act)的第230条保护这些平台免于联邦罪行起诉,即使在他们的站点上发现了任何非法的内容。许多年以来,这些社交媒体平台总是声称,他们只是一个信息平台,类似于一家印刷厂,不应该对他们托管的内容承担法律责任。然而,随着这些平台对于他们呈现给每个用户的内容越来越具有策略性,优先级越来越高,个性化越来越强,关于这些站点仅仅是平台的观点开始受到挑战。

比如,无论在美国还是欧洲,钟摆正在开始摆动,已经有法律通过了,这些平台需要为托管的特定类型的非法在线内容承担责任,比如与在线性交易相关的内容。随着自动化的、基于机器学习的内容分类算法的演进,也导致有些法律拥护者要求这些社交媒体平台为更广泛的内容承担法律责任,因为这些算法声称有能力自动检测出不被允许的内容,从侵犯版权的到散布仇恨言论的。然而,现实情况更加复杂,因为这些算法可能会产生误报的案例。如果一个平台的算法把内容错误地分类为有问题的或者非法的,并且自动地删除它们,那么,这种行为可能会被认为是一种内容审查,或者侵犯了言论自由。如果法律强制要求这些平台采取这些自动化的操作,那么它们可能最终变成了自动审查。

音像和电影行业经常鼓吹,法律要求使用这些自动化的内容审查技术。在美国,来自这些行业的代表定期发出DMCA删除通知(DMCA takedown notices,这里DMCA指Digital Millennium Copyright Act,即《数字千年版权法案》),威胁将会对DMCA删除通知中提到的一方采取法律行动,如果它们不自己删除相应内容的话。重要的是,对于ISP或者内容提供商来说,如果它们把删除通知传递给了侵权的那个人,那么它们就不用为侵犯版权承担责任。ISP或者内容提供商并不会积极地搜寻侵犯版权的内容——这一责任落在了版权所有者(比如唱片公司或者电影制片人)头上。因为要找到并标识出版权保护的内容是非常困难的,所以,版权所有者理所当然地要持续推动法律,将这份责任转移到ISP和内容提供商头上。

1.8.2 网络中立性

在过去15年中,一个更加重要的法律和政策问题已经扩展到判定哪些ISP对于他们自己网络上的内容进行阻塞或设置了优先级。ISP对于特定类型的应用流量,不管是谁发送的内容,都应该提供等同的服务质量,这一概念常常被称为**网络中立性**(network neutrality)(Wu,2003)。

网络中立性的基本原则可归结为下面4条规则:①不阻塞;②不限流;③没有付费的优先级;④有可能违反任何前述3条规则的合理的网络管理策略都应保持透明度。注意,网络中立性并不阻止ISP对流量实施优先级控制。正如我们将在后面的章节中看到的,在有些情况下,ISP优先于非交互的流量(比如大文件备份)传输实时流量(比如游戏和视频会议),这可能是非常合理的。对于这种"合理的网络管理策略",以上规则做了例外处理。当然,对于什么是"合理的"网络管理策略可能是有争议的。这些规则试图要阻止的是ISP将阻塞或限流当作一种反竞争措施的情形,特别是这些规则试图要阻止ISP阻塞或限制VoIP流量,当这些流量与它自己的Internet电话提供服务有竞争(当AT&T阻塞了Apple的FaceTime时就发生了这样的情形)或者当一个视频服务(比如Netflix)与它自己的视频点播服务有竞争时。

虽然初看之下网络中立性原则可能非常简单,但是,法律和政策的细微之处又异常复杂,特别是考虑到了不同国家的法律和网络有所不同。比如,在美国,法律问题之一是谁有权强制实施网络中立性规则。比如,在过去十多年,各种法庭裁决先是授予,后来又撤回了联邦通信委员会(Federal Communications Commission,FCC)强制对ISP执行网络中立性规则的权利。在美国,很多争论的焦点在于,一个ISP是否应该被归类为一个"公共承运商"服务,类似于公共事业公司;或者ISP是否应该被视为一个信息服务公司,类似于Google和Facebook。随着许多这样的公司提供面向越来越多样化市场的产品,要想将一家公司归为这一类或那一类,也变得越来越困难了。2018年6月11日,按照FCC的指示,网络中立性原则在整个美国被废止了。然而,有些州可能在本州的范围内采用自己的网络中立性规则。

与网络中立性相关的，并且在世界上许多国家比较重要的一个话题是零税率（zero rating）的实施。ISP 可能会根据数据的用途对用户进行收费，但对于特定的服务给予免税（即零税率）。比如，ISP 可能对它的用户收取 Netflix 流量费用，但对于它想要推销的其他视频服务则不限制流量。在有些国家，移动通信公司利用零税率作为一种差别化手段。比如，一家移动通信公司可能对于 Twitter 实施零税率，作为一种吸引其他通信公司用户的推广手段。零税率的另一个例子是 Facebook 的 Free Basics 服务，它允许 ISP 的用户免费、无限量地访问一批由 Facebook 打包成免费提供服务的站点和服务。许多组织认为这些服务和手段与网络中立性原则是冲突的，因为它们为有些服务和应用提供了超越于其他服务和应用的优先访问权。

1.8.3 安全

Internet 被设计成任何人都很容易接入并开始发送流量。这种开放的设计不仅催生了大量的创新，同时也使 Internet 成为攻击者实施空前的、各种规模和范围的攻击的平台。我们将在第 8 章中详细地讨论网络安全

最为流行又很致命的一种攻击类型是 **DDoS**（Distributed Denial of Service，**分布式拒绝服务**）攻击，在这种攻击中，网络上的许多主机向一台受害主机发送流量，试图耗尽它的资源。有许多种不同类型的 DDoS 攻击。DDoS 攻击最简单的形式是大量被攻陷的主机（有时被称为 **botnet**）全部向一个受害者发送流量。传统方式下，DDoS 攻击是从一批被攻陷的通用主机（比如笔记本计算机和服务器）发起攻击，但是，迅猛增加的不安全的 IoT 设备现在变成了发起 DDoS 攻击的一股全新力量。由一百万个连接 Internet 的智能烤箱配合发起的攻击能够搞垮 Google 吗？不幸的是，IoT 行业中大多数企业不关心软件安全性，所以，抵御这些来自高度不安全设备的攻击的任务当前落到了网络运营商的头上。新的激励结构或者规章制度对于阻止用户将不安全的 IoT 设备连接到网络中可能是非常有必要的。一般而言，许多 Internet 安全问题都跟激励有关。

垃圾电子邮件（spam email）现在已经形成了超过 90%的电子邮件流量，因为垃圾邮件发送者收集了以百万计的电子邮件地址，想要获取市场的人通过这种廉价手段给这些邮件地址发送计算机生成的消息。幸运的是，过滤软件能够读取并丢弃由其他计算机产生的垃圾邮件。早期的垃圾邮件过滤软件很大程度上依赖于电子邮件消息的内容来区分不想要的垃圾邮件与合法的电子邮件，但垃圾邮件制造者很快找到了办法绕过这些过滤器，因为要想产生 100 种拼写 Viagra 的方法还是相对容易的。另一方面，电子邮件的属性，比如发送方和接收方的 IP 地址，以及电子邮件的发送模式，它们作为区分特征是非常有用的，并且也更加稳定，更加不易逃脱过滤。

有些垃圾邮件只是让人厌烦而已。然而，还有些电子邮件有可能要企图进行大规模的诈骗，或者窃取你的个人信息，比如你的口令或者银行账户信息。**钓鱼**（phishing）消息往往伪装成来自一个值得信赖的机构，比如你的银行，试图诱使你透露敏感信息，比如信用卡号码。身份盗窃正成为一个日益严重的问题，因为盗贼收集了有关受害者的足够信息，以获取受害人名下的信用卡及其他文档。

1.8.4 隐私

随着计算机网络本身和人们连接在网络上的设备越来越多,各方收集关于每个人如何使用网络的数据也随之越来越容易了。计算机网络使得通信更加容易,但也使得运营网络的人窥探网络上的流量更加容易。各种各样的组织都可以收集你使用 Internet 的数据,包括你的 Internet 服务提供商、你的移动电话公司、各种应用程序、Web 站点、云托管服务、内容分发网络、设备厂商、广告商以及 Web 跟踪软件商。

许多 Web 站点和应用提供商的一种主要做法是:通过收集用户一段时间以来在网络上的行为数据,对用户进行**画像**(profiling)和**跟踪**(tracking)。广告商跟踪用户的一种方法是:放置一些小的称为 **Cookie** 的文件,Web 浏览器将这些 Cookie 文件保存在用户的计算机中,这些 Cookie 让广告商和跟踪公司可以跟踪用户的浏览行为,以及从一个站点到另一个站点的活动。更复杂的跟踪机制近几年也开发出来了,比如**浏览器指纹**(browser fingerprinting),它证明了你的浏览器的配置已经足够唯一标识你了,所以,一家公司可以利用其 Web 页面上的代码提取你的浏览器的设置,并且以很高的概率确定你的唯一身份。提供以 Web 为基础的服务的公司也会维护大量关于其用户的个人信息,从而可以直接研究用户的行为。比如,如果你使用了 Google 的电子邮件服务 **Gmail**,那么,Google 就可以阅读你的电子邮件,并根据你的兴趣向你展示广告。

移动服务的兴起也使得**位置隐私**(location privacy)成为一个新的顾虑(Beresford 和 Stajano, 2003)。你的移动操作系统厂商可以访问精确的位置信息,包括你的地理坐标,甚至通过电话的气压传感器获取你所在高度的信息。比如,Android 移动电话操作系统开发商 Google 可以确定你在一座建筑物或大型商场内的精确位置,因而它可以根据你当前正走过的那家商店向你推送广告。移动通信公司也可以根据你的电话当前正在通信的那个蜂窝基站塔获得你的地理位置信息。

有各种各样的技术,从 VPN 到匿名的浏览软件(比如 Tor 浏览器),都通过将用户浏览的来源模糊化的方法加强用户的隐私保护。这样的系统提供的保护级别取决于该系统的属性。比如,VPN 提供商可能会防止你的 ISP 看到任何未加密的 Internet 流量,但是 VPN 服务的运营商仍然可以看到未加密的流量。Tor 可能会提供额外的一层保护,但关于它的有效性有各种截然不同的评估,许多研究人员已经指出了它的弱点,特别是当一个实体控制了大部分基础设施的时候。匿名通信可能为学生、雇员和市民提供了一种检举揭发非法行为的途径,并且无须担心报复。另一方面,在美国和大多数其他民主国家,法律特别允许一个被指控的人在法庭上与指控人对质的权利,所以匿名指控不能用作证据。当计算机网络与旧的法律碰到一起时,它们又引发了新的法律问题。一个当前正在热议的有趣的法律问题涉及对数据的访问。比如,是什么决定了一个政府是否应该访问关于其市民的数据?如果数据位于另一个国家,那么,该数据能否被保护起来以避免被检索?如果数据途经一个国家,那么,它在多大程度上要受到这个国家法律的管辖?Microsoft 在美国最高法院的诉讼案中就要解决这些问题,在该案中,美国政府试图访问 Microsoft 在爱尔兰的服务器中有关美国公民的数据。在接下来的几年中,当法律与技术交汇时,Internet“无国界”的本质可能还会继续引发各种问题。

1.8.5 虚假信息

Internet 使得人们有可能快速地找到信息，但是大量的信息是不适当的、误导的甚至完全错误的。你从 Internet 上查到的关于胸部疼痛的医疗建议可能来自一个诺贝尔奖得主，也可能来自一个高中辍学的学生。全球民众如何获取关于新闻和当前事件的信息，这是一个日益凸显的顾虑。比如，在美国的 2016 年总统选举过程中出现了假新闻事件，即，特定部门刻意制作了虚假的故事，其目的是欺骗读者相信一些从未发生过的事情。虚假信息(disinformation)已经向网络和平台运营商提出了新的挑战。首先，如何从一开始定义虚假信息？其次，虚假信息有可能被可靠地检测出来吗？最后，一旦检测出来了，网络或平台运营商又应该做些什么呢？

1.9 度量单位

为了避免出现可能的混淆，这里有必要明确声明，根据计算机科学的一贯做法，本书并不采用传统的英国度量单位。主要的倍数词头如图 1-38 所示。这些倍数词头通常取它们的首字母缩写，再加上单位的首字母缩写(大写)构成复合单位(比如 KB、MB 等)。不过，有一个例外(由于历史原因)，kb/s 代表千位/秒。因此，1Mb/s 通信线路可以传输 10^6 b/s，并且，每 10^{-10} s 有 100ps。由于 milli 和 micro 都以字母 m 开头，所以两者必须进行区分。通常情况下，m 代表毫(milli)，而 μ(希腊字母)代表微(micro)。

指数形式	直接表示	前缀	指数形式	直接表示	前缀
10^{-3}	0.001	milli	10^{3}	1 000	Kilo
10^{-6}	0.000001	micro	10^{6}	1 000 000	Mega
10^{-9}	0.000000001	nano	10^{9}	1 000 000 000	Giga
10^{-12}	0.000000000001	pico	10^{12}	1 000 000 000 000	Tera
10^{-15}	0.000000000000001	femto	10^{15}	1 000 000 000 000 000	Peta
10^{-18}	0.000000000000000001	atto	10^{18}	1 000 000 000 000 000 000	Exa
10^{-21}	0.000000000000000000001	zepto	10^{21}	1 000 000 000 000 000 000 000	Zetta
10^{-24}	0.000000000000000000000001	yocto	10^{24}	1 000 000 000 000 000 000 000 000	Yotta

图 1-38 主要的倍数词头

另外，还要指出的是，衡量内存、磁盘、文件和数据库大小的计量单位，按照工业界常见的实践，与实际含义有细微的区别。在这里，K 是指 2^{10}(1024)，而不是 10^3(1000)，因为内存总是 2 的幂。因此，1KB 内存包含 1024B，而不是 1000B。还要注意，这种情况下的大写字母 B 表示字节(byte)，而小写字母 b 表示位(或比特，bit)。类似地，1MB 内存包含 2^{20}(1 048 576)B，1GB 内存包含 2^{30}(1 073 741 824)B，1TB 内存包含 2^{40}(1 099 511 627 776)B。然而，1kb/s 通信线路每秒传输 1000b，而 10Mb/s 的 LAN 运行速度为 10 000 000b/s，因为这些速度并不是 2 的幂。不幸的是，许多人往往将两种系统混淆起来，特别是磁盘的大小。

在本书中,为了避免二义性,我们用符号 KB、MB、GB 和 TB 分别代表 2^{10}、2^{20}、2^{30} 和 2^{40} B,用符号 kb/s、Mb/s、Gb/s 和 Tb/s 分别代表 10^3、10^6、10^9 和 10^{12} b/s。

1.10 本书其余部分的概要

本书既讨论了计算机网络的原理,又讨论了计算机网络的实践。绝大多数章都从相关原理的讨论开始,然后用一些例子说明这些原理。这些例子通常取自 Internet 和无线网络(比如移动电话网络),因为这两个网络都非常重要,而且差别也非常大。其他的例子也会在相关地方出现。

本书的结构按照图 1-36 所示的模型组织。从第 2 章开始,我们将从协议层次体系的底层开始逐层往上进行讨论。我们提供了数据通信领域中的一些背景知识,它们覆盖了有线传输系统和无线传输系统。这些内容集中于如何在物理信道上传递信息,尽管我们只涵盖了体系结构,而不涉及硬件方面的问题。这一章还讨论了一些物理层的例子,比如公共交换电话网、移动电话网络和有线电视网络。

第 3 章和第 4 章讨论数据链路层。第 3 章考查了如何在一条链路上发送数据包的问题,其中包括差错检测和差错纠正。我们把 DSL(通过电话线进行宽带 Internet 接入)作为数据链路层协议在现实世界中的一个实例进行了相应的探讨。

第 4 章考查了介质访问子层。这是数据链路层的一部分,它主要处理如何在多个计算机之间共享一条信道。我们给出的例子包括无线 LAN,比如 IEEE 802.11,以及有线的 LAN,比如以太网。这一章也讨论了可用来连接 LAN 的数据链路交换机,比如交换式以太网。

第 5 章处理网络层的问题,尤其是路由。这一章介绍了很多路由算法,有静态的,也有动态的。即使有了良好的路由算法,如果实际流量超过了网络能处理的流量,一些数据包还是会被延迟或者丢弃。我们从如何防止出现拥塞到如何保证一定的服务质量等方面讨论这个问题。将异构网络连接起来构成互联网络也会导致大量的问题,这一章也讨论了这些问题。Internet 的网络层也将在这里给予广泛的介绍。

第 6 章处理传输层。重点在于面向连接的协议和可靠性,因为许多应用都需要这样的协议和特性。这一章对 Internet 的传输协议 UDP 和 TCP 进行了详细的讨论,同时还讨论了它们的性能问题,特别是 TCP 的性能,这是 Internet 的关键协议之一。

第 7 章处理应用层,包括它的协议和应用。第一个主题是 DNS,这相当于 Internet 的电话簿。接下来讨论了电子邮件,包括对电子邮件协议的讨论。然后,转移到 Web,详细讨论了静态内容和动态内容,以及在客户端和服务器端发生的事情。紧接着考查了网络多媒体,包括流式音视频。最后讨论了内容分发网络,包括对等技术。

第 8 章与网络安全有关。这个主题涉及与所有层相关的方面,所以,在解释了全部层之后再讨论安全就容易得多。这一章从密码学的基本介绍开始,然后介绍了如何利用密码学保护通信、电子邮件和 Web。这一章最后讨论了一些与安全相关的领域,比如隐私、言论自由、审查制度,以及其他社会问题。

第 9 章包含了一份建议读者进一步阅读的清单,按照章节的顺序排列。这个阅读清单意在帮助那些想进一步从事网络研究的读者。这一章还有一个按字母顺序排列的参考文献列表，包括了所有在本书中引用过的文献。

作者的 Web 网站

```
https://www.pearsonhighered.com/tanenbaum
https://computerneworksbook.com
```

给出了一些读者可能感兴趣的更多额外信息。

1.11 本章总结

计算机网络的用途非常广，既可以针对公司也可以针对个人，既可以在家里使用也可以在移动中使用。公司使用计算机网络共享公司的信息，它们通常采用客户-服务器模型，员工桌面计算机充当客户，访问机房里强大的服务器。对于个人，网络提供了访问各种各样的信息以及很多娱乐资源，同时还可以通过网络购买或者销售产品和服务。个人用户往往通过他们的电话或者家里的线缆提供商访问 Internet，尽管笔记本计算机和电话越来越多地使用无线接入手段。技术的进步使得各种新的移动应用和网络层出不穷，计算机被嵌入家电和其他消费类电子设备中。同样的进步也带来了社会问题，比如对隐私的顾虑。

粗略地讲，网络可以分为 LAN、MAN、WAN 和互联网络。典型的 LAN 覆盖一座建筑物，并且可以很高速率运行。MAN 通常覆盖一座城市。一个例子是有线电视系统，现在有许多人通过这个网络访问 Internet。WAN 可以覆盖一个国家或者一个洲。构造这些网络的技术有些是点到点的（比如一条线缆），而有些是广播的（比如无线）。路由器可以连接多个网络，从而形成互联网络，其中 Internet 是最大和最重要的互联网络的例子。无线网络正在变得越来越流行，比如 IEEE 802.11 LAN 和 4G 移动电话网络。

网络软件由网络协议构成，而协议是进程通信的规则。绝大多数网络支持协议的层次结构，每一层向它的上一层提供服务，同时屏蔽较低层使用的协议的细节。协议栈通常基于 OSI 模型或者 TCP/IP 模型。这两个模型都有链路层、网络层、传输层和应用层，但在其他层则有所不同。设计问题包括可靠性、资源分配、规模增长、安全等。这本书的大部分内容处理网络协议和相应的设计。

网络为它们的用户提供各种各样的服务。服务的范围从无连接的尽力而为数据包传递服务到面向连接的有质量保证的传递服务。在有些网络中，无连接服务由某一层提供，而面向连接的服务则由它上面的层提供。

著名的网络包括 Internet、移动电话网络和 IEEE 802.11 无线 LAN。Internet 从 ARPANET 演变而来，当时其他网络纷纷加入 ARPANET，从而构成了一个互联网络。现在的 Internet 实际上是成千上万个都采用了 TCP/IP 协议栈的网络集合。移动电话网络提供了多个兆位每秒量级的无线和移动接入 Internet 的服务，当然也能承载语音通信。基于 IEEE 802.11 标准的无线 LAN 被部署在许多家庭、酒店、机场、餐馆等，它们可以提供高达 1Gb/s 甚至更高的连接能力。无线网络中也出现了融合的元素，比如在 LTE-U 这样的建议中表明的，蜂窝网络协议允许在非授权的频谱上与 IEEE 802.11 一起工作。

为了使多台计算机可相互通话，要求做大量的标准化工作，不管是硬件方面还是软件方面。诸如 ITU-T、ISO、IEEE 和 IAB 这样的组织负责管理标准化进程的各个不同部分。

习　　题

1. 你已经在两个中世纪的城堡之间建立了一个通信信道：让一只受训练的渡鸦重复地从发送城堡携带一个卷轴到达160km外的接收城堡。渡鸦飞行的平均速度是40km/h，每次只能携带一个卷轴。每个卷轴包含1.8TB数据。请分别计算在以下3种情况下这一信道的数据速率：①要发送1.8TB数据；②要发送3.6TB数据；③要发送无限的数据流。

2. 作为物联网的一部分，每天都有越来越多的设备连接到计算机网络中。其中一项用途是IoT，它使人们更加容易地监视他们的财产和工具使用情况。但是任何技术都既可以用于好的一面，也可以用于坏的一面。请讨论这一技术的缺点。

3. 无线网络已经在用户数量上超过了有线网络，尽管它们通常提供的带宽更小一些。请给出两个理由说明为什么会这样。

4. 小型公司通常不再购买硬件，而是将其应用托管在数据中心。请分别从公司的角度和公司用户的角度讨论这种做法的优势和劣势。

5. LAN的一个替代方案是简单地采用一个大型分时系统，通过终端为用户提供服务。试给出使用LAN的客户-服务器系统的两个好处。

6. 客户-服务器系统的性能受到两个主要网络特征的严重影响：网络的带宽(即网络每秒可以传输多少位数据)和延迟(即将第一个数据位从客户传送到服务器需要多少秒)。请给出一个网络的例子，它具有高带宽，但也有高延迟；然后再给出另一个网络的例子，它具有低带宽和低延迟。

7. 在存储-转发数据包交换系统中，衡量延迟的一个因素是数据包在交换机上存储和转发需要多长时间。假设在一个客户-服务器系统中，客户在纽约而服务器在加州，如果交换时间为20μs，交换时间是否会成为该系统响应延迟的一个主要因素？假设信号在铜线和光纤中的传播速度是真空光速的2/3。

8. 一个服务器通过卫星给客户发送数据包。这些数据包在到达目的地以前必须经过一个或多个卫星。这些卫星使用了存储-交换数据包交换模型，交换时间为100μs。如果数据包传输的总距离为29 700km，那么，若1%的延迟是由数据包交换引发的，数据包必须经过多少个卫星？

9. 一个客户-服务器系统使用了卫星网络，卫星高度为40 000km。在响应一个请求时，最佳情形下的延迟是多少？

10. 一个信号以2/3的光速进行传播，经过100ms到达目的地。该信号传播了多远？

11. 现在几乎每个人都有一台家庭计算机或者移动设备连接到计算机网络，于是，对重要的未决案件进行即时公民投票已经成为可能了。最终，现在的立法机关都可以撤销了，从而让人民直接表达他们的意愿。这种直接民主的正面影响是非常显然的，请讨论可能产生的负面影响。

12. 5台路由器通过一个点到点子网连接在一起。网络设计者可以为每一对路由器设置一条高速线路、中速线路、低速线路或根本不设置线路。如果计算机需要50ms生成并遍历每个网络拓扑，它需要多长时间才能遍历所有的网络拓扑？

13. 共 2^n-1 台路由器按照中心化的二叉树相互连接，每个树节点一台路由器。路由器 i 通过向二叉树的根节点发送消息与路由器 j 进行通信，由根节点将消息向下发送到 j。假设所有的路由器都是等可能的，对于足够大的 n，请推导出每条消息要经过的跳数平均值的近似表达式。

14. 广播式子网的一个缺点是当多台主机同时企图访问信道时会造成容量浪费。考虑一个简单的例子，假设时间被分成了离散的时间槽，共有 n 台主机；在每个时间槽内，每台主机企图访问信道的概率为 p。由于冲突而被浪费的时间槽比例是多少？

15. 在计算机网络和其他的复杂系统中，它们的组件之间有大量的交互，因此通常很难以很高的置信度预测是否或者何时发生不好的事情。计算机网络的设计目标是如何充分考虑这一点的？

16. 链路层、网络层、传输层每一层都必须在有效载荷中加入源和目标信息，请解释这是为什么。

17. 请将链路层、网络层、传输层与每一层向上面的层提供的保证进行匹配。

保　证	层
尽力传递	网络层
可靠传递	传输层
按序传递	传输层
字节流抽象	传输层
点到点链路抽象	链路层

18. 每一个网络层都通过接口与它下面的层打交道。对于下面的每一个函数，请指出它属于哪一个接口。

函　数	接　口
send_bits_over_link(bits)	
send_bytes_to_process(dst, sec, bytes)	
send_bytes_over_link(dst, sec, bytes)	
send_bytes_to_machine(dst, sec, bytes)	

19. 假定两个网络端点的往返时间是100ms，每次往返发送方传输5个数据包。假定数据包的大小为1500B，那么，对于上述往返时间，发送方的传输速率是多少？请以字节每秒(B/s)为单位给出答案。

20. Specialty Paint 公司的总裁打算与一个本地的啤酒酿造商合作生产一种无形啤酒罐(作为防止乱扔垃圾的一种措施)。总裁让公司的法律部门调研此事，后者又请工程部帮忙。结果总工程师打电话给啤酒酿造公司讨论该项目的技术问题。工程师又各自向公司的法律部门作了汇报。然后，法律部门通过电话安排了有关的法律方面的事宜。最后，两位公司总裁讨论了这次合作在经济方面的问题。这个通信机制违反了OSI模型意义上的哪个多层协议原则？

21. 两个网络都可以提供可靠的、面向连接的服务。其中一个提供可靠的字节流，另一个提供可靠的消息流。这两者是否相同？如果你认为这两者相同，为什么要有这样的区别？

如果不相同,请给出一个例子说明它们如何不同。

22. 在讨论网络协议的时候,“协商”意味着什么?请给出一个例子。

23. 图 1-31 显示了一个服务。该图是否还隐含着其他的服务?如果有,在哪里?如果没有,说明为什么没有。

24. 在有些网络中,数据链路层处理传输错误的做法是请求发送方重传被损坏的帧。如果一帧被损坏的概率为 p,发送一帧需要的平均传输次数是多少?假设确认帧永远不会丢失。

25. OSI 模型和 TCP/IP 模型中哪些层负责处理下面的事项?

(a) 将要传输的比特流分割成帧。

(b) 确定子网使用哪一条路径。

26. 如果数据链路层上交换的数据单元称为帧,网络层上交换的数据单元称为数据包,那么,是帧封装了数据包,还是数据包封装了帧?请解释你的答案。

27. 请考虑一个 6 层协议的层次结构,其中第 1 层是最低层,第 6 层是最高层。一个应用程序发送消息 M,将它传递给第 6 层。所有的偶数层都在其有效载荷中附加一个尾,所有的奇数层都在其有效载荷中附加一个头。请按照在网络上的发送顺序依次画出头、尾和原始消息 M。

28. 一个系统具有 n 层协议的层次结构。应用层产生长度为 M 字节的消息,在每一层加上长度为 h 字节的头。头所占的网络带宽比例是多少?

29. 请举出一个设备同时连接到两个网络的 5 个例子,解释为什么这是有用的。

30. 图 1-12(b)中的子网被设计用来对抗核战争。需要多少颗炸弹才能将这些节点炸成两个互不相连的集合?假设任何一颗炸弹都可以摧毁一个节点以及所有与它相连的链路。

31. Internet 的规模差不多每隔 18 个月翻一番。虽然没有人能够确切地知道具体的数字,但是估计 2018 年 Internet 上的主机数目为 10 亿台。请利用这些数据计算出 2027 年 Internet 上预计会有多少台主机。你相信你的结论吗?请说明你为什么相信或者为什么不相信。

32. 当在两台计算机之间传输一个文件时,可以采用两种不同的确认策略。在第一种策略中,该文件被分解成许多个数据包,接收方独立地确认每一个数据包,但没有对整个文件进行确认。在第二种策略中,这些数据包并没有被单独地确认,但是当整个文件到达接收方时会被确认。请讨论这两种方案。

33. 移动电话网络运营商需要知道它们的用户的移动电话(因而知道它们的用户)在哪里。解释一下为什么这对于用户来说很不好。然后,请再给出为什么这又很好的理由。

34. 在原始 IEEE 802.3 标准中,一比特多长(按米来计算)?请使用 10Mb/s 传输速率,并且假设同轴电缆的信号传播速度是真空中光速的 2/3。

35. 一幅图像的分辨率为 3840×2160 像素,每个像素用 3B 表示。假设该图像没有被压缩。通过 56kb/s 的调制解调器传输这幅图像需要多长时间?通过 1Mb/s 的线缆调制解调器呢?通过 10Mb/s 的以太网呢?通过 100Mb/s 的以太网呢?通过 1000Mb/s 的以太网呢?

36. 以太网和无线网络既有相同点,也有不同点。以太网的一个特性是同一时刻只能传输一帧数据。IEEE 802.11 也具有这个以太网特性吗?请讨论你的答案。

37. 无线网络易于安装,这使得它们相对低廉,因为安装成本往往大大超过设备成本。然而,它们也有一些缺点。请给出其中两个缺点。

38. 请分别给出网络协议国际标准化后的两个优点和两个缺点。

39. 当一个系统既有永久(固定)部分又有可移动部分(比如 CD-ROM 驱动器和 CD-ROM)时,系统的标准化显得非常重要。标准化之后,不同的公司可以分别生产永久部分和可移动部分的产品,而且这些产品总能在一起工作。请给出计算机工业界以外的 3 个例子,在这 3 个例子中都有相应的国际标准;再给出计算机工业界以外的另外 3 个例子,但在这 3 个例子中都不存在国际标准。

40. 图 1-34 显示了 TCP/IP 网络栈中许多不同的协议。请解释为什么在一层中有多个协议可能是非常有用的,并给出一个例子。

41. 假设实现第 k 层操作的算法发生了变化。这会影响第 $k-1$ 层和第 $k+1$ 层的操作吗?

42. 假设由第 k 层提供的服务(一组操作)发生了变化。这会影响第 $k-1$ 层和第 $k+1$ 层的服务吗?

43. 请了解一下如何打开浏览器内置的网络监视器。将它打开,然后导航到一个 Web 页面(比如 https://www.cs.vu.nl/~ast/)。你的浏览器(客户)向服务器发送了多少个请求?它发送的是什么类型的请求?为什么这些请求是单独发出的,而不是作为一个大的请求发出的?

44. 列出你每天与使用计算机有关的活动。

45. ping 程序使你能够向指定的位置发送一个测试数据包,看看数据包来回需要多长时间。请用 ping 程序测试从你所在的位置到几个已知位置需要多长时间。利用这些数据,绘出 Internet 上的单向传输时间与距离的函数关系。最好使用大学作为目标,因为大学服务器的位置往往可以精确地知道。比如,berkeley.edu 在美国加利福尼亚州的 Berkeley,mit.edu 在美国马萨诸塞州的剑桥,vu.nl 在荷兰的阿姆斯特丹,www.usyd.edu.au 在澳大利亚的悉尼,www.uct.ac.za 在南非的开普敦。

46. 访问 IETF 的网站 www.ietf.org,了解它正在做什么。选择你感兴趣的问题,写半页针对该问题的报告,并提出自己的解决方案。

47. 在网络领域,标准化是非常重要的。ITU 和 ISO 是主要的官方标准化组织。请浏览它们各自的 Web 站点:www.itu.org 和 www.iso.org,了解它们的标准化工作。针对它们已经标准化的各种事情,请写一份简短的报告。

48. Internet 由大量的网络构成。这些网络的布局决定了 Internet 的拓扑结构。有大量关于 Internet 拓扑结构的信息可以在线访问到。请用搜索引擎找出更多有关 Internet 拓扑结构的信息,并根据你的发现写一份简短的报告。

49. 搜索 Internet,试找出当前在 Internet 上路由数据包的一些重要对等节点。

50. 写一个程序实现 7 层协议模型中从顶层到底层的消息流。针对每一层,程序应包括一个单独的协议函数。协议头为 64 个字符序列。每个协议函数有两个参数:从高层协议传递下来的消息(一个字符缓冲区)和消息的大小。这个函数在消息前面加一个头,并在标准输出上打印新的消息,然后调用较低层协议的协议函数。程序的输入是一个应用程序的消息。

第2章　物　理　层

本章将着眼于网络协议模型最低层的物理层，它定义了数据作为信号在信道上发送时相关的电气、时序和其他接口。物理层是构建网络的基础。不同种类的物理信道的特性决定了其性能不同(比如吞吐量、延迟和误码率)，所以物理层是我们展开网络之旅的最好出发地。

我们首先从介绍3种传输介质开始：导向的或有线的(铜线、同轴电缆和光纤)、无线的(陆地无线电)和卫星的。每种技术都有其独特的性质，而这将影响到采用这些传输技术的网络设计和性能。这些材料为我们理解现代网络的关键传输技术提供了背景知识。

然后我们讨论数据传输的理论分析，目的只是揭示在通信信道上发送数据时存在的一些限制，这是自然力量施予的。接下来是数字调制解调技术，主要解决如何把模拟信号转换成数字数据以及将数字数据还原成模拟信号。在此基础上，引入多路复用方案，探讨如何在同一个传输介质上同时进行多个会话而彼此不会干扰。

最后，我们将重点关注3个被广泛应用于广域计算机网络的通信系统实例：(固定)电话系统、移动电话系统和有线电视系统。在实践中这3个系统中的任何一个都很重要，因此我们将花费相当大的篇幅分别进行介绍。

2.1　导向的传输介质

物理层的作用是将数据从一台主机传输到另一台主机。实际传输使用的物理介质可以是各种各样的。依赖于物理电缆或者线路的传输介质通常称为导向的传输介质(guided transmission media)，因为信号传输是沿着物理电缆或线路的路径而有导向的。最常见的导向的传输介质是铜线电缆(以同轴电缆或者双绞线的形式)和光纤。每一种导向的传输介质都有其独特的一组特性，体现在频率、带宽、延迟、成本以及安装和维护难易程度上。带宽是指一种介质承载容量的一个衡量，可以用Hz(或者MHz或GHz)来度量。它是为了纪念德国物理学家Heinrich Hertz而命名的。我们将在本章后面详细地讨论带宽。

2.1.1　永久存储设备

将数据从一个设备传输到另一个设备最常见的办法之一是将数据写到永久存储设备中，比如磁性存储设备或者固态存储设备(比如可刻录DVD)中，然后用物理的方法将磁带或者磁盘运送到目标计算机，再将数据读出来。虽然这种方法不像使用地球同步通信卫星那么“高端”，但它更加有效，尤其适合那些高数据速率或者单个比特传输成本是关键因素的应用系统。

用一个简单的计算就能很容易看清楚这一点。工业标准的Ultrium磁带可以容纳30TB。一个60cm×60cm×60cm大小的盒子可以装下1000个这样的磁带，因此盒子的总容量为 800TB，或者 6400Tb(即 6.4Pb)。通过联邦快递或者其他快递公司，在 24h 以内可以将这一盒磁带快递到美国的任何一个地方。这样一次传输的有效带宽是 6400Tb/86 400s，或者 70Gb/s。如果开车到目的地只需要一小时，则带宽将增加到超过 1700Gb/s。还没有一个计算机网络能接近这样的传输能力。当然，网络正在变得越来越快，但磁带密度也同样在不断增长。

如果现在看一下成本，可以发现类似的情形。Ultrium 磁带批量购买的价格大约是每盘 40 美元。一盘磁带至少可以重复使用 10 次，所以一盒磁带每次使用的价格差不多是 4000 美元。加上额外 1000 美元的运输费用(可能还会更少一些)，计算得出运送 800TB 的成本大约是 5000 美元。这样算来，运输 1GB 数据的费用还不到 0.5 美分，这样的低成本还没有一个网络能与之抗衡。这个例子的寓意在于：

永远不要低估一辆满载着磁带在高速公路上飞驰的旅行车的带宽。

对于要传送大量数据的需求而言，这往往是最佳方案。Amazon 将它称为 Snowmobile(雪地摩托车)，指装载数千块硬盘的大型卡车，这些硬盘全部连接到卡车内的一个高速网络上。卡车的总容量是 100PB(100 000TB)。当一家公司有大量的数据要传送时，它可以将卡车开到公司里，插上公司的光纤网络，然后将所有的数据传输到卡车里。完成后，卡车开到另一个地方，将数据全部复制出来。比如，一家公司若希望用 Amazon 云替换它自己的大规模数据中心，则可能对这一服务感兴趣。对于非常大量的数据，没有其他的数据传输方法可以达到这样的效果。

2.1.2　双绞线

尽管永久存储设备具有优良的带宽特性，但其延迟特性却很差。传输时间以小时或者天计，而不是以毫秒计。许多应用程序，包括 Web、视频会议以及在线游戏，非常依赖于低延迟的数据传输。一种最老但仍然最常用的传输介质是双绞线(twisted pair)。双绞线由两根相互绝缘的铜线组成，铜线的直径通常大约为 1mm。两根铜线以螺旋状紧紧地绞在一起，就像一个 DNA 分子。两根平行的线会构成一个很好的天线；当两根线绞在一起后，它们产生的波会相互抵消，从而能显著降低电线的辐射。信号通常以这一对线的电压差承载。以两个电压差而不是绝对电压传输信号，这样对外部噪声有更好的抵抗力，因为噪声对于电压在两根电线传输过程中的影响是相同的，从而它们的差值不会改变。

双绞线最常见的应用是电话系统。几乎所有的电话都是通过双绞线连接到电话公司的局端。打电话和 ADSL 接入 Internet 都通过这些双绞线。双绞线可以延伸几千米而不需要放大信号；但对于更远的距离，信号衰减得很厉害，就需要使用中继器。当许多双绞线并行一段相当长的距离时，比如一座公寓楼内所有的双绞线都连接到电话公司交换局时，就应该把它们捆成一束，再外加一层保护套。这些被捆起来的双绞线如果不缠绕就会相互干扰。在世界上有的地区，电话线通过在地面上架设电线杆支撑，常常可以看到直径为几厘米的电话线束。

双绞线既可以用于传输模拟信息，也可以用于传输数字信息。其带宽取决于导线的直径以及传输的距离。在许多情况下，对于几千米的距离，可以达到几百兆位每秒。而且，通过各种技巧还可以达到更高的带宽。由于双绞线具有足够的传输性能、广泛的可用性以及较低的成本，所以它的应用非常广泛，并且可能还会在未来持续使用很多年。

双绞线可以分成几大类。当前部署在许多大楼内的一种常见的双绞线被称为**5E类线**(Category 5e或Cat 5E)。5E类双绞线由两根绝缘导线轻轻地扭在一起,通常4对这样的双绞线被放在一个塑料保护套内,这样既保护了双绞线,又把多根导线捆在一起。此结构如图2-1所示。

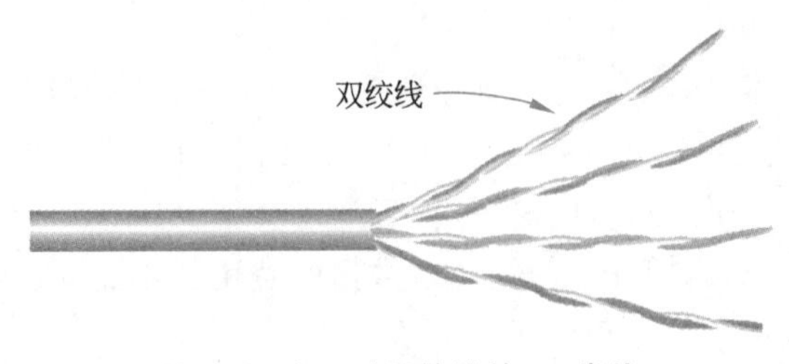

图2-1 有4对双绞线的5E类线

不同的LAN标准或许使用不同的双绞线。比如,100Mb/s以太网使用了(4对之中的)两对双绞线,每个方向一对。为了达到更高的速率,1Gb/s以太网在双向传输中同时使用了全部4对线,这就要求接收方能分解出被传输的信号。

现在给出一些通用的术语。可以双向同时使用的链路称为**全双工**(full-duplex)**链路**,就像双车道一样;相应地,可以双向使用但一次只能使用一个方向的链路称为**半双工**(half-duplex)**链路**,就像单轨铁路线;只允许一个方向上通过流量的链路则称为**单工**(simplex)**链路**,就像单行道一样。

再回到双绞线,**5类线**(Category 5)取代了早期的**3类线**(Category 3),它与3类线有类似的线缆,使用了相同的连接器,但单位长度内扭转的螺旋圈数更多,这样可以进一步减少串扰,在长距离传输过程中还能使信号质量更好,这就使它更适用于高速计算机通信,尤其是100Mb/s和1Gb/s以太网。

新型双绞线很有可能是**6类线**(Category 6)甚至是**7类线**(Category 7)。这些类别有更严格的规范来处理高带宽的信号。某些6类及以上的双绞线可以支持10Gb/s的链路,现在这样的链路已经很常见,比如将其部署在一些新办公大楼内的网络中。**8类线**(Category 8)比上述双绞线运行速度更高,但只能运行在大约30m的短距离内,因此只适合数据中心使用。8类线标准有两个子类:第Ⅰ类(Class Ⅰ)与6A类线兼容;第Ⅱ类(Class Ⅱ)与7A类线兼容。

到6类线为止,这些双绞线类型都称为**非屏蔽双绞线**(Unshielded Twisted Pair,**UTP**),因为它们只是简单地由导线和绝缘层构成。7类线在每对双绞线外面加了一层屏蔽,然后在整个线缆外面再加一层屏蔽(但在塑料保护套里边)。屏蔽层能够减弱外部干扰和来自附近其他线缆的串扰,以满足性能的要求。这类双绞线令人回想起IBM公司在20世纪80年代早期引入的屏蔽双绞线,当时的双绞线质量高,但又粗又重,且价格昂贵,除IBM公司自用外没有流行起来。显然,现在到了应该再次试试的时候了。

2.1.3 同轴电缆

另一种常用的传输介质是**同轴电缆**(coaxial cable)。它比非屏蔽双绞线有更好的屏蔽特性和更大的带宽,所以它能以更高的速率扩展到更长的距离。广泛使用的同轴电缆有两种：一种是 50Ω 电缆，很常用，从一开始它就被用于数字传输；另一种是 75Ω 电缆，常用于模拟传输和有线电视传输。这种划分是基于历史的原因，而非技术因素（比如，早期的偶极天线阻抗为 300Ω，所以很容易利用现有的 4∶1 阻抗匹配变压器）。从 20 世纪 90 年代中期开始，有线电视运营商在有线电缆上提供 Internet 接入业务，这样 75Ω 的同轴电缆对数据通信显得更为重要。

同轴电缆最里面是硬的铜芯，外面包一层绝缘材料。绝缘材料外面包一层编织导体，通常为网状结构。编织导体外面再覆盖一层塑料保护套。同轴电缆的结构如图 2-2 所示。

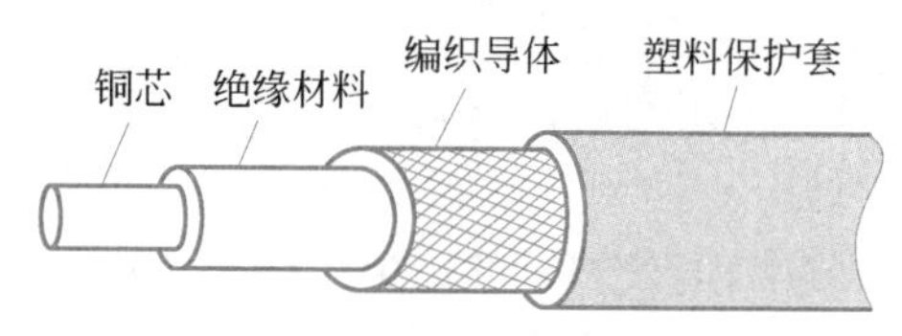

图 2-2　同轴电缆的结构

同轴电缆的结构和屏蔽性使得它既有很大的带宽，又有很好的抗噪性（比如，不会被车库遥控器、微波炉等干扰）。带宽可能取决于电缆的质量和长度。同轴电缆有很大的带宽，现代电缆能达到 6GHz 的带宽，因此，在一条同轴电缆上可以同时传输许多个对话（一个电视节目可能占用大约 3.5MHz）。过去，同轴电缆被广泛应用于电话系统内长距离传输，但现在大部分长途干线已经被光纤取代。现在，同轴电缆仍广泛应用于有线电视和城域网，在世界上的许多地方，它也用于将高速 Internet 接入家庭的场景。

2.1.4　电力线

电话网络和有线电视网络并不是唯一的可复用于数据通信的连线资源。实际上还存在着一种更为普遍的连线资源——电力线。电力线把电能传送到千家万户，室内的电力线又把电能分布到各个电源插座。

将电力线用于数据通信是一个很早就有的想法了。电力公司许多年前就已经开始利用电力线进行较低速率的通信（比如远程测量），以及在家里控制设备（比如 X10 标准）。最近几年人们对电力线又重新提起兴趣，利用这些线进行高速率通信，在家里用于 LAN，或者在外面用于宽带 Internet 接入。我们把注意力集中在最常见的场景：在家里使用电力线。

用电力线组建网络的便利性不言而喻。只需简单地把电视机和接收器插到墙上，这一步是必须做的，因为它们需要电能。然后就可以通过电力线发送和接收电影了。这种配置如图 2-3 所示，此时不再需要其他插头或者无线电。数据信号叠加在低频电力信号上（在工作的电力线上），这两种信号同时使用这些电力线。

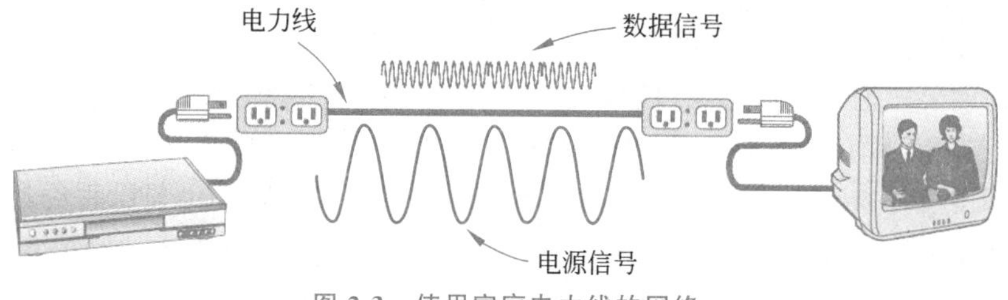

图 2-3　使用家庭电力线的网络

让网络使用家庭电力线的困难在于,电力线是专为传输电力信号而设计的。这一任务完全不同于传输数据信号,而为了传输数据信号进行家庭布线是一项很困难的工作。电力信号以50～60Hz的频率传输,高速率数据通信所需的更高频率(MHz量级)的信号在电力线上会发生衰减。另外,每个家庭的电力线的电气特性不尽相同,并且会随着电器设备的打开和关闭而发生变化,这使得数据信号沿着线路跳动不已。电器设备开关时的瞬态电流在很宽的频率范围内造成电噪声。如果双绞线不符合规范要求,电力线就将成为很好的天线,吸收外部信号并辐射自身信号。这意味着为了满足监管要求,数据信号必须避免使用需要授权的频率,比如业务无线电频段。

尽管存在这些困难,但只要采用的通信方案具有抵抗频率损耗和突发错误的能力,在典型的家庭电力线短距离内发送至少达到500Mb/s还是切实可行的。许多用电力线组网的产品采用了公司自己制定的标准,但公共标准也正在积极开发中。

2.1.5 光纤

计算机技术快速地发展,它遵循摩尔定律,即每块芯片上晶体管数量大约每两年翻一番(Kuszyk和Hammoudeh,2018)。1981年的IBM PC运行在4.77MHz的时钟频率上;40年后,PC可在4核CPU上以3GHz的时钟频率运行,增长到原来的大约2500倍,的确令人印象深刻。

在同一时期,广域通信链路从45Mb/s(电话系统中的T3线路)发展到100Gb/s(现代长途线路)。这样的增长同样令人印象深刻,增长到原来的2000倍以上,而同时误码率却从每比特10^{-5}下降到几乎为0。在过去10年中,单核CPU的能力正在接近物理极限,这就是为何现在每个芯片上CPU核数在增加的原因。相比之下,通过光纤技术可达到的带宽超过50 000Gb/s(50Tb/s),现在还远未达到这一极限。当前实际的带宽限制大约是100Gb/s,这是因为无法使电气和光学信号之间的转换变得更快。为了建设高容量的链路,只需在单条光纤上并发地使用多条信道传送信号。

在本节中,我们将学习光纤的传输技术是如何工作的。计算和通信两者之间正在进行着比赛,由于光纤网络的原因,通信很有可能会赢。这暗示着:一方面本质上有无限的网络带宽;另一方面也形成一个新的大众观点,即计算机无可救药地慢,以至于网络应该不惜一切代价避免计算,而不管有多少带宽被浪费。这一变化需要一段时间才能被一代计算机科学家和工程师所理解和吸收,他们所学到的是以铜线介质强加的低传输限制思考问题。

当然,这种情况并未说明全部问题,因为这里没有考虑成本。在"最后一英里"安装光纤到达每个用户,并且绕过线路的低带宽和频谱的有限可用性所带来的成本是巨大的,而且移动数据所消耗的能量比计算还更多。可能总是存在一些地方,在这些地方,计算或者通信在本质上是免费的。比如,在Internet边缘,把计算和存储问题集中在内容的压缩和缓存上,这是为了更好地使用Internet接入链路;而在Internet内部,我们做的恰好相反,比如像Google这样的公司把大量数据通过网络移动到存储或计算更便宜的地方。

光纤主要用于网络骨干的长途传输、高速LAN(虽然到目前为止铜芯仍然在设法追赶光纤)以及高速Internet接入,比如光纤到户。光纤传输系统由3个关键组件构成:光源、传输介质和检测器。按照惯例,一个光脉冲表示比特1,没有光脉冲表示比特0。传输介质是超薄玻璃纤维。检测器在检测到光时产生一个电子脉冲。在光纤的一端加上一个光源,在另一端加上一个检测器，就有了一个单向（即单工）数据传输系统，它接收电子信号，将其转换成光脉冲并传输出去，然后在接收端把输出转换回电子信号。

这种传输系统会漏光，在实践中没有什么用处，也不是一个有趣的物理学原理。当一束光从一种介质到达另一种介质的时候，比如从二氧化硅（玻璃）到空气中，在二氧化硅和空气的边界上，光线会发生折射（弯曲），如图 2-4(a)所示。这里我们看到一束光在边界上的入射角度是 α_1，折射的角度为 β_1。折射的角度取决于两种介质的特性（尤其是它们的折射率）。如果入射角度超过某个特定的临界值，则光就会被反射回二氧化硅，不会再有光漏到空气中。因此，入射角度大于或等于临界值的光将被限定在光纤内部，如图 2-4(b)所示，它可以传播好几千米而又几乎没有损失。

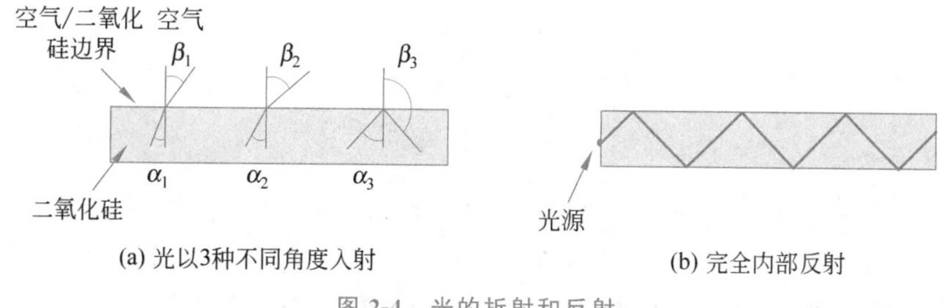

(a) 光以3种不同角度入射　　(b) 完全内部反射

图 2-4 光的折射和反射

图 2-4(b)只显示了一束截留光。但是，由于任何入射角度大于临界值的光束都会在内部反射，所以许多不同的光束以不同的角度反射式地向前传播。可以说每一束光都有不同的模式，一根具有这种特性的光纤称为多模光纤(multimode fiber)。然而，如果光纤的直径减小到只有几个光波波长大小（小于 10μm，相比之下，多模光纤超过 50μm），则光纤就如同一根波导，光只能按直线传播而不会反射，由此形成了单模光纤(single-mode fiber)。单模光纤比较昂贵，广泛应用于长距离传输；它们传输信号的距离是多模光纤的接近 50 倍。目前可用的单模光纤可以 100Gb/s 的速率传输数据 100km 远而无须放大。在实验室内，短距离传输时还能得到更高的数据速率。选择单模光纤还是多模光纤取决于应用。多模光纤可以用来传输大约 15km 的距离，允许使用相对便宜的光纤设备。但多模光纤的带宽也会随着距离的增加而减小。

通过光纤传输光

光纤由玻璃制成，玻璃又是由沙子做成的，而沙子这种廉价的材料取之不尽、用之不竭。玻璃的制造可以追溯到古埃及，但那时的玻璃厚度不能超过 1mm，否则光就透不过来。足够透明到能用于窗户的玻璃是在文艺复兴时期出现的。现代光纤所用的玻璃透明度非常高，如果把海洋中的海水全部替换成这样的玻璃，那么你可以从海面一直看到海底，就好像晴天在飞机上往下看地面一样清楚。

光通过玻璃的衰减取决于光的波长（以及玻璃的某些物理特性）。光的衰减被定义为输入与输出信号功率的比值。红外线通过光纤时的衰减如图 2-5 所示，图中显示了光纤每千米衰减的分贝(dB)值。比如，如果损失了一半的信号能量，则对应的衰减为 $10\log_{10}2=3$dB。简而言之，分贝是一个衡量功率比率的对数值，3dB 意味着 2 倍功率。图 2-5 显示了频谱中红线外的部分，也是实践中使用的部分。可见光的波长要稍微短一些，为 0.4～

0.7μm。有人喜欢将上面的波长写成400～700nm,但我们坚持传统的用法。

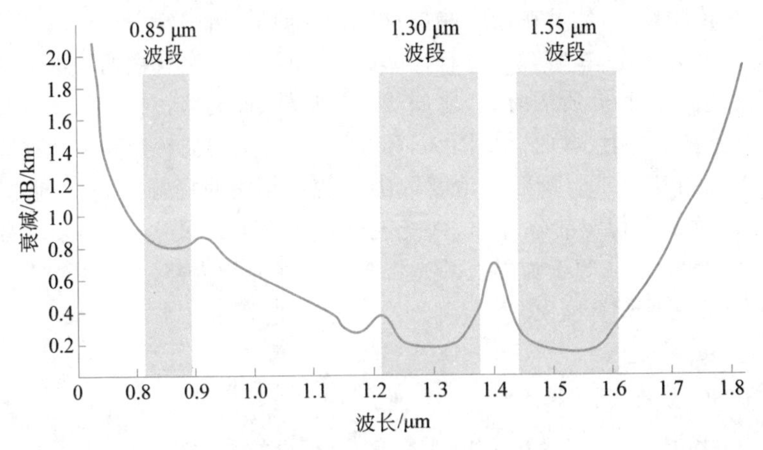

图 2-5 红外线通过光纤时的衰减

现在的光纤通信中最常用的3个波段分别集中在0.85μm、1.30μm和1.55μm处。这3个波段都具有25 000～30 000GHz的宽度。0.85μm的波段首先被使用,它的衰减比较大,只能用于短程通信,但在这个波长上可以从相同的材料(砷化镓)获得激光和电子。后两个波段有很好的衰减特性(每千米的损失小于5%)。1.55μm波段目前被广泛用于掺铒放大器,它直接在光域中工作。

光脉冲沿光纤传播时会散开,这种散开就是所谓的色散(chromatic dispersion)。散开的数量与波长有关。防止这些散开脉冲发生重叠的一种办法是加大它们之间的距离,但只有降低了信号速率才能做到这一点。幸运的是,现在已经发现,通过将脉冲整形成一种特殊的形状(该形状与双曲余弦的倒数有关),几乎所有的色散效应就都消失了,因而现在有可能将光脉冲发送几千千米而不会有明显的波形失真。这些脉冲称为孤子(soliton)。当前孤子已开始广泛应用于实践中。

光缆

光缆和同轴电缆非常相似,只不过光缆没有那一层密织的网。图2-6(a)显示了光纤的内部结构。中间是玻璃芯,光脉冲通过它传播。在多模光纤中,玻璃芯的直径通常是50μm,相当于一根人头发丝的粗细;在单模光纤中,玻璃芯的直径为8～10μm。

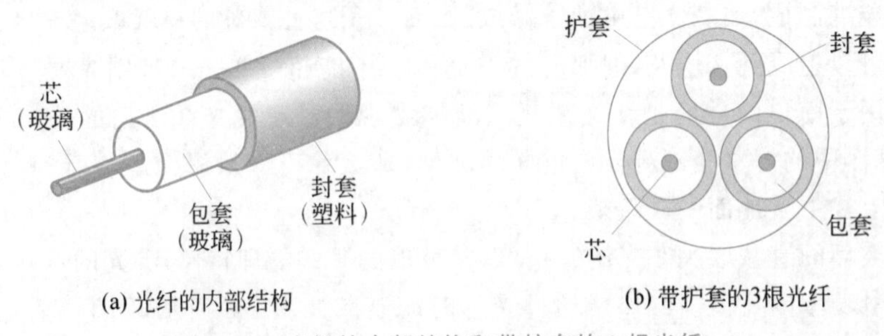

图 2-6 光纤的内部结构和带护套的3根光纤

芯的外面是一个玻璃包套,其折射率比芯低,这样可以保证所有的光都限制在芯内。在它外面是一层薄薄的塑料封套,用来保护里边的玻璃包套。光纤通常被捆扎成束,最外面再加一层护套。图 2-6(b)显示了一个内含三根光纤的护套的截面图。

陆地上的光纤护套通常被埋在距地表表面 1m 以内的深度,它们偶尔会被农具或者老鼠破坏。在靠近岸边的地方,越洋光纤护套通过一种称为海犁的工具被埋在电缆沟里。在深水中,它们直接被放在海底,有可能被渔船撞坏或者被大一点的鱼咬坏。

光纤可以按照 3 种不同的方式连接。第一种方式,用连接器终止一根光纤,然后再把它插入光纤插座。连接器会损失 10%～20%的光,但它使系统很容易重新配置。第二种方式,通过机械的手段把它们拼接起来。机械拼接的做法是,将两根小心切割好的光纤头靠在一起,放在一个特殊的套管中,然后将它们适当夹紧。让光通过拼接处,然后进行小的调整,使信号尽可能达到最大,这样可改进对齐的效果。对于受过训练的专业人士来说,机械拼接过程大约需要 5min,并且会有 10%的光损失。第三种方式,把两根光纤熔合在一起,形成非常结实的连接。熔合拼接几乎与单根光纤的性能一样好,但是仍然存在少量的衰减。这 3 种拼接方式在接合点上都可能会发生光的反射,反射的能量可能会干扰原来的信号。

通常用于发射信号的光源有两种,它们是发光二极管(Light Emitting Diode,LED)和半导体激光。这两种光源的特性不同,如图 2-7 所示。通过在光源和光纤之间插入 Fabry-Perot 干涉仪或者 Mach-Zehnder 干涉仪,可以对波长进行调节。Fabry-Perot 干涉仪是一个由两面平行镜子构成的简单共振腔。光线垂直于镜面入射,共振腔会筛选出波长为其长度整数倍的波。Mach-Zehnder 干涉仪将光分为两束,这两束光经过的距离稍有不同,它们在终端处重新整合在一起,于是只有特定波长的波才能同相。

比较项目	LED	半导体激光
数据速率	低	高
光纤类型	多模	多模/单模
距离	短	长
寿命	长	短
温度敏感性	低	高
成本	低	高

图 2-7　半导体光源和 LED 光源的比较

光纤的接收端是一个光电二极管,当它遇到光照时,会发出一个电脉冲。光电二极管的响应时间,即把信号从光域转换到电域需要的时间,使数据速率限制在 100Gb/s 左右。热噪声也是一个问题,所以光脉冲必须保证具有足够的能量才能够被检测到。如果光脉冲的能量足够强,错误率就可以被降低到非常小。

光纤与铜线的比较

把光纤和铜线做个对比很有意义。光纤有很多优点。首先,光纤能够处理比铜线更高的带宽,就这一条,使得在高端网络中很需要它。由于光纤具有较低的衰减,所以在较长的光纤线路上,大约每 50km 才需要一个中继器;而对于铜线而言,大约每 5km 就需要一个中继器。因此光纤可以大大节约成本。光纤还具有不受电源浪涌、电磁干扰或电源故障等影响的优点。另外,它也不受空气中腐蚀性化学物质侵蚀的影响,这对于严酷的工厂环境非常重要。

奇怪的是,电话公司喜欢光纤却是出于完全不同的理由:光纤细小而且重量较轻。许多现有的电缆管道都已经被塞得满满的,几乎没有富余的空间再增加新的容量。将所有的铜线清除,换上光纤,可以腾出电缆管道的空间,并且,铜线又可以转售给炼铜商,他们将铜线看作一种高等级的原材料。而且,光纤比铜线轻得多。1000根1km长的双绞线重约8000kg,两根光纤就超过了这1000根双绞线的容量,但重量却只有100kg,所以,使用光纤可以极大地降低对于管线机械支撑系统的需求,而这些支撑系统是必须维护的,且本身就很昂贵。对于新的线路来说,光纤比铜线更有优势,因为它的安装费用要低得多。最后,光纤不会漏光,而且不易接入,这些特性使得光纤在对抗搭线窃听方面有更好的安全性。

从劣势方面看,光纤对工程师来说是一项相对陌生的技术,要求具有较高的操作技能,这并不是所有工程师都具备的;当光纤被过度弯曲时容易损坏;由于光传输本质上是单向的,所以双向通信要求使用两根光纤,或者在一根光纤上划分两个频段;最后,光纤接口的成本远远高于电子接口的成本。不过,对于超过一定距离的所有固定数据通信,很显然都应该使用光纤。有关光纤和光纤网络更多的讨论,请参考Pearson撰写的新手指南(2015)。

2.2 无线传输

现在很多人通过无线网络连接了许多设备,从笔记本计算机到智能手机、智能手表和智能电冰箱。这些设备都依赖于无线通信给网络上的其他设备和端点传输信息。

在下面的章节中,我们将着眼于一般意义上的无线通信。无线通信除了为用户提供Web冲浪的连接以外,还有许多其他重要的应用。在有些情形下,即使对于固定的设备,无线通信也具有优势。比如,由于地形(山区、丛林、沼泽等)等陆地原因而难以将光纤拉到一座建筑物里时,无线网络或许是更合适的选择。值得注意的是,现代无线数字通信始于夏威夷大学的Norman Abramson教授在20世纪70年代的一个研究项目,在那里太平洋将用户与他们的计算机中心隔开了,而且电话系统也不够完善。我们将在第4章讨论此系统,即Aloha。

2.2.1 电磁频谱

当电子运动时会产生电磁波,电磁波可在空中传播(即使在真空中也可以)。英国物理学家麦克斯韦(James Clerk Maxwell)在1865年就预言了这种波的存在,但直到1887年才第一次被德国物理学家赫兹(Heinrich Hertz)观测到。电磁波每秒振动的次数称为频率(frequency),通常用f表示,以赫兹(Hz)来度量。两个相邻的波峰(或者波谷)之间的距离称为波长(wavelength),通常用希腊字母λ(lambda)表示。

当一个适当大小的天线被连接到一个电路上,电磁波就可以被有效地广播出去,在一定距离内的接收者能收到该电磁波。所有的无线通信都是基于这样的原理。

在真空中,所有的电磁波按同样的速度传播,跟它们的频率无关。这个速度通常称为光速,用c表示,它近似等于3×10^8m/s,或者每纳秒大约1ft(约30cm,可以用这个案例重新定义英尺单位:1ft等于光在真空中1ns时间内经过的距离,而不是某个远古时期国王鞋子的大小)。在铜线或者光纤中,电磁波的速度会慢一些,大约是这个值的2/3,而且跟频率略微有关。光速是宇宙的速度极限,没有物体或者信号可以运动得比光速还快。

f、λ 和 c(在真空中)的基本关系是

$$\lambda f = c \tag{2-1}$$

由于 c 是常数,只要知道 f,就可以算出 λ;反之亦然。一条经验规则是,如果 λ 的单位是m,f 的单位是MHz,则 $\lambda f \approx 300$。比如,100MHz的波长大约为3m,1000MHz的波长大约是0.3m,0.1m波长的频率为3000MHz。

电磁频谱如图2-8所示。频谱中的无线电波、微波、红外线和可见光部分都可以通过调制波的振幅、频率或者相位来传输信息。紫外线、X射线和 γ 射线用于传输信息可能会更好,因为它们的频率更高,但是这几种波很难产生和调制,其穿透建筑物的能力也不好,而且对生物有害。

图2-8最下面列出的频段是ITU依据波长给出的名称,例如低频(LF)波段为1～10km(近似于30～300kHz)。术语LF、MF和HF分别指低频、中频和高频。很显然,当初命名时没有人期望会利用10MHz以上的频段,因此,这些高频频段后来被命名为甚高频(Very HF)、超高频(Ultra HF)、特高频(Super HF)、极高频(Extremely HF)和巨高频(Tremendously HF),分别缩写为VHF、UHF、SHF、EHF和THF。再往上就没有名字了,其实,难以置信的(incredibly)、惊人的(astonishingly)和非凡的(prodigiously)高频段(IHF、AHF和PHF)听起来也不错。在 10^{12} Hz以上,就进入了红外区域,到这里通常讨论的是光,而不是无线电波。

本章后面将讨论通信理论基础。根据通信理论,一个电磁波的信号能携带的信息量取决于接收能量,并且与带宽成正比。从图2-8应该可以明显地看出为何搞网络的人那么喜欢光纤。在微波频段有许多GHz级的带宽可用于数据传输,而光纤频段甚至有更多GHz级的带宽可以使用,因为在对数坐标中它更靠近右边。作为一个例子,我们考虑图2-5中的1.3μm波段,它宽为0.17μm。如果用式(2-1)找出该波段开始和结束处波长的起始频率和终止频率,就会发现其频率将达到30 000GHz。在10dB这样合理的信噪比条件下,数据速率可达到300Tb/s。

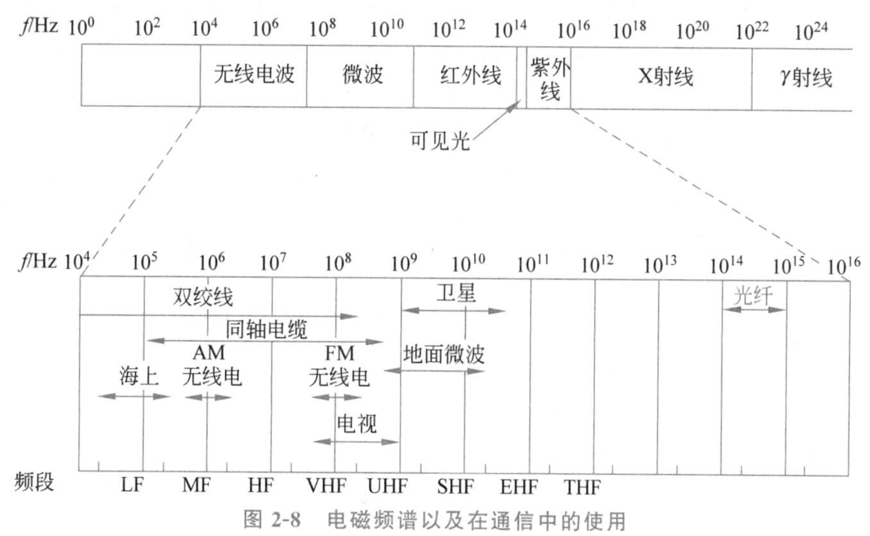

图2-8　电磁频谱以及在通信中的使用

大多数信息传输都使用比较窄的频段,换句话说,即 $\Delta f/f \ll 1$。信息传输重点关注窄频段内的信号能量,以便更有效地使用该频谱,以及用足够的能量进行传输以获得合理的数据速率。本节余下的部分描述了3种利用较宽的频段实现的3种不同类型的传输。

2.2.2 跳频扩频

在跳频扩频(frequency hopping spread spectrum)方案中,发射器以每秒几百次的变化速度从一个频率跳到另一个频率。这种技术在军事通信中很流行,它使得通信过程很难被检测到,因而也就无法进行干扰。而且,它对于信号在从源到目标的多条不同路径上经重新组合后的干扰造成的衰减也有很好的抵抗能力。它对于窄频干扰现象也有抵抗能力,因为接收器不会在一个受损频率上停留很长时间而导致通信中断。这种鲁棒性对于频谱中的拥挤频段非常有用,比如后面要描述的ISM频段。跳频技术早已应用到商业领域,比如蓝牙和旧版的IEEE 802.11。

有意思的是,这项技术是由出生在奥地利的美国电影明星Hedy Lamarr参与发明的。她以出演了20世纪30年代的欧洲电影而闻名。她的第一任丈夫是武器制造商,他告诉她阻塞无线电信号然后控制鱼雷是非常容易的。当她发现自己的丈夫卖武器给希特勒时非常害怕,于是便乔装成女仆逃离了丈夫,飞到好莱坞继续她的演艺事业。在闲暇时,她发明了跳频技术以帮助盟军。

她的跳频方案用到了88个频率,这个数字正好是钢琴的琴键数(频率)。她和她的作曲家朋友George Antheil因为这项发明而获得了美国专利。然而,她们没能说服当时的美国海军相信这项发明有任何实际用途,所以她们没有得到任何专利税。在专利过期之后的很多年,这项技术才被发现并用于移动电子设备,而不是在战争时期用于阻塞鱼雷的信号。

2.2.3 直接序列扩频

第二种扩展频谱的方式是直接序列扩频(direct sequence spread spectrum),它使用了一个码片序列,将数据信号扩展到一个很宽的频段上。这是一项能使多个信号共享同一频段以提高频谱效率的方法,现已被广泛应用于商业领域。这些信号被赋予不同的码片,这种称为码分多址(Code Division Multiple Access,CDMA)的方法将在本章后面再讨论。图2-9给出了这种方法与跳频扩频方法的对比。CDMA构成了3G移动电话网络的基础,也被用于全球定位系统(Global Positioning System,GPS)。即使没有不同的码片,如同跳频扩频一

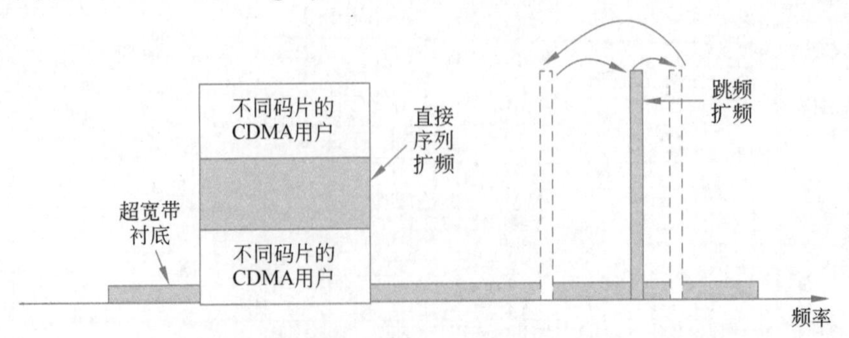

图2-9 直接序列扩频和跳频扩频的对比

样，直接序列扩频也可以容忍干扰和衰减，因为丢失的只是期望信号中的一小部分。在 IEEE 802.11b 无线 LAN 的老版本中它就被用于这一用途。对于扩频通信的神奇作用和详细历史，请参考(Walters，2013)。

2.2.4　超宽频带

超宽频带(Ultra-WideBand，**UWB**)通信发送一系列低能量的快速脉冲，这些脉冲随着通信信息而不断变化自己的载频。这种快速变化导致信号被稀疏地分布在一个很宽的频带上。UWB 的定义是至少有 500MHz 频宽或中心频率至少占频段 20%的信号。图 2-9 中也显示了超宽频带。有了这么多的带宽，UWB 就拥有了每秒数百兆位的通信潜力。因为它被分布在很宽的频段上，所以它可以容忍大量来自其他窄带信号比较强的干扰。同样重要的是，当 UWB 被用在短距离传输时，在任何给定的频率上只有非常少的能量，因此它不会对其他窄带无线电信号产生有害干扰。相对于扩频传输，UWB 传输的工作方式不会干扰同一频段上的载波信号。它也可以用于通过物体成像(地面、墙壁和身体)或作为精确定位系统的一部分。这一技术特别适用于短距离室内应用，同时也适用于精确雷达成像以及位置跟踪技术。

2.3　频谱用于传输

现在讨论图 2-8 中电磁频谱的各个部分是如何使用的，首先从无线电开始。除非另有声明，否则这里假定所有的传输都使用了一个比较窄的频段。

2.3.1　无线电传输

无线电频率(Radio Frequency，**RF**)的波形很容易产生，它可以传输很长的距离，并且很容易穿透建筑物，所以无线电波被广泛应用于通信领域，包括室内通信和室外通信。无线电波是全方向传播的，这意味着它们从信号源沿着所有的方向传播出去，因此发射设备和接收设备不需要在物理上精确地对齐。

有的时候全向无线电是好事，但有的时候却是坏事。20 世纪 70 年代，通用汽车公司决定在所有新型号的凯迪拉克汽车上安装由计算机控制的防抱死刹车。当驾驶员踩刹车踏板时，计算机将刹车时闭时开，而不是一下将刹车锁死。有一天，俄亥俄州高速公路上的一名巡警开始用新配备的移动无线电给总部打电话，突然他车旁的一辆凯迪拉克汽车像匹咆哮的野马一样反应失常。当巡警将他拦下时，司机抱怨说，他根本什么都没有做，那汽车自己突然发疯了。

最终人们渐渐地发现了一个模式：凯迪拉克有时会发狂，但只发生在俄亥俄州的主要公路上，并且只有当高速公路巡警在那里巡视时才会发疯。有很长一段时间，通用汽车公司都无法理解为什么这款汽车在其他州都工作良好，甚至在俄亥俄州的非主要公路上也没有出现问题。在经过了大量的调查研究后，他们才发现凯迪拉克的布线方式恰好构成了俄亥俄州高速公路巡警新配备的移动无线电系统使用的频率的一根极好的天线。

无线电波的特性与频率有关。在低频部分，无线电波能够很好地穿透障碍物；但是随着无线电波离信号源越来越远，其穿透能力急剧下降。因为信号能量稀疏地分布在大面积的表面，在空气中这种穿透能力至少以 $1/r^2$ 的速度递减[①]。这种衰减称为路径损耗（path loss）。在高频部分，无线电波总体上沿直线传播，并且遇到障碍物会反弹回来。路径损耗依然降低了能量，然而接收到的信号也会显著地依赖于信号的反射。相比低频无线电波，高频无线电波更容易被雨水和其他障碍物吸收。在所有频率上，无线电波都会受到马达和其他电气设备的干扰。

把无线电波的衰减和导向性介质上的信号衰减做个比较很有意思。光纤、同轴电缆和双绞线上的信号在单位距离下降的能量比例相同，比如，沿双绞线传播每 100m 能量下降 20dB。而在无线电中，信号的下降与距离的平方成比例，比如，在自由空间中距离每增加一倍，信号下降 6dB。这意味着无线电波可以传播很长距离，因此用户之间的干扰是一个问题。出于这个原因，各国政府都严格管制无线电发射器的使用，只有少数例外，本章后面将会讨论这一点。

在 VLF、LF 和 MF 频段，无线电波沿着地面传播，如图 2-10(a)所示。这些电波在较低频率上可以在 1000km 范围被检测到，频率越高，可检测到的范围越小。调幅（AM）无线电广播使用了 MF 频段，这就是为什么波士顿调幅广播电台发出的地面波在纽约不容易被听得到的原因。这些频段中的无线电波很容易穿透建筑物，这也是为什么便携式收音机可以在室内使用的原因。使用这些频段进行数据通信的主要问题在于它们的带宽太低。

在 HF 和 VHF 频段，地面波更容易被地球表面吸收。然而，当无线电波到达电离层——围绕着地球、位于地球上方 100～500km 高空处的带电粒子层时，它们就被电离层反射回地面，如图 2-10(b)所示。在某些特定的大气条件下，信号可以被反弹多次。业余无线电爱好者可以使用这些频段进行长距离通话。军队也使用 HF 和 VHF 频段进行通信。

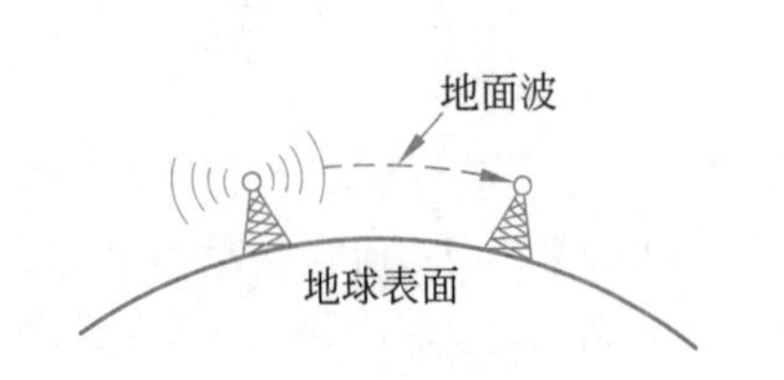

(a) VLF、LF和MF频段的无线电波沿着地面传播

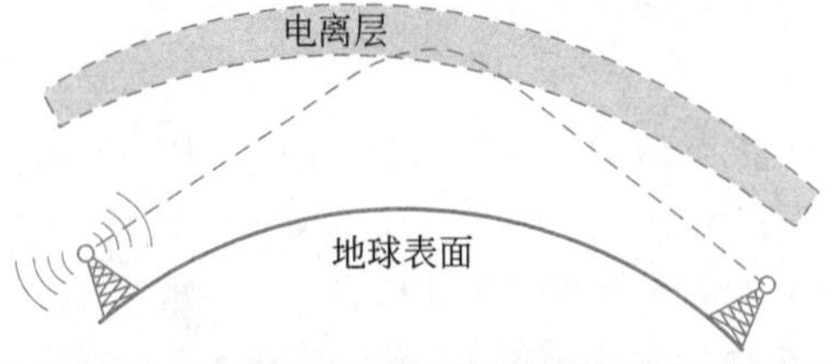

(b) HF和VHF频段的无线电波被电离层反射回地面

图 2-10 各频段无线电波的传播

2.3.2 微波传输

在 100MHz 以上频段，无线电波总体上沿直线传播，因此它们可以被聚集在很窄的范围内。通过抛物线形状的天线（就像常见的卫星电视锅一样），可以把所有的能量集中为一小束，从而获得极高的信噪比，但是要求发射天线和接收天线必须精准地相互对齐。而且，这种定向传播允许多个排成一行的发射器与多个排成一行的接收器同时进行通信，只要它们的空间分布遵循某些最小间距规则，就不会相互干扰。在光纤得到应用之前的几十年中，这种微波构成

① r 是信号的传播距离。——译注

了长途电话传输系统的核心。实际上，在撤销管制以后，AT&T 公司的第一批竞争者之一——MCI公司就使用微波通信建立了它的整个系统，它在相距几十千米的塔之间通过微波通信传送信号。尽管 MCI 公司的名称说明了这一技术方案（MCI 代表微波通信公司，Microwave Communications，Inc.），但 MCI 公司现在已改成使用光纤，并且经过电信领域洗牌过程中的一系列公司兼并和破产案件，MCI 公司已成为 Verizon 公司的一部分。

微波是定向传播的：它们沿直线进行传播，因此，如果两个微波塔相距太远，那么地球本身就会阻挡传输路径（想象一下从旧金山到阿姆斯特丹的链路）。因此，每隔一段距离就需要一个中继器。微波塔越高，微波传输的距离就越远。中继器的距离大致与塔高的平方根成正比。对于高度为 100m 的微波塔，两个中继器的距离可以为 80km。

与低频无线电波不同的是，微波不能很好地穿透建筑物。而且，即使发射器已经将微波聚集成束，这些波束在空中传播时仍然会发散。有些微波会被较低的大气层折射，从而比直接传输的微波要花稍长一点的时间才能到达。延迟抵达的微波与直接传输的微波可能不同相，因而会抵消信号。这种传播效果称为多径衰减（multipath fading），在无线电传输中这通常是一个很严重的问题。多径衰减与天气和频率有关。有些运营商将 10%的信道保持为空闲，当多径衰减现象使得某些频段临时失效时，立即切换到空闲频段继续工作。

对于更高数据传输率的需求驱使运营商向高频发展。现在常规使用的频段已经达到了 10GHz。但是在 4GHz 左右出现了一个新的问题：微波被水吸收了。这些微波只有几厘米长，会被雨水吸收。如果有人打算在室外建造一个巨大的微波炉用来烤飞过的小鸟，这种吸收效果倒是不错；但是对于通信来说，这是一个严重的问题。与多径衰减现象一样，这个问题唯一的解决办法是停止使用这些受雨水影响的链路，绕开这些频段。

总而言之，微波通信已经广泛应用于长途电话通信、移动电话、电视转播以及其他频谱严重短缺、频段潜力已经充分被挖掘的应用领域。相比光纤而言，微波有几个关键的优势。最主要的优势是微波不需要铺设线缆的路权（right of way），只要每隔 50km 购买一小块地，在其上建造一个微波塔，就可以完全绕过电话系统了。这就是 MCI 公司迅速崛起，成为一个新长途电话公司所采取的做法（AT&T 公司的另一个早期竞争对手 Sprint 公司则走了一条截然不同的道路：该公司是由南太平洋铁路公司组建的，后者已经拥有了大量的路权，所以它只要沿着铁路铺设光纤就可以了）。

微波相对来说不那么昂贵。建造两个简单的微波塔（只是一根大的柱子再加上四根固定用的绳索）并且在每个塔上架设天线，可能比在拥挤的都市或者山上铺设 50km 的光纤要便宜得多，也可能比租用电话公司的光纤便宜，特别是如果电话公司铺设光纤时还没有完全付清被扯掉的铜线的费用，租用其光纤线路就更不便宜了。

2.3.3 红外传输

非导向性的红外线被广泛应用于短距离通信。电视机、蓝光播放器和立体声音响的遥控器都采用红外通信。相对来说，红外通信具有方向性、便宜并且易于建立，但是它也有一个很大的缺点：不能穿过固体物体（你可以试着站在遥控器和电视机之间，看看遥控器是否还能工作）。一般而言，当从长波无线电向可见光变化时，其特性越来越像可见光，同时也越来越不像无线电波。

另外，红外线不能很好地透过墙壁也是一个优势。这意味着建筑物中某个房间内的一个红外系统不会干扰其相邻房间或相邻建筑物内的另一个类似的系统：你不可能用自己的遥控器控制邻居家的电视机。并且，正是这一点使得红外系统的防窃听安全性比无线电系统要好。因此，运营红外系统并不需要政府的许可；相反，如果无线电系统工作在ISM频段以外，则必须获得政府的许可。红外通信在桌面环境中也有一定的用途，比如，将笔记本计算机与打印机用红外数据协会(Infrared Data Association，IrDA)标准连接起来。但在这一通信领域，它并不是一个重要的方式。

2.3.4 光通信

非导向性光信号或自由空间光学已经被人们使用了几个世纪。Paul Revere在他著名的午夜狂飙之前就在旧北教堂(Old North Church)使用过二进制光信号。更现代一点的应用是将两个建筑物内的LAN通过安装在各自房顶上的激光连接起来。使用激光的光信号本质上是单向的，所以通信的每一端都必须有自己的激光发生器和激光探测器。这种方案以极低的成本提供了非常高的带宽，并且也比较安全，因为很难将一条窄的激光束再进行分叉。而且这种方案也比较容易安装。与微波传输不同的是，它在美国不要求获得FCC(Federal Communications Commission，联邦通信委员会)许可，在其他国家也不要求获得类似的政府部门的许可。

激光的强度体现在一条很窄的光束上，这也是它的弱点。将一束1mm的激光瞄准500m开外只有一个针头大小的目标，这样的要求类似于近代(19世纪)Annie Oakley那样准的枪法。通常在系统中放置一些镜头，以便让激光束稍微散焦。但糟糕的是，风和温度的变化可以扭曲激光束的形状；而且激光束无法穿透雨水或大雾，虽然在阳光明媚的日子里它们工作得很好。然而，当用激光连接两个航天器时，上面谈到的都不是问题。

本书作者之一(Tanenbaum)在20世纪90年代参加了在欧洲某个现代宾馆召开的会议。会议组织者为与会者提供了一个布满终端设备的房间，以便与会者在无聊的报告期间可以阅读自己的电子邮件。由于本地的电话公司不愿意为只有3天的会议安装大量的电话线，所以会议组织者在屋顶上放置了一个激光设备，并使其对准几千米开外的一所大学的计算机科学楼。在会议前一天晚上，他们测试了该系统，一切工作良好。第二天，天气很好，晴空万里，但从上午9:00开始无线链路被中断，而且一整天都无法恢复正常工作。接下来两天仍然是这种情况。直到会议结束后，会议组织者才发现了问题症结所在。原来，白天太阳的热量使得建筑物房顶的热气流上升，如图2-11所示。这些紊乱的热气流导致激光束产生了偏差，总是在激光探测器附近晃动，就像大热天亮光闪闪的路面一样。这件事的教训是，要想在好的条件和坏的条件下都能工作得很好，非导向性光学链路必须具备足够高的容错性的工程保障。

非导向性光通信看上去像今天的网络技术中的异类，但它可能很快会变得更加普及。在许多地方，到处是相机(传感光)和显示器(使用LED和其他技术发光)。数据通信可以建立在这些显示器的层次之上，具体做法是，将信息按照LED打开和关闭的模式进行编码，并且打开和关闭的差异低于人类能感知的阈值。这种利用可见光进行通信的方法本质上是安全的，可以创建一个围绕着显示器的低速网络。这可以衍生出各种各样无处不在的趣味计算场景：紧急车辆的警示灯闪烁可以提醒附近的交通灯和车辆帮助它清空一条道路，节日彩灯也可随着灯光的显示与广播歌曲同步。

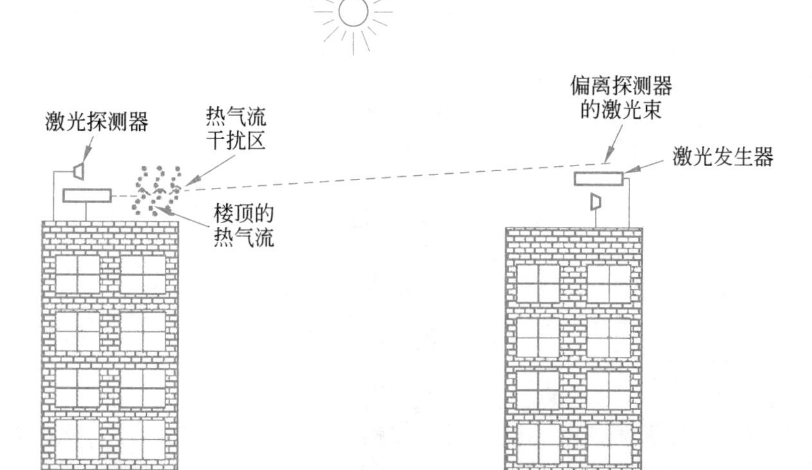

图 2-11　热气流可干扰激光通信系统

2.4　从波形到比特

在本节中，我们将描述如何在前面已经讨论过的物理介质上传输信号。首先讨论数据通信的理论基础，然后讨论调制（将模拟的波形转变为比特的过程）和多路复用（允许单个物理介质携带多个并发的传输任务）。

2.4.1　数据通信理论基础

通过改变电压或电流等某种物理特性，可以在电线上传输信息。用一个以时间 t 为变量的单值函数 $f(t)$ 表示此电压或电流的值，就可以对信号的行为进行建模，并用数学方法进行分析。这些分析就是接下来的主题。

傅里叶分析

19 世纪早期，法国数学家傅里叶（Jean-Baptiste Fourier）证明了任何一个周期为 T 的函数 $g(t)$ 都可以表示成一系列（有限个数或无限个数）正弦函数和余弦函数的和：

$$g(t)=\frac{1}{2}c+\sum_{n=1}^{\infty}a_n\sin 2\pi nft+\sum_{n=1}^{\infty}b_n\cos 2\pi nft \tag{2-2}$$

其中，$f=1/T$ 是基础频率；a_n 和 b_n 是 n 次谐波（harmonics）的正弦振幅和余弦振幅；c 是常数，决定了该函数的平均值。这种分解称为傅里叶级数（Fourier series）。利用傅里叶级数可以重构一个函数，也就是说，如果已知周期 T，并且振幅也给定了，则用式（2-2）进行求和，就可以得到时间 t 的原始函数 $g(t)$。

对一个有限时间的数据信号（所有的数据信号都是有限时间的）的处理可以想象成一次

又一次地重复整个模式,即 T 到 $2T$ 之间的信号与 0 到 T 之间的信号完全一样,以此类推。

对于任何给定的 $g(t)$,在式(2-2)两边同时乘以 $\sin 2\pi kft$,然后再从 0 到 T 求积分,则可计算出振幅 a_n。因为:

$$\int_0^T \sin 2\pi kft \ \sin 2\pi nft \ \mathrm{d}t = \begin{cases} 0, & k \neq n \\ T/2 & k = n \end{cases}$$

只留下了一项 a_n,而 b_n 的和项完全消失了。类似地,在式(2-2)两边乘以 $\cos 2\pi kft$,然后再从 0 到 T 求积分,可以推导出 b_n。另外,只要直接在式(2-2)两边求积分,就可以得到 c。执行这些操作的结果如下所示:

$$a_n = \frac{2}{T}\int_0^T g(t) \ \sin 2\pi nft \ \mathrm{d}t, \quad b_n = \frac{2}{T}\int_0^T g(t) \ \cos 2\pi nft \ \mathrm{d}t, \quad c = \frac{2}{T}\int_0^T g(t) \ \mathrm{d}t$$

带宽有限的信号

上述数学分析与数据通信的关联在于,实际的信道对不同频率的信号有不同的影响。这里考虑一个特殊的例子:传输 ASCII 字符 b,该字符被编码成一字节(8 位)。传输的位模式是 01100010。图 2-12(a)的左侧显示了计算机传输该字符时的电压输出。对该信号进行傅里叶分析,可以得到以下系数:

$$a_n = \frac{1}{\pi n}(\cos \pi n/4 - \cos 3\pi n/4 + \cos 6\pi n/4 - \cos 7\pi n/4)$$

$$b_n = \frac{1}{\pi n}(\sin 3\pi n/4 - \sin \pi/4 + \sin 7\pi n/4 - \sin 6\pi n/4)$$

$$c = 3/4$$

最初几项的均方根振幅 $\sqrt{a_n^2 + b_n^2}$ 如图 2-12(a)右侧所示。我们之所以对这些值感兴趣,是因为它们的平方与对应频率的传输能量成正比。

所有的传输设施在传输信号过程中都要损失一些能量。如果所有的傅里叶分项都等量地衰减,则结果信号将会在振幅上有所减小,但不会变形(即它将与图 2-12(a)有同样的方波形状)。不幸的是,所有的传输设施对于不同傅里叶分项的衰减程度并不相同,从而导致信号变形。通常,对于导线而言,在 0 到截止频率 f_c(可以用 Hz 度量)的这段范围内,振幅在传输过程中不会衰减,而超出截止频率 f_c 的所有频率的振幅都将衰减。这段在传输过程中振幅不会显著衰减的频率范围大小称为带宽(bandwidth)。实际上,截止频率并没有那么尖锐,所以,通常的参考带宽是指从 0 到使接收能量只剩一半的那个频率的范围大小。

带宽是传输介质的一种物理特性,通常取决于线缆或光纤的构成、厚度、长度或者材质。滤波器往往用于进一步限制信号的带宽。比如,IEEE 802.11 无线信道允许使用的带宽约为 20MHz,因此 IEEE 802.11 无线装置将信号带宽过滤成这个大小(但在有些情况下使用 80MHz 的频带)。

再看一个例子,在传统(模拟)电视系统中,每条信道在线缆或者空中占用 6MHz 的带宽。使用过滤技术可以使得多个信号共享一段给定范围内的频谱,从而提高系统的整体效率。这意味着某些信号的频率范围不再从 0 开始了,不过这没有关系。其带宽仍然是指能通过的频率的范围大小,它能承载的信息仅仅取决于这一范围大小而不是起始频率和终止频率。从 0 到某个最大频率的信号被称为基带(baseband)信号,将发生偏移并占用一段更高频率范围的信号称为通带(passband)信号,所有的无线传输都是这样的情形。

现在考虑以下问题：如果带宽对应的频率很低，以至于只有最低的一些频率才能被传输（也就是说，只取式(2-2)的前面几项作为该函数的近似值），那么图 2-12(a)的信号将会怎么样？图 2-12(b)显示了原始信号经过一个只允许第一个谐波（即基频 f）通过的信道后得到的结果信号。类似地，图 2-12(c)～(e)分别显示了经过带宽对应的频率高的信道后得到的频谱和重构函数。对于数字传输来说，目标是接收到的信号具有足以重构发送的比特序列，即保真度。图 2-12(e)已做到这一点，因此使用更多的谐波接收更精确的副本显然是浪费。

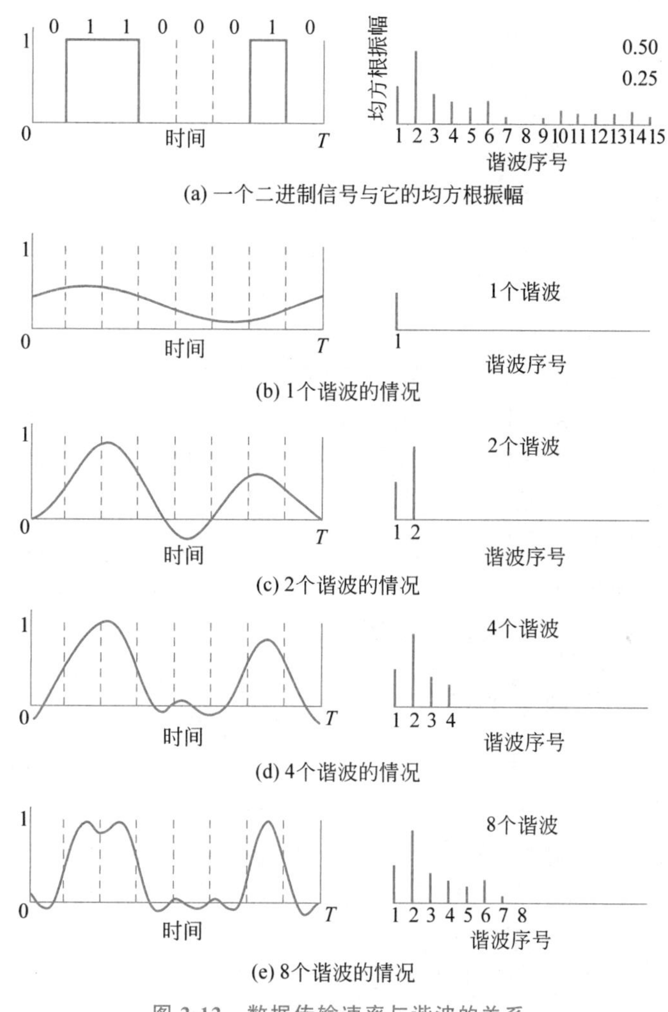

图 2-12　数据传输速率与谐波的关系

假设在这个例子中比特率为 b 比特/秒，发送 8 比特（一次发送 1 比特）需要的时间为 $8/b$ 秒，因此该信号的第一个谐波频率是 $b/8$ 赫兹。一条被人们称为语音级线路（voice-grade line）的普通电话线，人为引入的截止频率为 3000Hz 以上。这个限制意味着在电话线上通过的最高谐波序号大约是 $3000/(b/8)$ 或是 $24\ 000/b$（该截止频率不尖锐）。

数据传输速率与谐波的关系如图 2-13 所示。很明显，要想在语音级电话线上以 9600b/s 的速率发送数据，必须将图 2-12(a)所示的信号变换成与图 2-12(c)类似的信号，这使得要精确地接收到原始的二进制位流变得非常复杂。应该看到,即使传输设施没有任何噪声,也不可能以高于38.4kb/s的数据传输速率发送任何二进制信号。换句话说,限制了带宽也就限制了数据传输速率,即使对理想的信道也是如此。然而,采用几级电压值的编码方案也是存在的,并且可以获得更高的数据传输速率。我们将在本章后面讨论这些方案。

数据传输速率/(b/s)	*T*/ms	第一个谐波/Hz	发送的谐波数
300	26.67	37.5	80
600	13.33	75	40
1200	6.67	150	20
2400	3.33	300	10
4800	1.67	600	5
9600	0.83	1200	2
19 200	0.422	400	1
38 400	0.21	4800	0

图2-13 数据传输速率与谐波的关系

带宽(bandwidth)很容易引起混淆,因为对电气工程师和计算机科学家来说,它有不同的含义。对电气工程师来说,(模拟)带宽是一个以赫兹(Hz)度量的量(就像上面所描述的那样);而对计算机科学家来说,(数字)带宽表示一条信道的最大数据传输速率,以每秒多少比特(b/s)度量。数据传输速率是数字传输过程中使用一个物理信道的模拟带宽能获得的最终结果,两者是相关的,下面马上讨论这一点。在本书中,根据上下文,读者应该可以清楚地确定到底是模拟带宽(Hz)还是数字带宽(b/s)。

2.4.2 信道的最大数据速率

早在1924年,AT&T公司的工程师奈奎斯特(Harry Nyquist)就认识到,即使一条理想的信道,其传输能力也是有限的。他推导出一个公式,用来表示一条有限带宽的无噪声信道的最大数据传输速率。1948年,香农(Claude Shannon)继续奈奎斯特的工作,将该项工作扩展到有随机噪声(比如由热动力引起)的信道的情形(Shannon,1948)。香农的文章是信息理论领域最重要的文章。这里简单地总结一下他们的经典结论。

奈奎斯特证明,如果一个任意信号通过了一个带宽为B的低通滤波器,那么只要进行每秒$2B$次(确切)采样,就可以完全重构被过滤的信号。因为这样的采样能够恢复的高频成分已经被过滤了,所以高于每秒$2B$次的采样毫无意义。如果该信号包含了V个离散等级,则奈奎斯特的定理为

$$\text{最大数据速率} = 2B \log_2 V \tag{2-3}$$

比如,无噪声的3kHz信道不可能以超过6000b/s的速率传输二进制(即只有两级的)信号。

到现在为止,我们只考虑了无噪声信道。如果存在随机噪声,情况会急剧地恶化。并且,由于系统中分子的运动,随机(热)噪声总是存在的。噪声的数量可以用信号功率与噪声功率的比值来度量,称为信噪比(Signal-to-Noise Ratio,**SNR**)。如果将信号功率记作S,将

噪声功率记作 N，则信噪比为 S/N。通常，该比率表示成对数形式，即 $10\log_{10}S/N$，因为它可能在一个很大的范围内发生变化。该对数的取值单位称为分贝(decibel，**dB**)，这里 deci 意味着10，而选择 bel 则是为了向首先取得电话专利的贝尔(Alexander Graham Bell)致敬。信噪比10对应于10dB，信噪比100为20dB，信噪比1000为30dB，以此类推。立体声放大器的制造商通常这样描述其产品的特征，即，在每一端都给予3dB的频率，它们的产品在该带宽(频率范围)内仍然是线性的。这恰好近似于放大因子为0.5的情况(因为 $10\log_{10}0.5\approx-3$)。

香农的重大成果是：对于一条带宽为 B、信噪比是 S/N 的有噪声信道，其最大数据速率是

$$最大数据速率=B\log_2(1+S/N) \tag{2-4}$$

式(2-4)告诉了我们实际信道能获得的最大容量(capacity)。比如，在普通电话线上提供访问 Internet 的 ADSL(Asymmetric Digital Subscriber Line，非对称数字用户线)使用了大约1MHz的带宽。其信噪比主要取决于住宅和电话交换局之间的距离，对于1～2km的短距离来说，40dB的信噪比算是很好了。正是因为这样的特性，无论采用多少个信号等级，也无论采样频率多快或多慢，该信道的数据速率永远也不可能超过13Mb/s。最初的ADSL规定最高为12Mb/s，不过，用户有时候看到的数据速率要低得多。这个数据速率实际上在当时已经很好了，通信技术60多年的发展已经极大地缩小了香农容量与实际系统容量之间的差距。

香农的结论是从信息论的角度得出的，并适用于任何包含噪声的信道。任何反例都应该被归纳到永动机一类中。对于ADSL而言，要超过12Mb/s，必须要么改进信噪比(比如，在靠近用户一端插入数字中继器)，要么使用更大的带宽，就像已经演进到ADSL2+时所做的那样。

2.4.3 数字调制

前面已经介绍了有线和无线信道的性质，现在把注意力转到发送数字信息的问题上。有线和无线信道承载的是模拟信号，比如连续变化的电压、光照强度或声音强度。为了发送数字信息，必须设法用模拟信号表示比特。比特与代表它们的信号之间的转换过程称为数字调制(digital modulation)。

首先看一些直接把比特转换成信号的方案。这些方案导致了所谓的基带传输(baseband transmission)，即信号占据了从0到最大值之间的全部频率，此最大频率取决于信令速率。对于有线介质，这是很常见的方案。然后考虑通过调节载波信号的幅值、相位或频率以运载比特的调制模式。这些转换方案导致了通带传输(passband transmission)，即信号占据了载波信号频率周围的一段频带。这是无线和光纤信道最常用的调制方法，在这样的传输介质中，信号必须位于给定的频带中。

信道通常被多个信号共享。毕竟，用单根线缆传送几个信号比为每个信号铺设一根线缆要便利得多。这种信道的共享形式称为多路复用技术(multiplexing)。多路复用技术可以通过几种不同的方式实现。后面将介绍一些多路复用技术，包括时分复用、频分复用和码分复用。

本节描述的调制和多路复用技术已经广泛地应用于电缆、光纤、地面无线和卫星信道。

基带传输

数字调制最直接的形式是用正电压表示 1,用负电压表示 0,如图 2-14(a)所示。对光纤而言,光出现了表示 1,光不出现表示 0。这种方案称为不归零(Non-Return-to- Zero,NRZ)。这个名字听起来奇怪是有其历史原因的,它意味着信号跟随着数据而定。图 2-14(b)给出了一个 NRZ 例子。

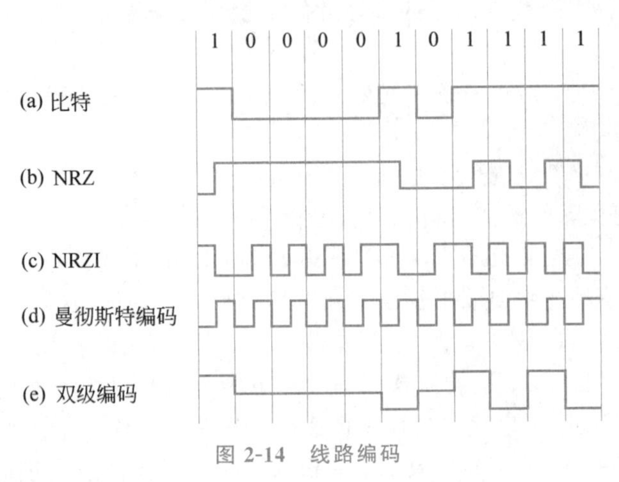

图 2-14 线路编码

一旦 NRZ 信号被发出去,它就沿线缆传播。在线缆的另一端,接收器以一定周期对信号采样,然后把采样信号转换成比特。接收到的信号看上去与发出的信号不完全一样,这是由于接收端的信道和噪声造成信号衰减和失真而导致的。为了从信号中解码出比特,接收器把信号采样值映射到最接近的符号。对于 NRZ 来说,接收到正电压表示发送的是 1,接收到负电压表示发送的是 0。

NRZ 方案非常简单,因而是学习编码技术的一个很好的起点,但实践中它很少被采用。更为复杂的编码方案能将比特转换成更能满足工程需要的信号。这些方案称为线路编码(line coding)。下面将描述有助于带宽效率提升、时钟恢复和 DC 平衡的线路编码方案。

带宽效率

采用 NRZ 编码,每 2 个比特信号(在 1 和 0 交替的情况下)可能在正电压和负电压之间循环。这意味着需要至少 $B/2$ 的带宽才能获得 B 的比特率。带宽和比特率之间的这种关系源自于奈奎斯特定律[参见式(2-3)]。这是一个基础性的限制,如果不使用更多的带宽,不可能更快地运行 NRZ。带宽通常是一种有限的资源,即使对有线信道也是如此。信号频率越高,衰减越大,其可用性就越小,而且高频信号还需要更快的电子设备。

更有效地使用有限带宽的一种策略是,使用两个以上的信号级别。比如,采用 4 个电压级别,可以用单个符号(symbol)一次发送 2 比特。只要接收器收到的信号强度足够大到能区分出信号的 4 个级别,这种设计就可以工作。此时信号变化的速率只是比特率的一半,因而减少了所需的带宽。

我们把信号变化的速率称为符号率(symbol rate),以区别于比特率(bit rate)。比特率是符号率与每个符号的比特数的乘积。符号率的早期名称是波特率(baud rate),尤其是在电话调制解调器设备的应用中,该调制解调器能将数字数据通过电话线传送出去。在一些文献中，比特率和波特率这两个术语的使用往往不那么严格区分。

请注意，信号的级别数并非必须是 2 的幂。它往往不是 2 的幂，其中某些信号级别被用于防止出错和简化接收器的设计。

时钟恢复

对于所有将比特编码到符号的方案，接收器必须知道一个符号何时结束和下一个符号何时开始，才能正确地对信号进行解码。在 NRZ 方案中，符号简单地对应为电压等级，一长串的 0 或 1 使信号保持不变。经过一段时间以后，接收器很难区分出各个比特，比如 15 个 0 看起来很像 16 个 0，除非有一个非常精确的时钟。

精确的时钟有助于解决上述问题，但对日常的设备来说它们显得太昂贵了。请记住，我们是在以许多 Mb/s 速率运行的链路上对比特计时，因此时钟的漂移应该比最长允许运行的不到 1μs 还要小。这对于慢速链路或短消息可能是合理的，但它显然不是一个通用的解决方案。

一种策略是给接收器发送一个单独的时钟信号。额外的一条时钟线对于计算机总线或者短电缆来说没什么大不了的，它们本来就有许多平行的线；但对于大多数网络链路来说却是非常浪费的一种做法，如果能用另外一条线发送信号，那么就能用它发送数据。聪明点的办法是把时钟信号和数据信号异或(XOR)运算在一起，因而就不需要额外的一条线。这里时钟在每个比特时间内产生一次跳变，所以它以两倍于比特率的速度运行。当时钟与 0 电压异或运算时，只是简单地将时钟信号产生一次从低到高的转变，这种信号跳变表示逻辑 0；当时钟与 1 电压异或运算时产生一次从高到低的相反转变，这种信号跳变表示逻辑 1。这样的编码方案称为曼彻斯特(Manchester)编码，用在经典以太网中。图 2-14(d)中给出了一个例子。

由于上述时钟信号的缘故，曼彻斯特编码的主要缺点在于它要求两倍于 NRZ 编码的带宽，而且我们已经了解到带宽通常是非常重要的。另一种不同的策略基于这样的想法：我们应该对数据进行编码，以确保在信号中有足够多的跳变。考虑到 NRZ 编码只有在面临一长串 0 和 1 的时候才存在时钟恢复问题。如果有频繁的信号跳变，对接收器来说就很容易地与进入的符号流保持同步。

作为朝着正确方向迈出的第一步，可以把编码简化成这样：1 定义为信号有跳变，0 定义为信号无跳变，也可以反过来。这种编码方案称为不归零逆转(Non-Return-to-Zero Inverted，NRZI)。图 2-14(c)中给出了一个例子。现在很流行的、用来连接计算机外设的通用串行总线(Universal Serial Bus，USB)标准就采用了 NRZI。有了 NRZI，再长的一串 1 都不会导致时钟恢复问题。

当然，一长串的 0 仍然有问题，必须加以解决。电话公司可能只需要简单地要求发送方不能传输太多的 0。在美国最老的数字电话线——T1 线路(T1 lines，后面将会讨论)事实上就要求用户不能连续发送超过 15 个 0，以保证线路正常工作。要真正解决这个问题，可以将要传输的比特映射成一些小的组，以打破连续多个 0 的禁锢，因而，包含连续多个 0 的比特组被映射成稍微长一点的模式，而在这些模式中并没有太多的连续 0。

解决这个问题的著名编码方式就是 4B/5B 映射。每 4 比特被按照一张固定的转译表映射成一个 5 比特模式。5 比特模式的选择使得映射结果永远不会出现连续 3 个 0，如图 2-15 所示。这种编码方案增加了 25%的额外开销，显然比曼彻斯特编码的 100%额外开销要好。

由于有16个输入组合和32个输出组合,因此某些输出组合没有被使用。抛开那些有太多连续0的组合,仍然剩下许多代码组合可以使用。作为该编码的额外收获,可以使用这些非数据代码组合表示物理层的控制信号。比如,在某些场合下用11111表示线路空闲,而用11000表示一个帧的开始。

数据(4B)	码字(5B)	数据(4B)	码字(5B)
0000	11110	1000	10010
0001	01001	1001	10011
0010	10100	1010	10110
0011	10101	1011	10111
0100	01010	1100	11010
0101	01011	1101	11011
0110	01110	1110	11100
0111	01111	1111	11101

图 2-15 4B/5B 映射

还有一种方式,可以使数据看起来很随机,这种编码方式称为扰码(scrambling)。在这种方式下,它很可能会出现频繁的信号转换。扰码器(scrambler)的工作方式是,在发送数据之前,用一个伪随机序列异或(XOR)运算该数据。这种混合操作使得数据像伪随机序列一样随机(假设它独立于该伪随机序列)。然后接收器用相同的伪随机序列对进入的比特数据进行异或运算操作,从而恢复出真正的数据。为了实际切实可行,此伪随机序列必须易于生成。常见的做法是为一个简单的随机数发生器指定生成随机数的种子。

扰码方式因其不增加带宽或时间开销而很有吸引力。事实上,它常常有助于调节信号,使得在可能产生电磁干扰的主导频率成分(由重复数据模式引起的)不具有能量,因而降低了电磁辐射干扰。扰码的作用在于随机信号往往是"白色"的,或者能量分散在整个频率段上。

然而,扰码无法保证不会出现长期保持一种状态(电压)的情况,偶尔运气不好时还是可能会一直处于某一种状态。如果数据与伪随机序列恰好相同,那么它们的异或运算结果将是全0。这种结果一般不会发生在很难预测的长伪随机序列上。然而,如果是一个短的序列或是一个可预测的序列,那么恶意用户就有可能通过发送特定的比特模式使得扰码结果出现一长串0,从而最终导致链路失败。电话系统中的SONET链路可用来发送IP数据包,为此制定的早期标准中就存在这种缺陷(Malis 和 Simpson,1999)。用户也可能发送这种肯定能引发问题的特定"杀手数据包"。

平衡信号

在很短的时间内正电压与负电压一样多的信号称为平衡信号(balanced signal)。信号的均值为0,这意味着它们没有直流分量。没有直流分量是一个优势,因为对于诸如带有转接器的同轴电缆或线路来说,这样的信道对直流分量有强烈的衰减,这是传输介质的物理性质决定的。同样,把接收器连接到信道上的电容耦合(capacitive coupling)方法只允许信号的交流分量通过。无论哪一种情况,如果发送了一个均值不为0的信号,其直流分量将被过滤，因而浪费了能源。

由于存在正电压和负电压的混合，所以平衡有助于提供时钟恢复所需的转换方法。平衡还提供了一个简单的校准接收器的方法，因为信号的平均值是可以测量的，并且可以用作解码符号的决策阈值。对于非平衡信号来说，信号平均值可能漂离真正的决策级别，比如高密度的 1 将导致更多的符号被解码错误。

一种构造平衡码的直接方法是使用两个电压级别表示逻辑 1 和逻辑 0。比如用＋1V 表示比特 1，用－1V 表示比特 0。为了发送 1，发射器在＋1V 和－1V 之间交替变换，从而它们总是信号平衡的。这种方案称为双极编码(bipolar encoding)。在电话网络中，则称之为交替标记逆转(Alternate Mark Inversion，**AMI**)。这个名称是建立在旧术语之上的：以前 1 称为“标记”，0 称为“空白”。图 2-14(e)中给出了一个例子。

双极编码通过增加电压级别实现信号的平衡。另外，还可以用类似于 4B/5B 的映射方法达到平衡(以及用于时钟恢复的转换)。这类平衡编码的一个例子是 **8B/10B** 线性编码。它将输入中的 8 比特映射至 10 比特输出，编码效率与 4B/5B 线性编码一样都是 80%。8 比特中的 5 比特分成一组，被映射到 6 比特；剩余 3 比特分成另一组，被映射到 4 比特。然后，6 比特和 4 比特符号被级联在一起。在每一组中，某些输入模式可被映射到具有相同数目的 0 和 1 的平衡输出模式。比如，001 被映射成 1001，显然这是平衡的。但实际上没有足够多的组合使所有的输出模式都是平衡的。对于这样的情形，每个输入模式被映射到两个输出模式，其中一个输出模式有一个额外的 1，而另一个有一个额外的 0。比如，000 被同时映射到 1011 和它的补 0100。当输入比特被映射到输出比特时，编码器记住前面的符号的不均等度(disparity)，它是指信号失去平衡的 0 或 1 的总数。然后编码器选择一个输出模式或者对等的模式，以降低不均等。采用 8B/10B 线性编码，不均等度至多为 2 比特。因此，信号将永远不会远离平衡，而且也永远不会出现超过 5 个连续的 1 或 0 的情况，所有这些都有助于时钟恢复。

通带传输

基于基带频率的通信对于有线传输(比如双绞线、同轴电缆或者光纤)是最合适的。在其他情况下，特别是涉及无线网络和无线电传输时，需要使用一段并非从 0 开始的频率范围，在一条信道上发送信息。特别对于无线信道来说，发送频率非常低的信号是不切实际的，因为天线的大小需要与信号波长成比例，在高传输频率下这个比例会变得很大。在任何情况下，监管约束和避免干扰的需要都往往决定了频率的选择。即使是有线的，把信号放置在一个给定的频带上也是非常有用的，因为这样在信道上可以允许不同信号共存。这种传输称为通带传输(passband transmission)，因为任意一个频段都可用来传递信号。

幸运的是，在本章早些时候获得的基本结论都是基于带宽或者频带宽度的。绝对频率值对于容量并不重要。这意味着可以将一个占用 $0\sim B$ 频段的基带信号移到占用 $S\sim S+B$ 频段的通带上，而不改变该信号携带的信息数量，即使搬移后的信号看上去并不相同。为了在接收器端处理信号，可以把它移回基带，这样更便于检测符号。

数字调制可借助通带传输完成，即对通带内的载波信号进行调制。可以调制载波信号的振幅、频率或相位。每一种调制方法都有一个对应的名称。在幅移键控(Amplitude Shift Keying，**ASK**)中，两个不同的振幅分别表示 0 和 1。在如图 2-16(b)所示的幅移键控的例子

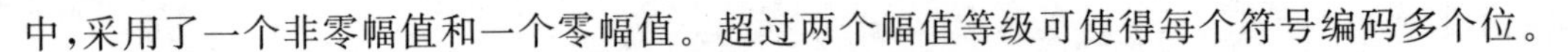

中,采用了一个非零幅值和一个零幅值。超过两个幅值等级可使得每个符号编码多个位。

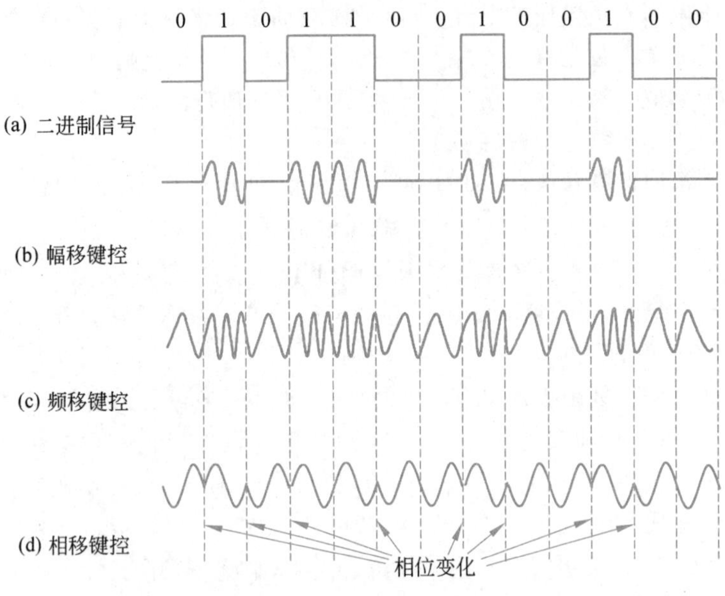

图 2-16 3 种载波信号调制方法

类似地,采用频移键控(Frequency Shift Keying,FSK),则会用到两个或更多个不同的频率。图 2-16(c)给出的频移键控的例子中恰好使用了两个频率。在最简单的相移键控(Phase Shift Keying,PSK)中,在每个符号的周期中,载波波形被偏移 0°或 180°。由于只有两种相位,因此它也被称为二进制相移键控(Binary Phase Shift Keying,BPSK)。这里"二进制"指的是两个符号,而不是每个符号代表 2 比特。图 2-16(d)给出了一个相移键控的例子。一种更好、更有效地利用信道带宽的方案是使用 4 个偏移,比如 45°、135°、225°和 315°,这样每个符号可传输 2 比特信息。这个方案称为正交相移键控(Quadrature Phase Shift Keying,QPSK)。

可以把这些调制方案结合起来使用,采用多个等级,从而使每个符号传输更多的比特。因为频率和相位是相关的,即频率是相位随时间的变化率,所以频率和相位两个之中每次只有一个可以被调制。通常情况下,振幅与相位可以结合起来一起调制。图 2-17 给出了 3 个例子,黑点给出了每个符号合法的振幅与相位的组合。在图 2-17(a)中,在 45°、135°、225°和 315°处有等距离的点。一个点的相位是以它和原点的连线与正 x 轴的夹角表示的,一个点的振幅则是该点到原点的距离。图 2-17(a)正是 QPSK 的图形表示。

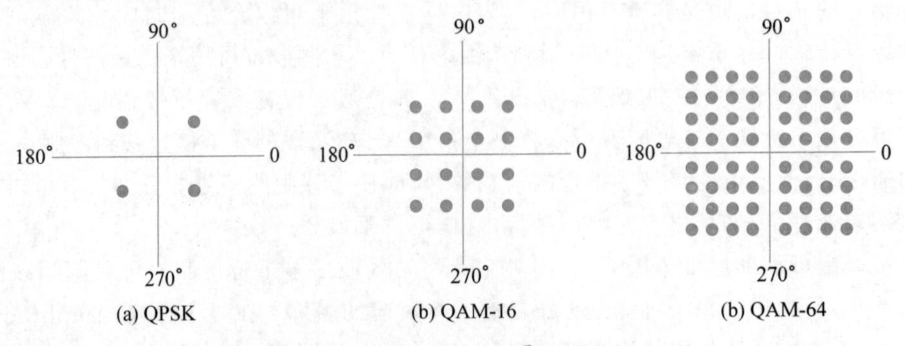

图 2-17 QPSK、QAM-16 和 QAM-64

这种图称为星座图(constellation diagram)。图 2-17(b)给出了一个具有密集星座的调制方案。该方案使用了振幅与相位的 16 种组合,因此,使用这种调制方案时,每个符号可传输 4 比特。它被称为 **QAM-16**,其中 QAM 表示正交调幅(Quadrature Amplitude Modulation)。图 2-17(c)是一个更加密集的调制方案,共使用了振幅与相位的 64 种组合,因此每个符号可传输 6 比特,它被称为 **QAM-64**。还可以使用更高阶的 QAM 调制方案。正如你看到这些星座图可能会产生的猜测一样,制造一个电子产品来产生基于每个轴上的值组合而形成的符号,比产生基于振幅值和相位值组合的符号要容易得多。这就是为什么这些模式看上去像正方形而不是同心圆的原因。

图 2-17 中的星座图没有说明如何为符号分配比特。在决定如何分配时,一个重要的考虑是,接收器端的少量突发噪声不会导致许多比特错误。如果把连续的比特值分配给相邻的符号,这种情况就有可能发生。比如,在 QAM-16 中,如果一个符号表示 0111,其相邻符号表示 1000,那么若接收器错误地选择了相邻符号,将会引起所有比特出错。一种更好的解决方案是把比特映射到符号,使得相邻两个符号只有 1 比特位置不相同。这种映射方法称为格雷码(Gray code)。图 2-18 给出了用格雷码编码后的 QAM-16 星座图。现在,如果接收器发生了一个符号的解码错误,在解码符号接近发送的符号的预期情况下,只会产生 1 比特的错误。

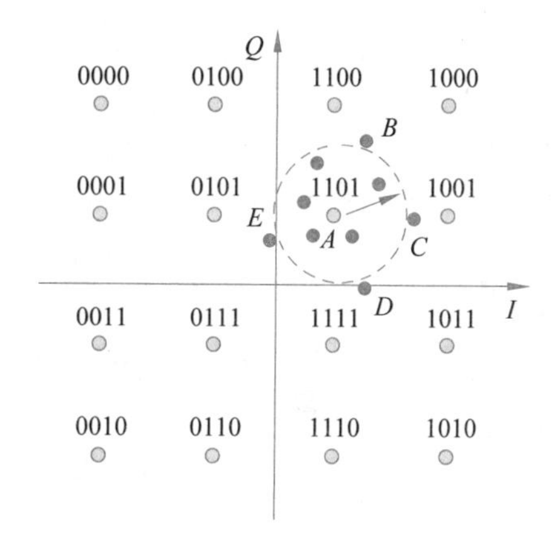

当发送1101时

点	解码结果	错误比特数
A	1101	0
B	1100	1
C	1001	1
D	1111	1
E	0101	1

图 2-18　采用格雷码的 QAM-16

2.4.4　多路复用

利用各种调制方案可以沿着有线或无线链路发送信号以传输比特。但是,它们只是描述了如何一次传输一个比特流。在实践中,规模经济对于我们如何使用网络发挥着重要作用:在两个办公室之间安装和维护一条高带宽传输线的成本和一条低带宽传输线的成本相差无几(即,成本主要来自开槽的费用,而不在于槽里铺设什么样的电缆或光缆)。因此,人们已经开发出了许多复用方案,以便可以共享这些线路传输许多信号。对一条物理线路进行复用有 3 种主要方法:时间、频率和编码。另外,还有一种称为波分复用的技术,它本质上是频分复用的光学形式。下面讨论这几种技术。

频分复用

频分复用(Frequency Division Multiplexing,**FDM**)利用通带传输的优势共享一个信

道。它将频谱分成几个频带,每个用户完全独占其中的一个频带发送信号。AM无线电广播就是FDM的一个应用实例。它分配到的频谱大约是1MHz,其范围是500～1500kHz。给不同的逻辑信道(广播站)分配不同的频率,分别占频谱中的一部分,并且相邻信道之间的频率间隔足够大,以便防止干扰。

更详细的例子可参见图2-19,可以看到3个采用FDM技术复用的语音级信道。滤波器将每个语音级信道的可用带宽限制为大约3100Hz。当多条信道被复用在一起时,为每条信道分配4000Hz带宽。多出来的那部分带宽称为保护带(guard band),它使信道之间很好地被隔离开。首先,语音级信道在频率方面得到提升,每条信道提升的程度不同;其次,它们又可以合并到一起,因为现在没有任何两条信道占据相同的频谱部分。注意,即使有了保护带而使信道之间有间隔,相邻信道之间仍然可能存在某种重叠。重叠的出现是由于真正的滤波器达不到理想的锐利边缘。这意味着一条信道边缘处的尖刺对于相邻信道就相当于非热噪声。

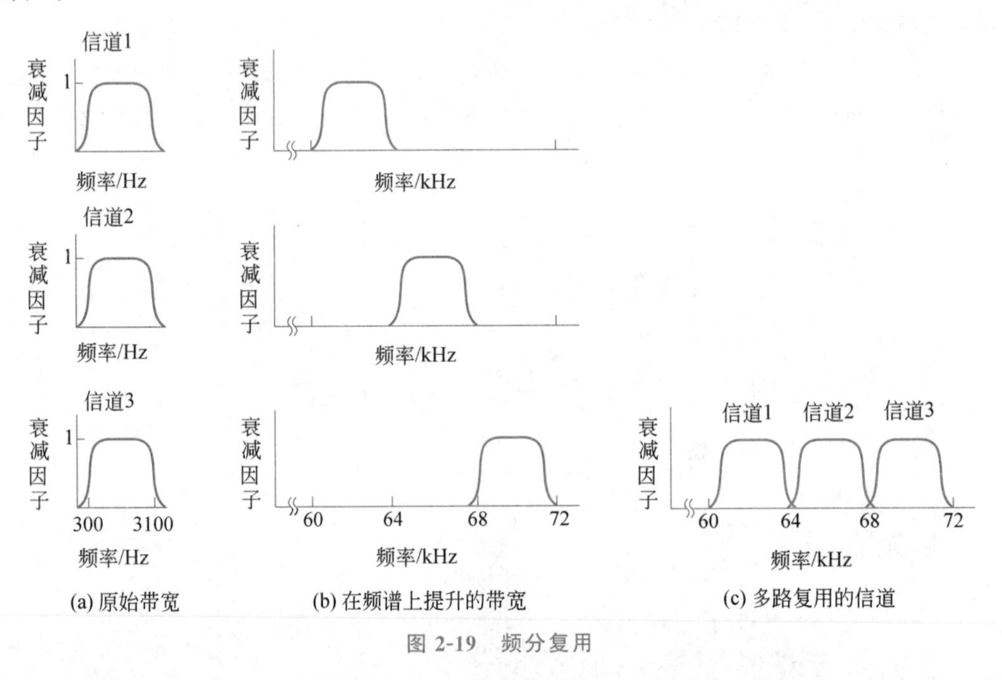

图2-19 频分复用

这种方案曾经被电话系统用来复用电话呼叫许多年,但现在更倾向于在时间上多路复用。然而,电话网、蜂窝网络、地面无线和卫星网络仍然在更高层的粒度上继续使用FDM。

当发送数字数据时,完全有可能把频谱更有效率地划分成没有保护带的频段。在正交频分复用(Orthogonal Frequency Division Multiplexing,**OFDM**)中,信道带宽被分成许多独立发送数据的子载波(比如QAM)。子载波在频域中被紧紧地包裹在一起。因此,从每个子载波发出的信号能扩散到相邻的子载波中。然而,如图2-20所示,每个子载波的频率响应被设计成在相邻子载波的中心为0,因而可以在子载波的中心频率采样而不会受到相邻子载波的干扰。为了使这种方案可以正常工作,需要一个保护时间(guard time),以便在时间维度上重复符号信号的一部分,从而获得需要的频率响应。然而,这种开销远远小于许多保护带所需的开销。

OFDM的想法很早就被提出了,但仅在21世纪初才开始被采用,人们认识到基于数字

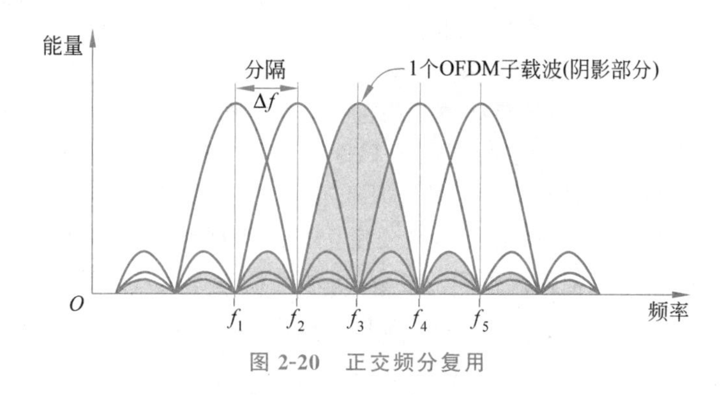

图 2-20　正交频分复用

数据的傅里叶变换在所有子载波上（而不是针对每个子载波单独进行调制）有效实现 OFDM 是有可能的。OFDM 被用于 IEEE 802.11、有线电视网络、电力线网络以及第四代(4G)蜂窝系统。最常见的实现方案是：一个高速率的数字信息流被分成许多个低速率流，这些低速率流通过子载波平行地传送出去。这种划分非常有价值，因为在子载波层次上更易于应对信道退化(degradation)问题。某些子载波或许发生退化并被完全排除在外，这有利于那些被很好地接收到的子载波。

时分复用

第二种多路复用技术是时分复用(Time Division Multiplexing，TDM)。用户以循环的方式进行轮转，每个用户周期性地获得整个带宽一段特定的时间。图 2-21 给出了 3 个流 TDM 的示例。每个流的比特从一个固定的时间槽(time slot)中被取出，并输出到聚合流中。该聚合流以各个流速率的总和的速率发送。为了使这种方法能够工作，这些流必须在时间上保持同步。类似于频率方式的保护带，可能要增加少许保护时间(guard time)，以适应细微的时间偏差。

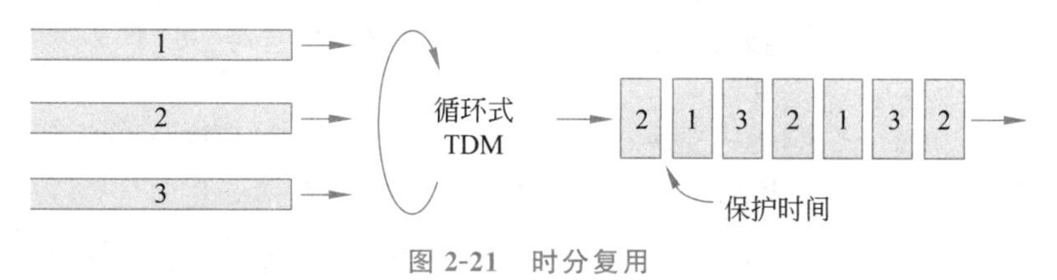

图 2-21　时分复用

TDM 作为一项关键技术广泛应用于电话网络和蜂窝网络。为了避免混淆，必须明确 TDM 完全不同于统计时分复用(Statistical Time Division Multiplexing，STDM)。这里的"统计"表明，各个流并非按照固定的时间表被复合到聚合流中，而是根据它们的需求的统计进行聚合。从根本上说，STDM 是包交换的另一个名称。

码分复用

第三种多路复用技术以完全不同于 FDM 和 TDM 的方式工作。码分复用(Code Division Multiplexing，CDM)是扩展频谱(spread spectrum)通信的一种形式，它把一个窄带信号扩展到一个很宽的频带上。这使得它更能容忍干扰，而且允许来自不同用户的多个信号共享相同的频带。由于码分复用技术主要用于后一个目的，因此它常常被称为码分多址

(Code Division Multiple Access,**CDMA**)。

CDMA允许每个站利用整个频段发送信号,而且没有任何时间限制。它利用编码理论将多个并发的传输分离。在讨论具体算法之前,我们来考虑一个类似的场景:在一个机场休息室里,许多人正在两两成对进行交谈。TDM可以看作房间里一对一对的交谈者按顺序轮流进行交谈。FDM可以看作不同对的人以不同的语调交谈,某些对的语调高些,某些对的语调低些,每一对都同时进行谈话,但又独立于其他对的谈话。CDMA可类比成每一对的交谈都是同时进行的,但使用不同的语言,讲法语的这一对在谈论有关法国的事情,并且把所有非法语的谈话内容都当作噪声。因此,CDMA的关键在于:能够提取出期望的信号,同时把所有其他的信号当作噪声丢弃。下面是简化的CDMA描述。

在CDMA中,一比特的时间再被细分成 m 个称为码片(chip)的短时间间隔,由码片再乘以原始的数据序列(这些码片也是一个比特序列,但是称之为码片,就不会与实际消息的比特序列混淆)。通常情况下,一比特被分成64或者128个码片,但在下面给出的例子中,为了简便起见,将一比特分成8个码片。每个站被分配唯一的 m 位码,称为码片序列(chip sequence)。为了便于教学,把这些码写成一系列−1和+1,并用括号表示码片序列。

一个站若要传输比特1,就发送分配给它的码片序列;若要传输比特0,就发送其码片序列的反码。除此之外,不允许任何其他模式。因此,对于 $m=8$,如果站A分配得到的码片序列是(−1 −1 −1 +1 +1 −1 +1 +1),那么它传输该码片序列就表示发送的是比特1,而传输码片序列(+1 +1 +1 −1 −1 +1 −1 −1)则表示发送的是比特0。这是真正发送出去的电压值,但这些序列已经足够让我们想象发送的是什么了。

按照这种编码方式,本来每秒发送 b 比特,现在变成每秒要发送 mb 个码片,增加了要发送的信息数量,这意味着采用CDMA的站所需的带宽是不采用CDMA的站的 m 倍(假设调制或编码技术没有任何变化)。如果有1MHz的频带被100个站使用,那么,若采用FDM,每个站将得到10kHz,它可以以10kb/s的速率发送信息(假设每赫兹发送1比特);若采用CDMA,每个站可使用全部的1MHz频段,所以,码片率是每比特100个码片,扩展到信道上该站的10kb/s比特率中。

在图2-22(a)和图2-22(b)中,显示了分配给4个样例站的码片序列和它们表示的信号。每个站都有自己唯一的码片序列。假设用符号 $\boldsymbol{S}$ 表示站 $\boldsymbol{S}$ 的 m 码片向量,用 $\bar{\boldsymbol{S}}$ 表示它的反码。所有的码片序列都两两正交(orthogonal),这意味着任何两个不同的码片序列 $\boldsymbol{S}$ 和 $\boldsymbol{T}$ 的归一化内积(写为 $\boldsymbol{S}\cdot\boldsymbol{T}$)为0。利用**Walsh码**(Walsh code)可以产生这样的正交码片序列。按照数学术语,码片序列的正交性可以表示成

$$\boldsymbol{S}\cdot\boldsymbol{T}=\frac{1}{m}\sum_{i=1}^{m}S_iT_i=0 \tag{2-5}$$

简单地说,相同的对数与不相同的对数一样多。后面将证明这种正交性质非常关键。注意,如果 $\boldsymbol{S}\cdot\boldsymbol{T}=0$,则 $\bar{\boldsymbol{S}}\cdot\bar{\boldsymbol{T}}$ 也是0。任何码片序列与自身的归一化内积一定是1:

$$\boldsymbol{S}\cdot\boldsymbol{S}=\frac{1}{m}\sum_{i=1}^{m}S_iS_i=\frac{1}{m}\sum_{i=1}^{m}S_i^2=\frac{1}{m}\sum_{i=1}^{m}(\pm 1)^2=1$$

因为 m 项中的每一项内积都是1,所以求和的结果是 m。同样,$\boldsymbol{S}\cdot\bar{\boldsymbol{S}}=-1$。

在每个比特时间内,一个站可以传输比特1(发送自己的码片序列),也可以传输比特0(发送自己的码片序列的反码);或者它什么也不发送。现在假设所有的站在时间上都是同

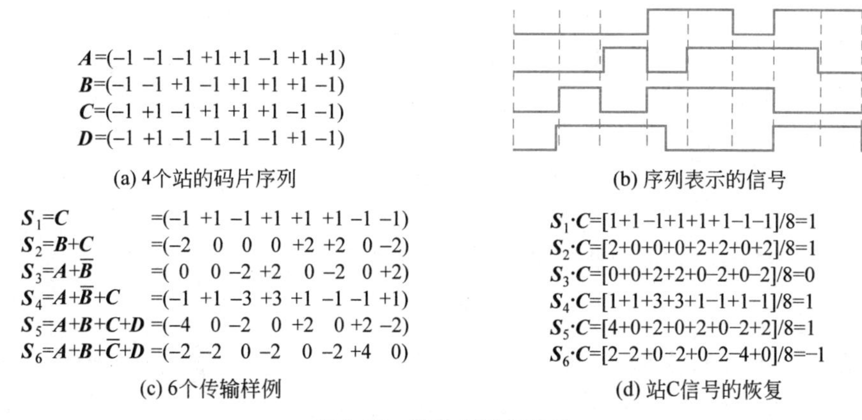

图 2-22　码片序列与信号

步的，因此所有的码片序列都从同一个时刻开始。当两个或者多个站同时传输时，它们的双极码片序列线性相加。比如，如果在一个码片周期中，3 个站输出＋1，一个站输出－1，则收到的是＋2。可以将这看成是信道上的电压值相加：3 个站输出＋1V 电压，一个站输出－1V 电压，结果得到 2V 电压。比如，在图 2-22(c)中，可以看到 6 个例子，其中一个或者多个站同时传输比特 1。在第一个例子中，C 传输比特 1，所以只得到 $\boldsymbol{C}$ 的码片序列；在第二个例子中，$\boldsymbol{B}$ 和 $\boldsymbol{C}$ 同时传输比特 1，所以，得到它们的双极码片序列的和，即

$$(-1\ -1\ +1\ -1\ +1\ +1\ +1\ -1)+(-1\ +1\ -1\ +1\ +1\ +1\ -1\ -1)$$
$$=(-2\ 0\ 0\ 0\ +2\ +2\ 0\ -2)$$

为了恢复出某个特定站的比特流，接收方必须预先知道这个站的码片序列。只要计算收到的码片序列与该站的码片序列的归一化内积，接收方就可以恢复出比特流。如果收到的码片序列为 $\boldsymbol{S}$，接收方正在监听的那个站的码片序列为 $\boldsymbol{C}$，那么，它只要计算两者的归一化内积，即 $\boldsymbol{S}\cdot\boldsymbol{C}$。

为了弄清楚为什么这样可以工作，请考虑这样的情形：两个站 A 和 C 同时传输比特 1，并且 B 同时传输比特 0。接收方看到的是和值 $\boldsymbol{S}=\boldsymbol{A}+\overline{\boldsymbol{B}}+\boldsymbol{C}$，然后计算

$$\boldsymbol{S}\cdot\boldsymbol{C}=(\boldsymbol{A}+\overline{\boldsymbol{B}}+\boldsymbol{C})\cdot\boldsymbol{C}=\boldsymbol{A}\cdot\boldsymbol{C}+\overline{\boldsymbol{B}}\cdot\boldsymbol{C}+\boldsymbol{C}\cdot\boldsymbol{C}=0+0+1=1$$

前两项消失了，因为所有的码片序列都是精心挑选出来的，它们两两正交，正如式(2-5)所示。现在应该很清楚为什么码片序列必须具备这样的正交特性了。

为了使解码过程更加具体化，在图 2-22(d)中显示了 6 个例子。假设接收方要从 6 个信号 $\boldsymbol{S}_1\sim\boldsymbol{S}_6$ 中提取出站 C 发送的比特。它计算该比特的做法是：将收到的 $\boldsymbol{S}$ 与图 2-22(a)中的向量 $\boldsymbol{C}$ 逐个分量求乘积，再将结果累加，然后取结果的 1/8(因为这里 $m=8$)。这 6 个例子分别包括站 C 什么也没传输、传输一个比特 1 和传输一个比特 0 以及与其他传输相结合的情形。正如图 2-22 所示，每次都能解码出正确的比特。这就好像在机场休息室里一对谈话者讲法语一样。

原则上，假设有足够的计算能力，只要接收方并行地对每个发送方运行此解码算法，就可以一次监听到所有发送方的信息。在现实生活中，人们会觉得，说起来容易做起来难，知道哪个发送方在传输或许更有用。

在理想情况下，这里讨论的无噪声 CDMA 系统中，可同时发送的站的数量可以任意大，

只要使用更长的码片序列就可以。对于 2^n 个站,Walsh 码可以提供 2^n 个长度为 2^n 的正交码片序列。然而,一个重要的限制是,这里假设所有的码片在接收方都是时间同步的。这种同步在某些应用中是不太可能的,比如蜂窝网络(20 世纪 90 年代就开始广泛部署 CDMA 了),这样就导致了不同的设计。

除了蜂窝网络,CDMA 还应用于卫星通信和有线电视网络。这里的简短介绍忽略了其中许多复杂的因素。想要深刻理解 CDMA 的工程师应该阅读(Viterbi,1995)和(Harte 等,2012)。阅读这些参考文献需要相当多的通信工程背景知识。

波分复用

波分复用(Wavelength Division Multiplexing,**WDM**)是频分复用的一种形式,它利用光的不同波长在光纤上实现多个信号的复用。在图 2-23 中,4 条光纤连接到一个光组合器(combiner)中,每条光纤的能量集中于不同的波长处。4 束光波被组合到一条共享的光纤上,并传输给远端的目的地。在远端,这束光又被分离到与输入侧一样多的光纤上。每条输出光纤包含一个短的、特殊结构的核,它能够仅留下某个波长而过滤其他所有波长。结果信号被路由到它们的目的地,或者以不同的方式重新组合,以便再次复用传输。

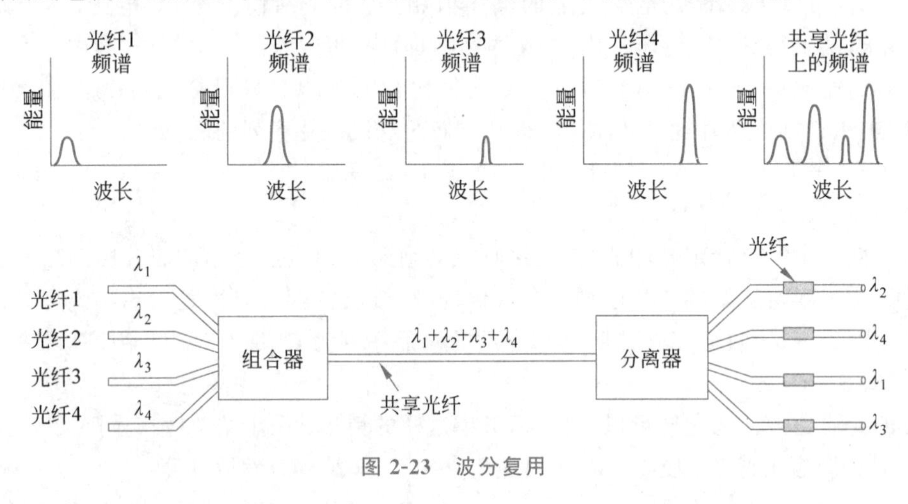

图 2-23 波分复用

这里并没有真正的新技术。其操作方式只不过是在极高频率上的频分复用,在术语 WDM 中,对光纤信道的描述采用了它们的波长(或者“颜色”)而非频率。只要每条信道有它自己专门的频率(即波长)范围,并且所有的频率范围都是分离的,那么,它们就可以被复用在共享光纤上。与电子 FDM 之间的唯一区别在于,使用衍射光栅的光纤系统是完全无源的,因此可靠性极高。

WDM 得以流行的原因是单信道通常只有几个吉赫兹(GHz)宽,这是因为电信号和光信号之间的最快转换速度是有限制的。通过以不同的波长并行运行许多条信道,组合后的带宽随信道数量线性增加。由于单根光纤的带宽大约为 25 000GHz(见图 2-5),所以从理论上说,即使在每赫兹发送 1 比特的情况下(更高的速率也是有可能的),仍然有 2500 个 10Gb/s 信道的空间。

WDM 技术已经发展到让计算机技术望尘莫及的程度。WDM 是在 1990 年前后提出的。第一个商业系统有 8 条信道,每条信道为 2.5Gb/s。到 1998 年,市场上就已经出现了

40个2.5Gb/s信道的系统了，并且快速被采纳。到2006年，具有192条10Gb/s信道和64条40Gb/s信道的产品问世，整体可达到2.56Tb/s的能力。到2019年，系统可以处理160条信道，在一对光纤上可以支持超过16Tb/s的能力。与1990年的系统相比，容量大为提升。这些信道也被紧密地排列在光纤上，按照200GHz、100GHz或50GHz进行分离。

将空间缩窄至12.5GHz，就有可能在单光纤上支持320条信道。信道的数量很大并且信道之间的空间很小的系统称为密集波分复用（Dense WDM，**DWDM**）系统。DWDM系统往往非常昂贵，因为它们必须维持稳定的波长和频率，这是由于信道之间距离太近。因此，这些系统要仔细地调节它们的温度，以确保频率是精确的。

WDM技术的驱动力之一是全光元件的发展。以前，每隔100km就必须把光纤上的全部信道相互分离，把每条信道转换成电子信号，进行单独的放大处理，然后把它们重新转换成光信号再进行合并。如今，全光放大器可每隔1000km重新生成整个信号，无须进行多次光电转换。

在图2-23的例子中，有一个固定波长的系统。从光纤1输入的比特被输出到光纤3，从光纤2输入的比特被输出到光纤1，等等。然而，也有可能构建出在光域内进行交换的WDM系统。在这样的系统中，采用Fabry-Perot干涉仪或Mach-Zehnder干涉仪，输出滤波器是可调的。这些设备可以由一台控制计算机动态地改变被选频率。这种能力为系统带来了很大的灵活性，可在由一组固定的光纤构成的电话网络中提供许多不同波长的路径。有关光网络和WDM的更多信息，请参阅（Grobe和Eiselt，2013）。

2.5　公共电话交换网络

当物理上相距很近的两台计算机需要进行通信时，通常最容易的做法是用一根电缆把它们连接起来。局域网就是这样工作的。然而，如果两台计算机相距很远，或者有很多台计算机，或者这根电缆必须穿过一条公共道路或者其他公共场所，则运营私有电缆的成本往往是不切实际的。而且，几乎在所有国家，在公共地产上架设（或者在地下铺设）传输线路是非法的。因此，网络设计者必须依赖已有的电信设施（比如电话网络、蜂窝网络或者有线电视网络）建设网络。

很长时间以来，数据网络的制约因素一直是连接客户的“最后一公里”（可能依赖于任何某一项物理技术），而不是接入网络中称为“骨干”的基础设施部分。在过去十多年间，随着1Gb/s速度在家庭中越来越普及，这种情形有了剧烈的改变。尽管这种快速的最后一公里的贡献之一是网络边缘处光纤的不断普及，然而在有些国家，可能更重要的影响是，现有的电话和有线电视网络的工程太复杂，而无法从现有的基础设施中持续地挤出更多的带宽。事实上，利用已有的物理通信基础设施提高传输速度的工程开销比挖地铺设新的光纤到达每个家庭的成本低得多。现在我们来仔细看一看每一种物理通信基础设施的体系结构和特征。

这些已有的设施一般很多年以前就已经建设好了，特别是公共交换电话网络（Public Switched Telephone Network，**PSTN**），当时它们具有与今天完全不同的目标：以一种或多或少可识别的形式传输人类语音。两台计算机通过线缆进行通信，可以以10Gb/s或更高的速率传输数据；因此，在高速率传输数据这方面，电话网络天生就不是干这个的。早期的

DSL(Digital Subscriber Line,数字用户线)技术只能在几个兆位每秒(Mb/s)的速率上传输数据;而 DSL 的现代版本可以接近 1Gb/s。下面将描述电话系统及其工作原理。有关电话系统内部结构的更多信息请参见(Laino,2017)。

2.5.1 电话系统结构

在贝尔(Alexander Graham Bell)于 1876 年获得了电话专利之后不久[仅比其竞争对手格雷(Elisha Gray)早了几小时],他的新发明就有了大量的需求。最初的市场是电话销售,当时电话还是成对出售的,顾客必须自己在一对电话之间拉上一条线。如果一个电话的主人想跟其他 n 个电话主人通话,则必须拉 n 根单独的电话线到这 n 个人的家。不到一年,城市就布满了电话线,这些电话线杂乱无章地穿过房屋和树林。很快情况就明朗了,像图 2-24(a)所示的那样,将所有电话一对一地连接起来的模型是行不通的。

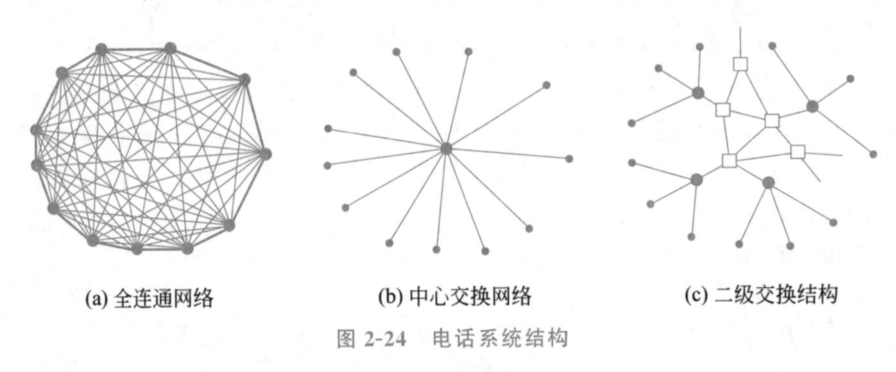

图 2-24 电话系统结构

令人欣慰的是贝尔早就发现了这个问题,他组建了贝尔电话公司,于 1878 年开放了他的第一个交换局(在美国康涅狄格州的纽黑文市)。该公司为每个用户拉一条通到家里或者办公室的电话线。当用户要打电话时,首先摇动手柄使得电话公司办公室铃声响起,从而引起接线员的注意,然后接线员手工通过短跳线电缆把主叫方与被叫方连接起来。单个交换局构成的中心交换网络如图 2-24(b)所示。

很快,贝尔系统的交换局遍布美国各地,人们又要求能够在不同城市之间打长途电话,所以贝尔系统开始将交换局连接起来。最初的问题很快再次出现了:每个交换局与其他每个交换局之间都通过一根电话线连接起来,整个电话系统很快变得无法管理,所以又建立了二级交换局。过了一段时间以后,多个二级交换局出现了,二级交换结构如图 2-24(c)所示。最终,电话系统的整个层次结构增长到 5 级。

到了 1890 年,电话系统的 3 个主要部分已经全部就位:交换局、用户与交换局之间的线路(现在使用的是平衡型绝缘双绞线,原来使用有接地回路的裸线)以及交换局之间的长距离连接。有关电话系统的简短技术史请参看(Hawley,1991)。

从那时起,虽然上述 3 个领域一直在不断改善,但基本贝尔系统模型已经保持了 100 多年而完好无损。下面的描述已被高度简化,但是给出了电话系统的基本面貌。每部电话机由两根铜线直接连接到电话公司最近的端局(end office),也称为本地中心局(local central office)。这段距离通常为 1~10km,在城市比在农村要短一些。在美国,大约有 22000 个端局。每个用户的电话机与端局之间的双线连接在电话行业中称为本地回路(local loop)。

如果世界上所有的本地回路都端到端地连接起来，则其长度相当于地球到月球往返1000次。

曾经有一段时间，AT&T公司资产的80%是本地回路中的铜。因此，在当时而言，AT&T公司实际上是世界上最大的铜矿主。幸运的是，这样的事实并没有在投资圈里广为人知。如果被别人知道，有的企业掠夺者就有可能买下AT&T公司，停止全美国的所有电话服务，然后把所有的电话线收回来卖给炼铜商，以此获取暴利。

连接到某个端局的用户如果呼叫另一个也连接到该端局的用户，则该端局内的交换机制会在这两个本地回路之间建立一个直接的电气连接。在整个通话过程中这个连接保持不变。

如果被叫电话连接到另一个端局，则建立连接的过程就不同了。每个端局都有一些线路连到一个或者多个附近的交换中心，这些交换中心称为长途局（toll office），如果它们在同一个地区，则称为汇接局（tandem office）。这些线路统称为长途连接中继线（toll connection trunk）。交换中心不同种类的数量以及它们的拓扑结构各国不同，主要取决于国家的电话密度。

如果主叫方和被叫方各自所在的端局碰巧都有一条长途连接中继线连接到同一个长途局（如果它们相距比较近，则这种可能性很大），那么双方的连接就可能在这个长途局内建立起来。图2-24(c)显示了一个电话网络，其中仅包含电话（用小圆点表示）、端局（用大圆点表示）和长途局（用方块表示）。

如果主叫方和被叫方没有共同的长途局，那就必须在两个长途局之间建立一条路径。长途局之间通过高带宽的长途局间中继线（intertoll trunk，或者 interoffice trunk）通信。到1984年AT&T公司解体之前，美国电话系统采用层次路由方法找到一条路径，即沿着层次结构逐级向上进入更高的层次，直至到达一个双方共同的交换局。此后，这种连接方式被更灵活的非层次路由方法取代。图2-25显示了长途连接路由的一种可能方式。

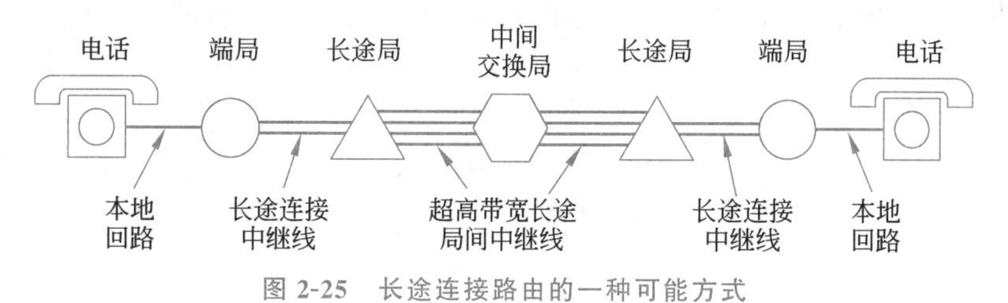

图2-25 长途连接路由的一种可能方式

电信领域用到了各种传输介质。现代化的写字楼通常用5类或6类双绞线，与此不同的是接入家庭的本地回路多数是3类双绞线，然而，有些本地回路开始采用光纤了。在交换局之间广泛使用的是同轴电缆、微波或者光纤。

在过去，整个电话系统中的传输都是模拟的，实际的语音信号以电压的形式从源端传输到目的端。随着光纤、数字电路和计算机的出现，现在所有的中继线和交换设备都是数字的，整个系统中只有本地回路仍在使用模拟技术。数字传输之所以成为优先选择，是因为它不需要像模拟传输那样经过长途线路上许多放大器之后必须精确地还原模拟波形。对数字传输而言，只需要能够正确地区分出0和1就足够了。这种特性使得数字传输比模拟传输更加可靠，而且维护工作也更加便宜、更加容易。

总而言之,电话系统由以下3个主要部分构成:

(1) 本地回路(从端局进入家庭和公司的模拟双绞线)。

(2) 中继线(连接交换局的超高带宽数字光纤链路)。

(3) 交换局(电话呼叫在这里从一条中继线被接入另一条中继线,可以是电缆或光纤)。

本地回路为每一个人提供了接入整个电话系统的途径,所以它们至关重要。不幸的是,它们也是系统中最薄弱的环节。对于长途连接中继线,主要的挑战是如何将多个呼叫合并起来,并且通过同一条光纤发送出去,这是通过波分复用技术完成的。最后,从根本上看,有两种不同的交换方法:电路交换和数据包交换。2.5.4节将讨论这两种交换方法。

2.5.2 本地回路:电话调制解调器、ADSL和光纤

在本节,我们将学习本地回路,包括老式的和新型的。我们将涉及电话调制解调器、ADSL以及光纤。在一些地方,本地回路已经非常现代了,光纤已经安装到户(或非常接近家庭的地方)。这些设施完全支持计算机网络,本地回路有足够的带宽用于数据服务。不幸的是,铺设光纤到户的成本是相当可观的。有时候,这可以在城市街道因为其他目的而挖开的时候"搭车"完成。在有些城市,特别是人口稠密的市区,多采用光纤本地回路。拥有大量的光纤本地回路还只是少数情形,但毫无疑问这是未来的发展方向。

电话调制解调器

大多数人对于从电话公司进入家庭的双线本地回路已经很熟悉了。本地回路常常称为"最后一公里",虽然其真正的长度可达数千米。已经有大量的工作一直致力于从已经部署的本地回路的铜介质上"挤出"数据网络。电话调制解调器在电话网络提供语音呼叫的狭窄信道上为计算机之间的通信发送数字数据。调制解调器曾经被广泛使用,但现在多数已经被诸如ADSL那样的宽带技术所取代,ADSL重用了电话系统的本地回路,在其上把数字数据从用户端发送到端局,在那里它们被汇聚到Internet上。调制解调器和ADSL必须能处理旧本地回路的一些限制:相对窄的带宽、信号衰减和失真,以及诸如串音等电气噪声的敏感性。

要在本地回路或任何其他物理信道上发送比特,必须把比特转换为可在信道上传输的模拟信号。用前面介绍的数字调制方法可以完成这种转换。在信道的另一端,模拟信号被转换回比特。

执行数字比特流和模拟信号(代表这些比特)之间转换的设备称为调制解调器(modem),modem是modulator(调制器)和demodulator(解调器)的缩写。调制解调器有许多种类型,包括电话调制解调器、DSL调制解调器、有线电视调制解调器和无线调制解调器等。有线电视调制解调器或DSL调制解调器往往是一个独立的硬件,位于进入家庭的物理线路和家庭网络其余部分之间;无线设备往往有内置的调制解调器。从逻辑上讲,调制解调器安装在(数字)计算机和(模拟)电话系统之间,如图2-26所示。

两台计算机通过一条语音级电话线发送比特要用到调制解调器,此时的线路上通常有大量的语音交谈信号。这么做主要的困难是:语音级电话线被限制在只有3100Hz,这对于传送通话信息是足够的,但相比以太网或IEEE 802.11(WiFi)使用的带宽至少小了4个数量级,因而电话调制解调器的数据速率也比以太网和IEEE 802.11小了4个数量级。

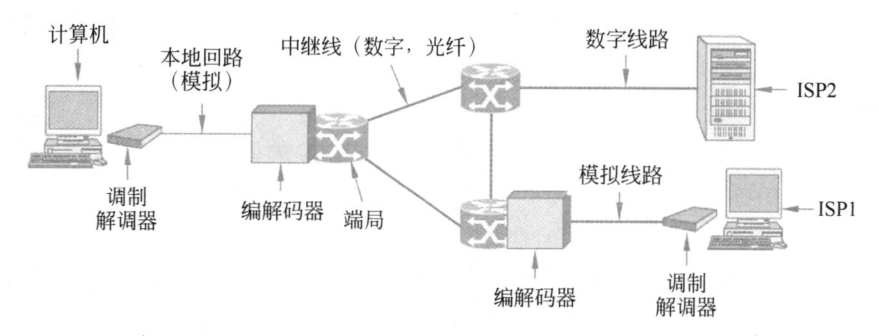

图 2-26 计算机-计算机呼叫中的模拟和数字传输（转换由调制解调器和编解码器完成）

让我们来算算为什么会这样。奈奎斯特定理告诉我们，即使是一条完美的 3000Hz 线路（电话线肯定不是完美的），以快于 6000baud/s 的速率发送符号也没有意义。比如，我们来考虑一个老式的调制解调器，其发送速率是每秒 2400 个符号或 2400baud/s，关注的重点在于从每个符号中能获得多个比特，同时还要允许两个方向同时发送（不同方向使用不同频率）。

低级的 2400b/s 调制解调器用 0V 电压表示逻辑 0，用 1V 电压表示逻辑 1，每个符号为 1 比特。进一步地，它可以使用 4 种不同的符号，如同 QPSK 的 4 个相位，从而以每个符号传 2 比特的方式得到 4800b/s 的数据速率。

随着技术的改进，已经实现了更高数据速率的长足进步。较高的数据速率需要一组更大的符号（如图 2-27 所示）。由于有许多符号，在检测到的幅度或相位中即使只存在很少量的噪声都可能导致一个错误。为了减少出错的机会，高速调制解调器标准采用了某一些符号用于错误检测。这种方案称为网格编码调制（Trellis Coded Modulation，TCM）。图 2-27 显示了一些公共的调制解调器标准。

调制解调器标准	波特率	比特/符号	数据速率
V.32	2400	4	9600
V.32 bis	2400	6	14 400
V.34	2400	12	28 800
V.34 bis	2400	14	33 600

图 2-27 一些调制解调器标准和相应的数据速率

为什么在 33 600b/s 就止步不前了呢？原因在于，根据本地回路的平均长度和质量，电话系统的香农极限大约是 35kb/s。比它更快的速度将违反物理学中的热力学定律，或者要求更新本地回路（这需要逐步完成）。

然而，有一个方法可以改变这种状况。在电话公司端局，数据被转换为数字形式，然后在电话网内传输（电话网的核心很久以前就已从模拟转换成数字了）。35kb/s 的限制是指存在两个本地回路的情况，即每一端都有一个本地回路，这样在两端都会给信号引入噪声。如果能去掉本地回路中的一个，就能提高信噪比，从而将最大数据速率翻倍。

这种方法正好说明了为何 56kb/s 调制解调器能正常工作。通常来说，一端是一个

ISP,它从最近的端局获得高质量的数字内容。因此,当连接的一端是高质量的信号(就像现在大多数ISP提供的),能获得的最大数据速率可高达70kb/s。两个家庭用户通过调制解调器和模拟线路连接,最大数据速率仍然是33.6kb/s。

使用56kb/s调制解调器(而不是70kb/s调制解调器)的原因与奈奎斯特定理有关。电话系统内的电话信道中传输的是数字样本值。每个电话信道带宽为4000Hz,包括保护带在内。因此重构信号需要的采样数应该是每秒8000次。在北美,每个样本的比特数是8,其中1比特用于控制目的,所以用户数据的速率是56kb/s。在欧洲,所有8比特都供用户使用,因此他们能使用64kb/s的调制解调器,但国际协议标准选择了56kb/s。

最终结果是**V.90**和**V.92**调制解调标准,它们分别提供了56kb/s的下行信道(ISP到用户)及33.6kb/s和48kb/s的上行信道(用户到ISP)。这种不对称的主要原因在于,从ISP传输到用户的数据量比其他方式传输的数据量要多得多。这也意味着,有限的带宽中更多的部分被分配给下行信道,以此来增加它真正以56kb/s工作的机会。

数字用户线(DSL)

当电话行业最后达到56kb/s时,它因很好地完成了一项任务而止步不前。与此同时,有线电视行业正在共享的电缆上提供高达10Mb/s的数据服务。随着Internet接入在业务中日益变得重要,本地电话公司开始意识到它们需要一种更具竞争力的产品。它们的结论就是利用本地回路提供新的数字服务。

刚开始时,许多相互重叠的高速率服务都冠以**xDSL**这样的统称,只是在x上有所不同。比标准电话服务具有更大带宽的服务有时都称为**宽带服务**,尽管这个称谓实际上主要是一个市场概念,而非特定的技术概念。后面将讨论这些服务中最流行的一种,即**ADSL**(Asymmetric DSL,**非对称数字用户线**)。本书使用术语DSL或者xDSL作为所有这类服务的简称。

调制解调器之所以如此慢的根本原因在于电话的发明是为了承载人类的语音,而且整个系统也是为了该目的而被精心地做了优化。数据业务始终不是亲生的。每条本地回路在端局戛然而止,线路上有一个滤波器把所有300Hz以下、3400Hz以上的频率都削弱了。截断处并不尖锐,300Hz和3400Hz都是3dB点。尽管两个3dB点之间的距离是3100Hz,但通常取这一带宽为4000Hz。所以,线路上的数据被限制在这一狭窄的频段中。

xDSL得以工作的诀窍在于,当一个用户订阅了这项服务时,其进入线路被连接到了另一种交换机上,这种交换机没有上述滤波器,因而可以充分发挥本地回路的全部承载能力。于是,限制因素就变成了本地回路的物理特性,它大致上可支持1MHz,而不再是由滤波器引入的3100Hz带宽的人工限制。

不幸的是,本地回路的容量随着与端局的距离增大而快速下降,随着信号沿线路的衰减而急剧退化。它还依赖于双绞线的粗细和综合质量。图2-28给出了DSL使用的3类UDT的带宽与距离之间的函数关系。该图假设所有关于本地回路的其他因素都是最佳的(新的线路、适当的捆扎等)。

图2-28对于电话公司来说隐含了一个问题。当电话公司承诺提供某一速度的传输率时,它同时也划定了一个以端局为中心的圆,超出了这个范围就无法提供这样的服务。这意味着,当远距离的客户试图申请这项服务时,电话公司会告诉他:“谢谢你对此感兴趣,但你

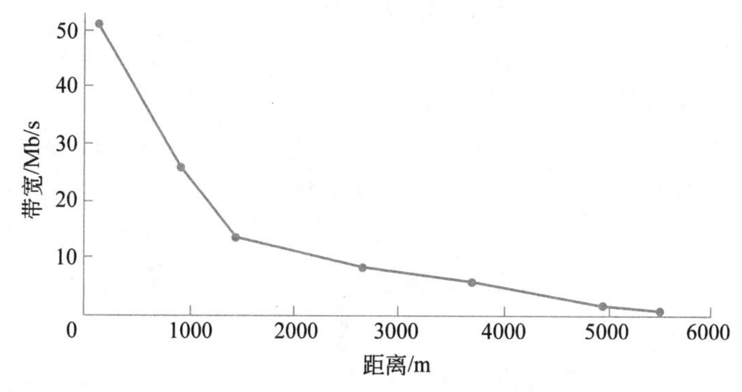

图 2-28　DSL 使用的 3 类 UTP 的带宽与距离之间的函数关系

住的地方离提供该项服务的最近端局还远出 100m，你能搬得近点吗？”选择的速度越低，半径就越大，从而可覆盖更多的用户；但是，速度越低，这项服务的吸引力就越小，愿意付钱购买这项服务的人也就越少。这正是商业与技术的冲突所在。

所有的 xDSL 服务都有特定的设计目标：第一，服务必须在现有的本地回路 3 类双绞线上工作；第二，它们不能影响用户原来的电话和传真机；第三，它们必须比 56kb/s 快；第四，这些服务应该总是可用的，按月租方式收费而不是按每分钟收费。

为了满足设计目标，本地回路上的 1.1MHz 频谱被分成 256 个独立的信道，每条信道 4312.5Hz。这样的安排如图 2-29 所示。前面介绍的 OFDM 方案可用于在这些信道上发送数据，尽管在 ADSL 的场景中它经常称为**离散多音**（Discrete MultiTone，**DMT**）。信道 0 用于**简单老式电话服务**（Plain Old Telephone Service，**POTS**）；信道 1～5 空闲未用，目的是防止语音信号与数据信号相互干扰；在剩下的 250 条信道中，一个用于上行流控制，还有一个用于下行流控制，其他的全部用于用户数据。

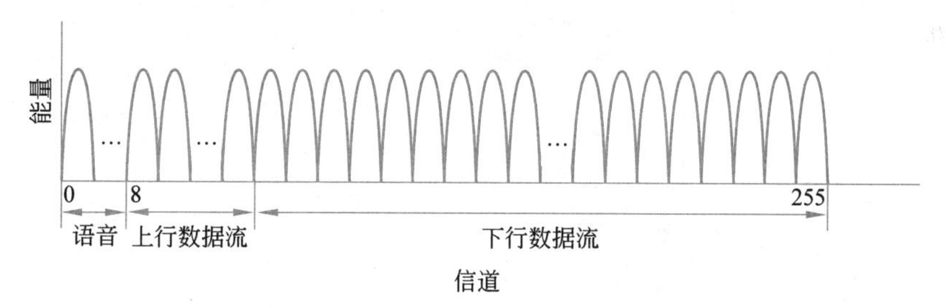

图 2-29　使用离散多音调制方法的 ADSL

原理上，剩下的每条信道都可以用于全双工数据流，但是谐波、串音和其他影响使得实际系统的性能显著低于理论值。服务提供商决定了多少信道用于上行数据流，多少信道用于下行数据流。上行数据流和下行数据流各占 50％的做法在技术上是可能的，但是大多数提供商将大部分（比如 80％～90％）带宽分配给下行信道，因为大多数用户的下载数据量超过上传数据量。这种选择正好符合 ADSL 中的第一个字母 A（非对称）。一种常见的分法是 32 条信道用于上行数据流，其余的信道用于下行数据流。还有一种可能的做法是让最高端的（信道编号小的）一些上行信道成为双向信道，以便增加带宽，但是这种优化要求增加一部分特殊的电路以消除回声。

ADSL的国际标准于1999年获得批准,称为**G.dmt**。它允许高达8Mb/s的下行速度和1Mb/s的上行速度。这个标准已经被2002年发布的第二代ADSL——ADSL2所超越,经过各种改进,下行速度已经可以达到12Mb/s,上行速度仍然是1Mb/s。ADSL2+通过带宽翻倍,即在双绞线上使用2.2MHz,从而将下行速度提高了一倍,达到24Mb/s。

下一个改进是**VDSL**(在2006年),它把短距离本地回路上的数据速率提高到了52Mb/s下行数据流和3Mb/s上行数据流。2007—2011年的一系列新标准被冠以**VDSL2**的名称,它们在高质量的本地回路上使用12MHz带宽,达到了200Mb/s下行数据流和100Mb/s上行数据流的数据速率。在2015年,针对不超过250m的本地回路,提出了**Vplus**方案。理论上,它可以达到300Mb/s下行数据流和100Mb/s上行数据流,但是要在实践中使它能工作起来并不容易。可以靠近已有的3类线路的一端,除了某些更短的距离以外。

在每条信道内使用QAM调制方案,每秒能传输约4000个符号。每条信道的线路质量被时刻监控,其数据速率通过一个更大或者更小的星座图进行调整,就像图2-17中的那样。不同的信道可能有不同的数据速率,根据该标准,通过高信噪比信道发送的每个符号可以携带15比特;而通过较低信噪比的信道发送的每个符号所携带的比特数可以降到2或1甚至是0。

典型的ADSL部署结构如图2-30所示。在这种方案中,电话公司的技术人员必须在用户住宅安装一个**网络接口设备**(Network Interface Device,**NID**)。这个小塑料盒代表了电话公司财产的末端以及用户财产的开始。靠近NID(有时候与NID组合在一起)的是一个**分离器**(splitter),它是一个模拟滤波器,将POTS使用的0～4000Hz频段与数据分开。POTS信号被路由到已有的电话机或者传真机;而数据则被路由到ADSL调制解调器,它使用数字信号处理技术来实现OFDM。由于大多数ADSL调制解调器都是外置的,所以计算机必须通过高速方式与它相连。通常的做法是使用以太网、USB电缆或者IEEE 802.11连接。

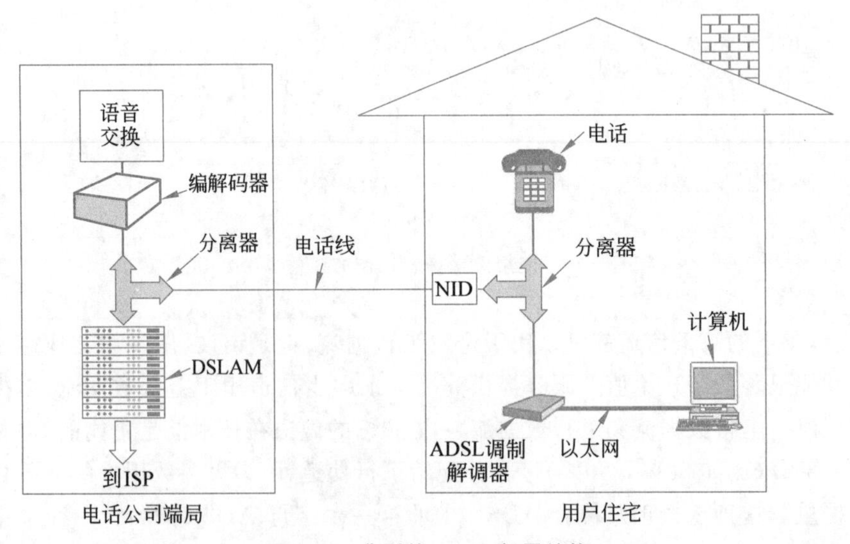

图2-30 典型的ADSL部署结构

在线路的另一头(即端局这一侧)也要安装一个对应的分离器。在这里,信号中的语音部分被过滤出来后送到正常的语音交换机中。频率在26kHz以上的信号则被路由到一种新设备中,这种设备称为**数字用户线路接入复用器**(Digital Subscriber Line Access Multiplexer,**DSLAM**)。该设备包含一个与ADSL调制解调器同样的数字信号处理器。DSLAM将信号转换成比特,再把数据包发送到Internet服务提供商的数据网络。

这种将语音系统与ADSL完全分离的做法使得电话公司部署ADSL比较容易。电话公司需要做的只是采购DSLAM和分离器,并且将ADSL用户接到分离器上。其他通过电话网络提供的高带宽服务(比如ISDN)都要求电话公司对现有的交换设备作更大的改动。

DSL部署技术的下一个目标是达到1Gb/s甚至更高的传输速度。这些努力都聚焦在各种相互补充的技术上,包括一种称为**接合**(bonding)的技术,也就是将两个或者多个物理DSL连接组合起来,创建一个虚拟的DSL连接。很显然,如果将两条双绞线组合起来,应该就可以使带宽翻倍。在有些地方,进入家庭的电话线采用了电缆,实际上它有两对双绞线。最初的设想是,允许一个家庭有两条独立的电话线和相应的号码,但通过线对接合(pair bonding),可以实现一个速度更高的Internet接入。在欧洲、澳大利亚、加拿大和美国,越来越多的ISP正在部署一种采用了线对接合的、称为**G.fast**的技术。与其他形式的DSL一样,G.fast的性能取决于传输的距离;最新的测试已经表明,在100m的距离内,上下行对称的速度接近1Gb/s。当它与一种称为**FTTdp**(Fiber to the Distribution Point,**光纤到分发点**)的光纤部署结合起来时,将光纤铺设到一个有几百个用户的分发点,剩下到家庭的路线采用铜介质(按照VDSL2,这可能会达到1km,但速度会低一些)。FTTdp只是光纤部署的一种类型,它在核心网络到靠近网络边缘的某个点之间使用了光纤。2.5.3节讲述各种光纤部署模式。

光纤到x(FTTx)

最后一公里网络的速度通常受限于传统电话网络中使用的铜质线缆,它们不可能像光纤一样在长距离以高速率传输数据。因此,终极的目标,也是有最高性价比的目标,是把光纤铺设到用户家里,有时候称为**光纤到户**(Fiber to the Home,**FTTH**)。电话公司一直在努力改进本地回路的性能,通常的做法是尽可能把光纤部署到用户的家里。如果不能直接到达家里,电话公司可能会提供**光纤到节点**(Fiber to the Node,**FTTN**),或者光纤到街区(Fiber to the neighborhood),即光纤在离用户家几千米远的街道机柜里终止。前面提到的FTTdp将光纤向前推进一步,离用户家更近一些,通常把光纤铺设到离用户家几百米的地方。在这些选项之间是**光纤到路边**(Fiber to the Curb,**FTTC**)。所有这些**FTTx**(Fiber to the x)的设计,有时候称为"回路中的光纤",因为有一部分光纤是在本地回路中使用的。

FTTx形式(其中x代表地下室、马路边或街区)有好几种。引起人们注意的是光纤部署正在接近住宅。在这种情况下,铜(双绞线或同轴电缆)在最后一段短距离内提供了足够快的速度。把光纤铺设多远是一个经济问题,要在成本与预期收益之间取得平衡。无论哪种情形,关键点在于,光纤已经跨越了传统的"最后一公里"障碍。我们在下面的讨论中将重点关注FTTH。

与铜线一样,光纤本地回路也是无源的,这意味着不需要供电设备来放大或处理信号。光纤只是简单地在住宅和端局之间运送信号。这反过来又降低了成本,提高了可靠性。一般来说,从家里出来的光纤被组合在一起,所以,上百个家庭只有一根光纤连接到端局。在下行数据流方向,光分离器把从端局传来的信号分离开,使得它们能到达每个住户。如果只允许一个住户能够对信号进行解码,则出于安全的考虑,必须对信号进行加密。在上行数据流方向,光组合器把来自这些住户的信号合并成一个信号发送给端局。

这种体系结构称为无源光网络(Passive Optical Network,PON),如图 2-31 所示。它通常使用一个波长供所有住户共享,用于下行数据流的传输;而使用另一个波长用于上行数据流的传输。

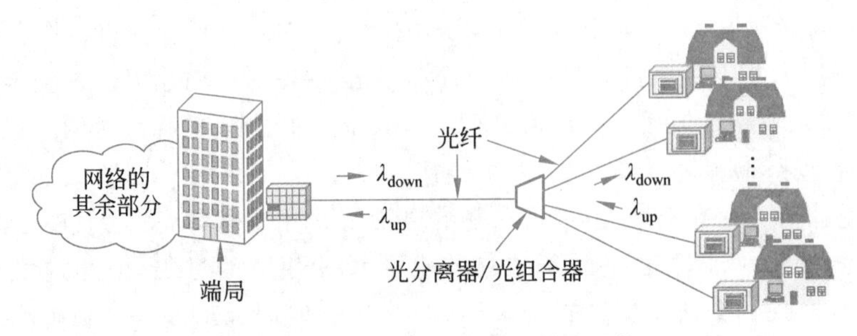

图 2-31 用作光纤到户的无源光网络

即使信号被分离,光纤具有的巨大带宽和低衰减也能够使 PON 可以为 20km 范围内的用户提供高数据速率传输。实际的数据速率和其他细节取决于 PON 的类型。比较常见的 PON 有两种:千兆级 PON(Gigabit-capable PONs,GPON)来自电信领域,所以是由 ITU 标准定义的;以太 PON(Ethernet PONs,EPON)更适用于网络领域,因而是由 IEEE 标准定义的。两者都以千兆速率运行,并可传递不同服务的流量,包括 Internet、视频和音频。比如,GPON 提供了 2.4Gb/s 的下行速率和 1.2Gb/s 或 2.4Gb/s 的上行速率。

为了在端局的不同用户之间共享单根光纤的容量,额外的协议是需要的。下行数据流方向比较容易。端局可以按照它喜欢的任何次序将消息发送给每个用户。然而,在上行数据流方向,不同用户却不能同时发送消息,否则不同的信号会发生冲突。这些用户听不到其他住户的传输,因此它们无法在传输之前进行侦听。对此的解决方案是,用户在发送前,先请求获得由端局设备分配的可用时间槽。为了此方案能正常工作,需要一个测距过程对用户的传输时间进行调整,以便端局接收到的所有信号能够同步。这种设计类似于有线电视调制解调器,将在 2.7 节讨论。有关 PON 的更多信息请参阅(Grobe 等,2008)或者(Andrade 等,2014)。

2.5.3 中继线和多路复用

电话网络中的中继线不仅比本地回路快得多,而且在其他两个方面也有所不同。首先,电话网络的核心传送的是数字信息而不是模拟信息,即传送的是比特而不是声音。为了在长途中继线上传输数字信息,需要在端局对信号进行一次转换。长途中继线上同时进行着数以千计甚至上百万个电话呼叫。这种共享对于实现规模经济非常重要,因为在两个交换局之间安装和维护一根高带宽中继线需要的开销,与安装并维护一根低带宽中继线需的开销本质上是一样的。这种共享是通过 TDM 和 FDM 的各种版本实现的。

下面首先简要介绍如何将语音信号数字化,从而使语音可以通过电话网络进行传输。然后,我们将看到 TDM 是如何用来在中继线上运送比特的,包括用于光纤的 TDM 系统

(SONET)。最后,我们将转向FDM,因为它适用于光纤,即所谓的波分复用。

数字化语音信号

在电话网络发展的早期,核心系统将语音呼叫当作模拟信息进行处理。许多年来人们一直利用FDM技术把4000Hz的语音信道(由3100Hz加上保护带构成)多路复用到越来越大的单位。比如,将60～108kHz频带的12个呼叫组成一组,称为群(group);再将5个群(共60个呼叫)再组成一个大群,称为超群(supergroup);等等。这些FDM方法仍然被用在一些铜线和微波信道上。然而,FDM需要模拟电路,而且并不适合由计算机处理。与此相反,TDM可完全通过数字电子技术处理,因此近年来得到了更为普遍的应用。由于TDM只能用于数字数据,而本地回路产生的又是模拟信号,因此在端局必须经过一次转换,把模拟信号转换成数字信号,从而将所有单独的本地回路组合在一起,将数字信号发送到出去的中继线上。

在端局,模拟信号由一个称为编解码器(codec)的设备完成数字化,编解码器使用了一种称为脉冲编码调制(Pulse Code Modulation,**PCM**)的技术,它构成了现代电话系统的核心。编解码器每秒采集8000个样本(每个样本为125μs),根据奈奎斯特定理,这个采样率足以捕捉一切来自4kHz电话信道带宽上的信息。若采样率较低,信息就会被丢失;若采样率较高,也得不到更多额外的信息。电话系统内几乎所有时间间隔均为125μs的倍数。对于语音级电话呼叫,标准的未压缩数据速率是每125μs传输8比特,或64kb/s。

信号幅度的每个采样值被量化成一个8位数值。为了减少由于量化带来的误差,量化级别被设置成不均匀空间分布。使用对数,让较小的信号幅度用较多的比特表示,而较大的信号幅度用较少的比特表示。按照这种方法,错误与信号幅度成比例。广泛应用的量化版本有两个:**μ-法则**(μ-law)和**A-法则**(A-law)。前者被应用在北美和日本,后者被应用在欧洲和世界其他地区。这两个版本都是在ITU G.711中规定的。思考这个处理过程的另一种方法是:想象一个信号的动态范围(或者信号的最大可能值和最小可能值的比率)在被(均匀)量化之前被压缩了,然后在模拟信号被还原时再被扩展恢复。基于这个原因,它称为压缩扩展(companding)。对这些数字化后的采样值还可以进一步压缩,以使它们占用比64kb/s更小的带宽。不过,我们把这个话题留到探索音频应用(比如IP电话)时再讨论。

在电话呼叫的另一端,必须随时从量化的样值中重新生成模拟信号并播放出来(也要进行平滑处理)。由于采样值已经进行了量化处理,所以即使遵照奈奎斯特定理采样,还原出来的模拟信号也不会和原始模拟信号完全相同。

T载波:在电话网络上对数字信号进行多路复用

T载波(T carrier)是针对在单个电路上传输多条TDM信道的规范。基于PCM的TDM可在中继线上运送多路电话语音,每125μs为每路电话发送一个语音采样值。在数字传输刚开始作为一项可行技术出现时,国际电信联盟(ITU,当时称为CCITT)未能就PCM国际标准达成一致。因此,现在全世界不同国家使用的各种PCM模式都不兼容。

北美和日本使用的方法是**T1载波**(T1 carrier),如图2-32所示(从技术上而言,这种格式称为DS1,而载波称为T1;但是按照广泛的行业传统,这里不作区分)。T1载波包含24条被复用在一起的语音信道,这24条信道中的每一条依次在输出流中插入8比特。T1载波是在1962年提出来的。

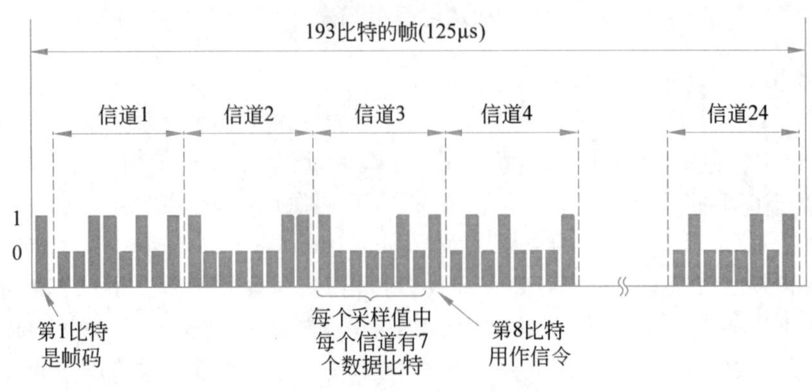

图 2-32 T1 载波(1.544Mb/s)

每帧包含 24×8=192 比特,再加上额外 1 比特用于控制,因而每 125μs 产生 193 比特。这样得到的数据速率为 1.544Mb/s,其中 8kb/s 用于信令控制。第 193 比特用于帧同步和信令。在 T1 格式的一种变体中,第 193 比特用于跨越一个由 24 帧构成的群,称为扩展超帧(extended superframe)。分布在第 4、8、12、16、20、24 帧相应位置上的 6 比特取循环模式 001011。通常情况下,接收方必须不断地检查这个固定模式,以确保它没有失去同步。然后再使用 6 比特的差错交验码帮助接收方确认自己是否保持同步。如果接收方失去同步,则可以搜索这个比特模式,同时检验差错校验码以重新获得同步。其余的 12 比特则用于网络操作和维护的控制信息,比如来自远端的性能报告。

T1 格式有多种变体。较早版本在带内(in-band)发送信令信息,这意味着在相同的数据信道内使用了一些数据比特发送控制信息。这种设计是信道关联信令(channel-associated signaling)的一种形式,因为每条信道都有自己专用的信令子信道。在一种协议中,将每个第 6 帧中每条信道 8 比特采样值中的最低有效位用于信令。该方法有个很形象的名称——强占比特信令(robbed-bit signaling)。这种想法源于以下经验:从语音通话中"偷"出几位并不要紧,没有人会听得出差异。

然而,对于数据则完全是另一回事。至少可以这样说,传送错误比特毫无帮助。如果用 T1 旧版本传送数据,则在 24 条信道上,每条信道的 8 比特中只有 7 比特可用来传送数据,速率为 56kb/s。相反,T1 新版本提供了纯信道,其中所有的比特都可用来发送数据。纯信道是商业机构租用 T1 线路时期望的,它们希望通过传送语音的电话网络发送数据。任何语音呼叫的控制信令是由带外(out-of-band)处理的,这意味着在数据信道之外还存在着一条独立的信道。通常情况下,信令是通过公共信道信令(common-channel signaling)完成的,其中有一条共享的信令信道。24 条信道中的一条信道可用于这一目的。

在北美及日本以外的地区,使用 2.048Mb/s 的 E1 载波代替 T1 载波。E1 载波有 32 个 8 比特数据采样值被封装在基本的 125μs 的帧中。这些信道中的 30 条用于传输信息,两条信道用于信令。每 4 个帧为一组,提供了 64 个信令比特,其中一半用于信令(是否信道关联或公共信道),另一半用于帧同步或各个国家保留使用。

时分复用允许将多个 T1 载波复用到更高阶的载波中。图 2-33 显示了一种可能的做法。在左侧,4 个 T1 流被复用到一个 T2 流中。T2 以及更高级的复用是按比特完成的,而 24 条语音信道构成的一个 T1 帧的复用是按字节完成的。4 个 1.544Mb/s 的 T1 流应该产生 6.176Mb/s，但 T2 实际上是 6.312Mb/s。这些多出来的比特用于成帧或者当载波出现差错时的恢复。

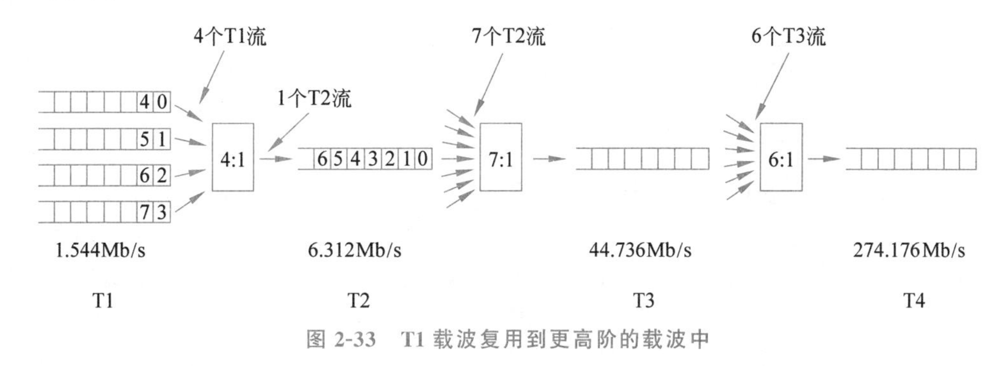

图 2-33　T1 载波复用到更高阶的载波中

在下一个级别上，7 个 T2 流按比特组合起来形成一个 T3 流。然后，6 个 T3 流又组合起来形成一个 T4 流。在每一步的组合中，都会有少量的开销用于成帧以及当发送方和接收方失去同步时的恢复。T1 和 T3 广泛用于用户侧；而 T2 和 T4 仅用在电话系统内部，所以它们较少为人所知。

正如美国和其他国家在基本载波(basic carrier)上没有达成共识一样，各国在如何多路复用到更高带宽载波的做法上也不一致。美国的按照 4、7 和 6 步进的方案并没有吸引其他国家也跟着这样做，所以 ITU 标准要求每一级都将 4 个流复用到一个流中。而且，在美国和 ITU 标准中关于成帧和恢复数据的规定也是不一样的。ITU 针对 32、128、512、2048 和 8192 条信道的层次结构的运行速度分别是 2.048、8.848、34.304、139.264 和 565.148Mb/s。

多路复用光纤网络：SONET/SDH

在光纤的早期阶段，每个电话公司都有自己专用的光纤 TDM 系统。当 AT&T 公司于 1984 年被美国政府分解以后，本地电话公司必须连接到多家长途电话运营商，而这些运营商使用了不同供应商的光纤 TDM 系统，所以对标准化的需求变得显而易见了。1985 年，RBOC(Regional Bell Operating Companies，区域性贝尔运营公司)的研究机构 Bellcore 开始制定这样的标准，称为同步光网络(Synchronous Optical NETwork，**SONET**)。

后来，ITU 也加入了这个工作，从而于 1989 年产生了一个 SONET 标准以及一组并行的 ITU 建议(G.707、G.708 和 G.709)。这些 ITU 建议称为 **SDH**(Synchronous Digital Hierarchy，同步数字系列)，它们仅仅在一些很小的方面不同于 SONET。在美国几乎所有的长途电话流量都使用了在物理层运行 SONET 的中继线，其他很多地方也是如此。关于 SONET 的更多信息请参考(Perros，2005)。

SONET 设计有 4 个主要目标：

(1) 载波互通性。SONET 必须使不同的运营商能够相互通信。为了达到这个目标，要求定义一个公共的信令标准，其中涉及波长、时序、帧结构以及其他的问题。

(2) 跨区域统一。需要一些用来统一美国、欧洲和日本数字系统的方法。这些系统都基于 64kb/s 的 PCM 信道，但是，组合信道的方式却各不相同，而且互不兼容。

(3) 数字信道复用。SONET 必须提供一种办法来复用多个数字信道。在设计 SONET 时，美国广泛使用的最高速度的数字载波实际上是 T3，其速度为 44.736Mb/s。T4

已经被定义,但尚未广泛使用,而且高于 T4 速度以上的载波还没有任何定义。SONET 的部分使命就是继续推进这样的层次递进,达到吉字节每秒(Gb/s),甚至更高速度。而且,将多个慢速信道复用到一条 SONET 信道中的标准也是必要的。

(4) 管理支持。SONET 必须支持运营(Operation)、管理(Administration)和维护(Maintenance),即 OAM,这是管理网络所需要的。以前的系统在这方面做得并不好。

早期的决定是将 SONET 设计成一个传统的 TDM 系统,光纤的全部带宽都分配给一条信道使用,该信道包含的时间槽分配给各条子信道。按照这种思路,SONET 就是一个同步系统。每个发送方和接收方都绑定到一个公共的时钟。控制系统的主时钟的精度大约为 $1/10^9$ s。SONET 线路上的比特按照由主时钟控制的极为精确的时间间隔发送出去。

基本的 SONET 帧是每隔 125μs 发送 810 字节的数据块。由于 SONET 是同步系统,所以,不管是否有任何有用的数据需要发送,这些帧都要被发送出去。每秒 8000 帧的速率正好符合所有数字电话系统中使用的 PCM 信道的采样率。

810 字节的 SONET 帧最好描述成具有 90 列宽、9 行高的字节矩形。因此,每秒传输 8000 次,每次传输 8×810=6480 比特,总的数据速率为 51.84Mb/s。这样的结构是基本的 SONET 信道,称为 **STS-1**(Synchronous Transport Signal-1,**同步传输信号-1**)。所有的 SONET 中继线的数据速率都是 STS-1 的倍数。

每一帧的前 3 列保留,用于系统管理信息的开销,如图 2-34 所示。在这一数据块中,前 3 行包含段(section)开销;接下来的 6 行包含线路(line)开销。段开销的生成和校验是在每一段的开始和结束时进行的,而线路开销的生成和校验则是在每条线路开始和结束时进行的。

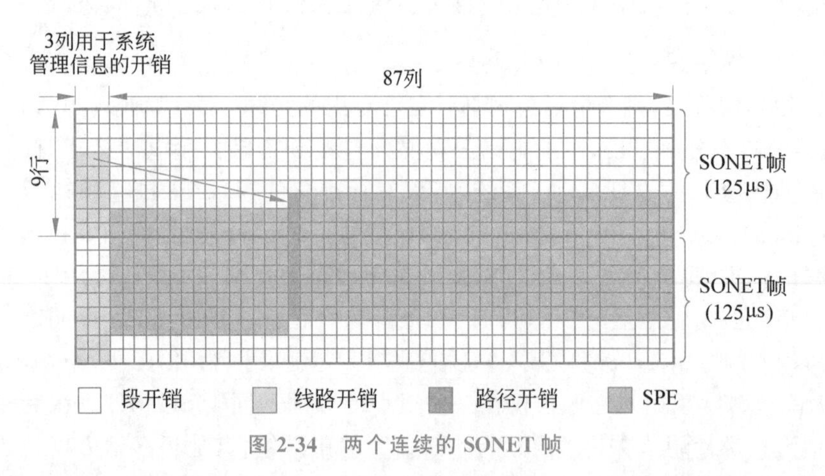

图 2-34 两个连续的 SONET 帧

SONET 发送器连续地发送 810 字节的帧,帧之间没有任何间隙,即使没有数据需要发送时也要发送帧(这种情况可以看作发送空数据帧)。站在接收方的角度,它看到的是一个连续的比特流,那么它如何知道每一帧从哪里开始呢?答案在于每一帧的前两字节有一个固定的模式,接收方搜索这种模式就可以定位帧的起始。如果接收方在大量的连续帧中相同的位置发现了这种模式,则它假定自己已经与发送方同步。从理论上讲,一个用户可以有规律地在有效载荷中插入这种模式;但实际上,由于多个用户的数据被复用到同一帧中以及其他一些原因,用户这样做是行不通的。

每帧中剩下的 87 列可以按 87×9×8×8000=50.112Mb/s 的数据速率传输用户数据。这些用户数据可以是语音采样值、T1 和其他载波或者数据包。SONET 只是传输比特数据的一个容器。承载用户数据的同步有效载荷信封(Synchronous Payload Envelope,**SPE**)并不总是从第 1 行、第 4 列开始的。SPE 可以从帧内的任何一个地方开始。线路开销中的第一行包含了一个指针,它指向 SPE 的第一字节。SPE 的第一列是路径开销(即端到端路径子层协议的头)。

SONET 允许 SPE 从帧内任何一个地方开始,甚至可以跨越两帧(如图 2-34 所示),这种能力增强了系统的灵活性。比如,当源端正在构造 SONET 空帧时来了一个有效载荷数据,它就可以将这些数据插入到当前帧中,而不用等到下一帧开始。

SONET/SDH 的多路复用层次如图 2-35 所示。从 STS-1 到 STS-768 的数据速率已经被定义,范围大略从 T3 线路到 40Gb/s。随着时间的推移,肯定还会定义更高的数据速率,160Gb/s 的 OC-3072 在技术上变得可行时将是下一个线路标准。对应于 STS-n 的光纤载波称为 OC-n,但它是按比特进行的,除了因同步所需对特定比特进行重新排序外,其他的都相同。SDH 名称有所不同,它们从 OC-3 开始,因为基于 ITU 的系统没有接近 51.84Mb/s 的数据速率。图 2-35 给出了两者的公共数据速率,从 OC-3 开始并以 4 的倍数递增。总数据速率要包括所有的开销。SPE 数据速率不包括线路和段的开销。用户数据速率不包括所有这三种开销,它只计算 86 列有效载荷。

SONET		SDH	数据速率/Mb/s		
电子	光	光	总数据速率	SPE 数据速率	用户数据速率
STS-1	OC-1		51.84	50.112	49.536
STS-3	OC-3	STM-1	155.52	150.336	148.608
STS-12	OC-12	STM-46	22.08	601.344	594.432
STS-48	OC-48	STM-16	2488.32	2405.376	2377.728
STS-192	OC-192	STM-64	9953.28	9621.504	9510.912
STS-768	OC-768	STM-256	39 813.12	38 486.016	38 043.648

图 2-35　SONET 和 SDH 多路复用率

顺便提一下,如果一个载波(比如 OC-3)没有被复用,而是仅承载了来自单个源的数据,则在线路名称后面加一个字母 c(表示级联),因此,OC-3 表示由 3 个独立的 OC-1 载波构成的一条 155.52Mb/s 载波,而 OC-3c 则表示来自单个源的 155.52Mb/s 数据流。一个 OC-3c 流内的 3 个 OC-1 流按列交替插入。即,首先是第 1 个流的第 1 列,然后是第 2 个流的第 1 列,再然后是第 3 个流的第 1 列;接下来是第 1 个流的第 2 列,以此类推。最后形成的帧包括 270 列、9 行。

2.5.4　交换

从电话工程师的角度看,电话系统有两个基本部分:局外部分(本地回路和中继线,因为它们在物理上都位于交换局外面)和局内部分(交换机,它们在交换局内部)。前面讨论了局外部分,现在该看一看局内部分了。

当前,电话网络中用到了两种交换技术:电路交换和数据包交换。传统的电话系统基于电路交换技术,但IP语音电话依赖于数据包交换技术。本节将详细地讨论电路交换,并将它与数据包交换作比较。这两类交换技术非常重要,因此在第5章关于网络层的内容中还将继续对此进行讨论。

电路交换

在传统方式下,当用户或者用户的计算机发出一个电话呼叫时,电话系统内的交换设备就会尽可能地找到一条从用户的电话通向接收方电话的物理路径,并且在整个通话期间维持这一路径。这项技术就是所谓的电路交换(circuit switching),其过程如图2-36(a)所示。其中6个矩形代表电话运营商的交换局(端局、长途局等)。在这个例子中,每个局有3条进入线路和3条出去线路。当一个电话呼叫通过一个交换局时,在电话进入线路与某一条出去线路之间就会建立一个物理连接,如图2-36(a)中的虚线所示。

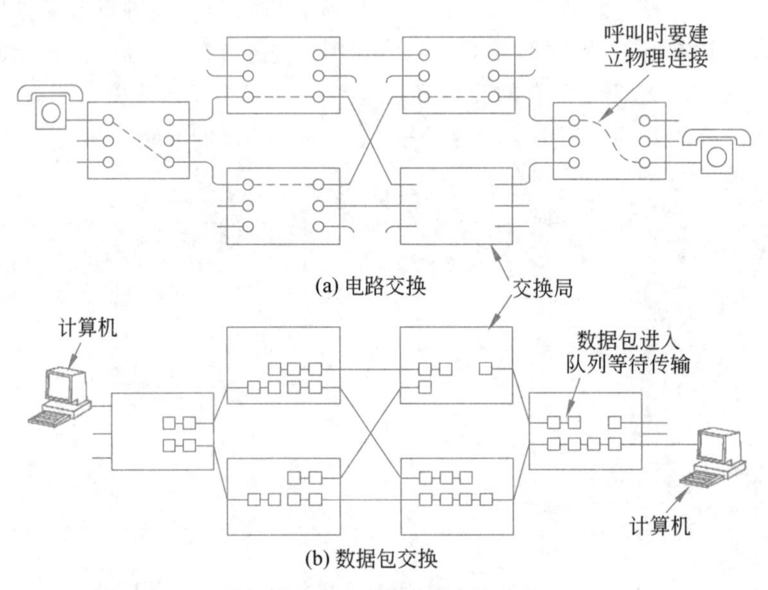

图2-36 电路交换与数据包交换

在电话业的早期,接线员在输入插槽和输出插槽中插入一段跳接电缆,就完成了相应的连接建立过程。实际上,在自动电路交换设备的发明过程中有一个令人惊讶的小故事。自动化的电路交换设备是由19世纪美国密苏里州的殡葬工Almon B. Strowger发明的。在电话发明之后不久,每当有人去世时,死者的亲属就会呼叫镇上的接线员,并说"请替我接殡葬工"。对Strowger先生来说,非常不幸的是这个镇上一共有两个殡葬工,而电话接线员正好是另一位殡葬工的妻子。他很快就明白了,要么发明一个自动化的电话交换设备,要么他就得失业。Strowger先生选择了前一条路。将近100年来,全世界使用的电路交换设备都称为**Strowger装置**(历史并没有记载当时那个失业了的电话接线员是否获得了信息操作员的工作,每天在回答诸如"殡葬工的电话号码是多少"之类的问题)。

当然,图2-36(a)显示的模型被高度简化了。因为事实上,两个电话之间的物理路径的有些部分可能是微波或者光纤链路,在这些链路上会有成千上万的电话呼叫被复用。然而,基本思路仍然是有效的：一旦一个呼叫被建立，在两端之间就会存在一条专用的路径，并且这条路径会一直持续到该次呼叫结束。

电路交换的一个重要特征是，在发送数据以前需要建立一条端到端的路径。从拨完号码到开始响铃，这段时间可能需要 10s，长途电话或者国际电话需要的时间更长。在这段时间中，电话系统正全力以赴寻找一条路径，如图 2-37(a)所示。注意，在开始传输数据以前，呼叫请求信号必须一路传向目的地，并且要被确认。对于许多计算机应用(比如销售点的信用卡验证)来说，长时间的连接建立过程是不受欢迎的。

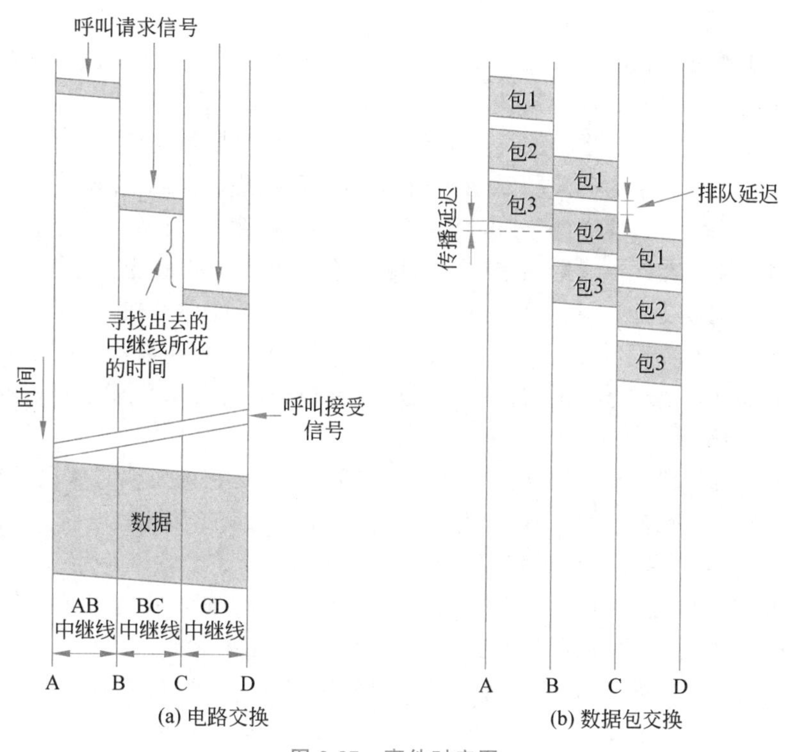

图 2-37　事件时序图

在电话呼叫双方之间保留路径带来的结果是：一旦完成连接的建立，那么数据的唯一延迟就是电磁信号的传播时间：每 1000km 大约 5ms。保留路径的另一个结果是不会存在拥塞的危险，也就是说，一旦电话呼叫被接通就永远不会再听到忙音。当然，在建立连接以前，由于交换能力或者中继线传输能力的不足，你可能会听到忙信号。

数据包交换

替代电路交换的一个方案是数据包交换，如图 2-36(b)所示，第 1 章对此也有所描述。有了这项技术，数据包就会尽可能快地被发出。与电路交换不同，数据包交换无须提前建立一条专门的路径。数据包交换可以类比成通过邮局系统发送一系列信件：每个信件都独立于其他信件向前投递。路由器使用存储-转发传输技术，把经过它的每个数据包按照它的决策发送到通往该包目的地的路径上。此转发过程与电路交换不同。在电路交换中，连接建立的结果是预留了从发送方到接收方的电路上的带宽，该条电路上的所有数据都会经过这一路径。在电路交换中，让所有的数据遵循同样的路径意味着它们到达的顺序不可能出现错乱。而在数据包交换中,没有固定的路径,不同的数据包可以走不同的路径,路径的选择取决于它们被传输时的网络状况,所以它们到达的顺序可能出现错乱。

数据包交换网络对数据包的大小规定了严格的上限。这样能够确保没有任何用户可以长时间(比如许多毫秒)占据任何传输线路,因此数据包交换网络可以处理交互式的网络流量。它还能减少延迟,因为在长消息的第二个数据包完全到达以前,该消息的第一个数据包已经被转发出去了。然而,路由器内存中的数据包在被发往下一台路由器之前积累的存储-转发延迟超过了电路交换的延迟。在电路交换网络中,比特就好像流过线路一样连续地经过,根本不存在先存储再转发的内容。

数据包和电路交换在其他方面也有所不同。因为在数据包交换中没有预留带宽,数据包可能不得不等待一段时间才能被转发。这样就引入了**排队延迟**(queuing delay),如果许多数据包要在同一时间被发送出去还会引入拥塞。然而,数据包交换却不存在用户听到一个忙音并且无法使用网络的危险。因此,对于这两种交换技术来说,拥塞发生的时间不同,在电路交换中拥塞发生在建立电路时,而在数据包交换中拥塞发生在发送数据包时。

如果一条电路已经被预留给某个特定的用户,但是并没有流量通过这条电路,那么这条电路的带宽就会被浪费,因为它不可能再用于其他流量。数据包交换不会浪费带宽,因此,从整个系统角度来看数据包交换的效率更高。了解这里的权衡对理解电路交换和数据包交换之间的差异非常重要。这里的权衡在于:要么保证服务,但是有可能浪费资源;要么不保证服务,但是不会浪费资源。

数据包交换的容错性比电路交换更好。事实上,这也是它被发明出来的原因。如果某个交换机出现故障,所有使用它的电路都将被终止,没有流量能从这些电路上发送出去。而采用数据包交换,数据包可以绕过有故障的那些交换机。

电路交换和数据包交换的另一个差别是流量收费方法不同。在电路交换中(比如,通过PSTN 进行语音电话呼叫),从历史沿袭下来的做法是按距离和时间收费。对于移动电话,距离通常并不是一个因素(除非是国际电话),时间扮演着一个粗粒度的角色(举例来说,一个允许 2000min 免费通话的呼叫方案可能比一个允许 1000min 免费通话的呼叫方案成本更高,有时候夜里或者周末便宜)。在数据包交换网络中,包括固定线路和移动网络,连接的时间不是问题,流量大小却是主要因素。对于美国和欧洲的家庭用户,ISP 常常按月租费的方式收取费用,因为这样可以减轻它们的工作负担,并且客户也能理解这种模型。在有些发展中国家,通常仍然按照流量计费:用户可以购买一个特定大小的"数据流量包",在计费周期内使用这些数据。每天特定的时间段甚至特定的目的地,可能是免费的或者不计在数据包或配额内,这些服务有时候称为**免费增值服务**(zero-rated service)。一般,在 Internet 骨干网中承运 Internet 服务的提供商则按照流量大小收取费用。一个典型的计费模型是按照5min 采样的第 95 个百分点为基础:在一条给定的链路上,ISP 会计算在过去的 5min 内通过该链路的流量大小。一个 30 天的计费周期共有 8640 个这样的 5min 间隔,ISP 将根据这些采样的第 95 个百分点进行收费。这项技术通常被称为**第 95 个百分点计费法**(95th percentile billing)。

图 2-38 比较了电路交换和数据包交换的不同之处。在传统意义上,电话网络使用电路交换技术提供高质量的电话呼叫服务,而计算机网络使用的数据包交换技术则更加简单和高效。然而,也存在着一些不容忽视的例外。一些较老的计算机网络内部还是电路交换的

(比如 X.25),而一些较新的电话网络则选择了采用 IP 电话技术的数据包交换方案。这在外部看来就像是一个标准的电话呼叫,但在网络内部交换的却是语音数据包。这种方法已经使得用电话卡打低费率国际长途电话成为新兴的市场,虽然通话质量也许比常规的电话呼叫要低。

比较项	电路交换	数据包交换
呼叫建立	需要	不需要
采用专用物理路径	是	不是
每个包遵循相同的路由	是	不是
包按序到达	是	不是
交换机崩溃是否导致服务中止	是	不是
可用带宽	固定	动态
可能拥塞的时间	在建立时	在发送数据包时
存在潜在浪费带宽	是	不是
采用存储-转发传输	不是	是
收费	按分钟	按字节

图 2-38 电路交换和数据包交换的比较

2.6 蜂窝网络

即使传统的电话系统有一天用几吉位每秒(Gb/s)的端到端光纤,人们也希望在飞机上、汽车上、游泳池中或者在公园漫步时都能打电话,用电话检查电子邮件,或者浏览 Web。因此,移动电话将有极大的利润和市场机会。

移动电话系统可用于广域范围的语音通信和数据通信。移动电话(mobile phone)有时称为蜂窝电话(cell phone),其发展已经历了5代,俗称 1G、2G、3G、4G 和 5G。前3代分别提供了模拟语音、数字语音以及既有数字语音也有数据(Internet、电子邮件等)的服务。4G 技术增加了额外的能力,包括额外的物理层传输技术(比如 OFDM 上行链路传输)、基于 IP 的家庭基站(femtocell,指连接到固定线路 Internet 基础设施的家庭蜂窝节点)。4G 不像前面3代,它不支持电路交换电话通信,而是建立在数据包交换的基础之上的。5G 正在建设过程中,但需要几年时间才能完全取代前面几代。5G 技术将支持高达 20Gb/s 的传输速率以及更加密集的部署。5G 也有一部分焦点集中在降低网络延迟上,从而支持更加广泛的应用,比如强交互的游戏。

2.6.1 公共的概念:蜂窝、切换、寻呼

在所有的移动电话系统中,一个地理区域被分成许多个蜂窝(cell),这就是为什么有时候移动电话称为蜂窝电话的原因。蜂窝系统之所以比以前的系统拥有更大的容量,关键的

思路在于它使用了相对较小的蜂窝,并且相距较近(但不相邻)的蜂窝可重复使用传输频率。随着蜂窝越来越小,系统容量越来越大。此外,小蜂窝意味着需要的功率更小,因而发射器和移动电话也更小、更便宜。

蜂窝设计带来的频率重用如图 2-39(a)所示。蜂窝近似圆形,但是很容易用六角形作为它们的模型。在 2-39(a)中,蜂窝大小都相同,它们每 7 个组成一组。每个字母代表了一组频率。注意,对于每个频率组,都有一个两蜂窝宽的缓冲区,在缓冲区中该频率组不会被重用,从而保证了良好的隔离性和较低的干扰。

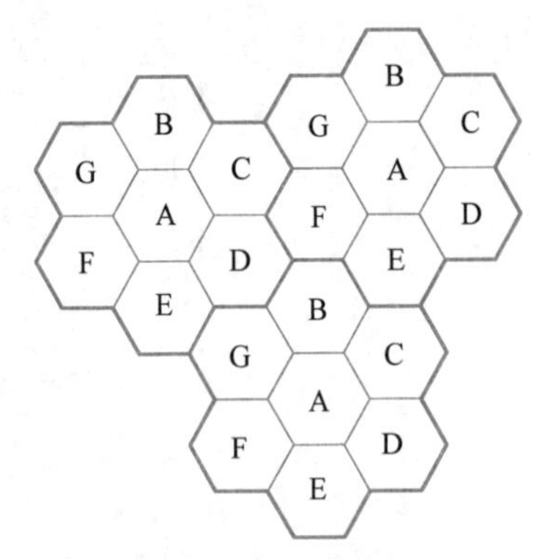

(a) 在相邻的蜂窝中不能重用频率

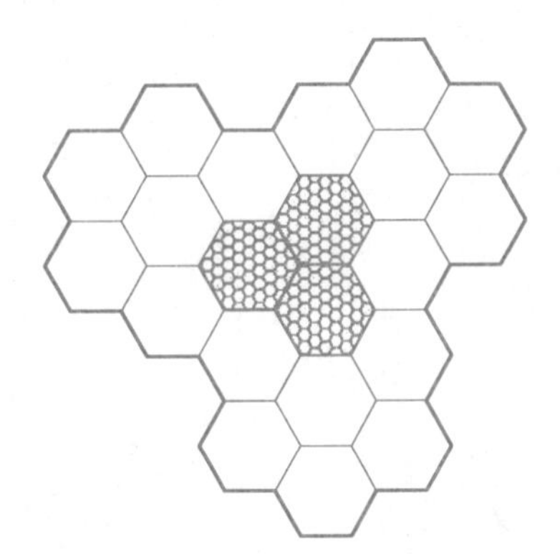

(b) 为增加更多的用户可使用更小的蜂窝

图 2-39 频率重用

当一个地区中的用户数量增长到超出了系统的负载能力时,可降低功率并且将超载的蜂窝切分成更小的微蜂窝(microcell),使得更多的频率被重用,如图 2-39(b)所示。有时,当举行体育赛事、摇滚音乐会和在其他一些聚集大量移动用户数小时的场合时,电话公司就会利用便携式塔(塔上有卫星链路)建立一些临时的微蜂窝。

在每个蜂窝的中心有一个基站,负责蜂窝中所有电话的传输。基站是由一台计算机和连接到一个天线上的发射器/接收器组成的。在一个小型的系统中,所有的基站都连接到一个称为 MSC(Mobile Switching Center,移动交换中心)或者 MTSO(Mobile Telephone Switching Office,移动电话交换局)的设备上;在大一点的系统中,可能需要几个 MSC,所有的 MSC 都连接到一个二级 MSC 上,以此类推。MSC 本质上就是电话系统中的端局,而且事实上它们也确实连接到至少一个电话系统中的端局。MSC 通过数据包交换网络与基站、其他 MSC 以及 PSTN 进行通信。

在任何时刻,每个移动电话逻辑上都属于某个特定的蜂窝,并且受该蜂窝基站的控制。当一个移动电话在物理上离开一个蜂窝时,它的基站会注意到该移动电话的信号越来越弱,于是询问周围的基站它们从该移动电话上得到的功率多大。当这些答案都回来的时候,该基站将所有权转交给获得最强信号的那个蜂窝;绝大多数情况下,这个蜂窝就是该移动电话当前所在的那个蜂窝。然后,该移动电话就会接到通知,自己有新蜂窝了;而且,如果当时有一个通话正在进行中,它就会被要求切换到一个新的信道上(因为老的信道在任何一个相邻蜂窝内都是不会被重用的)。这个过程就称为切换(handoff),大约需要 300ms。信道分配是由系统的"神经中枢"(即 MSC)完成的,基站实际上只是背后默默工作的无线电波中继点。

找到一个较高的空中位置放置基站天线是一个主要问题。这个问题导致了一些电信运营商与罗马天主教会结成了联盟，因为罗马天主教会在全世界拥有大量很高的潜在天线放置地点，并且都在其统一管理下。

蜂窝网络往往有 4 种类型的信道：控制信道（基站到移动端）用于管理系统；寻呼信道（paging channel，基站到移动端）用于唤醒移动用户，从而呼叫他们；接入信道（双向）用于建立呼叫和信道分配；数据信道（双向）用于运载语音、传真和数据。

2.6.2 第一代（1G）技术：模拟语音

现在我们来看蜂窝网络技术，从最早的系统开始。在 20 世纪最初的几十年中，移动无线电话偶尔出现在海军和军事通信中。1946 年，圣 · 路易斯建立了第一个基于汽车的电话系统。该系统使用了一个被安置在高大建筑物顶上的大型发射器，并且只有一条信道用于发送和接收。为了通话，用户必须按一下按钮以便打开发送器并关闭接收器。这样的系统称为按钮通话系统（push-to-talk system），它在 20 世纪 50 年代后期开始陆续安装。出租车和警车通常使用这项技术。

在 20 世纪 60 年代，改进型移动电话系统（Improved Mobile Telephone System，IMTS）开始被安装并使用。它也使用了一个放置在一座小山顶上的大功率（200W）发射器，但是它有两个频率，一个用于发送，另一个用于接收，因此，启动通话的按钮就不再需要了。由于所有来自移动电话的通信都在进来的信道上，不同于出去信号使用的信道，所以移动用户之间听不到除了自己的通话方以外其他人的通话（不同于老的出租车上使用的按钮通话系统）。

IMTS 支持 23 条信道，频率范围为 150～450MHz。由于信道的数量比较少，所以，用户常常需要等待很长时间才能听到拨号音。而且，由于小山顶上发射器的功率很大，邻近的系统必须相距几百千米远才能避免干扰。总而言之，有限的容量使得该系统无法被真正实际使用。

高级移动电话系统（Advanced Mobile Phone System，AMPS）是由贝尔实验室发明的模拟移动电话系统，于 1983 年首次在美国安装，它极大地增加了蜂窝网络的容量。随后它也在英国和日本被使用，在英国称为 TACS，在日本称为 MCS-L1。AMPS 于 2008 年正式退出市场，但我们还将对它进行考察，这样才能理解基于改进它而得到的 2G 和 3G 系统的环境。在 AMPS 中，每个蜂窝通常为 10～20km 的跨度；在数字系统中，蜂窝要小一些。对于 IMTS，100km 的跨度，每个频率只能有一个电话呼叫；而在同样的区域范围内，AMPS 可以有 100 个 10km 的蜂窝，在广泛分布的蜂窝中，每个频率可以有 10～15 个电话呼叫。

AMPS 使用 FDM 分隔信道。AMPS 使用了 832 条全双工信道，每条全双工信道由一对单工信道组成。这样的安排称为频分双工（Frequency Division Duplex，FDD）。频率范围为 824～849MHz 的 832 条单工信道被用作从移动电话到基站的传输，频率范围为 869～894MHz 的另外 832 条单工信道被用作从基站到移动电话的传输。每条单工信道的频宽为 30kHz。

AMPS 中的 832 条信道被分成 4 类。由于相同的频率不能在相邻的蜂窝中重用，而且每个蜂窝保留了 21 条信道用于控制，因此每个蜂窝中实际可用的语音信道的数目远远小于 832 条，通常只有 45 条左右。

呼叫管理

在 AMPS 中,每部移动电话有一个 32 比特的序列号和一个 10 位数字的电话号码,它们存放在电话的可编程只读存储器中。在许多国家和地区,电话号码被表示成两部分：3 位数字的区域码,占 10 比特;7 位数字的用户号码,占 24 比特。当移动电话开机时,它对预先设置的 21 条控制信道的列表进行扫描,找到最强的信号;然后,移动电话广播自己 32 比特的序列号和 34 比特的电话号码。尽管语音信道本身是模拟的,但是,如同 AMPS 中所有的控制信息一样,这个数据包以数字形式被多次发送,并且带有纠错码。

当基站收到移动电话的广播信息后,它就通知 MSC。MSC 记录新用户的到达情况,同时通知该用户当前位置的本地 MSC(home MSC)。在正常的操作过程中,移动电话每隔 15min 左右重新注册一次。

移动电话用户想打电话时,在按键上输入被叫电话号码(至少概念上是这样的),再按下呼叫(CALL)按钮。然后,移动电话将被叫号码以及它自己的标识通过接入信道传送出去。如果发生碰撞,它会试着再次传送出去。当基站接到了该呼叫请求时,它就通知 MSC。如果主叫者是该 MSC 公司(或者它的某个合作伙伴)的用户,则 MSC 为这次呼叫寻找一条空闲的信道。如果找到了可用的信道,它就通过控制信道将可用信道的号码发回移动电话。然后移动电话自动切换到被选中的语音信道上等待,直到被叫方接电话。

进来的电话呼叫的工作方式有所不同。刚开始时,所有空闲的电话都在不断地监听寻呼信道,以便检测是否有消息发给它们。当一个呼叫(或者来自固定的电话,或者来自另一部移动电话)抵达一部移动电话时,就会有一个数据包发送给被叫方的本地 MSC,以表明该呼叫来自哪里。然后,一个数据包被发送到当前蜂窝的基站,基站在寻呼信道上发送一条广播消息,该消息形如“14 号,你在吗?”被叫电话在接入信道上回答“是的,我在。”基站接着就会这样说：“14 号,有人在 3 号信道上呼叫你。”此时,被叫电话切换到 3 号信道,并开始响铃(或者播放一段优美的旋律,这段音乐可能是电话主人以前收到的一份生日礼物)。

2.6.3 第二代移动电话(2G)：数字语音

第一代移动电话是模拟的,第二代移动电话则是数字的。从模拟切换到数字有几个优点。首先,通过将语音信号进行数字化处理和压缩带来了容量上的收益;其次,通过对语音和控制信号实行加密提高了安全性,这又防止了欺诈和窃听,不管是有意的扫描还是因射频传播导致的其他呼叫的回音;最后,它催生了诸如短信等新的服务。

与第一代移动电话没有全球标准化一样,第二代移动电话的发展也没有形成全球化的统一标准。已经开发并已广泛部署的系统有好几种。**数字高级移动电话系统**(Digital Advanced Mobile Phone System,**D-AMPS**)是数字版本的 AMPS,它可与 AMPS 并存,使用 TDM 把多个电话呼叫复用在同一频率信道上。D-AMPS 由国际标准的 IS-54 和其后继标准 IS-136 进行描述。**全球移动通信系统**(Global System for Mobile communications,**GSM**)已成为占主导地位的系统,虽然在美国流行比较慢,但实际上现在它在全球已无处不在使用。与 D-AMPS 一样,GSM 也是以 FDM 和 TDM 的混合为基础的。**码分多址**(**CDMA**)则是一个完全不同类型的系统,它既不基于 FDM 也不基于 TDM,它由**国际标准 IS-95** 描述。

尽管 CDMA 没有成为占主导地位的 2G 系统，但其技术已成为 3G 系统的基础。

此外，在商业资料中有时也用个人通信服务(Personal Communications Services，PCS)这个名称表示第二代(即数字的)系统。最初这个名称的含义是使用 1900MHz 频段的移动电话，但现在很少这样区分了。在世界上大多数地区占主导的 2G 系统是 GSM，所以接下来详细地描述 GSM。

2.6.4 GSM：全球移动通信系统

GSM 始于 20 世纪 80 年代，它是作为欧洲单一 2G 标准的努力成果而诞生的。这项任务分配给了一个名为 Groupe Speciale' Mobile(法文)的电信组织。第一个 GSM 系统在 1991 年开始部署，并很快取得成功。随着它被远在大洋洲的国家所接受，人们很快明白 GSM 在世界其他地区将会获得比在欧洲更大的成功，因此 GSM 被重新定名以便具有更大的全球吸引力。

GSM 和其他我们将要了解的移动电话系统一样，保留了 1G 系统的设计理念，以蜂窝为基础，频率可跨蜂窝复用，并随着用户的移动而切换蜂窝，但细节上有很大的不同。这里简要讨论 GSM 的一些主要特性。不过，打印出来的 GSM 标准超过 5000 页，这些材料中的很大一部分涉及系统的工程方面，尤其是处理多径信号传播的接收器设计以及发射器和接收器的同步。所有这些内容本节都不予叙述。

图 2-40 显示了 GSM 体系结构，虽然组件的名称不同，但它与 AMPS 体系非常相似。现在，移动电话本身被分成手机和一个可移除的芯片两部分，该芯片具有用户的账户信息，称为 SIM 卡，即用户识别模块(Subscriber Identity Module)的简称。正是 SIM 卡激活了手机，并包含了移动电话和网络相互识别对方和加密通话所需的秘密。SIM 卡可以被取出并插入另一部手机，对网络而言该手机就成了用户的移动电话。

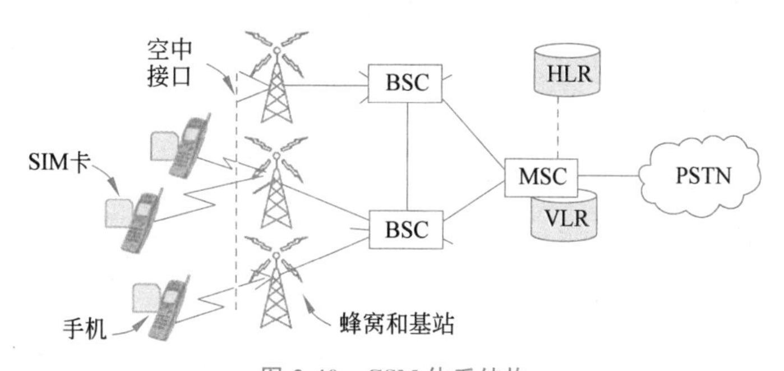

图 2-40 GSM 体系结构

移动电话通过空中接口(air interface)与蜂窝基站通话，稍后将描述空中接口。每个蜂窝基站都连接到一个基站控制器(Base Station Controller，BSC)，它控制蜂窝的无线资源分配并处理切换事务。BSC 又被连接到一个 MSC(就像 AMPS 一样)，由 MSC 负责电话呼叫的路由并连接至 PSTN(公共交换电话网)。

为了能够路由呼叫，MSC 需要知道目前在哪里可以找到移动电话。它维护着一个数据库，其中包括了附近的所有移动电话，这些移动电话都与管理它的蜂窝关联。该数据库称为访问者位置寄存器(Visitor Location Register，VLR)。移动网络中还有另一个数据库，记录了每个移动电话的最后一个已知位置,这就是本地位置寄存器(Home Location Register, HLR),这个数据库用于把进来的呼叫路由到正确的位置。这两个数据库必须在移动电话从一个蜂窝移动到另一个蜂窝时保持及时更新。

现在详细描述空中接口。GSM 可在全球很大的频率范围内运行,包括 900MHz、1800MHz 和 1900MHz。为了支持更多的用户数量,为 GSM 分配的频谱比 AMPS 多。与 AMPS 类似,GSM 也是一种频分双工蜂窝系统。也就是说,每个移动电话在一个频率上发送而在另一个更高的频率上接收(对于 GSM,是 55MHz 的频率;对于 AMPS,是 80MHz 的频率)。然而,与 AMPS 不同的是,GSM 的一对频率按照时分复用又被细分成多个时间槽。这样多个移动电话可共享这一对频率。

为了处理多个移动电话,GSM 信道比 AMPS 信道宽了许多(GSM 的每条信道宽 200kHz,而 AMPS 的信道宽 30kHz)。图 2-41 给出了 GSM 使用的 200kHz 的信道。运行在 900MHz 频域的 GSM 有 124 对单工信道。每条单工信道宽 200kHz,采用时分复用技术可支持 8 个单独的连接。每个当前活跃的移动站被分到某对信道上的某个时间槽。从理论上讲,每个蜂窝可支持 992 条信道,但其中有许多是不能用的,这是为了避免与邻近蜂窝的频率冲突。在图 2-41 中,8 个阴影标示的时间槽属于相同的连接,每个方向有 4 个。发送和接收不会出现在同一个时间槽内,因为 GSM 无线电不能在同一时间进行发送和接收,从一个状态切换到另一个状态需要一定的时间。如果移动设备分配得到 890.4/935.4MHz 和时间槽 2,当它想要给基站发送时,它就使用图 2-41 中的 4 个阴影时间槽(和后续的时间槽),在每个时间槽内发送一些数据,直到发送完全部数据。

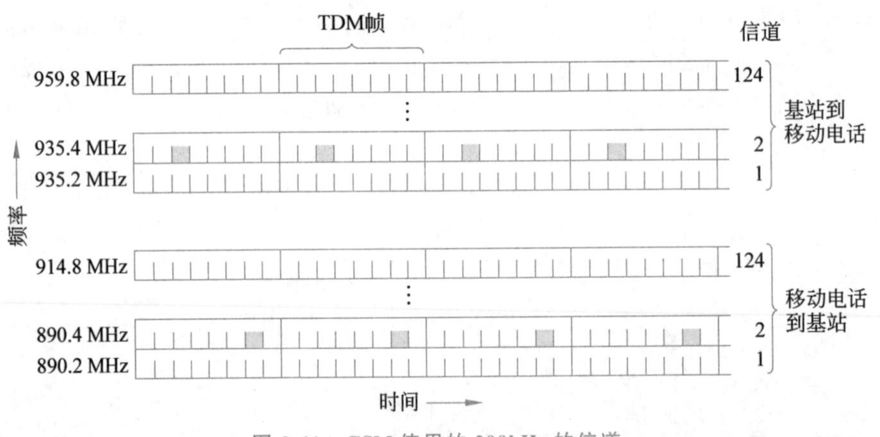

图 2-41 GSM 使用的 200kHz 的信道

图 2-41 显示的 TDM 时间槽只是复杂成帧层次结构中的一部分。每个 TDM 时间槽是一个特定的结构,一组 TDM 时间槽组合起来形成多帧(multiframe)结构,多帧也有特定的结构形式。GSM 帧的层次结构如图 2-42 所示。从中可以看到,每个 TDM 时间槽包含一个 148 比特的数据帧,它占用信道 577μs(包括每个时间槽之后的 30μs 保护时间)。每个数据帧的开始和结束都有 3 比特为 0,用于帧的分界;还包含两个 57 比特的 Information(信息)字段,每个 Information 字段都有一个控制比特,指出随后的 Information 字段包含的是语音还是数据。在两个 Information 字段之间是一个 26 比特的 Sync(训练用)字段,接收方利用这个字段同步到发送方的帧边界。

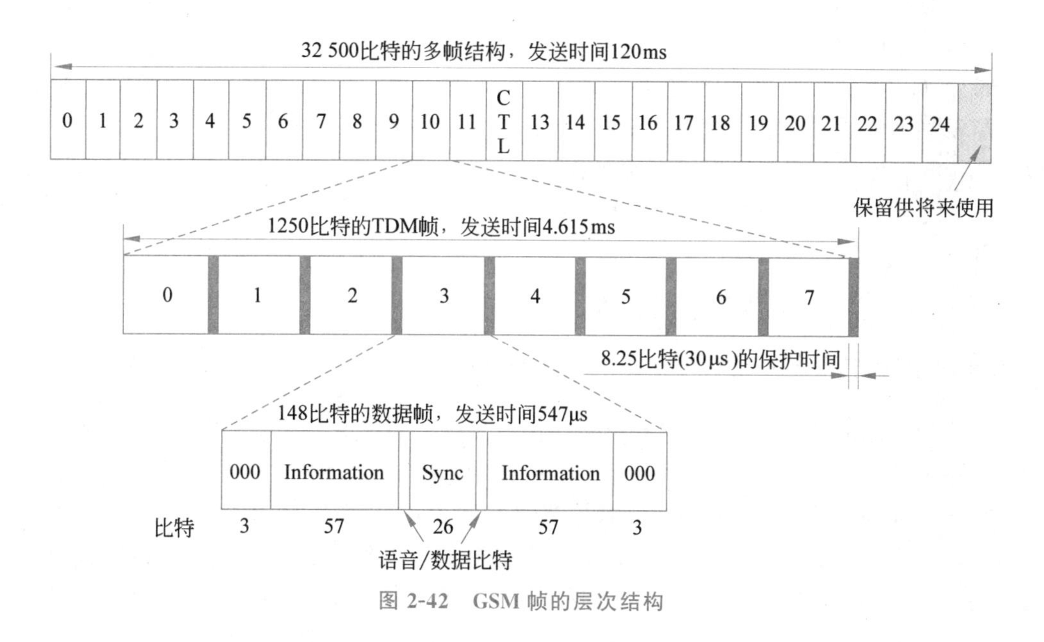

图 2-42　GSM 帧的层次结构

传送一个数据帧需要 547μs，但在每 4.615ms 以内，一个发射器只允许发送一个数据帧，因为它与其他 7 个站共享同一条信道。每条信道的总传输率为 270 833b/s，分给 8 个用户使用。然而，如同 AMPS 一样，各种额外开销消耗了相当大一部分带宽，最终在纠错之前每个用户拥有的有效载荷只有 24.7kb/s。经过纠错以后，留给语音的只剩下 13kb/s。虽然相比固定电话网络中未经压缩语音信号的 64kb/s PCM，这个带宽小得多，但在移动设备上经过压缩后只损失了很少一点就可以达到这样的水准。

从图 2-42 可以看出，8 个数据帧构成了一个 TDM 帧，26 个 TDM 帧构成了一个 120ms 的多帧。在一个多帧的 26 个 TDM 帧中，时间槽 12 用于控制，时间槽 25 保留供将来使用，所以只有 24 个时间槽可用于用户流量。

然而，除了图 2-42 中显示的具有 26 个时间槽的多帧结构以外，GSM 还使用了 51 个时间槽的多帧结构（图 2-42 中没有显示）。这些时间槽中有一些被用于几个控制信道，用来管理系统。

广播控制信道（broadcast control channel）是一个从基站输出的连续流，其中包含了该基站的标识和信道状态。所有的移动站都监视它们的信号强度，以便了解移动电话何时移动到了一个新的蜂窝中。

专用控制信道（dedicated control channel）用于位置更新、注册和呼叫的建立。尤其是，每个 BSC 都维护了一个关于当前在它管辖下的移动站的数据库，即 VLR。维护 VLR 所需要的信息都是在专用控制信道中发送的。

系统还有一个公共控制信道（common control channel），它被分成 3 个逻辑子信道。第一个子信道是寻呼信道（paging channel），基站用它通告有关进入呼叫的情况。每个移动站都要不停地监听该信道，以便发现那些应该由自己回答的电话呼叫。第二个子信道是随机接入信道（random access channel），它允许用户在专用控制信道上请求一个时间槽。如果两个请求冲突，它们都会遭到拒绝，必须以后再重新尝试。移动站利用专用控制信道中的时间槽建立一个电话呼叫。第三个子信道为接入授予信道（access grant channel），用于宣布分配给移动电话的时间槽。

最后,GSM不同于AMPS之处还在于如何处理切换。在AMPS中,MSC管理切换完全不需要移动电话的协助。对于GSM中的时间槽,移动电话在大部分时间内既不能发送也不能接收。这些空闲的时间槽就给了移动电话测量附近其他基站的信号质量的好机会。它也正是这样做的,它把这些信息发送给BSC。BSC用这些信息确定一个移动电话是否正在离开一个蜂窝并进入另一个蜂窝,从而决定是否执行切换。这种设计称为**MAHO**(Mobile Assisted HandOff,**移动辅助切换**)。

2.6.5 第三代(3G)技术:数字语音和数据

第一代移动电话是模拟语音的,第二代是数字语音的。第三代移动电话,或所谓的3G,则全部是关于数字语音和数据的内容。驱动移动产业向3G技术发展的因素有多个。首先,在3G发展的时期,固定网络上的数据流量开始超过语音流量,类似的趋势在移动设备上也开始显现。其次,电话、Internet和视频服务开始汇聚到一起。2007年Apple公司首次发布的iPhone标志着智能电话的兴起,这加速了向移动数据的转移。随着iPhone的流行,数据流量急剧上升。当iPhone刚开始发售时,它使用**2.5G**网络(本质上是一个增强的2G网络),并没有足够的数据容量。对数据有强烈需求的iPhone用户进一步推动了向3G技术的转变,以支持更高的数据传输率。2008年,Apple公司发布了iPhone的一个更新版本,新的版本可以使用3G数据网络。

运营商最初在3G的方向上步子很小,先是进展到有时候称为2.5G的阶段。**EDGE**(Enhanced Data rate for GSM Evolution,**增强的数据速率GSM演进**)就是这样一个系统,它本质上是GSM,不过每个符号有更多的比特。麻烦在于,每个符号有更多的比特也意味着每个符号有更多的错误,所以,EDGE有9种不同的调制和纠错方案,它们的不同之处在于有多少带宽专用于修复因高速度而引入的错误。在从GSM到我们接下来要讨论的其他3G技术的演进路径上,EDGE前进了一步。

1992年,ITU针对3G的愿景试图描绘出更具体的设想。它发出了实现该愿景的蓝图,即**IMT-2000**(International Mobile Telecommunications-2000,**国际移动通信-2000**)。IMT-2000网络给它的用户提供的基本服务如下:

(1) 高质量的语音传输。

(2) 消息(代替电子邮件、传真、SMS、聊天等)。

(3) 多媒体(播放音乐,观看视频、电影、电视等)。

(4) Internet接入(Web浏览,包括带音频和视频的页面)。

其他的服务还可能包括视频会议、遥现(telepresence)、群组游戏和移动商务(m-commerce,即在商店购买物品时用移动电话支付费用)。而且,所有这些服务都应该是全球可用的(找不到地面网络时通过卫星自动建立连接)、即时可完成的(总是可用的),并且有一定的服务质量保证。

ITU为IMT-2000设想了单一的全球技术,因此制造商可以生产单一品种的设备,可在世界上任何地方销售和使用。单一的技术也使得网络运营商的工作更加简单,并且可以鼓励更多的人使用这些服务。

事实证明,这有点过于乐观了。2000这个数字有3个含义:①预期在2000年提供服务；②预期运行在2000的频率上(以MHz为单位)；③预期提供服务的带宽应该达到2000(以kb/s计)。但这3个预期中的任何一个都没有实现，到了2000年可以说什么都没有实现。ITU建议所有国家预留出2GHz频谱，以便移动设备可以在各国之间实现无缝漫游。中国保留了ITU要求的带宽，但其他国家都没有这样做。最后，人们终于认识到，对于频繁移动的用户来说，2Mb/s在目前根本不可行(由于足够快速地切换执行起来很困难)。更现实的做法是为固定的室内用户提供2Mb/s，为室外行走的用户提供384kb/s，而为汽车里的连接提供144kb/s。

尽管有这些初期的挫折，但迄今为止已经取得了很大成就。经过几番甄选，几个IMT-2000建议脱颖而出，归结起来主要形成两个阵营：①**WCDMA**(Wideband CDMA，宽带码分多址)，由爱立信公司提出并获得欧洲联盟推进，称为**UMTS**(Universal Mobile Telecommunications System，通用移动通信系统)；②**CDMA2000**，由美国高通公司(Qualcomm)提出。

这两个系统的相似性超过了它们之间的差异性，两者都以WCDMA为基础。WCDMA采用5MHz信道，而CDMA2000采用1.25MHz信道。如果把爱立信公司和高通公司的工程师们集中在一个会议室，告诉他们完成一个共同设计，他们也许一小时内就能找到一个方案。麻烦的是，真正的问题不在于工程，而在于政治(通常都如此)。欧洲希望建立一个与GSM互联的系统，而美国则希望有一个能与本土已广泛部署的网络(IS-95)兼容的系统。每一方都支持自己的本土公司(爱立信公司总部位于瑞典，高通公司则在加利福尼亚)。最后，爱立信公司和高通公司都参与了许多针对各自CDMA专利的诉讼。更为混乱的是，UMTS成为具有多个不兼容选项的单一3G标准，包括CDMA2000。这种改变原本是为了统一各个阵营而作的一种努力，但是它掩盖了技术上的差异，使得当前工作的重点变得不清晰。我们将使用UMTS表示WCDMA，以区别于CDMA2000。

WCDMA对前面描述的简化的CDMA方案的另一个改进是：允许不同的用户以不同的速率发送数据，彼此相互独立。这一技巧在CDMA中很自然可以完成：固定在码片上的传输速率，并为不同的用户分配不同长度的码片序列。比如，在WCDMA中，码片率是每秒3.84×10^6个码片，扩频码长度为3～256个码片。使用长度为256的码片时，经过纠错后还剩下大约12kb/s，这个容量足够进行语音通话；而使用长度为4的码片时，用户数据速率将接近1Mb/s。中间长度的码片给出了中间的传输速率；若要获得多个兆位每秒(Mb/s)的速率，移动电话必须一次使用超过5MHz的信道。

我们将焦点集中在讨论如何在蜂窝网络中使用CDMA，因为这是两个系统的显著特性。CDMA既不是FDM也不是TDM，而是一种每个用户可在同一时间用同一频段发送的混合技术。当它第一次被提议用于蜂窝系统时，业界的反应就如同当年伊莎贝拉女王首次听哥伦布说由于航行方向错误而到达印度的反应一样。然而，经过高通一家公司的不懈努力，CDMA终于获得成功，成为2G系统(IS-95)，并且成熟发展成3G的技术基础。

为了使CDMA能在移动电话中工作，技术要求比2.4节描述的基本CDMA技术更高。具体来说，2.4节介绍了一个称为**同步CDMA**的系统，其中的码片序列完全正交。这种设计之所以能正常工作，就在于所有用户的码片序列在开始时间都是同步的，就像基站给移动电话发送信号的情形。基站能够在同一时间开始传送码片序列，这样信号就得以正交并能被分开。然而，要使一个个独立的移动电话保持传输同步非常困难。若不做特殊处理，它们的传输就会在不同的时间到达基站,这样就无法保证码片的正交性。为了让移动电话在不同步时也能给基站发送信号,人们希望码片序列在一切可能的信号偏移量内保持正交,而不是简单地在开始时就要保持对齐。

尽管不太可能为这种一般情况找到完全正交的码片序列,但长伪随机序列已足够接近该目标。长伪随机序列具有这样的属性,它们在所有偏移量内互相关性(cross-correlation)非常低的概率相当高。这意味着,一个码片序列乘以另一个码片序列并求和获得的内积很小;而如果它们是正交的,则结果将是0(直观上,随机序列应该看上去总是不相同的,把它们相乘生成一个随机信号,其求和的结果很小)。这就使得接收器可以把接收信号中的不必要部分过滤掉。另外,除了在偏移量为0的那一点外,伪随机序列的自相关性(auto-correlation)非常低的概率也相当高。这意味着,一个随机序列乘以被延迟的自身副本,求和的结果也很小,除非延迟是0(直观地说,被延迟的随机序列看起来就像另一个不同的随机序列,因此我们又回到了互相关性的情形)。这样,接收器就能在接收信号中锁定要传输的开始时间。

伪随机序列的应用使基站能接收来自非同步移动电话的CDMA消息。然而,在我们讨论CDMA时隐含了这样的假设,即所有移动电话的功率水平在接收方是相同的。如果接收信号的功率不同,一个强信号的很低的互相关性都有可能压倒一个弱信号的很高的自相关性。因此,对移动电话的发射功率必须加以控制,才能最小化竞争信号之间的干扰。正是这种干扰限制了CDMA系统的容量。

基站接收到的功率水平取决于发射器离基站的远近以及它们的发射功率。一个基站附近可能有很多个不同距离的移动站。一种好的启发式均衡接收功率的方法是:对于每个移动站,其发往基站的功率与它从基站接收到的功率强度相反。换句话说,如果一个移动站接收到的来自基站的信号很弱,则它使用的发射功率比那些获得强信号的移动站更大。为了更加准确,基站也会给每个移动站反馈信息,以便增加、减少或保持发射功率。良好的功率控制对于最小化干扰非常重要,因此这种反馈非常频繁(每秒1500次)。

现在让我们来看看CDMA的优势。

首先,CDMA可提升容量,它充分利用了当有一些发射器沉默时的小周期。在礼貌的语音通话中,一方在说话时另一方会沉默倾听。平均而言,线路只有40%的时间处于忙状态。然而,这些停顿可能会很小,而且难以预测。在TDM或FDM系统中,要想重新分配时间槽或频率信道,也不可能足够快到能从这些小的停顿中受益。然而,在CDMA中,只是简单地不给一个用户发送信号就能降低对其他用户的干扰,而且在一个繁忙的蜂窝中任何时间都可能有一部分用户并没有传送信号。因此,CDMA利用了这些预期中的沉默期,以允许更大量的并发呼叫。

其次,在CDMA中,每个蜂窝可使用相同的一组频率。与GSM和AMPS不同的是,这里不需要FDM来区分不同用户的传输。这消除了复杂的频率规划工作,也提高了系统容量。而且,这也使得一个基站使用多个定向天线或扇形天线(sectored antenna)更加容易,而不是必须用全向天线。定向天线把一个信号集中在某个预定方向,并降低在其他方向上的信号(和干扰),这反过来又增加了容量。常见的是3个扇形的设计。基站必须跟踪移动电话从一个扇形移动到另一个扇形。这种跟踪对CDMA来说非常容易,因为所有频率在所有扇形中都可使用。

最后，CDMA 采用了**软切换**(soft handoff)技术，移动电话在与原来的基站完全中断连接之前就已被新的基站接管。通过这种方式，就不会失去连续性。软切换如图 2-43 所示。软切换对 CDMA 而言很容易做到，因为每个蜂窝使用了所有频率。与之对应的另一种切换方案是**硬切换**(hard handoff)，即在新的基站接管以前原有的基站要先断开呼叫。如果新的基站无法接管这个呼叫(比如，因为没有可用的频率)，呼叫就会突然中断。用户往往会注意到这一点，但这种问题在当前的设计中不可避免地会偶尔发生。硬切换对于 FDM 的设计是正常的，这样可避免在两个频率上因并行发送或接收而带来的成本。

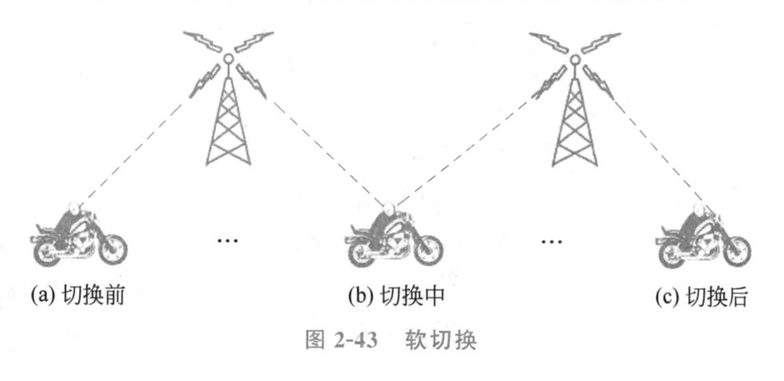

图 2-43　软切换

2.6.6　第四代(4G)技术：数据包交换

2008 年，ITU 明确规定了一组 **4G** 标准，这组标准有时候也称为 **IMT Andvanced**，它完全基于数据包交换的网络技术，包括它的一些早期标准。它的前一个标准是通常称为 **LTE**(Long Term Evolution，**长期演进**)的技术。它的另一个早期标准也与 4G 技术相关，称为 3GPP LTE，有时候称为 4G LTE。这个术语有一点概念混淆，因为 4G 实际上是指一代移动通信技术，而事实上任何一代都有多个标准。比如，ITU 考虑将 IMT Advanced 作为 4G 标准，尽管它也接受了 LTE 作为一个 4G 标准。其他的技术，比如注定失败的 WiMAX(IEEE 802.16)也是候选的 4G 技术。从技术上看，LTE 和"真正的"4G 是 3GPP 标准的不同发行版本(分别是第 8 个和第 10 个发行版本)。

相比于早先的 3G 系统，4G 的主要创新是 4G 网络使用数据包交换，而不是电路交换。允许数据包交换的这一创新被称为 **EPC**(Evolved Packet Core，**演进的数据包核心**)，它本质上是一种简化的 IP 网络，将语音流量与数据网络隔离开。EPC 网络既在 IP 数据包中运载语音，也运载数据。因此，它是一个 **VoIP**(Voice over IP，**IP 电话或网络电话**)网络，利用前面讲述的统计复用方法分配资源。由此，EPC 必须采用一种能在许多个用户共享网络资源的情况下仍然保持足够好的语音质量的方法管理资源。LTE 要求的性能包括上传的尖峰吞吐量 100Mb/s 和下载的 50Mb/s 等。为了获得这么高的数据速率，4G 网络使用了一组额外的频率，包括 700MHz、850MHz、800MHz 等。4G 标准的另一个方面是频谱效率，即，对于一个给定的频率，每秒可以传输多少比特。对于 4G 技术，尖峰的频谱效率应该是下行链路每赫兹 15b/s，上行链路每赫兹 6.75b/s。

LTE 体系结构包括下面的组成部分，它们也是 EPC 的一部分，如图 1-19 所示。

(1) **S-GW**(Serving GateWay，**服务网关**)。S-GW 转送数据包，以确保当从一个 eNodeB 切换到另一个 eNodeB 时，这些数据包可以继续被转送到用户的设备端。

(2) MME(Mobility Management Entity,移动管理实体)。MME跟踪和寻呼用户设备,当设备第一次连接网络时以及在切换过程中,MME为设备选择S-GW。MME也认证用户的设备。

(3) PDN GW(Packet Data Network Gateway,数据包数据网络网关)。PDN GW是用户设备与数据包数据网络(即数据包交换网络)之间的接口,可以执行各种功能,诸如网络地址分配(比如通过DHCP)、速率限制、过滤、深度的数据包检查,流量的合法侦听。用户设备利用一个EPS承载器(EPS bearer)与PDN GW建立面向连接的服务,此EPS承载器是当用户设备附载到网络上时建立起来的。

(4) HSS(Home Subscriber Server,本地用户服务器)。MME向HSS询问,以确定一个用户设备是否对应一个有效的用户。

4G网络也有一个演进了的无线接入网络(Radio Access Network,RAN)。LTE的无线接入网络引入了一个称为eNodeB的接入节点,它在以下4个层上执行操作:物理层(正是本章的焦点)、MAC(Medium Access Control,介质访问控制)层、RLC(Radio Link Control,无线链路控制)层和PDCP(Packet Data Control Protocol,数据包数据控制协议)层,这些层大多与蜂窝网络体系结构有关。eNodeB执行资源管理、准入控制、调度,以及其他控制功能。

在4G网络中,利用一种称为VoLTE(Voice over LTE,LTE语音)的技术,语音流量可以通过EPC承载,这使得承运商有可能通过基于数据包交换技术的网络传送语音流量,从而消除任何对采用传统电路交换技术传送语音的网络的依赖。

2.6.7 第五代(5G)技术

在2014年前后,LTE系统趋于成熟,人们开始思考未来要往哪里走。很显然,4G之后是5G。当然,真正的问题在于5G将是什么,Andrew等(2014)关于这个话题有长篇讨论。几年以后,5G意味着许多不同的事情,取决于这个话题对应的听众是谁,以及谁在使用这个术语。本质上,下一代移动蜂窝网络技术归结为两个主要的因素:比4G技术更高的数据速率以及更低的延迟。当然,有一些特定的技术可以实现更快的速度和更低的延迟,接下来将会讨论这些技术。

蜂窝网络的性能通常可以用聚集的数据速率(aggregate data rate)或者区域容量(area capacity)衡量,这是指网络可以服务的数据总量,按照每个单位区域多少比特来计量。5G的目标之一是利用以下各种技术的组合使网络的区域容量达到3个数量级的提升(即超过4G网络区域容量的1000倍)。

(1) 超级密集化和任务卸载。提高网络容量最直接的一种方法是,在每个区域增加更多的蜂窝。1G蜂窝的范围是几百平方千米的量级,5G的目标是更小的蜂窝范围,包括picocell(指直径小于100m的蜂窝)甚至femtocell(类似于WiFi几十米范围的蜂窝)。缩减了蜂窝范围带来的最重要的好处之一是能够在一个给定的地理区域复用频谱,从而降低了在任何一个基站上竞争资源的用户数量。当然,缩减蜂窝范围也会增加它的复杂性,包括更复杂的移动管理和切换。

(2) 利用厘米波增加带宽。在以前的技术中,绝大多数频段都位于从几百兆赫兹到几吉赫兹的范围,对应于波长从几分米到大约1m的范围。这一频段已经变得非常拥挤了,特别是在繁忙时段主要的应用上。而在20～300GHz的厘米波范围内有相当数量的尚未使用的频段,对应的波长小于10cm。直到最近,这一频段并未被考虑用于无线通信,因为比较短的波长不能很好地传播。要处理好传播的问题,有一种方法是使用大阵列的定向天线,这是相比前几代蜂窝网络的重要架构变化:从干扰特性到将用户与基站关联起来的处理过程,一切都不同了。

(3) 通过大规模MIMO(Missive MIMO)技术的进步提高频谱效率。MIMO通过多个发射和接收天线提高无线电链路的容量,充分利用多径传播,使传输的无线电信号经过两条或多条路径到达接收方。MIMO是在2006年左右被引入WiFi通信和3G蜂窝技术的。MIMO有许多变体。早期的蜂窝标准采用了MU-MIMO(Multi-User MIMO,多用户MIMO)。一般而言,这些技术充分利用了用户的空间多样性抵消掉无线传输任何一头可能发生的干扰。大规模MIMO是MU-MIMO的一种类型,它增加了基站天线的数量,因而天线比端点还要多。在一个称为FD-MIMO(Full-Dimension MIMO,全维度MIMO)的技术中,甚至也存在使用三维天线阵列的可能性。

伴随5G一起发生的另一种能力是网络切片(network slicing),即,让蜂窝承运商创建多个虚拟网络,它们共享同样的物理基础设施,把这些网络的某些部分专门指定给特定的用户使用。网络的不同部分(和相应的资源)可能会专用于不同的应用提供商,其中不同的应用可能有不同的要求。比如,要求高吞吐量的应用与不要求高吞吐量的应用有可能被分配到不同的网络切片上。SDN(Software-Defined Networking,软件定义网络)和NFV(Network Functions Virtualization,网络功能虚拟化)是有助于支持网络切片功能的新兴技术。我们将在后面几章讨论这些技术。

2.7 有线电视

固定电话系统和无线电话系统无疑将在未来的网络中继续发挥作用,而有线电视系统也将深度介入未来的宽带接入网络中。许多人现在通过有线电缆获得电视、电话和Internet服务。在本节中,我们将从网络的角度详细地介绍有线电视系统,并且将它与前面介绍的电话系统作对比。有关有线电视系统的更多信息,请参看Harte(2017)。2018 DOCSIS标准也提供了很有用的信息,与现代有线电视网络体系结构尤为紧密相关。

2.7.1 共用天线电视

关于有线电视的构想在20世纪40年代后期就已经出现了,当时的主要目的是为了给居住在农村和山区的人们提供更好的收视效果。这种系统最初包括以下3部分:一个大天线,放在山顶上,以便接收远程信号;一个放大器,也称为头端(headend),它可以增强信号;一根同轴电缆,它将电视信号送到用户住宅。早期的有线电视系统如图2-44所示。

在早期,有线电视称为CATV(Community Antenna Television,公共天线电视)。它采用一种家庭作坊式的运作模式:任何人配备一些电子设备就可以在其所在城镇建立这样的服务,然后用户凑钱支付所有的费用。随着用户数量的增加,在原有电缆的基础上,还需要拼接额外的电缆,并且在必要时还得增加放大器。CATV的传输是单向的——从头端传输

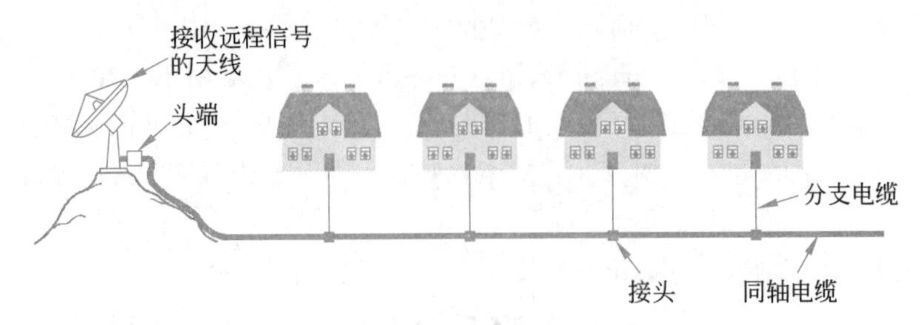

图 2-44 早期的有线电视系统

到用户处。到1970年,已经存在几千个这样的独立系统了。

1974年,时代公司(Time Inc.)开启了一个新的频道——Home Box Office,一些新的内容(电影)只通过电缆传播。随后又出现了一些只在电缆上播放的频道,内容聚焦于新闻、运动、烹饪、历史、电影、科学、少儿以及其他许多话题。这种发展引发了工业界的两个变化:第一,大公司开始购买已有的电视电缆系统,并且铺设新的电缆以吸引新用户;第二,市场上出现了将多个系统连接起来的新需求,通常需要将相距较远的城市连接起来,以便传播新的电视频道内容。有线电视公司开始在城市之间铺设电缆,目的是将这些城市连接到同一个系统中。这种模式非常类似于电话公司在80年前所做的事情,当时电话公司需要将孤立的端局连接起来,以便能够提供长途电话服务。

2.7.2 线缆上的宽带 Internet 接入:HFC 网络

有线电视系统经过多年的不断发展,各个城市之间的电缆已经被替换成了高带宽的光纤,整个过程非常类似于电话系统的发展历程。如果一个系统中长距离传输使用的是光纤,而连接到家庭的是同轴电缆,则这样的系统称为**HFC**(Hybrid Fiber Coax,**混合光纤同轴电缆**)系统,它也是今天有线电视网络的主导架构。正如前面关于FTTx的内容中所讲述的,将光纤移到靠近用户家庭的趋势一直在继续。网络的光学部分和电子部分之间的接口是光电转换器,称为**光纤节点**(fiber node)。因为光纤的带宽远远超过同轴电缆的带宽,所以,一个光纤节点可以连接多根同轴电缆。图2-45(a)显示了HFC系统。

在20世纪90年代后期,许多有线电视运营商开始进入Internet接入业务以及电话业务领域。有线电视设备和电话设备在技术上的差异对如何实现上述目标有很大的影响。一方面,系统中的所有单向放大器必须替换成双向放大器,才能支持上行流和下行流的传输。虽然这种情况正在发生,但是早期线缆上的Internet一直利用有线电视网络进行下行流的传输,并通过电话网络的拨号连接进行上行流的传输。这是一个不成熟的系统,如果能称之为系统的话,但它确实是一个可以工作的系统。

放弃所有的TV频道,并将电缆基础设施严格用于Internet接入,这将会导致相当数量的用户发怒(绝大多数是老用户,因为许多年轻的用户已经冲破了束缚),所以,有线电视公司迟迟不敢这么做。而且,大多数城市对于电视线缆的内容有严格的管制,所以,电视运营商即使真的想这么做,政府也不一定允许这么做。因此,它们需要找到一种方法,让电视和Internet能够在同一根电缆上共存。

解决方案是,在频分复用的基础上进行系统构建。在北美,有线电视频道通常占用54

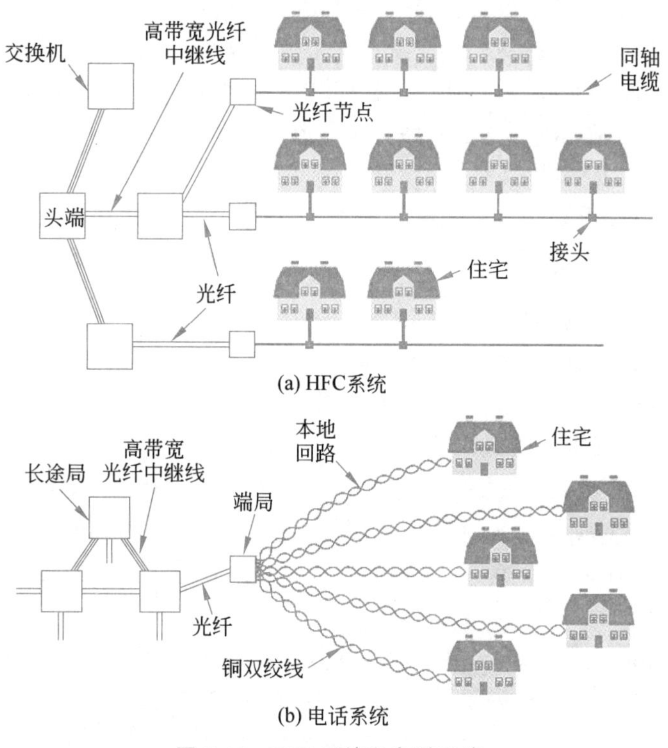

(a) HFC系统

(b) 电话系统

图 2-45　HFC 系统和电话系统

～550MHz 范围(除了 88～108MHz 用于调频无线电台以外)。这些电视频道都是 6MHz 宽,其中包括保护频带,它们可以承载一个传统的模拟电视频道或者几个数字电视频道。在欧洲,低端通常在 65MHz;PAL 和 SECAM 要求的分辨率较高,这些频道为 6～8MHz 宽;对于其他频道,分配方案也是类似的。频带的较低部分并未使用。现代电缆在 550MHz 以上也能运行得很好,通常可以达到 750MHz 或者更高。选择的解决方案是在 5～42MHz 频段引入上行流信道(在欧洲稍微高一些),并且使用高端的频率作为下行流信号。典型有线电视系统中用于 Internet 接入的频率分配如图 2-46 所示。

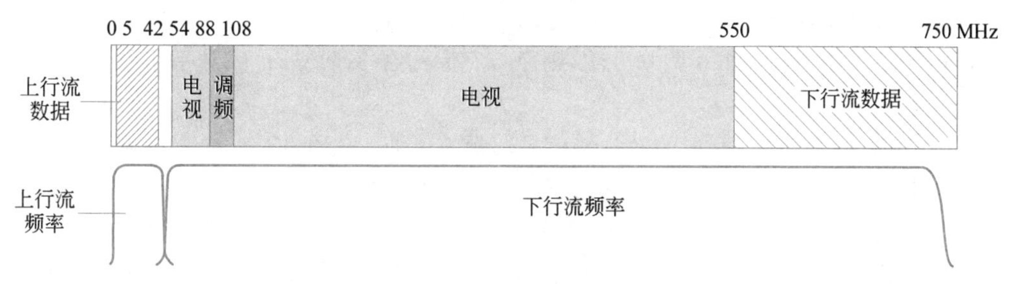

图 2-46　典型有线电视系统中用于 Internet 接入的频率分配

因为电视信号全部是下行的,所以上行流放大器可以仅工作在 5～42MHz 范围内,下行流放大器仅工作在 54MHz 以上。这样,因为电视频道之上的可用频段范围大于电视频道之下的频段范围,所以可获得非对称的上行和下行带宽。另一方面,大多数用户希望获得更多的下行流量,因此有线电视运营商也不会对此感到不快。正如以前所讨论的,即使没有任何技术理由,电话公司通常也会提供一种非对称的 DSL 服务。除了升级放大器以外,有线电视运营商还不得不升级头端,将它从一个哑放大器替换成一个智能的数字计算机系统,并且通过一个高带宽的光纤接口将它连接到 ISP。这样升级的头端现在有时候称为 **CMTS**(Cable Modem Termination System,**线缆调制解调器终端系统**)。CMTS 和头端指的是同一个部件。

2.7.3 DOCSIS

有线电视公司运营的网络包括用于最后一公里连接的 HFC 物理层技术,以及光纤和无线最后一公里连接。这些网络的 HFC 部分被广泛部署在美国、加拿大、欧洲和其他市场上,它们使用了 CableLabs(美国有线实验室)的 **DOCSIS**(Data Over Cable Service Interface Specification,**线缆数据服务接口规范**)。

DOCSIS 1.0 于 1997 年问世。DOCSIS 1.0 和 1.1 有一个工作限制,即 38Mb/s 下行流和 9Mb/s 上行流。2001 年的 DOCSIS 2.0 达到了 3 倍的上行流带宽。后来,DOCSIS 3.0(2006 年)引入了对 IPv6 的支持,允许为下行流和上行流通信进行信道绑定,为每个家庭极大地增加了可能的容量,可达到几百兆位每秒。DOCSIS 3.1(2013 年)引入了 **OFDM**(Orthogonal Frequency Division Multiplexing,**正交频分多路复用**)、更宽的信道带宽和更高的效率,允许为每个家庭提供超过 1Gb/s 的下行流容量。在 DOCSIS 3.1 升级版本中加入了对 DOCSIS 3.1 的扩展,包括全双工运行(2017 年,允许多个吉位每秒级的对称下行流和上行流容量)、DOCSIS 低延迟(2018 年)以及其他一些降低延迟的特性。

在 HFC 层上,网络是高度动态的,有线电视网络运营商进行光纤节点划分,将光纤尽可能靠近住宅,降低每个节点服务的家庭数量,从而使更多的容量用于其服务的每个家庭。在有些情形下,HFC 最后一公里由光纤到户替代,许多新的建筑都已经是光纤到户了。

有线电视 Internet 用户要求配备一个 DOCSIS 线缆调制解调器作为家庭网络与 ISP 网络之间的接口。每个线缆调制解调器在一个上行流信道和一个下行流信道上发送数据。每条信道是用 FDM 分配的。DOCSIS 3.0 使用多条信道。常用的方案是,针对每个 6MHz 或 8MHz 下行信道,用 QAM-64 进行调制;如果线缆质量特别好,用 QAM-256。一个 6MHz 信道采用 QAM-64 调制方法可以获得 36Mb/s 的数据速率。去掉信令开销,净带宽大约有 27Mb/s;如果采用 QAM-256 调制方法,则净带宽大约有 39Mb/s。欧洲由于有更大的可用带宽,比这些值大 1/3。

从线缆调制解调器到家里的网络接口是非常简单的:它通常是一个以太网连接。这些年,许多家庭 Internet 用户将线缆调制解调器连接到一个无线访问点,以建立家庭无线网络。在有些情况下,用户的 ISP 提供一个硬件设备,它把线缆调制解调器和无线访问点组合在一起。线缆调制解调器与 ISP 网络其余部分的接口是非常复杂的,因为它涉及在许多个线缆用户之间共享资源,这些用户可能连接到同一个头端上。从技术上讲,这一资源共享是在链路层而不是物理层进行的。我们将在本章中从连续性的角度讨论这一资源共享技术。

2.7.4 DOCSIS 网络中的资源共享:节点和迷你槽

图 2-45(a)所示的 HFC 系统和图 2-45(b)所示的电话系统有一个重要的根本差别。在

一个给定的居住区域，一个光纤被很多住宅共用；而在电话系统中，每个家庭都有它自己私有的本地回路。当这些线缆用于电视广播时，共享方式是非常自然的。所有的节目都在线缆上广播，无须关心有 10 个观看者还是有 10 000 个观看者。然而，当同样的线缆用于 Internet 访问时，10 个用户和 10 000 个用户就有很大不同了。如果一个用户决定下载一个非常大的文件或者流式播放一部 8K 分辨率的电影，那么，这个带宽对于其他用户就几乎不可用了。共享一根线缆的用户数越多，对线缆的带宽竞争得越激烈。电话系统没有这样特殊的问题：通过 ADSL 线路下载一个大文件并不会降低邻居的带宽。另一方面，同轴电缆的带宽大大高于双绞线的带宽。本质上，一个特定用户在任何时刻接收到的带宽取决于碰巧共享同一根线缆的用户当时使用网络的情况，下面我们更详细地讲述。

有线电视的 ISP 已经在处理这一问题，其做法是将长的线缆分割，并且将每一段直接连接到一个光纤节点上。从头端到每一个光纤节点的带宽是重要的，只要每一段线缆上没有太多的用户，则流量的数量就是可管理的。在 10～15 年前，一个典型的节点大小是 500 至 2000 个家庭，不过，随着将边缘设施建设作为用户提速的一个举措，每个节点的家庭数量在持续下降。在过去 10 年中，随着有线电视 Internet 用户的增加，加上这些用户对流量需求的增加，导致了进一步分割这些线缆和增加更多光纤节点的需求。到 2019 年，一个典型的节点大小是 300～500 个家庭。在有些地方，ISP 在建设 N＋0 HFC（即光纤深化，Fiber Deep）体系结构，将这一数量降低到 70，进一步消除了叠加信号放大器的需求，直接从网络头端运行光纤到同轴电缆最后一段的节点。

当插上线缆调制解调器并加电后，它就扫描下行流信道，寻找一个特殊的数据包。该数据包由头端定期发送，头端通过它向刚刚上线的线缆调制解调器提供系统参数。新的线缆调制解调器收到该数据包后，就在某个上行信道中宣布自己的存在。头端立即作出响应，为该线缆调制解调器分配一个上行信道和一个下行信道。以后，如果头端认为有必要均衡负载，这些上行信道和下行信道的分配方案还可以改变。

在上行流方向上，因为该系统最初不是为数据通信而设计的，所以存在较多的 RF 噪声，并且来自多个用户的噪声都聚集到头端，所以调制解调器使用更为保守的方案进行传输。这可以从 QPSK 到 QAM-128 这些方案中进行选择，其中有些符号用作错误保护，并且采用了网格编码调制（Trellis Coded Modulation）。上行流中每个符号携带的比特如果特别少，上行速率和下行速率之间的不对称性就会远远超过由图 2-46 建议的比例。

今天的 DOCSIS 调制解调器要求先花一点时间传输，然后 CMTS 授予一个或者多个时间槽让调制解调器根据可用性进行传输。并发的用户全部在竞争上行流和下行流的访问。网络使用 TDM 在多个用户之间共享上行流带宽。时间被分为迷你槽（minislots）；每个用户在不同的迷你槽中发送。头端周期性地宣告新一轮迷你槽的开始，由于沿着线缆的信号传播时间不尽相同，因而所有的调制解调器并不会同时听到每个迷你槽的宣告信息。每个调制解调器只要知道自己离头端有多远，就可以计算出第一个迷你槽真正开始的时间是多久以前。

调制解调器知道它离头端有多远是非常重要的，这样可确保计时正确。调制解调器首先确定它离头端的距离，具体做法是，先发送一个特殊的数据包，再看需要多长时间才得到应答。这个过程称为测距（ranging）。每个上行数据包在抵达头端被接收时必须符合一个或多个连续的迷你槽。迷你槽的长度与网络有关，典型的有效载荷长为 8 字节。

在初始化过程中,头端为每个调制解调器分配一个迷你槽,用来请求上行流信道的带宽。当一台计算机想要发送数据包时,它先将该数据包传输给调制解调器;然后调制解调器为该数据包请求必要数量的迷你槽。如果该请求被头端接受,则头端通过下行流信道发送一个确认,告诉该调制解调器已经为它的数据包保留了哪些迷你槽。然后,在分配给它的迷你槽开始时,该数据包就可被发送出去了。如果还有其他的数据包要发送,则可以利用头部的一个字段请求迷你槽。

作为一个规则,多个调制解调器将被分配在同一个迷你槽中,这将产生竞争(多个调制解调器试图同时发送上行流数据)。CDMA 允许多个用户共享同样的迷你槽,尽管这样做降低了每个用户的数据速率。另一种解决方案是不使用 CDMA,因为在 CDMA 方案中,有可能由于冲突而导致相应的请求得不到确认。在这种情况下,当冲突发生时,调制解调器等待一个随机时间后再次尝试。每次失败后,等待再次尝试的随机时间增加一倍(熟悉网络的读者知道,这个算法就是带有二进制指数回退的分槽 ALOHA。以太网不可能用在有线电视线缆上,因为有线电视无法感知介质。我们在第 4 章还会回来讨论这些问题)。

下行信道的管理与上行信道不同。首先,下行信道只有一个发送者(头端),所以不会发生竞争,因此不需要迷你槽。其次,下行流量通常远远大于上行流量,所以下行信道使用了 204 字节的固定数据包长度。数据包中的一部分是 Reed-Solomon 纠错码和其他一些开销,留给用户的有效载荷是 184 字节。之所以选择这些数字,是考虑到与 MPEG-2 数字电视保持兼容,所以,电视信道和下行信道使用了同样的格式化方法。从逻辑上看,北美上行信道和下行信道如图 2-47 所示。

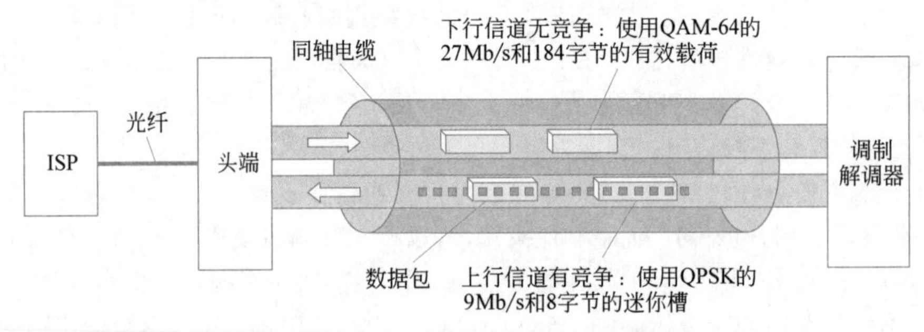

图 2-47 北美上行信道和下行信道

2.8 通信卫星

早在 20 世纪 50 年代和 60 年代初期,人们尝试利用金属化的气象气球对信号的反射作用来建立通信系统。不幸的是,由于接收到的信号强度太弱,根本没有任何实际价值。后来,美国海军注意到空中存在着一个永久性的气象气球——月球,它们通过月球对信号的反射作用建立了一个可实际运行的船-岸通信系统。

直到第一颗通信卫星发射上天,天体通信领域才有了进一步发展。人造卫星和真实卫星之间的关键区别在于,人造卫星把信号送回来之前先对它们进行了放大处理,由此把人类的好奇心变成了一个强大的通信系统。

通信卫星有一些令人感兴趣的特性，这些特性对于许多应用具有很大的吸引力。按照最简单的方式，可以把一个通信卫星想象成天空中的一个大型微波中继器。它包含几个转发器(transponder)，每个转发器侦听频谱中的某一部分，对进来的信号进行放大；然后在另一个频率上将它重新广播出去，以避免对进来的信号产生干扰。这种操作模式称为弯管(bent pipe)。还可以将数字处理加入进来，以便在整体流程中将操纵数据流和重定向数据流隔离，甚至数字信息也可以被卫星接收并重新广播出去。以这种方式重新生成的信号相比弯管性能更好，因为卫星没有将上行信号中的噪声放大。下行波束可以很宽，覆盖地球表面相当大的一部分；也可以很窄，仅仅覆盖几百千米直径的区域。

根据开普勒原理，一颗卫星的轨道周期随着轨道半径的 3/2 次幂而变化。卫星越高，则轨道周期就越长。低轨道卫星环绕地球一周的时间大约为 90min。低轨道卫星惊鸿一瞥地从人们的视线中消失(由于卫星的移动)，所以需要很多这样的卫星才能提供对地球表面连续的覆盖，而且地面天线必须跟踪它们。高度大约为 35 800km 的轨道周期为 24h。高度为 384 000km 的轨道周期大约是 1 个月，任何人只要观察一下月亮的运行规律就能证实这一点。

卫星的周期非常重要，但它并不是确定卫星安放位置的唯一因素，另一个因素是范艾伦辐射带(Van Allen belts)的存在。所谓范艾伦辐射带，是指受地球磁场影响的一些高能带电粒子层。任何飞进范艾伦辐射带的卫星都会很快被这些粒子毁坏。根据这些因素可以确定安放卫星的 3 个安全区域。图 2-48 给出了这些区域以及它们的一些特性。

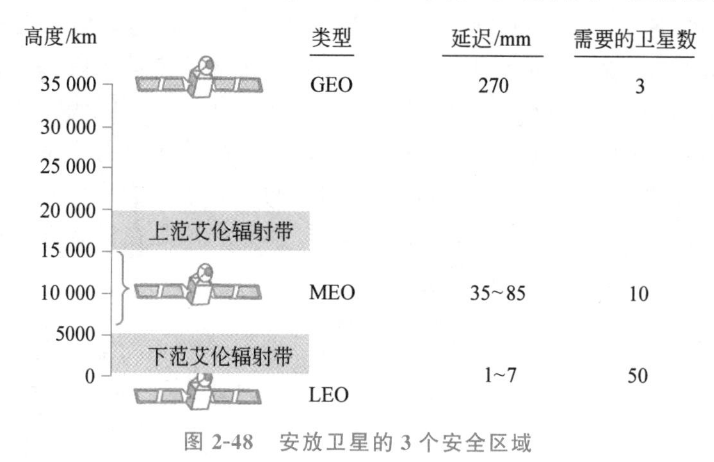

图 2-48　安放卫星的 3 个安全区域

下面简要地描述每个区域中的卫星情况。

2.8.1　地球同步卫星

1945 年，科幻小说作家阿瑟·克拉克计算出在赤道圆形轨道上方 35 800km 高度的卫星可保持在空中静止不动，所以这样的卫星不需要考虑跟踪问题(Clarke，1945)。他又描述了一个完整的通信系统，该系统利用这些(载人)地球同步卫星(geostationary satellite)，还包括轨道、太阳电池板、无线电频率以及发射程序。然而，他得出的结论是这样的卫星不切实际，因为不可能在轨道中使用耗电的、易碎的真空管放大器，所以他后来不再进一步深入思考这个想法。但是，他写了一些有关这种卫星的科幻小说。

晶体管的发明改变了这一切。1962年7月,人类发射了第一颗人造通信卫星(Telstar)。自那以后,通信卫星变成了一个市场规模达几十亿美元的商业,外太空也变得非常有利可图了。这些高空中飞行的卫星通常称为**GEO**(Geostationary Earth Orbit,**地球静止轨道**)卫星。

有了当前的技术水平,在360°赤道平面内把两颗同步卫星之间的角距离设置成小于2°来避免干扰,这显然在技术上是不明智的。按照2°的角距离,太空中同时最多只能放置360/2=180颗这样的卫星。然而,每个转发器可以使用多个频率和极性提高可用带宽。

为了避免太空中出现整体混乱,轨道槽的分配工作由ITU完成。这个过程已经被高度政治化了,因为任何一个国家(只要它已经过了石器时代)都要求拥有自己的轨道槽(可以将轨道槽租赁给出价最高的国家)。然而,很多国家则主张,国家的主权不应该扩展到月球上,而且任何一个国家都不应该拥有其领土上空轨道槽的合法权利。更加雪上加霜的是,商业通信并不是唯一的应用。电视广播公司、政府和军队都希望从轨道"蛋糕"中分得一块。

现代卫星非常巨大,有的重量可达5000kg,需要消耗几千瓦由太阳电池板产生的电能。太阳、月亮以及行星引力的作用,都试图将卫星从它们预定的轨道槽和方向上移开,这种影响需要通过卫星上的火箭发动机来抵消。这一微调活动称为**轨道保持**(station keeping)。然而,当发动机的燃料耗尽时(通常需要10年左右的时间),卫星将会漂流,甚至开始翻滚,所以必须将它关闭。最后,轨道衰落,卫星重新进入大气层,最终被烧毁或者(很少)撞击到地球上。

轨道槽并不是各个国家争抢的唯一焦点,频率也是争抢的资源之一。因为下行链路的传输会干扰原有的微波用户,因此,ITU给卫星用户分配了特定的频段,主要的卫星频段如图2-49所示。C频段首先被分配给商业卫星流量使用。在这个频段中分配了两个频率范围,其中较低的频率用于下行链路流量(从卫星发出),较高的频率用于上行链路流量(发向卫星)。为了能够同时在两个方向上传输流量,需要两条信道。这些信道早已拥挤不堪,因为它们也被许多公共运营商用作地面微波链路。L和S频段是在2000年根据国际协议加入的。但是,这两个频段都很窄,也很拥挤。

频段	下行链路频率/GHz	上行链路频率/GHz	带宽/MHz	问题
L	1.5	1.6	15	低带宽,拥挤
S	1.9	2.2	70	低带宽,拥挤
C	4.0	6.0	500	地面干扰
Ku	11	14	500	雨水吸收
Ka	20	30	3500	雨水吸收,设备成本高昂

图2-49 主要的卫星频段

电信运营商可用的次最高频段是Ku(K under)频段。该频段目前还不拥挤,在它的最高频率上,卫星的空间角距离可以近到1°,该频段中的传输速度可以超过50Mb/s。然而,该频段存在另一个问题:雨水能很好地吸收这些短微波。幸运的是,大暴雨通常发生在局部地区,所以使用几个相距较远的地面站而不是一个地面站就可以解决这个问题,当然这需要增加额外的天线、电缆以及用来快速切换地面站的电子设备。Ka(K above)频段的带宽也已经被分配给商业卫星流量，但是使用该频段必须配置的设备非常昂贵。除了这些商业频段以外，还有许多政府和军队使用的频段。

一颗现代卫星大约有 40 个转发器，大多数转发器通常具有 36MHz 带宽。通常，每个转发器像一个弯曲的管道一样工作；但是最新的卫星具备了一定的处理能力，这使得它可以执行一些更为复杂的操作。在最早的卫星上，转发器之间的信道划分是静态的，整个带宽被简单地分成固定的频段。现在，每个转发器的波束被分成多个时间槽，不同的用户可以轮流使用这些时间槽。这里可以看到在许多场景中 TDM 和 FDM 是如何被使用的。

第一颗地球同步卫星只有一个空间波束，它大约可以覆盖 1/3 的地球表面，称为它的足迹（footprint）。随着价格、尺寸、微电子元件功耗的显著下降，更为复杂的广播策略已经变得可能了。每颗卫星都装配了多个天线和多个转发器。每个下行波束可以聚集到一个很小的地理区域中，所以，多个上行和下行传输可以同时进行。通常情况下，这些所谓的点波束（spot beam）呈椭圆形状，覆盖范围可以小到直径只有几百千米。美国的通信卫星往往用一个很宽的波束覆盖 48 个相邻的州，而在阿拉斯加和夏威夷则使用点波束。

通信卫星领域的一个重要发展是低成本的微型站，有时候也称为 VSAT（Very Small Aperture Terminal，小孔径终端）（Abramson，2000）。这些微型终端有一个 1m 或者更小的天线（相比之下，标准的 GEO 天线为 10m），消耗的功率为 1W 左右。上行链路一般可达 1Mb/s，质量还非常好；而下行链路往往高达数兆位每秒。直播卫星电视使用这项技术实现单向传输。

在许多 VSAT 系统中，微型站没有足够的功率进行相互之间的直接通信（当然是通过卫星）。相反，一种特殊的地面站可用来中继 VSAT 之间的流量，如图 2-50 所示。这种地面站称为中继站（hub），它具有很大的高增益天线。在这种操作模式中，不管是发送方还是接收方，都有一个大天线和强大的放大器。这里存在一个折中，即用较长的延迟换取廉价的终端用户站。

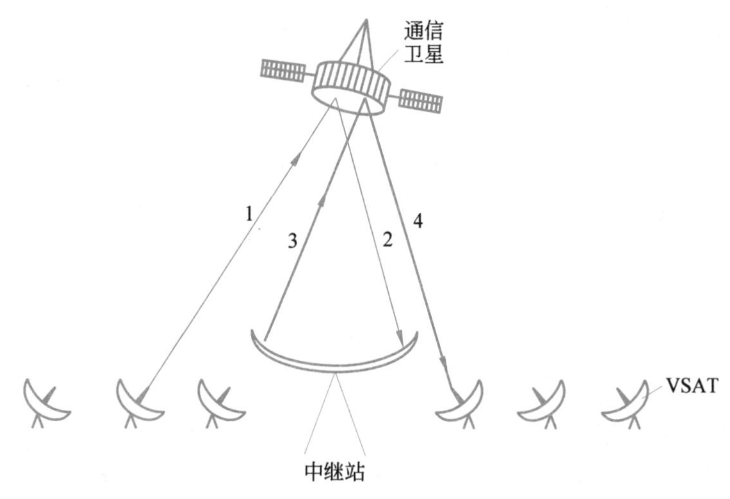

图 2-50　使用中继站的 VSAT

VSAT 在农村地区有很大的应用潜力，特别是在发展中国家。在世界上很多地方，现在还没有固网或者蜂窝塔。将几千个小村庄用电话线连接起来，所需的费用远远超出了大多数发展中国家政府的预算。建立蜂窝塔是更加容易的,但是蜂窝塔需要通过有线方式连接到国家电话网络中。而安装1m的VSAT碟形天线并用太阳能电池供电却往往是可行的。VSAT提供的技术可以结束连线的方式。在没有地面基础设施的区域(很多发展中国家就是这样的情况),它们也可以为智能手机用户提供Internet接入。

通信卫星具备的一些特性与地面上的点到点链路在本质上有很大的不同。首先,即使信号在地面和卫星之间的往返都是以光速(接近300 000km/s)传播的,但对GEO卫星来说,这么长的距离引入了相当大的延迟。根据用户与地面站之间的距离及卫星的海拔高度,可以得出端到端的延迟为250～300ms。典型的往返时间是270ms(对于使用了中继站的VSAT系统来说为540ms)。

相比较而言,地面微波链路的传输延迟大致上是每千米3μs,同轴电缆或光纤链路的传输延迟大致上是每千米5μs。后者之所以比前者慢,是因为电磁信号在空中比在固体材料中传播得更快。

卫星的另一个重要特性在于它们本质上是一种广播介质。它给转发器足迹内的上千个站发送一条消息的成本并不比发送给一个站的成本高。对于某些应用,这种特性非常有用。比如,你可以想象这样的情景:一颗卫星将许多流行的Web页面广播给一个很大范围内的大量计算机并缓存在这些计算机中。尽管广播也可以用点到点的线路模拟,但卫星广播可能更加便宜。另一方面,从隐私的角度来看,卫星却完全是一个灾难:任何人都可以听到所有的传输。对于机密信息,加密是基本的需要。

卫星还有一个特性,即传输一条消息的成本与该消息经过的距离无关。越洋通话并不比相邻街道之间的通话更贵。卫星在错误率方面的表现极佳,而且几乎可以立即部署,因而成为紧急救灾和军事通信的首选。

2.8.2 中地球轨道卫星

在较低的高空中的两条范艾伦辐射带之间,安放了很多MEO(Medium-Earth Orbit,中地球轨道)卫星。从地球的角度看,这些卫星缓慢地漂过经线,大约6h绕地球一圈。因此,当它们在空中移动时必须对它们的轨迹进行跟踪。因为它们比GEO低,所以它们在地面上的足迹要小一些,功率弱一些的发射器也能够触及这些卫星。目前这些卫星只用于导航系统,尚未用于通信领域,所以这里不再进一步介绍。在20 200km高空的轨道上大约有30颗GPS(Global Positioning System,全球定位系统)卫星组成的卫星群,这是MEO卫星的应用实例。

2.8.3 低地球轨道卫星

高度再往下移一点就到了LEO(Low-Earth Orbit,低地球轨道)卫星的空间。由于它们快速运动,一个完整的系统需要大量的LEO卫星。另一方面,因为这些卫星与地球相距如此之近,地面站并不需要多大的功率。LEO卫星的往返延迟更小,大约为40～150ms。LEO卫星的发射成本也相当低。本节将介绍两个用于语音服务的卫星星座实例:铱星(Iridium)及全球星(Globalstar)。

在卫星时代的前30年,低轨道卫星很少被用到,因为它们刚刚进入视野,转眼便又离开。1990 年，Motorola 公司改变了这种局面，它向 FCC 提交了一份申请，要求允许其发射 77 颗低轨道卫星用于**铱计划**(Iridium project)(第 77 号元素是铱)。该计划后来修订为只用 66 颗卫星，所以该计划也应该更名为**镝**(Dysprosium，它是第 66 号元素)计划，但是这个名字听起来可能有点像一种疾病。铱计划的基本想法是，一旦一颗卫星移出了视线，另一颗卫星立即就能替代它。这份提议激发了其他通信公司的效仿狂潮。一时间，每一家公司都想发射一个低轨道卫星链。

经过长达 7 年与合作伙伴的磨合以及财政投入以后，铱计划于 1998 年 11 月正式开始通信服务。不幸的是，自从 1990 年以来移动电话网络发展迅猛，体积大且笨重的卫星电话的商业需求被完全忽略了。因此，铱星公司并没有获得利润，被迫于 1999 年 8 月宣布破产，成为历史上最悲壮的惨败事件。这些卫星以及其他资产(价值 50 亿美元)后来作为外太空旧货以 2500 万美元的售价卖给了一家投资商。其他的卫星商业投资商立即以此为戒。

铱星服务在 2001 年 3 月被重新启动，从此发展良好。用户通过手持设备直接与铱星卫星进行通信，无论在陆地、海洋还是空中的任何地方均可获得语音、数据、寻呼、传真和导航服务。铱星的客户包括海军、航空业和石油开采业，以及在地球上某些缺少电信基础设施地区(比如沙漠、高山、南极和某些发展中国家)旅行的人们。

铱星卫星位于高度为 670km 处的圆形极地轨道上。它们被排列成南北向的项链状，每隔 32 纬度有一颗卫星，如图 2-51 所示。每颗卫星最多有 48 个单元格(点波束)和 3840 条信道的容量，一些信道用于寻呼和导航，其他的信道用于数据和语音。

图 2-51　铱星卫星构成了围绕地球的 6 条项链

6 条卫星项链按照图 2-51 所示把整个地球表面全部覆盖了。铱星有一个很有趣的特性，那就是远距离客户之间的通信必须通过太空进行，如图 2-52(a)所示。从这里可以看到，北极的一个呼叫者直接与一颗卫星联络。每颗卫星有 4 个可以通信的邻居，其中两个位于同一个项链中(图 2-52(a)中已给出)，另外两个位于相邻项链上(图 2-52(a)中未画出)。这些卫星将北极用户的呼叫通过这一网格进行中继，直到最后被转发至位于南极的被叫者。

与铱星相对应的另一种设计称为全球星(Globalstar)。它以 48 颗 LEO 卫星为基础，但是使用了不同于铱星的交换方案。在铱星系统中需要在卫星之间进行呼叫中继，因而要求在卫星上装备复杂的交换设备；而全球星采用了一种传统的弯管设计。在图 2-52(b)中，北极发出的呼叫信号首先被送回地球，被 Santa 工场的大型地面站捕获到。然后，该呼叫通过地面网络被路由到离被叫者最近的一个地面站；并且再通过一个弯管连接传递给被叫者。

这种方案的好处在于把大量的复杂细节放在地面,这要容易管理得多。而且,使用大型地面站天线还有额外的好处,它可发出强烈的信号并接收微弱的信号,这种特性意味着可以使用低功耗的电话。毕竟,电话发出的信号只有几毫瓦的功率,当它回到地面站时已经非常弱,即使被卫星放大以后仍然很弱。

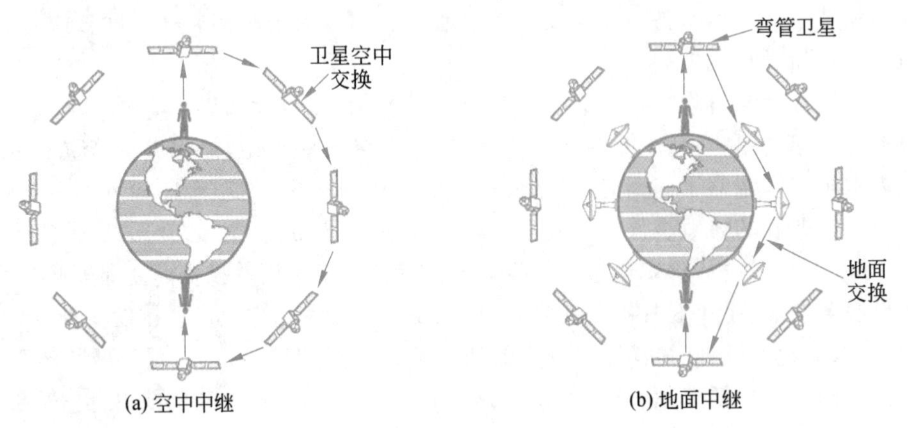

图 2-52 卫星中继

卫星连续不断地以每年 20 颗的速度被发射升空,包括越来越大的卫星,现在已经重达 5000kg 了。但是也有许多专门为那些精打细算的组织提供的小型卫星。为了使太空研究更为方便,来自加州理工学院和斯坦福大学的学者于 1999 年聚在一起,共同定义了微型卫星及其发射的标准,由此大大降低了发射成本(Nugent 等,2008)。立方星(CubeSats)是以 10cm×10cm×10cm 的立方体计量且重量不超过 1kg 的卫星单位,每立方星的发射费用低至 40 000 美元。运载火箭是商业太空任务的第二级载荷。它基本上是一个管状物体,可以携带多达 3 立方星,使用弹簧把它们弹入轨道。迄今为止,大约发射了 20 立方星,还有许多正在工作过程中。这些微型卫星中的大多数在 UHF 和 VHF 频段与地面站进行通信。

LEO 卫星的另一种部署是试图建立以卫星为基础的 Internet 骨干网络,OneWeb 的部署最初涉及一个包含几百个卫星的星座。如果该项目成功了,那么它可以将高速 Internet 访问带到那些当前尚未有高速 Internet 访问的地区。这些卫星运行在 Ku 频段,将使用一种称为“渐进间距”(progressive pitch)的技术,卫星通过这一技术稍微转向,以避免与使用同一频段进行传输的地球同步卫星发生干扰。

2.9 不同接入网络的比较

现在比较前面介绍的不同接入网络的特性。

2.9.1 地面接入网络:有线电视、光纤和 ADSL

有线电视、光纤和 ADSL 这三者的相似程度超过了它们的差异。它们提供了有可比性的服务,它们之间的竞争也日趋白热化,可能还会带来可比的价格。所有的接入网络技术,包括有线电视、ADSL 和光纤到户,现在在骨干网都使用光纤了;它们在最后一公里的接入技术有差异，包括物理层和链路层。光纤和 ADSL 提供商倾向于为每个用户提供更加一致的带宽，因为每个用户有专用的容量。美国当前正在进行的以及最新项目的报告，比如 FCC 的 MBA（Measuring Broadband America，美国宽带测试）倡议（每年发布）说，接入 ISP 往往满足它们宣称的比率。

ADSL 或者光纤接入网络获得了更多的用户，它们持续增加的用户数量对原有的用户影响很小，因为每个用户有专属的连接到达他们的家庭。同时，有线电视用户共享一个节点的容量，所以，当一个节点上的一个或多个用户增加他们的使用量时，其他的用户就可能会碰到拥塞的情况。因此，有线电视提供商现在倾向于超供容量，即比它们卖给每个用户的容量还要多。更现代的 DOCSIS 标准，比如 DOCSIS 3.0，要求有线电视调制解调器能够绑定至少 4 条信道，以便可获得近似 170Mb/s 下行流和 120Mb/s 上行流（其中大约 10%的吞吐量专用于信令开销）。

最终，有线电视用户可以获得的最大速度受限于同轴电缆的容量。相比之下，光纤上可用频谱的数量要大得多。通过线缆接入网络时，随着越来越多的用户登录 Internet 服务，同一个节点上其他用户的性能将受影响。作为响应措施，有线电视 ISP 把忙的线缆分割开，将每一条线缆直接连接到一个光纤节点上，这种做法有时候称为**节点分割**（**node split**）。正如前面讨论的那样，随着有线电视 ISP 继续铺设光纤，更加靠近网络的边缘，每个节点的家庭数量在持续地稳步下降。

有线电视、光纤和 ADSL 在不同的区域都是可以使用的，但根据这些技术本身以及每一项相应的技术是如何部署的，这些网络的性能有所不同。在发达国家，绝大多数家庭用户都可以有一根电话线，但并不是所有的用户都离端局足够近，近到可以使用 ADSL。有些还在使用 56kb/s 拨号线路，特别是在农村地区。事实上，即使在美国，仍然有大量的区域，即使 1.544Mb/s 的 T1 线路也是不可获得的奢侈品。在欧洲，由于更高的人口密度，500Mb/s 的光纤 Internet 在大城市是很常见的，有些甚至有 1Gb/s。

此外，并不是每个人都安装了有线电视。如果用户安装了有线电视，并且有线电视公司提供了 Internet 接入，那么，用户才可以获得这一服务；离光纤节点或者头端的距离并不是问题。在特定的区域，特别是在人口稀疏的地区，是否有有线电视和光纤仍然是一个问题。最终，高速 Internet 接入仍然依赖于光纤或电视线缆到户的部署情况。在有线电视网络的情形下，增加节点分割就要求部署光纤到相邻区域，而不是依赖于已有的同轴电缆基础设施。即使在 ADSL 的情形下，如果离一个中心局超过几千米，速度就会明显下降，所以，即使 ADSL 也要求某种光纤铺设在边缘侧（比如 FTTN），以便为人口稀疏的区域提供高速 Internet 访问。所有这些都是花费昂贵的方案。

历史上，电话基础设施（和 DSL 网络）通常比有线电视更加可靠，尽管来自 FCC 的 MBA 计划的数据表明这一差距已经缩小了，大多数有线电视和 DSL 服务达到了至少"两个 9"的可靠性（即 99%运行时间，或者一年宕机时间只有几十小时）。卫星和城域无线网的运行可靠性更差一些。作为对比，传统的电话网络达到了"5 个 9"的可靠性，对应于每年不可用的时间只有几分钟（Bischof 等，2018）。

ADSL 作为一种点到点的介质，本质上比电视线缆更加安全。任何有线电视用户都可以很容易地读取同一根电缆上传输的所有数据包，不管他们是否有意要这么做。出于这个原因，任何正规的有线电视运营商都会对两个方向上的所有流量进行加密。无论如何，与其让你的邻居得到一个加密消息,还不如让他什么也得不到更安全。

2.9.2 卫星与地面网络

将卫星通信和地面通信网络作一番比较非常有意义。一段时间以前,人们认为通信卫星可能是通信业的未来。毕竟,在过去的100年中,电话系统的变化非常小,而且没有任何迹象表明在接下来的100年内将会有大的变化。这种似冰川移动般缓慢的发展态势很大程度上是由于监管环境造成的:人们期望电话公司以合理的价格提供良好的语音服务(电话公司也确实做到了),同时作为回报电话公司可以获得投资的收益。对于想传输数据的用户,他们可以使用1200b/s的调制解调器,这在当时已经相当不错了。

1984年在美国以及稍后在欧洲引入的电信竞争很快改变了这一切。电话公司开始用光纤代替长途电话网络,并引入了诸如ADSL(Asymmetric Digital Subscriber Line,非对称数字用户线)这样的高带宽服务。它们还停止了长期以来用虚高的长途话费贴补本地服务的做法。突然间,地面光纤似乎成了大赢家。

然而,通信卫星拥有某些光纤不具备的商机。首先,当快速部署成为关键要素时,卫星的优势一下子脱颖而出。对于战争年代的军事通信系统以及和平时代的灾难救助来说,快速响应是非常有帮助的。比如,2004年12月苏门答腊的大地震和随后的海啸中,通信卫星在24h内就恢复了与第一批响应器的通信。因为世界上有一个非常发达的卫星服务市场,其中不乏大玩家,诸如拥有超过50颗卫星的国际通信卫星(Intelsat)服务商,可以租出去的容量几乎能满足任何地方的通信需求,所以这种快速反应是完全可能的。而对于现有的卫星网络服务的客户来说,可以很容易安置一个太阳能供电的VSAT,很快就可以提供一条兆位级(Mb/s)的链路。

卫星的第二个商机是在那些地面基础设施不发达的地区提供通信服务。现在许多人希望无论走到任何地方都能够通信。移动电话网络在人口密度较大的区域覆盖性能良好,但在其他一些地方则做得还远远不够(比如,在海上或沙漠中)。而铱星提供的语音服务则可无处不在地延伸到地球上的每个角落,甚至南极。而且地面基础设施的安装可能非常昂贵,要取决于具体的地形条件和必要的路权。比如,印度尼西亚就拥有其自己的卫星用于本地电话通信。显然发射一颗卫星比在13 677个岛屿之间拉数千根海底电缆要便宜得多。

第三个商机在于当广播成为一种必要的需求时。卫星发送的消息可被数以千计的地面站一次收到。正是由于这个原因,卫星还可被用来分发许多网络电视节目到各地方电视台。现在出现了一个大型卫星广播服务市场,通过住宅和汽车中的卫星接收器,最终用户能直接接收数字电视和广播节目。所有其他类型的内容也可以通过卫星广播。比如,如果一个组织需要将大量的股票、债券、商品价格等信息发送给几千个经销商,那么它有可能会发现,选择卫星系统比采用地面上的模拟广播更加便宜。

美国有一些很有竞争力的以卫星为基础的Internet提供商,包括Hughes(在市场上常常称为DISH,以前是EchoStar)和Viasat,它们主要运营在同步卫星或者MEO上,而有些提供商已经转移到LEO上了。在2016年,FCC的MBA项目报告说,这些以卫星为基础的提供商是少量的看起来性能随着时间下降的Internet服务提供商,有可能是因为增加了用户数量以及带宽受限。该报告发现,这些提供商无法提供超过10Mb/s的速度。

然而,最近几年,卫星Internet接入已经引起了日益高涨的兴趣,特别是在诸如飞机内

Internet 接入的市场中。有些飞机内 Internet 接入涉及直接与移动宽带塔进行通信；但是对于越洋飞机，这种做法无法工作。另一种有助于解决飞机内带宽受限问题的方法是将数据传输转移到一组同步轨道卫星上。其他的公司，包括 OneWeb（前面讨论过）和 Boeing，正在建立一个采用 LEO 卫星的卫星 Internet 骨干网。这些市场仍然是一些微妙的商业机会，因为吞吐量差不多是 50Mb/s，比地面 Internet 要低得多。

总而言之，未来的主流通信看起来将是地面光纤与蜂窝网络的结合；但是对于某些特殊用途，卫星是更好的。然而，有一条普遍适用的原则——经济学原则。虽然光纤提供了更多带宽，但可以想象地面通信和卫星通信可能在某些市场中在价格上将展开激烈的竞争。如果技术的进步使得部署一颗卫星的成本大大降低（比如，将来的某种航天飞机一次可以发射几十颗卫星），或者低轨道卫星能大踏步赶上来，那么光纤未必能赢得所有的市场。

2.10 物理层上的政策

物理层的各个方面涉及监管和政策决策，它们最终影响到这些技术的使用和发展。本节简要讨论在地面网络和无线网络中一些正在进行的政策活动。

2.10.1 频谱分配

关于电磁频谱，最大的挑战是要有效、公平地执行频谱分配。如果在相同的地理区域和频谱中相同的部分，有多方可以发送数据，那么，对于通信各方，有极大的可能会相互干扰。为了避免出现混乱，各个国家和国际组织针对谁可以使用哪些频率都有相应的协定。因为人人都希望得到更高的数据速率，所以每个人都想要更多的频谱。国家政府机构为调频/调幅无线电台、电视、移动电话等应用分配相应的频谱，同时也为电话公司、警察、海军、航空、军队、政府和许多其他的竞争用户分配频谱。ITU-R 试图协调这些分配方案，以便厂商能够制造出在多个国家可用的设备。然而，各国并不受 ITU-R 建议的约束，美国负责频谱分配的联邦通信委员会（Federal Communication Commission，FCC）就曾经拒绝过 ITU-R 的建议（通常因为这些建议要求一些政治上强大的组织放弃某段频谱）。

即使当频谱的一部分已经被分配用于某种用途（比如移动电话）时，仍然会存在另一个问题，即允许哪个公司使用哪些频率。过去曾经有 3 个做法被广泛采用。最早的做法，通常称为选美比赛（beauty contest），要求每个运营商解释为什么它的提案能给公众谋取最好的利益，然后由政府官员决定他们最欣赏谁讲的故事。让一个政府官员拥有将价值几十亿美元的财产授予他认为最好的公司的权利通常会导致行贿、受贿、腐败、袒护裙带关系等甚至更糟糕的行为。此外，即使是一个认真诚实的政府官员，如果他认为一家外国公司比国内任何一家公司都能够更出色地完成某项任务，他将有很多的解释工作要做。

这一现象导致了第二个做法的诞生：让所有感兴趣的公司摸彩（lottery）。这种做法带来的一个问题是，即使那些对频谱使用没有兴趣的公司也可以参与摸彩活动。比如说，如果一家快餐连锁店或者鞋帽连锁商店中彩，那么它就可以将频谱高价转卖给某个运营商，它这样做没有任何风险。

上述这种将巨额财产赠与并非精心挑选而是有一定随机性的公司的做法招来了各界的

严厉批评,因而导致了第三个做法:将频谱拍卖(auction)给出价最高的竞标者。2000年,英国政府拍卖了3G移动通信系统所需的频率,它的期望值是40亿美元左右,而实际收到了400亿美元左右,因为运营商们争先恐后拼个你死我活,唯恐错过移动通信的大船。这个事件打开了其他国家政府的贪婪之门,并启发了它们也要掌控它们自己的拍卖活动。这个做法非常有效,但是也给一些运营商留下了太多的债务,以至于它们濒临破产的境地。即使在最好的情况下,运营商们也必须经营很多年才能赚回这笔巨大的频谱许可费。

一种与上述3个做法完全不同的频率分配方法是根本不分配频率;相反,允许任何人随意地传输数据,但对所用的功率进行控制,使得发射站只能在很短的距离内工作,因而不会相互干扰。因此,大多数政府把一些频段保留下来用于非许可性用途,这些频段称为ISM(Industrial, Scientific, and Medical,工业、科学和医疗)。车库门控制器、无绳电话、无线电遥控的玩具、无线鼠标以及许多其他的无线家用设备都使用ISM频段。为了把这些未经协调的设备之间的干扰降到最小,FCC强制所有在ISM频段上工作的设备都必须限制发射功率(比如1W),并且使用技术手段把它们的信号扩展到一个频率范围内。这些设备还需要注意避免干扰到雷达装置。

对不同的国家,ISM频段在频谱中的位置有所不同。比如,在美国,联网设备无须FCC的许可就可以使用的频段如图2-53所示。900MHz频段曾经被用在IEEE 802.11的早期版本,但是现在太拥挤了。2.4GHz频段在大多数国家都可以使用,且被广泛用于IEEE 802.11b/g和蓝牙,不过它会受到来自微波炉和雷达装置的干扰。频谱的5GHz频段包括U-NII(Unlicensed National Information Infrastructure,非许可的国家信息基础设施)频段。5GHz频段相对来说还没有被完全开发,因为这些频段拥有最大的带宽,并且已经被用于IEEE 802.11ac的WiFi规范等,所以它们很快变得流行和拥挤起来。

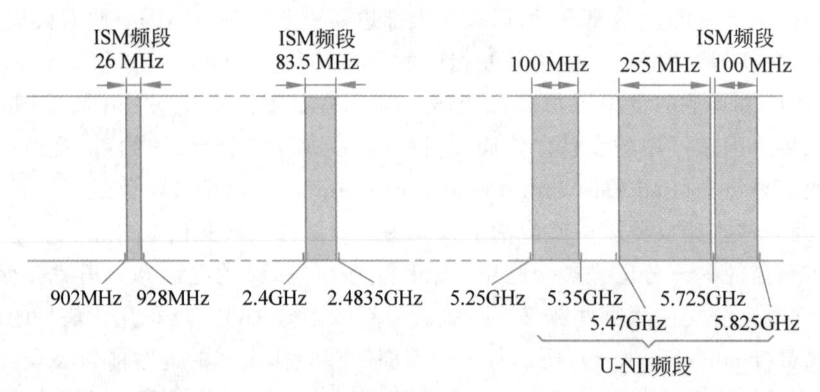

图2-53 无线设备在美国使用的ISM和U-NII频段

非许可频段已在过去几十年间获得巨大的成功。免费使用该频段的能力激发了无线LAN和无线PAN领域的大量创新,诸如IEEE 802.11和蓝牙技术的广泛部署很好地印证了这点。有些ISP现在甚至已经进入诸如LTE-U这样的技术领域竞争中,这会涉及在非许可频段中部署一个LTE蜂窝网络。这样的技术可允许移动设备工作在这一非许可频段中以及专门分配给蜂窝网络的频谱部分。LTE-U可能允许固定线路的ISP在数亿个家庭部署WiFi接入点,从而将他们的接入点网络变成一个蜂窝基站网络。当然,允许蜂窝电话使用非许可频段也带来了它自身的一些复杂性。比如,运行在非许可频段的设备必须注意到其他也在使用同样频段的设备,并且不应干扰那些所谓的“在职”设备。LTE-U 可能也会面临它自己的可靠性和性能挑战,因为它必须做出让步,以便与其他使用非许可频段的设备很好地互操作,包括其他的 WiFI 设备和婴儿监控设备等。

过去十年间各种政策层面的发展继续推动了无线技术领域的更多创新。在美国,其中一个进展是未来有可能分配更多非许可频段。在 2009 年,FCC 决定开放大约 700MHz 的空白频段(white spaces)可未经许可地使用。空白频段是指已经被分配出去但还未在本地被使用的那些频段。2010 年,美国从模拟电视广播过渡到全数字电视广播后释放出大约 700MHz 的空白频段。一个挑战在于,若要使用这些空白频段,非许可设备必须具备能检测出附近可能存在的任何许可发射器(包括无线麦克风)的能力,因为这些设备有优先使用这些频段的权利。FCC 于 2001 年也开放了 57～64GHz 的频段给非许可用途。这一范围是一个巨大的频谱部分,超过了所有其他 ISM 频段相加后的总和,因此它可用来支撑高速网络,能将高清晰电视节目通过空中传输到卧室。在 60GHz 上,无线电波会被氧气吸收,这意味着信号不能传播得很远,因而非常适用于短距离网络。高频(60GHz 是刚好低于红外辐射的极高频或毫米级波段)对设备制造商构成了最初的挑战,但市场上已经有相应的产品出现。

在美国,其他频段也在被重新定位用途,并且被拍卖给承运商,包括 2.5GHz 和 2.9GHz、3.7～4.2GHz 范围中的 C 段(以前用于卫星通信),也包括 3.5GHz、6GHz、24GHz、28GHz、37GHz 和 49GHz。FCC 也在考虑将特定的非常高的频段用于短距离通信,比如 95GHz 范围。在 2018 年下半年,FCC 启动了它的第一次 5G 拍卖,未来几年还计划了更多的拍卖。这些拍卖将会开放更多的频段给移动宽带,从而推动更高的带宽用于流式视频和物联网应用。24GHz 和 28GHz 频谱的每一个都有将近 3000 个许可在售卖中。FCC 也为小企业和农村提供商提供折扣。针对 37GHz、39GHz 和 49GHz 频段的一些拍卖也已经有了计划。在其他国家,这些频段中有一部分是按照非许可频段运营的。比如,在德国,汽车工业成功地说服了政府允许 3.5GHz 频段用于私营企业;其他的欧洲国家可能也会效仿德国。

2.10.2　蜂窝网络

一个有趣的话题是,在美国和欧洲,政治和细微的营销决策对于蜂窝网络的发展可以产生巨大的影响。第一个移动系统由美国 AT&T 公司设计,并且由 FCC 强制在全国部署实施。结果,整个美国只有一个(模拟)系统,在加利福尼亚州购买的移动电话在纽约也可以工作。但是,当移动电话来到欧洲时,每个国家都设计了自己的系统,从而导致市场上一片尴尬。

欧洲从它的这次错误中吸取了教训,因此,当数字时代到来时,由各国政府操控的 PTT(邮电部)集中在一起,在一个系统上进行了标准化(GSM),所以,任何一部欧洲移动电话都可以在欧洲的任何地方使用。而那时候美国政府认为,它不应该卷入移动电话的标准化事务中,所以把数字系统留给市场自己去运行。这个决策的结果是不同的设备厂商生产了不同种类的移动电话。因此,在美国形成了两个主要的但互不兼容的数字移动电话系统以及其他一些较小的系统。

尽管移动电话最初由美国主导,但现在欧洲移动电话的拥有量和应用大大超过了美国。单个系统可在欧洲任何地方使用并且任何运营商都与之兼容,这只是一部分原因,还有其他一些原因。美国和欧洲的第二个不同点在于电话号码的分区规范。在美国,移动电话号码与常规的固定电话号码混合在一起。因此,呼叫方无法识别一个号码,比如(212)234-5678,是一个固定电话(费用便宜,甚至免费)还是一个移动电话(费用昂贵)? 为了避免人们对使用电话神经过敏,电话公司决定移动电话接听要付费。结果是,许多人害怕因接听电话而必须支付大笔费用,对是否购买移动电话犹豫不决。在欧洲,移动电话号码有一个特殊的区域码(类似于800和900号码),所以移动电话号码立即就能被识别。因此,主叫方付费的通用规则也适用于欧洲的移动电话(不过,国际呼叫的费用另有算法)。

第三个对用户选择移动电话有很大影响的问题是,欧洲广泛使用了预付费移动电话(在某些地区达到了75%),这些电话在很多商店甚至网络上都可以买到。这些电话卡已经预先支付了一定的金额,比如20欧元或者50欧元,而且当余额为0时还可以续费(通过一个保密的PIN码)。结果,欧洲几乎每一个青少年和许多很小的孩子都有移动电话(通常是预付费的),这样他们的父母就可以知道他们在哪里,并且不用担心他们会花掉大笔的电话费用。如果只是偶尔使用移动电话,这种用法也非常合适,因为它没有月租费用,也不用为接听电话付费。

针对令人神往的5G频段的拍卖,再结合本章前面讨论过的许多技术进步,注定了在接下来几年中再次引发蜂窝网络边缘侧的激烈竞争。我们已经看到了**MVNO**(Mobile Virtual Network Operator,**移动虚拟网络运营商**)的兴起,它们不拥有网络基础设施,但是为客户提供服务的无线承运商。由于蜂窝尺寸随着更高的频率而继续缩小以及小蜂窝的硬件继续价格走低,MVNO可以为其他承运商运营的基础设施支付共享能力的费用。他们可以选择运营他们自己的LTE架构的部件,或者使用底层承运商拥有的基础设施。运营自己核心网的MVNO有时候称为"全能力"的MVNO。包括Qualcomm和Intel在内的公司提供了针对小蜂窝硬件的参考设计,这些参考设计可以做到将网络边缘的能力完全分解,特别是与非许可频段的用途耦合在一起的时候。工业界也开始转向"白盒"eNodeB基础设施,它们可以连接到具有虚拟EPC服务的中心局。开放网络基金会的M-CORD项目已经实现了这样的基础设施。

2.10.3 电话网络

在1984年之前的几十年间,贝尔系统在美国大多数地区既提供本地电话服务,也提供长途电话服务。在20世纪70年代,美国联邦政府认为这是一种非法垄断,并且提起诉讼要将它分解。政府赢了,1984年1月1日AT&T公司被分解为AT&T长话公司(AT&T Long Lines)、23个贝尔运营公司(Bell Operating Company,**BOC**)和其他一些部门。23个BOC组织成7个区域性BOC(Regional BOC, RBOC),使得它们在经济上可以生存下去。美国电信业的整体本质在一夜之间被法官的判决(而不是国会的法案)改变了。

这次分解案的确切细节由一份名为**MFJ**(Modified Final Judgement,**修订的最终判决书**)进行描述,这个名称本身就是一个矛盾,如果判决书可以被修订,就不是最终的。这个事件导致了更为激烈的竞争,也使个人和企业都享受到更好的服务和更低的长途电话费率。然而,本地服务的价格反而上升了,因为失去了来自长途电话业务的补贴,本地服务必须自负盈亏。许多其他国家现在已经引入了类似形式的竞争。

与本书内容直接相关的是,这种新的竞争框架导致一种关键技术被加入到电话网络体系结构中。为了明确谁能做什么，美国被分成 164 个 LATA（Local Access and Transport Area，本地接入和传输区域）。粗略地说，一个 LATA 和一个地区码覆盖的区域差不多一样大。在每个 LATA 内部，有一个 LEC（Local Exchange Carrier，本地交换承运商），它垄断了该区域内的传统电话服务。美国大约有 1500 个独立的电话公司以 LEC 的身份运营。尽管某些 LATA 拥有上述电话公司中的一个或者多个，但最重要的 LEC 还是 BOC。

新特性在于，所有跨 LATA 的流量都由完全不同的另一种类型的公司处理，这样的公司称为 IXC（Inter-eXchange Carrier，跨区承运商）。最初，AT&T 长话公司是唯一正式的 IXC，但现在 IXC 行业也有诸如 Verizon 和 Sprint 这样成熟的竞争对手。在分解 AT&T 公司时美国政府非常关注的一点是，要确保所有的 IXC 在线路质量、关税制度以及客户拨打电话所需的拨号位数等方面都能够同等对待。这样处理的方式如图 2-54 所示。其中，所有的圆圈都表示 LEC 交换局，每个六边形属于相应标号的 IXC。在这个例子中可以看到有 3 个 LATA，每个 LATA 有几个端局。LATA2 和 LATA3 是内含汇接局（即 LATA 内部的长途局）的小型层次结构。

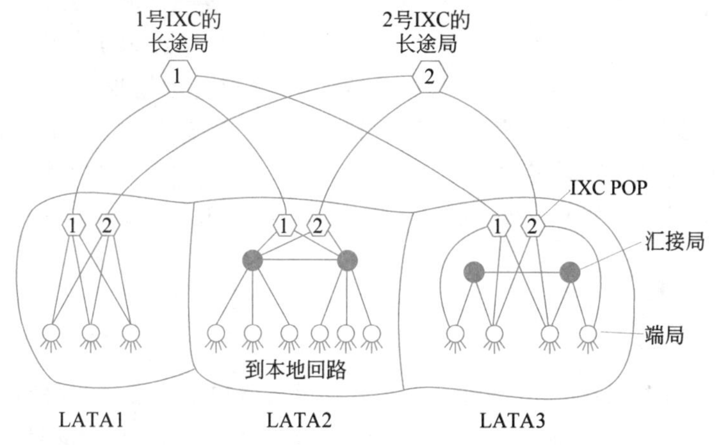

图 2-54 LATA、LEC 和 IXC 之间的关系

任何一个 IXC，如果它愿意处理来自某个 LATA 的呼叫，则可在该 LATA 内建立一个称为 POP（Point of Presence，入网点）的交换局。LEC 负责将每个 IXC 连接到每个端局。这种连接可以是直接的，比如像图 2-54 中的 LATA1 和 LATA3 那样；也可以是间接的，比如像图 2-54 中的 LATA2 那样。而且，从连接的角度来看，无论是技术方面还是经济方面，对所有的 IXC 都必须一视同仁。这一要求使得 LATA1 中的电话用户可以选择任何一个 IXC 来呼叫 LATA3 中的用户。

作为 MFJ 的一部分，IXC 被禁止提供本地电话服务，而 LEC 则被禁止提供跨 LATA 的电话服务，但两者在任何其他业务上都不受限制，比如经营炸鸡餐馆。在 1984 年，这是一份毫无歧义的声明。不幸的是，技术的发展以一种非常有趣的方式使法律变得过时了。这份协定没有覆盖有线电视和移动电话。随着有线电视从单向变成双向以及移动电话变得越来越流行，LEC 和 IXC 都开始购买或者兼并有线电视和移动电话运营商。

到了 1995 年，美国国会看到那种试图维护各类公司之间业务差异的做法已经不再可行，于是拟订了一份草案，保留竞争的有效性，但允许有线电视公司、本地电话公司、长途电话承运商和移动运营商进入彼此的业务领域。当时的想法是,任何公司都可以为它的客户提供一个综合的服务包,其中包括有线电视、电话和信息服务,并且不同公司在服务和价格上应展开竞争。这份草案于1996年2月被正式批准为法案,成为电信监管的一次重大变化。最终的结果是,有些BOC变成了IXC;而一些其他公司(比如有线电视运营商)则开始提供本地电话服务,与LEC进行竞争。

1996年的电信法案的一个有趣属性是,它要求LEC实现本地电话号码具有可携带特性,这意味着一个客户不必获得一个新的电话号码就可改变本地电话公司。移动电话号码(和固定与移动线路之间)的可携带特性在2003年得到贯彻。这种便捷性消除了很多人的疑虑,使得他们更加倾向于改变LEC。如此一来,美国电信业的前景变得更具竞争力,其他国家纷纷开始仿效。通常其他国家会等待一段时间,看看这种试验在美国的效果怎么样。如果效果好,它们就会跟着做;如果效果不好,它们可以试一试其他的做法。

最近几年,电信政策比较平静,因为它相对适用于电话公司,而大多数的动作和活动转移到了Internet服务提供商这边来。然而,有两个最近的发展涉及关于一个称为SS7(Signaling System 7)的信令协议的不安全性的政策活动,该信令协议允许蜂窝网络之间相互通话。该协议是不安全的,美国国会已经请FCC采取措施以解决其中一些不安全性问题。另一个有趣的发展与1996年电信法案有关,即文本消息如何归类。电话网络上的语音流量被归类为通信服务(与电话呼叫一样),与此不同的是,SMS消息(即文本消息)被归类为一种信息服务(类似于即时消息或者其他的Internet通信服务),这使得它们要遵从完全不同的监管要求,涉及从如何记账到制订这些消息的隐私规则等方方面面。

2.11 本章总结

物理层是所有网络的基础。物理性质给所有信道强加了两个根本限制,而这些限制决定了它们的带宽。这两个限制分别是处理无噪声信道的奈奎斯特极限和处理有噪声信道的香农极限。

传输介质可以是导向的或非导向的。主要的导向介质是双绞线、同轴电缆和光纤。非导向介质包括地面无线电、微波、红外线、通过空气传输的激光以及卫星。

数字调制方法可以通过导向的和非导向的介质上的模拟信号发送比特。线性编码在基带上运行,信号可通过调节载波的振幅、频率和相位被放置到一个通带上。信道可以通过时分、频分和码分复用的方式在用户之间共享。

在许多广域网络中关键的元素是电话系统。它的主要组件是本地回路、中继线和交换机。ADSL通过本地回路可提供高达40Mb/s的速率,具体做法是将本地回路分割成许多个可同时运行的子载波,这样的速率远远超过了电话调制解调器的数据速率。PON将光纤引入住户,可提供比ADSL还要高的接入速率。中继线传送数字信息。用WDM对光纤进行多路复用,就可以在其上提供许多条高容量链路,同时,通过TDM可在用户之间共享每一条高速链路。电路交换和数据包交换都扮演了重要的角色。

另一个用于网络接入的系统是有线电视基础设施,它已经逐渐地从同轴电缆演进到混合光纤电缆,许多有线电视Internet服务提供商现在已经为用户提供高达1Gb/s的服务(而且,在未来几年内,可能达到10Gb/s)。然而,这些网络的体系架构非常不同,网络的容量被同一个服务节点上的用户共享。

固定电话系统显然并不适用于移动设备应用了。移动电话在目前广泛应用于语音和数据通信；事实上，从 4G 开始，所有的语音都是通过数据包交换的网络运载的。1G 是模拟的，由 AMPS 主宰。2G 是数字的，GSM 是目前在全球部署最广泛的移动电话系统。3G 是数字的并且以宽带 CDMA 为基础。4G 的主要创新是切换到数据包交换的核心网。5G 的定义中包括更小的蜂窝尺寸、大规模 MIMO 以及使用了更多的频谱。

物理层的许多方面最终不仅由技术本身决定，也由政策组织决定，比如标准化组织和监管机构。在物理层上，其中一个在政策竞争中相对动态的领域是无线频谱，其中有相当一部分是高度管制的。随着数据通信对带宽的需求不断增长，监管机构正在积极地寻求办法以更加有效地使用已有的频谱，比如对以前已经分配的频谱进行重新合理分配和拍卖。

习　题

1. 输油管道是单工系统、半双工系统、全双工系统还是以上全不是？一条河呢？像对讲机之类的通信系统呢？

2. 光纤作为传输介质与铜芯相比有什么优势？与铜芯相比光纤是否存在不足？

3. 在 $1\mu m$ 波长上 $0.1\mu m$ 频谱的带宽是多少？

4. 现在需要在一条光纤上发送一系列计算机屏幕图像。屏幕的分辨率为 3840×2160 像素，每个像素 24 比特。每秒产生 60 幅屏幕图像。需要的数据速率是多少？

5. 在图 2-5 中，最左侧的波段比其他的都要窄，为什么？

6. 当前数字计算机执行的操作都是用电子信号实现的。想象一下，用光束可以更有效地实现，将如何影响数字通信？为什么现代计算机不用这种方式工作？

7. 当无线电天线的直径等于无线电波波长时天线通常工作得最好。常见的天线直径范围为 1～5m。这将覆盖多大的频率范围？

8. 当两个波束以 180°相位差到达时，多径衰减达到最大值。对于一条 10km 长的 1GHz 微波链路，为了最大化多径衰减，要求有多大的路径差？

9. 一束 1mm 宽的激光对准了 100m 外建筑物顶上的一个 1mm 宽的探测器。在该激光束错过探测器以前，激光束必须偏离多大的角度？

10. 计算函数 $f(t)=t\ (0\leqslant t\leqslant 1)$ 的傅里叶系数。

11. 在一条信噪比为 40dB 的信道上发送一个 5GHz 的二进制信号，最大数据速率的最低上界为多少？解释你的答案。

12. 每 1ms 对一条无噪声 3kHz 信道采样一次。最大数据速率是多少？如果信道上有噪声，且信噪比是 30dB，最大数据速率将如何变化？

13. 奈奎斯特定理对高质量的单模光纤适用吗？还是它只适用于铜线？

14. 电视信道宽 6MHz。如果使用 4 级数字信号，每秒可发送多少比特？假设电视信道为无噪声的。

15. 在一条信噪比为 20dB 的 3kHz 信道上发送一个二进制信号，最大可达到的数据速率是多少？

16. 在一条使用 4B/5B 编码方法的信道上以 64Mb/s 的速率发送数据，该信道使用的最小带宽是多少?

17. 在一个星座图中,所有的点都位于水平坐标轴上,它使用了哪种调制方案?

18. 一个使用 QAM-16 的站可以每个符号发送 3 比特吗? 解释为什么可以(或者不可以)。

19.如果信号传输使用 NRZ、MLT-3 和曼彻斯特编码,为了使数据速率达到 B(单位为 b/s),最小需要多少带宽? 解释你的答案。

20. 证明:在 4B/5B 用 NRZI 编码方法映射数据的方案中,至少每 4 比特时间要发生一次信号跳变。

21. 一个类似于图 2-17 的调制解调器星座图有以下几个数据点:(1,1)、(1,-1)、(-1,1)和(-1,-1)。一个具备这些参数的调制解调器以 1200 符号/秒的速率能获得多大数据速率(单位为 b/s)?

22. 一个全双工 QAM-64 调制解调器使用了多少频率?

23. 有 10 个信号,每个要求 4000Hz,现在用 FDM 将它们复用在一条信道上。对于被复用的信道,需要的最小带宽是多少? 假设保护带为 400Hz 宽。

24. 假设在一个 CDMA 系统中,A、B 和 C 同时传输比特 0,它们的码片序列如图 2-22(a)所示。结果码片序列是什么?

25. 在关于 CDMA 码片序列正交性的讨论中,其中提到了若 $\boldsymbol{S} \cdot \boldsymbol{T}$ 是 0,则 $\boldsymbol{T} \cdot \boldsymbol{S}$ 也是 0。请证明。

26. 考虑用另一种方式看待 CDMA 码片序列的正交性。一对序列中的每一位要么匹配,要么不匹配。按照匹配和不匹配表示正交性。

27. 一个 CDMA 接收器接收到了下面的码片:(-1 +1 -3 +1 -1 -3 +1 +1)。假设码片序列如图 2-22(a)所定义,哪些站传输了数据? 每个站发送了什么比特?

28. 在图 2-22 中,有 4 个站可以传输数据。假设增加了 4 个站,给出这些站的码片序列。

29. 两个长度为 128 的随机码片序列,其归一化内积为 1/4 或更高的概率是多少?

30. 在(固定)电话和电视网络中,多个终端用户仍然连接到单个端局、头端或者光纤节点。这些系统可以比第 1 章中讨论的传统电话更有容错性吗?

31. 1984 年以前每个端局由 3 位数字的区域号和本地号码中的前 3 位命名,那时共有多少个电话端局? 区域号数字由 2~9 开始,第二位数字是 0 或者 1,最后一位数字任意取值。本地号码的前两位数字均为 2~9,第三位数字可以是任意数字。

32. 一个简单的电话系统包括两个端局和一个长途局,每个端局通过一条 1MHz 的全双工中继线连接到长途局。在 8h 的工作日中,平均每部电话发出 4 次呼叫,每次呼叫平均持续 6min。10%的呼叫是长途(即要通过长途局)。一个端局最多能支持多少部电话(假设每条电路为 4kHz)? 为什么电话公司决定支持的电话数要少于端局的这一最大电话数?

33. 一个区域电话公司有 1500 万个用户。每部电话通过双绞线连接到一个中心局。这些双绞线的平均长度为 10km。本地回路中的铜价值多少? 假设每股线的横截面直径为 1mm,铜的密度是 $9.0\mathrm{g/cm^3}$,并且每千克铜可以卖 6 美元。

34. 如果波特率是 4800baud 并且不使用差错纠正,V.32 标准调制解调器能达到的最大比特率是多少?

35. 高速微处理器的价格已经降到可以在每个调制解调器中都安装一个的程度。这对电话线路的错误处理有什么影响？它能抵消第二层差错检测/纠正的需求吗？

36. 一个使用 DMT 的 ADSL 系统为下行链路分配了 3/4 的可用数据信道。它在每条信道上使用了 QAM-64 调制方案。下行链路的容量是多少？

37. 为什么 PCM 采样时间被设置为 125μs？

38. 在 1MHz 的线路上使用 T1 载波需要多大的信噪比？

39. 若将无噪声的 4kHz 信道用于下面的方案，请比较它们的最大数据速率：

(a) 每个样值 2 比特的模拟编码（比如 QPSK）。

(b) T1 PCM 系统。

40. 如果一个 T1 载波系统失去同步，它试图用每一帧的第 1 位重新同步。在出错概率为 0.001 的情况下，平均要检查多少帧才能重新获得同步？

41. T1 载波的百分比开销为多少（也就是说，1.544Mb/s 中有多少百分比没有给终端用户使用）？OC-1 或 OC-768 线路的百分比开销又如何？

42. SONET 时钟的漂移率大约是 $1/10^9$。经过多长时间才能使得漂移等于 1 比特的宽度？该结果有什么实际含义吗？若有，请解释之。

43. 在图 2-35 中，OC-3 的用户数据速率声明为 148.608Mb/s。该数值是如何从 SONET OC-3 的参数得出的？对于 OC-3072 线路来说，总数据速率、SPE 数据速率和用户数据速率是多少？

44. 为适应比 STS-1 更低的速率，SONET 有一个虚拟支流（Virtual Tributary，VT）系统。一个 VT 是指被插入 STS-1 帧中的部分有效载荷，并且可以与其他部分有效载荷组合以填满数据帧。VT1.5 使用 STS-1 帧的 3 列，VT2 使用 4 列，VT3 使用 6 列，VT6 使用 12 列。哪个 VT 可以满足以下要求？

(a) DS-1 服务（1.544Mb/s）。

(b) 欧洲的 CEPT-1 服务（2.048Mb/s）。

(c) DS-2 服务（6.312Mb/s）。

45. 一个 OC-12c 连接中的可用用户带宽是多少？

46. 调制解调器的解调部分与编码解码器的编码部分有没有区别？如果有，区别是什么？

47. 有 3 个包交换网络，每个包含 n 个节点。第一个网络采用星状拓扑结构，有一个中心交换机；第二个网络采用双向环结构；第三个网络则采用全连通结构，每个节点都有一条线路与其他的任意一个节点相连。按照跳数，哪个情形是最佳的传输路径？平均传输路径如何？哪个情形是最差的传输路径？

48. 比较在一个电路交换网络和一个（负载较轻的）数据包交换网络中沿着 k 跳路径发送一个 x 位消息的延迟。假设电路建立时间为 s 秒，每一跳的传播延迟为 d 秒，数据包的大小为 p 位，数据传输速率为 b 位/秒。在什么条件下数据包网络的延迟比较小？请解释在什么样的条件下数据包交换网络优于电路交换网络。

49. 假定在一个数据包交换网络中用户数据长度为 x 位，将以一系列数据包的形式沿着一条 k 跳路径传输，每个数据包包含 p 位数据和 h 位包头，这里 $\gg p+h$。线路的比特率为 b 位/秒，传播延迟忽略不计。什么样的 p 值使得总延迟最小？

50. 在一个六角形蜂窝的典型移动电话系统中,不允许相邻蜂窝重复使用频率。如果总共有840个频率可用,对于一个给定的蜂窝最多可以使用多少个频率?

51. 蜂窝的实际布局很少像图2-39那样规则。即使单个蜂窝的形状也往往是不规则的。试给出一个可能的理由说明为什么会这样。这些不规则形状对每个蜂窝的频率分配有什么影响?

52. 为了覆盖旧金山市($120km^2$),请粗略估算需要多少个直径为100m的PCS微蜂窝?

53. 有时,当一个移动用户跨越一个蜂窝边界进入另一个蜂窝时,当前的电话呼叫会被突然中止,尽管所有的发射器和接收器都在正常工作。这是为什么?

54. 在低端,电话系统呈星状结构,邻近范围内的所有本地回路都集中到端局。相反,有线电视网的低端则使用一条长电缆蜿蜒穿过邻近范围内的所有住户。假设未来的有线电视电缆是10Gb/s的光纤,而不再是铜线。它可以模拟电话模型,即每个住户都有自己的专用线路连接到端局吗?如果可以,一根光纤上可以挂接多少个只有一部电话的住户?

55. 一个有线电视系统有100个商业频道,所有的频道都是节目和广告轮流播放。这种模式更像TDM还是FDM?

56. 一个有线电视公司决定为一个有5000个住户的区域提供Internet接入服务。该公司使用一根同轴电缆,它的频谱分配方案允许每根电缆有100Mb/s的下行带宽。为了吸引住户,该公司决定在任何时候都保证每个住户至少有2Mb/s的下行带宽。该公司需要采取什么措施才能提供这样的带宽保证。

57. 利用图2-46显示的频谱分配方案以及本章中给出的信息,说明一个有线电视系统分配给上行流和下行流分别是多少(单位为Mb/s)?

58. 如果网络空闲,一个有线电视用户的接收数据速率是多少?假设用户接口分别如下:

(a) 10Mb/s以太网。

(b) 100Mb/s以太网。

(c) 54Mb/s无线网。

59. 铱计划中的66颗低轨道卫星被分成绕着地球的6条项链。在它们的高度上,绕地球一圈的周期是90min。对于一个固定的发射器,切换的平均间隔是多少?

60. 考虑在地球同步卫星高度上的一颗卫星,它的轨道面与地球赤道平面的倾斜角度为ϕ。对于地球表面北纬ϕ度的一个固定位置用户来说,这颗卫星看起来是静止在天空中吗?如果不是,请描述它的运动情况。

61. 分别计算在GEO(高度为35 800km)、MEO(高度为18 000km)和LEO(高度为750km)卫星间一个数据包的端-端传输时间。

62. 如果使用铱星通信,从北极发出一个电话呼叫到达南极的延迟是多少?假设卫星上的交换时间是$10\mu s$,地球半径为6371km。

63. 使用如图2-50所示的集线器,需要多长时间才能把一个1GB的文件从一个VSAT发送到另一个VSAT?假设上行链路是1Mb/s,下行链路是7Mb/s,采用电路交换技术,电路的建立时间是1.2s。

64. 在第63题中,如果采用包交换,数据包的传输时间是多少?假设数据包大小为64KB,在卫星和集线器上的交换时延是$10\mu s$,数据包的包头大小为32B。

65. 多个 STS-1 数据流的复用在 SONET 中扮演了非常重要的角色，这些 STS-1 数据流称为支流(tributary)。一个 3∶1 多路复用器将 3 个输入的 STS-1 支流复用到一个 STS-3 输出流中。复用过程按字节进行，也就是说，前 3 字节分别是支流 1、2 和 3 的第一字节，接下去的 3 字节分别是支流 1、2 和 3 的第二字节，以此类推。编写一个程序模拟这样的 3∶1 多路复用器。程序应该包含 5 个进程。主进程创建 4 个进程，其中 3 个进程分别对应 3 个 STS-1 支流，第 4 个对应多路复用器。每个支流进程从一个输入文件中读入连续的 810B 作为一个 STS-1 帧，它们将这些帧(逐字节)发送给多路复用器进程。多路复用器进程接收这些字节，然后逐字节输出到标准输出设备上。进程之间的通信采用管道形式进行。

66. 写一个实现 CDMA 的程序。假设码片序列的长度是 8，发射站的数目为 4。程序应该包括 3 组进程：4 个发射进程(t0、t1、t2 和 t3)、一个联结进程和 4 个接收进程(r0、r1、r2 和 r3)。主程序，同时作为联结进程，首先从标准输入设备读入 4 个码片序列(双极表示)和一个 4 比特的序列(每个发射进程负责发射 1 比特)，并且派生出 4 对发射/接收进程。每对发射/接收进程(t0/r0、t1/r1、t2/r2、t3/r3)得到一个码片序列，每个发射进程还得到 1 比特(第一比特分配给 t0，第二比特分配给 t1，以此类推)。然后，每个发射进程计算它要发射的信号(8 比特的序列)，并将该信号发送到联结进程。在收到全部 4 个发射进程发来的信号后，联结进程把这些信号组合起来，然后把组合后的信号发送给 4 个接收进程。每个接收进程计算它接收到的比特，并输出到标准输出设备上。进程之间的通信采用管道形式进行。

第 3 章　数据链路层

本章将介绍网络模型中的第二层——数据链路层的设计原则。本章内容涉及两台相邻计算机实现可靠、有效的完整信息单元(称为帧)通信的一些算法,而不像物理层那样只关注单个比特传输。这里的相邻是指两台计算机通过一条通信信道连接起来,通信信道在概念上就像一条线路(比如同轴电缆、电话线或者无线信道)。信道像一条线路的本质之处在于信道上传递的比特顺序与发送顺序完全相同。

刚开始,你可能认为这个问题非常简单,似乎没有什么内容需要学习——计算机 A 把比特放到线路上,然后计算机 B 将这些比特取下来。不幸的是,通信信道偶尔会出错。而且,它们只有有限的数据传输率,并且在比特的发送时间和接收时间之间存在一个非零延迟。这些限制对数据传输的效率有非常重要的影响。通信采用的协议必须考虑所有这些因素。这些协议正是本章的主题。

在介绍了数据链路层的关键设计问题以后,本章将通过考察错误的本质以及如何检测和纠正这些错误来开始数据链路层协议的学习。然后,本章将学习一系列复杂性逐步递增的例子协议,每个协议解决了本层中越来越多的问题。最后,本章将给出一些数据链路层协议的例子。

3.1　数据链路层的设计问题

数据链路层使用其下面的物理层提供的服务在通信信道(可能是不可靠的)上发送和接收比特。它要实现以下功能:

(1) 向网络层提供一个定义良好的服务接口(3.1.1 节)。

(2) 将字节序列组成帧,成为自包含的数据段(3.1.2 节)。

(3) 检测和纠正传输错误(3.1.3 节)。

(4) 调节数据流,确保慢速的接收方不会被快速的发送方淹没(3.1.4 节)。

为了实现这些目标,数据链路层从网络层获得数据包,然后将这些数据包封装成帧(frame)以便传输。每个帧包含一个帧头、一个有效载荷(用于存放数据包)以及一个帧尾,如图 3-1 所示。帧的管理构成了数据链路层工作的核心。在后面的几节中将详细地讨论上面提到的所有问题。而且,当使用了不可靠的无线网络时,使用协议增强数据链路层通常也会提高性能。

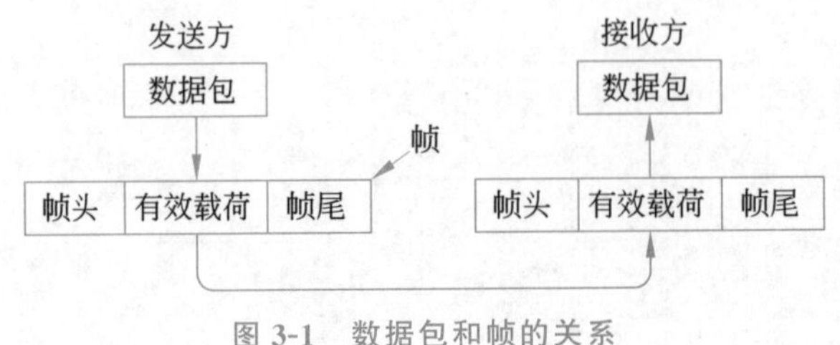

图 3-1　数据包和帧的关系

虽然本章主要讨论数据链路层及其协议，但是，本章中介绍的许多原理，比如错误控制和流量控制等，同样可以在传输层和其他协议中寻觅到类似的踪迹。这是因为可靠性是一个总目标，这个目标的实现需要各层的紧密配合。实际上，在许多网络中，这些功能最常出现的地方是上层，数据链路层只做最少的一点“足够好”的工作。然而，不管它们出现在哪里，其原理是一致的。在数据链路层中，它们通常表现出最为简单和纯粹的形式，因此，数据链路层是详细学习这些原理的绝佳之地。

3.1.1　提供给网络层的服务

数据链路层的功能是为网络层提供服务。数据链路层最主要的服务是将数据从源主机的网络层传输到目标主机的网络层。在源主机的网络层有一个实体(称为进程)，它将一些数据包交给数据链路层，要求传输到目标主机。数据链路层的任务是将这些数据传输给目标主机，然后这些数据再被进一步交付给网络层，如图 3-2(a)所示。实际的传输过程则是沿着图 3-2(b)所示的路径进行的，但很容易将这个过程想象成两个数据链路层的进程使用一个数据链路层协议进行通信。基于这个原因，在本章中将隐式使用图 3-2(a)的模型。

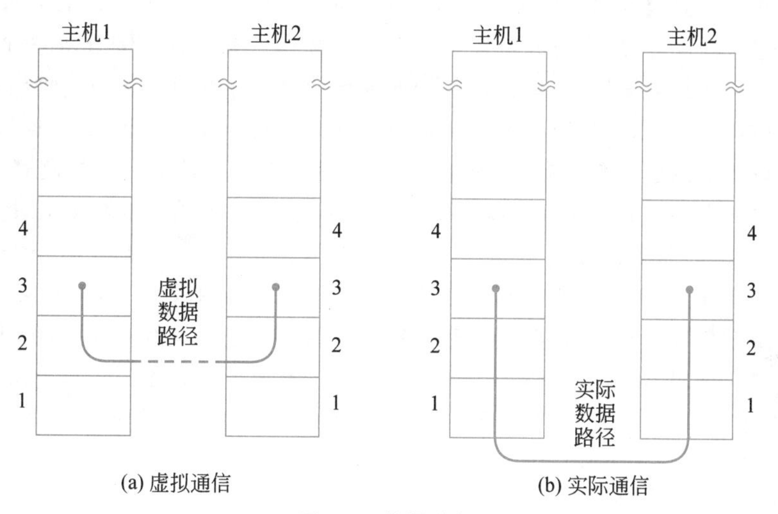

图 3-2　数据路径

数据链路层可以设计成提供各种不同的服务。实际提供的服务因具体协议的不同而有所差异。下面依次考虑 3 种合理的可能性：

(1) 无确认的无连接服务。

(2) 有确认的无连接服务。

(3) 有确认的面向连接服务。

无确认的无连接服务是指源主机向目标主机发送独立的帧，目标主机并不对这些帧进行确认。以太网就是一个提供此类服务的数据链路层的绝佳实例。事先不需要建立逻辑连接，事后也不用释放逻辑连接。若由于线路的噪声造成某一帧的丢失，数据链路层并不会试图检测这样的丢帧情况，也不会试图恢复丢失的帧。当错误率很低时，这类服务是非常合适的，此时差错恢复过程可以留给上面的层完成。对于实时流量，比如语音或者视频，这类服务也是合适的，因为在实时流量的情况下数据迟到比数据受损更糟糕。

从可靠性角度而言,下一步是有确认的无连接服务。当提供这类服务时,仍然没有使用逻辑连接,但发送的每一帧都单独进行确认。这样,发送方可知道一个帧是已经正确地到达目的地还是丢失了。如果一个帧在指定的时间间隔内还没有到达,则发送方将再次发送该帧。这类服务在不可靠的信道上非常有用,比如无线系统。IEEE 802.11(WiFi)就是此类服务的一个典型例子。

或许有一点值得强调,那就是在数据链路层提供确认只是一种优化。它永远不是一种需求。网络层总是可以发送一个数据包,然后等待该数据包被远程机主机上的对等体确认。如果在重传计时器超时以前确认还没有收到,那么发送方只要再次发送整条消息即可。这一策略的麻烦在于它可能是非常低效的。数据链路层通常对帧长度有严格的限制,这是由硬件强加的;此外还有传播延迟。网络层并不知道这些参数。网络层可能发出了一个很大的数据包,该数据包被拆分到(比如说)10个帧中,而且平均20%的帧会被丢失。这个数据包可能需要花很长时间才能完成传输。但是,如果每个帧都单独确认和重传,那么差错就能更直接并且更快地被纠正。在可靠信道(比如光纤)上,重量级的数据链路层协议的开销可能是不必要的;但在无线信道(具有内在的不可靠性)上,这种开销通常还是非常值得的。

我们再回到有关服务的话题上,数据链路层向网络层提供的最复杂的服务是面向连接的服务。通过这种服务,源主机和目标主机在传输任何数据以前都要建立一个连接。在连接上发送的每一帧都被编号,数据链路层确保发出的每一帧都会真正被接收到,而且它还保证每一帧只被接收一次,并且所有的帧都按正确的顺序被接收。因此,面向连接的服务相当于为网络层进程提供了一个可靠的比特流。它适用于长距离且不可靠的链路,比如卫星信道或者长途电话电路。如果采用有确认的无连接服务,可以想象,如果确认丢失,会导致一个帧被收发多次,因而浪费带宽。

当使用面向连接的服务时,数据传输要经过3个阶段。在第一个阶段,要建立连接,双方初始化各种变量和计数器,这些变量和计数器记录了哪些帧已经接收到,哪些帧还没有接收到。在第二个阶段,才真正传输一个或者多个帧。在第三个也是最后一个阶段,连接被释放,所有的变量、缓冲区以及其他用于维护该连接的资源也随之被释放。

3.1.2 成帧

为了向网络层提供服务,数据链路层必须使用物理层提供给它的服务。物理层接收一个原始比特流,并试图将它传递给目的地。如果信道上存在噪声,就像大多数无线链路和某些有线链路那样,物理层就会在它的信号中添加一些冗余,以便将误码率降到一个可容忍的程度。然而,数据链路层接收到的比特流不能保证没有错误。某些比特的值可能已经发生变化,接收到的比特个数可能少于、等于或者多于传送的比特个数。检测错误和纠正错误(如果有必要)的工作正是数据链路层该做的。

对于数据链路层来说,通常的做法是将比特流拆分成离散的帧,为每一帧计算一个名为校验和的短令牌(本章后面将讨论校验和算法),并将该校验和放在帧中一起传输。当一帧到达目标主机时,要基于收到的帧重新计算校验和。如果重新计算的校验和与该帧中包含的校验和不同,则数据链路层知道发生了错误,它就会采取措施来处理错误(比如丢弃坏帧,可能还会发回一个错误报告)。

拆分比特流成帧的实际工作比初看上去的要困难得多。一个好的设计必须使接收方很容易发现新帧的开始，同时使用极少的信道带宽。下面将考察 4 种成帧方法：

(1) 字节计数法。

(2) 字节填充的标志字节法。

(3) 比特填充的标志比特法。

(4) 物理层编码例外法。

第一种成帧方法利用帧头中的一个字段标识该帧中的字符数。当目标方的数据链路层看到字节计数值时，它就知道后面跟着多少字节，因此也就知道了该帧在哪里结束。这项技术如图 3-3(a)所示，其中 4 个样例帧的大小分别为 5 字节、5 字节、8 字节和 8 字节。

这个方法的麻烦之处在于，字节计数值有可能因为一个传输错误而出错。比如，如果图 3-3(b)中第 2 帧的字节计数值 5 由于一个比特反转而变成了 7，那么目标方就会失去同步，然后它再也不能找到下一帧的正确起始位置。即使校验和不正确，目标方知道该帧已经被损坏，它也无法知道下一帧从哪里开始。在这种情况下，给源方发回一帧要求重传也无济于事，因为目标方并不知道应该跳过多少字节才能到达重传的开始处。正是由于这个原因，字节计数法很少被使用。

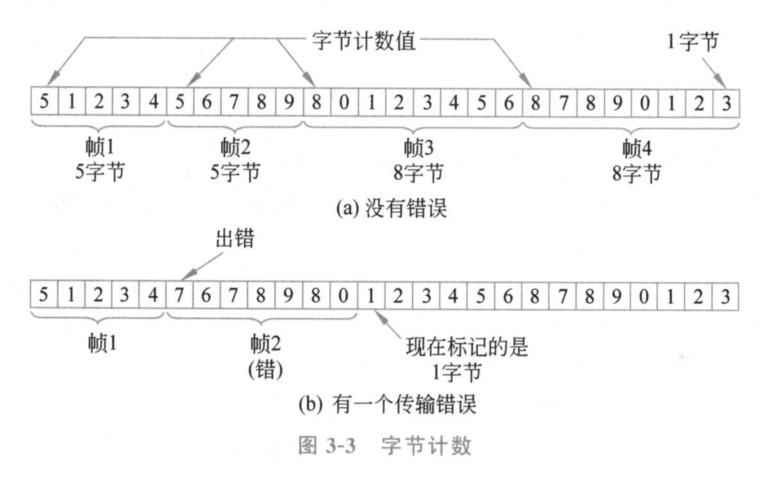

图 3-3　字节计数

第二种成帧方法考虑了出错之后的重新同步问题，它让每一帧用一些特殊的字节作为开始和结束。通常同样的字节被用作帧的开始和结束分界符，它被称为**标志字节**(flag byte)，如图 3-4(a)中的 FLAG 所示。两个连续的标志字节代表了一帧的结束和下一帧的开始。因此，如果接收方失去同步，它只需搜索两个标志字节就能找到当前帧的结束和下一帧的开始位置。

然而，这里仍然有问题。有可能标志字节碰巧出现在数据中，尤其是当传输二进制数据(比如照片或歌曲)时。这种情况将会干扰到帧的分界。解决这个问题的一种方法是，发送方的数据链路层在数据中"偶尔"出现的每个标志字节的前面插入一个特殊的转义字节(ESC)。因此，只要看数据中标志字节的前面有没有转义字节，就可以把作为帧分界符的标志字节与数据中出现的标志字节区分开。接收方的数据链路层在将数据传递给网络层之前必须删除转义字节。这种技术就称为**字节填充**(byte stuffing)。

当然，接下来的问题就是：如果转义字节也出现在数据的中间，那该怎么办？答案是同样用一个转义字节填充。在接收方，第一个转义字节被删除，留下紧跟在它后面的数据字节

(或许是另一个转义字节或者标志字节)。图 3-4(b)给出了一些例子。在所有情况下,去掉填充字节之后递交的字节序列与原始的字节序列完全一致。仍然可以通过搜索并列的两个填充字节定位一个帧的边界,无须顾虑删除转义字节的事。

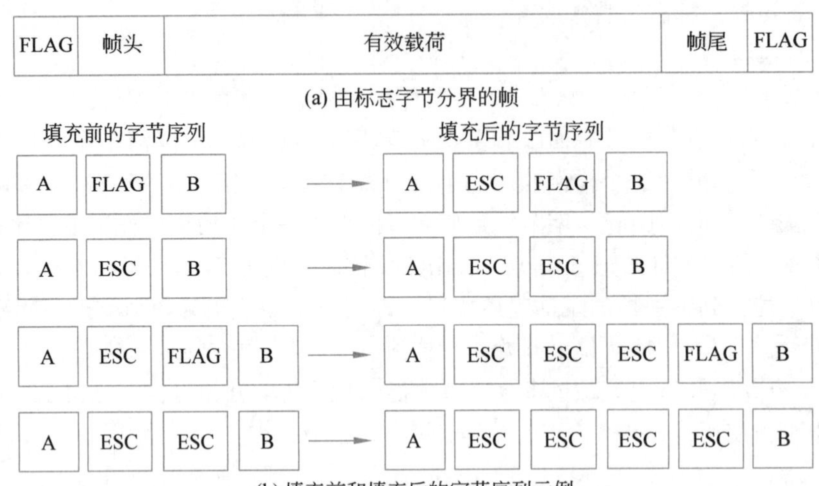

图 3-4 字节填充

图 3-4 中描述的字节填充方案是 **PPP**(Point-to-Point Protocol,**点到点协议**)中实际使用的方案经过略微简化后的形式,该协议被用于在通信链路上传送数据包,在 Internet 上很常见。在 3.5.1 节将讨论 PPP。

第三种成帧方法考虑了字节填充的缺点,即只能使用 8 比特的字节。帧的划分也可以在比特级完成,因而帧可以包含由任意大小的单元组成的任意数量的比特。这种方法是为曾经非常流行的 **HDLC**(High-level Data Link Control,**高级数据链路控制**)协议而开发的。每个帧的开始和结束由一个特殊的比特模式——01111110 或十六进制 0x7E 进行标记。这一模式是一个标志字节。每当发送方的数据链路层在数据中遇到连续 5 个 1 时,它便自动在输出的比特流中填入一个比特 0。这种**比特填充**类似于字节填充,在数据中的标志字节之前插入一个转义字节到输出字符流中。比特填充还确保了转换的最小密度,这将有助于物理层保持同步。正是由于这个原因,USB(Universal Serial Bus,通用串行总线)采用了比特填充技术。

当接收方看到 5 个连续到达的比特 1,并且后面紧跟一个比特 0,它就自动剔除(即删除)比特 0。比特填充和字节填充一样,对两台主机上的网络层是完全透明的。如果用户数据中包含了标志模式 01111110,那么,这个标志传输出去的是 011111010,但在接收方内存中存储的还是 01111110。上面的层完全不知道传输过程中使用了比特填充。图 3-5 给出了一个比特填充的例子。

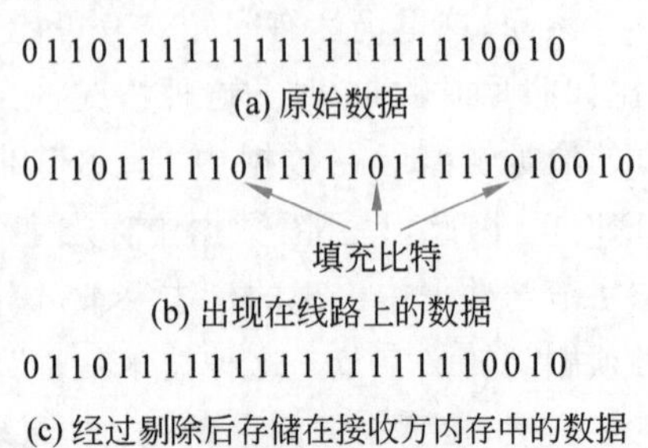

图 3-5 比特填充

有了比特填充技术,两帧之间的边界可以由标志模式毫无歧义地进行区分。因此,如果接收方失去了它的接收轨迹,它所要做的只是扫描输入比特流,找出其中的标志序列,因为这些标志只可能出现在帧的边界,而绝不会出现在数据中。

采用比特填充和字节填充的一个副作用是一帧的长度现在要取决于它携带的数据内容。比如,如果数据中没有标记字节,那么,100 字节数据或许被一个大约长为 100 字节的帧所携带。然而,如果数据完全由标志字节组成,那么,每个标志字节都要被转义,帧的长度将变成大约 200 字节。采用比特填充技术,帧的长度增幅大约为 12.5%,因为一字节增加一比特。

成帧的最后一种方法是使用物理层的一条"近道"。从第 2 章看到,将比特编码成信号通常包括一些冗余比特,以便帮助接收器进行同步。这种冗余意味着一些信号将不会出现在常规数据中。比如,在 4B/5B 线路编码模式下,4 个数据位被映射成 5 个信号比特,以确保信号有足够的比特跳变。这意味着 32 个可能的信号中有 16 个是不会被使用的。可以利用这些保留的信号来指示帧的开始和结束,这就是使用"编码例外"(无效字符)来区分帧的边界。这种方案的优点在于:因为它们是保留的信号,所以很容易找到帧的开始和结束,而且不需要填充数据。

许多数据链路协议为安全起见组合使用了这些方法。以太网和 IEEE 802.11 使用的一种公共模式是,用一个定义良好的比特模式标识一帧的开始,该比特模式称为**前导码**(preamble)。这种模式可能很长(在 IEEE 802.11 中使用 72 位),以便让接收方准备接收到达的数据包。前导码之后是帧头的长度字段(即计数),这个字段将被用来定位帧的结束处。

3.1.3 错误控制

解决了如何标识每一帧的开始和结束位置以后,现在看下一个问题:如何确保所有的帧最终都被按照正确的顺序传递了给目的地的网络层?现在假设接收方可以知道它收到的帧包含了正确的或者错误的信息(将在 3.2 节考察用于检测和纠正传输错误的编码)。对于无确认的无连接服务,不管发出去的帧是否正确到达,发送方只要把输出的帧留存就可以了。但是对于可靠的面向连接的服务,这样做肯定还远远不够。

确保可靠传递的常用方法是向发送方提供一些有关线路另一端状况的反馈信息。典型情况下,协议要求接收方发回一些特殊的控制帧,在这些控制帧中对于它接收到的帧进行肯定或者否定的确认。如果发送方收到了关于某一帧的肯定确认,那么它就知道这一帧已经安全地到达了;而否定的确认意味着传输过程中产生了错误,所以这一帧必须重传。

更为复杂的情况是存在这样的可能性:由于硬件的问题导致一个帧被完全丢失了(比如一个突发噪声)。在这种情况下,接收方根本不会有任何反应,因为它没有理由做出反应。类似地,如果确认帧丢失,发送方也不知道该如何处理。很显然,如果在一个协议中发送方发出了一帧以后就等待肯定的或者否定的确认,那么,若由于硬件故障或通信信道出错等原因而丢失了某一帧,则发送方将永远等待下去。

这种可能性可以通过在数据链路层中引入计时器来解决。当发送方发出一帧时,它通常还要启动一个计时器。该计时器的超时值要设置得足够长,以便该帧能够到达目的地,并且在目的地被处理后再将确认传回发送方。一般情况下,在计时器超时前,该帧被正确地接收,并且确认也被传了回来。在这种情况下,计时器被取消。

然而,如果原始帧或者确认被丢失,则计时器将被触发,从而警告发送方存在一个潜在的问题。一种显然的解决方案是重新发送该帧。然而,当有的帧被发送了多次时,就会存在这样的危险：接收方将两次或者多次接收到同一帧，并且多次将它传递给网络层。为了避免发生这样的情形，有必要给发送出去的帧分配序号，这样接收方就可以区分原始帧和重传帧。

管理好计时器和序号，以便保证每一帧最终都恰好被传递给目的地的网络层一次，这是数据链路层(以及上层)工作的重要组成部分。在本章后面，将通过一系列复杂性逐渐增加的例子考察这一管理工作是如何完成的。

3.1.4 流量控制

在数据链路层(以及上层)中，另一个重要的设计问题是：如果发送方总体发送帧的速度超过了接收方能够接收这些帧的速度，则发送方该如何处理？当发送方运行在一台高速并且能力强大的计算机上，而接收方运行在一台慢速并且低端计算机上时，这种情况就可能发生。一种常见的场景是，一个智能手机向一个服务器请求一个 Web 页面。这就像突然打开了消防水阀一样，大量的数据涌向可怜无助的手机，直到它被彻底淹没。即使传输过程不会出错，接收方也可能无法以数据到来的速度那样快地处理帧，导致一些帧丢失。

很显然，必须采取某种措施阻止这种情况的发生。常用的方法有两种。第一种方法是基于反馈的流量控制(feedback-based flow control)，接收方给发送方返回信息，允许它发送更多的数据，或者至少告诉发送方接收方进行得怎么样。第二种方法是基于速率的流量控制(rate-based flow control)，使用这种方法的协议有一种内置的机制，它能限制发送方传输数据的速率，而无须利用接收方的反馈。

在本章中，将介绍基于反馈的流量控制方案，这主要是因为基于速率的流量控制方案仅在传输层(第5章)的一部分中可以看到。而基于反馈的流量控制方案则可同时出现在链路层和更高层上。后者在近来更为常见，在当前情况下，链路层硬件的运行速度足够快，不会造成丢帧。比如，作为链路层硬件实现的 NIC(Network Interface Card，网络接口卡)有时能以“线速”运行，这意味着它们能以帧到达链路的速度处理帧。因而，任何过载都不是链路问题，所以它们必须由高层处理。

基于反馈的流量控制方案有许多种，但是绝大多数使用了同样的基本原理。协议包含了许多定义良好的规则，这些规则涉及发送方什么时候可以发送下一帧。这些规则通常禁止发送帧，直到接收方授予许可(隐式或者显式)。比如，当建立一个连接时，接收方可能会这样说：“你现在可以给我发送 n 个帧，但是在发送完这 n 个帧以后就别再发送，直到我告诉你可以继续发送。”稍后将讨论这些细节。

3.2 错误检测和纠正

在第2章中介绍了，通信信道有许多不同的特征。有些信道，比如电信网络中的光纤，其错误率很低，因而很少发生传输错误。但是其他信道，尤其是无线链路和老化的本地回路，错误率要高出几个数量级。对于这些链路而言，传输错误是常态。从性能的角度来看，这些错误不能在合理的成本开销内避免。结论是，传输错误非常普遍。我们必须知道如何处理传输错误。

网络设计者针对错误处理已经研究出两种基本策略。这两种策略都在发送的数据中加入冗余信息。一种策略是包含足够多的冗余信息，以便接收方能推断出被发送的数据一定是什么。另一种策略是包含恰好足够的冗余信息，使得接收方推断出是否发生了错误（而推断不出是哪个错误），然后接收方可以请求重传。前一种策略使用了**纠错码**（error-correcting code），后一种策略使用了**检错码**（error-detecting code）。使用纠错码的技术通常也称为**前向纠错**（Forward Error Correction，**FEC**）。

这里的每一项技术都占据着不同的生态位置。在高度可靠的信道上（比如光纤），较为合算的做法是使用检错码，当偶尔发生错误时只需重传整个数据块。然而，在错误很多的信道上（比如无线链路），更好的做法是在每一个数据块中加入冗余信息，以便接收方能够计算出原始的数据块是什么。FEC 被用在有噪声的信道上，因为重传的数据块本身也可能像第一次传输那样出错。

这些编码的一个关键考虑是可能发生的错误类型。无论是纠错码还是检错码都无法处理所有可能的传输错误，因为提供保护措施的冗余比特很可能像数据比特一样出现错误（从而削弱了它们的保护作用）。如果对于信道而言冗余比特不同于数据比特，那当然好；但事实并非如此，对信道而言，它们都是同样的比特。这意味着为了避免未检测到错误，编码必须强大到足以应付预期的错误。

一种模型是偶尔出现的极端热噪声快速淹没了信号，引起孤立的单个比特错误。另一种模型是错误往往呈现突发性而不以单个形式出现。这种错误源自产生错误的物理过程，比如无线信道上的一个深衰减，或者有线信道上的瞬态电气干扰。

两种模型在实践中都很重要，并且有不同的权衡。突发的错误相比孤立的单个比特错误既有优势也有不足。从优势方面来看，计算机数据总是成块发送的。假设数据块大小为 1000 比特，误差率为每比特 0.001。如果错误是独立的，大多数块将包含一个错误。但如果错误以 100 比特的突发形式出现，则平均来说 100 块中只有一块会受到影响。突发错误的缺点在于当它们发生时比孤立的单个比特错误更难以纠正。

同时还存在着其他类型的错误。有时候，一个错误的位置可以知道，或许因为物理层接收到的一个模拟信号远离了 0 或 1 的预期值，因而可以声明该比特已丢失。这种情形称为**擦除信道**（erasure channel）。擦除信道中的错误比那些把比特值翻转的信道中的错误更易于纠正，因为即使某一比特的值被丢失，至少可以知道哪一比特出了错。然而，我们往往不能从信道的擦除性质上受益。

下面同时考察纠错码和检错码。请记住两点。

首先，在数据链路层讨论这些编码，因为这里是我们面临着可靠传输比特组相关问题的首要之地。然而，这些编码方案是被广泛使用的，因为可靠性是一个整体要关注的问题。纠错码在物理层往往也会看到，特别是有噪声的信道，同时还会出现在更高的层上，特别是针对实时流媒体和内容分发。检错码经常被用在链路层、网络层和传输层。

其次，错误编码是应用数学。除非你特别熟悉伽罗瓦（Galois）领域或稀疏矩阵的性质，否则，你应该从可靠的来源获得性质优良的编码方法，而不是自己设计编码方法。事实上，这正是很多协议标准所做的，它们一次又一次采用了同样的编码方法。在下面的内容中，将详细地介绍一个简单的编码，然后再简要描述先进的编码。这样，就可以从简单编码理解如何权衡，并且通过先进编码讨论实际使用的编码。

3.2.1 纠错码

本节将考察以下4种不同的纠错码:

(1) 海明码。

(2) 二进制卷积码。

(3) 里德-所罗门码。

(4) 低密度奇偶校验码。

上述所有编码都将冗余信息加入到待发送的信息中。一帧由 m 个数据位(即消息)和 r 个冗余位(即校验位)组成。在块编码(block code)中,r 个校验位是通过与之相关的 m 个数据位的函数计算获得的,就好像在一张大表中找到 m 个数据位对应的 r 个校验位。在系统码(systematic code)中,直接发送 m 个数据位,然后发出校验位,而不是在发送前对它们进行编码。在线性码(line code)中,r 个校验位是通过 m 个数据位的线性函数计算出来的。异或(XOR)运算或模2加是一种很流行的函数,这意味着编码过程可以用诸如矩阵乘法或简单的逻辑电路完成。除非另有说明,本节中考察的是线性码、系统块编码。

令数据块的总长度为 n(即 $n=m+r$)。我们将此描述为(n, m)码。一个包含了数据位和校验位的 n 位单元称为 n 位码字(codeword)。码率(code rate),或者简单地称为速率,则定义为码字中不包含冗余部分所占的比例,或者用 m/n 表示。在实践中码率变化很大。在一个有噪声信道上码率或许是1/2,在这种情况下接收方收到的信息中有一半是冗余位;而在高质量的信道上码率接近1,只有少量的校验位被添加到一个大的消息中。

为了理解错误是如何被处理的,有必要先仔细看一看错误到底是什么样的。给定两个被发送或接收的码字,比如10001001和10110001,完全可以确定这两个码字中有多少个对应位是不同的。在这种情况下,有3位不同。为确定有多少个不同的位,只需对两个码字进行异或运算,并且计算结果中1的个数。比如:

$$\begin{array}{r} 10001001 \\ \underline{10110001} \\ 00111000 \end{array}$$

两个码字中不同的位的个数称为海明距离(Hamming distance)。它的意义在于,如果两个码字的海明距离为 d,则需要 d 个一位错误才能将一个码字转变成另一个码字。

给定计算校验位的算法,完全可以构建一个完整的合法码字列表,然后从这个列表中找出两个具有最小海明距离的码字。这个距离就是整个编码的海明距离。

在大多数数据传输应用中,所有 2^m 种可能的数据消息都是合法的;但是,根据校验位的计算方法,并非所有 2^n 种可能的码字都会被用到。事实上,当有 r 个校验位时,可能的报文中只有很少一部分($2^m/2^n$ 或 $1/2^r$)是合法的码字。正是这种空间稀疏特性,即消息被嵌入码字空间中,使得接收方能检测并纠正错误。

块编码的检错和纠错特性取决于它的海明距离。为了可靠地检测 d 个错误,需要一个海明距离为 $d+1$ 的编码,因为在这样的编码中,d 个一位错误不可能将一个有效码字改变成另一个有效码字。当接收方看到一个非法的码字时,它就能判断是发生了传输错误。类似地,为了纠正 d 个错误,需要一个距离为 $2d+1$ 的编码,因为在这样的编码中,合法码字之间的距离足够远,即使发生了 d 位变化,原来的码字也比任何其他的码字都离错误码字最近。这意味着在不太可能有更多错误的假设下，原来的码字就可以唯一确定下来。

看一个纠错码的简单例子，考虑一个只有下列 4 个有效码字的编码：

0000000000，　0000011111，　1111100000，　1111111111

该编码的距离是 5，这意味着它可以纠正 2 个错误或者检测 4 个错误。如果接收到码字 0000000111 并且期望只有 1 个或者 2 个错误，则接收方知道原始的码字一定是 0000011111。然而，如果发生了 3 个错误，0000000000 变成了 0000000111，则以上编码就无法正确地纠正错误了。另外，如果预期所有这些错误都会发生，那么也可以检测出它们。只要没有收到合法的码字，就必然发生了错误。很明显，在这个例子中，不能同时纠正 2 个错误和检测 4 个错误，因为这需要以两种不同的方式解释接收到的码字。

在上面的例子中，解码的任务就是找出最接近接收到的码字的合法码字，这可以通过查找来完成。不幸的是，大多数情况下全部码字都将作为候选被评估，这是一件非常耗时的搜索。相反，实际的代码通常被设计成允许使用快捷方式找出最有可能的原始码字。

设想要设计一种编码，每个码字有 m 条消息位和 r 个校验位，并且能够纠正所有的单个错误。对于 2^m 条合法消息，任何一条消息都对应 n 个距离为 1 的非法码字。这些非法码字可以这样构成：将该消息对应的合法码字的 n 位逐个取反，可以得到 n 个距离为 1 的非法码字。因此，每 2^m 条合法消息需要 $n+1$ 个位模式标识它们。由于总共只有 2^n 个位模式，所以，必须有 $(n+1)2^m \leqslant 2^n$。由于 $n=m+r$，这个要求变成了

$$(m+r+1) \leqslant 2^r \tag{3-1}$$

在给定 m 的情况下，这个条件给出了纠正单个错误所需的校验位数的下界。

事实上，这个理论下限可使用海明方法获得。在海明码（Hamming codes）中，码字的位被连续编号，从最左端的位 1 开始，紧跟在右边的那一位是 2，依次从左到右编号。编号为 2 的幂（1，2，4，8，16 等）的位是校验位，其余位（3，5，6，7，9 等）用来填充 m 个数据位。这种模式如图 3-6 所示，其中有 7 个数据位和 4 个校验位。每一个校验位强制进行模 2 加，或对某些位的集合，包括其本身进行偶（或奇）校验。一位可能被包括在几个校验位的计算中。若要查看在数据 k 位上的校验位，必须将 k 改写成 2 的幂之和。比如，11＝1＋2＋8 和 29＝1＋4＋8＋16。校验某一位时，只需要检查那些覆盖了该位的校验位（比如，校验 1、2 和 8 位就可确定 11 位是否出错）。在图 3-6 所示的例子中，采用偶校验计算一个只包含 ASCII 码字母 A 的消息的校验和。

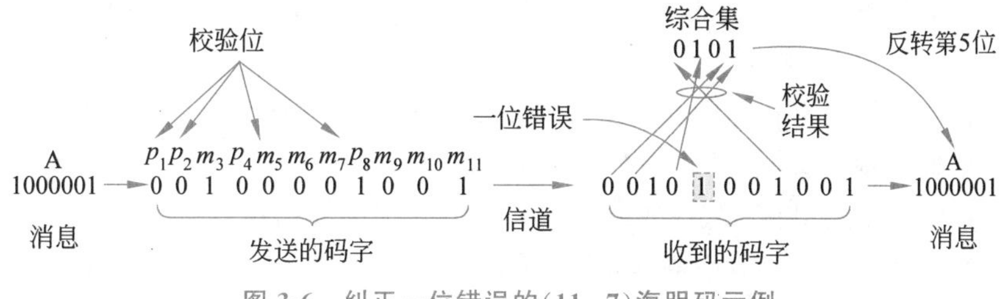

图 3-6　纠正一位错误的（11，7）海明码示例

这种结构给出了海明距离为 3 的编码，意味着它可以纠正单个错误（或检测两个错误）。针对消息位和校验位小心编号的原因在解码的处理过程中表现得非常明显。当接收到一个码字时，接收方重新计算其校验位，包括接收到的校验位的值。得到的计算结果称为校验结

果。如果校验位是正确的,对于偶校验和而言,每个校验结果应该是0。在这种情况下,码字才被认为是有效的,从而可以被接受。

然而,如果校验结果不是全0,则意味着检测到一个错误。校验结果的集合形成的**错误综合集**,可用来查明和纠正错误。在图3-6中,信道上发生了一位错误,因此分别针对$k=8$、4、2、1的校验结果是0、1、0和1。由此得出的综合集为0101或$4+1=5$。按照设计方案,这意味着第5位是错误的。把不正确的位(这可能是一个校验位或数据位)取反,并丢弃校验位,就得到正确的消息——ASCII码字符A。

海明距离对理解块编码是有价值的,而且海明码还被用在纠错内存中。然而,大多数网络使用了更强大的编码。本节考察的第二个编码是**卷积码**(convolutional code),这是本节讨论的编码方法中唯一不属于块编码的编码。在卷积码中,编码器处理一个输入位序列,并生成一个输出位序列。它不像块编码,没有自然消息大小或编码边界,输出取决于当前的输入和以前的输入,也就是说编码器有内存。决定当前输出的以前的输入位数称为该编码的**约束长度**(constraint length)。卷积码由它们的速率和约束长度标识。

卷积码已被广泛应用于实际部署的网络中。比如,它已经成为GSM移动电话系统的一部分,在卫星通信和IEEE 802.11中都得到应用。作为一个例子,图3-7给出了一个流行的卷积码。其$r=1/2,k=7$。这个代码称为NASA(美国航天局)卷积码,因为它是第一个被用在1977年的旅行者号航天飞行任务中的编码。从那以后,它被随意重用于许多其他地方,比如,它已成为IEEE 802.11的一部分。

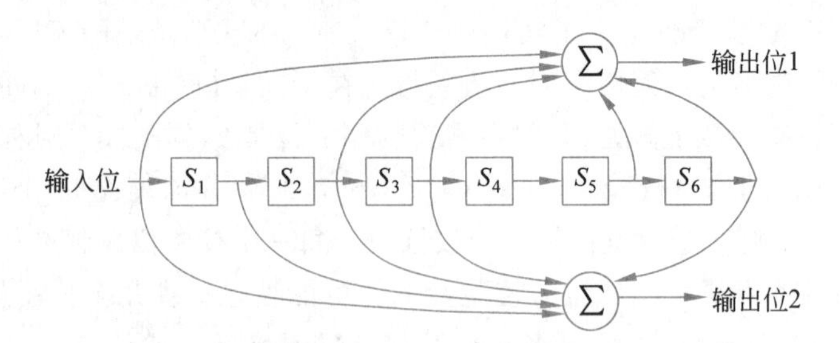

图3-7 应用于IEEE 802.11的NASA卷积码

在图3-7中,左边的每个输入位产生右边的两个输出位,输出位是输入位和内部状态的异或之和。由于它处理的是比特并执行线性运算,因此是二进制的线性卷积码。又因为它的一个输入产生两个输出,因此其码率为1/2。这里的输出位不是简单的输入位,从而它不属于系统码。

NASA卷积码的内部状态保存在6个内存寄存器中。每当输入一位时,寄存器的值就右移一位。比如,如果输入序列为111,初始状态是全0,则在输入第一、第二和第三位后从左到右的内部状态变成100000、110000和111000,对应的输出位分别是11、10和01。这个过程需要7次移位才能完全清空输入,从而不影响输出,因此该卷积码的约束长度是$k=7$。

卷积码的解码过程是找出最有可能产生观察到的输出位序列(包括任何错误)的输入位序列。对于较小值的k,一种广泛使用的算法是由Viterbi开发的(Forney,1973)。该算法逐个检查观察到的序列,记住每一步和输入序列的每个可能内部状态,即以最少的错误产生观察到的序列对应的输入序列。最终,那个具有最少错误的输入序列就是最有可能的消息。

卷积码在实践中已经非常流行,因为它很容易将一位为0或1的不确定性化解成解码过程。比如，假设 -1V 表示逻辑 0，$+1$V 表示逻辑 1，接收方可能接收到的 2 位分别是 0.9V 和 -0.1V。卷积码不是简单地将这些信号映射成逻辑 1 和 0，而是把 0.9V 看成“很可能是 1”，把 -0.1V 看成“很可能是 0”，从而整体上纠正这一序列。Viterbi 算法的扩展可以处理这些不确定因素，因而能提供更强的纠错功能。这种带有一位不确定性的工作方法称为软判决解码(soft-decision decoding)；相反，在执行纠错之前就决定了每一位是 0 或 1 的工作方法称为硬判决解码(hard-decision decoding)。

本节将描述的第三种纠错码是里德-所罗门码(Reed-Solomon code)。像海明码一样，里德-所罗门码是线性块编码，而且往往也是系统码。但与海明码不同的是，里德-所罗门码对 m 位符号进行操作，而不是针对单独的位进行操作。当然，这里涉及更多的数学内容，因此下面将用类比的方式描述它们的操作。

里德-所罗门码基于这样的事实：每一个 n 次多项式是由 $n+1$ 个点唯一确定的。比如，一条具有 $ax+b$ 形式的线由两个点决定。同一条线上的额外点都是冗余的，这将有助于纠错。可以想象用两个数据点代表一条线，并且发送这两个点，再加上这条线上的额外两个校验点。如果收到的其中一个点出现错误，仍然可以通过接收点的拟合线恢复这个数据点。其中 3 个点将处在同一条线上，而出错的那个点不在这条线上。只要找到这条线，就可以纠正错误。

里德-所罗门码实际上被定义成一个在有限域上操作的多项式，但工作方式类似。对于 m 位符号而言，码字长是 2^m-1 个符号。一种流行的选择是 $m=8$，这样符号就是字节。因此，一个码字为 255 字节长。(255，233)码被广泛使用，它在 233 个数据符号上增加了 22 个冗余符号。带有纠错功能的解码算法由 Berlekamp 和 Massey 开发，它能有效地执行中等长度的解码任务(Massey，1969)。

里德-所罗门码在实践中得到了广泛的应用，这是由于其具有强大的纠错性能，尤其是针对突发错误。它们被用在 DSL、线缆上的数据通信、卫星通信以及可能无处不在的 CD、DVD 和蓝光光盘。因为它们基于 m 位符号，因此一位错误和 m 位突发错误都只是作为一个出错的符号对待。当加入 $2t$ 个冗余符号后，里德-所罗门码能够纠正传输符号中的任意 t 个错误。比如，在(255，233)码中，由于有 32 个冗余符号，因此可以纠正多达 16 个符号错误。因为符号是连续的，并且每个 8 位长，所以可以纠正高达 128 位的突发错误。如果错误模型是擦除的(比如，一张 CD 上的划痕消除了一些符号)，则情况更好。在这种情况下，高达 $2t$ 个错误可以得到纠正。

里德-所罗门码通常与其他编码(如卷积码)结合在一起使用。这种想法的依据在于：卷积码在处理孤立的比特错误时很有效；但如果接收到的比特流中有太多的错误，可能与突发错误类似，那么，卷积码就无法处理了。通过在卷积码内加入里德-所罗门码，里德-所罗门码可以纠正突发错误，因此两者的结合就能将纠错任务完成得非常好。综合起来的编码对单个错误和突发错误都有很好的处理效果。

本节考察的最后一个纠错码是 LDPC(Low-Density Parity Check，低密度奇偶校验)码。LDPC 码是线性块编码，由 Robert Gallagher 在他的博士论文中首次提出(Gallagher，1962)。像大多数学位论文一样，它很快被人遗忘了，直到 1995 年计算能力的进步使得它可以实用化的时候才被重新发明并进入实际应用。

在 LDPC 码中，每个输出位由一小部分的输入位形成。这使得编码可以用一个 1 的密度很低的矩阵来表示,这也是该编码名称的由来。接收到的码字通过一个近似算法解码,该算法通过迭代不断改进接收到的数据与合法码字的最佳匹配,以此纠正错误。

LDPC码比较适用于大块数据,而且具有出色的纠错能力,因而性能优于其他许多实践中的编码(包括本节前面考察过的那些)。正是基于这个原因,它迅速被包含到新的协议中,成为数字视频广播、10Gb/s以太网、电力线网络以及最新版本IEEE 802.11标准的一部分。期待在未来的网络中看到更多的LDPC码。

3.2.2 检错码

纠错码被广泛应用于无线链路。众所周知,相比光纤,无线链路嘈杂不堪而且容易出错。如果没有纠错码,将很难从无线链路获得任何信息。然而,对于光纤或高质量铜线,错误率要低得多,所以,对于偶尔出现的错误,采用错误检测和重传的处理方式通常更加有效。

本节将考察3种检错码。这些检错码都是线性的系统块编码:

(1) 奇偶校验位。

(2) 校验和。

(3) 循环冗余校验码。

为了看清楚检错码如何比纠错码更有效,考虑第一种检错码——把单个奇偶校验位(parity bit)附加到数据上。奇偶校验位的选择原则是使得码字中比特1的数目是偶数(或奇数)。这样处理等同于对数据位进行模2加或异或运算来计算奇偶校验位。比如,当以偶校验方式发送1011010时,在数据末尾添加一位,成为10110100;当以奇校验方式发送1011010时,则结果为10110101。具有单个校验位的编码具有码距2,因为任何一位错误都将使得码字的奇偶校验位出错。这意味着奇偶校验码可以检测出一位错误。

考虑这样的信道:其上发生的错误都是孤立的,并且每一比特的错误率是10^{-6}。这个看似微小的错误率对长距离的线缆已经是最好的条件了。典型的LAN链路的比特错误率大约为10^{-10}。令数据块大小为1000b。为了针对1000b的数据块提供纠错功能,根据式(3-1)可知需要10个校验位。因此1Mb的数据块将需要10 000个校验位。如果只为检测出该块数据中存在的一位错误,那么,每个数据块仅一个校验位就足够了。如此一来,每1000个数据块中才有一块出现错误,只需要重传额外的一块(1001位)即可修复错误,每1Mb数据用于错误检测和重传的总开销只有2001位。相比之下,海明码需要10 000位。

这种方案的一个困难在于单个校验位只能可靠地检测出数据块中的一位错误。如果数据块因一个长的突发错误造成严重乱码,那么这种错误被检测出来的概率只有0.5,这显然是令人难以接受的。如果将发送的每个数据块视为一个n位宽和k位高的矩阵,则检测出错误的概率可望得到很大提高。现在,如果为每一行计算和发送一个奇偶校验位,那么,只要每一行最多只有一个错误发生,就能可靠地检测出最多k位错误。

然而,还可以用以下方法提高针对突发错误的更好保护:可以以不同的顺序计算数据的校验位,即以不同于通信信道上数据位发送的顺序计算校验位。这种处理方式称为交错校验(interleaving)。在这种情况下,将为n列中的每一列计算校验位,按k行发送全部的数据位。发送顺序是:从上到下发送每一行,行内数据位通常按从左到右的顺序发送。在最后一行,发送n个校验位。这种校验的示例如图3-8所示,其中$n=7,k=7$。

交错校验是一种将检测(或纠正)孤立错误的编码转换成能检测(或纠正)突发错误的编

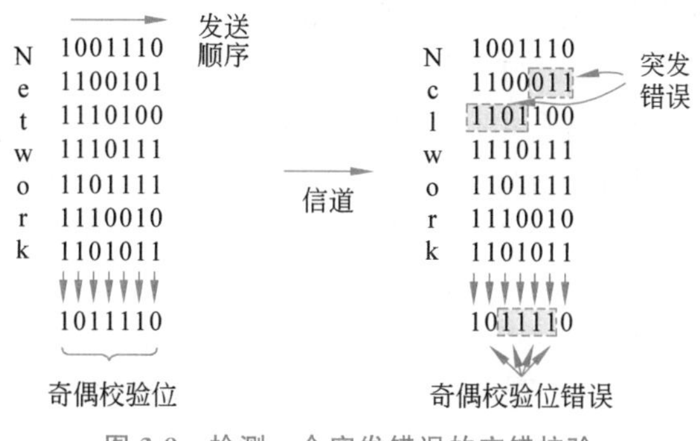

图 3-8 检测一个突发错误的交错校验

码的通用技术。在图 3-8 中，当发生一个长度为 $n=7$ 的突发错误时，出错的位恰好分散在不同的列(突发错误并不隐含着所有的位都出错；它只意味着至少第一位和最后一位错误。图 3-8 所示的 4 个奇偶校验位错误分布在 7 位范围内)。n 列中的每一列至多只有一位受到影响，因此这些列中的校验位将能检测到该错误。这种方法对于 kn 位的数据块使用 n 个奇偶校验位就能检测出一个长度小于或等于 n 的突发错误。

然而，如果第一位和最后一位被反转，所有其他位都正确，那么，这样一个长度为 $n+1$ 的突发错误将被遗漏。如果数据块被一个长突发错误或多个短突发错误扰乱，那么，这 n 列中任何一列偶尔有正确校验位的概率是 0.5，所以一个不该接受而被接受的坏块的概率是 2^{-n}。

第二种检错码称为校验和(checksum)，它与一组奇偶校验位密切相关。校验和这个词通常用来指与一条消息相关联的一组校验位，不管这些校验位是如何计算出来的。一组奇偶校验位是校验和的一个例子。然而，还有其他更强的校验和，它们以利用消息中的数据位进行求和计算为基础。校验和通常放置在消息的末尾，作为求和函数的补充。这样一来，通过对整个接收到的码字(包含了数据位和校验和)进行求和计算就能够检测出错误。如果计算结果是 0，则没有检测出错误。

校验和的一个例子是 16 位的 Internet 校验和，它作为 IP 协议的一部分用在所有 Internet 数据包中(Braden 等，1988)。该校验和是把消息的位分成 16 位字的求和结果。由于此方法针对字而不是像奇偶校验那样针对位进行操作，所以，不改变奇偶性的错误此时仍然会影响求和值，从而能被检测出来。比如，如果两个不同字的最低位都从 0 错误地翻转为 1，跨越这些位的奇偶校验将无法检测到这个错误；然而，两个 1 增加到 16 位校验和中将产生不同的结果，于是这个错误就能被检测出来。

Internet 校验和是以 1 的补码运算而非 2^{16} 模加运算得到的。在 1 的补码运算中，负数是其正数的按位补。现代计算机正常采用的是 2 的补码运算，负数是 1 的补码加 1。在一台采用 2 的补码运算的计算机中，1 的补码和等价于模 2^{16} 求和，并且将高阶位的任何溢出加到低阶位上。该算法为校验和位提供了更均匀的数据覆盖面。否则，两个高阶位可能因相加、溢出而被丢失，没有改变求和结果。该算法还有另一个好处。对于 0、1 的补码有两种表示方法：全 0 和全 1。这就允许用一个值(比如全 0)表示没有校验和，而不需要用另外一个字段。

几十年来，人们一直有这样的假设，即计算校验和时针对的帧包含了随机的位。校验和算法的所有分析都是基于这样的假设进行的。由 Partridge 等(1995)检查的真实数据表明这种假设是十分错误的。因此,在有些情况下未检测到的错误比以前想象得更多。

尤其是 Internet 校验和,它有效而简单,但在有些情况下提供的保护很弱,正是因为它只是一个简单的求和。它检测不出 0 数据的增加或删除,也检测不出消息中被交换的那部分,而且对于由两个数据包中的部分拼接起来的消息只有弱保护作用。这些错误在随机过程中似乎不太可能发生,但恰恰是有可能发生在有缺陷的硬件上的错误。

一个更好的选择是 **Fletcher 校验和**(Fletcher,1982)。它包括一个位置,将数据和其位置的乘积添加到校验和中。这样能对数据位置的变化提供更强的检测作用。

尽管前面两种检错码对高层而言有时候可能已经足够,但实际上,链路层广泛使用的是第三种更强的检错码——**CRC**(Cyclic Redundancy Check,**循环冗余校验**)码,也称为**多项式编码**(polynomial code)。其基本思想是将位串看成系数为 0 或 1 的多项式。一个 k 位帧看作一个 k 项多项式的系数列表,此 k 项从 x^{k-1} 到 x^0。这样的多项式被看作 $k-1$ 阶多项式。最高(最左边的)位是 x^{k-1} 项的系数,接下来的位是 x^{k-2} 项的系数,以此类推。比如,110001 有 6 位,因此代表一个有 6 项的多项式,其系数分别为 1、1、0、0、0 和 1,即 $1x^5+1x^4+0x^3+0x^2+0x^1+1x^0$。

多项式的运算遵守代数域理论的规则,以 2 为模完成。加法没有进位,减法没有借位。加法和减法都等同于异或运算。比如:

$$
\begin{array}{r} 10011011 \\ -11001010 \\ \hline 01010001 \end{array}
\quad
\begin{array}{r} 00110011 \\ +11001101 \\ \hline 11111110 \end{array}
\quad
\begin{array}{r} 11110000 \\ -10100110 \\ \hline 01010110 \end{array}
\quad
\begin{array}{r} 01010101 \\ -10101111 \\ \hline 11111010 \end{array}
$$

长除法与二进制中的除法运算一样进行,只不过减法按模 2 进行。如果被除数与除数有一样多的位,则该除数要“进入”被除数中。

当使用多项式编码时,发送方和接收方必须预先商定一个**生成多项式**(generator polynomial)记为 $G(x)$。生成多项式的最高位和最低位必须是 1。假设一帧有 m 位,它对应于多项式 $M(x)$,为了计算它的循环冗余校验码,该帧必须比生成多项式长。基本思想是,在帧的尾部附加一个校验和,使得附加校验之后的帧代表的多项式能够被 $G(x)$ 除尽。当接收方收到了带校验和的帧以后,它试着用 $G(x)$ 去除它。如果有余数,则表明存在传输错误。

计算循环冗余校验码的算法如下:

(1) 假设 $G(x)$ 的阶为 r。在帧的低位端加上 r 个 0,使得该帧现在包含 $m+r$ 位,对应的多项式为 $x^r M(x)$。

(2) 利用模 2 除法,用对应于 $G(x)$ 的位串去除对应于 $x^r M(x)$ 的位串。

(3) 利用模 2 减法,从对应于 $x^r M(x)$ 的位串中减去余数(总是小于或等于 r 位)。结果就是将被传输的带校验和的帧。称它的多项式为 $T(x)$。

图 3-9 显示了采用生成多项式为 $G(x)=x^4+x+1$ 计算帧 1101011111 校验和的情形。

显然,$T(x)$ 可以被 $G(x)$ 除尽(模 2)。在任何除法问题中,如果将被除数减掉余数,则剩下的差值一定可以被除数除尽。比如,在十进制中,如果 210 278 被 10 941 除,则余数为 2399。于是,如果从 210 278 中减去 2399,则得到的 207 879 可以被 10 941 除尽。

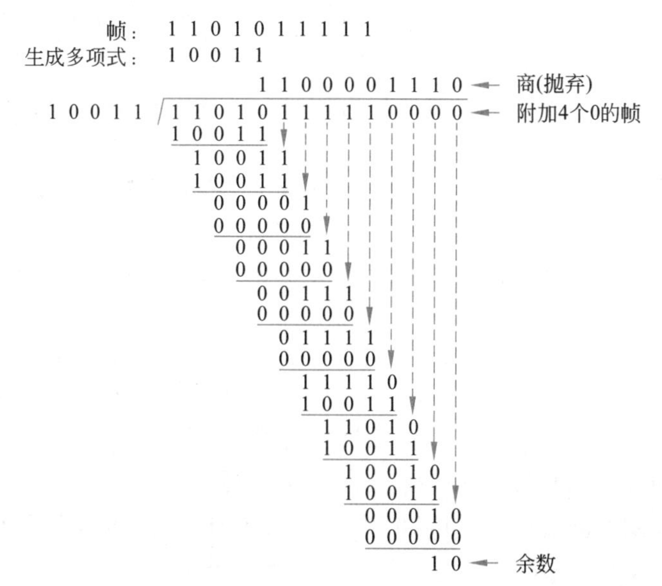

图 3-9 循环冗余校验码计算示例

现在分析这种方法的能力。什么样的错误能被检测出来？想象一下发生了一个传输错误，因此接收方收到的不是 $T(x)$，而是 $T(x)+E(x)$。$E(x)$中对应的每个1都变反了。如果 $E(x)$中有 k 个1，则表明发生了 k 个一位错误。单个突发错误可以这样描述：初始位是1，然后是 $k-2$ 个0和1，最后一位也是1，所有其他位都是0。

接收方在收到了带校验和的帧以后，用 $G(x)$除它；也就是说，接收方计算$[T(x)+E(x)]/G(x)$。$T(x)/G(x)$是0，因此计算结果简化为 $E(x)/G(x)$。如果这些错误对应的多项式恰好以 $G(x)$为因子，那么，这些错误就会被遗漏；所有其他的错误都可以被捕捉到。

如果只有一位发生错误，即 $E(x)=x^i$，这里 i 决定了哪一位发生了错误。如果 $G(x)$包含两项或者更多项，则它永远也不会除尽 $E(x)$，所以，所有的一位错误都将被检测到。

如果有两个独立的一位错误，则 $E(x)=x^i+x^j$，这里 $i>j$。换一种写法，$E(x)$可以写成 $E(x)=x^j(x^{i-j}+1)$。如果假定 $G(x)$不能被 x 除尽，则所有的两位错误都能够检测出来的充分条件是：对于任何小于或等于 $i-j$ 最大值(即小于或等于最大帧长)的 k 值，$G(x)$都不能除尽 x^k+1。简单地说，保护长帧的低阶多项式是已知的。比如，对于任何 $k<32\ 768$，$x^{15}+x^{14}+1$ 都不能除尽 x^k+1。

如果有奇数个位发生了错误，则 $E(x)$包含奇数项(比如 x^5+x^2+1，但不能是 x^2+1)。有趣的是，在模2系统中，没有一个奇数项多项式有 $x+1$ 因子。通过将 $x+1$ 作为 $G(x)$的一个因子，就可以捕捉到所有包含奇数个位变反的错误。从统计学角度，这样就可以捕捉到一半的错误。

最后，也是最重要的，带 r 个校验位的多项式编码可以检测到所有长度小于或等于 r 的突发错误。长度为 k 的突发错误可以用 $x^i(x^{k-1}+x^{k-2}+\cdots+1)$表示，这里 i 决定了突发错误的位置离帧的最右端的距离。如果 $G(x)$包含一个 x^0 项，则它不可能有 x^i 因子，所以，如果括号内表达式的阶小于 $G(x)$的阶，则余数永远不可能为0。

如果突发错误的长度为$r+1$,则当且仅当突发错误与$G(x)$一致时,错误多项式除以$G(x)$的余数才为0。根据突发错误的定义,第一位和最后一位必须为1,所以它是否与$G(x)$匹配取决于其他$r-1$个中间位。如果所有的组合被认为是等概率的,则这样一个不正确的帧被当作有效帧接受的概率是$1/2^{r-1}$。

同样可以证明,当一个长度大于$r+1$位的突发错误或者几个短突发错误发生时,一个坏帧通过检测的概率为$1/2^r$,这里假设所有的位模式都是等概率的。

一些特定的多项式已经成为国际标准。其中一个作为以太网的例子被用于IEEE 802中,该多项式为

$$x^{32}+x^{26}+x^{23}+x^{22}+x^{16}+x^{12}+x^{11}+x^{10}+x^{8}+x^{7}+x^{5}+x^{4}+x^{2}+x^{1}+1$$

除了其他期望的特性以外,循环冗余检验码还有一个特性:能检测到长度小于或等于32的所有突发错误以及影响到奇数个位的全部突发错误。20世纪80年代以后它已被广泛使用。但是,这并不意味着它是最好的选择。Castagnoli等(1993)和Koopman(2002)采用穷尽计算搜索,发现了更好的一些循环冗余检验码。这些循环冗余检验码针对典型消息长度的海明距离为6,而IEEE标准的CRC-32的海明距离只有4。

虽然计算循环冗余检验码所需的运算看似很复杂,但在硬件上通过简单的移位寄存器电路很容易计算和验证循环冗余检验码(Peterson等,1961)。更新、更快的实现也被提出了(Mitra等,2017)。在实践中,几乎总是会用到硬件。数十种网络标准包含了各种各样的循环冗余检验码,包括几乎所有的LAN(如以太网、IEEE 802.11)和点到点链路(如SONET上的数据包)。

3.3 基本数据链路层协议

为了引入关于协议的主题,本节先从3个复杂性逐渐增加的协议开始。在考察这些协议以前,先对底层的通信模型做一些假设是非常有用的。

3.3.1 初始的简化假设

独立进程。首先,假设物理层、数据链路层和网络层都是独立的进程,它们通过来回传递消息进行通信。图3-10给出了这3层的通用实现。物理层进程和数据链路层进程的一部分运行在一个称为NIC(Network Interface Card,网络接口卡)的专用硬件上。数据链路层进程的其他部分和网络层进程作为操作系统的一部分运行在主CPU上。数据链路层进程的软件通常以设备驱动程序的形式存在。然而,其他的实现也是有可能的(比如,把3个进程卸载到一个称为网络加速器的专用硬件上运行,或者3个进程基于一个软件定义的无线电设施运行在主CPU上)。实际上,首选的实现方式随着以大约10年为周期的技术演变而发生变化。无论如何,将这3层作为独立的进程,可以

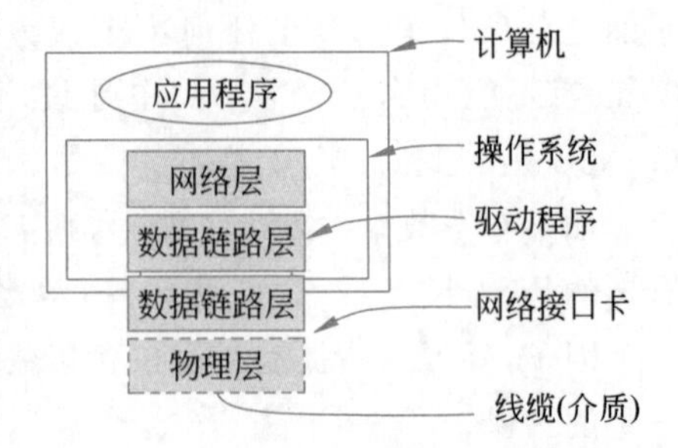

图3-10 物理层、数据链路层和网络层的通用实现

在讨论中使概念更加清晰，同时也有助于强调这些层的独立性。

单向通信。第二个关键的假设是主机 A 希望用一个可靠的、面向连接的服务向主机 B 发送一个长数据流。以后再考虑 B 同时也想向 A 发送数据的情形。假定 A 有无限的数据已经准备好要发送，不必等待这些数据被生成出来。或者说，当 A 的数据链路层请求数据时，网络层总能够立即满足（这个限制后面也将被去掉）。

可靠的机器和进程。第三个假设是主机不会崩溃。也就是说，这些协议只处理通信错误，不处理因为主机崩溃和重新启动而引起的问题。

在涉及数据链路层时，从网络层通过接口传递到数据链路层的数据包是纯粹的数据，它的每一位都将被递交到目标主机的网络层。目标主机的网络层可能会将数据包的一部分解释为一个头，这样的操作不属于数据链路层的考虑范围。

3.3.2　基本的传输和接收

在发送方，当数据链路层从网络层接收了一个数据包，它就在数据包前后增加一个数据链路层头和尾，把数据包封装到一个帧中（见图 3-1）。因此，一个帧由一个内嵌的数据包、一些控制信息（在帧头）和一个校验和（在帧尾）组成。然后，该帧被传输到另一台主机上的数据链路层。假设有一个现成合适的代码库，其中过程 to_physical_layer 发送一帧，from_physical_layer 接收一帧。这些过程负责计算和附加校验和，并检查校验和（这部分工作通常由硬件完成），所以我们无须关心本节数据链路层协议的这部分内容。比如，它们或许会用到 3.2.2 节讨论的 CRC 算法。

刚开始时，接收方什么也不做。它只是静静地等待着某些事情的发生。在本章给出的示例协议中，用过程调用 wait_for_event(&event) 指示数据链路层正在等待事情发生。只有当确实发生了什么事情（比如一个帧到达），该过程才返回。该过程返回时，变量 event 说明究竟发生了什么。对于本节要讲述的各个协议，可能的事件集合有所不同，后面将会对每个协议单独进行定义。请注意，在一个更加实际的环境中，数据链路层不会像上面所说的那样在一个严格的循环中等待事件，而是会接收一个中断；中断将使它终止当前正在做的无论什么工作，转而处理进来的帧。然而，为了简便起见，这里忽略数据链路层内部所有并发进行的活动细节，假定它全部时间都在处理本节讨论的这条信道。

当一帧到达接收方，接收方计算校验和。如果帧内的校验和不正确（即发生了传输错误），则数据链路层会收到通知（event = cksum_err）；如果到达的帧没有受到任何损坏，数据链路层也会收到通知（event=frame_arrival），因此它可以利用 from_physical_layer 过程得到该帧，并对其进行处理。只要接收方的数据链路层获得了一个完好无损的帧，它就检查头部的控制信息。如果一切都没有问题，它就将数据包部分传递给网络层。无论在什么情况下，帧头部分的信息都不会被交给网络层。

为什么网络层永远得不到任何帧头的信息？这里有一个很好的理由：要保持网络层和数据链路层完全分离。只要网络层对数据链路层协议或者帧格式一无所知，那么，数据链路层协议和帧格式可以在网络层软件不作任何改变的情况下发生变化。每当一块新 NIC 被安装到计算机上时这种情况就会发生。在网络层和数据链路层之间提供一个严格的接口可以极大地简化设计任务，因为不同层上的通信协议可以独立地进化。

图 3-11 给出了后面要讨论的许多协议公用的声明（C 语言）。这里定义了 5 个数据结

构：boolean、seq_nr、packet、frame_kind 和 frame。boolean 是一个枚举类型，可以取值 true 和 false。seq_nr 是一个小整数，用来对帧进行编号，以便可以区分不同的帧。这些序号从 0 开始，一直到(含)MAX_SEQ，每个需要用到序号的协议都要定义 MAX_SEQ。packet 是同一台主机上网络层和数据链路层之间或者网络层对等体之间交换的信息单元。在本节的模型中，它总是包含 MAX_PKT 字节；但在实际的环境中，它应该是可变长度的。

```
#define MAX_PKT 1024                    /*determines packet size in bytes */

typedef enum {false, true} boolean;     /* boolean type */
typedef unsigned int seq_nr;            /* sequence or ack numbers */
typedef struct {unsigned char data      /* packet definition */
  [MAX_PKT];} packet;
typedef enum {data, ack, nak}           /* frame_kind definition */
  frame_kind;


typedef struct{                         /* frames are transported in this layer */
  frame_kind kind;                      /* what kind of frame is it? */
  seq_nr seq;                           /* sequence number */
  seq_nr ack;                           /* acknowledgement number */
  packet info;                          /* the network layer packet */
} frame;

/* Wait for an event to happen; return its type in event. */
void wait_for_event(event_type *event);
/* Fetch a packet from the network layer for transmission on the channel. */
void from_network_layer(packet *p);
/* Deliver information from an inbound frame to the network layer. */
void to_network_layer(packet *p);
/* Go get an inbound frame from the physical layer and copy it to r. */
void from_physical_layer(frame *r);
/* Pass the frame to the physical layer for transmission. */
void to_physical_layer(frame *s);
/* Start the clock running and enable the timeout event. */
void start_timer(seq_nr k);
/* Stop the clock and disable the timeout event. */
void stop_timer(seq_nr k);
/* Start an auxiliary timer and enable the ack_timeout event. */
void start_ack_timer(void);
/* Stop the auxiliary timer and disable the ack_timeout event. */
void stop_ack_timer(void);
/* Allow the network layer to cause a network_layer_ready event. */
void enable_network_layer(void);
/* Forbid the network layer from causing a network_layer_ready event. */
void disable_network_layer(void);
/* Macro inc is expanded in-line: increment k circularly. */
#define inc(k) if (k < MAX_SEQ) k = k + 1; else k = 0
```

图 3-11 本书许多协议公用的声明，位于 protocol.h 文件中

一个 frame 由 4 个字段组成：kind、seq、ack 和 info，其中前 3 个包含了控制信息，最后一个可能包含了要被传输的实际数据。这些控制字段合起来称为**帧头**(frame header)。

kind 字段指明了帧中是否有数据，因为有些协议区分只有控制信息的帧以及同时包含控制信息和数据的帧。seq 和 ack 分别用作序号和确认，后面还会详细描述它们的用法。数据帧的 info 字段包含了一个数据包；控制帧的 info 字段没有用到。一个更加实际的协议实现将会使用一个可变长度的 info 字段，而对于控制帧则完全忽略。

再次强调，理解数据包和帧之间的关系非常重要(见图 3-1)。网络层从传输层获得一

条消息，然后在该消息前面增加一个网络层头，就构建了一个数据包。该数据包被传递给数据链路层，被包含在输出帧的 info 字段中。当该帧到达目标主机时，数据链路层从帧中提取出数据包，将数据包传递给网络层。以这样的工作方式，网络层就好像机器一样可以直接交换数据包。

图 3-11 还列出了许多过程。这些过程的细节与具体实现有关，它们的内部工作机制不是接下来的讨论中需要关心的。前面已经提过，wait_for_event()是一个严格的循环过程，它等待有事情发生。to_network_layer()和 from_network_layer()被数据链路层分别用来向网络层传递数据包以及从网络层接收数据包。注意，from_physical_layer()和 to_physical_layer()在数据链路层和物理层之间传递帧。换句话说，to_network_layer()和 from_network_layer()处理第二层和第三层之间的接口，而 from_physical_layer()和 to_physical_layer()则处理第一层和第二层之间的接口。

在大多数协议中，假设信道是不可靠的，并且偶尔会丢失整个帧。为了能够从这种灾难中恢复过来，发送方的数据链路层每发出一帧就必须启动一个内部计时器或者时钟。如果在预设的特定时间间隔内没有收到应答，则计时器超时，数据链路层会收到一个中断信号。

在本节讨论的协议中，这个过程是这样处理的：让过程 wait_for_event()返回 event = timeout。过程 start_timer()和 stop_timer()分别打开和关闭计时器。只有当计时器在运行时，也就是在调用 stop_timer()之前，超时事件才有可能发生。在一个计时器运行的同时，允许显式地调用 start_timer()；这样的调用只是重置计时器，等到再经过一个完整的时钟间隔之后引发下一次超时事件(除非它再次被重置或者被关闭)。

过程 start_ack_timer()和 stop_ack_timer()控制一个辅助计时器，该计时器被用于在特定条件下产生确认。

过程 enable_network_layer()和 disable_network_layer()用在更为复杂的协议中，在这样的协议中，不再假设网络层总是有数据包要发送。当数据链路层启用了网络层时，网络层才允许在有数据包要发送时中断数据链路层，用 event=network_layer_ready 指示这一点。当网络层被禁用时，它不会引发这样的事件。通过非常谨慎地设置何时启用网络层以及何时禁用网络层，数据链路层就能防止网络层用大量的数据包把自己淹没，避免耗尽所有的缓冲区空间。

帧序号总是落在从 0 到 MAX_SEQ(含)的范围内，对于不同的协议，MAX_SEQ 不相同。通常有必要对序号递增(加 1)并按循环进行处理(即 MAX_SEQ 之后是 0)。宏 inc 可以执行这项序号递增操作。它之所以被定义成宏，是因为在关键路径上它可以被内联使用。正如后面将会看到的那样，限制网络性能的因素通常在于协议处理过程，所以把这种简单操作定义成宏(相对于定义成过程)并不会影响代码的可读性，却能够提高性能。

图 3-11 中的声明是下面将要讨论的每个协议的一部分。为了节省空间和方便引用，它们被提取出来列在一起，但从概念上讲，它们应该与协议本身合并在一起。在 C 语言中，这一合并过程是这样完成的：把这些定义放在一个特殊的头文件中，这里是 protocol.h，然后在协议文件中使用 C 语言预处理器的 #include 功能将这些定义包含进来。

3.3.3　简单的数据链路层协议

本节将介绍 3 个简单的协议，后两个协议都比上一个协议能够处理一种更加实际的情形。

Utopia：没有流量控制或者错误纠正

作为第一个例子，首先看一个简单得不能再简单的协议，因为它不需要考虑任何出错的可能。数据只能单向传输，发送方和接收方的网络层总是处于准备就绪状态，处理时间忽略不计，可用的缓冲区空间无穷大，最强的一个条件是数据链路层之间的通信信道永远不会损坏帧或者丢失帧。我们把这个完全不现实的协议命名为 Utopia(乌托邦)，它只显示将要建立的基本结构。图 3-12 给出了这个协议的实现——协议 1。

```
/* Protocol 1 (Utopia) provides for data transmission in one direction only,
   from sender to receiver. The communication channel is assumed to be error
   free and the receiver is assumed to be able to process all the input
   infinitely quickly.Consequently, the sender just sits in a loop pumping
   data out onto the line as fast as it can. */
typedef enum {frame_arrival} event_type;
#include "protocol.h"
void sender1(void)
{
   frame s;                          /* buffer for an outbound frame */
   packet buffer;                    /* buffer for an outbound packet */
   while (true) {
     from_network_layer(&buffer);    /* go get something to send */
     s.info = buffer;                /* copy it into s for transmission */
     to_physical_layer(&s);          /* send it on its way */
}                                    /* Tomorrow, and tomorrow, and tomorrow,
                                        Creeps in this petty pace from day to day
                                        To the last syllable of recorded time.
                                         - Macbeth, V, v */
}
void receiver1(void)
{
   frame r;
   event_type event;                 /* filled in by wait, but not used here */
   while (true) {
     wait_for_event(&event);         /* only possibility is frame_arrival */
     from_physical_layer(&r);        /* go get the inbound frame */
     to_network_layer(&r.info);      /* pass the data to the network layer */
   }
}
```

图 3-12 Utopia 协议的实现——协议 1

该协议由两个单独的过程组成：一个发送过程和一个接收过程。发送过程运行在源主机的数据链路层上，接收过程运行在目标主机的数据链路层上。这里没有用到序号和确认，所以不需要 MAX_SEQ。唯一可能的事件类型是 frame_arrival(即到达了一个完好无损的帧)。

发送过程是一个无限的 while 循环，它尽可能快速地把数据放到线路上。循环体由 3 个动作组成：从(总是就绪的)网络层获取一个数据包，利用变量 s 构造一个输出帧，然后通过物理层发送该帧。这个协议只用到了帧结构中的 info 字段，因为其他字段都与错误控制和流量控制有关，而这里并没有错误控制或者流量控制方面的限制。

接收过程同样很简单。开始时，它等待某些事件的发生，这里唯一可能的事件是到达了一个未损坏的帧。最终，一个帧到达后，过程 wait_for_event()返回，其中的 event 被设置成 frame_arrival(这里被忽略)。调用 from_physical_layer()将新到达的帧从硬件缓冲区中移除，并且放到变量 r 中，因而接收方的代码可以访问该帧。最后，数据部分被传递给网络层，数据链路层进程返回，继续等待下一帧的到来，即实际上它把自己挂起，直到下一帧到来为止。

Utopia 协议是不现实的，因为它不处理任何流量控制或纠错工作。其处理过程接近于无确认的无连接服务，必须依赖更高层解决这些问题。即使无确认的无连接的服务也要做一些错误检测工作。

增加流量控制：停-等式协议

现在处理这样的问题：防止发送方以高于接收方能处理帧的速度淹没接收方。这种情形在实践中很容易出现，因此协议是否能够防止它非常重要。然而，本协议仍然假设通信信道不会出错，并且数据流量还是单工的。

一种解决办法是建立足够强大的接收器，使其强大到能处理一个帧接一个帧组成的连续流（或等价于把数据链路层定义成足够慢，慢到接收器的处理速度完全跟得上）。它必须有足够的缓冲和处理能力，以便能够按线速运行，而且它必须能足够快地把接收到的帧传递给网络层。然而，这是一个最坏情况下的解决方案。它要求专用的硬件，而且如果该链路的利用率十分低还可能浪费资源。此外，它只是把发送方太快这个问题转移到了其他地方，在这种情况下就是网络层。

这个问题更一般化的解决方案是让接收方提供反馈给发送方。接收方将数据包传递给网络层以后给发送方送回一个小的哑帧，实际上这一帧的作用是给发送方一个许可，允许它发送下一帧。发送方在发出一帧以后，根据协议要求等待一段时间，直到小的哑帧（即确认）到达。这一延迟就是流量控制协议的一个简单例子。

发送方发送一帧，等待确认以后再继续发送，这样的协议称为停-等式协议（stop-and-wait）。图 3-13 给出了单工停-等式协议的实现——协议 2。

虽然这个例子中的数据流量是单工的，即只是从发送方传到接收方，但是帧可以在两个方向上传送。因此，两个数据链路层之间的通信信道必须具备双向传输信息的能力。然而，这一协议限定了流量的严格交替关系：首先发送方发送一帧，然后接收方发送一帧；接着发送方发送另一帧，然后接收方发送另一帧；以此类推。这里采用一个半双工的物理信道就足够了。

就像在协议 1 中那样，发送方首先从网络层获取一个数据包，用它构造一帧，然后发送出去。但现在，与协议 1 不同的是，发送方在开始下一轮循环，从网络层获取下一个数据包以前必须等待，直到确认帧到来。发送方的数据链路层甚至不需要检查接收到的帧，因为这里只有一种可能性。进来的帧总是一个确认。

receiver1()和 receiver2()之间的唯一区别在于：receiver2()将数据包递交给网络层以后，在进入下一轮等待循环之前，要先给发送方送回一个确认帧。对于发送方来说，确认帧的到来是唯一重要的，而不是它的内容，因此接收方根本不需要在确认帧中填充任何特别的信息。

增加错误纠正：序号和 ARQ

现在来考虑通信信道会出错的常规情形。帧可能会被损坏，也可能完全被丢失。然而，我们假设，如果一帧在传输过程中被损坏，则接收方硬件在计算校验和时能检测出来。如果一帧被损坏了以后校验和仍然是正确的（这种情况不太可能会出现），那么这一协议（以及所

```
/* Protocol 2 (Stop-and-wait) also provides for a one-directional flow of data
   from sender to receiver. The communication channel is once again assumed to
   be error free, as in protocol 1. However, this time the receiver has only a
   finite buffer capacity and a finite processing speed, so the protocol must
   explicitly prevent the sender from flooding the receiver with data faster
   than it can be handled. */

typedef enum {frame_arrival} event_type;
#include "protocol.h"
void sender2(void)
{
   frame s;                          /* buffer for an outbound frame */
   packet buffer;                    /* buffer for an outbound packet */
   event_type event;                 /* frame_arrival is the only possibility */
   while (true) {
      from_network_layer(&buffer);   /* go get something to send */
      s.info = buffer;               /* copy it into s for transmission */
      to_physical_layer(&s);         /* bye-bye little frame */
      wait_for_event(&event);        /* do not proceed until given the go ahead */
   }
}
void receiver2(void)
{
   frame r, s;                       /* buffers for frames */
   event_type event;                 /* frame_arrival is the only possibility */
   while (true) {
      wait_for_event(&event);        /* only possibility is frame_arrival */
      from_physical_layer(&r);       /* go get the inbound frame */
      to_network_layer(&r.info);     /* pass the data to the network layer */
      to_physical_layer(&s);         /* send a dummy frame to awaken sender */
   }
}
```

图 3-13 单工停-等式协议的实现——协议 2

有其他的协议)可能会失败(即给网络层递交了一个不正确的数据包)。

粗看起来,协议 2 稍作修改就能工作:增加一个计时器。发送方发出一帧,接收方只有在数据被正确接收到以后才发送一个确认帧。如果到达接收方的是一个已经损坏的帧,则它将被丢弃。经过一段时间以后,发送方将超时,于是它再次发送该帧。这个过程将不断重复,直至该帧最终完好无损地到达。

然而,这个方案有一个致命的缺陷。在继续往下阅读以前,请仔细想一想这个问题,并努力找出哪里可能会出错。

为了看清楚哪里可能出错,请记住:数据链路层的目标是在网络层进程之间提供无错误的、透明的通信。主机 A 上的网络层将一系列数据包交给它的数据链路层,而它的数据链路层必须确保同样的一系列数据包由主机 B 上的数据链路层递交给它的网络层。尤其是主机 B 上的网络层不可能知道一个数据包是否被丢失或者被复制了多份,所以数据链路层必须保证传输错误的任何组合都不会(然而这似乎不太可能)导致一个重复的数据包被递交给网络层。

考虑下面的场景:

(1) 主机 A 的网络层将数据包 1 交给它的数据链路层。主机 B 正确地接收到该数据包,并且将它传递给主机 B 上的网络层。主机 B 给主机 A 送回一个确认帧。

(2) 确认帧完全丢失了,它永远也不可能到达主机 A。如果信道出错后只丢失数据帧而不丢失控制帧,则问题就大大简化了;但遗憾的是,信道对这两种帧并不区别对待。

(3) 主机 A 上的数据链路层最终超时。由于它没有收到确认，所以它(不正确地)假定它的数据帧丢失了或者被损坏了，于是它再次发送一个包含数据包 1 的帧。

(4) 这个重复的帧也完好无损地到达主机 B 上的数据链路层，并且被传给了主机 B 的网络层。如果主机 A 正在给主机 B 发送一个文件，那么文件中的一部分内容将会被重复(即主机 B 得到的文件副本是不正确的，而且错误没有被检测出来)。换句话说，该协议失败了。

显然，对于接收方来说，它需要有一种办法能够区分它看到的帧是第一次发来的帧还是一次重传。为了做到这一点，很显然的做法是让发送方在它发送的每个帧的头部放上一个序号。然后，接收方可以检查每一个到达帧的序号，以判断这是一个新帧还是应该被丢弃的重复帧。

由于协议必须正确，并且帧头部中的序号字段可能很小，以便有效地利用链路，于是问题出现了：序号需要的位数最小是多少？帧头可以提供一位、多位、一字节或多字节作为序号，具体多少位取决于协议本身。重要的一点是，帧携带的序号必须足够大，使协议能正确工作，否则它就不那么像一个协议。

在这个协议中，唯一有歧义的地方是在一帧(序号为 m)和它的直接后续帧(序号为 $m+1$)之间。如果 m 号帧被丢失或者被损坏，则接收方将不会对其进行确认，从而发送方将会不停地试着发送该帧。一旦该帧被正确地接收了，接收方将给发送方送回一个确认。这里正是出现潜在问题的地方。依据确认帧是否正确地返回发送方，发送方可能会发送 m 号帧或 $m+1$ 号帧。

在发送方，触发其发送 $m+1$ 号帧的事件是 m 号帧的确认到达了。但是这种情况隐含着 $m-1$ 号帧已经被接收方正确地接收，而且它的确认帧也已经正确地被发送方接收，否则发送方就不会开始发送 m 号帧，更不用说考虑 $m+1$ 号帧了。因此，唯一的歧义是在一帧和它的前一帧或者和它的后一帧之间，而不在于它的前一帧和它的后一帧两者之间。

因此，一位序号(0 或者 1)就足够了。在任何一个时刻，接收方期望下一个特定的序号。当包含正确序号的帧到来时，它被接收并且被传递给网络层，然后进行确认。然后，接收方期待的序号模 2 增 1(即 0 变成 1，1 变成 0)。任何一个到达的帧如果包含了错误序号，都将作为重复帧而遭到拒绝。不过，最后一个有效的确认要被重复，以便发送方最终发现该帧已经被接收了。

图 3-14 显示了这类协议的一个例子——协议 3。如果在一个协议中，发送方在前移到下一个数据包以前要等待一个肯定确认，这样的协议称为 **ARQ**(Automatic Repeat reQuest，**自动重传请求**)协议或 **PAR**(Positive Acknowledgement with Retransmission，**带有重传机制的肯定确认**)协议。与协议 2 类似，这类协议也只在一个方向上传输数据。

协议 3 与协议 2 的不同之处在于：当发送方和接收方的数据链路层处于等待状态时，两方都用一个变量记录有关的值，发送方在 next_frame_to_send 中记录下一个要发送的帧的序号，接收方则在 frame_expected 中记录期望的下一帧的序号。每个协议在进入无限循环以前都有一个简短的初始化阶段。

发送方在发出一帧后启动计时器运行。如果计时器已经在运行，则将它重置，以便等待另一个完整的时间间隔。时间间隔应该足够长，以便这一帧到达接收方，按照最坏的情形被接收方处理，然后确认帧被传回发送方。只有当这个时间间隔过去时，发送方才可以安全地

```
/* Protocol 3 (PAR) allows unidirectional data flow over an unreliable channel. */
#define MAX_SEQ1                        /* must be 1 for protocol 3 */
typedef enum {frame_arrival, cksum_err, timeout} event_type;
#include "protocol.h"
void sender3(void)
{
  seq_nr next_frame_to_send;            /* seq number of next outgoing frame */
  frame s;                              /* scratch variable */
  packet buffer;                        /* buffer for an outbound packet */
  event_type event;
  next_frame_to_send = 0;               /* initialize outbound sequence numbers */
  from_network_layer(&buffer);          /* fetch first packet */
  while (true) {
    s.info = buffer;                    /* construct a frame for transmission */
    s.seq = next_frame_to_send;         /* insert sequence number in frame */
    to_physical_layer(&s);              /* send it on its way */
    start_timer(s.seq);                 /* if answer takes too long, time out */
    wait_for_event(&event);             /* frame_arrival, cksum_err, timeout */
    if (event == frame_arrival) {
      from_physical_layer(&s);          /* get the acknowledgement */
      if (s.ack == next_frame_to_send) {
        stop_timer(s.ack);              /* turn the timer off */
        from_network_layer(&buffer);    /* get the next one to send */
        inc(next_frame_to_send);        /* invert next_frame_to_send */
      }
    }
  }
}
void receiver3(void)
{
  seq_nr frame_expected;
  frame r, s;
  event_type event;
  frame_expected = 0;
  while (true) {
  wait_for_event(&event);               /* possibilities: frame_arrival, cksum_err */
  if (event == frame_arrival){          /* a valid frame has arrived */
    from_physical_layer(&r);            /* go get the newly arrived frame */
    if (r.seq == frame_expected){       /* this is what we have been waiting for */
      to_network_layer(&r.info);        /* pass the data to the network layer */
      inc(frame_expected);              /* next time expect the other sequence nr */
    }
   s.ack = 1 - frame_expected;
```

图 3-14 带有重传机制的肯定确认协议——协议 3

假定原先传送的帧或者它的确认已经被丢失,于是发送一个重复帧。如果超时间隔设置得太短,则发送方将会发送一些不必要的帧。虽然这些额外的帧不会影响协议的正确性,但是会降低协议的性能。

发送方在送出一帧并启动了计时器后,它就等待着某些事情发生。此时只有 3 种可能性:确认帧完好无损地返回;受损的确认帧蹒跚而至;或者计时器超时。如果一个有效的确认帧到达了,则发送方从它的网络层获取下一个数据包,并把它放入缓冲区,以覆盖原来的数据包。它也会递增序号。如果一个受损的帧到达,或者计时器超时,则缓冲区和序号都不作任何改变,以便重传原来的帧。在这 3 种情况下,缓冲区里的内容(下一个数据包或者重复的数据包)都会被发送出去。

当一个有效帧到达接收方时,接收方检查它的序号,看它是否为重复数据包。如果不是,则接收该数据包并将它传递给网络层,然后生成一个确认帧。重复帧和受损帧都不会被传递给网络层,但它们都会导致最后一个正确接收的帧被确认,以通知发送方递进到下一帧或重发那个受损帧。

3.4 提高效率

在前面的协议中,数据帧只在一个方向上传输。而在大多数实际情景中,往往需要在两个方向上传输数据。而且,如果数据链路层在接收到一个确认之前可以同时发送多个帧,那么它可以变得效率更高。本节探讨这两个目标,然后提供几个可以实现这两个目标的示例协议。

3.4.1 目标:双向传输,多帧在途

接下来解释两个概念:一个称为捎带确认,它可以帮助一个数据链路层协议做到双向传输;另一个称为滑动窗口,它允许发送方有多个字节在传输途中,从而提高传输效率。

双向传输:捎带确认

实现全双工数据传输的一种办法是运行前面协议的两个实例,每个实例使用一条独立的链路进行单工数据流量传输(在不同的方向上)。于是,每条链路由一个前向信道(用于数据)和一个后向信道(用于确认)组成。在这两种情形下,后向信道的能力几乎完全被浪费了。

一种更好的做法是,使用同一条链路传输两个方向上的数据。毕竟,协议 2 和协议 3 可以在两个方向上传输帧,而且后向信道通常与前向信道具有同样的容量。在这个模型中,从主机 A 到主机 B 的数据帧可以与从主机 A 到主机 B 的确认帧混合在一起。接收方只要检查进来的帧头的 kind 字段,就可以区别出该帧是数据帧还是确认帧。

尽管让数据帧和控制帧在同一条链路上交错传输是对前面提到的两条独立物理链路方案的一个很大改进,但进一步的改进仍然有可能。当一个数据帧到达时,接收方并不是立即发送一个单独的控制帧,而是抑制自己并开始等待,直到网络层传递给它下一个数据包。确认信息被附加在往外发送的数据帧上(使用帧头的 ack 字段)。实际上,该确认免费搭载在下一个输出数据帧上。这种暂时延迟确认以便将确认搭载在下一个输出数据帧上的技术称为捎带确认(piggybacking)。

与采用单独的确认帧相比,使用捎带确认最主要的好处是更好地利用了信道的可用带宽。帧头中的 ack 字段只占用很少几位,而一个单独的帧则需要一个帧头、确认信息和校验和。而且,发送的帧越少,通常也意味着接收方的处理负担越轻。在下面要讨论的协议中,捎带确认字段一般只占用帧头中的 1 位,很少会占用多个位。

然而,捎带确认法也引入了一个在单独确认中不曾出现过的复杂问题。为了捎带一个确认,数据链路层要等待下一个数据包,应该等多长时间?如果数据链路层等待的时间超过了发送方的超时间隔,那么该帧将会被重传,从而违背了确认机制的本意。如果数据链路层是一个“先知”,能够预测未来,那么它就知道下一个网络层数据包什么时候会到来,因此可以确定是继续等待下去还是立即发送一个单独的确认,这取决于计划的等待时间是多长。当然,数据链路层不可能预测未来,所以它必须采用某种自组织的方案,比如等待一个固定的毫秒数。如果一个新的数据包很快就到来,那么这个确认就可被它捎带回去;如果在这段间隔结束以前没有新的数据包到来,那么,数据链路层只需发送一个单独的确认帧。

滑动窗口

接下来的3个协议都是双向协议,它们同属于一类称为滑动窗口(sliding window)的协议。这3个协议在效率、复杂性和缓冲区需求等各个方面都有所不同,3.4.2节将会讨论这个问题。如同所有的滑动窗口协议一样,在这3个协议中,每一个出去的帧都包含一个序号,范围为0到某个最大值。序号的最大值通常是2^n-1,这样序号正好可以填入一个n位的字段中。停-等式滑动窗口协议使用$n=1$,限制了序号只能是0和1;更加复杂的协议版本可以使用任意大小的n。

所有滑动窗口协议的本质是:在任何时刻发送方总是维护着一组序号,分别对应于允许它发送的帧。我们称这些帧落在发送窗口(sending window)内;类似地,接收方也维护着一个接收窗口(receiving window),对应于一组允许它接收的帧。发送方的窗口和接收方的窗口不必有同样的上下界,甚至也不必有同样的大小。在有些协议中,这两个窗口有固定的大小;但是在其他一些协议中,它们可以随着帧的发送和接收而增大或者缩小。

尽管这些协议使得数据链路层在发送和接收帧的顺序方面有了更多的自由度,但是绝不能降低基本需求,即该协议将数据包递交给目标主机的网络层的顺序必须与发送主机上的数据包被传递给数据链路层的顺序相同。同样也不能改变这样的需求:物理通信信道就像一根"线",也就是说,它必须按照发送的顺序递交所有的帧。

发送窗口内的序号代表了那些已经被发送或者可以被发送,但还没有被确认的帧。任何时候当有新的数据包从网络层到来时,它被赋予窗口中的下一个最高序号,并且发送窗口的上边界前移一格;当收到一个确认时,发送窗口的下边界也前移一格。按照这种方法,发送窗口持续地维护着一系列未被确认的帧。图3-15显示了一个例子。

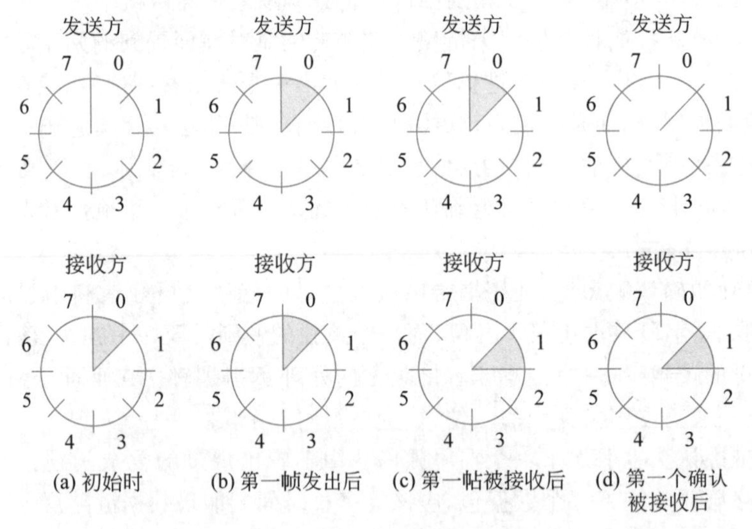

图3-15 大小为1的滑动窗口,3位序号

由于当前在发送窗口内的帧最终有可能在传输过程中丢失或者被损坏,所以,发送方必须在内存中保存所有这些帧,以便满足可能的重传需要。因此,如果最大的窗口大小为n,则发送方需要n个缓冲区存放未被确认的帧。如果发送窗口在某个时候达到了它的最大值,则发送方的数据链路层必须强行关闭网络层,直到有一个缓冲区空闲出来为止。

接收方数据链路层的窗口对应于它可以接受的帧。任何落在接收窗口内的帧被放入接收方的缓冲区。当收到一个帧,而且其序号等于窗口下边界时,接收方将它传递给网络层,并将整个窗口向前移动一格。任何落在接收窗口外面的帧都被丢弃。在所有这些情况下,都要生成一个后续的确认,所以发送方知道该如何处理。请注意,接收窗口大小为1意味着数据链路层只能按顺序接受帧;但是对于大一点的接收窗口,这一条便不再成立。相反,网络层总是按照正确的顺序提供数据,与数据链路层的窗口大小没有关系。

图3-15显示了一个窗口大小为1的例子。初始时,没有帧发出,所以发送窗口上边界和下边界相同;但随着时间的推移,窗口的变化如图3-15(b)～(d)所示。与发送窗口不同,接收窗口始终保持着它的初始大小,窗口的旋转意味着下一帧被接受并被传递到网络层。

3.4.2 全双工、滑动窗口协议示例

本节给出几个简单的1位滑动窗口协议的例子,以及当多个帧在传输途中时能够处理错误帧重传的协议。

1位滑动窗口

在讨论一般情形以前,先来考察一个窗口大小为1的滑动窗口协议。由于发送方在发出一帧以后,必须等待它的确认到来才能发送下一帧,所以这样的协议使用了停-等式方案。

图3-16描述了这样一个协议——协议4。与其他协议一样,它也是从定义变量开始的。next_frame_to_send指明了发送方当前试图发送的帧。类似地,frame_expected指明了接收方期待接收的那一帧。在这两种情况下,0/1都是唯一的可能。

在一般情况下,两个数据链路层之一首先开始,并发送第一帧。换句话说,在主循环外面应该只有一个数据链路层进程包含to_physical_layer()和start_timer()过程调用。先启动的主机从它的网络层获取第一个数据包,然后根据该数据包创建一帧,并将它发送出去。当该帧(或者任何其他帧)到达时,接收方的数据链路层检查该帧,看它是否为重复帧,如同协议3一样。如果该帧正是接收方所期望的,则将它传递给网络层,并且接收窗口向前滑动。

确认字段包含了最后接收到的无错误帧的序号。如果该序号与发送方当前试图发送的帧的序号一致,则发送方知道,存储在buffer中的帧已经处理完毕,于是,它就可以从网络层获取下一个数据包;如果序号不一致,则它必须重新发送同一帧。无论什么时候,只要接收到一帧,就要返回一帧。

现在来看协议4对于不正常情形的适应能力怎么样。假设主机A试图将它的0号帧发送给主机B,同时B也试图将它的0号帧发送给A。假定A发出一帧给B,但是A的超时间隔设置得有点短。因此,A可能会不停地超时而发送一系列相同的帧,并且所有这些帧的seq=0并且ack=1。

当第一个有效帧到达B时,它会被接受,并且frame_expected将被设置为1。所有后续的帧都将遭到拒绝,因为B现在期待的是序号为1的帧,而不是序号为0的帧。而且,由于所有的重复帧都有ack=1,并且B仍然在等待0号帧的确认,所以它不会从网络层获取新的数据包。

在每一个被拒绝的重复帧到达后,B向A发送一帧,其中包含seq=0和ack=0。最

```
/* Protocol 4 (Sliding window) is bidirectional. */
 #define MAX_SEQ1                        /* must be 1 for protocol 4 */
 typedef enum {frame_arrival, cksum_err, timeout} event_type;
 #include "protocol.h"
void protocol4 (void)
{
  seq_nr next_frame_to_send;             /* 0 or 1 only */
  seq_nr frame_expected;                 /* 0 or 1 only */
  frame r, s;                            /* scratch variables */
  packet buffer;                         /* current packet being sent */
  event_type event;
  next_frame_to_send = 0;                /* next frame on the outbound stream */
  frame_expected = 0;                    /* frame expected next */
  from_network_layer(&buffer);           /* fetch a packet from the network layer */
  s.info = buffer;                       /* prepare to send the initial frame */
  s.seq = next_frame_to_send;            /* insert sequence number into frame */
  s.ack = 1 - frame_expected;            /* piggybacked ack */
  to_physical_layer(&s);                 /* transmit the frame */
  start_timer(s.seq);                    /* start the timer running */
  while (true) {
    wait_for_event(&event);              /* frame_arrival, cksum_err, or timeout */
    if (event == frame_arrival){         /* a frame has arrived undamaged */
      from_physical_layer(&r);           /* go get it */
      if (r.seq == frame_expected){      /* handle inbound frame stream */
        to_network_layer(&r.info);       /* pass packet to network layer */
        inc(frame_expected);             /* invert seq number expected next */
      }
      if (r.ack == next_frame_to_send){ /*handle outbound frame stream */
        stop_timer(r.ack);               /* turn the timer off */
        from_network_layer(&buffer);     /* fetch new pkt from network layer */
        inc(next_frame_to_send);         /* invert sender's sequence number */
      }
    }
    s.info = buffer;                     /* construct outbound frame */
    s.seq = next_frame_to_send;          /* insert sequence number into it */
    s.ack = 1 - frame_expected;          /* seq number of last received frame */
    to_physical_layer(&s);               /* transmit a frame */
    start_timer(s.seq);                  /* start the timer running */
  }
}
```

图 3-16　1 位滑动窗口协议——协议 4

后,这些帧中总会有一帧正确地到达 A,于是 A 开始发送下一个数据包。丢失的帧或者过早超时等任何一种出错情况都不会导致该协议向网络层递交重复的数据包、漏掉一个数据包或者导致死锁。协议正确!

然而,协议交互过程非常微妙,如果双方同时发送一个初始数据包,就会出现一种极为罕见的情形。图 3-17(a)显示了该协议的正常情形,图 3-17(b)显示了这种罕见的异常情形。如果 B 在发送自己的帧以前先等待 A 的第一帧,则整个序列如图 3-17(a)所示,每一帧都将被接受。

然而,如果 A 和 B 同时发起通信,则它们的第一帧会交错,数据链路层就会进入图 3-17(b)描述的情形。在图 3-17(a)中,每一帧到来后都带给网络层一个新的数据包,这里没有任何重复。在图 3-17(b)中,即使没有传输错误,也会有一半的帧包含重复的数据包。类似的情形也会因为过早超时而发生,即使有一方明显地首先开始传输。实际上,如果发生多个过早超时,则这些帧有可能被发送三次或者更多次,浪费了宝贵的带宽。

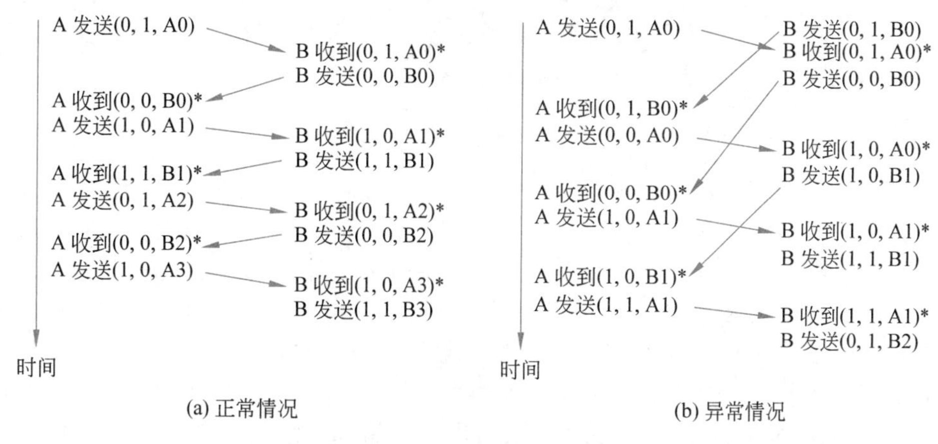

图 3-17　协议 4 的正常情形和异常情形

三元组表示(序号,确认,包号),星号表示网络层收到了一个包

回退 *n* 协议

到现在为止,本书一直有这样的假设,即一个帧到达接收方需要的传输时间加上确认回来的传输时间可以忽略不计。有时候,这种假设明显是不对的。在这些情形下,过长的往返时间对于带宽的利用效率有重要的影响。举一个例子,考虑一个 50kb/s 的卫星信道,它的往返传播延迟为 500ms。想象一下,通过该卫星用协议 4 发送长度为 1000 位的帧。在 $t=0$ 时,发送方开始发送第一帧;在 $t=20$ms 时,该帧被完全发送出去;直到 $t=270$ms 时该帧才完全到达接收方;在 $t=520$ms 时,确认帧才到达发送方,这都是在最好情况下的时间(即在接收方没有停顿并且确认帧很短)。这意味着,发送方在 500/520 或 96%的时间内是被阻塞的。换句话说,只有 4%的有效带宽被利用了。很显然,从效率的角度看,长发送时间、高带宽和短帧这三者组合在一起是一种灾难。

这里描述的问题可以看作这种规则的必然结果,即发送方在发送下一帧之前必须等待前一帧的确认。如果放宽这一限制,则可以获得更高的效率。基本的思想是:这个方案允许发送方在阻塞之前发送多达 w 个帧,而不只是一个帧。通过选择足够大的 w 值,发送方就可以连续发送帧,因为在发送窗口被填满之前,前面的帧的确认就到来了,从而防止了发送方被阻塞。

为了找到一个合适的 w 值,需要知道在一帧从发送方传送到接收方期间信道上能容纳多少个帧。这个容量是由带宽乘以单向传送时间决定的,或称为链路的带宽-延迟乘积(bandwidth-delay product)。可以将这个数量除以一帧的位数,从而将它表示成帧的数量,将这个数值称为 BD。然后,w 应设置为 2BD+1。如果考虑发送方连续发送帧并且在往返时间内收到一个确认,那么 2BD 就是发送方可以连续发出去的帧的个数,加 1 是因为必须接收完整个帧之后确认帧才会被发出。

在上述例子中,对于具有 50kb/s 带宽和 250ms 单向传输时间的链路,带宽-延迟乘积为 12.5kb 或 12.5 个长度为 1000 位的帧。于是,2BD+1 等于 26。假设发送方还和以前一样开始发送 0 号帧,并且每隔 20ms 发送一个新帧。到 $t=520$ms 时,它已经发送了 26 帧,这时 0 号帧的确认刚好到来。此后,每隔 20ms 就会到达一个确认,因此发送方在需要时总是能够继续发送帧。从那时起,25 个或 26 个未被确认的帧将始终在传输途中。换言之,发送方的最大窗口大小是 26。

对于更小的窗口大小,链路的利用率将小于100%,因为发送方有时会被阻塞。可以将链路利用率表示成发送方未被阻塞的时间比例:

$$链路利用率\leqslant\frac{w}{1+2\text{BD}}$$

该公式求出的值是上限,因为它不容许有任何的帧处理时间,并且视确认帧的长度为0(因为它通常很短)。该公式显示当带宽-延迟乘积大的时候窗口 w 也要大。如果延迟很高,发送方将迅速耗尽其窗口,即使对于卫星的例子中那样的中等带宽也是如此;如果带宽很大,即使对于普通的延迟,发送方也将很快耗尽其窗口,除非它有一个很大的窗口(比如,一个具有1ms延迟的1Gb/s链路能容纳1Mb)。对于停-等式协议,$w=1$,即使延迟只有一帧的时间,效率也将低于50%。

保持多个帧同时在传输途中的技术是管道化(pipelining)的一个例子。在一条不可靠的通信信道上像管道一样传送帧会引起一些严重的问题。如果在一个长的数据流的中间某一个帧被损坏或丢失,会发生什么事情?在发送方发现错误以前,大量的后续帧将到达接收方。当损坏的那个帧到达接收方时,显然它应该被丢弃,但接收方该如何处理那些后续到达的正确帧呢?请记住,接收方的数据链路层有责任按正确的顺序把数据包传递给网络层。

有两种基本办法可用来处理管道化传输中出现的错误,图3-18显示了这两种技术。

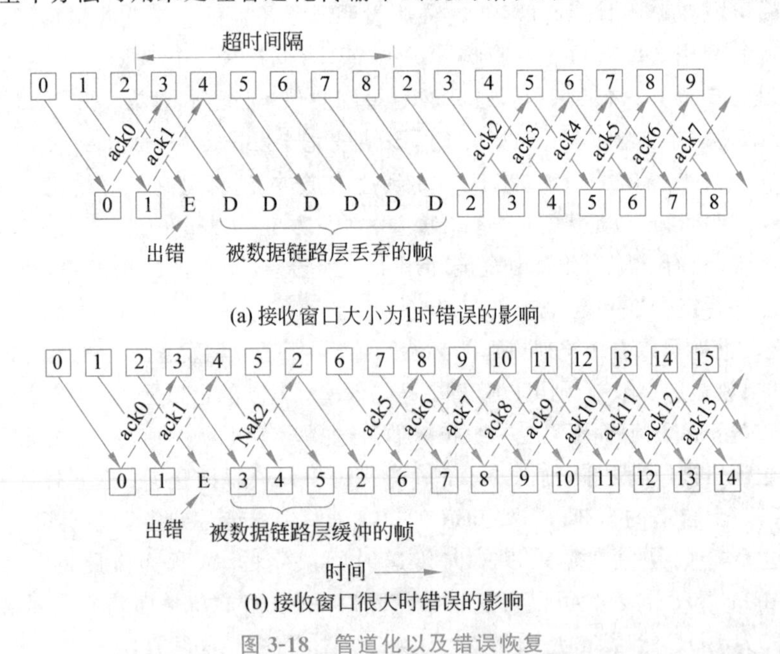

图3-18 管道化以及错误恢复

一种选择称为回退 n(go-back-n)协议,接收方只需简单丢弃所有后续的帧,而且对这些丢弃的帧不发送确认。这种策略对应于接收窗口大小为1。换句话说,除了数据链路层必须要递交给网络层的下一帧以外,它拒绝接收任何帧。如果在计时器超时以前,发送方的窗口已被填满,则管道将开始空闲。最终,发送方将超时,并且按照顺序重传所有未被确认的帧,从那个受损或者被丢失的帧开始。如果错误率很高,那么这种方法将会浪费大量的带宽。

在图3-18(a)中,可以看到回退 n 帧的情形,其中接收方的窗口为1。0号帧和1号帧被正确地接收和确认。然而,2号帧被损坏或者丢失。发送方并不知道出现了问题,它继续发送帧,直到2号帧的计时器超时。然后,它回退到2号帧,从它开始重新发送2号帧、3号帧、4 号帧……一切从头再来。

选择重传

如果错误很少发生，则回退 n 协议可以工作得很好；但是如果线路质量差，它就会浪费很多带宽用于重传帧。我们需要做得比这更好，这是有可能的。另一种策略是选择重传(selective repeat)，即允许接收方接受和缓冲那些在损坏帧或丢失帧之后正确接收到的帧。

当使用这种策略时，接收到的坏帧被丢弃，但之后接收到的任何好帧都被接受并缓冲起来。当发送方超时时，只有最早的未被确认的那个帧被重传。如果该帧正确到达，则接收方就可按顺序将它缓冲的所有帧递交给网络层。选择重传对应的接收方窗口大于 1。如果窗口很大，则这种方法要求大量的数据链路层内存。

选择重传通常跟这样的策略结合起来：当接收方检测到错误(比如帧的校验和错误或者序号不正确)时，它发送一个否定确认(Negative Acknowledgement，**NAK**)。NAK 可以触发该帧的重传操作，而不需要等到相应的计时器超时，因此可以提高协议性能。

在图 3-18(b)中，0 号帧和 1 号帧被正确接收，并得到确认；2 号帧丢失了。当 3 号帧到达接收方时，那里的数据链路层注意到自己错过了一帧，所以它针对 2 号帧返回一个 NAK，但是将 3 号帧缓冲起来。当 4 号和 5 号帧到达时，它们也被数据链路层缓冲起来，而没有传递给网络层。最终，2 号帧的 NAK 抵达发送方，它立即重新发送 2 号帧。当该帧到达时，数据链路层现在有了 2 号帧、3 号帧、4 号帧和 5 号帧，于是就将它们按照正确的顺序传递给网络层。它也可以确认所有这些帧，包括 5 号帧，如图 3-18(b)所示。如果 NAK 被丢失，则发送方的 2 号帧计时器最终超时，发送方就会重新发送 2 号帧(仅仅这一帧)，但是，这可能已经过了相当长一段时间了。

这两种方法恰好反映了带宽使用效率和数据链路层缓冲区空间之间的权衡。根据哪个资源更为紧缺，选择使用其中一种方法。图 3-19 显示了一个回退 n 协议——协议 5，其中接收方的数据链路层按顺序接收到达的帧，发生错误之后的帧都被丢弃。在这个协议中，第一次抛掉了网络层总是有无穷多的数据包要发送的假设。当网络层有数据包要发送时，它可以触发一个 network_layer_ready 事件。为了强制对发送窗口进行流量限制，或者对任何时候尚在途中未被确认的帧的数量进行限制，数据链路层必须能够阻止网络层给予它过多的工作。库过程 enable_network_layer()和 disable_network_layer()可以完成这样的任务。

```
/* Protocol 5 (Go-back-n) allows multiple outstanding frames. The sender may
   transmit up to MAX_SEQ frames without waiting for an ack. In addition,
   unlike in the previous protocols, the network layer is not assumed to have
   a new packet all the time. Instead, the network layer causes a network_layer
   _ready event when there is a packet to send. */

#define MAX_SEQ 7
typedef enum {frame_arrival, cksum_err, timeout, network_layer_ready} event_type;
#include "protocol.h"
static boolean between(seq_nr a, seq_nr b, seq_nr c)
{
/* Return true if a <= b < c circularly; false otherwise. */
  if (((a <= b) && (b < c)) || ((c < a) && (a <= b)) || ((b < c) && (c < a)))
    return(true);
  else
    return(false);
}
static void send_data(seq_nr frame_nr, seq_nr frame_expected, packet buffer[ ])
```

图 3-19　一个回退 n 协议——协议 5

```
{
/* Construct and send a data frame. */
  frame s;                          /* scratch variable */
  s.info = buffer[frame_nr];        /* insert packet into frame */
  s.seq = frame_nr;                 /* insert sequence number into frame */
  s.ack = (frame_expected + MAX_SEQ) % (MAX_SEQ + 1); /* piggyback ack */
  to_physical_layer(&s);            /* transmit the frame */
  start_timer(frame_nr);            /* start the timer running */
}
void protocol5(void)
{
  seq_nr next_frame_to_send;        /* MAX_SEQ > 1; used for outbound stream */
  seq_nr ack_expected;              /* oldest frame as yet unacknowledged */
  seq_nr frame_expected;            /* next frame expected on inbound stream */
  frame r;                          /* scratch variable */
  packet buffer[MAX_SEQ + 1];       /* buffers for the outbound stream */
  seq_nr nbuffered;                 /* number of output buffers currently in use */
  seq_nr i;                         /* used to index into the buffer array */
  event_type event;
  enable_network_layer();           /* allow network_layer_ready events */
  ack_expected = 0;                 /* next ack expected inbound */
  next_frame_to_send = 0;           /* next frame going out */
  frame_expected = 0;               /* number of frame expected inbound */
  nbuffered = 0;                    /* initially no packets are buffered */
  while (true) {
    wait_for_event(&event);         /* four possibilities: see event_type above */
    switch(event) {
    case network_layer_ready:       /* the network layer has a packet to send */
      /* Accept, save, and transmit a new frame. */
      from_network_layer(&buffer[next_frame_to_send]); /* fetch new packet */
      nbuffered = nbuffered + 1;    /* expand the sender's window */
      send_data(next_frame_to_send, frame_expected, buffer);/* transmit the
      frame */ inc(next_frame_to_send);/* advance sender's upper window edge */
      break;
    case frame_arrival:             /* a data or control frame has arrived */
      from_physical_layer(&r);      /* get incoming frame from physical layer */
      if (r.seq == frame_expected) {
        /* Frames are accepted only in order. */
        to_network_layer(&r.info);  /* pass packet to network layer */
        inc(frame_expected);        /* advance lower edge of receiver's window */
      }
      /* Ack n implies n - 1, n - 2, etc. Check for this. */
      while (between(ack_expected, r.ack, next_frame_to_send)) {
        /* Handle piggybacked ack. */
        nbuffered = nbuffered - 1;  /* one frame fewer buffered */
        stop_timer(ack_expected);   /* frame arrived intact; stop timer */
        inc(ack_expected);          /* contract sender's window */
      }
      break;
    case cksum_err: break;          /* just ignore bad frames */
    case timeout:                   /* trouble; retransmit all outstanding frames */
      next_frame_to_send = ack_expected;  /* start retransmitting here */
      for (i = 1; i <= nbuffered; i++) {
        send_data(next_frame_to_send, frame_expected, buffer);/* resend frame */
      inc(next_frame_to_send);      /* prepare to send the next one */
      }
    }
    if (nbuffered < MAX_SEQ)
      enable_network_layer();
    else
      disable_network_layer();
  }
}
```

图 3-19 (续)

任何时候尚在传输途中的帧的最大数量不能与序号空间的大小相同。对回退 n 协议，任何时候都可以有 MAX_SEQ 个帧还在传输途中未被确认，即使存在 MAX_SEQ+1 个不同的序号(分别为 0,1,2,…,MAX_SEQ)。接下来就会看到，对于下一个选择重传协议，这种限制更为严格。为了看清楚为什么要求有这个限制，请考虑下面 MAX_SEQ=7 的情形：

(1) 发送方发送 0～7 号帧。

(2) 7 号帧的捎带确认返回发送方。

(3) 发送方发送另外 8 个帧，其序号仍然是 0～7。

(4) 现在 7 号帧的另一个捎带确认也进来了。

问题出现了：第二批的 8 个帧是全部成功到达了还是全部丢失了(把出错之后丢弃的帧也算作丢失)？在这两种情况下，接收方都会发送针对 7 号帧的确认。但发送方却无法分辨。由于这个原因，未确认帧的最大数目必须限制为不能超过 MAX_SEQ(不是 MAX_SEQ + 1)。

虽然协议 5 没有缓冲出错后到来的帧，但是它也没有完全摆脱缓冲问题。由于发送方可能在将来的某个时刻要重传所有未被确认的帧，所以，它必须把已经发送出去的帧一直保留，直到它能确定接收方已经接受了这些帧。

当 n 号帧的确认到达时，$n-1$ 号帧、$n-2$ 号帧等都会自动被确认。这种类型的确认称为**累计确认**(cumulative acknowledgement)。当先前一些捎带确认的帧被丢失或者受损以后，这个特性显得尤为重要。每当任何一个确认到达，数据链路层都要检查是否可以释放一些缓冲区。如果能释放一些缓冲区(即窗口中又有了一些可以利用的空间)，则原来被阻塞的网络层又允许触发更多的 network_layer_ready 事件了。

对于这个协议，假设链路上总是有反向的流量可以捎带确认。协议 4 不需要这样的假设，因为它每接收到一帧就送回一帧，即使它刚刚已经发送出去一帧。在下一个协议中，我们将用一种非常巧妙的办法解决这一单向流量问题。

因为协议 5 有多个未被确认的帧，所以逻辑上它需要多个计时器，即每一个未被确认的帧都需要一个计时器。每一帧的超时是独立的，相互之间没有关系。然而，用软件很容易模拟所有这些计时器：只需使用一个硬件时钟，它周期性地引发中断。所有未发生的超时构成了一个链表，链表中的每个节点包含了离超时到期的剩余时钟滴答数、超时对应的帧以及一个指向下一个节点的指针。

为了示范如何实现多个计时器，请考虑图 3-20(a)中的例子。假设每 1ms 时钟滴答一次。初始时，实际时间为 10：00：00.000；有 3 个超时事件正在进行中，分别定在 10：00：00.005、10：00：00.013 和 10：00：019。每当时钟滴答一次，实际的时间就被更新，链表头上的剩余时钟滴答数减 1。当滴答数变成 0 时，就引发一个超时事件，并将该节点从链表中移除，如图 3-20(b)所示。虽然这种组织方式要求在 start_timer()或 stop_timer()被调用时扫描链表，但在每次滴答时并不要求更多的工作。在协议 5 中，start_timer()和 stop_timer()这两个例程都带一个参数，指明针对哪一帧计时。

在这个协议中，发送方和接收方分别维护一个已发出但未确认的序号和可接受序号的窗口。发送方的窗口大小从 0 开始，以后可以增大到某一个预设的最大值。相反，接收方的窗口总是固定不变的，其大小等于预先设定的最大值。接收方为其窗口内的每个序号保留一个缓冲区。与每个缓冲区相关联的还有一个标志位(arrived)，指明了该缓冲区是满的还

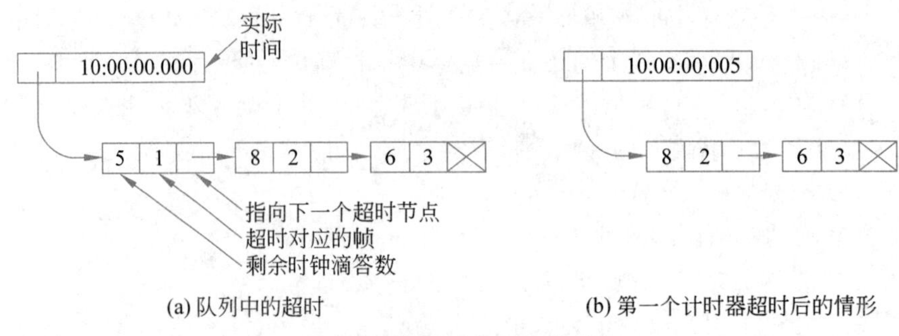

(a) 队列中的超时　　　　(b) 第一个计时器超时后的情形

图 3-20　软件模拟多个计时器

是空的。每当一帧到来,接收方通过 between 函数检查它的序号,看是否落在窗口内。如果确实落在窗口内,并且以前没有接收过该帧,则接受该帧,并且保存起来。不管该帧是否包含了网络层期望的下一个数据包,这个动作都要执行。当然,该帧必须被保存在数据链路层内部,直到所有序号比它小的那些帧都已经按顺序递交给网络层以后,它才能被传递给网络层。图 3-21 给出了一个使用该算法的协议——协议 6。

```
/*Protocol 6 (Selective repeat) accepts frames out of order but passes packets to
  the network layer in order. Associated with each outstanding frame is a timer.
  When the timer expires, only that frame is retransmitted, not all the outstanding
  frames, as in protocol 5. */

#define MAX_SEQ7                        /* should be 2^n - 1 */
#define NR_BUFS ((MAX_SEQ + 1)/2)
typedef enum {frame_arrival, cksum_err, timeout, network_layer_ready, ack_timeout}
event_type;
#include "protocol.h"
boolean no_nak = true;                  /* no nak has been sent yet */
seq_nr oldest_frame = MAX_SEQ + 1;  /* initial value is only for the simulator */
static boolean between(seq_nr a, seq_nr b, seq_nr c)
{
  /* Same as between in protocol 5, but shorter and more obscure. */
  return ((a <= b) && (b < c)) || ((c < a) && (a <= b)) || ((b < c) && (c < a));
}
static void send_frame(frame_kind fk, seq_nr frame_nr, seq_nr frame_expected,
packet buffer[ ])
{
  /* Construct and send a data, ack, or nak frame. */
  frame s;                              /* scratch variable */
  s.kind = fk;                          /* kind == data, ack, or nak */
  if (fk == data) s.info = buffer[frame_nr % NR_BUFS];
  s.seq = frame_nr;                     /* only meaningful for data frames */
  s.ack = (frame_expected + MAX_SEQ) % (MAX_SEQ + 1);
  if (fk == nak) no_nak = false;        /* one nak per frame, please */
  to_physical_layer(&s);                /* transmit the frame */
  if (fk == data) start_timer(frame_nr % NR_BUFS);
  stop_ack_timer();                     /* no need for separate ack frame */
}
void protocol6(void)
{
  seq_nr ack_expected;                  /* lower edge of sender's window */
  seq_nr next_frame_to_send;            /* upper edge of sender's window + 1 */
  seq_nr frame_expected;                /* lower edge of receiver's window */
  seq_nr too_far;                       /* upper edge of receiver's window + 1 */
  int i;                                /* index into buffer pool */
  frame r;                              /* scratch variable */
```

图 3-21　一个选择重传协议——协议 6

```
  packet out_buf[NR_BUFS];             /* buffers for the outbound stream */
  packet in_buf[NR_BUFS];              /* buffers for the inbound stream */
  boolean arrived[NR_BUFS];            /* inbound bit map */
  seq_nr nbuffered;                    /* how many output buffers currently used */
  event_type event;
  enable_network_layer();              /* initialize */
  ack_expected = 0;                    /* next ack expected on the inbound stream */
  next_frame_to_send = 0;              /* number of next outgoing frame */
  frame_expected = 0;
  too_far = NR_BUFS;
  nbuffered = 0;                       /* initially no packets are buffered */
  for (i = 0; i < NR_BUFS; i++) arrived[i] = false;
  while (true) {
    wait_for_event(&event);            /* five possibilities: see event_type above */
    switch(event) {
      case network_layer_ready:        /* accept, save, and transmit a new frame */
        nbuffered = nbuffered + 1;     /* expand the window */
        from_network_layer(&out_buf[next_frame_to_send % NR_BUFS]);
                                       /* fetch new packet */
        send_frame(data, next_frame_to_send, frame_expected, out_buf);
                                       /* transmit the frame */
        inc(next_frame_to_send);       /* advance upper window edge */
        break;
      case frame_arrival:              /* a data or control frame has arrived */
        from_physical_layer(&r);       /* fetch incoming frame from physical layer */
        if (r.kind == data) {
          /* An undamaged frame has arrived. */
          if ((r.seq != frame_expected) && no_nak)
            send_frame(nak, 0, frame_expected, out_buf); else start_ack_timer();
          if (between(frame_expected,r.seq,too_far) && (arrived[r.seq%NR_BUFS]==
            false)) {
            /* Frames may be accepted in any order. */
            arrived[r.seq % NR_BUFS] = true; /* mark buffer as full */
            in_buf[r.seq % NR_BUFS] = r.info; /* insert data into buffer */
            while (arrived[frame_expected % NR_BUFS]) {
              /* Pass frames and advance window. */
              to_network_layer(&in_buf[frame_expected % NR_BUFS]);
              no_nak = true;
              arrived[frame_expected % NR_BUFS] = false;
              inc(frame_expected);     /* advance lower edge of receiver's window */
              inc(too_far);            /* advance upper edge of receiver's window */
              start_ack_timer();       /* to see if a separate ack is needed */
            }
          }
        }
        if((r.kind==nak) && between(ack_expected,(r.ack+1)%(MAX_SEQ+1),next_frame_
        to_send))
          send_frame(data, (r.ack+1) % (MAX_SEQ + 1), frame_expected, out_buf);
        while (between(ack_expected, r.ack, next_frame_to_send)) {
          nbuffered = nbuffered - 1;   /* handle piggybacked ack */
      stop_timer(ack_expected % NR_BUFS); /* frame arrived intact */
      inc(ack_expected);    /* advance lower edge of sender's window */
     }
     break;
    case cksum_err:
     if (no_nak) send_frame(nak, 0, frame_expected, out_buf); /* damaged frame */
     break;
    case timeout:
     send_frame(data, oldest_frame, frame_expected, out_buf); /* we timed out */
     break;
    case ack_timeout:
     send_frame(ack,0,frame_expected, out_buf);  /* ack timer expired; send ack */
   }
   if (nbuffered < NR_BUFS) enable_network_layer(); else disable_network_layer();
  }
}
```

图 3-21　（续）

与只能按顺序接受帧的协议相比,非顺序接收的协议引入了有关帧序号的更多限制。下面用一个例子就很容易说明麻烦之处。假设用3位序号,那么发送方允许连续发送最多7个帧,然后开始等待确认。

刚开始时,发送方和接收方的窗口如图3-22(a)所示。现在发送方发出0~6号帧。接收方的窗口允许它接受任何序号为0~6的帧。这7个帧全部正确地到达了,所以接收方对它们进行确认,并且向前移动它的窗口,允许接收7、0、1、2、3、4或5号帧,如图3-22(b)所示。所有这7个缓冲区都标记为空。

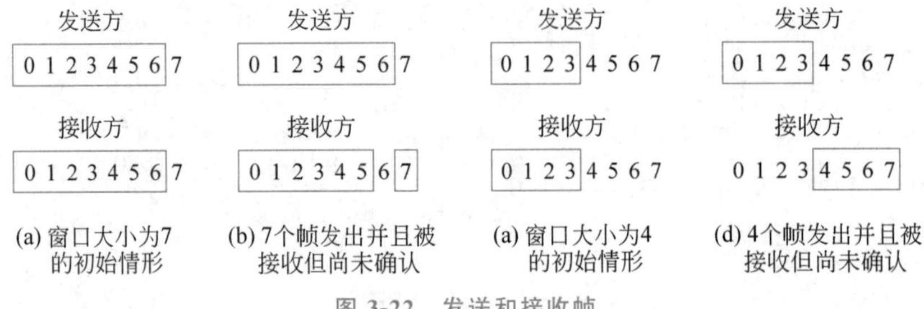

图 3-22 发送和接收帧

此时,灾难降临了,就像闪电击中了电线杆子,所有的确认都被摧毁。协议应该不管灾难是否发生都能正确工作。最终发送方超时,并且重发0号帧。当0号帧到达接收方时,接收方进行检查,看它是否落在接收方的窗口中。不幸的是,如图3-22(b)所示,0号帧落在新窗口中,所以它被当作一个新帧接受了。接收方也返回(捎带)6号帧确认,因为0~6号帧都已经接收到了。

发送方得知所有它发出去的帧都已经正确地到达了,所以它向前移动窗口,并立即发送7、0、1、2、3、4和5号帧。7号帧将被接收方接受,并且它的数据包直接传递给网络层。紧接着,接收方的数据链路层进行检查,看它是否已经有一个有效的0号帧,它发现确实已经有了,然后它把缓冲区中原有的数据包作为新的数据包传递给网络层。因此,网络层得到了一个不正确的数据包。协议失败!

这个问题的本质在于:当接收方向前移动它的窗口后,新的有效序号范围与老的序号范围有重叠。因此,后续的一批帧可能是重复的帧(如果所有的确认都丢失了),也可能是新的帧(如果所有的确认都接收到了)。接收方根本无法区分这两种情形。

解决这个难题的办法是,确保接收方向前移动它的窗口以后,新窗口与原来的窗口没有重叠。为了保证没有重叠,窗口的大小应该最多是序号范围对应的序号数量的一半。这种情形如图3-22(c)和图3-22(d)所示。如果用3位表示序号,则序号范围为0~7。在任何时候,应该只有4个未被确认的帧。按照这种方法,如果接收方已经接收了0~3号帧,并且向前移动了窗口,以便允许接收第4~7帧,那么,它可以毫无二义地区分出后续的帧是重传帧(序号为0~3)还是新帧(序列号为4~7)。一般来说,协议6的窗口大小为(MAX_SEQ + 1)/2。

一个有意思的问题是:接收方必须拥有多少个缓冲区?在任何情况下,接收方都不会接受序号低于窗口下界的帧,也不接受序号高于窗口上界的帧。因此,接收方需要的缓冲区的数量等于窗口的大小,而不是序号范围对应的序号数量。在前面的3位序号例子中,只需要4个缓冲区就够了,编号为0~3。当i号的帧到达时,它被放在i mod 4号缓冲区中。请注意，虽然 i 和 $(i+4)\bmod 4$ 在“竞争”同一个缓冲区，但它们永远不会同时落在窗口内，因为那样就暗示着窗口的尺寸至少为 5。

出于同样的原因，需要的计时器数量等同于缓冲区的数量，而不是序号空间的大小。实际上，每个缓冲区都有一个与之关联的计时器。如果计时器超时，缓冲区的内容就要被重传。

协议 6 还放宽了隐含假设，即信道的负载很重。在协议 5 中作了这个假设，当时要依赖反向的帧捎带确认。如果反向流量很轻，确认可能会被延缓很长一段时间，这将导致问题。在极端情况下，如果在一个方向上有很大的流量，而另一个方向上没有流量，那么，当发送方的窗口达到最大值时协议将被阻塞。

为了放宽这一假设，当一个按正常顺序发送的数据帧到达以后，接收方通过 start_ack_timer()启动一个辅助的计时器。如果在计时器超时以前没有出现反向流量，则发送一个单独的确认帧。由该辅助计时器超时而导致的中断称为 ack_timeout 事件。基于这样的处理方式，因为缺少可以捎带确认的反向数据帧不再是一个障碍，所以只存在单向数据的流量也是可能的。只要一个辅助计时器就可以正常工作，如果该计时器在运行时又调用了 start_ack_timer()，则该次调用没有影响。计时器不会被重置或者被扩展，因为它的作用是提供某种最小的确认率。

本质的一点是，辅助计时器的超时间隔应该明显小于用于数据帧计时器的超时值。为了确保一个被正确接收的帧尽早地得到确认，从而该帧的重传计时器不会超时，因而不会重传该帧，这一条件是必要的。

协议 6 采用了比协议 5 更加有效的策略来处理错误。任何时候当接收方有理由怀疑出现了错误时，它就给发送方送回一个否定确认（NAK）帧。这样的帧实际上是一个重传请求，在 NAK 中指定了要重传的帧。在两种情况下，接收方要特别留意：当一个受损的帧到来时，或者非期望的帧到来时（可能丢帧了）。为了避免多次请求重传同一个丢失帧，接收方应该记录对于某一帧是否已经发送过 NAK。在协议 6 中，如果还没有发送过 frame_expected 的 NAK，则变量 no_nak 为 true。如果 NAK 被损坏了或者丢失了，则不会有实际的损害，因为发送方最终会超时，无论如何它都会重传丢失的帧。如果一个 NAK 被发送出去并丢失以后错误的帧到来了，那么，no_nak 将为 true，并且辅助计时器将被启动。当该辅助计时器超时时，一个 ACK 帧将被发送出去，从而对发送方和接收方的当前状态进行同步。

在某些情形下，从一帧被发出去开始算起，到该帧经传播抵达目的地并在那里被处理，然后它的确认被传回来，整个过程需要的时间（几乎）是个常数。在这些情形下，发送方可以把它的计时器调得“紧”一些，让它恰好略微大于正常情况下从发送一帧到接收到其确认之间的时间间隔。在这种情况下 NAC 就没有用处了。

然而，在其他一些情况下这段往返时间高度可变。比如，在反向流量零零散散的情况下，如果刚好有反向流量，则确认之前的这段时间会比较短；反之，如果没有反向流量，则这段时间会很长。发送方面临着选择：要么将计时器的间隔设置得比较小（其风险是不必要的重传），要么将它设置得比较大（发生错误之后长时间地空等）。这两种选择都会浪费带宽。一般来说，如果确认间隔的标准偏差与间隔本身相比非常大，则计时器应该设置得“松”一点。然后，NAK 可以显著加快丢失帧或者损坏帧的重传速度。

与超时和NAK紧密相关的一个问题是确定由哪一帧引发了超时。在协议5中,它总是ack_expected,因为它总是最旧的那个帧。在协议6中,没有一种很简便的办法确定谁引发了超时。假定已经发送了0～4号帧,这意味着未确认帧的列表是01234,按照时间从最旧的帧到最新的帧。现在想象:0号帧超时,5号帧(新帧)被发送出去,1号帧超时,2号帧超时,6号帧(又一个新帧)被发送出去。这时候,未确认帧的列表是3405126,也是从最旧的帧到最新的帧排列。如果所有进来的流量(即那些包含确认的帧)一下子全部丢失,那么这7个未确认的帧将会依次超时。

为了避免使该例子过于复杂,本节没有展示计时器的管理。相反,本节只假设在超时发生时变量oldest_frame被设置好,以指出哪一帧超时。

3.5 数据链路协议实例

在单个建筑物内,LAN被广泛用于主机互连,但大多数广域网的基础设施是以点到点线路的方式建设的。第4章将重点关注LAN,这里要考察的是在3种常见情形下Internet上点到点线路的数据链路协议。第一种情形是当通过广域网中的SONET光纤链路发送数据包的时候。比如,这些链路被广泛用于连接一个ISP网络中位于不同位置的路由器。第二种情形是运行在Internet边缘的电话网络本地回路上的ADSL链路。第三种情形是在有线电视网络的本地回路中的DOCSIS链路。ADSL和DOCSIS把个人和企业连接到Internet上。

针对上述使用场景,Internet需要点到点链路,拨号调制解调器、租用线路和线缆调制解调器等场景也是如此。一个称为**PPP(点到点协议)**的标准协议被用于在这些链路上发送数据包。PPP由RFC 1661定义,并在RFC 1662和其他的RFC中得到进一步阐述(Simpson,1994a,1994b)。SONET、ADSL和DOCSIS链路都采用了PPP,但在使用方式上有所不同。

3.5.1 SONET上的数据包

2.5.3节讨论的SONET是物理层协议,它最常被用在广域网的光纤链路上,这些光纤链路构成了通信网络的骨干网,其中包括电话系统。它提供了一个以定义良好的速率运行的比特流,比如2.4Gb/s的OC-48链路。该比特流被组织成固定大小(字节)的有效载荷,不论是否有用户数据需要发送,每隔125μs要发出一个比特流。

为了在这些链路上运载数据包,需要某种成帧机制,以便将偶尔出现的数据包从传输它们的连续比特流中区分出来。运行在IP路由器上的PPP就提供了这种机制,如图3-23所示。

PPP是一个早期简化协议的改进,那个协议称为**SLIP**(Serial Line Internet Protocol,**串行线路Internet协议**)。PPP被用于处理错误检测链路的配置、支持多种协议、允许身份认证等。PPP提供了3个主要特性:

(1) 一种成帧方法。它可以毫无歧义地区分出一帧的结束和下一帧的开始。帧的格式也处理错误检测。

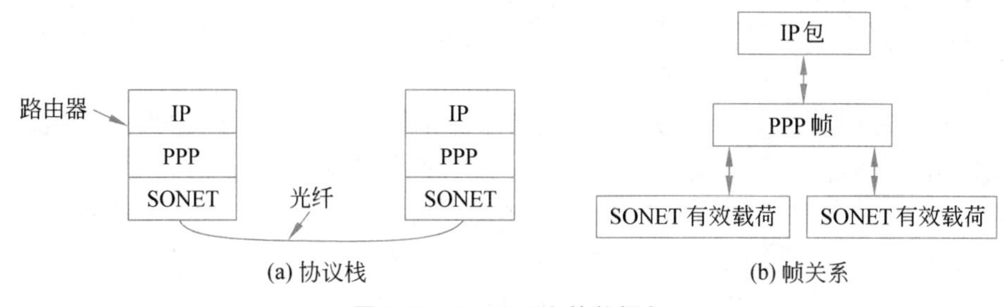

图 3-23　SONET 上的数据包

（2）一个链路控制协议。它可用于启动线路、测试线路、协商选项以及当线路不再需要时适当地关闭线路。该协议称为 LCP(Link Control Protocol，链路控制协议)。

（3）一种协商网络层选项的方式。协商方式独立于网络层协议。PPP 选择的方法是针对每一种支持的网络层都有一个不同的 NCP(Network Control Protocol，网络控制协议)。

因为没有必要重新发明轮子，所以，PPP 帧格式的选择酷似 HDLC(High-level Data Link Control，高级数据链路控制协议)的帧格式。HDLC 是一个早期被广泛使用的协议族的实例。

PPP 和 HDLC 的主要区别在于：PPP 是面向字节而不是面向比特的。特别是 PPP 使用字节填充技术，所有帧的长度均是字节的整数倍；HDLC 协议则使用比特填充技术，允许帧的长度不是字节的倍数，比如 30.25 字节。

然而，在实践中两者还有第二个主要区别。HDLC 提供了可靠的数据传输，它采用的方式正是前面已经介绍过的滑动窗口、确认和超时机制。PPP 也可以在诸如无线网络等嘈杂的环境里提供可靠传输，具体细节由 RFC 1663 定义。然而，实践中很少这样做。相反，在 Internet 中几乎总是采用一种“无编号模式”提供无连接无确认的服务。

无编号模式下的 PPP 帧格式如图 3-24 所示。所有的 PPP 帧都从标准的 HDLC 标志字节 0x7E(01111110)开始。标志字节如果出现在 Payload 字段，则要用转义字节 0x7D 填充。接下来的字节是被转义的字节与 0x20 进行 XOR 运算的结果，如此转义使得第 5 位比特反转。比如，0x7D 0x5E 是标志字节 0x7E 的转义序列。这意味着只需要简单扫描 0x7E 就能找出帧的开始和结束之处，因为这个字节不可能出现在其他地方。当接收到一个帧时要去掉填充字节。具体做法是，扫描 0x7D，发现后立即删除；然后用 0x20 对紧跟在后面的那个字节进行 XOR 运算。此外，两个帧之间只需要一个标志字节。当链路上没有帧正在发送时，可以用多个标志字节填充链路。

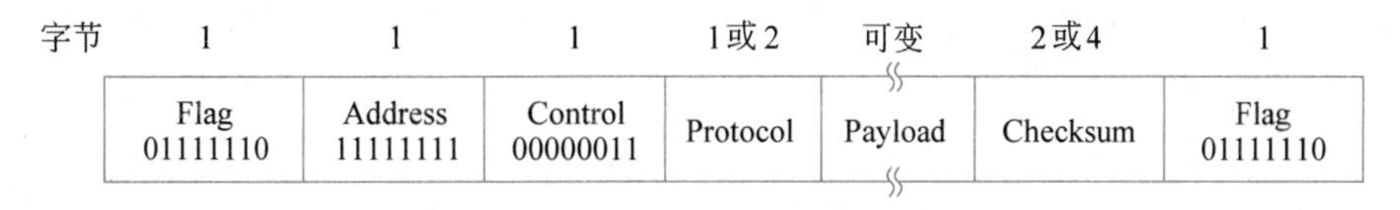

图 3-24　无编号模式下的 PPP 帧格式

紧跟在帧开始处的标记字节后面出现的是 Address(地址)字段。这个字段总是被设置为二进制值 11111111，表示所有的站都应该接受该帧。使用这个值可避免必须分配数据链路地址这样的问题。

Address 字段后面是 Control(控制)字段,其默认值是 00000011,此值表示一个无编号帧。

因为 Address 和 Control 字段在默认配置中总是常数,因此 LCP 提供了某种必要的机制,允许通信双方协商一个选项,以确定是否省略这两个字段,从而为每帧节省两字节。

PPP 的第四个字段是 Protocol(协议)字段。它的任务是告知 Payload 字段中包含了什么类型的数据包。以 0 开始的编码定义为 IP 版本 4、IP 版本 6 以及其他可能用到的网络层协议,比如 IPX 和 AppleTalk;以 1 开始的编码被用于 PPP 配置协议,包括 LCP 和针对每个所支持的网络层协议的不同 NCP。Protocol 字段的默认大小为两字节,但它可以通过 LCP 协商减少到一字节。协议设计者也许过于谨慎了,认为有一天可能超过 256 个协议在使用该协议。

Payload(有效载荷)字段是可变长度的,最高可达某个协商的最大值。如果在线路建立时没有通过 LCP 协议协商该长度,则采用默认长度 1500 字节。如果需要,在有效载荷后可填充字节。

Payload 字段后是 Checksum(校验和)字段,它通常占两字节,但可以协商使用 4 字节的校验和。事实上,4 字节的校验和与 3.2.2 节末尾给出的生成多项式对应的 32 位 CRC 相同。2 字节的校验和也是一个工业标准 CRC。

PPP 是一个成帧机制,它可以在多种类型的物理层上承载多种协议的数据包。为了在 SONET 上使用 PPP,RFC 2615 中列出了一些可用的选择(Malis 等,1999)。因为这是检测物理层、数据链路层和网络层传输错误的主要手段,因此采用了 4 字节的校验和。RFC 2615 还建议不要压缩 Address、Control 和 Protocol 字段,因为 SONET 链路已经运行在相对很高的速率上了。

PPP 还有一个不同寻常的特点。PPP 的有效载荷在插入 SONET 的有效载荷以前先进行扰码操作(正如 2.4.3 节描述的那样),用长伪随机序列对有效载荷进行扰码 XOR 运算之后再传送出去。这样做原因是,为了保持同步,SONET 比特流需要包含频繁的比特跳变。这些跳变很自然地与语音信号中的变化结合在一起,但在数据通信中用户选择要发送的信息,有可能发送一个包含一长串 0 的数据包。采用了扰码技术,用户因为发送一长串 0 而导致问题的可能性降到极低。

在通过 SONET 线路运载 PPP 帧以前,必须建立和配置 PPP 链路。当 PPP 链路从建立到关闭的状态图如图 3-25 所示。

链路从 DEAD(死)状态开始,这意味着不存在物理层连接。当物理层连接被建立起来时,链路转移到 ESTABLISH(建立)状态。此时,PPP 对等体交换一系列 LCP 数据包,为该链路从上面提到的可能性中选择 PPP 选项,这些 LCP 数据包每个都包含在 PPP 帧的 Payload 字段中。发起连接的对等体提出自己的选项请求;另一方的对等体可以部分或者全部接受,甚至全部拒绝,同时也可以提出自己的选项要求。

如果 LCP 选项协商成功,则该链路到达 AUTHENTICATE(认证)状态。现在,如果需要,双方可以互相检查对方的身份。如果认证成功,则链路进入 NETWORK(网络)状态,通过发送一系列 NCP 数据包来配置网络层。关于 NCP 很难一概而论,因为每个协议都特定于某一网络层协议,允许执行针对该网络层协议的配置请求。比如,对于 IP,为链路的两端分配 IP 地址是最重要的可能要求。

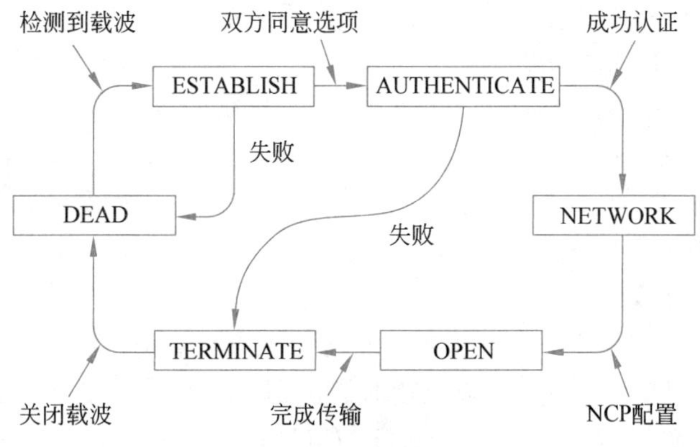

图 3-25　PPP 链路从建立到关闭的状态图

一旦到达 OPEN(打开)状态,双方就可以进行数据传输。正是在这个状态下,IP 数据包被运载在 PPP 帧中,通过 SONET 线路传输。当完成数据传输时,链路进入 TERMINATE(终止)状态。当物理层连接被舍弃时,链路回到 DEAD 状态。

3.5.2　ADSL

ADSL 以兆位级(Mb/s)速率将百万计的家庭用户连接到 Internet 上,并且使用的是与普通老式电话服务相同的本地回路。在 2.5.2 节讲述了如何把一种称为 DSL 调制解调器的设备安置在家庭一端。它通过本地回路发出的数据比特到达一个称为 DSLAM(DSL Access Multiplexer,DSL 接入复用器,发音为 dee-slam)的设备,该设备位于电话公司的端局中。现在,本节将更详细地探讨如何在 ADSL 链路上运载数据包。

ADSL 使用的协议和设备的概貌如图 3-26 所示。不同的协议部署在不同的网络中,图 3-26 展示了最为流行的场景。在家里,比如 PC 那样的计算机使用以太网链路层把 IP 数据包发送到 DSL 调制解调器。然后 DSL 调制解调器通过本地回路把 IP 数据包发送到 DSLAM,它发送数据包所用的协议就是本节要介绍的协议。在 DSLAM 设备(或者与它连接的一台路由器,视具体实现而定)上 IP 数据包被提取出来并进入 ISP 网络,因此它们能够到达 Internet 上的任何目的地。

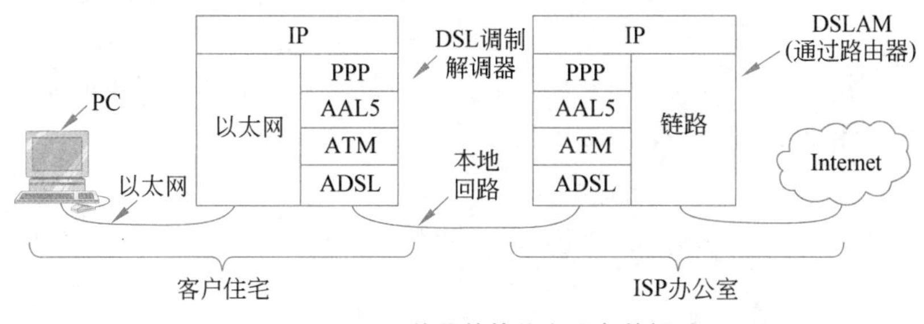

图 3-26　ADSL 使用的协议和设备的概貌

在图 3-26 中,ADSL 链路之上显示的协议从底部的 ADSL 物理层开始。它们基于称为正交频分复用(也称为离散多音)的数字调制方案,就像我们在 2.5.2 节看到的那样。接近协议栈顶部,恰好位于 IP 网络层正下方的是 PPP。该协议与我们刚刚讨论过的在 SONET

上传输数据包的 PPP 相同。它以同样的方式建立和配置链路,以及运载 IP 数据包。

在 ADSL 和 PPP 两者之间是的 ATM 和 AAL5。这些是前面没有介绍过的新协议。**ATM**(Asynchronous Transfer Mode,**异步传输模式**)是早在 20 世纪 90 年代初设计的,并且以令人难以置信的炒作方式公布于众。它承诺的网络技术可以解决世界上的电信问题,它把语音、数据、有线电视、电报、信鸽、串起来的罐头以及其他所有一切合并成一个综合系统,声称能为每个人做每件事。但事实并非如此。在很大程度上,ATM 的问题类似于前面介绍的 OSI 协议的问题,也就是说,错误的时机、错误的技术、错误的实现以及错误的政治。不过,ATM 至少比 OSI 要成功得多。虽然它并没有在世界各地流行起来,但它仍然被广泛应用在合适的领域,包括诸如 DSL 那样的宽带接入线路,以及特别是电话网络内部的 WAN 链路上。

ATM 是一个链路层,它建立在固定长度的信息——**信元**(cell)的传输的基础之上。其名称中的"异步"意味着这些信元并不总是需要在同步链路上以连续发送的方式进行发送,这与 SONET 不同。只有当出现要运载的信息时,ATM 才需要发送信元。ATM 是一种面向连接的技术。每个信元在它的头部带有**虚电路**(virtual circuit)标识符,设备根据此标识符沿着连接建立的路径转发信元。

每个信元 53 字节长,由一个 48 字节的有效载荷和一个 5 字节的头组成。利用信元,ATM 可以为不同用户细粒度地灵活划分物理层链路的带宽。这种能力是非常有用的,比如,当在一条链路上同时发送语音和数据时,不会因为出现很长的数据包而导致声音采样值的延迟偏差过大。信元长度与众不同的选择(比如,与更自然的 2 的幂次方相比)恰好说明 ATM 的设计是多么的政治化。选择有效载荷的长度为 48 字节,是解决欧洲和美国分歧的一个妥协,欧洲希望信元取 32 字节长,而美国方面则希望信元取 64 字节长。有关 ATM 的概述请参考 Siu 等的论文(1995)。

为了在 ATM 网络上发送数据,需要将数据映射成一系列信元。这一映射是在一个被称为**分段**(segmentation)和**重组**(reassembly)的过程中由 ATM 适配层完成的。针对不同的服务定义了几个适配层,从周期性的语音采样到数据包数据。其中一个主要用于数据包数据的适配层是 **AAL5**(ATM Adaptation Layer 5,**ATM 适配层 5**)。

一个 AAL5 帧如图 3-27 所示。它没有帧头,但有一个帧尾,给出了帧的长度和用于错误检测的 4 字节 CRC。很自然,这里的 CRC 与 PPP 和诸如以太网那样的 IEEE 802 LAN 使用的 CRC 相同。Wang 等(1992)已经证明了该 CRC 已强大到足以检测出非传统错误(诸如信元重新排序)。除了有效载荷外,AAL5 帧也有填充的字节。填充的目的是使得帧的总长度是 48 字节的倍数,以便帧被均匀地划分到信元中。帧里不需要地址,因为每个信元携带的虚电路标识符将引导它到达正确的目的地。

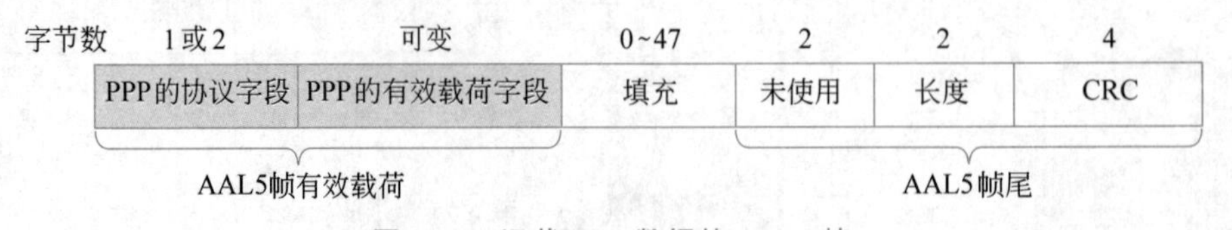

图 3-27 运载 PPP 数据的 AAL5 帧

本节至此已经描述了 ATM,但仅仅描述了在 ADSL 情形下 PPP 如何使用 ATM。这项工作是由另一个称为 **PPPoA**(PPP over ATM,**ATM 上的 PPP**)的标准完成的。这一标准不是真正的协议(所以它没有出现在图3-26中),而是一个关于PPP和AAL5帧如何工作的规范。该标准由RFC 2364描述(Gross等,1998)。

只有PPP的协议和有效载荷字段被放在AAL5帧的有效载荷中,如图3-27所示。协议字段指示远端的DSLAM有效载荷里包含的是IP数据包或另一种协议(比如LCP)的数据包。远端知道信元包含了PPP信息,因为ATM虚电路就是为这个目的而建立的。

在AAL5帧内,PPP的成帧功能并不是必需的,因为在这里起不到任何作用;ATM和AAL5已经提供了成帧的功能。更多的成帧考虑是毫无价值的。同样地,PPP的CRC也没有必要,因为AAL5已经包括了相同的CRC。这一错误检测机制补充了ADSL物理层的里德-所罗门码以检测错误,以及1字节的CRC以检测任何未被捕捉到的其他错误。该方案具有比在SONET线路上发送数据包更为复杂的错误恢复机制,因为ADSL是一种非常嘈杂的信道。

3.5.3 DOCSIS

DOCSIS(Data Over Cable Service Interface Specification,**同轴电缆数据接口规范**)协议通常被描述成具有两个组件:在第2章中描述的物理(PHY)层(有时称为PMD),或者物理介质相关的子层,以及将在第4章中详细介绍的介质访问控制(MAC)层。在物理层以上,DOCSIS必须为网络层处理各种任务,包括上行流和下行流方向的带宽分配(流量控制)、成帧和错误纠正(当然,错误纠正有时候被看成物理层的一部分)。在本章前面部分已经讲述了这些概念。在本节中,将讨论DOCSIS如何处理这些问题。

DOCSIS帧包含各种各样的信息,包括服务质量指示器,以及对帧分段和拼接的支持等。每一个单向的帧序列称为**服务流**(service flow)。基本服务流使得CMTS(有线电视公司办公室中的线缆调制解调器终端系统)与每一个线缆调制解调器进行管理消息的通信。每一个服务流都有一个唯一的标识符,通常与一个服务类关联起来,服务类可能是尽力服务、轮循(线缆调制解调器显式地请求带宽)或者准入服务(线缆调制解调器按一个保证的数据速率传输数据流)。基本服务流是默认服务流,它运载所有未被分类到其他服务类的帧。在许多宽带服务的配置中,在线缆调制解调器和CMTS之间只有一个默认的上行服务流和一个默认的下行服务流,它运载所有的用户流量和所有的管理消息。DOCSIS网络在历史上已经被设计成假设绝大多数数据都在下行流方向上传输。但是,一些特定的应用,比如视频会议,却与这些趋势相反,不过,最近宣称的云游戏服务(比如Stadia、GeForce Now、xCloud)甚至可能导致更多的下行流数据,因为这些应用都是面向连续的数据流,速率为30~35Mb/s。

一旦一个线缆调制解调器已经被加电启动,它就与CMTS建立一个连接,通常CMTS允许线缆调制解调器连接到网络的其余部分。当它向CMTS注册时,获取以后要使用的上行流和下行流通信信道,也从CMTS获得加密密钥。上行流和下行流的承运方为所有的线缆调制解调器提供两个共享的信道。在下行流方向上,所有连接到CMTS的线缆调制解调器接收每一个被传输的数据包;在上行流方向上,许多线缆调制解调器在传输,而CMTS是唯一的接收者。在CMTS和每个线缆调制解调器之间可能有多条物理路径。

在DOCSIS 3.1以前,下行流方向上的数据包被划分成188字节的MPEG帧,每个帧有一个4字节的头和184字节的有效载荷(称为MPEG传输聚合层)。除了数据本身,CMTS周期性地给线缆调制解调器发送管理信息,其中包含有关范围、信道分配的信息以及其他与信道分配(由 MAC 层完成,将在第 4 章介绍更多细节)相关的任务的信息。虽然 DOCSIS 3.1 出于遗留产品支持的目的仍然支持这一聚合层,但下行流通信不再依赖这一层。

DOCSIS 链路层根据**调制配置**(modulation profile)组织传输。一个调制配置是一个调制顺序(即比特装载)列表,这些调制顺序对应于 OFDM 子载波。在下行流方向上,CMTS 可能为不同的线缆调制解调器使用不同的配置,但通常而言,一组具有相同或者相似性能的线缆调制解调器将被组织到同样的配置中。基于服务流标识和 QoS 参数,链路层(在 DOCSIS 3.1 中称为链路层,现在称为**聚合层**(convergence layer))将具有相同配置的数据包组织到同样的发送缓冲区中;通常每个配置只有一个发送缓冲区,每个发送缓冲区都是浅层的,以避免严重的延迟。然后,码字构建者将每一个 DOCSIS 帧映射到对应的 FEC 码字,从不同的配置缓冲区中,只在每个码字边界拉取数据包。FEC 编码将 DOCSIS 帧看作一个比特流,而不是字节序列。DOCSIS 依赖于一个 LDPC 码字。在下行流方向上,一个完整的码字有 2027 字节,其中 1799 字节是数据,225 字节是奇偶校验码。在 DOCSIS 帧的每字节内部,最低位先传输;当一个超过一字节的值被传输时,这些字节从最高字节到最低字节进行排序,这种顺序有时候称为**网络顺序**(network order)。CMTS 也会采用字节填充技术:如果在下行流方向上没有 DOCSIS 帧可以使用,CMTS 将填满 0 比特的子载波插入 OFDM 符号中,或者简单地在码字中填充 1 的序列,如图 3-28 所示。

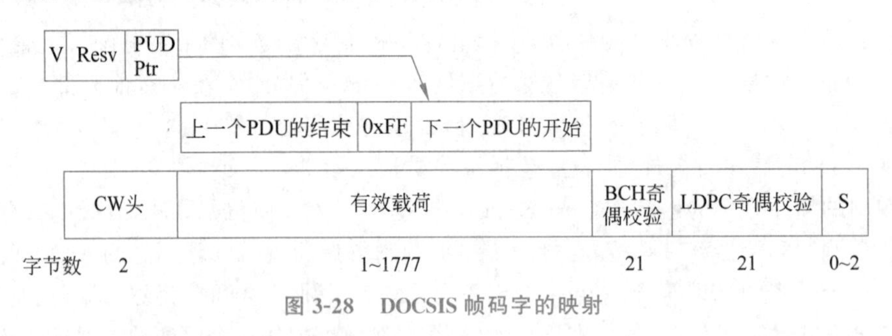

图 3-28 DOCSIS 帧码字的映射

从 3.0 版本开始,DOCSIS 已经支持一种称为**信道绑定**(channel bonding)的技术,它允许一个子载波同时使用多个上行流和下行流。该技术是**链路聚合**(link aggregation)的一种形式,链路聚合可以将多个物理链路或者端口组合,创建一个逻辑连接。DOCSIS 3.0 允许多达 32 个下行流信道和 8 个上行流信道绑定,其中每条信道可能有 6~8MHz 宽。DOCSIS 3.1 中的信道绑定与 DOCSIS 3.0 中的相同,不过 DOCSIS 3.1 支持更宽的上行流和下行流信道:下行流高达 192MHz,上行流高达 96MHz;而在 DOCSIS 3.0 中,下行流为 6MHz 或 8MHz,上行流可达 6.4MHz。另外,DOCSIS 3.1 调制解调器可以跨越多种类型的信道进行绑定(比如,一个 DOCSIS 3.1 调制解调器可以绑定一个 192MHz OFDM 信道和 4 个 6MHz SC-QAM 信道)。

3.6 本章总结

数据链路层的任务是将物理层提供的原始比特流转换成由网络层使用的帧流。数据链路层为这样的帧流提供不同程度的可靠性,范围从无连接无确认的服务到可靠的面向连接的服务不等。

数据链路层采用的成帧方法各种各样，包括字节计数、字节填充和比特填充。数据链路协议提供了错误控制机制以检测或纠正传输受损的帧以及重新传输丢失的帧。为了防止快速的发送方淹没慢速的接收方，数据链路协议还提供了流量控制机制。滑动窗口机制被广泛用来以一种简单方式集成错误控制和流量控制两种机制。当窗口大小为一个数据包时，则协议是停-等式的。

纠错和检错码使用不同的数学技术把冗余信息添加到消息中。卷积码和里德-所罗门码被广泛用于纠错，低密度奇偶校验码越来越受到欢迎。实际使用的检错码包括循环冗余校验码和校验和两种。所有这些编码不仅可以应用在链路层，而且可以应用在物理层和更高的层上。

本章考察了一系列协议，这些协议在更现实的假设下通过确认和重传或者 ARQ(自动重传请求)提供了一个可靠的数据链路层。首先，从一个无错误的环境开始，即接收方可以处理传送给它的任何帧，引出了流量控制，然后是带有序号的错误控制和停-等式算法。然后，使用滑动窗口算法允许双向通信，并引出捎带确认的概念。最后，给出两个协议把多个帧的传输管道化，以此防止发送方被一个有着漫长传播延迟的链路阻塞。接收方可以丢弃所有乱序的帧；或者为了获得更大的带宽效率而缓冲这些乱序帧，并且发送否定确认。前一种策略是回退 n 协议，后一种策略是选择重传协议。

Internet 使用 PPP 作为点到点线路上的主要数据链路协议。PPP 提供了无连接无确认服务，它使用标志字节区分帧的边界，至于错误检测则采用 CRC。它也被用于跨一组链路运载数据包，包括广域网中的 SONET 链路和家庭 ADSL 链路。当通过已有的有线电视网络提供 Internet 服务时采用 DOCSIS。

习　　题

1. 以太网使用一个前导码再结合一个字节计数来分割帧。如果用户试图发送的数据包含了该前导码，则会发生什么情况？

2. 在一个数据流的中间出现了这样的数据段：A B ESC C ESC FLAG FLAG D，假设该数据流采用了本章介绍的字节填充算法，经过填充之后的输出是什么？

3. 字节填充算法的最大开销是多少？

4. 你收到了下面的数据段：0110 0111 1100 1111 0111 1101，并且你知道该协议使用了比特填充编码。请给出经过解码之后的数据。

5. 当采用比特填充技术时，单个比特的丢失、插入或者修改有可能不被校验和检测到吗？如果不能检测到，为什么？如果能检测到，如何检测？校验和长度在这里起作用了吗？

6. 一个上层数据包被分成 10 个帧，每一帧有 80%的机会无损地到达目的地。如果数据链路协议没有提供错误控制，该报文平均需要发送多少次才能完整地到达接收方？

7. 在什么样的环境下，一个开环协议(比如海明码)有可能比本章讨论的反馈类协议更加适合？

8. 为了提供比单个奇偶位更强的可靠性，一种检错编码方案如下：用一个奇偶位检查所有奇数序号的位，用另一个奇偶位检查所有偶数序号的位。这种编码方案的海明距离是多少?

9. 你可能注意到,日常使用的即时消息服务并没有提供错误检测功能,你决定自己采用一个简单的错误检测机制:所有的消息都发送两次。此时对应的海明距离和编码率是多少?与增加一个奇偶校验位的方案相比怎么样?

10. 考虑一个错误检测方案:每条消息发送两次。假设恰好有两个比特错误发生了,那么该错误未被检测到的概率是多少?当使用一个奇偶校验位时错误未被检测到的概率是多少?哪种方法能检测到更多的错误?

11. 一个8位字节的二进制值为10101111,采用一个偶校验位海明码进行编码。经过编码以后二进制值是什么?

12. 一个8位字节的二进制值为10011010,采用一个奇校验位海明码进行编码。经过编码以后二进制值是什么?

13. 接收方收到一个12位的奇校验和海明码,其十六进制值为0xB4D。该码的原始值是多少(按十六进制)?假设至多发生了一位错。

14. 海明码的距离为3,可以用来纠正单个错误或者检测两个错误。这两个功能可以同时实现吗?请解释为什么可以或者为什么不可以。一般而言,如果海明距离为n,可以纠正多少错误?可以检测多少错误?

15. 考虑一个协议:每16字节的消息数据增加1字节的冗余数据。该协议可以使用海明码纠正单个错误吗?

16. 检测错误的一种方法是按n行、每行k位来传输数据,并且在每行和每列加上奇偶位。其中右下角是一个校验其所在行和列的奇偶位。这种方案能检测出所有的1位错误吗?2位错误呢?3位错误呢?请说明这种方案无法检测出某些4位错误。

17. 在第16题中,多少错误可以被检测和纠正?

18. 为了纠正所有的单个错误和两个错误,需要在m位消息上增加r个冗余位,请给出r的下界公式。

19. 在第18题答案的基础上,请解释为什么复杂的基于概率的纠错机制,比如本章中讨论的卷积码和低密度奇偶校验码能流行起来。

20. 假设数据以块形式传输,每块大小为1000比特。在什么样的最大错误率下,错误检测和重传机制(每块1个校验位)比使用海明码更好?假设比特错误相互独立,并且在重传过程中不会发生比特错误。

21. 一个具有n行k列的块使用水平和垂直奇偶校验位进行错误检测。假设正好有4位由于传输错误被反转。请推导出该错误无法被检测出来的概率表达式。

22.假设使用Internet校验和(4位字)发送一条消息:1001 1100 1010 0011。校验和的值是什么?

23. x^7+x^5+1被生成多项式x^3+1除,所得余数是什么?

24. 使用本章介绍的标准CRC方法传输比特流10011101。生成多项式为x^3+1。实际传输的位串是什么?假设左边开始的第3比特在传输过程中反转了,请说明这个错误可以在接收方被检测出来。给出一个该比特流传输错误的实例,使得接收方无法检测出该错误。

25. 使用本章介绍的标准CRC方法传输比特流11100110。生成多项式为x^4+x^3+1。实际传输的位串是什么?假设左边开始的第3比特在传输过程中反转了,请说明这个错误可以在接收方被检测出来。给出一个该比特流传输错误的实例，使得接收方无法检测出该错误。

26. 数据链路协议总是把 CRC 放在尾部而不是头部，这是为什么？

27. 在 3.3.3 节讨论 ARQ 协议时，概述了一种场景，由于确认帧的丢失导致接收方接收了两个相同的帧。如果不会出现丢帧（消息或者确认），接收方是否还有可能收到同一帧的多个副本？

28. 考虑一个具有 4kb/s 速率和 20ms 传输延迟的信道。帧的大小在什么范围内，停-等式协议才能获得至少 50%的效率？

29. 两个协议 A 和 B 唯一的差异在于它们的发送窗口的大小。协议 A 使用一个 20 帧的发送窗口，协议 B 是一个停-等式协议。这两个协议运行在两个相同的信道上。如果协议 A 达到了几乎 100%的带宽效率，那么协议 B 的带宽效率是多少？

30. 在一个单向传输延迟为 50ms 的信道上使用 900 比特的帧，一个停-等式协议达到了 25%的带宽效率。该信道的带宽是多少？

31. 在一个带宽为 50kb/s 的信道上使用 300 比特的帧，一个停-等式协议达到了 60%的带宽效率。该信道的单向传输延迟是多少？

32. 在一个单向传输延迟为 8ms 并且带宽为 1200kb/s 的信道上使用 800 比特的帧，采用停-等式协议。该协议在这一信道上能达到的带宽效率是多少？

33. 一个滑动窗口协议使用 1000 比特的帧，其发送窗口的大小固定为 3。在一个 250kb/s 的信道上它达到了几乎 100%的带宽效率。同样的协议也被用在一个升级后的信道上，该信道有同样的延迟，但带宽是原来的 2 倍。该协议在新的信道上的带宽效率是多少？

34. 在协议 3 中，当发送方的计时器已经开始运行时，它还有可能启动该计时器吗？如果可能，这种情况是如何发生的？如果不可能，为什么？

35. 使用协议 5 在一条 3000km 长的 T1 中继线上传输 64 字节的帧。如果信号的传播速度为 6μs/km，序号应该有多少位？

36. 想象一个滑动窗口协议，它的序号占用的位数相当多，使得序号几乎永远不会回转。4 个窗口边界和窗口大小之间必须满足什么样的关系？假设这里发送方和接收方的窗口大小固定不变并且相同。

37. 在协议 6 中，当一个数据帧到达时，需要检查它的序号是否不同于期望的序号，并且 no_nak 为真。如果这两个条件都成立，则发送一个 NAK；否则，启动辅助计时器。假定 else 子句被省略，这种改变会影响协议的正确性吗？

38. 假设将协议 6 中靠近尾部的内含 3 条语句的 while 循环去掉，这样会影响协议的正确性还是只是仅仅影响协议的性能？请解释你的答案。

39. 在第 38 题中，假设使用滑动窗口协议。多大的发送窗口才能使得链路利用率为 100%？发送方和接收方的协议处理时间可以忽略不计。

40. 假设在协议 6 的 switch 语句中，将校验和错误的 case 分支去掉。这一改变将如何影响协议的运行？

41. 在协议 6 中，frame_arrival 代码中有一部分是用来处理 NAK 的。如果进来的帧是一个 NAK，并且另一个条件也满足，则这部分代码会被调用。请给出一个场景，在此场景下另一个条件非常关键。

42. 考虑在一条不会出错的 1Mb/s 线路上使用协议 6。帧的最大长度为 1000 位。每过1s产生一个新数据包。超时间隔为10ms。如果取消特殊的确认计时器,那么就会发生不必要的超时事件。消息平均要被传输多少次?

43. 在协议6中,MAX_SEQ=2^n-1。这一条件显然是希望有效地利用头部空间,但并不是说这个条件是必不可少的。比如,当MAX_SEQ=4时协议也能够正确工作吗?

44. 利用地球同步卫星在一个1Mb/s的信道上发送长度为1000位的帧,该信道与地球之间的传播延迟为270ms。确认总是被捎带在数据帧中。帧头非常短,序号使用了3位。在下面的协议中,可获得的最大信道利用率是多少?

(a) 停-等式。

(b) 协议5。

(c) 协议6。

45. 否定确认直接触发发送方的应答,而缺少肯定确认只是触发了超时之后的一个动作。是否有可能只使用否定确认,而不使用肯定确认来建立一个可靠的通信信道?如果有可能,请给出一个例子;如果不可能,请解释为什么。

46. 考虑在一个无错的64kb/s卫星信道上单向发送512字节长的数据帧,来自另一个方向反馈的确认非常短。对于窗口大小为1、7、15和127的情形,最大的吞吐量分别是多少?从地球到卫星的传播时间为270ms。

47. 在一条100km长的线缆上运行T1数据速率。线缆中的传播速度是真空中光速的2/3。线缆中可以容纳多少位?

48. PPP使用字节填充而不是比特填充,这样做的目的是防止有效载荷字段偶尔出现的标志字节造成的混乱。请至少给出一个理由说明PPP为什么这么做。

49. 使用PPP发送一个IP数据包的最小开销是多少?如果只计由PPP自身引入的开销,而不计IP头开销,最大开销又是多少?

50. 下面的数据流是在SONET上使用PPP帧发送的:ESC FLAG FLAG ESC。在有效载荷中传输的字节序列是什么?将你的答案写成一个字节序列,每一字节用8个1或0表示。代表ESC的比特序列是01111101,代表FLAG的比特序列是01111110。

51. 在本地回路上使用ADSL协议栈发送一个长为100字节的IP数据包。一共要发送多少个ATM信元?请简要描述这些信元的内容。

52. 本题的目标是用本章描述的标准CRC算法实现一个错误检测机制。编写两个程序:generator和verifier。generator程序从标准输入读取一行ASCII文本,该文本包含由0和1组成的n位消息。第二行是一个k位多项式,也是以ASCII码表示的。程序输出到标准输出设备上的是一行ASCII码,由$n+k$个0和1组成,表示被发送的消息。然后,它输出多项式,就像它输入的那样。verifier程序读取generator程序的输出,并输出一条消息指示正确与否。最后,再写一个程序alter,它根据参数(从最左边开始1的比特数)反转第一行中的比特1,但正确复制两行中的其余部分。通过输入

```
generator <file | verifier
```

应该能看到提示正确的消息,但输入

```
generator <file | alter arg | verifier
```

应该得到提示错误的消息。

第 4 章　介质访问控制子层

在第 3 章中介绍的许多数据链路层通信协议都依赖于一个广播通信介质传输数据。任何这样的协议都要求额外的机制，从而使得多个发送方可以高效且公平地共享广播介质。本章将介绍这些协议。

在任何一个广播网络中，关键的问题是当多方竞争信道的使用权时如何确定谁可以使用信道。比如，考虑一个电话会议的场景：有 6 个人分别守在 6 部不同的电话旁，这些电话都连接起来，所以每个人都可以听到其他人说话，也可以对其他人说话。当一个人停止说话时，很可能马上有两个或者更多个人开始说话，从而导致交流的一片混乱。而在面对面坐着的会议上，这种混乱局面可以通过第二条外部信道得以避免，比如，让与会者通过举手的方式请求获得发言权。当只有一条信道可供使用时，确定下一个使用者的确非常困难。解决这个问题的许多协议已广为人知。这些协议构成了本章的内容。在有些文献中，广播信道有时候也称为多路访问信道（multiaccess channel）或者随机访问信道（random access channel）。

用来确定多路访问信道的下一个使用者的协议属于数据链路层的一个子层，该层称为介质访问控制（Medium Access Control，MAC）子层。在 LAN 中，MAC 子层显得尤为重要，特别是在无线局域网中，因为无线电波天然就是广播信道。WAN 的有些部分（比如直连 Internet 的链路）是点到点的；其他部分（比如有线电视 ISP 的共享接入网络）则是共享的，也依赖于 MAC 层实现共享。因为多路访问信道和 LAN 如此紧密相关，所以，在本章中将概括性地讨论 LAN，包括一些从严格意义上讲并不属于 MAC 子层的内容，但这时的主题还是关于信道控制。

从技术上看，MAC 子层位于数据链路层底部，所以，在逻辑上应该在第 3 章讨论所有点到点协议之前学习 MAC 子层。然而，对于大多数人来说，在很好地理解了只有两方参与的协议以后，再来理解涉及多方协同的协议要容易得多。正是由于这一原因，本章才稍微偏离了本书自底向上的讲解顺序。

4.1　信道分配问题

本章的中心主题是如何在竞争的用户之间分配单个广播信道。信道可以是一个地理区域内的一部分无线频谱，也可以是连接着多个节点的单根电缆或者光纤，这都无关紧要。在这两种情况下，信道把每个用户与所有其他用户连接在一起，任何正在使用信道的用户和其他也想使用该信道的用户会相互干扰。

本节首先考察静态分配方案在突发流量情况下的缺点，然后给出一些关键假设，这些假设在后面讨论动态分配方案的模型时要用到。

4.1.1 静态信道分配

在多个竞争用户之间分配单条信道(比如电话中继线)的传统做法是把信道容量拆分给多个用户使用,具体方法可以采用2.4.4节中讨论的某种多路复用技术,比如FDM(频分多路复用)。如果总共有 N 个用户,则整个带宽被分成 N 等份,每个用户获得一份。由于每个用户都有各自专用的频段,所以用户之间不会发生干扰。当用户数量比较少且固定不变时,每个用户都有稳定的流量或者负载繁重,这种信道分割是一种简单而有效的分配机制。FM无线电广播就是一个无线信道复用的例子。每个电台获得FM频段一部分的使用权,大部分时间用该频段广播自己的信号。

然而,当发送方的数量非常多而且经常不断变化或者流量呈现突发性时,FDM就存在一些问题。如果整个频谱被分割成 N 份,并且当前只有很少的用户(比 N 少得多)需要进行通信,那么大量宝贵的频谱将被浪费。如果希望进行通信的用户数超过了 N 个,则有些用户将因带宽不够而遭到拒绝,尽管有些已经被分配了频段的用户可能什么不发送或者什么也不接收。

即使假设用户数量能够保持 N 个不变,将单个可利用的信道划分成多个静态子信道的做法本质上也是低效的。基本问题在于,当有些用户不通信时,那么分配给他们的带宽就浪费了。他们自己不使用这些带宽,也不允许其他用户使用。静态分配方案很难适应大多数计算机系统,在这些计算机系统中数据流量往往表现出极端的突发性,通常峰值流量与平均流量之比能达到1000∶1。因此,大多数信道在多数时候是空闲的。

静态FDM如此差的性能通过一个简单的排队理论计算很容易看得更清楚。首先考虑在一个容量为 C 位/秒的信道上发送一帧所需要的平均延迟 T。假设帧随机到达,其平均到达率为 λ 帧/秒,帧的长度可变,其平均长度为每帧 $1/\mu$ 位。利用这些参数,信道的服务率为 μC 帧/秒。标准排队理论的结果是

$$T=\frac{1}{\mu C-\lambda}$$

(很奇妙的是这个结果是一个 $M/M/1$ 队列。它要求帧到达的时间差和帧的长度的随机性服从指数分布,或者等价于泊松过程的结果。)

在这个例子中,如果 C 为100Mb/s,平均帧长度 $1/\mu$ 为10 000位,帧的到达率 λ 为5000帧/秒,则 $T=200\mu s$。请注意,如果忽略排队延迟,只是问"在一个100Mb/s的网络上发送一个10 000位的帧需要多长时间",那么将得到(不正确的)答案——$100\mu s$。这样的结果只有当不存在信道竞争时才成立。

现在将单条信道分成 N 个独立的子信道,每个子信道的容量为 C/N 位/秒。此时,每个子信道的平均输入率变成 λ/N。重新计算平均延迟:

$$T_N=\frac{1}{\mu(C/N)-(\lambda/N)}=\frac{N}{\mu C-\lambda}=NT$$

比起将所有的帧都以某种方式神奇地排在一个大的中心队列中,划分信道后的平均延迟是原来的 N 倍。同样的结论适用于银行,在一家银行的大堂摆满了ATM,设立一个到达所有这些ATM的总队列比为每台ATM设立一个单独队列的效果要好,因为分成了单独的队列以后,有可能有的ATM空闲,而其他的ATM还排着长队。

适用于 FDM 的结论同样也适用于其他静态划分信道的方法。假如使用时分多路复用(TDM)技术为每个用户固定分配每 N 个时间槽，如果某个用户没有使用分配给他的时间槽，那么该时间槽就为空闲。如果从物理上将网络分割开，则存在同样的问题。继续引用前面的例子，如果用 10 个 10Mb/s 的网络代替一个 100Mb/s 的网络，并且为每个用户固定分配其中的一个网络，则平均延迟将从 200μs 跳跃到 2ms。

既然所有的传统静态信道分配方法都不适应突发性的流量，我们现在就来研究动态的信道分配方法。

4.1.2　动态信道分配的假设

本章将介绍许多种信道分配方案。在讨论第一种方案之前，有必要认真地形式化信道分配问题。在这个领域中做的所有工作都遵从下面 5 个关键假设：

(1) 流量独立(independent traffic)。该模型是由 N 个独立的站(比如计算机、电话)组成的，每个站都有一个程序或者用户产生要传输的帧。在长度为 Δt 的间隔内，期望产生的帧数是 $\lambda\Delta t$，这里 λ 为常数(新帧的到达率)。一旦生成了一帧，则站就被阻塞，直到该帧被成功地传输出去为止。

(2) 单信道(single channel)。所有的通信都可使用一条信道。所有的站都既可以在该信道上传输数据，也可以在该信道上接收数据。假定所有站的能力都相同，尽管协议可能为站分配不同的角色(比如优先级)。

(3) 冲突可观察(observable collision)。如果两帧同时传输，则它们在时间上就重叠，由此产生的信号是混乱的，这种事件称为冲突(collision)。所有的站都能够检测到冲突事件的发生。冲突的帧必须在以后再次被传输。除了因冲突而产生的错误外，不会再有其他的错误。

(4) 时间连续或分槽(continuous or slotted time)。可以假设时间是连续的，即在任何时刻都可以开始传输帧。另一种选择是把时间分槽，即分成离散的间隔(称为时间槽)。帧的传输只能从某个时间槽的起始点开始。一个时间槽可能包含 0 个、1 个或者多个帧，分别对应于空闲的时间槽、一次成功传输或者一次冲突。

(5) 载波侦听或不听(carrier sense or no carrier sense)。有了载波侦听的假设，一个站在试图使用信道以前就能知道该信道是否正被使用。如果信道侦听结果是忙，则没有一个站会试图使用该信道。如果没有载波侦听，站就无法在使用信道之前侦听信道，它们只能盲目地传输，然后再判断这次传输是否成功。

下面依次对这些假设进行讨论。第一个假设意味着帧的到达是独立的，无论是跨越多个站还是某个特定的站，帧的产生不可预测但以恒定的速率产生帧。其实，正如众所周知的那样，这一假设并不是一个很好的网络流量模型，因为数据包在一个时间尺度范围内的到达呈现突发性(Paxson 等，1995)。最近的研究确认了这一突发性模式仍然是成立的(Fontugne 等，2017)。尽管如此，泊松模型(Poisson model)常常会被用到，部分原因是它在数学上易于处理。这些假设能帮助我们分析协议，理解协议在可操作范围内的性能如何变化，以及如何与其他设计进行比较。

单信道的假设是该模型的核心。没有任何其他外部途径可以用于通信。这些站也不可能举起手来请求老师准许发言，因此我们必须拿出更好的解决方案。

其余的3个假设依赖于该系统的工程。当我们考察一个特定的协议时,我们会说这些假设是成立的。

冲突假设是最基本的。如果站要发送帧,它们需要某种方法检测冲突,而不是任由那些帧被丢失。对于有线信道,节点的硬件可设计成当冲突发生时就能检测到。然后,这些站可提前终止传输,以免浪费信道容量。这种检测对于无线信道很难做到,所以冲突的检测通常被推迟到确信没有出现预期的确认帧这样一个既成事实以后。卷入冲突的一些帧也有可能被成功接收,这取决于信号和接收硬件的细节。不过,这种情况很少见,因此假设所有涉及冲突的帧都被丢失。后面还将看到一些协议被设计成旨在防止冲突的发生。

对时间给出两种不同假设的理由在于时间槽可用来改善性能。然而,这要求所有站遵循一个主时钟或者它们的行动彼此同步,以便将时间分为离散的间隔。因此,它并不总是可用的。后面将对这两类时间都进行讨论和分析。对于一个给定的系统,它只能支持一种时间假设。

类似地,一个网络可能具有载波侦听功能,也可能没有。有线网络通常具有载波侦听功能。无线网络并不能总是具有载波侦听功能,因为并不是每个站都在其他各站的无线电广播范围内。类似地,在站不能直接和其他各站通信的一些其他设置中,载波侦听也不可用,比如线缆调制解调器,站必须通过线缆头端才能通信。注意,这个意义上的载波(carrier)一词是指信道上的信号,与公共运营商(比如电话公司)没有任何关系。说起公共运营商,可以追溯到小马快递的日子。

这里值得注意的是,没有多路访问协议能保证可靠传送。即使没有发生冲突,也有这样或者那样的原因使得接收方错误地复制了帧的某些部分。可靠性由数据链路层的其他部分或比数据链路层更高的层来提供。

4.2 多路访问协议

分配一个多路访问信道的算法有许多是已知的。在本节中,将给出一些比较有意思的算法的小例子,并给出在实际中如何应用它们的介绍。

4.2.1 ALOHA

本节关于第一个MAC协议的故事开始于20世纪70年代"原始的"夏威夷。在这个例子中,"原始的"(pristine)一词可以解释为"没有一个可工作的电话系统"。这并没有使生活在这里的夏威夷大学研究员Norman Abramson和他的同事感觉不愉快,他们正试图把偏远岛屿上的用户连接到檀香山的主计算机。把自己的电缆穿过长距离的太平洋海底显然不是个办法,所以他们寻找着不同的解决方案。

他们找到了一种用于短程无线电通信的方法,每个用户终端共享同一个上行频率给中央计算机发送帧。其中包括一个简单而巧妙的方法以解决信道分配问题。自此以后,他们的工作得到了许多研究者的扩充(Schwartz 等,2009)。虽然Abramson的工作(称为ALOHA系统)使用了地面无线电广播,但是,其基本思路同样适用于任何非协调用户竞争使用单个共享信道的系统。

这里将讨论两个版本的 ALOHA：纯 ALOHA 和分槽 ALOHA。它们的区别在于：如果时间是连续的，那就是纯粹版本的 ALOHA；如果时间分成离散的槽，所有帧都必须同步到时间槽中，那就是分槽版本的 ALOHA。

纯 ALOHA

ALOHA 系统的基本思想非常简单：无论何时，只要用户有需要就发送数据。当然，这样做可能会发生冲突，而冲突的帧将被损坏。发送方需要用某种方法发现是否发生了冲突。在 ALOHA 系统中，每个站在给中央计算机发送帧以后，该计算机把该帧重新广播给所有站。因此，那个发送站可以侦听来自集线器的广播，以此确定它的帧是否发送成功。在其他系统中，比如在有线 LAN 中，发送方在传送的同时能侦听到冲突的发生。

如果帧被损坏了，则发送方要等待一段随机时间，然后再次发送该帧。等待的时间必须是随机的，否则同样的帧会按照时钟节奏一次又一次地冲突。如果系统中多个用户以一种可能会发生冲突的方式共享同一个公共信道，则这样的系统称为竞争系统(contention system)。

图 4-1 给出了纯 ALOHA 系统中帧的发送情况，其中的所有帧具有同样的长度，因为在 ALOHA 系统中，通过采用统一长度的帧而不是可变长度的帧，可使系统的吞吐量达到最大。

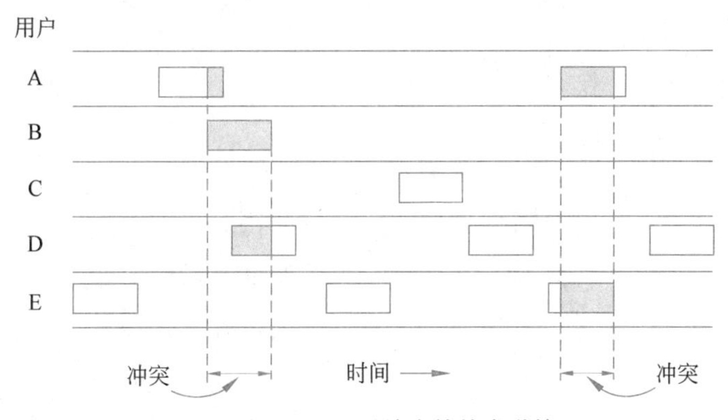

图 4-1 纯 ALOHA 系统中帧的发送情况

无论何时，只要两个帧在相同时间试图占用信道，冲突就会发生(如图 4-1 所示)，并且两帧都会被损坏。如果新帧的第一位与几乎快传完的前一帧的最后一位重叠，则这两帧都将被彻底损坏(即具有不正确的校验和)，稍后都必须被重传。校验和不可能(也不应该)区分出是完全损坏还是局部损坏。坏了就是坏了。

一个有趣的问题是：ALOHA 信道的效率怎么样？换句话说，在这样混乱的情况下，在所有传输出去的帧中，有多大比例能够避免冲突？我们首先考虑这样的情形：有无穷多个用户坐在他们的终端(站)前面。每个用户总是处于两种状态之一：敲键或等待。刚开始时，所有的用户都处于敲键的状态。当输入完一行以后，用户停止敲键，开始等待应答。然后站在共享信道上给中央计算机发送一个包含了该行字符的帧，并且检查信道以确认是否传输成功。如果传输成功，则用户会看到应答，回到敲键状态；如果不成功，则在站一次次重传该帧时用户继续等待，直到该帧被成功发送出去为止。

用帧时(frame time)表示传输一个标准的、固定长度的帧需要的时间(即帧的长度除以比特速率)。现在假定站产生的新帧可以模型化为一个平均每帧时产生 N 个帧的泊松分布(假设存在无穷多个用户是必要的,因为这样可以确保 N 不会随着用户变成阻塞状态而下降)。如果 $N>1$,则用户群生成帧的速率大于信道的处理速度,因此,几乎每个帧都要发生冲突。为了取得合理的吞吐量,应该期望 $0<N<1$。

除了新生成的帧以外,每个站还会产生由于先前发生冲突而重传的那些帧。我们进一步假设在每个帧时中,旧帧和新帧合起来也符合泊松分布的模型,每帧时的平均帧数为 G。显然,$G\geqslant N$。在负载较低的情况下(即 $N\approx 0$),冲突很少发生,因此重传也很少,于是 $G\approx N$;在负载较高时,将会发生很多冲突,所以 $G>N$。在所有这些负载的情况下,吞吐量 S 就是负载 G 乘以成功传输的概率 P_0——也就是说,$S=GP_0$,其中 P_0 是一帧没有发生冲突的概率。

如果从一帧被发送出去开始算起,在一个帧时内没有发出其他的帧,则这一帧不会发生冲突,如图 4-2 所示。在什么样的条件下,图 4-2 中的阴影帧将毫无损坏地到达呢?假设发送一帧所需的时间为 t。如果任何其他用户在 $t_0\sim t_0+t$ 的时间范围内生成了一帧,则该帧的结束处将与阴影帧的开始处发生冲突。实际上,阴影帧的命运在它的第一位被发出去之前就已经注定了,但是,由于在纯 ALOHA 中,站在传输之前并不侦听信道,所以,它无法知道是否有其他的帧已经在信道上了。类似地,在 $t_0+t\sim t_0+2t$ 的时间范围内开始发送的任何其他帧都会与阴影帧的结束处冲突。

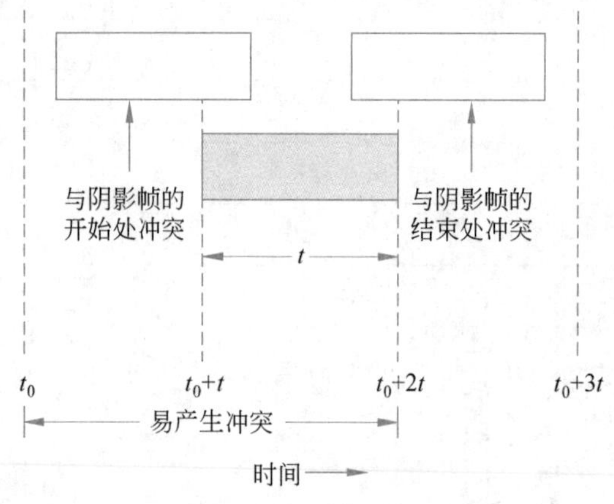

图 4-2 阴影帧的易发生冲突期

在给定的一个帧时内希望有 G 帧,但生成 k 帧的概率服从泊松分布:

$$\Pr[k]=\frac{G^k\mathrm{e}^{-G}}{k!} \tag{4-1}$$

所以,生成零帧的概率为 e^{-G}。在两个帧时长的间隔中,生成帧的平均数是 $2G$。因此,在整个易发生冲突期中,不发送帧的概率是 $P_0=\mathrm{e}^{-2G}$。利用 $S=GP_0$,则可以得到

$$S=G\mathrm{e}^{-2G}$$

ALOHA 系统的流量与吞吐量的关系如图 4-3 所示。最大的吞吐量出现在当 $G=0.5$ 时,$S=1/(2\mathrm{e})$,大约等于 0.184。换句话说,我们可以期望的最好信道利用率为 18%。这个结果并不令人鼓舞,但是对于这种任何人都可以随意发送帧的情况,要想达到 100% 的成功率几乎是不可能的。

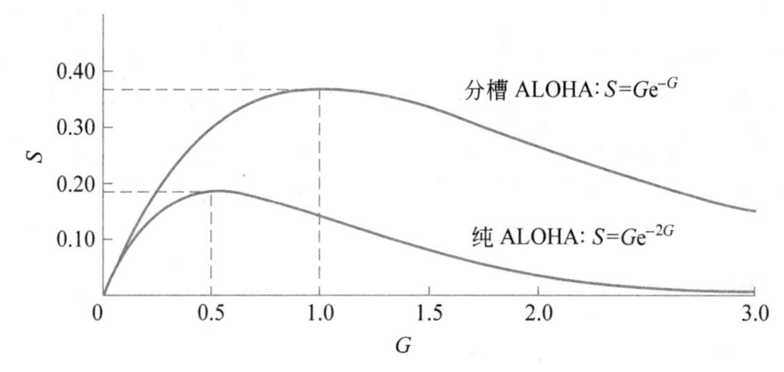

图 4-3 ALOHA 系统的流量与吞吐量的关系

分槽 ALOHA

ALOHA 出现不久，Roberts 发表了一种能将 ALOHA 系统的容量增加一倍的方法（Roberts，1972）。他的建议是将时间分成离散的间隔，称为**时间槽**（slot），每个间隔对应于一帧。这种方法要求用户遵守统一的时间槽边界。实现时间同步的一种办法是由一个特殊的站在每个间隔起始时发出一个脉冲信号，就好像一个时钟一样。

Roberts 的方法称为**分槽 ALOHA**（slotted ALOHA）。与**纯 ALOHA** 不同的是，在分槽 ALOHA 中，无论何时，当用户正在输入一行时，站都不能发送帧，必须等到下一个时间槽的开始时刻才能发送。因此，连续时间的 ALOHA 变成了离散时间的 ALOHA。这将易发生冲突期减小了一半。为了看清楚这一点，请看图 4-2，并且想象现在可能发生的冲突。在测试帧所在的同一个时间槽中没有其他流量的概率是 e^{-G}，于是可以得到

$$S = Ge^{-G}$$

正如从图 4-3 中看到的那样，分槽 ALOHA 的尖峰在 $G=1$ 处，此时吞吐量为 $S=1/e$，大约等于 0.368，大约是纯 ALOHA 的两倍。如果系统运行在 $G=1$ 处，则空时间槽的概率为0.368（从式(4-1)可以得出）。使用分槽 ALOHA，我们期望的最好结果是：37%为空时间槽，37%为成功，剩下 26%为冲突。如果在更高的 G 值上运行，则空时间槽数会降低，但冲突时间槽数会呈指数增长。为了看出冲突时间槽数是如何随着 G 的变化而快速增长的，请考虑一个测试帧的传输过程。该测试帧能够避免一次冲突的概率是 e^{-G}，即所有其他站在该时间槽中静止（不发帧）的概率。于是，冲突的概率为 $1-e^{-G}$。需要恰好 k 次尝试才能成功传输的概率（即 $k-1$ 次冲突之后才有一次成功的概率）为

$$P_k = e^{-G}(1-e^{-G})^{k-1}$$

于是，每帧传输次数期望 E，即终端输入一行的概率为

$$E = \sum_{k=1}^{\infty} kP_k = \sum_{k=1}^{\infty} k e^{-G}(1-e^{-G})^{k-1} = e^G$$

所以，E 随 G 呈指数增长的结果是，信道负载的微小增长也会极大地降低信道的性能。

分槽 ALOHA 的重要性在刚开始时并未显现。它是在 20 世纪 70 年代被设计出来的，曾经用在一些实验系统中，然后差不多就被大家遗忘了（除了某些喜欢它的教科书作者以外）。当通过有线电视电缆访问 Internet 的技术被发明出来时，立即出现了一个问题，那就是如何在多个竞争用户之间分配一个共享信道。于是分槽 ALOHA 被人们从遗忘的角落中翻了出来，再结合一些新的想法，立即就形成了一个解决方案。经常会出现这样的情况：

一些非常完善有效的协议由于政治的原因(比如某个大公司希望每个人都按照它的方式行事)或者因为不断变化的技术发展趋势而被弃置不用。多年以后,某个聪明人发现某个长期被束之高阁的协议恰好可以解决当前的问题。出于这样的原因,在本章将介绍一些非常优秀的协议,尽管它们目前尚未得到广泛应用,但是,只要有足够多的网络设计师了解它们,在将来的应用中它们可能很容易发挥作用。当然,我们也会讨论许多当前正在使用的协议。

4.2.2 载波侦听多路访问协议

利用分槽 ALOHA,可以达到的最佳信道利用率是 1/e。这么低的结果并不令人惊奇,因为每个站都可以随意地发送数据,它们并不知道其他站是否也在发送数据。所以,频繁地发生冲突是难免的。然而,在 LAN 中,站通常有可能检测到其他站当前在做什么,然后再根据情况调整自己的行为。这些网络可以获得比 1/e 好得多的利用率。在本节中,将讨论一些提高性能的协议。

如果在一个协议中,站监听是否存在载波(即是否有传输),并据此采取相应的动作,则这样的协议称为**载波侦听协议**(carrier sense protocol)。很久以前许多这类协议就被提了出来,而且都已经被详细地分析过了(Kleinrock 等,1975)。下面看一看载波侦听协议的几个版本。

坚持型和非坚持型 CSMA

本节要介绍的第一个载波侦听协议称为**1-坚持型载波检测多路访问**(1-persistent, Carrier Sense Multiple Access),这是最简单的 CSMA 方案。当一个站有数据要发送时,它首先侦听信道,确定当时是否有其他站正在传输数据。如果信道空闲,它就发送数据;如果信道忙,该站就等待,直至信道变成空闲。然后,该站发送一帧。如果发生冲突,该站等待一段随机长度的时间,然后再从头开始上述过程。这样的协议之所以称为“1-坚持型”,是因为当站发现信道空闲时,它传输数据的概率为 1。

除了罕见的多个站同时发送数据的情况外,你或许期望这个方案能避免冲突,但实际上它不能。如果两个站在第三个站的传输过程中都准备好了要发送数据,它们俩都会“礼貌”地等待,直到当前的传输结束;然后双方将同时开始传输,这显然又会导致冲突发生。如果它们不那么“急躁”,冲突将会少很多。

更微妙的是,传播延迟对冲突有着重大影响。这里存在一个时机,在某个站开始发送后,另一个站也刚好做好了发送的准备并侦听信道。在第一个站的信号还没有到达第二个站之前,后者侦听到信道是空闲的,因而也开始发送,就会导致一个冲突。这个时机取决于信道上可容纳的帧数,或信道的**带宽延迟乘积**(bandwidth-delay product)。如果信道只够容纳一个帧的很小一部分(这种情况符合大多数 LAN 的环境,由于信号的传播延迟小),冲突发生的机会就小。带宽延迟乘积越大,这种影响就变得越大,因而协议的性能越差。

即便如此,上述协议的性能也比纯 ALOHA 协议要好得多,因为这两个站都非常“礼貌”,不会干扰第三个站的帧,从而可以不受损伤地通过传输。确切地说,同样的结论也适用于分槽 ALOHA。

第二个载波侦听协议是**非坚持型 CSMA**(nonpersistent CSMA)。在这个协议中,站在试图发送数据以前要理智得多,不像前一个协议那样贪心。与 1-坚持型 CSMA 协议一样,站在发送数据以前要先侦听信道，如果没有其他站在发送数据，则该站立即开始发送数据。然而，如果信道当前已经在使用中，则该站并不持续对信道进行监听，以便传输结束后立即抓住机会发送数据；相反，它会等待一段随机时间，然后重复上述算法。因此，该算法将会导致更好的信道利用率，但是与 1-坚持型 CSMA 相比较，也带来了更大的延迟。

最后一个协议是 **p-坚持型 CSMA**（p-persistent CSMA）。它适用于分时间槽的信道，其工作方式如下。当一个站准备好要发送数据时，它就侦听信道。如果信道是空闲的，则它按照概率 p 发送数据，而以概率 $q=1-p$ 将此次发送推迟到下一个时间槽；如果下一个时间槽也是空闲的，则它还是以概率 p 发送数据，或者以概率 q 再次推迟发送。这个过程一直重复，直到帧被发送出去，或者另一个站开始传输数据。如果发生了后一种情况，那么这个极不走运的站按照冲突发生时一样处理（即等待一段随机的时间，然后再重新开始）。如果该站刚开始时就侦听到信道忙，则它等到下一个时间槽，然后再应用上面的算法。IEEE 802.1 对 p-坚持型 CSMA 做了细微的改良，将在 4.4 节对此进行讨论。

图 4-4 显示了上述 3 个协议以及纯 ALOHA 和分槽 ALOHA 的计算得到的吞吐量和负载的关系。

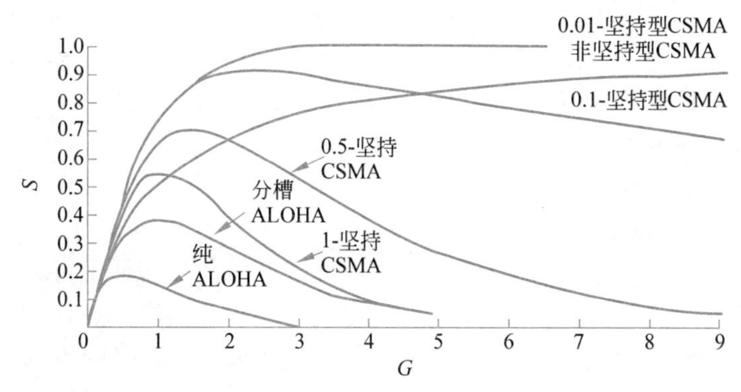

图 4-4　不同随机访问协议的吞吐量和负载的关系

带冲突检测的 CSMA

坚持型和非坚持型 CSMA 协议无疑是对 ALOHA 的改进，因为这些协议都确保了信道忙时没有站会传送数据。然而，如果两个站侦听到信道为空，并且同时开始传输，则它们的信号仍然会发生冲突。另一个改进是这些站快速检测到发生冲突后立即停止传输帧（而不是继续完成传输），因为这些帧已经无可挽回地成为乱码。这种策略可以节省时间和带宽。

这种协议称为**带冲突检测的 CSMA**（CSMA with Collision Detection，**CSMA/CD**）。它是经典以太 LAN 的基础，所以值得专门花一点时间详细地介绍它。重要的是，要认识到冲突检测是一个模拟过程。站的硬件在传输时必须侦听信道。如果它读回的信号不同于它放到信道上的信号，则它就知道发生了冲突。言外之意是接收信号相比发射信号不能太微弱（这对无线传输来说很难做到，因为接收信号可能是发射信号的 1/1 000 000），并且必须选择能被检测到冲突的调制技术（比如，两个电压为 0 的信号的冲突可能根本无法检测到）。

如同许多其他 LAN 协议一样，CSMA/CD 也使用了图 4-5 所示的概念模型。在 t_0 时刻，一个站已经完成了帧的传输。其他需要发送帧的站现在可以试图发送了。如果有两个或者多个站同时决定传输，就会发生冲突。如果一个站检测到冲突，它立即中止自己的传输,等待一段随机时间,然后再重新尝试传输(假定在此期间没有其他站已经开始传输)。因此,本书采用的CSMA/CD的简单模型将由交替出现的传输期、竞争期,以及当所有站都静止时的空闲期(即没有传输任务)组成。

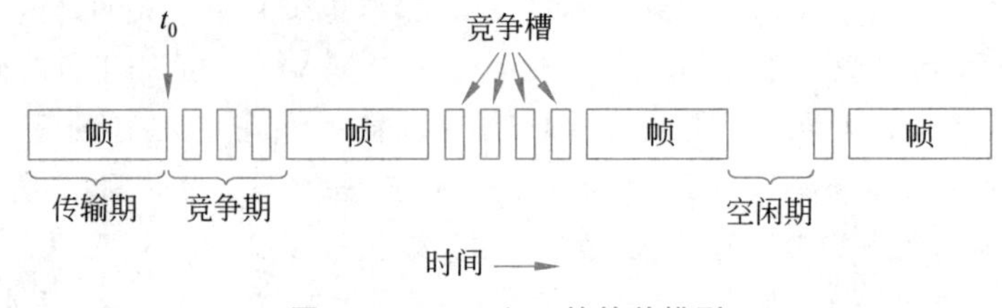

图4-5 CSMA/CD的简单模型

现在来看竞争算法的细节。假定两个站同时在t_0时刻开始传输数据。它们需要多长时间才能意识到发生了冲突呢?该问题的答案对于确定竞争期的长度至关重要,进而会影响到延迟和吞吐量。

检测冲突的最小时间恰好是将信号从一个站传播到另一个站需要的时间。基于这个信息,你可能会认为一个站在开始传输后,经过一段特定的时间(即完整的电缆传播时间)还未监听到冲突,它就可以确定自己"抓住"(seize)了电缆。这里"抓住"的意思是指所有其他站都知道该站正在传输数据,所以不会干扰它。这个结论是错误的。

考虑下面的最坏情形。假设两个相距最远的站传播信号需要的时间为τ。在t_0时刻,一个站开始传输数据。在$t_0+\tau-\varepsilon$时刻,也就是在信号到达最远那个站之前的一刹那,那个站也开始传输。当然,它几乎立刻就检测到冲突,并且停止了传输,但由这次冲突引起的微小噪声尖峰要到$2\tau-\varepsilon$时刻才能回到原来的那个发送站。换句话说,在最差的情况下,只有当一个站传输了2τ以后还没有监听到冲突,它才可以确保自己经抓住了信道。

从这一认知开始,可以把CSMA/CD竞争看成一个分槽ALOHA系统,时间槽宽度为2τ。在1km长的同轴电缆上,$\tau\approx5\mu s$。CSMA/CD与分槽ALOHA的区别在于,只有一个站能用来传输的时间槽(即信道被抓住了)后面紧跟的那些时间槽被用来传输该帧的其余部分。如果帧时比传播时间长很多,这种差异将大大提高性能。

4.2.3 无冲突协议

在CSMA/CD中,一旦站已经确定无疑地抓住了信道,虽然不会发生冲突,但是在竞争期仍有可能发生冲突。这些冲突严重地影响了系统的性能,特别是当带宽延迟乘积很大,比如电缆很长(即τ很大)而帧又很短时。冲突不仅降低了带宽,而且使得发送一个帧的时间变得动荡不定,这样就无法很好地适应实时流量,比如IP语音。而且CSMA/CD也不是普遍适用的。

本节将介绍一些协议,它们以根本不可能发生冲突的方式解决了信道竞争问题,即使在竞争期也不会发生冲突。大多数这样的协议目前并没有被用在主流系统中;但是,在一个快速变化的领域,掌握一些具有优异特性、可适用于未来系统的协议通常是一件好事。

在接下来描述的协议中,假定共有N个站,每个站都有唯一的地址,范围为0到$N-1$。有些站在一部分时间中可能是不活跃的,不过这无关紧要。还假定传播延迟可以忽略不计。基本问题仍然存在:在一次成功的传输以后哪个站将获得信道?下面继续使用图4-5所示的带有离散竞争时间槽的模型。

位图协议

本节要介绍的第一个无冲突协议采用了基本位图法(basic bitmap method)，每个竞争期正好包含 N 个槽。如果0号站有一帧要发送，则它在0号槽中传输1位。在这个槽中，其他站不允许发送。不管0号站做了什么，1号站都有机会在1号槽中传输1位，但是只有当它有帧在排队等待时才这样做。一般地，j 号站通过在 j 号槽中插入1位来声明自己有帧要发送。当所有 N 个槽都经过后，每个站都完整地知道了哪些站希望传输数据。这时候，它们便按照数字顺序开始传输数据了，如图4-6所示。

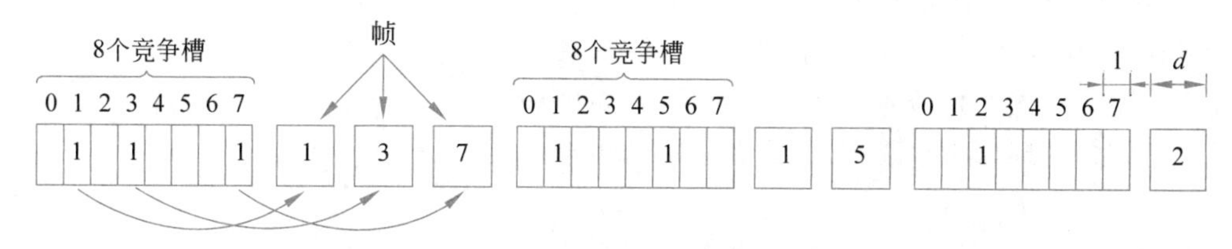

图4-6　采用基本位图法的协议

由于每个站都同意下一个是谁传输，所以永远也不会发生冲突。当最后一个就绪站传输完它的帧后，所有站都很容易检测到这个事件，于是，另一个 N 位竞争期又开始了。如果一个站在它对应的位槽刚刚经过才变成就绪状态，那它就非常不幸，必须保持沉默；直到每个站都获得了机会，新的位图再次到来。

像这样在实际传输之前先广播自己有传输愿望的协议称为预留协议(reservation protocol)，因为它们提前预留了信道所有权并防止了冲突的发生。现在简要分析这个协议的性能。为了简便起见，将用竞争槽作为单位来计量时间，假定数据帧由 d 个时间单位构成。

在负载很低的条件下，数据帧非常少，位图只是一次又一次地重复出现。下面从序号较低的站，比如0号站或者1号站的角度来考虑。典型情况下，当它已经做好发送数据的准备时，“当前”槽将处于位图中间的某个地方。平均而言，该站必须等待完成当前扫描的 $N/2$ 个槽，再等待完成下一次扫描的另外 N 个槽，然后才能开始传输数据。

从高序号的站来看，则情形会好很多。一般它们只需等待半个扫描周期($N/2$ 个位槽)就可以开始传输数据了。高序号的站往往不必等到下一次扫描。由于低序号的站必须等待平均 $1.5N$ 个槽，而高序号的站必须等待平均 $0.5N$ 个槽，因此对所有站而言，要平均等待 N 个槽。

在低负载情况下的信道利用率很容易计算。每一帧的额外开销是 N 位，数据长度为 d 位，于是信道利用率为 $d/(N+d)$。

在高负载的情况下，若所有站在任何时候都有数据要发送，则 N 位竞争期被分摊到 N 个帧上，因此，每一帧的额外开销只有1位，或者说信道利用率为 $d/(d+1)$。一帧的平均延迟等于它在站内的排队时间加上它到达队列头部之后另外的 $(N\text{-}1)d+N$ 时间，这个间隔正是它要等待所有其他站按它们的顺序发送一帧以及另一个位图的时间。

令牌传递

位图协议的本质是让每个站以预定义的顺序轮流发送一帧。完成同样事情的另一种方法是传递一个称为令牌(token)的短消息,该令牌同样也是以预定义的顺序从一个站传到下一个站。令牌代表了发送权限。如果一个站在接收到令牌时有一个帧在队列中等待传输,那么它就可以发送该帧,再把令牌传递到下一站;如果它没有排队的帧要传,则它只是简单地把令牌传递下去。

在令牌环(token ring)协议中,网络的拓扑结构被用来定义站的发送顺序。这些站连接成一个单环结构,一个站依次连接到下一个站。所谓把令牌传递到下一站,只是单纯地在一个方向上接收令牌和在另一个方向上发送令牌,如图4-7所示。帧也按令牌方向传输。这样,它们将绕着环循环,到达任何一个目标站。然而,为了防止帧陷入无限循环(像令牌一样),某一个站必须将它从环上取下来。这个站或许是最初发送帧的原始站,在帧经历了一个完整的环后将它取下来;或者是帧的指定接收站。

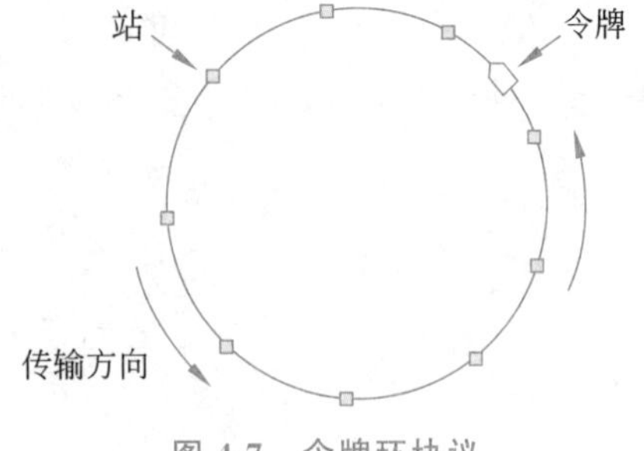

图4-7 令牌环协议

请注意,这是并不需要一个物理环来实现令牌传递。相反,真正需要的是一个逻辑环,在逻辑环中每个站都知道它的前一站和后一站。连接这些站的信道可能是一根长总线(线缆)。然后,每个站通过该总线按照预定义的顺序把令牌发给下一站。一个站拥有了令牌,就可以利用总线发送帧。这个协议称为令牌总线(token bus)。IEEE 802.4 中定义了该协议,这是一个失败的标准,IEEE 已经撤回了该标准。标准并不总是永远存活的。

令牌传递的性能类似于位图协议,尽管现在竞争槽和帧被混合在一个周期中。在发送了一帧后,每个站必须等待所有 N 个站(包括其自身)把令牌发送给各自的邻居以及其他 $N-1$ 个站发送完一帧(如果它们有帧需要发送)。一个细微差别在于,因为在环中所有的位置是均等的,所以不存在偏向于低序号或者高序号的站。对于令牌环,每个站在协议采取下一步动作之前只将令牌尽可能发送给它的邻居。在协议前进到下一步之前不需要将每个令牌传播给所有的站。

令牌环随之作为具有某种一致性的 MAC 协议而出现。早期的令牌环协议(标准化为 IEEE 802.5)在 20 世纪 80 年代非常流行,是经典以太网的另一种选择。到了 20 世纪 90 年代,一种更快的令牌环,称为 **FDDI**(Fiber Distributed Data Interface,光纤分布式数据接口),被交换式以太网击败。2000 年后,一个称为 **RPR**(Resilient Packet Ring,弹性数据包环)的令牌环被定义为 IEEE 802.17,这是对 ISP 使用的城域环制定的标准化。我们很想知道以后将会提供什么。

二进制倒计数

基本位图协议存在一个问题:每个站的开销是 1 位,所以该协议不可能很好地扩展到含有数十万个站的网络中,扩展的令牌传递也有同样的问题。通过使用二进制的站地址,并且将一条信道以一种特定的方式与传输结合起来,还可以做得更好。如果一个站想要使用该信道,它现在以二进制位串的形式广播自己的地址,从高位开始。假定所有地址都有同样的位数。不同站的每个地址位当同时发送时被信道布尔或(BOOLEAN OR)运算在一起。这一协议称为二进制倒计数(binary countdown)协议,它曾经被用在 Datakit 中(Fraser,

1983)。它隐式地假设传输延迟可忽略不计,因此,所有站几乎能同时看到地址宣告位。

为了避免冲突,必须使用一条仲裁规则:一个站只要看到自己的地址位中的高位 0 值被改写成 1,它就必须放弃竞争。比如,如果站 0010、0100、1001 和 1010 都试图获得信道,在第一位时间中,这些站分别传送 0、0、1 和 1。它们被布尔或运算在一起,得到 1。站 0010 和 0100 看到了 1,它们立即明白有高序号的站也在竞争信道,所以它们放弃这一轮竞争。而站 1001 和 1010 则继续竞争信道。

接下来的位为 0,于是两个站继续竞争;再接下来的位为 1,所以站 1001 放弃。最后的胜者是 1010,因为它是高序号的站。在赢得了竞争后,它现在可以传输一帧,随后又开始新一轮竞争。该协议由图 4-8 说明,其中的"-"表示不参与竞争。该协议具有这样一种特性,高序号的站比低序号的站有更高的优先级,这可能是好事,也可能是坏事,取决于上下文。

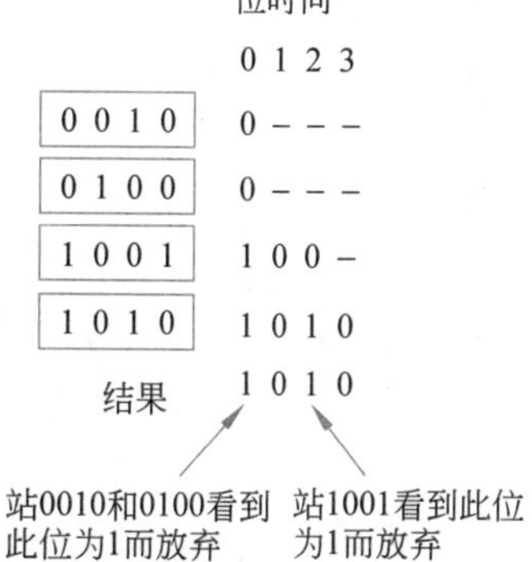

图 4-8　二进制倒计数协议

这种方法的信道利用率为 $d/(d+\log_2 N)$。然而,如果精心设计帧格式,使得发送方的地址正好是帧内的第一个字段,那么,甚至 $\log_2 N$ 位也不会被浪费,所以信道利用率为 100%。

二进制倒计数协议是一个简单的、精致的和高效的协议,它有待于被重新发现。希望有一天能为它找到一个新的用武之地。

4.2.4　有限竞争协议

关于如何在一个广播网络中获取信道,前面已经考虑了两种基本策略:一种是竞争协议,如同 CSMA 的做法那样;另一种是无竞争协议。每一种策略都可以用两个重要的性能指标衡量它做得有多好:低负载下的延迟,以及高负载下的信道利用率。在负载较低的条件下,竞争方法(即纯 ALOHA 或者分槽 ALOHA)更为理想,因为它的延迟较低(冲突很少发生);随着负载的增加,竞争协议变得越来越缺乏吸引力,因为信道仲裁需要的开销变得越来越大。而对于无竞争协议,则结论刚好相反。在低负载情况下,它们有相对高的延迟;但是随着负载的增加,信道利用率反而得到提高(因为开销是固定的)。

显然,如果能够把竞争协议和无竞争协议的优点结合起来,那就太好了。这样得到的新协议在低负载下采用竞争的做法,从而提供较低的延迟;但在高负载下采用无冲突技术,从而获得良好的信道利用率。这样的协议称为有限竞争协议(limited-contention protocol)。实际上这样的协议的确存在,本章将用它来结束关于载波侦听网络的学习。

到现在为止,本书介绍的竞争协议都是对称的,也就是说,每个站企图获得信道的概率为 p,并且所有的站都使用同样的 p。很有意思的是,如果协议为不同的站分配不同的概率,有时系统的整体性能会有所提高。

在讨论非对称协议之前,首先简要回顾对称协议的性能情况。假设共有 k 个站竞争信道的访问权。每个站在每个时间槽中的传输概率为 p。在一个给定的时间槽中,某个站能够成功地获得信道的情形是:任何一个站以概率 p 传输,而所有 $k-1$ 个站以 $1-p$ 的概率把传输延缓到下个时间槽,这个概率为 $kp(1-p)^{k-1}$。为了找到 p 的最优值,对概率表达式求微分,再将结果设置为0,解出 p 值。这样做之后,就可以发现,p 的最佳值为 $1/k$。将 $p=1/k$ 代入概率表达式,则得到

$$\Pr[p\text{ 为最佳值时的成功概率}]=\left(\frac{k-1}{k}\right)^{k-1}$$

这个概率的曲线如图4-9所示。对于站数较少的情形,成功获得信道的概率很高;但是,一旦站的数量达到5个以后,概率下降得很快,接近它的极限值1/e。

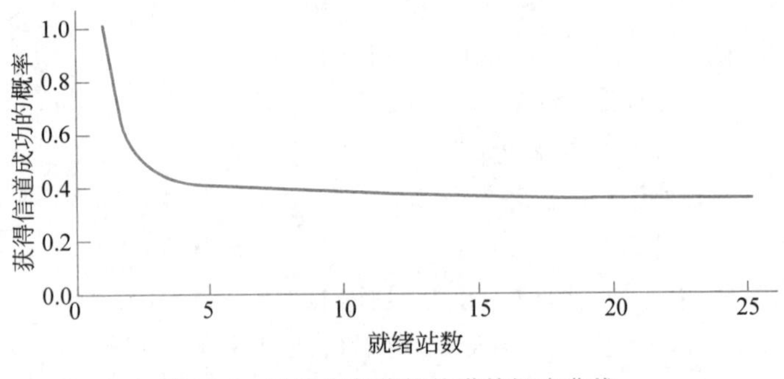

图4-9 对称竞争获得信道的概率曲线

从图4-9可以很明显地看到,只要减少参与竞争的站数,则站获得信道的概率就会增加。有限竞争协议正是这样做的。它们首先将所有的站划分成组(这些组不必是两两不相交的)。只有0号组的成员才允许竞争0号时间槽。如果该组中的一个成员竞争成功了,则它获得信道,可以传输它的帧。如果该时间槽是空闲的,或者发生了冲突,则1号组的成员竞争1号时间槽,以此类推。通过适当的分组办法,可以减少每个时间槽中参与竞争的站的数量,从而使得每个时间槽中的情况接近图4-9中的概率曲线的左侧。

这里的诀窍在于如何将站分配到各个时间槽中。在讨论一般情形以前,先考虑一些特殊情形。在一种极端情况下,每个组只包含一个站。这样的分配方案可以保证永远不会发生冲突,因为对于任何给定的时间槽,至多只有一个站参与竞争。前面已经介绍过这样的协议(比如二进制倒计数协议)。下一个特殊情形是每个组有两个站。在一个时间槽中,两个站都要传输数据的概率是 p^2,对于很小的 p,这个值可以忽略不计。随着分配在同一个时间槽中的站越来越多,发生冲突的概率也会不断增加,但是给予各站竞争机会所需的位图扫描长度却缩小了。另一种极端情况是单个组包含全部的站(即分槽ALOHA)。我们需要的是一种动态地将站分配到时间槽中的方法。当负载很低时,每个时间槽中有很多站;当负载很高时,每个时间槽中的站很少,甚至只有一个站。

自适应树遍历协议

有一种特别简单的方法可以用来执行必要的信道分配任务,那就是采用第二次世界大战中美国军方为了测试士兵是否感染梅毒而设计的算法(Dorfman,1943)。简短来说,军方从 N 个士兵身上提取血样。然后从每份血样中各取一部分倒入同一个试管中。再对这份混合的血样进行抗体测试。如果没有发现抗体,则所有的士兵都是健康的;如果出现了抗体,则再准备两份新的混合血样,一份由其中 $N/2$ 个士兵的血样混合而成,另一份由剩余 $N/2$ 个士兵的血样混合而成。这个过程递归进行,直到确定出那些被感染的士兵。

至于该算法的计算版本(Capetanakis,1979),很自然地把站看作是二叉树的叶节点,如图 4-10 所示。在一次成功的帧传输以后的第一个竞争槽,即 0 号槽中,允许所有站尝试获取信道。如果它们之中的某一个获得了信道,则很好。如果发生了冲突,则在 1 号槽中,只有位于树中 2 号节点之下的那些站才可以参与竞争。如果其中的某个站获得了信道,则在该帧之后的那个槽被保留给位于节点 3 下面的那些站。而如果节点 2 下面的两个或者多个站都要传输数据,则在 1 号槽中就会发生冲突,此时,下一个槽,即 2 号槽就轮到位于节点 4 下面的站。

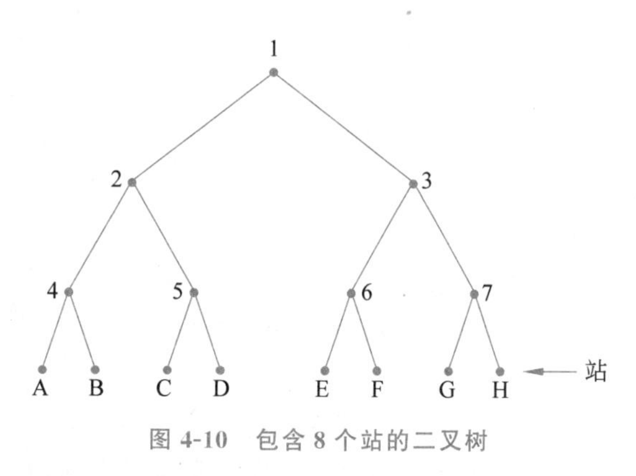

图 4-10　包含 8 个站的二叉树

本质上,如果在 0 号槽中发生了冲突,则整棵树都会被遍历到,按深度优先策略找到所有就绪站。每一个位槽都跟树中某一个特定的节点相关联。如果发生了冲突,则在该节点的左子节点和右子节点上继续递归地进行搜索。如果一个位槽是空闲的,或者在位槽中只有一个站传输数据,则停止该节点的搜索,因为这表明已经找到了所有就绪站(如果有超过一个就绪站,则会发生冲突)。

当系统中的负载较重时,将 0 号槽专门指定给节点 1 几乎不值得,因为当只有一个站有帧要发送时,这才有意义,这种事件发生的可能性非常小。类似地,有人可能会说,基于同样的理由,节点 2 和节点 3 也可以跳过去。考虑更为一般的情形,到底应该从树的哪一级开始搜索呢?很明显,负载越重,则越是应该从树的下面节点开始搜索。假设每个站对全部就绪站的数目有良好的估算,记为 q,比如,通过监测当前的流量推导出就绪站的估算值。

接下来继续讨论,对树的级数从上往下进行编号,在图 4-10 中,节点 1 位于第 0 级,节点 2 和节点 3 位于第 1 级,以此类推。请注意,第 i 级上的每个节点下的站数是该级下面的总站数的 2^{-i}。如果 q 个就绪站均匀分布,则在第 i 级上某一个特定节点下面期望的就绪站数是 $2^{-i}q$。直观上,我们期望开始搜索的最优级数应该使每个槽中参与竞争的平均站数为 1,也就是说,在该级上,$2^{-i}q=1$。求解这个方程,可以得到 $i=\log_2 q$。

这个基本算法已经有了大量的改进算法,Bertsekas 等(1992)对这些算法作了详细的讨论。这种想法如此精巧,以至于学者们仍然还在对它进行调整和改进(De Marco 等,2017)。比如,考虑这样一种情况:只有站 G 和 H 想要发送数据。在节点 1 上发生冲突,所以节点 2 下面的站开始尝试,却发现与之关联的位槽是空闲的;此时探测节点 3 毫无意义,因为它肯定会冲突(我们已经知道在节点 1 下面有两个或者多个站就绪,并且这些站都不在节点 2 的下面,所以,它们肯定都在节点 3 的下面)。对节点 3 的探测可以跳过去,直接探测节点 6。当这次探测结果仍然是空闲时,就可以跳过节点 7,尝试节点 G 了。

4.2.5 无线 LAN 协议

笔记本计算机通过无线电进行通信,它们组成的系统可以看作无线 LAN(wireless LAN),就像 1.4.3 节中讨论的一样。这样的 LAN 是广播信道的一个例子。它具有某些与有线 LAN 不同的属性,这些属性导致了不同的 MAC 协议。本节将研究一些这样的协议。在 4.4 节,将详细讨论 IEEE 802.11(WiFi)。

无线 LAN 的一种常见配置是在一座办公大楼内有策略地放置一些环绕大楼的接入点(AP)。AP 通过铜缆或光纤连接在一起,并为与之通话的站提供连接功能。如果 AP 和笔记本计算机的发射功率调整在数十米的范围内,附近的房间就变得像单个蜂窝,而整个大楼就像第 2 章介绍的蜂窝电话系统;但有一点不同,那就是每个蜂窝只有一条信道。这条信道被蜂窝内所有的站共享,包括 AP。它通常提供兆位级(Mb/s)甚至吉位级(Gb/s)的带宽。IEEE 802.11ac 理论上可以运行在 7Gb/s 速率上,但实际上要慢得多。

前面已经说过,无线系统在正常情况下不能检测出正在发生的冲突。站接收到的信号可能很微弱,也许是它发出去的信号的百万分之一。要发现这样的冲突信号就像在海上寻找涟漪一样困难。相反,利用确认可在事后发现冲突和其他错误。

无线 LAN 和有线 LAN 还存在着一个更重要的差异。由于无线电传输范围有限,无线 LAN 中的站或许无法向所有其他站传输帧,也无法接收来自所有其他站的帧。在有线 LAN 中,当一个站发出一帧时,所有其他站都能接收到该帧。正是由于无线 LAN 缺乏这种属性,导致了一系列复杂问题。

这里给出简化的假设:每个无线电发射器有某个固定的传播范围,用一个圆形覆盖区域表示,在这个区域内的另一个站可以侦听并接收该站的传输。重要的是要认识到,在实践中,覆盖区域没有那么规则,因为无线电信号的传播依赖于环境。墙壁和其他障碍物对信号都会造成衰减和反射,这些可能会导致此区域范围在不同方向上表现得显著不同。但是一个简单的圆形模型对于本节的讲解目的是合适的。

使用无线 LAN 的一种单纯想法可能是尝试使用 CSMA:每个站侦听是否有其他站正在传输,只有当没有其他站正在传输时它才传输。麻烦在于,该协议并非是真正考虑无线传输的一种方法,因为从接收的角度,真正要注意的是接收方的干扰,而不是发送方的干扰。为了看清楚问题的实质,考虑如图 4-11 所示的 4 个无线站的情形。对于本节的目的而言,并不关心哪些是 AP,哪些是笔记本计算机。无线电范围是这样的:A 和 B 都在对方的范围内,可能潜在地有相互干扰;C 也可能潜在地干扰 B 和 D,但不会干扰 A。

首先考虑当 A 和 C 传输给 B 时的情形,如图 4-11(a)所示。如果 A 开始发送,然后 C 立即侦听介质,它将不会听到 A,因为 A 在它的覆盖范围之外。因此 C 错误地得出结论:它可以向 B 传输。如果 C 开始传输,将在 B 处产生干扰,从而扰乱 A 发来的帧(这里假设没有 CDMA 类型的方案可以提供多条信道,因此冲突会扰乱信号,从而破坏两个帧)。我们希望有一个 MAC 协议,它能防止这种冲突的发生,因为冲突将浪费带宽。由于竞争者离得太远而导致站无法检测到潜在的竞争者,这个问题称为隐藏站问题(hidden terminal problem)。

现在考虑另一种情形:B 向 A 传输数据,同时 C 要向 D 传输数据,如图 4-11(b)所示。如果 C 侦听介质,它将听到有一个传输,从而会错误地得出结论:它不能向 D 发送数据。事实上,这样的传输只会破坏 B 和 C 之间区域中的接收,但是,两个目标接收方都不在该区

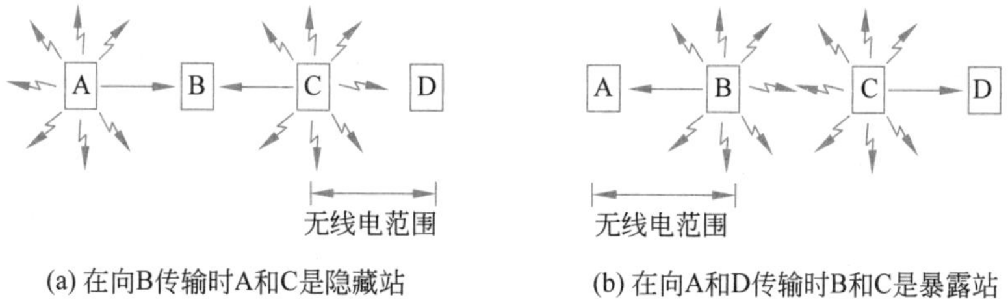

图 4-11　一个无线 LAN

域内。因此，这里需要一个 MAC 协议，它能防止此类延迟传输的发生，因为这会浪费带宽。这个问题称为**暴露站问题**(exposed terminal problem)。

这里的困难在于，一个站在开始传输以前，真正希望知道的是在接收方周围是否有传输发生。CSMA 只能告知在发送方附近通过侦听载波是否有传输发生。对于有线情形，所有的信号都能传播到所有的站，所以这种区别并不存在。然而，在同一时刻，无论在系统中任何地方都只能有一个传输在进行。在一个基于短程无线电波的系统中，多个传输可以同时发生，只要它们有不同的目的地，并且这些目的地都不在彼此的范围内即可。我们希望当蜂窝变得越来越大时这种并发性能够发生。同样的情形也存在于聚会中，人们不应该等到房间里的每个人都沉默了才开始交谈；在一个大房间里可以同时进行多个交谈，只要交谈者并不指向同样的谈话对象即可。

能处理无线 LAN 这些问题的一个有影响力的早期协议是 **MACA**(Multiple Access with Collision Avoidance，**冲突避免多路访问**)(Karn，1990；Garcia-Luna-Aceves，2017)。其基本思想是，发送方刺激接收方输出一个短帧，以便其附近的站能检测到该次传输，从而避免它们在接下去进行的(较大)数据帧传输中也传输数据。这项技术被用来替代载波侦听。

图 4-12 说明了 MACA 协议。现在看一看 A 如何向 B 发送一帧。A 首先向 B 发送一个 **RTS**(Request To Send，**请求发送**)帧，如图 4-12(a)所示。这个短帧(30 字节)包含了随后将要发送的数据帧的长度。然后，B 用一个 **CTS**(Clear to Send，**允许发送**)帧作为应答，如图 4-12(b)所示。此 CTS 帧也包含了数据长度(从 RTS 帧中复制过来)。A 在收到了 CTS 帧以后便开始传输。

现在来看其他站若侦听到了这些帧会如何反应。任何一个站若侦听到了 RTS 帧，那么它一定离 A 很近，它必须保持沉默，至少等待足够长的时间，以便在无冲突的情况下 CTS 帧被返回给 A。任何一个站若侦听到了 CTS 侦，则它显然离 B 很近，在接下来的数据传输过程中它必须一直保持沉默。通过检查 CTS 帧，该站就可以知道数据帧的长度。

在图 4-12 中，C 落在 A 的范围内，但不在 B 的范围内。因此，它侦听到了 A 发出的 RTS 帧，但是没有侦听到 B 发出的 CTS 帧。只要它没有干扰 CTS 帧，那么在数据帧传送过程中，它就可以自由地进行传输。相反，D 落在 B 的范围内，但不在 A 的范围内，它侦听不到 RTS 帧，但是侦听到了 CTS 帧。只要侦听到了 CTS 帧，就意味着它与一个将要接收数据帧的站离得很近，所以它就延缓发送任何信息，直到那个帧如期传送完毕。E 侦听到了这两条控制消息，与 D 一样，在数据帧完成之前它必须保持沉默。

尽管有了这些防范措施，冲突仍有可能会发生。比如，B 和 C 可能同时向 A 发送 RTS

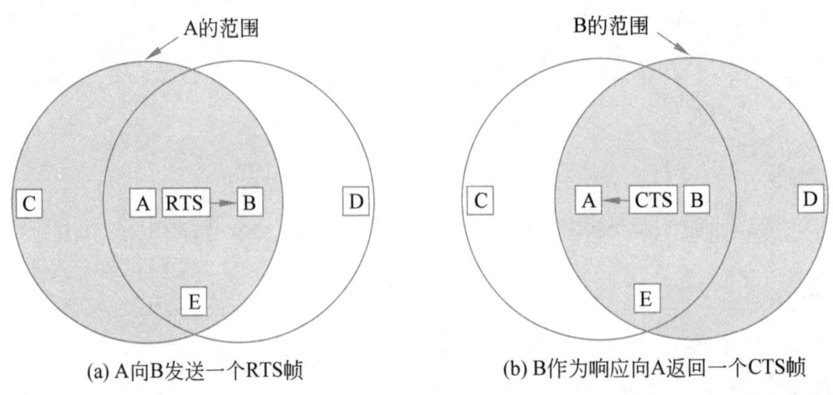

(a) A向B发送一个RTS帧 (b) B作为响应向A返回一个CTS帧

图 4-12 MACA 协议

帧。这些帧将发生冲突,因而丢失。在发生了冲突的情况下,一个不成功的传输方(即在期望的时间间隔内没有侦听到CTS帧)将等待一段随机的时间,以后再重试。

4.3 以 太 网

现在已经完成了关于信道分配协议的抽象讨论,是时候看看这些原则如何应用于实际系统了。许多为个域网、局域网和城域网所做的设计都已经在IEEE 802名义下被标准化了。有一些协议存活了下来,但还有许多未能存活下来,正如在图1-37中展示的那样。一些相信轮回的人甚至开玩笑说,一定是达尔文转世加入了IEEE标准协会,从而淘汰了那些不合时宜的标准。最重要的幸存者是IEEE 802.3(以太网)和IEEE 802.11(无线LAN)。蓝牙(无线PAN)得到了广泛部署,但现在其标准化的工作已经独立于IEEE 802.15之外了。

本节研究以太网实际系统,它可能是现实世界中最普遍的一种计算机网络。以太网有两类:第一类是**经典以太网**(classic Ehernet),它使用本章中已介绍过的技术解决了多路访问问题;第二类是**交换式以太网**(switched Ethernet),它使用了一种称为**交换机**(switch)的设备连接不同的计算机。重要的是要注意,虽然它们都称为以太网,但它们有很大的不同。经典以太网是其原始的形式,运行速度为3～10Mb/s;而交换式以太网正是成就了以太网地位的以太网,可运行在100Mb/s、1000Mb/s、10 000Mb/s、40 000Mb/s和100 000Mb/s等速率上,分别称为快速以太网、千兆以太网、万兆以太网、四万兆以太网和十万兆以太网。在实践中,现在使用的只有交换式以太网。

本节将按时间顺序讨论以太网的历史,展示它们是如何发展起来的。由于以太网和IEEE 802.3几乎完全一致(除了一个微小差别外(将在稍后讨论)),许多人交替使用以太网和IEEE 802.3这两个术语,本书也将这样做。更多关于以太网的信息,请参见Spurgeon等的专著(2014)。

4.3.1 经典以太网物理层

以太网的故事始于ALOHA同时期,当时一个名叫Bob Metcalfe的学生获得麻省理工学院的学士学位后，搬到河对岸的哈佛大学攻读博士学位。他在学习期间接触到了 Abramson 关于 ALOHA 的工作。他对此很感兴趣，因而从哈佛大学毕业后，他决定在前往施乐公司帕洛阿尔托研究中心（Palo Alto Research Center）正式开始工作之前的暑假，在夏威夷与 Abramson 一起工作。当他到达帕洛阿尔托研究中心正式工作时，看到那里的研究人员已经设计并建造出后来被称为个人计算机的机器。但这些机器都是孤立的。他便运用和 Abramson 一起工作时掌握的知识，与同事 David Boggs 一起设计并实现了第一个局域网（Metcalfe 等，1976）。该局域网采用一个长的粗同轴电缆，以 3Mb/s 速率运行。

他们把这个系统以发光性乙醚的名称（luminiferous ether）命名为**以太网（Ethernet）**，人们曾经认为通过以太可以传播电磁辐射（当 19 世纪英国物理学家麦克斯韦发现电磁辐射可以用一个波方程描述时，科学家们假设空中充满着一种空灵的介质——以太电磁辐射在这种介质中传播。直到 1887 年著名的迈克尔孙-莫雷（Michelson-Morley）实验以后，物理学家才发现电磁辐射可以在真空中传播）。

施乐以太网（Xerox Ethernet）获得了巨大的成功，以至于 DEC、英特尔和施乐公司在 1978 年制定了一个 10Mb/s 以太网标准，称为 **DIX 标准（DIX standard）**。做了少许修订后，DIX 标准在 1983 年正式成为 IEEE 802.3 标准。对于施乐公司来说，不幸的是，它已经拥有一些历史性开创发明（比如个人计算机），后来却失败于商业化过程，《探索未来》（*Fumbling the Future*）讲诉了这个故事（Smith 等，1988）。当施乐公司表现出对以太网除了协助制订标准以外没有多大兴趣时，Metcalfe 创建了自己的公司——3Com，出售用于个人计算机的以太网适配卡，销卖了好几百万个。

经典以太网用一个长电缆蜿蜒围绕着建筑物，这根电缆连接着所有的计算机。这种体系结构如图 4-13 所示。第一个产品，俗称**粗以太网（thick Ethernet）**，像一根黄色的浇花用的软管，在电缆的每 2.5m 处有个标记，指示了连接计算机的位置（IEEE 802.3 标准实际上并没有要求电缆是黄色的，但它确实建议用黄色）。它的继任产品是**细以太网（thin Ethernet）**，它比粗以太网更容易弯曲，并且使用了工业标准 BNC 连接头进行连接。细以太网更便宜，也更容易安装，但它单段电缆仅 185m 长（而粗以太网可长达 500m），且每段电缆最多只能连接 30 台计算机（而不是 100 台）。

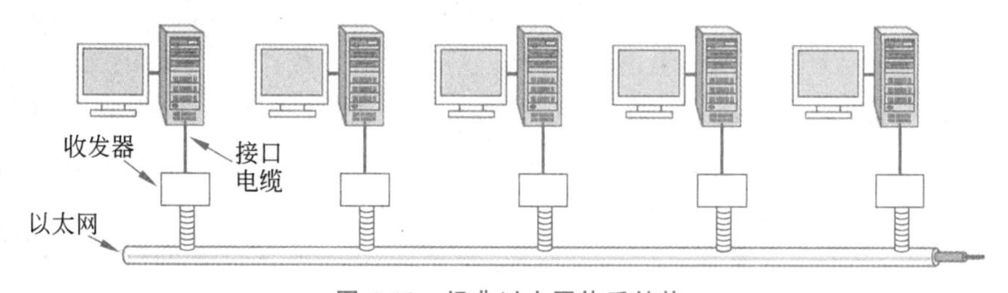

图 4-13　经典以太网体系结构

以太网的每个版本都有电缆每段的最大长度限制（即无须放大信号的长度），这个范围内的信号可以正常传播。为了允许建设更大的网络，可以用**中继器（repeater）**把多根电缆连接起来。中继器是一个物理层设备，它能接收、放大（即再生）并在两个方向上重传信号。至于软件方面，一系列由中继器连接起来的电缆段与一根单独的电缆没有什么不同（除了由中继器引入的少量延迟以外）。

在每一根这样的电缆上,利用2.4.3节中介绍的曼彻斯特编码进行信息发送。一个以太网可以包含多个电缆段和多个中继器,但是不允许任意两个收发器之间的距离超过2.5km,并且任意两个收发器之间的路径不能跨越多于4个中继器。之所以有这样的限制,是为了保证MAC协议正常工作。

4.3.2 经典以太网MAC子层协议

经典以太网的帧格式如图4-14所示。首先是8字节的前导码(preamble),每字节包含位模式10101010(除了最后一字节的最后两位为11)。这最后一字节称为IEEE 802.3的帧起始定界符(Start of Frame,SOF)。该模式的曼彻斯特编码产生一个6.4μs的10MHz方波,以便接收方的时钟与发送方同步。最后两个1告诉接收方该帧的剩余部分即将开始。

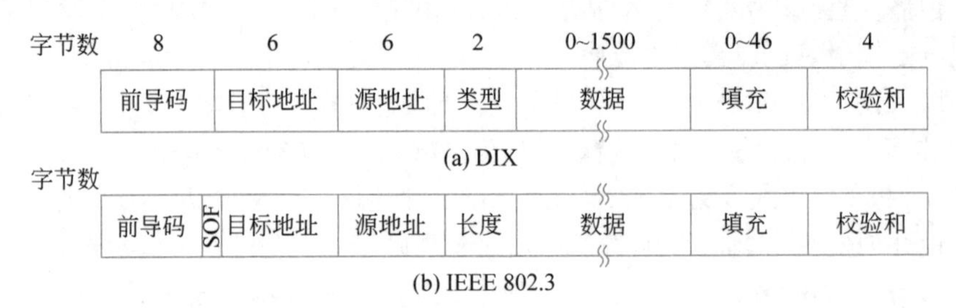

图4-14 经典以太网的帧格式

接下来是两个地址,一个是目标地址,另一个是源地址,均为6字节长。目标地址的第一个传输位如果是0,表示这是一个普通地址;如果是1,则表示这是一个组地址。组地址允许多个站监听一个地址。当一个帧被发送到一个组地址时,该组中的所有站都要接收它,这称为多播(multicasting)。由全1组成的特殊地址保留用作广播(broadcasting)。若一个帧的目标地址字段为全1,则它被网络上的所有站接收。多播可以有更多的选择,但它涉及组管理,确定组内有哪些站;而广播根本不区分站,因此不需要任何组管理机制。

站的源地址有一个有趣的特点,那就是源地址具有全球唯一性,该地址由IEEE统一分配,确保在世界任何地方没有两个站具有相同的地址。这里的思路是,只要给出正确的48位数字,任何站都可以唯一寻址到任何其他站。要做到这一点,地址字段的前3字节用作一个组织唯一标识符(Organizationally Unique Identifier,OUI)。该字段的值由IEEE分配,指明了设备制造商。设备制造商分配得到一块大小为2^{24}的地址。设备制造商分配该地址的最后3字节,并在设备售出之前把完整的地址编写到NIC中。

接下来是类型(Type)或长度(Length)字段,取决于该帧是以太网(DIX标准)帧还是IEEE 802.3帧。以太网使用类型字段告诉接收方帧内包含了什么。同一台计算机上同一时间可能使用了多个网络层协议,所以当一个以太网帧到达时,操作系统必须知道将它交给哪个网络层协议。类型字段指定了把帧送给哪个进程。比如,一个值为0x0800的类型代码意味着帧内包含一个IPv4的数据包。

IEEE 802.3根据它的原则,决定让该字段携带帧的长度,因为以太网的长度必须由其内部携带的数据确定——如果真是这样,则违反了分层规定。当然,这也意味着接收方没有办法确定如何处理进来的帧。这个问题由数据内包含的逻辑链路控制(Logical Link

Control，LLC)协议的另一个头来处理。它使用 8 字节传达原本只需要 2 字节的协议类型信息。

不幸的是，在 IEEE 802.3 标准出炉时，已经有太多的 DIX 以太网硬件和软件在使用，以至于很少有厂家和用户有热情重新包装类型和长度字段。1997 年，IEEE 认输并表示这两种字段都可以接受。幸运的是，所有在 1997 年之前使用的类型字段的值都大于 1500，因此很好地建立了最大数据长度。现在的规则是，任何值小于或等于 0x600(1536)时可解释为长度字段，任何值大于 0x600 时可解释为类型字段。现在 IEEE 可以认为每个人都使用了它的标准，并且其他人可以继续做他们已经在做的事情(不用劳烦逻辑链路控制协议)，它因而无须感到内疚。这也正是当(工业的)政策碰到技术时经常发生的事情。

接下来是数据，最多 1500 字节。在制定 DIX 标准时，这个限制值的选择有一定的随意性，很大程度上是基于当时的事实，收发器需要足够的内存(RAM)存放一个完整的帧，而 RAM 在 1978 年时还很昂贵。这个上界值越大，意味着需要的 RAM 越多，因而收发器越昂贵。

除了有最大帧长限制外，还存在一个最小帧长。虽然有时候 0 字节的数据字段也是有用的，但它会带来一个问题。当一个收发器检测到冲突时，它会截断当前的帧，这意味着冲突帧中已经送出的位将会出现在电缆上。为了更加容易地区分有效帧和垃圾数据，以太网要求有效帧(从目标地址到校验和，包括这两个字段本身在内)必须至少 64 字节长。如果帧的数据部分少于 46 字节，则使用填充(Pad)字段填充该帧，使其达到最小帧长要求。

限制最小帧长的另一个(也是更重要的)理由是避免出现这样的情况：在一个短帧的第一位到达电缆的远端以前，该帧的传送就已经结束；而在电缆的远端，该帧可能与另一帧发生冲突。这个问题如图 4-15 所示。在 0 时刻，位于电缆一端的站 A 发出一帧。假设该帧到达另一端的传播时间为 τ。正好在该帧到达另一端之前的某一时刻(即，在 $\tau-\varepsilon$ 时刻)，位于最远处的站 B 开始传输数据。当 B 检测到它接收到的信号比它发出去的信号更强时，它知道已经发生了冲突，所以它放弃了自己的传输，并且产生一个 48 位的突发噪声以警告所有其他的站。换句话说，它阻塞了以太电缆，以便确保发送方不会漏检这次冲突。大约在 2τ 后，发送方看到了突发噪声，并且也放弃自己的传输。然后它等待一段随机的时间，再次重试。

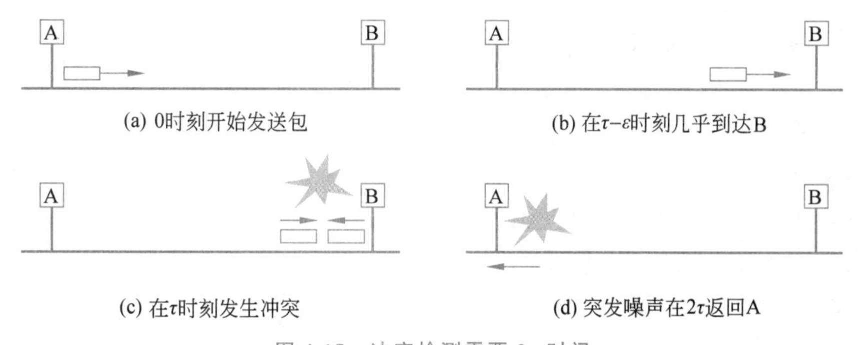

图 4-15　冲突检测需要 2τ 时间

如果一个站试图传送非常短的帧，则可以想象：虽然发生了冲突，但是在突发噪声回到该站(2τ)以前，传输已经结束。然后，发送方将会得出刚才一帧已经成功发送的错误结论。为了避免发生这样的情况，所有帧必须至少需要 2τ 时间才能完成发送，这样当突发噪声回到发送方时传输过程仍在进行。对于一个最大长度为2500m、具有4个中继器的10Mb/s LAN(符合IEEE 802.3标准),在最差情况下,往返一次的时间大约是50μs(其中包括通过4个中继器所需的传播时间)。因此,允许的最短帧长必须至少需要这样长的时间来传输。以10Mb/s的速率发送一位需要100ns,所以500位是保证可以工作的最小帧长。考虑到加上安全余量,该值被增加到512位,或者64字节。

最后一个字段是校验和(Checksum)。它是3.2节介绍过的32位CRC。事实上,它由3.2.2节给出的生成多项式定义,它同样被用于PPP、ADSL和其他链路。此CRC是一个错误检测码,用来确定接收到的帧比特是否正确。它只提供检错功能,如果检测到一个错误,则丢弃帧。

二进制指数后退的CSMA/CA

经典以太网使用1-坚持型CSMA/CD算法,4.2节对此有所描述。这个算法意味着当站有帧需要发送时要侦听介质,一旦介质变为空闲便立即发送。站在发送的同时监测信道上是否有冲突。如果有冲突,则立即中止传输,并发出一个短冲突加强信号,在等待一段随机时间后再重传。

现在看一看当冲突发生时如何确定重传的随机间隔时间。仍然使用图4-5所示的模型。在冲突发生后,时间被分成离散的时间槽,其长度等于最差情况下在以太介质上往返传输时间(2τ)。为了达到以太网允许的最长路径,时间槽的长度被设置为512比特时间,或51.2μs。

第一次冲突发生后,每个站随机等待0个或者1个时间槽,之后再重试。如果两个站冲突,每个都选择了同一个随机数,那么它们将再次冲突。在第二次冲突后,每个站随机选择0、1、2或者3,然后等待这么多个时间槽。如果第三次冲突又发生了(发生的概率为0.25),则下一次等待的时间槽数在$0\sim2^3-1$的范围内随机选择。

一般地,在第i次冲突以后,在$0\sim2^i-1$的范围内随机选择一个数,然后等待这么多个时间槽。然而,在10次冲突以后,随机间隔的选择区间被固定在最大值——1023个时间槽。在16次冲突以后,控制器放弃努力,并向计算机返回报告失败的消息。进一步的恢复工作由高层协议完成。

这一算法称为二进制指数后退(binary exponential backoff),它被选中的目的是为了动态地适应发送站的数量。如果所有冲突的随机数间隔都是1023,则两个站第二次发生冲突的几率几乎可以忽略;但是,在一次冲突之后的平均等待时间将是数百个时间槽,这样会引入明显的延迟。另一方面,如果每个站总是等待0个或者1个时间槽,那么,如果有100个站都同时尝试发送数据,则它们将一而再、再而三地一次次发生冲突,直到其中的99个站选择1而剩下一个站选择0。这可能要等上好几年的时间。随着连续冲突的次数越来越多,随机等待的间隔呈指数增加。此算法能确保两种情况:当只有少量站发生冲突时,它可确保较低的延迟;当许多站发生冲突时,它也可以保证在一个相对合理的时间间隔内解决冲突。将延迟后退的步子截断在1023可避免延迟增长得太大。

如果没有发生冲突,则发送方就假设该帧可能被成功发送出去了。也就是说,无论是CSMA/CD还是以太网都不提供确认。这样的选择适用于出错率很低的有线电缆和光纤信道。确实已发生的任何错误必须通过CRC检测出来并由高层负责恢复。对于更易出错的无线信道,后面将会看到,它们使用了确认。

4.3.3 以太网性能

现在,简要地探讨在重负载和恒定负载条件下(即总是有 k 个站要传输)经典以太网的性能。关于二进制指数后退算法的严格分析非常复杂。因此,本节将采用(Metcalfe 等,1976)的方法,并假定每个时间槽中重传的概率是一个常数。如果每个站在一个竞争时间槽中传输帧的概率为 p,那么,在这个时间槽中,某一个站获得信道的概率 A 为

$$A = kp(1-p)^{k-1}$$

当 $p=1/k$ 的时候,A 最大;并且当 $k \to \infty$ 的时候,$A \to 1/e$。竞争间隔正好等于 j 个时间槽的概率为 $A(1-A)^{j-1}$,所以每一次竞争的平均时间槽数为

$$\sum_{j=0}^{\infty} jA(1-A)^{j-1} = \frac{1}{A}$$

由于每个时间槽的间隔时间为 2τ,因此平均竞争间隔 w 为 $2\tau/A$。假设 p 最优,并且竞争时间槽的平均数永远不超过 e,于是,w 至多为 $2\tau e \approx 5.4\tau$。

如果传送一帧平均需要 P 秒,那么,当许多站都要传送帧时,

$$\text{信道利用率} = \frac{P}{P + 2\tau/A} \tag{4-2}$$

从式(4-2)可以看到,任何两个站之间的最大电缆距离也会影响到性能。电缆越长,则竞争间隔也越长,这正是为什么以太网标准规定了最大电缆长度的原因。

针对每个帧 e 个竞争时间槽的最优情形,按照帧的长度 F、网络带宽 B、电缆长度 L 和信号的传播速度 c,表达式(4-2)是有指导意义的。利用 $P= F/B$,式(4-2)变成

$$\text{信道利用率} = \frac{1}{1 + 2BLe/cF} \tag{4-3}$$

当分母中的第二项变大时,网络的效率将会变低。特别是在给定帧长度的情况下,增加网络带宽或者距离(即 BL 的乘积)将会降低网络效率。不幸的是,许多网络硬件方面的研究都确定性地以增大此乘积值作为目标。人们希望在长距离上拥有高带宽(比如光纤 MAN),而用这种方式实现的经典以太网可能并不是这些应用的最佳系统。下节将介绍实现以太网的其他一些方法。

图 4-16 给出了利用式(4-3),在 $2\tau=51.2\mu s$ 以及 10Mb/s 数据速率的情况下,信道利用率与就绪站数的关系。对于 64 字节的时间槽,64 字节的帧并不是最有效的,这并不奇怪。另一方面,当帧长度为 1024 字节,以及每个竞争间隔趋近于 e 个 64 字节时间槽时,竞争期为 174 字节长,效率为 85%。这个结果比分槽 ALOHA 的 37%效率要好得多。

或许有一点值得一提,关于以太网(和其他的网络)有大量理论性的性能分析成果。大多数研究结果都只有很少的参考价值,原因有两个。一是,几乎所有的理论工作都假设网络流量服从泊松分布。当研究人员开始观察实际数据时,他们发现网络流量很少服从泊松分布,而是在一定的时间尺度上表现出自相似或者突发性(Paxson 等,1995;Fontugne 等,2017)。这意味着在一段较长的时间内进行平均也不能使流量变得平滑。二是,除了使用了可疑的模型以外,许多分析工作聚焦在异常高负载情况下的“有趣”性能上。Boggs 等(1988)通过实验显示了以太网在实际情况下工作得很好,即使在适度的高负载下。

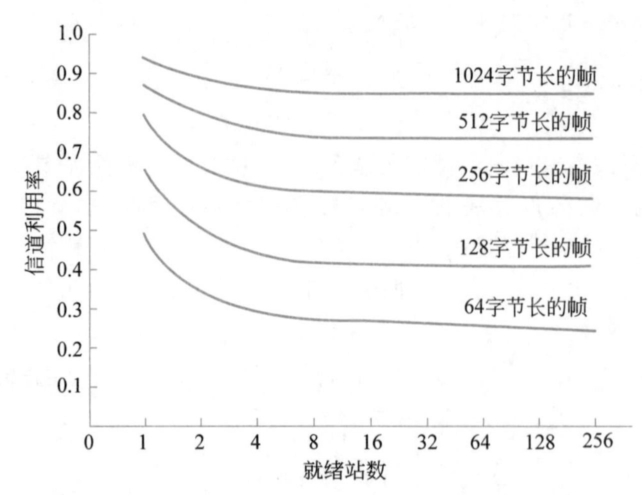

图 4-16 具有 512 位时间槽的 10Mb/s 以太网的信道利用率与就绪站数的关系

4.3.4 交换式以太网

以太网的发展很快,从单根长电缆的典型以太网结构开始演变。相关的一些问题,比如找出断裂或者松动连接等,驱使人们开发出一种不同类型的布线模式,在这种模式中,每个站都有一根专用电缆连接到一个集线器。集线器只是在电气上简单地连接所有连接线,就像把它们焊接在一起。这种配置如图 4-17(a)所示。

电话线就是电话公司的双绞线,因为大多数写字楼已经布有这种线,而且通常足够使用。电话线的这种重用是一个双赢局面,但它把允许的最长电缆长度减小到离集线器 100m(如果是高品质的 5 类双绞线则可达到 200m)之内。在这种配置下,添加或删除一个站非常容易,电缆断裂也很容易被检测出来。因为具有使用现有布线和易于维护等优点,双绞线集线器迅速成为以太网的主要形式。

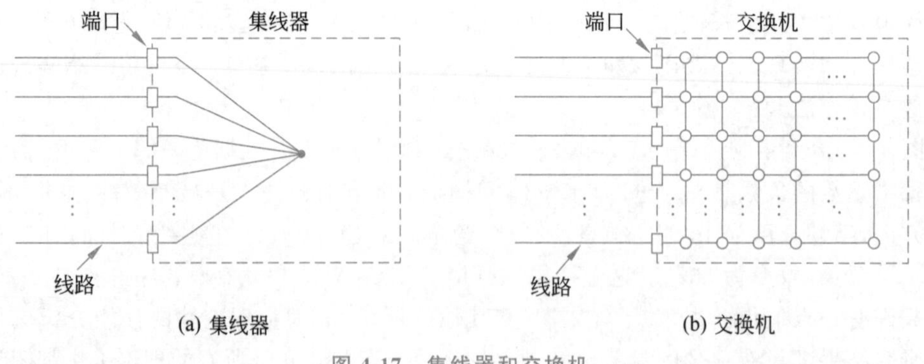

图 4-17 集线器和交换机

然而,集线器不能增加容量,因为它们在逻辑上等同于经典以太网的单根电缆。随着越来越多的站加入,每个站获得的固定容量共享份额下降。最终,LAN 将饱和。一条出路是提升到更高的速度,比如从 10Mb/s 提升到 100Mb/s、1Gb/s 甚至更高的速度。但是,随着多媒体和功能强大服务器的增长,即使 1Gb/s 以太网也会饱和。

幸运的是，还有另一条出路可以处理不断增长的负载：交换式以太网。这种系统的核心是一台交换机，它包含一块连接所有端口的高速背板，如图 4-17(b)所示。从外面看，交换机就是一个集线器。它们都是一个盒子，通常拥有 4～48 个端口，每个端口都有一个标准的 RJ-45 连接器用来连接双绞线电缆。每根电缆把交换机或者集线器与一台计算机连接，如图 4-18 所示。交换机具有与集线器同样的优点。通过插入或者拔出一根电缆，就能很容易地增加或者删除一个站，而且由于扁平电缆或者端口通常只影响到一个站，因此大多数错误都很容易被发现。这种配置模式仍然存在一个共享的组件，它可能会出现故障，即交换机本身出现故障。如果所有站都失去了网络连接，则 IT 人员知道该怎么解决这个问题：更换整台交换机。

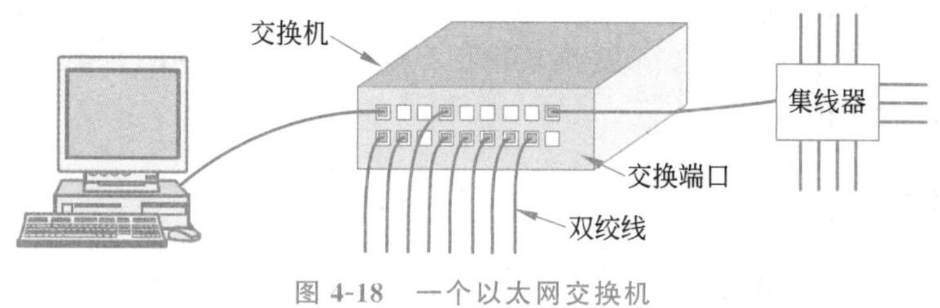

图 4-18　一个以太网交换机

然而，进入交换机内部就能看到一些完全不同的事情。交换机只把帧输出到可到达该帧目标的端口。当一台交换机端口接收到来自某个站的以太网帧时，交换机就检查其中的以太网地址，确定该帧前往的目标端口。这一步要求交换机能够知道哪些端口对应哪些地址，这个过程将在 4.8 节介绍了交换机之间互连的一般情况后再来讲述。现在，只假设交换机知道帧的目标端口。然后，交换机把帧通过它的高速背板转送到目标端口。通常背板的运行速度高达许多个 Gb/s，并且使用专用的协议。这些交换机专用协议无须标准化，因为它们完全隐藏在交换机内部。然后，目标端口在线路上传输该帧，从而到达目标站。没有任何其他端口知道这个帧的存在。

如果同时有多个站或者端口都要发送数据，会发生什么情况？在这一点上，交换机也不同于集线器。在集线器中，所有站都位于同一个冲突域(collision domain)。它们必须使用 CSMA/CD 算法调度它们的传输。在交换机中，每个端口有自己独立的冲突域。通常情况下，电缆是全双工的，站和端口可以同时往电缆上发送帧，根本无须担心其他站和端口。现在冲突不可能发生，因而 CSMA/CD 也就不需要了。然而，如果电缆是半双工的，则站和端口必须以通常的 CSMA/CD 方式竞争传输。

交换机以两种方式超越集线器的性能。首先，由于没有冲突，容量的使用更为有效。其次，也是更重要的，通过交换机可以同时发送多个帧(由不同的站发出)。这些帧到达交换机端口并穿过交换机背板输出到适当的端口。然而，由于两帧可能在同一时间去往同一个输出端口，所以，交换机必须有缓冲，以便它暂时把一个输入帧排入队列，直到该帧可以被传输到输出端口。总体而言，这些改进赢得了较高的性能，而这些改进手段对于集线器来说又是不可能做到的。系统总吞吐量通常可以提高一个数量级，主要取决于端口数目和流量模式。

帧被输出到端口，这种变化也有安全性方面的好处。大多数 LAN 接口都支持混杂模式(promiscuous mode)，在这种模式下所有的帧都被发到每台计算机，而不只是它寻址的计算机。每台连到集线器上的计算机都能看到其他所有计算机之间发送的流量。间谍和好管闲事者最喜欢这一功能了。有了交换机,流量只被转发到它的目标端口。这种限制提供了更好的隔离,使得流量不会轻易泄露和落入坏人之手。不过,如果要实现真正的安全,最好还是对流量实行加密。

因为交换机只希望每个输入端口上出现的是标准以太网帧,所以,这就有可能把一部分端口用作集中器。在图 4-18 中,右上角的端口并没有连接一台计算机,而是连接了一个 12 口的集线器。当帧到达集线器,它们按通常的方式竞争以太网线路,包括冲突和二进制指数后退。竞争成功的帧通过集线器,继而到达交换机,在那里就像任何其他输入帧一样被对待。交换机不知道它们必须经过竞争才到达这里。一旦进入交换机,它们就被发送到高速背板上的正确输出线。也有可能正确目标是连接到集线器的一根线,在这种情况下,帧已经被交付给目标计算机,因此交换机就把它丢弃。集线器比交换机简单而且便宜,但由于交换机的价格在不断下降,集线器已经成为濒危物种。现代网络大量使用交换式以太网。然而,传统的集线器依然存在。

4.3.5 快速以太网

在交换机正变得越来越受欢迎的同时,10Mb/s 以太网的速度备受压力。起初,10Mb/s 看起来像天堂,如同线缆调制解调器在 56kb/s 电话调制解调器用户看来像天堂一样。但是,新鲜感很快消失。作为帕金森定律(“工作展开后总会填满原来完成计划要用的时间”)的一种必然结果,似乎数据的发展也总是会填满可用的传输带宽。

许多安装在计算机中的系统需要大量的带宽,因而许多 10Mb/s 的 LAN 被中继器、集线器和交换机连成了迷宫;不过对网络管理员而言,有时他们觉得自己是与泡泡糖和铁丝网挤在一起。但是,即使有了以太网交换机,一台计算机的最大带宽还是受制于将它连接到交换机端口的电缆。

在这种环境下,IEEE 于 1992 年重新召集 IEEE 802.3 委员会,指示他们赶快提出一个快速 LAN 的建议。其中一个建议是仍然保持 IEEE 802.3 原来的面貌不变,但要运行得更快。另一个建议是完全重新设计,给予它更多的特性,比如支持实时流量和数字化语音,但是仍保留原来的名称(出于市场考虑)。经过多次激烈争论以后,IEEE 802.3 委员会决定仍然保留 IEEE 802.3 原来的工作方式,但是让它运行得更快。这一策略将使标准化工作得以在技术革新以前完成,并且避免了全新设计带来的不可预见问题。新设计还将向后兼容现有的以太网 LAN。那些提议遭到否决的人,如同计算机工业界中自尊心很强的人在这种情况下所做的那样:他们跺着脚形成了自己的委员会并标准化他们的 LAN(最终作为 IEEE 802.12)。它最终还是失败了。

这项工作很快就完成了(按照标准委员会的规范),其结果是 IEEE 802.3u,于 1995 年 6 月被 IEEE 正式批准。技术上,IEEE 802.3u 并不是一个真正的新标准,而是原有 IEEE 802.3 标准的一份补充(因而也加强了它的向后兼容性)。这种策略被采用了许多次。因为实际上大家都称它为**快速以太网**(fast Ethernet),而不是 IEEE 802.3u,所以本书也将使用这样的叫法。

快速以太网的基本思想非常简单:保留所有原来的帧格式、接口和过程规则,只是将比特时间从 100ns 降低到 10ns。技术上,它有可能照搬 10Mb/s 的经典以太网,只要将电缆的最大长度降低到 1/10,仍然可以及时地检测到冲突。然而,由于双绞线具有压倒性的优势,所以快速以太网基本上完全基于这种设计。因此，所有的快速以太网系统也使用集线器和交换机，而不允许使用带插入式分接头或者 BNC 连接器的多支路电缆。

然而，还有其他一些选择仍然要确定下来，其中最重要的是支持什么样的电缆类型。一种观点是 3 类双绞线。其理由是几乎西方国家的每个办公室都有至少 4 组 3 类(或更好的)双绞线，从办公室连接到 100m 以内的电话接线柜。有时候会有两条这样的电缆。因此，若采用 3 类双绞线，则有可能无须重新布线就可连接桌面计算机，就可以使用快速以太网，这对于许多组织来说具有极大的好处。

使用 3 类双绞线的主要缺点是它不能够超过 100m 长，这是 10Mb/s 集线器规定的从计算机到集线器的最大距离。而 5 类双绞线可以很容易地处理 100m，光纤则可以更长。最后折中的选择是允许所有这 3 种介质，如图 4-19 所示。但是，对于 3 类双绞线的方案，需要增加所需的额外承载能力。

名　称	线　缆	最大长度/m	优　点
100Base-T4	双绞线	100	可用 3 类 UTP
100Base-TX	双绞线	100	全双工速率 100Mb/s(5 类 UTP)
100Base-FX	光纤	2000	全双工速率 100Mb/s，距离长

图 4-19　最初的快速以太线缆

3 类 UTP 方案正式的称法为 100Base-T4，它使用了 25MHz 的信令速度，比标准以太网的 20MHz 仅仅快了 25%(记住，在 2.4.3 节讨论的曼彻斯特编码中，对于 10Mb/s 中的每个比特都要求两个时钟周期)。然而，为了达到要求的比特率，100Base-T4 要求 4 对双绞线。其中一对总是去往集线器，另一对总是来自集线器，剩余的两对则可以动态地切换到当前的传输方向。为了从传输方向上的 3 对双绞线上获得 100Mb/s，每对双绞线上使用了一种相当复杂的编码方案。该方案涉及用 3 个不同电压等级发送三元数字。这个方案不太可能赢得任何奖项，这里跳过其细节。然而，由于过去几十年来标准的电话线每根电缆中都有 4 对双绞线，所以大多数办公室都能够使用已有的布线。当然，这也意味着要放弃原有的办公室电话。但是，相对于能获得快速的电子邮件来说，这无疑是很小的代价。

随着许多办公大楼重新布线并采用了 100Base-TX 以太网的 5 类 UTP，100Base-T4 也随之退出了市场，而使用 5 类 UTP 的 **100Base-TX** 以太网很快占领了市场。因为 5 类双绞线可以处理 125MHz 的时钟频率，所以这种设计要简单得多。每个站只用到两对双绞线，一对用于发送信号到集线器，另一对用于从集线器接收信号。这里没有使用直接的二进制编码(即 NRZ)，也没有采用曼彻斯特编码，而是使用了 2.4.3 节中描述过的 **4B/5B** 编码方案，4 个数据位被编码成 5 个信号比特，并以 125MHz 速率发送，可提供 100Mb/s 的数据速率。这种方案很简单，但具有保持同步所需的足够跳变，对线缆带宽的使用相对很好。100Base-TX 系统是全双工的，站可以在一对双绞线上以 100Mb/s 发送数据，同时也可以在另一对双绞线上以 100Mb/s 接收数据。

最后一种选择方案是 **100Base-FX**，它使用两根多模光纤，每个方向用一根；所以它可以进行全双工操作，每个方向上有 100Mb/s。在这种设置下，站和交换机之间的距离可以达到 2000m。

快速以太网允许通过集线器或者交换机实现互连。为了确保CSMA/CD算法继续工作,并且把网络传输速率从10Mb/s提高到100Mb/s,必须保持最小帧长和最大电缆长度之间的关系。所以,要么按比例把最小帧长为64字节的限制往上提,要么把2500m的最大电缆长度降下来。最容易的选择是把任意两个站之间的最大距离降为原来的1/10,因为100m电缆的集线器早已能够用于这一新的最大长度。然而,对于使用正常的以太网冲突算法的100Mb/s集线器,2000m的100Base-FX线缆太长了。相反,这些线缆必须被连接到一个交换机,并工作在全双工模式下,这样才没有冲突。

用户很快就开始部署快速以太网,但他们并不打算扔掉老式计算机上的10Mb/s以太网卡。因此,几乎所有的快速以太网交换机都可处理10Mb/s和100Mb/s的混合情况。为了便于升级,该标准本身提供了一种称为自动协商(autonegotiation)的机制,允许两个站自动协商最佳速度(10Mb/s或100Mb/s)和双工模式(半双工或全双工)。这种机制大部分时间运作良好,但是会导致双工不匹配问题,即链路的一端启动了自动协商,但另一端没有启动,并设置了全双工模式(Shalunov等,2005)。大多数以太网产品都使用该功能进行配置。

4.3.6 千兆以太网

快速以太网标准的墨迹未干,IEEE 802委员会就开始制定一个更快的快速以太网——千兆以太网(gigabit Ethernet)的标准。1999年,IEEE批准了最常见的标准——IEEE 802.3ab。下面将讨论千兆以太网的一些关键特性。更多信息请参考Spurgeon等的专著(2014)。

IEEE 802委员会对于千兆以太网的目标基本上与快速以太网的目标相同:性能提升到10倍,并保持与所有现有以太网标准的兼容。特别是,千兆以太网必须提供单播和广播的无确认数据报服务,使用已经采用的相同的48位地址方案,保持相同的帧格式,包括最小和最大帧尺寸要求。最终的标准符合所有这些目标。

与快速以太网一样,千兆以太网的所有配置都使用点到点链路。在最简单的配置中,如图4-20(a)所示,两台计算机直接相连。然而,在更常见的情况下,使用一个交换机或集线器连接多台计算机,可能还有额外的交换机或集线器,如图4-20(b)所示。在这两种配置下,每根单独的以太网电缆上正好有两个设备,一个也不多,一个也不少。

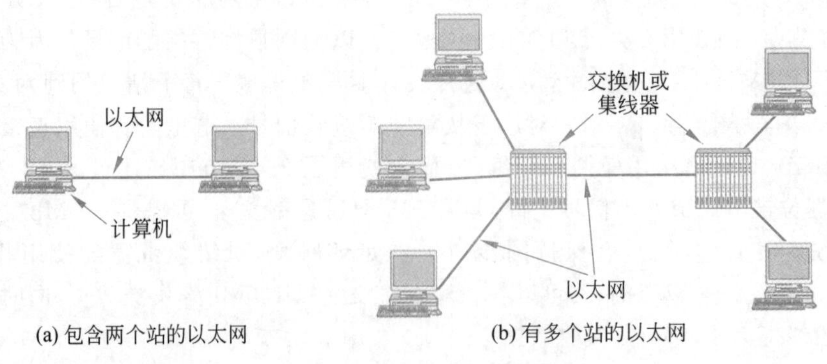

图4-20 千兆以太网的配置

如同快速以太网一样,千兆以太网支持两种操作模式:全双工模式和半双工模式。正常模式是全双工模式，它允许两个方向上的流量同时进行。这种模式适用于一台中心交换机将周围的计算机(或者其他的交换机)连接起来。在这种配置下，所有的线路都具有缓存能力，所以每台计算机或者交换机在任何想要发送帧的时候都可以自由地发送帧。发送方不必侦听信道以确定是否有其他计算机正在使用信道，因为不存在竞争。在一台计算机与交换机之间的线路上，计算机是唯一可能向交换机传输数据的发送方，即使交换机正在向计算机发送一帧，传输操作也会成功(因为线路是全双工的)。由于这里不可能存在竞争，所以不需要使用 CSMA/CD 协议，因此线缆的最大长度由信号强度决定，而不是由突发噪声在最差情况下传回发送方所需的时间决定。交换机可以自由地混合和匹配各种速度。就如同快速以太网一样，千兆以太网也支持自动配置特性，现在的选择有 10Mb/s、100Mb/s 和 1000Mb/s。

另一种操作模式是半双工模式，当计算机被连接到一个集线器而不是交换机的时候，就会用到这种模式。集线器无法将进来的帧缓存。相反，它在内部用电子的方式将所有这些线路连接起来，模拟经典以太网中使用的多路分支电缆。在这种模式下，冲突有可能发生，所以要求使用标准的 CSMA/CD 协议。因为一个 64 字节的帧(允许的最短长度)现在的传输速度是在经典以太网中的速度的 100 倍，所以最大的线缆长度必须是经典以太网的 1/100，或 25m，这样才能维持其本质的特性，即，即使在最差情况下，当突发噪声返回时发送方仍在传送数据。对于一根 2500m 长的线缆，在一个以 1Gb/s 速率运行的系统中，发送一个 64 字节的帧，在该帧到达距离另一端的 1/10 路程以前早已经发送完毕，更不用说到达另一端再返回了。

这一长度限制太令人痛苦了，因此 IEEE 802 委员会在标准中加入了两个特性，使得最大线缆长度增加到 200m，这个长度对于大多数办公室可能已经足够了。

第一个特性称为载波扩充(carrier extension)，它的本质是让硬件在普通的帧后面增加一些填充位，将帧的长度扩充到 512 字节。由于这些填充位由发送方硬件添加，并且由接收方硬件删除，所以软件对此并不知情，这意味着现有软件无须作任何改变。当然，对于用户数据只有 46 字节(即 64 字节帧的有效载荷)的情形来说，使用 512 字节以后线路的效率只有 9%。

第二个特性称为帧突发(frame bursting)，允许发送方将多个待发送帧的序列级联在一起，一次传输出去。如果整个突发仍然小于 512 字节，则硬件会再次对它进行填充。如果有足够的帧在等待传输，则这种方案非常高效，应该优于载波扩充。

公平地讲，很难想象一个组织会购买装有千兆以太网卡的现代计算机，然后将计算机连接到一个老式集线器上，以模拟有冲突的经典以太网。千兆以太网接口和交换机曾经非常昂贵，但它们的价格随着销量的上升下降很快。诚然，在计算机工业中，向后兼容性至关重要，所以标准化委员会被要求做到这一点。今天，大多数计算机都带有具备 10Mb/s、100Mb/s 和 1000Mb/s(甚至可能更高)运行能力的以太网接口，因而对所有这些速率都兼容。

千兆以太网既支持铜线，也支持光纤，如图 4-21 所示。以 1Gb/s 或者接近 1Gb/s 的速率传输信号，要求每纳秒编码并发出一比特。这一技术最初在短程屏蔽铜电缆(1000Base-CX 版本)和光纤上实现了。对于光纤而言，允许使用两个波长，因而导致两个不同的版本：0.85μm(短波，1000Base-SX)和 1.3μm(长波，1000Base-LX)。

名　称	线　缆	最大长度/m	优　点
1000Base-SX	光纤	550	多模光纤(50μm、62.5μm)
1000Base-LX	光纤	5000	单模光纤(10μm)或多模光纤(50μm、62.5μm)
1000Base-CX	两对 STP	25	屏蔽双绞线
1000Base-T	两对 UTP	100	标准 5 类 UTP

图 4-21　千兆以太网线缆

短波信号可以用便宜的 LED 获得。它可用于多模光纤,对建筑物内的连接非常有用,因为它可以运行在长达 500m 的 50μm 光纤上。长波信号需要激光器。另一方面,当与单模光纤(10μm)结合时,线缆长度可长达 5000m。这一规定允许建筑物之间进行长距离连接,比如作为一个专门的点到点链路用在校园骨干网中。该标准后来的几个变体甚至允许更长的单模光纤。

要在这些版本的千兆以太网上发送比特,可以采用一项来自称为光纤信道(Fibre Channel)的网络技术中的 **8B/10B** 编码,在 2.4.3 节中讲述过。这种方案将 8 个数据位编码为 10 比特的码字发送到电缆或者光纤上,因而被命名为 8B/10B。码字的选择使得它们可以是平衡的(即具有相同数目的 0 和 1),具备用于时钟恢复的足够多的跳变。采用 NRZ 编码技术发送的比特比不编码发送比特所需的信号带宽多 25%,与带宽增幅达 100%的曼彻斯特编码相比则有很大的改善。

然而,所有这些选项都要求使用新的铜缆或光缆才能支持更快的信号。曾经跟随快速以太网而安装的大量 5 类 UTP 并没有被它们采用。不到一年,1000Base-T 出现了,从而填补了这一空白,从此以后它成了千兆以太网最流行的形式。人们显然不喜欢在建筑物中重新布线。

若要使得以太网在 5 类双绞线上以 1000Mb/s 速率运行,则需要更复杂的信号。开始时,电缆中的 4 对双绞线都被用到了,每一对被用于同时在两个方向上传输,通过数字信号处理技术隔离信号。在每根线上,使用 5 个电压级别携带 2 比特,信号速率为 125 兆符号/秒。从比特产生符号的映射过程并不直接。它涉及扰码(为了跳变),并且跟着一个纠错码,其中 4 个值被嵌入 5 个信号级别中。

1Gb/s 的速度非常快。比如,如果接收方正忙于其他事情,即使只有 1ms 的时间,因而没有清空某条线路上的输入缓冲区,那么,在这一时间间隔中最多可以累积 1953 个帧。还有,当千兆以太网上的一台计算机沿着线路给另一台位于经典以太网中的计算机转运数据时,缓冲区极有可能发生溢出。作为对这两种现象的回应,千兆以太网支持流量控制。这一机制是这样的:一端给另一端发送一个特殊的控制帧,告知对方暂停一段时间。这些暂停(PAUSE)控制帧是普通的以太帧,包含的类型字段值为 0x8808。暂停时间是最小帧时的整数倍。对于千兆以太网,时间单位是 512ns,允许的最大暂停时间是 33.6ms。

随着千兆以太网还引入了另一个扩展——巨型帧(Jumbo frame),即允许长度超过 1500 字节的帧,通常可达到 9KB。这个扩展是专有的。它不会被该标准识别出来,因为如果使用了巨型帧,则无法与早期版本的以太网兼容;但是大多数厂商都支持这一扩展。理由是 1500 字节在千兆位速度下是一个很短的单位。通过操作更大块的信息,可以把帧率降低下来，因而与之有关的处理时间也有所下降，比如中断处理器以便告诉它有一帧到达了，或拆分与重组那些因为太长而无法适应一个以太网帧的消息。

4.3.7 万兆以太网

一旦千兆以太网被标准化，IEEE 802 委员会的委员们觉得无聊，他们想回去工作。IEEE 告诉他们可以开始万兆以太网(10 gigabit Ethernet)的工作。这项工作遵循了与以前以太网标准同样的模式，2002 年首次发布了光纤标准，2004 年发布了屏蔽铜电缆标准，2006 年发布了铜双绞线标准。

万兆是一个惊人的速度，是原先的以太网速度的 1000 倍。它可能会用在哪里？答案是在数据中心和交换局内部，可以用来连接高端路由器、交换机和服务器；还可以用作端局之间的长途高带宽中继线，这些端局使整个城域网建立在以太网和光纤的基础上。长距离的连接使用光纤，而短距离的连接可以使用铜缆或光纤。

万兆以太网的所有版本只支持全双工操作。CSMA/CD 不再属于设计的一部分，该标准的重点在于以超高速度运行的物理层细节。兼容性依然重要。虽然如此，万兆以太网接口能自动协商，并能降低到由线路两端同时支持的最高速度。

万兆以太网线缆如图 4-22 所列。0.85μm(短)波长的多模光纤用于中距离，1.3μm(长)和 1.5μm(扩展)的单模光纤用于长距离。10GBase-ER 运行距离可达 40km，使其适用于广域网应用。所有这些版本发送的一串信息流都是先通过对数据位进行扰码再经过 64B/66B 编码生成的，这种编码比 8B/10B 码的开销更少。

名　称	线　缆	最大长度	优　点
10GBase-SR	光纤	最多 300m	多模光纤(0.85μm)
10GBase-LR	光纤	10km	单模光纤(1.3μm)
10GBase-ER	光纤	40km	单模光纤(1.5μm)
10GBase-CX4	4 对双轴铜缆	15m	双轴铜缆
10GBase-T	4 对 UTP	100m	6a 类 UTP

图 4-22 万兆以太网线缆

第一个铜缆版本由 10GBase-CX4 定义，采用了 4 对双轴铜缆。每对铜缆使用 8B/10B 编码，以 3.125 吉符号/秒的速率运行，提供了 10Gb/s 的数据速率。这个版本比光纤版本便宜，很早就流向市场，但它是否会被在更多金属双绞线上运行长距离的 10 千兆以太网打败仍有待观察。

10GBase-T 是使用 UTP 电缆的版本。虽然要求 6a 类布线，但针对更短的距离，它可以使用较低类别的双绞线(包括 5 类)，以便重用已安装的电缆。毫不奇怪，为了在双绞线上达到 10Gb/s，其物理层相当复杂。这里只给出一些较高层次的细节。4 对双绞线的每一对可用来在两个方向上以 2500Mb/s 速率发送。要达到这个速率，用到了 800 兆符号/秒的符号速率，而符号又使用了 16 个电压等级。这些符号是这样产生的：首先对数据进行扰码，然后用 LDPC(低密度奇偶校验)编码进行保护，再进一步进行纠错编码。

万兆以太网现在在市场上已经很广泛了,所以IEEE 802.3委员会继续向前推进。2007年底,IEEE 802.3委员会成立了一个小组对40Gb/s和100Gb/s的以太网进行标准化。此次升级将使以太网有能力去竞争非常高性能的设施,包括骨干网络中的长距离连接和设备背板上的短程连接。该标准还没有完成,但专属的产品已经可以使用。

4.3.8 40Gb/s和100Gb/s以太网

IEEE 802.11委员会在完成了万兆以太网的标准化工作以后,开始进行40Gb/s和100Gb/s以太网的新标准工作。前者针对的是数据中心的内部连接,而不是普通的办公室环境,也肯定不是最终用户的环境。后者针对的是Internet骨干网,以及必须要在数千千米距离上工作的光纤网络。一种可能的用法是,通过一个虚拟私有LAN将一个包含上百万个CPU的数据中心与另一个同样规模的数据中心连接起来。

第一个标准是IEEE 802.3ba,于2010年正式批准;接着是IEEE 802.3bj(2014年)和IEEE 802.3cd(2018年)。所有这些标准都定义了40Gb/s和100Gb/s的以太网。设计目标如下:

(1) 与IEEE 802.3标准向后兼容到1Gb/s。

(2) 允许最小和最大帧尺寸保持相同。

(3) 处理10^{-12}或者更低的比特错误率。

(4) 在光纤网络上很好地工作。

(5) 数据速率为40Gb/s或者100Gb/s。

(6) 允许使用单模或者多模光纤和专用的背板。

新的标准跳过了铜缆,而支持在云计算数据中心里用到的光纤和高性能(铜)背板。差不多半打的调制方案它都是支持的,其中包括64B/66B(与8B/10B类似,但位数更多)。而且,总共可以达到10路并行的通道,每一路为10Gb/s,从而总共可以达到100Gb/s。这些通道通常是光纤上的不同频带。它们通过ITU提案G.709集成到已有的光纤网络中。

大约从2018年起,有少数公司开始引入100Gb/s交换机和网络适配卡。对于那些100Gb/s仍嫌不够的人们,目前已经开始对400Gb/s进行标准化,有时候它被称为400 GbE。这些标准分别是IEEE 802.3cd、IEEE 802.3ck、IEEE 802.3cm和IEEE 802.3cn。在400Gb/s速率上,一部典型的4K电影(已压缩)可以在2s左右被完全下载。

4.3.9 以太网回顾

以太网已经发展了40多年,在发展过程中还没有出现过真正有实力的竞争者,所以它可能还会持续发展很多年。而对于CPU结构、操作系统或者编程语言,很少有哪一个能独占鳌头30年。很明显,以太网已经做了正确的事情。那么,什么是正确的事情?

以太网具有如此强大的生命力,最主要的原因可能是它的简单性和灵活性。在实践中,简单可以理解成可靠、廉价以及易于维护。

一旦集线器和交换机体系结构被采纳后,失败就极为罕见了。人们会犹豫是否要替换长期以来工作得非常出色的事物,尤其是当他们得知在计算机工业界有许多非常糟糕的事情,许多所谓的“升级”比原来的还要更糟糕的时候。

简单也可以理解为造价低廉。作为硬件组件的双绞线相对来说非常便宜。在过渡时期，比如引入新千兆以太网 NIC 或者交换机，它们可能有点昂贵，但它们仅仅是一个构建良好网络的补充（而不是完全替换），并且随着销量上升，其价格会很快回落。

以太网非常易于维护。不需要安装软件（驱动程序除外），也不需要管理配置表（容易出错）这样的方式。而且，增加新的主机也非常简单，只要将它们接入即可。

另一个原因是，TCP/IP 使得以太网很容易实现互联，而 TCP/IP 已经占据了主导地位。IP 是一个无连接协议，所以它非常适合以太网，因为以太网也是无连接的。IP 不太适合面向连接的网络，比如 ATM。这种不一致性无疑削弱了 ATM 的发展机会。

最后，或许是最重要的，以太网已经在多个关键的方面取得了显著的进展。其速度已经提升了 4 个数量级，集线器和交换机已经被引入进来，而这些变化并不要求软件也跟着发生变化，且通常允许在一段时间内重用已有的线缆。如果网络销售人员在展示一项大型网络装置时这样说："我为你们带来了一种新奇的网络。你们需要做的事情只是丢弃所有的硬件，并且重写所有的软件。"那么，他一定有问题了。

有许多人们可能甚至没有听说过的其他技术在推出时的速度比以太网快。除了 ATM 以外，这份技术列表还包括 FDDI（光纤分布式数据接口）和光纤信道（Fibre Channel①），它们都是基于光纤 LAN 的双环结构，并且都与以太网不兼容。但这些技术没有一个是成功的。它们太复杂了，导致芯片异常复杂，而且价格居高不下。这里我们应该学到的教训是 KISS（Keep It Simple, Stupid，保持简单直白）。最终，以太网在速度上赶上并超越了它们，通常还借用了它们的一些技术，比如从 FDDI 那里借用了 4B/5B 编码，从光纤信道那里借用了 8B/10B 编码。这样，它们仅有的优势也悉数失去，最终悄然退出舞台或沦为特殊的角色。

看起来以太网还将在一段时间内继续扩大它的应用。万兆以太网已经摆脱了 CSMA/CD 的距离限制。很多人正在致力于研究**电信级以太网**（carrier-grade Ethernet），以便网络提供商为它们的城域网和广域网客户提供基于以太网的服务（Hawkins, 2016）。这种应用在长距离光纤上运载以太网帧，并且要求更好的管理功能，以便有助于运营商向客户提供可靠的、高质量的服务。超高速网络（比如 100GbE）也将在背板中找到用武之地，它们连接大型路由器或服务器中的组件。这些都是超出在办公室的计算机之间发送数据帧以外的应用。下一步是 400GbE，而这可能仍然不是以太网的终点。

4.4　无线 LAN

无线 LAN 越来越流行，家庭、办公室、咖啡厅、图书馆、机场、动物园等公共场所都有相应的设施，通过它们可以把桌面 PC、笔记本计算机、平板计算机和智能手机连接到 Internet。无线 LAN 也可用来使得附近的两台或多台计算机直接进行通信而无须使用 Internet。

20 多年来，主要的无线 LAN 标准是 IEEE 802.11。1.5.3 节给出了一些背景信息。现在是对其技术一探究竟的时候了。在本节中，将考察协议栈、物理层无线传输技术、MAC 子层协议、帧结构以及无线 LAN 提供的服务。如需了解有关 IEEE 802.11 的更多信息，请

---

① 它称为 Fibre Channel 而不是 Fiber Channel，因为文档编辑是英国人。

参阅Bing的技术报告(2017)和Davis的专著(2018)。为了获得真理,请查询已发表的标准,即IEEE 802.11—2007。

4.4.1 IEEE 802.11体系结构和协议栈

IEEE 802.11网络可以按两种模式使用。最普遍使用的模式是把客户(比如笔记本计算机和智能手机)连接到另一个网络(比如公司内联网或Internet),这种模式就是如图4-23(a)所示的基础设施模式。在这种模式下,每个客户与一个接入点(AP)关联起来,该接入点又依次连接到另一个网络。客户发送和接收数据包都要通过接入点进行。几个接入点往往可通过一个称为**分布式系统**(distribution system)的有线网络连接在一起,形成一个扩展的IEEE 802.11网络。在这种模式下,客户可以通过它们的接入点向其他客户发送帧。

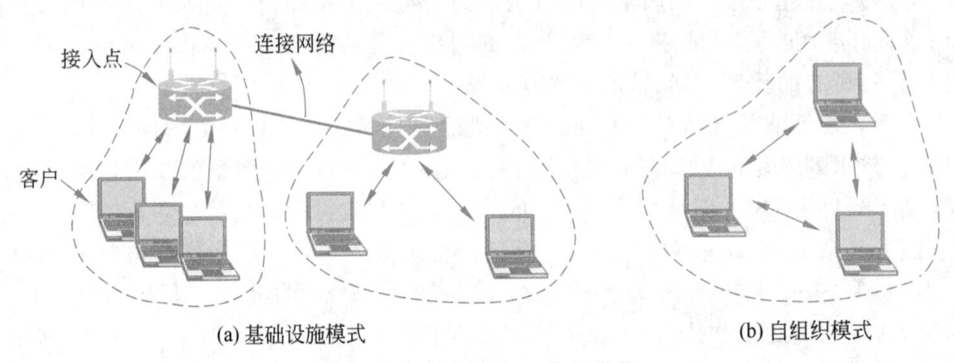

图4-23 IEEE 802.11体系结构

另一种是自组织模式,如图4-23(b)所示,是一种**自组织网络**(ad hoc network)。在这种模式下,一组相互连接的计算机之间可以直接发送帧。这里没有接入点。由于Internet接入是无线的"杀手级"应用,因此自组织网络并没有那么受欢迎。

现在来看协议。所有的IEEE 802协议(包括IEEE 802.11和以太网)都有具有特定共性的结构。图4-24给出了适用于大多数IEEE 802.11变体的IEEE 802.11协议栈的一部分。客户和接入点的协议栈相同。物理层非常恰当地对应于OSI参考模型的物理层,但所有IEEE 802协议的数据链路层都被分为两个或更多个子层。在IEEE 802.11中,**MAC**(Medium Access Control,**介质访问控制**)子层决定了如何分配信道,也就是决定下一个谁可以传输。在它之上是**逻辑链路控制**(LLC)子层,它的工作是隐藏IEEE 802不同变体协议之间的差异,使它们在网络层看来并无差别。这应该是一个非常重大的责任,但如今逻辑链路控制子层是一个粘合层,它标识了IEEE 802.11帧内携带的协议(比如IP)。

自从IEEE 802.11在1997年首次出现以来,随着它的不断演变,在物理层已经添加了几种传输技术。最初采用的两种技术——电视遥控器方式的红外方式和2.4GHz频段的跳频方式现在都已不复存在。最初的第三种技术——在2.4GHz频段的1Mb/s或2Mb/s直接序列扩频被扩展为运行速率高达11Mb/s,并很快一炮走红,它就是我们所熟知的IEEE 802.11b。

为了给无线迷们一个更想要的速度提升,基于**正交频分复用**(Orthogonal Frequency Division Multiplexing,**OFDM**)编码方案的新传输技术分别在1999年和2003年被引入。

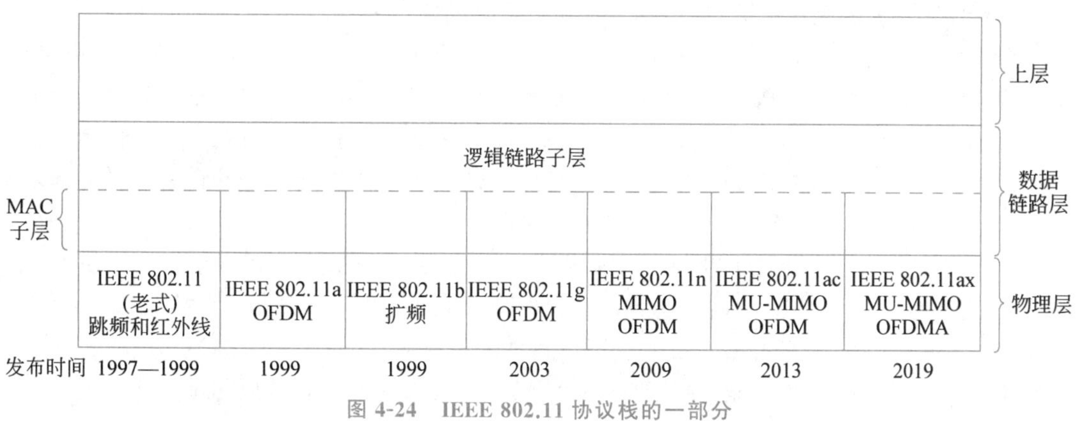

图 4-24　IEEE 802.11 协议栈的一部分

2.5.3 节介绍过 OFDM。第一个被称为 IEEE 802.11a,它使用了不同的频段,即 5GHz;第二个被称为 IEEE 802.11g,它坚持使用 2.4GHz,并保持兼容性。两者都提供高达 54Mb/s 的数据速率。

新标准在发送器和接收器上为了速度提升而同时使用多个天线的传输技术,在 2009 年 10 月被定稿为 IEEE 802.11n。

在 2013 年 12 月,IEEE 用光了字母,因此发布的下一个标准定为 IEEE 802.11ac。顺便提一下,IEEE 802.11 委员会知道整个字母表,并且使用这些"漏掉"的字母,比如 IEEE 802.11r,作为小的技术改良和修正(通常是做一些澄清和错误修复)。IEEE 802.11ac 运行在 5GHz 频带,这意味着那些只使用 2.4GHz 频带的老设备不能使用 IEEE 802.11ac。大多数现代的移动设备都使用 IEEE 802.11ac。最近,IEEE 802.11ax 标准已经被批准,速度更快。

接下来简要地介绍上述每一种传输技术。然而,本节只包括那些还在使用的传输技术,跳过一些传统的 IEEE 802.11 传输方法。从技术角度看,这些内容属于物理层,应在第 2 章中讨论,但由于它们通常与无线 LAN 的关系如此密切,而在特殊性方面又与 IEEE 802.11 LAN 关系密切,因此放在这里讨论。

4.4.2　IEEE 802.11 物理层

每一种传输技术都有可能使一个站从空中发送 MAC 帧到另一个站。然而,在使用的技术和实际达到的速度这两方面,它们又不尽相同。对这些技术的详细讨论远远超出了本书的范围,但本节还是会稍稍涉及在第 2 章中讲述的内容,并且为有兴趣的读者提供从其他地方搜索而来的更多信息的关键术语。

所有的 IEEE 802.11 技术都使用短程无线电传输信号,通常在 2.4GHz 或 5GHz 频段,都属于 ISM 频段。这些频段都具有不需要许可的优势,因此,任何发射器只要愿意遵守一些限制,都可自由使用这些频段,这些限制包括辐射功率至多 1W(对于无线 LAN 来说 50mW 是比较常见的)。不幸的是,这一事实也被车库门制造商、无绳电话、微波炉以及无数其他设备制造商所掌握,所有这些设备都与笔记本计算机和智能手机竞争相同的频谱。相比 5GHz 频段,2.4GHz 频段显得更加拥挤,所以,对某些应用程序而言 5GHz 频段更好,即使它由于较高的频率而传输范围较小。不幸的是,5GHz 上更短的无线电波在穿墙方面不如2.4GHz较长的无线电波,所以5GHz并不是毫无争议的胜出者。

所有的传输方法都定义了多个速率。设计多速率的目的在于根据当前的条件采用不同的速率。如果无线信号较弱,则采用较低的速率;如果信号很清晰,则采用最高速率。这种调整称为速率自适应(rate adaptation)。由于速率变化范围可高达10倍甚至更高,因此一个好的速率自适应算法对良好的性能至关重要。当然,因为对于互操作性而言它并不是必需的,所以标准没有规定速率自适应应该如何完成。

本节考查的第一个传输方法是**IEEE 802.11b**。它是一种扩展频谱方法,支持1Mb/s、2Mb/s、5.5Mb/s和11Mb/s速率,但实际上运行速率几乎总是11Mb/s。它类似于2.4.4节介绍的CDMA系统,但只有一个被所有用户共享的扩频码。之所以采用扩展频谱,是为了满足FCC的要求,即把信号能量扩展到ISM频段。IEEE 802.11b使用的扩展序列是一个巴克序列(Barker sequence)。它具有这样的属性:除非序列对齐,否则自相关性很低。这个属性允许接收器锁定一个传输的开始。若以1Mb/s的速率发送,则使用巴克序列和BPSK调制技术每11个码片发送1比特。码片传输速率为11兆码片/秒。若要以2Mb/s的速率发送,则使用QPSK调制技术,每11个码片发送2比特。更高速率采用的技术不同。这些速率使用一种称为**CCK**(Complementary Code Keying,补码键控)的技术编码,而不是采用巴克序列。5.5Mb/s速率每8个码片发送4比特,11Mb/s速率每8个码片发送8比特。

接下来看**IEEE 802.11a**,其在5GHz的ISM频段支持的速率可高达54Mb/s。你或许会认为IEEE 802.11a应该比IEEE 802.11b早出现,但事实并非如此。虽然IEEE 802.11a小组先成立,但IEEE 802.11b标准先获得批准,并且其产品投放市场的时机也远远领先于IEEE 802.11a产品,其中的原因部分在于5GHz频段操作上的困难。

因为OFDM使用频谱更有效率,并且能抵抗诸如多径之类的无线信号衰减,因此IEEE 802.11a方法基于**OFDM**。比特在52个并行的子载波上发送,其中,48个子载波携带数据,4个子载波用于同步。每个符号持续4μs,可发送1、2、4或6比特。比特首先采用二进制卷积码进行纠错编码,因此只有1/2、2/3或3/4比特没有冗余。采用不同的组合,IEEE 802.11a可以运行在8个不同的速率上,其范围为6～54Mb/s。这些速率明显快于IEEE 802.11b的速率,而且在5GHz频段上的干扰较少。然而,IEEE 802.11b的覆盖范围约为IEEE 802.11a的7倍多,在许多情况下这是更重要的考量因素。

即使拥有更大的范围,IEEE 802.11b设计者也无意让这颗冉冉升起的新星赢得速度冠军。幸运的是,2002年5月,FCC放弃了其长期坚持的规则,即要求所有无线通信设备在美国ISM频带的操作必须使用扩频,所以**IEEE 802.11g**的工作开始了。它最终于2003年获得IEEE批准。它复制了IEEE 802.11a的OFDM调制方法,但工作在狭窄的2.4GHz ISM频段,与IEEE 802.11b一起工作在同一频段。它提供了与IEEE 802.11a相同的速率(6～54Mb/s),并且显而易见地与任何碰巧在附近的IEEE 802.11b设备兼容。所有这些不同的选择都可能对用户造成混淆,所以,常见的无线LAN产品都在单一的网卡上同时支持IEEE 802.11a/b/g。

IEEE 802.11委员会并没有就此满足而停滞不前,他们又开始开展高吞吐量物理层的标准化工作,即**IEEE 802.11n**。这个标准在2009年获得批准。IEEE 802.11n的目标是去掉所有无线开销后吞吐量至少达到100Mb/s。这个目标要求原始速率至少要增加4倍。为了做到这一点,IEEE 802.11委员会把信道加宽一倍,从20MHz扩大到40MHz,并且允许一起发送一组帧以降低成帧的开销。然而，更重要的是，IEEE 802.11n 在同一时间可以使用多达 4 根天线来传输 4 个信息流。这些流的信号虽然在接收端会相互干扰，但可以通过使用 **MIMO**(Multiple Input Multiple Output，**多输入多输出**)通信技术被分离开来。多天线的使用带来了速度上的极大提升，但没有带来更大的覆盖范围和更高的可靠性。像 OFDM 一样，MIMO 也是那些巧妙的通信想法中的一种，这些想法正在改变着无线网络的设计，我们乐意在未来听到更多这样的想法。对于 IEEE 802.11 多天线的简要介绍请参考 Halperin 等的论文(2010)。

2013 年，IEEE 发布了 IEEE 802.11ac 标准。它使用更宽的信道(80MHz 和 160MHz)、256-QAM 调制方案、**MU-MIMO**(MultiUser MIMO，**多用户 MIMO**)，可支持多达 8 个流，并采用了其他一些技巧，以实现位速率可达到理论上 7Gb/s 的最大值，然而，在实践中，这几乎是永远不可能达到的。现代的消费者移动设备通常使用 IEEE 802.11ac。

另一个最新的 IEEE 802.11 标准是 **IEEE 802.11ad**。该标准运行在 60GHz 频段(57～71GHz)，这意味着其无线电波非常短，只有 5mm 长。这些无线电波不能穿透墙体或者其他物体，所以该标准只能用于单个房间内部。然而，它也有优势。它意味着，无论隔壁办公室或者单元中的人在做什么，都不会干扰到你正在做的事情。高带宽和很差的穿透能力使得它非常适合流式传输未压缩的 4K 或 8K 电影(从房间内的基站到同一个房间内的移动设备)。该标准的一个改进是 **IEEE 802.11ay** 标准，它将带宽提高了 4 倍。

现在介绍 **IEEE 802.11ax**，有时也称为**高效率无线**(high-efficiency wireless)标准。它对于消费者比较友好的名称是 **WiFi 6**(如果你认为自己错过了 WiFi 1～5，那么，事实不是这样的；老的名称是基于 IEEE 的 WiFi 标准编号的，WiFi 联盟之所以决定将这个版本称为 WiFi 6，因为它是 WiFi 标准的第 6 个版本)。它允许更高效的 QAM 编码和一种新的调制方案，即 OFDMA。原则上它可以在频谱的未许可部分达到 7GHz，从而理论上可以获得 11Gb/s 的数据速率。如果你愿意，可以在家里试一试，但是，除非你在家里有完美设计的测试实验室，否则不可能获得 11Gb/s。不过，你可能会达到 1Gb/s。

在 IEEE 802.11ax OFDMA 中，有一个中心调度器为每一个发射站分配固定长度的资源单元，因此降低了在高密度部署环境下的竞争。IEEE 802.11ax 也通过一种称为**着色**(coloring)的技术提供了对空间频谱复用的支持，即发送方以一种特定的方式对它的这次传输的开始进行标记，这种标记方法可使得其他的发送方能够决定是否同时使用这一频谱。在有些场景下，如果一个发送方相应地降低了它的功率，那么它可以同步进行传输。

此外，IEEE 802.11ax 使用了 1024-QAM，该算法使得每个符号可编码 10 位；而使用 IEEE 802.11ac 使用的 256-QAM，每个符号可编码 8 位。该标准也通过一种称为**目标唤醒时间**(target wake time)的机制支持更加智能的调度，即允许路由器将房间里的设备放在传输任务安排表中，以便让冲突最小化。这一特性可能在智能家庭里非常有用，在这样的场景中，越来越多的设备可能需要周期性地给家庭路由器发送心跳。

4.4.3　IEEE 802.11 MAC 子层协议

现在从电气工程领域返回计算机科学领域。IEEE 802.11 MAC 子层协议与以太网有很大的不同，这种差异性来自无线通信的两大问题。

第一个问题在于无线电几乎总是半双工的，这意味着它们不能在同一个频率上一边传输一边侦听突发噪声。接收到的信号很容易变成发射信号的1/1 000 000,因此它不可能同时被听到。而在以太网中,一个站只要等到介质空闲就开始传输。如果它没有在发送的前64字节期间收到返回的突发噪声,则几乎可以肯定该帧能正确地传送出去。但对于无线介质,这种冲突检测机制根本不起作用。

相反,IEEE 802.11试图避免冲突,采用的协议称为**CSMA/CA**(CSMA with Collision Avoidance,**带有冲突避免的CSMA**)。该协议在概念上类似于以太网的CSMA/CD,即在发送之前侦听信道和检测到冲突后指数后退。然而,需要发送帧的站以随机后退开始(除非它最近没有用过信道,并且信道处于空闲状态)。它不等待冲突的发生。在OFDM物理层,后退的时间槽的数量在0~15的范围内选择。该站将等待,直到信道空闲。具体做法是:通过侦听确定在一个很短的时间内(这段时间称为DIFS,将在下面解释)没有信号,然后倒计数空闲时间槽,当有帧在发送时暂停该计数器。当计数器递减到0时,该站就发送自己的帧。如果帧发送成功,目标站立即发送一个短确认。如果没有收到确认,则发送方即可推断出传输发生了错误,无论是冲突还是其他什么错误。在这种情况下,发送方要使后退的时间槽数加倍,再重新试图发送。如此反复,连续像以太网那样以指数后退,直到该帧成功发送或达到重传的最大次数。

图4-25显示了一个时间序列示例。A首先发出一个帧。当A发送时,B和C准备就绪。它们看到信道正忙,便等待信道变成空闲。不久,A收到一个确认,信道进入空闲状态。然而,并非两个站都立即发出一帧(从而发生冲突),而是B和C都执行后退算法。C选择了一个较短的后退时间,因而先发送。B侦听到C在使用信道,就暂停自己的倒计时,并在C收到确认后B立即恢复倒计时。一旦B完成了后退,立即发送自己的帧。

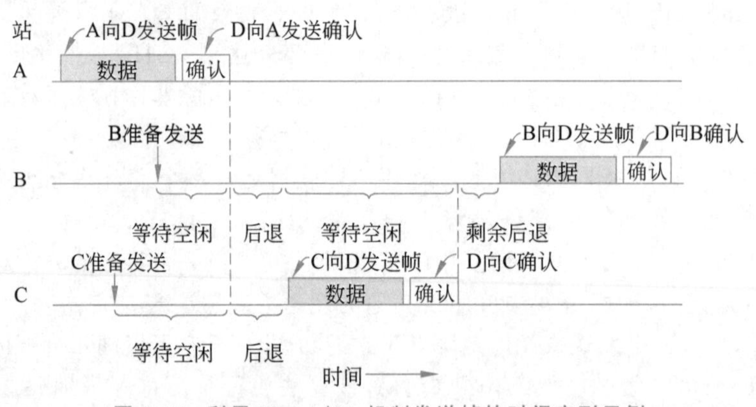

图4-25 利用CSMA/CA机制发送帧的时间序列示例

与以太网相比,这里有两个主要区别。第一,早期的起始后退有助于避免冲突。这种冲突避免很重要,因为冲突的代价很高,即使只发生一个冲突而整个帧都被传输了出去。第二,利用确认推断是否发生冲突,因为冲突无法被检测出来。

这种操作模式称为**DCF**(Distributed Coordination Function,**分布式协调功能**),因为每个站都独立行事,没有任何中央控制。该标准还包括一个可选的额外操作模式,称为**PCF**(Point Coordination Function,**点协调功能**),在这种模式下,接入点控制自己覆盖范围内的一切活动,就像蜂窝基站一样。然而,实践中很少用到PCF,因为通常没有办法阻止邻近网络中另一个站传输竞争流量。

第二个问题在于不同站的传输范围可能有所不同。在有线环境下，系统被设计成所有站都可以侦听到彼此。在射频传播的复杂环境下，这种状况并不适用于无线站。因此，类似前面提到的隐藏站等问题就会出现，图4-26(a)再次说明了隐藏站问题。因为不是所有站都在彼此的无线电范围内，所以，在蜂窝的部分区域正在进行的传输可能无法被同一蜂窝中的其他区域接收到。在这个例子中，C站正在向B站传输。此时如果A站侦听信道，它将侦听不到任何东西，因而错误地认为现在它可以开始向B站传输了。这将导致冲突的发生。

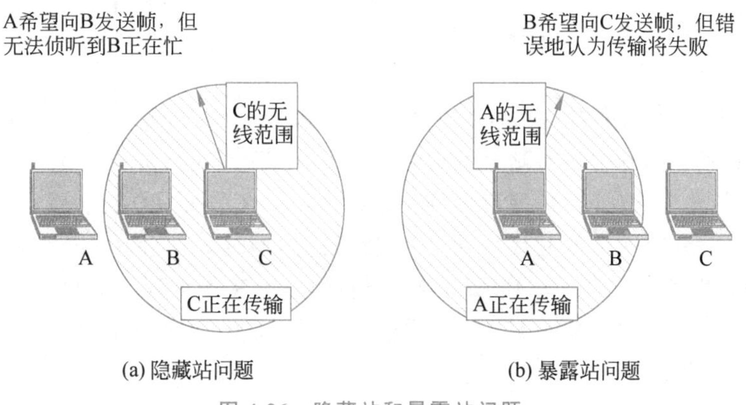

图4-26 隐藏站和暴露站问题

相反的情况是暴露站问题，如图4-26(b)所示。在这里，B想要向C发送帧，所以它侦听信道。当B侦听到有帧在传输时，它便错误地认为可能无法发送到C，尽管事实上或许是A在向D(图中未显示D)传输。这将浪费一次传输机会。

为了解决这个问题，IEEE 802.11将信道侦听定义为包括物理侦听和虚拟侦听两部分。物理侦听只简单地检查介质，看是否存在有效的信号。利用虚拟侦听，每个站可以维护一条信道何时在使用的逻辑记录，这是通过跟踪**NAV**(Network Allocation Vector，**网络分配向量**)实现的。每个帧携带一个NAV字段，说明这个帧所属的一系列数据将传输多长时间。侦听到这个帧的站就知道无论自己是否能够侦听到物理信号，由NAV指出的时间段信道一定是繁忙的。比如，一个数据帧的NAV包含了发送一个确认所需的时间。所有侦听到该数据帧的站将在发送确认期间推迟发送，而不管它们是否能侦听到该确认。本质上，NAV的作用就好像一个倒计时的计时器，NAV的单位是毫秒。在一个密集的部署环境中，由一个发送方设置的NAV可以被同一传输范围内的另一个发送方重置，因此会引起冲突并影响性能。为了缓解这种效应，IEEE 802.11ax引入了两个NAV，一个NAV由那些与该站关联的帧修改，另一个NAV由那些可被该站侦听到但源自重叠网络中的帧修改。

可选的RTS/CTS机制使用NAV防止隐藏站在同一时间发送帧。该机制如图4-27所示。在这个例子中，A想向B发送帧。C是A范围内的一个站(也有可能在B的范围内，但这并不重要)。D在B的范围内，但不在A的范围内。

该协议开始于当A决定向B发送数据时。A首先向B发送一个RTS帧，请求对方允许自己发送一个帧给它。如果B接收到这个请求，它就以CTS帧作为回答，表明信道被清除，可以发送。一旦收到CTS帧，A就发送数据帧，并启动一个ACK计时器。当正确接收到数据帧后，B用一个ACK帧回复A，完成此次发送。如果A的ACK计时器在ACK帧返回前超时，则可视为发生了一个冲突，经过一次后退后整个协议重新运行。

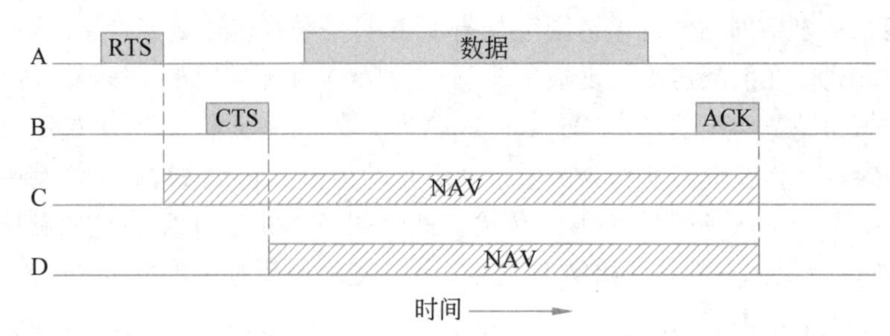

图 4-27 使用 CSMA/CA 的虚拟信道侦听

现在从 C 和 D 的角度看这次数据交换。C 在 A 的范围内,因此它可能会收到 RTS 帧。如果收到了,它就意识到很快有站要发送数据。从 RTS 请求帧提供的信息,它可以估算出数据序列需要传输多长时间,包括最后的 ACK。因此,它采取了有利于所有人的做法,停止传输任何东西,直到此次数据交换完成。它的做法是,通过更新自己的 NAV 记录来表明信道正忙,如图 4-27 所示。D 无法侦听到 RTS 侦,但它确实侦听到了 CTS 帧,所以它也更新自己的 NAV。请注意,NAV 信号是不传输的,它们只是由站内部使用,提醒自己保持一定时间内的不发送数据。

然而,尽管 RTS/CTS 在理论上听起来不错,但它却成为那些已被证明在实践中几乎没有价值的设计之一。之所以它在现实中很少被使用,有几个众所周知的原因。首先,它对短帧(替代 RTS 帧发送)或接入点(按照定义,所有站都能侦听得到)一点帮助也没有。对于其他情况,它只会降低操作速度。IEEE 802.11 中的 RTS/CTS 与 4.2 节介绍的 MACA 协议有一点不同,因为每一个能侦听到 RTS 帧或 CTS 帧的站都会在此期间保持沉默,以便 ACK 无冲突地通过。正因为如此,它无助于像 MACA 那样解决暴露站问题,而只是对隐藏站问题有帮助。大多数情况下隐藏站很少,而且不管什么原因,CSMA/CA 通过后退发送失败的站已经帮助了这些隐藏站,使得传输更可能获得成功。

带有物理侦听和虚拟侦听的 CSMA/CA 是 IEEE 802.11 协议的核心。然而,还有几个其他机制也已经被开发出来与之相配合。这几种机制都是由于实际运行的需要而被开发出来的,所以这里简要地介绍它们。

第一个要看的需求是可靠性。相对于有线网络,无线网络环境嘈杂,并且不可靠,其中相当大一部分原因来自其他种类设备的干扰,如微波炉等同样使用无须许可的 ISM 频段的设备。如果一帧得以成功传输的概率很小,使用确认和重传只能起到很小的帮助作用。

增加传输成功概率所用的主要策略是降低传输速率。在一个给定信噪比的环境下,速率放慢可以使用更健壮的调制技术,帧就更有可能被正确接收。如果有太多的帧被丢失,一个站可以降低速率;如果帧传输时很少丢帧,则站可以偶尔测试更高速率,以确定自己是否应该采用更高的速率传输帧。

另一种改善帧成功传输概率的策略是发送短帧。如果任何一位出错的概率为 p,那么一个 n 位长的帧被完全正确接收的概率为$(1-p)^n$。比如,对 $p=10^{-4}$,一个完整以太网帧(12 144 位)被正确接收的概率小于 30%,即大多数帧将被丢失。但是,如果帧只有 1/3 长(4048 位),那么 2/3 的帧将被正确接收,此时大多数帧都能正确传输,很少需要重传。

短帧可以通过降低来自网络层消息的最大尺寸加以实现。同时,IEEE 802.11 允许把帧拆分成更小的单元——称为段(fragment),每个段有自己的校验和。该标准没有固定段的大小,而是把它作为一个可以由接入点调整的参数。这些段独立编号,使用停-等式协议(即发送方直到已收到了第 K 段的确认才可以发送第 $K+1$ 段)进行确认。一旦获得信道,可以突发多个段。这些段一个接着一个发送,两个段之间是确认(或许还有重传),直到整个帧被成功发送或达到最大允许的传输时间。前面描述的 NAV 机制保证了其他站在该帧的传输期间保持沉默,直至下一个确认。还有一种机制(见下文)用来允许突发多个段,并且发送期间不会有其他站发送。

第二个需要讨论的是节省电源。对移动无线设备来说,电池的寿命始终是一个大问题。IEEE 802.11 标准非常重视电源管理问题,因此当客户没有信息需要发送或接收时不需要浪费电量。

节能的基本机制建立在信标帧(beacon frame)基础上。信标帧由接入点周期性地广播(比如,每 100ms 发一个)。该帧向客户(设备)通告接入点的存在,同时传递系统参数(比如接入点的标识符、时间、下一个信标帧多久再来)以及安全设置。

客户可以在它发送给接入点的帧中设置一个电源管理位(power-management),告诉接入点自己正在进入省电模式(power-save mode)。在这种模式下,客户可以"打个盹",接入点将缓冲所有发给该客户的流量。为了检查进来的流量,客户在每次信标帧到来时"苏醒"过来,并检查作为信标帧一部分的流量图。这张图告诉客户是否有为它缓冲的流量。如果有,则客户向接入点发送一个 poll 消息,接入点将缓冲的流量发送过来。然后客户继续"打盹",直到下一个信标帧到达。

另一种省电机制称为 APSD(Automatic Power Save Delivery,自动省电交付),它在 2005 年被添加到 IEEE 802.11 中。有了这个新机制,接入点会缓冲帧,只有当客户发送帧到接入点后,接入点才将其发送给客户。这样一来,客户可以进入睡眠状态,直到它有更多的流量需要发送(和接收)。这种机制对于在两个方向上都有频繁流量的应用(比如 VoIP)运行良好。比如,一个 VoIP 无线手机可能会使用该机制每 20ms 发送和接收帧,这个频度远远大于信标帧的 100ms 间隔,而在这之间客户可以休眠。

第三个也是最后一个需要考查的是服务质量。当前面例子中的 VoIP 流量与对等(peer-to-peer)流量竞争时,VoIP 通信将受到影响。尽管 VoIP 流量的带宽较低,但由于与高带宽的对等流量进行竞争,它还是会被延迟。这些延迟极有可能降低语音通话的质量。为了防止这种退化,我们希望让 VoIP 流量先于对等流量,因为它拥有更高的优先级。

IEEE 802.11 用一个巧妙的机制提供这种服务质量,它是作为一组扩展于 2005 年被引入的,标准命名为 IEEE 802.11e。它扩展了 CSMA/CA,并且仔细定义了帧之间的时间间隔。一帧发出后,在任何站可以发送一帧之前需要保持一段特定时间的空闲,以便检查信道不在使用中。这里的关键就在于为不同类型的帧确定不同的时间间隔。

IEEE 802.11 中的 5 个时间间隔如图 4-28 描述。常规的数据帧之间的间隔称为 DIFS(DCF InterFrame Spacing,DCF 帧间间隔)。任何站都可以在介质空闲了 DIFS 时间后尝试获取信道以发送一个新帧。采用通常的竞争规则,如果发生冲突或许还需要二进制指数后退。最短的间隔是 SIFS(Short InterFrame Spacing,短帧间间隔)。它被用于允许一次对话中的各方具有优先机会。例子包括让接收方发送 ACK 以及诸如 RTS 和 CTS 的其他控制帧序列,或者让发送方突发一系列段。发送方只需等待 SIFS 后即可发送下一个段,这样做是为了阻止一次数据交换中间被其他站横插一帧。

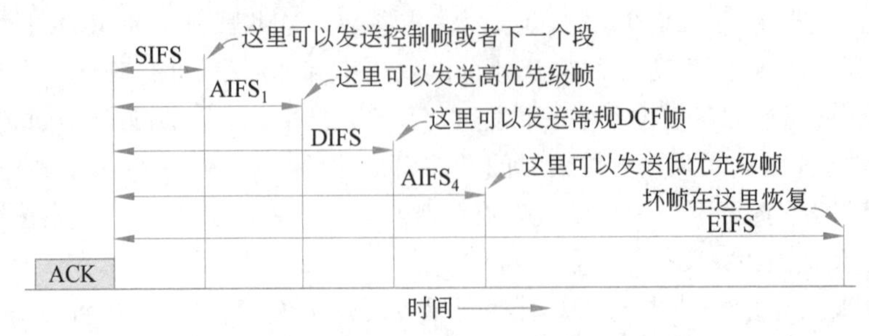

图 4-28 IEEE 802.11 中的 5 个帧间间隔

两个 **AIFS**(Arbitration InterFrame Spacing,仲裁帧间间隔)显示了两个不同优先级的例子。较短的时间间隔 $AIFS_1$ 小于 DIFS,但比 SIFS 大。它被接入点用来把语音或其他高优先级流量移到行头。接入点将等待一段较短的时间间隔,然后发送语音流量,这样语音流量得以在常规流量之前发送出去。较长的时间间隔 $AIFS_4$ 比 DIFS 还大。它可用于背景流量,这些背景流量可被延迟到常规流量之后。接入点在发送这种流量以前将等待较长的时间间隔,以便给常规流量优先发送的机会。完整的服务质量机制定义了 4 种优先级,它们分别具有不同的后退参数和不同的空闲参数。

最后一个时间间隔是 **EIFS**(Extended InterFrame Spacing,扩展帧间间隔),仅用于一个站刚刚收到坏帧或未知帧后报告问题。这里的想法是,因为接收方可能不知道该怎么处理,所以它应该等待一段时间,以免干扰两个站之间正在进行的对话。

服务质量扩展的深入部分是 **TXOP** 或传输机会(transmission opportunity)的概念。原始 CSMA/CA 机制允许站一次发送一帧。这种设计很好,直到速率的范围增大。用 IEEE 802.11a/g,一个站可能以 6Mb/s 发送,另一站可能以 54Mb/s 发送。它们都获得发送一帧的机会,6Mb/s 的站发送帧所需的时间(忽略固定的开销)是 54Mb/s 的站所需的时间的 9 倍。这一差距具有不好的副作用,它把快速发送方给拖累了,使得它在与慢速发送方竞争时速度大致降到慢速发送方的水平。比如,再次忽略固定开销,当单独以 6Mb/s 和 54Mb/s 速率发送时,发送方将获得自己的速率;但当它们一起发送时,它们都将达到 5.4Mb/s 的平均水平,这对快速发送方而言是个严厉的惩罚。这个问题就是所谓的速率异常(rate anomaly)(Heusse 等,2003)。

有了传输机会,每个站得到等量的空中时间,而不是相同数量的帧。以较高速率发送的站在它们的空中时间将获得更高的吞吐量。在上面的例子中,当一个 6Mb/s 和 54Mb/s 的发送方一起发送时,它们两个将分别得到 3Mb/s 和 27Mb/s 的速率。

4.4.4 IEEE 802.11 帧结构

IEEE 802.11 标准定义了空中传输的 3 种不同类型的帧:数据帧、控制帧和管理帧。每一种帧都有一个头,包含了在 MAC 子层中用到的各种字段。除此以外,还有一些头被物理层使用,这些头绝大多数被用来处理传输涉及的调制技术,所以这里不讨论它们。

下面将数据帧作为一个例子来看一看,如图 4-29 所示。首先是帧控制(Frame Control)字段,它有 11 个子字段和标志位。其中第一个子字段是协议版本(Protocol Version),被设置为 00。正是有了这个字段，将来可以在同一个蜂窝内同时运行 IEEE 802.11 的未来版本。接下来是类型(Type)子字段(比如数据帧、控制帧或者管理帧)和子类型(Subtype)子字段(比如 RTS 或者 CTS)。对于一个常规的数据帧(没有服务质量)，它们应该被设置为 10 和 0000(二进制)。去往 DS(To DS)和来自 DS(From DS)标志位分别表明该帧是发送到或者来自与接入点连接的网络，该网络称为分布式系统。更多段(More fragment)标志位意味着后面还有更多的段。重传(Retry)标志位表明这是以前发送的某一帧的重传。电源管理(Power management)标志位指明发送方正在进入节能模式。更多数据(More data)标志位表明发送方还有更多的帧需要发送给接收方。受保护的帧(Protected Frame)标志位指明该帧的帧体已经被加密。我们将在 4.4.5 节简要讨论安全问题。最后，顺序(Order)标志位告诉接收方，高层希望这些帧序列严格按照顺序到来。

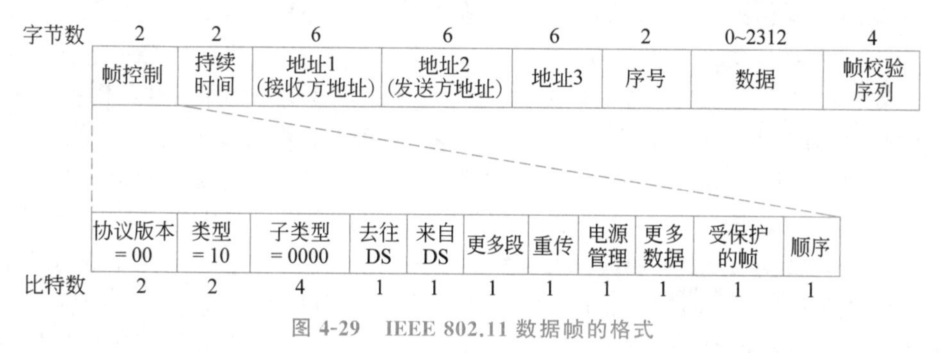

图 4-29　IEEE 802.11 数据帧的格式

数据帧的第二个字段为持续时间(Duration)字段，它通告本帧和其确认帧将会占用信道多长时间，以 μs 为单位。该字段会出现在所有类型的帧中，包括控制帧，站使用该字段管理 NAV 机制。

接下来是地址字段。发往接入点或者从接入点接收的帧都具有 3 个地址，这些地址都是标准的 IEEE 802 格式。第一个地址是接收方地址，第二个地址是发送方地址。很显然，这两个地址是必不可少的，那么第三个地址是做什么用的呢？请记住，当帧在一个客户与网络中另一点之间传输时，接入点只是一个简单的中继点，这个网络中的另一点也许是一个远程客户，也许是 Internet 接入点。第三个地址就指明了这个远程端点。

序号(Sequence)字段对帧进行编号，因而可以检测重复的帧。序号字段有 16 位可以使用，其中 4 位标识了段，12 位包含一个数值，每发出去一帧，该数值就会递增。

数据(Data)字段包含了有效载荷，其长度可以达到 2312 字节。有效载荷中前面部分的字节是一种被称为**逻辑链路控制**(Logical Link Control，**LLC**)的格式。这一层是一个胶合剂，它标识了有效载荷应该递交给哪个高层协议(比如 IP)。

最后是帧校验序列(Frame check sequence)字段，与 3.2.2 节以及其他地方提到的 32 位 CRC 相同。

管理帧的格式与数据帧的格式相同，其数据部分的格式因子类型的不同而变(比如信标帧中的参数)。控制帧要短一些，像所有帧一样，它们有帧控制、持续时间和帧校验序列字段。然而，它们只有一个地址，并且没有数据部分。大多数关键信息是在帧控制字段的子类型子字段中传达的(比如 ACK、RTS 和 CTS)。

4.4.5 服务

IEEE 802.11标准定义了服务,客户端、接入点和连接它们的网络必须是一个符合标准的无线LAN。IEEE 802.11标准提供了各种不同的服务。

关联和数据递交

关联(association)服务被移动站用来把自己连接到接入点上。通常情况下,当一个站进入某个接入点的无线电覆盖范围之内时,就会用到这种服务。抵达接入点覆盖范围后,该站通过信标帧或者直接询问接入点的方式获知接入点的标识和能力。接入点能力包括其支持的数据速率、安全设置、节能能力、服务质量等。接入点的信标消息也包括一个SSID(Service Set IDentifier,服务集标识符),绝大多数人通常把SSID看成网络名称。移动站向接入点发送一个请求,以便与之关联,接入点可能会接受该请求,也可能会拒绝该请求。虽然信标总是广播的,但SSID可能是广播的,也可能不是广播的。如果SSID不是广播的,那么,移动站必须通过某种方式知道(或发现)该名称,以便与该接入点关联。

重新关联(reassociation)服务允许站改变它的首选接入点。这项服务对于那些从一个接入点移动到另一个位于同一个扩展的IEEE 802.11 LAN中的接入点的移动站来说非常有用,就像蜂窝网络中的切换一样。如果这项服务使用正确,则切换的结果不会有数据丢失(但是,如同以太网一样,IEEE 802.11也是一种尽力而为的服务)。它没有递交保证。不管是站还是接入点都有可能会解除关联(disassociation),终止关联关系。一个站在关闭或者离开网络以前,应该先使用这项服务。接入点在停下来进行维护之前也可能会用到该服务。IEEE 802.11w标准在解除关联帧中加入了认证。

一旦帧到达接入点,分发服务(distribution service)决定了如何路由帧。如果帧的目的地对于接入点来说是本地的,则该帧将被接入点直接发送到空中;否则,该帧必须通过有线网络转发。如果一帧需要发往IEEE 802.11 LAN以外,或者从IEEE 802.11 LAN以外接收帧,可使用集成服务(integration service)处理这里的任何转换。这里常见的情形是将无线LAN与Internet连接起来。

数据传输是重中之重,因此IEEE 802.11自然提供了数据递交服务(data delivery service)。这项服务可让站采用本章前面所述的协议传输和接收数据。由于IEEE 802.11基于以太网的模型,以及通过以太网进行传输不能保证100%可靠,所以,在IEEE 802.11上传输同样不能保证任何可靠性。上面的层必须处理差错检测和纠正事宜。

安全性和隐私

站在通过接入点发送帧之前必须进行认证(authentication)。认证有多种不同的处理方式,取决于选择的安全方案。如果IEEE 802.11网络是开放(open)的,那么任何人都允许使用它;否则,就需要利用凭据进行身份验证。

常见的认证方式称为WiFi保护接入2(WiFi Protected Access 2,WPA2),它实现了由IEEE 802.11i标准定义的安全性(WPA是一个过渡方案,它实现了IEEE 802.11i的一个子集,这里跳过它直接进入完整方案)。有了WPA2,接入点可以与认证服务器联系,以便确定是否允许该站访问网络,认证服务器拥有一个用户名和口令数据库。另一种方案是配置一个预共享密钥(preshared key),这是网络口令的一个设想名称。站与接入点之间通过挑战响应(challenge-response)方式来回交换多个帧,使站证明它拥有正确的安全凭据。这种交换发生在关联以后。

常用于企业网络的另一种认证方式是 IEEE 802.1x,它实现了一种称为基于端口的认证(port-based authentication)方法。IEEE 802.1x 依赖于中心化的认证(比如设备在一个中心化的服务器上进行认证),它使得有可能建立更为细粒度的访问控制、审计、记账和权限。正在进行认证的站有时候被称为请求者(applicant)。该设备通过一个认证器(authenticator)进行认证,认证器与认证服务器进行通话。IEEE 802.1x 依靠一个称为 EAP(Enhanced Authentication Protocol,增强的认证协议)的认证框架。EAP 定义了 50 种以上的方法完成认证,常见的方法包括 EAP-TLS(基于证书完成认证)、EAP-TTLS 和 PEAP(允许客户使用各种不同的方法建立关联,包括基于口令的认证)以及 EAP-SIM(移动手机可以使用 SIM 卡进行认证)。IEEE 802.1x 与简单的 WPA 相比有很多优势,比如能够对用户执行细粒度的访问控制,但是它要求通过一个证书基础设施进行管理。

WPA 以前使用的方案称为 WEP(Wired Equivalent Privacy,有线等效保密)。对于这种方案,预共享密钥的身份验证发生在关联之前。WEP 现在已经被普遍认为是不安全的,在实践中也不再被使用了。WEP 第一次被攻破发生在 Adam Stubblefield 在 AT&T 公司做暑期实习生时(Adam Stubblefield 等,2002)。他在一个星期内编写了代码并测试了该攻击,其中大部分时间都花在从 AT&T 管理部门获得许可上,从而购买实验所需的 WiFi 网卡。现在破解 WEP 口令的软件可自由获得。

随着 WEP 被破解以及 WPA 被废弃,下一个安全方案是 WPA2。它使用一个隐私(privacy)服务管理加密和解密的细节。WPA2 的加密算法基于 AES(Advanced Encryption Standard,高级加密标准),这是美国政府在 2002 年批准的标准。加密使用的密钥在认证过程中确定。不幸的是,WPA2 在 2017 年被破解了(Vanhoef 等,2017)。好的安全性是很难实现的,即使采用了不可破解的密码算法,因为密钥管理是最弱的纽带。

优先级和电源控制

为了处理不同优先级的流量,还有一个 QoS 流量调度(QoS traffic scheduling)服务。它使用前面描述过的协议,给予语音和视频流量比尽力而为和背景流量更高的优待。与之相伴的还有一个服务用于为高层提供计时器同步,这可让站协调它们的行动,这对于媒体处理或许有用。

最后,还有两个服务帮助站管理它们的频谱使用。发射功率控制(transmit power control)服务为站提供了发射功率必须满足的监管限制的信息,因为这种限制在不同地区有不同的规定。动态频率选择(dynamic frequency selection)服务为站提供了避免在 5GHz 频段使用正在被附近雷达使用的频率的信息。

有了这些服务,IEEE 802.11 为附近移动客户连接到 Internet 提供了丰富的功能集。这是一个巨大的成功,该标准已反复被修订,增加了更多的功能。对于该标准的现状和未来请参见 Hiertz 等的论文(2010)。

4.5　蓝　　牙

1994 年,瑞典的爱立信(Ericsson)公司对用无线连接它的手机和其他设备(比如笔记本计算机)产生了浓厚的兴趣。在 1998 年,它与其他 4 家公司(IBM、Intel、Nokia 和 Toshiba)

一起组建了一个特别兴趣组(Special Interest Group,SIG,也是联盟),该兴趣组的目标是开发一个无线标准,可用来将计算设备、通信设备或其他附件通过短距离、低功耗和低成本的无线电连接起来。这个项目被命名为蓝牙(Bluetooth),这个名字来源于北欧的一个海盗王Harald Blaatand(Bluetooth)Ⅱ(940—981),他统一(即征服)了丹麦和挪威,当然他并没有使用过线缆。

蓝牙1.0发布于1999年7月。此后,该SIG一直往前,从未回头。现在所有消费类电子设备都在使用蓝牙,从移动电话和笔记本计算机到耳机、打印机、键盘、鼠标、游戏机、钟表、音乐播放器、导航设备等。蓝牙协议使这些设备能互相发现并连接,这一动作称为配对(pairing),它们可以安全地传送数据。

该协议在过去十多年一直在演进。在最初的协议稳定后,2004年,蓝牙2.0加入了更高的数据传输速率。2009年发布了蓝牙3.0版本,蓝牙可用来配对,结合IEEE 802.11,可获得高吞吐量的数据传输。2010年6月发布的蓝牙4.0版本规定了低功率操作。这对于那些不想频繁地为家用设备更换电池的人来说真是太方便了。

接下来将讨论蓝牙4.0的主要方面,因为它仍然是最为广泛使用的版本。然后,将讨论蓝牙5.0以及它与蓝牙4.0的不同(主要在一些小的方面)。

4.5.1 蓝牙体系结构

作为学习蓝牙系统的开始,本节首先快速浏览蓝牙系统中包含的内容以及它针对的目标。蓝牙系统的基本单元是一个微微网(piconet),微微网包含一个主节点以及10m范围内至多7个活跃的从节点。在同一个(大)房间中可以同时存在多个微微网,它们甚至可以通过一个桥节点连接起来,如图4-30所示,该桥节点参与到多个微微网中。一组相互连接的微微网称为一个分散网(scatternet)。

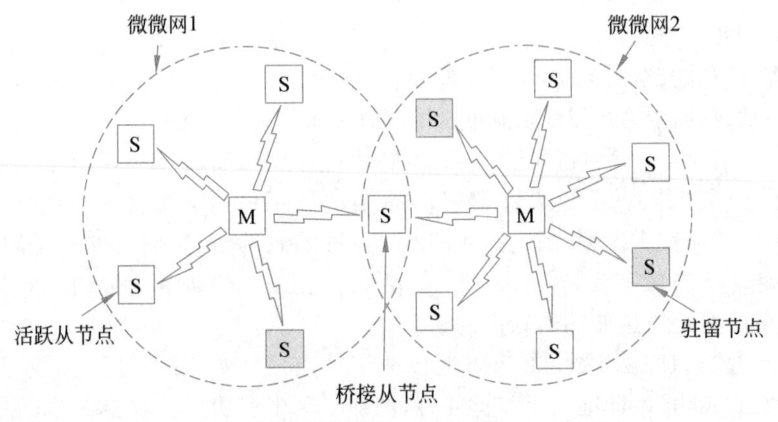

图4-30 两个微微网可以连接成一个分散网

在一个微微网中,除了7个活跃的从节点以外,还可以有多达255个驻留节点。所谓驻留节点(parked node)是指这样的设备:主节点已经将它们切换到一种低功耗状态,以便降低它们的电源消耗。一个处于驻留状态的设备,除了响应主节点的激活或者信标信号以外,不做其他任何事情。还有两个中间电源状态:保持(hold)和嗅探(sniff)。

这种主从设计的原因在于设计者期望一个完整的蓝牙芯片的实现代价低于5美元。这一决策的结果是使从设备差不多成为哑设备，基本上只完成一些主节点告诉它们该做的事情。本质上，微微网是一个集中式的 TDM 系统，主节点控制时钟，并决定每个时间槽被哪个设备用来通信。所有的通信都在主节点和从节点之间进行，而从节点之间不可能直接通信。

4.5.2 蓝牙应用

大多数网络协议只在通信实体之间提供信道，让应用设计者决定他们想要利用这些信道做什么。比如，IEEE 802.11 并没有规定用户应该使用他们的笔记本计算机收发邮件、浏览 Web 页面或者别的事情。与此相反，蓝牙 SIG 指定了蓝牙要支持的特定应用，并为每一个应用提供了不同的协议栈。在写作本书时，已经有超过 20 个应用，这些应用被称为轮廓(profile)。不幸的是，这种做法导致了极大的复杂性。这里忽略这一复杂性，只简略地考查这些轮廓，以便更清楚地了解蓝牙 SIG 试图达到的目标。

6 个轮廓专门针对音频和视频的不同用途。比如，对讲机(intercom)轮廓允许两个电话相互连接，以对讲机的方式使用。无线耳麦(headset)轮廓和免提(hands-free)轮廓都提供了耳机与其基站之间的语音通信，比如开车时的免提电话。其他的轮廓可用于流媒体应用，比如立体声品质的音频和视频，用在便携式音乐播放器与耳机(headphone)之间或数码相机与电视机之间。

人机接口设备轮廓用于把键盘和鼠标连接到计算机。其他轮廓让移动电话或其他计算机接收来自摄像机的图像或把图像发送到打印机。人们可能更感兴趣的一个轮廓用于把移动电话作为(带有蓝牙功能的)电视机的遥控器。

还有其他轮廓支持联网。个域网轮廓允许蓝牙设备形成一个自组织网络或通过一个接入点远程访问另一个网络，比如 IEEE 802.11 LAN。拨号联网轮廓实际上是整个项目的最初动机。它允许一台笔记本计算机无线连接到一台内置了调制解调器的移动电话，不需要任何线缆，仅仅通过无线电信号。

更高层的信息交换所需的轮廓也已得到了定义。同步轮廓的目标是：离家时上载数据到移动电话，而回家时从移动电话收集数据。

这里跳过其余的轮廓，但那些搭建上述轮廓服务所需的基础轮廓在后面还是会提到。通用访问(generic access)轮廓是构建所有其他轮廓的基础，它提供了一种建立和维护主站和从站之间的安全链路(信道)的方式。其他通用轮廓定义了对象交换和音视频传输的基础。实用程序(utility)轮廓广泛用于诸如模拟串行线等功能，这对许多传统应用程序特别有用。

真的有必要搞清楚所有这些应用的细节，并且为每一种应用提供不同的协议栈吗？也许并没有这个必要。但是，由于存在许多不同的工作组，它们分别负责设计标准的不同部分，并且，每个工作组都关注特定的问题，从而形成了自己的轮廓。你可以把这看成 Conway 法则在起作用(在 1968 年 4 月的 *Datamation* 杂志上，Melvin Conway 说，如果安排 n 个人编写一个编译器，那么将会得到一个 n 步的编译器，或者更一般地，软件结构反映了编写该软件的小组的结构)。或许两个(而不是 25 个)协议栈就足以解决问题了，其中一个用于文件传输，另一个用于流式实时通信。

4.5.3 蓝牙协议栈

蓝牙标准有许多协议，它们松散地组织成多个层，其体系结构如图 4-31 所示。它给人的第一印象是该体系结构并不遵循 OSI 参考模型、TCP/ IP 模型、IEEE 802 模型或任何其他模型。

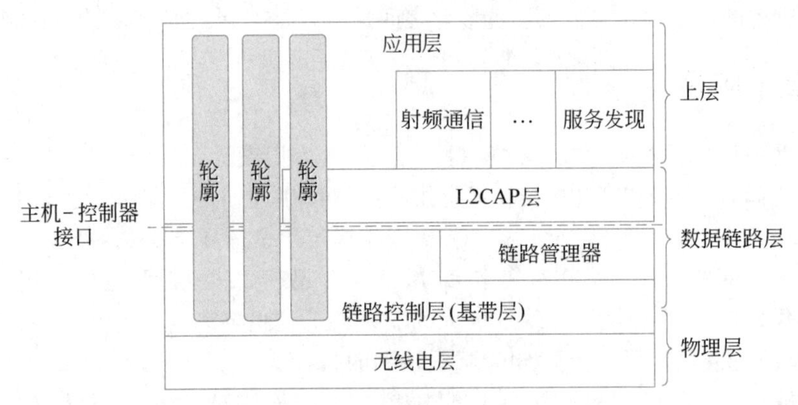

图 4-31 蓝牙协议体系结构

底层是无线电层,非常好地对应于 OSI 参考模型和 IEEE 802 模型的物理层。它涉及无线电传输和调制。这里更多关注的是如何达到使系统价格低廉从而使之成为大众市场目标。

链路控制层(或基带层)有点类似于 MAC 子层,但是包括了物理层的元素。它涉及主节点如何控制时间槽以及如何将这些时间槽组织成帧。

接下来的两个协议使用了链路控制协议。链路管理器处理设备之间的逻辑信道的建立,包括电源管理、配对和加密以及服务质量。它位于主机-控制器接口的下面。该接口是为了实现上的便利而设计的:一般情况下,接口下面的协议由蓝牙芯片实现,接口上面的协议由安装了该芯片的蓝牙设备实现。

接口上面的链路控制协议是 **L2CAP**(Logical Link Control Adaptation Protocol,逻辑链路控制适配协议)。它将可变长度的消息封装成帧,如果需要还可以提供可靠性。许多协议用到了 L2CAP,比如图 4-31 中的两个实用协议:服务发现(service discovery)协议用于在网络中寻找服务;射频通信(Radio Frequency communication,RFcomm)协议模拟 PC 上的标准串行端口,用于连接键盘、鼠标和调制解调器等其他设备。

最上层是应用程序所在的位置。轮廓由竖直的长条表示,因为每一个轮廓定义了实现特定目的的协议栈切片。特定的轮廓,如耳机轮廓,通常只包含该应用程序所需的协议,而没有包含其他的协议。比如,如果有数据包要发送,则轮廓可能包括 L2CAP;但它们只有一个稳定的音频样本流,则轮廓就会略去 L2CAP。

在 4.5.4 节和 4.5.5 节中,将考察蓝牙无线电层和蓝牙链路控制层,因为它们大致对应于其他协议栈的物理层和 MAC 子层。

4.5.4 蓝牙无线电层

无线电层将比特从主节点移动到从节点或者从节点移动到主节点。蓝牙是一个低功率的系统,距离为 10m,如同 IEEE 802.11 一样运行在 2.4GHz 的 ISM 频段上。该频段被分成 79 条信道,每条信道宽 1MHz。为了与使用 ISM 频段的其他网络共存,蓝牙使用了跳频扩频技术。每秒可以多达 1600 跳，时间槽的驻留时间为 625μs。一个微微网中的所有节点同步跳频，遵循主节点规定的时间槽和伪随机跳频序列。

不幸的是，事实证明，蓝牙的早期版本与 IEEE 802.11 之间的干扰足以毁掉双方的传输。一些公司对此做出的反应是完全禁止蓝牙，但最终制定了一个技术解决方案。该方案是：蓝牙适应其跳频序列，排除有其他射频信号的信道。这个过程减少了有害干扰，也就是所谓的自适应跳频(adaptive frequency hopping)。

在信道上发送比特可采用 3 种调制技术。基本方案是：使用频移键控，每微秒传送 1 比特符号，提供 1Mb/s 的总速率。蓝牙 2.0 版本引进了增强型速率。这些速率使用相移键控每符号发送 2 比特或 3 比特，提供 2Mb/s 或 3Mb/s 的总速率。增强型速率只能用在帧的数据部分。

4.5.5　蓝牙链路控制层

链路控制层(或基带层)是蓝牙中最接近 MAC 子层的部分。它将原始比特流转换成帧，并定义了一些关键格式。在最简单的形式中，每个微微网中的主节点定义了一系列 625μs 的时间槽，主节点在偶数时间槽中开始传输，从节点在奇数时间槽中开始传输。这个方案就是传统的时分多路复用，主节点获得一半的时间槽，从节点共享剩余的一半时间槽。帧的长度可以是 1、3 或 5 个时间槽。每个帧有一个 126 位的开销用作访问码和头，再加上每跳 250～260μs 的稳定时间使廉价的无线电路变得稳定。为了满足保密要求，帧的有效载荷部分可用密钥加密，该密钥在主从节点建立连接时选定。频率的跳动只发生在两帧之间，而不是在一帧的传输期间。这样的结果是，长度为 5 个时间槽的帧比长度为 1 个时间槽的帧效率更高，因为前者开销不变，但发送了更多的数据。

链路管理器协议建立逻辑信道，称为链路(link)，主设备和从设备通过它运载帧，这些主从设备彼此发现对方。接着就是配对过程，以便确保两个设备在使用链路以前允许通信。旧的配对方法是两个设备必须配置相同的 4 位 PIN(Personal Identification Number，个人识别号码)。具有相匹配的 PIN，是每个设备知道它正在连接正确的远程设备的途径。然而，缺乏想象力的用户和设备把 PIN 默认设置成 0000 和 1234 等，意味着这种方法在实际使用中提供的安全性很低。

新的安全简单配对(secure simple pairing)方法使用户能够确认这两个设备都显示相同的密码，或在一个设备上观察到密码，再将其输入第二个设备中。这种方法更加安全，因为用户不需要选择或设置 PIN。他们只需确认一个由设备产生的长密钥。当然，这种方法不能用在某些输入输出受限的设备上，比如免提耳麦(hands-free headset)。

一旦配对完成，链路管理器协议就建立链路。用来运载有效载荷(用户数据)的有两种主要的链路。一种链路是 SCO(Synchronous Connection Oriented，同步的面向连接)链路。它被用于实时数据，比如电话连接。这种类型的链路在每个方向都被分配一个固定的时间槽。一个从节点与它的主节点之间可以有多达 3 个 SCO 链路。每个 SCO 链路可以传输一个 64 000b/s 的 PCM 音频信道。由于 SCO 链路具有实时性，在这种链路上发送的帧永远不会被重传；但通过前向纠错机制可以提高可靠性。

另一种链路是 ACL(Asynchronous ConnectionLess，异步无连接)链路。这种链路用来以数据包方式交换那些无时间规律的数据。ACL 流量基于尽力而为(best-effort)的投递，没有任何可靠性保证。帧可能会丢失,也可能需要重传。一个从节点与主节点之间只可以有一个 ACL 链路。

在 ACL 链路上发送的数据来自 L2CAP 层。该层有 4 个主要功能。首先,它从上面的层接收高达 64KB 的数据包,并把数据包拆分成帧进行传输;在远端,帧被重组成数据包。第二,它处理多个数据包源的多路复用和分用。当一个数据包已经被重组时,L2CAP 层决定由哪一个上层协议(比如 RFcomm 或服务发现)对它进行处理。第三,L2CAP 层处理错误控制和重传。它检测错误,并重新发送未被确认的数据包。第四,L2CAP 层强制实现多个链路之间的服务质量要求。

4.5.6 蓝牙帧结构

蓝牙定义了几种帧结构,其中最重要的结构如图 4-32 所示。帧的开头是一个**访问码**(access code),它通常标识了主节点,所以,当从节点同时位于两个主节点的无线电覆盖范围内时,它可以区分哪些流量是给谁的。接下来是一个 54 比特的**帧头**(header),其中包含了典型 MAC 子层的字段。如果帧是以基本速率发送的,则紧接着是数据字段。对于 5 个时间槽的传输最多可包含 2744 比特;对于一个时间槽的传输,除了数据字段是 240 比特以外,其他部分都一样。

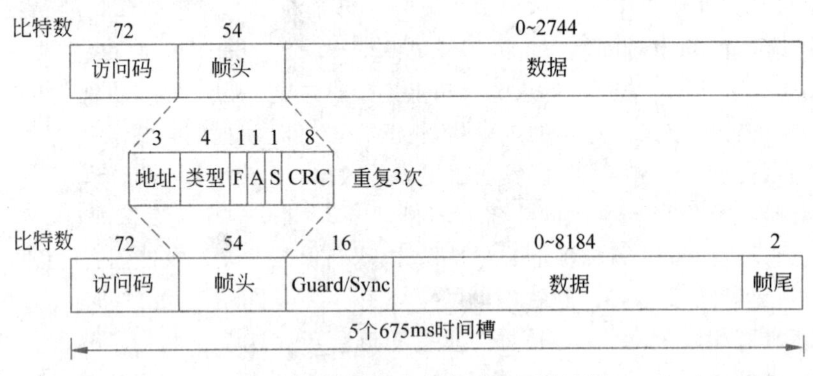

图 4-32 两种情况下的典型蓝牙帧结构

如果帧以增强速率发送,则数据部分可能多达 2～3 倍,因为每个符号携带 2 比特或 3 比特,而不是 1 比特。在数据字段之前是一个保护/同步字段,用来切换到更快的数据速率。也就是说,访问码和头按基本速率传送,只有数据部分按增强速率传送。增强速率的帧以 2 比特的帧尾结束。

现在看一看帧头。地址(Addr)字段标识帧的接收目标,指向 8 个活跃设备中的一个。类型(Type)字段标识帧的类型(ACL、SCO、轮询或者空)、数据字段使用的纠错码类型以及帧的时间槽长度。F(Flow,流)标志位由从节点在它的缓冲区为满、不能再接收任何数据时进行断言设定,这一位实现了流量控制的基本形式。A(Acknowledgement,确认)标志位用来指明在一帧中捎带了一个 ACK。S(Sequence,序号)标志位用于对帧进行编号,以便检测重传帧。该协议是停-等式的,因此 S 标志位有 1 位就足够了。然后是 8 比特的头校验。整个 18 比特的头重复了 3 次,由此构成了如图 4-32 所示的 54 比特帧头。在接收方,一个简单的电路可以检查每一比特的 3 份副本。如果 3 份副本都相同,则该比特被接受;如果不相同，则少数服从多数。因此，54 比特的传输容量被用来发送 10 比特的帧头。这种做法的原因在于：要想在一个噪声环境中用廉价的、计算能力弱的低功耗(2.5mW)设备可靠地发送数据，大量的冗余是必需的。

ACL 帧和 SCO 帧的数据字段用到了多种格式。这里把基本速率的 SCO 帧作为学习的简单例子：数据字段总是 240 比特。这里共定义了 3 个变体结构，分别允许实际有效载荷为 80、160 或者 240 比特，余下的比特用于纠错。在最可靠的版本中(80 比特有效载荷)，内容被重复了 3 次，与帧头的处理方法相同。

下面分析此帧的容量。由于从节点只能使用奇数时间槽，与主节点一样，它得到 800 个时间槽/秒。若用 80 比特的有效载荷，来自从节点的信道容量为 64 000b/s，与来自主节点的信道容量一致。这样的容量对于单个全双工的 PCM 语音信道恰好足够(这就是为什么选择每秒 1600 跳速率的原因)。也就是说，尽管原始带宽为 1Mb/s，一个全双工未压缩的语音信道就可以完全饱和微微网。这里连接建立时间花了 41%的时间，帧头花了 20%的时间，重复编码花了 26%的时间，因而最终获得的效率是 13%。这凸显了增强速率和多个时间槽帧的价值。

4.5.7 蓝牙 5

2016 年 6 月，蓝牙 SIG 引入了蓝牙 5。2019 年 1 月，它完成了蓝牙 5.1，这是对蓝牙 4 较小的升级。不管怎么样，在蓝牙 4 和蓝牙 5 之间存在一些差异。下面是蓝牙 5 中一些关键能力的列表：

(1) 对于物联网设备的支持。

(2) 速度从 1Mb/s 增加到 2Mb/s。

(3) 消息大小从 31 字节增长到 255 字节。

(4) 室内范围从 10m 增加到 40m。

(5) 电源需求略有下降。

(6) 信标的范围略有增加。

(7) 安全性略微变好。

总而言之，蓝牙 5 不是一个巨大的改变，而是给出了后向兼容性的需求，这是此前没有考虑。蓝牙 5.1 标准在设备跟踪、缓存和其他一些小的项目方面有一些较小的更新。

4.6 DOCSIS

有线电视网络的设计初衷是将电视节目引入家庭。与电话系统类似，现在它也被广泛采纳为将 Internet 引入家庭的另一种方案。下面将介绍 DOCSIS 中的 MAC 子层，绝大多数有线电视提供商都会实现这一层。

4.6.1 总体介绍

从某种意义上说，DOCSIS 也有一个 MAC 子层，不过，不像前面章节中介绍过的其他协议，DOCSIS 中的这一层与数据链路层的区分得不那么清晰。然而，它在多个方面符合

MAC子层的目标,包括信道分配(通过一个请求-授予的过程实现)、服务质量的配置以及独特的转发模型。本节针对这3个话题进行讨论。最近,全双工的DOCSIS 3.1(现在称为DOCSIS 4.0)已经引入了关于调度和干扰消除的新技术。

DOCSIS有一个标准的MAC帧格式,它包含一组字段,包括MAC帧的长度、校验和以及一个扩展头字段,此扩展头支持各种功能,包括链路层安全。有些头支持特定的功能,包括下行流时序、上行流功率调整、带宽请求以及帧的连接。有一种特定类型的帧称为请求帧,它是实现有线电视调制解调器请求带宽的帧,在4.6.3节将会讲到。

4.6.2 测距

有线电视调制解调器传输一种称为测距(ranging)请求的帧,它使得CMTS(头端)可确定其到有线电视调制解调器的网络延迟以及执行必要的功率调整动作。测距实际上是周期性地调节各种传输参数,特别是时序、频率和功率。CMTS向调制解调器进行轮询,触发调制解调器提交一个测距请求。CMTS基于此消息给调制解调器提供一个应答,以帮助有线电视调制解调器调整信号传输的时序和功率。默认情况下,大约每隔30s进行一次测距,但它也可以被配置成更加频繁地进行测距;典型的测距间隔可以是10~20s。

4.6.3 信道带宽分配

DOCSIS CMTS通过请求-授予过程为每个有线电视调制解调器分配带宽。每个上行或下行流量的数据流通常被分配一个服务流,CMTS为每个服务流分配带宽。

服务流

DOCSIS中的信道分配通常涉及一个CMTS和一个或多个有线电视调制解调器之间的信道分配,调制解调器通常位于用户的家里。CMTS必须为所有上行和下行信道提供服务,并且它丢弃任何源MAC地址不是这个组内已分配的调制解调器的帧。DOCSIS MAC层的中心思想是服务流(service flow)的概念,它提供了一种管理上行流和下行流服务质量的方法。每个有线电视调制解调器都有一个关联的服务流ID,它是在调制解调器的注册过程中协商得到的。每个调制解调器可以有多个关联的服务流。不同的服务流可以有不同的限制,这些限制与不同类型的流量有关联。比如,每个服务流可能有最大的数据包尺寸限制;一个服务流可能专用于特定类型的应用,比如具有恒定位速率的应用。所有的有线电视调制解调器必须支持至少一个上行服务流和一个下行服务流,此下行服务流称为基本服务流。

请求-授予过程和低延迟DOCSIS

当一个有线电视调制解调器要发送数据时,它发送一个短的请求,告诉CMTS它有多少数据要发送,并等待后续的带宽分配消息,此带宽分配消息将描述一个发送者可能传输数据的上行传输机会。

通过一种被称为小时间槽(minislot)的上行带宽分配机制,上行传输被分成离散的时间间隔。小时间槽只不过是针对上行传输的时间粒度单元,通常按6.25μs进行倍增。根据DOCSIS的版本,一个小时间槽可能必须是按这一倍增值的二次幂的倍数;在更现代的

DOCSIS 版本中，这一限制不再适用。通过对授予一个特定服务流的小时间槽进行调整，CMTS 就可以有效地针对不同的业务流实现服务质量和优先级。

一般而言，服务质量使得 CMTS 可以为不同的有线电视调制解调器分配更多的带宽（因此也使得订阅了高级服务的用户可以获得更高的服务水准）。然而，就在最近，DOCSIS 的修订版本也可以为延迟敏感的应用提供有区分的服务。DOCSIS 的一个新修订版本通过一个新的称为 **LLD**(Low-Latency DOCSIS，**低延迟 DOCSIS**)的规范允许支持低延迟。LLD 的原则是：对于许多交互式应用，比如游戏和视频会议，低延迟与高吞吐量一样重要。在有些情况下，在已有的 DOCSIS 网络中，由于获取共享介质所需的时间以及数据包排队所需的时间，导致某些流的延迟可能相当高。

LLD 解决这些问题的做法是：缩短与请求-授予过程相关的来回传输延迟，并且使用两个队列——一个用于延迟敏感的流量，另一个用于非延迟敏感的流量。更短的请求-授予延迟降低了 CMTS 用来执行调度计算的时间，从以前的 2～4ms 时间间隔降低到 1ms。LLD 也使用了一些机制主动地对服务流的授予进行调度，从而整体上消除了与请求-授予过程相关的延迟。LLD 通过在 DOCSIS 帧的区分服务字段中进行标记，从而让应用程序确定它们的数据包是否不能排队。有关 LLD 的更多信息请参考(White，2019)。

4.7　数据链路层交换

许多组织有多个 LAN，并希望将它们连接在一起。如果能把多个 LAN 互联以组成一个更大的 LAN 岂不是更加方便？事实上，当采用称为**网桥**(bridge)的设备互联这些 LAN 时就可以做到这一点。4.3.4 节描述的以太网交换机是网桥的现代名称。它提供的功能超越了传统的以太网和以太网集线器，可以很容易地把多个 LAN 加入到一个更大、更快的网络中。本节将交替使用术语网桥和交换机。

网桥工作在数据链路层，所以它们通过检查数据链路层地址转发帧。由于它们不应该检查转发帧的有效载荷字段，所以它可以处理 IP 数据包，也可以处理其他类型的数据包，比如 AppleTalk 数据包。与此相反，**路由器**(router)检查数据包中的地址，并基于这些地址进行路由，所以它只能按预先设计好的协议进行工作。

本节将考察网桥是如何工作的，即它们如何把多个物理 LAN 连接成一个逻辑 LAN。本节还将看一看如何反过来，把一个物理 LAN 看成多个逻辑 LAN，这些逻辑 LAN 称为虚拟 LAN。这两种技术为管理网络提供了非常有用的灵活性。有关网桥、交换机以及几个相关话题的完整论述，请参阅 Perlman 的专著(2000)和 Yu 的论文(2011)。

4.7.1　网桥的使用

在讨论网桥技术以前，先来看一些使用网桥的常见情形。下面列出 3 个理由说明为什么一个组织应该结束多个 LAN 的局面。

第一，许多大学和公司的部门都有自己的 LAN，这些 LAN 将它们的个人计算机、服务器和设备(比如打印机)连接起来。由于各个部门的目标不同，所以，不同部门可能建立了不同的 LAN，往往不会顾及其他部门正在做什么。但迟早各部门需要相互沟通，所以需要网桥。在这种情况中,之所以存在多个 LAN 的原因在于它们的拥有者的自治特性。

第二,一个组织可能在地理上分布在几个楼宇,这些楼宇之间有一定的距离。在每个楼宇内有一个独立的 LAN,然后通过网桥和一些长距离的光纤链路将这些 LAN 连接起来,这种做法比起把全部电缆连到一个中央交换机可能要经济实惠得多。即使铺设线缆很容易做到,这些线缆的长度也有限制(比如,对于千兆以太网来说双绞线的长度不得超过200m)。因为过大的信号衰减或来回延迟,网络无法在长距离的线缆上工作。唯一的办法是对 LAN 进行划分,并安装网桥来连接每个分区,以此增加网络覆盖的总物理距离。

第三,有时候可能有必要从逻辑上将一个 LAN 分割成多个独立的 LAN(用网桥连接)以便适应网络的负载。比如,在许多大规模的大学中,需要几千台工作站供学生和教师使用。一个公司也可能拥有数千名员工。这种系统的规模已经大到不适合把所有的工作站都放在一个 LAN 中——计算机数量超过了任何以太网集线器的端口数,站的数量超过单个经典以太网允许的最大站数。

即使有可能通过布线把所有的工作站连起来,把更多的站放在一个以太网集线器或经典以太网上,也不会增加容量。所有站共享固定容量的带宽,站越多,每个站获得的平均带宽越少。

然而,两个独立的 LAN 有两倍于单个 LAN 的容量。网桥让这些 LAN 结合在一起,同时保持了这种容量。这里的关键是不向不需要去的端口发送流量,因而每个 LAN 得以全速运行。这种行为也增强了可靠性,因为单个 LAN 上的一个出错节点连续输出垃圾流量可以堵塞整个网络。通过决定什么可以转发和什么不能转发,网桥就像建筑物的防火门,可以防止已经"发狂"的单个节点拖垮整个系统。

为了使这些好处更加容易获得,理想情况下网桥应该是完全透明的。应该能做到这样:把网桥买回来,然后把 LAN 线缆插入网桥,顷刻间,一切都能很好地工作。不需要更改硬件,不需要更改软件,不需要设置地址交换,不需要下载路由表或参数……总之,什么都不需要做。只要插上线缆,然后走开。此外,现有 LAN 的操作不应该受到网桥的任何影响。从站的角度考虑,无论它们是否网桥连接的 LAN 的一部分,都应该观察不到任何区别。从一个桥接的 LAN 中移动一个站应该非常容易,如同在单个 LAN 中移动站一样。

足以令人瞠目结舌的是,实际上有可能创建一个透明的网桥。有两个算法需要用到:一个是**后向学习**(backward learning)算法,用来阻止不需要发送的流量;另一个是**生成树**(spanning tree)算法,用来打破交换机线缆连接时可能形成的环路。接下来按顺序考察这些算法,了解这一神奇功能是如何实现的。

4.7.2 学习网桥

两个 LAN 桥接的拓扑结构分两种情况,如图 4-33 所示。在图 4-33(a)中,两个多点 LAN,比如经典以太网,通过一个特殊的站连接在一起,这个站就是同属于这两个 LAN 的网桥。在图 4-33(b)中,LAN 用点到点线缆连接在一起,包括一个集线器。网桥是站和集线器都能与之相连的设备。如果 LAN 采用以太网技术,则网桥就是广为人知的以太网交换机。

网桥发展之时正是经典以太网被广泛使用之际,所以它们常常出现在具有多点线缆的拓扑结构中,如图 4-33(a)所示。然而,所有今天遇到的拓扑结构都由点到点线缆和交换机

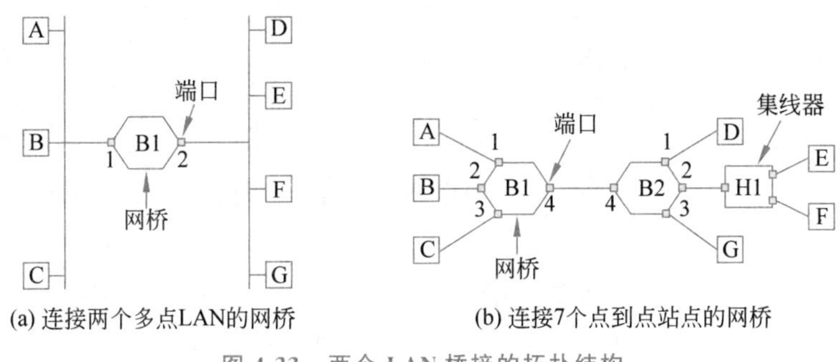

图 4-33　两个 LAN 桥接的拓扑结构

组成。网桥在这两种设置下以相同的方式工作。所有附载在网桥同一端口的站都属于同一个冲突域，该冲突域和其他端口的冲突域是不同的。如果超过了一个站，那么，如同在传统的以太网、集线器或半双工链路上一样，要用 CSMA/CD 协议来发送帧。

然而，在如何构建桥接 LAN 上，图 4-33 所示的两种情况还是有区别的。为了桥接多点 LAN，网桥作为一个新的站加入每一个多点 LAN 中，如图 4-33(a)所示。为了桥接点到点 LAN，或者集线器连接到网桥，或者最好直接连接网桥以便提高性能。在图 4-33(b)中，除了一个集线器外，其余都用网桥替代了。

不同种类的线缆都可以连接到一个网桥上。比如，在图 4-33(b)中，连接网桥 B1 和 B2 的线缆可能是一个长距离光纤链路，而连接网桥和站的线缆可能是短距离双绞线。这种安排对于桥接不同楼宇内的 LAN 非常有用。

现在看一看网桥内部会发生什么。每个网桥工作在混杂模式下，也就是说，它接收每个端口连接的站发送的帧。网桥必须决定是转发还是丢弃它收到的每一帧，而且，如果是前者，还要决定在哪个端口输出该帧。做出决定的依据是帧的目标地址。作为一个例子，考虑图 4-33(a)的拓扑结构。如果站 A 发送一个帧给站 B，网桥 B1 将在端口 1 上接收该帧。这个帧可能立即被丢弃，因为它已经在正确的端口上。然而，在图 4-33(b)的拓扑结构中，假设站 A 发送一帧给站 D。网桥 B1 将在端口 1 收到此帧，并从端口 4 转发出去。然后网桥 B2 将从端口 4 接收此帧，并将其从端口 1 转发出去。

实现这一方案的一个简单方法是在每个网桥内设置一个大的哈希表。该表列出每个可能的目的地以及它隶属的输出端口。比如，在图 4-33(b)中，B1 上的哈希表将表明 D 属于端口 4，因为 B1 要知道的全部就只是从哪个端口出发能到达 D。事实上，当这一帧抵达 B2 时还要进一步转发，但 B1 对于这些并不感兴趣。

当网桥被第一次接入网络时，所有的哈希表都是空的。没有一个网桥知道哪个目标地址该往哪里去，因此网桥使用了一种泛洪算法(flooding algorithm)：对于每个发向未知目标地址的进入帧，网桥将它输出到所有连接的端口(除了它到来的那个端口以外)。随着时间的推移，网桥将会学习到每个目标地址在哪里。一旦知道了一个目标地址，以后发给该地址的帧只被放到正确的端口上，而不再被泛洪到所有端口。

网桥使用的算法是后向学习算法(backward learning)。正如上面提到的，网桥工作在混杂模式下，所以，它们可以看到任何一个端口上发送的每一帧。通过检查源地址，网桥就可获知通过哪个端口能访问到哪些站。比如，在图 4-33(b)中，如果网桥 B1 看到端口 3 上的一帧来自 C，那么它就知道通过端口 3 一定能到达 C，因此它就在哈希表中构造相应的一项。以后所有抵达 B1 且要去 C 的帧都将被转发到端口 3。

当打开、关闭或者移动站和网桥时,拓扑结构可能会发生变化。为了处理这种动态的拓扑结构,一旦构造出一个表项后,帧的到达时间也被记录在相应的表项中。无论何时,当一帧到达后,如果它的源地址已经在哈希表中,那么对应的表项被更新为当前时间。因此,与每个表项关联的时间值反映了网桥最后看到该站发出一帧的时间。

在网桥中有一个进程定期扫描哈希表,并且将那些时间值在几分钟之前的表项都清除。按照这种方法,如果将一台计算机从 LAN 上拆下来,然后搬到同一个楼内的另一个地方,再将它重新接入网络中,那么几分钟之内该计算机就可以回到正常的运行状态,而无须任何人工干预。这个算法也意味着,如果一台计算机静止了几分钟时间,那么任何发送给它的流量又将被泛洪,直到它下次发出一帧为止。

对于一个进来的帧,它在网桥中的路由过程取决于它从哪个端口来(源端口),以及它要往哪个目标地址去。此过程如下:

(1) 如果去往目标地址的端口与源端口相同,则丢弃该帧。

(2) 如果去往目标地址的端口与源端口不同,则转发该帧到目标端口。

(3) 如果目标端口未知,则使用泛洪法,将帧发送到所有的端口,除了源端口。

你可能想知道第一种情况是否会出现在点到点链路上。答案是会,如果用集线器把一组计算机连接到网桥,那么这种情况就可能发生。看图 4-33(b)中的一个例子,站 E 和 F 都连接到集线器 H1,进而再连接到网桥 B2。如果 E 发送一帧给 F,集线器将中继该帧到 B2 和 F。这正是集线器该做的事情——它们用线把所有端口连在一起,这样,从一个端口输入的帧只是简单地输出到所有其他端口。该帧最终将从端口 2 到达 B2,这正是它到达目的地的正确输出端口。网桥 B2 只需丢弃该帧即可。

每到达一帧,都要使用该算法,所以该算法通常采用专用的 VLSI 芯片实现。这种芯片查找和更新哈希表中的表项的操作都可以在几微秒的时间内完成。因为网桥只要看到 MAC 地址就可决定如何转发帧,所以,一旦帧头中的目的地址字段进来,在该帧的其余部分到达之前就可以开始转发(当然,前提是输出线路可用)。这种设计降低了帧通过网桥的延迟以及网桥必须能缓冲的帧数。这种转发方式称为**直通式交换**(cut-through switching)或**虫孔路由**(wormhole routing),通常由硬件来处理。

可以按照协议栈考察网桥的操作,从而理解为何把网桥看作数据链路层设备。考虑图 4-33(a)的配置,其中的两个 LAN 都是以太网,现在站 A 给站 D 发送一帧。该帧将穿过网桥 B1。此处理过程的协议栈如图 4-34 所示。

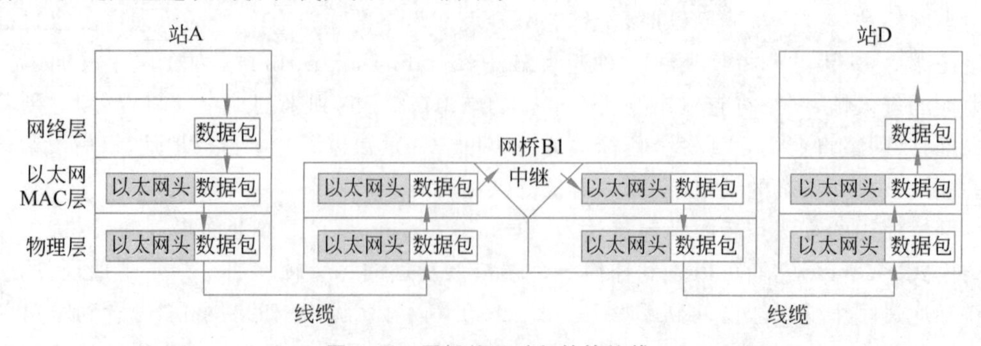

图 4-34 网桥处理过程的协议栈

数据包来自一个更高的层，往下进入以太网 MAC 层。它获取一个以太网头（还有一个尾，图 4-34 中没有显示）。该帧被传到物理层，通过线缆传播，然后被网桥接收。

在网桥中，帧从物理层往上传给以太网 MAC 层。相比普通站的以太网 MAC 层，网桥的这一层扩展了处理功能。它把帧传递到中继（relay）模块，该模块仍属于 MAC 层。网桥的中继功能仅仅使用了以太网的 MAC 头以决定如何处理该帧。在这个例子中，它把帧传递给可到达站 D 的那个端口的以太网 MAC 层，然后该帧继续向前传输。

一般情况下，在给定层上的中继模块可以重写该层的头。虚拟 LAN 就提供了这样一个例子。在任何情况下，网桥都不能查看帧的内部，以及了解帧携带的是否是一个 IP 数据包。这与网桥的处理毫无关系，而且会违反协议分层原则。还应该注意到，一个具有 k 个端口的网桥将有 k 个 MAC 子层和物理层实例。在上面的简单示例中 k 值为 2。

4.7.3　生成树网桥

为了提高可靠性，网桥之间可使用冗余链路。在图 4-35 的例子中，在一对网桥之间存在两条并行链路。这种设计可确保一条链路断开后，网络不会被分成两组无法相互通信的计算机。

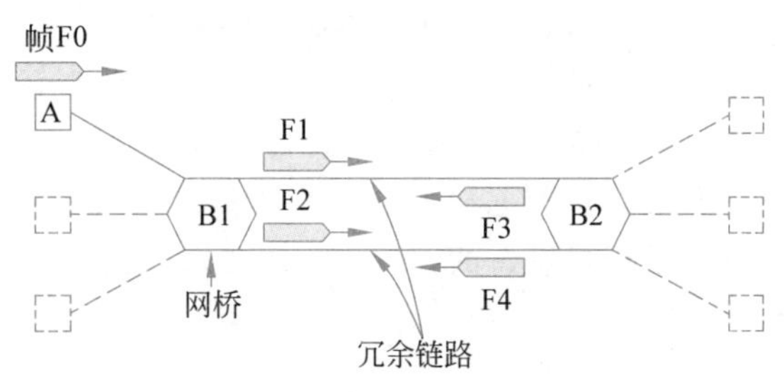

图 4-35　具有两条平行链路的网桥

然而，这种冗余引入了一些额外的问题，因为它生成了拓扑环路。在图 4-35 中可以看到这样一个问题：A 发送一帧给一个以前从未看到过的目的地时是如何被处理的。每个网桥遵循常规的处理规则：对于未知目的地的帧，泛洪该帧到所有其他端口。把从 A 到达网桥 B1 的帧称为 F0。网桥把这个帧的副本发送到所有其他端口。这里只考虑连接 B1 到 B2 的网桥端口（虽然该帧还将被发送到其他端口）。因为从 B1 到 B2 有两条链路，因此有 F0 的两个副本将到达 B2，它们显示为图 4-35 中的 F1 和 F2。

很快地，网桥 B2 接收到这些帧。然而，B2 不知道（也无法知道）这些帧是同一个帧的副本，而是把它们当作两个前后到达的不同帧。因此网桥 B2 将 F1 发送到所有其他端口，同样把 F2 发送到所有其他端口，由此产生了 F3 和 F4，这两个帧又沿着两条链路发送回网桥 B1。然后 B1 看到两个未知目的地的新帧，再次复制它们。这个循环将会无限进行下去。

这个难题的解决方案是让网桥相互通信，然后用一棵可以到达每个网桥的生成树覆盖实际的拓扑结构。实际上，在构造一个虚拟的无环拓扑结构（也是实际拓扑结构的一个子集）时，网桥之间某些潜在的连接被忽略了。

比如，在图 4-36 中看到 5 个网桥互联在一起，同时还有站与这些网桥连接。每个站只与一个网桥相连。在网桥之间有一些冗余连接，因此，如果所有这些链路都可使用，帧就有可能沿着环路转发。可以将这一拓扑结构看成一个图,网桥为图的顶点,点到点的链路为图的边。如图4-36所示,通过去掉一些链路(图4-36中用虚线表示),该图即被简化为一棵生成树,按照定义,这棵生成树上没有环路。利用这棵生成树,从每个站到每个其他站恰好只有一个路径。一旦这些网桥同意这棵生成树,则站之间的所有转发都将沿着这棵生成树进行。由于从每个源到每个目的地都只有唯一的一个路径,所以不可能产生环。

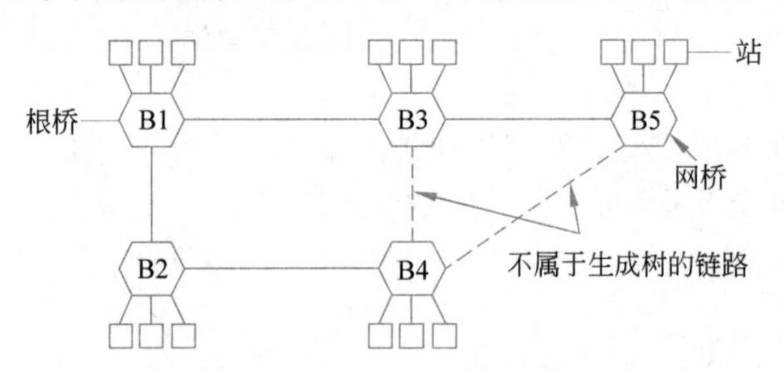

图4-36 一棵连接5个网桥的生成树

为了建立生成树,网桥运行一个分布式算法。每个网桥周期性地通过它的所有端口向邻居广播一个配置消息,同时处理来自其他网桥的消息,此过程在下面描述。这些消息不被转发,因为它们的用途是构建生成树,这棵树将被用于随后帧的转发。

这些网桥必须首先选择一个网桥作为生成树的根。为了做出这一选择,每个网桥在自己的配置消息中包含一个基于其MAC地址的标识符以及它们认为应该作为根的网桥的标识符。MAC地址由制造商预先设置好,确保全世界独一无二,这使得这些标识符既便利又具有唯一性。网桥选择具有最低标识符的网桥作为生成树的根。经过足够的消息交换和扩散以后,所有网桥将都同意该网桥作为根。在图4-36中,网桥B1具有最低标识符,因而作为生成树的根。

接下来,构造从根到每个网桥的最短路径。在图4-36中,从B1可直达B2和B3,最短路径都是一跳。从B1可经过两跳到达B4,或通过B2,或通过B3。为了使路径唯一,选择一条经过最低标识符的网桥的路径,因此从B1可通过B2到达B4。从B1可通过B3经两跳到达B5。

为了找到这些最短路径,网桥在它们的配置消息中包含了与根的距离。每个网桥记住它找到的与根之间的最短路径。然后,网桥关闭那些不属于最短路径的端口。

虽然此生成树跨越了所有的网桥,但并不是所有的链路(甚至网桥)都必然出现在生成树中。这种情况之所以会发生,是因为关闭一些端口意味着从网络中修剪掉某些链路,从而防止出现环路。即使在已建立生成树以后,在网络正常操作期间该算法也会继续运行,以便自动检测拓扑结构的变化,并更新生成树。

自动构造生成树的算法由Radia Perlman设计。她的工作解决了无环加入LAN的问题。她有一个星期的时间做这件事,但她只用一天就有了生成树算法的想法。这让她有足够的时间将该算法写成一首诗(Perlman,1985):

I think that I shall never see

a graph more lovely than a tree.

A tree whose crucial property

is loop-free connectivity.
A tree which must be sure to span.
So packets can reach every LAN.
First the Root must be selected
by ID it is elected.
Least cost paths from Root are traced
in the tree these paths are placed.
A mesh is made by folks like me
then bridges find a spanning tree.

生成树算法随后被标准化为 IEEE 802.1d，并被使用了许多年。在 2001 年该算法被修订，以便在拓扑变化后更为迅速地构造一棵新的生成树。如需详细的网桥处理资料，请参见 Perlman 的专著(2000)。

4.7.4　中继器、集线器、网桥、交换机、路由器和网关

到现在为止，本书已经介绍了将帧或者数据包从一台计算机转移到另一台计算机的各种各样的方法，已经提到了中继器、集线器、网桥、交换机、路由器和网关。这些设备都很常用，但是，它们的工作方式或多或少有些微妙或者明显的差别。由于它们的种类如此众多，所以，可能值得将它们放在一起讨论，以便看到它们的相似和不同之处。

它们运行在不同的层上是理解这些设备的关键，如图 4-37(a)所示。层之所以重要，是因为不同的设备使用不同的信息决定如何交换。在一个典型场景中，用户生成某些数据，并将这些数据发送给一台远程的计算机。这些数据先被传递给传输层，传输层会加上一个头(比如 TCP 头)，然后将结果单元往下传递给网络层。网络层也会加上它自己的头，形成一个网络层数据包(比如，一个 IP 数据包)。在图 4-37(b)中，我们看到，灰色部分是网络层数据包。然后，该数据包到达数据链路层，数据链路层加上它自己的头和校验和(CRC)，并将结果帧交给物理层进行传输，比如通过一个 LAN 传输出去。

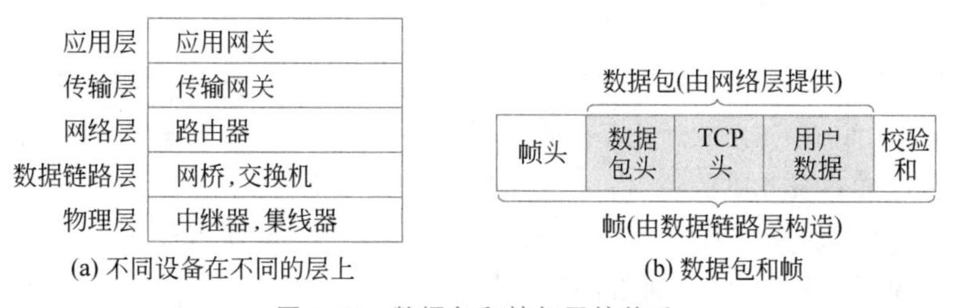

图 4-37　数据包和帧与层的关系

现在看一看交换设备，并了解它们与数据包和帧的关系。在最底层，即物理层中，可以看到有中继器。这些是模拟设备，主要与它们所连接的线缆上的信号打交道。在一个线缆上出现的信号被清理、放大，然后再被放到另一根线缆上。中继器并不能理解帧、数据包或帧头。它们把这些数据经过编码后得到的符号理解成电压。比如，在经典以太网的设计中，允许最多使用 4 个中继器增强信号，从而将线缆的最大长度从 500m 扩展到 2500m。

接下来看集线器。集线器有许多条输入线路,它将这些输入线路连接在一起。从任何一条线路上到达的帧都被发送到所有其他的线路上。如果两帧同时到达,它们将会冲突,就好像它们在同一根同轴电缆上一样。连接到同一个集线器上的所有线路必须以同样的速度运行。集线器与中继器不同,前者(通常)不会放大进入的信号,并且针对有多个输入的线路而设计,但是,两者之间的差别并不大。与中继器一样,集线器也是物理层设备,它不会检查数据链路层地址,也不会以任何方式使用数据链路层地址。

现在往上移到数据链路层,在那里有网桥和交换机。4.7 节花了一定篇幅介绍了网桥。网桥连接两个或多个 LAN。与集线器一样,一个网桥有多个端口,通常具有 4~48 条特定类型的输入线。与集线器不同的是,网桥的每个端口被隔离成它自己的一个冲突域。如果端口是全双工的点到点线路,则不需要用到 CSMA/CD 算法。当一帧到来时,网桥从帧头提取出目标地址,并用该地址查询表,以确定该把帧转发往哪里。对于以太网,此地址是 48 位的目标地址,如图 4-14 所示。网桥只把帧转发到需要的端口,且在同一时间可转发多个帧。

网桥比集线器提供了更好的性能,网桥端口之间的隔离还意味着输入线路可以按不同的速度运行,甚至可以是不同的网络类型。一个常见的例子是,网桥具有连接到 10Mb/s、100Mb/s 和 1000Mb/s 以太网的端口。为了能够从一个端口接收一帧并从另一个端口发送出去,网桥内部的缓冲是必要的。如果帧进来的速度大于被重传的速度,那么,网桥就可能耗尽缓冲空间,从而不得不开始丢弃帧。比如,如果一个千兆以太网以最快的速度向一个 10Mb/s 以太网倾泻比特流,网桥将不得不缓冲这些比特,希望不会因此耗尽内存。即使所有的端口都以相同的速度运行,这个问题也仍然存在,因为有可能多个端口都向某个特定的目的端口发送帧。

网桥最初的设计意图是连接不同种类的 LAN,比如,把一个以太网和令牌环 LAN 连接在一起。然而,由于不同 LAN 之间的差异,这方面的工作总是做得不够好。不同的帧格式要求复制和重新格式化帧,这要消耗 CPU 时间,还要求计算新的校验和,也会引入由于网桥内存中错误的位而导致错误未被检测出来的可能性。不同的最大帧长度也是一个没有很好地得到解决的严重问题。基本上,由于太大而无法转发的帧必须被丢弃。总之,有太多的透明性问题。

LAN 之间的差异还可以体现在另外两个领域:安全性和服务质量。有的 LAN 具有链路层加密机制,比如 IEEE 802.11;而有的却不具备任何安全性,比如以太网。有的 LAN 具有诸如优先级这样的服务质量特性,比如 IEEE 802.11;而有的却没有,比如以太网。于是,当一帧必须在这些 LAN 之间传输时,发送方期待的安全性和服务质量可能无法得到保证。基于所有这些原因,现代的网桥通常都为一种网络类型工作;而路由器(下面很快会看到)则用来连接不同类型的网络。

交换机是现代网桥的另一个名称。它们的差异更多地体现在市场上而不是技术方面,但还是有几点值得了解。网桥被开发出来时正值经典以太网被应用之际,所以,网桥倾向于连接数目较少的 LAN,因而端口数也相对较少。现在交换机一词更为流行。而且,现代交换机都使用了点到点链路(比如双绞线),单独的计算机可以直接插入交换机端口,因此交换机都有很多端口。最后,交换机也被当作一个通用术语使用。使用网桥,功能是明确的。另一方面,交换机可能指以太网交换机,也可能指一个完全不同类型的做转发决策的设备,比如电话交换机。

到现在为止,已经讨论了中继器和集线器以及网桥和交换机。其中,中继器和集线器非常类似,而网桥和交换机也有许多相似之处。现在再往上来看看路由器,它完全不同于以上讨论的所有设备。当一个数据包进入路由器时,帧头和帧尾被剥掉,位于帧的有效载荷字段中(图4-37中的灰色部分)的数据包被传给路由软件。路由软件利用数据包的包头信息选择输出线路。对于一个IP数据包,包头将包含一个32位(IPv4)或者128位(IPv6)地址,而不是48位的IEEE 802地址。该路由软件看不到帧地址,甚至不知道该数据包是从一个LAN过来的还是从哪条点到点线路过来的。在第5章将学习路由器和路由过程。

再往上一层是网关。它将两台使用了不同的面向连接传输协议的计算机连接起来。比如,假设一台计算机使用了面向连接的TCP/IP,它需要跟另一台使用了不同的面向连接传输协议——SCTP的计算机进行通话。网关可以将数据包从一个连接复制到另一个连接,并且根据需要对数据包重新格式化。

最后,应用网关能理解数据的格式和内容,并且可以将消息从一种格式转换为另一种格式。比如,电子邮件网关可以将Internet消息转译为移动电话的SMS消息。与交换机一样,网关也是一个通用术语,它指的是运行在高层的转发过程。

4.7.5 虚拟LAN

在LAN的早期,许多办公楼沿着电缆管道铺设了黄色的粗电缆。这些电缆途经的每一台计算机都被接入进来,不需要思考哪台计算机属于哪个LAN。相邻办公室的所有人都被放在同一个LAN中,也不管他们是否应该属于这个LAN。地理位置超越了企业的组织架构。

随着20世纪90年代双绞线和集线器的出现,所有这一切发生了变化。办公楼被重新布线(以相当昂贵的代价),去掉了所有的黄色电缆,从每个办公室到中心接线柜之间安装了许多双绞线。中心接线柜位于每个走廊的尽头或者在一个中心机房内,布线结构如图4-38所示。如果负责布线工作的副总裁卓有远见,就会选择安装5类双绞线;如果他是一个善于控制费用的专家,则他会使用现有的(3类)电话线(只不过当几年以后出现快速以太网时,这些电话线会被替换掉)。

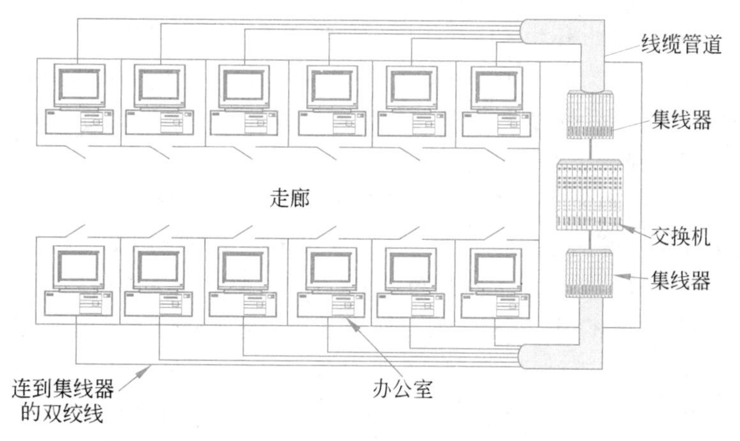

图4-38 使用集线器和交换机进行集中式布线的大楼

今天,线缆已经发生了变化,集线器变成了交换机,但布线模式依然如此。这种模式使得有可能从逻辑上配置 LAN,而不是根据物理位置配置 LAN。比如,如果一家公司想要 k 个 LAN,那么它可以购买 k 个集线器。通过谨慎地选择哪个连接头插入哪个交换机,该公司可以按照特定的组织意义构建每一个 LAN,而无须太多顾及物理位置。

谁连在哪一个 LAN 真的很重要吗?毕竟,在几乎所有的组织中,所有的 LAN 都是相互连接的。简单的回答是肯定的,谁在哪一个 LAN 通常很重要。网络管理员希望将 LAN 上的用户分成组,以便反映出用户的组织结构,而不是大楼的物理布局结构。这通常有各种各样的理由。

第一个理由是安全性。一个 LAN 可能托管着 Web 服务器和其他计算机,它们供公共访问。另一个 LAN 可能连接着包含人力资源部门记录的计算机,这些资料不能流传到部门以外。在这种情形下,把所有这些计算机放在单个 LAN 中,并且不让任何服务器被该 LAN 以外的计算机访问是很有意义的。管理层如果听到网络管理员无法做这样的安排时一定会颇感不悦。

第二个理由是负载。某些 LAN 比其他 LAN 具有更重的负载,也许需要将它们隔离开来。比如,研究人员在运行各种出色的实验程序时有可能会失去控制,从而使他们的 LAN 流量达到饱和,这时正在开视频会议的管理部门人员可能并不愿意将原本计划用于视频会议的一部分容量分给研究部门。而且,这还会给管理部门留下需要安装一个更快的网络的印象。

第三个理由是广播流量。当目的地的位置未知时,网桥会广播流量,而且上层协议也会使用广播。比如,当一个用户希望将一个数据包发送给 IP 地址 x 时,它如何知道应该在帧中放哪一个 MAC 地址呢?这个问题将在第 5 章讨论,现在先简单介绍一下。答案是它先广播一帧,其中包含了这样一个问题:"谁拥有 IP 地址 x?"然后它等待答案。随着 LAN 内计算机数量的增多,广播流量也随之增多。每次广播消耗的 LAN 容量比一个常规的帧要大得多,因为广播流量要递交给 LAN 中的每台计算机。将 LAN 的规模保持在不超过它们本身需要的那么大,广播流量的影响就可以降下来。

与广播有关的一个问题是,一旦网络接口崩溃或被错误配置以后,将会产生无休止地广播帧流。如果这个网络真的不走运,那么,这类帧中有一些会引发应答,进一步导致更多的流量。这种广播风暴(broadcast storm)的后果是:整个 LAN 的容量被这些帧占用,而且所有这些互连的 LAN 中的所有计算机都将忙于处理和丢弃所有广播帧。

初看起来,利用网桥或者交换机将多个 LAN 隔离就可以将广播风暴限制在一定的范围内。但是,如果要达到透明的目标(即一台计算机跨过网桥移动到另一个 LAN 中而不引起他人的注意),那么网桥必须转发广播帧。

在明白了为什么有些公司希望采用多个有独立限定范围的 LAN 后,再回到将逻辑拓扑结构与物理拓扑结构解耦的问题上来。即使采用集中式布线和交换机,搭建一个反映组织结构的物理拓扑结构也要增加工作量和成本。比如,两个同一部门的工作人员在不同的办公楼上班,把他们接到不同 LAN 中的交换机非常容易。即使不是这样,而是一个用户在公司内部从一个部门被调动到另一个部门,但是没有换办公室;或者他没有变动部门,但是换了办公室。这都可能导致用户出现在错误的 LAN 上,除非管理员人工把该用户的连接器从一个交换机上拔下来,更换到另一个交换机上。此外,属于不同部门的计算机数量或许不能很好地匹配交换机的端口数量：有些部门可能太小；而其他部门又太大，因此需要多个交换机。这样会导致交换机端口的浪费(一些端口没有被使用)。

在许多公司中，组织结构总是在不停地发生变化，这意味着系统管理员要花大量的时间拔下连接器再插入其他地方。而且，在有些情况下，这种改变甚至是根本不可能的，因为用户计算机的双绞线离合适的交换机太远了(比如在其他大楼中)，或者可用交换机的端口在其他不合适的 LAN 上。

为了响应用户对灵活性的需求，网络提供商开始采用完全通过软件对大楼重新布线的方式。这样得到的概念称为 **VLAN**(Virtual LAN，**虚拟 LAN**)。IEEE 802 委员会已经将 VLAN 标准化，现在已经被许多组织部署。接下来看一看 VLAN。

VLAN 基于 VLAN 感知(VLAN-aware)的交换机。为了搭建一个基于 VLAN 的网络，网络管理员需要确定共有多少个 VLAN，哪些计算机位于哪个 VLAN，这些 VLAN 叫什么名称。通常 VLAN(非正式地)用颜色命名，因为这样做之后就有可能打印出一张彩色的图以显示计算机的物理布局，其中红色 LAN 中的成员用红色表示，绿色 LAN 中的成员用绿色表示，以此类推。按照这种方式，在单个视图中可以同时显示物理布局和逻辑布局。

作为例子，考虑图 4-39 中的桥接 LAN，其中 9 台计算机属于灰色(G)VLAN，5 台计算机属于白色(W)VLAN。灰色 VLAN 中的计算机被分散在两个交换机上，包括通过一个集线器连接到交换机上的两台计算机。

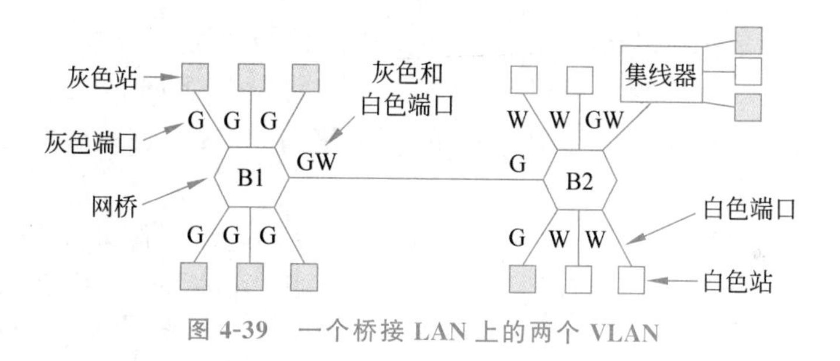

图 4-39　一个桥接 LAN 上的两个 VLAN

为了使 VLAN 正常地运行，网桥中必须建立配置表。这些配置表指明了通过哪些端口可以访问哪些 VLAN。当一帧到来时，比如来自灰色 VLAN 的一帧，那么这一帧必须被转发到所有标记为 G 的端口。这一条规则对于网桥尚未得知目的地位置的普通流量(即单播)以及多播和广播流量都适用。注意，一个端口可能被标记为多种 VLAN 颜色。

假设连接到图 4-39 中网桥 B1 的一个灰色站向一个以前没有观察到的目的地发送一帧。网桥 B1 将接收此帧，看到它来自灰色 VLAN 中的一台计算机，所以它在所有标有 G 的端口上泛洪该帧(除了进来的端口)。该帧将被发送到附载在 B1 上的其他 5 个灰色站，并通过 B1 和网桥 B2 之间的链路到达 B2。在网桥 B2 上，该帧类似地被转发给所有标有 G 的端口。这样帧被发送到一个更远的灰色站和集线器(集线器再将帧传输给与它连接的所有站)。集线器有两个标记，因为它连接着分属于两个 VLAN 的计算机。帧不会被发送到没有标记 G 的其他端口，因为网桥知道，灰色 VLAN 上没有计算机是可以通过这些端口到达的。

在这个例子中，该帧只是从网桥 B1 发送到网桥 B2，因为灰色 VLAN 上有的计算机与 B2 连接。再来考察白色 VLAN，可以看到，从网桥 B2 连到网桥 B1 的端口没有标记 W，这意味着白色 VLAN 上的帧将不会从网桥 B2 转发到网桥 B1。这是正确的,因为白色 VLAN 上没有计算机连接到 B1。

IEEE 802.1q 标准

为了实现这一方案,网桥需要知道进来的帧属于哪个 VLAN。如果没有这个信息,比如,在图 4-39 中,当网桥 B2 从网桥 B1 获取一帧时,它不知道该把帧转发到灰色 VLAN 还是白色 VLAN。如果设计一个新类型的 LAN,要做到这点非常容易,只需在帧头添加一个 VLAN 字段。但对以太网该如何处理呢?它是占主导地位的 LAN,并且没有留下任何空闲字段可用作 VLAN 标识符。

1995 年,IEEE 802 委员会将这个问题提到议事日程上。经过多次讨论以后,非常不可思议地修改了以太网的头。新的格式于 1998 年发表在 **IEEE 802.1q** 标准中。新格式包含了一个 VLAN 标签(tag),稍后将会讨论该标签。毫不奇怪,改变一些事情,如同建立以太网头,并不是一件微不足道的事情,很快就随之出现的一些问题:

(1) 我们需要抛弃现有成千上百万的以太网卡吗?

(2) 如果不抛弃这些网卡,由谁来生成新的字段?

(3) 对于那些已经达到最大长度的帧该怎么办?

当然,IEEE 802 委员会知道这些问题(只是太痛苦了),而且也必须拿出解决方案,它做到了。

解决问题的关键是要认识到,VLAN 字段只有网桥和交换机才真正会用到,用户计算机并不使用。因此,在图 4-39 中,真正本质的是,只要它们出现在网桥之间的线路上,它们就会出现在从网桥到终端站的线路上。另外,为了使用 VLAN,网桥必须能感知 VLAN。这一事实使得设计方案是可行的。

至于是否要扔掉所有现有的以太网卡,答案是否定的。请记住,IEEE 802.3 委员会甚至无法让人们把类型字段转变成长度字段。你能想象当他们宣布所有现有的以太网卡都必须扔掉时人们的反应吗?然而,新的以太网卡可以兼容 IEEE 802.1q,并且能正确地填写 VLAN 字段。

因为有一些计算机(和交换机)无法感知 VLAN,因此第一个 VLAN 感知的网桥在碰到一帧时加上 VLAN 字段,路径上的最后一个网桥再把 VLAN 字段删除。混合拓扑的一个例子如图 4-40 所示。VLAN 感知的计算机直接生成标记帧(即 IEEE 802.1q 帧),后续进一步交换时要用到这些标记。灰色符号是 VLAN 感知的,白色符号不是 VLAN 感知的。

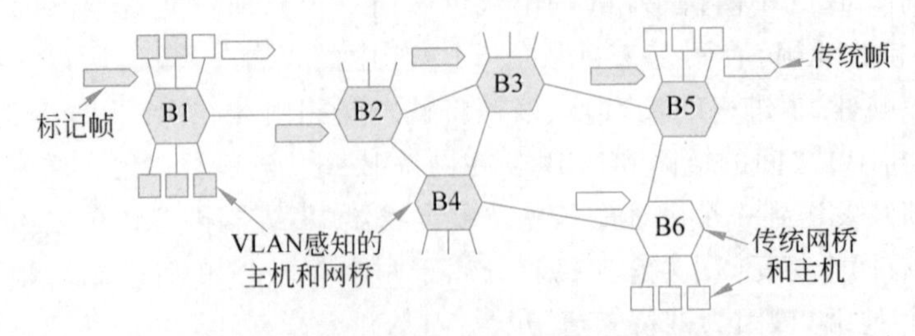

图 4-40 只有部分 VLAN 感知的桥接 LAN

有了 IEEE 802.1q,帧被染上颜色,具体色彩取决于接收它们的端口。对于这种工作方法，一个端口上的所有计算机必须属于同一个 VLAN，这降低了灵活性。比如，在图 4-39 中，这个属性对于把单个计算机连到网桥的所有端口来说是成立的，但对于集线器连到网桥 B2 的端口来说就不成立了。

此外，网桥可以使用更高层的协议选择颜色。这样，到达一个端口的帧或许被放在不同的 VLAN 中，取决于其携带的是 IP 数据包还是 PPP 帧。

其他方法也是可能的，但它们没有得到 IEEE 802.1q 的支持。举一个例子，可以用 MAC 地址选择 VLAN 的颜色。这可能对来自附近 IEEE 802.11 LAN 的帧很有用，其中的笔记本计算机在移动时通过不同的端口发送帧。此时，一个 MAC 地址被映射到一个固定的 VLAN，而不管它从哪个端口进入 LAN。

至于帧的长度超过 1518 字节这个问题，IEEE 802.1q 只是将这一限制提高到了 1522 字节。幸运的是，只有 VLAN 感知的计算机和交换机才必须支持这些长帧。

现在来看 IEEE 802.1q 帧的格式，如图 4-41 所示。唯一的变化是加入了一对 2 字节的字段。第一个 2 字节字段是 VLAN 协议标识符（VLAN protocol ID）。它的值总是 0x8100。由于这个数值大于 1500，所以，所有的以太网卡都会将它解释成类型（type）而不是长度（length）。对于这样的帧，传统网卡做什么处理都没有意义，因为这样的帧是不会被发送给传统网卡的。

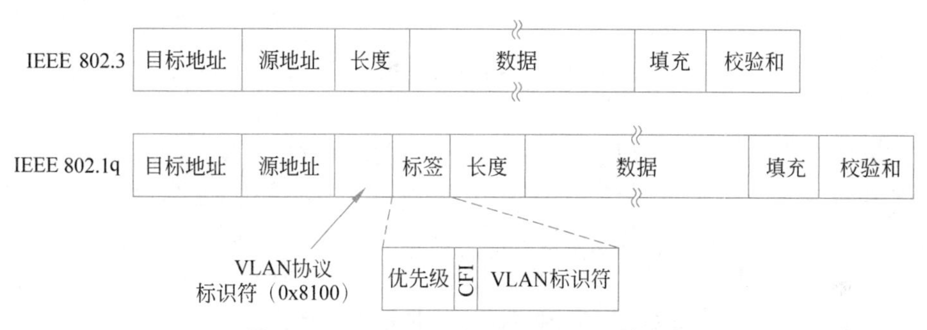

图 4-41　IEEE 802.3 和 IEEE 802.1q 帧格式

第二个 2 字节字段包含 3 个子字段。最主要的是 VLAN 标识符（VLAN identifier），它占据低 12 位。这正是整个事情的关键所在——该帧所属的 VLAN 的颜色。3 比特的优先级（Priority）字段与 VLAN 根本没有关系。但是，由于修改以太网头是 10 年才会发生一次的事件，而且这次事件花了 3 年时间，涉及上百人，因此，为什么在做这件事情的时候不引入一些好的特性呢？这个字段使得有可能区分出硬实时流量、软实时流量以及时间不敏感流量，以便在以太网上提供更好的服务质量。以太网上的话音通信就需要服务质量保证（不过，公平地来讲，IP 有个类似的字段已经存在了四分之一世纪，但是没有人使用它）。

最后一个字段，CFI（Canonical Format Indicator，规范格式指示器）应该称为 CEI（Corporate Ego Indicator，企业自我指示器）。它最初的意图是用来指明 MAC 地址中比特的次序是小端（little-endian）还是大端（big-endian），但是，在其他争论中这种用法渐渐被遗忘了。现在，这个字段用来指明有效载荷中是否包含一个冻干的 IEEE 802.5 帧，它希望找到在目的地有另外一个 IEEE 802.5 LAN，这中间通过以太网传递。当然，这些安排跟 VLAN 一点关系都没有。但是，IEEE 802 委员会的政治学与常规的政治学没有什么不同：

如果你赞成我提出的比特,那么我也会给你的比特投赞成票。这是最好的政治交易。

正如上面所提到的,当一个标记帧到达一个 VLAN 感知的交换机时,该交换机利用 VLAN 标识符作为索引,在一张表中查找该帧要发送到哪些端口。但是,这张表从何而来呢?如果手工构造,那么这又回到了问题的起点:手工配置网桥。透明网桥的优美之处就在于它即插即用,不要求任何手工配置。丢失这个特性简直是一个很可怕的耻辱。幸运的是,VLAN 感知的网桥也可以根据它们观察到的途经的标记自动进行配置。如果一个标记为 VLAN4 的帧来自端口 3,那么,很显然端口 3 上有台计算机属于 VLAN4。IEEE 802.1q 标准说明了如何动态地建立这些表,其中绝大部分引用了在 IEEE 802.1d 标准中的恰当部分。

在结束 VLAN 路由的主题之前,还有一种现象值得提一下。Internet 和以太网领域中的许多人极其推崇无连接的网络技术,而极力反对任何在数据链路层或者网络层上建立连接的做法。然而,令人惊奇的是,VLAN 实际上引入了一种类似于连接的机制。为了正确地使用 VLAN,每个帧携带一个新的特殊标识符,该标识符被当作索引,用来查询交换机内部的一张表,从中找出这一帧要发送出去的目标端口。这一过程与面向连接的网络惊人地一致。在无连接的网络中,用来路由的是目标地址,而不是某种形式的连接标识符。第 5 章将更详细地讨论这种"匍匐式"连接。

4.8 本章总结

有些网络只有一条信道可用于全部的通信。在这些网络中,设计的关键问题在于如何在希望使用信道的竞争站之间分配该信道。当站的数量较小并且固定,而且流量呈连续性时,FDM 和 TDM 是简单而有效的分配方案。这两种模式被广泛使用在这些情况下,比如电话中继线上带宽的划分。然而,当站的数量较大并且可变或者流量呈现相当的突发时,而这正是计算机网络的常见情形,FDM 和 TDM 就是糟糕的选择。

许多动态信道分配算法已经被设计出来了。ALOHA 协议,包括分槽的与不分槽的,被用在许多实际系统的衍生物中,比如在 DOCSIS 网络中。当信道的状态可以被侦听时,作为一种改进,一个站在其他站传输时可避免启动自己的传输。这种技术,即载波侦听,催生了 LAN 和 MAN 的各种 CSMA 协议。它是经典以太网和 IEEE 802.11 网络的基础。

很多年以来,众所周知,有一类协议能完全消除竞争,或者能相当可观地减少竞争。位图协议、拓扑结构(比如环)以及二进制倒计数协议完全消除了竞争。树遍历协议能减少竞争,具体做法是:将站动态划分成两个大小不同的相邻组,并且只允许同一个组内的站竞争。理想情况下的分组原则是当它允许发送时只有一个站准备好要发送。现代版本的 MAC 协议,包括 DOCSIS 和蓝牙,通过将传输时间间隔分配给发送站,显式地采取步骤以避免竞争。

无线 LAN 提出了两个新的问题:一是很难侦听到传输冲突;二是站覆盖的区域可能有所不同。在主宰无线 LAN 的 IEEE 802.11 中,站使用 CSMA/CA,通过留有很小的时间间隔来避免冲突,从而缓解第一个问题。站还可以使用 RTS/CTS 协议对抗由于第二个问题引起的隐藏站问题,虽然在实践中,由于暴露站问题,RTS/CTS 的开销相当高,以至于它不会被经常用到,特别是在密集环境中。

与此相反，许多客户现在使用特定机制执行信道选择以避免竞争。IEEE 802.11 通常用于把笔记本计算机和其他设备连接到无线接入点，但它也可以用于设备之间。任何一种物理层都可以被使用，包括有或没有多个天线的多信道 FDM 以及扩频技术。现代版本的 IEEE 802.11 包括数据链路层的安全特性，比如对认证的支持以及高级的编码以支持 MIMO 传输。

以太网是有线 LAN 的主要形式。经典以太网使用 CSMA/CD 分配黄色电缆的信道，这根电缆在计算机之间蜿蜒穿梭。随着速度由原来的 10Mb/s 提升到 10Gb/s 并继续攀升，此体系结构已经发生改变。现在，诸如双绞线那样的点到点链路附载在集线器和交换机之上。有了现代交换机和全双工链路，链路上已经不存在竞争，交换机可以在不同的端口之间并行地转发帧。

若要把 LAN 布满整个建筑物，就需要一种互联这些 LAN 的方法。即插即用的网桥就能用于此目的。搭建网桥时需要用到后向学习算法和生成树算法。由于此功能是被内置在现代交换机内部的，所以，术语网桥和交换机可以互换使用。为了帮助桥接 LAN 的管理，VLAN 使得物理拓扑结构可划分为不同的逻辑拓扑结构。VLAN 标准，即 IEEE 802.1q，引入了一种新的以太网帧格式。

习　题

1. 在本题中，请使用本章中的一个公式，但首先要说明这个公式。帧随机到达一个 100Mb/s 的信道，并等待传输。如果帧到达时信道正忙，那么它必须排队等待。帧的长度呈指数分布，均值为 10 000 位/帧。对于下列每一个帧到达率，平均一帧要经历的延迟是多少(包括排队时间和传输时间)？

(a) 90 帧/秒。

(b) 900 帧/秒。

(c) 9000 帧/秒。

2. N 个站共享一个 56kb/s 的纯 ALOHA 信道。每个站平均每 100s 输出一个 1000 位长的帧，即使前面的帧还没有被发送出去(比如站可以将输出帧缓存起来)。N 的最大值是多少？

3. 一万个航空预订站在竞争使用一个分槽 ALOHA 信道。平均每个站发出 18 个请求/小时。一个槽是 125μs。总的信道负载大约是多少？

4. 对一个具有无限个用户的分槽 ALOHA 信道进行测量，结果有 10%的槽是空闲的。

(a) 信道负载 G 是多少？

(b) 信道吞吐量是多少？

(c) 信道的负载是不足还是过载？

5. 图 4-4 显示了从纯 ALOHA(最低)到 0.01-坚持型 CSMA(最高)的最大吞吐量。为了达到更高的最大吞吐量，一个协议做了一些平衡和妥协，比如增加额外的硬件支持或者增加等待时间。对于图 4-4 中显示的协议，请解释每个协议做了什么样的妥协以达到更高的吞吐量。

6. 在下列两种情况下 CSMA/CD 的竞争时间槽长度是多少？

(a) 一个 2km 长的双导电缆(twin-lead cable)(信号的传播速度是信号在真空中传播速度的 82%)?

(b) 40km 长的多模光纤(信号的传播速度是信号在真空中传播速度的 65%)?

7. 在一个使用基本位图协议的 LAN 中,最坏的情况下一个站要等多久才可以开始传输它的帧?

8. 对于二进制倒计数协议中,解释一个序号较低的站可能得不到发送数据包的机会的原因。

9. 参考图 4-10。假设这些站知道有 4 个站——B、D、G 和 H 已经准备好要发送。自适应树遍历协议如何遍历这棵树,让所有 4 个站发送它们的帧?如果从树根开始搜索,则有多少次额外的冲突发生?

10. 一群朋友聚在一起玩一些强交互的 CPU 和网络都敏感的视频游戏,他们使用一个高带宽的无线网络。无线信号无法穿透墙体,但是这群朋友都在同一个房间里。在这样的场景下,最好使用非坚持型的 CSMA 还是令牌环协议?请解释你的答案。

11. 一组 2^n 个站使用自适应树遍历协议仲裁对一个共享电缆的访问。在特定的时刻,其中两个站进入就绪状态。如果 $2^n \gg 1$,那么需要最小、最大和平均多少个时间槽遍历这棵树?

12. 无线 LAN 使用诸如 CSMA/CA 和 RTS/CTS 这样的协议,而不使用 CSMA/CD。在什么样的条件下(如果存在),有可能使用 CSMA/CD?

13. 6 个站(A~F)使用 MACA 协议进行通信。有可能同时发生两个传输操作吗?请解释你的答案。

14. 一座七层办公楼的每一层有 15 个相邻的办公室。每个办公室的前面墙上包含一个终端插口,所以这些插口在垂直面上构成了一个矩形网格。在水平方向和垂直方向上相邻插口之间均有 4m 的距离。假定在任何一对插口之间,无论是水平方向、垂直方向还是对角线方向,都可以直接铺设一根线缆,若使用下面的配置,需要多少米线缆才能将所有的插口连接起来?

(a) 正中间放置一台路由器的星状结构。

(b) 经典 IEEE 802.3 LAN。

15. 经典 10Mb/s 以太网的波特率是多少?

16. 假设经典以太网使用曼彻斯特编码,请画出比特流 0001110101 的编码输出。

17. 一个 1km 长、10Mb/s 的 CSMA/CD LAN(不是 IEEE 802.3),其传播速度为 200m/μs。这个系统不允许使用中继器。数据帧的长度是 256 比特,其中包括 32 比特的头、校验和以及其他开销。在一次成功传输后的第一比特槽被预留给接收方,以便它抓住信道发送 32 比特的确认帧。假定没有冲突,除去开销之后的有效数据速率是多少?

18. 考虑建立一个 CSMA/CD 网络,在 1km 的线缆上运行速度为 1Gb/s,线缆中间没有中继器。线缆上的信号速度为 200 000km/s。最小帧长度是多少?

19. 一个通过以太网传送的 IP 数据包长 60 字节,其中包括所有的头。如果没有使用 LLC,需要往以太网帧中填补字节吗?如果需要,那么需要填补多少字节?

20. 以太网帧必须至少 64 字节长,才能确保当电缆另一端发生冲突时发送方仍处于发送过程中。快速以太网也有同样的 64 字节最小帧长度限制,但是它可以以 10 倍的速度发送数据。它如何才能维持同样的最小帧长度限制？

21. 1000Base-SX 规范声明了时钟应该运行在 1250MHz，即使千兆以太网也只是假设其递交数据最大速率为 1Gb/s。这一更高的速度是为了提供一个额外的安全边界吗？如果不是，这么设计是为什么？

22. 千兆以太网每秒能够处理多少个帧？请仔细想一想，并考虑所有相关情形。提示：请考虑千兆以太网的实质。

23. 请说出一个网络的名称，它允许将多个连续的帧背靠背地打包在一起。为什么这个特性值得专门提出来？

24. 在图 4-27 中有 4 个站（A、B、C 和 D）。你认为后两个站中哪一个更接近 A？为什么？

25. 举例说明 IEEE 802.11 协议中的 RTC/CTS 与 MACA 协议有什么不同。

26. 参考图 4-33(b)。请想象一下，图中的所有的站、网桥、集线器都是无线站，这些链路都指示了两个站在彼此的无线电范围内。如果当 B1 想要传输给 A，H1 想要传输给 F 时，B2 正在给 D 传输，那么，哪一对站是隐藏站或者暴露站？

27. 一个无线 LAN 内有一个接入点和 10 个客户站。4 个站的数据速率为 6Mb/s，另外 4 个站有 18Mb/s 的数据速率，最后两个站有 54Mb/s 的数据速率。当全部 10 个站一起发送数据，并且下列条件成立时，每个站能获得的数据速率是多少？

(a) 没有采用 TXOP。

(b) 采用了 TXOP。

28. 假设一个 11Mb/s 的 IEEE 802.11b LAN 正在无线信道上背靠背地传送一批 64 字节帧，比特错误率为 10^{-7}。平均每秒将有多少帧被损坏？

29. 两个连接到同一个 IEEE 802.11 网络的设备都在从 Internet 下载一个大文件。通过使用（滥用）IEEE 802.11 中提供服务质量的机制，一个设备如何能够得到比另一个设备更高的数据速率？

30. 图 4-28 显示了 IEEE 802.11 中针对不同优先级的帧有不同的等待时间。这种方法能够防止高优先级的流量，比如承载实时数据的帧，被普通的流量卡住。这种方法的缺点是什么？

31. 为什么有些网络可能用纠错码而不用检错和重传机制？请给出两个理由。

32. 为什么像 PCF（点协调功能）这样的方案更适合运行在更高频率上的 IEEE 802.11 的版本？

33. 蓝牙的轮廓使协议的复杂性显著增加了。但是，从应用的角度，这些轮廓为什么又是一个优势？

34. 在一个网络中，站通过激光束进行通信，类似于图 2-11 中显示的配置。请解释，为什么这种配置类似于或不同于以太网和 IEEE 802.11，以及这种配置如何影响它的数据链路层和 MAC 协议的设计。

35. 从图 4-30 中可以看到，一个蓝牙设备可同时位于两个微微网中。但为什么一个设备不可能同时是这两个微微网中的主节点？

36. 在基本速率下，一个 3 槽蓝牙帧的数据字段最大长度是多少？请解释你的答案。

37. 蓝牙的主设备和从设备之间支持两种类型的链路，是哪两种链路？每一种用于什么?

38. 在本章中提到,基本速率下一个1槽帧重复编码后的效率约为13%。基本速率下一个5槽帧重复编码后的效率是多少?

39. 在IEEE 802.11的跳频扩展频谱变体中,信标帧包含了停留时间。你认为蓝牙中类似的信标帧也包含了停留时间吗?请解释你的答案。

40. 一个专门为快速以太网设计的交换机有一个传输速率为10Gb/s的背板。在最差情况下它可以以多大的速率(帧/秒)处理帧?

41. 考虑图4-33(b)用网桥B1和B2连接的扩展LAN。假设两个网桥的哈希表都是空的。经过下面的数据传输序列后,B2的哈希表会变成什么样?

(a) B发送一帧给E。

(b) F发送一帧给A。

(c) A发送一帧给B。

(d) G发送一帧给E。

(e) D发送一帧给C。

(f) C发送一帧给A。

假定每一帧都是在上一帧已经被收到以后再发出的。

42. 考虑图4-33(b)用网桥B1和B2连接的扩展LAN。假设两个网桥的哈希表都是空的。下面数据传输中的哪一个会导致一次广播?

(a) A发送一帧给C。

(b) B发送一帧给E。

(c) C发送一帧给B。

(d) G发送一帧给C。

(e) E发送一帧给F。

(f) D发送一帧给C。

假定每一帧都是在上一帧已经被收到以后再发出的。

43. 考虑图4-33(b)用网桥B1和B2连接的扩展LAN。假设两个网桥的哈希表都是空的。对于下面的数据传输序列,请列出数据包被转发时所在的全部端口。

(a) A发送一个数据包给C。

(b) E发送一个数据包给F。

(c) F发送一个数据包给E。

(d) G发送一个数据包给E。

(e) D发送一个数据包给A。

(f) B发送一个数据包给F。

44. 参考图4-36。想象有一个额外的网桥B0与网桥B4和B5连接。请描述该拓扑结构的新生成树。

45. 考虑图4-39的网络。如果一台连接到网桥B1的计算机突然间变成白色的,这些标记需要有任何改变吗?如果需要,应该怎么改?

46. 考虑一个包含7个网桥的以太网LAN。网桥0连接到网桥1和2。网桥3~6连接到网桥1和2。假设有大量的帧的目标指向连接到网桥2的站。首先描述根据以太网协议构建的生成树，然后描述一棵替代的、可降低平均帧延迟的生成树。

47. 考虑两个以太网网络：在网络A中，站通过全双工的线缆连接到一个集线器；在网络B中，站通过半双工的线缆连接到一台交换机。对于这两个网络中的每一个，为什么需要或者不需要CSMA/CD？

48. 从损坏帧的角度来看，存储-转发型交换机比直通型交换机更有优势。请说明这种优势是什么？

49. 4.7.3节中提到，一些网桥甚至可能不会出现在生成树中。请描绘一个场景，其中一个网桥可能不会出现在生成树中。

50. 为了使VLAN正常工作，在网桥内部需要有相应的配置表。如果图4-39中的VLAN使用集线器而不是交换机，情况会怎么样？集线器也需要配置表吗？为什么需要或者不需要？

51. 在图4-40中，右侧传统终端域中的交换机是一个VLAN感知的交换机。在那里有可能使用传统的交换机吗？如果可能，它如何工作？如果不可能，为什么？

52. 请使用混杂模式抓取你自己的计算机发送的消息日志，抓取几分钟，分几次抓取。构建一个单通信信道的模拟器，并实现CSMA/CD协议。用你自己的日志代表这些正在竞争该信道的站，评估这些协议的效率，并讨论这些日志作为链路层负载的代表性。

53. 请编写程序模拟以太网上CSMA/CD协议的行为：当一帧正在被传输时，有N个站都准备要传输。你的程序应该报告每一个站成功开始发送帧的时间。假设每个时间槽(51.2μs)时钟滴答一次，并且冲突检测和发送干扰序列只需要一个时间槽。所有帧都具有最大允许的长度。

54. 从www.wireshark.org下载Wireshark程序。它是一个免费的开源程序，用于监测网络并报告网络正在传输什么。在Youtube上观看教程进行学习。有许多Web页面在讨论可以用它做的各种实验。这是一种很好的认知网络并获得实操感的方法。

第5章　网　络　层

网络层关注的是如何将源端数据包一路送到目标方。为了到达目标方,可能要求沿途经过许多跳(hop)中间路由器。这种功能显然与数据链路层的功能不同,数据链路层的目标没那么“宏伟”,只是将帧从(虚拟的)“线路”一端传送到另一端。因此,网络层是处理端到端数据传输的最底层。

为了实现这个目标,网络层必须知道网络拓扑结构(即所有路由器和链路的集合),并从中计算出适当的路径,即使是大型的网络。同时,网络层还必须仔细选择路由器,避免某些通信线路和路由器负载过重,而其他路由器和线路空闲。最后,当源和目标方位于不同的、独立运营的网络(有时称为自治系统)中时,新的挑战又会出现,比如跨越多个网络协调流量流和管理网络的使用情况。这些问题通常都需要由网络层解决;网络运营商通常用手工方式处理这些问题。传统上,网络运营商不得不采用手工方式在底层重新配置网络层。然而,最近,随着软件定义网络和可编程硬件的出现,使得有可能通过高层的软件程序配置网络层,甚至可以整体上重新定义网络层的功能。在本章中,将介绍并演示所有这些问题,尤其是 Internet 和它的网络层协议(Internet Protocol,IP)的问题。

5.1　网络层的设计问题

本节将简要描述网络层设计人员必须尽力解决的一些问题,其中包括向传输层提供的服务以及网络的内部设计。

5.1.1　存储-转发数据包交换

在开始介绍网络层细节之前,有必要再次说明网络层协议运行的环境。从图 5-1 可以看到这样的环境。网络中最主要的组件是 ISP 的设备(路由器、交换机以及通过传输线路连接的中间盒)和客户的设备,在图 5-1 中,ISP 的设备位于阴影椭圆内,而客户设备位于椭圆之外。主机 H1 直接连接到 ISP 的路由器 A,这或许是一台家用计算机,通过 DSL 调制解调器接入。而 H2 位于一个 LAN 中,这可能是一个办公室以太网,其中有一台路由器 F,客户拥有并运行该路由器。路由器 F 通过一条租用线路连接到 ISP 的设备上。可以看到,F

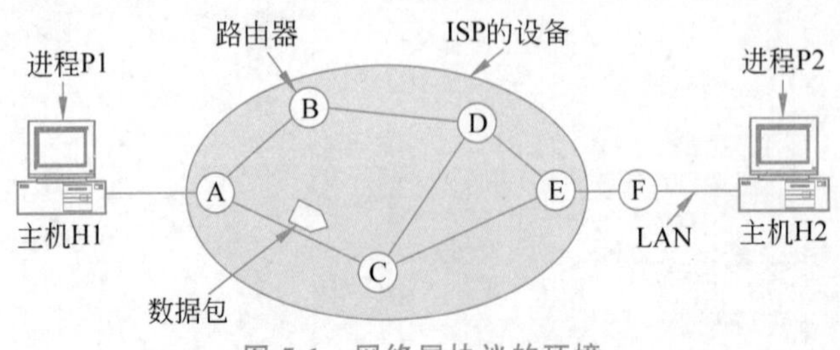

图 5-1　网络层协议的环境

位于椭圆的外面，因为它不属于ISP。然而，为了本章的目的，还是把客户侧的路由器作为ISP网络的一部分来考虑，因为它们运行的算法与ISP路由器上运行的算法相同(这里的主要关注点是算法)。

这种网络配置的使用方式如下所述。如果一台主机要发送一个数据包，它就将数据包传输给最近的路由器，该路由器可能在它自己的LAN中，也可能在一条通向ISP的点到点链路上。该数据包首先被存储在路由器上，直到它完全到达，并且该链路完成了对它的校验和的验证处理。然后它被沿着路径转发到下一台路由器，直至到达目标主机，在目标主机上完成数据递交。这种机制就是存储-转发数据包交换，在前面几章已经作了介绍。

5.1.2　提供给传输层的服务

网络层通过网络层/传输层接口向传输层提供服务。设计中，一个重要的问题是明确网络层向传输层提供什么类型的服务。这些服务需要谨慎地进行设计，在实现下面这些目标：

(1) 这些服务应该独立于路由器技术。

(2) 应该向传输层屏蔽路由器的数量、类型和拓扑结构。

(3) 可供传输层使用的网络地址应该使用统一的编址方案，甚至可以跨越LAN和WAN。

给定这些目标后，网络层设计者有很大的自由度来制定这些提供给传输层的服务的详细规范。这种自由度通常演变为两个阵营之间的激烈争论。最终的讨论集中在网络层应该提供面向连接的服务还是提供无连接的服务这一点上。

一个阵营(以Internet社团为代表)认为，路由器的任务仅仅是传送数据包，不用再做别的事情。按照这种观点(基于40年来从一个实际计算机网络获得的经验)，不管如何设计网络，从本质上讲，网络总是不可靠的。因此，主机应该接受这样的事实，自己完成错误控制(即错误检测和纠正)和流量控制。

这种观点导致了这样的结论：网络服务应该是无连接的，只需要原语SEND PACKET和RECEIVE PACKET以及少量其他的原语就够了。特别是数据包的排序和流量控制不应该在这里完成，因为主机将会完成这些工作，做两遍同样的工作通常不会带来更多好处。这个推理就是**端到端的观点**(end-to-end argument)的例子，这种设计原则对Internet的形成有着很大的影响(Saltzer等，1984)。而且，每个数据包必须携带完整的目标地址，因为每个数据包的运送独立于它前面的那些数据包(如果此前有数据包)。

另一个阵营(以电话公司为代表)认为，网络应该提供可靠的、面向连接的服务。他们声称，具有100多年成功经验的全球电话系统就是一个极好的指导。按照这一观点，服务质量是最主要的因素，并且，如果在网络中没有连接，要实现服务质量非常困难，特别对于诸如语音和视频这样的实时流量。

即使几十年以后，这场争论仍然十分活跃。早期被广泛使用的数据网络都是面向连接的，比如20世纪70年代的X.25和20世纪80年代代替它的**帧中继**(Frame Relay)。然而，自从有了ARPANET和早期Internet，无连接网络层得到了突飞猛进的普及。现在IP俨然是一个无时不在的成功象征。虽然在20世纪80年代它受到一种称为ATM的面向连接技术的威胁，该技术就是为了推翻IP而开发的，但是结果刚好相反，现在ATM终于找到了自己的用武之地，而IP正在接管电话网络。然而，在幕后，Internet正朝着面向连接的特性进化,因为服务质量变得越来越重要了。两个面向连接技术的例子是多协议标签交换(MultiProtocol Label Switching,**MPLS**)和 VLAN,本章将描述 MPLS,有关 VLAN 在第 4 章中已经介绍过了。目前这两种技术都已经被广泛使用。

5.1.3 无连接服务的实现

在考察了网络层向它的用户提供的两类服务以后,现在来看网络层内部是如何工作的。根据网络层提供的服务类型,可能存在两种不同的组织方式。如果网络层提供的是无连接的服务,那么,所有的数据包都被独立地输入网络,并且每个数据包独立路由,不需要提前建立任何设置。在这样的环境中,数据包通常称为数据报(datagram),它类似于电报(telegram),这种网络称为数据报网络(datagram network)。如果网络层提供了面向连接的服务,那么,在发送任何数据包以后,必须首先建立一条从源路由器到目标路由器之间全程的路径。这个连接称为虚电路(Virtual Circuit,**VC**),类似于(老式)电话系统中建立的物理电路,这种网络称为虚电路网络(virtual-circuit network)。在本节,将讨论数据报网络;在下一节,将讨论虚电路网络。

现在来看数据报网络是如何工作的。假设图 5-2 中的进程 P1 有一个很长的消息要发送给进程 P2。它将消息转交给传输层,并指示传输层将消息递交给主机 H2 上的进程 P2。传输层代码运行在 H1 上,通常在操作系统内部。它在消息的前面加上一个传输头,然后将结果交给网络层,这里的网络层可能只是操作系统内部的另一个过程。

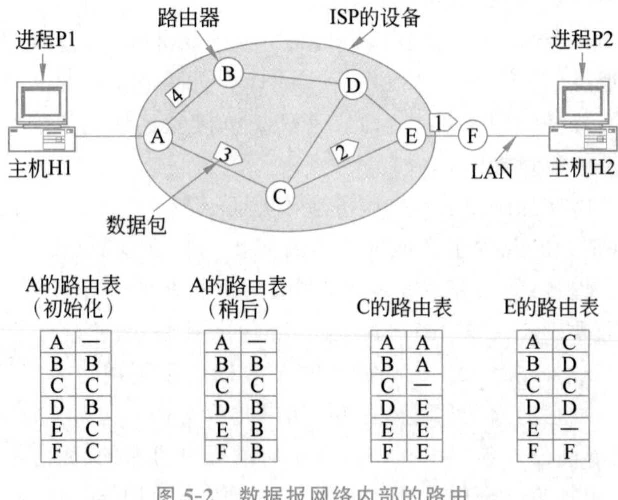

A的路由表(初始化)

A	—
B	B
C	C
D	B
E	C
F	C

A的路由表(稍后)

A	—
B	B
C	C
D	B
E	B
F	B

C的路由表

A	A
B	A
C	—
D	E
E	E
F	E

E的路由表

A	C
B	D
C	C
D	D
E	—
F	F

图 5-2 数据报网络内部的路由

假设在这个例子中消息的长度是最大数据包长度的 4 倍,所以,网络层必须将消息拆分成 4 个数据包:1、2、3 和 4,然后用某一种点到点协议(比如 PPP)将这些数据包依次发送给路由器 A。到这里,ISP 将消息的传输任务接管过来。每一台路由器都有一个内部的路由表,它指明了针对每一个可能的目标地址应该将数据包送到哪里去。每个表项是一对数据:目标地址和通往该目标地址使用的输出线路。只有直接连接的线路才可以作为输出线路。比如,在图 5-2 中,A 只有两条输出线路——分别通往 B 和 C,所以,每一个进来的数据包必须被转发给这两台路由器之一,即使它的最终目标地址是其他某一台路由器。A 的初始路由表在图 5-2 中标示为“初始化”。

在路由器 A 上，数据包 1、2 和 3 到达进来的链路并且经过校验和验证以后被路由器暂时保存起来。然后，根据 A 的路由表，每个数据包被放在一个新帧中，并转发到通往 C 的输出链路上。然后，数据包 1 被转发给 E，进一步又被转发给 F。当它到达 F 时，它被封装在一个帧内，通过 LAN 发送给 H2。数据包 2 和 3 遵循同样的路径。

然而，数据包 4 的情形有所不同。当它到达 A 时，尽管它的目标地址也是 F，但它被发送给路由器 B。出于某种原因，A 决定采用不同于前 3 个数据包的路径来发送数据包 4。或许它了解到在 ACE 路径上发生了流量拥塞，因而更新了路由表，这个路由表在图 5-2 中标示为“稍后”。管理这些路由表并做出路由决策的算法称为**路由算法**(routing algorithm)。路由算法是本章的一个主要话题。正如后面将会看到的那样，有几种不同类型的路由算法。

IP 是整个 Internet 的基础，它是无连接网络服务的经典案例。每个数据包携带一个目标 IP 地址，路由器使用该地址单独转发每一个数据包。IPv4 数据包的地址是 32 位的，IPv6 数据包的地址是 128 位的。在本章后面部分将详细描述 IP 和这两个版本。

5.1.4　面向连接服务的实现

对于面向连接服务，需要一个虚电路网络。现在讨论它是如何工作的。虚电路背后的思想是避免为每个要发送的数据包选择一条新路径(像图 5-2 所示的那样)。相反，当建立一个连接时，从源主机到目标主机之间的一条路径就被当作这个连接设置的一部分确定下来，并且保存在这些路由器的路由表中。所有在这个连接上通过的流量都使用这条路径，这与电话系统的工作方式完全一致。当连接被释放时，虚电路也随之终止。采用面向连接服务时，每个数据包携带一个标识符，指明了它属于哪一个虚电路。

作为一个例子，考虑图 5-3 的情形。在这里，主机 H1 已经建立了一个与主机 H2 之间的连接，其标识符为 1。该连接被记录在每个路由表中的第一项。A 的路由表的第一行说明：如果一个标示了连接 1 的数据包来自 H1，那么它将被发送到路由器 C，并且被赋予连接标识符 1。类似地，C 的第一项将该数据包路由到 E，也被赋予连接标识符 1。

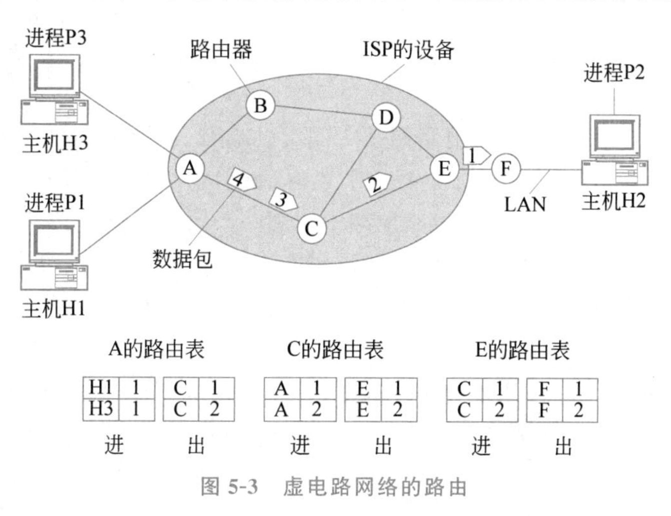

图 5-3　虚电路网络的路由

现在考虑 H3 也希望与 H2 建立连接时情形会怎么样。H3 选择连接 1(因为是它发起连接,而且也是它唯一的连接),并且告诉网络要建立虚电路。这导致路由表创建第二行。请注意,这里出现了一个冲突:尽管A很容易区分出标识为连接1的数据包是来自H1还是来自H3,但C无法区分它们。基于这个原因,A给第二个连接的输出流量分配一个不同的连接标识符。这种避免冲突的做法正是路由器需要具备在输出数据包中替换连接标识符的能力的原因。

面向连接服务的一个例子是MPLS。它被用在Internet的ISP网络中,IP数据包被包装在一个有20位连接标识符(称为标签)的MPLS头中。MPLS往往对客户是隐藏的,ISP用它为超大流量建立长期的连接。但是,当服务质量变得很重要而且还需要其他ISP流量管理任务时,MPLS更适于提供相应的帮助。在本章后面将更多地介绍MPLS。

5.1.5 数据报网络与虚电路网络的比较

数据报网络和虚电路网络都有各自的支持者和反对者。本节从多个角度对两方的论点做个总结。图5-4列出了主要的论点,尽管总是有可能找到其中每一项的反例。

问题	数据报网络	虚电路网络
电路建立	不需要	需要
寻址	每个数据包包含全部的源和目标地址	每个数据包包含简短的虚电路号
状态信息	路由器不保留连接的状态信息	针对每个连接,每条虚电路都需要路由器保存其状态
路由	每个数据包被单独路由	建立虚电路时选择路由,所有数据包都遵循该路由
路由器失效的影响	没有影响,除了在路由器崩溃期间丢失的数据包以外	穿过故障路由器的所有虚电路都将中断
服务质量	困难	容易,如果在预先建立每条虚电路时有足够的资源可分配
拥塞控制	困难	容易,如果在预先建立每条虚电路时有足够的资源可分配

图5-4 数据报网络和虚电路网络的比较

在网络内部,数据报网络和虚电路网络之间存在着几方面的权衡。一个权衡在于建立时间和地址解析时间。使用虚电路需要一个建立阶段,这个阶段既花费时间也消耗资源。然而,一旦付出了这个代价,则在虚电路网络中处理一个数据包就非常容易:路由器只要使用虚电路号作为索引,在路由表中找到该数据包的去向即可。在数据报网络中,不需要建立虚电路,但路由器需要执行一个更为复杂的查找过程,以便找到目标表项。

与此相关的一个问题是,数据报网络所用的目标地址比虚电路网络所用的虚电路号长得多,因为数据报网络的目标地址具备全局意义。如果数据包大多比较短,那么,在每个数据包中都包含完整的目标地址可能意味着有显著的额外开销,因而造成带宽浪费。

另一个问题是路由器内存中的路由表空间大小。数据报网络需要为每一个可能的目标地址都建立一个表项,而虚电路网络只需要为每一个虚电路提供一个表项即可。然而,这种优势多少有点迷惑性,因为建立连接时涉及的数据包也需要被路由,并且它们也使用目标地址，如同数据报网络的做法一样。

从保证服务质量以及避免网络拥塞的角度，虚电路网络有一些优势，因为在虚电路网络建立连接时，可以提前预留资源（比如缓冲区、带宽和 CPU 周期）。一旦数据包开始到来，需要的带宽和路由器容量都已经准备就绪。而对于数据报网络，避免拥塞更为困难。

对于事务处理系统（比如商场购物时通过电话验证信用卡），用于建立和清除虚电路需要的开销有可能削弱虚电路的优势。如果预期大多数流量都是这种类型，那么在网络内部使用虚电路就意义不大。而在公司的两个办公楼之间长期运行诸如 VPN 流量的情况下，永久性的虚电路或许更加有用（手工建立虚电路，并且持续使用几个月或者几年）。

虚电路网络也存在脆弱性问题。如果一台路由器崩溃并且丢失了它的内存信息，那么，即使它在 1s 以后又恢复了，所有经过它的虚电路都将不得不中断。相反，如果数据报网络中的一台路由器宕机，那么，只有那些当时尚留在路由器队列中的数据包会受到影响（也可能不会受到影响，因为发送方可能很快重传这些数据包）。一条通信线路的失败对于使用了该线路的虚电路来说是致命的；但如果使用数据报，则这种失败很容易得到弥补。数据报网络还允许路由器平衡整个网络的流量，因为一个长序列的数据包传输路径可以部分被改变。

5.2　单个网络中的路由算法

网络层的主要功能是将数据包从源主机路由到目标主机。在本节中，讨论网络层如何在单个管理域或自治系统内实现这一功能。在大多数网络中，数据包需要经过多跳才能完成这一旅程。唯一一个值得指出的例外是广播网络，但即使在广播网络中，如果源主机和目标主机不在同一个网段中，路由仍然是一个问题。路由算法以及这些算法所用到的数据结构是网络层设计的主要内容。

路由算法（routing algorithm）是网络层软件的一部分，它负责确定一个进来的数据包应该被传输到哪一条输出线路上。如果使用数据报网络，那么必须针对每一个到达的数据包重新进行路由决策，因为自上一次选择了路径以后，最佳路径可能已经发生了改变。如果使用虚电路网络，那么只有当建立一条新的虚电路时才需要做路由决策。此后，数据包只需要沿着已经建立的路径进行传递即可。后一种情形有时候也称为会话路由（session routing），因为一条路径在整个会话过程中（比如 VPN 上的一个终端登录会话）保持有效。

有的时候对路由和转发这两个功能进行区分是非常有用的，路由是对使用哪些路径做出决策，而转发则是当一个数据包到达时决定应该采取什么动作。可以把路由器想象成内部有两个进程：一个进程在每个数据包到达的时候对它进行处理，在路由表中查找此数据包应该使用哪条输出线路，这个进程就是转发（forwarding）；另一个进程负责填充和更新路由表。这正是路由算法发挥作用的地方。

无论是针对每个数据包独立选择路径，还是仅在建立新连接时选择路径，路由算法都必须满足特定的要求：正确性、简单性、健壮性、稳定性、公平性和效率。

正确性和简单性无须多加解释，但对健壮性的要求则没有那么显而易见了。一旦一个重要网络投入运行，它有可能需要连续运行数年而不允许有系统范围的失败。在此期间，将会出现各种各样的硬件和软件故障。主机、路由器和线路将会不停地失败，拓扑结构也将多次发生变化。路由算法应该能够处理拓扑结构和流量方面的各种变化，而且不能要求所有主机上的所有任务都停止工作。可以想象,每当有某台路由器崩溃时,如果都需要网络重新启动,那么后果会有多严重。

稳定性对于路由算法来说也是一个重要目标。有一些路由算法无论运行多长时间都不会收敛到一个固定的路径集合。一个稳定的算法应该能达到平衡,并且保持这一平衡状态。它应该迅速收敛,因为在路由算法达到平衡之前,通信可能会被中断。

公平性和效率看起来显然是理所应当的——肯定不会有人反对这两种特性,但是,事实证明它们往往是两个相互矛盾的目标。举一个简单的例子说明这种冲突,如图 5-5 所示。假设在 A 和 A′之间、B 和 B′之间以及 C 和 C′之间有足够的流量使得水平的链路达到饱和。为了使总的流量达到最大,X 和 X′之间的流量应该完全被切断。不幸的是,X 和 X′可能看不到这一点。很显然,在全局效率和单独连接的公平性之间需要有某种折中。

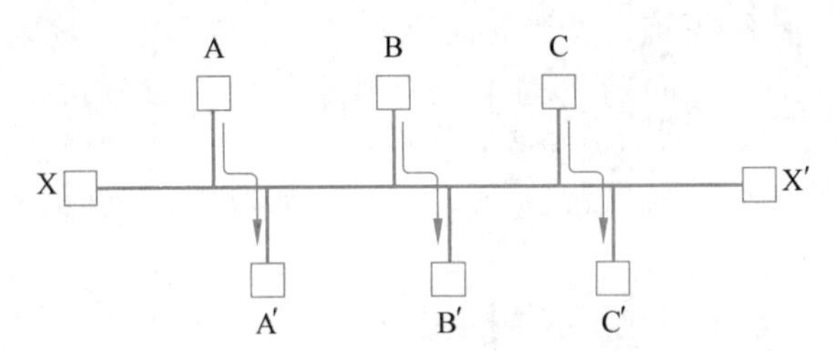

图 5-5 公平性和效率发生冲突的网络

在找到公平性和效率之间的权衡办法之前,必须确定要优化什么性能指标。使数据包的平均延迟达到最小是有效地通过网络发送流量的一个显而易见的目标,但是使网络的总吞吐量最大化也是一个不错的目标。而且,这两个目标也是相互冲突的,因为运行任何一个接近容量的排队系统都意味着排队延迟很长。作为一种折中,许多网络尝试最小化一个数据包必须经过的距离,或者简单地减少一个数据包必须经历的跳数。无论哪一种选择,都有利于降低延迟,同时减少每个数据包消耗的带宽数量,这往往也有助于提高整个网络的吞吐量。

路由算法可以分成两大类:非自适应算法和自适应算法。非自适应算法(nonadaptive algorithm)不会根据对当前拓扑结构和流量的任何测量或评估来调整它们的路由决策。从 I 到 J(对所有的 I 和 J 之间的数据包)使用的路径选择是预先在离线情况下计算好并在网络启动时被下载到路由器中的。这个过程有时候也称为静态路由(static routing)。因为它无法响应故障,所以静态路由对于路由选择已经很确定的场合非常有用。比如,在图 5-3 中,路由器 F 应该把指向网络的数据包都发送给路由器 E,而不管最终目的地在哪里。

与此相反,自适应算法(adaptive algorithm)则会改变它们的路由决策以反映拓扑结构的变化,有时还会反映流量的变化。这些动态路由(dynamic ronting)算法在多个方面有所不同:获取信息的来源不同(比如,来自本地、相邻路由器或者所有路由器)、改变路径的时间不同(比如,每当拓扑发生变化时就改变路径,或者每隔 Δt 秒随负载改变路径)以及用于路由优化的度量不同(比如,距离、跳数或者估计的传输时间)。

在下面几节中,将讨论不同的路由算法。这些算法除了从源发送数据包到接收方以外,还涵盖递交模型。有时候路由的目标是把数据包发送到一组目标地址中的全部、多个或者一个地址。这里描述的所有路由算法都基于拓扑结构进行路由决策，而把基于流量进行路由决策的可能性放在 5.3 节中介绍。

5.2.1 优化原则

在讨论具体的算法以前，先不考虑网络拓扑结构或流量情况，而是给出最优路径的一般性论述，这可能会有助于对路由算法的理解。这个论述称为最优化原则（optimality principle）(Bellman，1957)。其表述如下：如果路由器 J 在从路由器 I 到路由器 K 的最优路径上，那么从 J 到 K 的最优路径也必定落在从 I 到 K 的最优路径上。为了看清这一点，将从 I 到 J 的路径部分记作 r_1，余下的路径部分记作 r_2。如果从 J 到 K 还存在一条路径比 r_2 更好，那么，它可以与 r_1 级联，从而可以改善从 I 到 K 的路径，这与 $r_1 r_2$ 是最优路径的声明矛盾。

作为最优化原则的一个直接结果，可以看到，在图 5-6(a)所示的网络中，从所有的源到一个指定目标的最优路径的集合构成了一棵以目标节点为根的树。这样的树称为汇集树（sink tree），如图 5-6(b)所示。在图 5-6 中，距离度量是跳数。所有路由算法的目标是为所有路由器发现和使用这些汇集树。

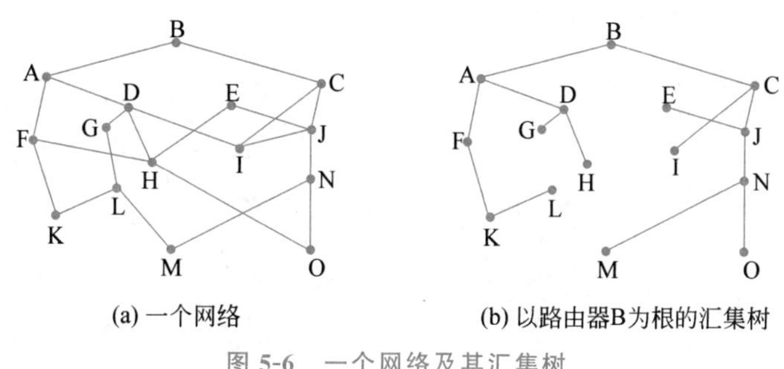

图 5-6 一个网络及其汇集树

请注意，汇集树不一定是唯一的，有可能存在具有相同路径长度的其他汇集树。如果允许选择所有可能的路径，则这棵树就变成了更一般的结构，称为 DAG（Directed Acyclic Graph，有向无环图）。DAG 没有环。后面将把汇集树用作两种情况下的便利表述。这两种情况都依赖于这些路径不会互相干扰的技术假设，所以，一条路径上的流量拥堵不会造成另一条路径的变动。

由于汇集树确实是一棵树，它不包含任何环，所以每个数据包将在有限的跳数内完成传递。在实践中，情形并非如此简单。在运行过程中，链路和路由器可能会出现故障，然后又恢复运行，所以，不同的路由器对当前拓扑结构的了解可能有所不同。而且，必须做出以下决定：每台路由器是独立地获取用于计算汇集树的信息还是通过其他的方法收集这些信息。稍后将具体讨论这个问题。不管怎么样，最优化原则和汇集树为测量其他路由算法提供了一个基准。

5.2.2 最短路径算法

本节从一个简单技术开始介绍路由算法：给定一个完整的网络图，用这一技术计算最优路径。这些路径正是分布式路由算法要发现的路径，尽管并非全部路由器都知道网络的所有细节。

基本想法是:构造一个代表网络的图,图中的每个节点代表一台路由器,每条边代表一条通信线路或者链路。为了在一对给定的路由器之间选择一条路径,路由算法只需要在图中找出它们之间的最短路径。

对最短路径(shortest path)概念有必要做一些解释。一种测量路径长度的方法是计算跳数。若采用这种度量方法,则图5-7中ABC和ABE两条路径是等长的。另一种度量方法是计算以千米为单位的物理距离,在这种情况下,ABC明显比ABE长很多(假定该图是按照比例画的)。

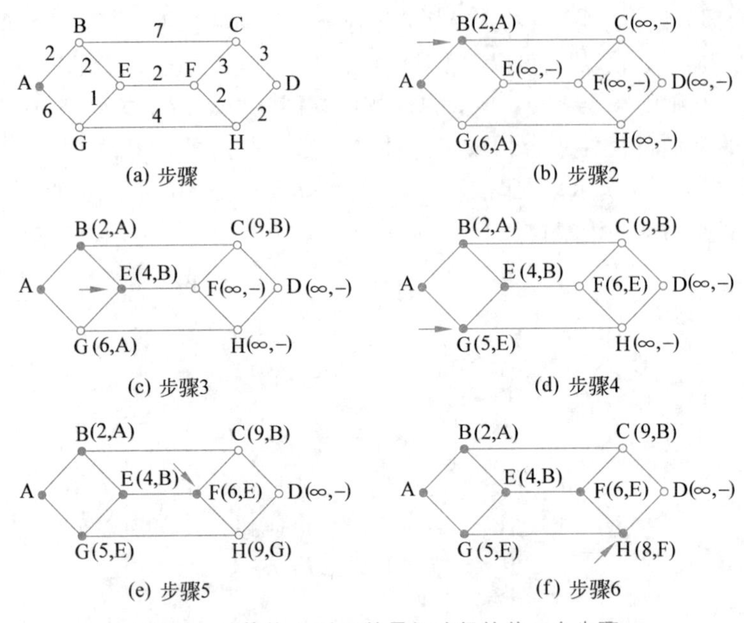

图 5-7 计算从A到D的最短路径的前6个步骤

然而,除跳数和物理距离以外,还有许多其他度量方法也是可能的。比如,图中每条边用一个标准测试包的平均延迟来标记,这种延迟是每小时的测量结果。采用这种标记方法,最短路径就是最快路径,而不是边数最少或者距离最短的路径。

一般情况下,边上面的标记可以是距离、带宽、平均流量、通信成本、测量的延迟以及其他因素的一个函数,称为权重函数。通过改变权重函数,该算法就可以根据任何一种标准或者多种标准的组合来计算最短路径。

计算一个图的两个节点之间最短路径的算法有很多。本节采用的算法要归功于Dijkstra的研究(1959)。利用这个算法能找出网络中从一个源到全部目标节点之间的最短路径。每一个节点都标出了(在图5-7中节点后面的括号内)从源节点沿着已知的最佳路径到达本节点的距离。距离必须是非负的,如果基于带宽和延迟这样的实际测量值,那么距离本来就不可能为负。初始时,所有的路径都不确定,因此所有节点都被标记为无限远。随着算法的不断进行,陆续有一些路径被找到,于是节点的标记可能发生变化,以便反映出更好的路径。每个标记可能是暂时性的,也可能是永久性的。初始时,所有的标记都是暂时性的。当发现一个标记代表了从源到指定节点的最短可能路径时,该标记就变成永久性的,以后不再改变。

为了说明标记算法的工作过程，请看图5-7(a)中的加权无向图，这里的权值代表了一种度量，比如距离。现在要找到从A到D的最短路径。开始时，将节点A标记为永久性的，在图中用一个实心圆表示。然后依次检查每一个与A(工作节点)相邻的节点(探测节点)，并且用它们与A之间的距离重新进行标记。每当一个节点被重新标记时，也要对探测节点进行标记，这样后面可以重构出最终路径。如果该网络具有多条从A到D的最短路径，并且希望找到所有这些路径，那么就需要记住所有以相同距离到达一个节点的探测节点。

在检查了每一个与A相邻的节点以后，再检查整个图中所有具有暂时性标记的节点，并且使得其中具有最小标记的节点成为永久性的，如图5-7(b)的节点B。这个节点就变成新的工作节点。

接下来从B开始，检查所有与B相邻的节点。对于每一个考虑的相邻节点，如果节点B上的标记加上从B到该节点的距离小于该节点上的标记，则说明获得了一条更短的路径，所以该节点需要重新标记。

在检查了所有与工作节点相邻的节点并且(如果可能)修改了暂时性标记以后，需要对整个图进行搜索，找到具有最小标记值的暂时性节点。这个节点将变成永久性的，并且成为下一轮的工作节点。图5-7显示了该算法的前6个步骤。

为了看清楚该算法的工作原理，请看图5-7(c)。此时，刚刚把E变成永久性节点。假设存在一条比ABE还要短的路径，比如AXYZE(对某个X和Y)。有两种可能性：节点Z已经是永久性的，或者它还没有变成永久性节点。如果Z是永久性的，则E已经被探测过了(当Z变成永久性节点之后的下一轮探测)，所以路径AXYZE不会超出搜索范围，因而它不可能是一条最短路径。

现在考虑Z仍然是暂时性标记的情形。如果节点Z上的标记大于或者等于E上的标记，则AXYZE不可能是一条比ABE更短的路径；如果Z上的标记小于E上的标记，则应该首先是Z而不是E变成永久性节点，允许从Z探测E。

图5-8给出了这个算法的C语言版本。全局变量n和dist描述了图，它们在shortest_path()被调用以前被初始化。这一程序与前面描述的算法之间的唯一区别是，在图5-8所示的程序中，从目标节点t开始计算最短路径，而不是从源节点s开始。

由于在一个无向图中从t到s的最短路径与从s到t的最短路径是相同的，所以，无论从哪一端开始计算都并没有关系。之所以选择后向搜索的原因是：每个节点都被标记了它的前驱节点而不是它的后继节点。当最终的路径被复制到输出变量path中的时候，该路径因此被逆转。两次逆转的效果刚好相互抵消，于是结果按正确的顺序产生。

5.2.3　泛洪算法

在实现一个路由算法时，每台路由器必须根据本地知识而不是网络的全貌做决策。一个简单的本地技术是泛洪(flooding)，这种技术将每一个进来的数据包发送到除了该数据包到达的那条线路以外的每一条输出线路上。

很显然，泛洪算法会产生大量的重复数据包，事实上，除非采取某些措施抑制这一过程，否则将会产生无限多的数据包。其中一种措施是在每个数据包的头包含一个跳计数器，每经过一跳，跳计数器减1，当计数器为0时就丢弃该数据包。理想情况下，跳计数器应该被

```
#define MAX_NODES 1024              /* maximum number of nodes */
#define INFINITY 1000000000         /* a number larger than every maximum path */
int n, dist[MAX_NODES][MAX_NODES]; /*dist[i][j] is the distance from i to j */
void shortest_path(int s, int t, int path[])
{  struct state{                              /* the path being worked on */
       int predecessor;                       /* previous node */
       int length;                            /* length from source to this node */
       enum {permanent, tentative} label;     /* label state */
   } state[MAX_NODES];
   int i, k, min;
   struct state *p;
   for (p = &state[0]; p < &state[n]; p++){  /*initialize state */
      p->predecessor = -1;
      p->length = INFINITY;
      p->label = tentative;
  }
  state[t].length = 0; state[t].label = permanent;
  k = t;                              /* k is the initial working node */
  do{                                 /* Is there a better path from k? */
      for (i = 0; i < n; i++)         /* this graph has n nodes */
          if (dist[k][i] != 0 && state[i].label == tentative) {
              if (state[k].length + dist[k][i] < state[i].length) {
                  state[i].predecessor = k;
                  state[i].length = state[k].length + dist[k][i];
              }
          }
      /* Find the tentatively labeled node with the smallest label. */
      k = 0; min = INFINITY;
      for (i = 0; i < n; i++)
          if (state[i].label == tentative && state[i].length < min) {
              min = state[i].length;
              k = i;
          }
      state[k].label = permanent;
    } while (k != s);
    /* Copy the path into the output array. */
    i = 0; k = s;
    do {path[i++] = k; k = state[k].predecessor; } while (k >= 0);
 }
```

图 5-8 用图来计算最短路径的 Dijkstra 算法

初始化为从源到目标之间路径的长度。如果发送方不知道该路径有多长,那么可以将计数器初始化为最坏情形下的长度,即网络的直径。

带有跳计数器的泛洪能够产生随着跳数增大而数量呈指数增长的重复数据包,而且路由器要复制之前已经看到过的数据包。抑制泛洪的一种更好的技术是让路由器跟踪已经泛洪过的数据包,从而避免第二次发送它们。实现这个目标的一种方式是让源路由器在接收到来自主机的每个数据包中放置一个序号。然后每台路由器为每台源路由器维护一个列表,记录已经观察到的来自该源路由器的数据包序号。如果进来的数据包的序号已经在该列表中,那么它就不能再被泛洪出去。

为了防止该列表无限地膨胀,每个列表应该使用一个计数器 k 作为参数,它表示到 k 为止的所有序号都已经观察到了。当一个数据包进来时,很容易检查该数据包是否已经被泛洪过(只需要比较该数据包的序号和 k);如果它被泛洪过,则丢弃该数据包。而且,不需要记录 k 以下的整个列表,因为 k 本身就是这部分列表的有效概括。

对于大多数情况来说,泛洪算法是不切实际的,但它确实有一些重要的用途。

首先,它确保数据包能被传送到网络中的每个节点。如果只有一个目的地需要一个数据包,那么,这种做法可能是一种浪费;但对于广播信息来说,泛洪算法是有效的。在无线网络中,一个站传输的所有消息都可以被位于其无线电范围内的所有其他站接收到,这实际上就是一种泛洪,有些算法利用了这一特性。

其次,泛洪算法非常健壮。即使大量路由器被炸成碎片(比如位于战争地区的一个军事网络),泛洪也能找到一条路径(如果存在),使得数据包到达目的地。泛洪需要的信息很少,路由器仅仅需要知道自己的邻居即可。这意味着,泛洪可以作为其他路由算法的基本构件,那些算法更有效但需要更多的设置。泛洪还可用作与其他路由算法进行比较的一个度量。因为泛洪并发地选择每一条可能的路径,所以它总能选出最短的路径。因此,没有其他算法能够产生一个更短的延迟(如果忽略泛洪过程本身产生的开销)。

5.2.4 距离向量路由算法

计算机网络往往使用动态路由算法,虽然动态路由算法比泛洪算法更复杂,但因为动态路由算法能找到当前网络拓扑中的最短路径,因而更加有效。特别地,有两个动态算法最为流行,即距离向量路由算法和链路状态路由算法。在本节中,考察距离向量路由算法;在5.2.5 节,我们将学习链路状态路由算法。

距离向量路由(distance vector routing)算法是这样工作的:每台路由器维护一张路由表(即一个向量),表中给出了当前已知的到每个目标的最佳距离以及到达那里使用的链路。通过邻居之间相互交换信息,这些表被更新。最终每台路由器都了解到达每个目的地的最佳链路。

距离向量路由算法有时候也被称为其他名称,最为常见的是分布式 **Bellman-Ford** 路由算法,这是以开发此算法的研究员的名字命名的(Bellman,1957;Ford 等,1962)。它是最初的 ARPANET 路由算法,也曾被用于 Internet,相应的名称为 RIP。

在距离向量路由算法中,每台路由器维护一张路由表,它以网络中每台路由器为索引,并且每台路由器对应一个表项。该表项包含两部分:针对该目标路由器使用的首选输出线路,以及到达该目标路由器的距离估计值。距离可能用跳数度量,或者使用其他度量,正如在计算最短路径时讨论的那样。

假定路由器知道它到每一个邻居的距离。如果所用的度量是跳数,那么该距离就是 1 跳。如果度量是传播延迟,则路由器可以直接用一个特殊的 ECHO 数据包来测量,接收方只要打上时间戳,尽可能快地发回来即可。

举个例子,假设使用延迟作为距离度量,并且路由器知道它到每个邻居的延迟。每隔 T 毫秒,每台路由器向它的每个邻居发送一个列表,该表包含了它到每个目标的延迟估计值。它也从每个邻居那里接收到一个类似的表。想象一台路由器接收了来自邻居 X 的一个表,其中 X_i 表示邻居 X 估计的到达路由器 i 需要的时间。如果该路由器知道它到邻居 X 的延迟为 m 毫秒,那么它也能明白在 X_i+m 毫秒内经过 X 可以到达路由器 i。一台路由器对每个邻居都执行这样的计算,就可以发现它到每个目标的延迟的最佳估计值,并且在新的路由表中使用此估计值以及对应的链路。请注意,在上述到目标距离的计算过程中没有使用旧的路由表。

这个更新过程如图 5-9 所示。其中图 5-9(a)显示了一个网络。图 5-9(b)的前 4 列显示了路由器 J 从邻居接收到的延迟向量。A 声称它到 B 有 12ms 的延迟,到 C 有 25ms 的延迟,到 D 有 40ms 的延迟,等等。假定 J 已经测量和估计了它到邻居 A、I、H 和 K 的延迟分别为 8ms、10ms、12ms 和 6ms。

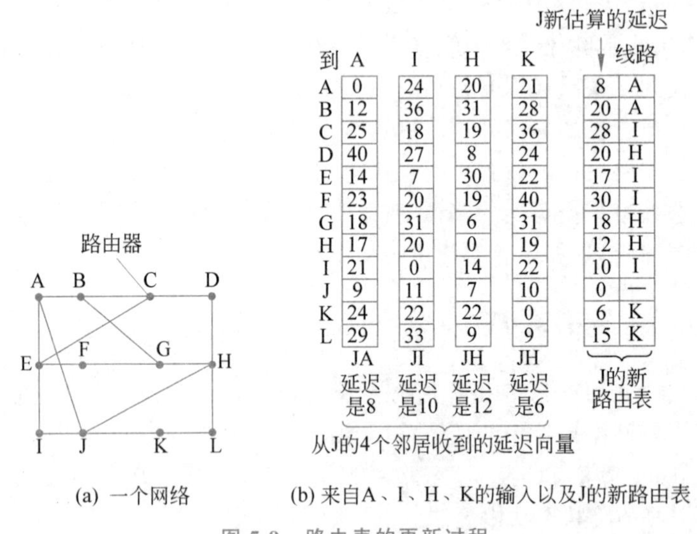

(a) 一个网络　　(b) 来自A、I、H、K的输入以及J的新路由表

图 5-9　路由表的更新过程

现在考虑 J 如何计算它到路由器 G 的新路径。它知道在 8ms 内可以到达 A,并且 A 声称可以在 18ms 内到达 G,所以 J 知道,如果它将那些去往 G 的数据包转发给 A,那么它到 G 的延迟为 26ms。类似地,它计算出经过 I、H 和 K 到达 G 的延迟分别为 41(即 31+10)ms、18(即 6+12)ms 和 37(即 31+6)ms。在这些值中,最好的结果是 18,所以在 J 的路由表中,对应于 G 的表项中的延迟值为 18ms,所用的路径是经过 H 的那一条。对于所有其他的目标地址执行同样的计算过程,最后得到的新路由表如图 5-9(b)中最右一列所示。

无穷计数问题

整个网络最佳路径的寻找过程称为收敛(convergence)。距离向量路由算法作为一个简单技术很有用,路由器可以通过这一算法集中计算出这些最短路径。但在实践中它有一个严重的缺陷:虽然它可以收敛到正确的答案,但速度可能非常慢。尤其是,它对于好消息的反应非常迅速,但对于坏消息的反应异常迟缓。考虑这样一台路由器,它到目标 X 的最佳路径非常长。如果在下一次交换信息时,邻居 A 突然报告说它到 X 有一条延迟很低的路径，那么，该路由器只是将发送给 X 的流量切换到通向 A 的线路。经过一次向量交换，好消息就发挥作用了。

为了看清楚好消息的传播有多快，请考虑图 5-10 中一个五节点网络，这里的延迟度量为跳数。假定 A 最初处于停机状态，所有其他的路由器都知道这一点。换句话说，它们都将到 A 的延迟标记为无穷大。

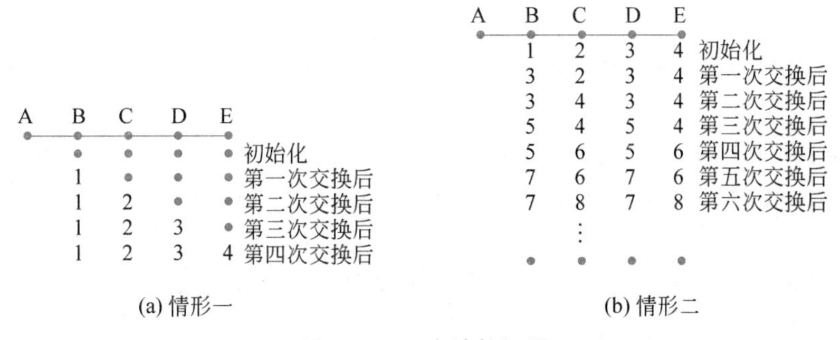

图 5-10　无穷计数问题

当 A 启动时，其他的路由器通过向量交换知道了这一点。为了简化起见，假定在某个地方有个巨大的钟，它定期敲击以启动所有路由器同时进行向量交换。在第一次交换时，B 知道它左边的邻居到 A 的延迟为 0。B 现在在它的路由表中建立一个表项，说明 A 离它的左边一跳远。所有其他的路由器仍然认为 A 是停机的。这时候，针对 A 的路由表项如图 5-10(a)中的第二行所示。在下一次交换中，C 知道 B 有一条路径通向 A，并且路径长度为 1，所以它更新自己的路由表，指明它到 A 的路径长度为 2，但是 D 和 E 要到以后才能听到这个好消息。很显然，好消息按照每交换一次走一跳的速度进行扩散。在一个最长路径为 N 跳的网络中，经过 N 次交换以后，每台路由器都将知道新恢复的链路和路由器。

现在考虑图 5-10(b)的情形，在这里所有的链路和路由器最初都是正常工作的。路由器 B、C、D 和 E 到 A 的距离分别为 1 跳、2 跳、3 跳和 4 跳。突然间，或者 A 停机了，或者 A 和 B 之间的链路断了(从 B 的角度来看这两种情况的结果是相同的)。

在第一次数据包交换时，B 没有听到来自 A 的任何信息。幸运的是，C 说"别担心，我有一条通向 A 的长度为 2 的路径"。B 并不怀疑 C 的路径经过 B 自身。B 能知道的全部情况是，C 可能有 10 条链路，每条都有独立的路径通向 A，并且长度为 2。因此，B 认为它可以通过 C 到达 A，路径长度为 3。在第一次交换以后，D 和 E 并不更新它们的 A 表项。

在第二次交换时，C 注意到，它的每一个邻居都声称有一条通向 A 的长度为 3 的路径。它随机地挑选出一条，并且将它到 A 的距离更新为 4，如图 5-10(b)中的第三行所示。通过后续的交换，可以得到图 5-10(b)中余下的记录历史。

从图 5-10 中，应该很清楚地看出为什么坏消息传播得很慢：没有一台路由器具有一个比它所有邻居的最小值还大 1 的值。逐渐地，所有的路由器都会趋向无穷大，但是所需交换的次数依赖于代表无穷大的具体数值。由于这样的原因，明智的做法是将代表无穷大的值设置为最长的路径加 1。

不出意外，这个问题称为**无穷计数**(count-to-infinity)问题。已经有许多试图解决该问题的工作，比如，防止路由器向邻居返回一个从该邻居获得的最佳路径。RFC 1058 中讨论了带有逆向毒化(poisoned reverse)规则的水平分裂法。然而,这些启发式工作尽管有丰富多彩的名称,但没有一个在实践中工作得很好。问题的核心在于,当 X 告诉 Y 它有一条通往某个地方的路径时,Y 无从知道自己是否正在这条路径上。

5.2.5 链路状态路由算法

1979年以前 ARPANET 一直使用距离向量路由算法,而在此以后则替代为链路状态路由算法。导致距离向量路由算法退位的主要问题在于,当网络拓扑结构发生变化后,距离向量路由算法需要太长时间才能收敛(由于无穷计数问题)。因此,距离向量路由算法被一个全新的算法所替代,该算法现在称为链路状态路由(link state routing)算法。今天,链路状态路由算法的变体——IS-IS 和 OSPF,已经成为大型网络或 Internet 中应用最为广泛的路由算法。

链路状态路由算法背后的思想非常简单,可以用5个步骤加以说明。每一台路由器必须完成以下的事情,算法才能工作:

(1) 发现它的邻居节点,并了解其网络地址。

(2) 设置到每个邻居节点的距离或者成本度量值。

(3) 构造一个包含所有刚刚获知的信息的数据包。

(4) 将这个数据包发送给所有其他路由器,并接收来自所有其他路由器的数据包。

(5) 计算出到每个其他路由器的最短路径。

实际上,完整的拓扑结构被分发给每一台路由器。然后每台路由器运行 Dijkstra 算法,就可以找出从它到每一台其他路由器的最短路径。下面详细地考虑上述每一个步骤。

发现邻居

当一台路由器启动时,它的第一个任务是找出谁是它的邻居。为了实现这个目标,它在每一条点到点线路上发送一个特殊的 HELLO 数据包。线路另一端的路由器应该返回一个应答,说明它的名字。这些名字必须是全局唯一的,因为当一个远程路由器以后听到有3台路由器都能连接到F时,本质上它能够确定这3台路由器所提到的F是同一台路由器。

当两台或者多台路由器通过一个广播链路(比如一台交换机、一个环或经典以太网)连接时,情形会稍微复杂一些。图5-11(a)显示了一个广播 LAN 直接与3台路由器A、C和F连接的情形。如图5-11所示,每台路由器都连接到一台或者多台其他的路由器上。

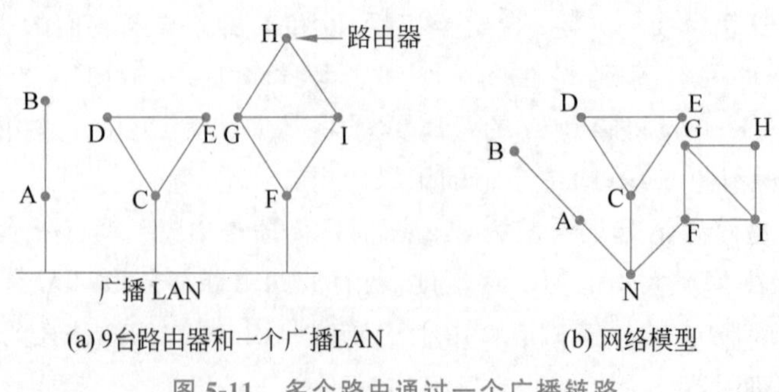

图 5-11 多个路由通过一个广播链路

广播 LAN 为附载于其上的每一对路由器提供了彼此的连通性。然而,把这个 LAN 建模成许多个点到点链路会增加拓扑结构的规模，从而导致浪费消息。LAN 建模的一个更好的方法是把它本身看作一个节点，如图 5-11(b)所示。在这里，引入了一个新的人造节点 N，它与 A、C 和 F 连接。LAN 上的一个指定路由器（designated router）被选中为路由协议中 N 的角色。事实上，在 LAN 上从 A 到 C 是可能的，这里用路径 ANC 表示。

设置链路成本

为了寻找最短路径，链路状态路由算法需要每条链路都有一个距离或成本度量。到达邻居的成本可以自动设置，也可以由网络运营商配置。一种常用的选择是使成本与链路带宽成反比。比如，1Gb/s 以太网的成本可能是 1，而 100Mb/s 以太网的成本可能是 10，这样可以使得高容量的路径成为路由更好的选择。

如果网络在地理上分散，则链路的延迟可以作为成本的组成部分，这样，链路越短，这条链路上的路径越有可能成为好的选择。确定这种延迟的最直接的方法是通过线路给另一侧发送一个特殊的 ECHO 数据包，要求对方立即发回。通过测量往返时间再将其除以 2，发送路由器可以得到一个延迟估计值。

构建链路状态数据包

一旦收集到交换需要的信息，每台路由器的下一步工作就是构建一个包含所有这些数据的数据包。该数据包从发送方的标识符开始，接着是一个序号（Seq）和年龄（Age，后面再介绍），最后是一个邻居列表，同时也要给出到每个邻居的成本。图 5-12(a)显示了一个网络，每条线路上标出了成本信息。这 6 台路由器对应的链路状态数据包如图 5-12(b)所示。

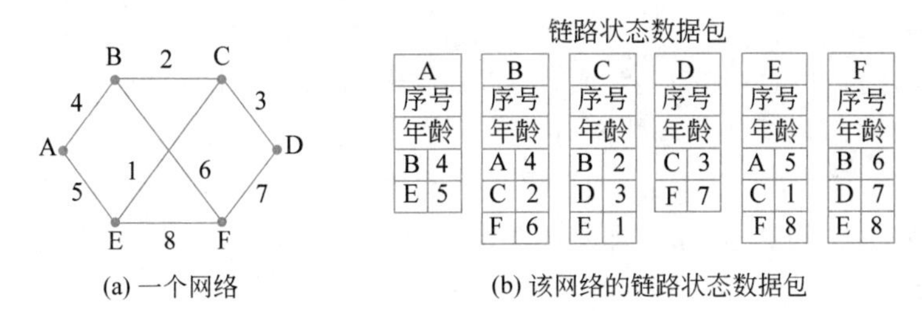

(a) 一个网络　　(b) 该网络的链路状态数据包

图 5-12　构建链路状态数据包

构建链路状态数据包很容易，难的是确定什么时候构建数据包。一种可行的做法是周期性地构建数据包，也就是说以规则的时间间隔构建数据包。另一种可行的做法是每当发生某个特定的事件时才构建数据包，比如当一条线路断开或者一个邻居节点停机时，或当它们重新恢复运行时，或当它们的特性发生了变化时。

分发链路状态数据包

该算法最展现技巧的部分在于分发链路状态数据包。所有路由器必须快速并可靠地获得全部的链路状态数据包。如果不同的路由器使用了不同版本的拓扑结构，那么它们计算出来的路径可能会不一致，比如出现环路、不可达的目标主机以及其他的问题。

首先描述基本的分发算法，然后再对它进行改进。基本思路是使用泛洪法将链路状态数据包分发给所有路由器。为了保持泛洪可控，每个数据包都包含一个序号，序号随着每一个新数据包发出而递增。路由器记录它们观察到的所有（源路由器、序号）对。当一个新的链路状态数据包到达时，路由器检查这个新来的数据包是否已经出现在上述观察到的列表中。如果这是一个新数据包,则把它转发到除了到来的线路之外的所有其他线路上;如果这是一个重复数据包,则将它丢弃;如果数据包的序号小于当前已观察到的最大序号,则将它当作过时数据包拒绝接受,因为该路由器已经有了更新的数据。

这个算法还有一些问题,不过,这些问题都是可以解决的。

第一,如果序号绕回,可能会产生混淆。这里的解决方案是使用一个32位的序号。即使每秒产生一个链路状态数据包,也需要137年才可能发生绕回,所以,这种可能性可以忽略不计。

第二,如果一台路由器崩溃了,那么它将丢失所有的序号记录表。如果它再从0开始,那么,它发送的下一个数据包将被作为重复数据包而遭到拒绝。

第三,如果一个序号被破坏了,比如本该序号为4,但是由于产生了1位错误,所以接收到的序号是65 540,那么,序号为5～65 540的数据包都将被当作过时数据包而遭到拒绝,因为当前的序号将被认为是65 540。

对这些问题的解决方案是,在每个数据包的序号之后包含一个年龄字段,并且每秒将该字段值减1。当该字段值被减到0时,来自该路由器的信息都被丢弃。通常情况下,每隔一段时间,比如10s,一个新的数据包就会到来。所以,只有当一台路由器停机时(或者6个连续的数据包被丢失,这种情形发生的可能性不大),路由器信息才会超时。在初始泛洪过程中,每台路由器也要递减该字段值,这样可以确保没有数据包丢失,数据包也不会无限制生存下去(该字段值为0的数据包将被丢弃)。

对这个算法做一些改进可以使它更加健壮。当一个链路状态数据包被泛洪到一台路由器时,它并没有立即被排入队列等待传输。相反,它首先被放到一个保留区中等待一段较短的时间,以防有更多的链路启动上线或者停机。如果在这个数据包被转发出去之前,另一个来自同一个源路由器的链路状态数据包也到来了,那么就比较它们的序号。如果两个数据包的序号相等,则丢弃重复数据包;如果两者不相等,则丢弃老的数据包。为了防止链路上产生错误,所有的链路状态数据包都要被确认。

在图5-12(a)所示的网络中,路由器B的数据结构(即数据包缓冲区)如图5-13所示。这里的每一行对应一个刚刚到达但还没有处理完毕的链路状态数据包。该表记录了数据包的来源(源路由器)、序号、年龄以及数据。而且,针对B的3条链路(分别到A、C和F)中的每一条,还有发送标志位和确认标志位。发送标志位为1意味着该数据包必须在指定的链路上发送。确认标志位为1意味着它必须在这条链路上得到确认。

源路由器	序号	年龄	发送标志位			确认标志位			数据
			A	C	F	A	C	F	
A	21	60	0	1	1	1	0	0	
F	21	60	1	1	0	0	0	1	
E	21	59	0	1	0	1	0	1	
C	20	60	1	0	1	0	1	0	
D	21	59	1	0	0	0	1	1	

图5-13　路由器B的数据结构

在图5-13中,来自A的链路状态数据包直接到达,所以它必须先被发送给C和F,并且按照确认标志位的指示向 A 确认。类似地，来自 F 的数据包必须被转发给 A 和 C，并且向 F 确认。

然而，第三个数据包，即来自 E 的数据包情形有所不同。它到达两次，一次经过 EAB，另一次经过 EFB。因此，它必须只发送给 C，但是必须向 A 和 F 都确认，正如标志位所指示的那样。

如果一个重复数据包到来时原来的数据包仍然在缓冲区中，那么标志位必须做相应的改变。比如，如果图 5-13 中第四个数据表被转发出去之前，C 的链路状态数据包的一份副本从 F 到达，那么，这 6 位将变为 100011，以表明该数据包必须向 F 确认，但是不用转发了。

计算新路径

一旦一台路由器已经积累了全部的链路状态数据包以后，它就可以构造完整的网络图，因为每条链路都已经被表示出来了。事实上，每条链路被表示了两次，两个方向各表示一次。链路的不同方向甚至可能有不同的成本。最短路径计算可找到从 A 到 B 与从 B 到 A 的不同路径。

现在可以在路由器本地运行 Dijkstra 算法，以便构造从本地出发到所有可能目标的最短路径。这个算法的结果告诉该路由器，到达每个目的地使用了哪条链路。此信息被放在路由表中，从而恢复正常操作。

相比距离向量路由算法，链路状态路由算法需要更多的内存和计算量。对于一个具有 n 台路由器的网络，每台路由器有 k 个邻居，那么，用于存储输入数据所需的内存与 kn 成正比，这至少与列出全部目的地的路由表一样大。而且，计算时间的增长快过 kn，即使采用最有效的数据结构，这在大型网络中仍然是一个问题。不过，在许多实际情形中，链路状态路由算法工作得很好，因为它不受慢收敛问题的影响。

链路状态路由算法被广泛地应用于实际网络中，所以，与之有关的一些协议也有必要在此提一下。许多 ISP 使用 **IS-IS**(Intermediate System-Intermediate System，**中间系统到中间系统**)链路状态协议(Oran，1999)。它是为一个早期的称为 DECnet 的网络而设计的，后来被 ISO 采纳，用于 OSI 协议，然后，又对它做了修改以便能够处理其他的协议，最著名的是 IP。OSPF(Open Shortest Path First，开放最短路径优先)是另一个主流链路状态协议，将在 5.7.6 节中讨论。它是在 IS-IS 提出几年后由 IETF 设计的，它采纳了 IS-IS 中的许多创新。这些创新包括：一种泛洪链路状态更新的自稳定方法，LAN 上的指定路由器概念，以及计算和支持路径分裂与多个度量的方法。因此，IS-IS 和 OSPF 的差异非常小。两者最重要的差别是，IS-IS 可同时携带多个网络层协议的信息(比如 IP、IPX 和 AppleTalk)，在大型的多协议环境中这是一个优势；而 OSPF 不具备这个特性。

下面也说一下对路由算法的一般性评论。链路状态、距离向量和其他算法都依赖于在所有的路由器上进行处理，以便计算路径。即使少数路由器上的硬件或软件出现问题都可以严重破坏网络。比如，如果一台路由器声称有一条实际上并不存在的链路，或者忘记一条实际上存在的链路，网络图都将是不正确的；如果一台路由器转发数据包失败，或者在转发过程中破坏了数据包，则该路径就无法按照预期工作；如果内存耗尽或者路由计算出错，就会发生不好的事情。随着网络规模增长到几万、几十万个节点，某台路由器偶尔出错的概率变得不可忽视。应对的诀窍在于，尽量做好安排，当发生不可避免的错误时限定危害的范围。Perlman 的博士学位论文(1988)详细讨论了这些问题以及可能的解决方案。

5.2.6 网络内部的层次路由算法

随着网络规模的增长,路由器的路由表也成比例地增长。不断增长的路由表不仅消耗路由器内存,而且还需要花更多的 CPU 时间扫描路由表以及使用更多的带宽发送有关路由器的状态报告。此外,即使每台路由器能够存储整个拓扑结构,每当网络拓扑结构经历变化时仍然要重新计算最短路径,这也是难以承受的,比如,一个超大型网络每当网络中的一条链路失败或者恢复的时候都需要计算最短路径。在特定的点上,当网络增长到一定的规模时,每台路由器都不可能为其他每一台路由器维护一个表项,所以,路由不得不分层次进行,具体的做法是划分路由区域(routing area)。

在采用了分层路由以后,路由器被划分成区域。每台路由器在它自己的区域内知道如何将数据包路由到目标地址,但是对于其他区域的内部结构毫不知情。当不同的网络互联时,很自然地就会将每个网络当作一个独立的区域,一个网络中的路由器不必知道其他网络的拓扑结构。

对于巨型网络,两级的层次结构可能还不够;可能有必要将区域组织成簇(cluster),将簇组织成区(zone),将区组织成群(group),等等,直到将所有的集合名词用完为止。举一个简单的多层结构的例子,请考虑如何将一个数据包从美国加利福尼亚州的伯克利路由到肯尼亚的马林迪。伯克利的路由器知道加利福尼亚州的详细拓扑结构,但是可能将所有州际的流量发送给洛杉矶的路由器。洛杉矶的路由器能够将流量直接路由给美国其他的路由器,但是它会将所有的国外流量发送到纽约。纽约的路由器直接将所有的流量发送至目标国家中负责处理国外流量的路由器,比如肯尼亚的内罗毕。最后,该数据包将沿着肯尼亚国家中的路径树往下传送,一直到达马林迪。

图 5-14 给出了两级层次的定量分析路由的例子,其中包含了 5 个区域。路由器 1A 的完整路由表有 17 个表项,如图 5-14(b)所示。当路由通过分层完成时,如图 5-14(c)所示,所

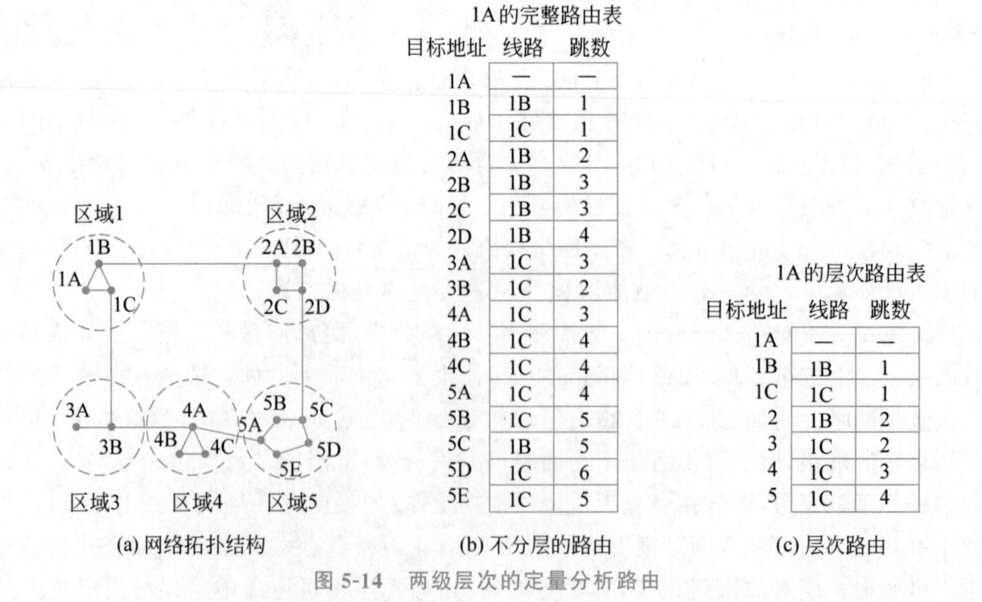

1A的完整路由表

目标地址	线路	跳数
1A	—	—
1B	1B	1
1C	1C	1
2A	1B	2
2B	1B	3
2C	1B	3
2D	1B	4
3A	1C	3
3B	1C	2
4A	1C	3
4B	1C	4
4C	1C	4
5A	1C	4
5B	1C	5
5C	1B	5
5D	1C	6
5E	1C	5

1A的层次路由表

目标地址	线路	跳数
1A	—	—
1B	1B	1
1C	1C	1
2	1B	2
3	1C	2
4	1C	3
5	1C	4

(a) 网络拓扑结构　(b) 不分层的路由　(c) 层次路由

图 5-14 两级层次的定量分析路由

有针对本地路由器的表项都跟原先一样；但是，所有其他区域都被压缩到单台路由器上，因此，所有到区域2的流量都要经过1B-2A线路，其余的远程流量都经过1C-3B线路。层次路由使得路由表长度从17项降低为7项。随着区域数与每个区域中路由器数量之比的增加，路由表空间的节省量也随之增加。

不幸的是，这种空间的节省不是免费得来的，需要付出代价：增加了路径长度。比如，从1A到5C的最佳路径要经过区域2，但采用了层次路由以后，所有到区域5的流量都要经过区域3，因为对于区域5中的绝大多数目标来说这是更好的选择。

当单个网络变得非常大时，一个有趣的问题是层次结构应该分多少层。比如，考虑一个具有720台路由器的网络。如果没有分层，则每台路由器需要720个路由表项；如果网络被分成24个区域，每个区域30台路由器，那么每台路由器只需要30个本地表项，加上23个远程表项，总共53个表项；如果选择3级层次结构，则总共8个簇，每个簇包含9个区域，每个区域10台路由器，那么，每台路由器需要10个表项用于本地路由器，8个表项用于到同一簇内其他区域的路由，7个表项用于远程的簇，总共25个表项。Kamoun等(1979)发现，对于一个包含 N 台路由器的网络，最优的层数是 $\ln N$，每台路由器所需的路由器表项总共是 $e \ln N$ 个。他们还证明了，由于层次路由而导致的平均路径长度的实际增长比较小，通常是可以接受的。

5.2.7 广播路由算法

在有些应用中，主机需要给其他多个或者全部主机发送消息。比如，用于发布天气预报、股市行情最新报告或者现场直播节目的服务，它们的最佳工作方式是将消息发送给所有的主机，然后让那些感兴趣的主机读取这些数据。同时给全部目标地址发送数据包称为广播(broadcasting)。为了实现广播，人们已经提出了各种各样的方法。

一种不要求网络具有任何特殊性质的广播方法是让源端简单地给每一个目标发送一个单独的数据包。这种方法不仅浪费带宽和比较慢，而且还要求源端拥有所有目标的完整列表。在实践中这种方法并不是所期望的，即使它已被广泛使用。

一种改进方法称为多目标路由(multidestination routing)，每个数据包要么包含一组目标地址，要么包含一个位图，由该位图指定期望到达的目标。当一个数据包到达一台路由器时，路由器检查所有的目标，以确定哪些输出线路是必要的(如果一条输出线路是到达至少一个目标的最佳路径，那么它就是必要的)。路由器为每一条需要用到的输出线路生成一份该数据包的新副本，在这份副本中只包含那些使用这条线路的目标地址。实际上，原来的目标集合被分散到这些输出线路上。在经过了足够多的跳数以后，每个数据包将只包含一个目标地址，如同一个普通的数据包一样。多目标路由就如同单个地址的数据包一样，只不过当几个数据包必须遵循同样的路径时，其中一个数据包承担了全部的费用，而其他的数据包则是免费搭载。因此，网络带宽的使用更有效率。然而，这种方案依然要求源端知道所有的目标地址，同时，对于路由器来说，要确定从哪些线路发送一个多目标数据包需要做很多工作，因为它针对多个不同的数据包。

本书早就提到了更好的广播路由技术——泛洪。当实现了每个源一个序号时，泛洪可以在路由器上用一条相对简单的决策规则有效地利用链路。虽然泛洪不适合普通的点到点通信，但值得认真考虑将它用于广播。然而，事实证明，一旦普通数据包的最短路径已经被计算出来,还可以把广播做得更好。

逆向路径转发(reverse path forwarding)的思想一经提出,就被认为非常精致,也相当简洁(Dalal 等,1978)。当一个广播数据包到达一台路由器时,该路由器检查它到来的那条线路是否正是通常用来给广播源发送数据包时使用的那条线路。如果是,说明这是一个极好的机会,该广播数据包是沿着最佳路径被转发过来的,因而是到达当前路由器的第一份副本。如果是这种情况,则路由器将该数据包的副本转发到除了到来的那条线路之外的所有其他线路上。然而,如果广播数据包是从其他任何一条并非首选的到达广播源的线路进来的,那么该数据包被当作一个可能的重复数据包而丢弃。

逆向路径转发算法的一个例子如图 5-15 所示。图 5-15(a)显示了一个网络,图 5-15(b)显示了该网络中路由器 I 的汇集树,图 5-15(c)显示了逆向路径转发算法是如何工作的。在第一跳,I 发送数据包给 F、H、J 和 N,如树中第二行所示。这些数据包中的每一个都是沿着通向 I 的首选路径(假定首选路径都沿着汇集树)到来的,这一点用字母外面加一个圆圈表示。在第二跳,共产生了 8 个数据包,其中,在第一跳接收到数据包的路由器各产生两个数据包。结果,所有 8 个数据包都到达了以前没有访问过的路由器,其中 5 个是沿着首选路径到来的。在第三跳产生的 6 个数据包中,只有 3 个是沿首选路径(在 C、E 和 K)到来的,其他的都是重复数据包。在经过 5 跳和 24 个数据包以后,广播过程终止。相比之下,如果完全沿着汇集树,只需要 4 跳和 14 个数据包。

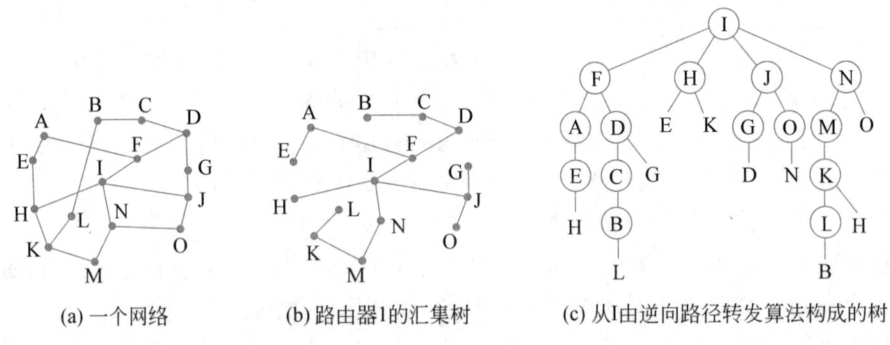

图 5-15 逆向路径转发

逆向路径转发算法的主要优点是高效和易于实现。它只往每个方向上的链路发送一次广播数据包,就像泛洪一样简单,且仅仅要求路由器知道如何到达全部目标;路由器无须记住序号(或使用其他机制停止泛洪)或者在数据包中列出全部的目标地址。

本节介绍的最后一种广播算法改进了逆向路径转发算法的行为。它显式使用了以发起广播的路由器为根的汇集树,或者任何其他便利的生成树。生成树(spanning tree)是网络的一个子集,它包含所有的路由器,但是没有任何环路。汇集树也是生成树。如果每台路由器都知道它的哪些线路属于生成树,那么,它就可以将一个进来的广播数据包复制到除了该数据包到来的那条线路之外的所有生成树线路上。这种方法可以最佳地使用带宽,并且生成的数据包也绝对是完成这项任务所需的最少数量。比如,在图 5-15 中,当路由器 I 的汇集树被用作生成树时,发送的广播数据包只有 14 个。唯一的问题是,为了这种方法可以适用,每台路由器都必须知道某一棵生成树。有时候这样的信息是可以得到的(比如采用了链路状态路由算法,所有路由器都知道完整的网络拓扑,因而它们可以计算出一棵生成树),但是有时候无法获得这样的信息(比如采用了距离向量路由算法)。

5.2.8　多播路由算法

有些应用,比如多人游戏或者体育赛事视频直播到许多个观看点,这样的应用将数据包发送给多个接收者。除非组的规模很小,否则给每个接收者单独发送不同的数据包的代价很大。另一方面,如果在一个由百万节点组成的网络中有一个由 1000 台计算机组成的组,因而大多数接收者对该消息并不感兴趣(可能最糟糕的是,他们虽然感兴趣,但不应该看到这些消息,因为它是付费点播体育赛事的一部分),那么,广播数据包是一种极大的浪费。因此,需要有一种办法能够给明确定义的组发送消息,这些组的成员数量虽然很多,但相比整个网络规模却很小。

给这样的一个组发送消息称为**多播**(multicasting),使用的路由算法称为**多播路由(multicast routing)**算法。所有的多播方案都需要采用某种方法创建和撤销特定的组,并确定哪些路由器是组的成员。如何完成这些任务并不是路由算法所关心的。现在,假定每个组由一个多播地址标识,并且路由器知道自己属于哪些组。在 5.7.8 节讲述 Internet 多播时再重新讨论关于组成员的话题。

多播路由方案建立在前面已经讨论过的广播路由方案的基础上,沿着生成树发送数据包,既可以将数据包传递给组的成员,同时又能有效地利用带宽。然而,最佳生成树的使用取决于组的分布是密集的还是稀疏的:密集分布是指接收者遍布在网络的大部分区域,稀疏分布指大部分网络都不属于组。本节将考虑这两种情况。

如果组的分布是密集的,那么广播是一个良好的开端,因为它能有效地把数据包发到网络的每个部分。但广播也将到达一些不属于该组成员的路由器,这将是一种浪费。Deering 等(1990)探索出一个解决方案,就是修剪广播生成树,把不通往组成员的链路从树中剪掉,结果得到的是一棵有效的多播生成树。

作为一个例子,考虑图 5-16(a)所示的网络,其中有两个组:组 1 和组 2。有些路由器连接的主机属于其中的零个组、一个组或同时属于两个组。最左侧路由器的一棵生成树如图 5-16(b)所示。这棵生成树可用于广播,但对于多播来说则过度了,这从下面显示的两个修剪版本可以看得出来。在图 5-16(c)中,所有不通往组 1 成员主机的链路已被删除。结果是一棵针对最左侧路由器发送到组 1 的多播生成树。数据包只沿着这棵生成树进行转发,这比广播生成树更有效率,因为这里只有 7 条而不是 10 条链路。图 5-16(d)显示了一棵针对组 2 修剪后的多播生成树。相比广播生成树,它也更有效率,这次只有 5 条链路。这个例子也表明不同的多播组有不同的生成树。

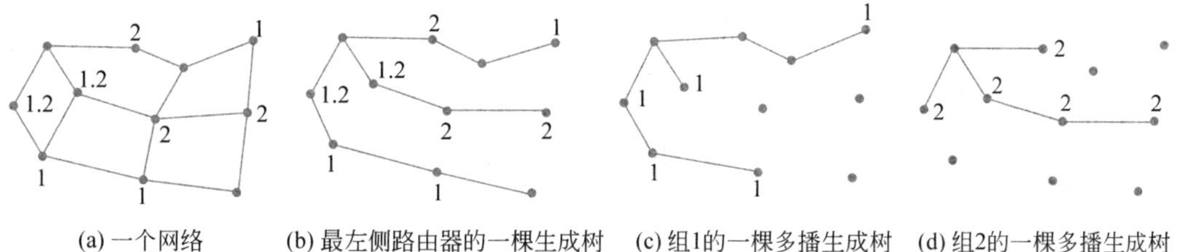

图 5-16　多播路由

修剪生成树的方法有多种多样。如果使用了链接状态路由,并且每台路由器知道完整的拓扑结构,包括哪些主机属于哪些组,那么可以使用最简单的一种修剪方法。每台路由器针对发送至目标组的每个发送者构造一棵它自己的修剪后的生成树,具体做法是,先按常规方法构造一棵针对此发送者的生成树,然后去掉那些不连接组成员与汇集节点的所有链路。**MOSPF**(Multicast OSPF,**多播 OSPF**)就是一个以这种方式工作的链路状态协议的例子(Moy,1994)。

如果采用距离向量路由算法,则要遵循不同的修剪策略。基本算法是逆向路径转发算法。然而,如果一台路由器没有任何主机对某个特定的组感兴趣,并且没有与其他路由器的连接,无论何时,当它接收到针对该组的一个多播消息时,它要用 PRUNE 消息进行响应,告诉发送该消息的邻居不要再给自己发送任何来自该发送者所在的组的多播消息。如果一台路由器自己连接的主机没有一个属于该组成员,当它在发送过多播消息的所有线路上都接收到了这样的消息时,那么它也同样以 PRUNE 消息响应。通过这种方式,原来的生成树被递归地进行修剪。**DVMRP**(Distance Vector Multicast Routing Protocol,**距离向量多播路由协议**)就是一个以这种方式工作的多播路由协议的例子(Waitzman 等,1988)。

修剪过程得到一棵有效的生成树,它只用到那些可到达组成员的链路,没有其他链路。这种方法一个潜在的缺点是路由器需要做大量的工作,特别是超大型网络。假设一个网络有 n 个组,每个组平均有 m 个节点。在每台路由器上针对 n 组,每个组有 m 棵生成树,则总共有 mn 棵生成树。比如,图 5-16(c)给出了针对最左侧路由器发送给组 1 成员的生成树。最右侧路由器发送给组 1 的生成树(图 5-16 中未显示)将完全不同,因为数据包直接朝着组成员去而不是通过图 5-16 中最左侧路由器发送。这又意味着路由器必须按不同的方向转发组 1 的数据包,具体方向取决于哪个节点发送给这个组。当存在许多大的组,并且存在大量发送者时,需要相当可观的存储空间存储所有的生成树。

另一种设计是采用**核心基树**(core-based tree)技术,为一个组计算一棵生成树(Ballardie 等,1993)。所有路由器都同意一个根,这个根称为**核心**(core)或**会聚点**(rendezvous point),然后每个成员通过给根发送一个数据包来建立这棵生成树。该树是这些数据包途经的路径的并集。图 5-17(a)显示了针对组 1 的核心树。为了发送到这个组,发送者把数据包发送给核心。当数据包到达核心时,它再沿着树往下转发。图 5-17(b)显示了网络右侧一个发送者的多播过程。作为一种性能优化,发往该组的数据包并不需要先发送到核心,然后再开始多播。一旦数据包到达核心基树,它便沿着树向上转发给根,同时沿着树向下转发到所有其他分支。这正是图 5-17(b)中位于上方的发送者经历的情形。

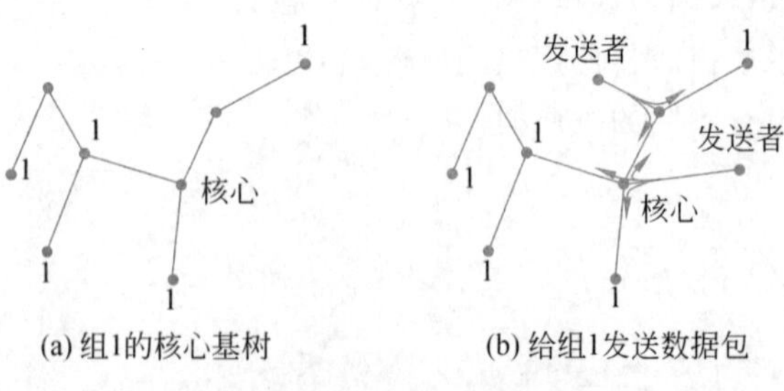

图 5-17 核心基树

对于所有的源使用一棵共享的生成树是无法达到最优的。比如,在图 5-17(b)中,从网络右侧的发送者到达右上方的组成员通过核心要 3 跳,而不是直接发送。这种低效率取决于核心和发送者的相对位置，但是，当核心位于这些发送者的中央位置时，通常它是一种合理的做法；如果只有一个发送者，比如视频流传输到一个组，那么将该发送者作为核心是最优的。

另外值得注意的是，共享的生成树可以大大节省存储成本、消息发送量和计算量。每台路由器只要为每个组保存一棵生成树，而不是 m 棵生成树。此外，不属于这棵共享的生成树一部分的路由器根本不需要为支持组而做任何工作。正是出于这个原因，像核心基树的这一类共享生成树方法被用于多播到 Internet 上的稀疏组，成为流行协议的一部分，比如协议独立多播（Protocol Independent Multicast，PIM）（Fenner 等，2006）。

5.2.9　任播路由算法

到目前为止，本章已经涵盖了 3 种传递模型：发送给单个目标（称为单播）、发送给所有目标（称为广播）以及发送给一组目标（称为多播）。还有另一种称为任播（anycast）的传递模型有时也非常有用。在任播方式下，数据包被传递给一个组中最近的一个成员（Partridge 等，1993）。发现这些路径的方案被称为任播路由（anycast routing）。

为什么还要提出任播？有的时候，节点提供了诸如报时或者内容分发等服务，这类服务对客户而言最重要的是获得正确的信息而不是与哪个节点取得联系，信息来自任何节点都可以。比如，任播就作为域名系统的一部分而应用于 Internet 上。关于域名系统，将在第 7 章讨论。

幸运的是，普通的距离向量路由算法和链路状态路由算法可以产生任播路径，所以不需要为任播设计新的路由方案。假设要任播到组 1 的成员，它们都将被赋予地址 1 而不是一个个不同的地址。距离向量路由算法将像往常一样分发矢量，并且节点将只选择到目的地 1 的最短路径。这样得到的节点将导致数据包被发送到目的地 1 的最近节点。图 5-18(a) 显示了这些路径。此过程之所以能正常工作是因为路由协议并没有意识到这里有目的地 1 的多个节点。也就是说，它相信目的地 1 的所有节点都是同一个节点，即如图 5-18(b) 所示的拓扑结构。

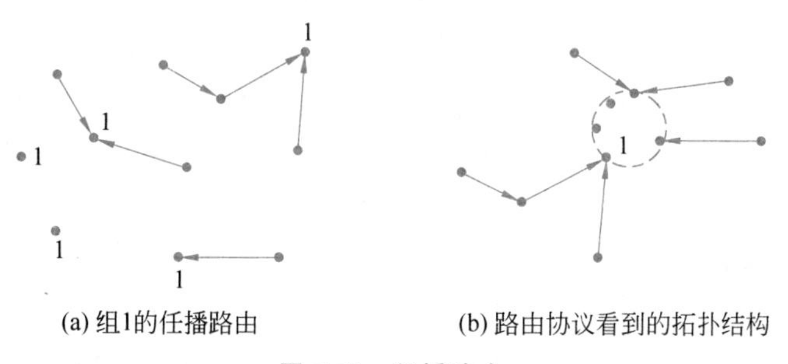

图 5-18　任播路由

这个过程也同样适用于链路状态路由，不过要有一点额外的考虑：路由协议似乎并不是必须找到通过目的地 1 的最短路径。这将导致跨越网络空间的跳跃，因为目的地 1 的节点实际上是那些位于网络不同部分的节点。然而，链路状态路由协议已经能区分路由器和主机。前面没有提及这一事实是因为它对于本章的讨论没有必要。

5.3 网络层的流量管理

在网络的任何部分,数据包数量太多最终都会引发数据包延迟和丢失,极大地使性能退化。这种情况称为拥塞(congestion)。

5.3.1 流量管理的必要性:拥塞

网络层和传输层共同承担着管理拥塞的责任。拥塞发生在网络内,而且,拥塞就是发生在网络层,网络层必须最终确定如何处理过载的数据包。控制拥塞最有效的方法是减少传输层放到网络上的负载。这就要求网络层和传输层共同工作。网络层并不会自动缓解拥塞,但是网络运营商可以配置网络层上的路由器、交换机和其他设备,以缓解拥塞带来的影响,通常情况下,它们可以采取行动鼓励发送者降低发送速率,或者沿着其他非拥塞的路径通过网络发送流量。在本章中,将着眼于拥塞涉及网络层的方面,以及网络层控制和管理拥塞的机制。一个更常用的术语——拥塞控制通常被一些作者用来描述传输层的功能,为了避免与之混淆,在本章中,将讨论在网络层上管理拥塞的一些实践,称为拥塞管理(congestion management)或者流量管理(traffic management)。在第6章,将讨论传输层用于管理拥塞控制的一些机制,以此来结束这一话题。

图5-19显示了拥塞的发生。当主机发送到网络数据包数量在网络的容量范围之内时,送达的流量与发送的流量成正比:如果发送的流量增加了两倍,则送达的流量也增加了两倍。然而,随着提供的负载接近承载能力,偶尔突发的流量填满了路由器内部的缓冲区,某些数据包会被丢失。这些丢失的数据包消耗了部分容量,所以,送达的数据包数量低于理想情况。此时,网络正在发生拥塞。

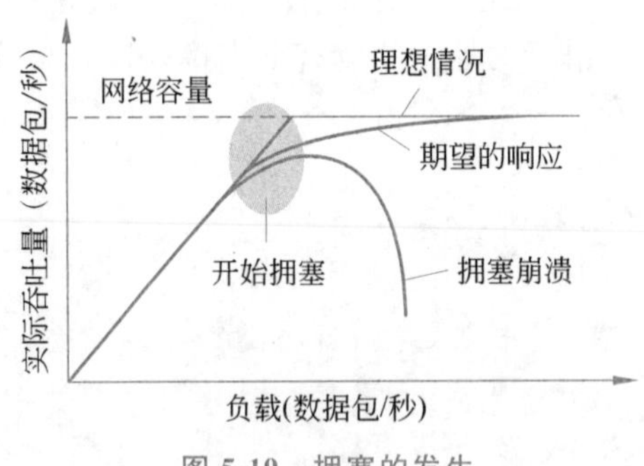

图 5-19 拥塞的发生

在某个点上,网络可能会遭遇拥塞崩溃(congestion collapse),表现为随着输入的负载增加到超出网络容量,网络性能骤降。简而言之,当网络上不断增加的负载实际上导致了越来越少的流量能被成功传送时,拥塞崩溃就会发生。如果数据包在网络内部经历了足够的延迟,使得它们离开网络后已经不再有用,那么这种情况就可能发生。比如,在早期Internet中,有许多慢速的56kb/s链路,通过这样的链路发送数据包,数据包等待积压在前面的数据包排空的时间可能达到了允许它留在网络中的最大时间。然后,数据包不得不被丢弃。这种被延迟了很长时间的数据包会被认为已经丢失,当发送方重传这些数据包时就出现了一个不同的失败模式。在这种情况下，相同数据包的副本将通过网络传送，再次浪费了网络容量。图 5-19 中的纵轴代表实际吞吐量(goodput)，它表示网络传递有用(useful)数据包的速率。

我们想设计出这样的网络：尽可能地避免产生拥挤，并且当它们确实变得拥挤时不会遭遇拥塞崩溃。不幸的是，在数据包交换网络中，拥塞不能完全避免。如果突然间从三四条进入线路到达的数据包流都需要转发到相同的输出线路，则会形成一个队列。如果没有足够的内存容纳所有这些数据包，则数据包将被丢弃。添加更多的内存可以缓解这一点，但 Nagle(1987)认识到，如果路由器拥有无限数量的内存，则拥塞情况往往会更加恶化，而不是变好。最近，研究人员发现，许多网络设备倾向于拥有比它们实际需要更多的内存，这一概念变成人们熟知的缓冲区膨胀(bufferbloat)问题。拥有过多内存的网络设备可能会因为各种各样的原因使网络性能退化。首先，当数据包移至队列的前面时，它们已经超时了(不断地重复)，复制的数据包已经发送出来了。其次，正如将在第 6 章中要讨论的那样，发送方需要有关网络拥塞的及时信息，如果数据包被存储在路由器的缓冲区中而没有被丢弃，那么，发送方将会继续发送数据包，从而进一步拥塞网络。所有这些都使事情变得更糟，而不是更好——最终导致拥塞崩溃。

低带宽链路，或者处理数据包的速度比网络链路容量还要低的路由器，也会变得拥挤不堪。在网络的其余部分尚有额外容量的情况下，把一些流量从瓶颈区域导引到网络的其他(不怎么拥挤)的部分，拥塞状况可以得到缓解。然而，最终不断增加的流量需求可能会导致整个网络全面出现拥塞。当这种情况发生时，运营商可以采取两种办法：卸下负载(即丢弃流量)或提供更大的容量。

值得指出的是，拥塞控制(congestion control)、流量管理和流量控制(flow control)有很大的差异，它们之间的关系非常微妙。流量管理(有时候也称为流量工程)要做的事情是，确保网络能够承载注入的流量；它可以由网络中的设备完成，或者由流量的发送方完成(通常通过传输协议中的机制做到)。拥塞控制关注的是所有主机和路由器的行为。与此相反，流量控制只与特定的发送方和特定的接收方之间的流量有关，它往往要确保发送方以不超过接收方能够处理数据的速率来传输数据。它的任务是：确保不会因为发送方的能力比接收方更强，即发送方发送数据的速度超过了接收方能够处理数据的速度，从而导致数据丢失。

为了看清楚拥塞控制和流量控制这两个概念之间的差异，请考虑一个由 100Gb/s 的光纤链路组成的网络，在这个网络中，一台超级计算机试图给一台个人计算机传送一个大文件，这台个人计算机只有 1Gb/s 速率的处理能力。尽管这里并没有拥塞(网络本身没有任何问题)，但是流量控制却是需要的，以便强迫超级计算机经常停下来，给个人计算机以“喘息”的机会。

作为另一个极端的情形，考虑这样一个网络：它的线路速率是 1Mb/s，有 1000 台大型计算机，其中一半计算机试图给另一半计算机以 100kb/s 的速率传送文件。这里的问题并不是快速的发送方会淹没慢速的接收方，而是交给网络的总流量超过了网络的处理能力。

拥塞控制和流量控制常常被混淆的原因是，处理这两个问题的最好方式都是让主机慢下来。因此，一台主机接到“减速慢行”消息时，可能是因为接收方不能处理负载，也可能是因为网络不能处理负载。第 6 章将继续讨论这一话题。

接下来首先考察网络运营商在不同时间尺度上可采用的一些方法，作为深入讨论拥塞控制的开始,然后考察那些从一开始就考虑到预防拥塞的方法,最后考察拥塞发生以后的处理方法。

5.3.2 流量管理的方法

拥塞的出现意味着负载(暂时)大于资源(在网络的一部分)可以处理的能力。有两种方法可以处理拥塞:增加资源或减少负载。如图5-20所示,这些解决方案通常应用在不同的时间尺度上,要么预防拥塞,要么一旦发生拥塞随之做出反应。

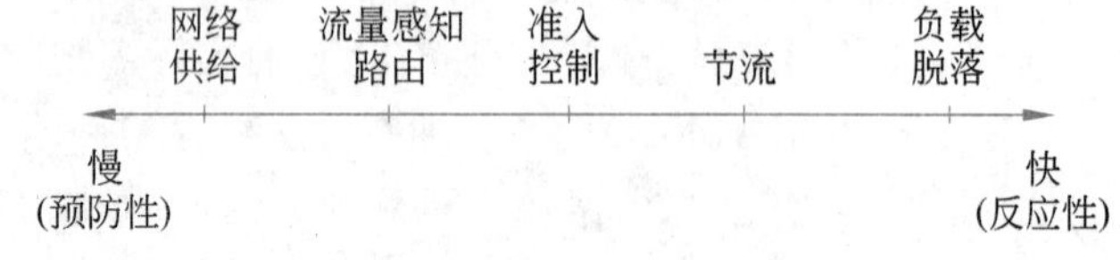

图5-20 拥塞管理方法的时间尺度

避免拥塞最简单的方法是建立一个与必须承载的流量负载相匹配的网络。如果在绝大多数流量途经的路径上存在一条低带宽链路,那么发生拥塞的可能性非常大。有时当出现严重拥塞时,可以动态地增加网络资源,比如,打开备用的路由器,或者启用通常只用于备份的线路(使系统容错),或者在公开市场上购买带宽。最常见的方法是对日常大量使用的链路和路由器都尽早实行升级。这就是所谓的**供给**(provisioning),在长期流量增长趋势的推动下大约每隔几个月时间就要这样做一次。

为了使现有的网络绝大部分都能适应容量需求,根据每天变化的流量模式对路径进行定制和剪裁,因为不同时区的网络用户每天醒来和睡觉的时间是不同的。比如,通过改变最短路径的权重可以改变路径,使流量远离那些重度使用的路径。一些本地广播电台有直升机在城市上空飞来飞去,及时报告城市道路拥堵情况,使出行的听众有可能避开拥堵点。这称为**流量感知路由**(traffic-aware routing)。把流量分散到多个路径也是有帮助的。

然而,有的时候不可能增加容量,特别是在很小的时间尺度上。于是,对抗拥塞的唯一办法就是降低负载。在一个虚电路网络中,如果新的连接将导致网络变得拥挤不堪,那么就要拒绝建立新的连接。这是**准入控制**(admission control)的一个例子。准入控制这个概念是指:如果网络不能支持发送者对于发送流量的需求,那就简单地拒绝发送者的要求。

当拥塞即将发生时,网络可以给负责这一问题的流量源端传递反馈信息。网络可以要求这些源端减缓发送速率,也可以简单地减缓流量本身,这个过程有时候称为**节流**(throttling)。这种方法存在两个困难:如何确定拥塞开始了;如何通知需要减缓速率的源端。为了解决第一个问题,路由器可监测平均负荷、排队延迟或丢包等情况,并且显式地或隐式地(比如通过丢弃数据包)给发送方发送反馈,告诉它们减缓发送速率。

在显式反馈的情况下,路由器必须与源端一起参与到反馈循环中。为了使一个方案能正确地工作,必须小心地调节好时间尺度。如果每次连续到达两个数据包路由器就喊"停",而每当路由器空闲20μs时它就喊"开始",那么系统将会剧烈地摇摆不定,永远无法收敛。而如果它等待30min才能确定做什么,则拥塞控制机制的反应过于迟缓而没有用处。及时提供反馈并非微不足道。需要额外关注的是,当网络已经被堵塞时让路由器发送更多的消息,这本身也是一个要考虑的问题。

另一种做法是，让网络丢弃那些它不能传递的数据包。这种方法的通用名称是负载脱落(load shedding)。有各种各样的方法可以做到这一点，包括流量整形(traffic shaping，即针对特定的发送者限制其传输速率)和流量策略(如果特定的发送者超过了某个速率，则丢弃其数据包)。一个选择丢弃哪些数据包的良好策略有助于防止拥塞崩溃。接下来讨论所有这些话题。

流量感知路由

要考察的第一种方法是流量感知路由。5.2节介绍的路由方法使用了固定的链路权重，这些权重能适应拓扑结构的变化，但不能适应负载的变化。在计算路径时考虑负载的目的是把热点区域的流量转移出去，这些热点区域将是网络中首先经历拥塞的位置。

要做到这一点，最简单的方式是把链路权重设置成(固定的)链路带宽、传输延迟以及(可变的)通过测量得到的负载或平均排队延迟的函数。于是，在所有其他条件都相同的情况下，最小权重的路径往往是轻负载的路径。

在早期的Internet上，流量感知路由就是按照这个模型使用的(Khanna等，1989)。然而，这种路由方案存在一个危险。考虑图5-21所示的网络，这里网络被分为东部和西部，这两部分通过链路CF和EI相连。假设这两部分之间的绝大多数流量使用链路CF，将导致这一链路负荷过重，因而延迟很高。如果把排队延迟加入到计算最短路径的权重中，那么链路EI将变得更具吸引力。当新的路由表被建立好以后，这两部分之间的绝大多数流量现在改走链路EI，由此增加了此链路的负载。因此，在下一次更新时，CF将成为最短路径。结果，路由表可能会剧烈地振荡，导致不稳定的路由和许多潜在的问题。

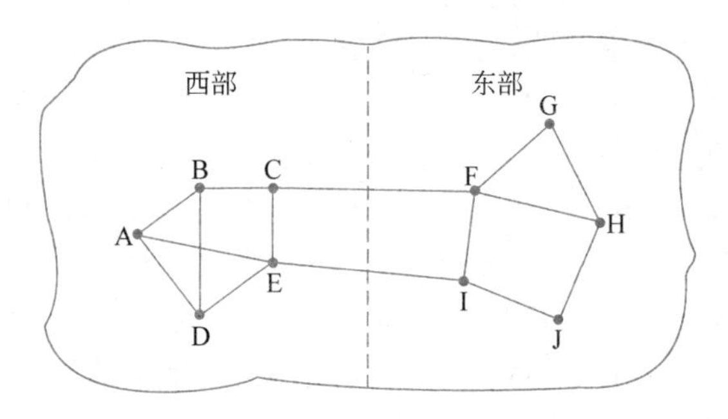

图5-21 一个网络的东部和西部由两条链路连接

如果忽略负载，只考虑带宽和传输延迟，这个问题就不会发生。尝试将负载包含进来但只在一个很小的范围内改变权重，则可减缓路由振荡。两种技术有助于获得成功的解决方案。一种技术是多路径路由，即从源到目的地可以存在多条路径。在上面的例子中，这意味着可以把流量分散到东部和西部的两条链路上。另一种技术是让路由方案慢慢地跨路径迁移流量，这种迁移要足够慢，使路由算法能够收敛，比如Gallagher(1977)提出的方案。

由于存在这些困难，Internet路由协议通常不依赖于负载来调整它们的路径。相反，网络运营商通过慢慢地改变路由配置和参数，在很大的时间尺度上对路由协议进行调整，这一改变路由配置和参数的过程有时候被称为流量工程(traffic engineering)。流量工程很长时间以来是一个辛苦的人工过程，有点类似于魔法。已经有一些工作试图将这一过程形式化，但Internet流量负载全然不可预测，并且协议配置参数又相当粗粒度和不灵活，使得这一过程的效果仍然非常初级。然而,最近,软件定义网络的出现使得将其中的有些任务自动化成为可能,而且,有些特定技术(比如跨网络的MPLS隧道)的广泛使用也使网络运营商的大范围流量工程有了更大的灵活性。

准入控制

一种广泛应用于虚电路网络的拥塞管理技术是准入控制(admission control)。其基本思想非常简单:除非网络可以承载这些新增的流量而不会变得拥塞,否则不再建立新的虚电路。因此,建立虚电路的尝试可能会失败。这种做法比其他的方法更好,因为当网络繁忙时让更多的人进来只会使情况变得更糟。类似地,在电话系统中,当一台交换机超载时,它也会采用准入控制的方法,不再送出拨号音。

这种方法的关键是当一条新的虚电路将导致拥塞时如何工作。这项任务在电话网络中比较简单,因为电话呼叫所需的带宽固定(非压缩音频是64kb/s)。然而,计算机网络中的虚电路有各种类型和大小。因此,如果想要采用准入控制,虚电路必须具备某种流量特性。

流量往往用其速率和形状描述。如何以一种简单而又有意义的方式描述流量是一个困难的问题,因为流量通常呈现突发性——平均速率只是整个故事的一半内容。比如,浏览Web时的流量变化很大,比具有固定长期吞吐量的流式电影更难以处理,因为Web流量的突发性更有可能堵塞网络中的路由器。捕获这一效果而通常采用的描述符是漏桶(leaky bucket)或令牌桶(token bucket)。一个漏桶有两个参数,用于约束流量的平均速率和瞬时突发大小。因为它们是执行流量整形的两个常用机制,所以将在本节后面部分详细地讨论这些话题。

有了关于流量的描述,网络就能决定是否接受新的虚电路。一种可能性是网络为它的每条虚电路保留其沿途的足够容量,这样拥塞就不会发生。在这种情况下,流量描述是网络向用户提供保证的一个服务约定。后面会继续讨论有关服务质量的话题。

即使没有做出保证,网络也可以利用流量描述进行准入控制。这里的任务是估计出多少条电路能被网络的承载容量所容纳,而不会拥塞。假设虚电路可能爆发的流量速率高达10Mb/s,如果所有流量都要通过同一条100Mb/s的物理链路,那么应该准许多少条电路?显然,10条电路是可以准许的,并且不会有拥塞的风险。但这在正常情况下是很浪费的,因为可能很少发生所有10个用户在同一时间以全速率传送数据的情形。在实际网络中,对过去行为的测量,即捕获数据传输的统计特征,可用来估计准入的虚电路数量,从而以可接受的风险换取更好的性能。

准入控制可以与流量感知路由结合起来,其做法是将绕开流量热点区域的路径作为虚电路建立过程的一部分。比如,考虑图5-22所示的网络,这里显示的两台路由器已经被堵塞。

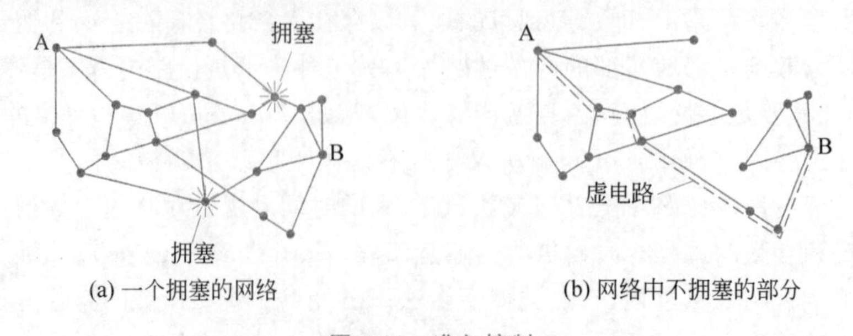

图 5-22 准入控制

(图中也显示了从A到B的一条虚电路)

假设一台连接到路由器 A 的主机想要与另一台连接到路由器 B 的主机建立一个连接。通常情况下，这个连接将会经过其中一个拥塞的路由器。为了避免这种情形，可以重画网络图，如图 5-22(b)所示，即去掉拥塞的路由器和它们所有的线路。图 5-22(b)中的虚线显示了一条可能的虚电路路径，它避开了拥塞的路由器。Shaikh 等(1999)给出了这类负载敏感的路由方案设计。

负载脱落

当以上任何一种方法都无法消除拥塞时，路由器可以亮出其撒手锏，即负载脱落(load shedding)。这是一种富有想象力的说法，它指当路由器被来不及处理的数据包淹没时，路由器只是简单地将数据包丢弃。此术语来源于电力领域，它的原意是：在炎热的夏日，当电力需求(比如开启空调)超过了供电能力时，为了避免整个电力系统崩溃而有意切断某些特定区域的电力供给。

对于一个被数据包淹没的路由器来说，关键的问题是丢弃哪些数据包。首先的选择可能取决于使用网络的应用程序的类型。对于文件传输，旧的数据包价值要高于新的数据包。比如，丢弃数据包 6，而保持数据包 7～10，只会迫使接收方做更多的工作来缓冲它已经接收但尚不能使用的数据。相比之下，对于实时媒体数据，新的数据包比旧的数据包更有价值。这是因为，如果数据包被延迟并且错失了必须播放给用户观看的时间，那么这些数据包就变得毫无用处。

前一种策略(即旧的比新的好)通常称为葡萄酒(wine)策略，而后一种策略(即新的比旧的好)通常称为牛奶(milk)策略，因为大多数人更愿意饮用新鲜牛奶，也更愿意品尝陈年葡萄酒。

更智能的负载脱落方式要求发送方的合作。一个例子是携带路由信息的数据包。这些数据包比普通的数据包更加重要，因为它们被用来建立路径；如果它们丢失了，那么网络可能会失去连接。另一个例子是视频压缩算法，如 MPEG，它们周期性地传输完整帧，然后发送一系列与上一个完整的帧对应的差异帧。在这种情况下，应该优先丢弃那些属于差异帧的数据包，而不是丢弃属于完整帧的数据包，因为未来的数据包依赖于之前的那个完整帧。

为了实现智能丢弃策略，应用程序必须在它们的数据包上加标记，表示它们的重要性。然后，当不得不丢弃数据包时，路由器可以首先丢弃最不重要的一类数据包，然后是次重要的一类数据包，以此类推。

当然，除非有一些明确的措施能够避免每个数据包都被标记成“非常重要”，即“永远不要丢弃”，否则没有人会愿意把自己的数据包标记成“不重要”。通常计费和金钱可用来阻止虚浮的标记。比如，发送方购买了某项服务，如果他们把超出部分的数据包标记为低优先级，那么，网络可能允许发送方的传输速度高于他们购买的服务所允许的速度。这种策略其实并不是一个坏主意，因为它可以更加有效地利用闲置资源；只要没有其他人对此有兴趣，主机就可以使用这些资源，但是不能让它们在网络困难时也拥有这一权利。

流量整形

在网络可以做出性能保证以前，它必须知道被保证的是哪些流量。在电话网络中，这一特性是简单的。比如，语音通话(非压缩格式)需要 64kb/s，它由一系列每 125μs 一个的 8 位样本值组成。然而，数据网络中的流量是突发性的。通常随着流量速率的变化(比如支持压缩的视频会议)、用户与应用程序的交互(比如浏览一个新的 Web 页面)以及计算机在不同任务之间的切换,流量的到达是非均匀的。突发流量比固定速率的流量更难以处理,因为它们可以填满缓冲区并导致数据包丢失。

流量整形(traffic shaping)是调节进入网络的数据流的平均速率和突发性的技术。它的目标是允许应用程序传输适合它们需求的各种各样的流量,包括一些突发流量,也要有一个简单而有用的方法向网络描述可能的流量模式。当一个流建立时,用户和网络(即客户和服务提供商)就该数据流的特定流量模式(即形状)达成一致。实际上,客户可以向服务提供商说:“我的传输模式看起来是这样子的,你能处理它吗?”

有时候这一约定称为服务等级约定(Service Level Agreement,SLA),特别是当它由聚合流组成并且长期存在时,比如一个给定客户的全部流量。只要客户履行了约定中的自身义务,并且只根据约定发送数据包,那么,服务提供商就应遵守承诺,按时递交数据包。

流量整形可以减少拥塞,因此可以帮助网络兑现它的承诺。然而,要使流量整形能够工作,还存在一些问题,即,服务提供商如何确定客户是否遵守他们之间的约定,以及当客户没有遵守约定时服务提供商该怎么办。超出约定模式之外的数据包可能会被网络丢弃,也可能被标记为低优先级。监视一个流称为流量监管(traffic policing)。

流量整形和流量监管对于对等传输和其他可能消耗任何/全部可用带宽的数据传输并不那么重要,但它们对实时数据有非常重大的影响,比如音频和视频连接等这些具有严格服务质量要求的数据。前面已经介绍过一种限制应用程序发送的数据量的方式——滑动窗口,它使用一个参数限制在任何特定时间内可以传输的数据量,因而间接地限制了数据速率。现在来看一种描述流量特征的更普遍的方式:利用漏桶算法和令牌桶算法。这两种方法略有不同,但结果相同。

想象这样一个桶,它的底部有一个小洞,如图 5-23(b)所示。无论流入漏桶的水的速率多大,当漏桶中还有水时,水流出桶的速率都是恒定速率 R;当桶内变空时,则流出桶的速率为 0。此外,一旦桶内的水满了,即达到桶的容量 B,则任何再流入桶的水都会沿着桶的外侧流失。

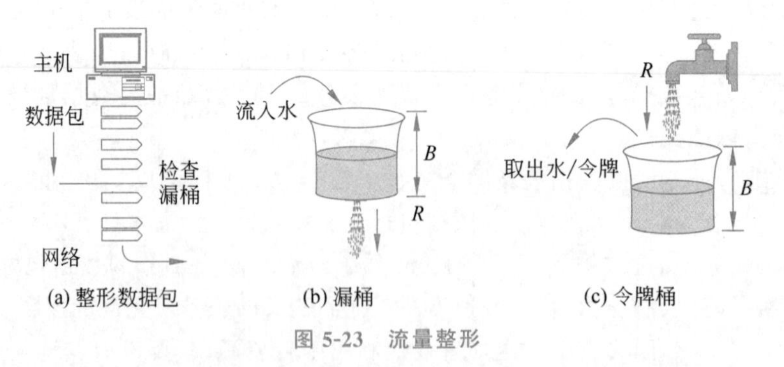

图 5-23 流量整形

漏桶可以应用到注入网络的数据包上,对其进行整形和监管,如图 5-23(a)所示。概念上,在每个主机连接到网络的接口中包含一个漏桶。为了向网络发送数据包,主机必须有可能往漏桶中放入更多的数据包。如果漏桶满的时候来了一个数据包,那么该数据包必须要么等到漏桶有足够的空间时才能进入队列,要么被丢弃。若主机将整形网络流量的工作当作操作系统的一部分,则前一种情形可能会发生;若服务提供商的网络接口以硬件方式对进入网络的流量实施监管，则后一种情形可能会发生。这一技术由 Turner(1986) 提出，称为漏桶算法(leaky bucket algorithm)。

一个做法不同但效果等价的设计方法是：把网络接口想象成一个正在往里灌水的桶，如图 5-23(c)所示。水龙头的速率为 R，桶的容量为 B，跟以前一样。现在，为了发送一个数据包，必须能够从桶内取出令牌。桶内累积的令牌不能超过一个固定的数量，即 B。如果桶是空的，必须等令牌到达后才能发送另一个数据包。该算法称为令牌桶算法(token bucket algorithm)。

漏桶和令牌桶限制了一个流的长期速率，但允许其短期的、达到某个最大可调节长度的突发流可以毫无改变地通过，并且不会受到任何人为的拖延。大量的突发数据将被一个漏桶流量整形器平滑化，从而减缓网络中的拥塞。作为一个例子，想象一台计算机能够产生高达 1000Mb/s(125MB/s)的数据，而且该网络的第一条链路也是以这个速度运行的。主机产生的流量模式如图 5-24(a)所示。这种模式就是突发性的。每秒的平均速率是 200Mb/s，即使该主机以峰值 1000Mb/s 的速率发送 16 000KB 突发数据(在 1/8s 内)。

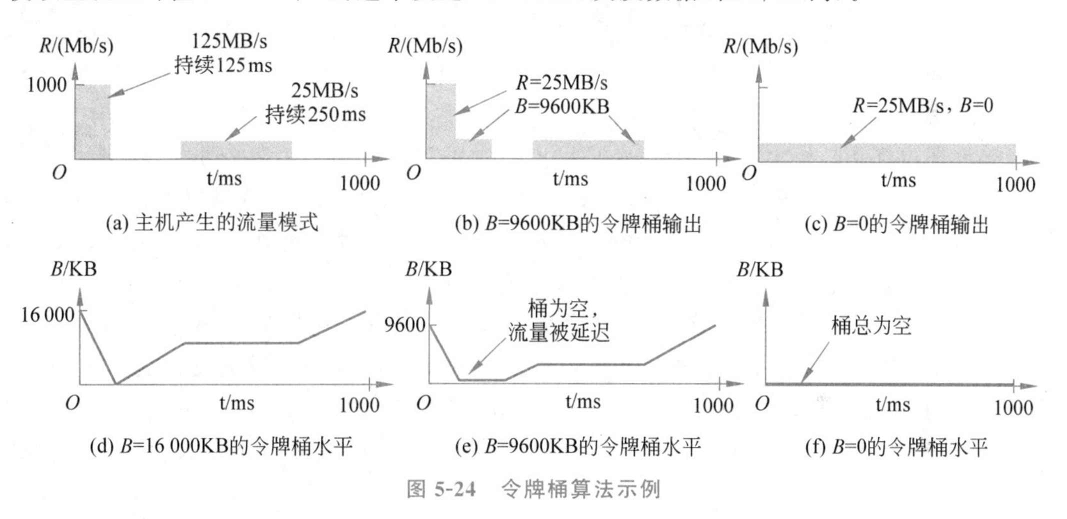

图 5-24　令牌桶算法示例

现在假设路由器仅在很短的时间间隔内可以接受峰值速率的数据，直到缓冲区填满为止。缓冲区大小为 9600KB，小于突发流量。在较长的时间间隔内，路由器以不超过 200Mb/s 的速率工作得最好(比如这是给予客户的全部带宽)。这里的含义是，如果以这种模式发送流量，其中有一些流量可能会在网络中被丢弃，因为它无法装到路由器的缓冲区中。

为了避免数据包丢失，可以在主机端用一个令牌桶对流量进行整形。如果速率 R 为 200Mb/s，容量 B 为 9600KB，则该流量落在网络能够处理的范围内。此令牌桶的输出如图 5-24(b)所示。主机可以 1000Mb/s 全速发送一小段时间，直到它耗尽桶的容量。然后，它必须把发送速率削减到 200Mb/s，直到突发数据被发送出去。其效果是把突发数据分散在一段时间内，这是因为突发量太大而无法一次处理完。与之对应的令牌桶水平如图 5-24(e)所示。开始的时候它是全速率发送，然后被初始的突发数据耗尽。当它达到 0 时，只能以填满缓冲区的速率发送新的数据包。此时，在令牌桶恢复以前，不可能再有突发数据流。当没有流量发送时桶被慢慢填满，当流量以填充速率被发送时桶将保持平缓变化的水平。

也可以把流量整形成更少的突发。图 5-24(c)给出了一个 $R=200\text{Mb/s}$ 和容量为 0 的令牌桶的输出。这是一个极端的情形,流量被完全平滑了,不允许任何突发,并且流量以一个稳定的速率进入网络。与之对应的令牌桶水平如图 5-24(f)所示,令牌桶总是空的。主机上的流量排队等待输出到网络,并且总是有一个数据包在等待发送。

最后,图 5-24(d)给出了一个 $R=200\text{Mb/s}$,容量 $B=16\ 000\text{KB}$ 令牌桶水平。这是最小的令牌桶,通过它的流量不会被改变。它可能被网络中的路由器用来监管主机发送的流量。然而,如果主机发送的流量符合它与网络商定的令牌桶,则该流量将正好通过设置在网络边缘路由器上的令牌桶。如果主机以更快的速率或者更突发的速率发送,则令牌桶中的令牌将耗尽。如果发生这种情况,流量监管器就知道主机发送的实际流量不符合约定的模式。然后,它要么丢弃多余的数据包,要么降低其优先级,具体采取何种策略取决于网络的设计。在上面的例子中,令牌桶在初始突发流结束时被短暂清空,然后恢复到足够处理下一个突发流的水平。

漏桶和令牌桶实现起来很容易。下面描述一个令牌桶的操作。尽管上面已经描述了水连续不断地流入和流出桶,但实际的实现必须通过离散量进行。令牌桶通过一个计数器实现,它代表了该桶的水平。该计数器每时钟滴答 ΔT 秒前进 $R/\Delta T$,称为一个单位的流量,在上面的例子中是每毫秒 200Kb。每次一个单位的流量被发送到网络中,该计数器就减 1。在计数器为 0 以前一直可以发送流量。

当数据包都是一样大小时,桶的水平可以以数据包计数(比如,200Kb 是 20 个大小为 1250 字节的数据包)。然而,通常采用的数据包大小是可变的。在这种情况下,桶的水平可以按字节计量。如果剩余的字节数太少,不够发送一个大的数据包,则该数据包必须等待,直到下一个时钟滴答(或者更长时间,如果填充率很小的话)。

计算最大突发长度(直到桶清空)需要一点技巧。突发长度刚好要超过 9600KB 除以 125KB/s 的余数,因为突发数据被输出的同时有更多的令牌到来。设突发长度为 S 秒,最大输出率为 M 字节/秒,令牌桶的容量为 B 字节,令牌到达率为 R 字节/秒,那么,可以看到,突发输出最多可包含 $B+RS$ 字节。同时,S 秒时间的最大速率突发长度的字节数为 MS。因此,有

$$B+RS=MS$$

解上述等式,得到 $S=B/(M-R)$。代入参数:$B=9600\text{KB}$,$M=125\text{MB/s}$,$R=25\text{MB/s}$,得到突发长度大约 94ms。

令牌桶算法的一个潜在问题是,它把大的突发传输降低到一个长期速率 R。人们通常需要把峰值速率降下来,但又不希望降到长期速率(同时也不想提高长期速率,让更多的流量进入网络)。平滑流量的一个办法是在第一个令牌桶以后插入第二个令牌桶。第二个桶的速率应该比第一个桶高许多。基本上,第一个桶表述了流量的特征,固定了流量的平均速率,但允许一些突发;第二个桶降低了突发数据发送到网络的峰值速率。比如,如果第二个令牌桶的速率设定为 500Mb/s,并且容量设定为 0,则初始突发流进入网络的峰值速率为 500Mb/s,这比之前的 1000Mb/s 的速率低了许多。

使用令牌桶可能需要一点技巧。当令牌桶用于在主机上整形流量时,数据包必须排队并延迟到这些桶允许它们被发送时。当令牌桶被网络中的路由器用于流量监管时,该算法用来确保发送的数据包不会比允许发送的更多。不过,利用这些工具可以把网络流量整形成更易于管理的形式,从而有助于保证服务质量。

主动队列管理

在 Internet 和许多其他计算机网络中，发送方调节它们的每一次传输，使自己能按照网络实际投递的能力发送尽量多的流量。在这种设置下，网络的目标是在拥塞发生以前正常工作。当拥塞迫在眉睫时，它必须告诉发送方进行传输节流，放慢速度。这一反馈是一种常态业务，而不是异常情形的处理。术语**拥塞避免**(congestion avoidance)有时用来将这个操作点与网络已经变得(过度)拥挤的点进行对比。

现在考察一些限制流量的方法，它们既可用在数据报网络中，也可以用在虚电路网络中。每种方法都必须解决两个问题。

第一个问题是，路由器必须确定何时快要接近拥塞，理想情况是在拥塞发生之前能确定。为此，每台路由器可连续地监测它正在使用的资源。3 种可能性分别是：输出链路的利用率、在路由器内排队的数据包的缓冲情况以及由于没有足够的缓冲而丢失的数据包数量。在这些可能性中，第二个是最有用的。平均利用率并没有直接考虑大多数流量的突发性——50%的利用率对平滑流量来说或许很低，但对于变化很大的流量来说就太高了。丢失数据包的计数来得太迟，因为在这些数据包丢失时拥塞早已经形成了。

路由器内部的排队延迟直接捕获了数据包经历的任何拥塞情况。在绝大部分时间它应该很低，但当有一个突发流量产生积压时就会跳跃。设为了维持良好的排队延迟估计为 d，用 s 表示瞬时队列长度的采样值，s 可以周期性地进行采样，则 d 可按如下方式进行更新：

$$d_{\text{new}} = \alpha d_{\text{old}} + (1-\alpha)s$$

其中常数 α 决定路由器多快忘记最近的历史。它被称为 **EWMA**(Exponentially Weighted Moving Average，**指数加权移动平均**)。它能平滑流量的波动，相当于一个低通滤波器。无论何时，当 d 升高到某个预定义的阈值以上时，路由器就会知道拥塞开始了。

第二个问题是，路由器必须及时把反馈信息传递给造成拥塞的发送方。拥塞是在网络中的，但缓解拥塞则需要正在使用网络的发送方采取行动。为了传递反馈信息，路由器必须标识出这些发送方。然后路由器必须提醒发送方要小心谨慎，别再向本已拥挤的网络发送更多的数据包。不同的方案使用不同的反馈机制，下面分别进行描述。

随机早期检测

当拥塞刚出现苗头时就进行处理，比等拥塞形成以后再设法解决更加有效。这一观察导致了一个有关负载脱落的有趣转变，即在所有的缓冲空间被实际耗尽之前就开始丢弃数据包。

这一思想的动机是，绝大多数 Internet 主机并没有从路由器获得显式通知形式的拥塞信号。相反，主机从网络能获得的唯一可靠的拥塞指示是丢包。毕竟，很难构造出一台路由器，当它完全超负荷工作时能做到不丢包。因此，诸如 TCP 这样的传输协议硬性规定了对丢包现象按照拥塞进行处理，以减缓发送源作为响应。此逻辑背后的推理是，TCP 是专为有线网络设计的，而有线网络又是非常可靠的，所以，丢包绝大多数是由于缓冲区溢出而不是传输错误造成的。无线链路必须在数据链路层处理传输错误(所以在网络层不会看到这些传输错误)以便 TCP 能很好地工作。

可以利用这种机制帮助缓解拥塞，在局面变得毫无希望之前让路由器提前丢弃数据包。但这里有个时间点问题，即源方何时采取行动以免为时过晚。解决这个问题的一个流行算法称为 RED(Random Early Detection,随机早期检测)(Floyd 等,1993)。为了确定何时开始丢弃数据包,路由器要维护一个其队列长度的平均值。当某条链路上的平均队列长度超过一个阈值时,该链路就被认为即将拥塞,有少量的数据包被随机选出来丢弃。随机地丢弃一些数据包,这使得最快速的发送方更有可能看到数据包的丢失。因为在数据包网络中,路由器不能分辨出是哪个源引起了网络中最大的麻烦,所以,随机选择丢弃数据包是最佳办法。受影响的发送方在没有看到期待的确认信息时,就会注意到数据包的丢失,然后传输协议将放慢发送速度。因此,丢失数据包起到了与传递通知数据包同样的效果,但它是隐含的,无须路由器发送任何显式的信号。

相比那些只在缓冲区满的时候才丢包的路由器,RED 路由器能提高性能,虽然它可能需要做些调整才能工作得很好。比如,理想的丢包数量取决于有多少发送方需要知道到发生了拥塞。然而,如果可以使用显式的通知,那么它是更好的选择。它以完全相同的方式工作,但传递一个显式拥塞信号而不是丢包。RED 只用在主机不能接收显式信号的时候。

抑制数据包

要通知造成拥塞的发送方,最简单的方法是直接告诉它。在这种方法中,路由器选择一个被拥塞的数据包,并且给源主机发送回一个抑制数据包(choke packet),把数据包中找到的目标地址发送给它。原始的数据包可能会被打上标记(设置头部中的一位),因而它在前行的路径上不会产生更多的抑制数据包,然后,该数据包被按照常规的方法进行转发。为了避免在处理一次拥塞的过程中网络上的负载越来越大,路由器可能以非常低的速率发送抑制数据包。

当源主机收到了抑制数据包时,按照要求它必须减少发送给指定目标的流量,比如减少50%。在数据包网络中,当发生拥塞时路由器只是随机选择数据包,很有可能导致把抑制数据包发给了快速发送方,因为它们有大量的数据包在队列中。这个协议创建的反馈有助于防止拥塞,但又不会抑制任何发送方,除非它真的招致了麻烦。出于同样的原因,很可能多个抑制包被发送到一个给定的主机和目的地。主机应该忽略在固定时间间隔内到达的这些额外的抑制数据包,直至其减缓流量的行为产生了效果。在此时间间隔之后,后面再到达的抑制数据包说明该网络仍然被拥塞着。

早期的 Internet 中使用的一种抑制数据包是 SOURCE-QUENCE 消息(Postel,1981)。但它从来没有流行起来,部分原因在于该消息产生的时机以及它的效果都没有被明确地指定。现代 Internet 使用了一种与之不同的通知设计,下面将描述该设计。

显式拥塞通知

除了生成额外的数据包以发出拥塞警告以外,路由器可以在它转发的任何数据包上打上标记(设置数据包头中的一个标志位)以发出信号,表明它正在经历拥塞。当网络传递数据包时,目标方可以注意到拥塞已经发生,并在它发送应答数据包时通知发送方。然后发送方可以像以前那样对它的传输进行节流。

这种设计称为 ECN(Explicit Congestion Notification,显式拥塞通知),已经被用在 Internet 上(Ramakrishnan 等,2001)。它是早期拥塞信令协议的改进,尤其是对二进制反馈方案(Ramakrishnan 等,1988)的改进,后者曾经用在 DECnet 体系结构中。IP 数据包头中的两位用来记录该数据包是否经历了拥塞。数据包从源端发出时没有标记,如图 5-25 所示。如果它途经的任何一台路由器正经历拥塞，那么该路由器在转发该数据包时将其标记为经历拥塞。然后目标方在它的下一个应答数据包里回显该标记作为显式拥塞信号。这显示为图 5-25 中的一条虚线，表明这发生在 IP 层以上(如在 TCP 层)。于是，发送方必须对它的传输进行节流，如同抑制数据包的情形一样。

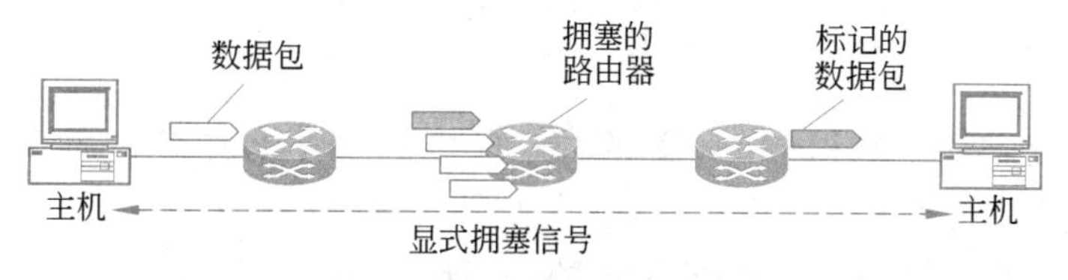

图 5-25 显式拥塞通知

逐跳后压

当网络速度很高或者距离很远时，由于传输延迟的缘故，在拥塞信号发出后到该信号产生作用期间，又有许多新的数据包已经被发出了。比如，考虑这样的情形：旧金山的一台主机(图 5-26 中的 A)正在以 155Mb/s 的 OC-3 速度给纽约的一台主机(图 5-26 中的 D)发送

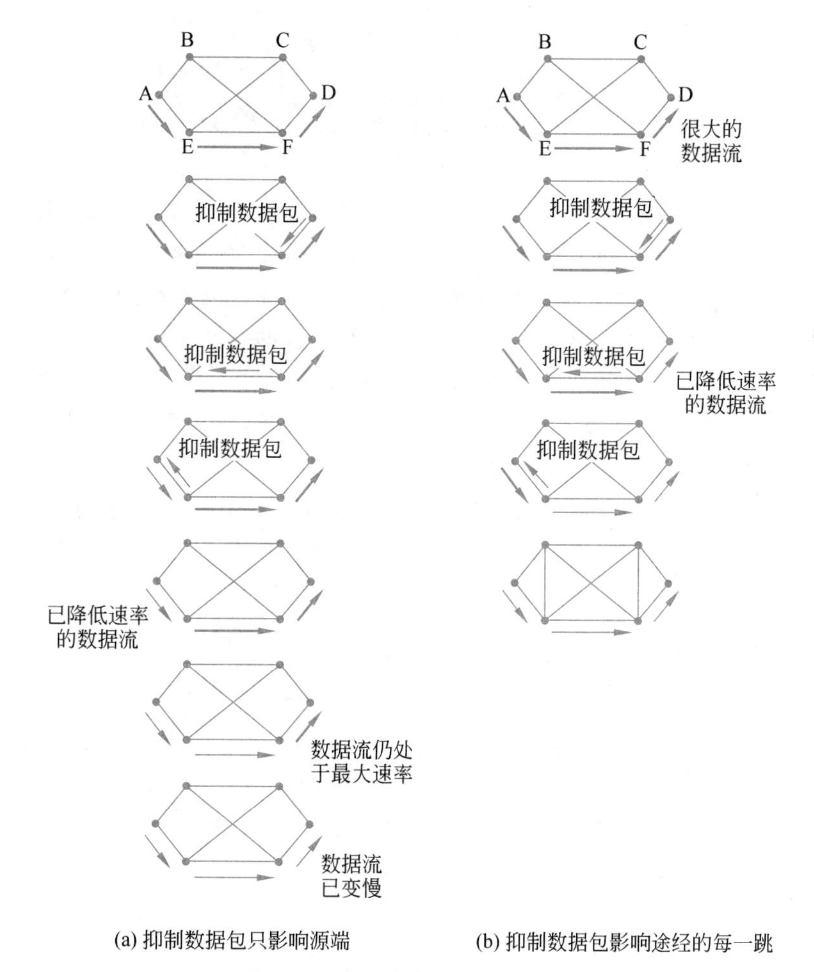

图 5-26 抑制数据包的传播过程

流量。如果纽约的主机用完了缓冲空间,它将花 40ms 的时间才能让抑制数据包发回到旧金山主机,告诉它降低传输速率。如果采用 ECN 指示,则需要更长的时间,因为抑制消息要通过目标方传递。抑制数据包的传播过程如图 5-26(a)中的第 2~4 步所示。在这 40ms 期间,又有 6.2Mb 的数据被发出。即使旧金山的主机立刻停机,这 6.2Mb 数据也将继续注入网络,网络必须对它们进行处理。只有在图 5-26(a)的第 7 步中,纽约的路由器才会注意到数据流变慢了。

另一种办法是让抑制数据包在途经的每一跳都发挥作用,如图 5-26(b)中的 5 个步骤所示。在这里,只要抑制数据包到达 F,则 F 必须按照要求降低向 D 发送数据流的速率。这样做也要求 F 为该连接分配更多的缓冲区,因为源端仍然在全速发送数据,但是 F 这么做却让 D 的状况立即得到缓解,就好像电视广告中的头痛疗法一样。在第 3 步,抑制数据包到达 E,它告诉 E 降低向 F 发送数据流的速率。这一动作对 E 的缓冲区提出了更大的需求,但是能够让 F 的状况立即得到缓解。最后,抑制数据包到达 A,数据流才真的减慢下来。

这种逐跳方案的实际效果是拥塞点上的拥塞现象很快得到了缓解,其代价是上游路径需要使用更多的缓冲区。使用这种方法可以将拥塞消灭在萌芽状态,而不会丢失任何数据包。有关该算法思想的详细讨论请参考 Mishra 等的论文(1996)。

5.4 服务质量和应用 QoE

5.3 节考察的技术主要用于减少拥塞并提高网络性能。然而,有一些应用(和客户)对网络的性能保障有更高的要求,超过了"在当前情况下尽力而为"(有时简称为**尽力而为**,best effort)。诚然,许多应用通常要求最小程度的吞吐量就可以工作,但是当延迟超过了某个阈值时它们就不能很好地工作。在本节中,将继续进行网络性能研究,但现在更加注重如何提供与应用需求相匹配的服务质量。这是一个 Internet 正在经历长期改进的领域。最近,人们也日益关注用户的**体验质量**(Quality of Experience,**QoE**),即认识到最终用户的体验才是重要的,并且,随着网络性能的变化,不同的应用有非常不同的需求和阈值。一个正在形成的焦点领域是在只能观察到加密的网络流量的情况下评估用户的 QoE。

5.4.1 应用需求

从一个源到一个目标的数据包流称为一个**流**(flow)(Clark,1988)。在一个面向连接的网络中,一个流或许是一个连接上的所有数据包;而在无连接的网络中,一个流是从一个进程发送到另一个进程的所有数据包。每个流的需求可由 4 个主要参数刻画:带宽、延迟、抖动和丢失。这些参数合起来决定了一个流要求的 **QoS**(Quality of Service,**服务质量**)。

图 5-27 列出了常见的应用对网络服务质量的要求。请注意,在应用可以改善由网络提供的服务的情形下,对网络服务质量的要求就会降低。特别是,网络并不需要在可靠的文件传输方面做到无丢失,它们也不需要为音频和视频的回放传递具有相同延迟的数据包。有些丢失可以通过重传修复,一些抖动可以通过接收端的缓冲数据包平滑。然而,如果网络提供的带宽太小或者延迟太大,则无论应用做什么都无法补救这种情况。

应　用	带　宽	延　迟	抖　动	丢　失
电子邮件	低	低	低	中等
文件共享	高	低	低	中等
Web 访问	中等	中等	低	中等
远程登录	低	中等	中等	中等
音频点播	低	低	高	低
视频点播	高	低	高	低
电话	低	高	高	低
视频会议	高	高	高	低

图 5-27　常见应用对网络服务质量的要求

应用的带宽需求是不同的，电子邮件、各种形式的音频和远程登录不需要太大的带宽，但文件共享和所有形式的视频应用则需要很大的带宽。

更有趣的是对网络延迟的需求。文件传输应用，包括电子邮件和视频，对延迟并不敏感。如果所有的数据包被统一地延迟几秒，则无伤大雅。交互式应用，比如 Web 冲浪和远程登录，则对延迟更加敏感。而实时应用，比如电话和视频会议，则对延迟有严格的要求。如果一次通话中的每个字都被拖延得太久，那么用户会发现这样的连接是无法令人接受的；而播放一个服务器上的音频或视频文件不要求低延迟。

延迟的变化（即标准方差）或者数据包到达时间的变化称为**抖动**(jitter)。图 5-27 中的前 3 个应用对数据包到达时间间隔的无规律性不敏感。远程登录对此有一点敏感，因为若连接遭遇太多的抖动，则屏幕上的更新将呈现小的突发状。视频和音频对抖动极其敏感。如果用户正在通过网络观看视频，所有的帧都刚好延迟了 2s，则不会影响播放效果；但是，如果传输时间在 1～2s 随机地变化，那么结果将非常令人难以忍受，除非应用程序把抖动“隐藏”起来。对于音频，即使是几毫秒的抖动都能被清楚地听到。

相比音视频应用，图 5-27 中的前 4 种应用对于丢失有更严格的要求，因为所有的位都必须正确地到达。这个目标通常是由传输层对网络上丢失的数据包进行重传而实现的。这是浪费资源的工作，如果网络一开始就将可能丢失的数据包拒绝或许更好。音视频应用可以容忍一些数据包丢失而无须重传，因为人们不会注意到短暂的停顿或者偶尔跳过的帧。

为了适应各种各样的应用，网络可能要支持不同类别的 QoS。一个比较有影响的例子是 ATM 网络，它们曾经是联网技术宏大愿景的一部分，但却早已成为一种小生境技术。ATM 网络支持以下几种比特率：

(1) 恒定比特率（比如电话）。

(2) 实时可变比特率（比如压缩的视频会议）。

(3) 非实时可变比特率（比如点播电影）。

(4) 可用比特率（比如文件传输）。

这些分类对于其他的用途或者其他的网络也是有用的。恒定比特率是指试图模拟一条能提供一致的带宽和一致的延迟的线路。当视频信号被压缩时，由于有些帧的压缩比率超过其他的帧，所以会发生可变比特率的情形。发送具有很多细节的帧时，可能要求发送许多位;而如果一帧只包含一面白色的墙壁,则这样的帧可能会被压缩得极好。观看点播电影实际上不是实时的,因为接收方在开始播放前很容易地就缓冲了几秒的视频,因此网络中的抖动仅仅导致了"已存储但未播放的视频"(stored-but-not-played video)的变化。可用的比特率适用于电子邮件这类应用,它们对延迟或抖动并不敏感,能得到什么样的带宽就利用什么样的带宽。

5.4.2 过度配置

一个提供良好服务质量的、容易实现的解决方案是建设一个有足够容量的网络,无论什么样的流量都可以"扔"给它。这一解决方案的名称是过度配置(overprovisioning)。这样得到的网络将承载应用流量而不会有显著的丢失,而且,假设存在一个合适的路由方案,则该网络能以很低的延迟传递数据包。网络的性能不会比这更好了。在一定程度上,电话系统就是过度配置的,因为拿起电话而没有拨号音的情况极其罕见。很简单,这里有足够多的容量可用,所以需求总是能够得到满足。

这种解决方案的问题在于成本太高。它基本上是靠钱来解决问题。服务质量机制可以让一个小容量网络以较低的成本刚好满足应用的需求。而且,过度配置建立在预期流量的基础之上。如果流量模式变化太大,那么所有的"赌注"都将一去不回。有了服务质量机制,网络可以兑现其所做的性能保证,即使当流量急剧增加的时候,也可以以拒绝一些请求为代价来兑现性能保证。

要确保服务质量,必须解决如下4个问题:

(1) 应用需要从网络得到什么?

(2) 如何对进入网络的流量进行规范?

(3) 为了保证性能,如何在路由器预留资源?

(4) 网络是否能安全地接受更多流量?

没有一种单一的技术能有效地解决所有这些问题。在网络层(和传输层)已经开发出了各种各样的技术,实际的服务质量解决方案要结合多种技术。5.4.4节和5.5.5节将讲述Internet服务质量的两个版本,即综合服务和区分服务。

5.4.3 数据包调度

能调整流量的形状是一个良好的开端。然而,为了提供性能保证,必须沿着数据包穿越网络的路径预留足够的资源。为了做到这一点,假设一个流的数据包都遵循同样的路径。如果这些数据包被随机地分散在路由器上是很难做任何性能保证的。因此,有必要在源和目标之间建立类似于虚电路的路径,属于这个流的所有数据包必须遵循这一路径。

在一个流的数据包之间以及在竞争流之间分配路由器资源的算法称为数据包调度算法(packet scheduling algorithm)。有3种资源可以潜在地预留给不同的流:

(1) 带宽。

(2) 缓冲区空间。

(3) CPU周期。

第一种资源——带宽最为显而易见。如果一个流要求1Mb/s,而输出线路的容量为

2Mb/s,那么,试图在这条线路上直接通过 3 个流将不能正常工作。因此,预留带宽意味着对任何一条输出线路都不能超额预订。

第二种常常短缺的资源是缓冲区空间。当一个数据包抵达时,它被缓冲在路由器中,直到可以从选择的输出线路上传输出去。缓冲区的用途是当多个流相互竞争时可以吸收小的突发流量。如果没有可用的缓冲区,那么该数据包不得不被丢弃,因为没有地方可以存放该数据包。对于好的服务质量,可以为某个特定的流预留一些缓冲区,从而该流不必与其他的流竞争缓冲区。当该流需要缓冲区时,只要尚未达到某个最大值,总是能获得可用的缓冲区。

最后,CPU 周期可能也是一种稀有资源。处理数据包需要占用路由器的 CPU 时间,所以,一台路由器每秒只能处理一定数量的数据包。虽然现代路由器能快速地处理绝大多数数据包,但某些类型的数据包要求更大的 CPU 处理,比如将在 5.7.4 节讲述的 ICMP 数据包。为了保证这些数据包能及时得到处理,需要确保 CPU 没有超负荷运行。

先进先出调度

数据包调度算法负责分配带宽和其他路由器资源,其做法是确定下一步将哪个缓冲的数据包发送到输出线路上。前面在解释路由器如何工作时已经描述了最简单的调度器。每台路由器将每一条输出线路的数据包缓冲到一个队列中,直到这些数据包可以被发送出去,并且它们被发送的顺序与到达的顺序相同。这一算法称为 **FIFO**(First-In First-Out,先进先出)或 **FCFS**(First-Come First-Serve,先来先服务)。

FIFO 路由器在队列满时通常丢弃新到达的数据包。由于新到达的数据包会排在队列末尾,因此这种行为称为尾丢包(tail drop)。还存在其他的处理方式。事实上,5.3.2 节描述的 RED 算法在平均队列长度增长到很大时会随机选择丢弃一个新到达的数据包。下面将要描述的其他一些调度算法在缓冲区满时也会创建其他的机会以确定该丢弃哪个数据包。

公平队列

FIFO 调度实现起来很简单,但它不能提供良好的服务质量,因为当存在多个流时,一个流很容易影响到其他流的性能。如果第一个流来得很"激进"并且发送大量突发的数据包,它们将盘踞在队列中。按数据包的到达顺序进行处理,意味着"激进"的发送方能吃掉其数据包穿越的路由器的大部分容量,"饿死"其他的流,降低它们的服务质量。雪上加霜的是,也想通过这些路径的其他流的数据包很有可能被延迟,因为它们不得不排在队列中那个"激进"的发送方的许多数据包的后面。

已经有许多数据包调度算法被设计出来,它们可提供很强的流间隔离,并且能阻止干扰企图(Bhatti 等,2000)。其中第一个数据包调度算法是由 Nagle(1987)提出的公平队列(fair queueing)算法。该算法的实质是路由器针对一条给定的输出线路为每个流设置一个单独的队列。当线路空闲时,路由器轮循扫描这些队列,如图 5-28 所示。然后,路由器从下一个队列中取出第一个数据包。以这种方式,如果 n 个主机在竞争这条输出线路,则每发出 n 个数据包,每个主机都会获得发送一个数据包的机会。使所有的流都按相同的速率发送数据包,从这个意义上说是公平的。发送更多的数据包也不会提高这一速率。

该算法有一个缺陷:它给使用大数据包的主机提供了更多的带宽。Demers 等(1990)建议对轮循的做法进行改进,把原来的按数据包(packet-by-packet)轮循方式改成按字节

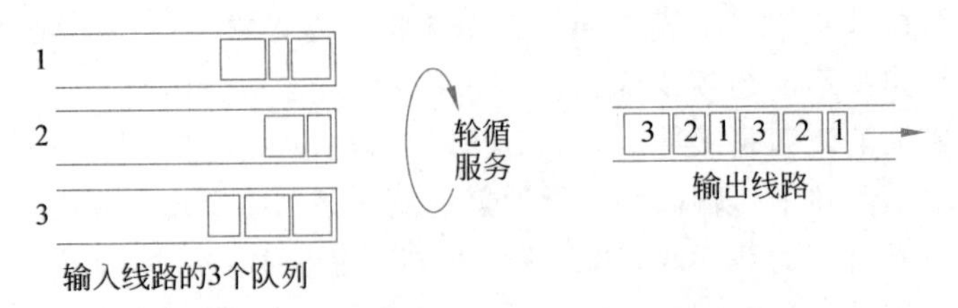

图 5-28 公平队列的轮循机制

(byte-by-byte)轮循方式。这里的诀窍是计算一个虚拟时间,这个时间是指每个数据包发送完毕时所处的轮的编号。每一轮循环从所有有数据待发送的队列中排空一个字节,然后按照数据包的结束时间的顺序进行排队,并以该顺序进行发送。

图 5-29 显示了该算法和 3 个流中到达的数据包的结束时间的例子。如果一个数据包的长度为 L,它结束时的那一轮正好是启动时间之后的 L 轮。启动时间或者是前一个数据包的结束时间,或者是数据包的到达时间(如果它到达时队列为空)。

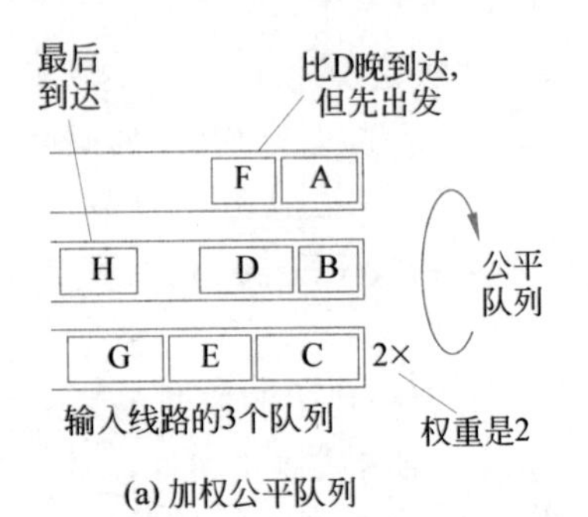

(a) 加权公平队列

数据包	到达时间	长度	结束时间	输出次序
A	0	8	8	1
B	5	6	11	3
C	5	10	10	2
D	8	9	20	7
E	8	8	14	4
F	10	6	16	5
G	11	10	19	6
H	20	8	28	8

(b) 数据包的结束时间

图 5-29 公平队列算法

现在看图 5-29(b)中的表,考察图 5-29(a)最上面两个队列的前两个数据包,数据包的到达顺序是 A、B、D 和 F。数据包 A 在第 0 轮到达,长度为 8 字节,因此其结束时间是第 8 轮。类似地,数据包 B 的结束时间为 11。当数据包 B 被发送时数据包 D 到达,因此它的结束时间要从 B 结束时开始计算,即 20。类似地,F 的结束时间为 16。如果没有新的数据包到达,则相对的发送顺序是 A、B、F、D,尽管 F 在 D 之后到达。有可能最上面的那个流到达另一个很小的数据包,它的结束时间在 D 之前。如果 D 的传输尚未开始,那么该小数据包就会跳到 D 的前面。公平队列不能抢占当前正在传输的数据包。因为数据包是按整体来发送的,因此公平队列只是按字节方式的理想近似。但这是一个很好的近似,任何时候数据包的传输都保持着其理想的状况。

加权公平队列

在实践中以上算法存在一个缺点,即它给所有主机相同的优先级。在许多情况下,比如,给予视频服务器比文件服务器更多的带宽是符合预期的。这一点很容易做到,只要每轮给视频服务器两个或两个以上字节。这一修改后的算法称为 **WFQ**(Weighted Fair Queueing,加权公平队列)。设每一轮的字节数是一个流的权重 W,现在可以给出计算结束时间的公式:

$$F_i = \max(A_i, F_{i-1}) + L_i / W$$

其中，A_i 为到达时间，F_i 为结束时间，L_i 是数据包 i 的长度。在图 5-29(a)中，最下面的队列权重为 2，所以，在图 5-29(b)给出的表中，该队列的数据包被发送得更快。

另一个实际的考虑是算法实现的复杂度。WFQ 要求数据包按照它们的结束时间插入一个有序队列中。如果有 N 个流，则针对每个数据包，至少需要 $O(\log_2 N)$次操作，这在高速路由器上存在许多流的情形下很难实现。Shreedhar 等(1995)描述了一种称为赤字轮循(deficit round robin)的近似算法，它可以非常高效地实现，针对每个数据包只需 $O(1)$次操作。基于这一近似算法，WFQ 得到了广泛的使用。

还存在着其他类型的调度算法。一个简单的例子是优先级调度算法，每个数据包被标记一个优先级。高优先级的数据包始终先于任何缓冲的低优先级的数据包发送。同一优先级的数据包按照 FIFO 顺序发送。然而，优先级调度算法的一个缺点是：一批高优先级的突发数据包可以"饿死"低优先级的数据包，后者可能不得不无限期地等待下去。WFQ 通常提供了一个更好的选择。通过给高优先级队列更大的权重，比如 3，高优先级的数据包往往会经过一个较短的队列(因为只有较少的数据包具有高优先级)，而且，即使存在高优先级的流量，仍然有一定比例的低优先级数据包被陆续发送。一个高低优先级系统本质上是一个双队列的 WFQ 系统，其中高优先级具有无限的权重。

数据包调度器的最后一个例子是数据包可能携带时间戳并且按时间戳顺序发送。Clark 等(1992)描述了一种设计，当数据包被路径上的一系列路由器发送时，时间戳记录该数据包距离调度时间落后或者提前多久。在一台路由器上，排在队列中其他数据包后面的数据包趋向于滞后调度，而首先获得服务的数据包则趋向于提前调度。按数据包的时间戳顺序发送数据包有利于快慢速数据包提速，同时快速数据包降速，结果是网络传递的所有数据包具有更一致的延迟，这显然是一件好事。

结合在一起

现在已经讨论了 QoS 的所有必要元素，下面讨论如何把它们放在一起真正提供服务质量保证。服务质量保证通过准入控制的过程建立。首先看用于控制拥塞的准入控制，尽管它还很弱，但它是一种性能保证。现在考虑的保障机制更强大，但模型是相同的。用户向网络提供一个有相应 QoS 要求的流。然后，网络根据自己的容量以及向其他流已经做出的承诺，决定是接受还是拒绝该流。如果接受，网络就要提前在路由器上预留容量，以便保证新的流发送数据时的 QoS。

在数据包经过网络的路径上，沿途每台路由器都要预留资源。路径上任何没有预留资源的路由器都可能变得拥塞，而且只要有一个拥塞的路由器就会破坏 QoS 保证。许多路由算法都是在每个源和每个目标之间找到一条最佳路径，并且通过该路径发送所有的流量。如果在最佳路径上没有足够的空余容量，那么就有可能导致某些流被拒绝。新流的 QoS 保证可能仍然能得到满足，它们可选择还有额外容量的不同路径。这被称为 **QoS 路由**(QoS routing)。Chen 等(1998)对这些技术进行了综述。把到达每个目的地的流量拆分到多条路径上也是有可能的，这样可以更容易地发现额外的容量。对于路由器来说，一个简单的方法是，选择同等成本(equal-cost)的路径，将流量均匀地分配到输出链路上，或者按输出链路容量的比例分配到输出链路上。然而，还可以使用更复杂的算法(Nelakuditi 等，2002)。

给定一条路径，决定接受或拒绝一个流时并非简单地将该流要求的资源(带宽、缓冲区和CPU周期)与路由器在这3项上的额外容量进行比较。这个过程要复杂一些。

首先,尽管某些应用可能知道它们的带宽需求,但很少知道有关缓冲区或CPU周期的需求,因此至少需要用不同的方式描述流,并且将这种描述转译成路由器资源。读者马上就会看到这点。

其次,某些应用比其他应用更能容忍偶尔错过最后期限。应用必须根据该网络能够做出的保障类型做出选择:是要求获得硬性保证还是要绝大部分时间能获得保证。如果所有其他条件都相同,则每个应用都希望获得硬性保证,但困难在于其代价太高,因为这限制了最坏情况下的行为。对于应用来说,通常为绝大多数数据包提供保证就足够了,而且,对于固定的容量而言,则可以支持更多这种保证的流。

最后,有些应用可能愿意就流的参数讨价还价,而其他一些应用可能不会。比如,一个电影应用通常运行速率为30帧/秒,如果没有足够的免费带宽支持30帧/秒,则应用可能把运行速率降到25帧/秒。类似地,每帧的像素数、音频带宽等其他特征可能也可以被调整。

因为在流的协商过程中可能会涉及许多方(包括发送方、接收方以及这两者之间沿途的所有路由器),所以流必须要用一些特定的、可协商的参数精确地进行描述。这样的一组参数称为**流规范**(flow specification)。通常,发送方(比如视频服务器)生成一个流规范,在此流规范中指出它希望使用的参数。当这个流规范沿着路径传播时,每台路由器都对它进行检查,并根据需要修改相应的参数。修改时只能降低质量,而不能提高流的质量(比如降低数据速率,而不能提高数据速率)。当流规范到达另一端时,流的参数就可以被建立起来了。

考虑如图5-30所示的流规范实例。它以综合服务的RFC 2210和RFC 2211为基础,综合服务是QoS的一种设计方案,将在5.4.4节进行讨论。图5-30中的流规范有5个参数。前两个参数“令牌桶速率”和“令牌桶容量”使用了一个令牌桶。第一个参数给出了发送方可以传输的最大持续速率,即在相当长的时间内的平均速率;第二个参数给出了短时间内可以发送的最大突发量。

参数	单位
令牌桶速率	字节/秒
令牌桶容量	字节
峰值速率	字节/秒
最小数据包长度	字节
最大数据包长度	字节

图5-30 流规范实例

第三个参数——“峰值速率”指能容忍的最大传输速率,即使在很短的时间内也要受此约束。发送方必须永远不得超过这一速率,即使在很短的突发传输时也是如此。

最后两个参数指定了数据包的最小和最大长度,包括传输层和网络层(比如TCP和IP)的头。最小长度的规定是有用的,因为不管一个数据包有多短,对它进行处理总是需要一些固定时间。一台路由器可能每秒能够处理10 000个1024字节长度的数据包,但是可能无法处理100 000个50字节长度的数据包,尽管后者的数据速率比前者更低一些。最大数据包长度很重要,因为可能会存在一些无法超越的内部网络限制。比如,如果路径上有一部分是通过以太网传输的，那么，不管网络的其余部分如何处理数据包，数据包的最大长度将被限制于不得超过 1500 字节。

一个有趣的问题是路由器如何将一个流规范转变成一组特定的资源预留。乍一看，似乎很明显，如果一台路由器有一条链路的运行速率为 1Gb/s，并且平均数据包长度为 1000 位，那么它每秒能处理一百万个数据包。实际情况并非如此，由于负载的统计波动，链路总会有空闲周期。如果该链路需要利用每一位容量来完成自己的工作，那么即使少量位的空闲都可能造成一个永远也无法消除的积压。

即使负载略微低于理论容量，队列可能也要出现，延迟可能会发生。考虑这样的情形：数据包随机到达，平均到达率为每秒 λ 个数据包。数据包具有随机长度，并且以每秒 μ 个数据包的平均服务率发送到链路上。假设数据包的到达和服务均服从泊松分布（这就是所谓的 M/M/1 排队系统），则利用排队理论可以证明，一个数据包经历的平均延迟 T 为

$$T=\frac{1}{\mu}\times\frac{1}{1-\lambda/\mu}=\frac{1}{\mu}\times\frac{1}{1-\rho}$$

这里 $\rho=\lambda/\mu$ 是 CPU 的利用率。第一个因子 $1/\mu$ 是在没有竞争情况下的服务时间。第二个因子 $1/(1-\rho)$ 是指由于与其他流竞争而导致的减慢因素。比如，如果 $\lambda=950\ 000$ 数据包/秒，$\mu=1\ 000\ 000$ 数据包/秒，那么，$\rho=0.95$，并且每个数据包经历的平均延迟将是 $20\mu s$，而不是 $1\mu s$。这个时间值包含了排队时间和服务时间，正如当负载很低时（即 $\lambda/\mu\approx 0$）能看出这一点。如果在流的路径上有 30 台路由器，那么仅仅排队延迟就会达到 $600\mu s$。

Parekh 等（1993，1994）给出了一种对应于带宽和延迟性能保证的路由器资源的流规格说明方法。该方法建立在流量源采用了 (R,B) 令牌桶整形的基础之上，在路由器上采用了 WFQ。每个流都有一个 WFQ 权重 W，它足够大到能排空速率为 R 的令牌桶，如图 5-31 所示。比如，如果流的速率为 1Mb/s，路由器和输出链路的容量为 1Gb/s，那么在路由器的输出链路上该流的权重必须大于所有流的全部权重的 1/1000。这保证了该流的最小带宽。如果无法给予该流足够大的速率，那么就不允许它进入网络。

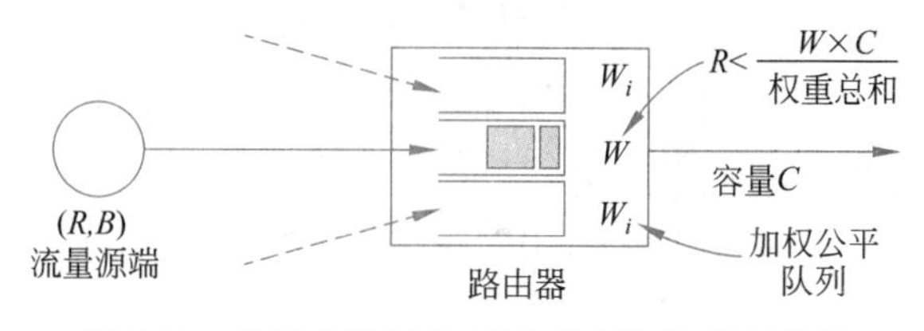

图 5-31　采用令牌桶和 WFQ 的带宽和延迟保证

流的最大排队延迟是令牌桶突发大小的函数。考虑两种极端情形。如果流量是平缓的，没有任何突发，则数据包将以它们到达的速率从路由器被尽快排空。这种情况下将不会有排队延迟（忽略打包的影响）。如果流量被保存起来形成积累，那么一次到达路由器的最大突发量为 B。在这种情况下，最大排队延迟 D 将是以保证的带宽排空突发量的时间，或 B/R（再次忽略打包的效果）。如果这个延迟过高，那么该流必须向网络请求更多的带宽。

这些保证是硬性的。令牌桶约束了源端的突发性，公平队列隔离了给予不同流的带宽。这意味着，对于一个流来说，无论其他竞争的流在路由器上的行为如何，该流都将得到其带宽和延迟保证。其他流不能破坏这种保证，即使它们积累流量并一次全部发送出来也不会

产生影响。

此外,这个结果对任何网络拓扑结构下通过多台路由器的路径都成立。每个流得到了最小的带宽,因为此带宽是每台路由器做出的保证。每个流得到最大延迟的理由则有点微妙。在最坏的情形下,冲击第一台路由器的突发流量与其他流的流量展开竞争,它将被推迟到最大延迟 D。然而,这一延迟也将平滑突发流量。这也意味着本次突发将再也不会导致在后面的路由器上进一步出现排队延迟。总的排队延迟将最多为 D。

5.4.4 综合服务

1995—1997年,IETF为流式多媒体的体系结构设计做了大量的努力。这项工作产生了多个RFC,即RFC 2205～RFC 2212。这项工作的通用名称是**综合服务**(integrated service)。它主要针对单播和多播应用。单播的一个例子是用户从一个新闻网站流式访问一个视频片段。多播的一个例子是一组数字电视台将它们的节目以IP数据包流的方式广播到各地的许多接收者。下面将重点关注多播,因为单播可以看作多播的一个特例。

在许多多播应用中,组的成员可能会动态地发生变化,比如,用户进入一个视频会议,然后感觉厌烦了就切换到一部肥皂剧或者一个橄榄球频道。在这样的情况下,让发送方提前预留带宽的做法并不能很好地工作,因为这要求每个发送方必须跟踪它的全部用户的加入和离开情况。对于一个拥有数百万用户的电视传输系统而言,这样的设计根本不能工作。

资源预留协议

在综合服务体系结构中,对网络用户可见的主要部分是**RSVP**(Resource reSerVation Protocol,**资源预留协议**),RFC 2205～RFC 2210文档对该协议进行了描述。该协议被用于资源预留,发送数据则需要使用其他协议。RSVP允许多个发送方给多个接收组传输数据,也允许单独的接收方自由地切换频道,并且在消除拥塞的同时优化带宽的使用。

在最简单的形式下,该协议使用了基于生成树的多播路由,关于用生成树实现多播路由的方法在前面已经讨论过。每个组都分配了一个组地址。为了给一个组发送数据,发送方把该组的地址放在这些数据包中。然后,标准的多播路由算法建立一棵覆盖所有组成员的生成树。路由算法并不是RSVP的一部分。与普通多播的唯一不同之处是,有一些额外的信息被周期性地多播给这个组,使生成树中的路由器能够在它们的内存中维护特定的数据结构。

举例来说,考虑图5-32(a)中的网络。主机1和主机2是多播发送方,主机3～主机5是多播接收方。在这个例子中发送方和接收方是分离的,但是一般情况下这两个集合可以有重叠。针对主机1和主机2的多播生成树分别如图5-32(b)和图5-32(c)所示。

为了获得更好的接收效果并且消除拥塞,一个组中的任何接收方都可以沿着生成树给发送方发送一个预留消息。利用前面讨论过的逆向路径转发算法,该预留消息被传播到发送方。在每一跳,路由器会注意到此预留消息,并预留必要的带宽。在5.3.4节中已经介绍了如何使用加权公平队列调度算法进行资源预留。如果没有足够的带宽可用,它就返回失败消息。当这一消息回到源端时,从发送方到该接收方沿着生成树的整个路径已经进行了预留请求,从而带宽都已经预留好了。

图5-33(a)显示了一个这种资源预留的例子。在这里,主机3请求一条通向主机1的信

道。一旦该信道被建立起来，则从主机 1 到主机 3 的数据包流将不会再遭遇拥塞。现在请考虑，接下来主机 3 为了能同时观看两套电视节目，要预留一条通向另一个发送方（即主机 2）的信道，此时会怎么样？第二条路径被预留了，如图 5-33(b)所示。请注意，从主机 3 到路由器 E 之间需要两条独立的信道，因为传输的是两个独立的流。

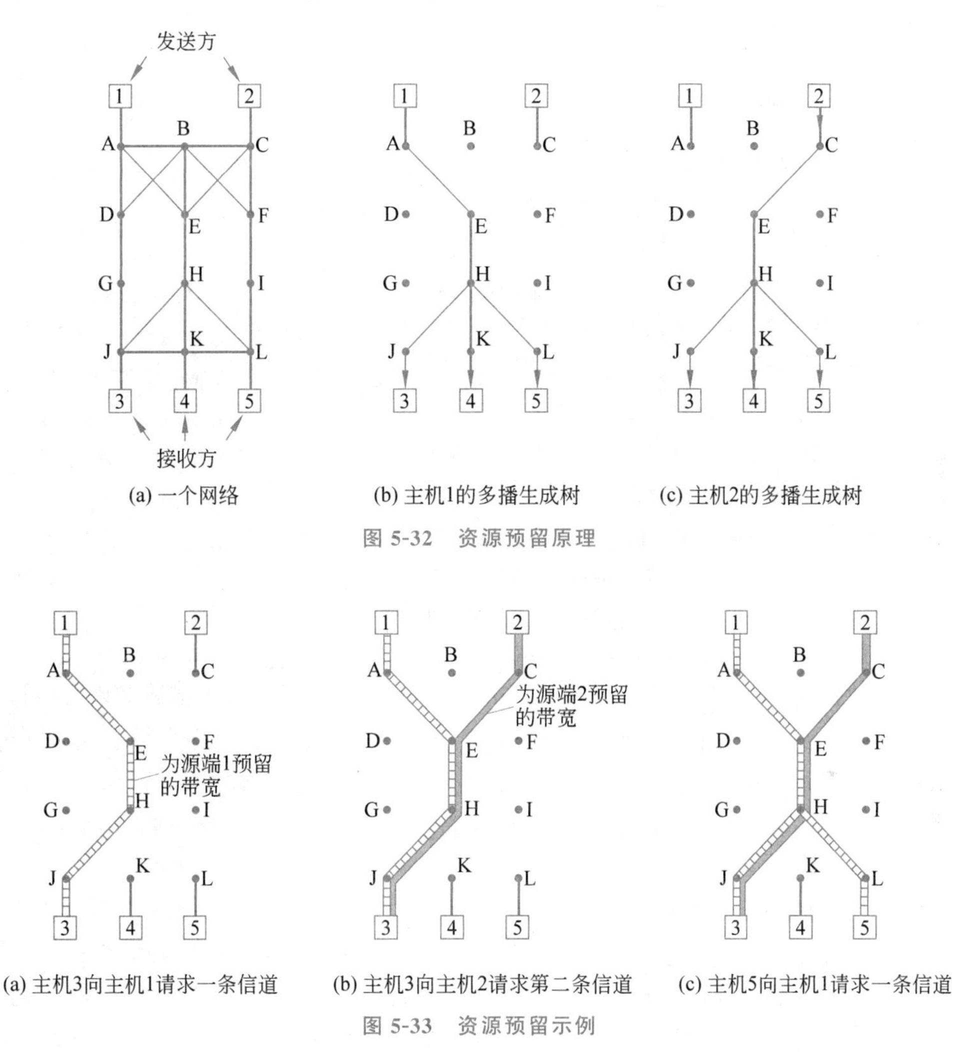

(a) 一个网络　(b) 主机1的多播生成树　(c) 主机2的多播生成树

图 5-32　资源预留原理

(a) 主机3向主机1请求一条信道　(b) 主机3向主机2请求第二条信道　(c) 主机5向主机1请求一条信道

图 5-33　资源预留示例

最后，在图 5-33(c)中，主机 5 决定观看主机 1 传输的节目，因而也请求预留带宽。首先，在主机 5 到路由器 H 之间要预留专门的带宽。然而，路由器 H 看到自己已经有了一个来自主机 1 的流，所以，既然所需的带宽已经被预留了，就没有必要再次预留。请注意，主机 3 和主机 5 有可能会请求不同数量的带宽（比如，主机 3 在小屏幕上播放节目，只需要低分辨率信息），所以，预留的容量必须足够大，以便满足最"贪婪"的那个接收方。

在进行资源预留时，接收方可以（有选择地）指定一个或者多个期望接收的源。它也可以指定这些选择在预留期间是否是固定的，或者接收方是否希望以后还可以改变源。路由器利用这些信息优化带宽的使用计划。尤其是如果两个接收方都同意以后不再改变源，那么它们只需共享一条路径即可。

在这一完全动态情形下这种策略的理由是,被预留的带宽与源的选择是解耦的。一旦一个接收方已经预留了带宽,那么它就可以切换到另一个源,并且保留现有路径上对新的源仍然有效的那部分。比如,如果主机2正在实时传输几个视频流,假设这是一个拥有多个频道的电视台,那么主机3可以随意地在这几个频道之间切换,而根本不用改变它的预留,因为路由器并不关心接收方正在观看什么节目。

5.4.5 区分服务

基于流的算法都有潜力为一个或者多个流提供非常好的服务质量,因为它们在路径上预留了必要的资源。然而,这些算法有一些缺点。首先它们都要求预先进行设置,以便建立每个流,当存在数千或数百万个流时,这样的要求就无法扩大规模了。其次,要在路由器中为每个流维护一份内部状态很容易导致路由器崩溃。最后,要求对路由器代码的修改量也相当可观,并且还涉及为了设置这些流而进行复杂的路由器之间的消息交换。因此,尽管有一些工作在继续推动综合服务的发展,但综合服务几乎没有实际部署,甚至类似的实现也很少。

基于这些原因,IETF又设计了一个更加简单的服务质量保证方法,该方法很大程度上由每台路由器本地实现,无须提前设置流,也不会将整条路径牵涉进来。这种方法称为基于类别(class based)的服务质量(相对于基于流的服务质量)。IETF已经针对该方法标准化了一个体系结构,称为区分服务(differentiated service),RFC 2474、RFC 2475和其他一些RFC文档对区分服务进行了描述。下面介绍区分服务。

区分服务可以由一组路由器提供,这些路由器构成了一个管理域(比如一个ISP或者一家电话公司)。管理规范定义了一组服务类别,每个服务类别对应于特定的转发规则。如果一个客户已经订购了区分服务,那么进入该管理域的客户数据包就会被标上服务类别。这一信息可由IPv4和IPv6数据包(在5.7.1节中讨论)的区分服务字段携带。服务类别定义为单跳行为(per hop behavior),因为它们对应于数据包在每台路由器上得到的处理,而不是数据包在整个网络中的保证。具有某种单跳行为(比如优质服务)的数据包相比于其他单跳行为(比如普通服务)的数据包可以获得更好的服务。属于同一个类别的流量可能要求符合特定的形状特征,比如通过一个具有特定排空速率的漏桶。商业嗅觉灵敏的运营商可能对每个优质服务类别的数据包收取额外的费用,或者每个月收取固定的额外费用以允许最多N个优质服务类别的数据包。请注意,与综合服务不同的是,这种方案并不要求提前设置,也没有资源预留,也不需要花时间为每个流进行端到端的协商。这使得区分服务更容易实现。

基于类别的服务其他领域中也存在。比如,包裹托运公司通常提供昼夜送达、两天内送达和三天内送达服务;航空公司提供头等舱、商务舱和经济舱服务;长途列车也有多个服务等级;甚至巴黎的地铁对于相同质量的座位还有两种服务类别。对数据包而言,服务类别的差异可能体现在延迟、抖动、发生拥塞时被丢弃的概率以及其他的可能性(但可能不是广泛的以太帧)。

为了使基于流的服务质量与基于类别的服务质量的差异更加清晰,请考虑一个实例——Internet电话。如果采用基于流的方案,每个电话呼叫都拥有它自己的资源和保证。如果采用基于类别的方案,则所有的电话呼叫合起来拥有同一份预留给电话类别的资源。

这些资源不能被 Web 浏览类别或者其他类别的数据包夺走，但是，任何一个电话呼叫也得不到任何独自享用的私有资源。

加速转发

服务类别的选择取决于具体运营商，但是由于通常情况下数据包需要在不同运营商运行的网络之间转发，所以，IETF 已经定义了某些与网络无关的服务类别。最简单的服务类别是加速转发(expedited forwarding)，所以我们先从这个类别开始讨论。RFC 3246 描述了这个类别。

加速转发背后的思想非常简单。可以把服务类别分为两种：常规的和加速的。绝大多数流量属于常规类别，但是有一小部分数据包需要加速转发。加速类别的数据包应该可以直接通过网络，就好像不存在其他任何数据包一样。这样，它们将获得低丢失、低延迟和低抖动服务——这正是 VoIP 需要的服务。这种"双管道"系统的一种符号化表示方法如图 5-34 所示。请注意，这里依然只有一条物理线路。图 5-34 中显示的两条逻辑管道只是表示为不同类别服务预留带宽的方法，而不是有第二条物理线路。

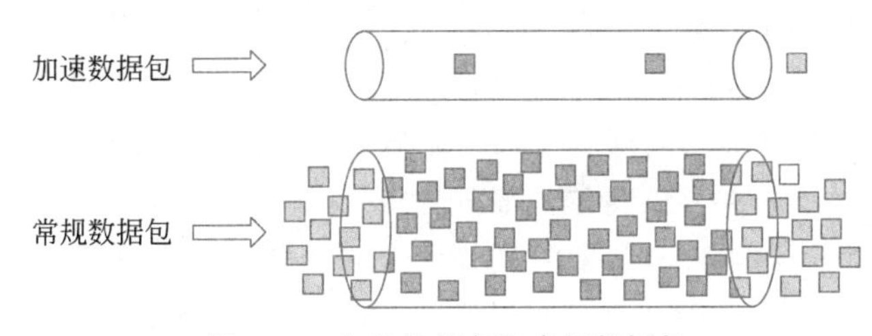

图 5-34　加速数据包和常规数据包

实现这种策略的一种做法如下：把数据包分成加速和常规两种，并做相应的标记。这一步可以在发送主机上完成，或者在入口(第一个)路由器上完成。在发送主机上进行分类的好处是，有更多的信息可用来确定哪些数据包属于哪些流。这个任务可以由网络软件甚至操作系统执行，以免修改现有的应用程序。比如，主机为 VoIP 数据包标记加速服务的做法越来越常见了。如果这些数据包穿越支持加速服务的公司网络或 ISP，它们将获得优惠待遇。如果网络不支持加速服务，也没有什么损失。在那种情况下，至少尝试一下也是有意义的。

当然，如果标记工作由主机来做，则入口路由器很可能就要监管流量，以确保客户没有发送比他们的付费流量更多的加速流量。在网络内部，路由器针对每条输出线路可能有两个输出队列，一个用于加速数据包，另一个用于常规数据包。当一个数据包到达时，它被排入相应的队列。当使用优先级调度算法时，加速队列获得的优先级要高于常规队列。通过这种方式，加速数据包看到一个没有负载的网络，即使事实上普通流量的负载很重。

确保转发

管理服务类别的一种更精细方案称为确保转发(assured forwarding)。它由 RFC 2597 定义。确保转发规定了 4 种优先级，每种优先级都拥有自己的资源。前 3 个优先级或许可分别称为金质、银质和铜质。而且，它还针对正经历拥塞的数据包定义了 3 种丢弃类别——低、中、高。将这些组合起来，这些因素共定义了 12 种服务类别。

图 5-35 显示了一种在确保转发下数据包可能的处理方法。第一步是将数据包分成 4

个优先级之一。如前所述,这一步有可能在发送主机上完成(如图5-35所示),也可能在入口路由器上完成,高优先级数据包的速率可作为服务供给的一部分由运营商规定。

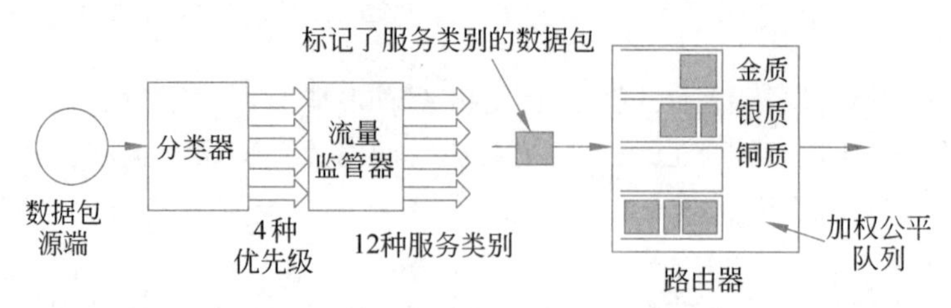

图 5-35 确保转发的一种可能实现

下一步是确定每个数据包的丢弃类别。可以这样完成:让每个优先级类别的数据包穿过一个诸如令牌桶这样的流量监管器。该监管器让所有的流量都通过,但它根据突发流量大小标识数据包的丢弃类别:符合小突发量的数据包标为低丢弃类别,超过小突发量的数据包标为中丢弃类别,超过大突发量的数据包标为高丢弃类别。然后将优先级和丢弃类别组合起来,编码到每个数据包中。

最后,数据包由网络中的路由器处理,通过一个数据包调度器区分不同的服务类别。一种常见的选择是,针对4个优先级采用加权公平队列,较高的优先级给予较高的权重。通过这种方式,高优先级的数据包将获得绝大部分带宽,但低优先级的数据包也不会完全被"饿死"。比如,如果高优先级的权重是两倍,则高优先级的数据包将获得两倍的带宽。在同一优先级内,具有较高丢弃类别的数据包可被算法优先丢弃,这样的算法的一个例子是RED(随机早期检测)。当拥塞刚刚开始出现且路由器还没有耗尽缓冲区空间时,RED就开始丢弃数据包。在这个阶段,路由器仍然有缓冲区空间用来接收低丢弃类别的数据包,而丢弃高丢弃类别的数据包。

5.5 网络互联

到现在为止,一直隐含假设讨论的网络是一个同质网络,每台计算机在同一层上使用同样的协议。不幸的是,这样的假设过于乐观。实际上存在着许多不同质的网络,包括PAN、LAN、MAN和WAN。前面已经描述了以太网、线缆上的Internet、固定和移动电话网络、IEEE 802.11等。大量协议被广泛应用于跨越这些网络的各个层次。

5.5.1 网络互联概述

在本节中,将仔细地讨论当两个或者多个网络形成互联网络(internetwork)或简单的互联网(internet)时涉及的一些问题。

如果每个人都使用单一的联网技术,那么,网络互联将非常简单,而且通常情况下会存在一种主导类型的网络,比如以太网。一些专家推测,一旦每个人都意识到某种自己最喜爱的网络是多么的美妙,技术的多样性就会消失。但是,不要指望这种情况会发生。历史证明这是一厢情愿的想法。不同类型的网络解决不同的问题,比如,以太网和卫星网络可能总是有所不同。重用现有的系统,比如在线缆之上、电话网络之上和电力线之上运行数据网络,将会加入种种限制，导致网络的特性更加发散。这也是网络异质性的由来。

尽管总会有不同的网络，如果不需要互联它们，事情会很简单，但这是不可能的。Bob Metcalfe 提出了一个观点：具有 N 个节点的网络的价值是节点之间可能建立的连接数，或者 N^2（Gilder，1993）。这意味着大型网络比小型网络更有价值，因为它们允许更多的连接，所以始终有把小型网络互联的动因。

Internet 是这种互联（interconnection）的最佳例子（把 Internet 的首字母写成大写的“I”，以便与其他互联网或者互联在一起的网络区别开来）。加入所有这些网络的目的是使得任何一个网络用户都可以与网络中的其他用户沟通。当用户向 ISP 支付 Internet 服务费用时，收取的费用多少取决于用户的线路带宽，但用户真正支付的是能够与同样连接到 Internet 上的其他主机交换数据包的能力。毕竟，如果用户只能将数据包发送到同一城市的其他主机，那么，Internet 就不会如此受欢迎了。

由于不同网络往往在一些重要方面有所不同，所以，让数据包从一个网络到达另一个网络并不总是那么容易。为此，必须解决异质性的问题以及因互联网增长得非常大而造成的规模问题。首先考察网络的异质性，以便寻找应对之策。然后介绍使 Internet 网络层协议 IP（Internet 协议）如此成功所用到的方法，包括穿越网络的隧道、互联网络的路由和数据包分段等技术。

5.5.2　网络如何不同

网络的不同可体现在许多方面。比如不同的调制技术或帧格式之类的差异属于物理层和数据链路层内部问题，这些差异我们在这里不关心。图 5-36 中列出了一些出现在网络层的差异。正是因为要掩盖这些差异，使得对互联网络的操作比对单个网络的操作更加困难。

项　目	某些可能性
提供的服务	无连接与面向连接
寻址	不同大小，扁平或层次
广播	提供或者缺乏（多播同样）
数据包大小	每个网络有自己的数据包大小
有序性	有序和无序传递
服务质量	提供或缺乏；许多不同种类
可靠性	丢包的不同级别
安全性	隐私规则、加密等
参数	不同超时值、流规范等
计费	按连接时间、包数、字节数收费或不收费

图 5-36　网络的不同

当一个网络上的某个源发出的数据包必须经过一个或者多个外部网络才能到达目标网络时，网络之间的接口可能会产生许多问题。首先，源必须能够寻址目标方。如果源在以太网络上，而目标方在蜂窝电话网络上，那么应该做什么？假设可以在以太网络中指定一个蜂窝目标,那么,这些数据包将从一个无连接的网络传输到面向连接的网络。这可能要求在短时间内建立一个新的连接,但这将带来延迟,而且,如果该连接不被其他数据包使用,则开销会很大。

许多特定的差异可能也不得不被接纳进来。如果一个组的有些成员所在的网络不支持多播,那么,如何将数据包多播给这个组?不同网络使用的最大数据包长度不同,也可能是困扰网络互联的主要因素。如何让一个8000字节的数据包通过一个最大数据包长度为1500字节的网络呢?如果一个面向连接的网络上的数据包经过一个无连接的网络,那么,它们可能并非按发送顺序到达接收方。这可能是发送方并不期望的,因而可能会引起接收方的(不愉快的)诧异。

经过一些努力,这类差异可以被掩盖。比如,连接两个网络的网关可以为每个目标方生成单独的数据包以模拟多播;一个大的数据包可能被拆分,分段发送,然后再重组还原;接收方可能缓冲数据包,并按顺序递交它们。

网络还可能在其他一些较大的方面有所区别,而这些方面是难以调和的。最明显的例子是服务质量。如果一个网络具有较高的服务质量,而其他网络只提供尽力而为的服务,那么就不可能为端到端的实时流量实现带宽和延迟保证。事实上,只有当尽力而为网络运行在利用率较低的水平或者很少被真正使用的时候,这些保证才有可能实现,而这通常不太可能是绝大多数ISP的目标。安全机制也有问题,但至少可以在不具备安全性的网络上叠加使用加密技术,以保证保密性和数据完整性。最后,当平时正常使用的网络突然变得费用很高时,计费方面的差异可能会产生令人不悦的账单,正如有数据使用需求的漫游手机用户所发现的那样。

5.5.3 异构网络互联

不同的网络互联有两种基本选择:可以利用硬件设备,将每种网络的数据包翻译或转换成任何其他网络的数据包;也可以像计算机科学家通常做的那样,利用软件实现在不同的网络上面增加一个间接层,从而构建一个公共层来解决这一问题。无论哪一种情形,都要有设备放置在网络之间的边界上。刚开始的时候,这些设备称为网关(gateway)。

早期,Cerf等(1974)主张用一个公共层隐藏现有网络的差异。这种方法已经取得了巨大成功,他们提出的层最终被分成TCP和IP两个协议。差不多40年以后,IP成为现代Internet的基础。由于这个成就,Cerf和Kahn于2004年被授予图灵奖,该奖相当于计算机科学领域的诺贝尔奖。IP提供了一种通用的数据包格式,所有路由器都认识这种格式,它几乎可以通过所有的网络进行传输。IP已经将其应用范围从计算机网络扩展到电话网络。它还可以运行在传感器网络和其他微型设备上,这些微型设备一度被认定为资源极其受限而无法支持IP。

前面已经讨论了几种用来互联网络的设备,包括中继器、集线器、交换机、网桥、路由器和网关。中继器和集线器只是将比特从一根导线移动到另一根导线。它们大多是模拟设备,不理解有关高层协议的任何知识。网桥和交换机运行在数据链路层,它们可以用来构建网络,但只能处理传输过程中轻微的协议转换,比如,在10Mb/s、100Mb/s和1000Mb/s以太网交换机之间传递帧。本节的焦点是运行在网络层的互联设备,即路由器。网关等高层的互联设备留到以后介绍。

首先探讨在较高的层次如何用一个公共的网络层互联不同的网络。一个由 IEEE 802.11 网络、MPLS 网络和以太网网络组成的互联网络如图 5-37(a)所示。假设源机器在 IEEE 802.11 网络上，要给以太网网络上的目标主机发送一个数据包。由于这些技术不同，而且它们又被另一种类型的网络(MPLS 网络)分离，所以在网络之间的边界上需要加入额外的处理。

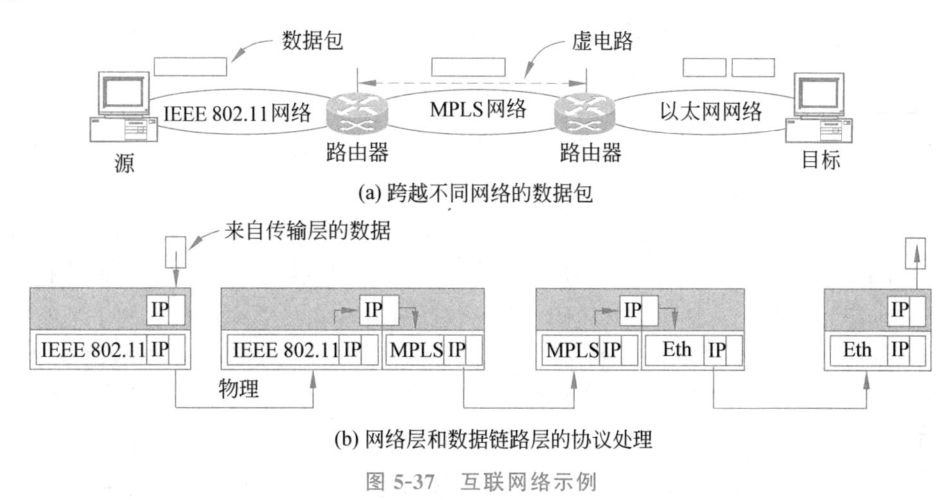

(a) 跨越不同网络的数据包

(b) 网络层和数据链路层的协议处理

图 5-37　互联网络示例

一般来说，不同的网络有不同形式的地址，数据包携带一个网络层地址，它可以标识这 3 个网络上的任何主机。当该数据包从 IEEE 802.11 网络转换到 MPLS 网络时，它到达第一个网络边界。记住，IEEE 802.11 提供的是无连接服务，而 MPLS 提供的是面向连接的服务，这意味着必须建立一条穿过该网络的虚电路。一旦该数据包沿此虚电路传送，它就可以到达以太网网络。在这个网络边界上，该数据包可能太大以至于无法被承载，因为 IEEE 802.11 帧比以太网帧大得多。为了解决这一问题，该数据包被拆分为段，每个段被单独发送。当这些段到达目标方时，它们被重新装配在一起。至此，该数据包才完成了自己的旅程。

这一旅程中的协议处理如图 5-37(b)所示。源端接收来自传输层的数据，并生成一个带有公共网络层头的数据包，在这个例子中此公共网络层是 IP。此公共网络层头包含了最终的目标地址，该地址被用来确定此数据包应该通过第一台路由器发送。所以，该数据包被封装在 IEEE 802.11 帧内并且被传输出去，帧的目标地址是第一台路由器。在路由器上，该数据包从帧的数据字段中被提取出来，IEEE 802.11 帧头被丢弃。现在路由器检查该数据包中的 IP 地址，并在它的路由表中查找此地址。根据这一地址，路由器决定接下来将该数据包发送到第二台路由器。对于路径中的这部分，路由器必须建立一条到第二台路由器的 MPLS 虚电路，并且必须用穿越该电路的 MPLS 头来封装该数据包。在远端，MPLS 头被丢弃，并在此检查网络地址，以便找到网络层的下一跳。这里的下一跳就是目标方本身。当一个数据包太长而无法通过以太网发送时，它被拆分成两部分。每一部分被放入以太网帧的数据字段，并被发送到目标方的以太网地址。在目标方，每一帧的以太网头被丢弃，帧的内容被重新组合。至此，数据包终于到达了它的目标方。

这里可以观察到，路由的情形与交换(或桥接)的情形有本质的区别。在路由器上，数据包被从帧中提取出来，数据包中的网络地址被用来决定将它发送到哪里。而在交换机(或网桥)上,整个帧是根据其MAC地址被传输的。交换机不必理解正在被交换的数据包所采用的网络层协议,但路由器必须理解网络层协议。

不幸的是,网络互联并不像上面说的那么容易。事实上,当网桥最初被引入时,其目的就是用它将不同类型的网络互联起来,或者至少把不同类型的LAN互联在一起。它们的做法是,把一个LAN的帧翻译成另一个LAN的帧。然而,这种方式工作得并不好。由于同样的原因,网络互联是非常困难的:LAN特征上的差异很难掩盖,比如不同的最大数据包长度、是否有优先级。今天,网桥主要用于在数据链路层上连接同类型的网络,而路由器用于在网络层上连接不同类型的网络。

在建设大型网络方面,网络互联是非常成功的,但这仅当有一个公共网络层时才能工作。事实上,随着时间的推移,已经存在许多网络协议。当各个公司都认定一个由自己控制的私有格式是它们的商业优势时,想要让大家共同认可一种格式就非常困难了。IP现在已经接近于一个统一的网络协议,除此以外的网络协议还有IPX、SNA和AppleTalk。这些协议仍然没有得到广泛使用,而且将来总还会有其他的一些协议出现。现在最引人注目的例子可能是IPv4和IPv6了。虽然它们都是IP的版本,但它们是不兼容的(否则就没有必要建立IPv6了)。

可以处理多个网络协议的路由器称为多协议路由器(multiprotocol router)。它必须要么转译协议,要么把连接交给更高的协议层。这两种方法都不完全令人满意。更高层的连接,比如说用TCP,要求所有的网络都能实现TCP(也许并非如此)。于是,它限制了跨网络的场景只适用于使用TCP的应用(不包括许多实时应用)。

另一种方法是在网络之间转译数据包。然而,除非数据包格式有很近的亲缘关系,具有相同的信息字段,否则这种转换总是不完整的,并且往往注定要失败。比如,IPv6地址为128位长。不管路由器如何努力尝试,它们肯定无法填入32位的IPv4地址字段。在同一个网络中同时运行IPv4和IPv6已被证明是部署IPv6的一个主要障碍(公平地说,这也正是要让客户理解为什么他们应该从一开始就要接受IPv6的理由)。在两个非常不同的协议之间进行转译往往会产生更大的问题,比如无连接和面向连接网络的协议。鉴于这些困难,这种转译很少有人去尝试。可以说,甚至IP也只能在作为一种"最小公分母"的服务时才工作得很好。IP对在其上运行的网络要求极少,但结果也只是提供了尽力而为的服务。

5.5.4 跨异构网络连接端点

处理两个不同网络互联时的一般情形极其困难。然而,存在一种很常见的特殊情形,它对于不同的网络协议甚至是可以管理的。这种情形就是:源主机和目标主机所在网络的类型完全相同,但它们中间却隔着一个不同类型的网络。举例来说,考虑一家跨国银行,它在巴黎有一个IPv6网络,在伦敦也有一个IPv6网络,但是两个办公地之间的连接却是通过IPv4 Internet进行的,图5-38显示了这样的情形。

这个问题的解决方案是使用一种称为隧道(tunneling)的技术。为了给伦敦办公地的主机发送一个IP数据包,巴黎办公地的主机构造一个包含伦敦IPv6地址的数据包,然后将该数据包发送到连接巴黎IPv6网络到IPv4 Internet的多协议路由器。当该路由器获得了此IPv6数据包时,它把该数据包用一个IPv4头封装,其地址指向连接到伦敦IPv6网络的多协议路由器的IPv4侧。也就是说,该路由器把一个IPv6数据包放入一个IPv4数据包中。当这个数据包到达伦敦路由器时,原来的IPv6数据包被提取出来,并被发送给目标主机。

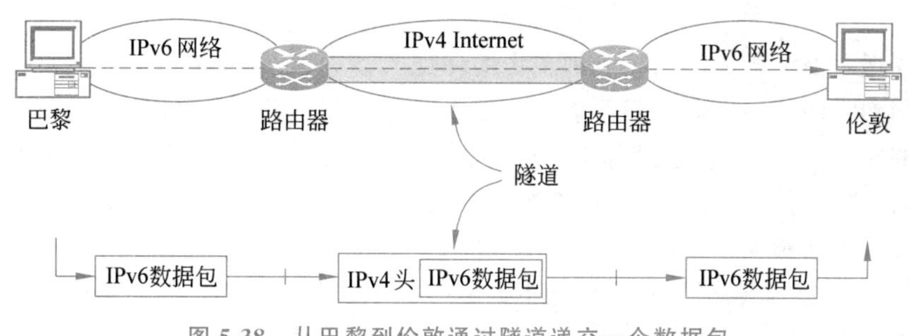

图 5-38　从巴黎到伦敦通过隧道递交一个数据包

可以把通过 IPv4 Internet 的路径看作一条从一个多协议路由器延伸到另一个多协议路由器的隧道。IPv6 数据包只是从隧道的一端旅行到隧道的另一端，藏在它完好的“盒子”里。它全然不必担心如何处理 IPv4。巴黎或伦敦的主机也不需要担心任何有关 IPv4 的事宜，只有多协议路由器才必须理解 IPv4 和 IPv6 数据包。实际上，从一个多协议路由器到另一个多协议路由器的整个行程就像单条链路上的一跳。

用一个类比可能会使隧道的思想更加清晰。考虑一个人驾着一辆汽车从巴黎出发要去伦敦。在法国境内，该汽车可以依靠自己的马力向前行驶，但是当它到达英吉利海峡时，它被装到一辆高速列车上，经过海底隧道到达英国(汽车不允许直接在隧道中行驶)。实际上，这里的汽车被当作货物一样运送，如图 5-39 所示。到了远处那一端，汽车被放在英国公路上，它又可以依靠自己的马力继续行驶了。数据包在通过一个外部网络时使用的隧道技术也是以同样的方式工作的。

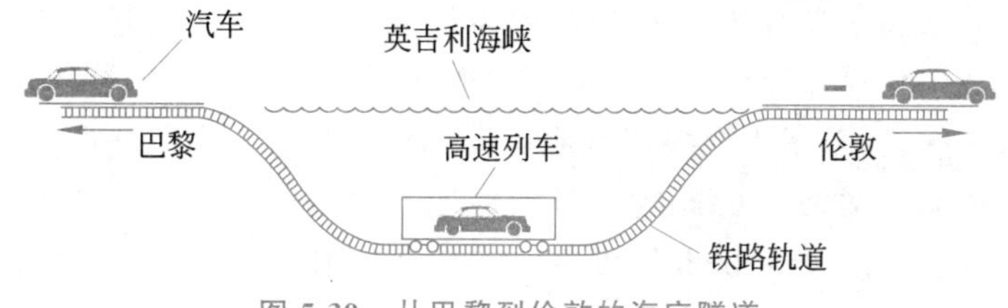

图 5-39　从巴黎到伦敦的海底隧道

隧道被广泛用于连接那些因使用其他网络而被分离的主机和网络。结果得到的网络就是所谓的覆盖(overlay)网络，因为它已经有效地覆盖在基础网络之上。部署一个具有新特性的网络协议是一个常见的原因，就像图 5-38 的例子展示的那样。隧道的缺点是无法到达它所穿越的网络中的主机，因为数据包无法在隧道的中间“逃离”。然而，隧道的这个限制变成了 VPN(Virtual Private Network，虚拟专用网络)的优势。VPN 就是一个提供安全措施的简单覆盖网络，将在第 8 章讨论。

5.5.5　互联网络路由

通过互联网络的路由也面临着与单个网络中的路由基本相同的问题，但复杂性有所增加。首先，各网络内部可能使用了不同的路由算法。比如，一个网络可能使用链接状态路由算法，而另一个网络使用了距离矢量路由算法。由于链路状态路由算法需要知道拓扑结构，而距离矢量路由算法不需要，所以，仅仅由于这个差异就导致要找到跨互联网络的最短路径是很困难的。

由不同运营商运行的网络会导致更大的问题。首先,运营商对于什么是通过网络的好路径有不同的看法。一个运营商可能希望使用最低延迟的路径,而另一个运营商可能要使用最便宜的路径,这将导致运营商使用不同的度量方法来设置最短路径成本(比如,以毫秒计的延迟与以货币计的费用)。这些权重在跨网络情况下是没有可比性的,所以互联网络上的最短路径将无法被明确定义。

更糟糕的是,一个运营商甚至可能不希望另一个运营商了解其网络路径的细节,因为权重和路径可能会反映一些敏感信息(比如货币成本),这些信息代表了一种商业竞争优势。

最后,互联网络可能比构成它的任何一个网络都大得多。因此,它或许要求采用层次结构的扩展性较好的路由算法,尽管单独的网络没有使用层次结构进行路由的必要。

所有这些考虑都导致了一个两级路由算法。在每个网络内部,使用一个域内(intradomain)或者内部网关协议(interior gateway protocol)进行路由(网关是路由器的旧称)。这可能是本书已经描述过的一种链路状态路由协议。为了跨越构成互联网络的这些网络,要用到一个域间(interdomain)或外部网关协议(exterior gateway protocol)。这些网络可能全部使用不同的域内协议,但它们必须使用相同的域间协议。在 Internet 上,此域间路由协议称为边界网关协议(Border Gaterway Protocol,BGP)。5.7.7 节将描述该协议。

还有一个更重要的术语要介绍。由于每个网络都是独立于所有其他网络运营的,所以这样的网络通常称为一个自治系统(Autonomous System,AS)。对于 AS,一个便于理解的模型是 ISP 网络。事实上,一个 ISP 网络可能由多个 AS 组成,如果它通过管理或并购方式形成了多个网络。但两者之间的差异通常并不明显。

这两级路由算法通常没有严格的层次,因为如果一个庞大的国际网络和一个较小的区域网络都被抽象成一个单一网络,那么,可能导致高度次优的路径。然而,有关网络内部路径的信息知道得太少,以至于无法找到跨越互联网络的路径。两级路由算法有助于解决所有的复杂性。它提高了网络的伸缩能力,并允许运营商使用其自选的路由协议自由地选择网络内部的路径。它也不要求权重值可以跨网络进行比较,或者将敏感信息暴露在网络以外。

然而,到目前为止,本书很少提到如何在组成互联网络的这些网络之间确定路径。在 Internet 上,一个大的决定因素是 ISP 之间的商业合作。每个 ISP 可能因为替其他 ISP 承载流量而收取费用。另一个因素在于,如果互联网络的路由需要跨越国际边界,则各种法律可能会突然开始发挥作用,比如瑞典严格的隐私法律条款禁止向国外输出有关瑞典公民的个人数据。所有这些非技术因素都涵盖在路由策略(routing policy)的概念中,控制着自治网络自主选择所用路径的方式。在 5.7.7 节再返回路由策略这个话题。

5.5.6 支持不同的数据包长度:数据包分段

每个网络或链路都会强制限制其数据包的最大长度。这些限制有各种各样的原因,其中包括以下原因:

(1) 硬件(比如以太网帧的长度)。

(2) 操作系统(比如所有的缓冲区都是 512 字节)。

(3) 协议(比如数据包长度字段中的位数)。

(4) 遵从某个国家(或国际)标准。

(5) 期望将因错误而引起的重传次数减少到某种程度。

(6) 期望防止数据包占用信道时间太长。

所有这些因素导致的结果是网络设计者无法自由地选择他们所期望的任何旧的最大数据包长度。一些常用技术的最大数据包长度是：以太网为 1500 字节，IEEE 802.11 为 2272 字节。IP 更通用一些，允许的数据包长度最多可达 65 515 字节。

主机一般倾向于传输大的数据包，因为这样可以节省数据包开销，比如节省在头字节上的带宽。当一个大的数据包想要穿过一个最大数据包长度太小的网络时，一个明显的网络互联问题就出现了。这个麻烦事一直是老大难问题，随着从 Internet 上获得的经验越来越多，相应的解决方案也有了很大进展。

一种解决方案是，确保从一开始就不会发生这一问题。然而，这说起来容易做起来难。源端通常并不知道一个数据包通过网络到达目标的路径，所以它肯定不知道一个数据包必须多小才能到达那里。这一数据包长度称为**路径 MTU**(Path MTU，Path Maximum Transmission Unit，**路径最大传输单元**)。即使源端知道路径 MTU，数据包在无连接的网络(比如 Internet)中也是被独立路由的。这种路由意味着路径可能会突然改变，因而意外地改变了路径 MTU。

这个问题的另一种解决办法是允许路由器将数据包拆分成**段**(fragment)，将每个段作为一个独立的网络层数据包发送。不过，正如每个小孩的父母都知道的那样，把一个大物体拆分成小的碎片远比相反的重组过程更容易(物理学家甚至给这个效应起了个名称：热力学第二定律)。数据包交换网络也要非常麻烦地把段重组起来。

为了将段重组为原始的数据包，存在两种对立的策略。一种策略是透明分段，即由小数据包网络引起的分段过程对于沿途后续的网络直至到达最终目标都是透明的。这一选择如图 5-40(a)所示。在这种方法中，当一个超标的数据包到达 G1 时，该路由器将它分割成多个段。每个段都指向同样的出口路由器 G2，在这里这些段被重组起来。按照这种方法，通过这样的小数据包网络都是透明的，后续的网络根本感觉不到曾经发生过分段。

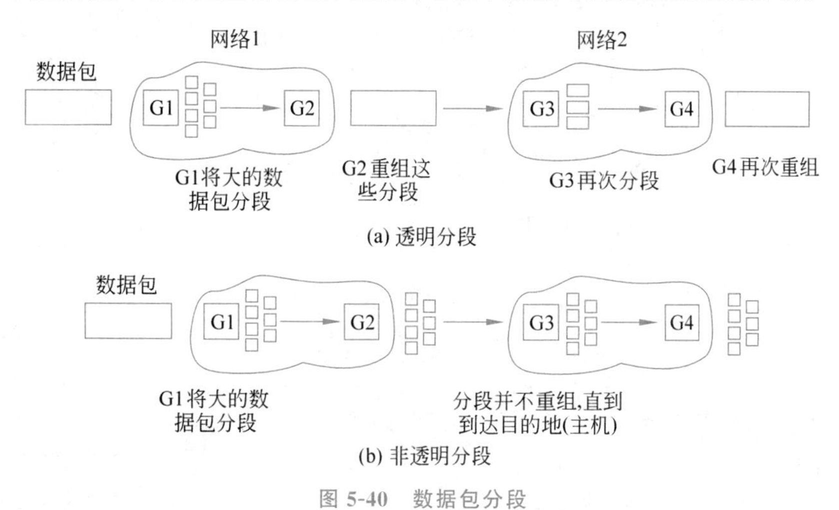

图 5-40　数据包分段

透明分段的过程非常简单，但也有一些问题。首先，出口路由器必须知道什么时候它已经接收到了全部的段,所以必须要么提供一个计数字段,要么提供一个数据包结束标志位。其次,因为所有的数据包必须经过同一个出口路由器才能进行重组,所以它们的路径受到了限制。由于不允许有些段沿着一条路径到达最终目标,而另一些段沿着另一条路径到达,所以可能会损失一些性能。更为重要的是,路由器可能不得不做大量的工作。当这些段到达的时候可能需要缓冲这些段,而且,如果并非所有这些段都到达了,那么要决定何时丢弃它们。某些工作可能是一种浪费,因为当一个数据包需要通过一系列的小数据包网络时需要多次被分段和重组。

另一种分段策略是非透明分段,即避免在任何一个中间路由器上重组各段。一旦一个数据包已经被分段,则每个段都被当作原始的数据包来对待。路由器传递这些段的情形如图 5-40(b)所示,重组过程只在目标主机上进行。

非透明分段的主要优点是路由器所做的工作比较少。IP 就是以这种方式工作的。一个完整的设计要求这些段以可以重新构建原始数据流的方式进行编号。IP 采用的设计是:给每个段一个数据包编号(所有的数据包都携带)、一个在数据包内的绝对字节偏移量以及一个指明数据包是否结束的标志位。图 5-41 显示了一个例子。虽然这种设计很简单,但它有一些吸引人的特性。这些段到达目标方后可以被放置在一个缓冲区的正确位置上,以便于重组,即使这些段是乱序到达的也没关系。当段要穿过一个 MTU 更小的网络时,它们还可以被路由器再次分段,如图 5-41(b)和图 5-41(c)显示的那样。数据包的重传(如果所有的段都没有收到)可以被分割成不同的片段。最后,段可以任意大小,可以小到一字节加上数据包头。在所有情况下,目标方只需简单地使用数据包的编号和段偏移量,即可把数据放置在正确的位置上,并利用数据包结束标志位确定何时收到了一个完整的数据包。

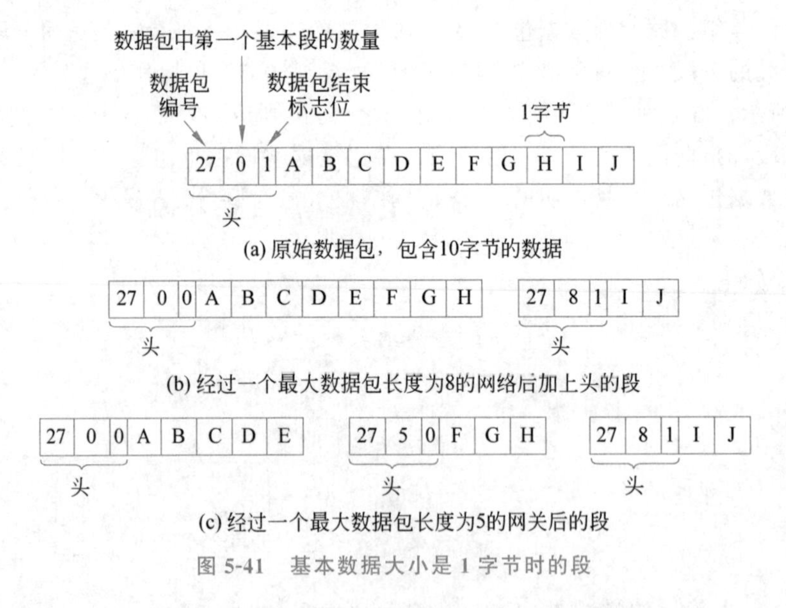

图 5-41 基本数据大小是 1 字节时的段

不幸的是,这样的设计还是有问题。因为现在某些链路上运载的段头或许是没必要的,所以这些开销可能比透明分段还要高。但真正的问题首先还是因为段的存在。Kent 等(1987)认为分段不利于性能,因为除了增加头开销,任何段的丢失都将导致整个数据包的丢失;而且对于主机而言,分段比原始的实现引入了更多的负担。

这样又回到了最初的解决方案，即在网络中去掉分段动作——现代 Internet 采用了这种策略。这个过程称为**路径 MTU 发现**(path MTU discovery)(Mogul 等，1990)。它的工作原理如下：每个 IP 数据包发出时在它的头部设置一个标志，指明不允许对它执行分段操作。如果一台路由器接收到一个太大的数据包，那它就生成一个报错数据包，并返回给源端，然后丢弃该数据包，如图 5-42 所示。当源端接收到报错数据包，它就使用报错数据包内部的信息重新将原始数据包分段，使每个段小到该路由器时能被处理。如果沿着路径前进又遇到一个 MTU 更小的路由器，那么重复上述过程。

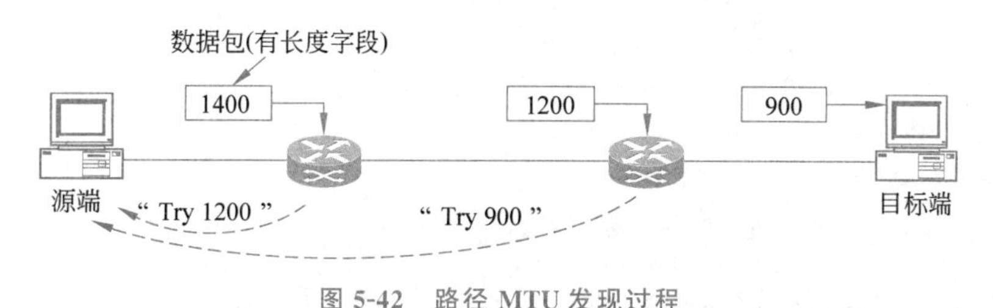

图 5-42 路径 MTU 发现过程

路径 MTU 发现的优势是源端现在知道应该发送多长的数据包了。如果路径和路径 MTU 都发生了改变，则将生成并返回新的报错数据包，源端将适应新的路径。然而，在源端和目标端之间，分段仍然是需要的，除非更高层的协议了解路径 MTU，并把正确数量的数据传给 IP。TCP 和 IP 通常是一起实现的(正如 TCP/IP 这个写法所展示的那样)，因而能够传递这一类信息。即使对于其他协议没有这样做，仍然可以在网络中不使用分段，让主机来承担这一工作。

路径 MTU 发现的缺点是有可能增加发送数据包的启动延迟。在任何数据被传递到目标端之前，探测路径并且找到该路径 MTU 所需的时间可能不止一个往返延迟。这就引出了一个问题，是否有更好的设计？答案很可能是"有的"。考虑这样的设计：每台路由器把那些超出其 MTU 的数据包简单地截掉。这将确保目标端尽可能快地了解 MTU(根据传递过来的数据量)，并且已经接收了部分数据。

5.6 软件定义网络

流量管理和工程在历史上是非常有挑战性的：它要求网络运营商能够调节路由协议的配置参数，而这又会导致重新计算路径。流量沿着新路径传输，导致流量的重新平衡。不幸的是，以这种方式实现的流量控制机制都是间接的：对路由配置的改变导致了网络内部和网络之间的路由的变化，这些协议起作用的方式可能是不可预测的。**SDN**(Software-Defined Networking，**软件定义网络**)旨在修复这些问题中的大部分。接下来讨论 SDN。

5.6.1 概述

在路由器上运行的可配置软件负责检查数据包中的信息，并为它们做出转发决定，从这一层意义上讲，网络总是由软件以特定的方式定义的。诚然，运行路由算法以及实现数据包转发相关其他逻辑的软件在历史上一直是非常垂直地与网络硬件集成在一起的。一个购买了 Cisco 或 Juniper 路由器的运营商,从某种意义上,也被迫接受制造商随硬件提供的软件技术。比如,想要对 OSPF 或 BGP 工作方式做修改显然是不可能的。驱动 SDN 的一个主要思想是:控制平面(control plane)运行在软件中,在操作上可以与数据平面(data plane)完全分离。这里的控制平面是指选择路径和决定如何处理转发流量的软件和逻辑;数据平面是指以硬件为基础的技术,它负责对数据包执行实际的查找工作,以及决定如何处理这些数据包。这两个平面如图 5-43 所示。

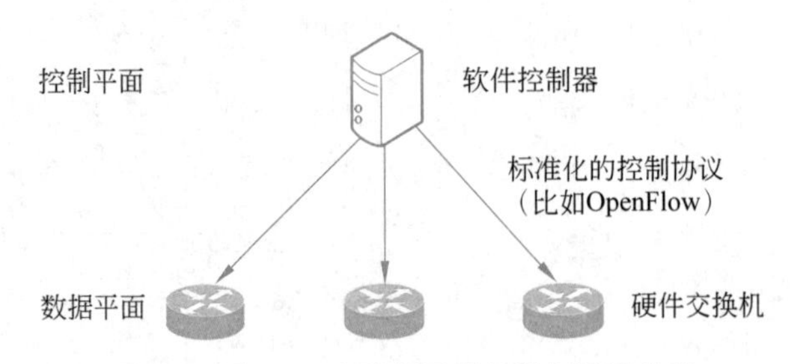

图 5-43 在 SDN 中控制平面与数据平面分离

既然给出了控制平面和数据平面在体系结构层面上的分离,下一个很自然的逻辑步骤是认识到控制平面根本不需要运行在网络硬件上。事实上,一个常见的 SDN 实例涉及一个逻辑上中心化的程序,它通常以高级语言编写的(比如 Python、Java、Golang、C),对数据包的转发做出逻辑决定,并且就这些决定与网络上的每一台转发设备进行交流。在高层的软件程序与底层硬件之间的通信通道可以是网络设备能理解的任何形式。早期的一个 SDN 控制器采用 BGP 本身作为控制平面(Feamster 等,2003);后来,诸如 OpenFlow、NETCONF 和 YANG 这样的技术开始出现,它们提供了更加灵活的方式与网络设备交流控制平面信息。从某种意义上说,SDN 是一个公认的想法(即中心化的控制)在一定时机时的再世,此时各种赋能的技术(开放的芯片组 API、分布式系统的软件控制)也达到了一定的成熟度,从而可以赋能这样的体系结构思想最终获得立足点。

虽然 SDN 的技术还在继续快速演进中,但是,数据平面与控制平面分离的中心原则仍然不变。SDN 技术已经演进了很多年。希望了解 SDN 完整历史的读者可以进一步阅读,以便理解这一日益流行的技术的起源(Feamster 等,2013)。接下来,将对 SDN 中的几个主要趋势进行综述:①控制路由和转发(即控制平面背后的技术);②可编程的硬件与可定制的转发(即使数据平面更加可编程的技术);③可编程的网络测量(这是一个将控制平面和数据平面两部分结合起来的网络管理应用,从许多方面而言,它可能是 SDN 的“杀手级应用”)。

5.6.2 SDN 控制平面:逻辑上中心化的软件控制

构筑起 SDN 的一个主要技术思想是,与路由器分离运行的控制平面通常是逻辑上中心化的单独程序。在某种意义上,SDN 总是实际存在的:路由器是可配置的,许多大型网络甚至往往自动从一个中心化的数据库产生路由器配置,并保持版本控制,通过脚本把这些配置推到路由器中。虽然这种装置也可以称为 SDN,但从技术角度而言,这种类型的装置只给予运营商很有限的能力来控制流量如何通过网络被转发。更典型的是,SDN 控制程序(有时候称为控制器)负责更多的控制逻辑,比如代表路由器计算经过网络的路径、简单地远程更新计算得到的结果转发表。

软件定义网络的早期工作目标是使网络运营商执行流量工程任务更加容易，其做法是，直接控制网络的每台路由器选中的路径，而不是依赖于间接地调整网络配置参数。因此，SDN的早期实现都体现在与已有的Internet路由协议的各种制约条件一起工作，从而通过它们直接控制这些路径。这样的一个例子是**RCP**(Routing Control Platform，**路由控制平台**)(Feamster等，2003)，它后来被部署在骨干网上，负责执行流量负载均衡以及对抗拒绝服务攻击。再后来的部署包括一个称为Ethane的系统(Casado等，2007)，它利用中心化的软件控制来认证一个网络中的主机。然而，Ethane的一个问题是它要求定制化的交换机，这样才能进行操作，这限制了它在实践中的部署。

在展示了SDN对于网络管理的这些好处以后，网络运营商和供应商开始注意到了SDN。而且，这里有一个方便的后门可使得交换机通过一个可编程的控制平面变得更加灵活：许多网络交换机依赖于一个公共的Broadcom芯片组，它有一个接口允许直接写入交换机内存。一个研究组与交换机厂商一起工作，将该接口展示给软件程序，它们最终开发了一个称为OpenFlow的协议(McKeown等，2008)。许多交换机厂商试图与当时占市场主导地位的交换机厂商Cisco进行竞争，他们公开了**OpenFlow**协议。最初，该协议支持一个非常简单的接口：写入一个内容可寻址的内存中，该内存充当一个简单的**匹配-动作表**(match-action table)。此匹配-动作表允许一个交换机识别出那些符合一个或者多个头部字段(比如MAC地址、IP地址)的数据包，并执行一个可能的动作，包括将匹配的数据包转发到一个特定的端口、丢弃数据包或者将数据包发送给一个非正常路径的软件控制器。

OpenFlow协议标准有多个版本。OpenFlow的一个早期版本，即1.0版本，只有一个匹配-动作表，其中的表项可以指向一个数据包头部字段(比如MAC地址、IP地址)的各种组合的精确匹配，或者通配符表项(比如IP地址或者MAC地址的前缀)。后来的OpenFlow版本(最突出的版本是OpenFlow 1.3)加入了更加复杂的操作，包括多个表的串链(chain)，但是很少有厂商实现这些标准。在这些类型的匹配上再进行AND和OR联合运算被证明是有点复杂难办的，特别是对程序员而言，所以，又有一些技术诞生出来，使得程序员表达更加复杂的条件组合变得更容易(Foster等，2011)，甚至可以将时间和其他方面的信息融合到转发决策中(Kim等，2015)。最后，对这些技术中某些技术的采纳是受限制的：OpenFlow协议在大型数据中心形成了一些吸引力，在这些场景中运营商对于网络有完全的控制。不过，这些技术在广域网和企业网络中被广泛采纳则更加受限制，因为它们能在转发表中执行的操作是非常有限的。而且，许多交换机厂商从来没有完整地实现该协议的新版本标准，这使得要在实践中部署依赖于这些新版本标准的方案非常困难。然而，最终，OpenFlow协议留下了几个重要的财产：①用一个中心化的软件程序控制一个网络，从而允许跨网络设备和转发元素进行协调；②能够用高级编程语言(比如Python和Java)表达对于整个网络的控制。

最终，OpenFlow被证明是一个非常有限的接口。它在设计之初并非要实现灵活的网络控制，而是一个提供便利的产品：网络设备已经在它们的交换机中有了基于TCAM的查找表，而OpenFlow多少是一个市场驱动的产物，它开放了这些表的接口，所以外部软件程序可以写入这些表。没过多久，网络研究人员开始思考是否有更好的方法设计硬件，以使得在数据平面上有更加灵活的控制类型。5.6.3节将讨论可编程硬件的发展，最终它们使交换机本身变得更加可编程。

可编程软件控制最初的焦点主要集中在传输和数据中心网络上,同时也开始找到它在蜂窝网络中的应用。比如,CORD(Central Office Re-Architected as a Datacenter,中央办公室重构成一个数据中心)项目旨在利用一些分散的、日常的硬件和开放源码的软件组件开发一个5G网络(Peterson 等,2019)。

5.6.3 SDN数据平面:可编程硬件

意识到了OpenFlow芯片组的限制以后,SDN的后续发展是使得硬件本身更加可编程。在可编程硬件方面的诸多进展,无论是在网络接口卡(NIC)上,还是在交换机上,使得有可能对于从数据包格式到数据包的转发行为的网络处理各个方面进行定制。

通用的体系结构有时候称为**协议独立的交换机体系结构**(protocol-independent switch architecture)。该体系结构涉及一组固定的处理流水线,每一个都需要匹配-动作表的内存、一定数量的寄存器内存以及诸如加法之类的简单运算(Bosshart 等,2013)。其转发模型通常称为**RMT**(Reconfigurable Match Table,**可重配置的匹配表**),这是一个受RISC体系结构启发的流水线结构。此处理流水线的每一步都可以从数据包头部读取信息、在简单的算术运算基础上对头部中的值进行修改,以及将这些值写回到数据包中。此处理流水线如图5-44所示。芯片体系结构包含一个可编程的解析器、一组匹配步骤,以及一个"反解析器(deparser)"。这里每一个匹配步骤都有状态,可以在数据包上执行算术运算,并执行简单的转发和丢弃决定;反解析器则将结果值写回数据包中。每一个读取/修改步骤都可以修改每一步骤中维护的状态,也可以修改任何数据包元数据(比如单个数据包看到的队列深度信息)。

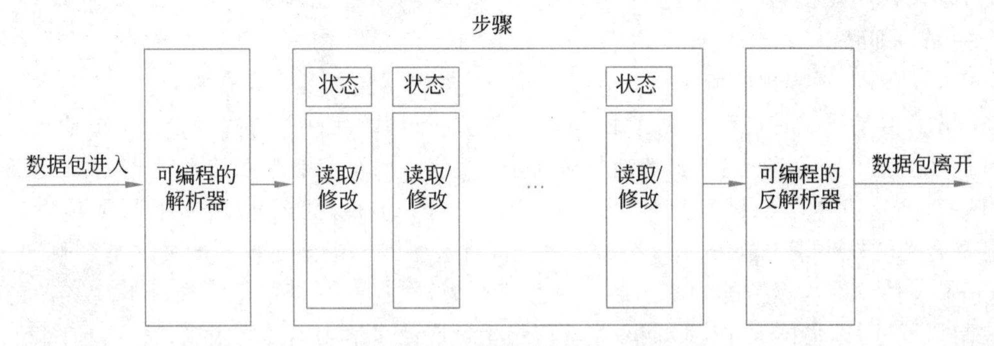

图5-44 可编程数据平面的可重配置匹配-动作流水线

RMT模型也允许自定义的数据包头格式,因此使得它有可能在每个数据包中存储额外的信息,即除标准协议头以外的信息。RMT使得程序员有可能改变硬件数据平面的一些方面,但无须修改硬件本身。程序员可以指定多个任意大小的匹配表,只受限于总的资源限制。它也赋予运营商修改任意的头字段足够的灵活性。

现代的芯片组,比如Barefoot Tofino芯片组,在数据包进入和离开时都能执行与协议独立的定制化处理,如图5-45所示。这种在数据包进入和离开时执行定制化处理的能力,使得在队列时序点上进行分析(比如单独的数据包在队列中花了多长时间)以及定制化的封装和解封装成为可能,也使得基于进入队列中可供使用的元数据对离开队列执行主动队列管理成为可能(比如RED)。当前正在进行的工作是找到一些方法,从流量和拥塞管理的角度进一步发掘这一体系结构，比如执行细粒度的队列测量(Chen 等，2019)。

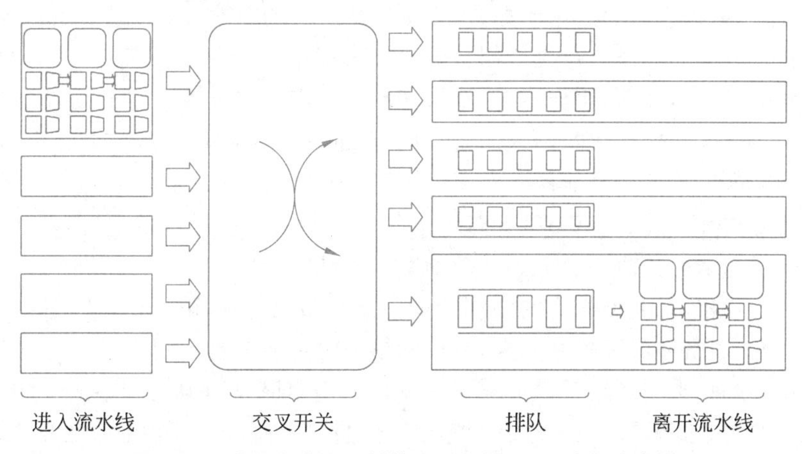

图 5-45　进入和离开两侧的可重配置匹配-动作流水线

大体上已经证明了这一层级的可编程能力在数据中心网络中非常有用，这种环境的体系结构可以从高度可定制特性中获益很多。另一方面，此模型也允许一些一般性的改进和特性。比如，此模型使得这些数据包有可能携带有关网络自身状态的信息，考虑一下诸如 **INT**(In-band Network Telemetry，带内网络测量)之类的应用程序，这是一种允许数据包携带网络路径上每一跳延迟等信息的技术。

可编程的 NIC、诸如 Intel 的数据平面开发工具(Data Plane Development Kit，DPDK)之类的库，以及不断涌现的更灵活的处理流水线，比如 Barefoot Tofino 芯片组，它可以通过一种称为 P4 的语言进行编程(Bosshart 等，2014)，所有这些使得网络运营商有可能开发出自定义的协议以及在交换机硬件内部更具扩展性的数据包处理能力。P4 是一种高级语言，用于对协议独立的数据包处理器(比如 RMT 芯片)进行编程。在可编程的数据平面上也已经出现软件交换机了(事实上，它在可编程的硬件交换机以前很久就出现了)。照此逻辑，在可编程控制交换机方向上一个重要的发展是 Open vSwitch(OVS)，这是一个交换机的开源实现，它作为 Linux 内核中的一个模块运行，可在多个层上处理数据包。此软件交换机提供了一组范围广阔的特性，从 VLAN 到 IPv6。OVS 的出现使得网络运营商有可能对数据中心中的转发操作进行定制，特别是它们可以将 OVS 当作数据中心的服务器管理程序中的交换机来运行。

5.6.4　可编程的网络测量

SDN 的一个更加重要的优点是它有能力支持可编程的网络测量。许多年以来，网络硬件只展示了很有限的关于网络流量的信息，比如关于网络交换机看到的流量的汇总统计(比如通过诸如 IPFIX 之类的标准)。另一方面，考虑到抓取每一个网络数据包需要的存储空间和带宽，以及事后分析这些数据需要的计算量，对抓取这些流量的支持功能也可能是被禁止的。对于许多应用，需要在数据包日志数据的粒度与 IPFIX 聚集的伸缩尺度之间做一个平衡。为了支持诸如应用性能测量之类的网络管理任务，以及为了支持前面讨论过的拥塞管理任务，这一平衡是必要的。

5.6.3 节讨论过的可编程的交换机硬件可以支持更加灵活的网络测量。比如,一个趋势是,允许运营商在高级语言中使用诸如 MapReduce 之类的框架(Dean 等,2008)来表达对于网络流量的查询请求。这样的范式最初是为大型集群中的数据处理而设计的,现在也很自然地用于对网络流量的查询,比如,在一个指定的时间窗口内有多少字节或者数据包是发送给某个给定的地址或端口的呢？不幸的是,可编程的交换机硬件并没有复杂到能够支持这样的查询,因此,这样的查询可能需要在流处理器和网络交换机之间进行切分。有各种各样的技术可能支持这种类型的查询切分(Gupta 等,2019)。一些开放的研究问题涉及如何有效地将高层的查询结构和抽象映射到低层的交换机硬件和软件上。

在接下来的几年,有关可编程网络测量的最终挑战之一是 Internet 上越来越普及的加密流量。一方面,加密增强了隐私安全,它使网络窃听者要想看到用户流量的内容更加困难了。然而,另一方面,当网络运营商无法看到流量的内容时,他们管理网络也变得更加困难了。一个这样的例子是,要对 Internet 视频流的质量进行跟踪。在没有加密的情况下,流量的内容使得诸如视频比特率和分辨率之类的细节一览无余。当流量被加密时,这些属性必须根据它们直接可观察到的网络流量的特性(比如数据包到达时间的间隔、被传输的字节)间接地推断出来。最新的研究工作已经挖掘出了一些方法,可以自动地从低层的统计特征推断出网络应用流量的高层特性(Bronzino 等,2020)。网络运营商最终需要更好的模型来帮助它们推断出诸如拥塞之类的因素是如何影响应用性能的。

5.7 Internet 的网络层

现在到了详细讨论 Internet 的网络层的时候了。但在进入具体细节以前,有必要先看一看当初驱动其设计并导致其今天成功的一些原则。现在,很多时候人们似乎已经忘记了这些原则。RFC 1958 列举了这些原则,并对它们进行了讨论,该文档很值得一读(对于所有协议设计者来说该文档应该是必读的,最后还应该有个测验)。这份 RFC 文档着重描述了由 Clark(1988)和 Saltzer 等(1984)提出的想法。下面是网络设计的十大原则(按重要性从高到低排列)。

(1) 保证工作。直到多个原型系统成功地与对方相互通信,方可完成设计或者确定标准。总是出现这样的情况：设计者首先写出一个 1000 页的标准,并获得批准,然后才发现它存在严重的缺陷,根本无法工作。然后他们再编写 1.1 版本的标准。这不是正确的工作方式。

(2) 保持简单。有疑问时应该使用最简单的解决方案。William of Occam 在 14 世纪就提出了这条原则(称为奥卡姆的剃刀)。换成现代术语就是"决斗特性"。如果一项特性并非绝对必要,那么就放弃该特性,特别是通过组合其他的特性也能够获得同样效果的时候。

(3) 明确选择。如果有几种方法可以完成同样的事情,则选择其中一种方法。用两种或者多种方法做同样的事情简直是自找麻烦。通常标准会有多个选项、多种模式或多个参数,因为多个实力强大的参与方坚持认为他们的方法是最好的。设计者应该坚决抵制这种倾向,毫不犹豫地说"不"。

(4) 采用模块化思想。这条原则直接导致了协议栈的思想,每一层的协议完全独立于所有其他的协议。按照这种方法,如果实际环境中要求改变一个模块或者一层,则其他模块或层不会受到影响。

（5）对于异构性有预期。在任何一个大型的网络中，可能存在不同类型的硬件、传输设施和应用程序。为了处理它们，网络的设计必须简单、通用和灵活。

（6）避免静态选项和参数。如果使用参数（比如最大数据包长度）不可避免，那么，最好的办法是让发送方和接收方协商一个值，而不是定义固定的选择值。

（7）寻找好的设计，它不必是完美的。通常设计者有一个好的设计，但是它不能够处理一些怪异的特殊情形。设计者应该坚持这个好的设计，而将解决这些特殊情形的工作负担交给那些有奇怪需求的人。

（8）严格发送，宽松接收。换句话说，只发送那些严格符合标准的数据包，但是，容许进来的数据包不完全符合标准，并且试图对它们进行处理。

（9）考虑可扩展性。如果系统需要有效地处理上百万台主机和几十亿个用户，那么，没有一种中心化的数据库是可以容忍的，负载必须尽可能均匀地分布到所有可用的资源上。

（10）考虑性能和成本。如果一个网络的性能很差或者成本很高，那么没有人会愿意使用它。

现在离开这些通用原则，开始 Internet 网络的探索之旅。在网络层，Internet 可以看作互联的网络或自治系统的一个集合。没有真正的结构，但存在几个主要的骨干网。这些都是由高带宽线路和快速路由器组成的。

这些骨干网中最大的一个称为一级网络（tier 1 network），其他骨干网都与它连接，进而到达 Internet 的其余部分。连接到骨干网上的是 **Internet 服务提供商**（ISP），它为家庭、企业、数据中心和服务器托管设施，并为区域（中级）网络提供 Internet 接入服务。数据中心提供了许多通过 Internet 发送的内容。连接到区域网络的是更多的 ISP、大学和公司的 LAN 和其他边缘网络。图 5-46 给出了一个准分层组织的轮廓图。

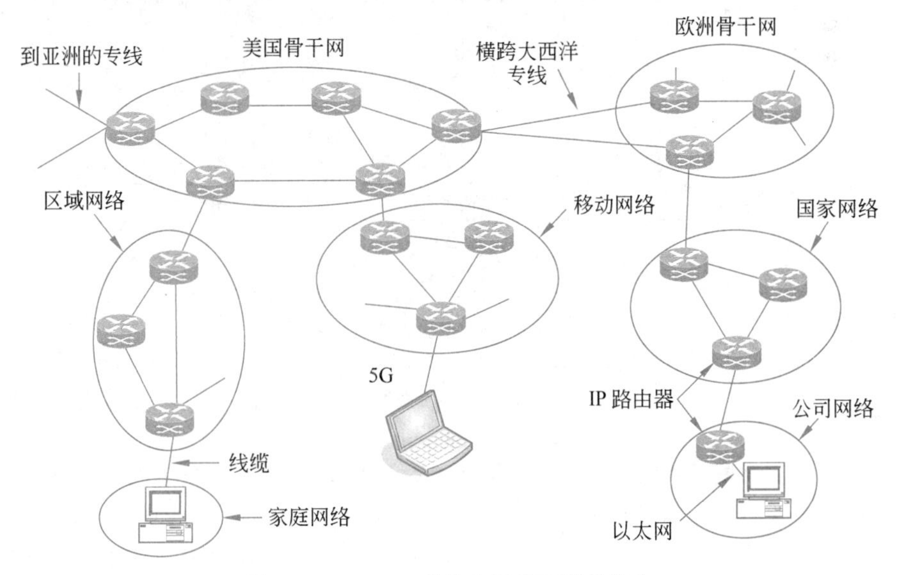

图 5-46　Internet 是许多网络互联的集合

将整个 Internet 黏合在一起的正是网络层协议，即 **IP**（Internet Protocol，**Internet 协

议)。与绝大多数老的网络层协议不同的是,IP 在设计之初就把网络互联作为目标。一种好的看待网络层的做法是:它的任务是提供一种尽力而为(best-effort)地把数据包从源传输到目的地的方法(即不提供任何保证),无须考虑这些计算机是否在同一个网络,也不必关心它们之间是否还有其他网络。

Internet 中的通信过程是这样的。传输层获取数据流,并且将数据流拆分成片段,以便作为 IP 数据包发送。理论上每个数据包最多可容纳 64KB,但实际上数据包通常不超过 1500 字节(因而它们正好可被放到一个以太网帧中)。IP 路由器转发每个数据包,它们穿过 Internet,沿着一条路径从一台路由器到下一台路由器,直至到达目的地。在目标方,网络层将数据交给传输层,再由传输层交给接收进程。当所有的数据片段最终都抵达目标主机时,它们被网络层重组,还原成最初的数据报。然后,该数据报被交给传输层。

在图 5-46 所示的例子中,家庭网络中的主机发出的数据包必须穿越 4 个网络和大量 IP 路由器,才能到达位于公司网络中的目标主机。这种情况在实践中并不罕见,而且还有很多更长的路径。在 Internet 中存在着很多冗余连接,骨干网和 ISP 在多个位置相互连接,这意味着两个主机之间存在着许多可能的路径。决定使用哪些路径正是 IP 路由协议的任务。

5.7.1 IPv4 协议

开始学习 Internet 网络层最恰当的方式是从 IP 数据报本身的格式开始。IPv4 数据报包含一个头和一个体,体的部分也称为有效载荷。头由一个 20 字节的定长部分和一个可选的变长部分组成。图 5-47 显示了 IPv4 头的格式。这些位按照从左到右、从上到下的顺序传输,版本(Version)字段的高序位最先被传送(这就是大端网络字节序。在小端计算机上,比如 Intel x86 计算机,在传输和接收时有必要进行软件转换)。现在看来,小端字节序是更好的选择,但在设计 IP 时没有人能预测到今天它会主导计算领域。

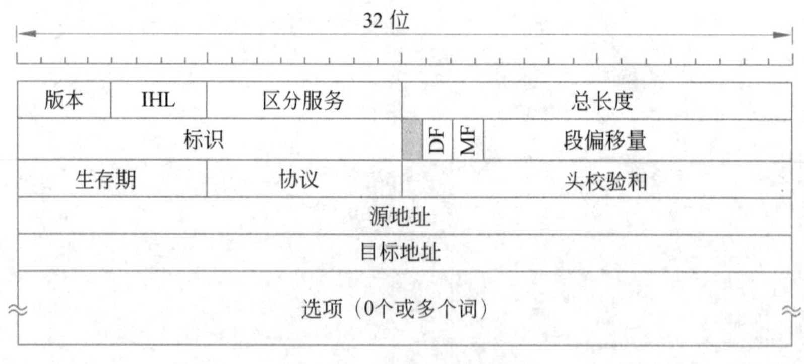

图 5-47 IPv4 头的格式

版本字段记录了该数据报属于 IP 的哪个版本。版本 4 主宰着今天的 Internet,这也是为什么本书从这里开始介绍的原因。通过在每个数据报的开始处包含版本信息,使得版本之间的迁移过程有可能持续很长一段时间。事实上,IPv6,即 IP 的下一个版本已经出现了超过十年,但它刚刚开始被部署。在本节后面将讲述 IPv6。当中国超过 14 亿人口中每个人都拥有一台 PC、一台笔记本计算机和一部 IP 电话时,最终将不得不使用 IPv6。关于版本编号,这里顺便提一下,IPv5 是一个试验性的实时流协议,它一直没有被广泛使用。

由于 IPv4 头的长度不固定，所以 IPv4 头的 IHL 字段用来指明该头到底有多长(以 32 位字为单位)。IHL 的最小值为 5，这表明 IPv4 头没有选项。该 4 位字段的最大值为 15，这限定了头的长度最大为 60 字节，因此选项(Options)字段最多为 40 字节。对于某些选项，比如记录一个数据包路径的选项，40 字节往往太小，这使得这样的选项字段其实没有什么用处。

区分服务(Differentiated services)字段是少数几个在含义上随岁月(轻微)改变的字段之一。它最初被称为服务类型(Type of service)字段。它曾经并且现在仍然用来区分不同的服务类别。可靠性和速度的各种组合都是有可能的。比如，对于数字话音数据，快速传递优先于精确传递；对于文件传输，无错误传输比快速传输更加重要。服务类型字段提供了 3 位用于优先级，3 位代表一个主机是否更关心延迟、吞吐量或可靠性。然而，没人真正知道路由器用这些位做什么，所以这些位许多年来并没有真正使用。当 IETF 设计区分服务时，IETF 承认自己的失败，并重新启用了这个字段。现在，前 6 位用来标记数据包的服务类别；在本章前面描述了加速服务和保障服务；后 2 位用来携带显式拥塞通知信息，比如数据包是否经历了拥塞(在本章前面描述了显式拥塞通知)。

总长度(Total length)字段包含了该数据报中的所有内容，即头和数据。最大长度是 65 535 字节。当前这一上界还是可以容忍的，但在未来网络中可能需要更大的数据报。

标识(Identification)字段的用途是让目标主机确定一个新到达的段属于哪一个数据包。同一个数据包的所有段包含同样的标识。

接下来是一个未使用的位，在图 5-47 中用灰色标示。这很令人惊讶，因为 IP 头中可供使用的“不动产”实在是太珍贵了。作为愚人节的一个玩笑，Bellovin(2003)提出用该位检测恶意流量。这将大大简化安全性，因为带有该“邪恶”位的数据包一定是由攻击者发送的，从而只需丢弃它即可。不幸的是，网络安全并不是这么简单，但它是一个很好的尝试。

接下来的两个 1 位字段与分段有关。DF 代表不分段(Don't Fragment)。这是针对路由器的一条命令，让路由器不要分割该数据包。最初，该字段的目标是支持那些没有能力将片段组装还原的主机。现在该字段被用在发现路径 MTU 的过程中，路径 MTU 是指能经过一条路径而不被分段的最大数据包。通过在数据报中标记 DF 位，发送方就知道这个数据报要么整体到达，要么需要向发送方返回一个错误消息。

MF 代表更多的段(More Fragments)。除了最后一个段以外，其他所有的段都必须设置这一位。它是必要的，这样可以知道什么时候一个数据报的所有段都已经到达了。

段偏移量(Fragment offset)字段指明了该段在当前数据包中的位置。除了数据报中最后一个段以外，其他所有的段必须是 8 字节的倍数(8 字节是基本的段单元)。由于该字段有 13 位，所以每个数据报最多有 8192 个段单元，由此支持的最大数据包长度可以达到总长度(Total length)字段的限制。标识、MF 和段偏移量这 3 个字段协同工作，可用来实现 5.5.6 节描述的分段机制。

生存期(Time to live)字段是一个用于限制数据包生存期的计数器。它最初被规定为以秒计数，因而使得最大的生存期为 255s。它在每一跳上必须被递减，而且，当数据包在一台路由器上排队时间较长时，它应该被递减多次。在实践中，它只是跳计数器。当它递减到 0 时，数据包就被丢弃，并且路由器给数据包的源主机发回一个报警数据包。此项特性可以避免数据包永远滞留在网络中，有时候当路由表被破坏以后可能会发生这样的事情。

当网络层组装好一个完整的数据包时,它需要知道该如何对它进行处理。协议(Protocol)字段指明了该将它交给哪个传输进程。TCP是一种可能性,UDP或者其他的协议也是有可能的。协议的编号在整个Internet上是全球性的。RFC 1700中列出了以前的协议和其他分配的编号,但是,现在它们包含在一个位于www.iana.org的在线数据库中。

由于头部携带了诸如地址等关键的信息,因此它用自己的校验和加以保护,即头校验和(Header checksum)字段。校验和算法是这样的:当数据到达时,头部所有的16位(半字)用1的补码运算累加起来,然后再取结果1的补码。该算法的目的是使到达数据包的头校验和为0。这样的校验和对于检测数据包穿过网络时发生的错误非常有用。请注意,在每一跳必须重新计算头校验和字段,因为至少有一个字段(即生存期字段)总是在变化,但是,使用一些技巧可以加速此计算过程。

源地址(Source address)和目标地址(Destination address)字段表示源网络接口和目标网络接口的IP地址。在5.7.2节将讨论Internet地址。

选项字段的设计意图是提供一种灵活的方法,允许后续版本的协议包含一些原设计中没有出现的信息,以便实验人员尝试新的想法,避免为那些不常使用的信息分配头部的位。这些选项都是可变长度的。每个选项都从一个1字节的标识码开始,它标识了该选项。有的选项后面跟着一个1字节的选项长度字段,然后是一个或多个数据字节。选项字段被填充到4字节的倍数。最初设计时定义了5个选项,如图5-48所示。

选　项	描　述
安全性	标明数据包的保密程度
严格源路由	给出要遵循的完整路径
松散源路由	给出不能错过的路由器的列表
记录路由	要求每台路由器附加上自己的IP地址
时间戳	要求每台路由器附加上自己的IP地址和时间戳

图5-48　IPv4头的选项

安全性(Security)选项指明了信息的保密程度。理论上,军用路由器可能使用这个字段指定不允许通过某些在军事上被认为是敌对国家的路径。在实践中,所有的路由器都忽略该选项,所以,它仅有的实际用途是帮助间谍更加容易找到机密材料。

严格源路由(Strict source routing)选项给出了从源到目标的完整路径,其形式是一系列IP地址。数据包必须严格地遵循这条路径传输。如果系统管理员想要在路由表遭受破坏时发送紧急数据包,或者想要进行时间或性能测量,这个选项最为有用。

松散源路由(Loose source routing)选项要求该数据包穿越指定的路由器列表,并且按照指定的顺序,但是也允许在途中经过其他路由器。通常情况下,该选项往往只提供少数几台路由器,用来强迫数据包通过一条特殊的路径。比如,为了强迫一个从伦敦到悉尼的数据包必须向西走而不是向东走,该选项可能会指定纽约、洛杉矶和檀香山的路由器。当出于政治或者经济的考虑而强行要求经过或者避开某些特定国家的时候,这个选项最有用。

记录路由(Record route)选项告诉沿途的每台路由器将自己的IP地址附加到选项字段中。这样系统管理员就可以跟踪路由算法中的错误(比如,“为什么从休斯敦到达拉斯的数据包要先经过东京?")。当 ARPANET 刚开始建立时,没有一个数据包会经过 9 个以上的路由器,所以 40 字节的选项足够了。正如前面所提到的,现在 40 字节太小了。

最后,时间戳(Timestamp)选项类似于记录路由选项,只不过每台路由器除了记录自己的 32 位的 IP 地址以外,还要记录一个 32 位的时间戳。这个选项对于网络测量也是最有用的。

如今,IPv4 头中的选项已失宠。许多路由器忽略它们或者不能有效地处理它们,它们被搁置了起来,这可以算是一个罕见的案例。也就是说,它们只是部分得到支持,很少被使用。

5.7.2 IP 地址

IPv4 的一个明确特征是它的 32 位地址。Internet 上的每台主机和每台路由器都有一个 IP 地址,可用在 IP 数据包的源地址和目标地址字段。重要的是要注意,一个 IP 地址并不真正指向一台主机。它真正指向的是一个网络接口,所以如果一台主机在两个网络中,就必须有两个 IP 地址。然而,在实践中,绝大多数主机都在一个网络中,因而只有一个 IP 地址。与此相反,路由器有多个接口,从而有多个 IP 地址。

前缀

与以太网地址不同的是,IP 地址具有层次性。每个 32 位地址由高位的可变长网络部分和低位的主机部分构成。同一网络(比如以太网 LAN)中的所有主机,其地址的网络部分都是相同的值。这意味着一个网络对应于 IP 地址空间的一个连续块。这一块称为前缀(prefix)。

IP 地址的格式是点分十进制表示法(dotted decimal notation)。按此格式,将 4 字节分别写成十进制数,取值范围为 0～255。比如,32 位十六进制地址 80D00297 写成 128.208.2.151。前缀给出了这一地址块的最低 IP 地址和块的大小。块的大小由网络部分的位数决定,地址中主机部分的剩余位数可以有所变化,这意味着块的大小必须是 2 的幂。按照惯例,网络地址的格式是前缀 IP 地址后跟一个斜杠,斜杠后是网络部分的位长度。在上面的例子中,如果前缀包含 2^8 个地址,则其余 24 位用于网络部分,那么它可写成 128.208.2.0/24。

因为前缀长度无法从 IP 地址推断出来,所以,路由协议必须把前缀携带给路由器。有时候,前缀很简单地由它们的长度描述,比如/16,读为 slash 16。前缀的长度相当于网络部分中 1 的二进制掩码。当以这种格式书写时,它被称为子网掩码(subnet mask)。它可以与一个 IP 地址进行 AND 运算,以便提取它的网络部分。在上面的例子中,子网掩码为 255.255.255.0。图 5-49 显示了一个前缀和一个子网掩码。

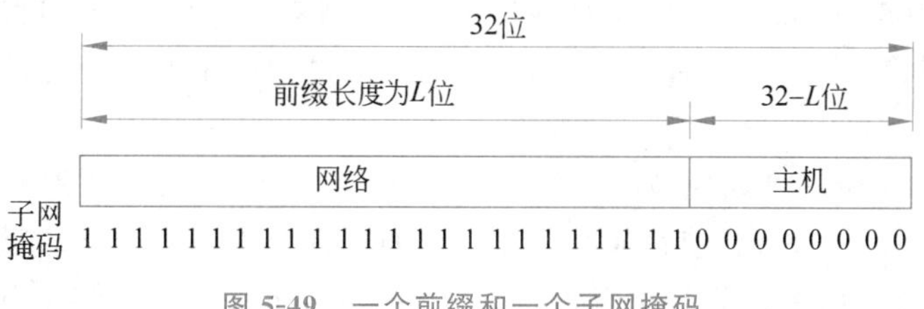

图 5-49 一个前缀和一个子网掩码

层次化的地址具有显著的优点和缺点。前缀的主要优势是,只要每个网络都有一个唯一的地址块,路由器仅仅根据地址的网络部分即可转发数据包。对路由器来说,主机部分并不重要,因为同一网络中的所有主机都在同一个方向被发送出去。只有当数据包到达它们的目的地网络后才被转发到正确的主机。这使得相应的路由表远远小于按其他的方法路由时使用的路由表。考虑到Internet的主机数量已接近十亿。这对于每台路由器来说需要维护一个非常大的路由表。然而,通过使用层次结构,路由器只需要保持约30万条前缀的路径即可。

虽然使用层次结构使得Internet路由可伸缩,但它有两个缺点。首先,一个主机的IP地址取决于它在网络中的位置。以太网地址可用于世界上的任何地方,但每个IP地址属于一个特定的网络,路由器只能将目标地址设定为该地址的数据包来传递给这个网络。比如移动IP这样的设计需要支持主机在网络之间移动时保持相同的IP地址。

第二个缺点在于层次结构浪费了地址,除非该结构被精心管理好。如果给网络分配(太)大块的地址,将有(很多)地址不会被使用。如果有足够多的地址可以使用,那这样的分配倒没什么关系。然而,20多年以前人们就认识到Internet的巨大增长正迅速消耗着空闲地址空间。IPv6就是针对地址短缺问题的解决方案,但要到它被广泛部署以后才能起作用,否则IP地址分配仍然存在巨大的压力,所以IP地址必须非常有效地使用。

子网

为了避免冲突,网络编号由一家称为**ICANN**(Internet Corporation for Assigned Names and Number,**Internet域名和地址分配机构**)的非营利性公司负责管理。ICANN依次把部分地址空间授权给各区域机构,这些机构再把IP地址发放给ISP和其他公司。这就是一家公司获得一块IP地址的过程。

然而,这个过程仅仅是故事的开始,因为IP地址的分配随着企业的成长也在不断地消耗着。前面说过,按前缀进行路由,这要求网络中的所有主机具有相同的网络号。随着网络的增长,这个属性可能会引发问题。用一所大学举例说明,开始时/16前缀分配给计算机科学系,供它以太网上的计算机使用。一年后,电子工程系想上Internet。不久艺术系紧跟其后。这些系应该用什么IP地址?若另外申请几个地址块,则需要找大学外面的机构,而且可能既昂贵又不方便。此外,早已经分配获得的/16足够60 000多台主机的地址。这可能是为了将来有大的增长而申请的,但在达到那个规模以前,为同一所大学再分配另外的IP地址块是一种浪费。因此,需要一种不同的地址组织方式。

问题的解决方案是,将一个地址块切分成几部分,供多个内部网络使用,但对外部世界仍然像单个网络一样,这称为**子网划分**(subnetting),即分割一个大型网络得到的一系列较小的网络(比如以太网LAN)称为**子网**(subnet)。正如在第1章中提到的那样,应该意识到这个术语的新用法和旧用法有冲突,子网以前的含义是指一个网络中的所有路由器和通信线路的集合。

图5-50显示了子网是如何解决上面例子中的问题的。一个/16地址空间被分割成几片。这种分割并不要求均匀,但每片必须对齐以便任何位都可以用于较低的主机部分。在这种情况下,块的一半(一个/17)分配给计算机科学系,四分之一分配给电子工程系(一个/18),八分之一(一个/19)分配给艺术系,剩余的八分之一未分配。看待地址块如何被分割的

另一种不同的方法是看以二进制表示的结果前缀：

计算机科学系：　10000000　11010000　1|xxxxxxx　xxxxxxxx
电子工程系：　10000000　11010000　00|xxxxxx　xxxxxxxx
艺术系：　10000000　11010000　011|xxxxx　xxxxxxxx

这里的竖线(|)表示子网号和主机部分的边界。

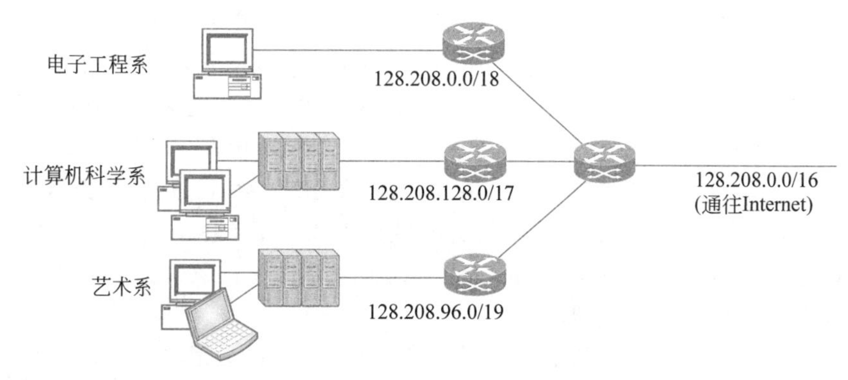

图 5-50　通过子网划分的做法将一个 IP 前缀切分为单独的网络

当一个数据包到达主路由器时，该路由器如何知道应该将它转发到哪个子网？这需要深入了解前缀的细节。一种方法是每台路由器有一张具有 65 536 个项的表，该表告诉它校园里每台主机使用的输出线路是哪条。但是，这样会削弱使用层次结构带来的主要伸缩性优势。其实，路由器只需知道校园里这些网络的子网掩码就可以。

当一个数据包到达时，路由器会查看该数据包的目标地址，并检查它属于哪个子网。路由器的具体做法是：它把目标地址与每个子网的掩码进行 AND 运算，看结果是否对应于某个前缀。比如，考虑一个目标 IP 地址为 128.208.2.151 的数据包。为了看它是否属于计算机科学系，把该目标地址与 255.255.128.0 进行 AND 运算，获得前 17 位(即 128.208.0.0)，并且检查它们是否与计算机科学系的前缀地址(即 128.208.128.0)匹配，显然它们不匹配。然后再检查前 18 位，在与电子工程系的子网掩码进行 AND 运算后，得到 128.208.0.0，这恰好与电子工程系的前缀地址匹配，所以该数据包被转发到通往电子工程系网络的接口。

如果有必要，子网在划分以后还可以改变，只需要更新校园网内部路由器上的所有子网掩码即可。在网络外面，子网的划分是不可见的，所以分配一个新的子网并不需要联系 ICANN 或者改变任何外部数据库。

CIDR——无类域间路由

虽然 IP 地址按块分配，使地址空间得以有效地使用，但还有一个问题依然存在：路由表爆炸。

一个组织(比如大学)中位于网络边缘的路由器必须为它的每个子网建立一个表项，该表项告诉路由器使用哪条线路到达该子网。对于通往该组织外部某个目的地的路径，它们可以利用简单的默认规则把数据包发送到通往 ISP 的线路上，ISP 把该组织与 Internet 其余部分连接起来。其他目标地址必定都在外面的某个地方。

ISP 和 Internet 中间的骨干网内部的路由器可没有这么丰富的信息。它们必须知道通过哪条途径到达每个网络，但这里没有简单的默认规则可用。这些核心路由器处在一个

Internet 无默认区(default-free zone)。没有人真正知道有多少网络连接到 Internet,但它肯定是一个很庞大的数字,可能至少有 100 万个。这可能会构成一张巨大的路由表。用计算机标准来衡量,这个数字可能并不大,但我们要意识到,路由器转发每一个数据包都必须对该表执行一次查询操作,而大型 ISP 的路由器可能每秒要转发数百万个数据包,需要用专门的硬件和快速内存才能以这样的速率处理数据包,通用的计算机是不行的。

此外,路由算法要求每台路由器与其他路由器交换有关它能到达的地址的信息。这些表越大,需要通信和处理的信息也越多。此处理过程至少随表的大小呈线性增长。不断增多的通信增加了丢失部分路由信息的可能性(至少是暂时的丢失),这可能会导致路由的不稳定。

路由表的问题可以通过一个更深的层次结构解决,类似电话网那样。比如,让每个 IP 地址包含一个国家、州/省、市、网络和主机字段可能会奏效。然后,每台路由器只需要知道如何去每个国家、该国家的州或省、该州或省的城市以及该城市中的网络。不幸的是,这种解决方案需要比 32 位多得多的 IP 地址,而且地址的使用非常低效(比如人口极少的国家也必须像美国一样使用许多位的地址)。

幸运的是,可以通过一些方法来减小路由表的大小。可以运用与子网划分相同的思路:不同地点的路由器可以知道一个给定 IP 地址属于不同尺寸的前缀。然而,这里不是将一块地址分割成子网,而是把多个小前缀合并成一个大前缀。这个过程称为路由聚合(route aggregation),由此产生的大前缀有时称为超网(supernet),与子网的地址块分割正好相反。

有了地址聚合,IP 地址被包含在大小不等的前缀中。同样一个 IP 地址,一台路由器把它当作/22 的一部分对待(该地址块包含 2^{10} 个地址),而另一台路由器可能把它当作一个更大的/20 的一部分对待(其中包含 2^{12} 个地址)。这是因为每台路由器有相应的前缀信息。这个设计与子网划分协同工作,称为 **CIDR**(Classless Inter-Domain Routing,无类域间路由),发音为 cider。它的最新版本由 RFC 4632 说明(Fuller 等,2006 年)。这个名称突出了与有类别的地址层次编码的不同,稍后将介绍后者。

为了使 CIDR 更加易于理解,下面考虑一个例子。一个地址块有 8192 个地址,从地址 194.24.0.0 开始。假设剑桥大学需要 2048 个地址,它分配获得的地址范围为 194.24.0.0～194.24.7.255,掩码为 255.255.248.0。这是一个/21 前缀。接下来,牛津大学申请 4096 个地址。由于 4096 个地址的块必须位于 4096 字节边界上,所以,牛津大学申请的地址不可能从 194.24.8.0 开始。而是 194.24.16.0～194.24.31.255 的地址块,子网掩码为 255.255.240.0。最后,爱丁堡大学申请 1024 个地址,它获得了 194.24.8.0～194.24.11.255 的地址块,掩码为 255.255.252.0。图 5-51 概括了这些地址的分配情况。

分配情况	第一个地址	最后一个地址	多少地址	前缀
剑桥大学	194.24.0.0	194.24.7.255	2048	194.24.0.0/21
爱丁堡大学	194.24.8.0	194.24.11.255	1024	194.24.8.0/22
(可用)	194.24.12.0	194.24.15.255	1024	194.24.12.0/22
牛津大学	194.24.16.0	194.24.31.255	4096	194.24.16.0/20

图 5-51　一组 IP 地址的分配情况

在无默认区的所有路由器现在都被告知这 3 个网络的 IP 地址。靠近大学的路由器针对每个前缀可能需要发送到不同的输出线路上，所以它们需要在自己的路由表中为每个前缀增加一个表项。作为例子，图 5-52 给出了伦敦路由器的前缀聚合示意图。

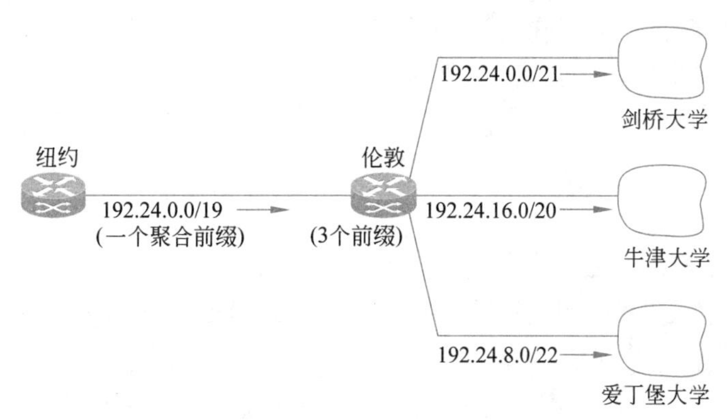

图 5-52 伦敦路由器的前缀聚合示意图

现在从位于纽约的一个远程路由器的角度看这 3 所大学。3 个前缀中的所有 IP 地址都应该从纽约(或更一般地，从美国)发送到伦敦。位于伦敦的路由器注意到这一点，并且将 3 个前缀合成单个聚合表项，即前缀 194.24.0.0/19，并传递给纽约路由器。这个前缀包含了 8192 个地址，并涵盖了 3 所大学的地址和其他未分配的 1024 个地址。通过聚合，3 个前缀已经减少为一个，由此减少了必须告知纽约路由器的前缀数以及纽约路由器的路由表表项。

当聚合功能被启用时，前缀聚合是一个自动的过程。这依赖于哪些前缀位于 Internet 的什么地方，而不依赖于管理员将哪些地址分配给哪个网络。聚合技术在 Internet 上被大量使用，它可以将路由器的大小减少到大约 200 000 个前缀。

进一步挖掘潜力，前缀也允许重叠。此规则是，数据包按最具体的路径的方向发送，即具有最少 IP 地址的最长匹配前缀(longest matching prefix)。最长匹配前缀路由提供了非常有用的灵活性，正如从图 5-53 显示的纽约路由器的行为可以看出。该路由器仍使用单一聚合前缀把 3 所大学的流量发送到伦敦。然而，该前缀中的先前那块未用地址现在已经分配给了旧金山的一个网络。对于纽约路由器，一种可能性是保持 4 个前缀，其中 3 个前缀的数据包发送到伦敦，第 4 个前缀的数据包发送到旧金山。而最长匹配前缀路由可以用图 5-53 中显示的两个前缀来处理这一转发过程。一个总的前缀用来指示把整个地址块的流量发到伦敦，一个更具体的前缀用来指示把该大前缀的一部分流量发往旧金山。按照最长匹配前缀规则，到旧金山网络内 IP 地址的流量将被发送到通往旧金山的输出线路上，而发往大前缀中所有其他 IP 地址的流量将被发送至伦敦。

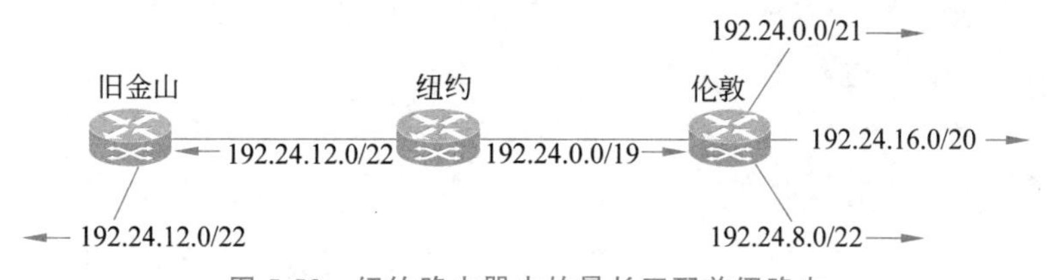

图 5-53 纽约路由器中的最长匹配前缀路由

从概念上说，CIDR 的工作原理如下所述。当一个数据包到达时，路由器扫描路由表以便确定目标地址是否在前缀内。有可能多个具有不同前缀长度的表项能匹配目标地址,在这种情况下,使用具有最长前缀的表项。因此,如果有一个匹配/20掩码的表项,同时还有一个匹配/24掩码的表项,则使用/24表项查找该数据包的输出线路。然而,如果该路由表要真正逐个表项扫描,那么这个过程将非常冗长。人们设计了一些复杂的算法以加快这一地址匹配过程(Ruiz-Sanchez等,2001)。商用路由器使用了定制的VLSI芯片,将这些算法嵌入硬件中。

分类和特殊寻址

为了更好地说明为什么CIDR如此有用,这里简要介绍在CIDR之前的设计方案。在1993年之前,IP地址被分为图5-54列出的5个类别。这种分配称为分类寻址(classful addressing)。

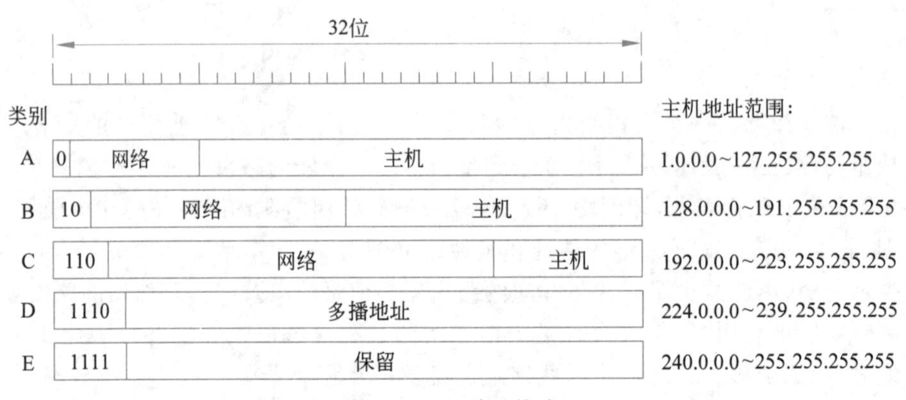

图5-54 IP地址格式

A类地址格式可以有128个网络,每个网络可以有1600万台主机;B类地址可以有16 384个网络,每个网络可以有65 536台主机;C类网络可以有200万个网络(比如LAN),每个网络可以有256台主机(不过有些地址是特殊的)。多播也是支持的(D类地址),即指示数据包可以发送给多台主机。以1111开头的地址被保留,用于将来的用途。在IPv4地址空间已经耗尽的情况下,它们将是非常有价值的。不幸的是,许多主机不把这些地址视为有效地址,因为它们已经被禁锢了这么久,很难教会旧主机一些新花样。

这是一个层次式设计,但与CIDR不同的是,这里的地址块的大小是固定的。总共有超过20亿个21位地址,但通过类别划分组织地址空间会浪费数百万个地址。尤其是,真正的罪魁祸首是B类网络。对于大多数组织来说,具有1600万个地址的A类网络太大,而只有256个地址的C类网络又太小。一个具有65 536个地址的B类网络恰好合适。在关于Internet的民间传说中,这种情况称为**3只熊问题**(three bears problem),犹如《金发歌蒂与三只熊》(*Goldilocks and the Three Bears*)(Southey,1848)中的情形。

然而,在现实中,一个B类网络对于大多数组织而言还是过于庞大。研究表明,超过半数的B类网络少于50台主机,一个C类网络就足够完成任务,但毫无疑问,每个组织都会申请一个B类网络,它们认为总有一天自己的网络将增长到超过8位主机字段。现在回想起来,给C类网络使用10位主机号而不是8位主机号或许更好,这样可使得每个网络拥有1022台主机。如果真是这样,大多数组织可能就会接受一个C类网络,而且将有差不多50

万个C类网络(这样B类网络就只有16 384个)。

很难指责Internet的设计者没有提供更多(和更小)的B类网络。在决定创建这3个类别时,Internet还只是一个连接美国主要研究型大学的研究网络(加上数量很少的公司和从事网络研究的军事基地)。当时没有人认为Internet将成为一个面向大众市场的、可与电话网络媲美的通信系统。当时,有人曾经这么说:"美国有大约2000所大学。即使它们都连接到Internet,甚至其他国家的许多大学也加入进来,也永远达不到16 000个网络,因为整个世界也没有那么多大学。而且,让主机号是整数个字节可以加快数据包的处理速度。"(当时完全由软件完成。)也许有一天人们回顾过去,会责备设计电话号码方案的人:"谁这么白痴!为什么不把地球编号包含在电话号码中?"但在当时,似乎并没有什么必要。

为了处理这些问题,引入了子网概念,以便在一个组织内部灵活地分配地址块。后来,又引入了CIDR以减小全局路由表的大小。今天,表明一个IP地址是否属于A、B或C类网络的标志位已不再使用,但在文献中对这些类的引用仍然很普遍。

为了看清楚地址分类如何使得转发更为复杂,先考虑在旧的分类系统中它有多简单。①当一个数据包到达路由器时,IP地址的一个副本被右移28位,产生一个4位的类别号;②一个16路分支把数据包归纳到A、B、C(及D和E)类,A类有8种情况,B类有4种情况,C类有2种情况;③针对每个类别用掩码提取出8位、16位或24位的网络号,并且右对齐到一个32位的字中;④用该网络号在A、B或C类表中查询,通常查询A和B类网络采用索引方式,而查询C类网络则采用哈希算法;⑤一旦找到对应的表项,即查到了输出线路,就可转发数据包。这一过程比最长匹配前缀操作简单得多,最长匹配前缀操作不再使用简单的查表操作,因为IP地址可能有任意长度的前缀。

D类地址仍然用于Internet多播。实际上,或许更准确的说法是,它们开始用于多播了,因为过去Internet多播还没有被广泛部署过。

还有几个其他地址有特殊的含义,如图5-55所示。IP地址0.0.0.0是最低的地址,由主机在启动时使用。这个地址意味着"这个网络"或者"这个主机"。以0作为网络号的IP地址指的是当前网络。这些地址允许计算机在不知道网络号的情况下引用它们自己所在的网络(但它们必须知道网络掩码包含多少个0)。由全1组成的地址,即255.255.255.255,是最高的地址,用来代表所指网络中的所有主机。它允许在本地网络中进行广播,通常是在一个LAN中。具有正确的网络号和主机号全1的地址的计算机,允许向Internet任何地方的LAN发送广播数据包。然而,许多网络管理员禁用了此功能,因为这很大程度上存在一个安全风险。最后,所有127.x.y.z形式的地址保留给回环测试使用。发送到该地址的数据包并没有被真正放到线路上,它们如同进来的数据包一样在本地被处理。这使得在发送方不知道主机号的情况下可以给主机发送数据包,这对于测试非常有用。

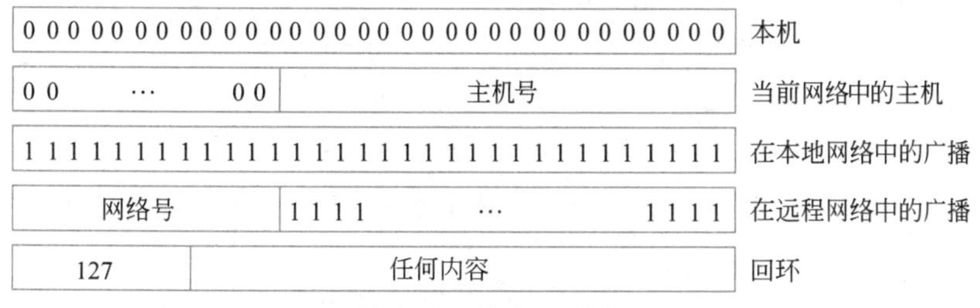

图5-55　特殊IP地址

NAT——网络地址转换

IP地址非常匮乏。一个ISP或许有一个/16地址块,也就是有65 534个可用主机号。如果它有更多的客户,那就有问题了。事实上,对于32位地址,总共只有2^{32}个地址,它们都用光了。

这种匮乏导致了一些节约使用IP地址的技术。一种方法是,当一台计算机上线并且使用网络时,动态地为它分配一个IP地址;而当该计算机下线时收回此IP地址,然后该IP地址可以分配给另一台要上线的计算机。以这种方式,一个/16地址可以容纳多达65 534个活跃用户。

这种策略在有些情况下运行良好,比如对于拨号网络连接以及那些可能暂时未连网或断电的移动设备和其他计算机。但是,它并不能很好地为企业客户工作。企业中的许多PC是要持续运行的。有些是员工的计算机,在晚上需要做备份;而有些是服务器,可能需要在顷刻之间服务远程请求。这些企业有一条总是与Internet保持连接的接入线路。

渐渐地,由于没有按小时计量的连接费用(曾经一度是有的,现在只有包月费用),这种情况也适用于订购了ADSL或通过有线电视连接Internet的家庭用户。这些用户中的很多人在家里有两台或更多台计算机,通常每个家庭成员有一台,而且他们都希望所有的时间都在线。相应的解决方案是,通过一个LAN把所有的计算机连接到一个家庭网络中,并且在家庭网络中放置一个(无线)路由器,该路由器连接到ISP。从ISP的角度看,该家庭现在就像一个拥有少数几台计算机的小型企业一样。用我们迄今为止所看到的技术,每台计算机必须整天都有它自己的IP地址。对于有成千上万个客户的ISP,特别是商业客户和类似小型企业的家庭客户,对IP地址的需求很快就会超过可用的地址块。

IP地址短缺的问题并不是一个在遥远的将来某个时候才可能发生的理论问题。此时此刻,这个问题正在发生。长期的解决方案是将整个Internet迁移到IPv6,它有128位地址。这个迁移过程正在缓慢地进行着,可能需要很多年才能完成。为了能够度过这段时间,需要一个快速的修补方案。今天广泛使用的快速修补方案就是以NAT(Network Address Translation,**网络地址转换**)的形式呈现的,RFC 3022描述了NAT。下面简要介绍NAT。有关NAT的更多信息请参考Dutcher的专著(2001)。

NAT的基本思想是:ISP为每个家庭或每个企业分配一个IP地址(或者,最多分配少量的IP地址),用于传输Internet流量。在客户网络内部,每台计算机有唯一的IP地址,用于路由内部流量。然而,当一个数据包离开客户网络去往该ISP之前,它需要进行地址转换,把唯一的内部IP地址转换成客户网络共享的公共IP地址。这一地址转换使用了IP地址中已经被声明为私有的3段地址。任何网络都可以在内部随意地使用这些地址。唯一的限制是不允许包含这些地址的数据包出现在Internet上。这3段保留的地址如下:

10.0.0.0~10.255.255.255/8　　(16 777 216个主机)
172.16.0.0~172.31.255.255/12　　(1 048 576个主机)
192.168.0.0~192.168.255.255/16　　(65 536个主机)

第一段地址提供了16 777 216个地址(按常规,去掉全0和全1的地址)。即使网络不那么大,它也是惯常的选择。

NAT的操作过程如图5-56所示。在客户的管辖范围内,每台计算机都有一个形如

10.x.y.z 的唯一地址。然而，在一个数据包离开客户管辖范围之前，它要通过一个 **NAT 盒子**(NAT box)，此 NAT 盒子将内部的 IP 源地址(图 5-56 中为 10.0.0.1)转换成该客户的真实 IP 地址，在本例中为 198.60.42.12。NAT 盒子通常与防火墙组合成一个设备，防火墙通过仔细地控制进入以及离开客户网络的数据包来提供相应的安全性。在第 8 章中将介绍防火墙。另外，将 NAT 盒子集成到路由器或者 ADSL 调制解调器中也是可能的。

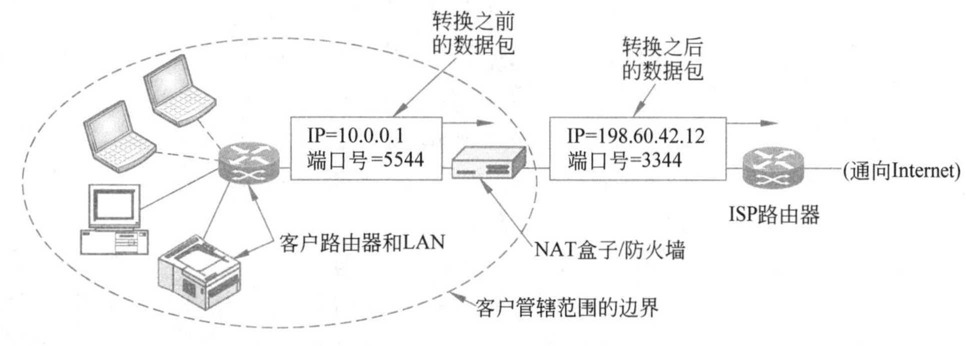

图 5-56　NAT 盒子的放置和操作过程

至此，要说明一个微小但至关重要的细节：当应答回来时(比如从 Web 服务器返回)，本质上它的目标地址是 198.60.42.12，所以，NAT 盒子如何知道该用哪一个内部 IP 地址来替代呢？这就是 NAT 要解决的问题。如果在 IP 头中有一个空闲的字段，那么该字段可用来记录真正的发送方是谁，但是 IP 头只有 1 位还没有使用。从原理上说，可以创建一个新的选项存放真实的源地址，但是，这么做将要求改变整个 Internet 上所有计算机的 IP 代码，以便能够处理新的选项。这显然不是一种有前景的快速解决方案。

实际的做法如下所述。NAT 设计者注意到，绝大多数 IP 数据包携带的要么是 TCP 有效载荷，要么是 UDP 有效载荷。在第 6 章将会看到，这两个协议的头都包含一个源端口和一个目的端口。下面只讨论 TCP 端口，讨论的内容同样适用于 UDP 端口。这里的端口是 16 位整数，它指明了 TCP 连接从哪里开始以及到哪里结束。正是这些端口提供了 NAT 所需的字段。

当一个进程希望与另一个远程进程建立一个 TCP 连接时，它把自己绑定到本地计算机上一个尚未使用的 TCP 端口上。这被称为**源端口**(source port)，它告诉 TCP 代码凡是属于该连接的进来数据包都应该发送给该端口。这个进程也提供一个**目的端口**(destination port)，以指明在远程计算机侧将数据包交给谁。0～1023 的端口都是保留给一些知名的服务。比如，端口 80 是 Web 服务器使用的端口，所以远程客户能定位到 Web 服务器。每个送出去的 TCP 消息都包含一个源端口和一个目的端口。这两个端口合起来标识了通信两端正在使用该连接的进程。

打个比方也许能使端口的用途更加清晰。想象一家公司只有一个主电话号码。当人们呼叫该主号码时，他们的呼叫到达接线员那里。接线员问他们要哪个分机，然后为他们接通相应的分机。这里的主号码就好比是客户的 IP 地址，两端的分机号就好比是端口。端口实际上是额外的 16 位地址值，它标识了哪个进程接收进来的数据包。

利用源端口(Source port)字段，可以解决前面的映射问题。任何时候当一个输出的数据包进入 NAT 盒子时，其源地址 10.x.y.z 都会被客户的真实 IP 地址取代。而且，TCP 的源端口字段被一个索引值取代,该索引值指向NAT盒子的映射表的65 536个表项之一。该表项包含了原来的IP地址和原来的源端口。最后,IP头和TCP头的校验和被重新计算,并插入数据包中。这里,替换源端口是必要的,因为来自计算机10.0.0.1和10.0.0.2的连接可能碰巧使用了同一个端口,比如都使用了端口5000,所以单独使用源端口还不足以唯一地标识发送进程。

当一个进来的数据包从ISP到达NAT盒子时,目的端口从TCP头中被提取出来,并被用作索引值查找NAT盒子的映射表。从找到的表项中提取出内部IP地址和原来的TCP端口,并插入数据包中。然后重新计算IP和TCP校验和,并插入数据包中。最后将该数据包传递给客户的内部路由器,它使用10.x.y.z地址进行正常的传递。

虽然这种方案从某种程度上解决了问题,但是,IP社团中的网络纯粹主义者认为它不伦不类。粗略地概括,这里列举出一些反对意见。

第一,NAT违反了IP的架构模型,IP的架构模型声明了每个IP地址均唯一标识了世界上的一台计算机。Internet的整个软件架构也是建立在这样的事实基础之上的。采用了NAT以后,成千上万台计算机可能会使用地址10.0.0.1(事实上也确实如此)。

第二,NAT打破了Internet的端到端连接模型,即任何一台主机可在任何时间给任何一台其他主机发送数据包。因为NAT盒子中的映射是由输出数据包建立的,所以,只能在输出数据包被发送以后,进来的数据包才能被接收。在实践中,这意味着,家庭用户可以通过NAT与一台远程Web服务器建立TCP/IP连接,但是远程用户无法与家庭网络中的一台游戏服务器建立连接。要想支持这种情形,需要特殊的配置或者**NAT穿越**(NAT traversal)技术。

第三,NAT将Internet从一个无连接网络改变成一种非常奇怪的面向连接网络。问题在于,NAT盒子必须为每一个从它这里经过的连接维护状态信息(即映射关系)。让网络维护连接状态是面向连接网络的特性,而不是无连接网络的特性。如果NAT盒子崩溃,并且它的映射表丢失,那么它的所有TCP连接都将被毁坏。在没有NAT的情况下,路由器崩溃并重启对TCP连接没有长远影响。发送进程只在几秒内发生超时,然后就会重传所有未被确认的数据包。在使用了NAT以后,Internet变得如同电路交换网络一样脆弱。

第四,NAT违反了协议分层最基本的规则:第k层不能够对第$k+1$层在有效载荷字段中放什么做任何假设。这条基本规则的意图是保持层与层之间的独立性。如果TCP后来升级到TCP-2,采用了不同的头结构(比如使用32位端口),那么NAT将会失败。分层协议的总体思想是保证某一层的变化不会要求其他层也跟着改变。NAT破坏了这种独立性。

第五,Internet上的进程并不要求使用TCP或者UDP。如果计算机A上的一个用户决定使用一种新的传输协议与计算机B上的用户进行通话(比如一个多媒体应用),那么,由于NAT盒子的引入,将使得该应用无法工作,因为NAT盒子将无法正确地定位到TCP的源端口。

第六,有些应用以规定的方式使用多个TCP/IP连接或者UDP端口。比如,标准的**文件传输协议**(File Transfer Protocol,**FTP**)在数据包体中插入IP地址,以便接收方提取并使用这些地址。由于NAT对这些安排一无所知,它不可能重写这些IP地址,或者知道它们的存在。无法理解就意味着除非采取特殊的防范措施,否则FTP和其他一些应用,比如

H.323 Internet 电话协议(将在第7章讨论该协议),在通过 NAT 盒子的情况下将不能正常工作。对于这些情形,为 NAT 盒子打补丁通常是有可能的;但是,为每一个新应用在 NAT 盒子里打代码补丁,这不是一个好主意。

第七,由于 TCP 头源端口字段16位长,所以,最多只有65 536台计算机可以被映射到一个 IP 地址上。实际上,这个数值还要略小一些,因为前4096个端口被保留给特殊的用途。然而,如果有多个 IP 地址可用,那么,每个地址可以处理多达61 440台计算机。

RFC 2993 给出了 NAT 的这些问题和其他一些问题的观点。尽管存在这些问题,但实际上,作为处理 IP 地址短缺的唯一权宜之计,NAT 已被广泛应用,特别是在家庭和小型企业网络中。它已与防火墙和隐私安全紧密结合在一起,因为它能默认阻止未经请求的进入数据包。出于这个原因,甚至当 IPv6 被广泛部署时,它也不太可能消失。

5.7.3 IPv6 协议

IP 已大量使用了几十年。IP 工作得相当好,Internet 的指数级增长就是一个佐证。不幸的是,IP 已经成为自己成功的牺牲品:地址即将耗尽。即使通过 CIDR 和 NAT 使地址更加节省,最后的 IPv4 地址还是在2019年11月25日被分配出去了。这种迫在眉睫的灾难几乎20年前就已经被认识到了,它在 Internet 社团内部引发了大量应该做些什么的讨论和争议。

在本节中,将描述这一问题,并提出若干解决方案。唯一的长期解决方案是迁移到更大的地址空间。**IPv6**(IP version 6,**IP 版本 6**)就是能做到这点的一个替代设计。它采用128位地址,在可预见的将来任何时间都不可能出现地址短缺问题。然而,IPv6 已经证明了它的部署非常困难。它是一个不同的网络层协议,尽管与 IPv4 有许多相似之处,但它并没有真正与 IPv4 协同工作。此外,公司和用户真的不知道为什么他们应该在任何情况下都要用 IPv6。其结果是,虽然 IPv6 自1998年就已经成为 Internet 标准,但只有一部分(估计为25%)Internet 部署了 IPv6 并且在使用。接下来几年将会非常有趣。现在每一个 IPv4 地址的价值是19美元。2019年,有一个男人因为囤积了750 000个 IP 地址(价值1400多万美元)并且在黑市上出售这些 IP 地址而被判有罪。

除了地址问题,还有其他隐藏在背后的一些问题。在早期,Internet 主要被大学、高科技企业和美国政府(特别是美国国防部)使用。20世纪90年代中期开始,随着对 Internet 兴趣的不断膨胀,Internet 开始为各种人群所使用,通常人们的需求各不相同。首先,大量携带智能手机的用户通过 Internet 与他们的大本营(home base)保持联系。其次,随着计算机、通信和娱乐业的日益融合,有可能在不久的将来,世界上的每一部电话和每一个电视都变成了 Internet 节点,从而数十亿台设备可进行音频和视频点播。很显然,在这样的形势下,IP 必须演进,要变得更加灵活。

1990年,这些问题初露端倪,IETF 开始启动 IP 新版本的工作,新版本的 IP 将有用不完的地址,并要解决许多其他的问题,同时必须更加灵活和高效。它的主要目标如下:

(1) 即使地址分配的效率不高,也能支持数十亿台主机。

(2) 减小路由表。

(3) 简化协议,使路由器更快速地处理数据包。

(4) 提供更好的安全(认证和隐私保护)。

(5) 更加关注服务类型,特别是针对实时数据。

(6) 辅助可指定范围的多播。

(7) 要能做到主机漫游时无须改变地址。

(8) 允许协议向未来演进。

(9) 允许新老协议共存数年。

IPv6 的设计展示了一个重大机遇,可以借此机会改善 IPv4 中缺少但现在又需要的所有特性。为了开发出一个满足所有需求的协议,IETF 在 RFC 1550 中发出了一个寻求提案和讨论的呼吁。最初收到了 21 份响应材料。到 1992 年 12 月,有 7 个重要的提案被拿到桌面上讨论。这些提案涵盖范围非常广泛,从"对 IP 做微小的修补"到"完全抛掉 IP 而用一个全然不同的协议替代"。

其中一个提案是在 CLNP 之上运行 TCP。CLNP 是一个为 OSI 设计的网络层协议。它有 160 位地址,它提供的地址空间永远够用,因为它可为海洋中的每个分子都提供足够的地址来建立一个小型网络。这种选择也将统一两个主要的网络层协议。然而,许多人认为,这样做好像承认了 OSI 领域中所做的某些事情实际上是正确的,声明了 Internet 圈子中存在策略性的错误。CLNP 的模式与 IP 非常相近,所以这两者并没有实质性的不同。实际上,最终选中的协议与 IP 之间的差异远远超过了 CLNP 与 IP 之间的差异。反对 CLNP 的另一个理由是它对服务类型的支持太差,而这对于有效传输多媒体数据是非常必要的。

IEEE Network 发表了 3 种比较好的提案(Deering,1993;Francis,1993;Katz 等,1993)。在经过多次讨论、修订和讨价还价以后,Deering 和 Francis 的两份提案被组合起来并又做了修订,得到一个现在称为 **SIPP**(Simple Internet Protocol Plus,**简单 Internet 协议+**)的协议,并将它指定为 **IPv6**。

IPv6 很好地实现了 IETF 的目标。它保持了 IP 的优良特性,丢弃或者削弱了 IP 中不好的特性,并且增加了必要的新特性。一般而言,IPv6 并不与 IPv4 兼容;但是它与其他一些辅助性的 Internet 协议则是兼容的,包括 TCP、UDP、ICMP、IGMP、OSPF、BGP 和 DNS,只要做一点小的修改就可以处理更长的地址。下面讨论 IPv6 的主要特性,更多的信息可以在 RFC 2460～RFC 2466 中找到。

第一个也是最重要的改进是 IPv6 有比 IPv4 更长的地址。IPv6 的地址有 128 位长,这解决了 IPv6 一开始就想要解决的问题:提供一个有效的无限量的 Internet 地址。稍后还要更多地讨论地址。

第二个主要改进是对头进行了简化。IPv6 只包含 7 个字段(相比之下,IPv4 头有 13 个字段)。这一变化使得路由器可以更快地处理数据包,从而提高吞吐量,并缩短延迟。同样地,我们后面还要讨论 IPv6 头。

第三个主要改进是更好地支持选项。这一变化对于新的头来说是本质性的,因为以前那些必需的字段现在变成了可选的(因为它们并不那么常用)。而且选项的表达方式也有所不同,这使得路由器可以非常简单地跳过那些与它无关的选项。此特性也加快了数据包的处理速度。

第四个主要改进是在安全性方面的。IETF 已经看到了太多关于早熟的 12 岁少年用他们的个人计算机闯入 Internet 上的银行和军事机构的新闻故事。一种很强的意识是必须做点事情来增强安全性。认证和隐私保护是新 IP 的关键特征。然而,后来这些特征也被引入 IPv4 中，所以 IPv6 和 IPv4 在安全性方面的差异已经没有那么大了。

最后，更加值得关注的是服务质量。过去，人们在这方面做了大量半心半意的努力；现在，随着多媒体数据在 Internet 上的增长，这种紧迫感更加强烈了。

主要的 IPv6 头

IPv6 头的固定部分如图 5-57 所示。对于 IPv6，版本（Version）字段总是 6（对于 IPv4，该字段总是 4）。在从 IPv4 到 IPv6 的迁移过程中（这个过程已经超过 10 年了），路由器可以通过检查该字段确定它们看到的数据包的类型。顺便提一下，做这样的测试在关键路径上需要浪费少量的指令，既然数据链路层的头通常为了多路分解而指明了网络层协议，所以，一些路由器可能会跳过该项检查。比如，以太网的类型（Type）字段以不同的值指示这是一个 IPv4 有效载荷还是 IPv6 有效载荷。在“做得对”（Do it right）与“做得快”（Make it fast）两大阵营之间的讨论无疑将会既漫长又激烈。

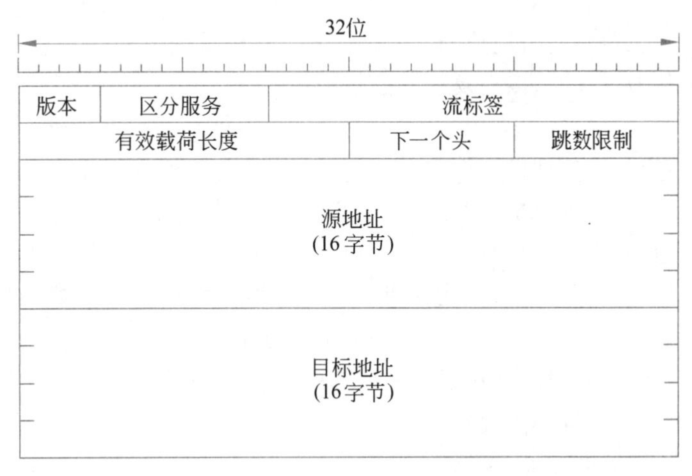

图 5-57　IPv6 头的固定部分

区分服务（Differentiated services，最初称为流量类别）字段的用途主要是区分这些具有不同实时投递需求的数据包的服务类别。它主要用在服务质量的区分服务体系结构中，其使用方式与 IPv4 数据包中的同名字段一样。此外，其最低两位用来表达显式拥塞指示，也与 IPv4 的方式完全相同。

流标签（Flow label）字段为源和目标方提供了一种标记数据包组的方式，这些数据包具有同样的需求，并且应该被网络同等对待，从而形成了一个伪连接。比如，一台特定源主机上的一个进程和一台特定目标主机上的一个进程之间的数据包流可能有严格的延迟要求，因此需要预留带宽。这个流可以被提前建立，并被赋予一个标识符，即流标签。当一个流标签字段非 0 的数据包出现时，所有的路由器都在自己的内部表中查找该流标签值，看它要求哪一种特殊的待遇。实际上，这样的流是两种传输方式的优势相结合的一种尝试，即数据报网络的灵活性和虚电路网络的保障性。

为了服务质量用途的每个流由源地址、目标地址和流编号指定。这种设计意味着在给定的一对 IP 地址之间可以同时有 2^{20} 个流是活跃的。而且还意味着，即使来自于不同主机的两个流有相同的流标签，当它们通过同一台路由器时，该路由器也能够利用源地址和目标地址将它们区分开。流标签的选取最好是随机的,而不是从1开始按顺序分配,所以路由器应该对它们进行哈希处理。

有效载荷长度(Payload length)字段指明了紧跟在IPv6头之后还有多少字节。在IPv4中该字段的名称为总长度(Total length),之所以改成现在的名称是因为其含义略有改变:40字节的IPv6头不再像以前那样算作有效载荷长度中的一部分。这一变化也意味着有效载荷现在可以是65 535字节,而不再是只有65 515字节了。

正是下一个头(Next header)字段显示了IPv6与众不同的关键之处。IPv6头得以简化的原因在于它可以有额外的(可选)扩展头。该字段指明了还有哪个扩展头(当前已经定义了6种扩展头),如果有,就跟在当前头后面。如果当前头是最后一个IP头,那么下一个头字段指定了该数据包将被传递给哪个传输协议处理器(比如TCP、UDP)。

跳数限制(Hop limit)字段用来避免数据包永远存活下去。实际上,它与IPv4头中的生存期字段是一样的,也就是说,该字段中的值在每一跳上都要被递减。理论上,IPv4中的生存期是一个以秒为单位的时间值,但是没有路由器按这种方式使用该字段,所以在IPv6中将该字段的名称做了修改,以便反映它的实际用法。

接下来是源地址(Source address)和目标地址(Destination address)字段。Deering的原始提案(SIP)使用8字节地址。但在提案审阅过程中,许多人感觉到,如果用8字节地址,那么IPv6在几十年之内将再次耗尽地址空间;而如果使用16字节地址,则永远也不会用完。一些人则认为16字节是矫枉过正。还有一些人主张使用20字节地址,以便与OSI数据包协议兼容。甚至还有小部分人建议使用可变长度的地址。经过了太多的争论以后,最终的决定是固定长度的16字节地址是最好的折中方案。

为了书写16字节的地址,设计了一种新的标记法。16字节被分成8组,每一组有4个十六进制数字,组之间用冒号隔开,如下所示:

8000:0000:0000:0000:0123:4567:89AB:CDEF

由于许多地址的内部有很多个0,所以,3种优化方法获得批准。第一,在一个组内可以省略前导0,因此0123可以写成123。第二,由16个0位构成的一个或多个组可以用一对冒号代替。因此,上面的地址现在可以写成

8000::123:4567:89AB:CDEF

第三,IPv4地址可以写成一对冒号再加上老式的点分十进制数,比如:

::192.31.20.46

弄清楚IPv6有多少个地址可能并没有必要,但是16字节地址确实非常多。具体来说,共有2^{128}个地址,近似等于3×10^{38}个地址。如果整个地球,包括陆地和水面都被计算机覆盖,那么,IPv6将允许每平方米有7×10^{23}个IP地址。化学系的学生将会注意到,这个数值超出了阿伏伽德罗常数。虽然IPv6的目标并不是要为地球表面上的每一个分子都分配一个单独的IP地址,但距离这个目标并不遥远。

实际上,此地址空间不会被很有效地使用,就好像电话号码地址空间一样(曼哈顿的区号212几乎已经用满,而怀俄明州的区号307几乎还是空的)。在RFC 3194中,Durand和Huitema对此做了计算,他们利用电话号码分配方案作为参照,即使在最最不利的情形下,整个地球表面(包括陆地和水面)上每平方米仍将有远远超过1000个IP地址。在任何可能的场景下,每平方米将有几万亿个IP地址。简而言之,在可预见的将来,看起来不太可能耗

尽IP地址。

比较IPv4头(图5-47)与IPv6头(图5-57),看一看在IPv6中省掉了什么,这将非常有意义。IHL字段没有了,因为IPv6头有固定的长度。协议字段也被拿掉了,因为下一个头字段指明了最后的IP头后面跟的是什么(比如UDP或者TCP)。

所有与段有关的字段都被去掉了,因为IPv6采用了不同的分段方法。首先,所有遵从IPv6的主机都能够动态地确定将要使用的数据包长度。它们使用5.5.6节描述的路径MTU发现过程就能做到这一点。简要地说,当一台主机发送了一个非常大的IPv6数据包时,不能转发此数据包的路由器会丢弃该数据包,并向发送主机返回一条错误消息。这条消息告诉发送主机,所有将来发送给该目标地址的数据包都要拆解得更小。让主机发送长度合适的数据包,比让路由器动态地对这些数据包进行分段要有效得多。而且,路由器必须能够转发的最小长度数据包也从576字节增加到了1280字节,以允许1024字节的数据和许多个头。

最后,校验和(Checksum)字段也被去掉了,因为计算校验和会极大地降低性能。与现在使用的可靠网络结合在一起,再考虑到数据链路层和传输层通常有它们自己的校验和这一事实,在IPv6头中再加一个校验和的价值相比它所付出的性能代价是不值得的。

去掉了所有这些特性以后得到的是一个精简的网络层协议。因此,这个设计方案满足了IPv6的目标,即一个快速、灵活并且具有足够地址空间的协议。

扩展头

有些被去掉的IPv4头字段偶尔还有必要使用,所以,IPv6引入了(可选的)扩展头(extension header)这一概念。扩展头可以用来提供一些额外的信息,但它们要以一种有效的方式进行编码。目前定义了6种扩展头,如图5-58所示。每一种扩展头都是可选的,但如果有多个扩展头出现,那么它们必须直接跟在固定头部的后面,而且最好按照图5-58中的顺序出现。

扩展头	描述
逐跳扩展头	路由器的混杂信息
目标选项扩展头	给目的地的额外信息
路由扩展头	必须访问的松散路由器列表
段扩展头	数据报分段的管理
认证扩展头	发送方身份的验证
加密的安全有效载荷扩展头	有关加密内容的信息

图5-58 IPv6扩展头

有些扩展头有固定的格式,其他扩展头包含数目不定的可变长度选项。这些可变长度选项都被编码成一个(Type, Length, Value)三元组。

Type(类型)字段占一字节,它指明这是哪个选项。Type值的选取有讲究,它的前两位告诉那些不知道如何处理该选项的路由器应该怎么办。选择方案有:①跳过此选项;②丢弃该数据包;③丢弃该数据包并返回一个ICMP数据包;④丢弃该数据包,但是对于多播地址不发送 ICMP 数据包(这样可以避免一个坏的多播数据包产生数百万个 ICMP 报告)。

长度(Length)字段也占一字节。它说明了 Value 字段有多长(0～255 字节)。

值(Value)字段是任何必要的信息,可以长达 255 字节。

逐跳扩展头(hop-by-hop header)用来存放沿途所有路由器必须检查的信息。到现在为止,已经定义了一个选项:支持超过 64KB 的数据报。该头的格式如图 5-59 所示。当使用这种扩展头时,固定头中的有效载荷长度(Payload length)字段要设置为 0。

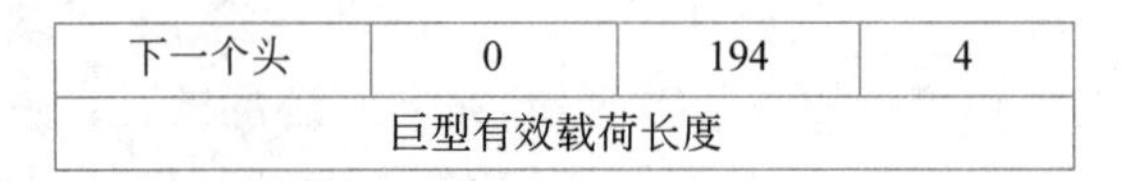

图 5-59 用于大型数据报(巨型报)的逐跳扩展头

与所有的扩展头一样,逐跳扩展头的起始字节也指定了接下去是哪一种扩展头。该字节之后的字节指示了当前逐跳扩展头有多少字节,其中不包括起始的 8 字节,因为这 8 字节是强制的。所有的扩展头都是以这种方式开始的。

接下去的两字节表明该选项定义的数据报的大小(代码 194),并且该大小值是一个 4 字节的数值。最后 4 字节给出了数据报的大小。小于 65 536 字节的大小值是不允许的,会导致第一台路由器将数据包丢弃,并送回一个 ICMP 错误消息。使用这种逐跳扩展头的数据报称为巨型数据报(jumbogram)。对于那些必须跨越 Internet 传输千兆字节数据的超级计算机应用来说,巨型数据报的使用非常重要。

目标选项扩展头(destination options header)用于那些只需在目标主机上被解释的字段。在 IPv6 的初始版本中,唯一定义的选项是空选项(null option),它可用来将当前头填充到 8 字节的倍数,所以它最初没有被使用。它被包含进来,是为了确保将来万一有一天有人想到一种目标选项,新的路由软件和主机软件可以对它进行处理。

路由扩展头(routing header)列出了在通向目标的途中必须要经过的一台或者多台路由器。它非常类似于 IPv4 的松散源路由,在松散源路由机制中,所有列出来的地址都必须按顺序被访问到,但是,这些地址中间也可能经过一些没有列出来的其他路由器。路由扩展头的格式如图 5-60 所示。

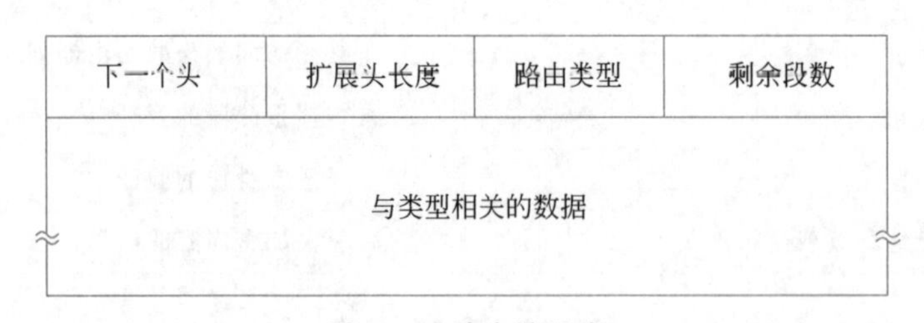

图 5-60 路由扩展头

路由扩展头的前 4 字节包含了 4 个单字节整数。下一个头(Next header)和扩展头长度(Header extension length)字段如上面所述。路由类型(Routing type)字段给出了该扩展头剩余部分的格式。类型 0 表示在第一个字后面是一个保留的 32 位字,然后是一定数量的 IPv6 地址。其他的类型可能在未来根据需要设计。最后,剩余段数(Segments left)字段记录了在地址列表中还有多少个地址尚未被访问。每当一个地址被访问时，它就会被递减。当它被减到0的时候，该数据包就获得自由，不需要再遵循任何路径了。通常到这个时候它离目标已经非常接近，所以最佳路径也是显然的了。

段扩展头(Fragment header)涉及与段有关的事项，其处理方法与IPv4非常类似。该扩展头保存了数据报的标识符、段号，以及指明了后面是否还有更多段的标志位。与IPv4不同的是，在IPv6中，只有源主机才可以将一个数据包分段。沿途的路由器不会这么做。这一改变是对原始IP的重大哲学突破，但是符合IPv4的现行做法。而且，它简化了路由器的工作，使得路由过程更快。正如上面所提到的，如果路由器面临一个太大的数据包，那么它丢弃该数据包并且向源主机发回一个ICMP错误数据包。这一信息使得源主机使用本扩展头把数据包分割成小的片段，然后再试着重新发送。

认证扩展头(Authentication header)提供了一种让数据包接收方可以确认发送方身份的机制。

加密的安全有效载荷扩展头(Encrypted security payload header)使得有可能对数据包的内容进行加密，从而只有真正的接收方才能够读取数据包的内容。

这些扩展头使用了将在第8章中讲述的密码学技术来完成它们的任务。

争论

鉴于开放式设计过程以及其中涉及的许多人的强烈意见，毫不奇怪，IPv6所做的许多选择极具争议性。下面简短地对一些争议做一番概述。要想了解所有这些争执的细节，请参考有关的RFC文档。

前面已经提到了有关地址长度的争论。结果是一个折中的方案：16字节固定长度的地址。

另一个争论发生在跳数限制字段的长度上。有一方强烈地认为，将最大跳数限制在255以内(暗含着用一个8位的字段)是一个很显然的错误。毕竟，32跳的路径现在非常普遍，10年以后比这更长的路径可能会变得十分普遍。这些人争辩说，使用大的地址长度很有远见，而使用小的跳计数则非常短视。在他们眼里，计算机科学家容易犯的最大错误就是在有些地方提供的数据位太少。

这个观点得到的回应是，它一旦被贯彻，就要增加每一个字段，从而导致一个非常臃肿的头部。而且，跳数限制字段的功能是避免数据包长时间地滞留在网络中，但65 535跳实在是太长了。最后，随着Internet的增长，越来越多的长距离链路将被建立起来，从而使得从一个国家到达另一个国家有可能至多不超过6跳。如果从源和目标方分别到达它们相应的国际网关需要超过125跳，那么它们的国家主干网一定有问题了。最终8位字段的支持者赢得了胜利。

还有一个棘手的问题是最大数据包长度。超级计算机社团希望数据包长度可以超过64KB。当一台超级计算机开始传输数据时，这意味着它的业务真正开始了，当然不希望每64KB被中断一次。反对大数据包派的观点是，如果一个1MB的数据包被送到一条1.5Mb/s的T1线路上，那么该数据包将会占用线路超过5s，对于共享同一线路的交互用户而言，会产生一个能明显感觉到的延迟。在这一点上，最终达成的妥协是：正常的数据包被限制在64KB以内，但是允许使用逐跳扩展头来传送巨型数据报。

争论中的一个热点话题是去掉IPv4校验和字段。有些人把这种做法比作从一辆汽车上拆除了刹车。拆除了刹车以后,汽车变轻了,所以它可以跑得更快;但如果发生意外事件,那就有问题了。

校验和反对派的观点是,任何真正关心数据完整性的应用,不管用什么方法,一定要有一个传输层校验和,所以在IP头中有另一个校验和(而且还有一个数据链路层的校验和)就是过度验证了。更进一步,经验表明计算IP头校验和是IPv4中的一个主要开销。反对校验和的阵营最终赢得了胜利,所以IPv6没有校验和字段。

移动主机也是一个争论的焦点。如果一台便携式计算机飞越大半个地球,那么,它是继续使用同样的IPv6地址还是不得不使用家乡代理的方案呢?有人希望在IPv6中对移动主机提供显式支持。由于任何一个提案都没有达成一致的意见,所以最终这一努力以失败而告终。

可能最大的争论在于安全性。每个人都承认安全性非常关键。争议的焦点在于将安全性放在哪里。支持在网络层加入安全性的观点是,这样做以后安全性就变成了一种标准服务,于是所有的应用都可以使用安全服务,而无须提前规划。反对派的观点是,真正的安全应用一般只需要端到端的加密,其中源端的应用完成加密过程,而目标端的应用完成解密过程。网络层的实现可能会有错误,用户对此没有任何控制力,却要受到它的约束。对这种观点的回应是,这些应用可以不使用IP的安全性,改而自己实现安全性。对方的反驳是,那些不信任网络的人自己实现了安全性,他们宁可禁用网络层的安全功能,也不想为这一慢速而又庞大的IP实现付出额外的费用。

与何处加入安全性相关的另一个方面是许多(并非全部)国家都有针对密码算法和加密数据的严格出口法规。有些国家,特别是法国和伊拉克,还限制密码算法在国内的使用,所以,老百姓对政府来说没有任何秘密可言。结果,任何一个使用了一定强度的密码系统的非常有价值的IP实现都不可能从美国(和许多其他的国家)出口给全球的客户。软件厂商不得不维护两套软件,一套给国内客户使用,另一套用于出口。这遭到了绝大多数计算机厂商的强烈反对。

有一点倒是大家都没有任何异议,那就是没有人期望在某个星期天晚上IPv4 Internet被突然关闭,然后星期一早晨切换到IPv6 Internet。相反,应该让被隔离的IPv6孤岛逐渐转变,刚开始的时候通过隧道进行通信,5.5.4节描述了隧道技术。随着IPv6孤岛的增加,它们将合并成更大的岛。最终所有的岛都合并到一起,于是Internet将完全转变成IPv6。

至少,这是一个计划。已有的部署证明了IPv6的阿喀琉斯之踵,即它的致命弱点。虽然所有主要的操作系统都完全支持它,但是它的使用仍然远未普及。大多数的IPv6部署是为了满足网络运营商(比如移动电话运营商)需要大量IP地址的新情形。然而,采纳IPv6的过程仍然很慢。Comcast(美国康卡斯特电信公司)的绝大多数流量是IPv6的,Google有四分之一的流量也是IPv6的,所以迁移已经有了进展。

有许多策略已经被提出,以帮助这一迁移过程更加容易。其中一些策略可以用来自动配置隧道,通过IPv4 Internet运载IPv6;还有一些方法可使主机自动找到隧道端点。双栈主机同时实现了IPv4和IPv6,所以,它们可以根据数据包的目标选择要使用的协议。这些策略将使大量的IPv6部署可以以流水线方式进行。当IPv4地址耗尽时,大量的IPv6部署似乎是不可避免的。有关IPv6的更多信息请参阅Davies的专著(2008)。

5.7.4 Internet控制协议

除了用于数据传输的IP协议以外，Internet还有几个辅助控制协议也被用在网络层上，包括ICMP、ARP和DHCP。在本节中，将依次考察每个协议，给出对应于IPv4的协议描述，因为这些协议是最常用的。针对IPv6，ICMP和DHCP有类似的版本，而与ARP等价的协议则称为NDP(Neighbor Discovery Protocol，邻居发现协议)。

ICMP——Internet控制消息协议

路由器严密监视Internet的操作。当路由器在处理一个数据包的过程中有意外事情发生时，可通过ICMP(Internet Control Message Protocol，**Internet控制消息协议**)向发送方报告这一事件。ICMP还可以用来测试Internet。已经定义的ICMP消息类型有10多种。每一种ICMP消息类型都被封装在一个IP数据包中。图5-61列出了最重要的一些消息类型。

消息类型	描述
目标不可达	数据包无法传递
超时	生存期字段减为0
参数问题	无效的头字段
源抑制	抑制包
重定向	告知路由器有关的地理信息
回显和回显应答	检查一台主机是否活着
时间戳请求/应答	与回显一样，但还要求时间戳
路由器通告/恳求	发现附近的路由器

图5-61 主要的ICMP消息类型

当路由器不能找到目标地址，或者当一个设置了DF标志位的数据包由于途中经过一个“小数据包”网络而不能被递交时，就要用到目标不可达(DESTINATION UNREACHABLE)消息。

当一个数据包由于它的生存期计数器到达0而被丢弃时，路由器发送超时(TIME EXCEEDED)消息。这一事件往往预示着数据包进入了路由循环，或者计数器值设置得太小。

这个错误消息的一种巧妙的应用是**Traceroute**工具，该工具由Van Jacobson在1987年开发。Traceroute找到从主机到目标IP地址沿途的路由器。它无需任何特殊的网络支持就能找到这些信息。其方法很简单：给目标发送一系列的数据包，分别将TTL设置为1,2,3,…。这些数据包的计数值沿着路径在后续的路由器上到达0。这些路由器各自送回一个TIME EXCEEDED消息给主机。主机从这些消息中就可以确定路径沿途的路由器IP地址，还可以跟踪路径中各部分的统计数据和时间开销。这不是TIME EXCEEDED消息的设计意图，但它可能一直是最有用的网络调试工具。

参数问题(PARAMETER PROBLEM)消息表示在头字段中检测到一个非法值。这个问题说明可能是发送主机的IP软件中存在错误,也可能是中途路由器软件中存在错误。

源抑制(SOURCE QUENCH)消息很久以前被用来抑制那些发送太多数据包的主机。当一台主机接收到这条消息时,它应该将发送速度减慢下来。这种消息现在很少使用了,因为当拥塞发生的时候,这些数据包更像是火上浇油,也不清楚该如何对它们进行响应。现在,Internet上的拥塞控制主要通过传输层上的操作来完成,传输层利用数据包的丢失作为拥塞的信号。在第6章中将详细地说明这是如何做到的。

当路由器注意到一个数据包看起来被不正确地路由时,它就会用到重定向(REDIRECT)消息。路由器利用该消息告诉发送主机更新到一条更好的路径上。

回显(ECHO)和回显应答(ECHO REPLY)消息被主机用来判断一个指定的目标是否可达以及它当前是否活着。目标主机在接收到ECHO消息以后,应该立即送回一个ECHO REPLY消息。**ping**工具通过这些消息检查一台主机是否在Internet上,并且是否活着。

时间戳请求(TIMESTAMP REQUEST)和时间戳应答(TIMESTAMP REPLY)消息也类似,只不过在应答消息中记录了请求消息的到达时间和应答消息的离开时间。这一对消息可以用来测量网络的性能。

路由器通告(ROUTER ADVERTISEMENT)和路由器恳求(ROUTER SOLICITATION)消息可用来让主机找到附近的路由器。主机需要获得至少一台路由器的IP地址,才能发送离开本地网络的数据包。

除了这些消息以外,ICMP还定义了其他一些消息,在www.iana.org/assignments/icmp-parameters上维护了一份在线的消息列表。

ARP——地址解析协议

尽管Internet上的每台主机都有一个或多个IP地址,但是要想发送数据包,仅仅有这些地址还不够。数据链路层的NIC(网络接口卡),比如以太网卡,并不理解Internet地址。在以太网的情形下,每一块NIC在出厂时都配置了一个唯一的48位以太网地址。以太网NIC的制造商从IEEE请求一块以太网地址,确保不会出现两块网卡有相同的地址的情况(以避免两块网卡出现在同一个LAN上时发生冲突)。NIC根据其48位以太网地址发送和接收帧。它们对32位的IP地址完全一无所知。

现在问题来了:如何将IP地址映射到数据链路层的地址,比如以太网地址呢?为了解释这一工作过程,使用图5-62的例子,这个例子演示了一个规模较小的大学,它只有两个/24网络。计算机科学系有一个交换式以太网(CS),其前缀为192.32.65.0/24。另一个LAN(EE)在电子工程系,也是交换式以太网,其前缀为192.32.63.0/24。这两个LAN通过一个IP路由器连接。以太网上的每台主机和路由器上的每个接口都有一个唯一的以太网地址,将它们标记为E1～E6,并且它们在CS网络或EE网络上还有一个唯一的IP地址。

首先看一下在CS网络上主机1的用户如何给主机2的用户发送数据包。假设发送方知道目标接收方的名称,可能是eagle.cs.uni.edu这样的名称。第一步是找到主机2的IP地址。这个查找过程由DNS完成,在第7章将介绍DNS。此刻,假设DNS返回主机2的IP地址(192.32.65.5)。

主机1上的上层软件现在构建一个数据包,其目标地址字段为192.32.65.5,然后它将

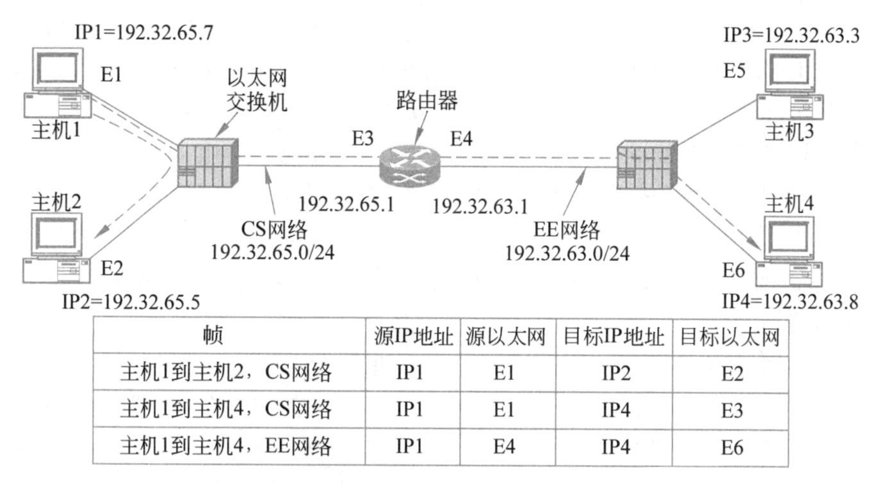

帧	源IP地址	源以太网	目标IP地址	目标以太网
主机1到主机2，CS网络	IP1	E1	IP2	E2
主机1到主机4，CS网络	IP1	E1	IP4	E3
主机1到主机4，EE网络	IP1	E4	IP4	E6

图 5-62　通过路由器连接两个交换式以太网 LAN

该数据包交给 IP 软件传送。IP 软件可以看到该地址，发现这个目标地址就在 CS 网络(即它自己所在的网络)上。然而，它仍然需要某种办法找到目标主机的以太网地址才能发送帧。一种解决方案是在系统的某个地方有一个配置文件，由该配置文件将 IP 地址映射到以太网地址。虽然这种方案是可能实现的，但是对于拥有几千台主机的组织来说，保持所有这些文件都是最新的状态，是一项既容易出错又耗时的任务。

一个更好的解决方案是，主机 1 送出一个广播数据包到以太网上，询问谁拥有 IP 地址 192.32.65.5。该广播数据包将会到达 CS 网络上的每一台主机，并且每台主机都会检查自己的 IP 地址。只有主机 2 会用自己的以太网地址(E2)作为应答。通过这种方式，主机 1 得知 IP 地址 192.32.65.5 是在一台以太网地址为 E2 的主机上。询问问题和获得应答这两个过程使用的协议称为 **ARP**(Address Resolution Protocol，**地址解析协议**)。Internet 上几乎每一台主机都运行该协议。RFC 826 定义了 ARP。

与采用配置文件相比，使用 ARP 的优势是简单。系统管理员只要给每台主机分配一个 IP 地址，并且确定好子网掩码，不用做其他更多的事情。ARP 会负责剩余的事情。

到此时，主机 1 上的 IP 软件构建了一个以太网帧，其地址指向 E2，并且把 IP 数据包(目标地址为 192.32.65.5)放到以太网帧的有效载荷字段中，然后将它转储到以太网上。图 5-62 中给出了该数据包的 IP 地址和以太网地址。主机 2 的以太网 NIC 检测到这一帧，并识别出这是发给自己的帧，于是将它接收进来，并引发一个中断。以太网驱动程序从有效载荷中提取出 IP 数据包，并将它传递给 IP 软件。IP 软件看到它的目标地址指向自己，于是对它进行处理。

有各种可能的优化可使 ARP 工作得更加高效。首先，一旦一台主机已经运行了 ARP，它就可以将结果缓存起来，以备日后再与同一台主机通信。当再次通信时，它就可以在缓存中找到需要的地址映射关系，从而避免进行第二次广播。在许多情况下，主机 2 需要送回一个应答，这就迫使它也要运行 ARP 以确定发送方的以太网地址。此 ARP 广播是可以避免的，只需让主机 1 在 ARP 数据包中包含它的 IP 地址-以太网地址映射关系即可。当该 ARP 广播数据包到达主机 2 时，(192.31.65.7，E1)这对映射关系也被存入主机 2 的 ARP 缓存中。事实上，以太网上的所有主机都可以将这对映射关系放到它们的 ARP 缓存中。

为了允许这些映射关系发生变化,比如当为一台主机配置了一个新IP地址(但保留其旧的以太网地址)时,ARP缓存中的相应表项应该在几分钟以后发生超时。有助于保持缓存信息最新状态并能优化性能的一种更聪明的方式是,让每台主机在被配置时广播它的地址映射关系。这次广播通常可以以一个查询其自己IP地址的ARP形式完成。该查询请求不应该有应答,但是,这个广播数据包的一个副作用是会在每台主机的ARP缓存中加入或者更新一个表项。这个方案称为**免费ARP**(gratuitous ARP)。如果意外地收到了一个应答,那么就会有两台主机被分配了相同的IP地址。网络管理员必须解决这个错误,然后这两台主机才能使用网络。

现在再来看图5-62,只不过这一次假设主机1想要给EE网络上的主机4(192.32.63.8)发送数据包。主机1发现目标IP地址不在CS网络上。它知道应该把所有这些网络外的流量发送给路由器,该路由器也被称为**默认网关**(default gateway)。按照惯例,默认网关是当前网络上的最低地址(198.31.65.1)。为了给该路由器发送一帧,主机1仍然必须知道该路由器在CS网络上的接口地址。它找到该地址的做法是,发送一个针对198.32.65.1的ARP广播数据包,从而获得E3。然后它用该地址发送帧。在一条Internet路径上的一系列路由器中发送数据包时,从一台路由器到下一台路由器就采用了同样的查询机制。

当路由器的以太网NIC得到了该帧时,它将数据包交给IP软件。IP软件从网络掩码中知道这个数据包应该发送到EE网络,在EE网络它将到达主机4。如果路由器不知道主机4的以太网地址,那么它可以再次使用ARP找到该地址。在图5-62的表中列出了在CS和EE网络中观察到的帧中出现的源与目标的IP地址和以太网地址。请注意观察,以太网地址随着每个网络上的帧而发生变化,但IP地址保持不变(因为它们代表了可跨越所有互联网络的端点)。

还有一种可能,当主机1不知道主机4在另一个网络上时,仍然可以从主机1发送数据包给主机4。解决办法是,让路由器回答CS网络上针对主机4的ARP请求,并且以以太网地址E3作为响应。直接由主机4应答是不可能的,因为它根本看不到ARP请求(路由器不会转发以太网级别的广播数据包)。然后,路由器将收到发给192.32.63.8的帧,并将该帧转发到EE网络。这个解决方案称为**代理ARP**(proxy ARP)。这一方案被用在这样一种特殊情况下:一个主机虽然实际上驻留在一个网络上,但它想出现在另一个网络上。比如,一种常见的情况是移动计算机在离开家乡网络时想要其他某个节点替它接收数据包。

DHCP——动态主机配置协议

ARP(以及其他Internet协议)都做了这样的假设,即主机已经被配置了一些基本信息,比如自己的IP地址。那么,主机如何获得这一信息呢?手动配置每台计算机是可能的,但那既乏味又容易出错。有一个更好的方法可以做到这一点,称为**DHCP**(Dynamic Host Configuration Protocol,**动态主机配置协议**)。

采用DHCP时,每个网络必须有一个DHCP服务器,它负责配置工作。当一台计算机启动时,它有一个嵌入在NIC中的内置以太网地址或其他链路层地址,但没有IP地址。像ARP一样,该计算机在自己的网络中广播一个请求,以获得IP地址。它通过DHCP DISCOVER数据包做到这一点。该数据包必须到达DHCP服务器。如果DHCP服务器没有直接连接在当前网络中,那么必须将路由器配置成能接收DHCP广播数据包并中继给

DHCP 服务器(无论它位于何处)。

当 DHCP 服务器接收到该请求时,它申请一个空闲的 IP 地址,并且在一个 DHCP OFFER 数据包中将该 IP 地址发送给主机(此 DHCP OFFER 数据包可能也要通过路由器中继)。为了使主机在没有 IP 地址时也能完成此项工作,DHCP 服务器用主机的以太网地址标识这台主机(主机的以太网地址由 DHCP DISCOVER 数据包携带过来)。

自动从一个地址池中分配 IP 地址会引发一个问题,即一个 IP 地址分配给主机后能用多久?如果一台主机离开了网络,并且没有把分配给它的 IP 地址返还给 DHCP 服务器,那么该地址将永久丢失了。过一段时间以后,许多地址都可能丢失了。为了防止这种情况发生,IP 地址的分配可以有一段固定的时间,这一技术称为租赁(leasing)。在租赁期满前,主机必须请求 DHCP 续订。如果它没有提出续订请求或者该请求被拒绝,那么主机或许不能再使用以前分配给它的 IP 地址了。

DHCP 由 RFC 2131 和 RFC 2132 描述。它已经广泛应用于 Internet,它除了为主机提供 IP 地址以外,还可以配置各种参数。DHCP 被用于企业和家庭网络,ISP 也使用它来设置 Internet 接入链路上的设备的参数,因此客户不需要给他们的 ISP 打电话询问这些信息。这种配置信息的常见例子包括网络掩码、默认网关的 IP 地址、DNS 服务器和时间服务器的 IP 地址。DHCP 已经在很大程度上取代了先前使用的协议(如 RARP 和 BOOTP),这些协议的功能非常有限。

5.7.5 标签交换和 MPLS

到目前为止,在关于 Internet 网络层的讨论中,一直专注于数据包,因为这是 IP 路由器转发的数据包。还有一种技术正在开始广为应用,特别是被 ISP 用来在它们的网络之间移动 Internet 流量。这种技术称为 MPLS(MultiProtocol Label Switching,多协议标签交换),它非常接近电路交换。尽管 Internet 社团中的很多人对面向连接的网络有强烈的反感,但这个想法似乎又正在回归。正如 Yogi Berra 指出的那样,这是一种似曾相识之感。然而,Internet 与面向连接的网络在对建立路径的处理方式上存在着本质的区别,所以这种技术肯定不是传统的电路交换。

MPLS 在每个数据包的前面增加一个标签,转发过程根据该标签而不是目标地址进行。将该标签做成一个内部表的索引,这样,寻找正确的输出线路只是一次表格查询的操作。使用这种技术,转发过程可以非常快地完成。这一优势正是 MPLS 背后的原始动机,刚开始时这项独有的技术有各种名称,包括标记交换(tag switching)。最终,IETF 开始对这一想法进行标准化。RFC 3031 和许多其他 RFC 文档对它进行了描述。随着时间的推移,MPLS 的主要好处表现在灵活的路由以及既符合服务质量要求又快速的转发。

第一个问题是标签放在哪里。由于 IP 数据包并不是针对虚电路设计的,所以在 IP 头的内部并没有可用于虚电路号的字段。由于这个原因,必须在 IP 头的前面增加一个新的 MPLS 头。在从一台路由器到另一台路由器的线路上使用 PPP 作为成帧协议,帧格式如图 5-63所示,其中包含了 PPP 头、MPLS 头、IP 头和 TCP 头。

通用的 MPLS 头有 4 字节长,并且包含 4 个字段。其中最重要的是标签(Label)字段,它存放的是索引;QoS 字段指明了服务的类别;S 字段涉及叠加多个标签的做法(下面会讨论);TTL 字段指出该数据包还能被转发多少次,它在每台路由器上被递减 1,如果减到 0,

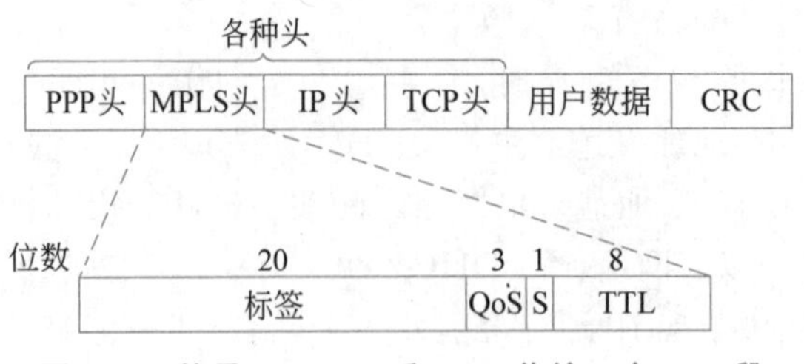

图 5-63 使用 IP、MPLS 和 PPP 传输一个 TCP 段

则该数据包被丢弃,这个特性可以防止在路由不稳定的情况下出现无限循环。

MPLS 介于 IP(网络层协议)和 PPP(链路层协议)之间。它不是一个真正的 3 层协议,因为它依赖于 IP 或其他网络层地址建立标签路径。它也不是一个真正的 2 层协议,因为它可以跨越多跳而不是单一链路转发数据包。出于这个原因,MPLS 有时被描述成一个 2.5 层协议。这也正说明了实际的协议并不总是完全符合理想的分层协议模型。

MPLS 也有其优势,因为 MPLS 头既不是网络层数据包也不是数据链路层帧的一部分,所以 MPLS 在相当大的程度上独立于这两层。除此以外,这一属性还意味着有可能制造出能同时转发 IP 数据包和非 IP 数据包的 MPLS 交换机,这取决于路径上出现什么。这一特性就是 MPLS 名称中 MP(多协议)的由来。MPLS 还可以通过非 IP 网络来运载 IP 数据包。

当一个 MPLS 增强的数据包到达一个 **LSR**(Label Switched Router,**标签交换路由器**)时,其标签就被用作查找一个表的索引,以便确定要使用的输出线路以及要使用的新标签。所有的虚电路网络都使用了这种标签替换技术。标签只在本身范围内有意义,两台路由器可以给两个都发到第三台路由器但相互之间毫无关系的数据包分配相同的标签,它们使用同一条输出线路进行传输。为了在虚电路的另一端能进行区分,标签必须在每一跳重新进行映射。在图 5-3 中已经展示了这个机制是如何工作的。MPLS 使用了相同的技术。

顺便说一句,有些人对转发(forwarding)和交换(switching)进行了区分。转发是这样一个过程:从一个表中找到与目标地址的最佳匹配,从而决定将数据包发往哪里。一个例子是 IP 转发使用了最长前缀匹配算法。而交换是从数据包中取出一个标签,作为指向转发表的一个索引。这个过程更加简单和快捷。然而,这些定义还远不是通用的。

由于大多数主机和路由器并不理解 MPLS,所以还应该考虑何时以及如何把标签附加到数据包上。这件事发生在当一个 IP 数据包到达 MPLS 网络的边缘之时。**LER**(Label Edge Router,**标签边缘路由器**)检查目标 IP 地址和其他字段,确定该数据包应当遵循哪条 MPLS 路径,并且把正确的标签放在数据包的前面。在 MPLS 网络内部,这个标签就被用于转发数据包。在 MPLS 网络的另一边,该标签已经完成其使命并被移除,因而重新暴露出 IP 数据包,再进入下一个网络。这个过程如图 5-64 所示。MPLS 与传统虚电路的一个区别是聚合水平。让每个流都有自己的一组标签以通过 MPLS 网络当然是可能的。然而,对于路由器来说,更常见的做法是将终点位于某个特定路由器或者 LAN 的多个流合并成一组,并为它们使用同一个标签。这些被组合在同一个标签下面的流称为属于同一个 **FEC**(Forwarding Equivalence Class,**转发等价类别**)。该类别不仅覆盖了数据包的去向,而且覆盖了它们的服务类别(从区分服务的意义上看),因为从转发的目标而言,所有的数据包都被同样对待。

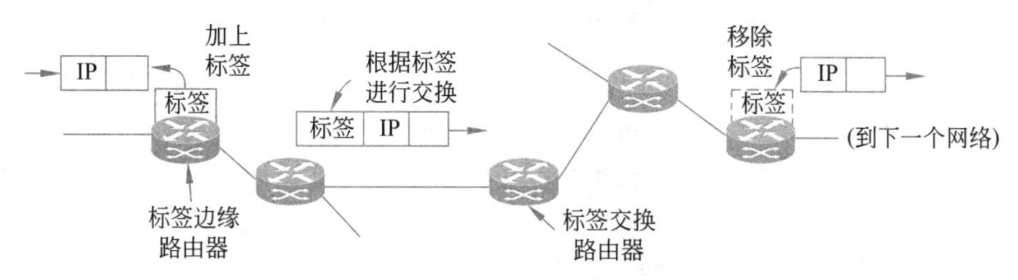

图 5-64　通过一个 MPLS 网络转发 IP 数据包

若使用传统的虚电路路由，要想把几条具有不同端点（endpoint）的独立路径组合到同一个虚电路标识符上是不可能的，因为在最终目标方无法将它们区分开。有了 MPLS，数据包除了标签以外，仍然包含它们的最终目标地址。在标签路径的末端，标签可以被移除，然后利用网络层的目标地址，按照常规的方法继续向前转发。

实际上，MPLS 可以走得更远。通过在数据包前面添加多个标签，它可以一次在多个层次上运行。比如，假设有许多具有不同标签的数据包（因为要在网络中的某个地方对这些数据包区别对待），它们应该遵循一条共同的路径到达某一个目标。对此，不是设置许多条标签交换路径（即为每个不同的标签设置一条标签交换路径），而是可以建立一条路径。当已经加了标签的数据包到达这条路径的开始处时，另一个标签被添加到数据包的前面。这就是所谓的标签栈（stack of label）。最外面的标签指明这些数据包沿着该路径前行。在路径的结束处，最外面的标签被移除，暴露出来的标签（如果有）被用来进一步转发该数据包。图 5-63 中的 S 标志位使得一台路由器在移除一个标签时知道是否还有其他标签。对于最内层的标签，该标志位设为 1；而对所有其他标签，该标志位设置为 0。

第二个问题是如何建立标签转发表，从而使数据包可遵循该表的指示。这是 MPLS 与传统虚电路的主要区别之一。在传统的虚电路网络中，当用户希望建立一个连接时，会有一个设置数据包发送到网络中，从而创建相应的路径并生成转发表的表项。MPLS 在设置阶段不会将用户牵扯进来。要求用户做除了发送数据报以外的任何其他事情，都将打破现有的 Internet 软件太多。

相反，这些转发信息是通过一些协议建立起来的，这些协议是路由协议和连接建立协议的一个组合。这些控制协议与标签转发过程是完全分离的，这使得可以使用多个不同的控制协议。其中的一个控制协议是这样工作的。当一台路由器启动时，它会检查自己是哪些路径的最终目标（比如，哪个前缀属于它的接口）。然后它为这些路径创建一个或多个 FEC，并且为每个 FEC 分配一个标签，再把这些标签传递给其邻居。这些邻居依次在自己的转发表中加入这些标签，再把新标签发送给它们的邻居。不断重复上述过程，直到所有的路由器都获得了该路径。在构建路径的过程中，资源也可以被预留出来，以便保证适当的服务质量。其他的控制协议可以建立不同的路径（比如流量工程路径考虑了未使用的容量），以及按需创建路径，以便支持诸如服务质量之类的服务产品。

尽管 MPLS 的基本思想非常简单，但它的细节异常复杂，并且它的做法有许多变体和实际被开发出来的使用实例。有关更多的信息，请参考 Davie 等的专著（2008，2000）。

5.7.6 OSPF——域内路由协议

至此已经完成了如何在Internet上转发数据包的介绍。现在继续前进到下一个主题：Internet上的路由。正如前面提到的，Internet由大量的独立网络或AS(自治系统)构成，这些独立网络或AS由不同的组织运营，通常是公司、大学或ISP。在一个组织的网络内部，该组织可以使用自己的内部路由算法，或者更常用的名称叫域内路由(intradomain routing)。不过，流行的只有极少数几个标准协议。在本节中，将学习域内路由问题，并考察OSPF协议，这是一个在实践中被广泛使用的路由协议。域内路由协议也称为内部网关协议(interior gateway protocol)。在5.7.7节中，将讨论独立运营的网络之间的路由，或域间路由(interdomain routing)。对于这种情形，所有网络必须使用相同的域间路由协议或外部网关协议(exterior gateway protocol)。在Internet上使用的域间路由协议是BGP(Border Gateway Protocol，边界网关协议)。5.7.7节将讨论该协议。

早期的域内路由协议采用了距离向量的设计，它基于分布式Bellman-Ford算法，该算法继承自ARPANET。**RIP**(Routing Information Protocol，路由信息协议)是一个至今仍在使用的主要例子。它在小型系统中工作得很好。但随着网络规模变得越来越大，它工作得就不那么好了。而且它还遭受无穷计数问题的困扰，通常收敛很慢。因为这些问题，1979年5月，ARPANET切换到一个链路状态路由协议。1988年，IETF开始为域内路由设计一个链路状态路由协议。该协议称为**OSPF**(Open Shortest Path First，开放最短路径优先)，它于1990年成为一个标准。它借鉴了另一个称为**IS-IS**(Intermediate-System to Intermediate-System，中间系统到中间系统)的协议，该协议已经成为一个ISO标准。由于它们的共同根源，这两个协议大同小异。有关这两个协议的完整故事参见RFC 2328。它们是占主导地位的域内路由协议，大多数路由器制造商现在都同时支持这两个协议。OSPF更广泛地应用于公司网络，而IS-IS则更多地应用于ISP网络中。本节将给出OSPF如何工作的大致轮廓。

由于有了其他路由协议的长期工作经验，负责设计OSPF的工作组列出了一个长长的、必须满足的需求列表。

第一，该算法必须发表在公开的文献中，这便是OSPF中的O(开放的)的含义。由某一家公司拥有的私有方案无法做到这一点。

第二，新的协议必须支持各种距离度量，包括物理距离、延迟等。

第三，它必须是一个动态算法，能够自动而且快速地适应网络拓扑的变化。

第四，对于OSPF来说这是新的需求，它必须支持基于服务类型的路由。新的协议必须能够用一种方法路由实时流量，用另一种方法路由其他流量。当时，IP有一个服务类型字段，但是，已有的路由协议没有一个使用该字段。OSPF也包含了该字段，但是仍然没有人使用它，最终它又被移除了。也许这一需求过于超前了，因为它先于IETF在区分服务上的工作就提出来了，正是区分服务使得服务类别重新焕发了活力。

第五，与第四有关，OSPF必须实现负载均衡，即把负载分散到多条线路上。绝大多数以前的协议都将所有的数据包通过一条最好的路径发送出去，尽管存在两条同样好的路径，而其他的路径根本不用。在许多情况下，将负载分散到多条路径上可以获得更好的性能。

第六，OSPF必须支持层次结构的系统。到1988年，一些网络已经增长到相当大的规模，以至于任何一台路由器都不可能知道其完整的拓扑结构。OSPF 必须设计成不要求路由器知道网络的完整拓扑结构也能很好地工作。

第七，要求提供适度的安全性，以防止恶作剧的用户向路由器发送虚假路由信息来欺骗路由器。

第八，对于那些通过隧道连接到 Internet 的路由器，新协议也必须能够对它们进行处理。以前的协议并不能很好地处理这样的情况。

OSPF 同时支持点到点链路（比如 SONET）和广播网络（比如大多数 LAN）。实际上，它能够支持拥有多台路由器的网络，这些路由器即使没有广播能力，它们中的每一个也都可以直接与其他路由器通信，这种网络称为多路访问网络（multiaccess network）。以前的协议并不能很好地处理这种情形。

图 5-65(a)给出了一个 AS 网络的例子。这里主机被省略了，因为它们在 OSPF 中通常不起作用，而路由器和网络（其中可能包含主机）在 OSPF 中是真正起作用的。图 5-65(a)中的绝大多数路由器通过点到点链路连接到其他路由器，进一步连接到网络并到达这些网络中的主机。而路由器 R3、R4 和 R5 是通过一个广播 LAN（比如交换式以太网）连接的。

OSPF 的运行方式可以这样抽象：将一组实际网络、路由器和链路抽象到一个有向图中，图中的每条弧有一个权值（距离、延迟等）。两台路由器之间的点到点连接可以用一对弧表示，每个方向上一条弧，两个方向上的权值可以不同。广播网络用一个代表该网络本身的节点表示，每台路由器也用一个节点表示。从网络节点到路由器节点之间的弧的权值为 0。它们是非常重要的，因为若没有它们，就没有通过网络的路径。其他仅包含主机的网络只有一条到达网络的弧，没有返回的弧。这种结构给出了到达主机的路径，但不能穿过主机。

图 5-65(b)是图 5-65(a)所示 AS 的有向图表示。OSPF 本质上做的事情是，首先用一个类似这样的有向图表示实际的网络，然后使用链路状态路由算法让每台路由器计算从自身出发到所有其他节点的最短路径。有可能多条路径同样短。在这种情况下，OSPF 记住这一最短路径集合，并且在数据包转发期间把流量分散到这些路径上，这有助于均衡负载。该方法称为 **ECMP**（Equal Cost MultiPath，等价成本多路径）。

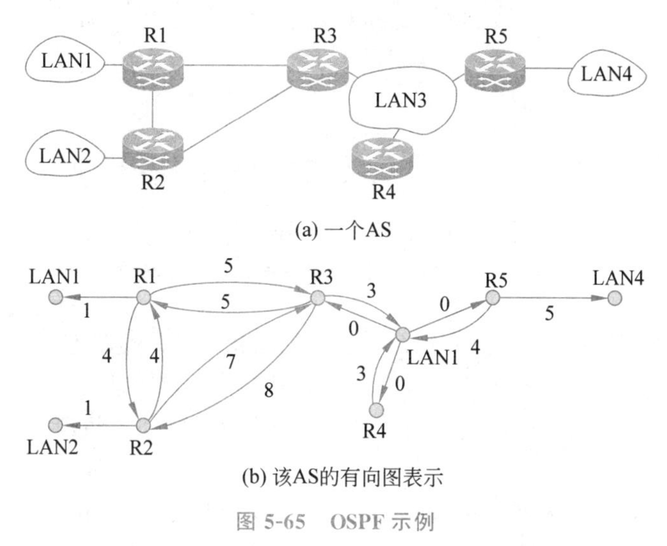

图 5-65　OSPF 示例

Internet上的许多AS非常庞大,而且不便于管理。OSPF为了可以在这个规模上进行工作,允许一个AS被划分成有编号的区域(area),每个区域是一个网络或者一组相邻的网络。区域不能相互重叠,但是也不必穷尽AS的所有部分,也就是说,有些路由器可能不属于任何一个区域。位于一个区域内部的路由器称为**内部路由器**(internal router)。区域是单个网络的一种泛化形式。在区域外部,能见到它的目标,但不能见到它的拓扑结构。这一特征有助于路由算法扩展到更大的规模。

每个AS有一个**骨干区域**(backbone area),称为0号区域。该区域中的路由器称为**骨干路由器**(backbone router)。所有区域都连接到骨干区域,可能会通过隧道进行。所以,从AS内的任何一个区域出发,都有可能经过骨干区域,到达该AS内的任何其他区域。在有向图表示法中,隧道也用一条有成本的弧表示。如同其他的区域一样,骨干区域的拓扑结构对于其外部也是不可见的。

连接到两个或多个区域的路由器称为**区域边界路由器**(area border router)。它必须也是骨干区域的一部分。区域边界路由器的职责是,将一个区域中的目标信息概括成摘要,并将此摘要注入与其连接的其他区域中。这一摘要包含成本信息,但不包含区域内拓扑结构的所有细节。传递成本信息可以使其他区域内的主机找到进入本区域的最佳区域边界路由器。不传递拓扑结构信息可以减少流量和简化其他区域内部路由器的最短路径计算。然而,如果一个区域往外只有一个区域边界路由器,那么,甚至摘要都不需要传递。通往该区域外部目标的路径总是从指令"前往唯一的区域边界路由器"开始。这种区域称为**存根区域**(stub area)。

最后一种路由器是**AS边界路由器**(AS boundary router)。它把通往其他AS中的目标的路径注入本区域中。于是,这些外部路径就呈现为通过AS边界路由器在一定成本下可以达到的目标。一条外部路径可以被注入到一个或多个AS边界路由器中。图5-66显示了AS、区域和各种路由器之间的关系。一台路由器可以扮演多个角色,比如,一台区域边界路由器同时还是一台骨干路由器。

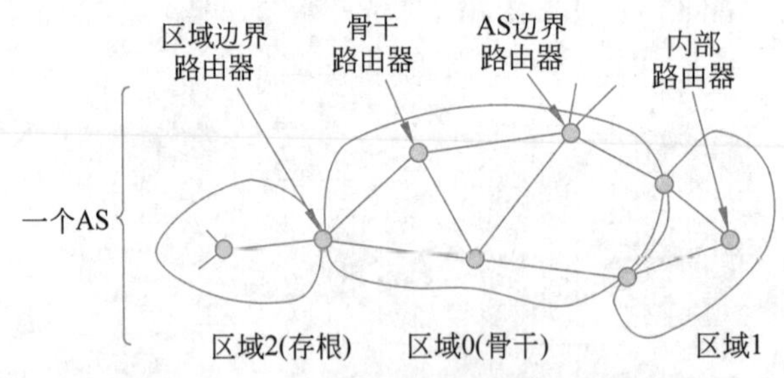

图5-66 OSPF中AS、区域和各种路由器之间的关系

在正常操作期间,一个区域内的每台路由器都有相同的链路状态数据库,并运行同样的最短路径算法。其主要任务是计算从自身出发到其他每台路由器和整个AS内其他区域的最短路径。区域边界路由器需要所有与之连接的区域的数据库,并且为每个区域单独运行最短路径算法。

对于在同一区域内的源和目标,选择最好的区域内路径(整个位于该区域内)。对于在不同区域内的源和目标,区域间的路径必须先从源到骨干区域,再跨越骨干区域到目标区域，然后到达目标。这一算法强制让 OSPF 采用星状配置，骨干区域相当于集线器，其他区域是向外辐射区域。因为算法选择的是最小成本的路径，所以，位于网络不同部分的路由器可能会使用不同的区域边界路由器进入骨干区域和目标区域。从源到目标的数据包通过上述算法路由。它们没有被封装或者穿越隧道(除非进入的区域只通过一个隧道与骨干区域连接)。此外，通往外部目标的路径可能包含从 AS 边界路由器经过此外部路径的外部成本(如果有)，也可能仅包含 AS 的内部成本。

当一台路由器启动时，它在所有的点到点线路上发送 HELLO 消息，并且通过 LAN 将 HELLO 消息多播到一个包含所有其他路由器的组。每台路由器从应答消息中知道谁是自己的邻居。同一个 LAN 上的所有路由器都是邻居。

OSPF 通过在邻接的路由器之间交换信息进行路由工作，**邻接**(adjacent)的路由器与邻居路由器并不相同。特别是让一个 LAN 中的每台路由器都与该 LAN 中的其他每台路由器进行通话是非常低效的。为了避免这种情形，其中一台路由器被选举出来作为**指定路由器**(designated router)。指定路由器与该 LAN 上的所有其他路由器是**邻接的**，并且可以与它们交换信息。实际上，它担当了代表该 LAN 的单个节点的角色。非邻接的邻居路由器相互之间并不交换信息。有一台备份的指定路由器总是保持最新的状态数据，一旦主指定路由器崩溃并且需要立即被替换时可以很容易地进行转换。

在正常操作过程中，每台路由器周期性地泛洪 LINK STATE UPDATE 消息到它的每一台邻接路由器。这些消息给出了它的状态，并提供了在拓扑数据库中用到的成本信息。这些泛洪消息需要被确认，以保证它们的可靠性。每条消息都有一个序号，所以，路由器可以判断一个进来的 LINK STATE UPDATE 消息比它当前拥有的信息更旧还是更新。当一条链路启用、停止或者其成本发生改变时，路由器都会发送这些消息。

DATABASE DESCRIPTION 消息给出了由发送方持有的所有链路状态表项的序号。接收方通过将自己拥有的值与发送方的这些值进行比较，即可确定谁拥有最新的值。当一条链路被启动时要使用这些消息。

通过使用 LINK STATE REQUEST 消息，每一对路由器中的任一台路由器都可以向另一台路由器请求链路状态信息。这个算法的结果是，每一对邻接路由器都可检查谁有新的信息，新的信息通过这种方式被传播到整个区域。所有这些消息都是直接放在 IP 数据包中发送出去的。

图 5-67 概括了这 5 种消息。

消　　息	描　　述
HELLO	用来发现所有的邻居
LINK STATE UPDATE	提供发送者到其邻居的成本
LINK STATE ACK	对链路状态更新消息的确认
DATABASE DESCRIPTION	声明发送者的链路状态更新情况
LINK STATE REQUEST	请求链路状态信息

图 5-67　OSPF 的 5 种消息

最后，把所有这些介绍片段集中到一起。通过泛洪的做法，每台路由器把它与其他路由器和网络之间的链路以及这些链路的成本通告给它所在区域中的所有其他路由器。这些信息使得每台路由器都可以构建它所在区域的拓扑图,并且计算最短路径。骨干区域也是这样工作的。而且,为了计算出从骨干路由器到每台其他路由器的最佳路由,骨干路由器要接收来自区域边界路由器的信息。这些信息又被传回区域边界路由器,区域边界路由器再在本区域内广播这些信息。利用这些信息,内部路由器可以选择通向区域外目标的最佳路径,包括通向骨干区域的最佳出口路由器。

5.7.7 BGP——域间路由协议

在一个AS内部,通常使用的协议是OSPF和IS-IS。在AS之间则使用另一种协议,称为BGP(Border Gateway Protocol,边界网关协议)。之所以在AS之间需要不同的协议,是因为域内路由协议和域间路由协议的目标不相同。域内路由协议需要做的只是尽可能高效地将数据包从源传送到目标方,它不必考虑其他方面的因素。

相反,域间路由协议则必须考虑大量与政治有关的因素(Metz,2001)。比如,一个公司的AS可能希望能给所有的Internet站点发送数据包,同时也能够接收来自任何一个Internet站点的数据包。然而,它可能不愿意承载那些源自一个外部AS而终止于另一个外部AS的数据包的转送任务,即使它自己的AS正好位于这两个外部AS之间的最短路径上("那是他们的问题,不关我们的事。")。另一方面,它可能愿意承载其邻居们流量的转送任务,甚至为那些已经付费的特殊AS提供流量转送服务。比如,电话公司可能很愿意为它们的客户充当运载工具,但是不愿意为别人也提供这样的服务。无论是一般意义上的外部网关协议,还是特殊的边界网关协议,它们都被设计成允许多种路由策略,这些策略可被强制用在那些跨AS的流量转送上。

典型的策略涉及政治、安全或者经济方面的考虑。下面是一些可能的路由限制的例子:

(1) 教育网络上不承载商业流量。

(2) 美国五角大楼发出的流量永远不走经过伊拉克的路径。

(3) 使用TeliaSonera而不用Verizon,因为前者更便宜。

(4) 不要使用澳大利亚的AT&T,因为它的性能很差。

(5) 起止于Apple的流量不应该经过Google转送。

正如从这个列表可能想象的那样,路由策略可以非常独特。它们通常是私有的,因为它们包含了敏感的商业信息。然而,可以通过描述一些模式分析上述公司的理由,这些模式常常被当作一个出发点。

路由策略的实现方式决定了哪些流量可以流过AS之间的哪些链路。一个常见的策略是,客户ISP给提供商ISP付费,以便将数据包传送到Internet上的任何其他目的地以及接收来自Internet上任何其他目的地的数据包。可以说客户ISP从提供商ISP那里购买了中转服务(transit service),这就类似于家庭客户从ISP购买了Internet接入服务。为了能工作,提供商应该把到达Internet上全部目的地的路径通过它们之间的链路通告给客户。通过这种方式,客户就有了一条可用来发送数据包到任何地方的路径。而客户应该只向提供商通告那些到达它自己网络上的目标的路径。这样提供商可以只给客户发送要去往这些地址的流量,客户不希望处理针对其他目标的流量。

下面看一个中转服务例子,如图5-68所示。这里有4个连接起来的AS。这种连接通常是由 IXP(Internet eXchange Point,Internet 交换点)的一条链路构成的,IXP 是一种设施,许多 ISP 为了与其他 ISP 连接,都有一条链路连到该设施。AS2、AS3 和 AS4 都是 AS1 的客户。它们向 AS1 购买了中转服务。因此,当源 A 给目标 C 发送数据包时,数据包从 AS2 经过 AS1,最后到达 AS4。路由通告的方向与数据包的方向相反。AS4 向它的中转提供商(即 AS1)通告 C 是一个目标,从而让源可经过 AS1 到达 C。以后,AS1 向它的其他客户(包括 AS2)通告这一到达 C 的路径,以便让其他客户知道它们可以通过 AS1 发送流量给 C。

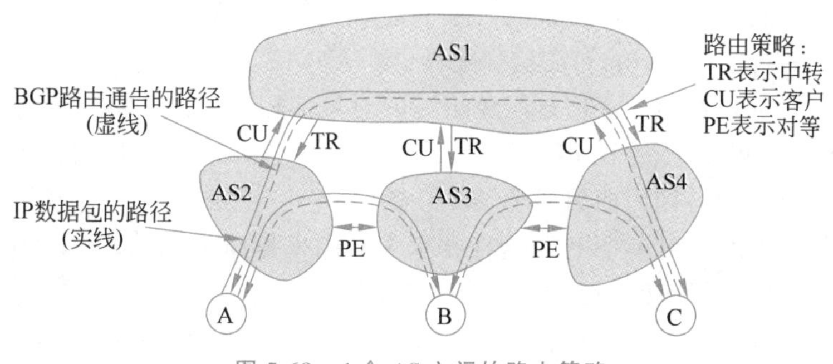

图 5-68　4 个 AS 之间的路由策略

在图 5-68 中,所有其他的 AS 向 AS1 购买中转服务。这为它们提供了良好的连接性,所以它们可以与 Internet 上的任何主机通信。然而,它们必须为此特权支付费用。假设 AS2 和 AS3 之间有大量的流量需要交换。既然它们已经相互连接,如果它们愿意,它们可以使用不同的策略——直接向彼此免费发送流量。这将减少必须通过 AS1 替它们传递的流量,并且有希望降低它们的支出。这一策略称为免结算的对等传输(settlement-free peering)或者免结算的互连接(settlement-free interconncetion)。

为了实现免结算的对等传输,两个 AS 相互通告它们各自可到达的地址。这样做就有可能使 AS2 把从 A 到 B 的数据包发送给 AS3,反之亦然。然而,请注意,免结算的对等传输关系不是可传递的。在图 5-68 中,AS3 和 AS4 也是相互对等的。这一对等关系允许从 C 到 B 的流量可直接从 AS4 发送到 AS3。如果 C 要发送一个数据包给 A,会发生什么事情呢? AS3 仅仅向 AS4 通告了一条到 B 的路径,它并没有通告有一条到 A 的路径。因此,流量无法从 AS4 传到 AS3,再传到 AS2,即使存在一条这样的物理路径也不行。这种限制正是 AS3 所希望的。它与 AS4 对等交换流量,但不希望运载从 AS4 去往 Internet 其他地方的流量,因为它没有得到这部分中转费用。相反,AS4 得到了来自 AS1 的中转服务。因此,正是 AS1 负责运送从 C 到 A 的数据包。

现在,我们知道了有关中转服务和免结算对等传输,我们也可以看到 A、B、和 C 都有中转配置。比如,A 必须购买 AS2 的 Internet 接入服务。A 可能只是一台家庭计算机,或者是一个具有多个 LAN 的公司网络。然而,它并不需要运行 BGP,因为它只是一个存根网络(stub network),只有一条链路与 Internet 的其余部分连接。所以,它给网络外部目标发送数据包的唯一途径就是通往 AS2 的链路,除此之外无路可走。这条路径的配置非常简单,只需设立一条默认路径即可。出于这个原因,在图 5-68 中没有显示 A、B 和 C 作为 AS 参与域间路由。

中转服务和免结算对等传输的商业配置是通过一些路由策略的组合实现的,这些路由策略实现了以下两点:①在通向一个目标的多条路径中有优先选择;②对于如何将路径通告给邻居网络进行过滤。一般而言,优先选择是这样做的:路由器将优先选择从付费客户那里获知的路径,其次是从免结算的对等传输网络那里获得的路径,最后是从提供商网络那里获知的路径。其合理性很容易理解:一个 AS 将优先沿着它已经付费的路径发送流量,而不是在它必须付费才能使用的其他路径上发送流量。出于类似的理由,一个 AS 将它所有的路径都通告给客户,但它不会将从免结算的对等网络或者中转提供商那里获知的路径重新通告给其他的对等网络或者提供商。除了这两种商业配置以外,AS 还有其他的配置,包括付费对等传输(paid peering),在这种配置中,一个 AS 为了访问从另一个 AS 客户获知的路径而向它付费。付费的对等传输与免结算的对等传输类似,只不过前者需要付费。最后,还可以是部分中转(partial transit)配置,在这种配置中,一个 AS 可能为了通向 Internet 全部目标的一个子集的路径而向另一个 AS 付费。

有些公司的网络连接到多个 ISP,这种技术主要用来提高可靠性。这样,如果通过一个 ISP 的路径失败,公司可以使用通过其他 ISP 的路径。这一技术称为多宿主连接(multihoming)。在这种情况下,公司的网络有可能运行一个域间路由协议(比如 BGP),告诉其他 AS 通过哪些 ISP 链路可以到达哪些地址。

这些中转和对等传输的策略可能有许多变体,但它们早已显示了商业关系和控制路径通告的去向可以如何实现不同类型的策略。现在更详细地考虑运行 BGP 的路由器如何相互通告路径信息以及如何选择路径转发数据包。

BGP 是距离向量协议的一种形式,但它与域内距离向量协议(比如 RIP)有很大的不同。前面已经看到,BGP 使用策略而不是最小距离来选择使用哪些路径。两者另一个很大的区别是,每个 BGP 路由器并非只维护了到达每个目标的路径的成本,而且记录了用过的路径。这种方法称为路径向量协议(path vector protocol)。路径包含了下一跳路由器(有可能在 ISP 的另一侧,不一定相邻)和该路径遵循的一系列 AS 或者 **AS 路径**(AS path)(这一系列 AS 以相反的顺序给出)。最后,每一对 BGP 路由器通过建立 TCP 连接而相互通信。通过这种方式,既提供了可靠的通信,也隐藏了要穿越的网络的细节。

图 5-69 中显示了 BGP 路径通告的传播。这里有 3 个 AS,中间的 AS1 为左右两边的 AS2 和 AS3 提供中转服务。通向前缀 C 的路径通告是在 AS3 中发起的。当该路径通告信息跨过通向路由器 R2c 的链路传播时,它就具有一条只包含 AS3 的 AS 路径,并且下一跳路由器是 R3a。在底部,它有一条相同的 AS 路径,但下一跳路由器不同,因为它跨越了不同的链路。这一路径通告继续传播,并跨越 AS 边界进入 AS1。在路由器 R1a 上,AS 路径是 AS2、AS3,并且下一跳路由器是 R2a。

在路径通告中携带完整的路径有助于让接收路由器检测和打破路由循环。其规则是,每台路由器在向 AS 外部发送路径时附加上自己的 AS 编号(这正是为什么列出的 AS 列表是相反顺序的)。当路由器接收到一个路径时,它会检查自己的 AS 编号是否已经出现在 AS 路径中。如果是,则说明检测到一个路由循环,因而必须丢弃该路径通告。然而,多少有点讽刺的是,20 世纪 90 年代后期人们才认识到,尽管有这种预防措施,BGP 仍然遭受了无穷计数问题的困扰(Labovitz 等,2001)。BGP 没有长寿命的路由循环,但有时路径会收敛得很慢,而且有暂时状态的环。

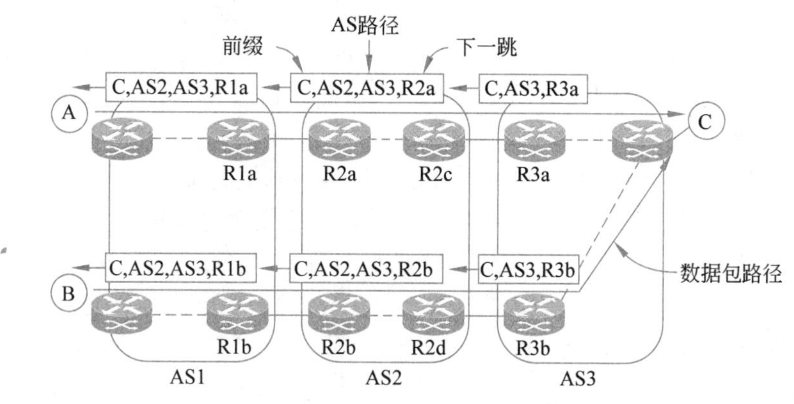

图 5-69　BGP 路径通告的传播

通过一个 AS 列表指定一条路径是非常粗粒度的表达方式。一个 AS 可能是一个小的公司,也可能是一个国际骨干网络,这无法从路径中辨别出来。BGP 甚至根本没有去尝试,因为不同的 AS 可能使用不同的域内路由协议,它们的成本根本不可能相提并论。即使它们能相互比较,一个 AS 或许还是不愿意暴露其内部的度量值。这正是域间路由协议不同于域内路由协议的方式之一。

至此,已经讨论了一个路径通告在跨越两个 ISP 之间的链路时是如何被发送的。然而,还需要一种方法将 BGP 路径从 ISP 的一侧传播到另一侧,所以它们才能被发送到下一个 ISP。这一任务可以由域内路由协议处理,但由于 BGP 非常便于扩展到大型网络,因此通常使用 BGP 的一个变体。这就是所谓的 **iBGP**(internal BGP,**内部 BGP**),以区别于 BGP 的常规使用,即 **eBGP**(external BGP,**外部 BGP**)。

在 ISP 内部传播路径的规则是:为了一致性,位于 ISP 边界的每台路由器要知道所有其他边界路由器看到的所有路径。如果 ISP 的一个边界路由器知道了一个去往 IP 为 128.208.0.0/16 的前缀,那么所有其他路由器都要知道这个前缀。然后,从该 ISP 的任何地方都可到达这个前缀,不管数据包如何从其他 AS 进入该 ISP。

为避免混乱,在图 5-69 中并没有显示这一传播过程。但是,假设路由器 R2b 知道了通过顶部的路由器 R2c 或者底部的路由器 R2d 都可以到达 C。随着该路径在 ISP 内穿越,下一跳路由器的信息得到更新,因此,位于 ISP 远侧的路由器就会知道使用哪台路由器可在另一侧离开 ISP。这可以从最左侧的路径中看出来,其中下一跳指向同一个 ISP 内的路由器,而不是下一个 ISP 内的路由器。

现在就可以描述最关键的部分,即 BGP 路由器如何为每个目标选择使用哪条路径。每个 BGP 路由器从与它连接的下一个 ISP 路由器学习到如何到达给定目标的路径,也可以从所有其他边界路由器那里(它们已经从与其他 ISP 连接的路由器上听到不同的路径)学习到给定目标的路径。每台路由器必须从这一组路径集合中决定哪条路径是最好用的。最终,该答案是由 ISP 制订某个策略,通过策略挑选出优先的路径。尽管这种解释太笼统,无法令人满意,但至少可以描述一些共同的策略。

第一个策略是经过对等网络的路径优先于通过中转提供商的路径。前者是免费的,后者要付费。类似的策略是对客户路径给予最高的优先权。只有好的业务才会直接发送流量给付费客户。

第二个策略是越短的AS路径越好。这条默认规则值得商榷。因为一个AS可以是任何规模的网络,所以通过3个小AS的路径实际上可能比通过一个大AS的路径短。然而,平均来说,越短的路径往往越好,这条规则是一个通用的决策方法。

第三个策略是优先选择在ISP内成本最小的路径。这就是图5-69中实现的策略。从A发往C的数据包从路由器R1a离开AS1。从B发出的数据包通过路由器R1b离开。这么选择的原因是A和B选择的都是离开AS1的最小成本路径或者最快的路径。因为A和B位于ISP的不同部分,所以对它们每个来说离开AS1的最快出口是不同的。同样的事情也发生在数据包通过AS2时。在最后一站,AS3必须通过它自己的网络运载来自B的数据包。

这一策略称为尽早离开(early exit)或热土豆路由(hot-potato routing)。它有着令人惊奇的副作用,即容易使路径变得不对称。比如,考虑C发送一个数据包返回B时采取的路径。该数据包通过图5-69中顶部的路由器时会很快离开AS3,以避免浪费其资源。类似地,当AS2以尽可能快的速度将该数据包传给AS1时,它一直留在图5-69中顶部的路径上。然后,该数据包将在AS1内经过一条较长的旅程。这是一条从B到C所用路径的镜像。

上述讨论应该讲清楚了每个BGP路由器如何从已知的可能路径中选择它自己的最佳路径。情况并非如人们天真地预期的那样,BGP在AS层次选择要走的路径,而OSPF在每个AS内部选择路径。BGP和内部网关协议的集成是非常深入的。这意味着,比如,BGP可以找到从一个ISP到下一个ISP的最佳出口点,并且这个点在ISP内是变化的,如同在热土豆路由策略中的情形。这也意味着一个AS中不同位置的BGP路由器可能会选择不同的AS路径到达同样的目标。ISP必须谨慎地配置全部的BGP路由器,以便在完全的自由度内做出兼容的路径选择,但是这可以在实践中逐步完成。

以上策略是通过各种各样的协议配置和设置实现的。在整个结构中最需要深入理解的主要方面是路径选择过程,它使得一台路由器可以在存在多个选择的情况下选择一条到达Internet目标的路径。路径选择按下面的步骤进行:

(1) 优先选择具有最高本地优先权值的路径。

(2) 优先选择具有最短AS路径长度的路径。

(3) 通过外部连接(比如通过eBGP)获得的路径优先于通过内部连接(比如通过iBGP)获得的路径。

(4) 在从同一个邻居AS获得的多条路径中,优先选择具有最低的MED(multiple exit discriminator,多出口辨别值)的路径。

(5) 优先选择到BGP路径中下一跳IP地址具有最小IGP路径成本的路径(在BGP路径中,下一跳IP地址通常是边界路由器的IP地址)。

这些路径选择步骤按顺序向前递进,直至路由器为每个IP前缀选择了一条路径。路由器为它的路由表中的每个IP前缀执行上述过程。虽然这些步骤看起来冗长且复杂,但它也相当直观。每条路径的本地优先权(local preference)是一个本地网络运营商可以设置的值,它对于该AS来说仍然是内部的。因为它在路径选择规则中具有最高的优先权,所以,这使运营商可以实现路径优先级的类型,以及在本节前面讨论过的优先权(比如,从客户获知的路径优先于免结算的路径)。在这条规则以后,其他的规则通常涉及最短路径的选择,以及如前面所描述的,实现尽早离开路由的方法。比如,从外部 AS 获知的路径优先于从内部路由器获知的路径就是试图实现尽早离开的策略;类似地,通往边界路由器的最小 IGP 路径成本的路径被优先选择也是试图实现尽早离开的策略。

以上只是触及了 BGP 的表层。有关 BGP 的更多信息请参阅由 RFC 427 和相关 RFC 文档给出的 BGP 版本 4 规范。然而,要认识到其复杂性更多地体现在策略上,而 BGP 协议的规范中并没有讲述这些策略。

域间流量工程

正如本章前面所描述的,网络运营商通常需要调节网络协议的参数和配置,以便管理网络利用率和拥塞。这样的流量工程实践通常是通过 BGP 完成的,网络运营商可能想要控制 BGP 如何选择路径,从而控制流量如何进入一个网络(inbound traffic engineering,进入流量工程)或者流量如何离开网络(outbound traffic engineering,出去流量工程)。

实现进入流量工程最常用的方法是调节路由器如何为单独的路径设置本地优先权属性。比如,为从某个客户 AS 获知的路径设置更高的本地优先权值,网络运营商就可以确保无论何时只要客户路径存在,该客户的路径就会优先于(比如说)一条中转路径。进入流量工程是很难处理的,因为 BGP 不让一个 AS 告诉另一个 AS 如何选择路径(因此名为自治系统)。然而,网络运营商可以给相邻网络中的路由器发送间接的信号,以控制这些路由器如何选择路径。这样做的一种常用方法是,通过在路径通告中多次重复该网络自己的 AS,从而人为地放大 AS 路径的长度,这种实践称为 AS 路径附加(AS path prepending)。另一种方法是利用最长前缀匹配简单地将一个前缀分割成几个小的(更长的)前缀,所以上游路由器优先选择具有最长前缀的路径。比如,一个/20 前缀的路径可以被分割成两个/21 前缀的路径、4 个/22 前缀的路径等。然而,这种方法有一些成本,因为它会导致路由表更大。而且,当路由表超过了一定的长度时,路由器将对这些通告进行过滤。

5.7.8　Internet 多播

普通的 IP 通信是在一个发送方和一个接收方之间进行的。然而,对于有些应用,让一个进程能够同时向大量接收方发送数据会非常有用。这样的应用例子包括向许多观众视频直播体育比赛、向复制服务器池更新程序以及处理数字会议(即多方会议)中的电话呼叫。

IP 使用 D 类 IP 地址来支持一对多的通信,即多播。每个 D 类地址标识一组主机,有 28 位可用于标识多播组,所以可同时并存超过 2.5 亿组。当一个进程向一个 D 类地址发送数据包时,网络会尽力而为地将数据包投递给指定组中的所有成员,但是并不保证一定投递成功,有些成员可能收不到数据包。

IP 地址 224.0.0.0/24 范围内的地址被保留用作本地网络上的多播。在这种情况下,不需要路由协议。这些数据包的多播方式很简单,只需将它们携带着一个多播地址广播到 LAN 上。LAN 上的所有主机都会接收到这些广播数据包,而只有属于组成员的主机才会对数据包进行处理。路由器不会将数据包转发到 LAN 以外。本地多播地址的例子如下:

224.0.0.1　　广播到 LAN 上的所有系统
224.0.0.2　　广播到 LAN 上的所有路由器

224.0.0.5　　广播到LAN上的所有OSPF路由器

224.0.0.251　广播到LAN上的所有DNS服务器

对于其他多播地址,可能有成员在不同的网络上。在这种情况下,就需要一个路由协议。但是,多播路由器首先需要知道哪些主机是一个组的成员。一个进程要求它的主机加入某个特定的组中,它也可以要求它的主机离开该组。每台主机跟踪并记录当前它的进程属于哪些组。当一台主机上的最后一个进程离开一个组时,该主机就不再是这个组的成员了。大约每分钟一次,每个多播路由器向它所在LAN上的所有主机发送一个查询数据包(当然是使用本地多播地址224.0.0.1),要求它们报告自己当前属于哪些组。多播路由器可能与标准的路由器是同一台机器,也可能不是。每台主机对它感兴趣的所有D类地址发送应答数据包。这些查询和应答数据包使用了一个称为**IGMP**(Internet Group Management Protocol,**Internet组管理协议**)的协议。该协议在RFC 3376中详细描述。

几个多播路由协议中的任何一个都可能用于建立多播生成树,该树给出了从发送方到组内所有成员的路径。所用的算法是在5.2.8节中描述的那些。在AS内部,主要使用的协议是**PIM**(Protocol Independent Multicast,**协议无关多播**)。PIM有几种模式。在密集模式PIM中,算法创建了一棵修剪的逆向路径转发树。这比较适合组成员分散在网络各处的情况,比如将文件分发给数据中心网络内部的许多台服务器。在稀疏模式PIM中,算法创建的生成树类似于核心基树。这比较适合内容提供商向其IP网络上的订阅用户多播TV等场景。这种设计的一种变体称为**特定源的多播PIM**(Source-Specific Multicast PIM),它可用于优化只有一个发送方的多播情形。最后,当组成员分布在不止一个AS中时,需要BGP或隧道的多播扩展来创建多播路径。

5.8　网络层上的政策

最近数年来流量管理已经变成了一个与政策有关的话题了,因为流式视频流量已经成为总流量中占主体的部分,Internet互联已经日益成为内容提供商和接入网络之间的直接途径。网络层上与政策有关的两个方面是对等争议和流量优先级(有时候与**网络中立性**有关联)。本节将讨论这两方面的内容。

5.8.1　对等争议

虽然BGP是一个技术性标准,但最终的互联还是与路由的费用挂钩的。流量沿着路径流动,这些路径使服务提供商和中转网络赚取了绝大部分钱财,为中转而付费可以认为是最后的诉求。免结算的对等传输取决于双方能否一致认为互联是互惠互利的。当一个网络认为它是这场交易中吃亏的一方时,它可以要求另一网络支付费用。另一网络可能同意,也可能拒绝。如果协商破裂,就会导致所谓的**对等争议**(peering dispute)。

几年前发生了一场立场明确的对等争议。最近这几年,大型内容提供商已经提供了足够多的流量,以至于可以拥塞任何一条互联链路。2013年,大型视频提供商拥塞了中转提供商和居住区接入网络之间的互联链路。最终,流式视频流量填满了这些链路的容量,在这些互联链路上创造了极高的利用率,在没有提供额外容量的情况下接入网络的问题难以得到缓解。然后，此问题变成了谁应该为增加网络容量而支付费用。最后，在许多情况下，大型内容提供商最终为直接互联向接入网络支付费用，实际上，这就是本章前面讨论过的付费对等配置。许多人错误地将这些情形理解为与不公平的反优先级或者阻止视频流量有关系。实际上，这些事件源于商业争议，涉及哪个网络应该负责为提供这些互联点而支付费用。有关对等争议和如何处理对等争议的更多信息请参见 Norton 的专著(2011)。

对等争议的历史跟商业 Internet 一样悠久。然而，随着 Internet 上比例越来越高的流量经过私有的互联链路传输，这些争议的实质可能也会进一步演化。比如，居住区接入网络现在发送非常高比例的流量给同样的分布式云，而在这些分布式云上驻留的是其他一些内容。因此，它们并没有兴趣让通向这些分布式云平台的互联链路具有高可用性。最近，有些运营商甚至预测中转连接会整体死亡(Huston，2018)。这种情况是否会发生仍然有待观察，但确定无疑的是，对等传输、互联和中转这三者之间的动态变化还会继续快速演进。

5.8.2 流量优先级

在本章前面讨论过的类型中，流量优先级是一个复杂的话题，有时候会涉及政策范畴。一方面，流量管理的核心方面是延迟敏感流量的优先级(比如游戏和互动视频)，所以其他类型流量的高利用率并不会导致整体上很差的用户体验。有些应用，比如文件传输，对于交互性并没有要求；而交互式应用通常要求低延迟和少抖动。

为了让混合的应用流量获得好的性能，网络运营商通常会实行各种形式的流量优先级，包括本章前面讲述过的加权公平队列方法等。而且，正如以前讨论的，新版本的 DOCSIS 将支持把交互式应用流量放到低延迟队列中。对不同类型的应用流量进行区分对待，实际上可以带来的结果是，对于特定的应用提高了体验质量，而同时又不会从负面影响其他类别应用的体验质量。

然而，当涉及金钱交易时，优先级就开始变得复杂。Internet 策略中的第三条是付费优先级(paid prioritization)，其中一方可以向 Internet 服务提供商支付费用，以便它的流量可以获得比同一应用类型的其他竞争流量更高的优先级。这样的付费优先级可以被视为反竞争行为。在其他情形下，具有特定业务(比如视频或 IP 电话)的中转网络可以让它自己的服务比竞争者的服务具有更高的优先级。比如，在一个实例中，AT&T 公司被发现在阻塞 FaceTime 公司的视频呼叫。出于这些原因，在讨论到网络中立性(network neutrality 或 net neutrality)时，优先级通常是一根敏感的导火索。网络中立性的概念有复杂的法律和政策内涵，超出了一本技术性网络教科书的范畴，但是通常广泛认同的界线规则如下：

(1) 不阻塞。

(2) 不节流。

(3) 没有付费优先级。

(4) 公开任何优先级措施。

任何网络中立性政策也往往允许为了合理的网络管理措施而存在例外(比如，针对提高网络效率的优先级、由于网络安全原因的阻塞或过滤)。至于哪些是“合理的”，则通常要留给律师决定了。另一个政策和法律问题是，谁(即哪个政府机构)可以决定这些规则是什么，对打破规则者应该给予什么样的惩罚。在美国，网络中立性政策在有些方面有争议，比如，Internet 服务提供商是否更类似于一个电话公司(比如 AT&T 公司)，或者更类似于一个信息和内容提供商(比如Google公司)。基于对这个问题的回答,应由不同的政府机构着手设置各个方面(从优先级到隐私)的规则。

5.9 本章总结

网络层向传输层提供服务。它既可以基于数据包,也可以基于虚电路。在这两种情形下,它的主要任务是将数据包从源路由到目标处。在数据包网络中,路由决策针对每一个数据包进行;在虚电路网络中,路由决策在建立虚电路时进行。

计算机网络中用到了许多路由算法。泛洪是最简单的算法,它把数据包发送到所有的路径上。大多数算法寻找最短的路径,并能适应网络拓扑结构的变化。主要的算法是距离向量路由算法和链路状态路由算法。大多数实际的网络使用了其中的某个算法。其他重要的路由话题包括大型网络中层次结构的使用、移动主机的路由、广播路由、多播路由和任播路由等。

网络很容易变得拥塞,从而增加数据包延迟和丢失。网络设计者企图通过各种手段避免拥塞,其中包括设计具有足够容量的网络、配置协议优先选择未拥塞的路径、拒绝接受更多的流量、给源发信号以降低速度以及负载脱落等。

处理拥塞的下一步是努力实现承诺的服务质量。一些应用程序更在乎吞吐量,而另一些应用程序却更关心延迟和抖动。用于提供不同服务质量的方法包括流量整型、路由器上的资源预留以及准入控制的多种组合。专门被设计用于提供良好服务质量的途径主要是IETF的综合服务(包括RSVP)和区分服务。

各个网络在很多方面都有所不同,所以,当多个网络互联时,问题就出现了。当不同的网络具有不同的最大数据包长度时,分段可能就很有必要了。不同网络在内部可能运行着不同的路由协议,但外部需要运行一个公共的协议。有的时候,一个数据包通过隧道穿越一个"敌对"网络,这些问题可以被巧妙地解决,但是,如果源网络和目标网络使用了不同的技术,那么这种方法就会失败。

Internet的网络层有多种多样的协议。这些协议包括数据报协议IP,以及相关的控制协议,比如ICMP、ARP和DHCP。一个称为MPLS的面向连接协议携带IP数据包穿过某些网络。网络内部使用的主要路由协议之一是OSPF,跨越网络使用的路由协议是BGP。Internet正快速地消耗着IP地址,所以IPv6作为IP的新版本已经开发出来,并正在缓慢地部署。

流量工程和管理的有些方面涉及与政策相关的议题。两个常见的议题是对等争议和流量优先级,其中对等争议是指网络无法就互联的商业条款达成一致意见;而流量优先级则通常被用来缓解拥塞的负面效应,但如果把它当作反竞争方法使用,它可能会触及与网络中立性有关的规则。

习 题

1. 有任何情况可以使面向连接的服务乱序提交数据包(或起码有可能性)吗?请解释。

2. 考虑下面的虚电路服务设计问题。如果网络内部使用虚电路,则每个数据包必须有一个3字节的头,并且每台路由器必须为电话标识占用8字节存储空间。如果网络内部使用数据报，则需要 15 字节的头，但不要求路由器表空间。每 10^6 字节每一跳的传输容量成本是 1 美分。非常快速的路由器内存可以按每字节 1 美分购买，按两年损耗折旧，假设每周有 40h 业务时间。统计意义上的平均会话运行时间为 1000s，共传输 200 个数据包。数据包平均要求 4 跳。问采用哪个实现更便宜？便宜多少？

3. 证明图 5-10(b)中所示的无穷计数问题可以这样解决：让路由器把每个目标的输出链路和成本加入它们的距离向量中。比如，在图 5-10(a)中，节点 C 不仅通告一条到 A 的路径，距离为 2，而且它也指明了这条路径通过节点 B。请给出在每个距离向量交换以后，直至所有路由器都认识到 A 不再可达时，从所有路由器到 A 的距离。

4. 考虑图 5-12(a)中的网络。使用距离向量路由算法，路由器 D 刚刚收到下列链路状态数据包：来自 A 的(B:5，E:4)，来自 B 的(A:4，C:1，F:5)，来自 C 的(B:3，D:4，E:3)，来自 E 的(A:2，C:2，F:2)，来自 F 的(B:1，D:2，E:3)。从 D 到 C 和 F 的链路的成本分别是 3 和 4。请给出 D 的新路由表，并给出使用的输出线路和成本。

5. 考虑图 5-7 中的网络，但是忽略线路上的权值。假设它使用泛洪作为路由算法。设从 A 发送到 D 的一个数据包的最大跳数为 3，请列出它走过的所有路径，同时说明它消耗的带宽相当于多少跳。

6. 给出一个简单的启发式算法，找出一个网络中从指定源到指定目标之间的两条路径，要求这两条路径在失去任何一条通信线路的情况下都能够幸免于难(假设存在这样的两条路径)。可以认为路由器足够可靠，因此不必考虑路由器崩溃的可能性。

7. 考虑图 5-12(a)中的网络。使用距离向量路由算法，路由器 C 刚刚收到下列距离向量：来自 B 的(5，0，8，12，6，2)，来自 D 的(16，12，6，0，9，10)，来自 E 的(7，6，3，9，0，4)。从 C 到 B、D 和 E 的链路成本分别为 6、3 和 5。请给出 C 的新路由表，并给出使用的输出线路和成本。

8. 说明路由、转发和交换这三者的区别。

9. 在图 5-13 中，每一行上的两组 ACF 位布尔或(OR)的结果是 111。这仅仅是一种偶然情况，还是在所有情况下对于所有网络都成立？

10. 一个有 4800 台路由器的网络采用了层次路由。对于 3 层结构来说，应该选择多大的区域和簇才能将路由表的尺寸降低到最小？一个好的起点是假设这样的方案接近最优：有 k 个簇，每个簇有 k 个区域，每个区域有 k 台路由器。这意味着 k 大约是 4800 的立方根(约等于 16)。用试错的方法给出这 3 个参数在 16 附近的各种组合。

11. 在正文中提到，当一台移动主机不在家乡网络时，发送至它本地 LAN 的数据包将被该 LAN 上的家乡代理截获。针对一个 IEEE 802.3 LAN 上的 IP 网络，请问家乡代理如何完成这样的截获工作？

12. 考虑图 5-6 中的网络。若使用以下方法，从 B 发出的一次广播将生成多少个数据包？

(a) 逆向路径转发。

(b) 汇集树。

13. 考虑图 5-15(a)中的网络。想象在 F 和 G 之间加入一条新的线路，但是图 5-15(b)中的汇集树仍然不变。请问此时图 5-15(c)有什么变化？

14. 考虑两台主机通过一台路由器连接的情况。当这两台主机和路由器都使用了流控制,但没有采用拥塞控制机制时,拥塞会如何发生?当它们使用了拥塞控制机制,但没有使用流控制机制时,接收方会如何被淹没?

15. 在内部采用虚电路的网络中,可能采用这样一种拥塞控制机制:路由器推迟确认收到的数据包,直到它知道沿着虚电路的最后一次传输已经被成功接收,并且它有一个空闲缓冲区。为了简单起见,假定路由器使用了停-等式协议,并且每条虚电路的每个方向都有一个专用的缓冲区。如果传输一个数据包(数据或者确认)需要 T 秒,在路径上有 n 台路由器,那么数据包被递交给目标主机的速率是多少?假设几乎没有传输错误,并且从主机到路由器之间连接的速度为无限快,所以它不是一个瓶颈。

16. 一个数据报网络允许路由器在必要的时候丢弃数据包。路由器丢弃一个数据包的概率为 p。请考虑这样的情形:源主机连接到源路由器,源路由器连接到目标路由器,然后目标路由器连接到目标主机。如果任何一台路由器丢掉了一个数据包,则源主机最终会超时,然后再重试发送。如果主机至路由器以及路由器至路由器之间的线路都是一跳,回答下列问题:

(a) 对于每次传输,数据包的平均跳数是多少?

(b) 数据包的平均传输次数是多少?

(c) 对于每个接收到的数据包,所需的平均跳数是多少?

17. 对于两个拥塞避免方法 ECN 和 RED,描述它们之间的两个主要区别。

18. 请解释大文件传输如何能够使游戏应用和小文件传输观察到延迟退化。

19. 上述问题的一个可能的解决方案涉及对文件传输流量进行整形,从而使它永远不会超过一个特定的速率。你决定对该流量进行整形,因而发送速率永远不会超过 20Mb/s。你应该用一个令牌桶还是一个漏桶实现这一整形(或者两者都无法工作)?该桶的排空速率应该是多少?

20. 一个发送方以 100Mb/s 的速率发送数据。如果要在 1s 以后自动地丢弃(监管)该发送方的流量,应该将令牌桶做成多大字节?

21. 一台计算机使用一个容量为 500MB 的令牌桶,速率为 5MB/s。当该桶包含 300MB 时,计算机每秒产生 15MB 的数据。请问它发送 1000MB 的数据要花多长时间?

22. 考虑图 5-29 中显示的数据包队列。如果中间的队列(而不是底部的队列)的权重为 2,那么,数据包的结束时间和输出顺序是什么?相同结束时间的数据包按字母顺序排列。

23. 想象这样一个流规范:最大数据包长度为 1000 字节,令牌桶速率为 10MB/s,令牌桶的大小为 1MB,最大传输速率为 50MB/s。请问一个突发流量在最大速度上可以持续多少时间?

24. 图 5-32 中的网络使用 RSVP 预留资源,主机 1 和主机 2 的多播生成树如图 5-32(b)和图 5-32(c)所示。假设主机 3 请求一条带宽为 2Mb/s 的信道用于接收主机 1 的流,以及一条带宽为 1Mb/s 的信道用于接收主机 2 的流;主机 4 请求一条带宽为 2Mb/s 的信道用于接收主机 1 的流;主机 5 请求一条带宽为 1Mb/s 的信道用于接收主机 2 的流。请问在路由器 A、B、C、E、H、K、J 和 L 上,总共需要为这些请求预留多少带宽?

25. 一台路由器每秒可以处理 200 万个数据包。提供给路由器的负载为每秒 150 万个数据包。如果从源到目标的路径上有 10 台路由器,请问路由器花在排队和服务上的时间为多少?

26. 考虑使用加速转发区分服务的用户。请问能否保证加速型数据包比常规数据包的延迟更短？为什么能，或者为什么不能？

27. 假设主机A与路由器R1连接，R1又与另一台路由器R2连接，R2与主机B连接。假设一个要发给主机B的TCP消息被传递给主机A上的IP代码，该消息包含了900字节的数据和20字节的TCP头。请写出在这3条链路上传输的每个数据包中IP头的总长度、标识符、DF、MF和段偏移字段值。假定链路A-R1可以支持的最大帧长为1024字节，其中包括14字节的帧头；链路R1-R2可以支持的最大帧长为512字节，其中包括8字节的帧头；链路R2-B可以支持的最大帧长为512字节，其中包括12字节的帧头。

28. 一台路由器往外发送大量的IP数据包，这些数据包每个的总长度(数据+头)为1024字节。假设这些数据包的生存期为10s，路由器运行的最大线速度达到多少才不会发生IP数据包的ID编号空间重绕的危险？

29. 一个IP数据包使用了严格源路由选项，现在它必须被分段。你认为该选项是应该被复制到每个段中，还是只需放到第一个段中？请解释你的答案。

30. 假定最初的时候B类地址的网络部分不是使用16位，而是使用20位，那么将有多少个B类网络？

31. 一个IP地址的十六进制表示为C22F1582，请将它转换成点分十进制表示。

32. 两个支持IPv6的设备要跨越Internet进行通信。不幸的是，这两个设备之间的路径中包含了一个尚未部署IPv6的网络。请设计一种方法让两个设备能够通信。

33. Internet上一个网络的子网掩码为255.255.240.0。请问它最多能够处理多少台主机？

34. 虽然IP地址与特定的网络绑定，但以太网地址却不是。请说明以太网地址为什么不与网络绑定。

35. 从198.16.0.0开始有大量连续的IP地址可用。假设4个组织A、B、C和D按照顺序依次申请4000、2000、4000和8000个地址。对于每一个申请，请用w.x.y.z/s的表示法写出分配的第一个IP地址、最后一个IP地址以及掩码。

36. 一台路由器刚刚接收到以下新的IP地址：57.6.96.0/21、57.6.104.0/21、57.6.112.0/21和57.6.120.0/21。如果所有这些地址都使用同一条输出线路，那么，它们可以被聚合吗？如果可以，它们可以被聚合到哪个地址上？如果不可以，为什么？

37. 29.18.0.0～29.18.128.255的一组IP地址已经被聚合到29.18.0.0/17。然而，这里有一个空闲地址块，即29.18.60.0～29.18.63.255的1024个地址还没有被分配。现在这个空闲地址块要被分配给一台使用不同输出线路的主机。请问是否有必要先把聚合地址分割成几块，然后把新的地址块加入路由表中，再来看是否可以重新聚合？如果没有必要这样做，那该怎么办呢？

38. 考虑3台路由器A、B和C。路由器A通告了到地址范围37.62.5.0/24、37.62.2.0/23和37.62.128.0/17的路径。路由器B通告了到地址范围37.61.63.0/24和37.62.64.0/18的路径。这两台路由器都将这些地址范围进行了聚合，再将结果通告给路由器C。如果C的路由表只包含这两个聚合的地址范围，请证明结果得到的是不正确的路由行为。为了避免这样的情况发生，路由器该怎么做？

39. 许多公司采取这样的策略：通过两台或者多台路由器将公司连接到Internet，从而提供一定程度的冗余,以便当其中一台路由器停机时网络还能使用。请问采用 NAT 以后这一策略仍然还能工作吗?请解释你的答案。

40. 你想与一个朋友通过 Internet 玩一个游戏。你的朋友正在运行一个游戏服务器,并且把该服务器正在监听的端口号告诉你了。假设你和你朋友的网络都是通过一个 NAT 盒子与 Internet 隔离的。请问 NAT 盒子如何处理你发送的数据包?如果不去掉这些 NAT 盒子,这个问题该如何避免?

41. 同一个网络上的两台主机试图使用同样的端口号与另一个网络上的一个服务器进行通信。这可能吗?请解释你的答案。如果这些主机通过一个 NAT 盒子与另一个网络隔离开,会有什么变化?

42. 你刚刚向一个朋友解释了 ARP。当你解释完时,他说:“我明白了,ARP 给网络层提供了一项服务,所以它是数据链路层的一部分。”你该如何向他进一步解释呢?

43. 你将你的电话连接到家里的无线网络上。该无线网络是由你的 ISP 提供的调制解调器创建的。通过 DHCP,你的电话获得了 IP 地址 192.168.0.103。请问 DHCP OFFER 消息的源 IP 地址可能是什么?

44. 请描述一种在目标主机上重组 IP 分段的方法。

45. 大多数 IP 数据报重组算法都有一个计时器,以免丢失的段永远占用重组缓冲区。假设一个数据报被分为 4 个段。前 3 个段到达目标,但最后一个段被延迟了。最终该计时器超时,接收方内存中的 3 个段被丢弃。过了一会儿,最后一个段姗姗来迟。请问应该对它做些什么呢?

46. 在 IP 中,校验和仅仅覆盖了 IP 头,而没有包括数据部分。你认为选择这种设计方案的理由是什么?

47. 有一个人生活在波士顿,现在她带着自己的笔记本计算机去明尼阿波利斯旅游。让她惊讶的是,明尼阿波利斯的 LAN 是一个无线 IP LAN,所以她根本不需要接插网线。她是否仍然需要通过家乡代理和外部代理这一整套过程才能使电子邮件和其他的流量正确地到达?

48. IPv6 使用 16 字节的地址。如果每隔 1ps 就分配 100 万个地址,整个地址空间可以持续分配多久?

49. ISP 用来应对 IPv4 地址短缺的解决方案之一是动态地将 IPv4 地址分配给它们的客户。一旦完全部署了 IPv6,则地址空间将大到可以给每一个设备分配一个唯一的地址。为了降低系统复杂性,IPv6 地址可以被永久性地分配给这些设备。请解释为什么这不是一个好的想法。

50. IPv4 头中的协议字段并没有出现在 IPv6 头的固定部分中,为什么?

51. 当 IPv6 协议被引入时,ARP 必须做改变吗?如果需要改变,那么这些改变是概念性的还是技术性的?

52. 编写程序模拟泛洪路由算法。每个数据包应该包含一个计数器,在每一跳上该计数器值减 1。当计数器值到达 0 时,该数据包就被丢弃。时间是离散的,每条线路在每个时间间隔中处理一个数据包。请完成该程序的 3 个版本:所有的线路都被泛洪;除了输入线路以外其他所有的线路都被泛洪;只有最佳的 k 条线路(静态选择)才被泛洪。按照延迟和所用带宽,对泛洪算法和确定性路由算法($k=1$)进行比较。

53. 编写程序来模拟使用离散时间的计算机网络。在每个时间间隔中，每台路由器队列中的第一个数据包向前走一跳。每台路由器只有有限空间的缓冲区。如果一个数据包到来时路由器没有可用的缓冲区空间，那么该数据包将被丢弃，并且不再重传。相反，另有一个端到端协议，它完全支持超时和确认数据包，最终从源路由器重新生成丢弃的数据包。请给出网络吞吐量与端到端超时间隔之间的函数关系，其中错误率是一个参数。

54. 编写函数完成 IP 路由器的转发过程。该过程有一个参数，即 IP 地址。它还要访问一张全局表，表项由三元组构成。每个三元组包含 3 个整数：IP 地址、子网掩码和所用的输出线路。该函数利用 CIDR 查询该表中的 IP 地址，然后返回使用的线路作为函数值。

55. 使用 traceroute（UNIX）和 tracert（Windows）程序跟踪从你的计算机到其他洲的一些大学的路径。列出你已经发现的跨洋链路。一些可以尝试的站点如下：

www.berkeley.edu　（加利福尼亚）
www.mit.edu　（马萨诸塞）
www.vu.nl　（阿姆斯特丹）
www.ucl.ac.uk　（伦敦）
www.usyd.edu.au　（悉尼）
www.u-tokyo.ac.jp　（东京）
www.uct.ac.za　（开普敦）

第6章 传 输 层

传输层与网络层一起构成了协议层次的核心。网络层使用数据包或虚电路提供端到端的数据包交付服务。传输层构建在网络层之上，提供了从源主机上的一个进程到目标主机上的一个进程之间的数据传输能力，并且这一数据传输能力具有预期的可靠性等级，此可靠性与当前正在使用的物理网络无关。传输层提供了有关应用程序需要如何使用网络的抽象。若没有传输层，分层协议的整个概念将逊色很多。在本章中，将详细介绍传输层，包括它的服务和API设计的选择，其中涉及可靠性、连接和拥塞控制、协议(比如TCP和UDP)和性能等问题的解决。

6.1 传 输 服 务

本节将简要介绍传输服务，考察传输层向应用层提供些什么服务。为了使传输服务的问题更为具体，本节将考察两组传输层原语集合。先看一个简单的(假想的)原语，以展示基本的概念，然后再看Internet上常用的接口。

6.1.1 提供给上层的服务

传输层的最终目标是向它的用户提供高效的、可靠的和性价比合理的数据传输服务，它的用户通常是应用层上的进程。为了实现这个目标，传输层需要充分利用网络层提供的服务。在传输层内，完成这项工作的软件和/或硬件称为**传输实体**(transport entity)。传输实体可以位于操作系统内核中，或者位于一个被绑定在网络应用上的软件库包中，或者在一个独立的用户进程中，甚至可以在网络接口卡上。前两种选择方式在Internet上最常见。网络层、传输层和应用层之间的逻辑关系如图6-1所示。

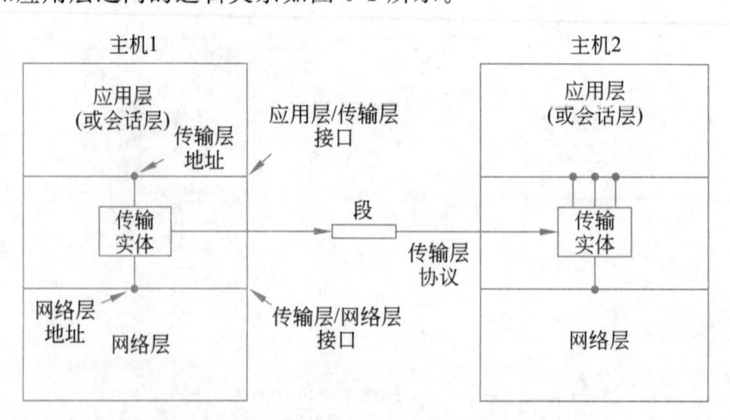

图6-1 网络层、传输层和应用层之间的逻辑关系

正如网络服务有面向连接和无连接两种类型一样，传输服务也有两种类型。面向连接

的传输服务在许多方面与面向连接的网络服务类似。在这两种情况下，连接都有 3 个阶段：连接建立、数据传输和连接释放。

在这两层上，寻址和流量控制也非常相似。此外，无连接的传输服务与无连接的网络服务也极为相似。然而请注意，在一个面向连接的网络服务之上提供无连接传输服务可能很困难，因为为了发送单个数据包要建立一个连接，发送完毕后还要立即拆除这个连接，效率实在是太低了。

于是，一个很显然的问题是：既然传输层服务与网络层服务如此相似，那为什么还要设立两个独立的层？为什么一层不够？答案有点微妙，但非常关键。传输层的代码整个运行在用户的计算机上，但是网络层大部分运行在由承运商操作的路由器上（至少对于广域网是如此）。如果网络层提供的服务不够用该怎么办？如果它频繁地丢失数据包该怎么办？如果路由器时常崩溃又该怎么办？

发生的这些问题就是答案。用户对网络层没有真正的控制权，因为他们不拥有路由器，所以他们不可能用更好的路由器或者在数据链路层上用更多的错误处理机制来解决服务太差的问题。唯一的可能是在网络层之上再加一层，由该层提高服务质量。如果在一个无连接的网络中数据包被丢失或者发生错位，则传输实体可以检测到此问题，并通过重传来补偿。如果在一个面向连接的网络中，传输实体在执行一个漫长的传输任务的半路上突然得到通知——它的网络连接已经被意外终止，而且也不知道当前正在传输的那些数据到底怎么样，那么，该传输实体可以与远程的传输实体建立一个新的网络连接。利用新建立的网络连接，它可以向对等实体询问哪些数据已经到达，哪些数据还没有到达，这样它就知道现在停在哪里，然后从中断的地方开始继续向对方发送数据。

本质上，由于传输层的存在，使得传输服务有可能比底层网络更加可靠，底层网络可能根本没那么可靠。而且，传输原语可以通过调用库过程实现，从而使得这些原语独立于网络原语。不同网络上的网络服务调用可能有很大的差别（比如，基于无连接以太网的调用可能完全不同于一个面向连接网络上的调用）。将网络服务隐藏在一组传输服务原语的背后，这样，一旦改变了网络，只需要替换一组库过程即可。新的库过程使用了不同的底层服务，但是完成了同样的事情。

值得庆幸的是，正是有了传输层，应用程序员才可以按照一组标准的原语编写代码，并且这些程序可以运行在各种各样的网络上，而根本无须操心不同的网络接口以及可靠性的级别。如果所有实际的网络都完美无缺，它们具有同样的服务原语，并保证永远不会发生变化，那么传输层或许是不必要的。然而，在现实世界中，传输层承担了把上层与网络的技术、设计和各种缺陷隔离的关键功能。

基于这个原因，许多人已经将网络做了定性区分：第 1 层至第 4 层为一部分，第 4 层之上为另一部分。下面的 4 层可以看作**传输服务提供者**（transport service provider），而上面的层则可以看作**传输服务用户**（transport service user）。这种服务提供者与服务用户的区分对于协议层的设计有重要的影响，同时也把传输层放到了一个关键位置，因为它构成了可靠数据传输服务的提供者和用户两者之间的主要边界。这就是应用看到的层次。

6.1.2　传输服务原语

为了允许用户访问传输服务，传输层必须为应用程序提供一些操作，也就是说提供一个传输服务接口。每个传输服务都有它自己的接口。在本节中,首先介绍一个简单的(假想的)传输服务以及相应的接口,通过它了解传输服务的本质所在。在6.1.3节中将介绍一个实际的例子。

传输服务类似于网络服务,但是两者之间也有一些重要的区别。

主要的区别在于可靠性不同。网络服务的意图是按照实际网络提供的服务如实地建立模型。实际网络可能会丢失数据包,所以网络服务一般来说是不可靠的。与此相反,面向连接的传输服务是可靠的。当然,实际网络并非不会出错,但是,这恰好是传输层的目标——在不可靠的网络之上提供可靠的服务。

作为一个例子,请考虑一个UNIX系统中通过管道(或者任何其他的进程间通信设施)连接的两个进程。它们假定两者之间的连接是完美的。它们并不想知道有关确认、数据包丢失、拥塞以及诸如此类的事情。它们所要的是一个100%可靠的连接。进程A把数据放进管道的一端,进程B可以从管道的另一端将数据取出来。这就是面向连接的传输服务的真正含义所在——将网络服务的各种缺陷隐藏起来,因而用户进程只要假设存在一个不会出错的比特流,即使双方位于不同的计算机上时也一样。

另一方面,传输层也可以提供不可靠(数据包)服务。然而,相对来说关于这种服务除了"它是数据包"外并没有太多内容可说,所以本章将注意力主要集中在面向连接的传输服务上。不过,有一些应用建立在无连接传输服务上,比如客户-服务器计算和流式多媒体应用,在后面会简要介绍这种服务。

网络服务和传输服务之间的第二个区别在于它们的服务对象不同。从网络端点的角度而言,网络服务仅仅被传输实体使用。很少有用户会编写自己的传输实体,因此,很少有用户或者程序能看到裸露的网络服务。相反,许多程序(和程序员)可以看到传输原语。因此,传输服务必须非常方便、容易使用。

为了了解传输服务的基本面貌,请考虑图6-2中列出的5个原语。这个传输接口是真正赤裸裸的,但它给出了一个面向连接的传输接口应该完成的本质工作。它允许应用程序建立并使用连接,用完之后再释放连接,对于许多应用来说这已经足够了。

原　　语	发出的数据包	含　　义
LISTEN	(无)	阻塞,直到某个进程试图与之连接
CONNECT	CONNECTION REQ	主动尝试建立一个连接
SEND	DATA	发送信息
RECEIVE	(无)	阻塞,直到有一个DATA数据包到达
DISCONNECT	DISCONNECTION REQ	请求释放连接

图6-2　一个简单传输服务的原语

为了看清楚这些原语的可能用法,请考虑一个应用,它有一个服务器和多个远程客户。首先,服务器执行LISTEN原语,典型的做法是调用一个库过程,由它执行一个阻塞该服务器的系统调用,直到有客户请求连接。当一个客户希望与该服务器进行通话时,它就执行CONNECT原语。传输实体执行该原语,阻塞调用方,并发送一个数据包给服务器。封装在该数据包有效载荷中的是一条发送给服务器传输实体的传输层消息。

现在按顺序说明一下术语。由于缺乏更好的表达，本书将使用**段**(segment)表示传输实体之间发送的消息。TCP、UDP和其他的Internet协议也使用了该术语。一些旧的协议使用了更加笨拙的名称——**TPDU**(Transport Protocol Data Unit，**传输协议数据单元**)。这个术语现在已不再使用，但它可能还会在一些老文章和书中出现。

因此，段(在传输层之间交换)被包裹在数据包(在网络层之间交换)中，而这些数据包则被包裹在帧(在数据链路层之间交换)中。当一帧到达时，数据链路层对帧头进行处理，如果帧目标地址与本地传递地址匹配，则把帧的有效载荷中的内容传递给网络实体。网络实体对数据包头进行类似的处理，然后把数据包的有效载荷中的内容传递给传输实体。这种嵌套关系如图6-3所示。

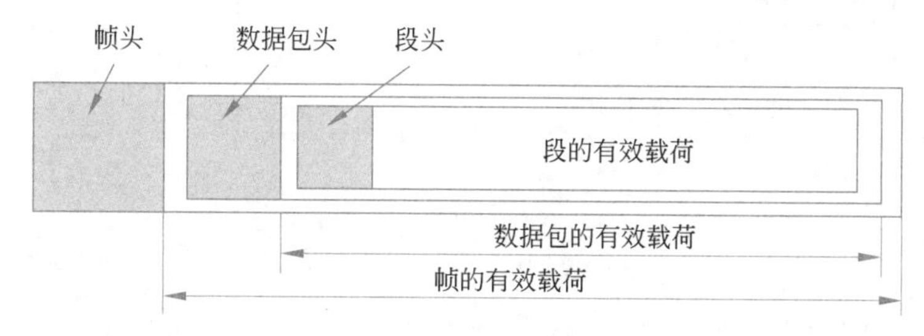

图6-3　段、数据包和帧的嵌套关系

再回到客户-服务器例子，客户的CONNECT调用导致一个CONNECTION REQUEST段被发送到服务器。当该段到达服务器时，传输实体检查服务器是否阻塞在LISTEN状态(即服务器已准备好处理请求)。如果是，则解除服务器的阻塞，并给客户送回一个CONNECTION ACCEPTED段。当该段返回客户端时，客户的阻塞也被解除，于是连接被建立起来。

现在双方可以通过SEND和RECEIVE原语交换数据。在最简单的形式中，任何一方都可以执行(阻塞的)RECEIVE原语，等待另一方执行SEND原语。当段到来时，接收方被解除阻塞。然后它可以对这个段进行处理，并发送一个应答。只要双方保持发送的次序，这种方案就可以工作得很好。

在传输层上，即使一个非常简单的单向数据交换也比网络层上的复杂得多。发送的每个数据包(最终)都要被确认。携带控制段的数据包也要被确认，无论是隐式确认还是显式确认。这些确认由使用网络层协议的传输实体管理，并且它们对于传输用户是不可见的。类似地，传输实体需要关心计时器和重传。这些机制对于传输用户也都是不可见的。对传输用户而言，连接就是一个可靠的比特管道：一端将比特塞进去，这些比特就会神奇地以同样的顺序出现在另一端。正是这种隐藏复杂性的能力才使得分层协议成为如此强大的工具。

当一个连接不再需要时必须将它释放，以便释放两个传输实体内部的表空间。释放连接有两种方式：非对称的和对称的。在非对称方式中，任何一个传输用户都可以发出DISCONNECT原语，这会导致将一个DISCONNECT段发送给远程的传输实体。当该段到达另一端时，连接就被释放了。

在对称方式中，每个方向单独关闭，彼此独立。当一方执行了DISCONNECT原语时，这意味着它没有更多数据需要发送，但是它仍然愿意接收对方发送过来的数据。在这种模型中,当双方都执行了 DISCONNECT 原语时,一个连接才算被释放。

图 6-4 给出了使用这些简单原语建立和释放连接的状态图。每个状态转移都是由某个事件触发的,这些事件可能是本地的传输用户执行了一个原语,或者是一个数据包到达。为了简化起见,这里假设每个段单独确认。还假设采用了对称的连接释放模型,并且由客户先释放连接。请注意,这种模型相当不成熟。后面在描述 TCP 如何工作时会考察更实际的模型。

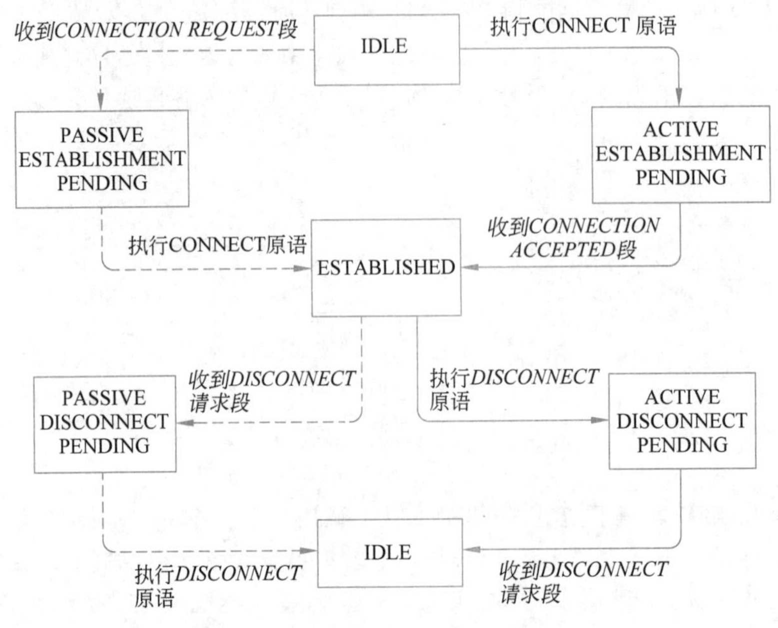

图 6-4 一个简单连接管理方案的状态图

斜体的状态转移是由到达的包引起的。实线表示客户的状态序列,虚线表示服务器的状态序列

6.1.3 Berkeley 套接字

现在简要地考察另一组传输原语,即 TCP 使用的套接字(socket)原语。作为 Berkeley UNIX 4.2 BSD 软件发布中的一部分,套接字首次在 1983 年被发布。这些原语很快流行起来。现在,套接字在许多操作系统中被广泛应用于 Internet 程序设计,尤其是基于 UNIX 的系统,Windows 也有一个套接字风格的 API,称为 Winsock。

图 6-5 列出了这些原语。粗略地说,它们遵循了第一个例子的模型,但提供了更多的功能和灵活性。在这里不去探究相应的段,关于这个问题的讨论留到后面。

原语	含义	原语	含义
SOCKET	创建一个新通信端点	CONNECT	主动创建一个连接
BIND	将套接字与一个本地地址关联	SEND	通过连接发送一些数据
LISTEN	声明愿意接受连接;给出队列大小	RECEIVE	从连接上接收一些数据
ACCEPT	被动创建一个进来的连接	CLOSE	释放连接

图 6-5 TCP 使用的套接字原语

图 6-5 中列出的前 4 个原语由服务器按照顺序执行。SOCKET 原语创建一个新的套接字，也称端点(end point)，并且在传输实体中为它分配相应的表空间。此调用的参数指定了套接字采用的地址格式、期望的服务类型(比如可靠的字节流)，以及协议。SOCKET 原语调用成功则返回一个普通的文件描述符，供后续的调用使用，SOCKET 原语调用与针对文件的 OPEN 调用的工作方式一样。

新创建的套接字没有网络地址。使用 BIND 原语可以为套接字分配地址。一旦服务器已经将一个地址绑定到一个套接字上，则远程客户就能够与它建立连接。之所以不让 SOCKET 调用直接创建一个地址，是因为有些进程对于它们的地址比较在意(比如，它们多年来一直使用同样的地址，每个人都知道这一地址)。

接下来是 LISTEN 原语，它分配空间，以便在多个客户同时试图连接进来时可以对这些进来的调用进行排队。与第一个例子中的 LISTEN 不同的是，套接字模型中的 LISTEN 并不是一个阻塞调用。

为了阻塞并等待进来的连接，服务器执行 ACCEPT 原语。当一个请求连接的段到达时，传输实体创建一个新的套接字并返回一个与之关联的文件描述符，这个新套接字与原来的套接字具有同样的属性。然后服务器可以派生一个进程或者线程处理这个新套接字上的连接，而服务器自身又回到原来的套接字上等待下一个连接。ACCEPT 返回一个文件描述符，它可以按标准的方式被用于读或者写操作，就像对文件进行操作一样。

现在看客户端的情形。同样，这里首先也必须使用 SOCKET 原语创建一个套接字，但是因为客户使用的地址对服务器而言无关紧要，所以这里不需要调用 BIND 原语。CONNECT 原语阻塞调用方，并开始连接过程。当 CONNECT 完成时(即当服务器发送过来的适当的段被接收到时)，客户进程被解除阻塞，于是连接建立起来。现在双方都可以使用 SEND 或者 RECEIVED 原语在全双工的连接上发送或者接收数据。如果 SEND 和 RECEIVE 原语不要求特殊选项，则也可以使用标准的 UNIX 系统调用 READ 和 WRITE。

套接字的连接释放是对称的。当双方都执行了 CLOSE 原语时，连接就被释放了。

套接字已经极其流行了，它也成为在向应用层抽象传输服务时的事实标准。套接字 API 通常与 TCP 一起提供一种称为**可靠字节流**(reliable byte stream)的面向连接的服务，这正是前面描述过的可靠的比特管道。然而，其他协议也可以用来实现这一服务，且使用同样的 API。对传输服务用户来说应该一切都是相同的。

套接字 API 的强大体现在它也可以被应用程序用于其他的传输服务。举例来说，套接字可以与无连接传输服务一起使用。在这种情况下，CONNECT 设置远程传输对等实体的地址，SEND 和 RECEIVE 分别用于发送数据报给远程对等实体和接收来自远程对等实体的数据报(通常还使用一组扩展的调用，例如，SENDTO 和 RECEIVEFROM 强调这些数据报是消息，并且不限制应用只针对单个传输对等实体)。套接字也可与提供消息流而不是字节流的传输协议一起使用。而且，传输协议既可以进行拥塞控制，也可以不进行拥塞控制。例如，**DCCP**(Datagram Congestion Controlled Protocol，**数据报拥塞控制协议**)是一个支持拥塞控制的 **UDP** 版本(Kohler 等，2006)。传输用户会理解它们得到的是什么服务。

然而，套接字不可能是传输接口的终局和全部。例如，应用程序通常与一组相关的流一起工作,比如Web浏览器,它向同一台服务器请求多个对象。有了套接字,最自然的匹配方式是应用程序为每个对象使用一个流。这种结构意味着拥塞控制被单独应用到每个数据流上,而不是跨越整个组,这是次优的方案。这样就把管理这个集合的负担留给了应用程序。已经有一些协议和接口被设计出来了,它们可以为更有效地将相关的流组织到一起提供支持,并且让应用程序更加简单。其中的两个例子分别是由RFC 4960定义的**SCTP**(Stream Control Transmission Protocol,流控制传输协议)(Ford,2007)和QUIC(后文讨论)。这些协议必须略微修改套接字API才能获得把相关数据流组合起来的好处,它们也支持一些诸如把面向连接的流量和无连接的流量混合在一起,甚至将多条网络路径混合在一起的功能。

6.1.4 套接字编程实例:Internet文件服务器

作为一个使用真正的套接字调用的实例,请考虑图6-6所示的客户程序和服务器程序。这里有一个非常基础的Internet文件服务器和一个使用该服务器的客户。这个程序有许多限制(后面将会讨论),但在原则上,服务器程序可以编译成二进制代码,并且可以在任何连接到Internet的UNIX系统上运行。客户程序也可以编译,并且可运行在Internet任何地方的其他任何UNIX计算机上。客户程序在执行的时候需要有适当的参数,以便获取该服务器可以在它自己的计算机上访问的任何文件。该文件被写到标准输出,当然,标准输出可被重定向到某个文件或者管道。

```
/* A client program that can request a file from the server program.
 * The server responds by sending the whole file.
 */

#include <sys/types.h>
#include <sys/socket.h>
#include <netinet/in.h>
#include <netdb.h>

#define SERVER_PORT 12345        /* arbitrary, but client & server must agree */
#define BUF_SIZE 4096            /* block transfer size */

int main(int argc, char **argv)
{
  int c, s, bytes;
  char buf[BUF_SIZE];                    /* buffer for incoming file */
  struct hostent *h;                     /* info about server */
  struct sockaddr_in channel;            /* holds IP address */

  if (argc != 3) fatal("Usage: client server-name file-name");
  h = gethostbyname(argv[1]);            /* look up host's IP address */
  if (!h) fatal("gethostbyname failed");
```

图6-6 使用套接字的客户程序和服务器程序

```
    s = socket(PF_INET, SOCK_STREAM, IPPROTO_TCP);
    if (s <0) fatal("socket");
    memset(&channel, 0, sizeof(channel));
    channel.sin_family= AF_INET;
    memcpy(&channel.sin_addr.s_addr, h->h_addr, h->h_length);
    channel.sin_port= htons(SERVER_PORT);

    c = connect(s, (struct sockaddr *) &channel, sizeof(channel));
    if (c < 0) fatal("connect failed");
  /* Connection is now established. Send file name including 0 byte at end. */
  write(s, argv[2], strlen(argv[2])+1);

  /* Go get the file and write it to standard output. */
  while (1) {
    bytes = read(s, buf, BUF_SIZE);       /* read from socket */
    if (bytes <= 0) exit(0);              /* check for end of file */
    write(1, buf, bytes);                 /* write to standard output */
  }
}

fatal(char *string)
{
  printf("%s\n", string);
  exit(1);
}

#include <sys/types.h>                    /* This is the server code */
#include <sys/fcntl.h>
#include <sys/socket.h>
#include <netinet/in.h>
#include <netdb.h>

#define SERVER_PORT 12345                 /* arbitrary, but client & server must agree */
#define BUF_SIZE 4096                     /* block transfer size */
#define QUEUE_SIZE 10

int main(int argc, char *argv[])
{
  int s, b, l, fd, sa, bytes, on = 1;
  char buf[BUF_SIZE];                     /* buffer for outgoing file */
  struct sockaddr_in channel;             /* holds IP address */
  /* Build address structure to bind to socket. */
  memset(&channel, 0, sizeof(channel));          /* zero channel */
  channel.sin_family = AF_INET;
  channel.sin_addr.s_addr = htonl(INADDR_ANY);
  channel.sin_port = htons(SERVER_PORT);
```

图 6-6 （续）

```
    /* Passive open. Wait for connection. */
    s = socket(AF_INET, SOCK_STREAM, IPPROTO_TCP);    /* create socket */
    if (s < 0) fatal("socket failed");
    setsockopt(s, SOL_SOCKET, SO_REUSEADDR, (char *) &on, sizeof(on));
    b = bind(s, (struct sockaddr *) &channel, sizeof(channel));
    if (b < 0) fatal("bind failed");

    l = listen(s, QUEUE_SIZE);                         /* specify queue size */
    if (l < 0) fatal("listen failed");

    /* Socket is now set up and bound. Wait for connection and process it. */
    while (1) {
      sa = accept(s, 0, 0);                            /* block for connection request */
      if (sa < 0) fatal("accept failed");

      read(sa, buf, BUF SIZE);                         /* read file name from socket */
    /* Get and return the file. */
    fd = open(buf, O_RDONLY);                          /* open the file to be sent back */
    if (fd < 0) fatal("open failed");

    while (1) {
      bytes = read(fd, buf, BUF_SIZE);                 /* read from file */
      if (bytes <= 0) break;                           /* check for end of file */
      write(sa, buf, bytes);                           /* write bytes to socket */
    }
    close(fd);                                         /* close file */
    close(sa);                                         /* close connection */
  }
}
```

图 6-6 (续)

首先看服务器程序。在开始处它包含一些标准的头文件,其中最后 3 个头文件包含了与 Internet 有关的主要的定义和数据结构。接下来是一个宏定义,将 SERVER_PORT 定义成 12345,这个数值是任意选取的。1024～65 535 的任何一个数值都可以,只要它没有被其他进程使用即可,小于 1024 的端口是为特权用户保留的。

服务器程序中接下来两行定义了两个用到的常数。第一个常数决定了在文件传输过程中用到的数据块的大小(按字节)。第二个常数决定了允许最多有多少个正在等待的连接可以保持,而此后再到达的连接请求则会被丢弃。

在声明了局部变量以后,服务器程序开始工作。首先它对一个用来存放服务器 IP 地址的数据结构进行初始化。该数据结构将很快被绑定到服务器的套接字上。memset()调用将这个数据结构初始化为全 0。紧随其后的 3 条赋值语句分别填充了该数据结构的 3 个字段。其中最后一个字段包含了服务器的端口。函数 htonl()和 htons()是必要的,它们将参数中的值转换成标准格式,所以,这个程序既可以运行在小端计算机(比如 Intel x86)上,也可以运行在大端计算机(比如 SPARC)上。

接下来为服务器创建一个套接字,并且检查是否出错(根据 s<0 判断)。在产品版本的服务器代码中,错误消息可能包含更多的说明信息。调用 setsockopt()是必要的,它允许这个端口可以被重复使用,以便服务器能够无限地运行下去,处理一个又一个请求。现在,要绑定 IP 地址到套接字上,然后检查调用 bind()是否成功。初始化过程中的最后一步是调用 listen(),这样就宣告了本服务器愿意接受进来的调用,并告诉系统,当服务器在处理当前请求时,如果有新的请求到来,就将新的请求挂起,可以多达 QUEUE_SIZE 个。如果队列满了之后又有新的请求到来,则直接将后到来的请求丢弃即可。

至此,服务器便进入了它的主循环,这是一个永不退出的循环。终止服务器的唯一做法是从外部将它杀死。accept()调用阻塞服务器,直到某个客户试图与它建立连接。如果 accept()调用成功,则它返回一个套接字描述符,利用该描述符可以进行读写操作,就好像利用文件描述符从管道读写数据一样。然而,管道是单向的;与它不同的是,套接字是双向的。所以,套接字既可以用 sa(已接受的套接字)从连接中读取数据,也可以用它往连接中写入数据;而一个管道文件描述符可以用来读取数据,或者写入数据,但不能既读又写。

当连接被建立以后,服务器从连接中读取文件名。如果该文件尚不可用,则服务器被阻塞住,等待文件的到来。服务器获得了文件以后,打开该文件,然后进入一个循环:交替地从文件中读取数据块并且将数据块写到套接字中,这个过程一直持续到整个文件被复制完毕为止。然后,服务器关闭文件和连接,并等待下一个连接的到来。它无限地重复这一循环。

现在看客户程序。为了理解客户程序是如何工作的,首先有必要理解客户程序的调用方式。假设客户程序名为 client,那么,一个典型的调用如下:

```
client flits.cs.vu.nl /usr/tom/filename >f
```

只有当服务器已经在 flits.cs.vu.nl 计算机上运行,该计算机上存在/use/tom/filename 文件,并且服务器对该文件有读访问权限时,上面这个 client 调用才能成功。如果该调用成功,那么,服务器上的文件将通过 Internet 被传递过来,并且写到文件 f 中,然后客户程序退出。由于在一次传输以后服务器继续运行,所以客户程序可以再次启动,以获取其他的文件。

客户程序首先是一些包含语句和声明。开始执行时,它先检查当前被调用时是否有正确的参数个数(这里 argc=3 代表了程序被调用的名称加上两个参数)。请注意,argv[1]包含了服务器的名字(比如 flits.cs.vu.nl),通过 gethostbyname()可将它转换为一个 IP 地址。函数 gethostbyname()使用 DNS 查询该名字。在第 7 章将介绍 DNS。

接下来创建一个套接字并执行初始化。然后,客户使用 connect()函数,企图与服务器建立一个 TCP 连接。如果在指定名字的计算机上服务器已经启动和运行,并且被绑定到 SERVER_PORT 端口,那么在服务器当前空闲或者在 listen 队列中还有空间时,该连接(最终)将被建立。客户利用该连接可以将文件的名字发送过去,做法很简单,只要在套接字上执行写操作即可。发送的字节数是名字长度加 1,因为终止该名字的字节 0 必须也要发送过去,这样就可以告诉服务器文件名在哪里结束。

现在客户程序进入一个循环,它将文件从套接字中逐个数据块地读出来,再复制到标准输出上。当这个过程完成时,它就退出。

过程 fatal()打印一个错误消息,然后退出程序。服务器也需要同样的过程,但是考虑到页面空间紧张,所以它被省略了。由于客户程序和服务器程序是分开编译的,而且通常运行在不同的计算机上,所以它们并不共享 fatal()的代码。

此服务器在服务器领域不是最后的定论,纯粹只是为了记录而已。它的错误检查能力很弱,它的错误报告也很一般。由于它严格按顺序处理所有的请求(因为它只有单个线程),所以它的性能很差。它显然从来没有听说过安全性,而且,使用裸露的 UNIX 系统调用并不是获得平台独立性的做法。同时它还做了一些在技术上非法的假设,比如假设文件名一定适合缓冲区,而且文件传输以原子方式执行。尽管有这些缺点,它仍然是一个可运行的 Internet 文件服务器。有关使用套接字的更多信息,请参阅 Donahoo 等(2008,2009)以及 Stevens 等(2004)的专著。

6.2 传输协议的要素

传输服务是在两个传输实体之间使用传输协议实现的。传输协议在有些方面类似于在第 3 章中详细介绍过的数据链路协议。这两种协议必须处理错误控制、顺序性和流量控制以及其他一些问题。

然而,两者之间也存在着重要的区别。这些区别是因为这两种协议的运行环境有很大差异造成的,如图 6-7 所示。在数据链路层,两台路由器通过一条有线或者无线的物理信道直接进行通信;而在传输层,该物理信道被整个网络所替代。这种环境差异对于协议有很大的影响。

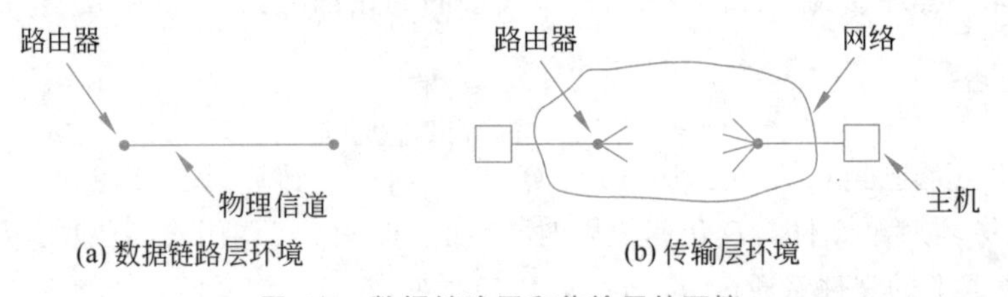

图 6-7 数据链路层和传输层的环境

首先,在点到点链路上,无论是电缆还是光纤,路由器通常不必指定它要与哪一台路由器进行通话——每条输出线路直接通向一台特定的路由器。在传输层,必须显式地指定目标地址。

其次,在图 6-7(a)中,在一条线路上建立一个连接的过程非常简单:另一端总是在那里(除非它崩溃了才不在那里)。两端都不需要做很多事情。即使在无线链路上,这个过程也没有多大的不同,仅仅发送出一条消息,就足够让它到达所有其他的目标。如果由于出现错误而该消息没有被确认,则它可以被重新发送。在传输层上,初始的连接建立过程非常复杂,正如后面将会看到的那样。

数据链路层和传输层之间的另一个(非常恼人的)区别是网络中存在着潜在的存储容量。当路由器通过一条链路发送一帧时,该帧可能到达对方,也可能丢失;但是它不可能先蹦跶一会儿,再躲到远处一个角落中,然后在其他数据包发送出去很久以后突然又冒出来。如果网络使用的是数据包,即网络内部是独立路由的,那么就存在一个不可忽略的概率:一个数据包可能选取了“风景优美”的路径，到达得晚了并且错过了原来预期的顺序，甚至它的多个重复数据包也将会到来。网络具有的这种延迟和重复数据包的能力所产生的后果有时是灾难性的，因而要求使用特殊的协议，以便正确地传输信息。

数据链路层和传输层之间最后一个区别是程度上的。这两层都需要缓冲和流量控制，但是，由于传输层中存在着大量并且数量可变的连接，而且由于这些连接之间的相互竞争造成连接的可用带宽上下波动，这就可能需要一种不同于数据链路层使用的方法。在第3章中讨论的有些协议为每条线路分配了固定数量的缓冲区，所以，当一帧到达时，总是有缓冲区可用。在传输层中，有大量的连接必须管理，并且每个连接可能获得的带宽又是可变的，这使得为每条线路分配许多个缓冲区的思路不再有吸引力。下面将讨论所有这些重要的问题以及其他一些问题。

6.2.1 寻址

当一个应用进程希望与另一个远程应用进程建立连接时，它必须指定要连接到远程端点的哪个进程。通常使用的方法是，为那些能够监听连接请求的进程定义相应的传输地址。在Internet中，这些端点称为**端口**(port)。下面将使用通用术语**TSAP**(Transport Service Access Point，**传输服务接入点**)表示传输层的一个特定端点。网络层上的类似端点(即网络层地址)毫无意外地称为**NSAP**(Network Service Access Point，**网络服务接入点**)。IP地址是NSAP的一个例子。

图6-8显示了NSAP、TSAP以及一个使用了NSAP和TSAP的传输连接之间的关系。应用进程(包括客户和服务器)可以将自己关联到一个本地TSAP上，以便与一个远程TSAP建立连接。这些连接通过NSAP运行在每台主机上，如图6-8所示。采用TSAP的意图是：在有些网络中，每台计算机只有一个NSAP，所以需要某种方法来区分多个传输端点，这些传输端点共享该NSAP。

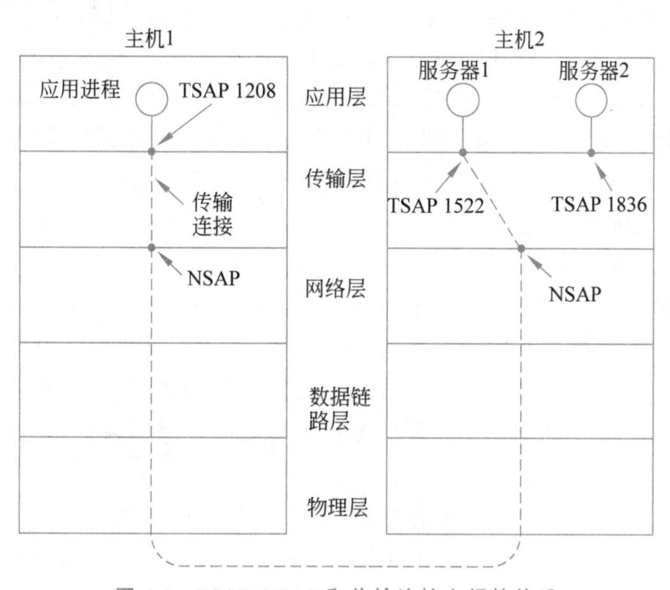

图6-8 TSAP、NSAP和传输连接之间的关系

使用传输连接的一个可能场景如下所述：

(1) 主机2上的邮件服务器进程将自己关联到TSAP 1522上，等待进来的连接请求。至于进程如何将自己关联到TSAP上，这超出了网络模型的范畴，完全取决于本地操作系统。例如，用LISTEN调用可能就可以做到。

(2) 主机1上的应用进程希望发送一个邮件消息，所以它把自己关联到TSAP 1208上，并且发出一个CONNECT请求。该请求指定了以主机1上的TSAP 1208作为源，以主机2上的TSAP 1522作为目标。这个动作最终导致在该应用进程和服务器之间建立了一个传输连接。

(3) 该应用进程发送邮件消息。

(4) 邮件服务器响应，表示它将传递该消息。

(5) 传输连接被释放。

请注意，在主机2上很可能还有其他的服务器被关联到其他的TSAP上，它们也在等待经过同一个NSAP进来的连接请求。

上面描绘的场景非常美好，不过它掩盖了一个细微的问题：主机1上的用户进程如何知道邮件服务器被关联到了TSAP 1522上？一种可能是，很多年以来该邮件服务器一直与TSAP 1522关联着，渐渐地所有的网络用户都知道了这一事实。在这个模型中，具有固定TSAP地址的服务被列在一些知名地方的文件中。比如，UNIX系统上的/etc/services文件列出了哪些服务器被永久地关联到哪些端口上。事实上可以发现，邮件服务器在TCP端口25上。

虽然固定的TSAP地址适用于少量的永不改变的关键服务(比如Web服务器)，但一般来说，用户进程经常要与其他用户进程通信，而后者并没有预先已知的TSAP地址，或者它们的TSAP地址可能只存在了较短的时间。

为了处理这种情形，可以使用一种替代的方案。在这种方案中，存在一个称为端口映射器(portmapper)的特殊进程。为了找到与一个给定服务名称(比如BitTorrent)相对应的TSAP地址，用户建立一个与端口映射器(它总是在监听一个知名TSAP)的连接。然后，用户发送一条消息指定它想要的服务名称，端口映射器返回相应的TSAP地址。最后，用户释放它与端口映射器之间的连接，再与所需的其他服务建立一个新的连接。

在这个模型中，当一个新的服务被创建时，它必须向端口映射器注册自己，将它的服务名称(通常是一个ASCII字符串)和TSAP告诉端口映射器。端口映射器将该信息记录到它的内部数据库中，所以，以后当查询到来时，它就知道答案了。

端口映射器的功能类似于电话系统中的查号台操作员——提供的是名称和电话号码之间的映射关系。如同在电话系统中一样，很关键的一点是端口映射器使用的知名TSAP地址必须是真正众所周知的。如果你不知道查号操作员的号码，那么你就不可能呼叫查号操作员以查询需要的号码。如果你认为自己拨打的信息服务号码显然是众所周知的，那么当你有机会到国外的时候可以再试一试。

一台计算机上可以存在多个服务器进程，其中有许多服务很少被使用。如果让这些服务器进程都一直都活跃着，并整天监听一个固定的TSAP地址，则是一种浪费。另一种方案的简化形式如图6-9所示。这种方案称为初始连接协议(initial connection protocol)。不是每台服务器都在一个知名TSAP上监听；相反，每台希望向远程用户提供服务的计算机都有一个特殊的进程服务器(process server),充当那些不那么频繁使用的服务器的代理。这个服务器在 UNIX 系统中称为 inetd。它在同一时间监听一组端口,等待连接请求的到来。一个服务的潜在用户在开始时发出一个 CONNECT 请求,并指定它们所需服务的 TSAP 地址。如果没有服务器正等着它们,则它们得到一个与进程服务器的连接,如图 6-9(a)所示。

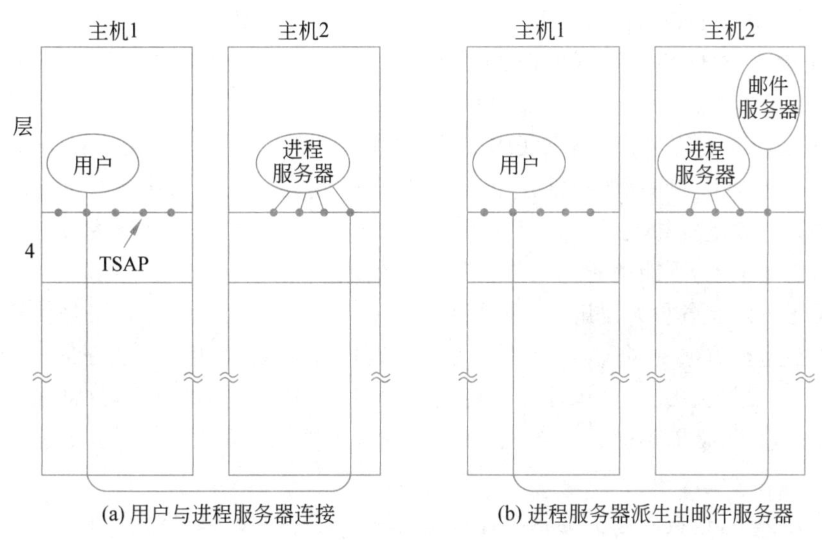

图 6-9　主机 1 上的一个用户进程通过进程服务器与主机 2 上的邮件服务器建立连接

在获取到进来的请求以后,进程服务器派生出被请求的服务器,允许该服务器继承现有的与用户的连接。新服务器执行用户请求的工作,而进程服务器又回去继续监听新的连接请求,如图 6-9(b)所示。这种方法只适用于服务器可按需创建的情形。

6.2.2　连接建立

建立一个连接听起来很容易,但是实际上极为复杂。初看起来,好像一个传输实体只要给目标方发送一个 CONNECTION REQUEST 段,然后等待 CONNECTION ACCEPTED 应答就足够了。当网络可能出现丢失、延迟、损坏和重复数据包时,问题就发生了。这些行为将导致情况严重地复杂化。

问题：延迟和重复的数据包

想象一个网络非常拥塞,以至于这些确认数据包几乎都无法及时返回,需要重传两次或者三次甚至更多。假设该网络内部使用数据包,并且每个数据包遵循不同的路径。有些数据包可能受到网络流量拥挤的影响,需要很长时间才能到达。也就是说,它们可能在网络中被延迟了,许久以后才被网络发送出来,而此时发送方认为它们已经丢失了。

可能出现的最坏情况是这样的：用户建立了一个与银行的连接,并且发送消息告诉银行把一大笔钱转到一个并不是完全值得信赖的人的账户。不幸的是,这些数据包决定采取一条到目标方的“风景”路径,去探索网络的某个偏僻角落。然后,发送方超时,并且再次发送这些消息。这一次,数据包采取了最短的路径,并且很快被交付给接收方,所以发送方释放了连接。

不幸的是,原先的那批数据包终于从某个隐藏处冒了出来,并且按顺序到达目标方,请求银行建立一个新的连接和转账(再次)。银行没有办法得知这些是重复请求。它必须假设这是第二个并且独立的交易请求,因此再次转账。

这种场景可能听起来似乎不太可能发生,甚至令人难以置信,但问题就是这样:协议必须被设计成在所有情况下都是正确的。在常见的情况下协议被高效地实现,以便获得良好的网络性能;但协议也必须能够处理不常见的情形,不会导致中断。如果协议做不到这一点,则建立的是一个只有环境好的时候才能用的网络,当环境恶劣时网络毫无警告就失败了。

本节的其余部分将研究延迟重复的问题,关注以可靠方式建立连接的算法,因此类似上面的梦魇不可能发生。问题的症结在于,被延迟的重复数据包被当作新数据包对待。我们不能阻止数据包被重复和被延迟。但如果真的发生了这种情况,那么这些数据包必须被当作重复数据包而拒绝,不能把它们当作新数据包处理。

这个问题可以有各种方法解决,但没有一种令人非常满意。一种方法是使用一次性的传输地址。在这种方法中,每次当需要一个传输地址时,都会产生一个全新的地址。当连接被释放时,该地址将被丢弃,并永远不会再使用。然后,延迟的重复数据包将永远找不到抵达传输进程的途径,从而不会造成损失。然而,这种方法使得首次与一个进程建立连接变得非常困难。

另一种方法是,连接发起方为每个连接选择一个唯一标识符(即一个序号,每建立一个连接,该序号就递增),并且将该标识符放在每个段中,也包括请求建立连接的那个段。当一个连接被释放时,传输实体可以更新一张表,该表列出了所有过期的连接,形式为“对等传输实体,连接标识符”对。每当一个连接请求到达时,就可以跟这张表对照检查,看该连接请求是否属于某一个以前已被释放的连接。

不幸的是,这种方法有一个基本缺陷:它要求每个传输实体无限期地维护一定数量的历史信息。这些历史信息必须保存在源主机和目标主机上。否则,如果一台主机崩溃,丢失了它的内存,那么它就无法知道哪些连接标识符已经被对等传输实体用过了。

因此,需要采用不同的策略简化该问题。不再允许数据包在网络中无限期地生存下去,而是设计一种机制杀死那些已经过时但仍在网络中蹒跚的数据包。有了这个限制,问题就变得好管理多了。

数据包的生存期可以用以下一种(或多种)技术被限定在一个给定的最大值以内:

(1) 设定限制的网络设计。

(2) 在每个数据包中放置一个跳计数器。

(3) 为每个数据包打上时间戳。

第一种技术包括任何一种避免数据包进入循环的方法,并结合某种限定延迟的方法,包括在(已知的)最长可能路径上拥塞而延迟的上界。既然互联网络的范围可能从单个城市到国际性的区域,这是很难做到的。第二种技术将跳计数器初始化为某个适当的值,然后每次数据包被转发的时候该跳计数器递减,网络协议简单地丢弃那些跳计数器变成0的数据包。第三种技术要求每个数据包携带它的创建时间,路由器同意丢弃那些时限超过某个达成一致的时间值的数据包。这种方法要求同步所有路由器的时钟,而这本身不是一件很容易完成的任务,实际上用跳计数器足够近似于生存期。

在实践中，不仅要保证一个数据包的死亡，而且也要保证它的所有确认也死亡，所以现在引入周期 T，它是数据包实际最大生存期的某个不太大的倍数。数据包的最大生存期是一个网络的保守常数，对于 Internet 来说，它有点随意地取了 120s。而倍数与具体的协议有关，它只影响 T 的长短。如果在一个数据包被发送出去以后等待了 T 秒时间，那么就可以确信该数据包的所有痕迹现在都没有了，它和它的确认将来都不会突然冒出来而使问题复杂化。

限定了数据包生存期的上界以后，就有可能制定一种实际的并且万无一失的方法拒绝延迟的重复段。下面描述的方法来源于 Tomlinson 的论文(1975)，又被 Sunshine 等(1978)做了进一步提炼。它的一些变体方法已被广泛应用于实践中，包括 TCP。

该方法的核心是，源端用序号为段打上标签，该序号在 T 秒内不被重复使用。周期 T 以及数据包的速率确定了序号的大小。这样，在任何给定的时刻，具有给定序号的数据包只可能有一个在进行中。这个数据包的副本仍然有可能出现，但是它们必须被目标方丢弃。然而，这样的情况不会再发生，即一个因延迟而重复的旧数据包击败一个具有相同序号的新数据包，取而代之地被目标方接收。

为了解决一台主机崩溃以后丢失所有关于它在哪里的记忆问题，一种可能的做法是，要求传输实体在主机恢复以后空闲 T 秒。这段空闲期将让所有旧的段全部死掉，因而发送方可以从任何一个序号值重新开始。然而，在复杂的互联网络中，T 可能会很大，因此这种策略不具有吸引力。

相反，Tomlinson 建议每台主机都配备一个日时钟(time-of-day clock)。不同主机上的时钟不需要同步。假定每个时钟均采用了二进制计数器的形式，该计数器以统一的时间间隔递增。而且，计数器的位数必须等于或者超过序号的位数。最后，也是最重要的，即使主机停机了，该时钟也能继续运行。

当一个连接被建立时，时钟的低 k 位被用于同样是 k 位的初始序号。因此，与第3章中的协议不同的是，每个连接都从一个完全不同的初始序号开始对它的段进行编号。序号空间应该足够大，以便当序号回绕时，那些具有相同序号的旧的段都已经消失很久了。时间和初始序号之间的这种线性关系如图 6-10(a)所示。禁止区域显示了段序号非法使用的对应时间。如果任何发出去的段的序号落在禁止区域，那么它可能被延迟，它假冒了一个稍后不久将要发出的具有相同序号的另一个的段。例如，如果主机在 70s 时崩溃并重新启动，它将基于它崩溃后的时钟使用初始序号，而不会用一个位于禁止区域中的较低的序号启动。

一旦双方的传输实体已经同意了初始序号，则可以用任何一个滑动窗口协议控制数据流。滑动窗口协议将正确地发现并丢弃早就已经接受的重复数据包。事实上，初始序号曲线(图 6-10 中的粗线)并不是线性的，而是一条梯状线，因为时钟是离散前进的。为了简化起见，图 6-10 忽略了这一细节。

为了保持数据包序号位于禁止区域的外面，必须兼顾两个方面。协议可能以两种不同方式遇到麻烦。如果一台主机在一个新打开的连接上太快地发送太多数据，则实际序号曲线可能比初始序号曲线还要陡，导致序号进入禁止区域。为了防止这种情况发生，任何一个连接上的最大数据速率是每个时钟滴答发送一段。这同时也意味着在主机崩溃并重启动之后，传输实体必须等待时钟滴答，才能打开一个新的连接，以免同样的序号被使用两次。这两点都倾向于使用短的时钟滴答(1μs 甚至更短)。然而，相对序号来说时钟不能滴答得太

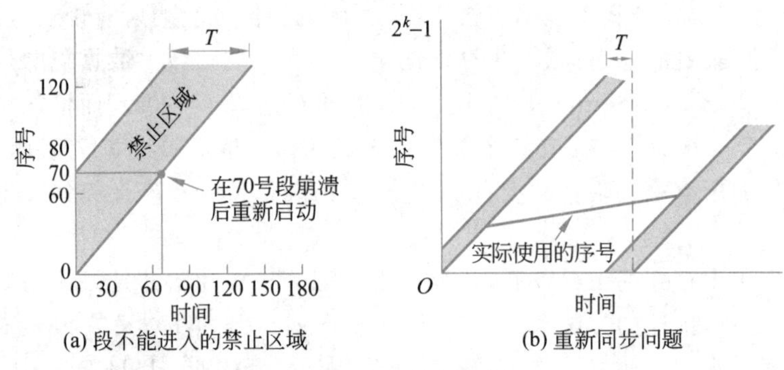

图 6-10 序号与时间

快。假设时钟速率为 C,序号空间大小为 S,则必须有 $S/C>T$,才能使序号不会太快就回绕。

由于发送速度太快而造成由下方往上进入禁止区域并不是带来麻烦的唯一情况。从图 6-10(b)可以看出,如果以任何低于时钟速率的数据速率发送,实际序号曲线最终当序号回绕时也会从左边进入禁止区域中。实际序号曲线的斜度越大,则这种事件的发生延迟得越久。为了避免这种情况,在一个连接上序号递增的速度不能太慢(或者连接不能持续太久)。

基于时钟的方法解决了无法区分延迟的重复段与新段的问题。然而,要把这种方法用于连接建立过程还有一个实际的问题。因为通常不会在目标方跨连接记住序号,所以依然无法知道一个包含初始序号的 CONNECTION REQUEST 段是否为最近一个连接的重复请求。这个问题在单个连接期间不会存在,因为滑动窗口协议能记住当前序号。

方案:三次握手

为了解决这一特定的问题,Tomlinson(1975)引入了三次握手(three-way handshake)。这个用于建立连接的协议涉及一方与另一方检查该连接请求是否真的是当前的。图 6-11(a)显示了当主机 1 发起连接请求时的正常建立过程。主机 1 选择一个序号 x,并且发送一个包含 x 的 CONNECTION REQUEST 段(在图 6-11 中用 CR 表示)给主机 2。主机 2 回应一个 ACK 段作为对 x 的确认,并且宣告它自己的初始序号 y。最后,主机 1 在它发送的第一个数据段中对主机 2 选择的初始序号进行确认。

现在来看当出现延迟的重复控制段时三次握手协议是如何工作的。在图 6-11(b)中,第一个段是一个旧连接上被延迟的重复 CONNECTION REQUEST 段。该段到达主机 2,而主机 1 对此并不知情。主机 2 对这个段的回应是给主机 1 发送一个 ACK 段,其效果相当于要求验证主机 1 是否真的试图建立一个新的连接。当主机 1 拒绝了主机 2 的连接建立企图时,主机 2 就意识到它被一个延迟的重复段所蒙蔽了,于是放弃该连接。这样,一个延迟的重复段没有造成任何问题。

最坏的情形是,当延迟的 CONNECTION REQUEST 段和 ACK 段同时出现在网络中时。这种情形如图 6-11(c)所示。如同前一个例子一样,主机 2 得到一个延迟的 CONNECTION REQUEST 段,并对它进行了回应。在这里,关键是必须意识到,主机 2 已经建议使用 y 作为从主机 2 到主机 1 之间流量的初始序号,同时也要知道,现在已经没有包含序号为 y 的段或者对 y 的确认。当第二个延迟的段最终到达主机 2 时,z 已经被确认,而

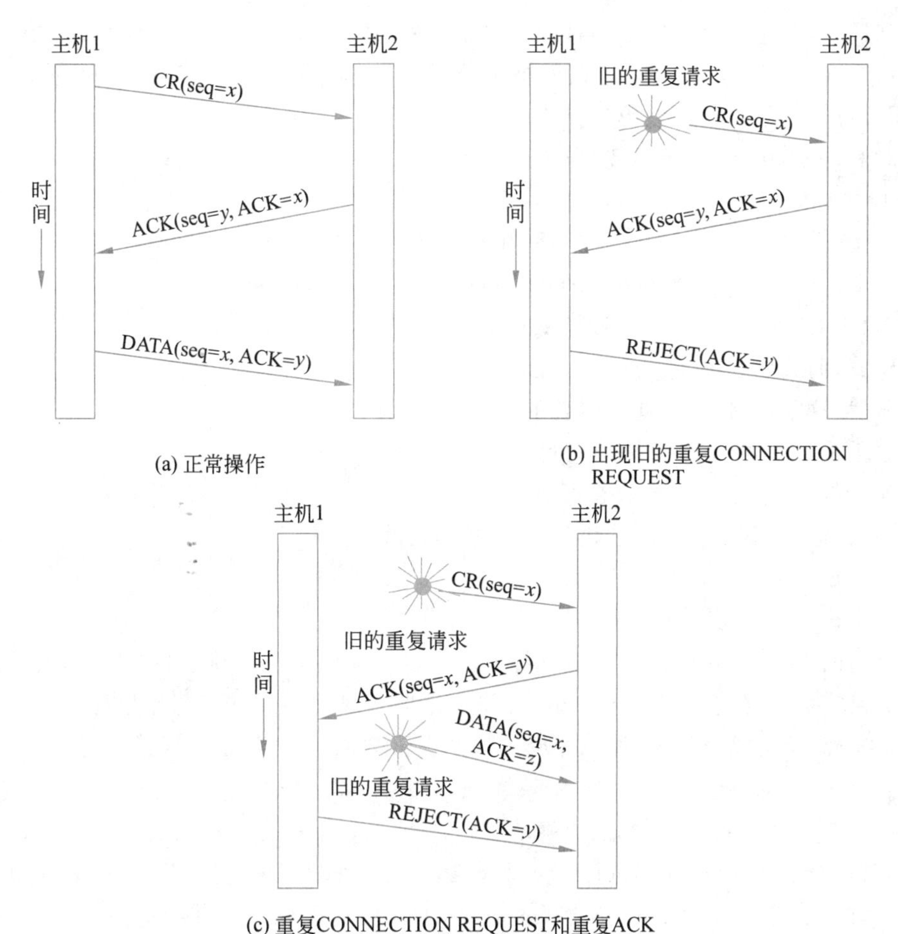

图 6-11　采用三次握手建立连接时的 3 种协议场景

不是 y 被确认，这一事实告诉主机 2 这也是一个旧的重复段。在这里，必须认识的一件非常重要的事情是：旧的段的任何组合都不能够让协议失败，也不会出人意料地偶然建立一个连接。

TCP 总是使用三次握手建立连接。在一个连接期间，时间戳被用来扩展 32 位序号，以便它在最大数据包生存期间不会回绕，甚至对于每秒千兆位的连接也一样。随着 TCP 被用在越来越快的链路上，这种机制是对 TCP 的一个修复。该机制由 RFC 1323 描述，称为 PAWS(Protection Against Wrapped Sequence numbers，防止序号回绕)。在 PAWS 机制发挥作用以前，针对跨越连接的情形，对于初始序号，TCP 最初使用了刚刚描述过的基于时钟的方案。然而，它存在一个安全缺陷。时钟使得攻击者很容易预测到下一个初始序号，并且发送数据包欺骗三次握手以建立一个伪造的连接。为了堵住这个漏洞，在实践中为这些连接采用了伪随机的初始序号。然而，仍然很重要的一点是，初始序号不能在一个间隔后重复，即使对于一个观察者来说它们像是随机的。否则，延迟的重复数据段可能会造成破坏。

6.2.3　连接释放

释放一个连接比建立一个连接要容易得多。然而，这里也有比预想更多的陷阱。正如前面提到过的,终止一个连接有两种风格:非对称释放和对称释放。非对称释放是电话系统的工作方式:当一方挂机时,连接就被中断了。对称释放是把连接看成两个独立的单向连接,要求每一个单向连接被单独释放。

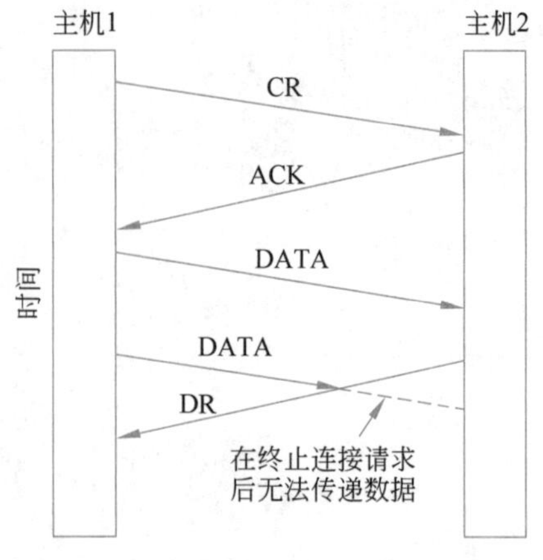

图 6-12 突然终止连接导致数据丢失

非对称释放可能会导致数据丢失。请考虑图 6-12 中的场景。当连接被建立以后,主机 1 发送一个段,它正确地到达了主机 2。然后,主机 1 发送另一段。不幸的是,主机 2 在第二个段到达以前发出了 DR(DISCONNECTION REQUEST)。结果该连接被释放,而数据丢失了。

很显然,这里需要一个更加精巧的释放协议以避免数据丢失。一种方法是使用对称释放,每个方向被单独释放,两个方向的释放相互独立。这里,即使当主机发送了 DR 段以后,它仍然可以继续接收数据。

当每个进程有固定数量的数据要发送,并且清楚地知道何时发送完这些数据时,对称释放就可以这么做了。在其他的情形中,要确定所有的工作都已完成并且连接应该被终止,这并不是那么显而易见的。想象这样一个协议:主机 1 说:"我已经完成任务了,你也完成了吗?"主机 2 回答:"我也完成了。再见,可以安全地释放连接了。"

不幸的是,这个协议并不总能正确地工作。有一个著名的问题说明了这点。它就是所谓的两军队问题(two-army problem)。请想象一支白军驻扎在一个山谷中,两旁的山上都是蓝军,如图 6-13 所示。白军的实力超过了两旁任何一支蓝军单独的实力,但是两支蓝军合起来的实力却超过了白军。如果任何一支蓝军单独发起进攻,则它将被白军击败;但是,如果两支蓝军同时发起攻击,则蓝军将会取得胜利。

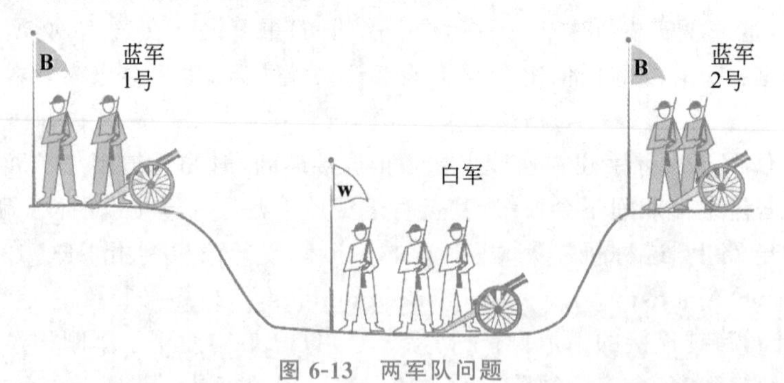

图 6-13 两军队问题

两支蓝军希望能够同时发动攻击。然而,它们唯一的通信媒介是派通信员步行穿过山谷,而在穿越山谷时士兵可能会被白军抓住,从而丢失消息(即它们不得不使用一条不可靠的通信信道)。现在的问题是:是否存在一个让蓝军获胜的协议?

假设蓝军 1 号的指挥官发送了这样一条消息:"我建议我们在 3 月 29 日的黎明时分发起进攻。怎么样?"现在假设该消息到达了蓝军 2 号,蓝军 2 号指挥官同意这一建议,并且他的回信安全地送到了蓝军 1 号。进攻会如期进行吗?可能不会,因为蓝军 2 号指挥官不知道他的回信是否能送到。如果回信没有送到,蓝军 1 号将不会发动进攻,所以对他来说,贸然发动进攻将是十分愚蠢的。

现在对协议进行改进,将它变成一个三次握手协议。最初建议的发起方必须对应答消息进行确认。假设没有消息丢失,蓝军 2 号将得到确认;但是,蓝军 1 号指挥官现在犹豫了。毕竟,他不知道他的确认信是否送过去了,如果确认信没有送到蓝军 2 号,他知道蓝军 2 号就不会发动进攻。我们现在可以设计一个四次握手协议,但是,这无助于解决上面任何一个问题。

实际上,可以证明完成这一任务的协议并不存在。假设存在某个协议可以正确工作。该协议的最后一条消息可能至关重要,也可能不那么重要。如果不重要,则从协议中去掉这条消息(以及其他所有无关紧要的消息),直至得到一个协议,其中每条消息都是至关重要的。如果最后一条消息没有被送过去,则会发生什么情况? 刚才说过了它是至关重要的,所以如果它丢失了,则进攻就不会发生。由于最后一条消息的发送方永远也无法确定它是否正确地到达,所以他不会冒险发动进攻。更糟的是,另一支蓝军也明白这一点,所以它也不会发动进攻。

为了看清楚两军队问题与释放连接问题之间的相关性,用"断开连接"来代替"发动进攻"。如果任何一方要在确定另一方也准备好断开连接以后才断开连接,那么,断开连接的动作将永远不会发生。

在实践中,可以放弃双方必须达成一致的必要性,而是把问题推给传输用户,让每一方独立地决定何时连接结束,从而避免上述窘境。这是一个解决起来容易得多的问题。图 6-14 显示了使用三次握手法释放连接的 4 个场景。虽然这个协议并非绝对没有错误,但是通常已经足够了。

在图 6-14(a)中,正常情况下,一个用户发送一个 DR 段发起释放连接的过程。当该段到达时,接收方发回一个 DR 段,并启动一个计时器,设置计时器的目的是为了防止它的 DR 段丢失。当这个 DR 段到达时,最初的发送方发回一个 ACK 段,并且释放该连接。最后,当该 ACK 段到达时,接收方也释放该连接。释放一个连接意味着传输实体将有关该连接的信息从它的内部表(记录了所有当前已打开的连接)中删除,并且通过某种方式通知该连接的所有者(传输用户)。这一动作与传输用户发出一个 DISCONNECT 原语有所不同。

如果最后的 ACK 段被丢失,则如图 6-14(b)所示,这种情形可以通过一个计时器来补救。当计时器超时时,无论如何该连接都要被释放。

现在考虑第二个 DR 段丢失的情形。发起释放连接的用户将接收不到期望的响应,所以它将超时,于是再次启动释放连接的过程。在图 6-14(c)中,可以看到这一工作过程,这种情况假定第二次过程中没有段丢失,所有的段都被及时、正确地递交了。

图 6-14(d)所示的场景与图 6-14(c)中的相同,但由于段丢失的原因,现在假定所有重传 DR 段的尝试都失败了。在经过 N 次重试以后,发送方放弃了,并且释放了连接。同时,接收方超时,也退出连接。

虽然这个协议在通常情况下已经足够了,但在理论上,如果初始的 DR 段和 N 次重传全部丢失,则协议可能失败。发送方将放弃发送释放连接请求并强行释放连接,而另一方对所有的释放连接尝试一无所知,它的连接仍然处于完全活跃状态。这种情况会导致一个半开的(half-open)连接。这是不可接受的。

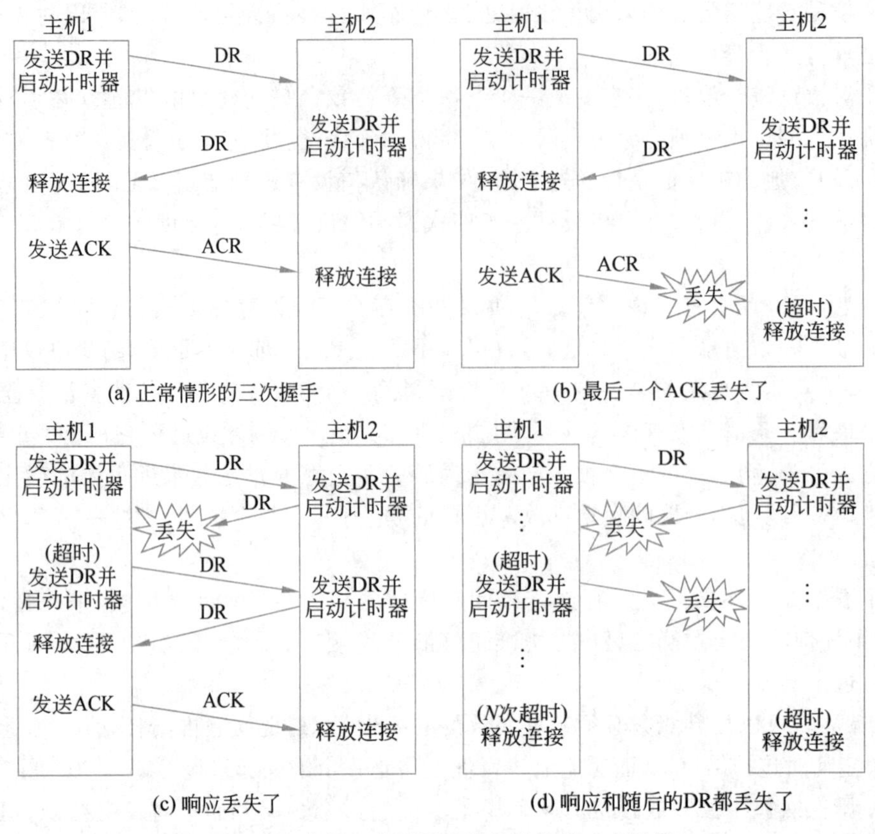

图 6-14 使用三次握手法释放连接的 4 个场景

如果不允许发送方在经过 N 次重试之后放弃,而是强迫它不停地重试,直至得到一个响应,那么就可以避免这个问题。然而,如果另一方允许超时,那么发送方将真的要永远尝试下去了,因为没有响应会出现了。如果不允许接收方超时,那么图 6-14(d)中的协议将会停滞不前。

杀死半开连接的一种做法是采用这样一个规则:如果在规定的一段时间内没有段到来,则该连接将被自动断开。以这种方式,如果一方断开连接,则另一方将检测到该连接缺少活动,于是也会将其断开。这个规则也需要考虑到双方都没有结束连接而连接被中断的情形(因为网络不再是在主机之间传送数据包)。

当然,如果引入这一规则,那么每当传输实体发送一个段时,它必须让一个计时器先停止,然后再重新启动。如果该计时器超时,则传送一个哑段,其目的仅仅是为了避免另一方断开此连接。另一方面,如果采用了自动断开连接规则,并且在一个空闲连接上多个连续的哑段都丢失,则首先是一方然后是另一方都将自动断开连接。

我们不再过多地讨论释放连接问题了,但是现在你应该很清楚,释放一个连接并且没有丢失数据,这并不像初看起来那么简单。这里传达的教训是,传输用户必须参与进来,决定何时断开连接——这个问题不可能由传输实体本身彻底解决。为了看清楚应用程序在这里的重要性,请考虑这样的情形:虽然 TCP 通常采用对称释放方式关闭连接(每一边在发送完自己的数据以后用一个 FIN 数据包独立地关闭其一半的连接),但是,许多 Web 服务器给客户发送一个 RST 数据包，导致突然关闭该连接，这种工作方式更像非对称关闭方式。这种方式能正常工作，仅仅是因为 Web 服务器知道数据交换的模式。首先，它接收到来自客户的请求，这是客户要发送的所有数据；然后它给客户发送一个响应。

当 Web 服务器结束了它的响应时，意味着两个方向上的所有数据都已经发送完毕。服务器可以给客户发送一个警告，并且骤然关闭连接。如果客户得到这一警告，它将当场释放它的连接。如果客户没有得到警告，则最终它会意识到服务器不再与自己交谈，并释放连接。在这两种情况下数据都已经被成功传送过去了。

6.2.4　错误控制和流量控制

在详细讨论了连接的建立和释放过程以后，现在看一看如何在连接使用过程中对连接进行管理。关键问题是错误控制和流量控制。错误控制是指确保数据按照期望的可靠性水平进行递交，通常指所有的数据均被无错误地递交。流量控制是指防止一个快速的发送方淹没一个慢速的接收方。

这两个问题在讨论数据链路层的时候都碰到过。传输层采用的解决方案与在第 3 章中介绍过的机制一样。这里再简单回顾一下：

(1) 帧中携带一个错误检测码（比如 CRC 或者校验和），用于检测信息是否被正确接收。

(2) 帧中携带一个序号，用于标识该帧，发送方在收到接收方成功接收后返回的确认以前重发该帧。这种机制称为 **ARQ**(Automatic Repeat reQuest，**自动重发请求**)。

(3) 任何时候发送方允许发送出去但尚未有结果的帧数有一个最大值。如果接收方未能足够快速地确认这些帧，则必须暂停发送。如果此最大值是一个数据包，那么该协议称为**停-等式**协议。窗口越大，越使得流水线能够持续运行，在距离长且速度快的链路上提高性能。

(4) **滑动窗口**协议结合了这些特性，还能用于支持数据的双向传送。

既然这些机制已经应用在数据链路层的帧上，很自然人们会奇怪为什么它们也适用于传输层的段。然而，在实践中数据链路层和传输层的重复很少。即使使用相同的机制，它们在功能上和程度上仍然有差异。

对于功能上的差异，请考虑错误检测。数据链路层的校验和保护一个穿过单条链路的帧。传输层的校验和则保护跨越整个网络路径的段，这是一个端到端的检查，与每条链路上的检查并不相同。Saltzer 等(1984)描述了数据包在一台路由器内部被损坏的情形。链路层校验和只保护数据包穿越一条链路的过程，而没有保护它们在路由器内部的过程。因此，即使根据每条链路的校验和检查数据包都是正确的，但是它们仍然会被不正确地递交。

Saltzer 等给出的这个例子和其他的例子阐明了**端到端的观点**(end-to-end argument)。根据这种观点，执行端到端的传输层检查对传输的正确性至关重要，而数据链路层的检查反而不是那么重要，但对于提高性能也仍然有价值（如果没有数据链路层的检查，损坏的数据包就必须沿整条路径发送，这是不必要的）。

至于程度上的差异，请考虑重传和滑动窗口协议。对于大多数无线链路，除了卫星链路以外，发送方只能有一帧在途中。也就是说，链路的带宽-延迟乘积足够小，甚至不能在链路上存储一个完整的帧。在这种情况下，一个小的窗口足够产生良好的性能。例如，IEEE

802.11 使用停-等式协议,每个帧被传输或者重传,直到它被确认,才会移动到下一帧。大于一帧的窗口将会增加复杂性,同时并不会提高性能。对于有线和光纤链路,比如(交换式)以太网或 ISP 骨干网,错误率足够低,因而链路层的重传可以忽略,因为端到端的重传会修复残留的帧丢失问题。

另一方面,许多 TCP 连接拥有的带宽-延迟乘积远远大于单个段。考虑跨越美国发送数据的一个连接,发送速率为 1Mb/s,往返时间为 200ms。即使这样一个慢速连接,在发送方发送一个段到接收到一个确认的这段时间内,有 200KB 的数据将存储在接收方。在这样的情况下,必须使用一个大的滑动窗口。停-等式协议将会削弱性能。在这个例子中,它会限制性能,无论网络实际有多快,总是每 200ms 发送一段,或者说每秒 5 段。

既然传输协议通常使用较大的滑动窗口,我们将着眼于更仔细的缓冲数据的问题。由于一台主机可能有许多个连接,每个连接被单独对待,因此它可能需要相当数量的缓冲空间用于滑动窗口。发送方和接收方都需要缓冲区。毫无疑问,发送方需要用这些缓冲区存放所有已经传输但尚未得到确认的段。发送方之所以需要这些缓冲区,是因为这些段可能会丢失,从而需要重传。

然而,由于发送方缓冲发送的段,所以,接收方可能会也可能不会为特定的连接设置专用的缓冲区,具体按它认为合适的方式选择。例如,接收方可能只维护一个缓冲区池让所有的连接共享。当一个段到达时,接收方试图动态获得一个新的缓冲区。如果刚好有个缓冲区可用,则该段被接受,否则它将被丢弃。由于发送方准备好了要重新传输那些被网络丢失的段,所以,接收方丢弃段并不会造成永久的损害,尽管要浪费一些资源。发送方不断尝试发送,直到它得到一个确认为止。

源缓冲和目标缓冲之间的最佳权衡取决于该连接承载的流量的类型。对于低带宽的突发流量(比如在远程计算机上用户键盘输入产生的流量),不设置任何缓冲区是合理的,只要在两侧动态地获取数据就可以了;如果段肯定偶尔会被丢弃,则依赖于发送方的缓冲就可以了。而对于文件传输和绝大多数其他的高带宽流量,如果接收方有专用的满窗口的缓冲区则最好了,这样能允许数据流以最大速率发送。这就是 TCP 使用的策略。

还剩下一个问题涉及如何组织缓冲区池。如果大多数段的大小都差不多,那么,很自然的做法是将这些缓冲区组织成一个由大小相等的缓冲区构成的池,每个缓冲区容纳一个段,如图 6-15(a)所示。然而,如果段大小的差异很大,既有请求 Web 网页的短的段,也有 P2P 文件传输中的大数据包,那么,用固定长度的缓冲区池就有问题。如果将缓冲区的大小设置成等于最大的段,那么当短的段到来时就会浪费空间;如果将缓冲区的大小设置成小于最大的段,则大的段就需要多个缓冲区,从而带来额外的复杂性。

解决缓冲区大小问题的第二种方法是使用可变大小的缓冲区,如图 6-15(b)所示。它的优点是能获得更好的内存利用率,付出的代价是缓冲区的管理更加复杂。第三种可能的方案是为每个连接使用一个大的环形缓冲区,如图 6-15(c)所示。这个系统简单而优雅,并且不依赖于段的大小,但只有当这些连接上有重度负载时,它才充分使用了内存。

随着连接的打开和关闭以及流量模式的变化,发送方和接收方需要动态地调整它们的缓冲区分配策略。因此,传输协议应该允许发送主机请求另一端的缓冲区空间。缓冲区可以分配给每一个连接,或者综合分配给两台主机之间当前正在运行的所有连接。另一种做法是,由于接收方知道自己的缓冲区的情况(但是不知道流量的情况),它可以告诉发送方

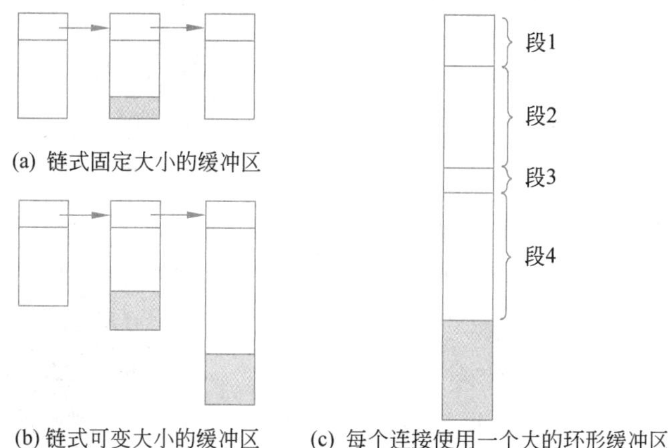

(a) 链式固定大小的缓冲区

(b) 链式可变大小的缓冲区　　(c) 每个连接使用一个大的环形缓冲区

图 6-15　可变大小的缓冲区

“我已经为你预留了 X 个缓冲区。”如果打开的连接数量应该会增加，则或许有必要减少为每个连接分配的缓冲区数，所以，该协议应该提供这种可能性。

为了管理动态缓冲区的分配，一种合理的惯常做法是将缓冲与确认机制分离，这种做法与第 3 章介绍的滑动窗口协议做法不同。动态的缓冲区管理实际上意味着一个可变大小的窗口。初始时，发送方根据它的需求请求一定数量的缓冲区。然后，接收方根据它的能力分配尽可能多的缓冲区。每次发送方传输一段，必须减小分配给它的缓冲区数，当分配给发送方的缓冲区数达到 0 时，完全停止发送。接收方在逆向流量中捎带上单独的确认和缓冲区分配数。TCP 采用这种方案将缓冲区的分配捎带在头部的 Window size 字段中。

图 6-16 显示了在一个数据报网络中动态分配缓冲区的例子，其中序号用 4 位标识。在此例子中，段的数据流从主机 A 发往主机 B，段的确认和缓冲区分配流的方向相反。初始时，A 想要 8 个缓冲区，但是，它只被授予了 4 个。然后 A 发送 3 个段，其中第 3 个段被丢失。段 6 确认了已经接收到直至(含)序号 1 的所有段，从而允许 A 释放这些缓冲区，同时进一步通知 A，允许发送从序号 1 之后开始的 3 个段(即段 2、3 和 4)。A 知道自己已经发送了段 2，所以它认为现在可以发送段 3 和段 4，于是它接下去就这么做了。此刻，A 被阻塞，它必须等待 B 分配更多的缓冲区。然而，在阻塞过程中，因超时而导致的重传可能会发生(步骤 9)，因为重传帧所用的缓冲区早已被分配。在步骤 10，B 确认已经接收到直至(含)序号 4 的所有段，但是拒绝让 A 继续发送。这样的情形对于第 3 章中的固定大小窗口协议是不可能发生的。下一个从 B 到 A 的段表明 B 已分配了另一个缓冲区，从而允许 A 继续发送。当 B 有缓冲区空间时就会发生这种情况，很可能传输用户接收了更多的段数据。

步骤	主机 A	消　息	主机 B	注　释
1	→	< request 8 buffers>	→	A 需要 8 个缓冲区
2	←	<ack = 15, buf = 4>	←	B 只同意接收段 0～3
3	→	<seq = 0, data = m0>	→	A 现在剩 3 个缓冲区
4	→	<seq = 1, data = ml>	→	A 现在剩 2 个缓冲区

图 6-16　动态缓冲区分配

步骤	王机 A	消　息	主机 B	注　释
5	→	<seq = 2, data = m2>	…	段丢失,但 A 认为还剩 1 个段
6	←	<ack = i, buf = 3>	←	B 确认段 0 和 1,允许段 2~4
7	→	<seq = 3, data = m3>	→	A 有 1 个缓冲区
8	→	<seq = 4, data = m4>	→	A 耗尽缓冲区,必须停止
9	→	<seq = 2, data = m2>	→	A 超时,并且重传
10	←	<ack = 4, buf = 0>	←	B 确认了所有的段,但 A 仍然被阻塞
11	←	<ack = 4, buf = 1>	←	A 现在可以发送段 5
12	←	<ack = 4, buf = 2>	←	B 从某处找到了 1 个新缓冲区
13	→	<seq =5, data = m5>	→	A 还剩下 1 个缓冲区
14	→	<seq =6, data = m6>	→	A 被再次阻塞
15	←	<ack =6, buf = 0>	←	A 仍然被阻塞
16	…	<ack =6, buf = 4>	←	潜在的死锁

箭头显示传输的方向。省略号指出丢失一个段。

图 6-16 （续）

在数据报网络中,如果控制段可能丢失(肯定也会丢失),则这种缓冲区分配方案可能引发问题。请看第 16 行,B 现在为 A 分配了更多的缓冲区,但是,这个分配缓冲区的段丢失了。由于控制段没有序号,也不会超时,所以 A 现在死锁了。为了避免出现这种情况,每台主机应该定期地在每个连接上发送控制段,这些控制段给出确认和缓冲区状态。采用这种方法,死锁迟早会被打破。

到现在为止,有一个假设,对发送方数据速率强加的唯一限制是在接收方可供使用的缓冲区空间数量。情况往往并非如此。内存曾经很昂贵,但现在价格已经大幅下降了。主机可能配备了足够的内存,因此缓冲区短缺已经不是问题,即使对于广域连接也很少还是问题。当然,这取决于缓冲区是否被设置得足够大,并非总是 TCP 的情况(zhang 等,2002)。

当缓冲区空间不再限制最大数据流时,另一个瓶颈将会出现:网络的承载能力。如果相邻路由器之间每秒至多交换 x 个数据包,并且在一对主机之间有 k 条互不相交的路径,那么,不管连接的两端有多少可用的缓冲区空间,它们每秒交换的段不可能超过 kx 个。如果发送方推进得太快(即发送速率超过 kx 段/秒),则网络将变得拥塞,因为它不可能以超过段的进入速度递交这些段。

这里需要的是一种基于网络承载容量而不是接收方缓冲容量的限制传输的机制。Belsnes(1975)建议使用一种滑动窗口流量控制方案,在他的方案中,发送方动态地调整窗口的大小,以便与网络的承载容量相匹配。

这意味着动态滑动窗口可以同时实现流量控制和拥塞控制。如果网络每秒能够处理 c 个段,并且往返时间是 r(包括发送、传播、排队、接收方的处理以及确认的返回所用的时间),那么发送方的窗口大小应该是 cr。使用这样大小的窗口,发送方通常可以按流水线方式全速地运行。网络性能只要下降一点点,就有可能导致发送方被阻塞。因为任何一个给定流的可用网络容量随时在变化，所以，窗口大小也应该频繁地做出调整，以跟踪当前网络承载能力的变化。正如后面将看到的那样，TCP 使用了类似的方案。

6.2.5 多路复用

多路复用(或多个会话共享连接、虚电路和物理链路)在网络体系结构的几个层次中发挥着作用。在传输层，有很多情况需要多路复用。例如，如果主机只有一个网络地址可用，则该主机上的所有传输连接都必须使用这个地址。当一个段到达时，必须以某种方式指明，将它交给哪个进程进行处理。这种情况称为多路复用(multiplexing)，如图 6-17(a)所示。在其中，4 个独立的传输连接都使用了同样的网络连接(即 IP 地址)到达远程主机。

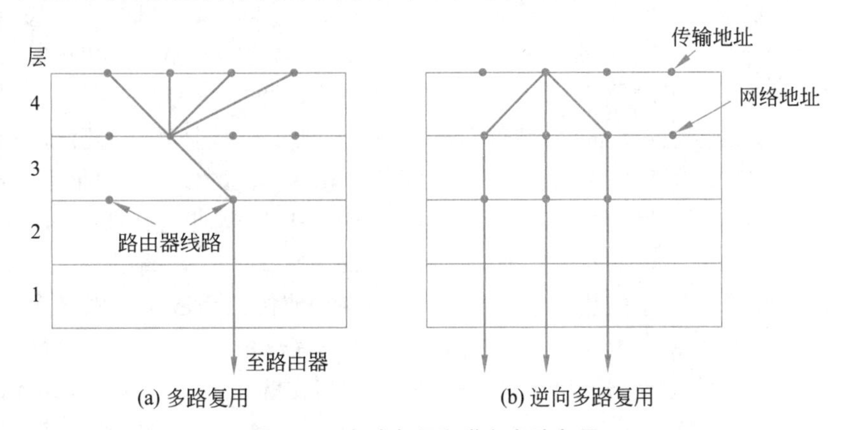

图 6-17 多路复用和逆向多路复用

多路复用对传输层之所以非常有用，还有另一个原因。例如，假设一台主机有多条网络路径可以使用。如果用户需要的带宽和可靠性比其中一条路径能提供的还要多，那么一种解决办法是以轮询的方式把一个连接上的流量分摊到多条网络路径上，如图 6-17(b)所示。这种方法称为逆向多路复用(inverse multiplexing)。若打开了 k 个网络连接，则有效带宽可能以 k 的倍数增长。逆向多路复用的一个例子是 SCTP(Stream Control Transmission Protocol，流控制传输协议)，它可以利用多个网络接口运行一个连接：相反，TCP 使用了单个网络端点。当把几条低速率的链路并行用作一条快速链路时，也可以在链路层上找到逆向多路复用的应用。

6.2.6 崩溃恢复

如果主机和路由器面临崩溃，或者连接的持续时间很长(比如正下载一个大软件或媒体文件)，那么，如何从崩溃中恢复运行就成为一个问题。如果传输实体整个位于主机内部，则从网络和路由器的崩溃中恢复比较简单。传输实体总是有可能会丢失段，它们可以通过重传处理这些丢失的段。

更加麻烦的问题是如何从主机的崩溃中恢复。尤其是当服务器崩溃并且快速重启动时，客户可能期望能够继续工作。为了说明其中的困难，假设一台主机(客户)使用一个简单的停-等式协议正在给另一台主机(文件服务器)发送一个大文件。服务器上的传输层只是简单地将进来的段逐个传递给传输实体。在传输到一半时，服务器崩溃了。当服务器恢复运行时,它的内部表被重新初始化,所以它根本不知道传输过程进行到哪里了。

为了从崩溃的状态中恢复,服务器可能给所有其他主机发送一个广播段,宣告自己刚才崩溃了,并要求它的客户通知它关于所有打开的连接的状态。每个客户可能处于以下两种状态之一:发出一个段,但尚未确认,称为状态 S1;没有未完成的段,称为状态 S0。根据自身的状态信息,客户必须确定是否重传最近的段。

初看起来似乎很明显:当客户知道服务器崩溃时,当且仅当有一个未确认的段时(即处于状态 S1)它才应该重传该段。然而,进一步探究便会发现这种原始做法的困难。例如,请考虑这样的情形:服务器的传输实体首先发送一个确认,然后,在确认被发出以后再将段写到应用进程。发送一个确认和将一个段写到输出流,这是两件不能同时完成的独立事件。如果在确认被发送出去以后、在写操作完成以前崩溃发生了,那么客户将会接收到确认,因此,当崩溃恢复的通告消息到来时,该客户处于状态 S0。因此客户不会重传段,它错误认为段已经到达服务器了。客户的这一决定将导致错失一个段。

此刻你可能会这样想:"这个问题很容易解决。需要做的就是重新编写传输实体的程序,让它先执行写操作,然后发送确认。"你可以再试一试。请想象一下,如果写操作已经完成,但是在发送确认以前崩溃发生了。客户将处于状态 S1 中,因此它会重传,从而导致在服务器应用进程的输出流中出现一个未被检测到的重复段。

无论客户和服务器程序的代码如何编写,总是存在使协议无法正确恢复运行的情形。服务器程序可以按两种方式编写:先发送确认,或者先写数据。而客户程序可以按 4 种方式编写:总是重传最后一段,永远不重传最后一段,仅当在状态 S0 时才重传,或者仅当在状态 S1 时才重传。两者结合起来有 8 种组合,但是正如下面将会看到的,对于每一种组合都存在一个事件集合使协议失败。

在服务器端有 3 个事件可能发生:发送一个确认(A)、将数据写到输出进程(W)和崩溃(C)。这 3 个事件可以按 6 种不同的顺序发生:AC(W)、AWC、C(AW)、C(WA)、WAC 和 WC(A),这里的括号用来表示 A 或者 W 不可能跟在 C 的后面(即一旦崩溃了,那它就不能进行任何操作了)。图 6-18 显示了客户和服务器策略的所有 8 种组合,以及每一种组合的有效事件序列。请注意,对于每一种策略,总是存在使协议失败的事件序列。例如,如果客户总是重传,则 AWC 事件将生成一个无法检测到的重复,即使其他两个事件可以正确地工作。

进一步精心修订协议也无济于事。即使在服务器试图写以前,客户与服务器再多交换几个段,使得客户确切地知道将要发生什么事情,客户也没有办法知道崩溃动作恰好发生在写操作之前还是之后。结论是不可避免的:在事件不能并发进行的基本规则下,即单独的事件一个接着一个发生而不是同时发生,那么主机的崩溃和恢复就无法做到对上层透明。

用更一般的术语表达,这个结论可以重新叙述为"从第 N 层崩溃中的恢复工作只能由第 $N+1$ 层完成",并且仅当上层保留了问题发生前足够多的状态信息时才能做到。这与上面提到的例子是一致的,只有连接的每一端记录了它当前在哪里的信息,传输层才能够从网络层的故障中恢复。

这个问题促使我们思考所谓的端到端确认究竟意味着什么。原则上,传输协议是端到端的,而不像下面层次那样是链式的。现在请考虑下面的情形。一个用户向一个远程数据库发出了事务请求。假设远程传输实体被编写成这样:先将段传递给上一层,然后再确认。

发送主机采用的策略	接收主机采用的策略：先确认，后写			先写，后确认		
	AC(W)	AWC	C(AW)	C(AW)	WAC	WC(A)
总是重传	OK	DUP	OK	OK	DUP	DUP
永远不重传	LOST	OK	LOST	LOST	OK	OK
在状态S0时重传	OK	DUP	LOST	LOST	DUP	OK
在状态S1时重传	LOST	OK	OK	OK	OK	DUP

OK＝协议功能正确
DUP＝协议产生了一个重复段
LOST＝协议丢失了一个段

图 6-18　客户和服务器策略的 8 种组合

在这个例子中，即使用户主机收到了返回的确认，也不一定意味着远程主机一定能够支撑足够长的时间真正更新数据库。一个真正的端到端确认是指：一旦接收到确认就意味着工作确实已经完成，而缺少确认则表明工作尚未完成。这样的端到端确认或许是不可能做到的。Saltzer 等(1984)详细地讨论了这一点。

6.3　拥塞控制

如果许多主机上的传输实体以过快的速度发送过多的数据包到网络上，则网络将会变得拥塞，随着数据包被延迟和丢失，导致网络性能下降。为避免这一问题而控制拥塞是网络层和传输层的共同责任。拥塞发生在路由器上，所以要在网络层检测拥塞。然而，拥塞毕竟还是由传输层注入网络中的流量引起的，因此控制拥塞的唯一有效途径是传输协议放缓往网络中发送数据包的速度。

在第 5 章中介绍了网络层的拥塞控制机制。在本节中，将讨论问题的另一半，即传输层的拥塞控制机制。在描述完拥塞控制的目标后，将描述主机如何调节它们向网络发送数据包的速率。Internet 的拥塞控制严重依赖于传输层，在 TCP 和其他协议中内置了特定的算法。

6.3.1　理想的带宽分配

在描述如何调节流量以前，必须理解运行拥塞控制算法要努力达到的目标是什么。也就是说，必须说明一个好的拥塞控制算法在网络中的运行状态。拥塞控制算法的目标不限于避免拥塞，它还能为正在使用网络的传输实体找到一种好的带宽分配方法。一个好的带宽分配方法能带来良好的性能，因为它能利用所有的可用带宽，同时能避免拥塞，而且它对于竞争的传输实体是公平的，并能快速跟踪流量需求的变化。下面将依次更加精确地说明这些准则。

效率和功率

一种在传输实体之间有效的带宽分配方法应该会利用所有可用的网络容量。然而，假设存在一条 100Mb/s 的链路，5 个传输实体应该每个获得 20Mb/s，如果真这样想就大错特错了。要想获得良好的性能,它们通常应该获得小于 20Mb/s 的带宽。其中的原因是流量通常呈现突发性。回忆一下,在5.3节描述过实际吞吐量(goodput,指有用数据包到达接收方的速率)是提供的负载的函数。图6-19给出了这条曲线以及与之对应的延迟曲线,延迟曲线也是提供的负载的函数。

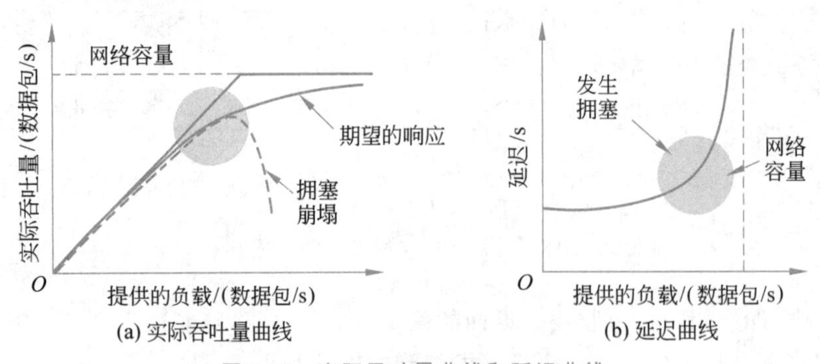

图6-19 实际吞吐量曲线和延迟曲线

在图6-19(a)中,随着负载的增加,实际吞吐量最初以固定的速率增加;但随着负载接近网络容量,实际吞吐量的上升逐渐减缓。这一衰退是因为突发流量可能偶尔增加,导致网络内有些数据包在缓冲区环节被丢失。如果传输协议设计不当,对那些已经被延迟但尚未丢失的数据包进行重传,则网络会进入拥塞崩塌状态。在这种状态下,发送方拼命地发送数据包,但是逐渐地,完成的有用工作却越来越少。

图6-19(b)给出了相应的延迟情况。最初,延迟是大致固定的,表示穿过整个网络的传播延迟。随着负载接近网络容量,延迟逐步上升,开始上升速度比较缓慢,然后骤然上升。这也是因为突发流量在高负载下被堆积起来的缘故。延迟不可能真正达到无穷大,除非在一台路由器有无穷多缓冲区的模型中;相反,数据包在经历了最大的缓冲延迟后将被路由器丢弃。

对于实际吞吐量和延迟,在拥塞发生时性能开始下降。直观地说,如果在延迟开始迅速攀升以前逐步加大分配的带宽,则将从网络获取最佳的性能。而这一点正好位于网络容量的下面。为了标识它,Kleinrock(1979)提出了功率的度量,其中

功率=负载/延迟

功率最初将随着提供的负载的上升而上升,延迟仍然很小并且基本保持不变;但随着延迟快速增长,功率将达到最大,然后开始下降。达到最大功率的负载代表了传输实体放在网络上的最有效的负载,网络中的负载应该尽可能保持在它的附近。

最大-最小公平性

在前面的讨论中,没有谈到如何在不同的传输发送者之间划分带宽。这听起来像是一个简单问题——给所有的发送者以均等的带宽比例,但它实际比这要复杂得多。

也许,首先要考虑的是拥塞控制究竟要解决什么问题。毕竟,如果网络给发送方一定数量的带宽供它使用,那么发送方应该只使用这么多带宽。然而,通常的情形是,网络没有为每个流或者连接执行严格的带宽预留。如果网络支持服务质量,那么它们将为某些流预留带宽,但是许多连接将寻求任何可用的带宽,或者被网络合并在一起共同分配带宽。例如,IETF的区分服务就将流量分成两类,每个类别中的连接竞争带宽的使用。IP路由器通常

让所有的连接竞争同样的带宽。在这种情况下，正是拥塞控制机制来为竞争的各个连接分配带宽。

第二个考虑是公平对网络中的流意味着什么。其实这一点很简单，如果 N 个流使用一条链路，在这种情况下，它们都应该拥有 $1/N$ 的带宽（不过，如果流量是突发性的，效率决定了它们能使用的要略微少一些）。但如果这些流有不同的但又相互重叠的网络路径，情况会怎么样？例如，一个流可能跨越 3 条链路，而其他的流可能跨越一条链路。跨越 3 条链路的流将消耗更多的网络资源。给它分配的带宽少于只跨越一条链路的流，可能在某种意义上更公平。当然，通过减少 3 条链路流的带宽以支持更多的一条链路的流，这肯定也是有可能的。这一点体现了在公平与效率之间的内在张力。

然而，我们将采取一个不依赖于网络路径长度的公平概念。即使采用这个简单的模型，为连接分配同等比例的带宽也有点复杂，因为不同的连接将采用不同的路径通过网络，这些路径本身有不同的容量。在这种情况下，有可能一个流在下行链路上形成瓶颈，而在上行链路上使用比其他流更小的比例；减少其他流的带宽将会使这些流慢下来，而且对形成瓶颈的流也根本不会有帮助。

在网络使用方面通常期望的公平形式是**最大-最小公平**（max-min fairness）。如果分配给一个流的带宽在不减少分配给另一个流的带宽的前提下，通过一个不增加带宽的分配方案是不可能增加的，则这样的分配方案是最大-最小公平的。也就是说，增加一个流的带宽只会让那些不太宽裕的流的情况变得更糟。

下面看一个例子。图 6-20 显示了最大-最小公平分配方案，在这个网络中有 4 个流，分别标识为 A、B、C 和 D。路由器之间的每条链路具有相同的容量，用 1 个单位表示（虽然一般情况下链路往往具有不同的容量）。有 3 个流在竞争左下角位于路由器 R4 和 R5 之间的链路。因此，这些流中的每一个都得到 1/3 的链路容量。其余的流，A 与 B 在竞争从路由器 R2 到 R3 的链路。由于 B 已经分配得到了 1/3，于是 A 得到剩余的 2/3 链路容量。请注意，所有的其他链路都有空余容量。然而，这种空余的容量不能给予任何其他流使用，除非降低另一个流量更低的流的容量。例如，如果把 R2 和 R3 之间链路的带宽给 B 分配得更多一些，那么流 A 的带宽就要分配得少一些。这对于已经有更多带宽的流 A 来说是合理的。然而，流 C 或 D（或两者）的容量必须减少才能给流 B 更多的带宽，因而这些流的带宽将小于 B。因此，这种分配方案是最大-最小公平的。

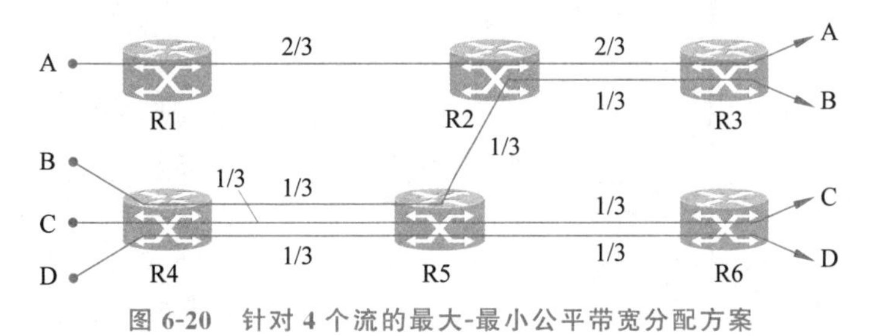

图 6-20　针对 4 个流的最大-最小公平带宽分配方案

只要获知网络的全局知识，最大-最小分配就可以计算出来。一种直观地思考该问题的方式是，想象所有的流都从速率 0 开始，然后缓慢地增加速率。当任何一个流的速率遇到瓶颈时，就停止该流的速率增加。其他的流继续增加各自的速率，平等地共享可用的容量，直到它们也到达各自的瓶颈。

第三个考虑是在什么层次上考虑公平性。一个网络可以在连接的层次上是公平的,可以体现在每一对主机之间的所有连接上,或者体现在每个主机的所有连接上。当我们在5.4节讨论加权公平队列时考察过这个问题,并得出这样一个结论,即每一种定义都存在它自己的问题。例如,如果为每个主机定义公平性,则意味着一个繁忙的服务器将不会比一个移动手机获得更多带宽;而若为每个连接定义公平性,则是在鼓励主机打开更多的连接。鉴于没有明确的答案,我们经常把公平性视为针对每个连接,而精确的公平性通常不是一个考量因素。在实践中,所有连接都得到带宽,比所有连接都得到精确的相同数量的带宽要重要得多。事实上,通过TCP,打开多个连接从而更激进地参与带宽竞争是有可能的。这种策略被用于那些需要高带宽的应用,比如对等文件共享系统BitTorrent。

收敛

最后一个准则是拥塞控制算法能否快速地收敛到一个公平而有效的带宽分配上。以上关于理想的操作点的讨论假设了一个静态的网络环境。然而,一个网络中的连接总是来来去去,而且一个给定连接所需的带宽也会随时间而变化,例如,当一个用户浏览Web页面时偶尔也会下载大的视频。

由于需求的变化,网络的理想操作点也随着时间而改变。一个良好的拥塞控制算法应该迅速地收敛到理想的操作点,并且应该能跟踪该操作点随时间的变化。如果收敛速度太慢,则算法永远无法接近不断变化中的操作点。如果算法不稳定,则它可能在某些情况下无法收敛到正确的点上,甚至围绕着正确的操作点振荡。

图6-21给出了一个带宽分配的例子,它能随着时间而变化并且快速收敛。最初,流1拥有全部的带宽。在1s以后,流2启动。它也需要带宽。该带宽分配算法迅速跟着改变,给每个流分配一半带宽。在第4秒,流3加入。然而,这个流仅仅使用了20%的带宽,这低于它应该获得的公平份额(1/3带宽)。流1和流2迅速调整,将可用带宽分给每个流,它们各有40%带宽。在第9秒,流2停止,流3保持不变。流1迅速获得80%的带宽。在整个过程中的任何时候,总共分配的带宽都接近100%,从而使网络得到充分利用,这些竞争的流得到平等的对待(但并没有使用超出其需要的带宽)。

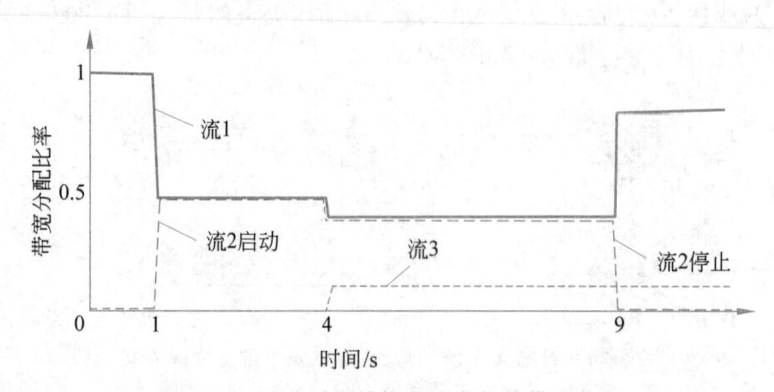

图6-21 随着时间的推移而变化的带宽分配

6.3.2 调整发送速率

现在是时候进入主要的过程了。如何调整发送速率，以便获得一个理想的带宽分配呢？发送速率可能受到两个方面因素的限制。首先是流量控制，这发生在接收端没有足够缓冲区的情况下。第二个因素是拥塞控制，这发生在网络中容量不足的情况下。在图 6-22 中，可以通过液压演示看到这一问题。在图 6-22(a)中，一根粗的管道接到一个小容量的接收器。这是流量控制被限制的情况。只要发送端不发送比该桶能容纳的更多的水，则水就不会丢失。在图 6-22(b)中，限制因素不是桶的容量，而是网络的内部承载容量。如果太多的水太快地进入，则水就会回流，从而有一部分丢失(在这种情况下，水从漏斗溢出)。

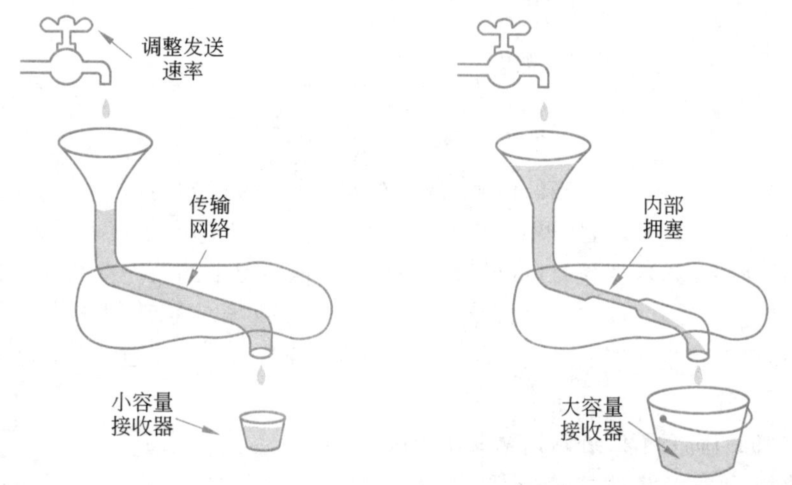

(a) 一个快速网络往小容量接收器中注水　(b) 一个慢速网络往大容量接收器中注水

图 6-22　影响发送速率的两种情况

类似的这些情况可能会出现在发送端，由于传输太快导致数据包丢失。然而，它们有不同的原因，因而需要不同的解决方案。前面已经谈到过采用一个可变大小窗口的流量控制解决方案。现在，我们将考虑拥塞控制解决方案。由于上述这两个问题都可能发生，所以传输协议一般需要同时运行两种解决方案，并且当其中任一个问题发生时放慢速度。

传输协议调整发送速率的方式依赖于网络返回的反馈的形式。不同的网络层可能有不同类型的反馈。这样的反馈可能是显式的，也可能是隐式的；并且，该反馈可能是精确的，也可能是不精确的。

一个显式和精确的设计例子是，路由器告诉源端，它们能以多大的速率发送数据包。在文献中，诸如 XCP(eXplicit Congestion Protocol，显式拥塞协议)这样的设计就是以这种方式运行的(Katabi 等，2002)。一个显式但不精确的设计例子是利用 TCP 来使用 ECN (Explicit Congestion Notification，显式拥塞通知)。在这个设计中，路由器在经历拥塞的数据包中设置特定的位以通知发送方放慢速率，但它们不告诉发送方该减慢多少。

在其他的设计中，没有显式的信号。FAST TCP 测量往返的延迟，并利用该测量值作为避免拥塞的信号(Wei 等，2006)。最后，在今天的 Internet 上最普遍的拥塞控制形式是丢弃队尾的 TCP 或者 RED 路由器，数据包的丢失要通过推断得出，并且数据包丢失被当作网络已变得拥挤的信号。这种形式的 TCP 有许多变体,包括 Linux 中采用的 TCP CUBIC (Ha 等,2008)。信号的组合也是有可能的。例如,Windows 包含的 Compound TCP(复合 TCP)同时使用了数据包丢失和延迟作为反馈信号(Tan 等,2006)。图 6-23 总结了这些设计方案。

协　议	信　号	是否显式	是否精确
XCP	使用速率	是	是
支持 ECN 的 TCP	拥塞警告	是	否
FAST TCP	端到端延迟	否	是
Compound TCP	数据包丢失和端到端延迟	否	是
CUBIC TCP	数据包丢失	否	否
TCP	数据包丢失	否	否

图 6-23　一些拥塞控制协议的信号

如果给出了一个显式和精确的信号,那么传输实体就可以利用该信号调整它的发送速率以到达新的操作点。例如,如果 XCP 告诉发送方使用多大的发送速率,那么发送方只需简单地使用该速率发送数据包就可以了。然而,在其他情况下涉及一些猜测工作。在缺乏拥塞信号的情况下,发送方应该增加发送速率;当给出了拥塞信号时,发送方应该降低发送速率。增加或降低发送速率的方式由**控制法则**(control law)给出。这些控制法则对性能有重大的影响。

Chiu 等(1989)研究了二进制拥塞反馈的情形,他们得出的结论是**加法递增乘法递减**(Additive Increase Multiplicative Decrease,**AIMD**)是达到有效率和公平的操作点的恰当控制法则。为了表明这一情形,他们构建了一个简单实例的图形表示,其中有两个连接在竞争一条链路的带宽。在图 6-24 中,分配给用户 1 的带宽用 x 轴表示,分配给用户 2 的带宽用 y 轴表示。当分配完全公平时,两个用户将获得相同数量的带宽。这在图 6-24 中用一条虚的公平线表示。当分配的带宽总和为 100%时,即达到链路的容量时,分配是有效的。这在图 6-24 中用一条虚的效率线表示。当两个用户分配的带宽总和越过这条线时,网络就给两个用户发出一个拥塞信号。这两条线的交点就是期望的最优点,此时两个用户具有同样的带宽,并且所有的网络带宽都得到使用。

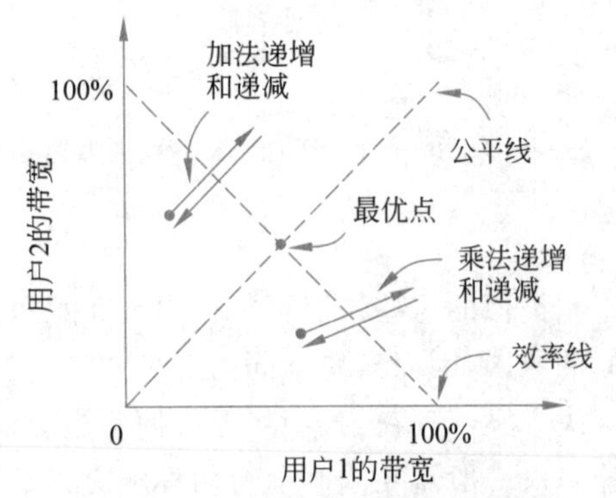

图 6-24　加法和乘法的带宽调整

如果用户 1 和用户 2 都随着时间推移按加法递增各自的带宽,考虑从某一个起始的分配会出现什么情况。例如,两个用户可能以每秒增加 1Mb/s 的速度递增各自的发送速率。最终,操作点穿过效率线,两个用户都收到了来自网络的拥塞信号。在这个阶段,他们必须减少各自的带宽。然而,加法递减只会导致他们的带宽沿着加法线振荡。这种情况如图 6-24 所示。这种行为将保持操作点接近效率线,但它并不一定是公平的。

类似地,考虑当两个用户随着时间的推移按乘法递增他们的带宽,直到他们收到一个拥塞信号的情况。例如，用户可能按照每秒10%的变化率递增他们的发送速率。然后，如果他们按乘法递减他们的发送速率，那么，用户的操作点将简单地沿着乘法线振荡。这种行为也如图6-24所示。乘法线的斜率和加法线的斜率不同(前者指向源点，而后者在45°角方向上)。但是它也没有更好的选择。在这两种情况下，用户都难以收敛到同时兼顾公平性与效率的最优发送速率。

现在考虑这样的情形，用户按照加法递增他们的带宽，然后当收到拥塞信号时按照乘法递减。这种行为就是AIMD控制法则，如图6-25所示。由此可以看出，这种行为的轨迹路径确实能收敛到兼顾公平性与效率的最优点。不管从什么出发点开始，这种收敛都能发生，这使得AIMD可以广泛应用。按照同样的论点，其他唯一的组合，即乘法递增和加法递减，将会偏离最优点。

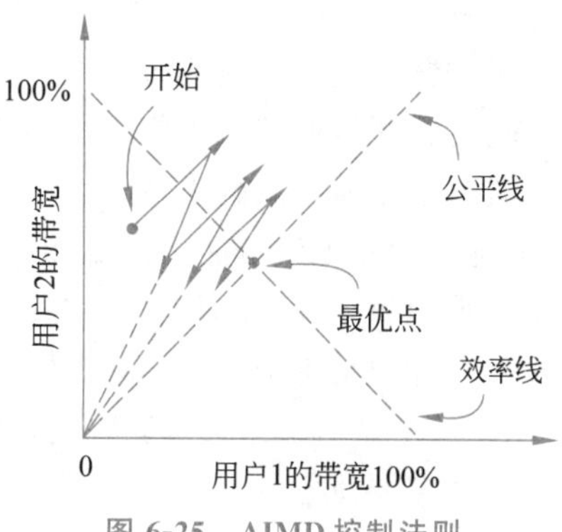

图6-25　AIMD控制法则

AIMD是TCP采用的拥塞控制法则，它基于这个观点和另一个稳定性观点(即，使网络发生拥塞非常容易，而从中恢复却很难，所以递增策略应该柔和一点，而递减策略应该激进一点)。它并不是非常公平的，因为TCP连接根据每次的往返时间测量值调整其窗口的大小。而不同的连接有不同的往返时间。这导致在所有其他条件都相同的情况下，越接近主机的连接获得的带宽更多。

在6.5节，将详细描述TCP如何实现AIMD控制法则以调整发送速率并提供拥塞控制。这个任务做起来比听起来要困难得多，因为速率是基于某个时间间隔测量的，并且流量是突发的。在实践中，通常使用的策略不是直接调整速率，而是调整滑动窗口的大小。TCP就使用了这种策略。如果窗口大小是W，往返时间是RTT，则等价的速率是W/RTT。这种策略很容易和流量控制机制结合起来，因为流量控制机制已经使用了一个窗口，同时它还有一个优点，即发送方可以通过确认调整数据包的节奏，因此，如果它停止接收数据包正在离开网络的报告，那么它可以在一个RTT时间内就可以减慢下来。

最后一个问题是，可能有许多不同的传输协议都在往网络中发送流量。为了避免拥塞，不同的协议采用不同的控制法则进行竞争，则会发生什么情况？毫无疑问，那就是带宽分配不平等。由于TCP是Internet中主导的拥塞控制形式，因此设计新的传输协议要承受相当大的社会压力，新传输协议要与TCP进行公平竞争。早期的流媒体协议曾经过度地降低了TCP吞吐量，从而引发了问题，就是因为它们的不公平竞争。这导致了**TCP友好**(TCP-friendly)拥塞控制这一概念的提出，在这一概念中，TCP和非TCP传输协议可以自由地混合，而没有任何不良影响(Floyd等，2000)。

6.3.3　无线问题

实现了拥塞控制的传输协议(比如TCP)应该独立于下面的网络层和链路层技术。这是一个很好的理论，但在实践中，无线网络却存在问题。主要的问题是，数据包丢失通常被视为拥塞发生的信号，包括刚刚讨论过的TCP也是这样认为的。无线网络丢失数据包总是由于传输错误引起的，它们不如有线网络那么可靠。

采用AIMD控制法则,较高的吞吐量要求非常低水平的数据包丢失。Padhye等(1998)的分析表明,吞吐量随着数据包丢失率的逆平方根而上升。在实践中这意味着快速TCP连接的丢失率非常小;1%是中等程度的丢失率;待丢失率达到10%时,连接就几乎停止工作了。然而,对于无线网络,比如IEEE 802.11 LAN,至少10%的帧丢失率是很常见的。这种差异意味着,若缺少保护测量措施,把数据包丢失作为信号的拥塞控制方案将把运行在无线链路上的连接不必要地压制到非常低的速率。

为了在无线网络中也能很好地工作,拥塞控制算法观察到的数据包丢失应该只是那些由于带宽不足而造成的丢失,不包括由于传输错误而造成的丢失。这个问题的一种解决方案是,通过使用无线链路上的重传机制把无线丢失掩盖起来。例如,IEEE 802.11使用停-等式协议传递每一帧,在向上层报告数据包丢失以前,如果需要会重传多次。在正常情况下,每个数据包都被递交了,而暂时的传输错误对于上面的层是不可见的。

图6-26显示了一条由有线链路和无线链路组成的路径,无线链路使用了掩盖策略。有两个方面需要注意。

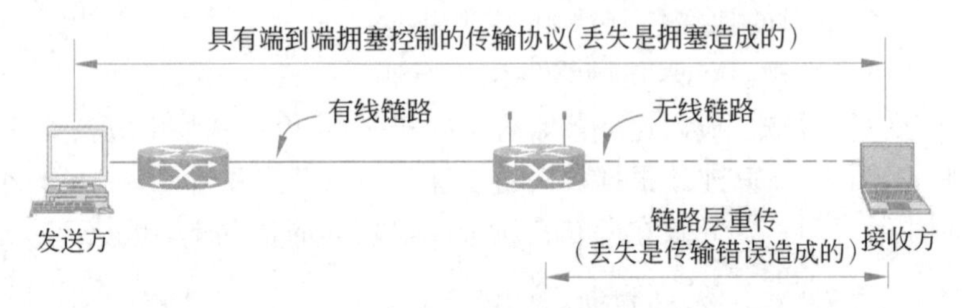

图6-26 针对具有无线链路的路径的拥塞控制

首先,发送方并不需要知道该路径包括一条无线链路,因为它能看到的只是与之相连接的有线链路。Internet上的路径是异构的,而且没有通用的方法使得发送方知道该路径由哪些类型的链路组成。这使得拥塞控制问题更为复杂,因为没有简单的方法可以做到针对无线链路和有线链路分别使用不同的协议。

首次,图6-26显示了由丢失驱动的两个机制:链路层的帧重传和传输层的拥塞控制。让人困惑的是这两种机制如何并存而不会混淆。毕竟,丢失应该只引起一个机制采取行动,因为它要么是一次传输错误,要么是一个拥塞信号,它不能同时是这两种原因。如果两种机制都采取行动(重传帧并且减慢发送速率),那么我们又回到了原先的传输问题,即在无线链路上运行太慢。考虑一下这个难题,看看你是否能解决它。

解决方案是,这两种机制作用在不同的时间尺度上。对于诸如IEEE 802.11的无线链路,链路层的重传发生在微秒到毫秒量级。传输协议中的丢失计时器按照毫秒到秒的量级被触发。区别就在于这3个时间量级。这使得在传输层推测出数据包丢失以前,无线链路可以检测出帧丢失并重传帧,从而修复传输错误。

掩盖策略足够让大多数传输协议在大多数无线链路上运行得很好。然而,它并不总是一个合适的解决方案。有些无线链路有很长的往返时间,比如卫星。对于这些链路,必须使用其他技术掩盖数据包丢失,比如**FEC**(Forward Error Correction,**前向纠错**);或者传输协议必须采用一种非丢失(non-loss)信号用于拥塞控制。

与无线链路上拥塞控制有关的第二个问题是可变的容量。也就是说,随着时间的推移,无线链路的容量会发生变化，而且随着节点的移动或者信道条件的变化而引起信噪比的变化，链路容量的变化有时非常突然。这一点与有线链路有很大的不同，有线链路的容量是固定不变的。传输协议必须适应无线链路不断变化的容量，否则它要么阻塞网络，要么无法利用可用的链路容量。

这个问题的一种可能解决方案是简单地不理会这个问题。这种策略是可行的，因为拥塞控制算法必须已经能够处理新用户进入网络或已有用户改变其发送速率等情形。即使有线链路的容量是固定的，其他用户不断变化的行为本身也会对一个给定用户的可用带宽带来变化。因此，在一条具有 IEEE 802.11 无线链路的路径上简单地运行 TCP，有可能获得合理的性能。

然而，当存在太多的无线变化时，专为有线链路设计的传输协议可能会很难跟上这种变化，从而导致很差的性能。在这种情况下的解决方案是专门设计一个针对无线链路的传输协议。一个特别具有挑战性的环境是无线网状网络（wireless mesh network），在这样的网络中，多个相互干扰的无线链路彼此交错，路径由于移动而不断变化，并且存在大量的丢失。这个领域中的研究还正在进行中。Li 等（2009）给出了一个无线传输协议设计的例子。

6.4　Internet 传输协议：UDP

Internet 的传输层有两个主要协议，分别属于无连接协议和面向连接的协议。这两个协议互为补充。无连接协议是 UDP。它除了在应用程序之间发送数据包，让应用程序根据需要在其上构建它们自己的协议以外，其他几乎什么都不做。面向连接的协议是 TCP。该协议几乎做了所有的事情。它建立连接，并通过重传机制增加了可靠性，同时还进行流量控制和拥塞控制，它代表使用它的应用程序做了所有的一切。

在本节和 6.5 节中，将分别介绍 UDP 和 TCP。首先介绍 UDP，因为它是最简单的传输协议。本节将考察 UDP 的两种使用方法。由于 UDP 是一个传输层协议，通常运行在操作系统中，而使用 UDP 的协议通常运行在用户空间，所以，可以考虑把对 UDP 的使用当作应用程序。然而，它们使用的技术对许多应用程序都有用，而且把这些技术视作属于传输服务更好，所以这里也将介绍它们。

6.4.1　UDP 概述

Internet 协议集支持一个无连接的传输协议，称为 UDP（User Datagram Protocol，用户数据报协议）。UDP 为应用程序提供了一种无须建立连接就可以发送经过封装的 IP 数据报的方法。RFC 768 描述了 UDP。

UDP 传输的段（segment）由 8 字节的头和随后的有效载荷构成。图 6-27 给出了 UDP 头格式。两个端口用来标识源主机和目标主机内部的端点。当一个 UDP 数据包到来时，它的有效载荷被传递给与目标端口相关联的那个进程。当调用了 BIND 原语或者使用了其他某种类似的事情时，这种关联关系就发生了，正如在介绍 TCP 时已经说过的那样（UDP 的绑定过程是一样的）。可以把端口看作应用程序接收数据包的“邮箱”。在 6.5 节讲述 TCP（它也使用端口）时，还将对端口做更多介绍。实际上，采用 UDP 而不是原始 IP 最主要的价值是增加了源端口和目标端口。如果没有这两个端口字段,则传输层将无从知道该如何处理每个进来的数据包。而有了这两个端口字段以后,它就能把内嵌的段递交给正确的应用程序进行处理。

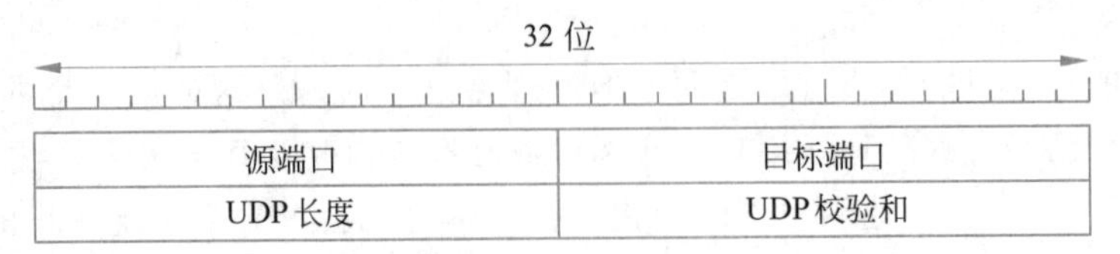

图 6-27 UDP 头格式

当接收方必须将一个应答送回给源时,源端口是首先需要的。只要将进来的段中的源端口(Source port)字段复制到输出段中的目标端口(Destination port)字段,发送该应答的进程就指定了在发送主机上由哪个进程接收该应答。

UDP 长度(UDP length)字段包含了头和数据两部分。最小长度是 8 字节,刚好覆盖了 UDP 头。最大长度是 65 515 字节,恰好低于填满 16 位的最大字节数,这是由 IP 数据包限制的。

一个可选的校验和(Checksum)字段也提供了额外的可靠性。它校验 UDP 头、数据和一个概念性的 IP 伪头。当执行校验和计算时,校验和字段先被设置为 0,如果数据字段的长度是奇数,则用一个额外的零字节填充到数据字段的后面。校验和算法很简单,先对 16 位字按 1 的补码相加,然后再对和求反。因此,当接收方对整个段计算校验和时,包括校验和字段在内,结果应该为 0。如果没有计算校验和,则该字段被置为 0,因为根据 1 的补码计算,若碰巧得到计算结果为 0,则被存储为全 1。然而,关闭校验和计算不是明智之举,除非数据的质量并不重要(例如数字语音)。

IPv4 伪头如图 6-28 所示。它包含源主机和目标主机的 32 位 IPv4 地址、UDP 的协议号(17)以及 UDP 长度(包括 UDP 头)。IPv6 伪头与之略有不同。在 UDP 校验和计算中包含伪头将有助于检测出被错误递交的数据包,但是将它包含进来的这种做法违反了协议分层原则,因为 IP 地址属于 IP 层,而不属于 UDP 层。TCP 在计算校验和的时候也使用了同样的伪头。

32位

源地址		
目标地址		
00000000	协议号=17	UDP长度

图 6-28 UDP 校验和中包括的 IPv4 伪头格式

或许值得明确一提的是 UDP 没有做的一些事情。它没有做流量控制、拥塞控制或者接收到一个坏段后的重传。所有这一切都由用户进程完成。它所做的只是提供了一个与 IP 协议的接口,其中增加了通过端口号分离到多个进程的功能以及可选的端到端错误检测功能。这就是 UDP 所做的一切。

对于需要对数据包流实施精确控制、错误控制或者时序功能的应用,UDP 提供了恰好满足需要的功能。UDP 特别有用的一个领域是客户-服务器计算。通常,客户向服务器发送一个简短的请求,并期待服务器传回一个简短的回复。如果请求或回复丢失,客户就会超时,然后再试一次。相比需要在初始时建立连接的协议(比如 TCP),这种做法不仅代码简单,而且需要交换的消息也少(每个方向一个)。

以这种方式使用 UDP 的一个应用是 **DNS**(Domain Name System,域名系统),在第 7

章将介绍该系统。简单地说，如果一个程序需要查询某个主机名称的 IP 地址，比如 www.cs.berkeley.edu，它可以给 DNS 服务器发送一个包含该主机名称的 UDP 数据包。服务器用一个包含了该主机 IP 地址的 UDP 数据包作为应答。事先不需要建立连接，事后也不需要释放连接，只要两条消息通过网络就够了。

6.4.2 远程过程调用

在特定的意义上，向一台远程主机发送一条消息并获得一个应答，就如同在编程语言中执行一个函数调用一样。在这两种情形下，都需要提供一个或者多个参数作为开始，然后获得一个结果。这种观察导致人们试图将网络上的请求-应答交互过程安排成过程调用的形式。这样的安排使得网络应用更加易于编程，也更容易以常规的方式进行处理。例如，请想象一个名为 get_IP_address(host_name)的过程，它的工作方式是向 DNS 服务器发送一个 UDP 数据包，然后等待应答；如果应答返回的速度不够快，则超时并重试。通过这种方式，所有联网的细节都对程序员隐藏起来了。

在这个领域中的关键工作是由 Birrell 等(1984)完成的。一言以蔽之，Birrell 等的建议是，允许本地程序调用远程主机上的过程。当主机 1 上的一个过程调用主机 2 上的一个过程时，主机 1 上的调用过程被挂起，而主机 2 上的被调用过程则开始执行。参数中的信息从调用方传输到被调用方，而过程的执行结果则从反方向传递回来。应用程序员看不到任何消息的传递。这项技术称为 **RPC**(Remote Procedure Call，**远程过程调用**)，目前已经成为许多网络应用的基础。传统上，调用过程称为客户，被调用过程称为服务器，这里我们将沿用这些名称。

RPC 的思想是尽可能地使一个远程过程调用看起来像本地过程调用一样。在最简单的形式中，为了调用一个远程过程，客户程序必须绑定(链接)一个小的库过程，这个库过程称为**客户存根**(client stub)，它代表了在客户地址空间中的服务器过程。类似地，服务器需要绑定一个称为**服务器存根**(server stub)的过程。正是这些过程隐藏了从客户到服务器的过程调用不在本地的事实。

图 6-29 给出了 RPC 的步骤。第 1 步是客户调用客户存根。这是一个本地过程调用，其参数按照常规的方式压入栈中。在第 2 步，客户存根将参数封装到一条消息中，然后执行一个系统调用来发送该消息。封装参数的过程称为**列集**(marshalling)。在第 3 步，操作系统将消息从客户主机发送到服务器主机上。在第 4 步，操作系统将进来的数据包传递给服务器存根。最后，在第 5 步，服务器存根利用**散集**(unmarshalling)后的参数调用服务器过程。应答沿着反方向按同样的路径传递。

这里需要注意的关键是，用户编写的客户过程只是按照普通(即本地)过程调用的方式调用客户存根，而且客户存根与服务器过程有同样的名称。由于客户过程和客户存根在同一地址空间中，所以，参数的传递也是按通常的方式进行。类似地，服务器过程被同一地址空间中的一个过程调用，并且它接收到的也正好是它期望的参数。对于服务器过程来说，没有什么不正常。按照这种方式，网络通信并不是在套接字上完成输入和输出，而是通过仿造一个普通的过程调用完成的。

不管 RPC 在概念上有多么的精巧，其中还隐藏着一些问题。

第一个问题涉及指针参数的用法。在正常情况下，将指针传递给一个过程不是问题。

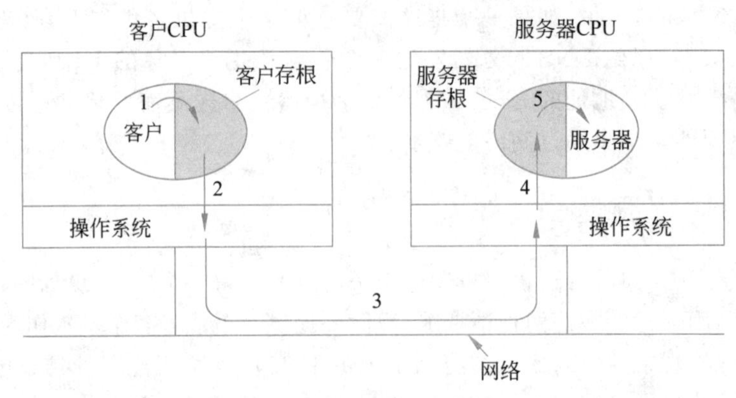

图 6-29 RPC 的步骤

被调用的过程可以像调用方那样使用这个指针,因为双方存在于同样的虚拟地址空间中。而对于 RPC,传递指针是不可能的,因为客户和服务器位于不同的地址空间中。

在有些情况下,可以使用一些技巧实现传递指针的可能性。假设第一个参数是一个指向某个整数 k 的指针。客户存根可以对 k 进行列集,并将它发送给服务器。然后,服务器存根创建一个指向 k 的指针,并且将该指针传递给服务器过程,而这正是服务器过程期望的。当服务器过程将控制权返回给服务器存根时,后者将 k 送回给客户。在客户端,新的 k 被复制到老的 k 中,就好像服务器对它做了修改一样。实际上,**按引用调用**(call-by-reference)的标准调用序列已经被替换成了**按复制-恢复调用**(call-by-copy-restore)。不幸的是,这种技巧并不总是能正确地工作,例如,当指针指向一个图形或者其他复杂的数据结构的时候。由于这个原因,对于被远程调用的过程的参数必须强加一些限制,后面将会看到这些限制。

第二个问题是,在一些弱类型的语言(比如 C)中,编写一个计算两个向量(即数组)的内积,但不指定向量大小的过程是完全合法的。每个向量都以一个指定的值结尾,而且该指定值只有调用过程和被调用过程才知道。在这样的情况下,客户存根要想对参数执行列集操作从本质上讲是不可能的,因为它无从知道该如何确定参数的长度。

第三个问题在于并不是总能推断出参数的类型,即使从形式化规范或者代码本身都未必能做得到。一个例子是 printf(),它可能有任意多个参数(至少一个),而且这些参数可以是整数、短整数、长整数、字符、字符串、可变长度的浮点数和其他类型的任意混合。试图以远程过程调用的方式来执行 printf()实际上是不太可能的,因为 C 语言太宽松了。然而,有一条规则这样说:只要不用 C(或者 C++)编写程序,就可以使用 RPC。但这种说法并没有被程序员广泛接受。

第四个问题涉及全局变量的使用。正常情况下,调用过程和被调用过程除了通过参数进行通信以外,可以使用全局变量进行通信(虽然这并不是一种好的做法)。但是,如果被调用的过程被转移到了远程主机上,那么这样的代码就会失败,因为全局变量无法再为双方所共享了。

这些问题并不意味着 RPC 就没有希望。事实上,它的应用仍然十分广泛,但是在实践中,需要有一些限制才能保证它工作得很好。

关于传输层协议,UDP 是一个实现 RPC 的良好基础。请求和应答可作为单个 UDP 数据包以最简单的形式发送,并且这样的操作可以非常快速地进行。然而,RPC的实现必须也要包含其他部件。因为请求或应答可能会丢失,所以,客户必须维持一个计时器用来重发该请求。请注意,一个应答本身可当作对一个请求的隐含确认,因此该请求不再需要单独被确认。有时候,参数或结果可能大于最大的UDP数据包长度,在这种情况下需要某一个协议来传递大消息的数据分片,并且将这些分片正确地组装起来。如果多个请求和应答可以重叠(在并发编程的情况下),则需要一个标识符把应答和请求匹配起来。

一个更高层次的问题是该操作可能不是幂等的(即重复是安全的)。一个简单的例子是,DNS请求和应答是幂等操作。客户如果没有收到应答,则可以放心地一次又一次地重发这些请求。它无须担心服务器是否永远收不到请求,或者返回的应答被丢失了。当应答终于到来时,答案将是相同的(假设在此期间DNS数据库没有更新过)。然而,并非所有的操作都是幂等的,例如,有些操作有不可忽视的副作用,比如递增一个计数器。针对这些操作的RPC会要求更强的语义,以便当程序员调用一个过程时它不会被执行多次。在这种情况下,可能有必要建立一个TCP连接并在该连接上发送请求,而不是使用UDP。

6.4.3　实时传输协议

客户-服务器RPC是UDP被广泛应用的一个领域,另一个领域是实时多媒体应用。特别是随着Internet电台、Internet电话、音乐点播、视频会议、视频点播和其他的多媒体应用越来越普及,人们发现每一种应用都在重新发明或多或少相同的实时传输协议。逐渐地形势变得明朗,为多媒体应用制定一个通用的实时传输协议是一个很好的想法。

于是**RTP**(Realtime Transport Protocol,**实时传输协议**)诞生了。RTP由RFC 3550描述,目前已经广泛应用于多媒体应用。本节将描述实时传输的两个方面。第一个方面是以数据包形式传输音频和视频数据的RTP。第二个方面主要是在接收方进行的处理,以便在正确的时间播放音频和视频。

RTP通常运行在用户空间,位于UDP之上(UDP在操作系统中)。它的操作方式如下所述。多媒体应用包含多个音频、视频、文本或可能其他的流。这些流被送入RTP库中,RTP库和多媒体应用都位于用户空间。然后,RTP库将这些流复用并编码到RTP数据包中,RTP数据包再被放到一个套接字中。在该套接字的操作系统一侧,生成一些UDP数据包以包装这些RTP数据包,这些UDP数据包再被交给IP,以便传输到链路上,比如以太网。在接收方的处理与此相反。多媒体应用最终从RTP库接收多媒体数据并播放这些媒体数据。这种情况的协议栈如图6-30(a)所示。数据包的嵌套如图6-30(b)所示。

这种设计的一个问题是很难说清楚RTP位于哪一层。一方面,由于它运行在用户空间,并且与应用程序链接,所以它毫无疑问看起来像是一个应用协议;另一方面,它又是一个与具体应用无关的通用协议,它仅仅提供了一些传输设施,所以看起来也像一个传输协议。可能最恰当的描述是:它是一个碰巧在应用层上实现的传输协议,这就是为什么把它放在本章中的原因。

RTP

RTP的基本功能是将几个实时数据流复用到一个UDP数据包流中。这个UDP流可以被发送给一个目标(多播传输模式),也可以被发送给多个目标(多播传输模式)。因为

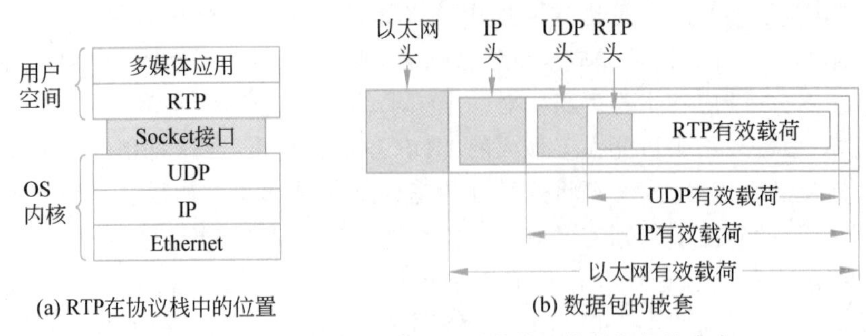

(a) RTP在协议栈中的位置　　(b) 数据包的嵌套

图 6-30 RTP 运行在用户空间时的协议栈和数据的嵌套

RTP 仅仅使用了常规的 UDP,所以路由器不会对它的数据包有任何特殊的对待,仅仅开通了某些常规的 IP 服务质量特性。特别需要提到的是,这里没有任何关于传递的特殊保障,数据包可能会丢失、延迟或者损坏等。

RTP 格式包含了几个有助于接收方处理多媒体信息的特性。在 RTP 流中发送的每个数据包被赋给一个编号,每个数据包的编号比它前一个数据包编号大 1。这种编号使得目标方能够确定是否有数据包漏掉。如果一个数据包漏掉,则目标方能够采取的最佳行动是交给应用程序处理。如果数据包携带的是视频数据,则或许可以跳过一个视频帧;如果数据包携带的是音频数据,则或许可以利用插值法近似地估计出漏掉的值。重传不是一种切合实际的选择方式,因为重传的数据包可能到达得太晚以至于不再有用。因此,RTP 没有确认机制,也没有请求重传机制。

每个 RTP 有效载荷可能包含多个样本,它们可以按照应用系统希望的任何一种方式进行编码。为了允许网络互联,RTP 定义了几种配置轮廓(比如单音频流),而且对于每一种轮廓,又可能允许多种编码格式。例如,一个单音频流可以编码成 8kHz 的 8 位 PCM 采样,可以使用增量编码、预测编码、GSM 编码、MP3 编码等。RTP 在头中提供了一个字段让源端用来指定编码方法。除此以外,RTP 不涉及如何进行编码。

许多实时应用需要的另一种设施是时间戳机制。这里的想法是允许源端为每个数据包中的第一个样本关联一个时间戳。这些时间戳是相对于整个流的起始时间的,因此,只有时间戳之间的差值才是重要的,而时间戳的绝对值没有任何意义。就像下面要描述的那样,这种机制使得目标方可以做少量的缓冲,然后在整个流开始以后正确的毫秒时间点上播放每一个样本,播放时间独立于每个样本所在数据包的到达时间。

时间戳机制不仅降低了网络延迟变化的影响,而且允许在多个流之间进行同步。例如,一个数字电视节目可能有一个视频流和两个音频流。两个音频流可能用于立体声广播;也可能用于处理双配音的电影,一个是原始语言的配音,另一个是翻译为本地语言的配音,从而给观众选择语言的机会。每个流来自不同的物理设备。但是,如果它们的时间戳始于同一个计数器,那么,即使这些流的传输和/或接收过程稍微有一点不规律,它们仍然可以非常同步地播放出来。

RTP 头格式如图 6-31 所示。它包含 3 个 32 位的字,并且潜在地有一些扩展。第一个字包含版本(Version)字段,现在版本号已经到 2 了。我们希望这个版本非常接近于最终的版本,因为这里只剩下一个值(3)了。

P 位表示该数据包被填充到 4 字节的倍数。最后的填充字节指明了有多少字节被填充

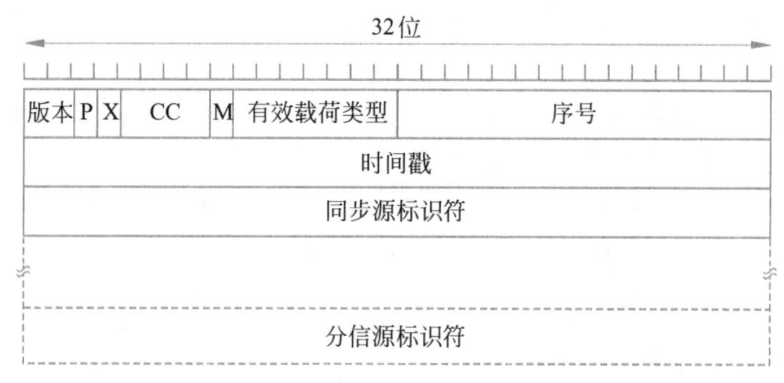

图 6-31 RTP 头格式

进来。X位表示有一个扩展头。扩展头的格式和含义没有定义。唯一定义的是扩展头的第一个字给出了扩展头的长度。这是针对任何不可预见的需求的最后退路。

CC字段指明了后面共有多少个分信源(contributing source),可以是0～15(见下面的说明)。M位是一个与应用相关的标记位,它可以用来标记一个视频帧的开始、音频信道中一个字的开始或者其他由应用解释的某些事情。有效载荷类型(Payload type)字段说明使用了哪一种编码算法(比如未压缩的8位音频、MP3等)。由于每个数据包都带有这个字段,所以在传输过程中可以改变编码方法。序号(Sequence number)字段只是一个计数器,每发送一个RTP数据包,该计数器都要递增。该字段可用来检测丢失的数据包。

时间戳(Timestamp)字段由媒体流的源端产生,它注明数据包中第一个样本什么时候生成。这个值有助于减缓接收方的时间变化性——称为**抖动**(jitter),具体做法是将播放与数据包的到达时间解耦。同步源标识符(Synchronization source identifier)字段指明该数据包属于哪个流。正是通过这个字段,可以将多个数据流复用到一个UDP数据包流中,或者从一个UDP数据包流中分离出多个数据流。最后,如果在演播室中使用了混合器,则要使用分信源标识符(Contributing source identifier)字段。在这种情况下,混合器是同步源,被混合的流就列在这里。

RTCP——实时传输控制协议

RTP有一个姊妹协议,称为**RTCP**(Realtime Transport Control Protocol,**实时传输控制协议**),它和RTP一起由RFC 3550描述。RTCP能处理反馈、同步和用户接口等,它不传输任何媒体样本数据。

RTCP的第一个功能是向源端提供有关延迟、延迟变化或抖动、带宽、拥塞和其他网络特性的反馈信息。编码进程可以利用这些信息:当网络状况比较好的时候,它提高数据速率(从而达到更好的质量);而当网络状况不好的时候,它降低数据速率。通过提供连续的反馈信息,编码算法可以不断地调整,从而提供在当前条件下可能的最好质量。例如,如果在传输过程中带宽增加了或者减少了,那么编码过程可能根据要求从MP3切换到8位PCM,或者切换到增量编码。利用有效载荷类型字段可以告诉目标方当前数据包使用的是哪一种编码算法,因而有可能根据需要动态地改变编码算法。

提供反馈信息的一个问题是,RTCP报告要发送给所有的参与者。对于一个规模较大的多播应用,RTCP使用的带宽很快会增长得很大。为了防止这种情况发生,RTCP发送方缩减其报告率,使得其使用的总带宽不超过媒体带宽的一定比例(比如5%)。要做到这一点,每个参与者需要知道媒体的带宽(可以从发送方那里学习到这一点)和参与者数量(通过监听其他 RTCP 报告估算出来)。

RTCP 也处理流之间的同步。问题在于,不同的流可能使用不同的时钟,并且有不同的粒度和不同的漂移速率。RTCP 可用于使它们保持同步。

最后,RTCP 还提供了一种为发送方命名的方法(比如使用 ASCII 字符)。这些信息可以显示在接收方的屏幕上,表明此刻谁正在讲话。

有关 RTCP 的更多信息,请参考 Perkins 的专著(2003)。

带有缓冲和抖动控制的播放

一旦媒体信息到达接收方,它必须在合适的时间播放出来。一般情况下,这个时间并不是 RTP 数据包到达接收方的时间,因为这些数据包通过网络传输所需的时间略有不同。即使在发送方,数据包以完全正确的时间间隔被依次注入网络,它们也会以不同的相对时间到达接收方。即使是少量的数据包抖动,如果简单地按媒体数据到达的时间播放出来,也可能导致媒体效果出现问题,如抖动的视频帧和难以辨认的音频。

这个问题的解决办法是在接收方播放媒体以前对数据包进行**缓冲**,以此减小抖动。图 6-32 给出了一个实例,可以看到一个数据包流在传送过程中经历了很大的抖动。在 $t=0$ 时刻,服务器发出数据包 1,该数据包在 $t=1$ 时刻到达接收方。数据包 2 经历了更多的延迟,它经过 2s 才到达接收方。随着这些数据包的到达,它们均被缓冲在接收方的主机上。

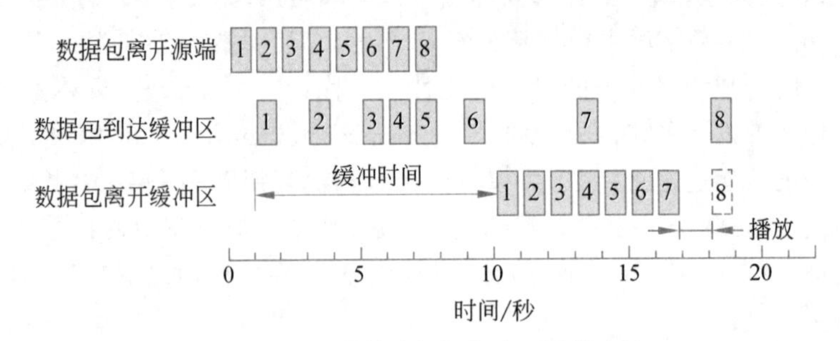

图 6-32 通过缓冲数据包来平滑输出流

在 $t=10$ 秒时,媒体开始播放。这时,从数据包 1 到数据包 6 都已经在缓冲中,因此它们以平滑播放的统一间隔从缓冲区中移出。一般情况下,没有必要使用统一的时间间隔,因为 RTP 时间戳指明了媒体应该何时被播出。

不幸的是,可以看到数据包 8 被延迟得太多,因而当它的播放时间槽到达时还不可用。这种情况下有两种选择:一种选择是跳过数据包 8,播放器移动到后续的数据包;另一种选择是停止播放,直到数据包 8 到达,此时在音乐或电影中就会出现一个恼人的卡顿。在现场直播的媒体应用(比如语音 IP 电话)中,这样的数据包通常会被跳过去。直播应用在暂缓播放时无法很好地工作。在流媒体应用中,播放器或许可以暂停。通过延迟媒体的开始播放时间,这个问题可以得到缓解,但需要使用更大的缓冲区。对于流式音频或视频播放器,经常采用约 10s 的缓冲区,以确保播放器按时接收所有数据包(即那些没有被网络丢弃的数据包)。对于像视频会议这样的实时应用,为了保证响应性,需要很短的缓冲区。

平滑播出的一个关键考虑因素是**播放点**(playback point),或者说接收方在播放媒体以前要等待多久。决定等待多长时间要取决于抖动。低抖动连接和高抖动连接的区别如

图 6-33 所示。两者的平均延迟可能没有很大的不同，但如果存在高抖动，则播放点可能需要比低抖动的情形多推一些，直到捕获 99%的数据包。

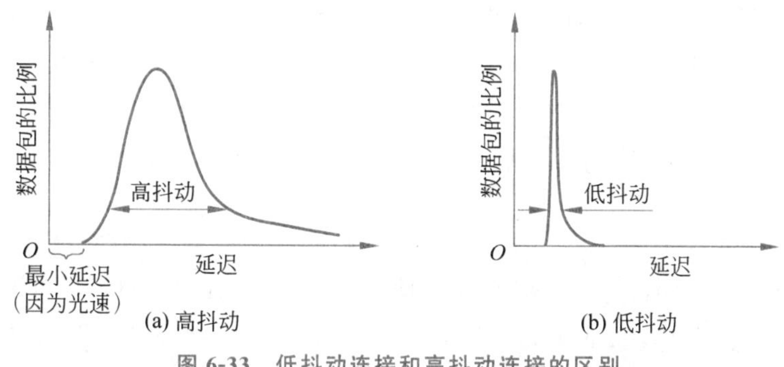

图 6-33　低抖动连接和高抖动连接的区别

为了寻找到一个好的播放点，应用程序可以测量抖动，即考察 RTP 时间戳和数据包到达时间之间的差异。每个差值给出了延迟的一个样本值（加上一个任意的、固定的偏移）。然而，由于竞争的流量和路径变化等其他原因，延迟可能随时间而变化。为了适应这种变化，应用程序在运行时可以自适应它们的播放点。但是，如果做得不好，改变播放点可能会产生用户可观察到的毛刺。对于音频来说，避免这个问题的一种方法是自适应语音突峰（talkspurt）之间的播放点，即会话交谈中的间隙。没有人会注意到一个短的和稍长一点的静默之间的差异。RTP 允许应用程序为此目的而设置 RTP 头的 M 位，表明一个新的语音突峰的开始。

如果在媒体被播出以前的绝对延迟太长，那么直播应用将受到影响。如果已经使用了直接路径，那么无论做什么都无法减少传播延迟。只要简单地接受大部分的数据包因为到达得太迟而不能被及时播放，播放点就可以被推后一点。如果不能接受这种做法，那么解决这一问题的唯一途径是通过使用一种质量更好的服务减少抖动，例如加速转发的区分服务，也就是说，需要一个更好的网络。

6.5　Internet 传输协议：TCP

UDP 是一个简单的协议，它有一些非常重要的用途，比如客户-服务器交互和多媒体应用。但是，大多数 Internet 应用需要可靠的、按顺序的递交。UDP 不能提供这样的功能，所以 Internet 还需要另一个协议，它被称为 TCP，是 Internet 上的主力军。本节详细介绍这个协议。

6.5.1　TCP 概述

TCP（Transmission Control Protocol，传输控制协议）是为了在不可靠的互联网络上提供可靠的端到端的字节流传输而专门设计的。互联网络不同于单个网络，因为互联网络的不同部分可能有截然不同的拓扑结构、带宽、延迟、数据包大小和其他参数。TCP 的设计目标是能够动态地适应互联网络的这些特性，而且在面对许多种故障时仍是健壮的。

TCP的正式定义由1981年9月的RFC 793给出。随着时间的推移,已经对其做了许多改进,各种错误和不一致已经修复了。这里简要地给出TCP的扩展历程。重要的RFC除了RFC 793以外,按照发布时间有以下RFC文档:RFC 1122澄清了说明并修复了错误;RFC 1323做了高性能扩展;RFC 2018定义了选择性确认;RFC 2581说明了拥塞控制;RFC 2873定义了为服务质量而重用的头字段;RFC 2988改进了重传计时器;RFC 3168定义了显式拥塞通知。完整的协议集合很大,因而专门发布了一个针对这些RFC文档的指南——RFC 4614。

每台支持TCP的主机都有一个TCP传输实体,它或者是一个库过程或一个用户进程,或者是内核的最常用部分。在所有这些情形下,它管理TCP流以及TCP层与IP层之间的接口。TCP传输实体接收本地进程的用户数据流,将它们分割成不超过64KB的分片(在实践中通常是1460字节数据,这样,它与IP头和TCP头一起可以容纳到一个以太网帧中),每个分片以单独的IP数据报形式发送。当包含TCP数据的数据报到达一台主机时,它们被递交给TCP传输实体,TCP传输实体重构出原始的字节流。为简化起见,有时候仅仅用TCP代表TCP传输实体(一段软件代码)或者TCP协议(一组规则)。根据上下文可以很清楚地知道其实际含义。例如,在"用户将数据交给TCP"这句话中,很显然这里指的是TCP传输实体。

IP层并不保证数据报一定被正确地递交,也不指示数据报的发送速度可能有多快。正是TCP负责既要足够快地发送数据报,以充分利用网络容量,但又不能引起拥塞;而且,TCP超时后,要重传那些没有被递交的数据报。即使已经到达的数据报,也可能存在错序的问题,这也是TCP的责任,它必须把到达的数据报按照正确的序列重新装配成消息。简而言之,TCP必须提供良好的性能,同时也要提供绝大多数应用期望但IP又没有提供的可靠性。

6.5.2 TCP服务模型

TCP服务由发送方和接收方创建一种称为套接字的端点来获得,正如在6.1.3节中所讨论的那样。每个套接字有一个套接字编号(地址),该编号由主机的IP地址以及一个相对于主机而言本地的16位数值组成。此16位数值称为端口。端口是TSAP在TCP中的名称。为了获得TCP服务,必须显式地在一台主机的套接字和另一台主机的套接字之间建立一个连接。有关套接字的调用见图6-5中所列。

一个套接字有可能同时用于多个连接。换句话说,两个或者多个连接可能终止于同一个套接字。每个连接可以用两端的套接字标识符标识,即(socket1, socket2)。TCP不使用虚电路号或者其他的标识符。

1024以下的端口号被保留,用于通常只能由特权用户(比如UNIX系统的root)启动的标准服务。这些端口称为知名端口(well-known port)。例如,若任何一个进程希望远程检索一台主机的邮件,则它可以连接到目标主机的143号端口,与它的IMAP守护进程联系。可以在www.iana.org上找到知名端口的列表。目前已经分配了700多个知名端口。图6-34列出了常用的知名端口。

端口	协议	用途
20，21	FTP	文件传输
22	SSH	远程登录，Telnet的替代品
25	SMTP	电子邮件
80	HTTP	万维网
110	POP-3	访问远程邮件
143	IMAP	访问远程邮件
443	HTTPS	安全的Web(SSL/TLS之上的HTTP)
543	RTSP	媒体播放控制
631	IPP	打印共享

图6-34 常用的知名端口

端口号为1024～49 151的其他端口可以通过IANA注册，由非特权用户使用，但是应用程序可以选择自己的端口号。例如，BitTorrent对等文件共享应用(非正式的)使用了6881～6887端口号，但也可以运行在其他端口号上。

让FTP守护进程在系统引导时关联到21号端口，让SSH守护进程在系统引导时关联到22号端口，等等，这样的做法是完全有可能的。然而，这样做将会使内存散乱在这些守护进程中，而且大多数时间这些进程都是空闲的。因此，常见的做法是，让一个守护进程同时关联到多个端口上，然后等待第一个进来的连接。在UNIX中，这个守护进程称为**inetd**(Internet daemon)。当出现一个进来的连接时，inetd就派生一个新的进程，在这个进程中执行适当的守护程序，由这个守护程序处理此连接请求。按照这种方式，除了inetd以外的其他守护程序只有在确实有工作需要它们做时才被激活。inetd通过一个配置文件知道它要使用哪些端口。因此，系统管理员可以这样来配置系统：比较忙的端口(比如80端口)使用永久守护程序，而其他端口则让inetd来处理。

所有的TCP连接都是全双工的，并且是点到点的。全双工意味着同时可在两个方向上传输流量，而点到点则意味着每个连接恰好有两个端点。TCP不支持多播或者广播传输。

一个TCP连接就是一个字节流，而不是消息流。端到端之间不保留消息的边界。例如，如果发送进程将4个512字节写到一个TCP流中，那么这些数据有可能按4个512字节块、两个1024字节块、一个2048字节块或者某种其他的方式被递交给接收进程(见图6-35)。接收方不管多么努力地尝试，都无法检测出这些数据被写入字节流时的单元。

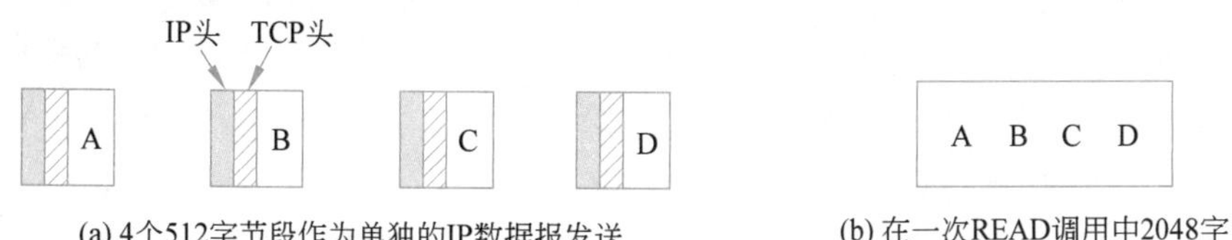

图6-35 数据写入字节流时的两种分块情况

UNIX中的文件也具有这样的特性。读文件的程序无法判断该文件是一次写入一块，还是一次写入一个字节，或者是整个文件被一次性写入。如同UNIX文件一样，TCP软件不理解字节流的含义，而且对此也不感兴趣。一字节就只是一字节而已。

当一个应用将数据传递给TCP时，TCP可能立即将数据发送出去，也可能将它缓冲起来(为了收集更多的数据一次发送出去)，这完全由TCP软件自己决定。然而，有时候，应用程序确实希望数据立即被发送出去。例如，假设一个交互式游戏的用户希望发送一个更新流。至关重要的是，这些更新应该被立即发送出去，而不是缓冲起来，直到收集到足够的数据。为了强制将数据发送出去，TCP有一个PUSH标志的概念，该标志携带在数据包上。PUSH标志最初的意图是让应用程序通过PUSH标志告诉TCP实现不要延迟传输。然而，应用程序在发送数据时不能从字面上设置PUSH标志。相反，不同的操作系统已经演化出了不同的选项来加速传输(例如，在Windows和Linux中的TCP_NODELAY)。

有关Internet的悠长历史，我们也要提到有关TCP服务的一个有趣特性，该特性还保留在协议中，但很少被使用，那就是**紧急数据**(urgent data)。当一个应用有一些高优先级的数据应该被立即处理时，例如一个交互式用户按Ctrl+C键中断一个已经开始运行的远程计算，那么，发送程序把一些控制信息放在数据流中，并且将它连同URGENT标志一起交给TCP。这一事件将导致TCP停止积累数据，将该连接上已有的所有数据立即传输出去，没有任何延迟。

当目标方接收到紧急数据时，接收应用程序被中断(比如，按UNIX的术语是得到了一个信号)，它停止当前正在做的工作，并且读入数据流以便找到紧急数据。紧急数据的尾部应该被标记出来，因而应用程序知道紧急数据何时结束。紧急数据的起始处并没有被标记出来，如何找到紧急数据起始处取决于具体的应用程序。

这一方案提供了一种略微粗糙的信号机制，把其他的一切都留给应用程序处理。然而，尽管紧急数据有潜在的应用价值，但在早期没有人发现它有令人信服的应用，因而处于闲置的状态。现在也不鼓励使用它，因为它的实现有差异，并且要让应用程序处理它们自己的信号机制。也许未来的传输协议能提供更好的信号机制。

6.5.3 TCP协议

本节将从总体上介绍TCP协议。在6.5.4节将逐个字段地讨论TCP协议头。

TCP的一个关键特征，也是主导整个协议设计的特征是TCP连接上的每字节都有自己独有的32位序号。在Internet初期，路由器之间的线路绝大多数是56kb/s的租用线路，所以，一台满负荷全速运行的主机差不多要一个星期才能遍历完这些序号。以现代的网络速度，序号可以以惊人的速率被用光，后面将会看到这一点。数据包携带的独立的32位序号可用于一个方向上的滑动窗口位置以及相反方向上的确认，正如下面讨论的那样。

发送方和接收方的TCP实体以段的形式交换数据。**TCP段**(TCP segment)由一个固定的20字节的头(加上可选的部分)以及随后0个或者多个数据字节构成。TCP软件决定了段应该多大。它可以将多次写操作中的数据累积到一个段中，也可以将一次写操作中的数据分割到多个段中。有两个因素限制了段的大小。首先，包括TCP头在内的每个段必须符合IP的65 515字节有效载荷的要求。其次，每条链路都有一个**MTU**(Maximum Transfer Unit，**最大传输单元**)。每个段必须适合发送方和接收方的MTU，这样它才能以单个不分段的数据包被发送和接收。在实践中，MTU 通常是 1500 字节（以太网的有效载荷大小），因此它定义了段大小的上界。

然而，当携带 TCP 段的 IP 数据包穿过一条网络路径，其上某条链路有更小的 MTU 时，该 IP 数据包还是有可能要被分割。如果这种情况发生，则它会降低性能并引起其他问题（Kent 等，1987）。相反，现代的 TCP 实现通过使用 RFC 1191 中描述的技术执行路径 **MTU 发现**（path MTU discovery），在 5.5.6 节对此有过描述。该技术利用 ICMP 错误消息发现某条路径上任意一条链路的最小 MTU。TCP 然后向下调整段的大小，以避免它再被分割成碎片。

TCP 实体使用的基本协议是具有动态窗口大小的滑动窗口协议。当发送方传送一个段时，它也启动一个计时器。当该段到达目标方时，接收端的 TCP 实体返回一个携带了确认号（其值等于接收方期望接收的下一个序号）和剩余窗口大小的段（如果有数据要发送，则包含数据；否则就不包含数据）。如果发送端的计时器在收到确认以前超时，则发送方再次传输该段。

尽管这个协议听起来简单，但是有时候涉及许多非常微妙的细节，后面将会介绍。段到达的顺序可能是错误的，所以 3072～4095 字节的数据可能已经到达了，但是它不能被确认，因为 2048～3071 字节还没有到达。段在传输过程中可能会被延迟很长时间，因而发送方超时并重传段。这些重传的段包含的字节范围有可能与原来传输的段的字节范围不同，所以，这就要求仔细管理，以便跟踪哪些字节已经被正确地接收到了。然而，由于数据流中的每一字节都有它自己唯一的偏移值，所以这项管理工作是可以完成的。

TCP 必须做好处理这些问题的准备，并且以一种有效的方法解决这些问题。尽管面临各种各样的网络问题，研究人员还是做了相当多的努力来优化 TCP 流的性能。下面将讨论一些被许多 TCP 实现采用的算法。

6.5.4 TCP 段的头

图 6-36 显示了 TCP 段的结构。每个段的起始部分是一个固定的 20 字节的 TCP 头，其后可能有头的选项。如果有数据部分，那么在选项之后是最多 65 535－20－20 ＝ 65 495 字节的数据，这里的第一个 20 是 IP 头的大小，第二个 20 是 TCP 头的大小。没有任何数据的 TCP 段也是合法的，通常被用作确认和控制消息。

现在逐个字段地剖析 TCP 头。源端口（Source port）和目标端口（Destination port）字段标识了连接的本地端点。TCP 端口号加上所在主机的 IP 地址组成了一个 48 位的唯一端点。源端点和目标端点一起标识了一个连接。该连接标识符被称为 **5 元组**（5 tuple），因为它由 5 个信息组成：协议（TCP）、源 IP 地址、源端口号、目标 IP 地址和目标端口号。

序号（Sequence number）和确认号（Acknowledgement number）字段执行它们的常规功能。请注意，后者指定的是按顺序期待的下一字节，而不是已经正确接收到的最后一节。它是**累计确认**（cumulative acknowledgement），因为它用一个数字概括了接收到的所有数据。它不会越过丢失的数据。这两个字段都是 32 位长，因为 TCP 流中的数据的每一字节都已经被编号了。

TCP 头长度（TCP header length）字段指明了 TCP 头包含多少个 32 位的字。这个信息是必需的，因为选项（Options）字段是可变长的，因而整个头也是变长的。从技术上讲，这

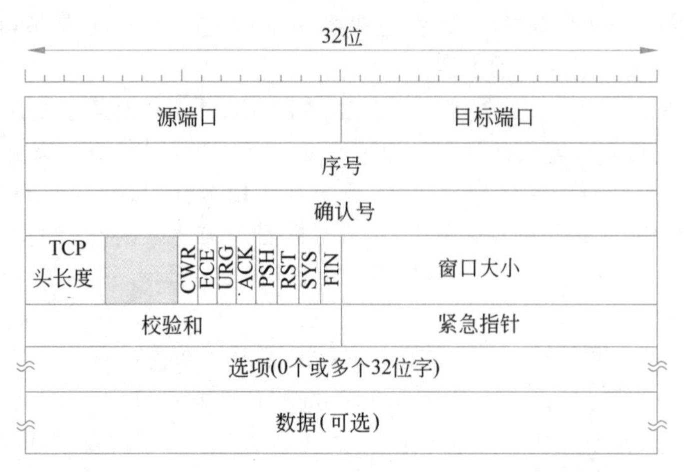

图 6-36 TCP 段的结构

个字段实际上指明了数据部分在段内的起始位置(以 32 位字为单位进行计量),但因为这个数值正好是以字为单位计量的 TCP 头长度,所以,两者的效果是等同的。

接下来是未被使用的 4 位。这些位(最初保留的 6 位中只有 2 位被重新声明使用了)30 年没被使用的事实恰好证明了 TCP 的设计考虑得多么周全和良好。差一点的协议需要这些位来修正原先设计中的错误。

接着是 8 个 1 位的标志。当采用 RFC 3168 说明的 ECN(显式拥塞通知)时,CWR 位和 ECE 位就用作拥塞控制的信号。当 TCP 接收方收到了来自网络的拥塞指示时,就设置 ECE 位以便给 TCP 发送方发 ECN-Echo 信号,告诉发送方放慢发送速率。TCP 发送方设置 CWR 位,给 TCP 接收方发送拥塞窗口已减小(Congestion Window Reduced)信号,这样接收方就知道发送方已经放慢速率,不必再发送 ECN-Echo 信号了。在 6.5.10 节中将讨论 TCP 拥塞控制中的 ECN 角色。

如果使用了紧急指针(Urgent pointer),则 URG 位被设置为 1。紧急指针是一个从当前序号开始找到紧急数据的字节偏移量。它是中断消息的另一种途径。正如上面所述,紧急指针允许发送方以一种非常基础的方式给接收方发信号,TCP 本身无须卷入中断的事由,但是它很少被用到。

ACK 位设置为 1 时表示确认号字段是有效的,几乎所有的数据包都会是这样的情形。如果 ACK 为 0,则该段不包含确认,此时,确认号字段可以被忽略。

PSH 位指出这是被推送(push)的数据,特此请求接收方一旦收到数据后立即将数据递交给应用程序,而不是将它缓冲起来直到整个缓冲区全部收到为止(这样做的目的可能是为了效率的原因)。

RST 位用于快速重置一个已经变得混乱的连接,混乱有可能是由于主机崩溃或者其他某种原因造成的。该标志位也可以用来拒收一个无效的段,或者拒绝一个试图打开连接的请求。一般而言,如果得到的段被设置了 RST 位,那说明遇到问题了。

SYN 位用于建立连接。在连接请求中,SYN=1 和 ACK=0 表示该段没有使用捎带确认字段。然而,连接应答捎带了一个确认,因此 SYN=1 和 ACK=1。本质上,SYN 位用来同时表示 CONNECTION REQUEST 和 CONNECTION ACCEPTED,然后进一步用

ACK 位区分这两种可能情况。

FIN 位用来释放一个连接。它表示发送方已经没有数据需要传输了。然而，在关闭一个连接以后，关闭进程可能会在一段不确定的时间内继续接收数据。SYN 段和 FIN 段都有序号，从而保证了这两种段都以正确的顺序被处理。

TCP 中的流量控制是通过一个可变大小的滑动窗口处理的。窗口大小(Window size)字段指定了从被确认的字节算起可以发送多少个字节。窗口大小字段为 0 是合法的，说明到现在为止已经接收到的字节数为确认号－1，但是接收方没有更多的机会处理数据，因此希望此刻发送方别再发数据了。以后，接收方可以通过发送一个具有同样确认号但是窗口大小字段不是 0 的段来允许发送方继续发送。

在第 3 章介绍的协议中，确认接收到的帧和允许发送新帧是捆绑在一起的。这是每个协议采用固定窗口大小的必然结果。在 TCP 中，确认和允许发送额外数据是完全分离的。实际上，一个接收方可以这样说："我已经接收到了序号 k 之前的字节，但是现在我不想要任何更多的数据，谢谢。"这种分离(事实上是可变大小的窗口)带来了额外的灵活性。后面将详细地介绍这种机制。

校验和(Checksum)字段也是为了额外的可靠性而提供的。它校验的范围包括 TCP 头、数据以及与 UDP 一样的概念性伪头。与 UDP 伪头不同的是，TCP 协议号为 6，并且此校验和是强制性的。有关细节参见 6.4.1 节。

选项(Options)字段提供了一种添加额外设施的途径，主要针对常规头没有覆盖的方面。有许多选项已经被定义了，其中有几个已经被广泛使用。选项字段的长度可变，但必须是 32 位的倍数，不足部分用 0 填充。选项字段可以扩展到 40 字节，这是规定的最长 TCP 头。某些选项是在建立连接时携带的，主要协商或者通知另一侧应具备的能力。其他选项是在连接的生存期间通过数据包携带的。每个选项都有一个类型-长度-值(Type-Length-Value)的编码。

最常用的选项是 **MSS**(Maximum Segment Size，**最大段长**)。使用大的段通常比小的段更有效率，因为这 20 字节头的开销可以分摊到更多的数据上，但是小型的主机可能无法处理大的段。在连接建立过程中，每一端都可以宣布它的最大段长，并且查看对方给出的最大值。如果一台主机没有使用这个选项，那么它默认可以接受 536 字节的有效载荷。所有 Internet 主机都要求能够接受 536＋20＝556 字节的 TCP 段。两个方向上的最大段长可以不同。

对于具有高带宽、高延迟或者两者兼具的线路，对应于 16 位字段的 64KB 窗口是一个问题。例如，在一条 OC-12 的线路上(大约 600Mb/s)，只需不到 1ms 就可输出一个完整的 64KB 窗口。如果往返传播延迟是 50ms(对于越洋光纤，这是典型的)，则发送方将有超过 98%的时间是空闲的，在等待确认。大的窗口允许发送方持续地送出数据。**窗口尺度**(Window scale)选项允许发送方和接收方在连接开始时协商窗口尺度因子。双方使用窗口尺度因子将窗口大小字段向左移动至多 14 位，因此允许窗口最大可达 2^{30} 字节。绝大多数 TCP 实现都支持这个选项。

时间戳(Timestamp)选项携带一个由发送方发出的时间戳，并由接收方回应。一旦在连接建立过程中启用了它，那么每个数据包都包含这个选项，它主要用来计算往返时间采样值，这些采样值被用来估算何时一个数据包已经丢失了。它也被用作 32 位序号的逻辑扩展。在一个快速连接上,序号空间可能很快回绕,从而导致新数据和旧数据之间可能的混淆。前文描述的PAWS(防止序号回绕)方案丢弃具有旧时间戳的到达段,以此防止这一问题。

最后,**SACK**(Selective ACKnowledgement,**选择确认**)选项使得接收方可以告诉发送方已经接收到的序号范围。这是对确认号的补充,可用在一个数据包已经丢失但后续(或者重复)数据包已经到达的情况下。头部的确认号字段反映不出这些新数据,因为该字段仅仅给出了按顺序期待的下一字节。有了SACK,发送方可以显式地知道接收方已经接收了哪些数据,并因此可以确定哪些数据应该重传。SACK由RFC 2108和RFC 2883定义,并越来越多地被使用。在6.5.10节将连同拥塞控制一起讲述SACK的使用。

6.5.5 TCP连接建立

在TCP中,连接是通过6.2.2节中讨论的三次握手法建立的。为了建立一个连接,某一端,比如服务器,被动地等待进来的连接请求,它的具体做法是,依次执行LISTEN和ACCEPT原语,可以指定一个特定的请求源,也可以不指定。

另一端,比如客户,执行CONNECT原语,指定它希望连接的IP地址和端口、它愿意接受的最大TCP段长以及一些可选的用户数据(比如口令)等。CONNECT原语发送一个SYN位置为on和ACK位置为off的TCP段,然后等待另一端的响应。

当这个段到达目的地时,那里的TCP传输实体检查是否有一个进程已经在目标端口字段指定的端口上执行了LISTEN原语。如果没有,则它发送一个设置了RST位的应答,拒绝该连接。

如果某个进程正在监听该端口,那么,TCP传输实体将进来的TCP段交给该进程处理。该进程可以接受或者拒绝这个连接请求。如果它接受,则发送回一个确认段。正常情况下发送的TCP段序列如图6-37(a)所示。请注意,SYN段只消耗了1字节的序号空间,所以它可被毫无异议地确认。

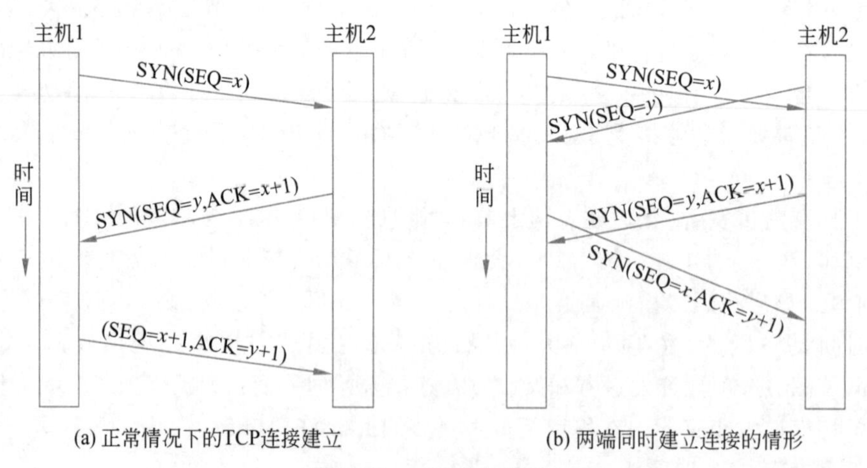

图6-37 TCP连接建立

如果两台主机同时企图在两个套接字之间建立连接,则TCP段序列如图6-37(b)所示。其结果是恰好只建立了一个连接,而不是两个,因为所有的连接都是由它们的端点标识的。

如果第一个连接请求产生了一个由(x,y)标识的连接,第二个连接请求也建立了这样一个连接,那么实际上只构造了一个表项,即(x,y)。

回想一下,每个主机选择的初始序号应该缓慢地循环,而不是一个常数,比如0。这个规则是为了防止被延迟的重复数据包,正如在6.2.2节中讨论的那样。最初,这是通过一个基于时钟的方案完成的,时钟每4μs滴答一次。

然而,三次握手的实现方式有一个缺陷,当监听进程以它自己的SYN段作为响应时,它必须记住它的序号。这意味着一个恶意的发送方可以占据一个主机的资源,它的做法是,发送一系列SYN段,但又故意不完成连接建立的后续过程。这种攻击称为**SYN泛洪**(SYN flood),它在20世纪90年代致使许多Web服务器瘫痪。现在已经有一些方法可抵御这种攻击。

抵御这种攻击的一种方法是使用**SYN"小甜饼"**(SYN Cookie)。主机不记忆序号,而是选择一个加密生成的序号,将它放在输出的段中,并且忘记它。如果三次握手完成后,该序号(加1)将返回主机。主机运行相同的加密函数,只要该函数的输入是已知的(例如,其他主机的IP地址和端口,以及一个本地密钥),它就能重新生成正确的序号。这个过程允许主机检查确认号是否正确,而不必记住单独的序号。这里存在一些注意事项,比如无法处理TCP选项,所以只有当主机容易遭受SYN泛洪攻击时,才可能使用SYN Cookie。然而,这是连接建立过程的一种有趣扭曲。要了解更多信息,请参见RFC 4987和Lemon的论文(2002)。

6.5.6 TCP连接释放

虽然TCP连接是全双工的,但是,为了理解TCP连接是如何释放的,最好将TCP连接看成一对单工连接。每个单工连接的释放彼此独立。为了释放一个连接,任何一方都可以发送一个设置了FIN位的TCP段(简称FIN段),这意味着它已经没有数据要传输了。当FIN段被另一方确认时,这个方向上的连接就被关闭,停止发送任何新数据。然而,另一个方向上或许还在继续着无限的数据流。当两个方向都关闭后,该连接才算被释放。通常情况下,释放一个连接需要4个TCP段:每个方向上一个FIN段和一个ACK段。然而,第一个ACK和第二个FIN有可能被包含在同一个段中,从而将段总数降低到3个。

正如在电话通话过程中双方说完再见之后同时挂断电话一样,一个TCP连接的两端也可能会同时发送FIN段。这两个段按常规的方法被单独确认,然后连接被关闭。实际上,两台主机先后释放连接,或者同时释放连接,这两者并没有本质的区别。

为了避免两军队问题(在6.2.3节中讨论过),需要使用计时器。如果在两倍于最大数据包生存期的时间内,针对FIN段的响应没有出现,那么FIN段的发送方释放该连接。另一方最终会注意到似乎不再有人在监听该连接,也将会超时。虽然这种方案不是完美无缺的,但由于理论上不可能有完美的解决方案,基于这样的事实,TCP也不得不这样做了。在实践中,这种做法很少产生问题。

6.5.7 TCP连接管理模型

建立连接和释放连接需要的步骤可以用一个有限状态机表示,该状态机有11种状态,如图6-38所示。在每一种状态中,都存在特定的合法事件。当一个合法事件发生时,可能需要采取某个动作;当其他事件发生时,则报告一个错误。

状　态	描　述	状　态	描　述
CLOSED	没有活动的连接或者挂起	FIN WAIT2	另一端同意释放连接
LISTEN	服务器等待进来的呼叫	TIME WAIT	等待所有数据包相继结束
SYN RCVD	到达一个连接请求,等待 ACK	CLOSING	两端同时试图关闭连接
SYN SENT	应用已经启动了,打开一个连接	CLOSE WAIT	另一端已经发起关闭连接
ESTABLISHED	正常的数据传送状态	LAST ACK	等待所有数据包相继结束
FIN WAITI	应用说它已经结束连接了		

图6-38 TCP连接管理有限状态机的状态

每个连接都从CLOSED状态开始。当它执行了一个被动打开操作(LISTEN)或者一个主动打开操作(CONNECT)时,它就离开了CLOSED状态。如果另一端执行了相反的操作,则连接就建立起来,当前状态变成ESTABLISHED。连接的释放过程可以由任何一方发起。当释放完成时,状态又回到CLOSED。

TCP连接管理有限状态机如图6-39所示。在图6-39中粗线表示客户主动连接到一个被动服务器上的常见情形,客户部分用的是实线,服务器部分用的是虚线。细线表示不常见的事件序列。图6-39中的每条线都标记成一个"事件/动作"(event/action)对。这里的事件既可以是用户发起的系统调用(CONNECT、LISTEN、SEND或者CLOSE),也可以是一个段到达(SYN、FIN、ACK或者RST),还可以是在某种情况下发生了两倍于最大数据包生存期的时间的超时事件;动作可以是发送一个控制段(SYN、FIN或者RST),或者什么也不做(在图6-39中标记为-)。括号中显示的是说明。

为了更好地理解图6-39,可以首先沿着客户的路径(粗实线)查看,然后沿着服务器的路径(粗虚线)查看。当客户主机上的一个应用发出一个CONNECT请求时,本地的TCP实体创建一条连接记录,并将它标记为SYN SENT状态,然后发出一个SYN段。请注意,在一台主机上可能同时有许多个连接处于打开(或者正在被打开)的状态,它们可能代表了多个应用,所以,状态是针对每个连接的,并且保存在相应的连接记录中。当SYN+ACK到达时,TCP发出三次握手过程的最后一个ACK段,并且切换到ESTABLISHED状态。至此就可以发送和接收数据了。

当一个应用结束时,它执行CLOSE原语,从而使本地的TCP实体发送一个FIN段,并等待对应的ACK段(虚线框标记了"主动关闭")。当ACK段到达时,状态迁移到FIN WAIT 2,而且连接的一个方向被关闭。当另一方也关闭连接时,会有一个FIN段进来,它被确认。现在,双方都已经关闭了连接,但是,TCP要等待一段长度为最大数据包生存期两倍的时间,才能保证该连接上的所有数据包都已相继结束,这只是为了防止发生确认被丢失的情形。当计时器超时时,TCP删除该连接记录。

现在从服务器的角度查看连接管理。服务器执行LISTEN原语,并停下来等待有连接进来。当一个SYN段进来时,服务器就确认该段并且进入到SYN RCVD状态。当服务器

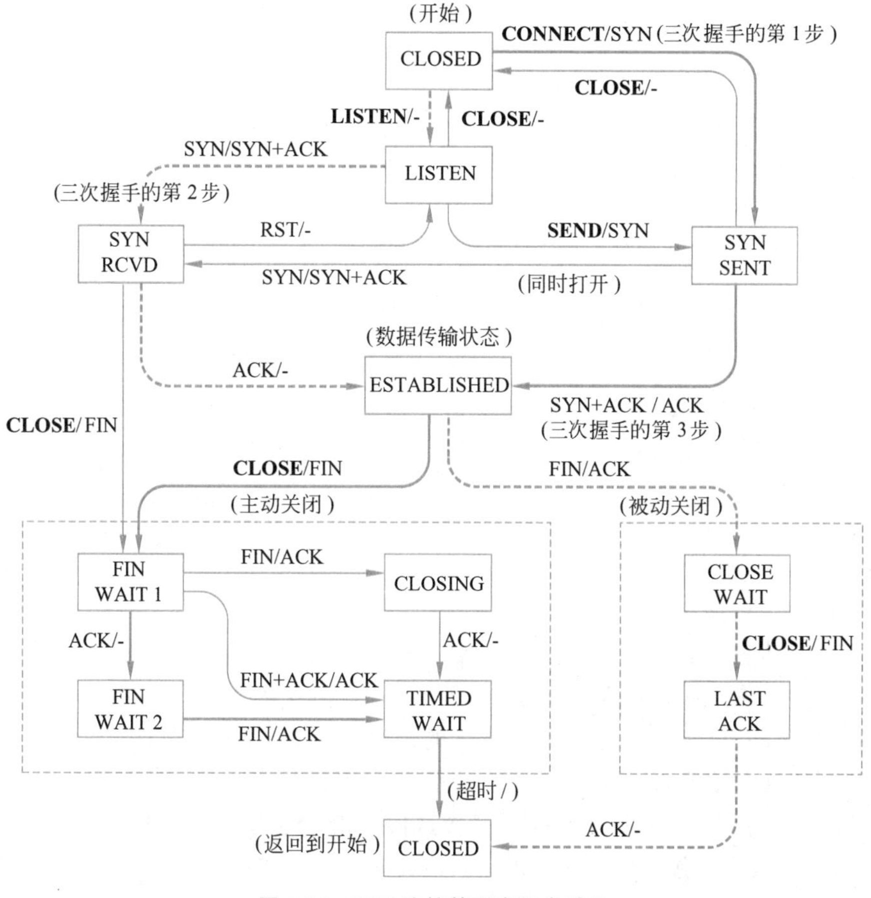

图 6-39　TCP 连接管理有限自动机

本身的 SYN 段被确认时，三次握手过程就完成了，服务器进入 ESTABLISHED 状态。从现在开始就可以传输数据了。

当客户完成了自己的数据传输时，它就执行 CLOSE，从而导致有一个 FIN 段到达服务器(虚线框标记了“被动关闭”)。然后，服务器接到信号通知。当它也执行了 CLOSE 原语时，就会有一个 FIN 段被发送给客户。当客户的确认到来时，服务器释放该连接，并且删除该连接的记录。

6.5.8　TCP 滑动窗口

正如前面所提到，TCP 中的窗口管理把对于已经正确接收到的段的确认和接收方的缓冲区分配解耦了。例如，假设接收方有一个 4KB 的缓冲区，如图 6-40 所示。如果发送方传送了一个 2KB 的段，并且该段已被正确地接收，那么，接收方将确认该段。然而，由于接收方现在只剩下 2KB 的缓冲区空间(在应用程序从缓冲区中取走数据以前)，所以它将宣告从下一个期望字节开始的 2KB 窗口。

现在发送方又传输了另一个 2KB，它也被确认了，但是接收方宣告的窗口大小变成了 0。因此，发送方不得不停止，直到接收主机上的应用进程从缓冲区中移除一些数据，到那时

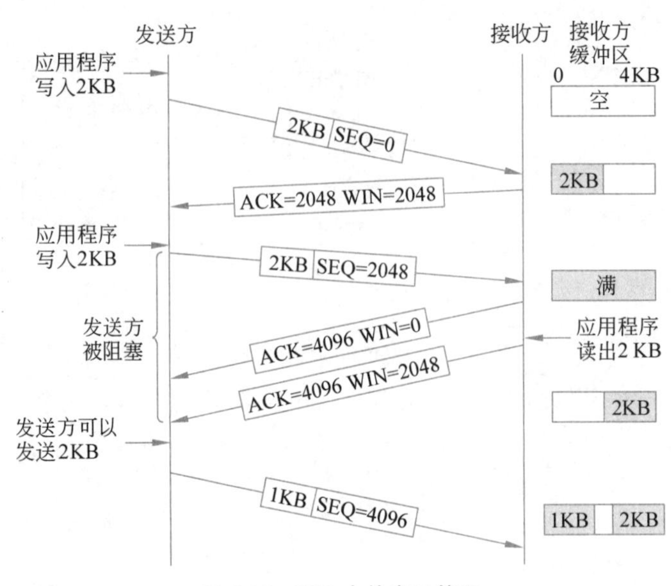

图 6-40 TCP 中的窗口管理

候,TCP 可以宣告一个更大的窗口,从而更多的数据可以发送过来。

当窗口变为 0 时,发送方就不能正常地发送段了,但有两个例外。第一,紧急数据仍可以发送,比如,允许用户杀掉远程主机上运行的进程。第二,发送方可以发送一个一字节的段,以便强制接收方重新宣告下一个期望的字节和窗口大小。这种数据包称为窗口探测(window probe)。TCP 标准明确地提供了这个选项,以防止窗口更新数据包丢失后发生死锁。

发送方并不要求一接到应用程序传递来的数据就马上将数据传送出去。接收方也不要求必须尽可能快地发送确认。例如,在图 6-40 中,当第一个 2KB 数据到来时,TCP 知道它还有一个 4KB 的窗口,所以它只是将这些数据缓冲起来,直到另一个 2KB 数据到来,它就能够传输一个包含 4KB 有效载荷的段,TCP 这么做是完全正确的。这种自由度可以用来提高性能。

考虑一个远程终端的连接,比如使用 SSH 或者 Telnet,该远程终端对用户的每一次按键动作都会响应。在最差的情况下,无论何时当一个字符到达发送方的 TCP 实体时,TCP 创建一个 21 字节的 TCP 段,并将它交给 IP 组成一个 41 字节的 IP 数据报,然后发送出去。在接收端,TCP 立即发送一个 40 字节的确认(20 字节的 TCP 头加上 20 字节的 IP 头)。以后,当远程终端读取了这个字节时,TCP 发送一个窗口更新,它将窗口向右移动一字节。这个数据包也是 40 字节。最后,当远程终端已经处理了该字符以后,它使用一个 41 字节的数据包将该字符回显到本地显示器上。对于每个输入的字符,总共需要消耗 162 字节的带宽,并发送 4 个段。当带宽紧缺时,这种处理方法显然不是期望的。

许多 TCP 实现采用了一种称为延迟确认(delayed acknowledgement)的方法优化这种情形。基本想法是,将确认和窗口更新延迟最多 500ms,希望能够获得一些数据免费搭载过去。假设远程终端在 500ms 内回显,则现在远程用户只需要送回一个 41 字节的数据包即可,从而将数据包数和带宽使用减少一半。

尽管延迟确认减少了接收方给予网络的负载,但是发送方发送多个小数据包的运行方式仍然非常低效(比如,41字节的数据包只包含一字节的数据)。降低这种用法的一种方法被称为**Nagle算法**(Nagle,1984)。Nagle的建议非常简单:当数据每次以很少量的方式进入发送方时,发送方只发送第一次到达的数据分片,然后将后面到达的分片数据缓冲起来,直到第一个分片被确认。然后将所有缓冲的数据放在一个TCP段中发送出去,并且继续开始缓冲分片,直到下一个段被确认。这就是说,任何时候只有一个短的数据包可能在未处理状态。如果在一个往返时间内应用程序发送了许多数据分片,那么Nagle算法将这些数据分片放在一个段中发送,由此大大地减少了使用的带宽。另外,如果有足够多的数据陆续到来,多到可以填满一个最大数据段,则该算法也将发送一个新的段。

Nagle算法已经被TCP实现广泛使用了,但是有的时候将它禁止会更好。特别是在Internet上玩交互游戏时,玩家通常想要一个快速的、短的更新数据包流。如果把更新信息收集起来,以突发的方式发送出去,将使得游戏的响应不稳定,这显然会引起用户不满。一个更微妙的问题是,Nagle算法有时候可能与延迟确认相互作用,会引起暂时的死锁:接收方等待(上层)数据到来,以便可以捎带确认;而发送方等待确认到来,以便能够发送更多的数据。这种相互作用可能导致Web网页下载的延迟。由于存在这些问题,Nagle算法可以被禁用(这被称为TCP_NODELAY选项)。Mogul等(2001)讨论了这个问题以及其他的解决方案。

使TCP性能退化的另一个问题是**低能窗口综合征**(silly window syndrome)(Clark,1982)。当数据以大块形式被传递给发送方TCP实体,但是接收方的交互式应用每次仅读取一字节数据的时候,这个问题就会发生。为了看清此问题,请参考图6-41。初始时,接收端的TCP缓冲区为满(即它有一个大小为0的窗口),发送方知道这一点。然后,交互式应用从TCP流中读取一个字符。这个动作使得接收端的TCP欣喜若狂,所以它立刻发送一个窗口更新给发送方,告诉它现在可以发送一字节过来。发送方很感激,立即发送一字节。现在缓冲区又满了,所以,接收方对这个一字节的段进行确认,同时设置窗口大小为0。这种行为可能会永久地持续下去。

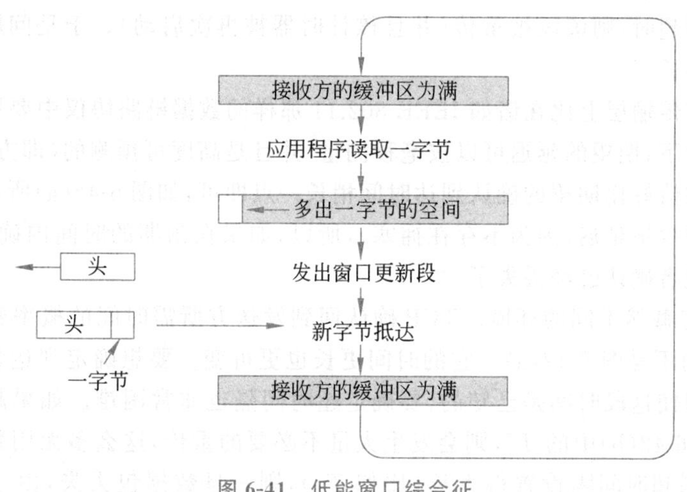

图6-41 低能窗口综合征

Clark的解决方案是阻止接收方发送只有一字节的窗口更新。相反,它强制接收方必须等待,直到有了一定数量的可用空间之后再通告给对方。特别是直到接收方能够处理它在连接建立时宣告的最大段长度,或者它的缓冲区一半为空时(两者之中取较小的值),它才应该发送一个窗口更新。而且,发送方不发送太小的段也会有所帮助。它应该等待,直到可以发送一个满的段,或者至少包含接收方缓冲区一半大小的段。

Nagle 算法和 Clark 针对低能窗口综合征的解决方案相互补充。Nagle 试图解决由于发送应用每次向 TCP 传递一字节而引起的问题。Clark 则试图解决由于接收应用从 TCP 流中每次吸取一字节数据而引起的问题。这两种方案都是有效的,而且可以一起工作。目标是,发送方不要发送太小的数据段,接收方也不要请求太小的段。

接收端 TCP 除了向发送方宣告较大单元的窗口以外,还可以进一步提高性能。如同发送端 TCP 一样,接收端 TCP 也可以缓冲数据,所以它可以阻塞上层应用的 READ 请求,直至它有了大块的数据供它使用。这样做可以减少调用 TCP 的次数,从而减少额外的开销。这样做也增加了响应时间,但是,对于像文件传输这样的非交互式应用来说,效率可能比一次请求的响应时间更加重要。

接收方必须处理的另一个问题是段有可能错序到达。接收方将缓冲这些数据,直至它可以按照顺序递交给应用程序为止。实际上,如果将这些错序的段直接丢弃,也不会有什么坏事情发生,因为发送方最终会重传这些段,但这将会造成浪费。

只有当被确认字节以前的所有数据都到达时确认才可以发送出去。这是一种累计确认(cumulative acknowledgement)。如果接收方已经获得段 0、1、2、4、5、6 和 7,它可以确认直到段 2 最后一字节(包含)以前的所有数据。当发送方超时时,它然后重传段 3。因为接收方已经缓冲了段 4～7,一旦它收到段 3 就可立即确认直到段 7 结束处的全部字节。

6.5.9 TCP 计时器管理

TCP 使用多个计时器(至少从概念上讲是计时器)完成它的工作。其中最重要的是 RTO(Retransmission TimeOut,重传计时器)。当一个段被发送出去时,就会有一个重传计时器被启动。如果在该计时器到时以前该段被确认,则计时器被停止;而如果在该段的确认到来以前计时器超时,则该段被重传(并且该计时器被再次启动)。于是问题就来了:超时间隔应该设为多长?

这个问题在传输层上比在诸如 IEEE 802.11 那样的数据链路协议中要更加困难。在数据链路层的情形下,期望的延迟可以按毫秒测量,并且是高度可预测的(即方差很小),所以,计时器被设置成恰好比期望的确认到达时间稍长一点即可,如图 6-42(a)所示。由于在数据链路层中确认极少被延迟(因为不存在拥塞),所以,如果在预期的时间内确认没有到来,则往往意味着帧或者确认已经丢失了。

TCP 面临着截然不同的环境。TCP 确认回到发送方所需时间的概率密度函数看起来更像 6-42(b),而不是图 6-42(a)。它的时间更长也更可变。要想确定到达目标方的往返时间非常棘手。即使这段时间是已知的,要确定超时间隔也非常困难。如果超时间隔设置得太短,比如说图 6-42(b)中的 T_1,则会发生大量不必要的重传,这么多无用数据包反而会堵塞 Internet;如果超时间隔设置得太长(比如 T_2),则一旦数据包丢失,由于太长的重传延迟,性能会受影响。而且,确认到达时间分布的均值和方差也会随着拥塞的发生或者解决而在几秒内迅速地改变。

解决方案是使用一个动态算法,它根据对网络性能的连续测量不断地调整超时间隔。

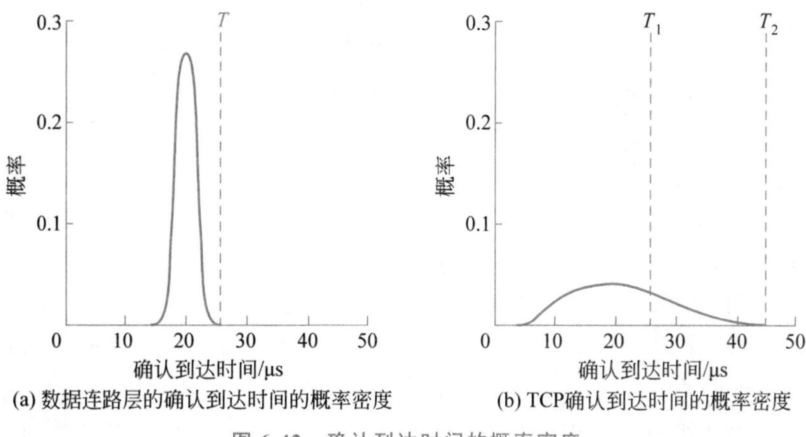

(a) 数据连路层的确认到达时间的概率密度　(b) TCP确认到达时间的概率密度

图 6-42　确认到达时间的概率密度

TCP 通常使用的算法是由 Jacobson(1988)提出的,其工作原理如下所述。对于每一个连接,TCP 维护一个变量——SRTT(Smoothed Round-Trip Time,平滑的往返时间),它代表到达目标方往返时间的当前最佳估计值。当一个段被发送出去时,就会有一个计时器被启动,该计时器一方面是为了看该段的确认需要多长时间;另一方面,若确认时间太长,则触发一次重传。如果在计时器到期前确认返回,则 TCP 测量这次确认所花的时间,比如 R。然后它根据下面的公式更新 SRTT:

$$\text{SRTT} = \alpha\ \text{SRTT} + (1-\alpha)\ \text{R}$$

这里 α 是一个平滑因子,它决定了老的 SRTT 值多快被忘掉。典型情况下 $\alpha=7/8$。这个公式是一种 **EWMA**(Exponentially Weighted Moving Average,**指数加权移动平均**)方法,或者丢弃样值中噪声的低通滤波器。

即使有了一个好的 SRTT 值,要选择一个合适的重传超时间隔仍然不是一件简单的事情。TCP 的最初实现使用了 2xRTT,但经验表明使用一个常数值太不灵活,因为当变化加大时它不能够很好地做出反应。尤其是,随机流量(即泊松分布)的排队模型预测的结果是,当负载接近容量时,延迟不仅变大,而且其变化幅度也大。这可能导致重传计时器被触发而重新传输一个数据包的副本,尽管原先的数据包仍然在网络中传输着。这在高负载的条件下极有可能发生,同时也是在最糟糕的时机将额外的数据包发送到网络中。

为了修复这个问题,Jacobson 提出,应该让超时值对往返时间的变化以及平滑的往返时间都比较敏感。这种改变要求跟踪另一个平滑变量——RTTVAR(往返时间变化幅度,Round-Trip Time VARiation),即更新时采用下面的公式:

$$\text{RTTVAR} = \beta\ \text{RTTVAR} + (1-\beta)\ |\ \text{SRTT} - \text{R}\ |$$

跟上一个公式一样,这个公式也是一种 EWMA 方法,典型情况下,$\beta=3/4$。重传超时值,RTO 被设置为

$$\text{RTO} = \text{SRTT} + 4 \times \text{RTTVAR}$$

这里选择因子 4 多少有点随意,但是乘以 4 的操作用一个移位运算就可以完成,而且所有数据包中大于标准方差 4 倍以上的不足总数的 1%。注意,RTTVAR 并不等于标准方差(它实际上是平均方差),但是在实践中它足够接近标准方差。Jacobson 的文章充满着聪明的技巧,只使用整数加法、减法和移位操作计算超时值。这种经济性对于现代主机并不是很需

要,但它已成为文化的一部分,使得TCP可运行在所有种类的设备上,从超级计算机到微型设备。到目前为止,还没有人把它搬到一个RFID芯片上,但会有这么一天吗?天知道!

计算超时值的详细过程,包括变量的初始值设置,可参考RFC 2988。重传计时器也有一个1s的最小值,无论估算值是多少。这是为了防止根据测量进行欺骗性重传而选择的保守(不过也多少有点凭经验的)值(Allman等,1999)。

在采集往返时间的样本R的过程中有可能引发的一个问题是:当一个段超时并重新发送时该怎么办?当确认到达时,不清楚该确认是针对第一次传输还是针对后来的重传。若猜测错误,则会严重干扰重传超时值。Phil Karn发现这个问题很艰难解决。Karn是一名业余无线电爱好者,他对在一种极不可靠的无线电介质上传输TCP/IP数据包有浓厚的兴趣。他提出了一个很简单的建议:对任何被重传的段,不更新其估算值;此外,对每次相继的重传,超时间隔值加倍,直到这些段第一次通过为止。这个修正算法称为**Karn算法**(Karn等,1987)。大多数TCP实现都使用了此算法。

重传计时器并不是TCP使用的唯一计时器。第二个计时器是**持续计时器**(persistence timer)。它的设计意图是为了阻止出现以下所述的死锁。接收方发送一个窗口大小为0的确认,让发送方等一等。后来,接收方更新了窗口,但是,携带此更新消息的数据包丢失了。现在,发送方和接收方都在等待对方的进一步动作。当持续计时器超时时,发送方向接收方发送一个探询消息。接收方对探询消息的响应是告知其窗口大小。如果它仍然为0,则重置持续计时器,并重复下一轮循环;如果它非0,则现在就可以发送数据了。

有些TCP实现使用了第三个计时器,即**保活计时器**(keepalive timer)。当一个连接空闲了较长一段时间时,保活计时器可能超时,从而促使某一端查看另一端是否仍然还在。如果另一端没有响应,则终止连接。这个特性是有争议的,因为它增加了额外的开销,而且有可能由于暂时的网络分区而终止一个本来很正常的连接。

每个TCP连接使用的最后一个计时器是在关闭过程中当连接处于TIMED WAIT状态时的计时器。它的超时值为最大数据包生存期的两部,用来确保当连接被关闭时该连接上创建的所有数据包都已完全消失。

6.5.10 TCP拥塞控制

本节讨论TCP的关键功能之一,即拥塞控制。当提供给任何网络的负载超过它的处理能力时,拥塞便会产生。Internet也不例外。当路由器上的队列增长到很大时,网络层就会检测到拥塞,并试图通过丢弃数据包管理拥塞。传输层接收到来自网络层的拥塞反馈,并减慢它发送到网络中的流量速率。在Internet上,TCP在控制拥塞以及可靠传输中扮演了重要的角色。这也是TCP如此特殊的一个原因。

在6.3节中介绍了拥塞控制的一般情况。一个关键的观点是,如果一个传输协议使用AIMD(加法递增乘法递减)控制规则响应从网络传来的二进制拥塞信号,那么该传输协议将收敛到一个公平且有效的带宽分配结果。TCP的拥塞控制就是以实现AIMD规则为基础的,它使用了一个窗口,并且把数据包丢失当作二进制信号。为了做到这一点,TCP维护一个拥塞窗口(congestion window),窗口大小是任何时候发送方可以向网络发送的字节数,相应的速率则是窗口大小除以连接的往返时间。TCP根据AIMD规则调整该窗口的大小。

回想一下，除了维护一个拥塞窗口以外，还有一个流量控制窗口，该窗口规定了接收方可以缓冲的字节数。这两个窗口都需要被跟踪，可能发送的字节数是两个窗口中较小的那个。因此，有效窗口是发送方认可的大小和接收方认可的大小这两者中的较小者。正所谓"一个巴掌拍不响"。如果拥塞窗口或流量控制窗口暂时已满，则 TCP 将停止发送数据。如果接收方说"发送 64KB 数据"，但发送方知道超过 32KB 的突发流量就会阻塞网络，那它只发送 32KB。另一方面，如果接收方说"发送 64KB 数据"，发送方知道高达 128KB 的突发流量通过网络都毫不费力，那它会发送要求的全部 64KB。流量控制窗口在前面已经描述过，下面只描述拥塞窗口。

现代拥塞控制被添加到 TCP 中很大程度上要归功于 Jacobson 的努力（Jacobson，1988）。这是一个引人入胜的故事。从 1986 年开始，早期 Internet 的日益普及导致了称为**拥塞崩溃**（congestion collapse）的问题开始出现，由于网络中的拥塞，在很长一段时间内实际吞吐量急剧下降（甚至低于正常值的 1/100）。Jacobson（和许多其他人）着手了解发生了什么事并试图补救这一状况。

Jacobson 实施的高层次修补程序近似于一个 AIMD 拥塞窗口。TCP 拥塞控制中最有趣也最复杂的部分在于：如何在不改变任何消息格式的前提下（这样就可以立即部署），把这个修补措施添加到现有的 TCP 实现中。开始，他观察到数据包丢失可以作为一个合适的拥塞信号。这个信号来得有点晚（因为网络已经拥挤不堪），但它相当可靠。毕竟，很难实现一个超负荷时也不丢弃数据包的路由器。这个事实不太可能会改变。即使可用太字节（TB）的存储器缓冲大量的数据包，或许会有太位/秒（Tb/s）的网络，它们依然会填满这些存储器。

然而，用数据包丢失作为拥塞信号依赖于传输错误比较罕见这个条件。对于诸如 IEEE 802.11 这样的无线链路，正常来讲不符合这样的条件，这也是为什么它们在链路层有自己的重传机制的原因。由于无线重传的原因，因传输错误导致的网络层数据包丢失通常被屏蔽在无线网络中。这也是在其他链路上很罕见的情况，因为电线和光纤通常具有较低的比特错误率。

Internet 上的所有 TCP 算法都假设丢失的数据包是由拥塞和监控器超时引起的，并且犹如矿工观察他们饲养的金丝雀一样寻找有关麻烦的各种信号。为了精确、及时地检测到数据包丢失信号，一个良好的重传计时器是必要的。前面已经讨论了如何将 TCP 重传计时器用于往返时间的均值和变化的估算。为了修复该计时器，Jacobson 的工作中很重要的一步是在估算中包括变化因子。有了良好的重传超时设置，TCP 发送方可以跟踪发出去的字节数量，这些就是网络的负载。它只是简单地着眼于传输的序号和确认的序号之间的差异。

现在看来任务似乎很容易：需要做的是使用序号和确认号跟踪拥塞窗口，并使用一个 AIMD 规则调整拥塞窗口的大小。但实际上这项工作比这些要复杂得多。首先要考虑的是数据包发送到网络中的方式，即使在很短的时间内也必须匹配网络路径，否则这些流量就有可能造成拥塞。例如，考虑一个主机有一个 64KB 的拥塞窗口，它通过一条 1Gb/s 的链路连到交换式以太网。如果主机一次发送整个窗口，这样的突发流量或许要穿过前方路径上的某条缓慢的 1Mb/s ADSL 线路。这个突发流量在 1Gb/s 线路上只需要半毫秒，但是会阻塞 1Mb/s 的线路半秒，从而完全扰乱了诸如 IP 语音这样的协议。这种行为对于一个设计目的是引发拥塞的协议是一个好主意，但是对于一个设计目的是控制拥塞的协议并非一个好主意。

然而,事实证明,可以使用小的突发数据包来突出我们的优势。图 6-43 显示了当一个快速网络(1Gb/s 链路)上的发送方发送 4 个数据包的小突发流量给一个慢速网络(1Mb/s 链路,是整个路径的瓶颈或者最慢的部分)上的接收方时会发生什么情况。初始时,4 个数据包以发送方的发送速率尽快地通过链路。在路由器上,因为通过一条慢速链路发送数据包所需的时间比路由器从快速链路上接收下一个数据包所需的时间更长,所以这些数据包有的正在被发送,有的在排队等候。但是队列并不长,因为只有少量的数据包被一次发送过来。注意,在慢速链路上数据包的长度在增加。同样的数据包,比如 1KB,现在变得更长了,因为在慢速链路上的发送时间比在快速链路上的发送时间更长。

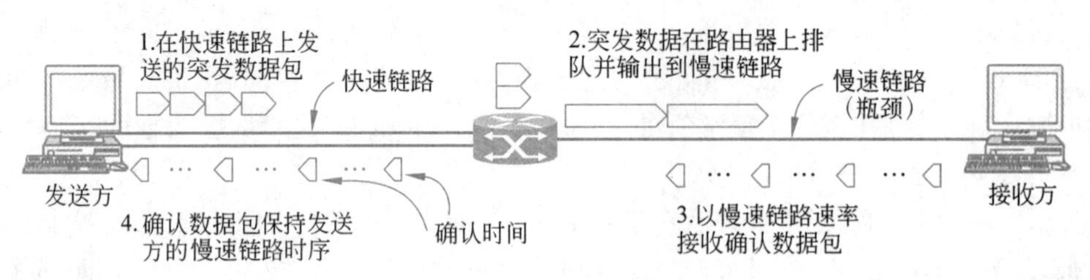

图 6-43 发送方的突发数据包以及返回的确认时钟

最终,这些数据包抵达接收方,在那里它们得到确认。确认的时间反映了数据包穿越慢速链路后到达接收方的时间。相比于快速链路上的原始数据包,这些确认更加分散。随着这些确认穿过网络并传回发送方,它们保持了这一时序。

最关键的观察是这样的:确认返回发送方的速率大约是这些数据包通过路径上最慢链路的速率。这正是发送方想要使用的精确发送速率。如果发送方以这个速率向网络中注入新的数据包,那么,这些数据包就能以慢速链路允许的速率被发送出去,但它们不会再排队和堵塞沿途上的任何一台路由器。这个时序就是**确认时钟**(ack clock)。这是 TCP 的基本组成部分。通过使用一个确认时钟,TCP 平滑输出流量和避免在路由器上不必要的排队。

第二个观察是,如果网络拥塞窗口从一个很小的尺寸开始,那么在快速网络上应用 AIMD 规则将需要很长时间才能达到一个好的操作点。考虑一个适度的网络路径,它可以支持 10Mb/s,并且往返时间 RTT 为 100ms。合适的拥塞窗口是带宽-延迟乘积,即 1Mb 或 100 个 1250 字节的数据包。如果拥塞窗口从一个数据包开始,每个 RTT 递增一个数据包,那么需要 100 个 RTT,或 10s,该连接才能以正确的速率运行。等待这一段漫长的时间,只是为了达到正确的传输速度。如果从一个更大的初始窗口开始,比如 50 个数据包,那么就可以减少这段启动时间。但是,这个窗口对于慢速或者短程链路又太大了。如果一次用完整个窗口,它会造成拥塞,正如刚才所讨论的那样。

相反,针对这两个观察,Jacobson 选择的解决方案是一个线性增长和乘法增长相混合的做法。当一个连接被建立时,发送方用一个小的值初始化拥塞窗口,最多 4 个段;在 RFC 3390 中描述了该方案的细节,早期的初始值是一个段,后根据经验增加到使用 4 个段。然后发送方发送初始窗口。数据包需要经过一个往返时间才被确认。对于每个在重传计时器超时以前得到确认的段,发送方为拥塞窗口增加一个段的字节量。而且,随着该段获得确认,现在网络中又少了一段。结果是每一个被确认的段允许发送两个额外的段。每经过一个往返时间,拥塞窗口就会加倍。

这个算法称为慢速启动(slow start),但它一点也不慢——它呈指数增长;相比之下,以前的算法都是一次发送整个流量控制窗口大小的数据。慢速启动算法如图 6-44 所示。在第一个往返时间内,发送方把一个数据包注入到网络中(并且接收方接收到一个数据包);在接下来的一个往返时间内,两个数据包被发送出去;在第三个往返时间内,4 个数据包被发送出去。

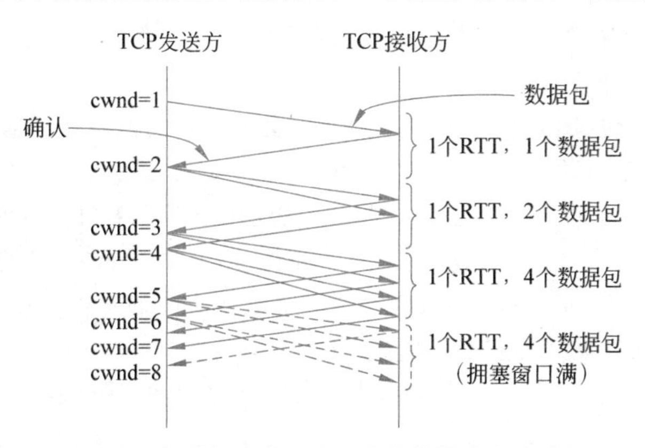

图 6-44　初始拥塞窗口为一个段的慢速启动过程

慢速启动对于一定范围的链接速度和往返时间都能工作得很好,并且使用确认时钟将发送方的传输速率与网络路径相匹配。考察图 6-44 中确认段从其发送方到接收方的返回方式。当发送方获得一个确认时,它就把拥塞窗口大小(cwnd)增加 1,并立即将两个数据包发送到网络中(其中一个数据包是新增加的,另一个数据包替代那个已被确认并离开网络的数据包。任何时候未确认的数据包的数量就是由拥塞窗口获得的)。然而,这两个数据包到达接收方的间隔不一定非要和它们被发送出来的间隔一样。例如,假设发送方在 100Mb/s 的以太网上。每个 1250 字节长的数据包需要 100μs 的发送时间。因此两个数据包之间的延迟可能只有 100μs 那么小。但是如果这些数据包在当前路径的任何地方要穿过一条 1Mb/s 的 ADSL 链路,则情况就发生了变化。现在它需要 10ms 的延迟发送同样的数据包。这意味着两个数据包之间的间隔已经增长为 100 倍。除非这些数据包在此后的某条链路上必须在一个队列中一起等待,否则它们之间的间隔仍然很大。

在图 6-44 中,这种效果体现在强制数据包在到达接收方时有最小的间隔。接收方在发送确认时保持了同样的间隔,因此当发送方接收确认时也如此。如果网络路径缓慢,确认也将缓慢抵达(经过了一个 RTT 的延迟以后);如果网络路径很快,确认会迅速到达(同样在一个 RTT 以后)。发送方要做的只是按照确认时钟的时间点注入新的数据包,这就是慢速启动的做法。

由于慢速启动导致拥塞窗口按指数增长,最终(很快而不是很久以后)它将过多的数据包以过快的速度发送到网络中。当发生这种情况时,在网络中将很快建立起队列。当队列满时,一个或多个数据包会被丢失。此后,当确认未能如期返回时,TCP 发送方将超时。有证据表明,如图 6-44 所示的慢速启动增长太快。经过 3 个 RTT,网络中有 4 个数据包。这 4 个数据包经过完整的 RTT 后到达接收方。也就是说,4 个数据包的拥塞窗口大小正好适合该连接。然而,随着这些数据包被确认,慢速启动算法继续使拥塞窗口增长,在下一个 RTT 达到 8 个数据包。无论发送了多少个数据包,这些数据包中只有 4 个在一个 RTT 内到达接收方。也就是说,网络管道已经满了。发送方把额外的数据包放置到网络中,将在路由器上建立起队列,因为无法足够快速地把数据包传递到接收方。拥塞和数据包丢失很快就会发生。

为了保持慢速启动是受控的,发送方为每个连接维持一个**慢速启动阈值**(slow start threshold)。最初,这个值可以任意设置,可以达到流量控制窗口的大小,因此它不会限制一个连接。TCP以慢速启动方式保持拥塞窗口不断增长,直到发生超时,或者拥塞窗口超过该阈值(或者接收方的窗口被填满)。

每当检测到数据包(比如因为超时)丢失时,慢速启动阈值就被设置为当前拥塞窗口的一半,整个过程再重新启动。基本想法是当前的窗口太大,因为它在以前造成了阻塞,只不过现在才通过超时检测到了拥塞。较早时候成功使用过的一半窗口也许是拥塞窗口更好的估算值,它接近路径的容量而不会造成丢失。在图6-44的例子中,当拥塞窗口增长到8个数据包时可能造成丢失,而在前一个RTT中4个数据包的拥塞窗口就是正确的值。然后,拥塞窗口被复位到其初始值,慢速启动恢复运行。

一旦慢速启动超过了阈值,TCP就从慢速启动切换到加法递增。在这种模式下,每个往返时间拥塞窗口只增加一段。像慢速启动一样,在具体实现时,拥塞窗口通常也是为每一个被确认的段而增加,而不是为每一次RTT而增加。将拥塞窗口大小称为cwnd,将最大段长称为MSS。一个常见的近似做法是这样的:针对cwnd/MSS中可能被确认的每个数据包,将cwnd增加(MSS×MSS)/cwnd。这种增长并不需要很快。整个想法是,对于一个TCP连接,它的拥塞窗口在大部分时间内接近最佳值的状态——不至于小到吞吐量很低,也没有大到发生拥塞。

初始拥塞窗口为一个段的加法递增过程如图6-45所示,这是与慢速启动相同的情形。在每一个RTT的结尾,发送方的拥塞窗口增长到足以向网络中注入额外的一个数据包。相比慢速启动,加法增长速率要慢得多。这对于小的拥塞窗口差别并不大,就像图6-45所示的例子一样;但当拥塞窗口随着时间增长到一定程度,比如100段时,差别就大了。

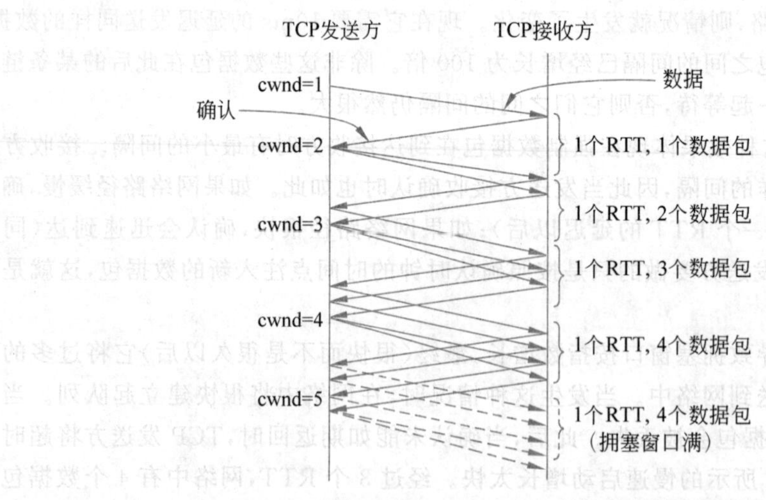

图6-45 初始拥塞窗口为一个段的加法递增过程

还可以做一些其他事情来提高性能。到目前为止这个方案中的缺陷是等待超时。超时时间相对较长,因为它们必须是保守的。当一个数据包被丢失以后,接收方不能越过它进行确认，因此确认号将保持不变，发送方因为拥塞窗口已满将无法发送任何新的数据包到网络中。这种情况可能会持续一段比较长的时间，直到计时器被触发，丢失的数据包被再次发送。在这个阶段，TCP 再次慢速启动。

发送方有一个快速方法识别它的一个数据包已经被丢失。当这个丢失数据包的后续数据包到达接收方时，它们触发了要返回给发送方的确认。这些确认携带着相同的确认号。它们被称为**重复确认**（duplicate acknowledgement）。每次当发送方收到一个重复确认时，很可能另一个数据包已经到达接收方，而丢失的那个数据包仍然没有出现。

因为数据包可以经过网络中不同的路径，所以它们可能不按顺序到达接收方。这样就会触发重复确认，即使没有数据包被丢失。然而，这种情况在 Internet 上并不常见。当存在跨越多条路径的重排序时，收到的数据包通常不会有太多需要重新排序的。因此，TCP 多少有点随意地假设 3 个重复确认意味着有一个数据包已经丢失了。丢失数据包的标识可以从确认号推断出来。它是整个序列中紧接着的下一个数据包。于是，这个数据包可以立即被重传，在其重传超时触发以前就可以重传了。

这种启发式机制称为**快速重传**（fast retransmission）。它触发以后，慢速启动阈值仍然被设置为当前拥塞窗口大小的一半，就像发生了超时一样。慢速启动过程被重新启动，拥塞窗口大小被设置成一个数据包。有了这个窗口大小，在经过了一个往返时间，对重传的数据包连同在检测到丢失以前所有已经被发送的数据包进行了确认以后，新的数据包将被发送出去。

图 6-46 显示了迄今已经构建的拥塞算法的示例。此版本的 TCP 称为 TCP Tahoe，它包含在 1988 年发布的 4.2BSD Tahoe 中，由此而得名。这里的最大段长为 1KB。最初，拥塞窗口为 64KB，但一次超时发生后，阈值被设置为 32KB，并且拥塞窗口被设置为 1KB，又从传输 0 开始。拥塞窗口呈指数增长，直至达到阈值（32KB）。每当一个新的确认到达时才递增窗口的大小，而不是连续地递增，因而导致窗口的大小表现出离散的阶梯模式。当窗口大小达到阈值以后，窗口就按线性增长（加法递增）。每个 RTT 只增加一段。

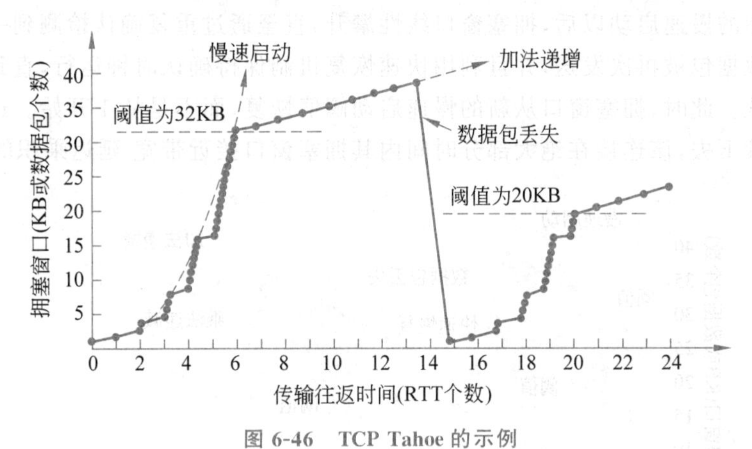

图 6-46　TCP Tahoe 的示例

第 13 轮中的传输很不幸（它们应该已经知道了），其中一个数据包在网络中丢失了。当 3 个重复确认到达时，这一丢失情况就被检测到了。此时，丢失的数据包被重新传输，阈值被设置为当前窗口的一半（现在是 40KB，因此一半是 20KB），慢速启动算法被再次启动。

重新启动时,拥塞窗口为一个数据包,经过一次往返时间,所有以前传输的数据都离开网络并得到承认,包括重传的数据包。与以前一样,拥塞窗口随着慢速启动而增长,直至达到20KB的新阈值。到这时,窗口的增长再次变成线性。它将继续以这种方式增长,直到通过重复确认或者超时检测到另一个数据包丢失(或者接收方的窗口变成限制因素)。

TCP Tahoe(其中包含良好的重传计时器)提供了一个可实际工作的拥塞控制算法,它解决了网络的拥塞崩溃问题。Jacobson 意识到它有可能做得更好。在快速重传时,该连接还在跟一个太大的拥塞窗口一起运行,但它仍然与一个正在工作的确认时钟一起运行。每当另一个重复确认到达时,可能另一个数据包已经离开网络。使用重复确认对网络中的数据包计数,使得一些数据包有可能离开网络,并且为每一个额外的重复确认继续发送一个新的数据包。

快速恢复(fast recovery)就是实现这种行为的启发式机制。这是一个临时模式,其目的是维护与拥塞窗口一起运行的确认时钟,该拥塞窗口有一个新阈值或者在快速重传时把拥塞窗口的值减半。为了做到这一点,对重复确认进行计数(包括触发快速重传机制的那3个重复确认),直到网络内的数据包数量下降到新阈值。这大概需要半个往返时间。从此时往后,每接收到一个重复确认就发送一个新的数据包。在快速重传以后的一个往返时间后,丢失的数据包将被确认。在这个时间点,重复确认流将停止,快速恢复模式就此退出。拥塞窗口将被设置到新的慢速启动阈值,并开始按线性增长。

这种启发式的结果是TCP避免了慢速启动,除了当该连接被第一次启动时以及当超时发生时以外。当多个数据包丢失时,后者(指超时)仍然会发生,此时快速重传机制不足以恢复过来。此时,不再是重复地慢速启动,而是当前正在运行的连接的拥塞窗口遵循了加法递增(每个RTT增加一段)和乘法递减(每个RTT减半)的锯齿(sawtooth)模式。这正是我们力求实现的AIMD规则。

这种锯齿模式如图6-47所示。它由TCP Reno产生,这是以1990年发布的4.3BSD Reno命名的,TCP Reno包含在内。TCP Reno本质上是TCP Tahoe加上快速恢复机制。经过一个初始的慢速启动以后,拥塞窗口线性攀升,直至通过重复确认检测到一个数据包丢失。丢失的数据包被再次发送,并且利用快速恢复机制保持确认时钟运行,直到此次重传的数据包被确认。此时,拥塞窗口从新的慢速启动阈值恢复,而不是从1开始。这种锯齿模式无限期地继续下去,该连接在绝大部分时间内其拥塞窗口接近带宽-延迟乘积的最优值。

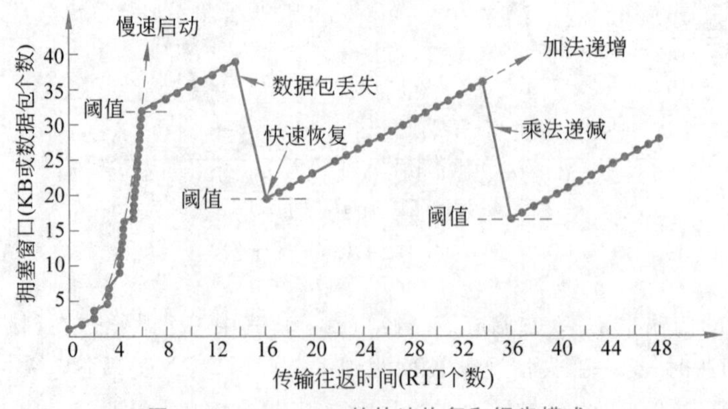

图6-47 TCP Reno的快速恢复和锯齿模式

TCP Reno 及其调整拥塞窗口的机制形成了 TCP 拥塞控制的基础，至今已经超过 20 年。在这些年中绝大多数变化只是以轻微的方式调整这些机制，例如，修改了初始窗口的选择并消除了各种含糊不清的定义。一些改进针对从数据包窗口中两个或两个以上数据包的丢失中恢复过来。例如，TCP NewReno 版本在一次重传以后使用部分提前的确认号来发现并修复另一个数据包丢失(Hoe，1996)，RFC 3782 对此进行了描述。自 20 世纪 90 年代中期以来，出现了一些 TCP 变体，它们都遵循上面描述过的原则，但使用了略微不同的控制法则。例如，Linux 使用的 TCP 变体称为 CUBIC TCP(Ha 等，2008)，Windows 则包括了一个称为复合 TCP(Compound TCP)的变体(Tan 等，2006)。

两个较大的变化对 TCP 的实现也有影响。首先，TCP 的许多复杂性来自从一个重复确认流中推断出哪些数据包已经到达，哪些数据包已经丢失。累计确认号无法提供这样的信息。一个简单的修复方法是使用**选择确认**(Selective ACKnowledgement，**SACK**)，它会列出 3 个已接收的字节范围。有了这一信息，发送方在实现拥塞窗口时可以更直接地确定哪些数据包需要重传，并跟踪还在途中的数据包。

当发送方和接收方建立一个连接时，它们各自发送允许 SACK 的 TCP 选项字段，以便通知对方，本方理解选择确认。在连接上启用 SACK，它的工作原理如图 6-48 所示。接收方按正常方式使用 TCP 确认号字段，作为已收到的最高顺序字节的累计确认。当它接收到错序的数据包 3(因为数据包 2 丢失了)时，它发送一个针对已接收到的数据的 SACK 选项以及针对数据包 1 的(重复)累计确认。此 SACK 选项给出了位于累计确认的数值之上的已接收到的字节范围。第一个范围是触发重复确认的数据包。接下来的范围(如果存在)是旧的数据块。常用的至多 3 个范围。当接收到数据包 6 时，要用两个 SACK 字节范围指明数据包 6 和数据包 3、4 已经收到，还有额外的到数据包 1 之前的所有数据包。根据它接收到的每个 SACK 选项中包含的信息，发送方可以决定哪些数据包要重传。在这种情况下，应该重传数据包 2 和 5。

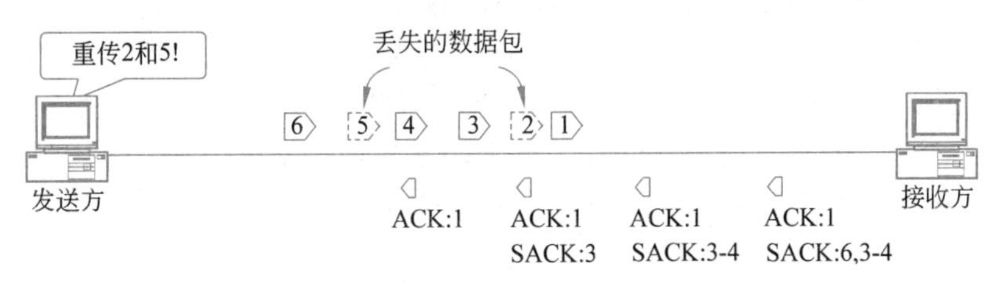

图 6-48　选择确认的工作原理

SACK 是严格意义上的咨询信息。利用重复确认实际检测数据包丢失以及对拥塞窗口的调整处理还是像以前一样。然而，有了 SACK，TCP 可以更加容易地从几乎同时丢失多个数据包的情况下恢复过来，因为 TCP 发送方知道哪些数据包尚未收到。SACK 目前已被广泛部署。RFC 2883 对 SACK 做了描述，而 RFC 3517 描述了如何使用 SACK 进行 TCP 拥塞控制。

第二个变化是，除了使用数据包丢失作为拥塞信号以外，也使用 **ECN**(**显式拥塞通知**)作为拥塞信号。ECN 是 IP 层的机制，主要用来通知主机发生了拥塞，在 5.3.2 节中讲述过。有了它，TCP 接收方可以接收来自 IP 的拥塞信号。

当发送方和接收方在连接建立过程中设置了ECE和CWR标志位,双方都表明它们能够使用ECN时,该TCP连接就允许使用ECN。如果使用ECN,则每个携带TCP段的数据包都在IP头中打上标记,表明它可以携带ECN信号。支持ECN的路由器在拥塞将要发生时就会在携带ECN标志的数据包上设置一个拥塞信号,而不是在拥塞发生以后丢弃这些数据包。

如果到达的数据包携带了ECN拥塞信号,则会告知TCP接收方。然后接收方使用ECE(ECN Echo)标志位向TCP发送方发通知,告知它的数据包经历了拥塞。发送方通过**CWR**(Congestion Window Reduced,拥塞窗口已减小)标志位告诉接收方它已经收到此拥塞信号了。

TCP发送方对于这些拥塞通知的反应与它根据重复确认检测到数据包丢失的处理方式完全相同。然而,严格来说这种情况更好——拥塞已经被检测出来,而且还没有数据包受到任何方式的损害。关于ECN的描述见RFC 3168。它要求主机和路由器都必须支持该功能,目前尚未在Internet上广泛使用。

有关TCP中实现的拥塞控制行为的更多详细信息参见RFC 5681。

6.5.11 TCP CUBIC

为了处理越来越大的带宽-延迟乘积,研究人员开发了**TCP CUBIC**(Ha等,2008)。正如前面所描述的那样,具有大的带宽-延迟乘积的网络要花费许多个往返时间,才能达到端到端路径的可用容量。TCP CUBIC的一般做法是,在递增拥塞窗口时,让拥塞窗口成为自最后一个重复确认以来的时间的一个函数,而不是简单地根据确认的到达来让拥塞窗口增长。

TCP CUBIC也以不同的方式调整它的拥塞窗口,使它成为时间的一个函数。与前面描述的标准AIMD拥塞控制方法相反,TCP CUBIC拥塞窗口根据一个3次函数递增,初始时拥塞窗口有一段增长期,接着是一段稳定期,最后又是一段快速增长期。图6-49显示了TCP CUBIC拥塞窗口随时间的演变过程。再次强调,TCP CUBIC和TCP其他版本之间的主要区别之一是,拥塞窗口按照一个时间函数来演变,自从最后一个拥塞事件以来,快速地递增,然后稳定在最后一个拥塞事件以前发送方获得的拥塞窗口的大小上,最后再一次递增,以探测该速率之上的最优速率,直至另一个拥塞事件发生。

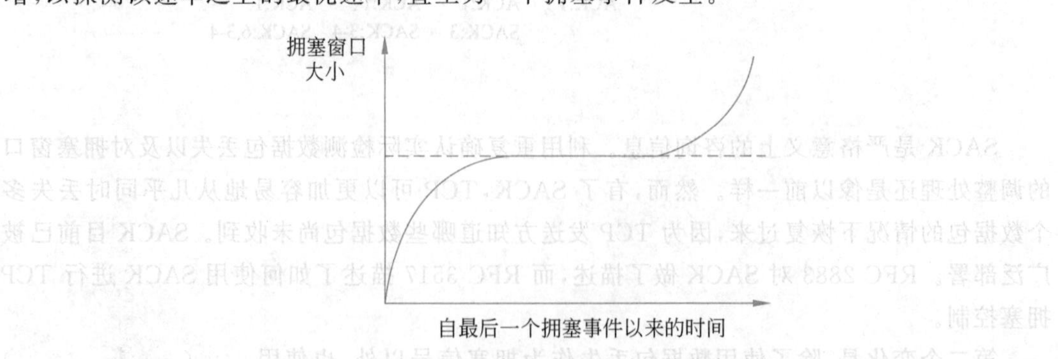

图6-49 TCP CUBIC拥塞窗口随时间的演变过程

在 Linux 内核 2.6.19 及以上的版本和 Windows 的较新版本中，都默认实现了 TCP CUBIC。

6.6 传输协议与拥塞控制

随着网络能力的不断提升，TCP 的有些传统操作模式不再能实现最优的性能。尤其是诸如 TCP 这样的面向连接协议可能会有很高的连接建立开销，并且在大缓冲区网络环境中遇到性能问题。在本节中，将讨论有关传输协议解决这些问题的最新进展。

6.6.1 QUIC：快速 UDP 互联网连接

最初提出 QUIC（Quick UDP Internet Connection，快速 UDP 互联网连接）是考虑将它作为一个传输协议，目的是改进 TCP 的某些吞吐量和延迟特征。在它被标准化以前，就已经用于从 Chrome 浏览器到 Google 公司的服务中超过一半的连接中。然而，除了 Google 公司的 Chrome，绝大多数 Web 浏览器都不支持此协议。

正如它的名称表明的那样，QUIC 运行在 UDP 之上，它的主要目标是让应用协议（比如 Web 协议，将在第 7 章中讨论）运行得更加快速。在第 7 章中将更加详细地讨论 QUIC 如何与 Web 的应用协议进行交互。正如很快将会看到的那样，诸如 Web 这样的应用依赖于同时并行地建立多个连接，以加载单个 Web 页面。因为这些连接中有许多个会指向一个共同的服务器，所以建立一个新的连接来加载一个单独的 Web 对象可能会导致显著的额外开销。因此，QUIC 旨在让这些连接复用在单个 UDP 流上，同时也确保一个 Web 对象传输的延迟最终也不会阻塞其他对象的传输。

因为 QUIC 建立在 UDP 基础之上，所以，它并不会自动获得可靠传输的能力。如果一个流中有数据丢失了，那么，该协议可以继续为其他流独立地传输数据，这样做最终可以提高那些具有高传输错误率的链路的性能。QUIC 也做了多种其他的优化以改进性能，比如在传输-连接建立过程中捎带应用层的加密信息，以及单独加密每个数据包，从而使一个数据包的丢失不会妨碍后续数据包的解密。QUIC 也提供了改进网络切换速度的机制（比如从一个蜂窝连接切换到一个 WiFi 连接），它利用连接标识符作为当端点改变网络时维护状态的一种手段。

6.6.2 BBR：基于瓶颈带宽的拥塞控制

当瓶颈缓冲区很大时，诸如本章前面描述的基于数据包丢失的拥塞控制算法最终会填满这些缓冲区，从而引起一种称为缓冲区膨胀（bufferbloat）的现象。缓冲区膨胀背后的思想非常简单：当沿着一条网络路径上的网络设备具有太大的缓冲区时，具有大拥塞窗口的 TCP 发送方可以以超过网络容量的速率发送数据，直至它最后接收到一个丢失信号。网络中间的缓冲区可能被填满，针对发送太快的发送方的拥塞事件被延迟（即并非丢弃数据包）。更重要的是，对于有些发送方，它们的数据包被排列在大缓冲区中的数据包之后，因而增加了它们的网络延迟（Gettys，2011）。

解决缓冲区膨胀可以有许多种做法。一种做法是简单地减小这些网络设备中的缓冲区的大小。不幸的是，这要求说服网络设备(从无线接入点到骨干网路由器)供应商和生产商，减小其设备中的缓冲区的大小。即使可能赢得了这场斗争，在网络中仍然有太多的遗留设备也要独立地依赖于这种做法。另一种做法是开发一种算法替代基于数据包丢失的拥塞控制，这正是BBR采用的做法。

BBR的主要思想是，测量瓶颈带宽和往返传播延迟，并使用这些参数的估计值，在恰好近似的操作点上发送数据。因此，BBR持续地跟踪瓶颈带宽和往返传播延迟。TCP已经跟踪了往返时间；而BBR通过跟踪传输协议随着时间的传递速率，进一步扩展了这一功能。实际上，BBR计算出在一段时间(通常6～10个往返时间)内测量到的传递速率的最大值作为瓶颈带宽。

BBR的一般性理念是，在达到路径的带宽-延迟乘积以前，往返时间将不会增加，因为这中间不会发生额外的缓冲过程；另一方面，传递速率将仍然与往返时间成反比，与途中数据包的数量(窗口)成正比。一旦途中数据包的数量超过了带宽-延迟乘积，则随着数据包被排队，延迟将开始递增，传递速率的增长陷入停滞。这就是BBR寻求的操作点。图6-50显示了往返时间和传递速率随着途中数据包的数量(即已经发送但尚未被确认)的变化情况。当增加了途中的流量引起了整体往返时间的增加，但并没有增加传递速率时，BBR的最优操作点就出现了。

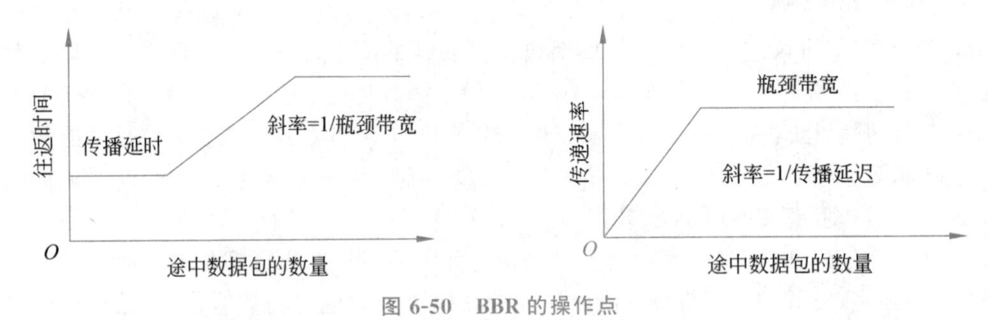

图6-50 BBR的操作点

因此，BBR最关键的第一部分是持续地更新瓶颈带宽和往返延迟的估计值。每一个确认都提供了关于往返时间和平均传递速率的最新更新信息，通过检查可以确保传递速率不是由应用限制的(有时候，在请求-响应协议中就是由应用限制的)。BBR的第二部分是调整数据本身的节奏以便与瓶颈带宽率相匹配。因此，起数率(pacing rate)是基于BBR的拥塞控制算法的关键参数。在稳定状态下，BBR发送的速率只是瓶颈带宽和往返时间的一个函数。BBR让它的绝大部分时间的途中数据包的数量都恰好是带宽-延迟乘积，以此使得延迟最小化，并且按照精确的瓶颈带宽率控制数据节奏。收敛到带宽瓶颈率非常快。

Google公司已经以非常广泛的方式部署了BBR，既部署在它的内部骨干网络中，也部署在它的许多应用中。然而，一个开放的问题是：基于BBR的拥塞控制在与传统的基于TCP的拥塞控制的竞争中表现得有多好？例如，在最近的一次实验中，研究人员发现，当一个BBR发送方与16个其他的传输连接共享一条网络路径时，该BBR发送方消耗了40%的链路容量，而其他每一个连接只接收到剩余带宽的不到4%(Ware等，2019)。可以证明，BBR通常会占用固定份额的可用容量，而不管有多少竞争的TCP流。不幸的是，分析这些新的拥塞控制算法的公平性特征的最新进展，也只是简单地对它们进行实验，然后看结果会发生什么。在这个案例中，看起来仍然有重要的工作需要完成，以确保 BBR 与 Internet 上现有的 TCP 流量可以协同工作。

6.6.3　TCP 的未来

作为 Internet 的主力，TCP 已经被用于许多应用，并随着时间的推移做了许多扩展，以便在范围广泛的网络上性能表现良好。许多实际部署的版本在实现上跟前面描述的经典算法略微有所不同，尤其是拥塞控制和针对攻击的鲁棒性方面。很有可能 TCP 将伴随着 Internet 的发展而继续进化。这里将提到两个特别的问题。

第一个问题是 TCP 没有为所有应用提供想要的传输语义。例如，某些应用想要保留其发送的消息或记录的边界；某些应用要处理一组相关的对话，如 Web 浏览器从同一台服务器传输几个对象；某些应用希望更好地控制它们使用的网络路径。TCP 和标准套接字接口并不能很好地满足这些需求。从本质上讲，应用承担着解决任何 TCP 没有解决的问题的任务。这导致了有关新协议的许多建议，这些新协议将提供略微不同的接口。其中两个例子是 **SCTP**（Stream Control Transmission Protocol，**流控制传输协议**）和 **SST**（Structured Stream Transport，**结构化流传输**）。然而，每当有人提出要对一些已经很好地工作了很长时间的东西进行改变时，总会爆发“用户要求更多的功能”和“如果不打破就不能解决”两大阵营之间的巨大争斗。

第二个问题是拥塞控制。你或许期望经过专家审议以及随着时间推移而开发出来的一系列机制已经解决了这个问题。事实并非如此。前面介绍的 TCP 拥塞控制的形式虽然已经被广泛使用，但它以数据包丢失作为拥塞信号。当 Padhye 等（1998）根据锯齿模式为 TCP 吞吐量建立模型时，他们发现，随着速度的加快，数据包丢失率呈现急剧下降的趋势。对于往返时间为 100ms，数据包长度为 1500 字节，要达到 1Gb/s 的吞吐量，大约每隔 10min 要丢一个包。这种情况下的数据包丢失率大约是 2×10^{-8}，显然这个数字实在太小了。数据包丢失率作为一个良好的拥塞信号实在是太罕见了，任何其他来源的损失（例如，数据包的传输误码率大约是 10^{-7}）可以很容易地发挥主宰作用，由此真正限制了吞吐量。

这种关系在过去不是一个问题，但网络速度越来越快，导致许多人重新设计拥塞控制。一个可能的方法是干脆使用另一种拥塞控制，而不把数据包丢失当作拥塞信号。在 6.2 节中已经给出了几个例子。拥塞信号可以是往返时间，当网络变得拥塞时往返时间会增加，如 FAST TCP 所用的那样（Wei 等，2006）。其他方法也是可能的，时间会告诉人们什么是最好的拥塞控制方式。

6.7　性 能 问 题

在计算机网络中，性能问题至关重要。当成百上千台计算机相互连接在一起时，无法预知结果的复杂交互过程很常见。这种复杂性常常会导致很差的性能，而且无人知道为什么。在本节中，将讨论许多与网络性能有关的问题，以便了解存在哪些问题以及如何处理这些问题。

不幸的是，理解网络性能更像是一门艺术，而不是一门科学。这里很少有可在实践中应用的基础理论。本节能够做的是给出一些来自实践的经验规则,并且展示一些真实世界中的例子。本章有意将这部分讨论推迟到关于传输层的介绍以后,因为应用获得的性能依赖于传输层、网络层和数据链路层的组合性能,而且能够在不同场合中使用 TCP 作为例子。

在 6.7.1～6.7.8 节中,将考察网络性能的 8 个方面。

(1) 计算机网络中的性能问题。

(2) 网络性能测量。

(3) 测量接入网络吞吐量。

(4) 测量体验质量。

(5) 针对快速网络的主机设计。

(6) 快速段处理。

(7) 头压缩。

(8) 长肥网络的协议。

上述 8 个方面同时从主机和跨网络以及网络速度和规模的增长等角度考虑网络性能。

6.7.1 计算机网络中的性能问题

有些性能问题(比如拥塞)是由于临时资源过载引起的。如果大量流量突然到达一台路由器,超过了它的处理能力,那么,拥塞就会发生,从而导致性能问题。在本章和第 5 章中已经详细地讨论了拥塞。

当网络中存在结构性的资源不平衡时,性能也会退化。例如,如果将一条千兆位的通信线路连接到一台低端的 PC 上,则性能较差的主机将无法足够快速地处理进来的数据包,因而有些数据包将会被丢失。这些数据包最终会被重传,既增加了延迟,又浪费了带宽,而且往往降低了性能。

过载也可能被同步触发。举一个例子,如果一个段包含一个坏的参数(比如,它的目标端口),那么,在许多情形下,接收方会周到地返回一个错误通知。现在请考虑,如果一个坏段被广播给 1000 台主机将发生什么样的情况:每台主机都可能送回一个错误消息。由此导致的广播风暴(broadcast storm)可能会削弱网络的性能。UDP 曾经遭受过这个问题,直到 ICMP 作了修改,使主机不再对发送给广播地址的 UDP 段中的错误做出响 应,以免遭受广播风暴。无线网络必须特别小心以避免未经检查的广播响应,因为无线网络本质上就是广播,并且无线带宽有限。

同步过载的第二个例子是停电以后发生的情形。当供电恢复时,所有的主机同时开始重新启动。一个典型的启动序列可能要求首先与某一台(DHCP)服务器联系,以便获得一个真实的身份,然后与某一台文件服务器联系,以便获得操作系统的一份副本。如果一个数据中心的数百台主机同时做这些事情,则服务器可能因不堪重负而崩溃。

即使不存在同步过载,并且资源也足够,同样也可能由于缺少系统总体协调而出现性能很差的现象。例如,如果一台主机有足够的 CPU 能力和内存,但是并没有为缓冲区空间分配足够多的内存,则流量控制机制将放缓对段的接收,从而限制了传输性能。当 Internet 变得越来越快,而流量控制窗口的默认大小仍然维持在 64KB 时,许多 TCP 连接都存在这个问题。

另一个系统协调问题是超时间隔的设置。当一个段被发送出去时,通常会设置一个计时器以预防该段的丢失。如果超时间隔设置得太短，则将会发生不必要的重传，从而堵塞线路；如果超时间隔设置得太长，那么，当一个段被丢失以后将导致不必要的延迟。其他可以调整的参数包括：为了捎带确认，要等待数据多长时间以后才发送单独的确认；尝试多少次重传以后再放弃。

对于诸如音频和视频的实时应用，它们的另一个性能问题是抖动。仅仅有足够的平均带宽还不足以有良好的性能。它们还要求较短的传输延迟。要想持续地获得较短的延迟，必须小心做好网络中的流量负载工程，同时还需要数据链路层和网络层共同支持服务质量。

6.7.2　网络性能测量

网络运营商和用户都想要测量网络的性能。例如，一个流行的测量手段是接入网络的吞吐量测量（有时候简单地称为"网速测试"）。例如，许多 Internet 用户使用诸如 Speedtest（即 www.speedtest.net）之类的工具测量接入网络的性能。执行这些测试任务的常规做法是长时间地、尽可能快速地在网络上发送大量的流量（本质上是"填满这一管道"）。然而，随着接入网络的速度不断提高，测量一条接入链路的速度已经变得越来越有挑战性了，因为填满这一管道要求更多的数据，以及在测试时客户和服务器之间的网络瓶颈已经转移到网络中的其他地方去了。可能更重要的是，速度对于网络性能来说已经变得不那么紧密相关了，相比之下，体验质量或者应用的性能更加重要。因此，网络性能测量也正在演进，特别是在千兆位接入网络的时代。

6.7.3　测量接入网络吞吐量

测量网络吞吐量的常规做法是，在一段给定的时间周期内，只要得到网络的支持，就简单地沿着一条网络路径发送许多数据，然后用传输这些数据所花的时间去除所传输的数据量，因而可以产生一个平均吞吐量。虽然看起来简单，并且往往也是正确的，但这种做法有很多缺点：最重要的是，一个 TCP 连接通常无法耗尽一条网络链路的容量，尤其随着接入链路的速度还在不断地提高。此外，如果这一测试抓住了传输过程中的前期部分，那么该测试有可能捕获的是在稳定状态以前（比如 TCP 慢速启动）的传输速率，这有可能导致该测试低估了接入网络的吞吐量。最后，基于客户的测试（比如 Speedtest 或者可以从客户设备运行的任何类型的吞吐量测试）逐渐替代了除接入网络以外其他网络（比如设备的无线电、无线接入网络）的性能限制测量。

随着接入网络现在开始超过千兆位的速度，这些缺点变得越来越严重。为了克服这些缺点，一些针对测量接入网络吞吐量的最佳实践也开始出现（Feamster 等，2020）。首先是使用多个并行的 TCP 连接填满接入链路的容量。针对早期速度的测试表明，4 个 TCP 连接通常足够填满接入网络的容量（Sundaresan，2011）；大多数基于客户的现代工具，包括 Speedtest 以及联邦贸易通信（Federal Trade Communications）使用的吞吐量测试，使用至少 4 个并行连接测量网络的容量。这些工具中的有些工具甚至可以调节网络连接的数量，因而，看起来有更高容量的连接是通过更多并行连接测试得到的。

第二个最佳实践是直接从家庭路由器执行接入网络吞吐量测试。随着 ISP 接入链路的吞吐量超过了家庭网络的吞吐量（以及端到端路径的其他部分），这种做法变得越来越重要。

以这种方式执行测试,可以使外部无关紧要的因素(比如客户设备、用户的无线网络)制约吞吐量测试的可能性降低到最小。

随着接入网络速度继续提高,有可能更多的最佳实践还会出现,比如从单个接入连接并行地对多个 Internet 目标进行测量。这样的方法可能是必要的,特别是当这些连接的服务器端变成了许多网络吞吐量瓶颈的源头的时候。随着接入网络速度继续提高,也有越来越多的兴趣在开发这种"被动式"的吞吐量测试,这是指不向网络中注入大量的额外流量,而是随着流量穿过网络,只是观察这些流量,并根据被动式的观察结果估计出网络的吞吐量(虽然可靠的被动式接入吞吐量测试方法并不存在,但是,这样一种做法可能最终与 BBR 通过监视延迟和传递速率估算瓶颈带宽的方法多少有点相像)。

6.7.4 测量体验质量

最终,随着接入网络速度的增加,最重要的性能度量指标可能并不是代表吞吐量的接入网络速度,而是当用户期待应用执行的时候它们是否执行了。例如,在视频的案例中,用户的体验通常并不依赖于吞吐量,而是是否过了某个特定的点(Ramachandran 等,2019)。最终,在流式传输一个视频时,诸如视频多快被播放出来(启动延迟)、视频是否被重新缓冲、视频的分辨率等因子决定了用户的体验。然而,当超过了大约 50Mb/s,这些因子中没有一个会特别依赖于接入链路的吞吐量,而是网络的其他特性(延迟、抖动等)。

因此,现代网络性能的测量正在超越简单的速度测试,而是努力评估用户的体验质量,通常根据网络流量的被动观察进行评估。这些估计方法对于流式视频已经变得非常广泛了(Ahmed 等,2017;Krishnamoorthy 等,2017;Mangla 等,2018;Bronzino 等,2020)。挑战在于,要跨常规类别的视频服务执行这种类型的优化,最终要对更大类别的应用(比如游戏、虚拟现实)执行这种类型的优化。

当然,一个用户的体验质量是关于该用户对于其使用的服务是否满意的一个衡量。这样的度量最终是人的考虑,甚至可能要求人的反馈(比如针对用户的实时调研或者反馈机制)。Internet 服务提供商一直对能够推断或者预测用户体验质量的机制感兴趣,并且也愿意提供他们可以直接测量的一些事情(比如应用吞吐量、数据包丢失以及数据包到达的间隔时间等)。

将来有可能基于被动地测量网络流量中的特征自动地估计用户的体验质量,我们离这一步还很遥远,但是,这个领域处于机器学习和计算机网络的交叉领域,仍然值得挖掘。最终,应用可能超越网络,因为传输协议(和网络运营商)甚至可能已经为那些需要高体验质量的用户优化好了资源。例如,正在家里远程流式传输一个视频但已经转身离开的用户比起一个深度沉浸在一部电影中的用户,可能就不会那么在意应用流的质量。当然,要想将一个正在聚精会神观看视频的用户与一个刚刚去厨房拿饮料而且在离开前又懒得按一下暂停键的用户区分开来,可能有点棘手。

6.7.5 针对快速网络的主机设计

测量性能并进行修补可以在相当程度上提高性能,但是,它们不可能代替一个在一开始就比较好的设计。一个设计很差的网络其改进余地很有限。它必须从头开始重新设计。

在本节中，将针对主机上实现网络协议展示一些经验法则。令人惊奇的是，经验表明，性能瓶颈通常是主机，而并非在快速网络上。这里存在两个原因。首先 NIC（网络接口卡）和路由器在工程上早已经能以“线速”（wire speed）运行。这意味着它们处理数据包的速度和数据包到达链路的速度一样快。其次，相关的性能是指应用能获得的性能。它不是链路容量，而是经过网络和传输层处理以后的吞吐量和延迟。

减少软件开销可以提高吞吐量和降低延迟，从而提高网络性能。同时，它还能减少花在网络上的能耗，这对于移动计算机是一个很重要的考虑。这些想法中的绝大多数多年来早已成为网络设计师的常识。它们首次由 Mogul（1993）明确提出来，本节主要遵循他的观点。另一个相关的知识源是 Metcalfe 的论文（1993）。

主机速度比网络速度更重要

长期的经验表明，在几乎所有的高速网络中，操作系统和协议的开销占据着线路的实际时间。例如，从理论上讲，1Gb/s 以太网上的最小 RPC 时间是 1μs，对应于最小（64 字节）的请求和后续的一个最小（64 字节）应答。在实践中，克服了软件开销，使得 RPC 时间各处接近这一理论值，就是一个了不起的成就。在实践中这种情况很少发生。

类似地，在 1Gb/s 上运行的最大问题是应该足够快地将比特从用户缓冲区中取出来放到网络上，以及接收主机以比特到达的速度尽可能快地处理它们。如果用户将主机（CPU 和内存）速度加倍，那么，你通常可以获得接近两倍的吞吐量。如果瓶颈在主机，那么加倍网络容量是没有效果的。

减少数据包计数来降低开销

每个段都有特定数量的开销（例如头）以及数据（比如有效载荷）。这两部分都需要带宽。同时它们也都需要处理（例如头处理和校验和处理）。当发送 1MB 数据时，不管段的大小是多少，数据成本是相同的。然而，使用 128B 的段意味着每个段的开销是使用 4KB 的段的开销的 32 倍。带宽开销和处理开销加起来极大地降低了吞吐量。

在较低层上每个数据包的开销放大了这种效果。如果主机能坚持得住，那么，每个到达的数据包都会导致一次新的中断。在一个现代化的流水线处理器上，每次中断都要打断 CPU 流水线，干扰缓存，要求改变内存管理环境，清空分支预测表，并强制保存相当数量的 CPU 寄存器。因此把发送的段减少，可以降低同样比例的中断和数据包开销。

有人注意到，人与计算机执行多任务的能力都很差。这种观察正是希望发送尽可能大 MTU 数据包的基础，使得这样的数据包能通过网络路径而不需要分片。诸如 Nagle 算法和 Clark 解决方案的一些机制也都试图避免发送小的数据包。

最小化对数据的触碰

最简单的分层协议栈是每一层用一个模块实现。不幸的是，这将导致每一层在实现它自己的功能时需要复制数据（或至少要多遍访问数据）。例如，在 NIC 接收到一个数据包以后，它通常把该数据包复制到内核缓冲区中。从那里，它再被复制到一个网络层缓冲区，供网络层实体处理；然后该数据包又被复制到传输层缓冲区，由传输层处理；最终，它被复制到接收进程。对于一个进来的数据包来说，在将它包含的段递交出去以前被复制 3 次或 4 次并非罕见。

所有这些复制都大大降低了性能，因为内存操作指令比寄存器-寄存器操作指令慢了一个量级。例如,如果20%的指令实际上要对内存进行操作(即缓存未命中),这在触碰到进来的数据包时是很有可能的,那么平均指令执行时间要增加到原来的2.8倍(0.8×1 + 0.2×10)。这里,硬件辅助并没有帮助。这个问题的关键在于操作系统执行了太多的复制操作。

一个良好的操作系统通过把多个层的处理结合在一起以最小化复制操作。例如,TCP和IP通常实现在一起(因而称为TCP/IP),这样,当从网络层的处理切换到传输层的处理时,不必再复制数据包的有效载荷。另一种常见的方法是将一层内的多个操作放在一次遍历数据的过程中完成。例如,校验和通常在复制数据的过程中(当它必须被复制的时候)通过计算得到,再被追加到末尾。

最小化环境切换

一条相关的规则是:环境切换(例如从内核模式到用户模式)是致命的。它们把中断和复制操作这两个很坏的特性组合在一起了。这个成本就是为什么传输协议通常在内核中实现的原因。就像减少数据包计数一样,发送数据的库函数可以在内部进行缓冲,直到它有相当数量的数据时再发送,通过这种内部缓冲可以减少环境切换。同样,在接收端,进来的小的段应该收集在一起,一次性传递给用户,而不是单独地传递,以此减少环境切换。

在最好的情形下,一个进来的数据包导致从当前的用户到内核的一次环境切换,然后再切换到接收进程,并将新到达的数据包交给它。不幸的是,在有些操作系统中,还有一些额外的环境切换。例如,如果网络管理器以特殊进程的形式运行在用户空间中,那么,一个数据包的到来可能引发一次从当前用户到内核的环境切换,然后从内核切换到网络管理器,再切换回内核,最后从内核切换到接收进程。这个序列如图6-51所示。在每个数据包上的所有这些环境切换对CPU时间是一个浪费,同时也严重地影响了网络性能。

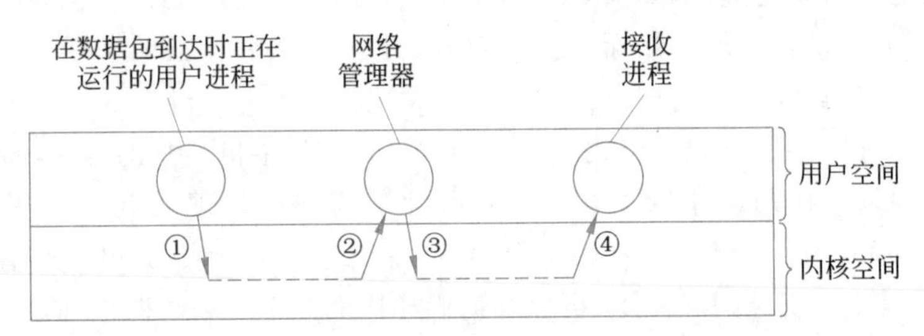

图6-51　处理一个数据包要经过的4次环境切换

避免拥塞比从中恢复更好

"一分预防胜过十分治疗"这句古老的格言无疑特别适用于网络拥塞。当网络拥塞时,数据包被丢失,带宽被浪费,还引入了延迟,等等。所有为此付出的成本都是没有必要的,而且从拥塞中恢复还需要时间和耐心。从一开始就不让拥塞发生,这是最好的做法。避免拥塞就好像接种疫苗:接种的时候会让人痛一下,但在将来它使人避免了更多痛苦。

避免超时

计时器在网络中是必要的,但它们应该尽量少用,而且超时次数也应该最小化。当一个计时器到期时,通常要重复执行某个动作。如果确实需要重复执行这个动作,则执行该动作;否则,不必要的重复就是一种浪费。

避免额外工作的办法是小心谨慎地将计时器设置成超过保守边界一点点。如果计时器要经过太长时间才到期，那么当该连接（不太可能）出现段丢失事件时会增加少量的额外延迟。如果一个计时器在它还没有消耗主机资源的时候就到期了，则它会浪费带宽，而且有可能毫无理由地把额外的负载扩散到数十台路由器上。

6.7.6　快速段处理

上面已经覆盖了通用的规则，现在考察某些加快段处理速度的特殊方法。要想了解更多信息，请参考 Clark 等（1989）和 Chase 等（2001）的论文。

段处理的开销由两部分组成：每个段的开销和每个字节的开销。这两部分都必须改进。快速段处理的关键是分离出正常的成功情形（单向数据传输）并对它作特殊处理。许多协议倾向于强调当出现某种错误情况（比如丢失了一个数据包）时该怎么做。但是，若要使协议快速运行，则协议的设计者应该把目标定在一切正常运行时如何最小化处理时间，而把出现问题时如何最小化处理时间放在次要地位。

尽管为了进入 ESTABLISHED 状态需要一系列特殊的段，但一旦进入该状态，段的处理就很简单，直到连接的某一端开始关闭连接。首先看一看处于 ESTABLISHED 状态的发送端有数据要发送时的情况。为了清晰起见，假设传输实体运行在内核中，不过，如果传输实体是一个用户空间的进程或者是发送进程内部的一个库，同样的想法也是适用的。在图 6-52 中，发送进程陷入内核并执行 SEND。传输实体要做的第一件事情是测试，以检查是否为正常情形：状态为 ESTABLISHED，两端均不打算关闭该连接，发送的是一个规范的（即不是带外的）满的段，而且在接收方有足够的窗口空间可供使用。如果上述所有条件都满足，则无须进一步测试，就可以使用发送方传输实体的快速路径。通常情况下，这条快速路径占据了绝大部分时间。

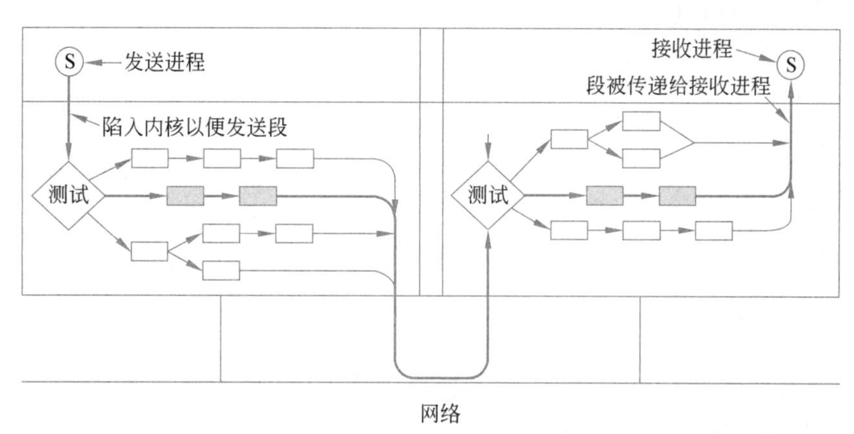

图 6-52　一条重载线路上从发送方到接收方的快速路径（阴影标示了这条路径上的处理步骤）

通常情况下，连续的数据段的头几乎都是相同的。为了充分利用这一事实，传输实体在内部保存一个原型头。在快速路径的起始处，该原型头被尽可能快速地逐字复制到一个草稿缓冲区中。对于那些段与段之间发生变化的字段，可在该缓冲区中被改写。这些字段往往很容易从状态变量中导出来，比如“下一个序号”字段。然后，一个指向完整段头的指针和一个指向用户数据的指针被传递给网络层。在网络层，可以遵循同样的策略（在图 6-52 中没有显示)。最后,网络层将结果数据包交给数据链路层进行传输。

为了理解上述原理在实践中是如何工作的,以TCP/IP作为例子。图6-53(a)显示了TCP原型头。在一个单向数据流的前后连续段有一些相同的字段,在图6-53中用阴影标示出来。发送端传输实体要做的只是:将5个字从原型头复制到输出缓冲区中,然后填充下一个序号(从内存中的一个字复制过来),计算校验和,递增内存中的序号。然后它可以将头和数据交给一个特殊的IP过程,该IP过程已经针对发送一个常规的最大的段进行过优化。然后,IP将它的5个字的原型头(图6-53(b))复制到输出缓冲区中,并填充标识字段,计算校验和。现在这个数据包已经准备好进行传输了。

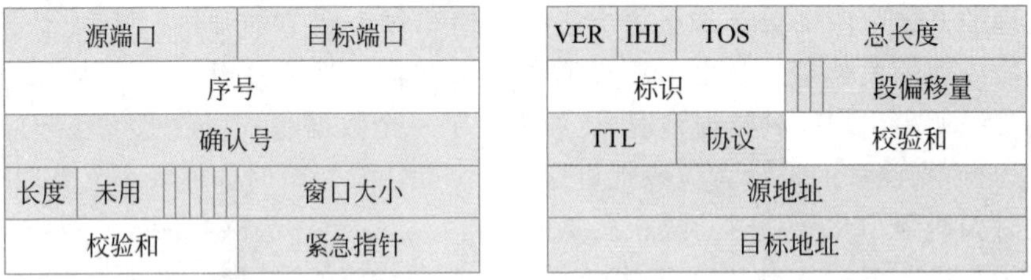

源端口		目标端口
序号		
确认号		
长度	未用	窗口大小
校验和		紧急指针

(a) TCP原型头

VER	IHL	TOS	总长度
标识			段偏移量
TTL	协议		校验和
源地址			
目标地址			

(b) TP原型头

图6-53 TCP和IP的原型头

现在来看图6-52中接收端的快速路径处理过程。

首先,找到与进来的段相对应的连接记录。对于TCP,连接记录可能被保存在一张哈希表中,该哈希表把两个IP地址和两个端口的某个简单函数作为关键字。一旦在该表中找到相应的连接记录,则比较两个地址和两个端口,以便验证是否找到了正确的记录。

加速连接记录查询过程的一种优化措施是维护一个指向最近使用过的连接记录的指针,并且在开始查找时首先试一下它。Clark等(1989)试验了这种方法,发现它的命中率超过90%。

然后,对该段进行检查,看它是否正常:连接状态是ESTABLISHED,连接的两端都没有试图关闭该连接,它是一个完整的段,没有设置特殊的标志,并且它的序号正好是接收端期望的。这些测试都只是少数一些指令。如果所有的条件都满足,则调用一个特殊的快速路径TCP过程。

快速路径对连接记录进行更新,并且将数据复制给用户。在复制数据时,它同时计算校验和,从而消除了对数据的额外遍历操作。如果校验和正确,则更新连接记录,并发回一个确认。这种"首先快速检查以确定该头部是否符合期望,然后再通过一个特殊的例程处理这种情形"的通用方案称为头预测(header prediction)。许多TCP实现都使用这种方法。当这种优化方案与本章中讨论的其他优化方案一起使用时,有可能使TCP运行在本地内存到内存复制速度的90%上,这里假设网络本身的速度足够快。

其他两个有可能使性能获得实质性提升的领域是缓冲区管理和计时器管理。缓冲区管理中的主要问题是避免不必要的复制操作,正如上面介绍过的那样。计时器管理也非常重要,因为几乎所有的计时器设置都不会到期。设置计时器是为了防止段的丢失,但是,绝大多数段和它们的确认都会正确地到达。因此,很重要的是使计时器很少出现到期的情形,以优化计时器的管理。

一种常见的方案是，使用链表结构将计时器事件按照到期时间进行排序。链表中的头表项包含一个计数器，指明了离到期时间还有多少个滴答。每个后续表项也包含一个计数器，指明在前一个表项到期以后还有多少个滴答。因此，如果 3 个计时器分别在 3、10 和 12 个滴答以后到期，则链表中的 3 个计数器分别为 3、7 和 2。

在每一个时钟滴答，链表头表项中的计数器被递减。当它减到 0 的时候，它的事件被处理，链表中的下一个表项变成头。它的计数器不用改变。在这种方案中，插入和删除计时器是开销很大的操作，其执行时间正比于链表的长度。

如果最大的计时器间隔有上界，并且可以预先知道，那么我们可以使用一种更加高效的方法。这里，要用到一个称为计时轮(timing wheel)的数组，如图 6-54 所示。每个槽对应一个时钟滴答。图 6-54 中显示的当前时间为 $T=4$。3 个计时器分别被安排在从现在开始的 3、10 和 12 个滴答时到期。如果一个新的计时器突然被设置成在 7 个滴答后到期，那么只需在第 11 个槽中构建一个表项即可。类似地，如果要取消一个设置在 $T+10$ 时间的计时器，则只要搜索第 14 个槽中开始的链表，并将请求的表项移除即可。请注意，图 6-54 中的数组不可能容纳超过 $T+15$ 时间的计时器。

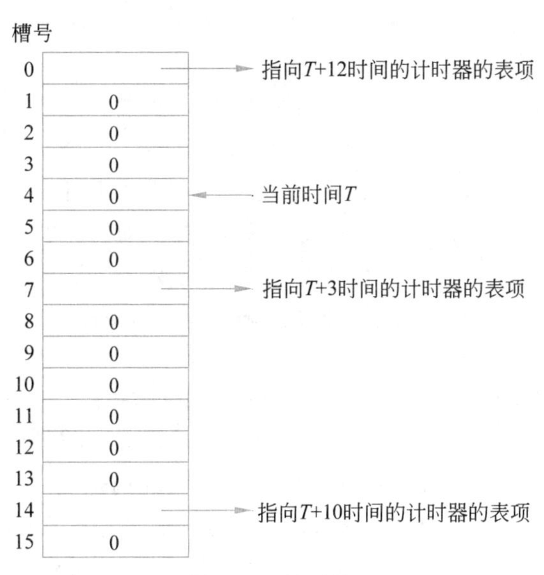

图 6-54　计时轮

当时钟滴答时，当前时间指针向前移动一个槽(循环移动)。如果现在指向的表项不为 0，则该表项中的所有计时器都要被处理。Varghese 等(1987)讨论了基于这个基本想法的许多变种。

6.7.7　头压缩

前面一直在考察快速网络。现在考察无线网络和其他一些带宽受限的网络上的性能。降低软件开销有助于移动计算机运行得更加高效，但当网络链路成为瓶颈时，它对提高性能却无能为力。

为了更好地使用带宽，协议头和有效载荷应该携带尽可能少的比特。对于有效载荷来说,这意味着要使用信息的紧凑编码,比如JPEG格式而不是位图格式的图像,或者诸如包含了压缩内容的PDF之类的文档格式。这也意味着应用程序级别的缓存机制,比如设计之初就为了降低传输的Web缓存机制。

那么针对协议头又如何呢?在数据链路层,无线网络的头往往是压缩的,因为它们始终秉承着专为稀缺带宽而设计的思想。例如,在面向连接的网络中,数据包有短的连接标识符,而不是长长的地址。然而,高层协议,比如IP、TCP和UDP,在所有数据链路层上都是同一个版本,而且它们不是采用紧凑头而设计的。事实上,为减少软件开销而采用的流水线处理通常导致这些头无法做成紧凑型的,而本来是可以做到的(例如,IPv6有一批比IPv4包装得更松散的头)。

高层协议头可能是一个重要的性能障碍。例如,考虑IP语音数据,它通过IP、UDP和RTP几个协议的组合进行传送。这些协议需要40字节长的头(IPv4头20字节,UDP头8字节,RTP头12字节)。IPv6的情况更糟:需要的头长达60个字节,其中包括40字节的IPv6头。高层协议头占据了传输数据的大部分,消耗了一半多的带宽。

头压缩(header compression)技术可用来降低高层协议头消耗的链路带宽。通常采用专门设计的方案,而不是通用的方法。这是因为高层协议头都很短,所以它们单独压缩的效果不会很好,而且解压缩时要求之前的所有数据都已经收到。如果有一个数据包丢失,则显然就不满足这样的情形。

使用协议格式的知识压缩头可以获得巨大的收益。一个早期的方案是由Jacobson(1990)设计的,它对通过低速串行链路上的TCP/IP头进行压缩。它能够将一个典型的40字节的TCP/IP头压缩到平均3字节。这种方法的技巧如图6-53所示。在一个数据包与另一个数据包之间,许多头字段并没有改变,因为没有必要改变。例如,在发送的每一个数据包中都具有相同的IP TTL字段或相同的TCP端口号字段。这些字段可以在链路的发送端省略,在接收端填入。

类似地,其他字段以可预见的方式改变。例如,除非丢失,TCP序号随着数据发送而向前递进。在这些情况下,接收方可以预测到可能的值。只有当实际的数值与预期的值有差异时,才需要携带实际的数值。即使如此,它可能作为先前值的一个很小的变化而被携带着,就好像当新的数据在反方向上接收到时,确认号也随之递增一样。

采用头压缩技术,在高层协议中就可能有非常简单的头,而且可以在低带宽链路上进行紧凑编码。**ROHC**(RObust Header Compression,**鲁棒头压缩**)是头压缩的现代版本,作为一个框架由RFC 5795定义。它的设计目标是能够容忍发生在无线链路上的丢失。每一组被压缩的协议都有一个轮廓(profile)文件,比如IP/UDP/RTP。压缩的头是这样被携带的:引用一个上下文环境,该环境本质上是一个连接。对于同一个连接上的数据包,其头中的字段可以很容易地被预测出来;但对于不同连接上的数据包,头字段则无法预测。在典型的操作中,ROHC将IP/UDP/RTP头从40字节降低到1~3字节。

虽然头压缩的目标主要针对的是减少带宽需求,但它也有助于降低延迟。延迟由传播延迟和传输延迟两部分数据组成,前者对于给定的网络路径而言是固定的,而后者则取决于带宽和要发送的数据量。例如,在1Mb/s链路上1μs时间内可发送1比特。在介质通过无线网络的情况下,网络速度相对较慢,因此传输延迟可能是整体延迟中一个重要的因素,而且低延迟对于服务质量始终很重要。

头压缩技术有助于减少发送的数据量,从而降低传输延迟。通过发送较小的数据包,也可以实现同样的效果。为了降低传输延迟,这将会导致增加软件开销。请注意,延迟的另一个潜在来源是访问无线链路的排队延迟。这个延迟可能也很显著,因为作为网络中很有限的资源,无线链路通常被重度使用。在这种情况下,无线链路必须具备服务质量机制,给实时数据包以较低的延迟。头压缩单独使用是不够的。

6.7.8　长肥网络的协议

自 20 世纪 90 年代开始,就出现了长距离传输数据的千兆位网络。由于结合了快速网络或肥管道(fat pipeline)和长延迟,这些网络称为长肥网络(long fat network)。当这些网络出现时,人们最初的反应是使用已有的协议,但是很快各种各样的问题随之出现。在本节中,将讨论随着网络协议的速度和延迟的尺度增加而出现的一些问题。

第一个问题是许多协议使用了 32 位的序号。当 Internet 刚开始时,路由器之间的线路主要是 56Kb/s 的租用线路,所以一台全速发送数据的主机需要一星期的时间才可能用完一轮序号(即导致序号回绕)。对于 TCP 的设计者来说,2^{32}是一个相当体面的近似于无穷大的数,因为数据包被发送以后过了一周仍然停留在网络中的危险已经没有了。对于 10Mb/s 以太网,序号回绕的时间变成了 57min,尽管时间更短了,但仍然可以管理。对于 1Gb/s 以太网,大量数据倾倒到 Internet 上,序号回绕时间大约是 34s,大大低于 Internet 上的 120s 最大数据包生存期。突然间,2^{32}不再是一个很好的近似于无穷大的数了,因为一个快速的发送方在老的数据包仍然存在的时候就已经开始循环使用序号空间了。

问题在于,许多协议的设计者只是简单地假设(但并不明确地提出来),耗尽整个序号空间所需的时间大大超过数据包的最大生存期。因此,根本没有必要担心当序号回绕时老的重复数据包仍然存在的问题。对于千兆位的速度,这一未声明的假设不成立。幸运的是,已经证明利用时间戳选项扩展有效的序号范围是有可能的,做法是,将数据包携带的时间戳看作每个数据包的 TCP 头的选项,作为序号的高阶位。这种机制称为 **PAWS**(防止序号回绕)。

第二个问题是流量控制窗口的大小必须极大地增长。例如,考虑从圣地亚哥发送一个 64KB 的突发数据到波士顿,以便填满接收方的 64KB 缓冲区。假设该链路速率为 1Gb/s,光纤中的单向光速延迟为 20μs。最初,在 $t = 0$,管道是空的,如图 6-55(a)所示。仅仅 500μs 后,所有的段都被发送到光纤上了,如图 6-55(b)所示。最前面的段现在出现在布劳利附近的某个地方,仍然位于南加州境内。然而,发送方必须停止,直到它收到一个窗口更新。

20μs 以后,最前面的段到达波士顿,如图 6-55(c)所示,并且被确认。最后,在开始发送后 40μs,第一个确认返回到发送方,然后第二批突发数据也开始传输。由于传输线路只使用了 100ms 中的 1.25μs,因此其效率大约是 1.25%。当老协议运行在千兆位线路上时,这样的情形非常典型。

在分析网络性能时要时刻牢记的一个有用数值是带宽-延迟乘积(bandwidth-delay product)。它是往返延迟时间(秒)乘以带宽(位/秒)。这个乘积就是从发送方到接收方并且返回的管道的容量(位)。

对于图 6-55 的例子来说,带宽-延迟乘积是 4000Mb。换句话说,发送方必须突发 4000Mb 才能在第一个确认返回前保持全速传输。它需要这么多位填充管道(在两个方向

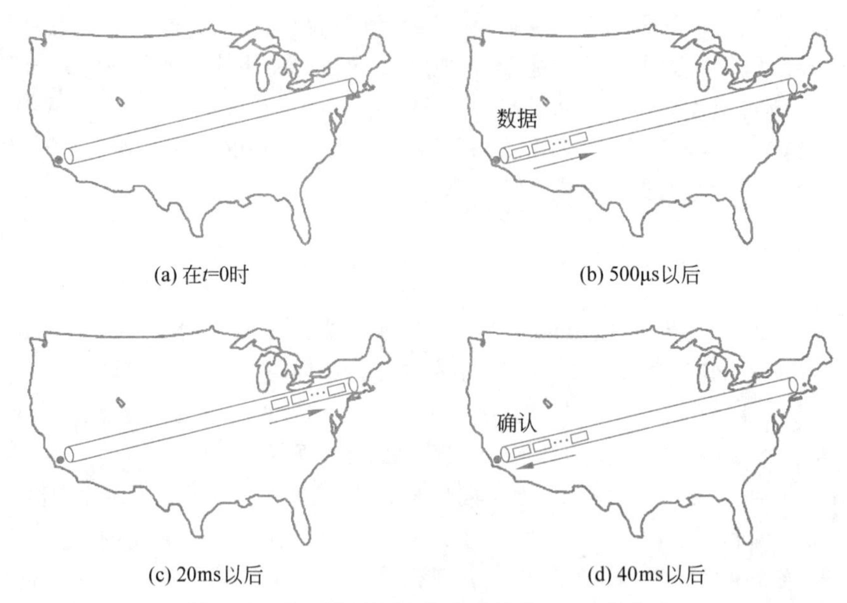

图 6-55　从圣地亚哥给波士顿发送 64KB 的状态

上)。这就是为什么突发 50Mb 只能达到 1.25%的效率：它仅为管道容量的 1.25%。

这里可以得出的结论是，为了获得良好的性能，接收方的窗口必须至少和带宽-延时乘积一样大，最好再大一点，因为接收方可能并不会立即响应。对于一条跨洲的千兆位线路，需要至少 5MB。

第三个相关问题是，简单的重传策略，比如回退 n 协议，在一条带宽-延迟乘积非常大的线路上表现会非常差。考虑一条 1Gb/s 横贯大陆的链路，其往返传输时间是 40ms。在一个往返时间段中发送方可以传输 5MB。如果一个错误被检测出来，那么要经过 40ms 以后发送方才被告知发生了错误。如果使用回退 n 协议，则发送方不仅要重传坏的数据包，而且也要重传该数据包后面的 5MB 数据。很明显，这是资源的极大浪费。因此需要更复杂的协议，例如选择重传协议。

第四个问题是，千兆位线路与百兆位线路在本质上是不同的，长距离千兆位线路的限制因素是延迟而不是带宽。在图 6-56 中给出了以各种传输速度传输一个 1Mb 文件 4000km 所需的时间。在速度增加到 1Mb/s 以前，传输时间受制于发送数据的速率。当超过 1Gb/s 时，40ms 的往返延迟时间远远超过了将数据发送到光纤上所需的 1ms 时间。此时，进一步增加带宽根本不会有任何效果。

图 6-56 对于网络协议有一些不幸的指示。从图 6-56 中可以看出，比如像 RPC 这样的停-等式协议，其性能有一个固有的上界。这一限制是由光的速度决定的。光学的技术再怎么进步也无法改善这种状况(不过，新的物理法则可能会有所帮助)。除非当一台主机等待应答时千兆位线路可以找到某种其他的用途，否则千兆位线路比百兆位线路没什么好的，只是更昂贵而已。

第五个问题是，通信速度已经提升很多了，比计算速度的提升要快得多。(计算机工程师请注意：冲出去，击败那些通信工程师！我们都指望你们了！)在 20 世纪 70 年代，ARPANET 运行在 56kb/s 的线路上，而当时的计算机运行在差不多 1MIPS 的速度上。将

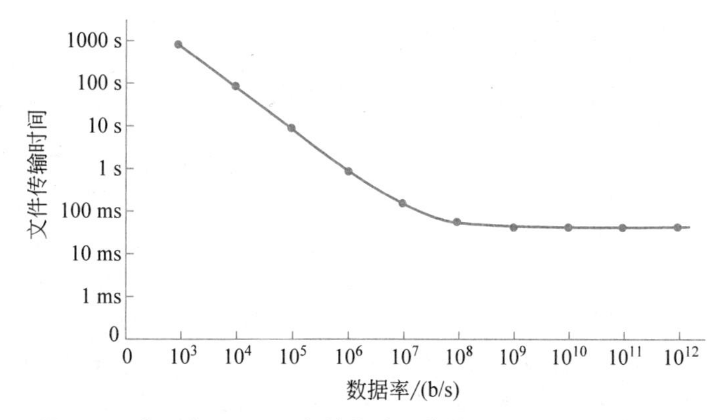

图 6-56　在一条 4000km 长的线路上传输 1Mb 文件所需的时间

这些数字与在 1Gb/s 线路上交换数据包的 1000MIPS 计算机进行比较。每字节的指令数量已经下降到原来的 1/10 以下。确切的数字值得商榷，具体依赖于测试日期和场景，但由此得出的结论是：可以用于协议处理的时间少于过去所用的时间，因此协议必须变得更加简洁。

现在从存在的问题转到处理这些问题的方法上来。所有高速网络设计者应该牢记在心的基本原则是：

为速度而不是为带宽优化进行设计。

老协议的设计目标通常是最小化线路上传输的位数，常用的做法是使用小的字段，并且将这些小的字段组合成字节或者字。这种顾虑对于无线网络也是有效的，但对于千兆位网络不再有效。协议处理是一个问题，所以，协议应该要设计成使这样的问题尽可能最少。显然，IPv6 的设计者理解这一原则。

一种很吸引人的提高速度的办法是用硬件构建快速网络接口。这种策略的困难在于，除非协议极其简单，否则，硬件就是带有第二个 CPU 和自己独立程序的一块插卡。为了确保**网络协处理器**(network coprocessor)比主 CPU 便宜，它通常是一块慢速芯片。这种设计的直接结果是，主(快速)CPU 的许多时间是空闲的，它在等待第二个(慢速)CPU 完成关键性的工作。认为主 CPU 在等待期间可以做其他工作的想法是不切实际的。而且，当两个通用 CPU 相互通信时，可能会产生竞争条件，所以两个 CPU 之间需要精心设计的通信协议，以便正确地同步它们的工作，避免竞争。通常而言，最好的做法是使协议尽可能地简单，并且让主 CPU 完成协议处理工作。

数据包的布局结构也是千兆位网络中一个很重要的考虑。头应该包含尽可能少的字段，以便减少包的处理时间，并且这些字段应该足够大到可以完成其职责，另外，这些字段应该按字对齐，以便快速处理。在这里的上下文环境中，“足够大”意味着类似于下面的问题不会发生：序号回绕时老的数据包仍然存在，由于窗口字段太小导致接收方不能宣告足够大的窗口空间，等等。

为了降低软件开销并允许有效的操作，最大的数据大小应该非常大。对于高速网络来说，1500 字节太小，这就是为什么千兆位以太网支持 9KB 的特大型数据帧以及 IPv6 支持大于 64KB 的巨型数据包的原因。

现在看一看高速协议中的反馈问题。由于(相对)较长时间的延迟回路,反馈应该尽可能地避免,接收方给发送方发送信号需要太长的时间。使用反馈的第一个例子是通过滑动窗口协议控制传输速率。为了避免由于接收方给发送方发送窗口更新信息而造成固有的(长时间)延迟,未来的协议可能要切换到基于速率的协议。在这样的协议中,发送方可以发送所有它希望传送的数据,只要发送速率不超过它和接收方预先协商好的某个速率即可。

第二个使用反馈的例子是Jacobson的慢速启动算法。这个算法执行多次探测以确定网络的处理能力。对于高速网络,执行几次小的探测以观察网络的响应,这将浪费大量带宽。一种更加有效的方案是让发送方、接收方和网络这三者在建立连接时都预留必要的资源。提前预留资源还有另一个好处,即更加容易减少抖动。简而言之,网络越是向高速发展,就越是不可抗拒地将设计推向面向连接的操作,或者非常接近面向连接操作的一种设计。

另一个有价值的特性是在连接请求过程中顺带发送正常数量的数据的能力。按照这种方法,可以节省一次往返时间。

6.8 本章总结

传输层是理解分层协议的关键。它提供了各种服务,其中最重要的服务是一个从发送方至接收方的端到端的、可靠的、面向连接的字节流。通过一组服务原语可以访问此服务,这些原语可允许建立、使用和释放连接。Berkeley套接字提供了一个常用的传输层接口。

传输协议必须能在不可靠的网络上完成连接管理。由于延迟的重复数据包可能会重新出现在不恰当的时刻,因而连接的建立过程非常复杂。为了处理这些延迟的重复数据包,需要使用三次握手法建立连接。释放连接比建立连接要容易得多,但由于存在两军队问题,释放连接也并非轻而易举。

即使网络层是完全可靠的,传输层也有大量的工作要做。它必须处理所有的服务原语,管理连接和计时器,支持拥塞控制的带宽分配,以及为了流量控制而运行大小可变的滑动窗口。

拥塞控制应该在竞争流之间公平地分配所有可用的带宽,并且应该跟踪网络使用的变化情况。AIMD控制法则能收敛到一个公平和有效的分配方案上。

Internet有两个主要的传输协议:UDP和TCP。UDP是一个无连接的协议,它主要对IP数据包进行了包装,并且引入了通过单个IP地址复用和分用多个进程的特性。UDP可以被用于客户-服务器之间的交互(比如使用RPC)。UDP也可以被用来建立实时协议(比如RTP)。

主要的Internet传输协议是TCP。它提供了一个可靠的、双向的、拥塞可控的字节流,所有的段都有一个20字节的头。已经有大量的工作在优化TCP的性能,它们使用了Nagle、Clark、Jacobson、Karn和其他人的算法。

在过去很多年中,UDP和TCP很好地存活了下来,但是它们仍然有改进的空间,以便进一步增强性能,以及解决由现代高速网络引起的一些问题。TCP CUBIC、QUIC和BBR是现代的一些改进。

网络性能通常由协议和段的处理开销主宰，在很高的速度上这种状况会变得更糟。协议应该被设计成使段的数量最小化，而且在带宽-延迟乘积大的路径上工作良好。对于千兆位网络，最好使用简单的协议，并使用流水线处理方式。

习　　题

1. 在图 6-2 所示的传输原语例子中，LISTEN 是一个阻塞的原语。这是严格要求的吗？如果不是，请说明如何使用一个非阻塞的原语。与正文中描述的方案相比，你的方案有什么优点？

2. 一个使用 TCP 的聊天应用程序不停地调用 receive()，并且将接收到的数据打印成一条新的消息。你能想到这种做法可能存在的一个问题吗？

3. 在图 6-4 所示的底层模型中，它的假设条件是数据包有可能被网络层丢失，因此，数据包必须被单独确认。假设网络层百分之百可靠，并且永远不会丢失数据包。如果需要的话。图 6-4 需要做什么修改吗？

4. 在图 6-5 的两部分中，有一条注释说明了 SERVER_PORT 在客户和服务器中必须相同。为什么这一条如此重要？

5. 假设采用时钟驱动方案生成初始序号，该方案用到了一个 15 位宽的时钟计数器。每隔 100ms 时钟滴答一次，最大数据包生存期为 60s。在以下两种情况下，需要每隔多久重新同步一次？

(a) 在最差情况下。

(b) 当数据每分钟用掉 240 个序号的时候。

6. 为什么最大数据包生存期 T 必须足够大，大到确保不仅数据包本身，而且它的确认也在网络中消失？

7. 考虑一个面向连接的传输层协议，它使用一个日历时钟确定数据包的序号。该时钟使用一个 10 位计数器，每 125ms 滴答一次。最大数据包生存期为 64s。如果发送方每秒发送 4 个数据包，那么，该连接若没有进入禁止区域，能够持续多长时间？

8. 请从协议超时的角度解释在数据链路层使用滑动窗口协议与在传输层使用滑动窗口协议的区别。

9. 请考虑从主机崩溃中恢复的问题(图 6-18)。如果写操作和发送确认这两者之间的间隔可以设置得非常小，那么，为了使协议失败的概率最小，两种最佳的发送方-接收方策略是什么？

10. 在图 6-20 中，假设加入了一个新的流 E，它的路径为从 R1 到 R2，再到 R6。对于这 5 个流的最大-最小带宽分配如何变化？

11. 在图 6-20 中，假设这些流进行了重组，使得 A 经过 R1、R2 和 R3，B 经过 R1、R2 和 R5，C 经过 R4、R2 和 R3，D 经过 R4、R2 和 R3。最大-最小带宽分配是什么？

12. 讨论信用协议与滑动窗口协议的优缺点。

13. 在拥塞控制的公平性方面有一些其他的策略，它们是加法递增加法递减(Additive Increase Additive Decrease，AIAD)、乘法递增加法递减(Multiplicative Increase Additive Decrease，MIAD)、乘法递增乘法递减(Multiplicative Increase Multiplicative Decrease，

MIMD)。请从收敛性和稳定性两个方面讨论这3个策略。

14. 考虑一个采用了加法递增平方根递减(Additive Increase Square Root Decrease, AISRD)的传输层协议。这个版本会收敛到公平的带宽共享上吗?

15. 两台主机并发地通过一个容量为1Mb/s的网络发送数据。主机A使用UDP,每1ms传输一个100字节的数据包。主机B以600kb/s的速率产生数据,使用TCP。哪台主机获得更高的吞吐量?

16. 为什么会存在UDP? 让用户进程发送原始的IP数据包还不够吗?

17. 请考虑一个建立在UDP之上的简单应用层协议,它允许客户从一个远程服务器获取文件,该服务器位于一个知名地址上。客户首先发送一个请求,该请求中包含了文件名;然后服务器以一个数据包序列作为响应,这些数据包中包含了客户请求的文件的不同部分。为了确保可靠性和顺序递交,客户和服务器使用了一个停-等式协议。忽略显然存在的性能问题,你看得出这个协议存在的一个问题吗? 请仔细想一想进程崩溃的可能性。

18. 一个客户通过一条1Gb/s的光纤向100km以外的服务器发送一个128字节的请求。在远过程调用中这条线路的效率是多少?

19. 继续考虑上一个问题的情形。对于给定的1Gb/s线路和1Mb/s线路两种情况,请计算最小的可能响应时间。你可以得出什么结论?

20. UDP和TCP在传递消息时都使用端口号标识目标实体。请给出两个理由说明为什么这些协议要发明一个新的抽象ID(端口号),而不使用进程ID? 在设计这两个协议的时候,进程ID早已经存在了。

21. 为什么RTP通常在UDP上实现,而不是在TCP上实现? 请找出在哪些条件下一个应用可能会使用基于TCP的RTP。

22. 考虑两个网络N1和N2,在源A和目标D之间有相同的平均延迟。在N1中,不同数据包经历的延迟是均匀分布的,且最大延迟为10s;而在N2中,99%的数据包经历的延迟都小于1s,且没有最大延迟限制。讨论在这两种情况下如何使用RTP传输实时音频/视频流。

23. 最小TCP MTU的总长度是多少? 包括TCP和IP的开销,但是不包括数据链路层的开销。

24. 数据报的分段和重组机制由IP处理,对于TCP不可见。这是否意味着TCP不用担心数据错序到达的问题?

25. RTP被用来传输CD品质的音频,这样的音频信号包含一对16位的采样值,采样频率为每秒44 100次,每个采样值对应一个立体声声道。RTP每秒必须传输多少个数据包?

26. 主机1上的一个进程已经被分配了端口p,主机2上的一个进程已经被分配了端口q,这两个端口之间有可能同时存在两个或者多个TCP连接吗?

27. 在图6-36中,除了32位的确认字段以外,在第四个字中有一个ACK位。这个标志位真的加入了信息吗? 为什么有或者为什么没有?

28. 考虑这样一个TCP连接,它以很高的速率发送数据,以至于在最大的段生存期内开始重复使用序号。通过增大段的长度,这种情况能防止吗? 为什么能或者为什么不能?

29. 描述从图6-39中进入SYN RCVD状态的两条途径。

30. 当在一个严重拥挤的网络上使用 Nagle 算法时，请给出一个可能的缺点。

31. 你正在通过一个高延迟的网络玩在线游戏。该游戏要求你快速地拍打屏幕上的物体。然而，该游戏只能按突发方式显示你的动作的结果。这种行为可能是由某个 TCP 选项引起的吗？你能想到其他(与网络相关)的原因吗？

32. 请考虑在一条往返时间为 10ms 的无拥塞线路上使用慢速启动算法的效果。接收窗口为 24KB，最大段长为 2KB。需要多长时间才能让第一个满窗口的数据被发送出去？

33. 假设 TCP 的拥塞窗口被设置为 18KB，并且发生了超时。如果接下来的 4 次突发传输全部成功，该拥塞窗口将是多大？假设最大段长为 1KB。

34. 考虑一个使用 TCP Reno 的连接。该连接的初始拥塞窗口大小为 1KB，初始的阈值是 64。假设加法递增使用了一个 1KB 的步进大小。如果最初一轮传输称为第 0 轮，那么，在第 8 轮传输中，拥塞窗口的大小是多少？

35. 如果 TCP 往返时间 RTT 当前是 30ms，紧接着分别在 26ms、32ms、24ms 确认到达，那么，若使用 Jacobson 算法，新的 RTT 估计值为多少？请使用 $\alpha = 0.9$。

36. 一台 TCP 主机正在通过一条 1Gb/s 的信道发送满窗口的 65 535 字节数据，该信道的单向延迟为 10ms。可以达到的最大吞吐量是多少？线路的效率是多少？

37. 一台主机在一条线路上发送 1500 字节的 TCP 有效载荷，最大数据包生存期为 120s，要想不让序号回绕，该线路的最快速度为多少？要考虑 TCP、IP 和以太网的开销。假设可以连续发送以太网帧。

38. 为了解决 IPv4 的局限性，主要经过 IETF 的努力，产生了 IPv6 的设计，然而在这个新版本的采纳上，人们仍然有诸多不情愿之处。但实际上为了解决 TCP 的限制，并不需要如此重大的努力。请解释为什么会这样。

39. 在一个网络中，最大段长为 128 字节，段的最大生存期为 30s，序号为 8 位，每个连接的最大数据速率是多少？

40. 考虑一个使用 128s 作为最大段生存期的 TCP 连接。假设该连接并没有使用时间戳选项。关于最大数据速率，你有什么见解？

41. 考虑发送方和接收方之间的一个 TCP 连接。其中，发送方需要传输恰好 30 个段给接收方，ssthresh 是 4，初始的 cwnd(在第 0 轮传输时)为 1，发送方和接收方之间的往返时间是 500ms，最大段长度是 1000 字节，瓶颈带宽是 64kb/s。假定如下：①发送方接收到第 14 段的 3 个重复确认，并且在下一个往返周期中成功地重传了该段；②在第一次尝试时，第 25～30 段全部在单个传输窗口中丢失了；③其他段没有再发生丢失。在拥塞避免阶段，该连接的平均吞吐量是多少(以 kb/s 为单位)？在整个连接上，平均吞吐量是多少(以 kb/s 为单位)？在整个传输中，平均丢失率是多少？在哪些轮中瓶颈链路上的缓冲区正在填充？瓶颈链路上的缓冲区有最多的数据包是在哪一轮？在端到端的延迟中，由此缓冲过程引入的最大额外延迟是多少(以 ms 为单位)？

42. 假设你正在测量接收一个段需要的时间。当发生一个中断时，你读出系统时钟的值(以 ms 为单位)。当该段被完全处理时，你再次读出时钟的值。你测量的结果是 270 000 次为 0ms，730 000 次为 1ms。接收一个段需要多长时间？

43. 一个 CPU 执行指令的速率为 1000MIPS。数据可以按照一次复制 64 位进行，每个字的复制需要用到 10 条指令。如果一个进来的数据包必须被复制 4 次，这个系统能处理一条1Gb/s的线路吗？为了简单起见，假设所有的指令，即使是读或者写内存的指令，都以1000MIPS的全速率运行。

44. 为了避开当序号回绕时老的数据包仍然存在的这个问题，可以使用64位序号。然而，从理论上讲，光纤可以运行在75Tb/s的速率上。在未来的75Tb/s网络中使用64位序号，数据包的最大生存期为多少才能确保不会发生序号回绕问题？假设每一字节都有它自己的序号，像TCP那样。

45. 考虑一台1000MIPS的计算机每一纳秒可以执行一条指令。假设它需要50条指令处理一个数据包的头，这跟有效载荷的大小无关，而有效载荷的每8字节需要10条指令。假设这些数据包是：(a)128字节；(b)1024字节。计算机每秒可以处理多少个数据包？在这两种情况下，实际吞吐量(goodput)是每秒多少字节？

46. 对于一个运行在4000km距离上的1Gb/s网络，限制因素是延迟而并非带宽。请考虑这样一个MAN，源和目标之间的平均距离为20km。在多大的数据速率上，由于光速带来的往返延迟等于1KB数据包的传输延迟？

47. 计算下列网络的带宽-延迟乘积：(a)T1(1.5Mb/s)；(b)以太网(10Mb/s)；(c)T3(45Mb/s)；(d)STS-3(155Mb/s)。假设RTT为100ms。TCP头有16位保留用作窗口大小(Window size)字段。根据你的计算，它有什么隐含的意义吗？

48. 对于地球同步卫星上的一条50Mb/s信道，它的带宽-延迟乘积是多少？如果所有的数据包都是1500字节(包括开销)，窗口应该为多大(以数据包为单位)？

49. 对一个接入网络进行基于客户的速度测试可能并不能测量出接入链路的真实速度，请列举出一些可能的原因。

50. 考虑图6-36中的TCP头。每当有一个TCP段被发送出去时，它就会引入4个未使用的位。移除这些位，并将所有后续的字段向左移动4位，这将对性能产生怎样的影响？

51. 图6-6所示的文件服务器远非完美，它可以采纳一些改进措施。请作以下修改：

(a) 给客户第三个参数，它指定了一个字节范围。

(b) 增加一个客户标志w，允许将文件写到服务器上。

52. 所有的网络协议都需要的一个常见功能是操控消息。回想一下，协议通过添加/拆除头来操控消息。有些协议还可能将一条单一消息分解成多个分段，到后面再把这些分段组合成单一消息。为此，请设计并实施一个消息管理库，该库提供了创建一条新消息、附加一个头到消息上、从消息里剥离消息头、将一条消息分成两条消息、将两条消息组合成一条消息以及保存消息副本等功能。你的实现必须尽可能地减少把数据从一个缓冲区复制到另一个缓冲区的操作。至关重要的是，操控消息的操作不应该触碰到消息中的数据，而只操控指针。

53. 设计和实现一个聊天系统，它允许多组用户进行聊天活动。有一个聊天协调器位于某一个知名的网络地址上，它使用UDP与聊天客户通信，并且为每个聊天会话建立聊天服务器，而且维护一个聊天会话目录。每个聊天会话都有一个聊天服务器。聊天服务器使用TCP与聊天客户通信。聊天客户允许用户启动、加入或者离开一个聊天会话。请设计和实现协调器、服务器和客户的代码。

第7章　应　用　层

在完成了所有预备知识的学习后，现在来到应用层，在这里可以找到所有的应用。应用层下面的各层提供了传输服务，但它们并不为用户做实际的工作。在本章中，将介绍一些实际的网络应用。

然而，即使在应用层上也有必要支持多种协议，以便许多应用能够工作。因此，在开始介绍这些应用以前，将先介绍其中一个重要的协议。这个协议就是DNS，它负责将Internet名称映射为IP地址。随后，将介绍3个实际应用：电子邮件、万维网（World Wide Web，简称为Web）和多媒体，包括现代的视频流式传输。最后讨论内容分发，包括对等网络和内容传递网络。

7.1　DNS——域名系统

虽然在理论上，程序通过使用它们存储的计算机网络地址（即IP地址），就可以引用Web页面、邮箱和其他的资源，但是这些地址很难让人记住。而且，通过128.111.24.41浏览一个公司的Web页面会很脆弱：如果该公司将Web服务器移到了另一台具有不同IP地址的主机上，那么每个人都需要知道新的IP地址。将一个Web站点从一个IP地址移动到另一个IP地址可能看起来有点牵强，但是在实践中这种很普通的通知经常会发生，往往以负载均衡的形式出现。尤其是许多现代的Web站点将它们的内容托管在多台主机上，通常在地理位置上形成分布式集群。托管这些内容的组织可能希望将一个客户的通信从一台Web服务器"移动"到另一台Web服务器。DNS往往是做到这一点的最便利的做法。

高层次的、可读性好的名称将机主机与主机地址分离。因此，一个组织的Web服务器可以被引用为www.cs.uchicago.edu，而不用管它的IP地址。因为一条网络路径上沿途的设备根据IP地址转发流量到目的地，所以，这些人类可读的域名必须被转换成IP地址，DNS（Domain Name System，域名系统）正是完成这一任务的机制。在本节中，将介绍DNS如何完成这一映射过程，以及在过去数十年间DNS是如何演进的。特别是，DNS最近几年最重要的进步之一是它对于用户隐私保护的关注。我们将考察这些影响，以及在DNS加密方面与隐私相关的各种最新进展。

7.1.1　历史和概述

首先回到ARPANET时期，那时是用一个简单的文件hosts.txt列出了所有的计算机名称和它们的IP地址。每天晚上，所有主机都从一个维护此文件的站点将该文件取回。对于一个拥有几百台大型分时主机的网络而言，这种方法工作得相当好。

然而，在几百万台PC连接到Internet以前，涉及网络连接的每个人早已认识到，这种方法不可能一直工作下去。这个文件变得非常庞大。更重要的是，除非集中管理主机名称，否则主机名称冲突的现象将会频繁发生。而且在一个巨大的国际性网络中，由于负载和延迟，要实现这种集中式管理简直难以想象。为了解决这些问题，1983年人们发明了**DNS**，自那以来，它一直是Internet的关键组成部分。

DNS是一个层次状的命名方案，也是一个实现了这一命名方案的分布式数据库系统。DNS的主要用途是将主机名称映射成IP地址，但它也有几个其他用途，下面将详细地进行描述。DNS是Internet上最活跃地演进的协议之一。DNS由RFC 1034、RFC 1035、RFC 2181进行定义，后来许多其他RFC文档对它又做了进一步的阐述。

7.1.2　DNS查找过程

DNS的运行如下所述。为了将一个主机名称映射成IP地址，应用调用一个库过程(通常是gethostbyname()或者等价的过程)，并且将主机名称作为一个参数传递给这一过程。这一过程有时候被称为存根解析器(stub resolver)。存根解析器发送一个查询给本地的DNS解析器，其中包含了该名称，这一本地的DNS解析器通常被称为本地递归解析器(local recursive resolver)，或者简单地称为本地解析器(local resolver)，它随后执行递归查找(recursive lookup)，向一组DNS解析器查找该名称。本地递归解析器最终向存根解析器返回一个应答，其中包含对应的IP地址。存根解析器然后把结果传递给一开始发出查询请求的那个过程。查询和响应消息都是作为UDP数据包发送的。知道了IP地址以后，应用就可以与它查找的DNS名称对应的主机进行通信了。在本章后面将会详细地剖析这一查找过程。

在典型情况下，存根解析器向本地解析器发出一个递归查找请求，意味着它只是简单地发出该请求，然后等待本地解析器的应答。另一方面，本地解析器给名称层次结构中的每一部分对应的各个名称服务器发出一系列请求；每个名称服务器负责层次结构中的一个特定部分，它们通常称为该域的权威名称服务器(authoritative name server)。正如后面将会看到的，DNS使用了缓存机制，但是缓存可能会过期。权威名称服务器当然是权威的。按照定义，它总是正确的。在讲述DNS的更多操作细节以前，先描述DNS的名称服务器层次结构以及名称是如何分配的。

当一台主机的存根解析器向本地解析器发送一个查询请求时，本地解析器直到有了期望的答案或者没有答案以后才处理完这一解析过程。它并不会返回部分答案。另一方面。根名称服务器(和每一个后续的名称服务器)对于本地的名称服务器不会递归地继续这一查询请求。它只返回一个部分答案，并转移到下一个查询上。本地解析器负责继续这一解析过程，它发出进一步的迭代查询。

名称解析过程往往涉及两种机制。递归查询可能看起来总是更合适的，但是许多名称服务器(特别是根)不会处理这种查询请求，它们太忙了。迭代的查询请求把负担放在发起者身上。本地名称服务器之所以支持递归查询的理由是它在为自己域内的主机提供一项服务。这些主机并没有必要配置成运行一个完整的名称服务器，而只是到达本地的名称服务器。每个查询请求中包含一个16位的事务标识符，该标识符也被复制到应答中，因而名称服务器可以将答案与对应的查询匹配起来，即使同时有多个查询正在进行之中，也不会弄乱。

所有的答案，包括所有返回的部分答案，都被缓存起来。通过这种方式，如果cs.vu.nl

中的一台计算机查询 cs.uchicago.edu，那么，该答案被缓存了。如果不久以后 cs.vu.nl 中的另一台主机也要查询 cs.uchicago.edu，那么答案早就已经知道了。更好的是，如果一台主机查询同一个域内的另一台主机，比如 noise.cs.uchicago.edu，那么该查询可直接发送至 cs.uchicago.edu的权威名称服务器。类似地，针对 uchicago.edu 内其他域的查询也可以直接从 uchicago.edu 名称服务器开始。这种使用缓存的答案的做法可大大降低一次查询中的步骤，并提高查询性能。事实上，前面描绘的原始场景是最坏的情况，它们发生在缓存中没有任何有用信息之时。

缓存的答案不具权威性，因为在 cs.uchicago.edu 中所做的变化将不会被传播到世界上所有可能知道它的缓存中。由于这个原因，缓存的表项不应该生存得太久。这就是为什么在每一条 DNS 资源记录中都要包含 Time_to_live 字段的原因，DNS 资源记录是稍后将要讨论的 DNS 数据库中的一部分。它告诉远程名称服务器可缓存本记录多长时间。如果一台特定的机器已经多年使用相同的 IP 地址，那么，将它的信息缓存一天可能是安全的；而对于变化比较频繁的信息，在几秒或一分钟后清除记录的做法可能更安全。

DNS 查询有一个很简单的格式，它包含各种信息，包括被查询的名称(QNAME)，以及其他一些辅助信息，比如事务标识符。事务标识符通常被用于将请求与应答匹配起来。初始时，事务 ID 只有 16 位，查询和应答是没有被保护的；这种设计使得 DNS 易受各种各样的攻击，包括一种称为缓存中毒攻击的可能，关于这种攻击的细节将在第 8 章中进一步讨论。当执行一系列迭代查找时，一个递归的 DNS 解析器可能将整个 QNAME 发送给返回了应答的一系列权威名称服务器。在某个时候，协议设计者指出，给一系列迭代解析器中的每一个权威名称服务器发送整个 QNAME 会造成隐私风险。因此，许多递归解析器现在使用了一个称为 **QNAME 最小化**(QNAME minimization)的过程，其中本地解析器只发送查询的一部分，对应的权威名称服务器具有要解析的信息。比如，通过 QNAME 最小化，给定一个诸如 www.cs.uchicago.edu 这样的名称要解析，本地解析器只给 uchicago.edu 的权威名称服务器发送字符串 cs.uchicago.edu，而不是完整的合格的域名(fully qualified domain name，FQDN)，以避免将整个 FQDN 暴露给权威名称服务器。有关 QNAME 最小化的更多信息请参考 RFC 7816。

直至不久前，基于 DNS 查询和应答需要非常快速和轻量的理由，并且它们也不能承受 TCP 三次握手的相应开销，所以，DNS 查询和应答都依赖于 UDP 作为它的传输协议。然而，各种各样的发展，包括结果导致的 DNS 协议的不安全性，以及 DNS 已经面临和承受的大量后续攻击，从缓存中毒到分布式拒绝服务(DDoS)攻击，都导致日益倾向于使用 TCP 作为 DNS 的传输协议的趋势。利用 TCP 作为 DNS 的传输协议，随后就可以允许 DNS 利用现代的安全传输层协议和应用层协议，从而产生了基于 TLS 的 DNS(DNS-over-TLS，DoT)和基于 HTTPS 的 DNS(DNS-over-HTTPS，DoH)。在本章后面将详细地讨论这些进展。

如果 DNS 存根解析器没有在一段相对短的时间周期(超时周期)内接收到一个应答，那么，DNS 客户重复该请求，在少量几次重试以后会尝试该域的另一个服务器。设计这个过程的目的是为了应对服务器宕机的情形以及查询或应答数据包丢失的情形。

7.1.3 DNS 名称空间和层次结构

管理一个大型的并且经常变化的名称集合是非常有挑战性的。在邮政系统中，名称管理是这样做到的：要求所有的信件必须(隐式地或显式地)指定国家、州或省、城市、街道地址以及收件人的姓名。通过这种层次结构的编址方式，纽约州白原市 Main 大街的 Marvin Anderson 与得克萨斯州奥斯汀市 Main 大街的 Marvin Anderson 就不会产生混淆。DNS 以同样的方式工作。

对于 Internet，命名层次结构的顶级由一个称为 **ICANN**(Internet Corporation for Assigned Names and Noubers，**Internet 名称与编号分配机构**)的组织进行管理。ICANN 于 1998 年为此目的而创建，它是 Internet 成长为全球性网络并且受到经济关注的成熟标志的一部分。从概念上讲，Internet 被划分为超过 250 个**顶级域**(Top-Level Domain，**TLD**)，其中每个域覆盖了许多主机。每个域又被划分成子域，这些子域可被进一步划分，以此类推。所有这些域构成了一个名称空间层次结构，它可以表示为一棵树，如图 7-1 所示。树的叶子代表没有子域的域(但是，当然要包含机器)。一个叶子域可能包含一台主机，或者代表一个公司，并且包含数千台主机。

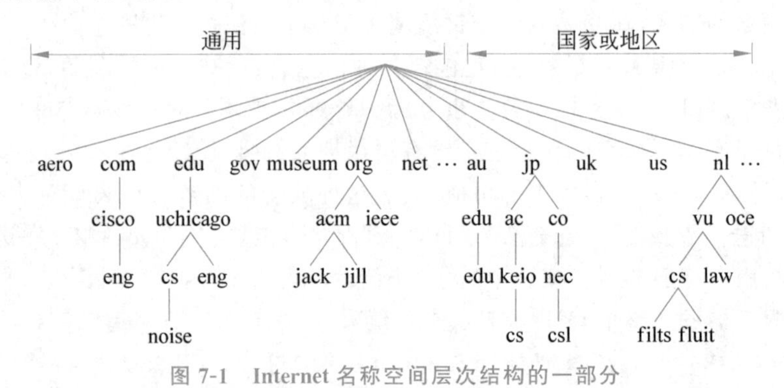

图 7-1 Internet 名称空间层次结构的一部分

顶级域有几种不同的类型，包括 **gTLD**(generic Top Level Domain，**通用的顶级域**)、**ccTLD**(country code Top Level Domain，**国家代码顶级域**)等。图 7-2 中列出了原先的一些通用 TLD，包括从 20 世纪 80 年代开始的原始域，再加上额外引入 ICANN 中的顶级域。在国家域中，每个国家包含一个域，由 ISO 3166 定义。2010 年引入了使用非拉丁字母的国际化国家域名。这些域使得人们可以用阿拉伯语、汉语、斯拉夫语、希伯来语或其他语言来命名主机。

域	预定使用	启用时间	限制否
com	商业	1985	不限
edu	教育科研	1985	限
gov	政府	1985	限
int	国际组织	1988	限
mil	军事	1985	限
net	网络提供商	1985	不限
org	非营利组织	1985	不限
aero	航空运输	2001	限

图 7-2 截至 2010 年最初的通用 TLD

域	预定使用	启用时间	限制否
biz	公司	2001	不限
coop	合作	2001	限
info	信息	2002	不限
museum	博物馆	2002	限
name	人	2002	不限
pro	专业	2002	限
cat	加泰罗尼亚	2005	限
jobs	就业	2005	限
mobi	移动设备	2005	限
tel	联络资料	2005	限
travel	旅游业	2005	限
xxx	色情业	2010	不限

图 7-2 （续）

在 2011 年，只有 22 个 gTLD。但是在 2011 年 6 月，ICANN 通过投票终结了对于进一步创建 gTLD 的限制，允许公司和其他组织可以选择实质上任意的顶级域，包括含有非拉丁字符（比如斯拉夫语）的 TLD。ICANN 在 2012 年年初开始接受新 TLD 的申请。申请一个新 TLD 最初的成本是将近 20 万美元。在第一批新的 gTLD 中，有些在 2013 年开始运营，前 4 个新的 gTLD 基于在南非德班市签订的合约正式启用。这 4 个 gTlD 都建立在非拉丁字符的基础上：阿拉伯语的“Web”、俄罗斯语的“online”、俄罗斯语的“site”、汉语的“game”。有些技术巨头已经申请了许多 gTLD。比如，Google 和 Amazon 这两家公司每一家都申请了大约 100 个新的 gTLD。到 2020 年，已经有超过 1200 个 gTLD。今天，一些最流行的 gTLD 包括 top、loan、xyz 等。

图 7-3　注册机构和注册服务商的关系

获得一个二级域容易得多，比如 name-of-company.com。顶级域由称为**注册机构**（registry）的公司负责运营。这些注册机构由 ICANN 委任。比如，com 的注册机构是 Verisign。在下一层，**注册服务商**（resigtrar）直接向用户售卖域名。注册服务商有很多，它们在价格和服务上进行竞争。常见的注册服务商包括 Domain.com、GoDaddy 以及 NameCheap。图 7-3 显示了就注册一个域名而言，注册机构和注册服务商的关系。

一台主机想要查找的域名通常称为一个 **FQDN**（Fully Qualified Domain Name，**完整的合格域名**），比如 www.cs.uchicago.edu 或者 cisco.com。FQDN 以该域名特定的部分作为开始，层次结构的每一部分以“.”作为分隔符。（从技术上讲，所有的 FQDN 都以“.”作为结束，象征着 DNS 层次结构的根，但是，大多数操作系统会自动完成域名的这一部分）。

每个域都是以由它向上到(未命名的)根节点的路径命名的。路径上的各个部分用“.”(读作 dot)分开。因此,Cisco 公司的工程部门可能是“eng.cisco.com.”,而不是像 UNIX 风格的名字“/com/cisco/eng”。请注意,这种层次命名法意味着“eng.cisco.com.”中的 eng 并不会与“eng.uchicago.edu.”中的 eng 的可能用法发生冲突[①],后者可能被芝加哥大学的英语系所使用。

域名可以是绝对的,也可以是相对的。绝对域名总是以“.”作为结束(比如“eng.cisco.com.”),而相对域名则不然。相对域名必须在一定的上下文环境中才能唯一地确定它们的真正含义。在这两种情况下,一个被命名的域指的是域名树中一个特定的节点以及它下面的所有节点。

域名不区分大小写,因此,edu、Edu 和 EDU 的含义都一样。各组成部分的名称最多可以达到 63 个字符长,整个路径的名称不得超过 255 个字符。DNS 大小写不敏感这一事实已经被用来抵御各种各样的 DNS 攻击,包括 DNS 缓存中毒攻击,其做法是采用一种称为 0x20 编码的技术(Dagon 等,2008),本章后面将详细地讨论这一编码技术。

原则上,域可以被插入层次结构中的通用域或者国家域中。比如,域 cc.gatech.edu 完全可以(且通常)被列在国家域 us 的下面,变成 cc.gt.atl.ga.us。然而,在实践中,美国的绝大多数组织都位于通用域的下面,而美国之外的大多数组织则位于其国家域的下面。没有规则反对一个组织在多个顶级域下注册。大型公司通常就这么做(比如 sony.com、sony.nl 和 sony.nl)。

每个域自己控制如何分配它下面的子域。比如,日本的 ac.jp 和 co.jp 域分别对应于 edu 和 com。但荷兰不做这样的区分,它把所有的组织直接放在 nl 下面。因此,以下 3 个域名表示 3 所大学的计算机科学系(cs)和电子工程系(ee):

(1) cs.uchicago.edu(美国芝加哥大学)。

(2) cs.vu.nl(荷兰阿姆斯特丹自由大学)。

(3) ee.uwa.edu.au(澳大利亚西澳大学)。

为了创建一个新域,创建者必须得到包含该新域的上级域的许可。比如,如果芝加哥大学的一个安全研究组想要成为 security.cs.uchicago.edu,那么该研究组必须获得管理 cs.uchicago.edu域的管理员的许可(幸运的是,这个人往往离得并不远,这要感谢 DNS 的联邦管理架构)。类似地,如果创立了一所新的大学,比如说南达科他州立大学,那么它必须请求 edu 域的管理员将 unsd.edu 分配给它(如果该域名仍然可以使用的话)。按照这种方式,域名冲突可以避免,并且每个域都可以跟踪记录它所有的子域。一旦创建并注册了一个新的域,则该新域就可以创建子域,比如 cs.unsd.edu,而无须得到域名树中任何上层域的许可。

命名机制遵循组织边界,而不是物理网络。比如,如果计算机科学系和电子工程系位于同一幢楼里,并共享同一个 LAN,那么,它们仍然可以具有不同的域。类似地,即使计算机科学系分散在 Babbage Hall 和 Turing Hall 这两幢楼里,这两幢楼里的主机通常仍属于同一个域。

7.1.4 DNS 查询和应答

现在讨论 DNS 查询的结构、格式和用途以及 DNS 服务器如何回答这些查询。

---

① eng 可以代表 engineering(工程),也可以代表英语(English)。——译注

DNS 查询

正如前面所讨论的,DNS 客户通常会给本地的递归解析器发出一个查询,而本地递归解析器执行一个迭代查询,最终将原始的查询解析出来。最常见的查询类型是 A 记录查询,它请求将一个域名映射成一个对应的 Internet 端点的 IP 地址。DNS 有一系列其他的资源记录(以及对应的查询),本节后面将进一步讨论资源记录(即应答)。

虽然很长时间以来 DNS 的基本机制是将人类可读的名称映射到 IP 地址,然而,随着时间的推移,DNS 查询已经被用于各种其他的用途。DNS 查询的另一个常见用途是在一个 **DNSBL**(DNS-based BlackList,**基于 DNS 的黑名单**)中查找域。DNSBL 通常维护了一些列表,以跟踪和记录那些与垃圾邮件发送者和恶意软件相关联的 IP 地址。为了在 DNSBL 中查找一个域名,客户可能给一个特殊的 DNS 服务器(比如 pbl.spamhaus.org,pbl 代表 policy blacklist,即安全策略黑名单)发送一个 DNS A 记录查询,该 DNS 服务器对应地有一组 IP 地址,这些 IP 地址并非真的要作为邮件服务器建立连接。为了查找一个特定的 IP 地址,客户只需简单地将该 IP 地址的字节按顺序反转过来,再将结果放置在 pbl.spamhasu.org 的前面。

比如,为了查找 127.0.0.2,客户只需简单地发出一个针对 2.0.0.127.pbl.spamhasu.org 的查询。如果对应的 IP 地址在列表中,那么该 DNS 查询将返回一个往往包含了一些额外信息(比如它在列表中的来源)的 IP 地址。如果该 IP 地址没有被包含在列表中,那么 DNS 服务器将指明这一点,它用相应的 NXDOMAIN 应答作为响应,表示“没有这样的域”。

对于 DNS 查询的扩展和增强

随着时间的推移,DNS 需要用越来越具体的、相关的信息服务客户,并且这种需求日益强烈,而且关于安全的顾虑也在不断增加,DNS 查询已经变得越来越复杂了。最近数年间,对 DNS 查询的两个重要扩展都使用了 **EDNS0 CS**(其全称为 Extended DNS Client Subnet,简称 EDNS CS,即**扩展的 DNS 客户子网**)选项,其中客户的本地递归解析器将存根解析器的 IP 地址子网传递给权威名称服务器。

ENDS0 CS 机制允许一个域名的权威名称服务器知道初始执行该查询的客户的 IP 地址。知道了这一信息,通常就可允许一个权威名称服务器执行更加有效的映射,映射到附近的一个备份的重复服务上。比如,如果客户发出一个针对 google.com 的查询,那么,Google 的权威名称服务器通常返回一个离客户很近的前端服务器的名称。为了能够实现这一点,当然要知道客户在网络的什么地方(理想情况下,要知道其地理位置)。一般情况下,权威名称服务器可能只看到本地递归解析器的 IP 地址。

如果发出该请求的客户碰巧位于它对应的本地解析器的附近,那么,该域的权威名称服务器简单地从 DNS 本地递归解析器的位置可以确定一个恰当的客户映射关系。然而,客户越来越多地使用本地递归解析器,它有 IP 地址,这使得要定位客户越来越困难。比如,Google 和 Cloudflare 都运行公共的 DNS 解析器(分别为 8.8.8.8 和 1.1.1.1)。如果一个客户被配置成使用这两个本地递归解析器之一,那么,权威名称服务器根据这两个本地递归解析器的 IP 地址并不能获得多少有用的信息。ENDS0 CS 解决了这一问题,它的做法是,从本地递归开始,将 IP 子网包含在查询中,因而权威名称服务器可以看到发出该查询请求的客户的 IP 子网。

正如前面说明的,DNS查询中的名称是大小写不敏感的。这一特征使得现代的DNS解析器可以将一个事务ID的额外数据位包含在查询中,其做法是将QNAME中的每个字符设置成任意的大小写。一个16位的事务ID对于各种缓存毒害攻击(包括第8章中讲述的Kaminsky攻击)都是非常脆弱的。这种脆弱性的部分原因是DNS事务ID只有16位。增加事务ID中的位数将要求改变DNS协议的规范,这是一项非常重大的任务。

另一种替代的方案被提出,通常称为**0x20编码**(0x20 encoding),其中本地递归解析器将翻转每个QNAME中部分字母的大小写(比如,uchicago.edu可能变成uCHicaGO.Edu或者类似的写法),使得域名称中的每个字母都可以编码DNS事务ID中的额外的位。当然,要点在于,在后续的迭代查询或者应答中其他的解析器应该都不会改变QNAME的大小写。如果保留了大小写,那么,对应的应答包含了本地递归解析器最初所指示的QNAME大小写,从而有效地为事务ID增加了额外的位。这是一种不够精巧的打补丁的做法,但本质上,这也是试图改变一个已经广泛部署的软件同时又希望保持向后兼容性而不得已的做法。

DNS应答和应答记录

无论是只有一台主机的域还是顶级域,每个域都有一组与它相关联的**资源记录**(resource record)。这些记录组成了DNS数据库。对于一台主机来说,最常见的资源记录就是它的IP地址,但除此以外还存在着许多其他种类的资源记录。当解析器把一个域名传递给DNS时,它获得的返回结果就是与该域名相关联的资源记录。因此,DNS的基本功能是将域名映射到资源记录。

一条资源记录是一个五元组。虽然资源记录是以二进制形式编码的,但是在大多数讲解资料中资源记录还是以ASCII文本形式表示的,每一条资源记录占一行,其格式如下所示:

```
Domain_name Time_to_live Class Type Value
```

Domain_name(域名)字段指出了这条记录适用于哪个域。通常每个域有许多条记录,并且数据库的每一个备份中存放了多个域的信息,因此这个字段是用于匹配查询条件的主搜索键。数据库中资源记录的顺序则无关紧要。

Time_to_live(生存期)字段指明了这条记录的稳定程度。高度稳定的信息会被分配一个很大的值,比如86 400(1天的秒数);很容易变化的信息(比如股票价格),或者运营商想要频繁变化的信息(比如,对于跨多个IP地址的名称进行负载均衡),则会被分配一个很小的值,比如60(1分钟的秒数)。稍后当讨论缓存时将再回到这个话题上。

每条资源记录的第三个字段是Class(类别)。对于Internet信息,它总是IN;对于非Internet信息,可以使用其他的代码,但实践中很少见到。

Type(类型)字段指出了这条记录的类型。DNS记录有许多种类型,图7-4列出了最重要的一些类型。

Value(值)字段可以是一个数字、一个域名或者一个ASCII字符串。其语义取决于记录的类型。图7-4中给出了每一种主要记录类型对应的Value字段的简短描述。

类　型	含　义	值
SOA	授权开始	本区域的参数
A	主机的 IPv4 地址	32 位整数
AAAA	主机的 IPv6 地址	128 位整数
MX	邮件交换	优先级,愿意接收邮件的域
NS	名称服务器	该域的服务器名称
CNAME	规范名	域名
PTR	指针	IP 地址的别名
SPF	发送方的策略框架	邮件发送策略的文本编码
SRV	服务	提供服务的主机
TXT	文本	描述的 ASCII 文本

图 7-4　主要的 DNS 资源记录类型

常用的记录类型

SOA 记录提供了有关该名称服务器区域(后面将会介绍)的主要信息源的名称、管理员的电子邮件地址、一个唯一的序列号以及各种标志和超时值。

最重要的记录类型是 A(地址)记录。它包含了某台主机一个网络接口的 32 位 IPv4 地址。对应的 AAAA,或 quad A(4A)记录包含了一个 128 位的 IPv6 地址。每台 Internet 主机必须至少有一个 IP 地址,以便其他主机能与它进行通信。某些主机有两个或多个网络接口,所以它们就有两个或多个 A 或 AAAA 资源记录。此外,一个服务(比如 google.com)可能驻留在许多台地理位置分布在世界各地的主机上(Calder 等,2013)。在这种情形下,一个 DNS 解析器可能为单个域名返回多个 IP 地址。针对地理位置分布式的服务,一个 DNS 解析器可能向它的客户返回一个靠近客户(从地理位置或者拓扑结构的意义上说)的服务器的一个或多个 IP 地址,这样可以提高性能,同时也是为了实现负载均衡。

一个重要的记录类型是 NS 记录。它指明了一台用于该域或子域的名称服务器。这是一台拥有一个域的数据库副本的主机。在查找名称的过程中需要用到该记录,稍后将会介绍查找名称的过程。另一个重要的记录类型是 MX 记录。它指定了一台准备接收该特定域名电子邮件的主机名称。因为并非每台主机都做好了接收电子邮件的准备,所以需要使用该记录。举个例子,如果有人打算发送电子邮件给某个人,比如 bill@microsoft.com,则发送主机需要找到位于 microsoft.com 中并且愿意接收电子邮件的某一个邮件服务器,MX 记录提供了这样的信息。

CNAME 记录允许创建别名。比如,一个很熟悉 Internet 常规命名规则的人要给芝加哥大学计算机科学系一个名叫 Paul 的人发送消息,他可能猜测 paul@cs.chicago.edu 就是 Paul 的电子邮箱。实际上,这个地址并不能工作,因为该计算机科学系的域名是 cs.uchicago.edu。作为给那些不知情者的一项服务,芝加哥大学可以创建一个 CNAME 表项,为这些人和程序指明正确的方向。类似下面这样的一条记录就可以完成此任务:

```
www.cs.uchicage.edu 120 IN CNAME hnd.cs.uchicago.edu
```

CNAME 通常被用于 Web 站点的别名,因为常见的 Web 服务器地址(通常以 www 开头)一般驻留在那些服务于多重目的并且其主要名称并非 www 的主机上。

PTR 记录指向另一个名称,通常用于将一个 IP 地址与一个对应的名称关联起来。利用 IP 地址查找名称称为逆向查找(reverse lookup)。

SRV 是一个比较新的记录类型,它使得一台主机可以被标识为域内的一个给定的服务。比如,cs.uchicago.edu 的 Web 服务器可以标识为 hnd.cs.uchicago.edu。这个记录类型是 MX 记录类型的泛化,MX 记录可以执行同样的任务,但只适用于邮件服务器。

SPF 记录让一个域可以对该域内哪些主机能发送邮件给 Internet 其余部分的信息进行编码。这有助于接收主机检查邮件是否有效。如果接收到的邮件来自一台自称为 dodgy 的主机,但是 SPF 记录说明邮件只能由一台称为 smtp 的主机发送,那么该邮件就有可能是垃圾邮件。

TXT 记录最初的目的是允许一个域以任意方式标识自己。如今,它们通常包含一些可让主机读的信息,往往是 SPF 信息。

DNSSEC 记录

DNS 最初的部署并没有考虑到该协议的安全性。特别是 DNS 名称服务器或者解析器可以操纵任何 DNS 记录的内容,由此可能造成客户接收到不正确的信息。RFC 3833 突出强调了对于 DNS 的一些不同类型的安全威胁以及 DNSSEC 如何消除这些威胁。DNSSEC 记录使得来自 DNS 名称服务器的应答携带数字签名,因而本地解析器或者存根解析器后续可以验证此数字签名,从而确保这些 DNS 记录没有被修改或者篡改过。每个 DNS 名称服务器利用它的学私钥为每一组同类型的资源记录计算 **RRSET**(Resource Record Set,资源记录集)的一个散列值(一种长的校验和)。其对应的公钥可以被用来检验 RRSET 上的签名。对于不熟悉密码学的读者,第 8 章提供了一些技术背景知识。

用 DNS 名称服务器的对应公钥检验一个 RRSET 的签名,当然要求检验该服务器的公钥的真实性。如果一个权威名称服务器的公钥是由该名称层次结构中的父名称服务器签名的,那么这一检验过程就可以完成了。比如,.edu 的权威名称服务器可能为对应于 chicago.edu 权威名称服务器的公钥签名了。

DNSSEC 有两个与公钥相关的资源记录:①RRSIG 记录,它对应于 RRSET 上的签名,用对应的权威名称服务器的私钥进行签名;②DNSKEY 记录,它是对应的 RRSET 的公钥,是由它的上一级名称服务器的私钥签名的。这一签名层次结构使得一个名称服务器层次结构的 DNSSEC 公钥可以分布在带内。只有根层次的公钥必须分布在带外,并且这些密钥可以按照解析器获知根名称服务器 IP 地址的方式进行分布式部署。第 8 章将更加详细地讨论 DNSSEC。

DNS 区域

图 7-5 显示的例子给出了针对一个特定域名的典型 DNS 资源记录中可能用到的信息类型。它描述了图 7-1 中 cs.vu.nl 域(假设的)数据库的一部分,此数据库通常被称为一个 **DNS 区域文件**(DNS zone file),有时候简称 **DNS 区域**(DNS zone)。该区域文件包含 7 种资源记录。

图 7-5 中第一个非注释行(第 2 行)给出了该域的一些基本信息,以后将不再关注这些

信息。接下来的两行给出了针对发送给 person@cs.vu.nl 的电子邮件，依次尝试投递的地点。首先尝试的是 zephyr（一台特定的主机）。如果它失败了，接下来尝试的是 top。接下来的一行指出了该域的名称服务器为 star。

```
; Authoritative data for cs.vu.nl
cs.vu.nl        86 400  IN  SOA    star boss (9527, 7200, 7200, 241 920, 86 400)
cs.vu.nl.       86 400  IN  MX     1 zephyr
cs.vu.nl.       86 400  IN  MX     2 top
cs.vu.nl.       86 400  IN  NS     star

star            86 400  IN  A      130.27.56.205
zephyr          86 400  IN  A      130.37.20.10
top             86 400  IN  A      130.37.20.11
www             86 400  IN  CNAME  star.cs.vu.nl
ftp             86 400  IN  CNAME  zephyr.cs.vu.nl

flits           86 400  IN  A      130.37.16.112
flits           86 400  IN  A      192.31.231.165
flits           86 400  IN  MX     1 tlits
flits           86 400  IN  MX     2 zephyr
flits           86 400  IN  MX     3 top

                        IN  A      130.37.56.201
rowboat                 IN  MX     1 rowboat
                        IN  MX     2 zephyr

little-sister           IN  A      130.37.62.23

laserjet                IN  A      192.31.231.216
```

图 7-5 cs.vu.nl 域数据库的一部分

接下来是一个空行（为了可读性而增加的）。再下面的几行给出了 star、zephyr 和 top 的 IP 地址。紧跟这些行后面的是别名 www.cs.vu.nl，所以，无须指派一台特定的主机就可以使用这个地址。创建了这个别名，就使得 cs.vu.nl 可以在原来使用的 WWW 服务器的地址不失效的情况下改变 WWW 服务器。这对于 ftp.cs.vu.nl 也成立。

有关主机 flits 的部分列出了两个 IP 地址，并且也给出了处理发送至 flits.cs.vu.nl 的电子邮件的 3 个选择。第一个选择自然是 flits 本身；如果它宕机，则 zephyr 和 top 是第二个和第三个选择。

接下来的 3 行包含了一台计算机的典型表项，在这个例子中是 rowboat.cs.vu.nl。它提供的信息包括 IP 地址、主要邮件存放处和次要邮件存放处。接下来的一行是针对一台本身不能接收邮件的计算机的表项。最后一行可能是一台连接到 Internet 的激光打印机。

至少在理论上，一台名称服务器就可以包含整个 DNS 数据库，并响应所有对该数据库的查询。但是实践中，这台服务器将会因负载过重而变得毫无用处。而且，一旦该服务器停机，则整个 Internet 将会瘫痪。

为了避免由于单个信息源而产生的问题，DNS 名称空间被划分为一些不重叠的区域（zone）。针对图 7-1 所示的 DNS 名称空间，一种可能的划分方法如图 7-6 所示。每个圈起来的区域包含该域名树的一部分。

区域边界应该放置在什么位置，这取决于该区域的管理员。这个决定在很大程度上要根据在哪里、期望使用多少个名称服务器而做出。比如，在图 7-6 中，芝加哥大学有一个针对 uchicago.edu 的区域，它要处理 cs.uchicago.edu 的流量；然而，它不处理 eng.uchicago.edu，这是一个单独的区域，有它自己的名称服务器。当一个系（比如英语系）不希望运行自己的名称服务器,而另一个系(比如计算机科学系)却希望运行自己的名称服务器时,就有可能作出这样的决定。

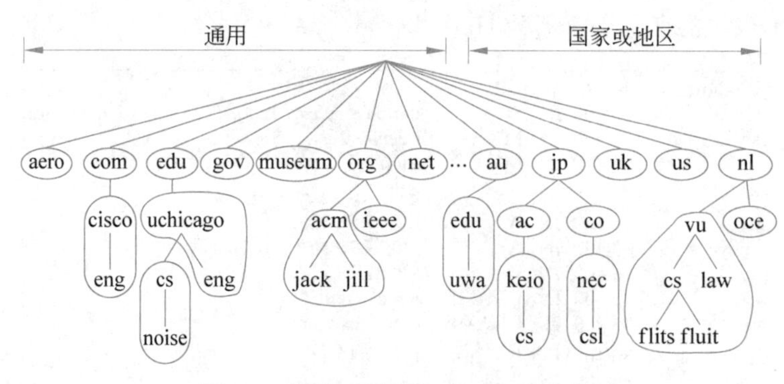

图 7-6 划分成区域的 DNS 名称空间

7.1.5 名称解析

每个区域都与一个或多个名称服务器关联。这些名称服务器是持有该区域数据库的主机。通常情况下,一个区域有一个主名称服务器和一个或多个辅助名称服务器。主名称服务器从自己磁盘上的一个文件中读入它的信息,而辅助名称服务器则从主名称服务器获取它们的信息。为了提高可靠性,有一些名称服务器可以放置在区域的外面。

查找一个名称并找到一个地址的过程称为名称解析(name resolution)。当解析器接收到一个查询域名的请求时,它把该查询传递给一个本地名称服务器。如果需要寻找的域恰好落在该名称服务器的管辖范围内,比如 top.cs.vu.nl 在 cs.vu.nl 的管辖下,则该名称服务器就返回权威资源记录。一个权威记录(authoritative record)是指来自管理该记录的权威部门的记录,因此总是正确的。权威记录是相对于缓存记录(cached record)而言的,缓存记录有可能已经过期了。

当被查询的域在远端时,比如当 flits.cs.vu.nl 想要找到芝加哥大学的 cs.uchicago.edu 的 IP 地址时,会发生什么?在这种情况下,如果本地没有缓存任何关于该域的信息,那么该名称服务器就会开始一次远程查询。该查询遵循如图 7-7 所示的过程。第 1 步,这一查询被发送至本地名称服务器。该查询包含了要被查询的域名称、类型(A)和类别(IN)。

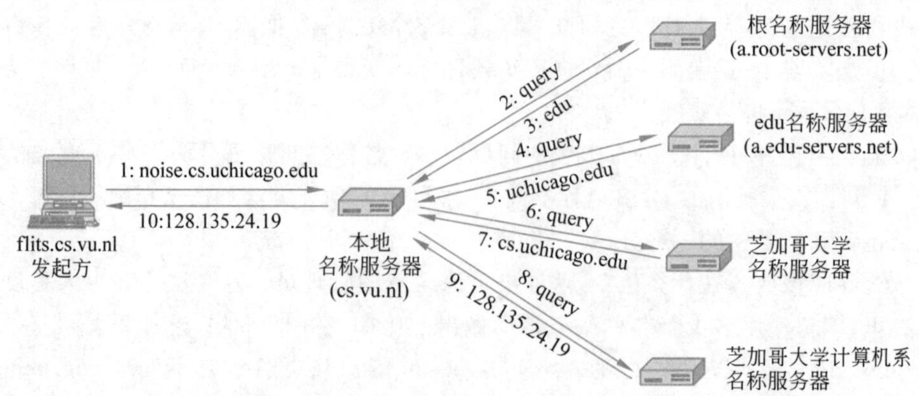

图 7-7 名称服务器通过 10 个步骤来查找一个远程名称的例子

第2步是通过请求其中一个根名称服务器(root name server),从名称层次结构的顶部开始查询。这些名称服务器包含每个顶级域的有关信息。为了与一个根名称服务器取得联系,每个名称服务器必须有关于一个或多个根名称服务器的信息。这些信息通常位于一个系统配置文件中,当DNS服务器被启动时,该配置文件被加载到DNS缓存中。这个文件很简单,只是列出了根名称服务器的NS记录和相应的A记录。

总共有13个根名称服务器,毫无创意地被命名为从a.root-servers.net到m.root-servers.net。从逻辑上讲,每个根服务器可以是一台独立的计算机。然而,由于整个Internet依赖于这些根DNS服务器,所以它们必须是能力超强的,并且是极度重复的计算机。绝大多数服务器被放置在多个地理位置,并且可通过任播(anycast)路由到达,即数据包可被递交给最近的一个目标地址实例。在第5章中已经介绍过任播路由。这些服务器的重复特性可提高可靠性和性能。

根名称服务器不可能知道在uchicago.edu中一台主机的地址,可能还不知道uchicago.edu的名称服务器。但是,它必须知道edu域的名称服务器,而cs.uchicago.edu位于edu域中。在第3步中,它返回这一部分答案的名字和IP地址。

然后本地名称服务器继续它的查找过程。它将整个查询发送给edu名称服务器(a.edu-servers.net)。该名称服务器返回uchicago.edu的名称服务器。这一过程是图7-7中的第4步和第5步。现在,快接近目标了,本地名称服务器把查询发送给uchicago.edu的名称服务器(第6步)。如果被查找的域名是在英语系,则答案马上能找到,因为uchicago.edu区域包含了英语系。计算机科学系选择运行它自己的名称服务器,该查询返回的是uchicago.edu计算机科学系的名称服务器的名称和IP地址(第7步)。

最后,本地名称服务器查询uchicago.edu计算机科学系的名称服务器(第8步)。该服务器是cs.uchicago.edu域的权威机构,所以它必须有答案。它返回最终的答案(第9步)。本地名称服务器又将该答案转发回去,作为对flits.cs.vu.nl的响应(第10步)。

7.1.6 DNS动手实验

可以用标准的工具探寻整个查询过程,比如安装在大多数UNIX系统中的dig程序。比如,输入

```
dig ns @a.edu-servers.net cs.uchicago.edu
```

这将向a.edu-servers.net名称服务器发出一个针对cs.uchicago.edu的查询,并打印出该名称服务器的查询结果。这个结果显示了7.1.5节的例子中第4步获得的信息,将给出uchicago.edu名称服务器的名称和IP地址。绝大多数组织有多个名称服务器,以防其中某台服务器宕机。有数台服务器是很常见的。如果你手头可以访问UNIX、Linux或者MacOS系统,那么,可以用dlg程序试一下,看看它能做什么。你可以通过使用该程序学到很多关于DNS的知识。(在Windows系统中也能使用dlg程序,但是可能要手工安装该程序。)

即使DNS的用途很简单,读者也应该很清楚,DNS是一个庞大而复杂的分布式系统,它由数以百万计的名称服务器组成,这么多服务器在一起协同工作。它在人类可读的域名和主机IP地址之间形成了一个关键的链接。为了保证性能和可靠性,它包含了复制和缓存

机制,同时它也被设计得极其稳定(鲁棒性)。

有些应用程序需要以更加灵活的方式使用名称,比如,首先对内容进行命名,然后解析出拥有该内容的附近一台主机的 IP 地址。这特别符合搜索并下载一部电影的应用模型。人们关心的是电影,而不是拥有该电影副本的那台计算机,所以,应用想要的是附近任何一台拥有该电影副本的计算机的 IP 地址。内容分发网络就是完成这一映射关系的一种方式。在 7.5 节将介绍如何基于 DNS 构建内容分发网络。

7.1.7 DNS 隐私

在历史上,DNS 查询和应答都没有被加密。因此,可以想见,网络上任何其他的设备或者偷听者(比如系统管理员、咖啡馆的网络)都能够观察到一个用户的 DNS 流量,并判断出关于该用户的信息。比如,查找一个像 uchicago.edu 这样的站点可能说明用户正在浏览芝加哥大学的 Web 站点。虽然这样的信息看起来可能毫无危险,但是,对于像 webmd.com 之类的 Web 站点的 DNS 查询可能表明一个用户正在进行医学研究。将 DNS 查询与其他的信息结合起来,通常能够暴露出更多有针对性的信息,甚至有可能是一个用户当前正在访问的精确的 Web 站点信息。

当考虑到一些新兴的应用,比如物联网(IoT)和智能家居时,与 DNS 查询相关联的隐私问题变得更有争议了。比如,一个设备发出的 DNS 查询可能会泄露这样的信息:用户在他们的智能家居环境里使用的设备的类型以及他们跟这些设备打交道的频繁程度。比如,一个连接到 Internet 的摄像头或者睡眠检测仪发出的 DNS 查询可能唯一标识了该设备(Apthorpe 等,2019)。随着人们在连接 Internet 的设备上进行越来越多的敏感活动,从浏览器到连接 Internet 的“智能”设备,对 DNS 查询和应答进行加密的需求也越来越强烈了。

最近的一些新的研究进展可能会推动 DNS 的整体重塑。第一个研究进展是向着加密 DNS 查询和应答的方向发展。各种各样的组织,包括 Cloudflare、Google 和其他一些组织现在都给用户提供了机会,使他们的 DNS 流量可以指向他们自己的本地递归解析器,并且额外地在 DNS 存根解析器和他们的本地递归解析器之间提供了加密传输(比如 TLS、HTTPS)的支持。在有些情形下,这些组织也跟 Web 浏览器厂商(比如 Mozilla)联合起来,从而能做到默认将所有的 DNS 流量指向这些本地递归解析器。

如果所有的 DNS 查询和应答都默认通过云提供商的加密传输通道进行数据交换,则对 Internet 体系架构未来的影响可能是非常重要的。特别是 Internet 服务提供商将不再有能力观察得到其用户的家庭网络发出的 DNS 查询,而这在过去是 ISP 监视他们的网络被感染和恶意软件攻击的主要手段之一(Antonakakis 等,2010)。其他的功能,比如 ISP 提供的家长控制或者其他各种服务,也都依赖于看得到 DNS 流量的能力。

最终,两个有点不那么相关的方向在起作用。第一个方向是,DNS 向着加密传输的方向发展,几乎每个人都同意这是一个积极的变化(开始时还有对性能的顾虑,现在几乎已经解决了)。第二个方向很棘手:涉及谁来运营本地递归解析器。以前,本地递归解析器往往是由用户的 ISP 运营的;然而,如果 DNS 的解析过程通过 DoH 转移到浏览器中,那么,浏览器(当前占主导地位的提供商 Google 控制了两个最流行的浏览器)就能控制谁有能力观察到 DNS 流量。最终,本地递归解析器的运营商可以看到用户发出的 DNS 查询,并且将这些查询与 IP 地址关联起来。用户是否想让他们的 ISP 或者大型的广告公司看到他们的 DNS

流量,应该是他们的选择,但是浏览器中的默认设置可能最终决定了谁可以看到大部分 DNS 流量。目前,各种各样的组织,从 ISP 到内容提供商和广告公司,都试图建立起称为 **TRR**(Trusted Recursive Resolver,可信的递归解析器)的解析器,它们是利用 DoT 或 DoH 解析客户查询的本地递归解析器。时间将证明这些研究进展最终如何重塑 DNS 的体系架构。

即使 DoT 和 DoH 也没有完全解决所有与 DNS 相关的隐私问题,因为对于敏感信息,即 DNS 查询和发出这些查询的客户的 IP 地址,本地递归解析器的运营商必须仍然是可信任的。最近也提出了其他一些对于 DNS 和 DoH 的改进,包括**隐蔽 DNS**(oblivious DNS)(Schmitt 等,2019)和**隐蔽 DoH**(oblivious DoH)(Kinnear 等,2019),在这些改进方案中,存根解析器加密原始的查询,再发送给本地递归解析器。本地递归解析器依次将加密后的查询发送给权威名称服务器。权威名称服务器对查询进行解密,并进行解析,但它并不知道最初发出此查询的存根解析器的身份或 IP 地址。图 7-8 显示了这一关系。

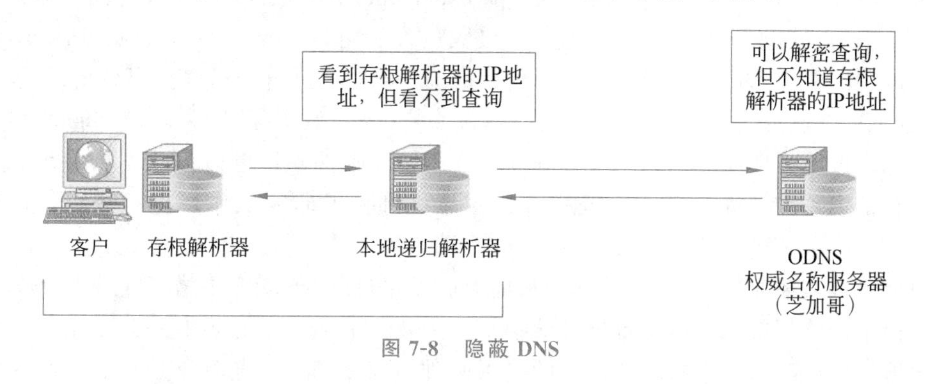

图 7-8 隐蔽 DNS

这些实现绝大多数还很不成熟,尚处于早期原型的状态,还在 IETF 的 DNS 隐私工作组中进行讨论的标准草稿阶段。

7.1.8 关于名称的争论

随着 Internet 变得越来越商业化和国际化,它也变得越来越有争议,特别是在与命名相关的方面。这一争议也包括 ICANN 自身。比如,xxx 域的创建就花了几年时间以及多个诉讼案才得以解决。自愿地把成人内容放在它自己的域内是好事还是坏事?(有些人根本不想让成人内容可以在 Internet 上获得,而其他人希望将这些内容放在一个域内,从而利用保姆过滤器可以很容易地找到这些内容,并阻止儿童访问。)有些域是自组织的,而其他的域对于谁能够获得一个名称是有限制的,正如图 7-8 所示的那样。但是,什么样的限制是合适的呢?以 pro 域为例,它是提供给有一定资格的专业人士的。但是,确切而言,谁又是专业人士?医生和律师显然是专业人士。但是,自由职业的摄影师、钢琴教师、魔术师、水暖工、理发师和消防员等,他们算专业人士吗?这些职业的人有资格吗?有什么依据?

在名称中也有商业利益。图瓦卢(Tuvalu,位于夏威夷和澳大利亚中间的一个很小的岛国)通过一个租赁合同将它的 tv 域卖了 5000 万美元,这完全是因为它的国家代码(即 tv)非常适合广告电视网站。在 com 域中,几乎每一个常见的(英文)单词都已经被使用了,连同最常见的错误拼写法,可以试一试家居用品、动物、植物、人体部分等。在实践中,仅仅注册一个域,然后转身将它以高得多的价格卖给感兴趣的一方,即使它已经有了一个名称了,这被称为域名抢注(cybersquatting)。在Internet时代刚开始时,许多公司动作迟缓,当他们想要获得显然与自己相关的域名时,却发现它已经被抢注了。一般来说,只要没有违反商标法,也没有涉及欺诈,则域名注册遵循先来先得的原则。解决域名纠纷的策略仍然在不断改进。

7.2 电子邮件

电子邮件或者更常用的E-mail,已经存在超过40年了。由于比纸质邮件更快、更便宜,电子邮件成为自Internet出现以来最广泛的应用。在1990年以前,它主要被用于学术界。在整个20世纪90年代,它变得为大众所知晓并且其数量呈指数增长,达到了现在每天发送的电子邮件数量远远超过了传统的纸质邮件(snail mail)数量。其他形式的网络通信,比如即时消息和IP语音在过去10年间也有了极大的发展,但是电子邮件仍然是Internet通信的主要负载。电子邮件广泛地用于公司内部的通信,比如,允许分散在世界各地的员工就一个复杂项目进行协同。不幸的是,像纸质邮件一样,大多数电子邮件——10条消息里有9条——都是垃圾邮件(junk mail或spam)。虽然如今邮件系统可以移除不少垃圾邮件,但是仍然有很多垃圾邮件会进入系统中。检测垃圾邮件的研究工作一直在进行,可以参考Dan等(2019)和Zhang等(2019)的论文。

与大多数其他通信方式一样,电子邮件形成了它自己的约定和风格。它非常不拘小节,使用门槛很低。那些从来没有梦想过给某个大人物打一个电话或者写一封信的人,可以毫不犹豫地给他(或她)发一封随意书写的电子邮件。由于消除了与社会地位、年龄和性别有关的大多数暗示,通过电子邮件展开辩论通常可专注于内容本身而不是态度。通过电子邮件,某个暑期学生的绝妙想法比一个执行副总裁的平庸想法可以有更大的影响力。

电子邮件中充满了诸如BTW(By The Way,顺便)、ROTFL(Rolling On The Floor Laughing,笑得满地打滚)和IMHO(In My Humble Opinion,恕我直言)等俗语。很多人还使用一些小的称为笑脸符(smiley)的ASCII符号,这种符号最初始于普适的“:-)”。这个符号和其他表情图标(emoticon)有助于传递消息的语气。它们现在已经被扩散到其他简捷形式的通信中,比如即时消息,通常是图形形式的表情符(emoji)。许多智能手机有几百个表情符可以使用。

电子邮件协议在其使用期间经历了演变过程。第一个电子邮件系统简单地由文件传输协议和约定组成,它规定了每条消息(即文件)的第一行包含收件人的地址。随着时间的推移,电子邮件与文件传输的差异越来越大,许多特性加入进来,比如发送一个邮件给一组收件人的能力。在20世纪90年代,多媒体能力变得非常重要,发送的消息可以包括图像和其他非文字材料。阅读电子邮件的程序也变得越来越复杂,从单纯的基于文本阅读转变成图形用户界面,并且为用户增加了在任何地方通过笔记本计算机访问其邮件的能力。最后,随着垃圾广告邮件的盛行,邮件系统现在特别注重其发现并删除那些不想要的邮件的能力。

在下面对电子邮件的描述中,将主要讨论在用户之间如何移动邮件消息,而不是关注邮件阅读程序的视觉和体验。在描述了整体结构以后,将介绍电子邮件系统中面向用户的那一部分,因为它是大多数读者所熟悉的。

7.2.1 体系结构和服务

在本节，将提供一个概述，说明电子邮件系统如何组织起来以及它们可以做什么。电子邮件系统的体系结构如图7-9所示。它包括两类子系统：用户代理(user agent)和消息传输代理(message transfer agent)。用户代理使得人们可以阅读和发送电子邮件，消息传输代理负责将消息从源移动到目标端。本书也将把消息传输代理非正式地称为邮件服务器(mail server)。

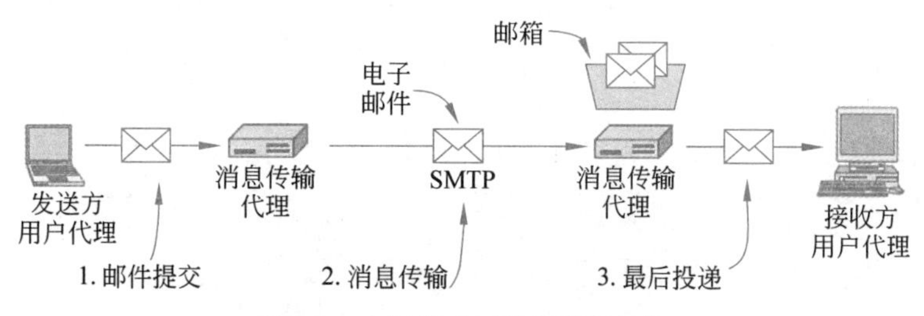

图7-9　电子邮件系统的体系结构

用户代理是一个程序，它提供了一个图形界面，有时候是一个文本的、基于命令的界面，允许用户与电子邮件系统进行交互。它包含了撰写消息、回复消息、显示消息的方法，同时还将这些消息组织起来，提供了归档、搜索和删除消息的功能。将新消息发送给邮件系统的行为称为邮件提交(mail submission)。

有些用户代理的处理功能可能会自动完成，它们能预测用户想要什么。比如，进来的邮件可能会先被过滤，以便提取出那些可能是垃圾邮件的消息，或者降低它们的优先级。有些用户代理还包含一些高级的特性，比如安排电子邮件的自动回复("我正在度假，等我回去将立即给您回复。")。用户代理运行在用户阅读邮件的同一台计算机上。这只是另一个程序，或许它只运行一部分时间。

消息传输代理通常是系统进程。它们运行在邮件服务器的后台，其设计目标是始终保持可用状态。它们的任务是通过系统自动地将电子邮件从发件方移动到收件方，采用的协议是SMTP(Simple Mail Transfer Protocol，简单邮件传输协议)，在7.2.4节中将讨论此协议。这是消息传输的步骤。

SMTP最早由RFC 821说明，后被修订为当前的RFC 5321。它通过连接发送邮件、返回投递状态和任何错误的报告。对许多应用来说，对投递的确认是非常重要的，甚至可能具有法律上的重要性("哦，先生，我的电子邮件系统没那么可靠，所以我猜测电子传票可能遗失在某个地方了。")。

消息传输代理还实现了邮件列表(mailing list)功能，一条消息的完全相同的副本被投递到电子邮件地址列表中的每一个人。其他高级的功能包括抄送、秘密抄送、高优先级电子邮件、秘密(即加密的)电子邮件、替代收件人(如果主收件人当前不能接收邮件)，以及助理阅读和回复老板邮件的能力。

将用户代理和消息传输代理连接起来的是邮箱这个概念以及电子邮件消息的标准格式。邮箱(mailbox)存储用户收到的电子邮件。邮箱由邮件服务器负责维护。用户代理只是简单地用一个视图向用户展示邮箱中的内容。为了做到这一点，用户代理通过向邮件服务器发送命令来操纵邮箱,包括检查邮箱的内容、删除消息等。邮件的检索在图7-9中是"最后投递"这一步(第3步)。在这样的体系结构下,一个用户可以在多台计算机上使用不同的用户代理访问同一个邮箱。

邮件可以按照标准的格式在邮件传输代理之间进行传输。最初由RFC 822规定的格式已被修订为当前的RFC 5322,并且扩展成支持多媒体内容和国际文本。这个方案被称为MIME。不过,人们仍然在谈到Internet电子邮件时援引RFC 822。

消息格式中的一个关键思想是将信封(envelope)与信封中的内容明显地区分开。信封封装的是消息。而且,它包含了传输消息所需的所有信息,比如目标地址、优先级和安全等级,所有这些都有别于消息本身。消息传输代理利用信封进行路由,就好像邮局的做法一样。

信封内的消息由独立的两部分组成:头(header)和体(body)。头包含用户代理所需的控制信息,体则完全提供给收件人。这些代理都不在关注。图7-10中显示了信封和消息。

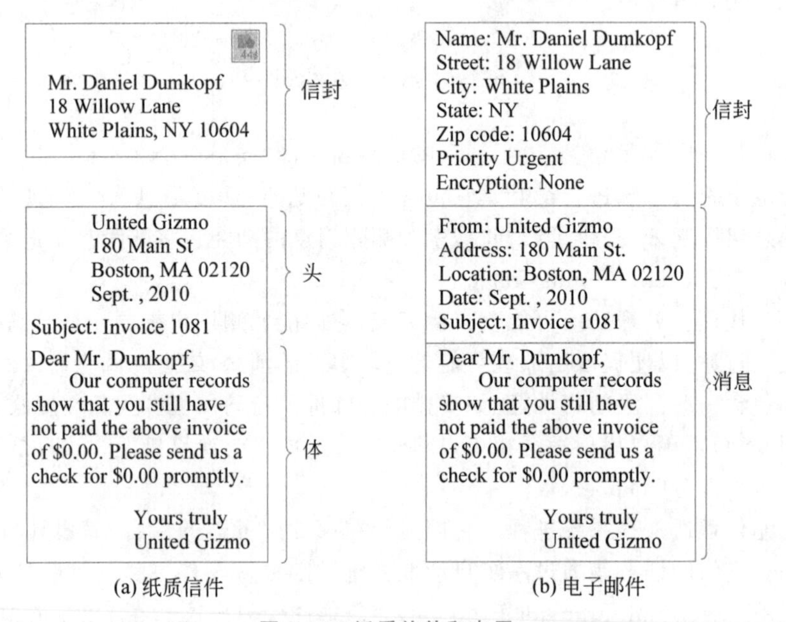

图7-10 纸质信件和电子

接下来通过在发送电子邮件从一个用户到另一个用户的过程中涉及的每个步骤,详细地考察这一体系结构中的各个组成部分。这一考察之旅就从用户代理开始。

7.2.2 用户代理

用户代理是一个程序(有时也称为电子邮件阅读器(E-mail reader)),它接收从接收和回复消息到操纵邮箱的各种各样的命令。目前有许多流行的用户代理,包括Google Gmail、Microsoft Outlook、Mozilla Thunderbird和Apple Mail。它们在外观上相差很大。大多数用户代理有一个菜单或图标驱动的图形界面,需要利用鼠标进行操作,或者在小型移动设备上利用触摸屏进行操作。老的用户代理,比如Elm、mh和Pine,提供的是基于文本的界面,期望用户从键盘输入单个字符的命令。从功能来看,这些界面都是相同的,至少对于文本消息是这样的。

用户代理界面的典型元素如图7-11所示。你的电子邮件阅读器可能比这个要炫酷得多，但应该具有同等的功能。当用户代理被启动时，它往往会展示当前用户邮箱内这些消息的摘要。通常情况下，每条消息的摘要占一行，并且按照某种顺序排列。它会突出那些从信封或消息头提取的关键字段。

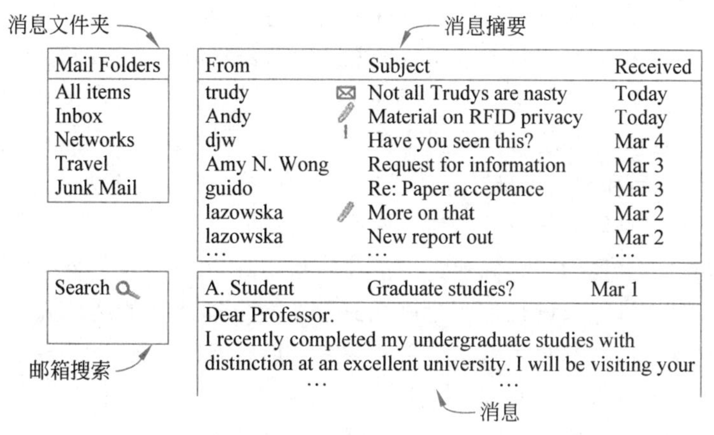

图7-11　用户代理界面的典型元素

图7-11的例子中显示了7个摘要。每一行依次使用了From(发件人)、Subject(标题)和Received(接收时间)3个字段，显示出谁发送的消息、消息的内容是关于什么的、何时接收的。所有这些信息都按照一种对用户比较友好的方式格式化，而不是显示消息字段中的原始文本内容，但不管怎样，这些信息都是以消息的字段为基础的。因此，如果人们在发送邮件时不包含一个标题字段，那么他们常常会发现他们的电子邮件通常得不到最高优先级的响应。

用户代理界面还可能包含许多其他字段或指示信息。比如，图7-11中消息标题旁边的图标可能表明未读邮件(信封)、有附件(回形针)和重要邮件，至少可根据发件人判定是否重要(感叹号)。

还可以采用许多其他的排序顺序。最常见的是根据消息被接收的时间对这些消息排序，将最近收到的排在前面，同时再辅以一些指示，比如消息是否新的或者消息是否已被用户阅读。在摘要中显示的字段和排序方式可以由用户根据她的喜好进行定制。

用户代理必须也能够根据需要显示到达的消息，这样人们可以阅读他们的电子邮件。通常它会提供一个简短的消息预览，如图7-11中所示，以帮助用户决定何时进一步阅读该消息，以及何时单击SPAM(垃圾邮件)按钮。预览可以使用小的图标或图像描述消息的内容。其他的展示处理，包括重新对消息进行格式化以适应当前的显示器，以及翻译或转换消息内容以使之变成更便捷的形式(比如将数字语音变成可识别的文本)。

邮件被阅读过以后，用户可以决定对它做什么。这被称为**邮件处置**(message disposition)。处置的选项包括删除消息、发送回复、转发消息给另一个用户，以及保存消息供后续进一步参考。大多数用户代理可以用多个文件夹管理一个邮箱的进来邮件，由这些文件夹保存邮件。这些文件夹允许用户根据发件人、话题或其他分类方法保存消息。

归档工作可以由用户代理自动完成，甚至可以在用户阅读消息以前完成。一个常见的例子是,用户代理检查和使用消息的字段和内容,并根据用户对于以前消息的反馈确定一条消息是否可能是垃圾邮件。许多ISP和公司都运行这样的软件,给邮件贴上"重要"或者"垃圾邮件"的标签,这样用户代理就可以将邮件归档到相应的邮箱中。对于许多用户来说,ISP和公司具有看到邮件的优势,并且它们可能拥有已知的垃圾邮件发送者的名单。如果几百个用户恰好接收到一个类似的消息,那么它很有可能是垃圾邮件,尽管它可能是CEO发送给全体员工的一条消息。通过预先将进来的邮件分类到"可能合法"和"可能是垃圾邮件"的做法,用户代理可以为用户节省从垃圾邮件中分离出有用消息的可观工作量。

那么,什么是最流行的垃圾邮件?它是由一组被入侵的计算机产生的,它的内容取决于你所居住的地方,这些被入侵的计算机称为僵尸网络(botnet)。在某些地方,假文凭很常见。在美国,廉价药品和其他可疑产品的供给也很常见。而有关无人认领的尼日利亚银行账户比比皆是。增强身体各部位的假药也到处都很常见。

用户还可以构造其他的归档规则。每个规则指定一个条件和一个动作。比如,一个规则可以这么说:将来自老板的任何消息都放到一个要立即阅读的文件夹中,而从某个特定邮件列表发来的任何消息都存到另一个文件夹中供稍后阅读。图7-11显示了几个文件夹。其中最重要的文件夹是Inbox(收件箱),用来存放没有归档到其他地方的进来邮件;而Junk Mail(垃圾邮件)则负责归档那些被认为是垃圾邮件的消息。

7.2.3 邮件格式

现在从用户界面转到电子邮件消息本身的格式上。用户代理发送的消息必须被放到一个标准的格式中,以便可由消息传输代理处理。首先,将考察使用RFC 5322的基本ASCII电子邮件,这是最初由RFC 822及其许多个更新版本中描述的Internet消息格式的最新修订版本。然后再考察基本格式的扩展。

RFC 5322——Internet 消息格式

消息由一个基本的信封(在RFC 5321中作为SMTP的一部分)、一定数量的头字段、一个空行以及消息体组成。每个头字段(逻辑上)由单行ASCII文本组成,其中包括字段名和一个冒号,对于绝大多数字段来说还包括一个值。最初的RFC 822是几十年前完成设计的,它没有明确区分信封字段和头字段。虽然它已经被修订为RFC 5322,但由于它已经被广泛使用,因此要想完全重新设计是不可能的。在一般的用法中,用户代理创建一条消息并把它传递给消息传输代理,然后消息传输代理利用某些头字段构造出实际的信封,这多少有点像老式的消息与信封的混合。

图7-12中列出了与邮件传输相关的主要头字段。"To:"字段给出了主收件人的电子邮件地址。也允许有多个收件人,"Cc:"字段给出了所有次收件人的地址。从邮件投递的角度看,主收件人和次收件人没有区别。这完全是一种心理上的差别,这种差别也许对于相关的人而言很重要,但是对邮件系统来说并不重要。"Cc:"(Carbon copy,抄送,用复写纸复写的副本)这个术语有点过时,因为计算机不使用复写纸,但是它已经约定俗成了。"Bcc:"(Blind carbon copy,密件抄送)字段与"Cc:"字段类似,只是在发送给主收件人和次收件人的所有副本这一行被删除了。这个特性允许人们在主收件人和次收件人都不知道的情况下向第三方发送邮件副本。

头字段	含义
To:	主收件人的电子邮件地址
Cc:	次收件人的电子邮件地址
Bcc:	密件抄送的电子邮件地址
From:	创建当前消息的人
Sender:	实际发送者的电子邮件地址
Received:	该行由沿途的每个传输代理填入
Return-Path:	可用来标识一条回到发送者的路径

图 7-12 RFC 5322 中与邮件传输相关的主要头字段

接下来的两个字段“From:”和“Sender:”分别指出消息是谁写的以及谁实际发送的。这二者并不一定是相同的。比如,公司的管理层领导撰写了一条消息,但她的助理可能是实际发送该邮件的人。在这种情况下,管理层领导被列在“From:”字段中,而她的助理应该在“Sender:”字段中。“From:”字段是必需的;但是,如果“Sender:”字段与“From:”字段相同,那么“Sender:”字段可以省略。这些字段都是需要的,万一消息无法投递,就必须被退回发件人。

沿途的每条消息传输代理都会增加一个包含“Received:”的行。该行包含了该代理的身份标识、接收到此消息的日期和时间以及其他一些可用来调试路由系统的信息。

“Return-Path:”字段由最后一条消息传输代理添加,目的在于指明如何返回至发件人。理论上,这一字段可以从所有的“Received:”字段(除了发件人邮箱的名称以外)收集得到,但实际上它很少用这种方式填充,通常它只包含发件人的地址。

除了图 7-12 中列出的字段以外,RFC 5322 消息可能还包含了各种各样供用户代理或者收件人使用的头字段。图 7-13 中列出了最常见的一些头字段。它们绝大多数都是自说明的,因此这里我们不对所有的头字段做详细介绍。

头字段	含义
Data:	消息被发送的日期和时间
Reply-To:	消息被回复时应该使用的电子邮件地址
Message-Id:	以后引用该消息的唯一编号
In-Reply-To:	此回复针对的原消息的 Message-Id
References:	其他相关的 Message-Id
Keywords:	用户选择的关键字
Subject:	消息的简短摘要,以一行显示

图 7-13 RFC 5322 消息头中供用户代理或者收件人使用的一些字段

有时候,当撰写消息的人或者发送消息的人都不想看到回复时,就可以使用“Reply-To:”字段。比如,市场部经理可能写了一个电子邮件消息,向客户介绍一个新产品。该消息是由助理发送的,但是“Reply-To:”字段列出的是销售部门的负责人,因为他可以回答问题并处理订单。当发件人有两个电子邮件账号,他用其中一个账号发送消息,并希望消息被回复到另一个账号时,这个字段也很有用。

“Message-Id:”是自动生成的编号,用于将消息链接起来(比如,当在“In-Reply-To:”字段中使用时)并防止重复投递。

RFC 5322 文档明确地指出,用户也允许定义可选的头供自己专用。根据 RFC 822 以来的约定,这些头以字符串“X-”开头。有一点可以保证,将来的私有的头不会使用以“X-”作为开头的名称,以避免官方的头与私有的头之间发生冲突。有时,一些聪明的大学生拼凑出像“X-Fruit-of-the-Day:”或“X-Disease-of-the-Week:”这样的字段,尽管它们不一定有启发性的含义,但它们却是合法的。

在头之后紧跟着的是消息体。用户可以在这里放置他们想放的任何内容。有些人用精心设计的签名结束他们的消息,这些签名包括对大大小小权威机构的引用、政治声明以及各种各样的免责说明(比如,“XYZ 公司不对我的观点负责;事实上,它甚至根本不理解这些观点”)。

MIME——多用途 Internet 邮件扩展

在 ARPANET 早期,电子邮件只能由文本消息组成,并且这些消息用英文书写,以 ASCII 码形式表示。在这样的环境下,早期的 RFC 822 格式完全能够胜任它的工作:它规定了头,但是把内容完全留给了用户。在 20 世纪 90 年代,Internet 在全球范围得到广泛使用,而希望通过邮件系统发送更为丰富多彩内容的需求日益强烈,这意味着原先的这种方法不再够用。主要问题包括:对于用带有重音符的语言(比如法语和德语)、非拉丁字母的语言(比如希伯来语和俄语)或者不带字母的语言(比如中文和日文)撰写的消息如何进行发送和接收,以及如何发送完全不包含文本的消息(比如音频、图像或二进制文件和程序)。

解决方案是 **MIME**(Multipurpose Internet Mail Extensions,**多用途 Internet 邮件扩展**)的发展。它已经被广泛应用于在 Internet 上发送邮件消息,除此以外,它还可以描述诸如 Web 浏览等其他应用的内容。MIME 是在 RFC 2045 和紧随其后的 RFC 以及 RFC 4288 和 RFC 4289 中描述的。

MIME 的基本思想是继续使用 RFC 822 格式,但是在消息体中增加了结构,并且为传输非 ASCII 码的消息定义了编码规则。由于它没有偏离 RFC 822,这使得 MIME 消息可以使用现有的消息传输代理和协议(以前基于 RFC 821,现在基于 RFC 5321)进行发送。所有需要改变的只是发送和接收程序,而这些可以由用户自己完成。

MIME 定义了 5 种新的消息头,如图 7-14 所示。第一种消息头只是简单地告诉接收该消息的用户代理,它正在处理一条 MIME 消息,以及该消息使用的是哪个版本的 MIME。任何不包含“MIME-Version:”头的消息都被假定是英语明文消息(或者至少是只使用 ASCII 字符的消息),并按照这种假定进行处理。

“Content-Description:”头是一个 ASCII 字符串,它指出了消息包含什么内容。这个头是必需的,这样收件人将知道它是否值得解码并阅读。如果该字符串说的是“艾伦的仓鼠的照片”,而收到该消息的人并不是一个狂热的仓鼠迷,那么这条消息就可能被丢弃,而不会被解码成一幅高清晰的彩色照片。

头字段	含义
MIME-Version：	标识了 MIME 版本
Content-Description：	描述该消息中内容的可读字符串
Content-Id：	唯一标识符
Content-Transfer-Encoding：	消息体如何被包装以便于传输
Content-Type：	内容的类型和格式

图 7-14　MIME 定义的 5 种消息头

"Content-Id:"头标识了内容。它使用了与标准的"Message-Id:"头相同的格式。"Content-Transfer-Encoding:"头指出了如何包装消息体，以便通过网络进行传输。当 MIME 刚刚被开发出来时，一个关键的问题是，邮件传输协议(SMTP)只能传输每一行不超过 1000 个字符的 ASCII 消息。ASCII 字符使用了每字节中的 7 位。而二进制数据(比如可执行程序和图像)则使用了每字节的全部 8 位作为扩展的字符集。这些数据是否能够安全地被传输过去，这是没有任何保障的。因此，需要一种携带二进制数据的方法，使得它看起来就像常规的 ASCII 邮件消息一样。自从 MIME 开发出来以后，SMTP 也做了相应的扩展，允许 8 位二进制数据可以被传输；然而，即使今天，二进制数据若不进行编码，可能仍然无法通过邮件系统被正确地传输过去。

MIME 提供了 5 种传输编码方法，加上一个转到新方案的入口(只是为了以防万一)。最简单的方案就是 ASCII 消息。ASCII 字符使用 7 位，可以直接由电子邮件协议承载，只要每行都不超过 1000 个字符即可。

次简单的方案也是同样的，但使用 8 位字符，也就是说，0～255(包)的所有值都是允许的。使用 8 位编码的消息仍然必须遵循标准的最大行长度。

然而，也有一些消息使用了真正的二进制编码。它们是任意的二进制文件，不仅使用了全部的 8 位，而且也不遵循每行 1000 个字符的限制。可执行程序就属于这一类别。现在，邮件服务器可以协商是否以二进制(或者 8 位)编码发送数据，如果两端都不支持该扩展，那么就回退到 ASCII 字符。

二进制数据的 ASCII 编码方式称为 **base64 编码**(base64 encoding)。在这种方案中，每 24 位编成一个组，每组被分成 4 个 6 位的单元，每个单元被当作一个合法的 ASCII 字符发送。该编码首先是 26 个大写字母("A"表示 0，"B"表示 1，以此类推)，接着是 26 个小写字母和 10 个数字，最后是"+"和"/"(分别表示 62 和 63)。"=="和"="分别表示最后一组只含有 8 位或者 16 位。回车和换行被忽略，所以它们可被任意插入编码字符流中，以便保证这些行足够短。利用这种编码方案，任意的二进制文本都可以被安全地发送出去，尽管效率不高。在支持二进制数据的邮件服务器被广泛部署以前，这种编码方式非常流行，现在仍然可以经常看到。

图 7-14 中显示的最后一个头"Content-Type:"实际上是最有趣的一个。它指定了消息体的本质特性，而且其影响也大大超出了电子邮件的范畴。比如，从 Web 下载的内容被标记为 MIME 类型，这样浏览器就知道如何展示该内容。同样，对于诸如 IP 语音这样的流式媒体和实时传输，其中发送的内容也是如此。

最初，RFC 1521 中定义了 7 种 MIME 类型。每种类型都有一个或多个可用的子类型。

类型和子类型由一个斜线隔开，比如"Content-Type: video/mpeg"。自此以后，超过2700个子类型被添加进来，连同两个新的类型(text和model，分别表示文本和模型)。随着新的内容类型被开发出来，额外的表项总是不断被添加进来。已分配的类型和子类型的列表由IANA在线维护(www.iana.org/assigments/media-types)。MIME类型和常用子类型的例子如图7-15所示。

类型	子类型例子	描述
text	plain, html, xml, css	各种格式的文本
image	gif, jpeg, tiff	照片
audio	basic, mpeg, mp4	声音
video	mpeg, mp4, quicktime	电影
model	vrml	3D模型
application	octet-stream, pdf, javascript, zip	由应用程序生成的数据
message	http, rfc822	封装的消息
multipart	mixed, alternative, parallel, digest	多个类型的组合

图7-15 MIME类型和常用子类型的例子

图7-15中的MIME类型的含义是直观的。最后一个类型——multipart允许一条消息带有多个附件，每个附件有不同的MIME类型。

7.2.4 消息传输

既然前面已经描述了用户代理和邮件消息，现在就可以进一步考察消息传输代理如何将邮件从发件人中继给收件人。邮件传输是通过SMTP完成的。

传输消息最简单的方法是建立一个从源计算机到目标计算机的传输连接，然后在该连接上传输邮件。这是SMTP最初的工作方式。然而，经过多年的发展，SMTP已经有了两种不同的使用方法。第一种用法是**邮件提交**(mail submission)，即如图7-9所示的电子邮件系统的体系结构中的第1步。用户代理通过这种方法将消息发送到邮件系统中以便进一步投递。第二种用法是在消息传输代理之间传输消息(图7-9中的第2步)。这个序列将邮件从发送侧的消息传输代理投递到接收侧的消息传输代理，全程只有一跳。最终的投递是通过不同的协议完成的，将在7.2.5节中讲述。

在本节中，将描述SMTP的基础和它的扩展机制，然后将讨论如何利用它完成邮件提交和消息传输。

SMTP及其扩展

在Internet上，电子邮件的投递是通过发送计算机与接收计算机的25号端口建立一个TCP连接完成的。在这个端口上监听的是邮件服务器，它遵守**SMTP**(Simple Mail Transfer Protocol，**简单邮件传输协议**)。这个服务器接受进来的连接，执行某些安全检查，并接收消息以便进一步投递。如果一条消息无法被投递，则邮件服务器向发送方返回一个错误报告，该错误报告包含了这一无法被投递的消息的第一部分。

SMTP是一个简单的ASCII协议。这不是一个弱点，而是一种特性。使用ASCII文本，使得协议更加易于开发、测试和调试。通过手工发送命令就可以进行测试，而且这些消息的记录也易于阅读。现在绝大多数应用层的 Internet 协议都是以这种方式工作的(比如 HTTP)。

下面将剖析在负责投递消息的邮件服务器之间如何完成一个简单消息的传输过程。发送计算机在与 25 号端口建立了 TCP 连接以后，它作为客户，等待接收计算机首先说话，接收计算机作为服务器。服务器开始发送一个文本行，给出了它的身份标识，并告诉客户它是否已经准备好接收邮件。如果服务器不这样做，那么客户就释放该连接，以后再作尝试。

如果服务器愿意接收电子邮件，则客户声明这个电子邮件来自谁以及将要交给谁。如果在目标处确实存在这样的收件人，则服务器指示客户发送消息。然后客户发送消息，服务器予以确认。因为 TCP 提供了可靠的字节流，所以这里不需要校验和。如果还有更多的电子邮件，那么现在可以继续发送。当两个方向上所有的电子邮件都交换完毕时，该连接被释放。图 7-16 中显示了一个简单的对话过程。客户(即发送方)发送的行用“C:”标记。服务器(接收方)发送的行用“S:”标记。

```
S: 220 ee.uwa.edu.au SMTP service ready
C: HELO abcd.com
S: 250 cs.uchicago.edu says hello to ee.uwa.edu.au
C: MAIL FROM: <alice@ cs.uchicago.edu>
S: 250 sender ok
C: RCPT TO: <bob@ee.uwa.edu.au>
S: 250 recipient ok
C: DATA
S: 354 Send mail; end with "." on a line by itself
C: From: alice@cs.uchicago.edu
C: To: bob@ee.uwa.edu.au
C: MIME-Version: 1.0
C: Message Id: <0704760941.AA00747@ee.uwa.edu.au>
C: Content Type: multipar t/alternative; boundary=qwer tyuiopasdfghjklzxcvbnm
C: Subject: Earth orbits sun integral number of times
C:
C: This is the preamble. The user agent ignores it. Have a nice day.
C:
C: qwer tyuiopasdfghjklzxcvbnm
C: Content Type: text/html
C:
C: <p>Happy bir thday to you
C: Happy bir thday to you
C: Happy bir thday dear <bold> Bob </bold>
C: Happy bir thday to you
C:
C: qwer tyuiopasdfghjklzxcvbnm
C: Content Type: message/exter nal body;
C:     access type="anonftp";
C:     site="bicycle.cs.uchicago.edu";
C:     directory="pub";
C:     name="birthday.snd"
C:
C: content type: audio/basic
C: content transfer encoding: base64
C: qwer tyuiopasdfghjklzxcvbnm
C: .
S: 250 message accepted
C: QUIT
S: 221 ee.uwa.edu.au closing connection
```

图 7-16　alice@cs.uchicago.edu 向 bob@ee.uwa.edu.au 邮件的对话框过程

来自客户的第一条命令中的HELO实际意味着HELLO。在HELLO的各种4字符缩写中，这种缩写比其他缩写有诸多优点。在时间的迷雾中，为什么所有的命令必须是4个字符的原因现在已经无从查明了。

在图7-16中，该消息只发送给一个收件人，因此这里只使用了一条RCPT命令。这样的命令也允许将一条消息发送给多个收件人。每个收件人被单独确认或拒绝。即使有些收件人被拒绝（因为在目标处不存在这样的收件人），该消息也可以被发送给其他的收件人。

最后，尽管客户的4字符命令的语法被严格地进行了规定，但是回复的语法就不那么严格了。实际上，只有数字代码才真正有意义。每一种实现都可以在代码后面加上它喜欢的任何字符串。

基本的SMTP运作良好，但它在几个方面存在限制。第一个限制是它不包含认证。这意味着例子中的FROM命令可以给出任何它想要提供的发件人地址。这个特性对于发送垃圾邮件相当有用。第二个限制是，SMTP传输的是ASCII消息，而不是二进制数据。这就是为什么需要Base64 MIME内容传输编码的原因。然而，使用该编码的邮件在传输时带宽使用率不高，这对于大型的消息是一个问题。第三个限制是SMTP以明文形式发送消息。它没有任何加密功能以防止窥探隐私。

为了让这些问题以及其他与消息处理相关的问题得以解决，SMTP已经被修订过，从而有了一个扩展机制。这一机制是RFC 5321标准的强制性部分。带有扩展功能的SMTP的用法称为**ESMTP**（Extended SMTP，**扩展的SMTP**）。

想要使用扩展功能的客户必须发送EHLO消息，而不是原先的HELO。如果该消息被拒绝，那么对方的服务器是一个常规的SMTP服务器，客户就应该以普通的方式进行处理；如果该消息被接受，则服务器就用它支持的扩展功能进行答复。然后客户可以使用这些扩展功能中的任何一种。几种常见的扩展功能如图7-17所示，其中给出了在扩展机制中使用的关键字以及相应的新功能描述。这里不对这些扩展做进一步的详细讨论。

关　键　字	描　　述
AUTH	客户认证
BINARYMIME	服务器接收二进制消息
CHUNKING	服务器接收巨型消息
SIZE	在试图发送前检查消息大小
STARTTLS	切换至安全传输（TLS参见第8章）
UTF8SMTP	国际化地址

图7-17　SMTP的一些扩展功能

为了更好地感受SMTP和本章描述的其他一些协议是如何工作的，最好试用这些协议。在所有情形下，都要有一台已接入Internet的计算机。在UNIX（或Linux）系统上，在shell中输入：

```
telnet mail.isp.com 25
```

请用你的ISP的邮件服务器的DNS名称替换mail.isp.com。在Window XP系统上，可能必须首先安装 telnet 程序(或等价的其他程序),然后启动该程序运行。这条命令将与远程主机上的 25 号端口建立一个 Telnet(即 TCP)连接。25 号端口是 SMTP 端口,参见图 6-34,它也列出了其他常用协议的端口。你可能会得到类似这样的回应:

```
Trying 192.30.200.66...
Connected to mail.isp.com
Escape character is '^]'.
220 mail.isp.com Smail #74 ready at Thu, 25 Sept 2019 13:26 +0200
```

前 3 行来自 telent 程序,告诉你它在做什么。最后一行来自远程主机上的 SMTP 服务器,表明它愿意与你通话,并愿意接收电子邮件。为了找出该 SMTP 服务器可以接受哪些命令,输入

```
HELP
```

如果服务器愿意接收你的邮件,那么从现在开始,你有可能看到如图 7-16 所示的一个命令序列。然而,你可能要输入得快一点,如果该连接长时间不活动,它可能会超时。而且,并不是每个邮件服务器都愿意接收来自一台未知计算机的 Telnet 连接请求。

邮件提交

最初时,用户代理和负责发送邮件的消息传输代理运行在同一台计算机上。在这样的设置中,发送一条消息需要做的事情是,利用刚才所描述的对话,用户代理与本地邮件服务器进行通话。然而,这种设置现在已经不再常用了。

用户代理通常运行在笔记本计算机、家用计算机和移动电话上。它们并不总是能连接到 Internet。消息传输代理则运行在 ISP 和公司的服务器上。它们始终连接到 Internet。这种差异意味着,在波士顿的用户代理可能需要联系在西雅图的常规邮件服务器才能发送一个邮件消息,因为这个用户正在旅行中。

就其本身而言,这种远程通信不存在任何问题。它恰好是 TCP/IP 支持的功能。然而,ISP 或公司通常不希望任何远程用户能够将消息提交给它的邮件服务器,再投递到其他地方。ISP 或公司并不是为了提供公共服务而运行此邮件服务器。此外,这种**开放邮件中继**(open mail relay)会吸引垃圾邮件发送者,因为它提供了一种清洗原始发件人的方法,因而使得该消息更难以被识别为垃圾邮件。

出于这些考虑,SMTP 通常与 AUTH 扩展一起被用在邮件提交过程中。这个扩展让服务器检查客户的凭证(用户名和口令),以便确认该服务器是否应该提供邮件服务。

在 SMTP 被用于邮件提交的方式上还存在几个其他方面的差异。比如,587 号端口可以优先于端口 25 被使用,SMTP 服务器可以检查和纠正由用户代理发送的消息的格式。有关将 SMTP 用于邮件提交而受到的更多限制,请参阅 RFC 4409。

物理传输

一旦发送侧的消息传输代理接收到来自用户代理的消息,它就使用 SMTP 将该消息投递到接收侧的消息传输代理。为了做到这一点,发送方必须使用目标地址。考虑图 7-16 中发给 bob@ee.uwa.edu.au 的消息。该消息应该被投递给哪个邮件服务器呢?

为了确定要联系的正确的邮件服务器,需要咨询 DNS。在 7.1.4 节中,讲述了 DNS 如

何包含多种类型的记录,包括MX记录,或邮件交换器记录。在这种情况下,会发出一个DNS查询,请求ee.uwa.edu.au域的MX记录。这个查询返回一个包含一个或多个邮件服务器的名称和IP地址的排序列表。

然后,发送侧的消息传输代理与邮件服务器的IP地址在端口25上建立一个TCP连接,以到达接收侧的消息传输代理,并使用SMTP中继该消息。然后接收侧的消息传输代理将发给用户Bob的邮件放置在其正确的邮箱里,供Bob在以后的时间读取。如果接收侧有一个庞大的邮件基础设施,那么这一本地的投递步骤可能涉及在计算机之间移动该消息。

通过这一投递过程,邮件从最初的消息传输代理到最终的消息传输代理只需一跳就完成了搬移的动作。在消息传输阶段不涉及任何中间服务器。然而,这一投递过程有可能发生多次。前面已经描述过的一个例子是:当一条消息传输代理实现了一个邮件列表时,一条消息被一个列表接收。于是,该消息被扩展成给列表中的每个成员发送一条消息,分别发送给单独的成员地址。

作为消息中继的另一个例子,Bob可能毕业于麻省理工学院,也可以通过地址bob@alum.mit.edu联系他。Bob不是在多个账户上阅读邮件,而是安排好把发送到上述地址的邮件转发到bob@ee.uwa.edu。在这种情况下,发送到bob@alum.mit.edu的邮件将经历两次投递过程。首先,它被发送到邮件服务器alum.mit.edu。然后,它又被发送到邮件服务器ee.uwa.edu.au。就消息传输代理而言,这一系列操作的每一步都是一个完整并且独立的投递过程。

7.2.5 最后投递

至此,邮件消息就要被投递到目标了。它已经抵达Bob的邮箱。所有剩下的工作就是将消息的一个副本传送给Bob的用户代理以供显示。这是图7-9的电子邮件系统体系结构中的第3步。这个任务在早期的Internet上很简单,当时用户代理和消息传输代理作为不同的进程运行在同一台计算机上。消息传输代理只是简单地把新邮件写到邮箱文件的结尾处,而用户代理只需检查邮箱,看是否有新邮件。

如今,运行在PC、笔记本计算机或移动电话上的用户代理可能与ISP或公司邮件服务器在不同的计算机上,与诸如Gmail这样的邮件提供商肯定在不同的计算机上。用户希望无论在哪里都能够远程访问他们的邮箱。他们既想在工作中访问邮箱,也想从家里的PC上访问邮箱,甚至出差时用笔记本计算机或者度假时在网吧访问邮箱。他们还希望在离线的时候也能够工作,然后重新连接以便接收和发送邮件。此外,每个用户或许要运行几个用户代理,取决于当时哪台计算机最方便使用。用户甚至有可能在同一时间运行多个用户代理。

在这样的设置中,用户代理的工作是展示邮箱内容的一个视图,并允许用户可远程操纵邮箱。有几个不同的协议可用于这一目的,但SMTP不是其中之一。SMTP是一个基于推送(push-based)的协议。它获取一条消息,并且连接到远程服务器以传输该消息。最终的投递不能以这种方式完成,有两个原因:第一,邮箱必须继续存储在邮箱传输代理上;第二,在SMTP试图中继邮件的那一刻,用户代理可能没有连接到Internet上。

IMAP——Internet消息访问协议

最终投递消息使用的主要协议之一是**IMAP**(Internet Message Access Protocol,

Internet 消息访问协议）。RFC 3501 和它的许多更新文档定义了该协议的版本 4。为了使用 IMAP，邮件服务器运行一个 IMAP 服务器，它监听端口 143。用户代理运行一个 IMAP 客户。客户与服务器连接，并开始发出图 7-18 中列出的命令。

命　令	描　述
CAPABILITY	列出服务器的能力
STARTTLS	启用安全传输（TLS 参见第 8 章）
LOGIN	登录服务器
AUTHENTICATE	用其他方式登录服务器
SELECT	选择一个文件夹
EXAMINE	选择一个只读文件夹
CREATE	创建一个文件夹
DELETE	删除一个文件夹
RENAME	重命名一个文件夹
SUBSCRIBE	在活动集中添加文件夹
UNSUBSCRIBE	从活动集中删除文件夹
LIST	列出可用的文件夹
LSUB	列出活动的文件夹
STATUS	获取一个文件夹的状态
APPEND	向文件夹中增加一条消息
CHECK	获取一个文件夹的检查点
FETCH	从一个文件夹内获取消息
SEARCH	在一个文件夹内查找消息
STORE	改变消息标志
COPY	对文件夹内的一条消息生成一份副本
EXPUNGE	对已经标为删除的消息进行移除
UID	用唯一标识符发命令
NOOP	什么也不做
CLOSE	删除已被标为删除的消息并关闭文件夹
LOGOUT	退出并关闭连接

图 7-18　IMAP（版本 4）命令

首先，如果要使用安全传输（为了保持消息和命令是保密的），则客户将启动一个安全传输，然后登录或以其他方式向服务器认证自己。用户一旦登录以后，可以执行很多命令，包括列出文件夹和消息、获取消息或者部分消息、给消息加上标志供以后删除以及将消息组织到文件夹中。为了避免混淆，请注意，这里使用了术语“文件夹”（folder），以便和本节的其余部分保持一致。一个用户有一个邮箱，邮箱由多个文件夹组成。然而，在 IMAP 规范中，采用了术语"邮箱"(mailbox)代替文件夹。因此,一个用户有许多个IMAP邮箱,每个邮箱通常展示给用户的是一个文件夹。

IMAP还有许多其他功能。它有能力不通过消息编号,而是使用属性定位邮件。搜索功能可以在服务器上执行,从而找到满足某些特定规则的消息,因此客户只需要获取这些消息即可。

IMAP是对较早使用的最终投递协议——**POP3**(Post Office Protocol,version 3,**邮局协议版本3**)的改进。POP3是在RFC 1939中定义的。它是一个非常简单的协议,只支持较少的功能,而且在其典型的用法中很不安全。邮件通常被下载到用户代理计算机上,而不是留在邮件服务器上。虽然这使得服务器的工作更加容易,但用户侧却更加困难。这使得在多台计算机上阅读邮件很不容易,而且如果用户代理所在的计算机发生故障,那么所有的电子邮件将可能永久性地丢失。尽管如此,你仍然会发现POP3也在使用中。

因为邮件服务器和用户代理之间运行的协议可能由同一家公司提供,所以它们也可以使用私有的协议。Microsoft Exchange就是一个运行其私有协议的邮件系统。

Webmail

一种日益流行并且可代替IMAP和SMTP提供电子邮件服务的做法是利用Web作为发送和接收邮件的界面。目前被广泛使用的**Webmail**系统包括Gmail、Hotmail和Mail。Webmail是一个利用Web提供邮件服务的软件(在这种情形下,就是一个邮件用户代理)的例子。

在这一体系结构中,为了接收来自端口25、通过SMTP传输的用户消息,服务提供商像往常一样运行邮件服务器。然而,此时的用户代理是不同的。它不再是一个独立的程序,而是通过Web页面提供了一个用户界面。这意味着用户可以使用自己喜欢的任何浏览器访问他们的邮件以及发送新邮件。

当用户进入服务提供商(比如Gmail)的电子邮件Web页面时,首先会出现一个表单,要求用户输入登录名和口令。登录名和口令被发送到服务器,然后服务器对它们进行验证。如果登录成功,那么服务器找到用户的邮箱,并建立一个Web页面,列出邮箱中的即时内容。最后该Web页面被发送到浏览器以显示出来。

显示邮箱的页面上有许多表项都是可点击的,所以消息可以被读取、删除,等等。为了使界面更有响应性,这些Web页面往往包含了JavaScript程序。这些程序运行在客户本地,以便响应本地的事件(比如鼠标点击),在后台下载或上传消息,或者准备下一条消息的显示或准备提交一个新邮件。在这一模型中,邮件提交采用了普通的Web协议,把数据发布到一个URL中。Web服务器负责将消息注入传统的邮件投递系统中,这已经在前面描述过了。出于安全性的考虑,也可使用标准的Web协议。这些协议本身涉及加密的Web页面,而不管Web页面的内容是否是一个邮件消息。

7.3 万维网

Web是万维网(World Wide Web)的俗称,它是一个体系结构框架,该框架把分布在整个Internet数百万台主机上的内容链接起来以供访问。它最初在瑞士被用于协同高能物理实验的设计工作，仅仅 10 年间它就演变成今天的 Internet 应用。它的迅速普及和流行源自这样的事实：它易于被初学者使用并且提供了丰富多彩的图形界面，用户通过这些界面可以访问巨大的信息财富，其内容几乎覆盖了人们可以想到的每一个主题，从 aardvarks(土豚)到 Zulus(祖鲁族人)什么都有。

Web 开始于 1989 年的 CERN(欧洲原子能研究中心)。其最初的想法是帮助大型的研究组，将粒子物理实验中产生的各种频繁变化的报告、计划、绘图、照片和其他文档协同起来，这些研究组的成员通常分散在好多个国家和时区。将文档链接成 Web 的提议由 CERN 物理学家 Tim Berners-Lee 提出。第一个(基于文本的)原型系统于 18 个月后开始运行。在 Hypertext'91 会议上给出的一个公开演示吸引了其他研究人员的注意。当时伊利诺伊大学的 Marc Andreessen 正在开发第一个图形浏览器，该浏览器称为 Mosaic，于 1993 年 2 月正式发布。

正如他们所说的，其余的现在都已经成为历史。Mosaic 是如此受欢迎，以至于一年后 Marc Andreessen 离开学校组建了一家公司，即网景通信公司(Netscape Communications Corp.)，该公司的目标是开发 Web 软件。接下来的 3 年间，Netscape Navigator 和微软公司的 Internet Explorer 揭开了一场浏览器大战，每一方都试图捕捉这个新兴市场的更大份额，为此疯狂地加入比另一方更多的功能(因而也导致了更多的错误)。

从 20 世纪 90 年代到 21 世纪第一个 10 年，Web 站点和 Web 页面(称为 Web 内容)呈指数增长，直至达到数百万个站点和数十亿个页面的规模。这些站点中的一小部分变得极其流行。很大程度上，是这些站点和它们背后的公司定义了今天人们体验到的 Web。这样的例子包括书店(亚马逊，于 1994 年启动)、跳蚤市场(eBay，1995)、搜索引擎(Google，1998)和社交网络(Facebook，2004)。到 2000 年前后，许多 Web 公司一夜之间变成价值数百万美元，当第二天证明这一切都只是夸大和虚浮时，这些公司几乎接近破产。这期间甚至还有一个名称，即称为点 com 时代(dot com era)。新的想法仍然丰富着 Web 世界。许多新想法来自年轻的学生。比如，当 Mark Zuckerberg 开始创建 Facebook 公司时是哈佛大学的学生，Sergey Brin 和 Larry Page 创建 Google 公司时是斯坦福大学的学生。也许你会干出下一件大事来。

1994 年，CERN 和 MIT 签署了一份建立 W3C(World Wide Web Consortium，万维网联盟)的协议。W3C 是一个组织，它致力于进一步开发 Web，对协议进行标准化，并鼓励站点之间实行互操作。Tim Berners-Lee 担任了该联盟的主管。从那时起，已经有几百所大学和公司加入了该联盟。尽管现在关于 Web 的书籍数不胜数，但获取关于 Web 最新信息的最佳来源(很自然地)还是 Web 本身。W3C 的主页是 www.w3.org。感兴趣的读者可以从那里找到涵盖该联盟所有文档和活动的页面链接。

7.3.1　体系结构概述

站在用户的角度看，Web 由大量分布在全球范围内的、以 Web 页面(Web page)形式存在的内容组成。每个页面通常包含指向数百个其他对象的链接(link)，这些对象可能驻留在 Internet 上的任何服务器中，也可能位于世界上的任何地方。这些对象可能是其他的文本和图像，如今也包含了各种各样广泛的对象，包括广告和跟踪脚本。一个页面可能也链接到其他的 Web 页面；用户通过点击一个链接，就可以跟随这个链接来到它指向的页面。这个过程可无限地持续下去。让一个页面指向另一个页面的想法现在称为超文本(hypertext),这是在1945年由卓有远见的MIT电子工程系教授Vannevar Bush发明的(Bush,1945)。因此,在Internet被发明以前很久就已经有了超文本的概念。事实上,它在商业计算机出现之前就已经存在了。当时几所大学生产的粗糙原型机能填满大型会议室,其计算能力仅是一个智能手表的数百万分之一,但是它消耗的电力却比一座小型工厂还要多。

这些页面通常要通过一个称为浏览器(browser)的程序查看。Brave、Chrome、Edge、Firefox、Opera和Safari是比较流行的浏览器的典型例子。浏览器取回用户请求的页面,对页面内容进行解释,并在屏幕上以恰当的格式显示出来。页面内容本身可能是文本、图像和格式化的命令的混合体,表现的形式多种多样:可以是传统的文档形式,或者是诸如视频之类的其他内容形式,或者是能为用户产生图形界面的程序。

Web页面的一个例子如图7-19所示,它包含了许多对象。在这个例子中,显示的是美国联邦通信委员会的页面。这个页面显示了文本和图形元素(图7-19中的大多数元素太小而无法阅读)。页面中的许多部分包含了指向其他页面的引用和链接。浏览器加载的索引页面(index page)通常包含一些指令,让浏览器可以找到其他对象的位置,以便将它们组装到一起,同时也知道如何以及在页面上哪里渲染这些对象。

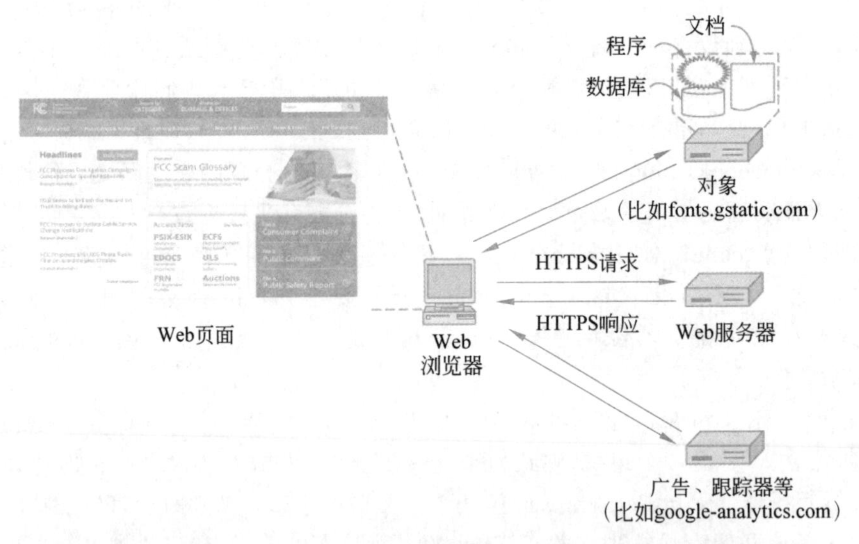

图7-19 获取和渲染一个Web页面要向很多服务器发送HTTP/HTTPS请求

与另一个页面相关联的一段文字、图标、图形图像、照片或者其他的页面元素都称为超链接(hyperlink)。为了跟随一个链接,桌面或笔记本计算机的用户将鼠标光标移动到页面区域的链接上(这会使光标改变形状),然后单击鼠标。在一台智能手机或者平板计算机上,用户轻触该链接即可。跟随链接只是告诉浏览器获取另一个页面的简单方式。在Web早期,链接通过下画线和彩色文本突出强调,以使它们更为醒目。如今,Web页面的创作者可以使用样式表(style sheet)控制该页面许多方面的显示外观,包括超链接,所以对于这些链接,可以有效地按照Web站点的设计者希望的那样进行显示。一个链接的外观甚至可以是动态的,比如,当鼠标移动到它的上面时它可能改变其外观。正是页面的创作者使这些链接在视觉上表现得很生动，从而提供很好的用户体验。

这个页面的读者可能找到了他们感兴趣的故事，点击了页面指示的区域，此时浏览器获取新的页面，并将它显示出来。除了这个例子外，还有很多页面也是从第一个页面链接过来的。这些页面可以由跟第一个页面在同一台计算机上的内容组成，也可以由位于世界各地的计算机上的内容组成，用户无从区分。浏览器通常抓取那些通过用户一系列点击动作指示浏览器的对象。因此，在观看网页的内容时，在计算机之间进行转移是无缝进行的。

浏览器在客户计算机上显示一个 Web 页面。每个页面的内容获取都是通过发送一个请求到一个或多个服务器，服务器以页面的内容作为响应来完成的。获取页面时使用的"请求-响应"协议是一个简单的基于文本的协议，它运行在 TCP 之上，就像 SMTP 的情况一样。它被称为 **HTTP**(HyperText Transfer Protocol，**超文本传输协议**)。该协议的安全版本称为 **HTTPS**(Secure HyperText Transfer Protocol，**安全的超文本传输协议**)，现在已经是 Web 上获取内容的主导模式了。页面的内容可能只是一个从磁盘读取的文档，也可能是数据库查询和程序执行的结果。如果每次显示的是同一个文档，则该页面是一个**静态页面**(static page)；相反，如果它是由一个程序按需产生的内容，或者它包含了一个程序，则该页面是一个**动态页面**(dynamic page)。

一个动态页面每次显示时本身表现可能是不同的。比如，电子商店的前端页面可能对每个访问者都是不同的。如果一个书店的顾客在过去买了一些推理小说，那么当这位顾客访问该商店的主页面后，可能会看到突出显示的新的惊悚小说；而另一位更喜欢烹饪的顾客可能首先看到的是新的烹饪书籍。Web 站点如何跟踪哪位顾客喜欢什么，这是后面要讨论的话题。简单地说，其答案涉及 Cookie[①](即使那些对于烹饪有恐惧症的访问者)。

浏览器要联系多个服务器来加载一个 Web 页面。在索引页面上的内容可能直接将 fcc.gov 上存储的文件加载到浏览器上。而辅助的内容，比如嵌入的视频，则可能存储在单独的服务器上，它也在 fcc.gov 中，但可能位于专门用于存放此内容的基础设施中。索引页面可能也包含指向其他对象的引用，用户可能看不到这些对象，比如跟踪脚本，或者驻留在第三方服务器上的广告。浏览器获取所有这些对象、脚本等，并且将这些内容装配到一个页面视图中展示给用户。

页面显示涉及一系列处理过程，具体取决于内容的种类。除了渲染文字和图形以外，它可能还涉及播放一段视频，或者运行一个脚本，把作为页面一部分的用户界面呈现出来。在这个例子中，fcc.gov 服务器提供了主页面；fonts.gstatic.com 服务器提供了额外的对象(比如字体)；而 google-analytics.com 服务器没有提供任何用户可见的内容，但它可以跟踪该站点的访问者。在 7.3.5 节将介绍跟踪器和 Web 隐私。

客户侧

现在来看图 7-19 中 Web 浏览器这一侧的详细情况。基本上，一个浏览器是一个程序，它可以显示一个 Web 页面并且捕获用户的请求以"跟随"该页面上的其他内容。当一个项目被选中时，浏览器就跟随此超链接并获取用户指示的对象(比如，通过鼠标单击，或者在移动设备的屏幕上触碰该链接)。

---

① 这里 Cookie 是一个技术名词，其英文原义是甜饼。——译注。

当Web最初被建立时,为了让一个页面指向另一个页面,很显然需要某些机制来命名和定位页面。尤其是,在显示一个被选中的页面以前,有3个问题必须回答:

(1) 这个页面叫什么?

(2) 这个页面在哪里?

(3) 如何访问这个页面?

如果每个页面都以某种方式被分配了一个唯一的名称,那么在标识页面时就不会存在任何歧义。但是,问题还没有解决。把人与页面作个对比。在美国,几乎每个成人都有一个社会保险号,这是一个唯一标识符,因为任何两个人都不应该拥有相同的社会保险号。然而,如果仅仅知道一个社会保险号,那么无法找到该社会保险号所有者的地址,当然也无法知道到底应该用英语、西班牙语还是汉语给这个人写信。Web基本上也有同样的问题。

Web选择的解决方案是用一种能同时解决上述3个问题的方式标识页面。每个页面被分配一个**URL**(Uniform Resource Locator,统一资源定位符),用来有效地充当该页面在全球范围内的名称。URL有3部分:协议(也称为方案(scheme))、页面所在主机的DNS名称,以及唯一指示特定页面的路径(通常是要读取的一个文件,或者是在该主机上运行的一个程序)。一般情况下,路径是一个文件目录结构模型下的层次名称。然而,如何解释路径则取决于服务器,它可能反映实际的目录结构,也可能不反映实际的目录结构。

作为一个例子,图7-19中显示的页面的URL是

```
https://fcc.gov/
```

这个URL由3部分组成:协议(https)、主机的DNS域名(fcc.gov)和路径名称(/,Web服务器通常将它看成某个默认的索引对象)。

当用户选择一个超链接时,浏览器执行一系列步骤以获取该超链接指向的页面。以下是这个例子中的链接被选中时发生的步骤:

(1) 浏览器确定URL。

(2) 浏览器请求DNS查询服务器fcc.gov的IP地址。

(3) DNS返回23.1.55.196。

(4) 浏览器与该IP地址建立一个TCP连接;这里的协议是HTTPS,即HTTP的安全版本,因此该TCP连接默认是在端口443上(HTTP现在用得越来越少了,它的默认端口号是80)。

(5) 浏览器发送HTTPS请求,要访问页面/。Web服务器通常假定该页面是某个索引页面(比如index.html、index.php或类似的页面,由fcc.gov的Web服务器配置)。

(6) 服务器发回该页面作为HTTPS响应。比如,如果确定了默认的索引对象是/index.html文件,则发送文件/index. html。

(7) 如果该页面包括需要显示的URL,那么浏览器使用同样的处理过程获取其他URL。在这个例子中,这样的URL包含多个同样来自该服务器的嵌入图形、来自gstatic.com的嵌入对象以及一段取自google-analytics.com的脚本(还有许多未显示的其他域)。

(8) 浏览器显示页面/index.html,如图7-19所示。

(9) 如果浏览器短期内没有向同样这些服务器发出其他请求,则释放这些TCP连接。

许多浏览器会在屏幕底部的状态栏中显示它们当前正在执行哪一步。通过这种方式,

当性能较差时，用户可以知道这是由于 DNS 没有响应、服务器没有响应还是正在一个缓慢或拥塞的网络上传输页面。

一种更加详细地探究和理解 Web 页面性能的方法是瀑布图（waterfall diagram），如图 7-20 所示。该瀑布图显示了一个列表，包含了浏览器在加载该页面的过程中所有要加载的对象（在这个例子中，有 64 个，但许多页面有数百个对象）、与加载每个请求有关的时序依赖关系，以及与每个页面加载相关联的操作（比如，DNS 查找、TCP 连接、实际内容的下载等）。瀑布图可以告诉我们有关一个 Web 浏览器的行为。比如，我们可以知道一个浏览器与任何给定服务器建立的并行连接数量，以及这些连接是否被复用；我们也可以知道 DNS 查找与实际对象下载之间的相对时间，以及其他潜在的性能瓶颈。

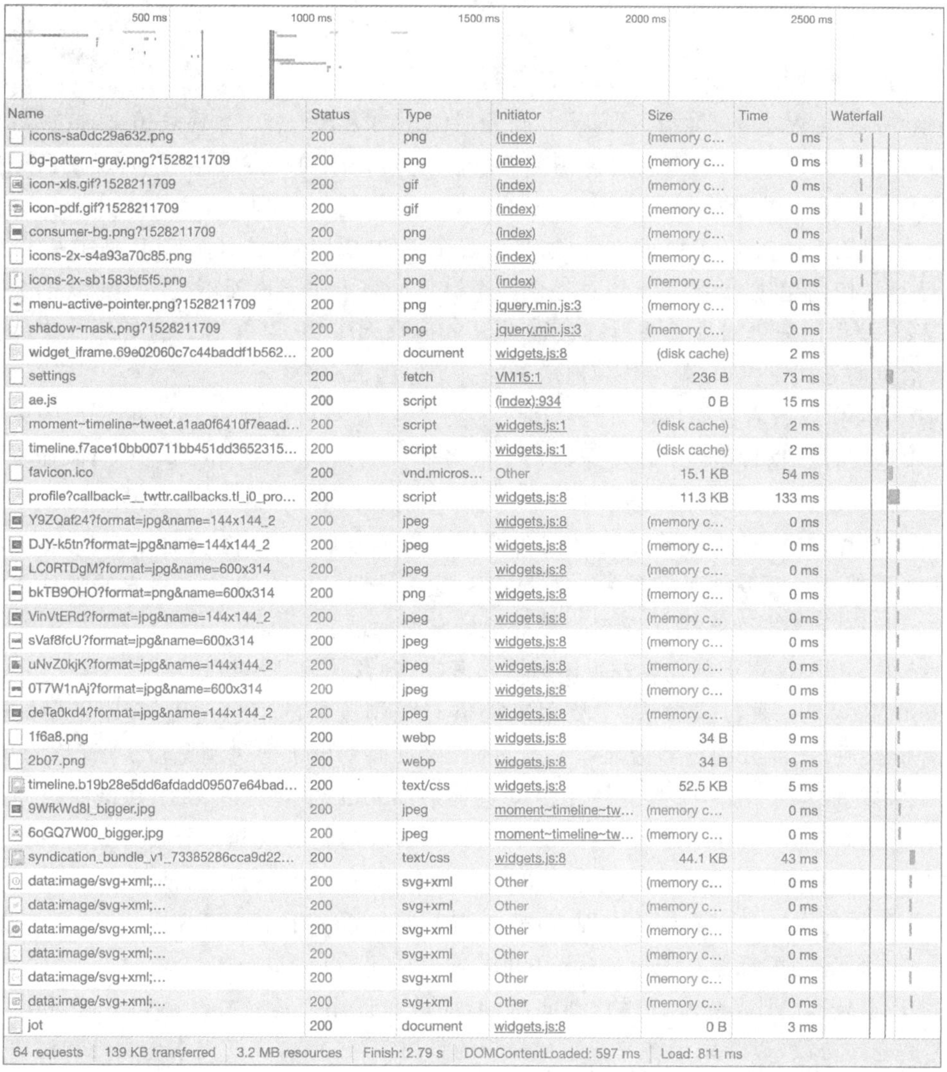

500 ms　1000 ms　1500 ms　2000 ms　2500 ms

Name	Status	Type	Initiator	Size	Time	Waterfall
icons-sa0dc29a632.png	200	png	(index)	(memory c...	0 ms	
bg-pattern-gray.png?1528211709	200	png	(index)	(memory c...	0 ms	
icon-xls.gif?1528211709	200	gif	(index)	(memory c...	0 ms	
icon-pdf.gif?1528211709	200	gif	(index)	(memory c...	0 ms	
consumer-bg.png?1528211709	200	png	(index)	(memory c...	0 ms	
icons-2x-s4a93a70c85.png	200	png	(index)	(memory c...	0 ms	
icons-2x-sb1583bf5f5.png	200	png	(index)	(memory c...	0 ms	
menu-active-pointer.png?1528211709	200	png	jquery.min.js:3	(memory c...	0 ms	
shadow-mask.png?1528211709	200	png	jquery.min.js:3	(memory c...	0 ms	
widget_iframe.69e02060c7c44baddf1b562...	200	document	widgets.js:8	(disk cache)	2 ms	
settings	200	fetch	VM15:1	236 B	73 ms	
ae.js	200	script	(index):934	0 B	15 ms	
moment~timeline~tweet.a1aa0f6410f7eaad...	200	script	widgets.js:1	(disk cache)	2 ms	
timeline.f7ace10bb00711bb451dd3652315...	200	script	widgets.js:1	(disk cache)	2 ms	
favicon.ico	200	vnd.micros...	Other	15.1 KB	54 ms	
profile?callback=__twttr.callbacks.tl_i0_pro...	200	script	widgets.js:8	11.3 KB	133 ms	
Y9ZQaf24?format=jpg&name=144x144_2	200	jpeg	widgets.js:8	(memory c...	0 ms	
DJY-k5tn?format=jpg&name=144x144_2	200	jpeg	widgets.js:8	(memory c...	0 ms	
LC0RTDgM?format=jpg&name=600x314	200	jpeg	widgets.js:8	(memory c...	0 ms	
bkTB9OHO?format=png&name=600x314	200	png	widgets.js:8	(memory c...	0 ms	
VinVtERd?format=jpg&name=144x144_2	200	jpeg	widgets.js:8	(memory c...	0 ms	
sVaf8fcU?format=jpg&name=600x314	200	jpeg	widgets.js:8	(memory c...	0 ms	
uNvZ0kjK?format=jpg&name=144x144_2	200	jpeg	widgets.js:8	(memory c...	0 ms	
0T7W1nAj?format=jpg&name=600x314	200	jpeg	widgets.js:8	(memory c...	0 ms	
deTa0kd4?format=jpg&name=144x144_2	200	jpeg	widgets.js:8	(memory c...	0 ms	
1f6a8.png	200	webp	widgets.js:8	34 B	9 ms	
2b07.png	200	webp	widgets.js:8	34 B	9 ms	
timeline.b19b28e5dd6afdadd09507e64bad...	200	text/css	widgets.js:8	52.5 KB	5 ms	
9WfkWd8l_bigger.jpg	200	jpeg	moment~timeline~tw...	(memory c...	0 ms	
6oGQ7W00_bigger.jpg	200	jpeg	moment~timeline~tw...	(memory c...	0 ms	
syndication_bundle_v1_73385286cca9d22...	200	text/css	widgets.js:8	44.1 KB	43 ms	
data:image/svg+xml;...	200	svg+xml	Other	(memory c...	0 ms	
data:image/svg+xml;...	200	svg+xml	Other	(memory c...	0 ms	
data:image/svg+xml;...	200	svg+xml	Other	(memory c...	0 ms	
data:image/svg+xml;...	200	svg+xml	Other	(memory c...	0 ms	
data:image/svg+xml;...	200	svg+xml	Other	(memory c...	0 ms	
data:image/svg+xml;...	200	svg+xml	Other	(memory c...	0 ms	
jot	200	document	widgets.js:8	0 B	3 ms	

64 requests | 139 KB transferred | 3.2 MB resources | Finish: 2.79 s | DOMContentLoaded: 597 ms | Load: 811 ms

图 7-20　fcc.gov 的瀑布图

URL 设计是开放式的，在某种意义上它很简单，允许浏览器使用多种协议获取不同种类的资源。事实上，已经定义了针对其他各种协议的 URL。图 7-21 列出了常用的 URL。

名字	用途	示例
http	超文本(HTML)	http://www.ee.uwa.edu/~rob/
https	安全的超文本	https://www.bank.com/accounts/
ftp	FTP	ftp://ftp.cs.vu.nl/pub/minix/README
file	本地文件	file:///usr/nathan/prog.c
mailto	发送电子邮件	mailto:JohnUser@acm.org
rtsp	流式媒体	rtsp://youtube.com/montypython.mpg
sip	多媒体呼叫	sip:eve@adversary.com
about	浏览器信息	about:plugins

图 7-21 常用的 URL

http 协议是 Web 的“母语”,即 Web 服务器使用的语言。**HTTP** 代表**超文本传输协议**。7.3.4 节将详细地讨论它,尤其会聚焦在 HTTPS 上,这是该协议的安全版本,现在已经是用于传输 Web 对象的主导协议了。

ftp 协议用于通过 FTP 访问文件,这是 Internet 的文件传输协议。FTP 早在 Web 之前就有,已经被使用超过 40 年了。通过提供一个简单的可点击界面而不是一个老式的命令行界面,Web 使得用户更加易于获得存放在世界各地众多 FTP 服务器上的文件。这种改进的获取信息的方式是 Web 蔚为壮观地增长的一个原因。

使用 file 协议或者更简单地只是给出一个文件名,就有可能以一个 Web 页面的方式访问一个本地文件。这种做法并不要求有一个服务器。当然,它仅适用于本地文件,而不适用于远程文件。

mailto 协议并没有抓取网页,但不管怎么样它仍然非常有用。它允许用户从 Web 浏览器发送电子邮件。大多数浏览器在一个 mailto 链接被跟随时会启动该用户的邮件代理作为响应,用户就可以开始编写一个已填写好地址字段的消息。

rtsp 和 sip 协议用于创建流式媒体会话和多媒体(音视频)呼叫。

about 协议是一种习惯做法,主要用来提供有关浏览器的信息。比如,跟随了 about:plugins 链接后,大部分浏览器会显示一个页面,该页面列出了通过浏览器扩展(称为插件,plug-in)可以处理的 MIME 类型。许多浏览器在 about 部分有非常有意思的信息。在 Firefox 浏览器中,一个有趣的例子是 about:telemetry,它显示该浏览器收集到的有关当前用户的所有性能信息和用户活动信息。about:preferences 显示用户的偏好。about:config 显示该浏览器配置的许多有趣的方面,包括该浏览器是否基于 HTTPS 执行 DNS 查找(以及有哪些可信递归解析器),正如 7.1 节中讲述的那样。

URL 本身的设计不仅允许用户浏览 Web,而且允许用户运行一些诸如 FTP 和电子邮件之类的老式协议,以及用于访问音频和视频的新协议,还提供了访问本地文件和浏览器信息的便利方法。这种做法使得所有为了这些服务的专门用户界面程序都不再有必要,而是将几乎所有的 Internet 访问都集成为单个程序——Web 浏览器。如果这个想法不是由一个在瑞士的欧洲国际性研究实验室(CERN)工作的英国物理学家想出来的,那么它可能很容易得到一些软件公司广告部门创意计划的支持。

服务器侧

关于客户侧的介绍已经很多了，现在来看一看服务器侧。正如在前面看到的那样，当用户输入一个URL或者单击一行超文本时，浏览器会解析该URL，并且将https://和下一个斜线之间的那部分解释成一个DNS名称以进一步查找。有了服务器的IP地址以后，浏览器与该服务器上的端口443建立一个TCP连接。然后它发送一条命令，其中包含了URL的剩余部分，即在该服务器上到达该页面的路径。然后服务器返回该页面供浏览器显示。

粗看起来，一个简单的Web服务器与图6-6中的服务器很类似。图6-6中的服务器得到一个要查找的文件名称，并且通过网络返回结果。在这两种情况下，服务器在它的主循环中执行如下步骤：

(1) 接受来自客户(浏览器)的TCP连接。

(2) 获取页面的路径，即被请求文件的名称。

(3) 获取文件(从磁盘上)。

(4) 将文件内容发送给客户。

(5) 释放该TCP连接。

现代的Web服务器具有更多的功能，但本质上这就是Web服务器在获取文件内容的简单情况下要做的工作。对于动态内容，步骤(3)可能要替换成执行一个程序(由路径确定)，该程序生成和返回内容。

然而，为了能够每秒服务成百上千个请求，Web服务器通过不同的设计实现。简单设计的一个问题是文件访问通常是瓶颈。与程序执行相比，读磁盘的速度很慢，而且有可能通过操作系统调用重复地读取相同的文件。另一个问题是，一次只能处理一个请求。如果文件很大，那么在传输文件时其他请求将会被阻塞。

一种显而易见的改进办法(所有的Web服务器都会采用)是：在内存中维护一个缓存，其中保存着n个最近读取过的文件或者数千兆字节的内容。服务器在从磁盘读取文件以前，首先检查缓存。如果该文件在缓存中，则直接从内存中就可以获取，从而消除了磁盘访问。虽然有效的缓存需要大量的内存，以及一定的额外处理时间检查缓存和管理其内容，但是，节省的时间几乎总是值得付出这些开销和费用。

为了解决一次服务多个请求的问题，一种策略是将服务器设计成多线程的(multithreaded)。在一种设计方案中，服务器由一个前端模块(front-end module)和k个处理模块(processing module)组成，如图7-22所示。前端模块接受所有进来的请求；$k+1$个线程全部属于同一个进程，所以，所有这些处理模块都可以访问当前进程地址空间中的缓存。当一个请求进来时，前端模块接受它，并创建一条描述该请求的简短记录。然后它将该记录递交给其中一个处理模块。

处理模块首先检查该缓存，查看是否存在客户请求的对象。如果该对象在缓存中，则它更新该记录，在记录中包含一个指向该文件的指针；如果缓存中没有该对象，则处理模块启动一次磁盘操作将文件读入缓存(可能要丢弃其他一些缓存的文件，以便腾出空间)。当从磁盘上读入文件时，该文件被放到缓存中，同时也被发送给客户。

这种做法的优点是，当一个或多个处理模块因为等待磁盘操作或者网络操作的完成而被阻塞(因此不消耗CPU时间)时，其他模块可以继续处理其他的请求。有了k个处理模

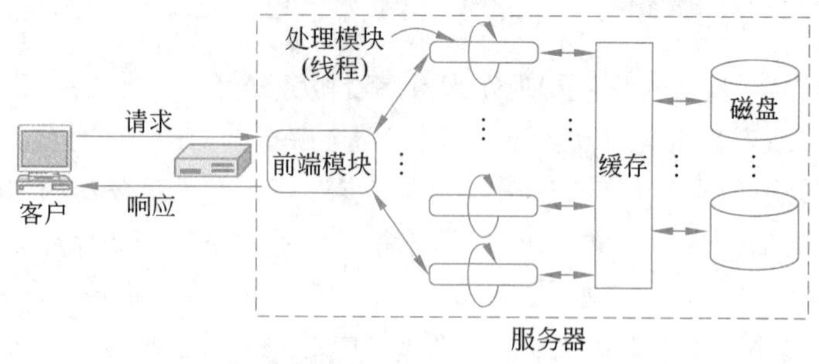

图 7-22 具有一个前端模块和若干处理模块的多线程 Web 服务器

块,吞吐量可以达到单线程服务器情况下的 k 倍。当然,当磁盘或者网络成为限制因素时,则有必要使用多个磁盘或者更快的网络才能获得实质性的性能提高。

本质上所有的现代 Web 体系结构现在都是像上面所展示的那样设计的,在前端和后端之间有明确的分离。前端 Web 服务器通常称为反向代理(reverse proxy),因为它从其他服务器(通常就是后端服务器)那里获得内容,再将这些对象提供给客户。之所以称为"反向"代理,是因为它的行为代表了服务器,相对于代表客户的常规代理有所不同。

当加载一个 Web 页面时,客户通常首先被指向(通过 DNS)一个反向代理(即前端服务器),它便开始向客户的 Web 浏览器返回静态的对象,所以浏览器开始可以快速地加载页面中的一些内容。在这些(往往是静态的)对象被加载的过程中,后端服务器可以执行复杂的操作(比如,执行 Web 搜索,进行数据库查找,或者其他产生动态内容的工作),随着这些结果和内容陆续变得可以使用,它们通过反向代理被传送给客户。

7.3.2 静态 Web 对象

Web 的基础是将 Web 页面从服务器传送给客户。在最简单的形式中,Web 对象是静态的。然而,如今人们在 Web 上看到的几乎任何一个页面都有一些动态内容,但即使在动态的 Web 页面上,仍然有相当数量的内容(比如图标、样式表、页眉和页脚)是静态的。静态对象只不过是存放在某个服务器上的文件,每次它们被获取和显示时都是以同样的方式被展示出来。它们往往可以被缓存,有时候可以缓存非常长的时间,因此通常被放在靠近用户侧的对象缓存中。然而,它们是静态的,并不意味着该页面在浏览器中是呆滞的。比如,一段视频也是一个静态对象。

正如前面提到的那样,Web 的通用语言是 HTML,即大多数页面是以 HTML 编写的。大学教师的主页通常是静态对象;在有些情况下,公司网站可能使用动态的 Web 页面,但是这一动态产生过程的最终结果是一个用 HTML 编写的页面。HTML(HyperText Markup Language,超文本标记语言)是随着 Web 而引入的。它允许用户生成一些包含了文本、图形和指向其他 Web 页面的指针等内容的 Web 页面。HTML 是一种标记语言或一种描述了文档如何被格式化的语言。"标记"这个术语来自过去,编辑在要印刷的文档上进行标记,告诉排版工应该使用什么字体,等等。因此,标记语言包含了显式的格式化命令。比如,在 HTML 中,<b>意味着粗体字模式的开始,</b>意味着粗体字模式的结束;<h1>意味着这里开始 1 级标题。LaTeX 和 TeX 是标记语言的另外两个实例,大多数学术作者对它们非常熟知了。相反,Word 不是一种标记语言,因为其格式化命令并没有被嵌入在文本中。

相对于其他无显式标记的语言来说,标记语言的关键优点是将内容与其应该如何表示相分离。绝大多数现代 Web 页面使用样式表定义字体、颜色、大小、填充以及文本、列表、表格、标题、广告和其他页面元素的许多其他属性。样式表是通过一种称为 CSS(Cascading Style Sheets,层叠样式表)的语言编写的。

于是,编写浏览器就非常简单了:浏览器只需简单地理解标记命令和样式表,并将它们应用到内容上即可。在每个 HTML 文件中嵌入标记命令,并且标准化这些标记命令,这使得任何一个 Web 浏览器都有可能读取并重新格式化任何一个 Web 页面。这是非常关键的,因为一个页面有可能是在一台具有 3840×2160 像素、24 位颜色的高端计算机上被生成的,但它可能也要在一个移动电话只有 640×320 像素的窗口中显示。仅仅按比例缩小页面是一个糟糕的想法,因为这样做的话,文字将非常小,基本上没有人能够阅读这些文字。

尽管可以用任何一个纯文本编辑器编写这样的文档,而且确实有许多人也是这样做的,但是,也可以使用文字处理器或者专用的 HTML 编辑器完成绝大部分工作(但是,相应地给予用户对最终结果的细节的控制力也有所减弱)。也有许多其他程序可用于设计 Web 页面,比如 Adobe Dreamweaver。

7.3.3 动态 Web 页面和 Web 应用

到目前为止讨论的静态页面模型将页面看作(多媒体)文档,它们可被方便地链接在一起。回头来看,这是 Web 早期的一个很好的模型,因为大量的信息都被放到了线上。如今,围绕着 Web 的许多兴奋点在于可将它用于应用程序和服务,包括在电子商务站点购买产品、搜索图书馆目录、探索地图、阅读和发送电子邮件以及在文档上协同工作。

这些新的用途和传统的应用软件(比如邮件阅读器和文字处理器)并没有本质的不同。不同的只是这些 Web 应用运行在浏览器内部,而用户数据存储在 Internet 数据中心的服务器上。它们使用 Web 协议通过 Internet 访问信息,而浏览器显示一个用户界面。这种方法的优点是用户不需要安装单独的应用,用户数据可以从不同的计算机访问,并且由服务提供商负责备份。它被证明是如此地成功,几乎可以和传统的应用软件相媲美。当然,这些 Web 应用由大型服务提供商免费提供的事实也有助于推动它们的成功。这种模型就是云计算(cloud computing)的普遍形式,它将计算从个人台式计算机移到 Internet 中的共享服务器集群。

为了担当起应用程序的角色,Web 页面不再是静态的了。动态内容是必需的。比如,一个图书馆目录的页面应该反映出哪些书籍当前可借,哪些书籍已经借出因而不可用,等等。类似地,一个股票市场页面应该允许用户与页面交互,以便查看不同时期的股票价格,以及计算利润和亏损。这些例子表明,动态内容可以由服务器上或浏览器内(或者同时运行在这两个地方)运行的程序产生。

一般的情况如图 7-23 所示。比如,考虑一个地图服务:让用户输入一个街道名称,然后展示出相应位置。给定一个位置请求,Web 服务器必须使用一个程序创建一个页面,该页面显示了从街道数据库中查找到的该位置的地图,也显示了其他的地理信息。此动作如图 7-23 中的第 1～3 步所示。请求(第 1 步)导致在 Web 服务器上运行一个程序。该程序查询一个数据库,以便生成相应的页面(第 2 步),并将该页面返回给 Web 浏览器(第 3 步)。

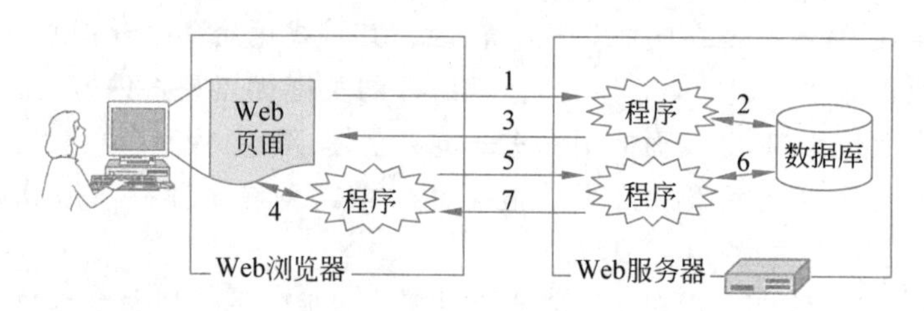

图 7-23 动态页面

然而,页面中还可能有更多的动态内容。返回的页面本身还可能包含要在浏览器中运行的程序。在上面的地图例子中,该程序将允许用户发现一条路线,并且以不同的详细程度探索附近区域。它可以更新页面,跟随用户的指示缩小或放大(第4步)。为了处理一些交互事件,该程序可能需要从Web服务器获取更多的数据。在这个例子中,程序将给Web服务器发送一个请求(第5步),Web服务器从数据库中检索出更多的信息(第6步),并且返回一个响应(第7步)。然后,该程序将继续更新页面(第4步)。请求和响应都发生在后台,用户甚至可能根本不会意识到它们的存在,因为页面的URL和标题通常不会改变。通过引入客户侧的程序,该页面可以提供一个比单靠服务器侧程序更具响应性的界面。

服务器侧动态Web页面生成

接下来简要地看一下服务器侧内容生成的情形。当用户单击一个表单中的一个链接时,比如为了购买某个商品,一个请求就被发送到由该表单中URL指定的服务器,该请求包含表单以及用户填写的表单内容。这些数据必须交由某个程序或脚本处理。因此,该URL指定了要运行的程序,这些数据被作为输入提供给该程序。该请求返回的页面将取决于处理过程中发生的事情。它并不像一个静态页面那样固定不变。如果下订单成功,则返回的页面中可能给出了预计的出货日期;如果下订单不成功,则返回的页面中可能会给出订购的商品缺货或由于某种原因信用卡不再有效等相关信息。

确切来讲,Web服务器如何运行一个程序而不是获取一个文件,取决于该服务器的设计。Web协议本身没有指明这一点。这是因为该接口可以是私有的,浏览器并不需要知道其细节。至于浏览器,它要完成的只是发出请求和获取页面。

然而,为了让Web服务器能够调用程序,标准的API已经开发出来了。这些接口的存在使得开发人员更容易把不同的服务器扩展到Web应用。下面简要地考察两个API,以展示它们是如何工作的。

第一个API是一种处理动态页面请求的方法,它从Web一开始出现就可以使用。它被称为**CGI**(Common Gateway Interface,**公共网关接口**),由RFC 3875定义。CGI提供了一个接口,使得Web服务器可与后端程序及脚本打交道,它们能够接收输入(比如来自表单),并生成HTML页面作为响应。这些程序可以用任何一种开发者熟悉的语言编写,通常是一种易于开发的脚本语言。可以选择Python、Ruby、Perl或任何语言。

按照惯例,通过CGI调用的程序常驻在一个称为cgi-bin的目录下,该目录在此URL中是可见的。服务器将一个请求映射到该目录下的一个程序名,并且以一个单独的进程执行该程序。它把与请求一起发送过来的任何数据都提供给程序作为输入。程序的输出是一个Web页面,被返回给浏览器。

第二个 API 则相当不一样。这里的方法是在 HTML 页面中嵌入少量的脚本，然后让服务器执行这些脚本以便生成页面。编写这些脚本的一种流行语言是 **PHP**(Hypertext Preprocessor，**超文本预处理器**)。为了使用 PHP，服务器必须能够理解 PHP，就好像浏览器必须理解 CSS 才可以解释含有样式表的 Web 页面一样。通常，服务器使用文件扩展名 php 标识包含 PHP 的 Web 页面，而不是使用 html 或者 htm 扩展名。PHP 用起来比 CGI 更加简单，当前已被广泛使用。

尽管 PHP 非常易于使用，但它实际上是一个功能强大的程序设计语言，将 Web 和服务器数据库连接起来。它具有变量、字符串、数组以及在 C 语言中可以找得到的绝大多数控制结构，它还有比 printf 更强大的 I/O 功能。PHP 是开放源码的，可以免费获取，并且已被广泛使用。它是被专门设计的，可与 Apache 服务器很好地一起工作；而 Apache 也是开放源码的，是世界上使用最为广泛的 Web 服务器。

客户侧动态 Web 页面生成

PHP 和 CGI 脚本解决了处理输入以及与服务器上的数据库进行交互的问题。它们都可以接收来自表单的信息，查询一个或多个数据库中的信息，以及利用这些结果生成 HTML 页面。它们不能做的是响应鼠标移动事件，或者直接与用户交互。为了实现交互性，有必要在 HTML 页面中嵌入脚本，而且这些脚本必须运行在客户的计算上而不是在服务器的计算机上。从 HTML 4.0 开始，这样的脚本可通过＜script＞标签嵌入。当前的 HTML 标准通常被称为 **HTML 5**。HTML 5 包含许多合并了多媒体和图形内容的新语法特性，包括＜video＞、＜audio＞和＜canvas＞标签。特别地，画布(canvas)元素为二维图形和位图图像的动态渲染提供了基本的设施。有趣的是，关于画布元素也有各种各样的隐私考虑，因为 HTML 画布的属性在不同的设备上往往是独一无二的。这种隐私考虑是重要的，因为在不同用户设备上画布的唯一性使得 Web 站点的操作员可以跟踪用户，即使用户删除了所有用于跟踪的 Cookie 和块跟踪脚本也无济于事。

最流行的客户侧脚本语言是 **JavaScript**，所以现在简短地讨论一下这种语言。关于 JavaScript 已经有非常多的书籍了，比如(Coding，2019；Atencio，2020)。无论名字多么相似，JavaScript 与 Java 编程语言几乎毫无关系。与其他脚本语言一样，JavaScript 是一种非常高级的语言。比如，在一行 JavaScript 代码中，可以弹出一个对话框，等待文本输入，并且将结果字符串存放到一个变量中。像这样的高级特性使得 JavaScript 非常适合设计交互式 Web 页面。然而，它的变异速度比用 X 光机捕捉到的果蝇的发育速度还要快，这一事实使得很难编写出能在所有平台上都工作良好的 JavaScript 程序，但也许有一天它会稳定下来。

有一点非常重要，虽然 PHP 和 JavaScript 看上去很相似，它们都是嵌入在 HTML 文件中的代码，但它们被处理的方式完全不同。通过 PHP，当用户单击了提交按钮以后，浏览器将这些信息收集到一个长字符串中，然后将它发送给服务器，作为对一个 PHP 页面的请求。服务器加载该 PHP 文件，并且执行内嵌的 PHP 脚本，以便产生一个新的 HTML 页面。该页面被送回浏览器以便显示出来。浏览器甚至不能确定它是由一个程序生成的。这个处理过程如图 7-24(a)中的第 1～4 步所示。

通过 JavaScript，当提交按钮被点击时，浏览器就解释该页面中包含的一个 JavaScript 函数。所有的工作都在本地完成，即在浏览器内部完成。这时与服务器没有任何联络。这

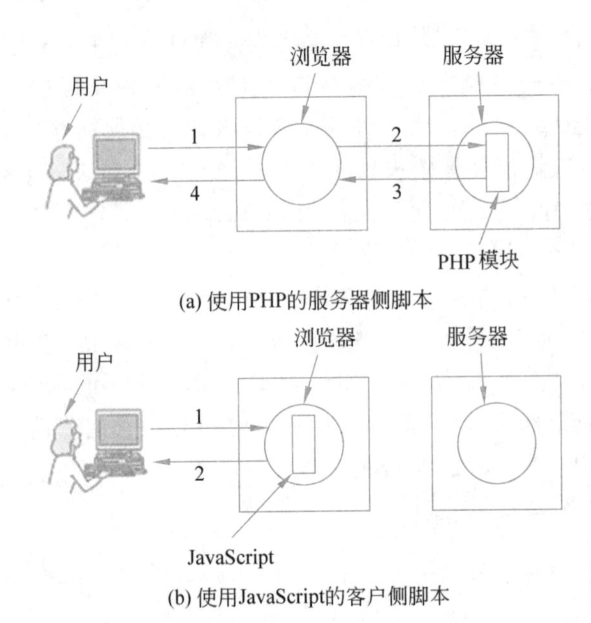

图 7-24 PHP 和 JavaScript 的脚本的不同处理方式

个处理过程如图 7-24(b)中的第 1 和 2 步所示,因此,结果几乎在瞬间就显示出来。而通过 PHP 生成的 HTML 页面在到达客户以前可能有几秒钟的延迟。

这种区别并不意味着 JavaScript 比 PHP 更好。它们的用途完全不同。当需要与服务器计算机上的数据库进行交互时可以使用 PHP,而当需要在客户计算机上与用户交互时可以使用 JavaScript(和其他的客户侧语言)。当然有可能将两者结合起来。

7.3.4 HTTP 和 HTTPS

既然我们已经理解了 Web 内容和应用,现在是时候考察在 Web 服务器和客户之间传输所有这些信息的协议了。这就是 **HTTP**,它由 RFC 2616 说明。在开始详细讨论以前,值得首先注意一下 HTTP 和它的安全版本 **HTTPS** 之间的一些差别。这两个协议本质上用相同的方式获取对象,其中 HTTP 获取 Web 对象的方法独立于它的安全版本而向前演进,而 HTTPS 实际上是在一个称为 **TLS**(Transport Layer Security,**传输层安全**)的安全传输协议上使用 HTTP。在本节中,将聚焦在 HTTP 的协议细节上,以及它如何从该协议早期的版本演进到现代的版本,即现在称为 HTTP/3 的版本。第 8 章将更加详细地讨论 TLS,它实际上是 HTTP 的传输协议,构成了称为 HTTPS 的协议。在本节,将讨论 HTTP,可以简单地将 HTTPS 想象成通过 TLS 传输的 HTTP。

概述

HTTP 是一个简单的请求-响应协议;HTTP 的传统版本通常运行在 TCP 之上,然而,现在最新的 HTTP 版本,即 HTTP/3,常常也可以运行在 UDP 之上。它指定了客户可能发送给服务器什么样的消息以及得到什么样的响应。请求和响应的头以 ASCII 码的形式给出,就像在 SMTP 中一样。其中的内容以一个类似 MIME 的格式给出,也像在 SMTP 中一样。这个简单模型部分促成了 Web 早期的成功,因为它使得开发和部署变得直截了当。

在本节中，将考察当前在使用的 HTTP 的一些更加重要的属性。在进入 HTTP 的细节以前，应该注意到它在 Internet 上被使用的方式在不断地演化。HTTP 是一个应用层协议，因为它运行在 TCP 之上，并且与 Web 密切相关。这就是为什么在本章中讨论它的原因。在另一种意义上，HTTP 正在变得越来越像一个传输协议，它为进程之间跨越不同网络边界进行内容通信提供了一种方法。这些进程不一定必须是 Web 浏览器和 Web 服务器。媒体播放器可以使用 HTTP 与服务器进行通信，以及请求专辑信息。防病毒软件可以使用 HTTP 下载最新的更新。开发人员可以使用 HTTP 获取项目文件。消费电子产品（比如数码相框）通常使用内嵌的 HTTP 服务器作为与外部世界的一个接口。计算机之间的通信越来越多地在 HTTP 上运行。比如，航空公司服务器可以联系一家汽车租赁服务器，并且进行汽车预订，所有这些都作为度假服务包的一部分。

方法

尽管 HTTP 是为了在 Web 中使用而设计的，但放眼未来，出于面向对象的考虑，它的设计有意识地比 Web 所需要的更加通用。正是这个原因，HTTP 不仅支持请求一个 Web 页面，而且支持操作——称为**方法**（method）。

每个请求由一行或多行 ASCII 文本组成，其中第一行的第一个词是被请求的方法的名称。图 7-25 中列出了内置的 HTTP 请求方法。这些名称是大小写敏感的，所以 GET 是允许的，但 get 不可以。

方　法	描　述	方　法	描　述
GET	读取一个 Web 页面	DELETE	删除一个 Web 页面
HEAD	读取一个 Web 页面的头	TRACE	对进来的请求进行回应
POST	附加一个 Web 页面	CONNECT	通过代理进行连接
PUT	存储一个 Web 页面	OPTIONS	一个页面的查询选项

图 7-25　内置的 HTTP 请求的方法

GET 方法请求服务器发送一个页面（当说到“页面”时，在绝大多数情况下指的是“对象”，但是，把一个页面想象成一个文件的内容，这对于理解这些概念已经足够了）。该页面被适当地按照 MIME 进行编码。绝大多数发送给 Web 服务器的请求都是 GET 方法，其语法很简单。GET 的常见形式是

```
GET filename HTTP/1.1
```

其中 filename 是要获取的页面的名称，1.1 是协议版本。

HEAD 方法只请求消息头，不需要真正的页面。这个方法可以收集为了索引目的而需要的信息，或者只是测试 URL 的有效性。

POST 方法是在表单被提交的时候用到的。与 GET 方法类似，它也携带一个 URL，但不是简单地获取一个页面，而是上载数据到服务器（即表单的内容或者参数）。然后，服务器利用这些数据做某些事，具体取决于 URL，概念上是将数据“附加”到对象上。效果可能是购买一个物件，或者调用一个过程。最后，该方法返回一个指示此结果的页面。

其余的方法对于浏览 Web 用得不多。PUT 方法与 GET 方法相反：它不是读取页面，而是写入页面。通过这个方法就有可能在远程服务器上建立一组 Web 页面。这个请求的体部分包含了页面。它可能是利用 MIME 编码的，在这种情况下，跟在 PUT 方法后面的行可能包含了认证头，以便证明调用者的确有权限执行请求的操作。

DELETE 方法做的事情正如预期：它删除页面，或者至少表明 Web 服务器已经同意删除该页面。与 PUT 方法类似，认证和许可机制在这里起到了重要的作用。

TRACE 方法用于调试。它指示服务器发送回该请求。当请求没有被正确地处理而客户希望知道服务器实际得到的是什么样的请求时，这个方法非常有用。

CONNECT 方法使得用户通过一个中间设备(比如 Web 缓存)与 Web 服务器建立一个连接。

OPTIONS 方法提供了一种办法让客户向服务器查询一个页面并且获得可用于该页面的方法和头。

每个请求都会得到一个响应，此响应消息由一个状态行及可能的附加信息(比如全部或者部分 Web 页面)组成。状态行包括一个 3 位数字的状态码，它指明了这个请求是否被满足；如果没有被满足，则为什么没有被满足。第一个数字用来把响应分成 5 组，如图 7-26 所示。

状态码	含义	例子
1××	信息	100＝服务器同意处理客户请求
2××	成功	200＝请求成功；204＝没有内容
3××	重定向	301＝页面已移动；304 ＝缓存的页面仍然有效
4××	客户错误	403＝禁止页面；404 ＝页面未找到
5××	服务器错误	500＝服务器内部错误；503＝以后再重试

图 7-26 状态码响应组

1××码在实践中很少被使用。2××码意味着这个请求被成功地处理，并且内容(如果有)正在返回。3××码告诉客户应该检查其他地方：要么使用另一个 URL，要么在客户自己的缓存中(后面讨论)。4××码意味着由于客户错误而导致请求失败，比如无效请求或者不存在的页面。5××错误码意味着服务器自身出现内部问题，有可能是服务器代码中有错误，也可能是临时负载过重。

消息头

请求行(比如 GET 方法的行)后面可能还有额外的行，其中包含了更多的信息。它们称为请求头(request header)。这些信息可以与一个过程调用的参数进行类比。响应也有响应头(response header)。有些头可以用在两个方向上。图 7-27 列出的是一些重要的消息头。这个列表不短，正如你可能想象的那样，每个请求和响应通常有几个头。

User-Agent 头允许客户将它的浏览器实现(比如 Mozilla/5.0 和 Chrome/74.0.3729.169)告知服务器。这些信息非常有用，服务器可以据此对返回给浏览器的响应进行修正，因为不同的浏览器的能力和行为大相径庭。

消息头	类型	内容
User-Agent	请求	有关浏览器及其平台的信息
Accept	请求	客户可处理的页面类型
Accept-Charset	请求	客户可接受的字符集
Accept-Encoding	请求	客户可处理的页面编码
Accept-Language	请求	客户可处理的自然语言
If-Modified-Since	请求	检查新鲜度的日期和时间
If-None-Match	请求	先前为检查新鲜度而发送的标签
Host	请求	服务器的 DNS 名称
Authorization	请求	客户的凭据列表
Referer	请求	该请求前面发送过来的 URL
Cookie	请求	前面送回给服务器的 Cookie 设置
Set-Cookie	响应	客户存储的 Cookie
Server	响应	关于服务器的信息
Content-Encoding	响应	内容如何编码(比如 gzip)
Content-Language	响应	页面使用的自然语言
Content-Length	响应	页面以字节计的长度
Content-Type	响应	页面的 MIME 类型
Content-Range	响应	标识了页面内容的一部分
Last-Modified	响应	页面最后修改的日期和时间
Expires	响应	页面不再有效的日期和时间
Location	响应	告诉客户将请求发送到哪里
Accept-Ranges	响应	指出服务器能接受的请求的字节范围
Date	请求/响应	发送消息的日期和时间
Range	请求/响应	标识一个页面的一部分
Cache-Control	请求/响应	指示如何对待缓存
ETag	请求/响应	页面内容的标签
Upgrade	请求/响应	发送方希望切换的协议

图 7-27 一些重要的消息头

如果客户对于哪些页面类型是可以接受的有能力上的限制，则可以用 4 个 Accept 头告诉服务器它愿意接受什么。第一个头指定了哪些 MIME 类型是欢迎的(比如 text/html)。第二个头给出了字符集(比如 ISO-8859-5 或者 Unicode-1-1)。第三个头处理压缩方法(比如 gzip)。第四个头指明了一种自然语言(比如西班牙语)。如果服务器有一组页面可供选择，那么它可以利用这些信息向客户提供需要的页面；如果它不能满足客户的请求，则返回一个错误码,该请求失败。

If-Modified-Since 和 If-None-Match 头用于缓存。它们允许客户在请求一个页面时,只有当缓存的副本不再有效时才发送该网页。稍后将描述缓存机制。

Host 头是服务器的名称。它是从 URL 中取出来的。这个头是强制性的。它是有用的,因为有些 IP 地址可能对应多个 DNS 名称,所以服务器需要某种方法告知客户应该把一个请求传递给哪个主机。

对于那些被保护的页面,Authorization 头是必需的。在这种情况下,客户可能需要证明自己有权查看被请求的页面。这个头就用于这种情形。

客户使用(有拼写错误的)Referer 头来给出那个引用了当前被请求 URL 的 URL。绝大多数情况下,这是前一页的 URL。这个头对于跟踪 Web 浏览过程特别有用,因为它向服务器说明了客户是如何到达该页面的。

Cookie 是服务器放在客户计算机上的一些小文件,通过它们记住一些信息供以后使用。一个典型的例子是,电子商务 Web 站点利用客户侧的 Cookie 记住当前客户迄今为止已经订购过哪些商品。每次当客户在她的购物车中增加一个商品时,该 Cookie 就被更新,以反映这一新订购的商品。尽管 Cookie 是在 RFC 2019 中而不是在 RFC 2616 中被阐述的,它们也有头。Set-Cookie 头用于说明服务器如何向客户发送 Cookie。客户预期应该将 Cookie 保存起来,并且在后续的请求中利用 Cookie 头将它返回给服务器。(请注意,针对 Cookie 有一个新的规范,其中说明了一些新的头,即 RFC 2965,但是它在很大程度上已经遭到工业界拒绝,没有被广泛实现。)

在响应中用到了许多其他的头。Server 头允许服务器标识出它的软件构造(如果它愿意)。

接下来的 5 个头,都以"Content"开头,允许服务器描述它发送的页面的属性。

Last-Modified 头说明了该页面何时被最后一次修改,Expires 头说明了该页面能保持有效的时间。这两个头在页面缓存机制中扮演了重要的角色。

Location 头被服务器用来通知客户,它应该尝试另一个 URL。如果页面已经被移动,或者允许多个 URL 指向同一个页面(可能在不同的服务器上),则可以使用这个头。它也可被用于这样的一些公司:公司的主 Web 页面在 com 域中,但是它根据客户的 IP 地址或者首选的语言,将客户重定向到一个国家或地区的页面上。

如果一个页面非常大,则小客户可能不想一次获取所有的内容。有些服务器可以接受对于有字节范围限定的请求,所以该页面可以通过多个小单位的请求获取。Accept-Ranges 头声明了服务器愿意处理的此类请求的字节范围。

现在来看一看可以在请求和响应两个方向上同时使用的头。Date 头可用在两个方向上,它包含了消息被发送的日期和时间,而 Range 头则给出在响应中提供的页面的字节范围。

ETag 头给出了一个简短的标签,作为该页面的内容的一个名称。它被用于缓存。

Cache-Control 头给出了有关如何缓存(或更通常的是,如何不缓存)页面的其他显式指示。

最后,Upgrade 头被用于切换到一个新的通信协议,比如未来的 HTTP 或一个安全的传输协议。它允许客户声称自己支持什么协议,也允许服务器声称自己正在使用什么协议。

缓存

人们通常会返回到他们以前浏览过的 Web 页面，而且相关的 Web 页面往往具有同样的嵌入资源，比如，用于跨越整个网站导航的图像，以及常见的样式表和脚本。如果每次显示这些页面的时候都要向服务器获取所有的资源，这将非常浪费，因为浏览器已经有一份副本了。

将已经获取的页面存储起来供日后使用的处理机制称为缓存(caching)。其优点是，当一个缓存的页面被重复使用时，没有必要进行重复的传输。HTTP 有内置的支持以帮助客户识别出何时它们可以安全地重用页面。这种支持减少了网络流量和延迟，从而提高了性能。这里要权衡的点在于，浏览器现在必须存储页面；但是，因为本地存储非常廉价，所以这几乎总是一个值得做的权衡选择。这些页面通常被保存在磁盘上，当稍后浏览器运行时它们就可以使用了。

HTTP 缓存的困难在于如何确定一个页面以前缓存的副本就是它要重新获取的页面。这不能仅依靠 URL 作出。比如，URL 可能会给出一个要显示最新新闻条目的页面。即使该 URL 保持不变，该页面的内容也要经常更新。另一种情况是，页面的内容可能是来自希腊和罗马神话中的诸神列表，这个页面应该改变得不会那么快。

HTTP 使用两个策略解决这个问题。如图 7-28 所示，这些策略作为请求(第 1 步)和响应(第 5 步)之间进行处理的形式。第一个策略是检查过期(第 2 步)。首先询问缓存，如果对请求的 URL 它有该页面的副本，而且该副本已知是新鲜的(即仍然有效)，那么就没有必要从服务器重新获取，可以直接返回缓存的页面。该缓存的页面最初被获取时返回的 Expires 头以及当前的日期和时间可以被用来作出这一决定。

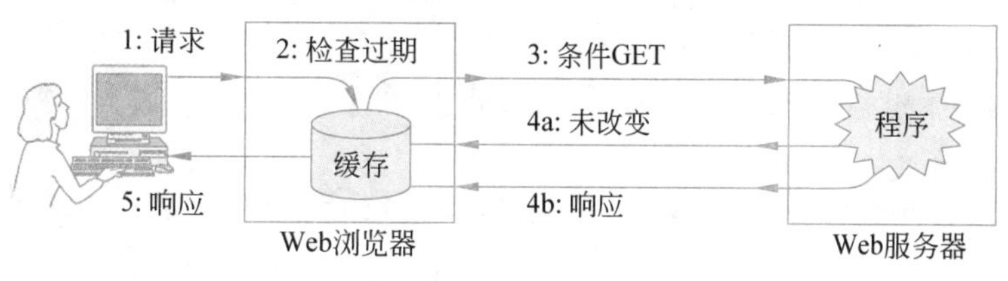

图 7-28 HTTP 缓存

然而，并非所有的页面都有 Expires 头。毕竟，做出预测是困难的——尤其是关于未来的预测。在这种情形下，浏览器可以使用启发式策略。比如，如果该页面在过去的一年里没有被修改(从 Last-Modified 头可以获知)，那么它极有可能在接下来的一小时里不会有所改变，这是一个相当安全的预测；然而，这没有任何保证，也可能是一个很糟糕的预测；比如，那一天股市可能已经关闭了，所以该页面数小时都不曾改变；但一旦下一个交易时段开始后它将迅速发生变化。因此，一个页面的可缓存性随着时间的推移可能变化很大。基于这个原因，应谨慎使用启发式策略，尽管它们往往在实践中工作得很好。

找到没有过期的页面是缓存最有收益的用途，因为这意味着根本不需要联系服务器。不幸的是，它并不总是能工作得很好。服务器必须谨慎地使用 Expires 头，因为它们可能无法确定一个页面何时将被更新。因此，缓存的副本可能仍然是新鲜的，但客户并不知道。

第二个策略将用在这种情形下。它询问服务器，缓存的副本是否仍然有效。这个请求是一个条件 GET(conditional GET)，如图 7-28 中第 3 步所示。如果服务器知道这一缓存的副本仍然是有效的,那么它可以发送一个简短的响应——说"是的"(第4a步);否则,它必须发送完整的响应(第4b步)。

还有更多的头字段可用来让服务器检查一个缓存的副本是否仍然有效。客户从Last-Modified头可以获知一个缓存页面的最后更新时间。它可以使用If-Modified-Since头将该时间发送给服务器,询问服务器该页面在此期间是否发生过改变。关于缓存还有很多话题,因为它对于性能有极大的影响,但是,这里并不是讨论这些话题的地方。无须惊奇,在Web上有许多指导材料,只需搜索Web caching(Web缓存)就可以很容易地找到这些材料。

HTTP/1 和 HTTP/1.1

浏览器与服务器联系最常用的方法是与服务器计算机上的端口443(这是针对HTTPS,针对HTTP是端口80)建立一个TCP连接,虽然这个过程并不是形式上正式要求的。使用TCP的价值在于浏览器和服务器都不需要担心如何处理长消息、可靠性或拥塞控制。所有这些事情都由TCP实现负责处理。

在Web早期的HTTP/1中,连接被建立起来以后,只有一个请求在该连接上发送,然后一个响应被发送回来,最后该TCP连接就被释放了。那时,典型的Web页面整个都是由HTML文本构成的,在这样的环境下,这种方法足够用了。很快地,普通的Web页面发展成了含有大量的嵌入内容链接,比如图标以及其他好看的物件。为了传输每个图标都建立一个单独的TCP连接,这种操作方式代价太昂贵了。

这种现象导致了HTTP/1.1的诞生,它支持**持续连接**(persistent connection)。有了持续连接,就有可能建立一个TCP连接,在其上发送一个请求并得到一个响应,然后再发送额外的请求并得到额外的响应。这种策略也称为**连接重用**(connection reuse)。通过把TCP连接的建立、启动和释放等开销分摊到多个请求上,相对于每个请求的TCP开销就被降低了。而且,这些请求的流水线处理也有可能了,也就是说,在请求1的响应到来以前就可以发送请求2。

这3种情形的性能差异如图7-29所示。图7-29(a)部分显示了3个请求,一个接着一个,每一个都在一个单独的连接中。假设这表示一个Web页面,其中有两个嵌入的图像在同一台服务器上。这两个图像的URL是在主页面被获取的时候被确定的,所以,它们在主页面之后被获取。如今,一个典型的页面大约有40个其他对象,这些对象必须都获取到才能展示该页面,但是这将使图7-29太大,所以在图7-29中只使用两个嵌入的对象。

在图7-29(b)中,通过一个持续的连接获取该页面。也就是说,TCP连接在开始的时候就打开了,然后发送同样的3个请求,跟7-29(a)的情形一样,一个接着一个,然后才关闭该连接。可以观察到页面的获取任务完成得更快了。加速的原因有两个。第一,时间没有浪费在建立额外的连接上。每个TCP连接要求至少一个往返时间才能建立。第二,相同图像的传输处理起来更加迅速。为什么会这样?这是因为TCP的拥塞控制。在一个连接的开始阶段,TCP使用慢速启动过程增加吞吐量,直到它了解网络路径的行为。这个预热期导致的结果是多个短TCP连接比一个长TCP连接传输信息所需的时间不成比例地长得多。

最后,在图7-29(c)中,有一个持续连接,并且这些请求被流水线化了。具体来说,一旦主页已经有足够多的内容被获取,就可以确定这两个图像必须被获取,于是第二个和第三个

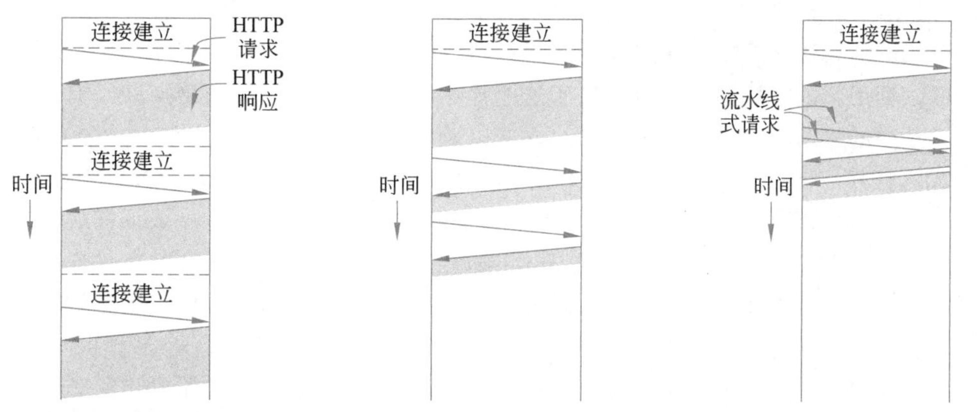

(a) 具有多个连接和顺序的请求　(b) 具有一个持续连接和顺序的请求　(c) 具有一个持续连接和流水线式请求

图 7-29　3 种情况下的 HTTP

请求应该尽快发送出去。这些请求的响应最终紧随其后。这种方法削减了服务器处于空闲状态的时间，所以进一步提高了性能。

然而，持续连接不是免费的午餐。一个新的问题出现了，那就是什么时候关闭该连接。跟一个服务器的连接在页面加载时应该保持打开状态。然后呢？一个很好的机会是，用户将单击一个链接，而该链接请求该服务器的另一个页面。如果连接保持打开状态，那么下一个请求可立即被发送出去。然而，谁也不能保证客户将很快地向服务器发出另一个请求。在实践中，客户和服务器通常将持续连接保持打开状态，直到它们已经闲置一小段时间（比如 60s），或者它们已经打开了大量的连接，因而必须关闭一些连接。

细心的读者可能已经注意到还有一种组合，而到目前为止还没有提及。在每个 TCP 连接上发送一个请求，但同时并行打开多个 TCP 连接，这也是有可能的。这种并行连接（parallel connection）方法在持续连接以前被浏览器广泛使用。它具有与顺序连接相同的缺点——额外的开销，但性能比顺序连接要好得多。这是因为，并行地建立连接和启动连接本身就隐藏了一些延迟。在上面的例子中，针对两个嵌入图像的连接可以同时建立。然而，跟同一个服务器运行许多个 TCP 连接会令人沮丧。原因在于，TCP 为每个连接单独执行拥塞控制。因此，这些连接彼此竞争，使得数据包丢失加剧，而且这样聚合起来比单个连接具有更多贪婪的网络用户。持续连接则更加优越，比并行连接更优先，因为它们避免了开销，而且不会遭受拥塞问题。

HTTP/2

HTTP/1 从 Web 一开始就已经有了，而 HTTP/1.1 是 2007 年编写的。到 2012 年，它显得有点陈旧了，所以 IETF 建立了一个工作组以创建一个新的协议，后来变成了 HTTP/2。这一工作的起点是 Google 公司此前已经设计的称为 SPDY 的协议。最后的产物是 2015 年 5 月发表的 RFC 7540。

该工作组试图达成以下几个目标：

(1) 允许客户和服务器选择要使用哪个 HTTP 版本。

(2) 尽可能维持与 HTTP/1.1 的兼容性。

(3) 通过多路复用、流水线、压缩等各种方法提高性能。

(4) 支持浏览器、服务器、代理、分发网络等已经在使用的已有实践做法。

一个关键的想法是维持后向兼容性。已有的应用必须能够跟HTTP/2一起工作,但新的应用可以利用新的特性提高性能。出于这个原因,头、URL和通用的语义并没有多大改变。实际改变的是所有这些部分被编码的方式以及客户与服务器交互的方式。在HTTP/1.1中,客户打开一个跟服务器之间的TCP连接,以文本方式在该连接上发送一个请求,等待响应,在许多情形下随后就会关闭该连接。为了获取整个Web页面,可根据需要多次重复这一过程。在HTTP/2中,一个TCP连接被建立起来,然后许多请求可在该连接上发送,以二进制方式,可能还有优先级,而服务器可以按照任何它所希望的顺序响应这些请求。只有当所有这些请求都被回答以后,该TCP连接才被终止。

HTTP/2通过一种称为服务器推送(server push)的机制,使得服务器可以将一些它知道有必要但客户开始时可能还不知道的文件推送过去。比如,如果客户请求一个Web页面,并且服务器看到它使用了一个样式表和一个JavaScript文件,那么,服务器在接收到对这两个文件的请求以前就会将该样式表和JavaScript文件发送过去。这消除了一些延迟。图7-30中显示了在HTTP/1.1和HTTP/2中获得同样信息(一个Web页面、它的样式表和两个图像)的例子。

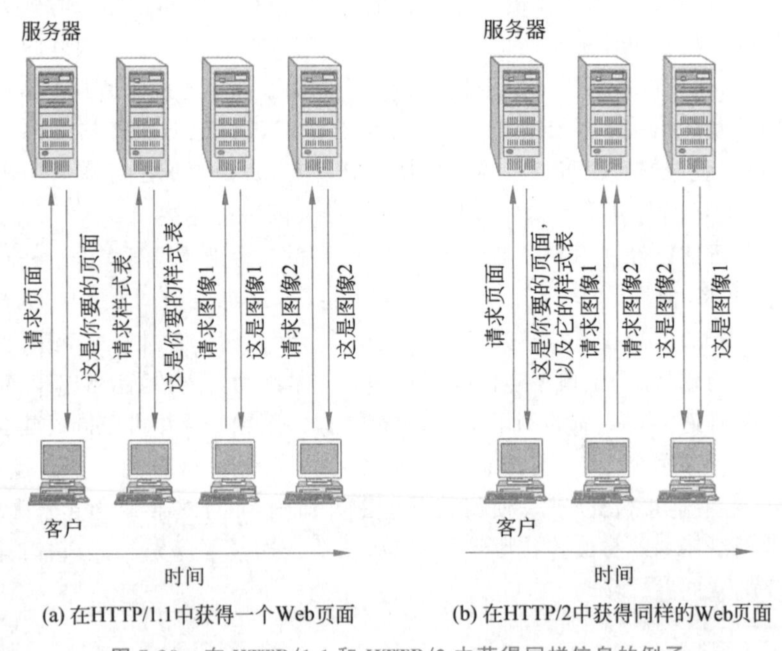

(a) 在HTTP/1.1中获得一个Web页面　　(b) 在HTTP/2中获得同样的Web页面

图7-30 在HTTP/1.1和HTTP/2中获得同样信息的例子

请注意,图7-30(a)对于HTTP/1.1来说是最好的情形,这里多个请求可以在同一个TCP连接上连续地发送过去,但规则是,它们必须按顺序进行处理,结果也按顺序发送回来。在HTTP/2中,如图7-30(b)所示,这些响应可以按任何顺序发送回来。比如,如果图像1非常大,那么服务器可能先送回图像2,所以,浏览器可能在图像1的数据准备好以前先开始用图像2显示该页面。这在HTTP/1.1中是不允许的。同时也要注意到,在图7-30(b)中,浏览器尚未请求样式表,服务器就先发送它了。

除了在同样的TCP连接上对多个请求进行流水线和多路复用处理以外,HTTP/2还对头进行压缩，并且以二进制方式发送这些头，从而降低带宽使用和延迟。一个 HTTP/2 会话包含了一系列帧，每个帧都有单独的标识符。响应的顺序可能与请求的顺序不相同，如图 7-30(b)中所示，但是，由于每个响应都包含了对应请求的标识符，所以，浏览器可以确定每个响应对应于哪个请求。

在 HTTP/2 的开发过程中，加密是一个痛点。有的人强烈地想要加密，也有的人同样强烈地反对加密。反对的声音几乎都跟物联网应用相关，在这些应用中“物”没有足够的计算能力。最终，加密并非标准所必须要求的，但所有的浏览器都要求加密，所以事实上加密是无处不在的，至少对于 Web 浏览器是这样的。

HTTP/3

HTTP/3(或者简单地写为 **H3**)是 HTTP 的第三个大的修订版本，它是作为 HTTP/2 的后继者而设计的。HTTP/3 与 HTTP/2 的主要差别是它用来支持 HTTP 消息的传输协议：它不再依赖于 TCP，而是一个称为 **QUIC** 的 UDP 增强版本，而 QUIC 又依赖于运行在 UDP 之上的用户空间拥塞控制机制。HTTP/3 最开始的时候只是简单地基于 QUIC 运行 HTTP，现在已经变成了该协议最新建议的主要修订版本了。当前已经有许多开源库支持 QUIC 和 HTTP/3 的客户和服务器逻辑，使用的语言包括 C、C++、Python、Rust 和 Go。包括 nginx 在内的流行的 Web 服务器现在也通过补丁的方式支持 HTTP/3。

QUIC 传输协议支持流的多路复用以及每个流的流量控制，类似于在 HTTP/2 中提供的能力。流层次的可靠性和连接范围的拥塞控制可以极大地提高 HTTP 的性能，因为拥塞信息可以跨会话被共享，而可靠性的成本可以由多个并行获取对象的连接分摊。一旦跟某个服务器端点已经存在一个连接了，则 HTTP/3 允许客户对于多个不同的 URL 复用同样的连接。

HTTP/3 基于 QUIC 运行 HTTP，它承诺了许多可能的超越 HTTP/2 的性能增强，主要是源于 QUIC 为 HTTP(相比 TCP)带来的优势。在某种程度上，QUIC 可以被看作下一代的 TCP。它无需在客户和服务器之间额外的往返时间就能建立连接；如果在客户和服务器之间上一个连接已经建立起来了，那么，用零个往返重新建立连接也是可能的，只要上一个连接的秘密已经建立并且被缓存起来了。QUIC 保证在单个流内的字节是可靠的、按序递交的，但是，相对于其他 QUIC 流的字节，它不提供任何保证。QUIC 确实也允许单个流内错序提交，但是 HTTP/3 并没有使用这一特性。基于 QUIC 的 HTTP/3 将仅仅支持使用 HTTPS 执行；向 HTTP URL 的请求(越来越过时了)将不能升级到使用 HTTP/3。有关 HTTP/3 的更多细节，请参见 https://http3.net。

7.3.5　Web 隐私

最近几年间最重要的一个顾虑是与 Web 浏览相关的隐私担忧。Web 站点、Web 应用以及其他第三方通常利用 HTTP 中的机制跟踪用户的行为，无论是在单个 Web 站点或应用的内部，还是跨越 Internet 的情形。而且，攻击者可能会挖掘出浏览器内部的各种信息边信道(side channel)来跟踪用户。本节讲述一些用于跟踪用户的机制以及对单独的用户和设备进行指纹标识的机制。

Cookie

实现跟踪的一种常规方法是在客户设备上放置一个 Cookie(实际上是少量的数据),然后当后续访问各个 Web 站点时客户再将其发送回去。当一个用户请求一个 Web 对象(比如一个 Web 页面)时,Web 服务器可能利用 HTTP 中的 Set-Cookie 头将一小片持久的状态(称为 Cookie)放在用户的设备上。利用这一 Cookie,传给客户设备的数据后续就存储在该设备本地。当该设备未来访问此 Web 域的时候,该 HTTP 请求也会把 Cookie 传递过去。

第一方——HTTP Cookie(即用户想要访问的 Web 站点的域所设置的 Cookie,比如购物或新闻 Web 站点)对于改进用户在许多 Web 站点上的体验是非常有用的。比如,Cookie 通常被用于在一个 Web 会话中保持状态。它们使得一个 Web 站点可以跟踪一个用户在该 Web 站点上正在发生的行为的有用信息,比如他们最近是否登录到该 Web 站点上,或者他们把哪些商品放到购物车里了。

一个域设置的 Cookie 通常仅对于最初设置该 Cookie 的域才可见。比如,一个广告网络可能在一个用户设备上设置一个 Cookie,但是没有其他第三方可以看到这个 Cookie。这一 Web 安全策略称为同源策略(same-origin policy),可以防止一方读取另一方设置的 Cookie,从某种程度上可以限制有关一个用户的信息如何被共享。

虽然第一方 Cookie 通常被用于改进用户体验,但是第三方,比如广告商和跟踪公司也可以在客户设备上设置 Cookie,当用户跨越整个 Internet 浏览不同 Web 站点的时候,第三方通过这些 Cookie 可以跟踪用户访问的站点。此跟踪过程如下进行:

(1) 当一个用户访问一个 Web 站点时,除了用户直接请求的内容以外,该设备可能也会加载来自第三方站点的内容,包括来自广告网络的域的内容。加载一个来自第三方的广告或者脚本,使得此第三方可以在该用户的设备上设置一个唯一的 Cookie。

(2) 该用户以后可能访问 Internet 上不同的站点,而这些站点也会加载来自同一个第三方的 Web 对象(这个第三方在不同的站点上也设置了跟踪信息)。

这种做法的一个常见例子可能是两个不同的 Web 站点都使用了同样的广告网络提供广告服务。在这种情形下,广告网络将会看到:①用户的设备返回该广告网络在另一个 Web 站点上设置的 Cookie;②为加载广告商的对象而发出的请求有一个相伴的 HTTP referer 请求头指示了该用户设备正在访问的原始站点。这种做法通常称为跨站点跟踪(cross-site tracking)。

对于超级 Cookie(super Cookie)和其他本地存储的跟踪标识符,用户不可能像对于常规 Cookie 那样进行控制,它们可以允许一个中间商跟踪一个用户随着时间而跨越 Web 站点的行为。唯一标识符可以包含诸如在 HTTP 头中编码的第三方跟踪标识符[特别是(HSTS,HTTP Strict Transport Security,HTTP 严格传输安全性)](当用户清除其(Cookie 时这些标识符不会被清除)之类的数据,并且中间的第三方(比如移动 ISP)可以对穿越一个网络段的未加密 Web 流量插入标签。这使得这些第三方(比如广告商)可以对用户在跨越一组 Web 站点进行浏览时的行为建立一个画像,类似于广告网络和应用提供商使用的 Web 跟踪 Cookie。

第三方跟踪器

跨越许多站点使用的第三方域发起的 Web Cookie 可以让一个广告网络或者其他的第

三方在任何一个已经部署了跟踪软件的站点(即任何一个携带了它们的广告、共享按钮或者其他嵌入式代码的站点)上跟踪一个用户的浏览习惯。广告网络和其他的第三方往往跨越一个用户浏览的一组Web站点跟踪该用户的浏览模式,它们通常使用基于浏览器的跟踪软件。在有些情形下,第三方可能会开发它自己的跟踪软件(比如Web分析软件)。在其他的情形下,它们可能使用不同的第三方服务来收集和聚合用户的跨站点行为。

Web站点可能允许广告网络和其他的第三方跟踪器在它们的站点上进行操作,允许它们收集要分析的数据,在其他的Web站点上做宣传(称为重定目标),或者对Web站点的可用广告空间进行商业化运营(小心地放置一些有针对性的广告)。广告商利用各种跟踪机制收集有关用户的数据,比如HTTP Cookie、HTML 5对象、JavaScript、设备指纹、浏览器指纹以及其他常见的Web技术。当一个用户访问了多个采用同样的广告网络的Web站点时,该广告网络识别出该用户的设备,并跟踪用户在不同时间的Web行为。

使用这样的跟踪软件,一个第三方或者广告网络可以发现一个用户的互动、社交网络和联系人、喜好、兴趣、购物等信息。由于跟踪的广度和范围扩大,通过这些信息,可以精确地跟踪一个广告是否带来了一次购物行为,可以映射人与人之间的关系,可以创建更详细的用户跟踪画像,操控更高目标的广告,还可以做更多的事情。

即使在有些情形下,某个人不是一个特定服务(比如社交媒体站点、搜索引擎)的注册用户,或者已经停止使用该服务了,或者已经退出了这一服务,他们通常仍然被第三方(和第一方)跟踪器跟踪了。这些第三方跟踪器越来越聚集在几个大的提供商手里。

除了通过Cookie实现的第三方跟踪以外,广告商和第三方跟踪器也通过其他技术跟踪用户的浏览行为,这样的技术包括画布指纹(一种浏览器指纹)、会话重放(第三方通过会话重放可以看到它与一个特定Web页面的每一次用户交互的回放),甚至通过挖掘一个浏览器或口令管理器的auto-fill特性来发送回Web表单的数据(通常在一个用户真正填充表单以前)。这些越来越复杂的技术可以提供有关用户行为和数据的详细信息,包括细粒度的细节,比如用户的鼠标滚动和点击,甚至在有些情形下还有当前用户在给定Web站点上的用户名和口令(从用户一方来看,这是有意采集的;而从Web站点一方来看,这是无意采集的)。

最近的一项研究表明,某些特定的第三方跟踪软件非常普及。这项研究也发现,在各种第一方站点中,新闻站点有大量的跟踪方;就跟踪而言,其他流行的类目包括艺术、运动和购物Web站点。跨设备跟踪是指将一个用户跨多个设备(比如智能手机、平板计算机、桌面计算机以及其他的智能设备)的行为链接起来的做法。其目标是:即使用户使用不同的设备,也要跟踪他们的行为。

跨设备跟踪的某些特定方面可能会改进用户的体验。比如,如同在单个设备或者浏览器上的Cookie一样,跨设备跟踪可使得当用户从一个设备转移到另一个设备上时获得无缝的体验(比如,从用户之前离开的地方继续阅读一本书或者观看一部电影)。跨设备跟踪对于防止欺骗也是非常有用的。比如,一个服务提供商可能注意到一个用户在一个完全新的位置、从一个不熟悉的设备登录。当一个用户试图从一个未识别的设备登录时,服务提供商可以采取额外的步骤认证该用户(比如双因子认证)。

跨设备跟踪通常被第一方服务广泛采用,包括电子邮件服务提供商、内容提供商(比如流式视频服务)以及商业站点,但是第三方也正在越来越多地对用户进行跨设备跟踪。

(1) 跨设备跟踪可能基于一个持续的标识符,从而是确定性的,比如与某个特定用户绑定的一次登录。

(2) 跨设备跟踪也可能是概率性的。IP地址是概率标识符的一个例子,它可以用来实现跨设备跟踪。比如,诸如网络地址转换这样的技术可以使一个网络上的多个设备具有相同的公共IP地址。假设一个用户从一个移动设备(比如一部智能手机)访问一个Web站点,并且在家里和公司都使用该设备。第三方可以在该设备的Cookie中设置IP地址信息。然后,该用户可能表现出来自两个公共IP地址,一个在公司,另一个在家里,这两个IP地址可能被同样的第三方Cookie链接起来。然后,如果该用户从其他设备访问此第三方,并且这些设备共享了这两个IP地址之一,那么,这些额外的设备可以以极高的置信度被链接到同一用户上。

跨设备跟踪通常使用确定性和概率性技术的组合,这些技术中有很多并不要求用户登录到任何一个站点就可以启用这种类型的跟踪。比如,有些服务方提供了分析服务,即,当跨许多第一方Web站点被嵌入时,这种分析服务就使得第三方可以跨Web站点和设备跟踪一个用户。这些第三方通常利用一种称为**Cookie同步**(Cookie syncing)的做法跨设备和服务跟踪用户。本节后面还会介绍Cookie同步。

利用跨设备跟踪,有可能对更高层次的用户行为进行更为复杂的推断,因为来自不同设备的数据可以被结合起来,从而为单个用户的行为建立更加全面的画像。比如,关于一个用户的位置数据(从移动设备可采集到)可以与用户的搜索历史、社交网络行为(比如"喜好")结合起来,从而确定一个用户是否在一次在线搜索或者在线广告曝光之后本人进入了一家实体商店。

设备和浏览器指纹

即使用户关闭了常见的跟踪机制(比如第三方Cookie),Web站点和第三方仍然能够基于该设备返回给服务器的环境信息、上下文信息和设备信息进行用户跟踪。基于对这些信息的收集,第三方可能跨越不同站点、跨越时间,唯一地标识或者指纹化一个用户。

一种非常有名的指纹方法是一项称为**画布指纹**(canvas fingerprinting)的技术,在这项技术中,HTML画布被用来标识一个设备。HTML画布使得一个Web应用可以实时地绘制图形。字体渲染、平滑程度、维度以及其他一些特性上的差异可能使得每个设备在绘制一个图像时都有所不同,结果得到的像素可以被当作一个设备指纹来使用。这项技术于2012年被第一次发现,但直到2014年才吸引了公众关注。虽然当时对这一技术有强烈的抵制,但许多跟踪器继续使用画布指纹和相关的技术,比如画布字体指纹,即基于浏览器的字体列表标识一个设备;一项最近的研究发现,这些技术仍然出现在数千个站点上。

Web站点也可以使用浏览器API获得其他可用于跟踪设备的信息,包括诸如电池状态之类的信息,利用该信息,可以根据电池充电级别和放电时间跟踪一个用户。有一些报告描述了在知道一个设备的电池状态后,如何用它来跟踪一个设备,从而将一个设备与一个用户关联起来(Olejnik等,2015)。

Cookie同步

当不同的第三方跟踪器彼此共享信息时,即使用户访问的Web站点安装了不同的跟踪机制,这些第三方也可以跟踪每一个单独的用户。**Cookie同步**是很难检测的,它推动了不相干的第三方之间对有关单个用户的数据集进行合并，也带来了更加严重的隐私担忧。一份最近的研究表明，在第三方跟踪器之间Cookie同步的做法是非常广泛的。

7.4 流式音视频

电子邮件和Web应用并不是仅有的主要网络应用。对许多人来说，音频和视频才是网络的圣杯。当提及"多媒体"这个词时，无论技术人员还是商人都会不约而同地垂涎三尺。前者看到的是为每一台计算机提供高质量的IP语音和8K视频点播所隐含的巨大技术挑战。后者看到它同样隐含的丰厚利润。

虽然至少从20世纪70年代开始就有了通过Internet发送音频和视频的想法，但大约自2000年开始**实时音频**(real-time audio)和**实时视频**(real-time video)流量才真正有了猛烈的增长。实时流量与Web流量有很大的不同，它必须以某个预先设定的速率被播放出来才是有用的。毕竟，观看一个忽停忽动的慢动作视频不是大多数人的乐趣。相反，Web可以有短暂的中断，而且页面加载可以花费更多或更少的时间，在一定限度内这不是一个大问题。

有两件事情促进了这种实时流量的增长。首先，计算机变得更加强大，并且都配备了麦克风和摄像头，所以它们很容易地就能够输入、处理和输出音频及视频数据。其次，有大量的Internet带宽可以使用了。Internet核心网中的长途链路运行在许多个千兆位每秒的速率上，而且宽带和IEEE 802.11ac无线网已经到达Internet边缘的用户。这些发展使ISP可以在它们的骨干网携带巨大的流量，而且这意味着普通用户可以用比56kb/s的电话调制解调器快100～1000倍的速度连接到Internet。

大量的带宽使得音频和视频流量快速增长，但这里也有不同的原因。电话呼叫占用相对较少的带宽(原则上是64kb/s，压缩后更少)，但电话服务费历来比较昂贵。公司从中看到了契机，使用现有的带宽通过Internet承载语音流量，就可以减少他们的电话账单。比如Skype这样的新兴公司看到了一种方法，让客户使用他们的Internet连接拨打免费电话。傲慢自负的电话公司也看到了一种廉价的方法，使用IP网络设备承载传统的语音通话。结果是，通过Internet网络承载的语音数据有了爆发式增长，这也称为Internet电话(Internet telephony)，将在7.4.4节中讨论。

与音频不同，视频占用了大量的带宽。合理质量的Internet视频被压缩编码后，结果得到的数据流大约是8Mb/s(对于4K视频)，一部两小时的电影差不多有7GB数据。在宽带Internet接入以前，通过网络发送电影简直令人望而却步。现在完全不同了。随着宽带的普及，用户在家观看令人满意的流式视频第一次成为可能。人们乐此不疲。每天估计有大约1/4的Internet用户会访问YouTube，这是一个广受欢迎的视频共享站点。电影租赁业务已经转移到在线下载。而且规模庞大的视频改变了Internet流量的整体构成。大多数Internet流量早已经是视频，据估计，在几年内90%的Internet流量将是视频。

既然有了足够的带宽承载音频和视频，那么设计流式会议应用的关键问题就是网络的延迟。音频和视频需要实时展示，这意味着它们必须以预定速率被播放出来才有用。高延迟意味着应该互动的呼叫不再能互动得起来。如果你曾经用过卫星电话，对这个问题就会很清楚，当延迟达到半秒时相当令人分散注意力。通过网络播放音乐和电影，绝对的延迟并不要紧,因为它仅仅影响到何时开始播放媒体。但延迟的变化——称为抖动(jitter),仍然非常重要。抖动必须被播放器掩饰掉,否则播放出来的音频听起来令人难以理解,播放出来的视频则看起来忽动忽停。

顺便提一下,多媒体(multimedia)这个术语经常在 Internet 的上下文环境中被用来表示视频和音频。从字面上看,多媒体只是两个或两个以上的媒体。按照这个定义,本书就是一个多媒体展示,因为它包含了文字和图形(插图)。然而,这可能并不是你理解的多媒体,所以使用“多媒体”一词意味着两个或两个以上的连续媒体(continuous media),也就是说,媒体必须可以以某个良好定义的时间间隔被播放。两个媒体通常是指有音频的视频,也就是说,随着声音移动图像。音频和气味的结合可能还需要一段时间。许多人把纯粹的音频也称为多媒体,比如 Internet 电话或 Internet 电台,这显然不是很恰当的。其实,对于所有这些情形,一个更好的术语是流媒体(streaming media)。尽管如此,本书随大流,把实时音频也当作多媒体来考虑。

7.4.1 数字音频

音频(声音)波是一种一维声(压力)波。当声波进入耳朵时,鼓膜发生振动,从而引起内耳的微细感骨与之一起振动,并向大脑发送神经脉冲。听者感觉到的这些脉冲就是声音。以类似的方式,当声波到达麦克风时,麦克风产生一个电信号,该电信号将声音振幅表示为时间的函数。

人耳能听到的频率范围是 20~20 000Hz。有些动物,特别是狗,能够听到更高的频率。耳朵听见的声音符合对数关系,所以,功率为 A 和 B 的两种声音的比率,按照惯例被表示成分贝(**dB**,decibel),即 $10\log_{10}(A/B)$。如果将 1kHz 正弦波的能听度低限(约 20μPa 的声音压力)定义为 0dB,那么普通谈话大约是 50dB,耳朵感觉到痛的阈值大约是 120dB。变化的范围达 100 万倍。

令人惊讶的是人耳对于持续时间仅仅几毫秒的声音变化也非常敏感。相反,眼睛却察觉不到持续时间为几毫秒的光度变化。这种观察的结果是,在多媒体播放中仅仅几毫秒的抖动对于可感知到的声音质量的影响要显著大于对于可感知到的图像质量的影响。

数字音频是声波的数字表示,这种表示可被用来重建声波。通过模数转换器(Analog Digital Converter,**ADC**)可以将声波转换成数字形式。ADC 以电压作为输入,生成一个二进制数作为输出。在图 7-31(a)中,我们看到一个正弦波的例子。为了用数字方式表示该信号,可以每隔 ΔT 秒对它采样一次,如图 7-31(b)中的竖条所示。如果一个声波不是纯正弦波,而是若干正弦波的线性叠加,并且其中最高的频率成分为 f,那么,根据奈奎斯特定理(参见第 2 章),以 $2f$ 的频率对该信号进行采样就足够了。更高的采样频率没有意义,因为更高频率的采样能检测到的更高频率在这里不存在。

相反的过程是:以数字值作为输入,产生一个模拟电压。这个过程是由数模转换器(Digital-to-Analog Converter,**DAC**)完成的。然后,扬声器将模拟电压转换成声波,因而人们可以听到声音。

音频压缩

为了减少带宽需求和传输时间,音频通常被压缩了,尽管音频数据速率比视频数据速率

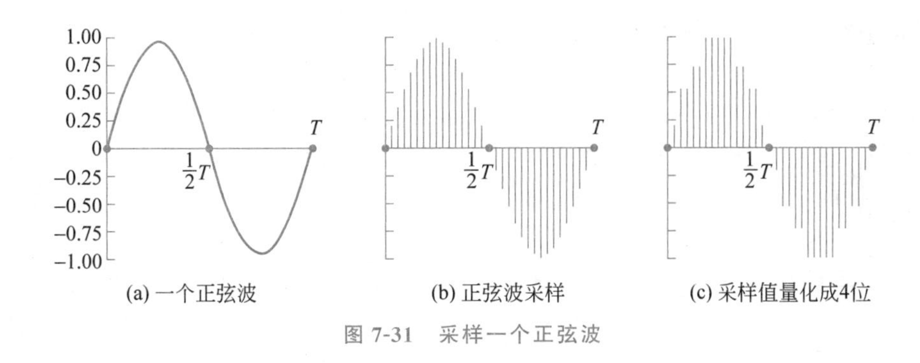

图 7-31　采样一个正弦波

要低得多。所有的压缩系统都有两个算法：一个用于源方压缩数据，另一个用于目标方解压数据。在文献中，这两个算法分别称为编码（encoding）算法和解码（decoding）算法。本书将沿用这些术语。

压缩算法表现出一定的不对称性，理解这一点非常重要。尽管首先考虑音频，但这些不对称性对于视频也是成立的。第一个不对称性适用于编码源材料。对于许多应用来说，多媒体文档只被编码一次（当它被存储在多媒体服务器上时），但将被解码几千次（每当它被客户播放时）。这种不对称性意味着，编码算法较慢而且要求昂贵的硬件是可以接受的，只要解码算法速度快而且不要求昂贵的硬件即可。

第二个不对称性在于编码/解码过程不必是可逆的。也就是说，当压缩、传输、然后解压缩一个数据文件时，用户期望得到原始的准确的数据，直到最后一位。对于多媒体而言，这一要求并不存在。音频（或视频）信号经过编码，然后再被解码，得到的信号与原始的数据略有不同，这通常是可以接受的，只要它听起来（或看起来）和原始的数据一样即可。当解码的输出不完全等同于原始的输入时，该系统就是有损的（lossy）；如果输入和输出完全相同，则该系统就是无损的（lossless）。有损系统很重要，因为接受少量信息的丢失，通常意味着有可能在压缩率方面获得巨大的回报。

许多音频压缩算法已经开发出来了。可能最流行的格式是 **MP3**（MPEG audio layer 3，**MPEG 音频层 3**），以及在 **MP4**（MPEG-4）文件中携带的高级音频编码（Advanced Audio Coding，**AAC**）。为了避免混淆，需要注意的是 MPEG 提供了音频和视频压缩。MP3 是指 MPEG-1 标准中的音频压缩部分（第 3 部分），而不是 MPEG 的第 3 个版本。MPEG 的第 3 个版本由 MPEG-4 取代。AAC 是 MP3 的后继者，也是 MPEG-4 中使用的默认音频编码。MPEG-2 允许 MP3 和 AAC 音频。现在说清楚了吗？有关标准的好处就是有这么多的选择。如果你不喜欢它们之中的任何一个，只有再等上一年或两年。

音频压缩可以通过两种方式完成。在波形编码（waveform coding）中，它通过一个傅里叶变换将信号转换成频率分量。在第 2 章中，图 2-12（a）所示的例子显示了一个时间函数以及它的傅里叶振幅。然后以最小的方式对每个分量振幅进行编码。这样做的目标是在另一端以尽可能少的位数相对精确地重现该波形。

另一种方式称为感知编码（perceptual coding），它利用了人类听觉系统中的某些特定缺陷对信号进行编码，即使通过示波器观察到的信号有很大的不同，但在人听起来还是一样的。感知编码建立在心理声学（psychoacoustics）的基础上，它研究人是如何感觉到声音的。MP3 和 AAC 都是基于感知编码的。

感知编码在现代多媒体系统中占据优势,所以首先来看一看它。一个关键特性是某些声音可以屏蔽(mask)其他的声音。比如,想象在一个温暖的夏日里,你正在现场直播一场长笛音乐会。然后,突然间,出现了一群工人带着手提电钻,他们惊扰到整条街道,淹没了音乐会的声音。没有人能够听得到长笛的声音,所以,你可以只传输电钻的频率,听的人将得到同样的"音乐"效果,就好像仍然在广播长笛的声音。这样你可以节省带宽。这被称为频率屏蔽(frequency masking)。

当电钻停下来时,在一段比较短的时间内你也不必马上开始广播长笛的频率,因为当耳朵选中了一个高的声音时它会降低增益,它需要一点时间重置增益。在此恢复期间传输这些低幅值的声音是没有意义的,省略这些声音可以节省带宽。这被称为暂时屏蔽(temporal masking)。对听者感知不到的这些音频不进行编码或传输,这是感知编码重度依赖的手段。

7.4.2 数字视频

上面讨论了所有关于耳朵的事情,是时候把注意力转移到眼睛上了(当然本节不会在眼睛之后再转到鼻子上)。人类的眼睛有个特点,当一幅图像出现在视网膜上时,图像在消失以前会在视网膜上停留数毫秒。如果一个图像序列以每秒 50 幅的速率进行绘制,那么,眼睛不会注意到它在看这些离散的图像。自从 1895 年卢米埃尔兄弟发明了电影放映机以来,所有的视频系统都利用这个原理产生运动的图片。

视频最简单的数字表示法是一个帧序列,每一帧包含一个由图像元素或者像素(pixel)组成的矩形网格。对于屏幕,常见的尺寸包括 1280×720(称为 **720p**)、1920×1080(称为 **1080p** 或者 **HD** 视频)、3840×2160(称为 **4K**)和 7680×4320(称为 **8K**)。

在大多数系统中,每个像素使用 24 位,其中每 8 位表示一种基色——红、绿和蓝(RGB)分量。红、绿和蓝是加色法的 3 种基色,任何一种其他的颜色都可以通过叠加适当强度的红、绿、蓝构造出来。

老的帧速率从 24 帧/秒(这是传统的胶片电影使用的帧速率),经过 25 帧/秒(世界上绝大多数地方的 PAL 系统使用的帧速率),发展到 30 帧/秒(美国 NTSC 电视)。实际上,如果严格来说,NTSC 使用的是 29.97 帧/秒,而不是 30 帧/秒,这是由于在从黑白电视到彩色电视的转换过程中工程师们引入的一个做法造成的。在这一转换中,需要一点带宽用于颜色管理部分,所以他们通过将帧速率减少 0.03 帧/秒以获得这一点带宽。PAL 从一开始就使用了颜色,所以真正的速率恰好是 25 帧/秒。在法国,一个略微不同的系统称为 SECAM,它被部分地进行了开发,以保护法国的公司避免德国电视制造商的影响。它也运行在恰好 25 帧/秒的速率上。

为了减少在空中广播电视信号所要求的带宽数量,电视台采用了一种方案,将这些帧分成两个场(field),一个由奇数编号的行构成,另一个由偶数编号的行构成,这两个场被交替广播。这意味着,25 帧/秒实际上是 50 场/秒。这一方案被称为隔行扫描(interlacing),相比一个接一个地广播整个帧,这种方案可做到更少的闪烁。现代的视频并没有使用隔行扫描,而是简单地按顺序发送整个帧,通常帧速率为 50 帧/秒(PAL)或者 59.94 帧/秒(NTSC),这被称为逐行扫描视频(progressive video)。

视频压缩

从关于数字视频的讨论可以很明显地看出，通过 Internet 发送视频的关键是压缩。即使是 720p 的 PAL 逐行扫描视频也要求 553Mb/s 带宽，HD、4K 和 8K 要求的带宽就更多了。为了生成一个压缩视频的标准，并且它可用于所有的平台以及可被所有的厂商使用，ISO 创建了一个称为 **MPEG**(Motion Picture Experts Group，**运动图像专家组**)的工作组，以提出一个全球性的标准。简短而言，该工作组提出的标准就是这样工作的，它们称为 MPEG-1、MPEG-2 和 MPEG-4。每隔几秒，就会传输一个完整的视频帧，称为基帧。该帧被使用类似于 JPEG 这样的适用于静止数字图片的算法进行压缩。然后，在接下来的几秒内，传输方并不是发送完整的帧，而是发送当前帧与它最近送出的基帧之间的差值。

首先简要地看一看用于压缩单个静止图像的 **JPEG**(Joint Photographic Experts Group，**联合图像专家组**)算法。JPEG 并不使用 RGB 分量，而是将图像转换成**亮度**(luminance)和**色度**(chrominance)分量，因为人眼对于亮度比对色度要敏感得多，从而用少一点的位编码色度可以不损失可感知的图像质量。然后一个图像被分解成通常是 8×8 或者 10×10(单位为像素)的块，每个块都会被单独处理。亮度和色度也会分别通过一种傅里叶变换(从技术上是一个离散余弦变换)获得其频谱。然后高频的幅值可以被丢弃。被丢弃的幅值越多，则图像越模糊，并且压缩后的图像越小。然后，诸如行程编码和哈夫曼编码等标准的无损压缩技术再应用到剩余的幅值上。这听起来很复杂，而它就是这样复杂，但计算机非常擅长执行这样复杂的算法。

现在回到 MPEG 部分，下面以一种更加简化的方式进行描述。跟在完整的 JPEG(基)帧后面的帧可能非常类似于此 JPEG 帧，所以，不再是编码整个帧，而是仅仅与基帧不同的那些块才需要被传输。比如，一个块包含一片蓝色天空，它很有可能跟 20ms 以前是一样的，所以不需要再重复传输这一块。只有已经改变的块才需要被重新传输。

举一个例子，请考虑一个固定在三脚架上的摄像机的情形：一个演员正在向静止的树和房子走过去。前面的 3 帧如图 7-32 所示。第二帧的编码只发送已经改变的块。从概念上讲，接收方开始产生第二帧的做法是：将第一帧复制到一个缓冲区中，然后将这些改变加上去。最后，它以非压缩方式存储第二帧，以便于显示。它也使用第二帧作为基帧，将接下来描述第三帧与第二帧之间差异的那些改变加上去。

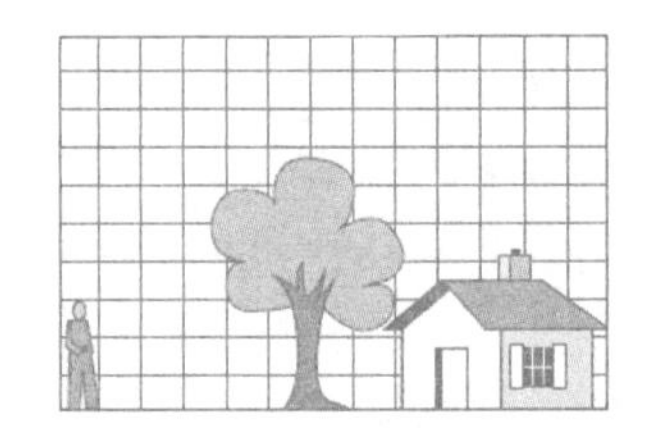

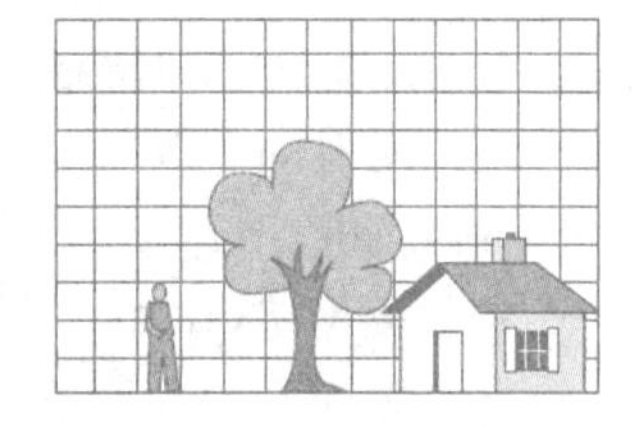

图 7-32 3 个连续帧

然而，实际情况比上面描述的过程复杂一些。如果一个块(比如那个演员)出现在第二帧中，但已经移动了，那么，MPEG 允许编码器这样说："上一帧的第 29 块出现在新的帧中，但偏移了距离(Δx，Δy)，而且第 6 个像素已经改变成 abc，第 24 个像素现在是 xyz。"这样就可以更进一步压缩。

以前提到过编码和解码的不对称性,这里再看一看。编码器可以按自己的意愿花足够多的时间搜索那些已经移动了的块,以及那些已经以某种方式改变了的块,以便确定是发送在前一帧基础上的一系列更改,还是发送一个完全新的JPEG帧更好。相比简单地从上一幅图像中复制一个块,然后在一个已知的偏移(Δx, Δy)处将该块粘贴到一个新的图像中,找到一个移动的块需要做更多的工作。

MPEG实际上有3种不同类型的帧,而不是只有两种:

(1) I-帧(Intracoded frame,内编码帧):自包含压缩的静止图片。

(2) P-帧(Predictive frame,预测帧):是与前一帧的差值。

(3) B-帧(Bidirectional frame,双向帧):是与下一个I-帧的差值。

B-帧要求接收方停止处理,一直到下一个I-帧到来,然后从它开始向后工作。有时候这样可以获得更多的压缩。但是,让编码器不停地检查,看当前帧与前一帧的差值或者与任何接下来的30、50或80帧中的任何一帧的差值,比较哪个具有最小的结果,这一计算在编码侧是非常耗时的,而在解码侧并不耗时。这一不对称性被最大程度地挖掘出来,从而给出最小可能的编码文件。MPEG标准并没有规定如何搜索、搜索多远或者一次匹配要多好才发送差值或者发送一个完整的新块。这取决于每一个具体的实现。

正如前面所描述的,音频和视频是被分别编码的。最后的MPEG编码文件是由包含了一些压缩的图像和对应的压缩音频的数据块(chunk)构成的。当一个数据块中的帧被显示时,对应的音频被播放出来。按照这种方式,视频和音频可保持同步。

请注意,这只是一个非常简化的描述。在现实中,还采用了更多的技巧以获得更好的压缩效果,但上面给出的基本思路本质上是正确的。最新的格式是MPEG-4,也称为MP4。它的正式定义是由一个称为H.264的标准给出的。H.264的后继者(为了达到8K分辨率而定义)是H.265。H.264是绝大多数消费者视频摄像机生成的格式。因为这些摄像机必须实时地在SD卡或者其他的介质上录制视频,所以,它几乎没有时间寻找那些稍微有一点移动的块。因此,它们的压缩没有好莱坞的电影公司做得那样好,好莱坞的电影公司可以动态地申请云服务器中的10 000台计算机编码最终的作品。这就是编码和解码的不对称性在起作用。

7.4.3　对存储的媒体进行流式传输

现在,把注意力转移到网络应用。第一种情形是针对早已存储在服务器上某个地方的流式视频,比如观看一个YouTube和Netflix视频。最常见的例子是在Internet上观看视频。这是**VoD**(Video on Demand,**视频点播**)的一种形式。其他形式的VoD使用了独立于Internet的提供商网络(比如有线电视网络)传送电影。

Internet上遍布音乐和视频站点,这些站点将存储的多媒体文件进行流化。实际上,处理存储媒体最容易的方式不是对它进行流化。让视频(或者音乐)可以使用的最直接的方式是,简单地将预先编码的视频(或者音频)文件看成一个非常大的Web页面,并且让浏览器下载该文件,如图7-33所示。

当用户点击一个电影时,浏览器开始行动了。在第1步中,浏览器给该电影链接的Web服务器发送一个HTTP请求,请求该电影。在第2步中,Web服务器获取该电影(只是一个MP4或其他某种格式的文件)并将它发送回浏览器。使用MIME类型,浏览器查找

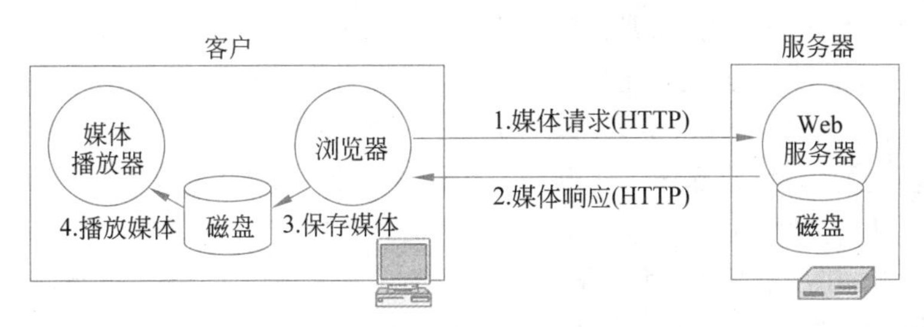

图 7-33 浏览器下载并播放媒体

应该如何显示此文件。在第 3 步中,浏览器将整个电影保存到磁盘上的一个临时文件中。然后,浏览器启动媒体播放器,并将临时文件的名字传递给它。在第 4 步中,媒体播放器开始读取文件并播放该电影。从概念上讲,这个过程跟获取并显示一个静态 Web 页面并没有区别,只不过下载的文件是通过媒体播放器“显示”的,而不是简单地将像素输出到显示器上。

原则上,这种方法完全正确。它将播放出电影。这里没有任何实时网络问题需要处理,因为下载电影只是一次简单的文件下载。唯一的麻烦是在播放电影以前,必须通过网络传输整个视频。大多数客户恐怕都不愿意在视频点播时等上一小时才开始,因此这里需要有更好的手段。

这里需要的是一个专门为流式传输而设计的媒体播放器。它可以是 Web 浏览器的一部分,也可以是一个外部程序,当一个视频需要播放的时候由浏览器调用该外部程序。支持 HTML 5 的现代浏览器往往有一个内置的媒体播放器。

媒体播放器主要有 5 个任务要完成:

(1) 管理用户界面。

(2) 处理传输错误。

(3) 解压缩内容。

(4) 消除抖动。

(5) 解密文件。

现在绝大多数媒体播放器都有华丽的用户界面,有时候模拟成一个立体声音响,面板上带有各种按钮、旋钮、调节滑块和可视显示窗等。它们通常有一些可替换的面板,称为皮肤(skin),用户可以将皮肤拖放到媒体播放器上。媒体播放器必须管理所有这些事项,并且与用户进行交互。

接下来的 3 个任务与网络协议相关,并且依赖于网络协议。下面将依次讨论每一个,首先从处理传输错误开始。究竟如何处理传输错误,这依赖于用什么协议传输媒体,是像 HTTP 那样基于 TCP 的传输协议,还是像 **RTP**(Real Time Protocol,**实时传输协议**)那样基于 UDP 的传输协议。如果使用的是一个基于 TCP 的传输协议,那么对于媒体播放器来说,没有错误需要纠正,因为 TCP 通过使用重传机制已经提供了可靠性。这是一种简单的处理错误的方法,至少对媒体播放器是这样,但它在后面的步骤中消除抖动却很复杂,因为超时和请求重传在电影中引入了不确定性和可变的延迟。

像 RTP 这种基于 UDP 的传输协议可以用来移动数据。使用这些协议,没有重传。因此,由于拥塞或传输错误而造成的数据包丢失将意味着一些媒体数据无法到达。这个问题要由媒体播放器处理。一种方法是忽略这个问题,就让视频和音频的数据位保持错误。如果错误不频繁,那么,这种方法将工作得很好,几乎没有人会注意到。另一种方法是使用前向纠错(forward error correction),可以在编码视频文件的时候增加一些冗余,比如海明码或者里德-所罗门码。然后,媒体播放器将有足够的信息自行纠正错误,而不必请求重传或者跳过已受损的电影数据位。这里的缺点是,给文件增加冗余则使得文件变得更大。第三种方法涉及使用选择性的重传,即对播放内容中最重要的视频流部分进行重传。比如,在一个压缩的视频序列中,处理I-帧中的数据包丢失是更加重要的,因为这些数据包丢失造成的解码错误可以传播到一组图片中。而包括P-帧和B-帧在内的衍生帧中的丢失则易于恢复。类似地,重传的价值也依赖于该内容的重传是否能及时到达,从而赶得上播放。因此,有些重传可能比其他的重传有价值得多,有选择性地重传特定的数据包(比如在播放之前可以到达的I-帧内的数据包)是一种可能的策略。当视频通过UDP进行流式传输时,建立在RTP和QUIC之上的协议可以提供不相等的丢失保护(Feamster等,2000;Palmer等,2018)。

媒体播放器的第三个任务是解压缩内容。虽然这项任务是计算密集型的,但它相当简单。棘手的问题在于,如果底层的网络协议不能纠正传输错误,那么播放器如何解码媒体。在许多压缩方案中,只有当前面的数据被解压缩以后,后面的数据才能被解压缩,因为后面的数据是相对于前面的数据进行编码的。回忆一下,P-帧是建立在最近的I-帧(和紧随其后的其他P-帧)基础之上的。如果该I-帧被损坏了,导致不能被解码,那么,随后所有的P-帧都没用了。于是,媒体播放器被迫等待下一个I-帧,也只好简单地跳过几秒的视频。

这一现实强迫编码器做出一个决定。如果I-帧在空间上是比较紧密的,比如每秒一帧,那么,当一个错误发生时的间隙将是比较小的,但视频将会变大,因为I-帧要显著大于P-帧或B-帧。如果I-帧相隔(比如)5s,那么,视频文件将会小得多,但是,如果一个I帧被损坏,则将会有5s的间隙;如果一个P-帧被损坏,则间隙要小得多。由于这一原因,当底层协议是TCP时,I-帧的间隔可以比当底层协议使用RTP时大得多。因此,许多流式传输视频的站点使用TCP,以允许一个更小的编码文件,其中I-帧的间隔更大,平滑播放所需要的带宽也更少。

第四个任务是消除抖动,这是所有实时系统的祸根。使用TCP将使得这个问题更加严重,因为无论何时当需要重传时,它就会引入随机的延迟。所有流式传输系统使用的一般性方案是一个播放缓冲区。在开始播放视频以前,系统收集5~30s时长的媒体数据,如图7-34所示。媒体播放器定期从缓冲区抽取媒体数据,从而音频很清晰,视频很平滑。启动时的延迟给了缓冲区一个机会来填补至低水位标记(low-water mark)。这里的想法是,数据现在应该足够有规律地到达,从而使缓冲区永远不会被完全抽空。如果出现缓冲区为空情况,那么媒体播放将会停顿。

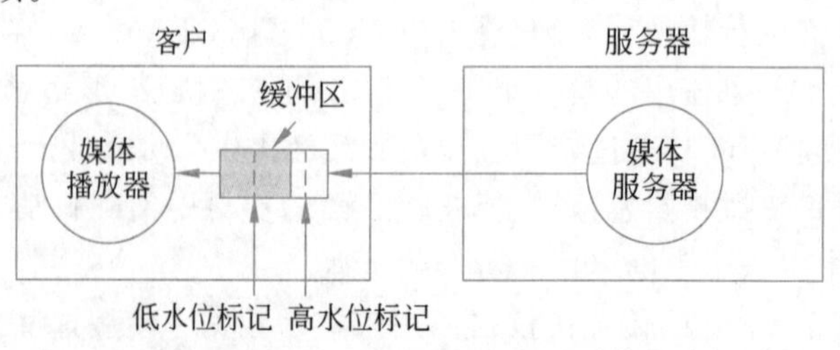

图7-34 媒体播放器的缓冲区

缓冲过程引入了新的复杂性。媒体播放器需要保持缓冲区处于部分满的状态，理想的情况是在低水位标记和高水位标记之间。这意味着当缓冲区超过了高水位标记时，播放器需要告诉源端停止发送，不然就会因为缺少存放数据的地方而丢失数据。高水位标记必须在缓冲区结束之前，因为在Stop(结束)请求到达媒体服务器以前数据将会持续流入。一旦服务器停止发送，并且管道已经空了，则缓冲区将开始排空。当它到达低水位标记时，播放器给服务器发送一个Start(开始)命令，以便重新开始流的传输。

通过使用这样一个能让媒体播放器命令服务器停止和开始传输的协议，媒体播放器就可以保持缓冲区中有足够的，但又不会太多的媒体数据，从而确保平滑地播放。由于如今RAM比较便宜，即使是智能手机上的媒体播放器，也可以分配足够的缓冲区空间，用来存放一分钟或更长时间的媒体数据(如果有需要的话)。

开始-停止机制还有另一个好的特性。它将服务器的传输速率与播放的速率解除了耦合。比如，假设播放器必须要按照8Mb/s播放一个视频。当缓冲区掉到低水位标记以下时，播放器将告诉服务器传送更多的数据过来。如果服务器有能力按照100Mb/s传送数据，那就不是问题。数据尽管传送进来，存储到缓冲区中。当到达高水位标记时，播放器告诉服务器停止传送。按照这种方式，服务器的传输速率和播放的速率被完全解耦了。作为一个实时系统，实际上已经变成了一个简单的非实时文件传输系统。可以摆脱所有的实时传输需求，这是YouTube、Netflix、Hulu和其他流传输服务器使用TCP的另一个理由，它使得整个系统的设计简单得多。

如何确定缓冲区的大小有一点微妙。如果有大量的RAM可以使用，粗看之下，应该使用一个大的缓冲区，允许服务器传输数据来保持缓冲区几乎是满的，以免万一以后网络拥塞。然而，用户有时候很挑剔。如果用户发现一个情节很烦人，并且通过媒体播放器界面上的按钮快进，则可能使得缓冲区中绝大多数的数据甚至全部数据都毫无用处了。无论如何，向前(或向后)跳到一个特定的时间点都是不可能工作的，除非该帧碰巧是一个I-帧。如果不是，则播放器必须搜索到一个附近的I-帧。如果新的播放点在缓冲区以外，那么，整个缓冲区必须被清除，并重新加载数据。实际上，用户跳过了很多时间(有很多用户这样做)，就使得他们的缓冲区中的宝贵数据变得无效，从而浪费了网络带宽。从系统角度来看，即使有足够多的RAM可以使用，由于存在这样的跳过很多时间的用户，也应该限定缓冲区的大小。理想情况下，一个媒体播放器可以观察用户的行为，再选取一个缓冲区大小以匹配该用户的观看风格。

所有的商业视频都是加密的，以防止盗版，所以媒体播放器必须能够在视频数据进来时解密它们。这是媒体播放器的第5个任务。

DASH和HLS

由于存在过多的观看媒体的设备，这引入了一些复杂性。有人购买了一个鲜艳的、新颖的，也非常昂贵的8K显示器，她希望电影按照100或120帧/秒、7680×4320的分辨率传送过来。但是，如果在观看精彩电影的半途中她不得不去看医生，并且想在等待室里在一部至多只能处理25帧/秒的1280×720的智能手机上看完这部电影，她就碰到问题了。从流媒体站点的角度来看，这引出的问题是到底应该以什么分辨率和帧速率进行编码。

最容易的答案是使用每一种可能的组合。这么做最多不过浪费了磁盘空间，要以7种屏幕分辨率(比如智能手机、NTSC、PAL、720p、HD、4K 和 8K)和 6 种帧速率(比如 25、30、50、60、100 和 120)播放,总共 42 种可能的组合,但磁盘空间并不很昂贵。一个更大但相关的问题是,当观看者在家里固定位置用她的新颖大屏观看,但由于网络拥塞,她和服务器之间的带宽变化很大,无法总是支持完整的分辨率时,情况会怎么样?

幸运的是,有几个方案已经实现了。一个方案是 **DASH**(Daynamic Adaptive Streaming over HTTP,**基于 HTTP 的动态自适应流传输**)。基本的想法非常简单,并且它与 HTTP(和 HTTPS)兼容,所以,它可以在一个 Web 页面上进行流传输。流服务器首先在多个分辨率和帧速率上对电影进行编码,然后将它们全部存储在它的磁盘场(disk farm)中。每个版本并非存储为单个文件,而是许多个文件,每个文件存储(比如)10s 视频和音频。这将意味着,一个 90min 的电影,有 7 个屏幕分辨率和 6 个帧速率(共 42 种组合),将要求 42×540=22 680 个单独文件,每个包含 10s 内容。换句话说,每个文件按照特定的分辨率和帧速率存放了电影中的一个片段。与该电影相关联的是一个 manifest(清单),正式的名称是 **MPD**(Media Presentation Description,**媒体表示描述**),它列出了所有这些文件和它们的属性,包括分辨率、帧速率以及在电影中的帧编号。

为了使这种方法可以正常工作,播放器和服务器必须都使用 DASH 协议。用户侧可以是浏览器自身,其中播放器作为一个 JavaScript 程序随浏览器发布,或者是一个自定义的应用程序(比如,针对一个移动设备,或者一个流视频机顶盒)。当它开始展示视频时所做的第一件事情是获取该电影的清单文件,这只是一个很小的文件,所以用一个常规的 GET HTTPS 请求就足够了。

然后,播放器询问它当前运行所在的设备,以便发现它的最大分辨率,可能还有其他的特征,比如它能够处理哪些音频格式、它有几个扬声器等。然后,它开始进行一些测试,向服务器发送一些测试消息,试图估算出有多少带宽可以使用。一旦播放器已经知道屏幕有多大的分辨率以及有多少带宽可以使用,它就可以根据清单文件找到该电影的第一个(比如)10s,达到与屏幕和可用带宽匹配的最佳质量。

但是,这个故事还没有结束。在电影播放过程中,播放器继续运行带宽测试。每次当它需要更多内容时,也就是说,当缓冲区中的媒体的数量达不到低水位标记时,它再次检查清单文件,并且根据它在电影中的位置,以及它想要哪个分辨率和帧速率,确定正确的文件。如果在播放过程中带宽的变化幅度很大,那么,电影的显示可能从 100 帧/秒的 8K 就为 25 帧/秒的 HD,再变回来,一分钟可能来回几次。按照这种方式,系统可以快速地适应变化中的网络条件,实现与可用资源相一致的最佳观看效果。诸如 Netflix 之类的公司已经发布了关于它们如何基于播放缓冲区的占用情况适应一个视频流的比特率的信息(Huang 等,2014)。图 7-35 显示了一个例子。

在图 7-35 中,随着带宽下降,播放器决定请求分辨率越来越低的版本。然而,它也可以有其他的折中方式。比如,对于一个 10s 的播放过程,发送 300 帧与发送 600 帧或 1200 帧相比,即使后者有好的压缩,前者也要求更少的带宽。在一个实际网络很差的场景中,如果清单上有,它甚至也可以请求一个 10 帧/秒的版本,并且分辨率为 480×320,黑白颜色,单声道。DASH 允许播放器能适应变化中的情境,为用户提供与当前情境最佳匹配的播放质量。播放器的行为以及它如何请求视频片段要随着播放服务和设备的本质而有所变化。有些服务的目标是避免重新缓冲事件,它们在播放视频以前可能先请求大量的片段,并且批量

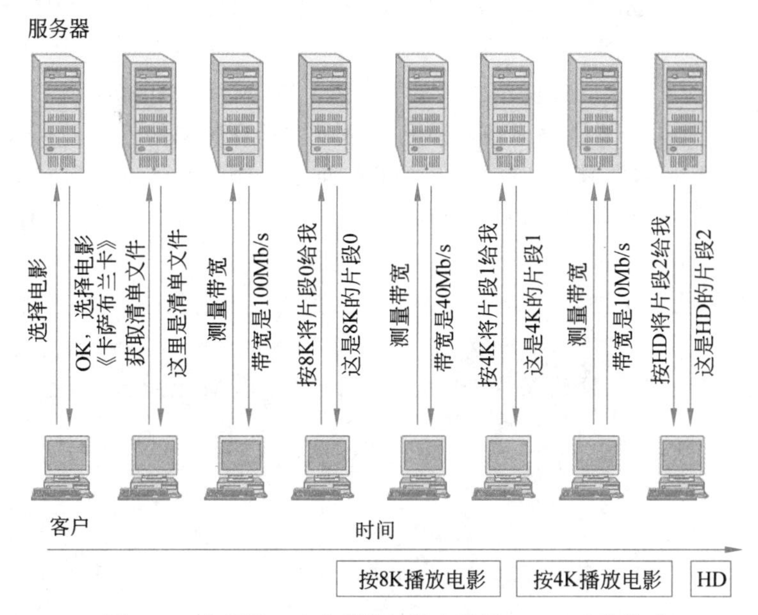

图 7-35　在观看一个电影的过程中利用 DASH 改变格式

请求片段；还有些服务的目标是交互性，它们可能以一种更加一致、稳定的步伐获取 DASH 片段。

DASH 仍然在演进中。比如，当前有一些正在做的工作：减少延迟（Le Feuvre 等，2015）、提高鲁棒性（Wang 等，2019）、保证公平性（Altamini 等，2019）、支持虚拟现实（Ribezzo 等，2018），以及很好地处理 4K 视频（Quinlan 等，2018）。

DASH 是如今流式传输视频最常用的方法。还有其他一些方法也值得讨论。Apple 的 **HLS**（HTTP Live Streaming，**HTTP 直播流传输**）也在浏览器中使用 HTTP。它是 iPhone、iPad、MacBook 和所有 Apple 设备上的 Safari 浏览器中显示视频的首选方法。它也被诸如在 Windows、Linux 和 Android 平台上的 Microsoft Edge、Firefox 和 Chrome 等浏览器广泛使用。它还获得了许多可以玩多媒体内容的游戏机、智能电视和其他设备的支持。

与 DASH 一样，HLS 要求服务器按照多个分辨率和帧速率编码电影，并且每个片段只覆盖几秒视频，以便提供快速适应变化条件的能力。HLS 还有其他的特性，包括快速前进、快速后退、多语言字幕等。它由 RFC 8216 描述。

虽然 DASH 和 HLS 的基本原理是相同的，但是它们在有些方面有差异。DASH 是编解码无感知的，这意味着它可以跟使用任何编码算法的视频一起工作。HLS 只能跟 Apple 产品支持的算法一起工作。但由于其中包含了 H.264 和 H.265，所以这一差别很不重要，因为几乎所有的视频都使用了这些算法中的某一种。DASH 允许第三方可以很容易地在视频流中插入广告，而 HLS 不允许。DASH 可以处理任意的数字版权管理方案，而 HLS 只支持 Apple 公司自己的系统。

DASH 是一个开放的官方标准，而 HLS 是一个专属产品。但这两种方式各有切入点。因为 HLS 背后有一个强大的赞助者，所以它可以在更多的平台上使用，而且它在这些平台上的实现也极其稳定。另一方面，YouTube 和 Netflix 都使用了 DASH。然而，在 iOS 设备上 DASH 并非原生支持的。很有可能在接下来的数年间这两个协议继续共存。

视频流传输是驱动 Internet 数十年发展的一个主要力量。有关这一历史的回顾,请参考 Li 等的论文(2013)。

关于流式视频的一个正在发展中的挑战是评估用户的 QoE(Quality of Experence,体验质量),这里的 QoE 用非正式的话来说就是用户对于视频流应用的性能是否感到愉快。很显然,直接测量 QoE 是非常有挑战性的(它要求询问用户他们的体验如何),但是网络运营商越来越将目标设定在要确定何时视频流应用正在经历可能影响用户体验的网络条件。一般来说,运营商想要估计的参数是启动延迟(一个视频花多长时间开始播放)、视频的分辨率以及任何一次停顿(重新缓冲)。要在一个加密的视频流中识别出这些事件可能是非常有挑战性的,尤其对于一个无权访问客户软件的 ISP 而言更是如此。机器学习技术也在越来越多地被用来从加密的视频流量中推断出应用的质量(Mangla 等,2018;Bronzino 等,2020)。

7.4.4 实时流式传输

不仅录制的视频在网络上极为流行,实时流也非常受欢迎。一旦通过 Internet 传输音频和视频流成为可能,商业电台和电视台就都有了通过 Internet 以及空中广播其内容的想法。没过多久,学院广播站也开始把它们的信号通过 Internet 发送出去。然后,大学生开始了他们自己的 Internet 广播。

今天,人们和各种规模的企业传送实况音频和视频流。随着技术和标准的演进,这个领域成了创新的温床。直播流媒体被主要的电视台用于在线业务。这被称为 **IPTV**(IP TeleVision,**IP 电视**)。它也被用于广播电台。这被称为 **Internet 电台**(Internet radio)。IPTV 和 Internet 电台可以触达全球的观众和听众,它们报道各类事件,从时装表演到世界杯足球赛,再到纽兰兹板球场测试赛的直播。通过 IP 直播媒体流作为一种技术还被有线电视提供商用来建立他们自己的广播系统。而且它已被广泛用于低预算的运营,从成人站点到动物园网站。使用当前的技术,几乎任何人都可以快速地启动流媒体直播,并且所需费用很少。

流媒体直播的一种方法是把节目记录到磁盘上。观众可以连接到服务器的存档文件,拖曳任何节目,并下载下来慢慢听。**播客**(podcast)就是以这种方式获取的一个片段。

直播事件的流传输给这一组合增加了新的复杂性,起码有时候是这样的。对于运动、新闻广播以及政治家冗长枯燥的演讲,图 7-34 中的方法仍然可以工作。当一个用户登录到涵盖直播事件的 Web 站点时,在填充缓冲区的前几秒时间中看不到视频。然后,就跟观看电影一样了。播放器从缓冲区中拉取数据,而缓冲区则持续地向直播事件中填充数据。两者唯一真正的区别是:当从服务器传输电影流时,如果该连接足够快,该服务器有可能在 1s 内加载了 10s 的电影内容;而对于直播事件,这是不可能的。

IP 语音

不可能进行缓冲的实时流传输的一个例子是使用 Internet 传输电话呼叫(就像 Skype、FaceTime 和许多其他服务那样,采用视频也是可能的)。曾几何时,语音呼叫是通过公共交换电话网络运载的,而且网络流量主要是语音流量,数据流量只有在这里和那里很少一点点。然后,Internet 来了,Web 出现了。数据流量增长、增长、再增长,直到 1999 年数据流量和语音流量一样多(因为语音现在也被数字化了,所以两者都可以按比特数测量)。到2002年,数据流量超过语音流量一个数量级,并且仍然呈指数增长;而语音流量基本保持持平。现在数据流量是语音流量的数个数量级了。

这种增长的后果彻底翻转了电话网络。现在语音流量也用Internet技术运载了,而且只占很小一部分网络带宽。这种颠覆性的技术称为**IP语音**(voice over IP),也称为**Internet电话**(Internet telephony)。(顺便提一下,“Telephony”发音为“te-LEF-ony”)当电话呼叫包含视频或者有多方(即视频会议)时,也称为Internet电话。

在Internet上流式传输一部电影与Internet电话的最大差异是对于低延迟的要求。电话网络允许单向延迟至多为150ms,这是用户可接受的水平,高于这个延迟以后,参与者就会因感知到而烦躁(国际电话呼叫可能有高达400ms的延迟,这一点严重偏离了正向的用户体验)。

这样的低延迟很难达到。当然,对媒体进行5～10s的缓冲(就像它转播一场体育赛事实况一样)肯定是无法工作的。相反,视频和IP语音系统必须在工程上利用各种各样的技术最小化延迟。这一目标意味着从UDP开始,而不是TCP,是一个明确的选择,因为TCP的重传机制引入了至少一个往返延迟。

然而,即使使用UDP,有些形式的延迟也是不可能减少的。比如,西雅图和阿姆斯特丹之间的距离接近8000km。在光纤上这么长距离的光速传播延迟为40ms。在实践中,通过网络的传播延迟时间会更长,因为它要覆盖一个更大的距离(比特不会遵循一个大的圆形路径),而且还有每个IP路由器存储和转发数据包的传输延迟。这些固定的延迟消耗了可接受的延迟预算。

延迟的另一个来源与数据包大小有关。通常情况下,大的数据包是使用网络带宽的最好方式,因为它们更高效。然而,一个64kb/s的音频采样率、1KB的数据包需要花125ms来填充(如果这些采样值被压缩,甚至需要更长的时间)。这种延迟会消耗大部分的总延迟预算。此外,1KB的数据包如果通过1Mb/s的宽带接入链路发送,那么它将需要8ms的传输时间。然后再加上该数据包在另一端通过宽带链接需要的另一个8ms。很明显,大的数据包将无法工作。

相反,IP语音系统使用小的数据包,以牺牲带宽效率的代价降低延迟。它们以更小的单元对音频样本进行批量处理,通常为20ms。在64kb/s速率时,这是160字节数据,经过压缩以后数据会更少。然而,根据定义,这个数据包的延迟将是20ms。传输延迟也会更小一些,因为数据包变短了。在这个例子中,它会减少到大约1ms。通过使用小的数据包,西雅图到阿姆斯特丹的最低单向延迟已经从一个不可接受的181ms(40ms+125ms+16ms)减少到可以接受的62ms(40ms+20ms+2ms)。

至此还没有谈到软件开销,它也会吃掉一些延迟预算。这对于视频尤其如此,因为通常需要压缩才能使视频适应当前的可用带宽。这与将一个存储的文件进行流式传输不同,此时没有时间让一个计算密集型的编码器获得高水准的压缩结果。编码器和解码器都必须快速地运行。

缓冲仍然是必要的,以便按时播放媒体样值(以避免难以理解的音频和忽停忽动的视频),但是缓冲的数量必须保持非常小,因为在延迟预算中剩余的时间是以毫秒计的。当一个数据包经过太长时间到达时,播放器将跳过错失的样值,也许会播放环境噪声或重复一帧,以便对用户掩盖这些数据的丢失。在这里,用来处理抖动的缓冲区大小和丢失的媒体的数量之间存在着一个权衡。较小的缓冲区能减少延迟,但会导致更多由于抖动带来的丢失。最终,随着缓冲区的缩小,这些丢失将变得对用户更加明显。

细心的读者可能已经注意到,在本节到目前为止的讨论中,还没有提及任何有关网络层协议的内容。通过使用服务质量机制,网络可以减少延迟,或者至少减少抖动。这个问题之所以此前没有被提出来的原因是,流式传输可以运行在具有相当延迟的情况下,即使对于直播流的情形也是如此。如果延迟不是一个主要的顾虑因素,那么终端主机的缓冲区就足以应对抖动的问题。然而,对于实时会议系统,让网络减少延迟和抖动以帮助满足延迟预算则往往非常重要。当有足够的网络带宽可让每个人都能得到良好的服务时,这个问题才变得不重要。

在第5章中,描述了有助于实现这个目标的两个服务质量机制。一种机制是DS(区分服务),在这种机制下,数据包被标记为属于不同的类别,从而在网络内部将得到不同的处理。对于IP语音数据包,正确的标记方法是低延迟。在实践中,系统将DS编码点设置成众所周知的低延迟(Low Delay)服务类型的加速转发(Expedited Forwarding)类别。这在宽带接入链路上特别有用,因为当Web流量或其他流量交织在一起竞争使用这些链路时,它们往往倾向于会被拥塞。对于一条稳定的网络路径,拥塞会造成延迟和抖动的增加。每1KB的数据包在1Mb/s的链路上发送需要8ms,如果一个IP语音数据包在队列中位于Web流量的后面,那么它将遭受这些延迟。然而,打上低延迟标记的IP语音数据包将会跳到队列的头部,绕过Web数据包,降低它们的延迟。

可以用来减少延迟的第二个机制是确保有足够的带宽。如果可用带宽变化不定,或者传输速率起伏不定(比如压缩的视频)并且有时没有足够的带宽,那么就会形成队列,并且增加延迟。这种情况甚至在DS机制下也会发生。为了确保有足够的带宽,需要向网络预留资源。这种能力是综合服务提供的。

不幸的是,它并没有被广泛部署。相反,网络被工程化为预期的流量级别,或者网络客户获得的是针对特定流量级别的服务级别合约。应用程序必须低于这个级别运行,以免引起拥塞和引入不必要的延迟。对于偶尔在家使用的视频会议,用户可以选择一个视频质量作为带宽需求的代理,或者用软件测试网络路径,并自动选择合适的质量。

上述任何一个因素都可导致延迟变得不可接受,所以,实时会议要求高度重视所有这些因素。有关IP语音的概述和这些因素的分析,请参阅Sun等的专著(2015)。

既然上面已经讨论了媒体流路径上的延迟问题,现在就将注意力转移到会议系统必须解决的其他主要问题上。这个问题就是如何建立和拆除呼叫。接下来将着眼于两个被广泛应用于此目的的协议:H.323和SIP。Skype和FaceTime是另外两个重要的系统,但其内部工作原理是私有的。

H.323

在开始通过Internet进行音频和视频呼叫以前,有一件事情是每个人都很清楚的,那就是如果每个厂商都设计它自己的协议栈,那么系统将永远无法工作。为了避免这个问题,许多对此感兴趣的团体在ITU的倡导下,聚集在一起制定相关标准。1996年,ITU发布了推荐标准**H.323**,其标题是《针对提供无服务质量保障的局域网的可视电话系统与装置》

(*Visual Telephone Systems and Equipment for Local Area Networks Which Provide a Non-Guaranteed Quality of Service*)。只有电话行业才会想出这样一个名字。几经批评以后,它在1998年的修订版本中被改为《基于数据包的多媒体通信系统》。H.323是第一代应用广泛的Internet会议系统的基础。现在它仍然被广泛使用。

与其说H.323是一个特定的协议,不如说它是Internet电话的架构性概述。它在语音编码、呼叫建立、信令、数据传输和其他领域中引用了大量特定的协议,而不是自己制定这些事项。图7-36描述了它的模型。在中心处是一个网关(gateway),它将Internet与电话网络连接起来。网关在Internet侧使用H.323协议,在电话侧则使用PSTN协议。通信设备称为终端(terminal)。一个LAN可能有一个网守(gatekeeper),它控制其管辖范围内的端点,这个管辖范围称为区域(zone)。

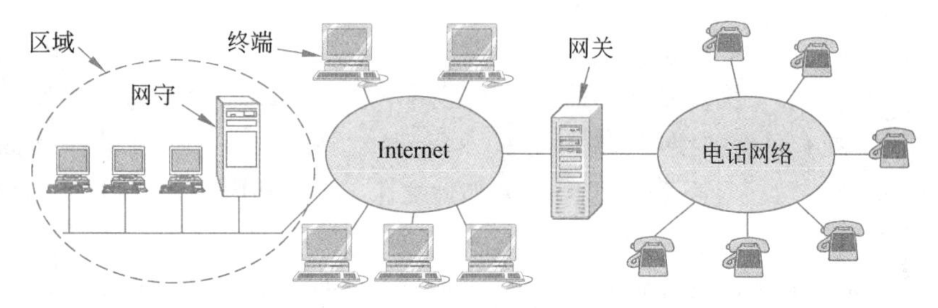

图7-36 Internet电话的H.323体系架构模型

电话网络需要许多协议。首先,需要一个协议用来对音频和视频进行编码和解码。单个语音信道被表示成64kb/s的数字语音(每秒8000个8位采样),这一标准电话表示法是由ITU推荐的标准**G.711**定义的。所有的H.323系统必须支持**G.711**。其他压缩语音的编码方法也是允许的,但不是要求的。它们使用了不同的压缩算法,并且在质量和带宽之间作出不同的权衡。对于视频,前面描述过的MPEG形式的视频压缩也是支持的,包括H.264。

由于允许使用多个压缩算法,所以需要一个协议让这些终端协商它们即将使用哪一个算法。这个协议被称为**H.245**。它还能协商一个连接的其他方面,比如数据速率。RTCP被用来控制RTP信道。还需要有一个协议用来建立和释放连接、提供拨号音、产生响铃声以及完成标准电话的其他功能。这里使用的是**Q.931**。终端还需要一个协议跟网守(如果有)进行通话。**H.225**被用于此用途。它管理的从PC到网守的信道被称为**RAS**(Registration/Admission/Status,注册/许可/状态)信道。该信道允许终端加入和离开该区域、请求和返回带宽、提供状态更新,以及其他一些事情。最后,还需要有一个协议用于实际的数据传输。基于UDP之上的RTP可用于此用途。它照例也由RTCP管理。所有这些协议的协议栈如图7-37所示。

为了看清楚这些协议是如何相互配合工作的,考虑在一个LAN(有一个网守)中有一台PC终端呼叫一部远程电话的情形。该PC首先必须找到该网守,因此它向端口1718广播一个UDP网守发现数据包。当网守响应了该数据包时,PC就知道了网守的IP地址。现在,PC向网守进行注册,其做法是,它向网守发送一个RAS消息,该消息位于一个UDP数据包中。在该消息被接受以后,PC向网守发送一个RAS许可消息,用来请求带宽。只有在带宽被分配以后,呼叫建立才可能开始。提前请求带宽的想法是为了让网守限制呼叫的数量。然后,它可以避免超额使用出去的线路,从而有助于保证必要的服务质量。

<table>
<tr><td>音频</td><td>视频</td><td colspan="4">控　　制</td></tr>
<tr><td>G.7XX</td><td>H.26X</td><td rowspan="2">RTCP</td><td rowspan="2">H.225
(RAS)</td><td rowspan="2">Q.93I
(信令)</td><td rowspan="2">H.245
(呼叫控制)</td></tr>
<tr><td colspan="2">RTP</td></tr>
<tr><td colspan="4">UDP</td><td colspan="2">TCP</td></tr>
<tr><td colspan="6">IP</td></tr>
<tr><td colspan="6">数据链路层协议</td></tr>
<tr><td colspan="6">物理层协议</td></tr>
</table>

图 7-37　H.323 协议栈

顺便说一句,电话系统做了同样的事情。当用户拿起听筒,一个信号就被发送到本地端局。如果本地端局有足够的空闲容量用于一个呼叫,它就会产生一个拨号音;如果没有,用户将什么也听不到。如今,该系统已经规模如此之大,以至于几乎总是瞬间就能听到拨号音,但在电话业务的初期,往往要花几秒才能听到拨号音。所以,如果你的孙子辈将来有一天问你"为什么有拨号音?"现在你知道答案了,除非到那时电话已不存在了。

现在 PC 建立一个到网守的 TCP 连接,以便开始呼叫建立过程。呼叫建立过程使用了现有的电话网络协议,它们都是面向连接的,所以需要 TCP。相反,电话系统没有像 RAS 这样的需求,要让电话机宣布它们的存在,所以 H.323 的设计者可以自由使用 UDP 或 TCP 实现 RAS,最终他们选择了开销较小的 UDP。

既然该 PC 已经被分配了带宽,它就可以通过 TCP 连接发送一个 Q.931 SETUP 消息。该消息指定了被呼叫电话的号码(如果被呼叫的是一台计算机,则给出的是 IP 地址和端口)。网守以一个 Q.931 CALL PROCEEDING 消息作为响应,确认它已正确地收到了请求。然后网守将 SETUP 消息转发给网关。

网关的一半是计算机,另一半是电话交换机。网关向期望中的(普通)电话发出一个普通电话呼叫。连接该电话的端局使被叫电话发出响铃声,同时该端局还发回一个 Q.931 ALERT 消息,告诉主叫 PC 电话已经开始响铃了。当另一端的那个人拿起电话时,该端局发送回一个 Q.931 CONNECT 消息,以便通知该 PC 它已经有一个连接了。

一旦连接被建立起来,网守就不再出现在通信过程中,当然网关仍然还在。后续的数据包将绕过网守,直接到达网关的 IP 地址。至此,才刚刚有了一个在两端之间运行的纯粹管道。这只是一个用来传送比特的物理层连接,仅此而已。通信双方中的任何一方对另一方都一无所知。

现在使用 H.245 协议协商当前呼叫的参数。这里使用的是 H.245 控制信道,它始终是打开的。每一方都从宣布它的处理能力开始,比如,它是否能处理视频(H.323 可以处理视频)或会议呼叫,它支持哪些编解码器,等等。一旦每一方都知道了另一方能处理些什么以后,两条单向的数据信道被建立起来,并且为每条信道指定一个编解码器和其他一些参数。由于每一方可能有不同的装备,所以前向和逆向信道上的编解码器完全有可能是不同的。当所有的协商工作都完成以后,就可以开始用 RTP 传送数据流了。RTP 的管理由 RTCP

负责,RTCP 在拥塞控制中起着重要的作用。如果有视频,RTCP 还要处理音频/视频的同步。图 7-38 显示了各种信道。当任何一方挂断电话时,为了释放不再需要的资源,在该呼叫完成以后,使用 Q.931 呼叫信令信道拆除连接。

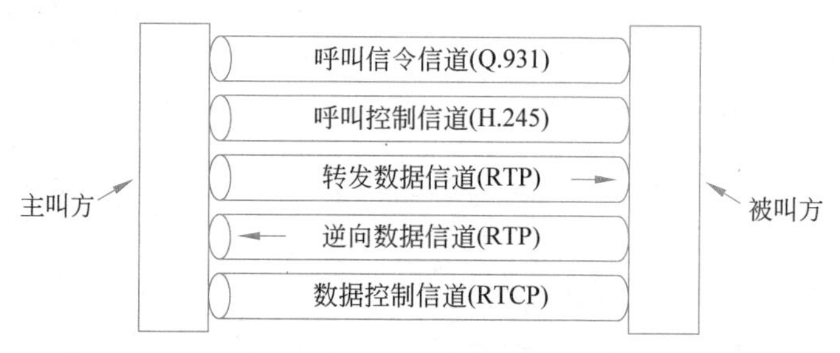

图 7-38　一次呼叫过程中主叫方和被叫方之间的逻辑信道

当呼叫结束时,主叫 PC 再次用一个 RAS 消息与网守联系,以便释放分配给它的带宽。或者,它也可以开始另一次呼叫。

这里没有涉及 H.323 中有关服务质量的任何内容,尽管它对于实时会议取得成功是一个非常重要的部分。理由在于,服务质量超出了 H.323 的范围。如果底层网络能够提供一个从主叫 PC 到网关之间稳定而无抖动的连接,那么该呼叫的服务质量将会很好;否则,服务质量也不会好。然而,在电话侧,该呼叫部分将是无抖动的,因为电话网络就是这样设计的。

SIP——会话发起协议

H.323 是由 ITU 设计的。Internet 社团中的许多人把它看成一个典型的电信产品:庞大、复杂而且不灵活。因此,IETF 成立了一个委员会,专门设计一种更加简单和模块化的方法来实现 IP 语音。迄今为止的主要成果是 **SIP**(Session Initiation Protocol,**会话发起协议**)。它是在 RFC 3261 中描述的,从那以后又有了许多更新。该协议描述了如何建立 Internet 电话呼叫、视频会议和其他多媒体连接。H.323 是一个完整的协议集,与此不同的是,SIP 只是单个模块,但是它被设计成能与现有的 Internet 应用很好地协同工作。比如,它将电话号码定义成 URL,所以 Web 页面可以包含电话号码,使得单击一个链接就可以发起一次电话呼叫(与 mailto 方案的做法相同,mailto 允许用户单击一个链接来启动一个发送电子邮件消息的程序)。

SIP 可以建立两方会话(普通的电话呼叫)、多方会话(每个人都可以听和说)以及多播会话(一个发送方,多个接收方)。这些会话可以包含音频、视频或数据,后者对于诸如多人实时游戏之类的应用非常有用。SIP 只处理会话的建立、管理和终止。诸如 RTP/RTCP 之类的其他协议也被用于数据传输。SIP 是一个应用层协议,它可以根据要求运行在 UDP 或 TCP 之上。

SIP 支持各种各样的服务,包括定位被叫方的位置(他可能不在家里的计算机旁边)、确定被叫方的处理能力,以及处理呼叫建立和终止的机制。在最简单的情形中,SIP 建立一个从主叫方计算机到被叫方计算机之间的会话,所以首先讨论这种情形。

SIP 中的电话号码被表示成采用 sip 方案的 URL,比如,sip:ilse@cs.university.edu 代表了一个名叫 ilse 的用户,她位于一台由 DNS 域名 cs.university.edu 指定的主机上。SIP

URL 也可以包含 IPv4 地址、IPv6 地址或者实际的电话号码。

SIP 协议是一个仿照 HTTP 的基于文本的协议。一方以 ASCII 文本的形式发送一条消息,消息的第一行包含一个方法名,接下来的几行包含一些传递参数的头。很多头都来自 MIME,以便 SIP 能与现有的 Internet 应用协同工作。图 7-39 列出了核心规范中定义的 6 个 SIP 方法。

方法	描述
INVITE	请求发起一次会话
ACK	确认会话已经启动
BYE	请求终止会话
OPTIONS	查询主机的能力
CANCEL	取消一个尚未完结的请求
REGISTER	将用户的当前位置通知给一个重定位服务器

图 7-39 SIP 方法

为了建立一个会话,主叫方要么与被叫方建立一个 TCP 连接并在其上发送一个 INVITE 消息,要么在一个 UDP 数据包中发送该 INVITE 消息。在这两种情况下,第二行和随后各行中的头描述了消息体的结构,其中包含主叫方的处理能力、媒体类型和格式。如果被叫方接受此次呼叫,那么它回应一个 HTTP 类型的应答码(使用图 7-26 中各个组的 3 位数字,200 表示接受)。在应答码这一行的后面,被叫方也可以提供有关自己的处理能力、媒体类型和格式等信息。

利用三次握手方法,可以完成一个连接,所以主叫方以一个 ACK 消息作为响应,以便结束该协议,并确认已收到了 200 消息。

双方中的任何一方都可以通过发送一个包含 BYE 方法的消息请求终止一个会话。当另一方确认了该消息,会话就终止了。

OPTIONS 方法被用于向一台主机查询它的处理能力。它的典型用法是,在发起一个会话前,用来查明该主机是否有 IP 语音的能力,或者打算采用什么类型的会话。

REGISTER 方法与 SIP 的跟踪能力有关,SIP 能够跟踪一个用户,并且与一个不在家的用户建立连接。该消息被发送给一个 SIP 位置服务器,该位置服务器记录了谁在哪里。以后,可以向该服务器查询以便找到一个用户的当前位置。重定向的操作如图 7-40 所示。在这里,主叫方将 INVITE 消息发送给一个代理服务器,以便把可能的重定向过程隐藏起来。然后代理服务器查找该用户在哪里,并将 INVITE 消息发送至那里。然后,它为三次握手过程中的后续消息充当中继节点。LOOKUP 和 REPLY 消息并不是 SIP 的一部分。这里可以使用任何方便的协议,取决于使用了什么类型的位置服务器。

SIP 还有许多其他功能,其中包括呼叫等待、呼叫屏蔽、加密和认证等,这里不一一赘述。如果在 Internet 和电话系统之间有合适的网关可以使用,则 SIP 还具备从计算机向普通电话发起呼叫的能力。

H.323 与 SIP 的比较

H.323 与 SIP 都允许用计算机和电话作为端点以实现两方和多方呼叫。它们都支持参

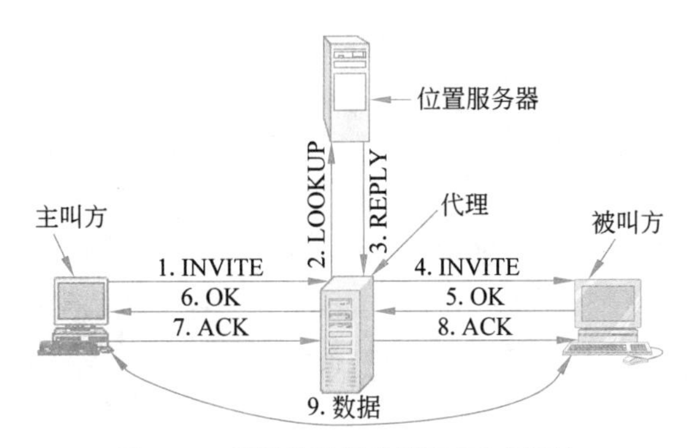

图 7-40　使用代理服务器和 SIP 重定向

数协商、加密和 RTP/RTCP 协议。图 7-41 总结了它们之间的相似之处和不同之处。

比　较　项	H.323	SIP
由谁设计	ITU	IETF
是否与 PSTN 兼容	是	大部分是
是否与 Internet 兼容	是，随时间推移	是
体系架构	庞大	模块化
完整性	完整的协议栈	只处理会话建立
是否支持参数协商	是	是
呼叫信令	TCP 之上的 Q.931	TCP 或 UDP 之上的 SIP
消息格式	二进制	ASCII
媒体传输	RTP/RTCP	RTP/RTCP
是否支持多方呼叫	是	是
是否支持多媒体会议	是	否
寻址方式	URL 或电话号码	URL
呼叫终止	显式或 TCP 释放	显式或超时
是否支持即时消息	否	是
是否加密	是	是
标准的规模	1400 页	250 页
实现	庞大而复杂	中等，但有问题
状态	世界范围，尤其视频	可替代，尤其音频

图 7-41　H.323 和 SIP 的对比

尽管这两个协议的功能集类似，但它们的哲学思想却相差甚远。H.323 是一个典型的重量级电话工业标准，它规定了完整的协议栈，并且精确定义了什么是允许的，什么是禁止的。这种做法使每一层都有定义完备的协议，从而使互操作性的任务变得很容易。它付出的代价是一个庞大的、复杂的、严格的标准，并且这个标准难以适应未来的应用要求。

与H.323相反,SIP是一个典型的Internet协议,它只需交换短短的一些ASCII文本行就可以工作。它是一个轻量级的模块,与其他的Internet协议协同工作得很好,但是与现有电话系统的信令协议一起工作则稍差一些。因为IETF的IP语音模型是高度模块化的,所以它很灵活,并且可以很容易地适应新的应用。它不利的一面是,当人们试图解释该标准意味着什么时,它就会受到互操作性问题的挑战。

7.5 内容分发

Internet过去所有的都是点到点通信,非常像电话网络。在早期,学者们要与远程计算机通信,通过网络登录后才能执行任务。很长一段时间人们使用电子邮件互相沟通,现在,大家都使用视频和IP语音。然而,随着Web不断成长,Internet已经变成了内容多于通信。很多人使用Web查找信息,也有音乐、视频和其他材料的大量下载。向内容的转换已经如此显著,以至于现在大多数Internet带宽被用来传递存储的视频。

因为分发内容的任务不同于点到点通信,所以,它对网络提出了不同的需求。比如,如果Sally想与John谈话,她可能向他的移动电话发出IP语音呼叫。通信必须与特定的计算机来完成;它做不到呼叫Paul的计算机。但是,如果John想观看他的团队的最新板球比赛,那么,他会很乐意从任何提供该服务的计算机上获取视频流。他不介意该计算机是Sally的还是Paul的,或者(更加可能)是Internet上的一台未知服务器。也就是说,对于内容来说位置无关紧要,除了它会影响性能(和合法性)以外。

另一个不同之处是,一些提供内容的Web站点已经极其流行了。YouTube是一个首先值得一提的例子。它允许用户关于每一个可以想象的话题都共享他们自己创作的视频。很多人都想这么做,其余的人都想要观看。今天的Internet流量中,多达70%是以流方式传输视频,而且,这些视频流量中绝大部分是由少数一些内容提供商分发的。

没有单个服务器足以强大到或者可靠到能处理如此令人吃惊的需求。相反,YouTube、Netflix和其他大型内容提供商建立了它们自己的内容分发网络。这些网络使用了遍布在世界各地的数据中心,为极其大量的客户提供内容,并且保持良好的性能和可用性。

随着时间的推移,用于内容分发的各种技术已经被开发出来。在Web发展的早期,其流行的程度几乎将其毁灭:对内容的更多需求导致服务器和网络频繁地被超载,很多人开始称WWW为"全球等待"(World Wide Wait)。为了减少没完没了的延迟,研究人员还针对分发内容开发了不同的体系结构以利用带宽。

一种常见的用于分发内容的体系结构是**CDN**(Content Delivery Network,**内容分发网络**),有时候也称为Content Distribution Network。CDN实际上是一组大量的分布式缓存,通常由这些缓存直接向客户提供内容服务。CDN曾经是大型内容提供商独有的特权。一家拥有流行内容的内容提供商可能要付费给像Akamai这样的CDN以分发他们的内容,实际上是将需要分发的内容预先填充到CDN的缓存中。今天,许多大型的内容提供商,包括Netflix、Google,甚至许多托管其自己内容的ISP(比如Comcast)现在都在运营它们自己的CDN。

另一种分发内容的方法是通过一个**P2P**(Peer-to-Peer,**对等**)网络,在这样的网络中,一组计算机相互提供内容服务，通常不需要单独预先准备的服务器或者任何中心控制点。这种想法激发了人们的想象力，因为通过共同努力和一致行动，许多小玩家可以团结起来形成一股巨大的冲击力。

7.5.1　内容和 Internet 流量

为了设计和实现工作良好的网络，需要理解网络必须运载的流量。比如，随着从通信往内容方向的转换，服务器已经从公司办公室迁移到 Internet 数据中心，这些数据中心可提供大量拥有优质网络连接的计算机。如今即使要运行一个小的服务器，在 Internet 数据中心租用一台托管的虚拟服务器，也比在家里或办公室运行一台与 Internet 有宽带连接的真实计算机更加容易和便宜。

Internet 流量有高度倾斜性。我们熟悉的许多特性都会聚集在一个平均值附近。比如，大多数成年人都接近平均身高。会有一些高的人和一些矮的人，但非常高或者非常矮的人很少。类似地，绝大多数小说是几百页厚，20 页以下或者 10 000 页以上的小说则少之又少。对于这样的特性，有可能针对一个不太大的范围进行设计，但是这个范围又能够捕捉住这个群体中的大多数。

Internet 流量与此不同。长期以来，人们一直认为少量 Web 站点具有大量的流量（比如 Google、YouTube 和 Facebook），而大量的 Web 站点具有很少的流量。

录影带出租商店、公共图书馆和其他类似组织的经验表明，并非所有项目都同样受欢迎。在实验中，当有 N 个电影可看时，所有请求第 k 个最流行电影的比例近似为 C/k。这里 C 是这样计算得到的：使总和规一化到 1，即

$$C=\frac{1}{1+\frac{1}{2}+\frac{1}{3}+\cdots+\frac{1}{N}}$$

因此，最流行电影的流行度是流行度排名第 7 的电影的 7 倍。这个结果称为齐普夫定律（Zipf's law）（Zipf，1949）。它以 George Zipf 的名字命名，他是哈佛大学的语言学教授，他指出，一个字在大段文字中的使用频率和它的排名成反比。比如，第 40 个最常见字的使用次数是第 80 个最常见字的使用次数的两倍，是第 120 个最常见字的使用次数的 3 倍。

图 7-42(a)显示了齐普夫分布。它表明，有少数受欢迎的项目和很多不那么受欢迎的项目。为了认识这种形式的分布，把数据绘制在对数尺度的坐标系上就非常方便，如图 7-42(b)所示。结果应该是一条直线。

当人们早期查看 Web 页面的流行情况时，结果表明它们大致遵循齐普夫定律（Breslau 等，1999）。齐普夫分布是一个称为幂定律（power law）的分布族的一个例子。幂定律在许多人类现象上是显而易见的，比如城市人口和财富的分布。在描述几个大牌球员和大量不知名小球员方面它们具有同样的倾向，而且它们在对数图上也表现为一条直线。人们很快发现 Internet 的拓扑结构也可大致描述为幂定律（Siganos 等，2003）。紧接着，研究人员开始将每一个可以想象的 Internet 特性在对数尺度上绘制出来，观察到一条直线后大声惊呼："幂定律！"

然而，比一个对数图上的直线更重要的是这些分布对于网络设计和使用的意义何在。鉴于许多形式的内容具有符合齐普夫定律或幂定律的分布，似乎 Internet 上的 Web 站点在

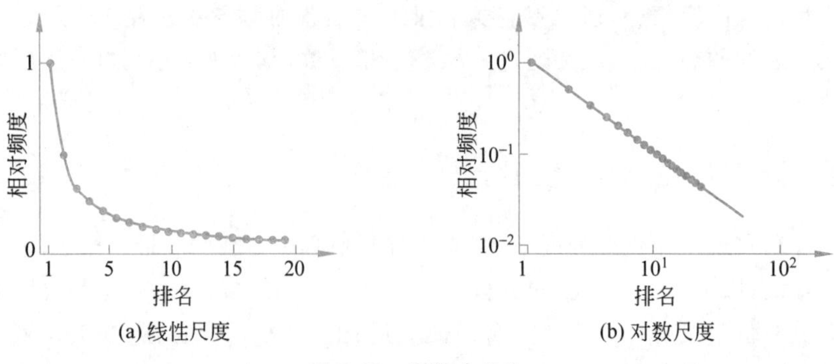

图 7-42 齐普夫分布

流行度方面与齐普夫分布类似是基础性的。这反过来又意味着平均水平的站点并不是一个有用的代表。站点最好被描述成受欢迎的或者不受欢迎的。这两种站点才是要紧的。流行的站点很显然是重要的,因为少数流行的站点可能要对 Internet 上的绝大部分流量负责。也许令人惊讶的是,不受欢迎的站点可能也很重要,这是因为所有指向不受欢迎的站点的流量加起来达到了总流量的很大一部分,原因就在于有如此之多不受欢迎的站点。许多不受欢迎的选择合起来可能是一个问题,这个概念已经通过一些书籍得到普及,比如《长尾理论》(*The Long Tail*)(Anderson,2008a)。

为了在这个倾斜世界里有效地工作,必须能够构建两种类型的 Web 站点。不受欢迎的站点很容易处理。通过使用 DNS,许多不同的站点可能实际上指向了 Internet 上的同一台计算机,在这台计算机上运行的都是这种站点。另一方面,流行的站点很难处理。没有单个计算机能如此强大;而且,若使用一台计算机,那么当它发生故障时(并非"如果")将使数百万用户无法访问该站点。为了处理这些站点,必须建立内容分发系统。下面就开始探讨这个话题。

7.5.2 服务器场和 Web 代理

到目前为止我们看到的 Web 设计都只有一台单独的服务器计算机,它与多台客户计算机进行通话。为了构建大型 Web 站点并且运行性能良好,既可以在服务器侧也可以在客户侧加快处理过程。在服务器侧,更强大的 Web 服务器可以用一个服务器场建立。在服务器场中,一个计算机集群被当作一个服务器来看待。在客户侧,可以通过更好的缓存技术获得更好的性能,尤其是代理缓存为一组客户提供了大容量的共享缓存。

本节将依次描述上述每一项技术。然而,请注意,没有一种技术足以建立最大的 Web 站点。这些流行的站点要求用到在 7.5.3 节中描述的内容分发方法,这些方法将许多不同地点的计算机结合起来,一起发挥作用。

服务器场

无论一台计算机的计算能力有多强、带宽有多大,在负荷太大以前它只能服务一定数量的 Web 请求。这种情况下的解决方案是,使用多台计算机实现一个 Web 服务器。这样就产生了如图 7-43 所示的服务器场模型。

这个模型看似简单,它的困难之处在于,构成服务器场的这一组计算机在客户看起来必

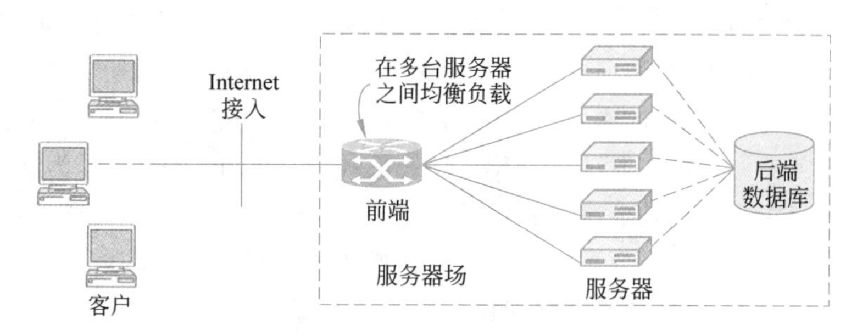

图 7-43　服务器场模型

须像单个逻辑 Web 站点。如果做不到这样，那么它只是建设了一组不同的 Web 站点，让它们并行运行而已。

为了使一组服务器表现为一个 Web 站点，有几种可能的解决方案。所有的解决方案都假设任何一个服务器都可以处理来自任何客户的请求。要做到这一点，每个服务器必须有一份该 Web 站点的副本。为此目的，这些服务器都连接到一个共同的后端数据库，图 7-43 中用虚线表示。

也许最常用的解决方案是，使用 DNS 将这些请求分散到服务器场中的各个服务器上。当有一个 DNS 请求针对该 DNS 域中对应的 Web URL 时，DNS 服务器返回一个 DNS 应答，它将客户重定向到一个 CDN 服务（典型情况是通过一个 NS 记录引用一个该域内权威的名称服务器），该 CDN 服务的目的是返回一个比较靠近该客户的服务器副本的 IP 地址。如果在应答中有多个 IP 地址，那么，客户通常试图连接到该应答集中的第一个 IP 地址。这样达到的效果是：不同客户联系不同的服务器，访问的是同样的 Web 站点，正如我们期待的那样，希望客户联系的正好是靠近客户的那个服务器。注意，这个过程有时被称为客户映射（client mapping），它依赖于权威的名称服务器知道针对客户的拓扑位置或者地理位置。当后面讨论 CDN 时将更加详细地讨论基于 DNS 的客户映射。

如今针对负载均衡的另一种流行的解决方案是使用 IP 任播（IP anycast）。简而言之，IP 任播是指这样的过程：单个 IP 地址可以被宣告来自多个不同的网络附载点（比如欧洲的一个网络和美国的一个网络）。如果一切都正常，请求与某个特定 IP 地址联系的客户将最终让它的流量路由到最靠近它的那个网络端点上。当然，正如我们所知道的，在 Internet 上域之间的路由并不总是选择最短（甚至最好）的路径，所以，这种方法与基于 DNS 的客户映射相比更是非常粗粒度的，并且也难以控制。然而，有些大的 CDN，比如 Cloudflare，将 IP 任播与基于 DNS 的客户映射结合起来使用。

其他不那么常用的解决方案依赖于一个前端（front end），由前端将进来的请求分发到服务器场的服务器池中。当客户使用单个目标 IP 地址联系服务器场时，这种情况就会发生。前端通常是一个链路层交换机或 IP 路由器，也就是说，是一个处理帧或数据包的设备。所有这些解决方案都基于该设备（或服务器），由它窥视网络层、传输层或应用层的头并且以非标准的方式使用这些头。Web 请求和响应都是通过 TCP 连接运载的。为了正确地工作，前端必须把一个请求的所有数据包都分发给同样的服务器。

一个简单的设计是，前端将所有进来的请求广播给所有的服务器。每个服务器按照事先的约定只回答一部分请求。比如，16 个服务器可能查看一个请求的源 IP 地址，只有源 IP

地址的最后4位与它们配置的选择器相匹配时才回答该请求。其他的数据包都被丢弃掉。虽然这样浪费了进来的带宽,但通常响应远远长于请求,所以它并不像听起来的那样低效。

在一个更通用的设计中,前端可以检查数据包的IP、TCP和HTTP头,并任意地将它们映射到一个服务器。这种映射被称为负载均衡(load balancing)策略,因为其目标是在服务器之间均衡工作负载。这种策略可能很简单,也可能很复杂。一个简单的策略可能是依次使用服务器,一个接着一个,或者以轮循的方式使用服务器。采用这种方法时,前端必须记住每个请求的映射关系,这样才能确保作为同一请求组成部分的后续数据包被发送至同一个服务器。而且,为了使当前的站点比单个服务器更加可靠,前端应该注意到何时服务器失败,并且停止向失败的服务器发送请求。

Web代理

缓存通过缩短响应时间以及减少网络负载提高性能。如果浏览器可以自己判断一个缓存的页面是新鲜的,那么该页面可以立即从缓存中提取出来,根本不会再有网络流量。然而,即使浏览器必须询问服务器以确认该页面依然是新鲜的,响应时间也会缩短,网络负载也会得到降低,特别对于大页面尤为如此,因为只有一个小的消息需要发送。

然而,浏览器能做的最好的事情是将用户以前访问过的所有Web页面都缓存下来。从前面关于流行度的讨论中可知,少数流行的页面被许多人重复地访问,但还有很多很多不流行的页面。在实践中,这限制了浏览器缓存的有效性,因为大量的页面只被用户访问一次,这些页面总是不得不从服务器获取。

使缓存更有效的一种策略是在多个用户之间共享缓存。通过这种方式,为一个用户获取的一个页面可以在另一个用户请求同样页面时返回给该用户。若没有浏览器缓存,这两个用户都需要从服务器获取该页面。当然,这种共享不能针对加密的流量、要求认证的页面以及由程序返回的不可缓存的页面(比如当前股票价格)。特别是由程序创建的动态页面是一个不断增长的情形,缓存对此无效。然而,也有足够多的Web页面可对许多用户可见,并且无论哪个用户发出请求,它们看起来都是相同的(比如图像)。

Web代理(Web proxy)被用来在多个用户之间共享一个缓存。代理代表别人(比如用户)做某种事情。有许多不同种类的代理。比如,一个ARP代理代表一个在别处的用户(他不能自己应答)应答ARP请求。Web代理代表它的用户获取Web请求。它在正常情况下提供对Web响应的缓存能力,而且因为它被跨用户共享,所以,它有一个实质性的、比浏览器的缓存大得多的缓存。

当采用代理时,对于一个组织来说,典型的设置是为它的所有用户运行一个Web代理。该组织可能是一家公司或一个ISP。公司或ISP都可以从中获益:对它的用户来说加快了Web请求,对组织来说也降低了带宽需要。虽然对于家庭用户来说平价计费是常见的,跟使用量无关,但是大多数公司和ISP则是根据家庭用户使用的带宽收费的。

这种设置如图7-44所示。为了使用代理,每个浏览器必须被配置成向代理发出页面请求,而不是向页面的真实服务器发出请求。如果代理有这个页面,它就立刻返回该页面;如果它没有,就从服务器获取页面,并将它添加到缓存中以备将来使用,同时返回给请求该页面的客户。

除了向代理而不是真实的服务器发送Web请求外,客户还利用它的浏览器缓存执行自

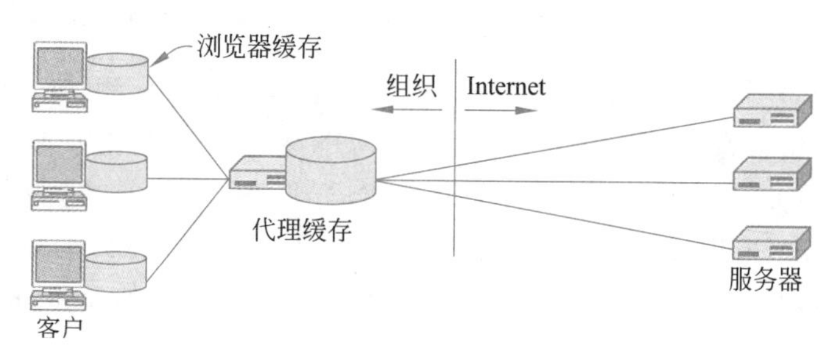

图 7-44 位于 Web 浏览器与 Web 服务器之间的代理缓存

己的缓存。只有在浏览器尝试以自己的缓存满足该请求以后,它才会咨询代理。也就是说,代理提供了一个二级缓存。

还可以加入进一步的代理以提供更多级的缓存。每个代理(或浏览器)通过其上游代理(upstream proxy)发出请求。每个上游代理为下游代理(downstream proxy)(或浏览器)缓存页面。因此,有可能让一个公司内的浏览器使用一个公司代理,而公司代理再使用一个 ISP 代理,该代理直接与 Web 服务器联系。然而,在实践中,图 7-44 中显示的一级代理缓存通常足够获得绝大部分潜在好处。问题仍然在于流行度的长尾效应。针对 Web 流量的研究表明,当用户数量达到一个小公司的规模(比如 100 人)时,共享缓存特别有益。随着人数增长得越来越多,共享缓存的好处变得越来越不重要,原因是,由于缺乏存储空间,不流行的请求得不到缓存。

Web 代理还提供了额外的好处,而这些好处往往是决定部署它们的一个因素。好处之一是可以过滤内容。管理员可以配置代理过滤一些被列入黑名单的站点,也可以对代理发出的请求进行过滤。比如,许多管理员对员工在公司上班时间观看 YouTube 视频(更糟糕的是,观看色情内容)会皱起眉头,因而会相应地设置过滤器。使用代理的另一个好处是保护隐私或实现匿名(当代理向服务器屏蔽了用户的身份时)。

7.5.3 内容分发网络

服务器场和 Web 代理有助于建立大型站点,并提高 Web 性能,但对于必须在全球范围内提供内容服务的真正流行的 Web 站点而言,这些还不够。对于这些站点,需要一种不同的方法。

CDN(Content Delivery Network,内容分发网络)根本上改变了传统的 Web 缓存的想法。与客户在附近的缓存中寻找所请求的页面的副本不同,内容提供商把该页面的一份副本放在位于不同位置的一组节点中,并且指示客户使用附近的节点作为服务器。

将 DNS 用于内容分发的技术由 Akamai 在 1998 年率先提出,那时的 Web 在早期快速增长的负载下不堪重负。Akamai 是第一个主要的 CDN 提供商,并且很快成了行业的领头羊。也许比通过 DNS 将客户连接到附近节点的想法更巧妙的是 CDN 的商业模型和激励结构。公司向 Akamai 支付费用,以便将它们的内容传递给客户,因此它们有客户喜欢使用的、响应积极的 Web 站点。CDN 节点必须放置在具有良好连通性的网络位置,最初这意味着要放置在 ISP 网络内部。在实践中,一个 CDN 节点是由一个标准的 19in 的设备架组成的,其中包含一台计算机和许多磁盘,有一根光纤从里边伸出来连接到 ISP 的内部

LAN 中。

对于 ISP 来说,在它们的网络中放置一个 CDN 节点是有好处的,即 CDN 节点能削减它们需要的上游网络带宽量(必须付费)。此外,CDN 节点降低了 ISP 客户访问内容的延迟。因此,内容提供商、ISP、客户都受益,并且 CDN 还能赚钱。自 1998 年以来,许多公司,包括 Cloudflare、Limelight、Dyn 等,也开始进入这个行业,所以现在 CDN 是一个有多家内容提供商的竞争行业。正如前面提到的,许多大的内容提供商,比如 YouTube、Facebook 和 Netflix,都运营他们自己的 CDN。

最大的那些 CDN 拥有数十万台服务器分布在全球各个国家。这么大的容量也可以帮助这些 Web 站点对抗 DDoS 攻击。如果一个攻击者设法每秒发送几百个或者几千个请求给一个采用了 CDN 的站点,那么,对于 CDN 来说,这是一个很好的机会,它将能够应答所有这些请求。通过这种方式,被攻击的站点将能够从这样的请求洪水中存活下来。也就是说,CDN 可以快速地扩充一个站点的服务能力。有些 CDN 甚至还宣传它们能对抗大规模的 DDoS 攻击,以此作为一个吸引内容提供商的卖点。

在本节的例子中描述的 CDN 节点通常是计算机集群。DNS 重定向通过两个层次完成:第一层,将客户映射到邻近的网络位置;第二层,把负载分散在该位置处的节点中。可靠性和性能都是要考虑的因素。为了能够将一个客户从一个集群中的一台计算机转换到另一台计算机上,第二层的 DNS 应答要给以短的 TTL,这样客户将稍后再重复此解析过程。最后要说明的是,虽然我们一直专注在分发诸如图像和视频这样的静态对象,但是,CDN 也支持动态页面的创建、流式传输媒体等。

填充 CDN 缓存节点

图 7-45 显示了当数据通过 CDN 分发时遵循的路径的例子。这是一棵树。CDN 中的源服务器将该内容的一份副本分发给 CDN 中的其他节点,在这个例子中,这些节点分别位于悉尼、波士顿和阿姆斯特丹,在图 7-45 中用虚线表示。然后,客户从 CDN 中"最近"的节点获取页面,图 7-45 中用实线表示。这样,在悉尼的两个客户都获取了存储在悉尼的页面副本,它们不会从源服务器处获取页面,源服务器可能在欧洲。

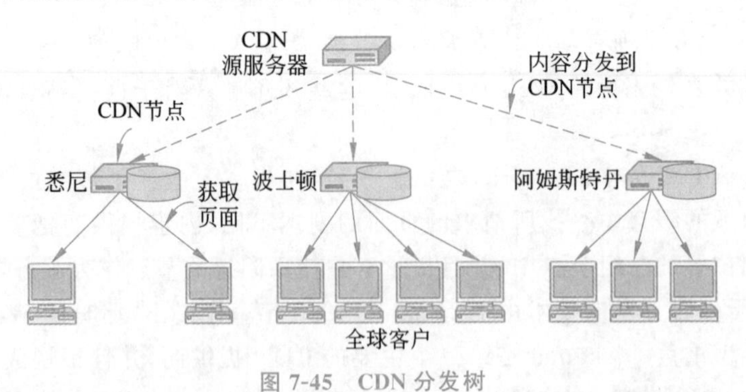

图 7-45 CDN 分发树

使用树结构有 3 个好处。首先,内容的分发可以扩展到越来越多的客户,只需在 CDN 中使用更多的节点,并且,当在 CDN 节点之间的分发变成瓶颈时,这棵树可以有更多的层次。不管有多少客户,树结构总是有效的。源服务器不会被过载,因为它通过 CDN 节点树和许多客户通话,它自己不需要回答每个页面请求。其次,每个客户通过从附近的服务器而不是一个遥远的服务器获取页面，从而会有不错的性能。这是因为建立连接所需的往返时间更短了，往返时间越短，TCP慢速启动就上升得越快，而且越短的网络路径经过Internet上拥塞区域的可能性也越小。最后，放置在网络上的总负载也保持在最低水平。如果CDN节点被放置得好，一个给定页面的流量应该恰好通过网络中各个部分一次。这是非常重要的，因为最终总会有人要为网络带宽付费。

随着Web上加密页面的不断增加，特别是随着HTTPS用于分发Web内容的日益增多，利用CDN提供内容服务已经变得更加复杂了。比如，假设用户想要获取https://nytimes.com/。针对该域的DNS查询，用户可能得到的是Dyn上一个名称服务器的引用，比如ns1.p24.dynect.net，它又会进一步将用户重定向到Dyn CDN上托管的一个IP地址。但是，现在该服务器必须将nytimes.com认证的内容传递给用户。为了做到这一点，它可能需要nytimes.com的私钥，或者有能力为nytimes.com制作一个证书(或者两者兼备)。因此，对于内容提供商的敏感信息，要求CDN是可信的，该服务器必须被配置成可以有效地当作nytimes.com的一个代理。另一种办法是，将所有的客户请求指回到源服务器，源服务器可以提供HTTPS证书和内容的服务，但是这么做本质上将会抵消CDN的所有性能好处。典型的解决方案往往是在中间的某个地方，CDN代表内容提供商生成一个证书，并且充当该组织，利用该证书从CDN提供内容服务。这样实现了在CDN和用户之间加密内容的最常见的预期目标，并且也为用户认证了内容。也有一些更加复杂的选项做法，它们要求在源服务器上部署证书，它们也允许内容在源和缓存节点之间被加密。Cloudflare在它的Web站点上有一份关于这些选项做法的很好的摘要：https://cloudflare.com/ssl/。

DNS重定向和客户映射

使用分发树的想法很直截了当。一个不那么简单的问题是如何将客户映射到这棵树中合适的缓存节点上。比如，代理服务器似乎提供了一个解决方案。考察图7-45，如果每个客户都配置成使用悉尼、波士顿或者阿姆斯特丹CDN节点作为缓存的Web代理，那么分发过程将按照树的结构进行。

正如前面简短讨论过的，映射或指示客户到附近CDN缓存节点最常见的方法是使用**DNS重定向**(DNS redirection)。现在详细地描述一下这种做法。假设一个客户想要获取URL为https://www.cdn.com/page.html的页面。为了获取该页面，浏览器将使用DNS把www.cdn.com解析为一个IP地址。此DNS查找过程以常规的方式进行。通过使用DNS协议，浏览器知道了cdn.com名称服务器的IP地址，然后与该名称服务器联系，请求它解析www.cdn.com。然而，在这个点上，关键的一点是，这个名称服务器是由该CDN运行的。它不是为每个请求返回相同的IP地址，而是检查发出该请求的客户IP地址，并根据客户所在的位置返回不同的答案。答案将是最靠近客户的CDN节点的IP地址。也就是说，如果在悉尼的一个客户请求CDN名称服务器解析www.cdn.com，那么，该名称服务器将返回悉尼CDN节点的IP地址；但如果在阿姆斯特丹的一个客户发出了同样的请求，则该名称服务器将返回阿姆斯特丹CDN节点的IP地址。

根据DNS的语义，这种策略是完全正确的。之前已经看到过名称服务器可能会返回正在变化的IP地址列表。在名称解析以后，悉尼客户将直接从悉尼CDN节点获取页面。由于DNS缓存的原因，对相同“服务器”上的页面的进一步请求将直接从悉尼CDN节点获取,如图 7-46 所示。

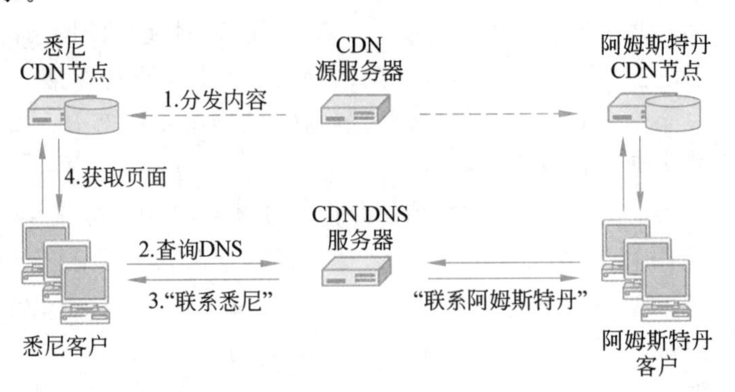

图 7-46 使用 DNS 将客户指向附近的 CDN 节点

上述过程中的一个复杂问题是怎样才算找到最近的 CDN 节点以及如何到达它(这是前面讨论过的客户映射(client mapping))。在将客户映射到一个 CDN 节点时,至少有两个因素要考虑。一个因素是网络距离。客户应该有一条距离短、容量高的网络路径到达该 CDN 节点。在这样的条件下可以做到快速下载。CDN 使用一张它们以前计算的地图,在客户的 IP 地址和它的网络位置之间进行转换。选定的 CDN 节点可能就在最短直线距离上,也可能不是。重要的是,要组合起来考虑网络路径长度和途中的任何容量限制。

第二个因素是 CDN 节点当前已经在承受的负载。如果该 CDN 节点已经过载,它们的传送反应就会缓慢,就像我们一开始试图要避免的 Web 服务器过载一样。因此,在 CDN 节点之间均衡负载可能是必要的,它们可以把一些客户映射到稍微远一点但负载轻一点的节点。

一个 CDN 的权威 DNS 服务器将一个客户映射到附近 CDN 缓存节点的能力取决于它确定客户位置的能力。正如在 7.1 节中讨论的那样,DNS 的现代扩展,比如 EDNS0 Client Subnet 使得权威名称服务器有可能看到客户的 IP 地址。考虑到本地递归解析器的 IP 地址可能不是在客户附近的地方,向基于 HTTPS 的 DNS(DNS-over-HTTPS)的潜在迁移趋势也可能会引入新的挑战。如果 DNS 本地递归解析器不传递客户的 IP 地址(通常就是这样的情形,因为整个目的是为了保护客户的隐私),那么,那些也不为客户解析 DNS 的 CDN 在执行客户映射的时候可能要面临更大的困难。另一方面,那些运营 DoH 解析器的 CDN(比如,Clondflare 和 Google 现在就是这样做的)则可以获得显著的优势,因为它们直接拥有关于发出 DNS 查询的客户 IP 地址的知识,这些客户通常为了获取它们自己 CDN 上的内容。DNS 的中心化将在接下来的数年间再一次真正引发内容分发行业的重构。

本节展示了关于 CDN 如何工作的简化版描述。实际上还有更多的细节值得关注。比如,CDN 节点的磁盘最终将会填满,所以它们必须有规律地被清理。在决定丢弃哪些文件以及何时丢弃这些文件等方面研究者,已经做了很多工作,比如 Basu 等(2018)。

7.5.4 对等网络

不是每个人都能在世界各地设立 1000 个节点的 CDN 来分发他们的内容(实际上,租用 1000 台分布在全球各地的虚拟机并不是很难,因为有一个发展良好并且有竞争力的托管行业。然而，获得了这些节点仅仅是建立一个 CDN 的开始）。幸运的是，对于其他人，还有一个替代方案，它简单易用，并且可以分发大量的内容。它就是 P2P（对等）网络。

P2P 网络的异军突起始于 1999 年。第一个广泛使用的应用是为一个大规模犯罪：5 千万 Napster 用户在没有得到版权拥有人许可的情况下交换版权歌曲，直到 Napster 在一片很大的争议声中被法院强制关闭。不过，对等技术有很多有趣的并且合法的用途。其他的系统继续发展，吸引了用户的极大兴趣，因而 P2P 流量的迅速崛起使得 Web 流量黯然失色。如今，BitTorrent 仍然是最流行的 P2P 协议。它被如此广泛地用于分享（授权的和公共领域的）视频以及其他大的内容，以至于它仍然占据着所有 Internet 流量中的很重要部分（尽管视频流量在增长）。在本节后面将看到这一点。

概述

一个 **P2P** 文件共享网络的基本思路是将许多台计算机聚在一起并且把它们的资源组成一个池，从而形成一个内容分发系统。这些计算机往往是简单的家用计算机。它们并不一定是 Internet 数据中心里的计算机。这些计算机称为**对等节点**（peer），因为每一个都可交替充当另一个的客户，获取其内容；它们也可作为服务器，提供内容给其他对等节点。对等系统令人感兴趣的是，它们没有专用的基础设施，这一点与 CDN 不同。每个客户都参与到分发内容的任务中，而且通常还没有中心控制点。有许多对等网络的使用案例已经存在了（Karagiannis 等，2019）。

许多人对于 P2P 技术感到振奋，因为它看起来就像给“小家伙”授予了自主权。究其原因，不仅在于只有一个大型公司才能运行一个 CDN，而任何一个人只要有一台计算机就可以加入一个 P2P 网络。原因更在于，P2P 网络具有强大的分发内容的能力，这种能力可以与最大的 Web 站点匹配。

早期的对等网络：Napster

正如前面所讨论的，诸如 Napster 这样的早期对等网络是以一个中心化的目录服务为基础的。用户安装客户软件，该客户软件扫描本地的存储空间，找到要共享的文件，在检查了其中的内容以后，将这些共享文件的元数据信息（比如文件名称、大小以及共享该内容的用户的身份）上载到一个中心化的目录服务中。希望从 Napster 网络获得文件的用户随后可搜索该中心化的目录服务器，可知道其他哪些用户也有该文件。当用户搜索内容时，该服务器将共享了该用户正在查找的那个文件的对等节点的 IP 地址通知该用户，至此，用户的客户软件就可以直接联系该主机，并下载用户要找的那个文件。

Napster 的中心化目录服务的一个副作用是，它使得其他人能够比较容易地搜索该网络，想尽一切办法确定谁正在共享哪个文件，从而有效地爬取整个网络。在某个特定的时间点上，已经很清楚，Napster 上所有的内容中有相当一部分是受版权保护的资料，这最终导致了关闭该服务的禁令。中心化目录服务的另一个很清楚的副作用是，为了禁止该服务，只需要禁止该目录服务器即可。没有了该目录服务器，Napster 实际上就变成不可用了。作为对该事件的响应，新的对等网络的设计者开始设计出对于停机或失败更为健壮的系统。为了做到这一点，一般的做法是让目录服务或者搜索过程去中心化。下一代对等系统，比如 Gnutella，就采用了这种做法。

目录服务去中心化：Gnutella

Gnutella是2000年发布的;它试图通过实现一个完全分布式的搜索函数,有效地解决Napster的中心化目录服务的一些问题。在Gnutella中,一个加入网络的对等节点试图通过一个专门的发现过程发现其他连接的对等节点,该对等节点一开始就联系几个知名的Gnutella对等节点(它必须通过某个自举过程发现这些知名对等节点)。为了做到这一点,一种方法是随软件本身一起将一组Gnutella对等节点的IP地址发布出去。该Gnutella对等节点在发现了一组对等节点以后,发出一些向这些邻近对等节点的搜索查询,这些邻近对等节点又把查询传递给它们的邻居,以此类推。这种搜索对等网络的一般性方法通常被引用为**gossip**。

虽然gossip方法解决了诸如Napster之类的半中心化服务所面临的一些问题,但是,它很快出现了其他一些问题。一个问题是,在Gnutella网络中,对等节点不断地加入和离开网络。对等节点只不过是其他用户的计算机而已,因此它们会不断地进入和离开网络。尤其是用户在获得了他们感兴趣的文件以后,没有特别的理由继续待在网络中,因此,这种所谓的**搭便车**(free-riding)行为很普遍,70%的用户不会贡献内容(Adar等,2000)。第二个问题是gossip基于泛洪的做法,其伸缩性非常差,随着Gnutella变得流行,这个问题更加严重。特别是gossip消息的数量随网络中参与者的数量呈指数增长。因此,该协议伸缩能力特别差。只有有限网络能力的用户发现Gnutella网络差不多完全不可用。Gnutella引入了所谓的**超级对等节点**(ultra-peer)一定程度上缓解了这些伸缩性挑战,但一般而言,Gnutella是相当浪费可用网络资源的。在Gnutella的查找过程中缺失伸缩能力,这促使人们发明了**DHT**(Distributed Hash Table,**分布式散列表**);在DHT中,一个查找请求根据它对应的散列值被路由到对等网络中正确的节点上。对等网络中每个节点只负责维护整个查找空间的某个子集的信息,DHT负责将一个查询路由到负责解析该查找请求的正确节点上。现代的许多对等网络中使用了DHT,包括eDonkey(它使用DHT查找)和BitTorrent(它使用DHT大规模地追踪网络中的对等节点)。

最后,Gnutella并不自动对用户正在下载的文件内容进行验证,这导致网络上存在相当数量的假内容。你可能会疑惑,为什么一个对等网络有如此多的假内容呢。有许多可能的理由。一个简单的理由是,就像任何一个Internet服务可能会遭受拒绝服务攻击一样,Gnutella自身也会变成一个攻击目标,在该网络上发起一次拒绝服务攻击最容易的方法之一是采用所谓的**污染攻击**(pollution attack),即用假内容来泛洪整个网络。一个特别有动力让这些网络变得毫无用处的群体是唱片业(特别是美国唱片业协会),他们发现,用大量的假内容污染诸如Gnutella这样的对等网络,可以劝诫人们不要用这些网络交换有版权的内容。

因此,对等网络一度面临着诸多挑战:伸缩能力、说服用户在下载完他们搜索的内容以后继续停留在网络中,以及验证他们下载的内容。正如接下来要讨论的,BitTorrent的设计解决了所有这3个挑战。

解决伸缩能力、激励和验证问题：BitTorrent

BitTorrent协议是2001年由Bram Cohen开发的,目的是让一组同行方便快捷地共享文件。有几十个免费的客户软件运行这个协议,就好像有许多浏览器通过HTTP跟Web

服务器通信一样。该协议作为一个开放标准，可从 bittorrent.org 获得。

在一个典型的对等系统中，就像使用 BitTorrent 形成的系统，每个用户都有一些可能让其他用户感兴趣的信息。这些信息可能是免费软件、音乐、视频、照片等。在这样的设置中共享内容必须解决 3 个问题：

(1) 一个对等节点如何找到具有自己想下载的内容的其他对等节点？

(2) 各对等节点如何复制内容以便为每个人提供高速下载？

(3) 各对等节点如何相互鼓励上传内容给他人以及为自己下载内容？

第一个问题的存在，是因为并非所有的对等节点都拥有所有的内容。BitTorrent 采取的方法是为每个内容提供者创建一个内容描述，称为**种子文件**(torrent)。种子文件比内容小得多，对等节点用种子文件验证它从其他对等节点处下载的数据的完整性。想要下载该内容的其他用户必须先获得种子文件，也就是说，必须在宣告内容的 Web 页面上找到种子文件。

种子文件只是一种指定格式的文件，它包含了两类关键信息。一类信息是一个**跟踪器**(tracker)的名称，这里的跟踪器是一个服务器，它将对等节点引导到种子文件的内容上。另一类信息是一些大小相等的**块**(chunk)的列表，它们构成了内容。在 BitTorrent 的早期版本中，跟踪器是一个中心化的服务器。如同 Napster 一样，中心化的跟踪器会导致 BitTorrent 网络的单点失败。因此，现代版本的 BitTorrent 通常利用一个 DHT，将跟踪器的功能去中心化了。不同的块大小可被用于不同的种子文件，块通常从 64KB 到 512KB 不等。种子文件包含每个块的名称，名称采用块的 160 位 SHA-1 散列值。在第 8 章中将介绍密码学的散列算法，比如 SHA-1。现在，可以把散列值想象成一个更长、更安全的校验和。给出块的大小和散列值，种子文件至少比内容小 3 个数量级，所以它可以被快速传输。

为了下载由种子文件描述的内容，一个对等节点首先与该种子文件的跟踪器联系。跟踪器是一个服务器(或者通过一个 DHT 组织起来的一组服务器)，它维护着当前正在活跃的下载和上传该内容的所有其他对等节点的列表。这一组对等节点称为**群**(swarm)。群的成员定期与跟踪器联系并向它报告自己仍然活跃，当它们离开群时也要报告。当一个新的对等节点联系跟踪器要加入群时，跟踪器告诉它群内有哪些对等节点。获取种子文件并与跟踪器联系是下载内容的前两个步骤，如图 7-47 所示。

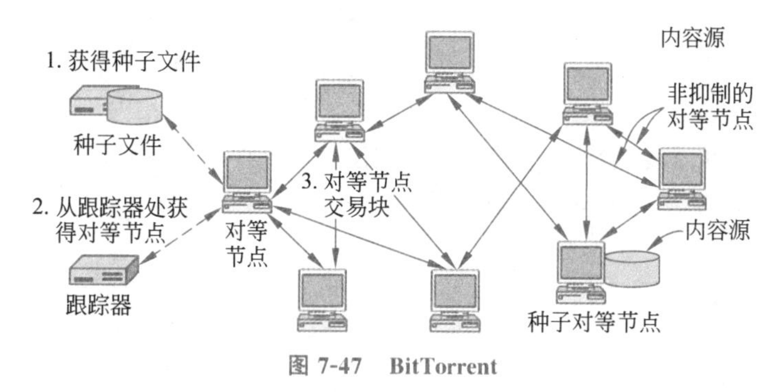

图 7-47　BitTorrent

第二个问题是如何以一种可快速下载的方式共享内容。当一个群首次形成时，有些对等节点必须拥有可构成该内容的所有块。这些对等节点被称为**播种机**(seeder)。要加入该群的其他对等节点没有块,它们是需要下载该内容的对等节点。

在一个对等节点参与一个群期间,它同时从其他对等节点处下载缺失的块,并且将它已经拥有的块上传给其他需要这些块的对等节点。这一交易操作显示在图7-47中内容分发的最后一步。随着时间的推移,该对等节点收集到越来越多的块,直到它下载了该内容的所有块。对等节点随时可以离开群(以及返回)。通常,一个对等节点在完成自己的下载后会停留一段短的时期。随着对等节点的来来往往,群内成员数量的波动率可能相当高。

为了上面所述的方法能很好地工作,每个块应该在许多对等节点处都是可用的。如果每个节点都以相同的顺序获取块,很可能许多对等节点都依赖于播种机节点获得下一块。这就会构成瓶颈。相反,对等节点彼此交换各自拥有的块的列表。然后,它们优先选择少见的、很难找到的块下载。这里的想法是,下载一个少见的块将导致生成一个它的副本,这样使得该块更容易被其他对等节点找到并下载。如果所有的对等节点都这样做,那么经过短暂的一段时间后所有的块都将是广泛可用的。

第三个问题与激励有关。CDN节点是专门为了给用户提供内容而建立的。P2P节点却不是。它们是用户的计算机,而且用户可能对获得一部电影比帮助其他用户下载更感兴趣。换句话说,有时候用户有动机去欺骗系统。那些从系统中获取资源却没有以同样方式回报和贡献的节点称为搭便车者(free-rider)或吸血鬼(leecher)。如果这样的用户太多,那么系统将无法很好地运行。众所周知,早期的P2P系统容纳了它们(Saroiu等,2003),所以BitTorrent试图将它们最小化。

BitTorrent通过奖励那些表现出良好上传行为的对等节点来应对这个问题。每个对等节点随机采样其他对等节点,在给它们上传块的同时也从它们这里获取块。一个对等节点只与少数提供最高下载性能的对等节点继续交易块,同时也随机尝试其他对等节点以便找到好的伙伴。由于随机尝试其他的对等节点,这也给了那些新加入的对等节点获得初始块的机会,以便它们可以与其他对等节点进行交易。当前正在与一个节点交换块的对等节点称为非抑制的(unchoked)。

随着时间的进展,这一算法旨在让那些在上传和下载速率方面具有可比性的对等节点相互匹配起来。一个对等节点为其他对等节点作出的贡献越多,它预期的回报就越大。使用一组对等节点也有助于充分利用一个对等节点的下载带宽,获得高的性能。反之,如果一个对等节点没有给其他对等节点上传块,或者上传得非常缓慢,那么,它迟早会被切断或被抑制(choked)。这一策略打击了对等节点在群内搭便车的行为。

抑制算法(choking algorithm)有时被描述成一种实现针锋相对(tit-for-tat)的策略,该策略鼓励对等节点在重复的交互过程中进行合作。对合作进行激励的理论来源于博弈论中著名的针锋相对游戏(tit-for-tat game),即,玩家有动机进行欺骗,除非:①它们反复地彼此玩这个游戏(在BitTorrent中是这样的情形,这里对等节点们必须反复地交换块);②对等节点因为不合作会被惩罚(这也正是被抑制的情形)。尽管有这样的设计,但是在实践中,BitTorrent并不能阻止客户以各种方式欺骗该系统(Piatek等,2007)。比如,在BitTorrent中客户优先选择少见的块,这一算法让一个对等节点更有动机谎称它拥有该文件的哪些块(比如,宣称它拥有一些很少见的块,但实际上没有)(Liogkas等,2006)。也存在一些软件,其中客户向跟踪器谎报它的上传下载比率,它说已经执行了上传,但实际上它并没有做。由于这些原因,对于一个对等节点,很关键一点是,它要验证每一个从其他对等节点那里下载到的块。它可以这样做，首先为它下载的每一块计算 SHA-1 散列值，然后与种子文件中提供的对应该块的 SHA-1 散列值进行比较。

另一个挑战涉及如何创建激励机制，让对等节点继续停留在 BitTorrent 群内当作播种机节点，即使在它们已经完全下载了整个文件以后。如果它们不这样做，那么，存在这样的可能性，即群里没有一个对等节点拥有整个文件，更糟的情形是一个群可能总体上遗失了整个文件中的某些数据片，因此任何人都不可能下载完整的文件。这个问题对于那些不怎么流行的文件尤为严重(Menasche 等，2013)。研究人员已经开发了各种各样的方法以解决这些激励问题(Ramachandran 等，2007)。

可以从上面的讨论中看到，BitTorrent 带来了丰富的词汇。有种子文件(torrent)、群(swarm)、吸血鬼(leecher)、播种机节点(seeder)和跟踪器(tracker)，以及冷落(snubbing)、抑制(choking)、潜伏(lurking)等更多其他词汇。要了解更多信息，请参阅关于 BitTorrent 的短文章(Cohen，2003)。

7.5.5　Internet 的演进

正如在第 1 章中讲述的那样，Internet 有一段奇怪的历史，它最初是以一个 ARPA 合同带给几十所美国大学的学术研究项目作为开始的。甚至很难确定它到底是从哪个时间点开始的。是从 1969 年 11 月 21 日两个 ARPANET 节点 UCLA 和 SRI 连接起来算起吗？还是 1972 年 12 月 17 日夏威夷 AlohaNet 连接到 ARPANET 形成一个互联网络算起？或者从 1983 年 1 月 1 日 ARPA 正式采纳 TCP/IP 作为协议算起？又或者从 1989 年 Tim Berners-Lee 提出了现在称为万维网(World Wide Web)的提案算起？很难说得清。然而，很容易说清的一点是，从早期的 ARPANET 和刚刚起步的 Internet 以来，已经发生了巨大的变化，有相当一部分变化是广泛地采纳了 CDN 和云计算。下面我们将快速地看一看。

ARPANET 和早期 Internet 的基础模型如图 7-48 所示。它由 3 个组件构成：

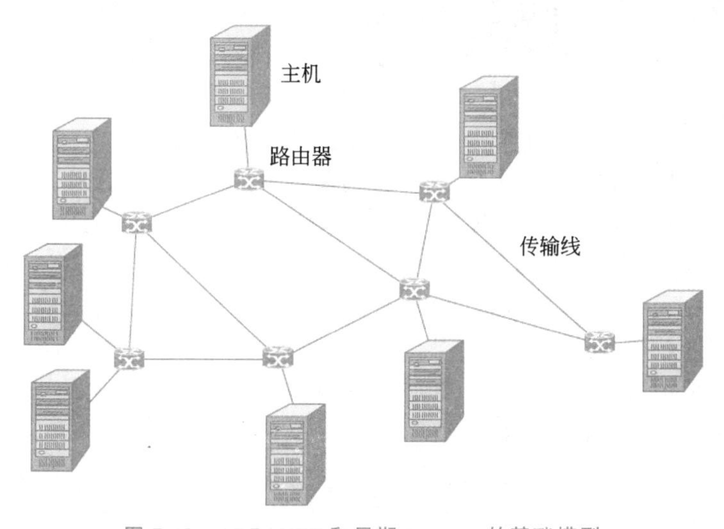

图 7-48　ARPANET 和早期 Internet 的基础模型

(1) 主机(为用户完成实际工作的计算机)。

(2) 用来交换数据包的路由器(在 ARPANET 中称为 IMP)。每台路由器被连接到一台或多台计算机。

(3) 传输线(最初是 56kb/s 的租用电话线)。

早期 Internet 体系结构的基础模型由点到点通信的基本概念主导。作为主机的计算机全部被看作是等同的(尽管有些计算机比其他的更加强大),任何一台计算机都可以向其他任何计算机发送数据包,因为每台计算机都有一个唯一地址。随着 TCP/IP 的引入,这些都是 32 位,在当时看起来 32 位就好像是无穷大的一个极佳近似。现在它看起来更接近于 0,而不是无穷大。传输模型是简单的无状态数据报系统的模型,每个数据包都包含它的目标地址。一旦一个数据包通过了一台路由器,它就完全被忘记了。路由是逐跳完成的。对每个数据包都根据它的目标地址和路由表中的信息进行路由,路由表中的信息说明了针对该数据包的目标地址应该使用哪条传输线。

当 Internet 经过了它的学院环境开始激烈增长并进入商业化运营时,事情开始发生变化了。这导致了骨干网络的发展,骨干网络使用非常高速的链路,并且由诸如 AT&T 和 Verizon 这样的大型电信公司运营。每家公司都运营它自己的骨干网络,但是它们在对等交换点(peering exchange)相互连接起来。Internet 服务提供商迅速发展起来,它们将家庭和企业连接到 Internet,区域网络将 ISP 连接到骨干网络。这一状况如图 1-17 所示。下一步是引入国家级 ISP 和 CDN,如图 1-18 所示。

云计算和非常大型的 CDN 又一次破坏了 Internet 的结构,正如在第 1 章中描述的那样。现在的云数据中心(像 Amazon 公司和 Microsoft 公司运行的数据中心)在同一栋大楼里有数十万台计算机,允许用户(往往是大的公司)在几秒以内申请 100 台、1000 台或者 10 000 台计算机。当沃尔玛在"网购星期一"(感恩节后的星期一)有大的促销活动时,如果它需要 10 000 台计算机来处理相应的负载,它只需从它的云提供商那里自动地根据需要申请这些计算机,然后在数秒内这些计算机就可以使用了。在恢复了正常的星期二,它可以将这些计算机还回去。几乎所有要处理数百万客户的大型公司都使用云服务,从而能够几乎瞬间就能根据需要扩展或收缩它们的计算能力。正如前面也提到过的,还有一个附加的好处是,云也提供了很好的对抗 DDoS 攻击的保护,因为云是如此之大,以至于它可以吸收每秒数千个请求,回答所有这些请求,保持服务的正常运行,因而挫败 DDoS 攻击的意图。

CDN 是层次结构的,有一个主站点(可能为了可靠性的原因复制两三份)和全球许多缓存节点,内容会推送到这些缓存节点。当一个用户请求内容时,由最近的缓存节点为它提供服务。这样既降低了延迟又分散了工作负载。Akamai 是第一个大型的商业 CDN,它在超过 120 个国家和地区的超过 1500 个网络中拥有 200 000 个缓存节点。类似地,现在 Cloudflare 在超过 90 个国家拥有缓存节点。在许多情形下,CDN 缓存节点与 ISP 办公室的位置在一起,所以,从 CDN 到 ISP 的数据传输只要通过一段非常快速的光纤,可能只有 5m 长。全新的世界导致 Internet 的体系结构如图 7-49 所示,其中绝大多数流量是在接入(比如区域的)网络和分布式的云基础设施(即,要么是 CDN,要么是云服务)之间传送的。

用户向大型服务器发送请求,要求做某件事情;服务器做了这件事情,并创建一个 Web 页面来显示它所做的情况。这类请求的例子如下:

(1) 在一个电商店铺购买一个产品。

(2) 从电子邮件提供商那里获取一个电子邮件消息。

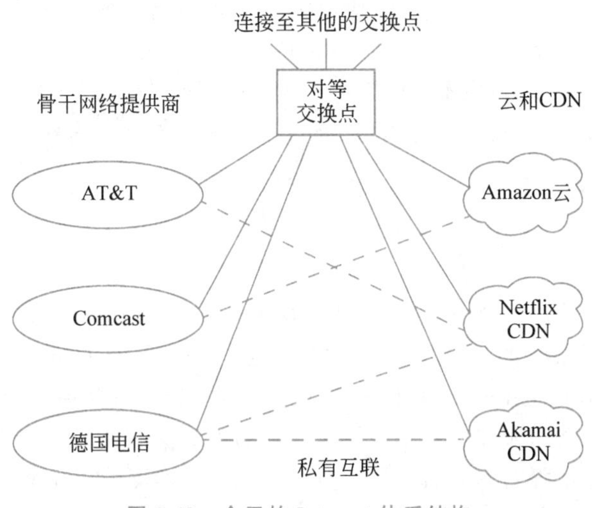

图 7-49　今天的 Internet 体系结构

(3) 向银行发出一个支付命令。

(4) 请求将一首歌或一部电影流式传输到用户的设备上。

(5) 更新一个 Facebook 页面。

(6) 请求一个在线新闻站点显示一篇文章。

今天,几乎所有的 Internet 流量都遵从这一模型。云服务和 CDN 的激烈增长已经推倒了传统的 Internet 流量的客户-服务器模型,在这种传统的客户-服务器模型中,客户向单个服务器获取或交换内容。今天,绝大多数内容和通信都在分布式的云服务上运行。比如,许多接入 ISP 将它们流量的大部分都发送给分布式云服务。在绝大多数发达地区,用户已经不需要通过长途传输基础设施访问大多数内容了:CDN 已经基本上将大多数流行的内容放到靠近用户的地方,通常在地理上很靠近,跨越一个直接的网络互联就到达它们的接入 ISP。因此,越来越多的内容通过 CDN 分发,并且这些 CDN 或者直接托管在与接入网络具有私有互联的网络中,甚至 CDN 的缓存节点就在接入网络自身内部。

对于那些没有私有的专属互联的情形,骨干网络使得许多云和 CDN 通过对等交换点互联。在 Frankfurt 中的 DE-CIX 交换点连接了大约 2000 个网络。阿姆斯特丹的 AMS-IX 交换点和伦敦的 LINX 交换点每个都连接了大约 1000 个网络。在美国更大一些的交换点,每个都连接了数百个网络。这些交换点自身也通过一条或者多条 OC-192 和/或 OC-768 光纤链路(分别运行在 9.6Gb/s 和 38.5Gb/s 速率上)相互连接起来。对等交换点和在这些对等交换点汇聚的更大的承运商网络形成了 Internet 骨干网络,大多数云和 CDN 跟它们直接互联。

内容和云提供商越来越多地通过私有互联,直接连接到接入 ISP,以便把内容放到更加靠近用户的地方。在有些情形下,它们甚至把内容直接放到接入 ISP 网络中的服务器上。这样的一个例子是 Akamai,它有超过 200 000 台服务器,正如前面所提到的,绝大多数服务器位于 ISP 网络内部。这种趋势将在接下来的数年间继续改变 Internet 的流量结构。其他的 CDN,比如 Cloudflare,也将变得越来越普及。最后,内容和服务的提供商自身也在部署 CDN。比如,Netflix 已经部署了它自己的 CDN,称为 Open Connect,其中 Netflix 内容或者被部署在IXP中的缓存节点上,或者直接部署在接入网络中的缓存节点上。Internet路径穿越一个独立的骨干网络或者**IXP**(Internet Exchange Point,**Internet交换点**)到什么程度取决于各种各样的因素,包括成本、在该区域中的可用连接性以及经济规模。IXP在欧洲和世界上其他地区非常流行。相反,在美国,通过私有互联的直接连接则更加流行和普遍。

7.6 本章总结

ARPANET中的命名开始于一种非常简单的方式:一个ASCII文本文件列出了所有主机的名称和它们对应的IP地址。每天晚上,所有计算机都下载该文件。但是当ARPANET演变成Internet并且规模发生了爆炸时,需要一个更为复杂和动态的命名方案。现在使用的是一个称为域名系统的层次结构方法。它将Internet上的所有计算机组织成一组树。在顶层是众所周知的通用域,包括com、edu以及约200个国家和地区。DNS被实现成一个分布式数据库,其服务器遍布世界各地。通过查询一个DNS服务器,一个进程可以将一个Internet域名映射成IP地址,该地址被用来与该域的一台计算机进行通信。DNS被用于各种各样的用途。最近的发展已经引发了围绕着DNS的隐私顾虑,从而导致了向基于TLS或HTTPS的加密DNS的方向转移。结果得到的可能中心化的DNS也许会改变Internet体系结构的一些基础方面。

电子邮件是Internet最初的撒手锏应用。它今天仍然被广泛地应用,从小孩子到老爷爷,每个人都在使用它。世界上绝大多数电子邮件系统都使用由RFC 5321和RFC 5322定义的邮件系统。消息都有简单的ASCII头,而且通过MIME可以发送许多类型的内容。邮件被提交给消息传输代理,由它作进一步的传递。通过不同的用户代理(包括Web应用),用户从消息传输代理处获取邮件。提交的邮件通过SMTP被传送出去,SMTP的工作方式是在发送侧的消息传输代理和接收侧的消息传输代理之间建立一个TCP连接。

Web是被大多数人认为等同于Internet的应用。最初,它只是一个系统,用来无缝链接跨计算机的超文本页面(以HTML语言编写)。浏览器与服务器之间建立一个TCP连接并使用HTTP下载页面。如今,Web上的许多内容是动态生成的,无论是在服务器端(比如通过PHP)还是在浏览器中(比如使用JavaScript)。当与后端数据库相结合时,动态服务器页面催生出诸如电子商务和搜索这样的Web应用。动态浏览器页面正在演变为全功能的应用,比如电子邮件,它们运行在浏览器内部,并且使用Web协议与远程服务器通信。随着广告行业的不断增长,Web上的跟踪技术已经变得非常普遍了,可以通过各种各样的技术做到这一点,从Cookie到画布指纹。虽然有许多方法阻止特定类型的跟踪机制(比如Cookie),但是,这么做有时候也会妨碍一个Web站点的正常功能,而且有些跟踪机制(比如画布指纹)要想阻止极其困难。

自2000年以来,数字音频和视频已经成为Internet的关键驱动力。今天大多数Internet流量是视频。许多视频通过一组混合的协议从Web站点流式传输出来,尽管TCP也是非常广泛使用的。直播媒体被流式传输给很多消费者。它也包括广播所有事件的Internet电台和TV电视台。音频和视频还可用于实时会议。许多呼叫使用了IP语音,而不是传统的电话网络,还包括视频会议。

极其流行的Web站点只有很少的数量,而大量的都是不怎么流行的Web站点。为了向这些流行的站点提供服务，内容分发网络已经被部署起来了。CDN 使用 DNS 把客户指向一个附近的服务器，这些服务器被放置在世界各地的数据中心里。另外，P2P 网络让一组计算机彼此共享内容，比如电影。它们提供的内容分发能力可随着 P2P 网络中计算机数量的不断增大而获得提升，而且可与最大的站点相媲美。

习　题

1. 在图 7-5 中，在 laserjet 后没有句号。这是为什么？

2. 请给出一个解析器按 8 个步骤查找域名 course-info.cs.uchicago.edu 的例子，类似于图 7-7 中显示的那样。在实践中，在什么样的情形下会发生这样的查找过程？

3. 对于用来为权威名称服务器 DNS 记录签名的密钥，哪个 DNS 记录验证该密钥？

4. 哪个 DNS 记录验证权威名称服务器 DNS 记录的签名？

5. 描述客户映射的过程。在这个过程中，有一部分 DNS 基础设施被用来标识出一个靠近最初发出 DNS 查询的那个客户的内容服务器。请解释一下在确定客户位置时涉及哪些假设。

6. 考虑这样一种情况，一个网络恐怖主义分子同时破坏了全世界的所有 DNS 服务器。这将如何改变一个人使用 Internet 的能力？

7. Internet 充满了各种专门术语。

(a) 请将这个句子从翻译成英语：“FTTB PAYG. IAC it’s FCFS. IKYP”。

(b) 用你的经历回答(a)中的问题，并对 Internet 术语可能有哪些优点和缺点给出建议。

8. DNS 查询和响应使用 TCP 而不是 UDP 有哪些优点和缺点？

9. 假设 DNS 查找的缓存行为是正常的，DNS 没有被加密。那么，从你的本地设备上，哪些部分可以看到你的所有 DNS 查找？如果 DNS 采用 DoH 或 DoT 进行了加密，那么，谁能看到这些 DNS 查找？

10. Nathan 希望有一个原始的域名，并使用一个随机程序产生他的二级域名。他要在 com 通用域中注册这个域名。生成的域名有 253 个字符长。com 注册机构允许注册这个域名吗？

11. 只有一个 DNS 名称的主机可以有多个 IP 地址吗？这种情况是如何发生的？

12. 一台计算机可以有两个落在不同顶级域里的两个 DNS 名称吗？如果可以，给出一个合理的例子；如果不可以，请解释为什么。

13. 有些电子邮件系统支持“Content Return:”头字段。它指定了当消息未被递交时是否返回消息体。这个字段属于信封还是头？

14. 你收到了一封可疑的电子邮件，你怀疑它是怀有恶意的人发送的。这封电子邮件中的 FROM 字段表明，这一电子邮件是由某个你信任的人发送的。你能信任这封电子邮件的内容吗？为了检查它的真实性，你该怎么做呢？

15. 电子邮件系统需要相应的目录，以便查找人们的电子邮件地址。为了建立这样的目录，名字应该被分割成标准的组成部分(比如姓和名)才有可能搜索。请讨论为了建立一个可接受的全球标准必须解决哪些问题。

16. 一个大型律师事务所有许多员工，每一位员工有一个电子邮件地址。每个员工的电子邮件地址是＜login＞@ lawfirm.com。然而，该事务所并没有明确定义＜login＞部分的格式。因此，有些员工使用他们的名字作为自己的＜login＞部分，有些员工使用他们的姓，还有些员工使用了名字的缩写，等等。现在该事务所希望制定一个固定的格式，比如firstname.lastname@lawfirm.com① 这个格式能用作全体员工的电子邮件地址吗？如何做才不至于造成太多混乱？

17. 一个100字节的ASCII字符串通过Base64进行编码。结果得到的字符串有多长？

18. 你的同学使用Base64编码ASCII字符串"ascii"，结果得到"YXNjaWJ"。请说明在编码过程中发生了什么错误，并给出该字符串的正确编码结果。

19. 你正在为完成计算机网络实验课作业编写一个即时消息应用程序。该应用程序必须能够将ASCII文本文件转换成二进制文件。不幸的是，你小组中的另一个学生已经递交了一份没有实现转换二进制文件功能的服务器代码。你能仅仅改变客户代码就可以实现这一功能吗？

20. 在任何一个标准(比如RFC 5322)中，对于哪些是允许的，需要有精确的语法，这样不同的实现才能相互协同工作。即使最简单的项目也必须小心定义。SMTP头允许在标记符之间出现空白。请针对标记符之间的空白给出其他两种合理的定义。

21. 请说出本书没有列出的5个MIME类型。你可以检查你的浏览器或从Internet获取这方面的信息。

22. 假设你想给一个朋友发送一个MP3文件，但是你朋友的ISP限制每个进入消息的大小为1MB，而该MP3文件是4MB。是否有办法通过使用RFC 5322和MIME处理这种情形？

23. IMAP允许用户从远程邮箱获取和下载电子邮件。这是否意味着邮箱的内部格式必须标准化，因此客户侧的任何IMAP程序都可以读取任何邮件服务器上的邮箱？讨论你的答案。

24. 标准的https URL假设Web服务器正在监听端口443。然而，Web服务器也有可能在其他某个端口上监听。对于一个要访问非标准端口上的文件的URL，请设计一个合理的语法。

25. 想象一下，在斯坦福大学数学系有人刚刚写了一个包括证明过程的新文档，他希望通过FTP将该文档分发给他的同事们审阅。他把该文档放在FTP目录ftp/pub/forReview/下，名为newProof.pdf。这一文档可能的URL是什么？

26. 想象一个Web页面，通过一个持久的连接，使用HTTP和顺序的请求加载该页面需要3s。在这3s中，建立连接并得到第一个响应用了150ms。使用流水线请求加载同一页面需要200ms。假设发送一个请求是瞬间完成的，并且对于所有的请求，在请求和应答之间的时间都是相等的。当获取该Web页面时共执行了多少个请求？

27. 你正在为完成计算机网络实验课作业编写一个网络应用程序。你小组中的另一个学生说，因为你的系统通过HTTP通信，而HTTP运行在TCP之上，所以你的系统不需要考虑主机之间通信断掉的可能性。你要对你的小组成员说什么呢？

---

① 这里lastname是指姓，firstname是指名。——译注

28. 对于下列每一个应用程序，说明：(a)是否有可能；(b)是否最好使用 PHP 脚本或 JavaScript，以及为什么。

(a) 显示从 1752 年 9 月以来任何指定月份的日历。

(b) 显示从阿姆斯特丹到纽约的航班时间表。

(c) 用图形方式绘出一个用户提供系数的多项式。

29. If-Modified-Since 头可以用来检查一个缓存的页面是否仍然有效。这些请求所针对的页面可以包含图像、声音、视频等以及 HTML。你认为这种技术用于 JPEG 图像与 HTML 相比的效率是更好还是更糟？仔细想想“效率”意味着什么，并解释你的答案。

30. 你向一个服务器请求一个 Web 页面。该服务器的应答包含一个 Expires 头，它的值被设置成将来的某一天。经过 5min 以后，你向同样的服务器请求同样的页面。该服务器会发送给你一个更新版本的页面吗？请解释为什么。

31. 把单个 ISP 当作一个 CDN 运行是否合理？如果合理，它将如何工作？如果不合理，这个想法错在哪里？

32. 音频 CD 在 44kHz 上采用 16 位采样值对音乐进行编码。对于未压缩的音乐，比特率是多少？一小时的音乐需要多少字节？一张 CD 可以容纳 700MB。CD 中剩余的空间可以用来做什么？

33. 音频 CD 在 44kHz 上采用 16 位采样值对音乐进行编码。通过在 88kHz 上使用 16 位采样值进行采样，以这样的方式产生高质量的音频是否有意义？在 44kHz 上使用 24 位采样值呢？

34. 假设不对音频 CD 进行压缩。为了能够播放两小时的音乐，光盘必须包括多少兆字节的数据？

35. 一个服务器驻留了一个流行的聊天室，它按照 32kb/s 向客户发送数据。如果这些数据每 100ms 到达客户处，则服务器使用的数据包大小是多少？如果客户每秒接收到数据，则数据包大小是多少？

36. 一个音频流服务器到一个媒体播放器的单向“距离”为 100ms。它以 1Mb/s 速率输出。如果媒体播放器有一个 2MB 的缓冲区，低水位标记和高水位标记的位置在哪里？

37. 你正在流式传输一个视频，在结束前的 10s 处，你的 Internet 连接断掉了。该视频的分辨率为 2048×1024 像素，每个像素使用 16 位，每秒按 60 帧在播放。缓冲在你的计算机上的编码数据有 64MB。假设压缩比为 32∶1，那么，你能观看该视频一直到结束吗？

38. 假设一个无线传输介质丢失了许多数据包。对于未经压缩的 CD 质量的音频，应该如何传输才能使一个丢失的数据包只导致质量降低，但不会在音乐中出现间断？

39. 图 7-34 所示的用于视频的缓冲方案对于纯粹的音频也适用吗？为什么可以或者为什么不可以？

40. 实时音频和视频流必须平滑。端到端的延迟和数据包的抖动是影响用户体验的两个因素。它们本质上是一回事吗？每一个因素在什么样的条件下会起作用？这两个因素可以被缓解吗？如果可以，怎么做？

41. 以每秒 60 帧、每个像素 16 位，传输未经压缩的 1920×1080 像素的彩色帧需要的比特率是多少？

42. 为了通过一个 80Mb/s 的信道发送一个 4K 视频，需要多少压缩比？假设该视频按每秒60帧的帧速率播放,每个像素值被存放在3字节中。

43. 假设一个每秒50帧的DASH系统将一个视频分割成10s的段,每个段正好500帧。你在这里能看出任何问题吗?(提示:请想一想MPEG中使用的帧的种类。)如果你看出一个问题,如何修复该问题?

44. 想象一个视频流服务决定使用UDP而不是TCP。UDP数据包可以按照不同于它们被发送的顺序而到达。这会引发什么问题?如何解决?你的解决方案引入了什么复杂性(如果有)?

45. 一位同事虽然是在一家游戏流传输的公司工作,但是建议创建一个新的传输层协议,它可以克服TCP和UDP的缺点,并且保证延迟和抖动满足多媒体应用的要求。请解释为什么这是无法工作的。

46. 考虑一个有50 000个客户的视频服务器,每个客户每个月看3部电影。有2/3的电影是在晚上9:00观看的。服务器在这段时间内必须一次传输多少部电影?如果每部电影需要6Mb/s,那么,服务器需要多少个OC-12连接到网络?

47. 在什么条件下使用CDN是一个糟糕的想法?

48. 一个流行的Web页面管理着20亿个视频。如果这些视频的流行度符合齐普夫分布,那么,有多少比例的观看量会指向排名前10的视频?

49. 对等系统的优势之一是通常系统中没有中心控制点,从而使这些系统能容忍失败。请解释为什么BitTorrent不是完全去中心化的。

50. 请说明为什么一个BitTorrent客户可能会欺骗或撒谎,以及它怎么能够做到欺骗或撒谎。

第8章 网络安全

在计算机网络发展的最初几十年间,它们主要被大学的研究人员用于发送电子邮件,以及被公司的员工用于共享打印机。在这种情况下,安全性并没有得到很多关注。但现在,随着大量的普通市民利用网络处理银行事务、购物以及填报纳税申报单,网络的一个又一个弱点被人们发现,网络安全已成为一个巨大的问题。在本章中,将从几个角度研究网络安全性,并指出各种安全陷阱,以及讨论许多能使网络更加安全的算法和协议。

从历史角度看,网络攻击早在Internet以前就已经存在。那时,电话网络是目标,通过干扰信令协议盗窃电话(phone phreaking)。盗窃电话这种现象始于20世纪50年代后期,并在20世纪60年代和20世纪70年代真正开始盛行。那时,用于授权和路径呼叫的控制信号仍然在"带内":电话公司在与语音通信相同的频道中使用特定频率上的声音告诉交换机该做什么。

最著名的电话窃贼之一是**John Draper**,这是一位具有争议的人物,他在20世纪60年代后期发现Cap'n Crunch[①]谷物盒中包含的玩具哨子发出的音调恰好为2600Hz,这正是AT&T公司用于授权长途电话的频率。利用哨子,Draper能够免费拨打长途电话。Draper被称为**Crunch船长**,他用哨子构建所谓的"蓝匣子"以攻击电话系统。在1974年,Draper因话费欺诈被捕入狱,但在此之前,他启发了湾区的另外两名"先驱"——**Steve Wozniak**和**Steve Jobs**,也加入到电话盗窃行列中,并且还建立了他们自己的"蓝匣子",后来他们发明了他们称之为Apple的计算机。据Wozniak回忆,如果没有Crunch船长,就没有Apple计算机。

安全是一个广泛的话题,同时涵盖了大量的违法犯罪活动。在其最简单的形式中,它关心的是确保好事者不能读取或者(更糟的是)悄悄地修改给其他人的消息。它也关注那些试图破坏基本网络服务(比如BGP或者DNS)的攻击者,他们致使链路或网络服务不可用或者未经授权访问远程服务。另一个有趣的话题是,如何判断一条自称来自IRS(美国国税局)的"星期五之前付款"的消息确实来自IRS,而非来自黑手党(Mafia)。安全性还要处理这样的问题:合法的消息被捕捉及重放,以及人们企图否认自己曾经发送了某些特定的消息。

大多数安全问题都是由于有恶意的人企图获得某种利益、引起别人的关注或者伤害他人而有意制造的。图8-1列出了一些最常见的攻击者。从这个图中应该可以清楚地看出,要使一个网络变得安全,需要做的事情很多,而不仅仅是避免编程错误就足够了。这涉及到通常要与一些非常聪明、专注甚至还有足够资助的攻击者进行较量。一些用来阻止普通攻击者的手段对于那些专业攻击者来说并没有太大效果。

在USENIX上一篇名为*Login*的文章中,Microsoft公司的James Mickens(现在是哈佛大学教授)认为,你应该区分日常攻击者和(比如说)复杂的情报服务。如果你只担心普通

---

① 一种玉米和燕麦早餐麦片。——译注

的对手,那么常识和基本的安全措施就可以应付。Mickens 进一步地解释了这其中的区别:

“如果你的对手是摩萨德,那么你将会死并且无能为力。摩萨德并不会因为你采用了 https://就被难倒。如果摩萨德想要你的数据,他们将使用无人机用形状像手机的铀替换你的手机。然后,当你死于肿瘤时,他们会举行新闻发布会并宣称“这不是我们做的”,但是他们穿的 T 恤上面写着“这肯定是我们”。然后他们将买走你所有的东西(连同你的房产),以便可以直接查看你的假期照片,而不必去阅读那些无趣的有关这些照片的电子邮件。”

Mickens 的观点是,老练的攻击者有更高级的手段来破坏你的系统,要阻止他们是非常困难的。警察的记录显示,更具破坏性的攻击往往来自内部积怨。安全系统应该有针对性地设计。

攻击者	目的
学生	乐于窥探他人电子邮件
黑客	测试某人的安全系统;盗取数据
销售代表	声称能代表整个欧洲,而不只是安道尔
公司	发现竞争者的策略性市场计划
离职员工	因被解雇而实施报复
会计	挪用公司公款
股票经纪人	拒绝实现通过 E-mail 向顾客做过的承诺
身份盗取	出售窃取的信用卡号码
政府	了解敌人的军事或工业机密
恐怖分子	窃取生物战秘密

图 8-1 一些可能引发安全性问题的攻击者

8.1 网络安全的基础

处理网络安全问题的经典方法是区分 3 个基本安全属性:机密性(confidentiality)、完整性(integrity)和可用性(availability),常常缩写为 CIA。也许有点讽刺的是,该缩写的另一个常见表达在过去并不羞于违反这些属性。机密性主要是保持信息远离一些肮脏的、未经授权的用户,这也是当人们想到网络安全时首先想到的。完整性就是确保你收到的信息是真正被发送的信息,不是被攻击者修改过的信息。可用性处理的是防止系统和服务因崩溃、过载的情形或故意配置错误而变得不可用。试图破坏可用性的典型例子是拒绝服务攻击,该攻击经常对诸如银行、航空公司和考试期间的高中学校等高价值的目标造成破坏。除了在安全领域占据主导地位的机密性、完整性和可用性三大经典特性以外,还有其他一些问题也起着重要的作用。认证(authentication)解决的问题是,在透露敏感信息或进行商业交易之前确定你正在跟谁交谈。不可否认性(nonrepudiation)处理的是签名:你的顾客下了一份按 89 美分的单价购买 1000 万个左手器具的电子订单,而他事后声称每个器具的单价为 69 美分，你该如何证明他原来的订单？或者，他在看到一家外国公司以 49 美分的单价在市场上倾销同样的左手器具以后声称他从未下过订单。

所有这些问题也发生在传统的系统中，但有一些重要的差异。完整性和保密性是通过挂号信和文档上锁的办法做到的。现在，抢劫邮政列车比过去 Jesse James 时代[①]要困难得多。而且，人们通常能够辨别出原始纸质文档和复印件之间的区别，这一点对人们来说非常重要。你不妨做一个试验，把手头的一张有效支票复制一份。星期一将支票原件拿到银行去兑现，然后星期二用复印件再试着兑现一次，可观察到银行在两次兑现中的行为的差异。

至于认证，人们通过各种方法，包括识别相貌、声音和笔迹，来证实其他人。签名的验证可通过在信笺纸上签字或者盖章等手段处理。篡改的行为通常可以被笔迹、墨水和纸张方面的专家检测出来。所有这些手段在电子方式下都不再有效，因此我们需要其他的解决方案。

在进入这些解决方案以前，值得花一些时间考虑网络安全应该在协议栈中归属何处。它可能不是在单个地方。每一层都对网络安全有所贡献。

在物理层上，可以通过将传输线（或更好一点，光纤）封装在内含高压气体的密封金属管线中，以有效对付那些搭线窃听的攻击手段。若有人企图在管线上钻孔，气体就会泄漏，从而降低气压，并触发报警设施。有些军用系统就使用这种技术。

在数据链路层，点到点链路上的数据包可以在离开计算机前被加密，当它们进入另一台计算机时再被解密。所有的细节都在数据链路层内部处理，上面的层对于数据链路层上发生的事情一无所知。然而，当数据包必须穿越多台路由器的时候，这种方法就不能工作了，因为数据包在每台路由器上都必须被解密，这就使得它们容易遭受来自路由器内部的攻击。而且，它也不允许只保护某些会话（比如那些涉及通过信用卡在线购物的会话）而不保护其他会话。不过，这种称为链路加密（link encryption）的方法正如其名称所示，它可以很容易地被添加到任何一个网络中，它往往还是有用的。

在网络层，可以通过部署防火墙防止攻击进入或离开网络的流量。IPSec 是一种用于加密数据包有效载荷的 IP 安全协议，也是在网络层起作用。

在传输层，整个连接可以按照端到端进行加密，即从进程到进程的加密。

诸如用户认证和不可否认性这样的问题通常在应用层上进行处理，尽管在少数情况（比如，在无线网络的情形）下，用户认证可以在更低层上进行。

由于安全性可应用于网络协议栈的所有层，所以，本书专门用一整章来讨论这一话题。

8.1.1 基本安全原则

虽然解决网络栈所有层上的安全顾虑是非常必要的，但很难断定你何时已经充分地解决了这些问题，以及你是否已经解决了所有问题。换句话说，保证安全是很难的。相反，我们试图通过一致地应用一组安全原则来尽可能地提高安全性。经典的安全原则是早在 1975 年由 Jerome Saltzer 和 Michael Schroeder 阐述的：

(1) 机制经济性原则。这一原则有时被诠释为简单性原则。复杂的系统往往比简单的系统有更多的错误。此外，用户可能无法很好地理解它们，并以错误的或不安全的方式使用

---

① 美国内战期间铁路巨头们为了在中西部铺设铁路而与当地人民发生了激烈的冲突。——译注

它们。简单的系统是好的系统,比如,PGP(Pretty Good Privacy)为电子邮件提供强大的保护,然而,在实践中许多用户发现它很麻烦,因此到目前为止PGP还没有得到非常广泛的应用。简单性还有助于使攻击面(攻击者可能与系统进行交互从而试图破坏系统的所有点)最小化。一个向不受信任的用户提供大量功能的系统,其每个功能都是由许多行代码实现的,它就有一个很大的攻击面。如果一个功能不是真正需要的,那就移除它。

(2) 故障安全的默认原则。假设你需要把对一个资源的访问组织起来,最好制定明确的规则以说明何时可以访问该资源,而不是试图识别出在哪些条件下应该拒绝对一个资源的访问。换个不同的说法:默认的缺乏权限更安全。

(3) 完全调解原则。对每个资源的每次访问都应该检查授权情况。这意味着必须有一种确定请求来源(请求者)的方法。

(4) 最小授权原则。这一原则通常被称为POLA(Principle Of Least Authority),即任何(子)系统都应该只有刚好足够的授权(特权)来执行其任务,没有更多的授权。因此,如果攻击者攻破了这样一个系统,他们也仅能取得最小的权限。

(5) 特权分离原则。此原则与上一点密切相关:最好将系统拆分成多个兼容POLA的组件,而不是用单个组件将所有特权组合在一起。同样,如果一个组件被攻破,则攻击者所能做的只局限于该组件。

(6) 最小通用机制原则。这一原则有点复杂,它指出应该尽量减少被多个用户共有的、被所有用户都依赖的机制的数量。可以这样考虑:如果可以选择两种方案来实现一个网络例程:①在操作系统内部,它的全局变量为所有用户共享;②在用户空间库中,对于所有的意图和目的,该例程对用户进程都是私有的。那么,应该选择后者。操作系统中的共享数据可以很好地充当不同用户之间的信息路径。在8.2.3节中将介绍一个例子。

(7) 开放设计原则。该原则简单明了地指出,设计不应是秘密的,并泛化了密码学中的Kerckhoffs原则。在1883年,出生于荷兰的Auguste Kerckhoffs发表了两篇有关军事密码学的论文,指出,如果关于一个密码系统的一切(除了密钥以外)都是公共知识,那么该系统应该是安全的。换句话说,系统不依赖于"通过隐匿实现安全",但假定攻击者可立即理解和熟悉系统,并知晓加密和解密算法。

(8) 心理可接受性原则。这一原则并非技术性原则。安全规则和机制应该易于使用和理解。PGP电子邮件保护的许多实现都不符合这一原则。然而,心理可接受性牵扯到更多内容。除了该机制的可用性以外,还应该清楚为什么相应的规则和机制从一开始就是必要的。

在确保安全性的过程中,一个重要的因素是隔离(isolation)的概念。隔离保证了组件(程序、计算机系统甚至整个网络)的分离,它们属于不同的安全域或具有不同的特权。不同组件之间发生的所有交互都需要通过适当的特权检查进行调解。隔离、POLA和对组件之间信息流的严格控制有助于设计出高度组件化的系统。

网络安全不仅包含系统和工程领域中的安全考虑,也包含了根植于理论——数学和密码学中的安全考虑。前者一个比较好的例子是经典的Ping死(Ping of Death,PoD)攻击,它允许攻击者使用IP中的碎片选项制作大于最大允许IP数据包大小的ICMP回显请求数据包,从而使遍及Internet的主机崩溃。由于接收侧并没有期待这么大的数据包,所以它保留的缓冲区内存不足以缓冲所有的数据,多余的字节会覆盖内存中跟在缓冲区之后的其他数据。显然，这是一个错误，通常被称为缓冲区溢出。密码学问题的一个例子是WiFi网络的原始WEP加密中采用了40位密钥，因此，具有足够计算力的攻击者可以很容易地通过穷举法破解该密钥。

8.1.2 基本攻击原则

构建关于安全性系统方面的讨论，最简单的方法莫过于将我们自己代入攻击者角色。所以，在上面介绍了安全性的基础方面以后，现在考虑一下攻击的基础。

从攻击者的角度来看，一个系统的安全性表现出来的是攻击者为实现其目标而必须解决的一系列挑战。有很多途径可以违反机密性、完整性、可用性或任何其他的安全属性。比如，为了打破网络流量的机密性，一个攻击者可能会侵入系统中并直接读取数据，或者诱使通信方在没有加密的情况下发送数据并捕获数据，或者在更加激进的情景下破解加密算法。所有这些方法都在实践中使用，并且都是由几个步骤组成的。在8.2节，将深入分析攻击的基本原理。作为一个预览，这里考虑攻击者可能会采取的各种步骤和方法。

(1) 侦察。Alexander Graham Bell曾经说过："准备工作是成功的关键。"这对于攻击者也同样适用。作为攻击者，你要做的第一件事就是尽可能多地了解目标。如果你打算通过垃圾邮件或社交网络进行攻击，则可能要花费一些时间筛选出想要的人的在线个人资料，诱使他们释放出信息，甚至通过老式的翻垃圾箱的做法来获得信息。然而在本章中，仅限于攻击与防御相关的技术方面。在网络安全中，侦察是指发现有助于攻击者的信息。我们从外部可以到达哪些计算机？使用哪些协议？网络的拓扑结构是怎样的？哪些服务在哪些计算机上运行？等等。在8.2.1节中将讨论侦察。

(2) 嗅探和窥探。在许多网络攻击中一个重要的步骤涉及对网络数据包的截取。显然，如果敏感信息是以明文发送的(没有加密)，那么，截取网络流量的能力对攻击者就非常有用，即使是加密的流量也有其用处，比如找出通信方的MAC地址、谁与谁交谈、何时交谈等。此外，攻击者需要截取加密流量才能进行破解。由于攻击者可以访问其他人的网络流量，此嗅探能力表明了最小权限原则和完全调解原则没有被充分执行。在诸如WiFi等广播介质上进行嗅探是很容易的，但是，如果流量根本没在与你的计算机连接的链路上经过，那么该如何截取呢？在8.2.2节中将讨论嗅探的话题。

(3) 欺骗攻击。攻击者手中另一个基本的武器是伪装成其他人。这些伪装的网络流量假装是从其他另一台计算机发起的。比如，我们可以用一个不同的源地址传输一个以太网帧或IP数据包，作为绕过防御设备或发起拒绝服务攻击的手段，因为这些协议非常简单。然而，对于像TCP这样的复杂协议，我们也可以这样做吗？毕竟，如果用一个伪装的IP地址发送一个TCP SYN段，以与服务器建立连接，则服务器将通过SYN/ACK段回复给那个IP地址(连接建立的第二阶段)，所以，除非攻击者在同样的网段上，否则他们不会看到这个回复段。没有这个回复段的信息，他们不知道该服务器使用的序列号，因此他们将无法进行通信。欺骗攻击规避了完全调解原则：如果我们不能确定是谁发送了请求，则我们就不能正确地对它进行调解。在8.2.3节将详细讨论欺骗攻击。

(4) 破坏。安全三属性CIA中的第3个属性——可用性对于攻击者而言越来越重要，他们对各种组织实施DoS(Denial of Service，拒绝服务)攻击。此外，作为对新防御手段的响应，这些攻击也变得越来越复杂。有人可能认为，DoS攻击滥用了最小通用机制原则没有被严格执行的事实——没有足够的隔离。在8.2.4节将探讨这一类攻击的演进过程。

使用这些基本的模块,攻击者可以精心构造各种攻击。比如,使用侦察和嗅探,攻击者可以发现潜在受害计算机的IP地址,并发现它信任的服务器,以便任何来自该服务器的请求都可以被自动接受。通过拒绝服务(破坏)攻击,可以使真正的服务器宕机,从而确保该服务器不再响应受害计算机,然后发送看似来自该服务器的欺骗请求。实际上,这正是在Internet历史上一次著名攻击(在圣地亚哥超级计算中心)发生的过程。我们将在后面讨论这一攻击。

8.1.3 从威胁到解决方案

在讨论了攻击者的举动以后,本节将考虑我们可以做些什么。由于大多数攻击都是通过网络到达的,因此安全社群很快意识到网络也可能是监视攻击的好地方,在8.3节将讨论防火墙、入侵检测系统和类似的防御手段。

攻击者将肮脏之手伸向敏感信息和系统的相关问题在8.2节和8.3节中讨论,而在8.4节~8.9节将专注于网络安全中更加正式的部分,在那里将讨论密码学(cryptography)和认证(authentication)。各种基于数学原理并在计算机系统中实现的密码学原语有助于确保:即使网络流量落入敌手,也不会发生太糟糕的事情。比如,攻击者无法破坏机密性、篡改内容,或者成功地重放一个网络对话。关于密码学,有很多内容要讲,因为针对不同的目的(比如,证明真实性、使用公钥进行加密、使用对称密钥进行加密等)就有不同类型的原语,并且每种类型的原语都有不同的实现。在8.4节将介绍密码学的核心概念。而在8.5节和8.6节将分别讨论对称密钥和公钥算法。在8.7节将探索数字签名。在8.8节将讨论公钥管理。

8.9节讨论安全认证的基本问题。身份认证是一种完全防止欺骗的技术:该过程验证其通信伙伴是它声称的那一方,而不是一个冒名顶替者。随着安全性变得越来越重要,安全社群开发了各种各样的认证协议。正如我们将会看到的那样,它们都倾向于建立在密码学的基础之上。

在讨论了身份认证之后,将探讨网络安全解决方案的一些具体例子。在8.10节中讨论提供通信安全的网络技术,比如IPSec、虚拟专用网络和无线网络安全。8.11节则着眼于电子邮件安全的问题,包括关于PGP和S/MIME(Secure Multipurpose Internet Mail Extension)的解释。8.12节讨论更广泛的Web域的安全性,如安全DNS(DNSSEC)的描述、浏览器中运行的脚本代码以及安全套接字层(SSL)。正如我们将会看到的,这些技术使用了前面几节中讨论的许多想法。

最后,将在8.13节中讨论安全相关的社会问题。诸如隐私和言论自由等重要的权利意味着什么?版权和知识产权保护又如何?安全性是一个重要的话题,所以值得仔细看一看。

在进入细节以前,有必要重申一点,安全本身就是一个完整的研究领域。在本章中,只关注网络与通信,而非与硬件、操作系统、应用程序或用户相关的问题。这意味着我们不会花太多时间讨论程序错误,也不会涉及关于使用生物技术的用户认证、口令安全、缓存区溢出攻击、特洛伊木马、登录欺骗、进程隔离或病毒等。所有这些话题都在《现代操作系统》(Tanenbaum等,2015)的第9章中有详细介绍。关于安全性的系统方面,感兴趣的读者可以参考这本书。现在让我们开始学习之旅。

8.2 一个攻击的核心要素

作为第一步,考虑构成一次攻击的基本要素有哪些。实际上,几乎所有的网络攻击都遵循一种方式,即以巧妙的方式混合使用这些要素的一些变化形式。

8.2.1 侦察

假设你是一个攻击者,在一个美好的早晨,你决定入侵组织 X,那你该从哪里开始呢?你并没有太多关于该组织的信息,而且在物理距离上,你也远离该组织最近的办公室,所以传统的垃圾搜寻或肩窥的方式并不是一个可行的选择。你总是可以使用社交工程(social engineering),尝试通过向员工发送电子邮件(垃圾邮件),或者给他们打电话,或者在社交网络上与他们成为朋友,以获取员工的敏感信息,但在本书中,我们感兴趣的是与计算机网络相关的技术主题。比如,你能否发现一个组织中存在哪些计算机?它们是如何连接的?以及它们运行了哪些服务?

作为一个起点,假设攻击者拥有该组织中少量计算机的 IP 地址:Web 服务器、名称服务器、登录服务器或者任何其他与外界通信的计算机。攻击者想要做的第一件事就是探索这些服务器。哪些 TCP 和 UDP 端口是打开的?一种容易的方法是简单地尝试与每个端口号建立 TCP 连接。如果连接成功,则表明有一个服务正在监听。比如,如果服务器在端口 25 上进行回复,则表明存在一个 SMTP 服务器;如果在端口 80 上连接成功,则可能是一个 Web 服务器,等等。对 UDP 也可以使用类似的技术(比如,如果目标计算机在 UDP 端口 53 上回复,则我们知道它运行了一个域名服务,因为这是为 DNS 保留的端口)。

端口扫描

探测一台计算机以查看哪些端口处于活动状态被称为端口扫描(port scanning),但此方式可能会相当复杂。前面描述的技术,即攻击者尝试与目标建立完整的 TCP 连接(所谓的连接扫描,connect scan),这种做法并不复杂。虽然这种做法有效,但它的主要缺点是它对于目标方的安全团队而言是可见的。许多服务器倾向于将成功的 TCP 连接记录下来,而在侦察阶段就出现在日志中,这并不是攻击者想要的。为了避免这种情况,攻击者可通过半开扫描(half-open scan)的方式故意使连接不成功。半开扫描只是假装要建立连接:它向所有感兴趣的端口号发送设置了 SYN 标志的 TCP 数据包,然后,对于那些打开的端口,它等待服务器发送回对应的 SYN/ACK,但它并不会完成 TCP 三次握手过程。大多数服务器并不会记录这些不成功的连接尝试。

既然半开扫描比连接扫描更好,那为什么还要讨论连接扫描呢?原因是半开扫描需要更高级的攻击者来实施。与一个 TCP 端口的完整连接通常可以从大多数计算机,利用简单的工具(比如 telnet)就能够做到,而且这些工具往往非特权用户就可以使用。然而,对于半开扫描,攻击者需要准确地知道哪些数据包应该传输,哪些数据包不应该传输。没有相应的标准工具,非特权用户无法做到这一点,只有具有管理员权限的用户才能够执行半开扫描。

连接扫描(有时被称为打开扫描,open scan)和半开扫描都假定可以从受害者网络外部的任意计算机发起一个 TCP 连接。然而,也许防火墙并不允许从攻击者的计算机建立连接。比如,它可能会阻止所有的 SYN 段。在这种情况下,攻击者可能会不得不求助于更复杂的扫描技术。比如,**FIN 扫描**(FIN scan)并不是发送一个 SYN 段,而是发送一个 TCP FIN 段,该段通常用于关闭一个连接。乍一看,这是没有意义的,因为这里并没有任何连接需要终止。然而,打开的端口(背后有对应的服务正在监听)和关闭的端口对 FIN 数据包的响应通常是不同的。特别是如果端口是关闭的,许多 TCP 实现会发送一个 TCP RST 数据包;而如果端口是打开的,则根本不会响应任何数据包。图 8-2 显示了这 3 种基本扫描技术。

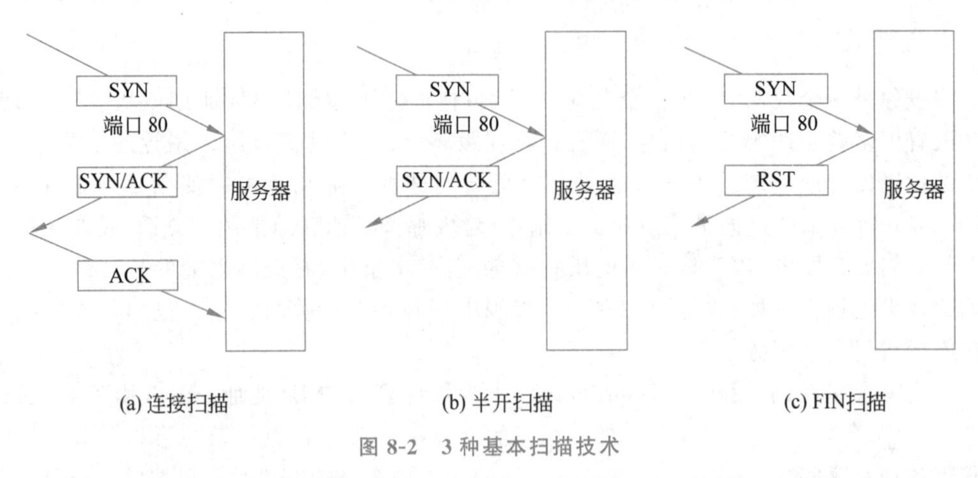

图 8-2 3 种基本扫描技术

到这个时候,你可能在想:“如果可以使用 SYN 标志和 FIN 标志来做到这一点,那是否可以尝试其他一些标志呢?”你是对的。任何针对打开和关闭端口具有不同响应的配置都可以有效地工作。另一种很知名的做法是,一次性设置许多标志位(FIN、PSH、URG),这被称为**圣诞扫描**(Xmas scan,因为你的数据包就像一棵圣诞树一样被点亮了)。

考虑图 8-2(a),如果可以建立连接,则意味着端口是打开的。现在看图 8-2(b),SYN/ACK 回复则意味着端口是打开的。最后再看图 8-2(c),RST 回复意味着端口是打开的。

探测打开的端口是第一步。攻击者想要知道的下一件事是,到底是什么服务器在这个端口上运行,什么软件及其该软件的哪个版本,以及在哪个操作系统上?比如,假设我们发现端口 8080 是打开的。这可能是一个 Web 服务器,但这不是确定的。即使它是一个 Web 服务器,它是哪个 Web 服务器——Nginx、Lighttpd、Apache?假设攻击者只知道针对 Windows 版本的 Apachev 2.4.37 有一个可利用的漏洞,那么,发现所有这些细节(称为**指纹**,fingerprinting)是非常重要的。就像在端口扫描中一样,我们利用这些服务器和操作系统回复的方法中的差异(有时候很细微)来做到这一点。如果这一切听起来很复杂,请不要担心。就像计算机网络中的许多复杂事物一样,一些乐于助人的热心人已经做了这些工作,他们在一些友好而通用的程序(比如 **netmap**、**zmap**)中已经实现了所有这些扫描和指纹识别技术。

traceroute

知道在一台计算机上启用了哪些服务是非常不错的,但是网络中其余的计算机呢?在了解了第一个 IP 地址以后,攻击者可能也会尝试看看周围还有什么可利用的。比如,如果第一台计算机具有 IP 地址 130.37.193.191,则他们可能也会尝试探测 130.37.193.192、130.37.193.193 以及在本地网络上所有其他可能的地址。此外,他们可以使用诸如

traceroute这样的程序找到通往原始IP地址的路径。traceroute首先给目标发送一小批UDP数据包,将生存时间值(TTL)设置为1,然后发送另一批UDP数据包,将TTL值设置为2,再发送一批TTL值为3的UDP数据包,以此类推。第一台路由器减小TTL值,并立即丢弃第一批数据包(因为TTL已经为0),然后返回一条ICMP错误消息,表示这些数据包已超过为其分配的生存期。第二台路由器对第二批数据包做同样的事情,第三台路由器对第三批数据包也如此,直到最终有一些UDP数据包到达目标。通过收集这些ICMP错误数据包以及它们的源IP地址,traceroute能够将整个路径拼接起来。攻击者可以利用traceroute的结果,通过探测靠近目标的路由器的地址范围,从而扫描出更多的目标,因此可以得到有关网络拓扑结构的基本知识。

8.2.2 嗅探和窥探

许多网络攻击都是从截取网络流量开始的。对于这种攻击方式,假设攻击者处在受害者的网络中。比如,攻击者将一台笔记本计算机带入到受害者的WiFi网络范围内,或者在有线网络中获得对某台PC的访问权。在广播介质上(比如WiFi或者原始的以太网)进行嗅探是很容易的:你只需要在一个方便的位置上调整到相应的信道,然后监听数据位经过即可。为了做到这一点,攻击者将他们的网络接口设置为混杂模式(promiscuous mode),使其能接收该信道上所有的数据包(即使是那些发往其他主机的数据包),并使用诸如tcpdump或者Wireshark等工具来捕获流量。

交换网络中的嗅探

然而,在许多网络中,情况并非如此容易。以现代以太网为例。与最初的形态不同的是,今天的以太网已不再是恰当的共享介质的网络技术了。所有的通信都是被交换的,攻击者即使连接到了同样的网段,他们也永远不会收到以该网段上其他主机为目的地址的任何以太网帧。特别地,可以回忆一下,以太网交换机是自学习的,它们可以快速建立一张转发表。它们的自学习既简单又有效:只要有一个来自主机A的以太网帧到达端口1,交换机就会记住去往主机A的流量应该发送到端口1上。现在交换机知道,所有在以太网头的目标字段中是主机A的MAC地址的流量都应该被转发到端口1上,同样,它将发往主机B的流量发送到端口2上,以此类推。一旦转发表完成以后,交换机不会将显式地向主机B的任何流量再发送到除了端口2以外的任何端口上。要嗅探流量,攻击者必须找到一种可以确切地符合交换机工作机理的方法。

攻击者有几种方法可以克服交换问题。它们都需要使用欺骗(spoofing)的手法。然而,我们将在本节中讨论它们,因为这里的唯一目标是嗅探流量。

第一种是MAC克隆(MAC cloning),即复制你想要嗅探的流量的主机MAC地址。如果你声称有这个MAC地址(通过发送包含该地址的以太网帧),交换机及时地将其记录在它的转发表中,此后交换机会将本该发送给受害者的流量转而发送给你的计算机。当然,这里假设你知道这个地址,而你应该能够从目标主机发送的ARP请求中获得该地址,毕竟,这些ARP请求被广播给网段内所有的主机。另一个复杂的因素是,一旦该MAC地址的原所有者主机再次开始通信,你的映射关系就从交换机中被删除,所以你要反复地进行这一交换表中毒(switch table poisoning)的过程。

作为另一种替换方案,但也同出一脉,攻击者可以利用交换机转发表大小有限的事实,使用带有假源地址的以太网帧对交换机进行泛洪。交换机并不知道这些 MAC 地址是伪造的,它只是简单地记录它们,直到表容量满为止,如果需要的话,它还可以将老的条目移除,将新的条目包含进来。由于交换机现在已经没有针对目标主机的条目了,所以,它回退到广播所有流向它的流量。**MAC 泛洪**(MAC flooding)使你的以太网再次表现得像 1979 年时的广播介质。

攻击者也可以不去迷惑交换机,而是在一种称为 **ARP 欺骗**(ARP spoofing)或者 **ARP 中毒**(ARP poisoning)的攻击中直接针对目标主机进行攻击。回想一下第 5 章,ARP 可以帮助计算机找到对应于一个 IP 地址的 MAC 地址。出于这一目的,一台主机上的 ARP 实现维护了一张表(**ARP 表**),它为所有与该主机通信过的主机维护从 IP 到 MAC 地址的映射关系。每个条目都有一个生存期(TTL),通常是几十分钟。在此之后,假定在这些通信双方之间没有进一步的通信,则远程一方的 MAC 地址就会被静静地移除(在这种情况下,TTL 被重置),所有后续的通信都要求首先进行 ARP 查找。ARP 查找只是一条广播消息,类似这么说:"伙计们,我在寻找 IP 地址为 192.168.2.24 的主机的 MAC 地址。如果这是你,请让我知道。"该查找请求包含了请求者的 MAC 地址,所以主机 192.168.2.24 知道往哪里发送回复,也知道请求者的 IP 地址,它就可以将请求者的 IP 与 MAC 地址的映射关系添加到自己的 ARP 表中。

每当攻击者看到这样一个针对主机 192.168.2.24 的 ARP 请求时,他可以抢先向请求者提供自己的 MAC 地址。在这种情况下,去往 192.168.2.24 的所有通信都将被发送给攻击者的主机。事实上,由于 ARP 的实现往往比较简单且无状态,所以,攻击者通常还可以只发送 ARP 回复,即使根本没有请求。ARP 实现会信以为真而接受这些回复,并将映射关系存储在其 ARP 表中。

通过在通信双方使用相同的技巧,攻击者可以接收它们之间的所有流量。随后再将这些帧转发给正确的 MAC 地址,通过这种方式,攻击者就安装了一个隐形的 **MITM**(Man-in-the-Middle,**中间人**)网关,能够截取两个主机之间的所有流量。

8.2.3 欺骗

一般来说,欺骗是指通过网络发送携带有伪造源地址的字节。除了 ARP 数据包以外,攻击者还可以欺骗任何其他类型的网络流量。比如,SMTP(简单邮件传输协议)是一种友好的、基于文本的协议,它可以在任何地方用于发送电子邮件。它使用"Mail From:"头作为电子邮件来源的指示,但是默认情况下,它不会以此检查电子邮件地址的正确性。换句话说,你可以把任何你想要的东西放在这个头里。所有的答复都将被发送到此地址。顺带说一句,"Mail From:"头的内容甚至不会显示给邮件消息的接收者。相反,你的邮件客户显示的是一个单独的"From:"头的内容。然而,对这个字段也没有任何检查,SMTP 允许你伪造它,这样你发送给学生通知他们课程没有通过的电子邮件,看起来像是他们的课程教师发送的。如果你也将"Mail From:"头设置成你自己的电子邮件地址,那么,所有惊慌失措的学生发送的回复邮件都会进入你的邮箱。想想这会多么有趣!更有甚者,犯罪分子经常伪造电子邮件,从看似可信的来源发送钓鱼邮件。来自"你的医生"的电子邮件,告诉你单击下面的链接以获取有关于你的医学检测的紧急信息,这可能会引导到一个看似一切都正常的站点，但它不会提示它只是为了下载一个病毒到你的计算机上。另外，一封来自“你的银行”的电子邮件可能会对你的财务健康造成伤害。

ARP 欺骗发生在链路层，而 SMTP 欺骗发生在应用层，实际上欺骗可能发生在协议栈的任何一层。有时候，欺骗执行起来很容易。比如，任何能够制作自定义数据包的人都可以创建伪造的以太网帧、IP 数据报或者 UDP 数据包。你只需要改变源地址，事实是：这些协议没有任何方法检测出这些篡改。而其他一些协议则比较有挑战性。比如，在 TCP 连接中，端点维护着状态（如序列号和确认号），这使欺骗变得比较困难。除非攻击者能够嗅探或者猜出正确的序列号，否则伪造的 TCP 段将被接收者拒绝，因为它落在窗口之外（out-of-window）。正如后文将会看到的，这里还有其他一些实质性的困难。

即使很简单的协议，也会让攻击者造成很大的损害。稍后将看到伪造的 UDP 数据包可能导致毁灭性的 DoS 攻击。首先考虑如何利用欺骗，使得攻击者可以通过伪造 DNS 中的 UDP 数据报来截取客户发送给服务器的内容。

DNS 欺骗

由于 DNS 请求和回复都采用 UDP，所以欺骗应该很容易做到。比如，就像在 ARP 欺骗攻击中一样，我们可以等待客户发送一个针对 trusted-service.com 域的查找请求，然后与合法的域名系统进行竞争，以便向客户提供一个错误的答复，它通知客户：trusted-service.com 位于我们所拥有的 IP 地址处。如果我们可以嗅探到来自客户的流量，则要做到这一点很容易，但是，如果我们看不到客户的请求，那又如何呢？毕竟，如果我们已经可以嗅探到通信过程了，再通过 DNS 欺骗来截取通信就没什么用了。另外，如果我们想要截取许多人而不仅仅是一个人的流量，又该怎么办呢？

如果攻击者和受害者共享本地名称服务器，则最简单的方案是，攻击者发送自己对于 trusted-services.com 的请求，这会触发本地名称服务器联系此查找过程中的下一级名称服务器，从而代表攻击者查找此 IP 地址。攻击者立即用一个伪造的回复，来“回复”本地名称服务器的请求，而且，此伪造的回复看起来是来自下一级名称服务器。结果是，本地名称服务器将伪造的映射关系存储在它的缓存中，并且当它最后要查找 trusted-services.com（以及其他可能正在查找此相同名称的人）时，将这一映射关系返回给受害者。注意，即使攻击者不与受害者共享本地名称服务器，如果攻击者可以诱使受害者使用攻击者提供的域名执行一次查找请求，则这种攻击仍然可以工作。比如，攻击者可以发送一封电子邮件诱使受害者单击一个链接，以便让浏览器替攻击者发起此名称寻找。而当 trusted-services.com 的映射关系中毒以后，所有后续针对该域的查找都将返回错误的映射。

精明的读者可能会质疑这根本不是那么容易。毕竟，每个 DNS 请求都携带一个 16 位的查询 ID，并且只有当回复中的 ID 与其匹配时，该回复才被接受。但如果攻击者看不到该请求，则他们不得不猜测此标识符。对于单个回复，猜中的几率是 1/65 536。平均而言，为了篡改本地名称服务器中的一个映射关系，攻击者将不得不在很短的时间内发送成千上万个 DNS 回复，而且要在不被注意到的情况下发送这些回复。这并不容易。

生日攻击

有一种更简单的方法，有时候称为生日攻击（或称**生日悖论**（birthday paradox）），尽管严格来讲它根本不是一个悖论。这种攻击的想法来自数学教授经常在其概率课程中使用的一种技术。问题是:如果在一个班里有两个人具有相同生日的概率超过50%,那么这个班要有多少个学生?大多数人预期该答案是要超过100人。实际上,概率论的计算结果只是23人。在23人里,没有一个人有相同生日的概率是

$$\frac{365}{365}\times\frac{364}{365}\times\frac{363}{365}\times\cdots\times\frac{343}{365}=0.497\ 203$$

换句话说,在一个23人的班里有两个学生在同一天过生日的概率超过了50%。

更一般地,如果输入和输出之间存在某种映射关系,其中 n 个输入(人、标识符等)和 k 个可能的输出(生日、标识符等),则存在 $n(n-1)/2$ 个输入对。如果 $n(n-1)/2>k$,则至少有一对匹配的概率很高。因此,可以近似地认为,一对匹配的条件可以是 $n>\sqrt{2k}$。这里的关键点是,我们不是在寻找某个特定学生的匹配,而是将每一个人与其他所有人进行比较,任何一对匹配都符合要求。

利用这种理解,攻击者首先为他们想要篡改的域名映射发送数百个DNS请求。本地名称服务器通过询问下一级名称服务器来解析这些请求。这可能不是很聪明的做法——为什么你要针对同一个域发送多个查询呢?而很少有人认为名称服务器是聪明的,这就是长久以来流行的BIND名称服务器运行的方式。不管怎样,发送这些请求以后,攻击者还立即发送数百个伪造的、针对该查找的“回复”,每个回复都假装是来自下一级名称服务器,并且携带着对查询ID的不同猜测。本地名称服务器隐式地执行多对多的比较,如果有任何回复ID与本地名称服务器发送的请求ID相匹配,则该回复将被接受。请注意,这种情形与学生生日的情形类似:名称服务器将本地名称服务器发送的所有请求与所有伪造的回复进行比较。

针对特定的Web站点使本地名称服务器中毒,攻击者可以获得该名称服务器的客户发送给该Web站点的所有流量。攻击者通过建立自己与该Web站点的连接,然后中继转发所有来自客户的通信流量和所有来自服务器的通信流量,就充当了隐身的中间人的角色。

Kaminsky 攻击

当攻击者不仅使单个Web站点的映射关系中毒,而且使整个区域的映射都中毒时,情况可能会更加糟糕。这种攻击被称为Kaminsky攻击,它曾经引起全球众多信息安全员和网络管理员的巨大恐慌。为了了解它的危害,我们应该更细致地研究DNS查找机制。

考虑要查找www.cs.vu.nl的IP地址的DNS请求。当收到此请求以后,本地名称服务器接下来会向根名称服务器发送请求,更普遍的做法是向.nl域的顶级域名(TLD,top-level domain)服务器发送请求。后者更常见,因为TLD名称服务器的IP地址通常已经在本地名称服务器的缓存中。图8-3显示了在一个查询ID为1337的递归查找中本地名称服务器发起的请求(查询这个域的一个A记录)。

TLD名称服务器并不知道确切的映射关系,因为它不做递归查找,但它知道Vrije Universiteit的DNS服务器的名称,这是它在一个回复中送回来的。在图8-4中的回复显示了几个有趣的字段。首先,不进入细节讨论,我们观察到,这个标志位明确表示服务器不想进行递归查找,所以其余部分的查找将会迭代进行。其次,此回复的查询ID也是1337,与请求的查询ID匹配。第三,该回复提供了该大学的名称服务器的两个符号名称ns1.vu.nl和ns2.vu.nl作为NS记录。这些答案是权威性的,原则上足以让本地名称服务器完成该查

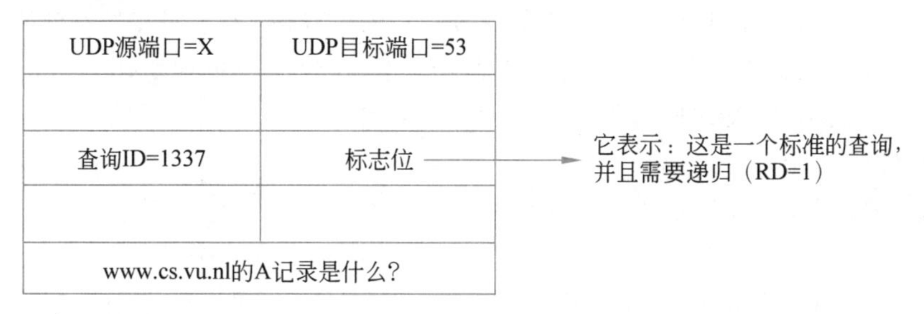

图 8-3　针对 www.cs.vu.nl 的 DNS 请求

询：首先执行一个查找，查找其中一个名称服务器的 A 记录，随后与之联系，它可以询问 www.cs.vu.nl 的 IP 地址。然而，这样做意味着它将再次联系相同的 TLD 名称服务器，这一次是为了请求该大学名称服务器的 IP 地址，但这样做会增加一次额外的往返时间，效率不是很高。为了避免这次额外的查找，TLD 名称服务器会非常有帮助地额外提供两个大学名称服务器的 IP 地址作为其回复中的附加信息，且每一个都有一个较短的 TTL。这些附加信息被称为 **DNS 胶合记录**(DNS glue record)，它们是 Kaminsky 攻击的关键。

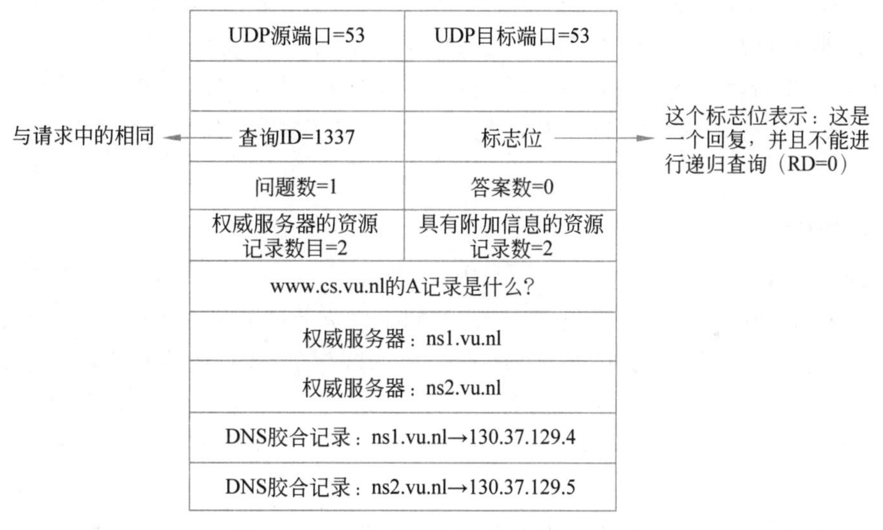

图 8-4　TLD 名称服务器发送的 DNS 回复

这里是攻击者将会做的事情。首先，他们会发送查找请求，查找该大学域中不存在的子域，比如 ohdeardankaminsky.vu.nl。由于该子域不存在，所以没有名称服务器可以从它的缓存中提供相应的映射关系。本地名称服务器将改为联系 TLD 名称服务器。攻击者在发送了这些请求以后，立即发送许多欺骗的回复，假装是来自 TLD 名称服务器的回复，就像在常规的 DNS 欺骗请求中一样，只不过这一次不同的是，回复中表明 TLD 名称服务器不知道答案(即它不提供 A 记录)，也不进行递归查找，并建议本地名称服务器通过联系其中某个名称服务器完成该查找。它甚至可能会提供这些名称服务器的真实名称。唯一伪造的就是 DNS 胶合记录，目的是提供攻击者自己可控制的 IP 地址。因此，对.vu.nl 的任何子域的每一次查找都将联系攻击者的名称服务器，该服务器可以提供任何它想要映射到的 IP 地址。换句话说，攻击者能够为该大学域中的任何一个站点充当中间人。

虽然并非所有的名称服务器的实现都容易受到这种攻击，但大多数是这样的。很显然，Internet有一个问题。在Microsoft公司总部Redmond曾经匆忙地组织过一次紧急会议。Kaminshy后来表示，所有这些都被严格保密，以至于"有些人乘坐飞机前往Microsoft公司时甚至还不知道是什么Bug"。

那么这些聪明人是如何解决这个问题的呢？答案是，他们并没有真正解决问题。他们所做的只是让攻击变得更加困难。回想一下，这些DNS欺骗攻击的一个核心问题是查询ID只有16位，从而有可能直接地或者通过生日攻击猜测它。更大的查询ID可以使攻击成功的可能性大大降低。然而，只是简单地改变DNS协议消息的格式并不那么容易，这样会打破许多已有的系统。解决方案是，通过在UDP源端口中也引入随机性，从而在并不真正扩展查询ID的情况下扩展随机ID的长度。比如，当向TLD名称服务器发送一个DNS请求时，一个打过补丁的名称服务器将从数千个可能的端口号中随机选择一个，并将其用作UDP源端口。现在，攻击者不仅需要猜测查询ID，还必须猜测端口号，并在合法的回复到达之前做到这一点。在第7章中描述的0x20编码利用了DNS查询不区分大小写的性质为事务ID增加更多的位。

幸运的是，**DNSSEC**提供了更强的防御DNS欺骗的手段。DNSSEC由一组对DNS的扩展组成，这些扩展向DNS客户提供了DNS数据的完整性和原始身份认证。然而，DNSSEC的部署极其缓慢。DNSSEC的最初工作是在20世纪90年代初进行的，IETF于1997年发布了第一个RFC。DNSSEC现在开始更广泛地部署，这将在本章后面进一步讨论。

TCP欺骗

与前面所讨论过的协议相比，在TCP中进行欺骗要复杂得多。当攻击者想要假装一个TCP段来自Internet上的另一台计算机时，他们不仅需要猜测端口号，还要猜测正确的序列号。而且，在注入了欺骗的TCP段的同时还要保持一个TCP连接的良好状态是非常复杂的。下面分两种情形讨论：

(1) **连接欺骗**(connection spoofing)。攻击者建立一个新的连接，并假装成另一台计算机上的某个人。

(2) **连接劫持**(connection hijacking)。攻击者将数据注入一个两方之间已经存在的连接中，并假装是这两方之中的某一方。

最著名的**TCP连接欺骗**的例子是由**Kevin Mitnick**在1994年圣诞节发起的针对圣地亚哥超级计算中心(San Diego Supercomputing Center，SDSC)的攻击。这是历史上最著名的黑客攻击事件之一，也是许多书籍和电影的主题。顺便说一句，其中之一是一部大制作的电影，名为《骇客追缉令》，改编自该超级计算中心的系统管理员写的一本书(并不奇怪，电影中的系统管理员被描绘成一个非常酷的家伙)。我们在这里讨论它，正因为它展示了在TCP欺骗攻击中存在相当的困难。

Kevin Mitnick在将目光投向SDSC以前，早已经是Internet上的坏男孩了。顺便说一下，在圣诞节进行攻击通常是一个好主意，因为在公共假期，用户和管理员都较少。在经过一些初步的侦察后，Mitnick发现SDSC中的一台(X-terminal)计算机与同一中心的另一台服务器有一个信任关系。图8-5(a)显示了当时的配置。具体来说，该服务器是被隐式信任的，所以服务器上的任何人都可以使用远程 shell(rsh)以管理员的身份登录 X-terminal 而不需要输入口令。Mitnick 的计划是与 X-terminal 建立一个 TCP 连接，假装自己是该服务器，并使用它关闭 X-terminal 的口令保护——在当时，这可以通过在.rhosts 文件中写入“++”来完成。

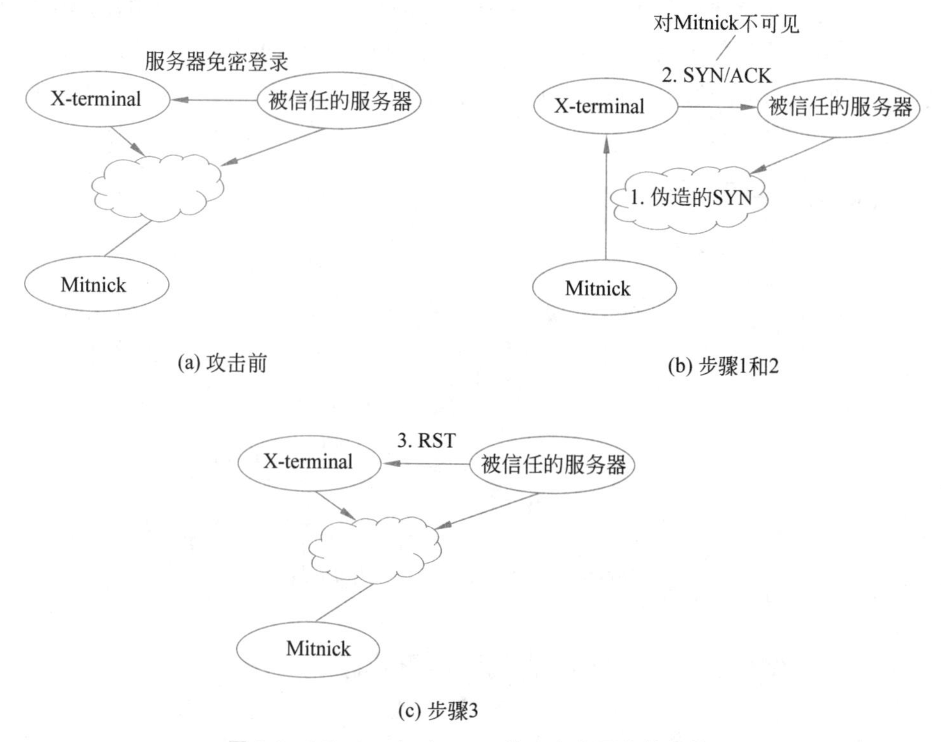

(a) 攻击前　(b) 步骤1和2

(c) 步骤3

图 8-5　Mitnick 在对 SDSC 的攻击中面临的挑战

然而，要这样做并不容易。如果 Mitnick 使用服务器的 IP 地址向 X-terminal 发送一个伪造的 TCP 连接建立请求(一个 SYN 段)(即图 8-5(b)中的步骤 1)，那么，X-terminal 则发送一个 SYN/ACK 段给实际的服务器，而且这个回复对于 Mitnick 来说是不可见的(图 8-5(b)中的步骤 2)。结果，他也不会知道 X-terminal 的初始序列号(initial sequence number，ISN)，这是一个多少有点随机的数，在 TCP 握手的第三阶段他将需要这个随机数(正如前面所看到的，第三阶段也是第一个可能包含数据的段)。更糟糕的是，在接收到 SYN/ACK 以后，服务器将立即响应一个 RST 段以终止连接建立过程(图 8-5(c)中的步骤 3)。毕竟，这里必定出了问题，因为它从未发送过 SYN 段。

注意，如果 ISN 已经是可以预测的，那么，看不见 SYN/ACK 以及因此而错失 ISN 根本就不是问题。比如，每个新的连接都是从 0 开始的。然而，由于每个连接的 ISN 的选择都是多少有一点随机性，所以 Mitnick 需要找出它是如何生成的，以便预测 X-terminal 发送给服务器的不可见的 SYN/ACK 中使用的数。

为了克服这些挑战，Mitnick 按几个步骤发动攻击。首先，他使用非欺骗的 SYN 消息与 X-terminal 进行大量的交互(图 8-6(a)中的步骤 1)。虽然这些 TCP 连接尝试未能让他访问该机器，但是给了他一系列 ISN。对 Mitnick 来说幸运的是，这些 ISN 并不那么随机。

他观察这些数,直到找到一个模式,并确信,只要给定一个ISN,他就能够预测下一个。接下来,他通过向被信任的服务器发起DoS攻击,使它无法做出响应,从而确保该服务器无法重置其连接尝试(图8-6(b)中的步骤2)。现在路径很清晰,可以发起真正的攻击了。在发送了伪造的SYN数据包(图8-6(b)中的步骤3)以后,他预测了X-terminal在向服务器的SYN/ACK回复中将要使用的序列号(图8-6(b)中的步骤4),并在第5步中使用该序列号,也就是最后一步中他发送了命令echo ++ >>.rhosts,以此为数据发送给远程shell守护进程使用的端口(图8-6(c)中的步骤5)。此后,他可以从任何一台计算机登录而无需口令。

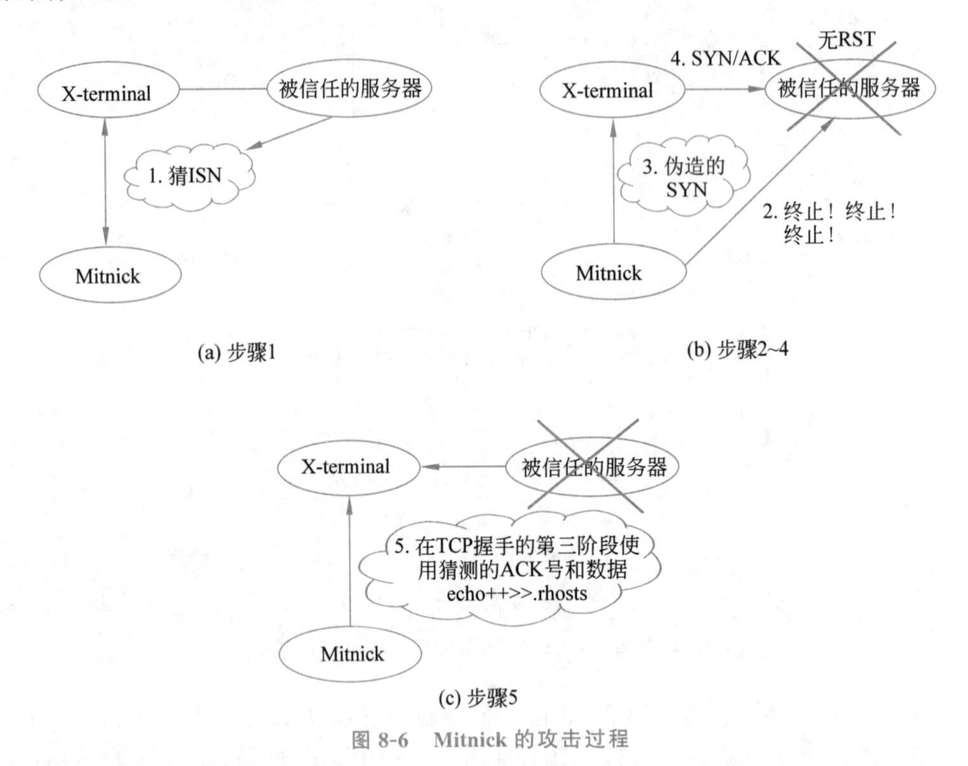

图8-6 Mitnick的攻击过程

由于Mitnick利用的主要弱点之一是TCP初始序列号的可预测性,从那以后,网络栈的开发人员花费了很多精力改进这些被TCP选择使用的安全敏感数字的随机性。因此,Mitnick的攻击已经不再可行了。现代攻击者需要找到不同的方法猜测初始序列号,比如下面即将描述的连接劫持攻击中使用的方法。

TCP连接劫持

与连接欺骗相比,连接劫持增加了更多需要克服的障碍。现在,假设攻击者能够窃听到两个通信方之间的一个已有连接,因此他们知道确切的序列号以及所有与该通信相关的其他关联信息。在劫持攻击中,攻击的目的是,通过将数据注入到流中,从而接管一个已有的连接。

更具体化一点,假设攻击者想要将一些数据注入到客户与服务器之间已有的一个TCP连接中,客户已经登录到该服务器的一个Web应用中,攻击者注入数据的目的是使客户或者服务器接收这些由攻击者注入的字节。在这个例子中,客户和服务器发送的最后一字节的序列号分别是1000和12500。假设到目前为止所有已接收到的数据都已经确认,且客户和服务器当前并没有发送数据。现在攻击者注入 100 字节到发往服务器的 TCP 流中,其做法是,发送一个伪造的数据包,使用客户的 IP 地址和源端口以及服务器的 IP 地址和源端口。这个 4 元组足够使网络协议栈将数据分发给正确的套接字。而且,攻击者提供了正确的序列号(1001)和确认号(12501),所以,TCP 将这 100 字节的有效载荷传递给 Web 服务器。

然而,这里有一个问题。当将注入的字节传递给应用程序以后,服务器将向客户确认这些字节:“谢谢你的这些字节,我现在准备接收 1101 号字节。”此消息会令客户感到惊讶,它会认为服务器已经混乱了。毕竟,它从未发送任何数据,并且仍然打算发送 1001 号字节。它迅速地发送一个序列号为 1001 和确认号为 12501 的空段,以此告诉服务器这一情况。服务器说,“哇,谢谢!但这看起来像是一个旧的 ACK。到现在为止,我已经又收到了接下来的 100 字节。最好将这个信息告诉远程的伙伴。”它重新发送 ACK(seq = 1101, ack = 12501),这导致客户再发送另一个 ACK,如此等等。这种现象被称为 **ACK 风暴**(ACK storm)。它永远不会停止,直到其中一个 ACK 丢失(因为 TCP 不重传无数据的 ACK)。

攻击者如何平息 ACK 风暴呢?这里有几个技巧,下面将讨论所有这些技巧。最简单的方法是通过向通信双方发送 RST 段显式地断开连接。或者换一种方法,攻击者可以使用 ARP 中毒的做法使其中一个 ACK 被发送到一个不存在的地址,从而强迫它丢失。另一种策略是使连接的两侧失去同步,以至于客户发送的所有数据都将被服务器忽略,反之亦然。通过发送大量数据做到这一点会非常复杂难弄,但是攻击者可以在连接建立阶段轻松地实现这一效果。这个想法如下。攻击者一直等待,直至客户要与服务器建立一个连接。一旦服务器回复 SYN/ACK,攻击者向它发送一个 RST 数据包以终止该连接,然后再立即发送一个 SYN 数据包,其 IP 地址和 TCP 源端口与客户最初使用的相同,但客户侧的序列号不相同。在服务器随后的 SYN/ACK 以后,服务器和客户都处在已建立连接的状态,但是它们不能相互通信,因为它们的序列号相差很远,以至于它们总是在窗口以外。相反,攻击者扮演了中间人的角色,并在双方之间中转数据,且能够随意注入数据。

偏离路径的 TCP 攻击

有些攻击非常复杂,甚至很难理解,更不用说防御了。下面介绍更为复杂的一种攻击。在大多数情况下,攻击者与通信双方并不在同一个网段上,因此无法嗅探通信双方之间的流量。在这样一种情形下的攻击被称为偏离路径的 TCP 攻击(off-path TCP exploits),它们很难实现。即使忽略 ACK 风暴,攻击者仍需要大量的信息才能将数据注入到一个已有的连接中:

(1) 在实际攻击以前,攻击者应该发现在 Internet 上两方之间存在一个连接,并以此作为开始。

(2) 然后,攻击者应该确定连接使用的端口号。

(3) 最后,攻击者需要序列号。

如果在 Internet 的另一侧,这是一个很艰巨的任务,但并不是不可能。在 Mitnick 攻击了 SDSC 以后的几十年间,安全研究人员发现了一个新的漏洞,该漏洞允许攻击者能够在广泛部署的 Linux 系统上执行偏离路径的 TCP 攻击。他们在一篇标题为 *Off-path TCP Exploits: Global Rate Limit Considered Dangerous* 的论文中描述了这种攻击,我们将会看到,这是一个非常恰当的标题。我们在这里讨论它,因为它正说明了秘密信息有时候会以一种间接的方式被泄露。

具有讽刺意味的是,这种攻击是因为一项新奇的特性才有可能实现,该特性本该使系统更安全,而不是更不安全。回想一下,前面说过,偏离路径的数据注入是非常困难的,因为攻击者必须猜测端口号和序列号,而要在蛮力攻击中使猜测正确是不可能的。不过,攻击者是可能做得到的。尤其是攻击者没有必要使序列号完全正确,只要使发送的数据在窗口范围内即可。这意味着攻击者可能会以某种(小)概率重置或注入数据到已有的连接中。在2010年8月,一个新的TCP扩展以RFC 5961的形式出现,它用来解决这一问题。

RFC 5961改变了TCP处理SYN段、RST段和常规数据段的接收方式。该漏洞仅在Linux中存在的原因是只有Linux正确地实现了RFC。在解释它的做法以前,应该首先考虑在扩展以前TCP是如何工作的。先考虑SYN段的接收方式。在RFC 5961以前,每当TCP接收到一个已存在连接的SYN段时,如果该数据包在窗口以外,则丢弃该数据包;而如果它在窗口内,则重置该连接。这里的原因是,TCP在接收到一个SYN段时,将假定另一侧已重新启动,因此现有的连接不再有效。这样的处理方法并不好,因为攻击者只需要获得一个序列号在接收者窗口范围内的SYN段,就可以重置一个连接。RFC 5961提议的做法是不立即重置该连接,而是首先发送一个**挑战ACK**(challenge ACK)给明面上的SYN发送方。如果该数据包确实来自合法的远程对等体,则意味着它确实丢失了以前的连接,现在正在建立一个新的连接。在接收到挑战ACK后,它将因此而发送一个带有正确序列号的RST数据包。而攻击者无法做到这一点,因为他们从未接收到挑战ACK。

这样的做法对于RST段也同样成立。在传统TCP中,如果RST数据包的序列号在窗口以外,则会丢弃它们;如果它们在窗口内,则会重置该连接。为了使重置别人的连接变得更加困难,RFC 5961提议,仅在RST段中的序列号恰好是接收方窗口开始处的序列号(即下一个期望的序列号)时,才立即重置该连接。如果序列号不是完全精确匹配的,但仍然在窗口内,则主机不会断开连接,而是发送一个挑战ACK。如果发送方是合法的,则将发送一个带有正确序列号的RST数据包。

最后,对于数据段,旧式TCP进行两次检查。首先,检查序列号。如果是在窗口内,则还会检查确认号。只要确认号落在一个(相当大的)间隔内,就认为它们是有效的。用FUB表示第一个未确认的字节的序列号,用NEXT表示下一个要发送的字节的序列号。确认号位于[FUB−2GB, NEXT]中的所有数据包都是有效的,或占了ACK编号空间的一半。这对攻击者来说很容易做对!而且,如果确认号也碰巧在窗口内,它就会处理数据,并以通常的方式向前推进窗口。相反,RFC 5961说明了,虽然应该接受带有(大致地)位于窗口内确认号的数据包,但对于那些在[FUB−2GB,FUB−MAXWIN]窗口中的数据包,应该发送挑战ACK,这里MAXWIN是对方曾经公告过的最大窗口值。

协议扩展的设计者很快认识到它可能会导致大量的挑战ACK,并提出了ACK节流作为解决方案。在Linux的实现中,这意味着它每秒发送最多100个挑战ACK,涵盖所有的连接。换句话说,有一个被所有连接共享的全局变量记录了共有多少个挑战ACK已被发送,如果该计数器达到100,那么,不管发生什么事情,在那一秒的间隔内它将不再发送挑战ACK。

所有这些听起来不错,但是还有一个问题。用单个全局变量代表共享状态,可以被聪明的攻击用作侧信道。让我们看看攻击者必须克服的第一个障碍：双方是否在通信？回想一下在以下3个场景下发送挑战ACK：

(1) 不管序列号如何，一个SYN段具有正确的源IP地址、目的IP地址和端口号。

(2) 一个RST段的序列号在窗口内。

(3) 针对一个数据段，其确认号在挑战窗口内。

比如，攻击者想知道一个位于130.37.20.7的用户是否正在与37.60.194.64中的Web服务器(目标端口80)通话。攻击者不需要获得正确的序列号，他们只需要猜测源端口号。为了做到这一点，他们与Web服务器建立了自己的连接，并快速连续地发送100个RST数据包，服务器对此的响应是发送100个挑战ACK，除非它已经发送了一些挑战ACK，在这种情况下它将少发送一些挑战ACK。然而，这是不可能的。除了100个RST以外，攻击者还发送了一个伪造的SYN段，假装是130.37.20.7上的客户，并带有一个猜测的端口号。如果猜测是错误的，则什么都不会发生，攻击者仍将收到100个挑战ACK；然而，如果他们正确地猜出了端口号，则最终落入上述的场景(1)，服务器发送一个挑战ACK给合法的客户。但是由于服务器每秒只能发送100个挑战ACK，这意味着攻击者只能收到99个。换句话说，通过记录挑战ACK的数量，攻击者不仅可以确定两台主机正在通信，还可以确定客户(隐藏)的源端口号。当然，攻击者需要很多次尝试才能把它做对，但这绝对是可行的。而且，还有各种各样的技术可使这一过程更为有效。

一旦攻击者有了源端口，他们就进入该攻击的下一阶段：猜测序列号和确认号。想法很类似。首先，攻击者再次发送100个合法的RST数据包(促使服务器发送挑战ACK)、一个额外的欺骗RST数据包(它带有正确的IP地址和现在已知的端口号)以及一个猜测的序列号。如果猜测的序列号在窗口内，则进入上述场景(2)。因此，攻击者通过对自己收到的挑战ACK计数，就可以确定猜测是否正确。

然后，除了100个RST数据包以外，攻击者还发送了一个包含数据的数据包，其中所有字段均正确填写，但附带一个猜测的确认号，并应用上面描述的相同的技巧。现在，攻击者拥有重置该连接或者注入数据所需的所有信息。

偏离路径的TCP攻击很好地说明了3件事情。首先，它显示了网络攻击可能极其复杂。其次，这是基于网络的侧信道攻击(side-channel attack)的一个很好的例子。这种攻击以一种间接的方式泄露了重要的信息。在这个例子中，攻击者通过计数一些看起来非常不相关的内容了解到所有的连接细节。最后，该攻击显示了全局共享状态是此类侧信道攻击的核心问题。侧信道缺陷可出现在任何地方，无论是在软件中还是在硬件中，在所有这些情形下，根本原因是共享了某一项重要的资源。当然，我们早已经知道了这个问题，因为它违反了在本章开始处就讨论过的Saltzer和Schroeder的最小通用机制一般性原则。从安全的角度看，要记得，共享通常没有任何帮助！

在进入下一个话题(破坏和拒绝服务)以前，我们需要知道，数据注入并不只是在理论上很有吸引力，而是在实践中被积极使用。在爱德华·斯诺登于2013年揭露的秘密中，很明显，NSA(国家安全局)进行了大规模的监视行动。它的活动之一是Quantum，这是一种复杂的网络攻击，它使用数据包注入将连接到流行服务(比如Twitter、Gmail或者Facebook)的目标用户重定向到特殊的服务器，该服务器随后入侵受害者的计算机，以便让NAS可完全控制这些计算机。当然，NSA否认了一切。它甚至几乎否认自己的存在。一个行业笑话这样讲述：

问题：NSA代表什么？

答：没有这样的机构(No Such Agency)。

8.2.4 破坏

对可用性的攻击称为拒绝服务攻击。当一个受害者收到了它无法处理的数据，因此变得无法响应时，这样的攻击就发生了。计算机可能停止响应的原因各种各样的，比如：

(1) **崩溃**。攻击者发送了导致受害者崩溃或挂起的内容。这种攻击的一个例子是前面讨论过的Ping死攻击。

(2) **算法复杂性**。攻击者发送专门制作的数据，以制造大量的(计算)开销。假设一个服务器允许客户发送大量的搜索查询请求。在这种情况下，算法复杂性攻击可能由许多复杂的正则表达式组成，这些正则表达式会让服务器遭遇最差情形的搜索时间。

(3) **泛洪/淹没**。攻击者用大量的请求或回复轰炸受害者，以至于脆弱的系统无法处理。通常(但并不总是这样)受害者最终崩溃。

泛洪攻击已经成为很多组织头痛的问题，因为现在进行大规模的DoS攻击非常容易且便宜。只需要几美元或几欧元，就可以租用一个由数千台计算机组成的僵尸网络攻击你想要的任何地址。如果攻击数据是从大量的分布式主机发送的，则将该攻击称为**DDoS**(Distributed Denial-of-Service，**分布式拒绝服务**)攻击。互联网上存在专门的服务[称为**启动程序**(booter)或**压力源**(stresser)]，它们提供了对用户友好的界面帮助非专业用户发动DDoS攻击。

SYN泛洪

在过去，DDoS攻击非常简单。比如，可以使用大量被黑客入侵的计算机发起SYN泛洪攻击。所有这些主机都将向服务器发送TCP SYN段，通常这些SYN段被伪造过，使得它们看似来自不同的主机。当服务器用一个SYN/ACK响应时，不会完成该TCP握手，从而使服务器处于悬挂状态。一个主机只能保持有限数量的处于半开状态的连接。自此以后，它不再接受新的连接。

针对SYN泛洪攻击，有许多解决方案。比如，当达到数量限制时，可以简单地丢弃半开连接，优先考虑新的连接或减小接收SYN的超时时间。在第6章中简要讨论过一个优雅而简单的解决方案，如今已被许多系统支持，并被命名为**SYN Cookie**。受SYN Cookie保护的系统使用了一种特殊的算法确定初始序列号，这样服务器就不需要记住任何与连接有关的信息，直到它接收到TCP三次握手中的第3个数据包。回想一下，序列号是32位的。当采用SYN Cookie时，服务器按如下方法选择初始序列号：

(1) 最高5位是t模32的值，这里t是一个缓慢递增的计时器(比如，每64s递增的计时器)。

(2) 接下来3位是MSS(Maximum Segment Size，最大段尺寸)的一个编码，给出了8种可能的MSS值。

(3) 其余24位是一个密码学散列值，它基于时间戳t以及源和目标IP地址和端口号。

此序列号的优势是，服务器可以将其粘贴在SYN/ACK中，然后忘掉它就可以了。如果握手从未完成，那也毫不相干(或者说服务器不用记住它)；如果握手确实完成了，那么在确认中包含其自身的序列号加 1，服务器能够重新构建所有它为了建立连接而要求的状态。首先，它检查密码学散列值是否匹配最近的 t 值，然后在 3 位中使用 MSS 编码快速地重建 SYN 队列条目。虽然 SYN Cookie 仅允许 8 种不同的段大小，并且使序列号比通常增长得更快，但在实践中影响很小。特别有吸引力的是，该方案与普通的 TCP 兼容，并且不要求客户支持同样的扩展。

当然，即使在使用了 SYN Cookie 完成 TCP 三次握手的情况下，仍然有可能发动 DDoS 攻击，但对于攻击者来说成本很高（因为他们自己的主机对于打开的 TCP 连接也有数量限制）；更重要的是，这种情况防止了带有欺骗 IP 地址的 TCP 攻击。

DDoS 攻击中的反射和放大

然而，基于 TCP 的 DDoS 攻击并不是这个方向上唯一的游戏。近年来，越来越多的大规模 DDoS 攻击使用 UDP 作为传输协议。伪造 UDP 数据包往往很容易。而且，利用 UDP，有可能诱骗 Internet 上的合法服务器对一个受害者发起所谓的反射攻击（reflection attack）。在反射攻击中，攻击者向一个合法的 UDP 服务（比如名称服务器）发送一个带有伪造源地址的请求。然后，该服务器给伪造的地址发送回复。如果从大量的服务器上执行此操作，则大量的 UDP 回复数据包很有可能会击溃受害者。反射攻击有两个主要的优势：

（1）通过增加一层额外的间接性，攻击者使受害者很难在网络中某个地方阻止这些发送者（毕竟，发送者都是合法的服务器）。

（2）许多服务可能会放大攻击，它们为小的请求发送大的回复。

这些放大的 DDoS 攻击曾经制造了历史上一些最大的 DDoS 攻击流量，很容易就可达到每秒万亿位（Tb）的级别。对于一次成功的放大攻击，攻击者必须做的是寻找具有较大放大因子的可公开访问的服务，比如，当一个小的请求数据包变成一个大的回复数据包（更理想的是多个大的回复数据包）时。字节放大因子代表了以字节为单位的相对增益，而数据包放大因子代表了数据包的相对增益。图 8-7 显示了 3 个流行协议的放大因子。虽然这些数值可能看起来令人印象深刻，但最好记住，这些是平均值，单独的服务器可能会有更高的放大因子。有趣的是，DNSSEC（旨在解决 DNS 安全问题的协议）的放大因子比普通旧式的 DNS 高得多，对某些服务器，甚至超过 100。值得一提的是，错误配置的 memcached 服务器（快速内存数据库）曾在 2018 年的 1.7Tb/s 的大规模放大攻击中达到了超过 50 000 的放大因子。

协　议	字节放大因子	数据包放大因子
NTP	556.9	3.8
DNS	54.6	2.1
BitTorrent	3.8	1.6

图 8-7　3 个流行协议的放大因子

防御 DDoS 攻击

抵御如此巨大的流量并不容易，但还是存在几种防御措施。一种非常简单的措施是靠近源头阻拦流量。这么做最常见的方法是使用一种称为出口过滤（egress filtering）的技术，即利用诸如防火墙之类的网络设备阻止所有的源 IP 地址与其所连接的网段不相对应的出去数据包。当然,这要求防火墙知道哪些数据包可能会通过一个特定的源 IP 地址到达,这通常仅在网络边缘才有可能。比如,大学网络可能知道其校园网络上的 IP 地址范围,因此可以阻止来自任何其不拥有的 IP 地址的出去流量。与出口过滤相呼应的技术是入口过滤(ingress filtering),即网络设备过滤所有带有内部 IP 地址的进入流量。

另一种措施是尝试以空闲的容量吸收 DDoS 攻击。这样做成本是非常高的,除了最大的玩家外,绝大部分个体负担不起。幸运的是,没有理由需要个体单独这样做。通过汇集可供多方使用的资源,即使较小的玩家也可以负担得起防御 DDoS 攻击的费用,就像保险一样,前提是并非每个人都同时受到 DDoS 攻击。

那么你会得到什么保险呢?一些组织提供**基于云的 DDoS 防护**(Cloud-based DDoS protection)来保护你的 Web 站点,这种方法使用云的优势,在需要时扩充容量,以抵御 DoS 攻击。该防御技术的核心是云屏蔽甚至隐藏了实际服务器的 IP 地址。所有的请求都被发送到云上的代理服务器,它们会尽其所能地过滤恶意流量(尽管对于高级攻击要做到这一点可能并不容易),并将正常的请求转发给实际的服务器。如果针对特定服务器的请求数量或流量增加了,则云将分配更多的资源处理这些数据包。换句话说,云"吸收"了数据的泛洪。通常,它也可以作为一个**洗涤器**(scrubber)来净化数据。比如,它可以移除重叠的 TCP 段或怪异的 TCP 标志组合,一般来说,它可以被用作 **WAF**(Web Application Firewall,**Web 应用防火墙**)。

为了通过基于云的代理中继流量,Web 站点的所有者可以在多种不同价格的选项中进行选择。如果他们负担得起,他们可以选择 **BGP 黑洞**(BGP blackholing)。在这种情形下,前提是 Web 站点的所有者控制了整个/24 网络块,共 16 777 216 个地址。其想法是,站点所有者只需简单地从它自己的路由器中撤回该网络块的 BGP 通告。取而代之的是,基于云的安全提供者开始从它的网络公告这个 IP,从而所有去往该服务器的流量都将首先进入云。然而,并非每个人都拥有完整的网络块可以操控,或者负担得起 BGP 重新路由的费用。对于他们来说,可以有一个更加经济的选项来使用 **DNS 重新路由**(DNS rerouting)。在这种情形,Web 站点的管理员将其名称服务器上的 DNS 映射更改为指向云上的服务器,而不是实际的服务器。无论哪一种情形,访问者都首先将数据包发送给基于云的安全提供者拥有的代理服务器,然后这些基于云的代理服务器再将数据包转发给实际的服务器。

DNS 重新路由比较容易实现,但是只有在服务器的真实 IP 地址保持隐藏的情况下,基于云的安全提供者的保障措施才是强壮的。如果攻击者获得了这个 IP 地址,他们可以绕过云,直接攻击服务器。不幸的是,有许多方法可能导致 IP 地址泄露。像 FTP 一样,有些 Web 应用将 IP 地址从带内发送给远程一方,所以在这些情形下我们能做的事情很有限。攻击者还可以查看历史 DNS 数据,以便看到该服务器在过去注册过的 IP 地址。有几家公司收集和出售这样的历史 DNS 数据。

8.3 防火墙和入侵检测系统

能够连接任何地方的计算机是一件喜忧参半的事情。对于家庭用户,徜徉在 Internet 上很有趣;但对于企业安全经理来说,这是一场噩梦。大多数公司有大量的机密信息在线上:商业秘密、产品开发计划、营销策略、财务分析、税收记录等。将这些信息泄露给竞争对手可能会有严重的后果。

除了有信息泄露的危险以外,还有信息渗入的危险。特别是病毒、蠕虫和其他“数字害虫”会破坏安全,损毁有价值的数据,并浪费管理员大量的时间清理它们留下的烂摊子。它们通常都是被那些爱玩时髦新游戏的粗心员工带进来的。

因此,需要有相应的机制保证“好的”数据进入,阻止“坏的”数据。一种方法是使用加密,它保护数据在安全站点之间进行传输。然而,它对于防止“数字害虫”和入侵者进入公司的 LAN 则无能为力。要想看一看如何实现这个目标,需要讨论防火墙。

8.3.1　防火墙

防火墙只是对中世纪安全措施的现代改编:在城堡周围挖一条又宽又深的护城河。这种设计迫使进入或离开城堡的每个人都经过一座吊桥,在那里有守卫进行检查。对于网络,相同的办法也是可能的:一家公司可以有许多 LAN 以任意方式进行连接,但所有进入公司或离开公司的流量都被强制通过一座“电子吊桥”(即防火墙),如图 8-8 所示。除此之外不存在其他路径。

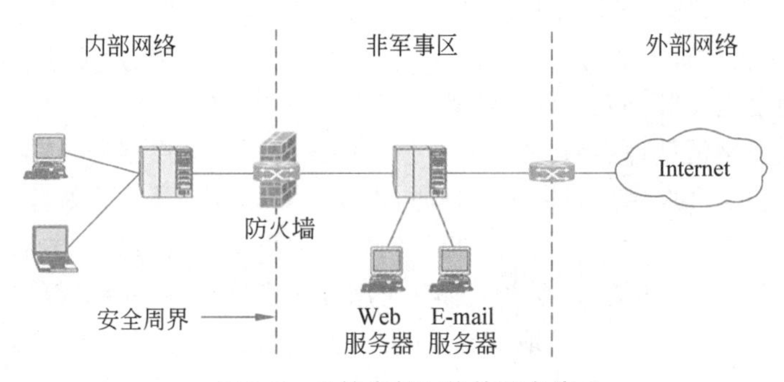

图 8-8　保护内部网络的防火墙

防火墙作为一个**数据包过滤器**(packet filter),检查每个进来的和出去的数据包。满足网络管理员指定的规则中所描述的某些标准的数据包将被正常转发,那些没有通过测试的数据包将毫不客气地被丢弃。

过滤标准通常以规则或表的形式给出,它们给出了哪些是可接受的源和目标,哪些是被阻止的源和目标,以及对于那些来自其他计算机或去往其他计算机的数据包该如何处理的默认规则。在常见的 TCP/IP 设置中,源和目标可能是由 IP 地址和端口组成的。端口表明了期望哪种服务。比如,TCP 端口 25 用于邮件,TCP 端口 80 用于 HTTP。有些端口可以简单地被彻底屏蔽。比如,一家公司可以屏蔽所有 IP 地址从 TCP 端口 79 进入的数据包。它是曾经流行的 FINGER 服务,可用于查找人们的电子邮件地址,但由于它在 1988 年 Internet 上一次臭名昭著的攻击中扮演的角色,今天几乎没有人再使用它了。

其他端口不是那么容易被阻止。困难在于,网络管理员想要安全性,但又不可能切断与外界的通信。这样的安排(指切断与外界的通信)对于安全性来说既简单又非常好,但用户的抱怨将是无止尽的。这正是如图 8-8 所示的诸如 **DMZ**(DeMilitarized Zone,**非军事区**)这样的安排派得上用场的地方。DMZ 是公司网络中位于安全周界以外的部分。任何东西都会到达这里。通过在 DMZ 中放置一台诸如 Web 服务器之类的计算机,Internet 上的计算机就可以联系它以浏览公司的 Web 站点。现在防火墙可以配置为阻止所有由 80 端口进入的 TCP 流量,所以 Internet 上的计算机不能使用该端口攻击内部网络上的计算机。为了允许 Web 服务器可以被管理,防火墙可以有一条规则以允许内部计算机和 Web 服务器之间的连接。

随着时间的推移,防火墙在与攻击者的竞赛中变得越来越复杂。最初,防火墙为每个数据包单独应用一个规则集,但事实证明,要编写出既允许有用的功能又阻止所有不想要的流量的规则集是相当的困难。**有状态的防火墙**(stateful firewall)将数据包映射到连接,并使用 TCP/IP 头的字段跟踪和记录连接。这允许实现如下的规则,比如,允许外部 Web 服务器向内部主机发送数据包,但只有当内部主机首先与外部 Web 服务器建立连接时才允许其通过。这样的规则通过无状态设计是不可能实现的。在无状态设计中,要么通过、要么丢弃所有来自外部 Web 服务器的数据包。

有状态处理的另一个复杂之处是让防火墙实现**应用级网关**(application-level gateway)。这一处理涉及防火墙检查数据包的内部,甚至超越了 TCP 头,以便看到应用程序在做什么。由于这个能力,有可能区分 Web 浏览用到的 HTTP 流量与对等(peer-to-peer)文件共享用到的 HTTP 流量。管理员可以编写规则,让公司拒绝对等文件共享,但允许对业务至关重要的 Web 浏览功能。对于所有这些方法,出去的流量和进入的流量都可以被检查,比如,防止将敏感文档通过电子邮件发送到公司外部。

上面的讨论非常清楚地表明,防火墙打破了协议的标准分层结构。它们是网络层设备,但它们会窥视传输层和应用层以便进行过滤,这使它们非常脆弱。比如,防火墙倾向于依赖标准的端口号约定来确定一个数据包中携带的是哪种类型的流量。标准端口号确实经常被用到,但不是所有计算机都使用,也不是所有应用程序都使用。一些对等应用程序会动态地选择端口号,以避免端口号被轻易地发现(并被阻塞)。而且,加密对防火墙隐藏了高层的信息。最后,一个防火墙不可能方便地与通过它进行通信的计算机通话,以告诉它们应该应用哪些策略,以及为什么它们的连接被断开。它必须简单地假装它是一根断开的电线。由于这些原因,网络纯粹主义者认为防火墙是 Internet 体系结构上的一个瑕疵。然而,对于一台计算机,Internet 可能是一个危险的地方。防火墙有助于解决这一问题,所以它们被保留下来。

即使防火墙被完美地配置,仍然会存在大量的安全问题。比如,如果防火墙被配置成仅允许来自特定网络的数据包(比如公司的其他分部)进入,那么该防火墙外部的入侵者可以用欺骗的源地址绕过这一检查。如果内部人员想往外发送秘密文档,他可以对文档进行加密或者拍照片并以 JPEG 文件往外传,从而绕过电子邮件过滤器。事实上,尽管所有攻击中有 3/4 来自防火墙外部,但来自防火墙内部的攻击(比如来自心怀不满的内部人员)可能是最具破坏性的(Verizon,2009)。

防火墙的另一个问题是它们提供了一个单一的防御周界。如果这道防御被破坏,则所有的筹码都没有了。出于这一原因,防火墙通常被用在一个分层的防御体系内。比如,一个防火墙可能会保护内部网络的入口,而每台计算机可能也会运行它自己的防火墙。认为一个安全检查点就足够的读者显然最近没有乘坐过国际航班。现在许多网络有多层防火墙,沿着网络路径一直到每台主机的防火墙,一个简单的例子就是**深度防御**(defense in depth)。可以这么说,无论是在机场还是计算机网络中,如果攻击者必须突破多个独立的防御系统,那么他们要想攻克整个系统极为困难。

8.3.2 入侵检测与防护

除了防火墙和洗涤器以外，网络管理员还可以部署其他各种防御措施，比如入侵检测系统和入侵防护系统，接下来将对它们进行介绍。正如其名字所指示的那样，**IDS**(Intrusion Detection System，**入侵检测系统**)的作用是检测攻击——理想情况下，在这些攻击可以造成任何破坏之前检测。比如，当它观察到端口扫描或暴力穷举 **ssh 口令攻击**(ssh password attack，攻击者只是简单地使用许多流行的口令尝试登录)时，或者在一个 TCP 连接中发现最新的和最严重的漏洞的特征时，IDS 可以在发现攻击的早期告警。然而，它也可能在稍后的阶段中才检测到攻击，比如当一个系统已经被攻陷并且表现出不寻常的行为时。

我们可以根据入侵检测系统在哪里工作以及如何工作对它们进行分类。**HIDS**(Host-based IDS，**基于主机的 IDS**)在端点本身工作，比如笔记本计算机或服务器。它扫描(比如)软件的行为或者仅在该计算机上进出一个 Web 服务器的网络流量。而 **NIDS**(Network IDS，**网络 IDS**)检查该网络上一组计算机的流量。两者各有优缺点。

NIDS 之所以具有吸引力，是因为它可以保护多台计算机，有能力关联不同主机上的事件，并且它不会耗尽它所保护的计算机上的资源。换句话说，这种 IDS 对于它的保护域中的计算机的性能没有影响。但另一方面，它很难处理特定于系统的问题。比如，假设一个 TCP 连接包含了重叠的 TCP 段：数据包 A 包含 1～200 字节，而数据包 B 包含 100～300 字节。很显然，在两个数据包的有效载荷中的字节存在重叠的部分。这里假设重叠区域中的字节是不同的。那么该 IDS 会做什么呢？

真正的问题是：接收主机将使用哪些字节？如果主机使用数据包 A 中的字节，那么，该 IDS 应该检查这些字节是否存在恶意内容，而忽略数据包 B 中的字节。然而，如果该主机改为使用数据包 B 中的字节，那该怎么办？如果网络中的某些主机采用数据包 A 中的字节，而某些主机采用数据包 B 中的字节，那该怎么办？即使主机都是相同的，并且 IDS 知道它们如何重组 TCP 流，也可能仍然存在困难。假设所有主机通常都会接收数据包 A 中的字节。如果 IDS 查看该数据包，假设数据包的目的地在两三跳以外，并且数据包 A 中的 TTL 值为 1，所以它永远不会到达目的地，那么它仍然是错误的。攻击者操纵 TTL，或者使 IP 碎片或 TCP 段中的字节范围重叠的技巧称为 **IDS 逃避**(IDS evasion)技术。

NIDS 的另一个问题是加密。如果网络字节不是可解密的，则 IDS 很难确定它们是否是恶意的。这是一种安全措施(加密)降低另一种安全措施(IDS)提供的保护力度的又一个例子。作为一种变通方案，管理员可以将加密密钥提供给 NIDS。这种方案是可以工作的，但并不理想，因为它带来了额外的密钥管理困难。还要注意到，IDS 可以看到所有的网络流量，而且往往包含大量的代码。换句话说，它可能成为攻击者非常感兴趣的目标。如果突破了 IDS，攻击者就可以访问所有的网络流量。

基于主机的 IDS 的缺点是它要使用运行它的每台主机的资源，并且它只能看到网络中的一小部分事件。另一方面，它不会遭受太多逃避问题的困扰，因为当它被它要保护的主机的网络栈重组以后，它就可以检查这些流量。而且，在诸如 IPSec 之类的情况下，其中的数据包是在网络层上进行加密和解密的，该 IDS 可以在解密以后再检查数据。

除了 IDS 的不同位置以外，还可以选择 IDS 如何确定某个事物是否构成了一个威胁，有两种主要的类别。**基于特征的入侵检测系统**(Signature-based intrusion detection system)使用特定字节或者数据包序列作为模式,它们代表了已知攻击的症状。如果IDE知道端口53的UDP数据包在其有效载荷开始处特定的10字节是漏洞E的一部分,那么,IDS可以很容易地用这个模式扫描网络流量,并在检测到这种模式时发出一个告警。此告警很具体("我已经检测到E")并且很有信心("我知道它是E")。然而,使用基于特征的IDS,只能检测到已知的威胁,并且还得有特征可以使用。另一种情况是,如果IDS看到异常的行为,它可能会引发一个告警。比如,一台计算机通常只与几个IP地址交换SMTP和DNS流量,但是它突然开始向本地网络以外的许多完全未知的IP地址发送HTTP流量。IDS可能将其归入可疑的一类。由于这些**基于异常的入侵检测系统**(anomaly-based intrusion detection system,简称为异常检测系统)对任何异常行为都会触发告警,所以它们既能检测到新的攻击,也能检测到老的攻击。它的缺点是这些告警并没有足够的解释。"网络中发生了一些不寻常的事"很不明确,它不如"门口的安全摄像头现在正在被恶意软件Hajime攻击"有价值。

一个**IPS**(Intrusion Prevention System,**入侵防护系统**)不仅应该检测到攻击,还应该阻止攻击。从这个意义上说,这是一种更优的**防火墙**(firewall)。比如,当IPS看到一个带有Hajime特征的数据包时,它可以将其丢弃,而不是允许它到达安全摄像头。为了做到这一点,IPS应该部署在通往目标的路径上,并且能够"在运行中"对于接受或放弃流量做出决定。而IDS可以驻留在网络中的任何其他地方,只要镜像所有的流量因而它能够看到即可。现在你可能会问:为什么要这样麻烦?为什么不简单地部署一个IPS彻底解决威胁呢?这个答案的一部分是性能原因:IDS上的处理决定了数据传输的速度。如果你只有很少的时间,可能无法很深入地分析这些数据。更重要的是,如果你弄错了该怎么办呢?具体来说,尽管一个连接是良好的,但是,如果IPS认为这个连接包含攻击并丢弃它,你该怎么办呢?如果该连接很重要,比如当你的业务依赖它时,就会真的很糟糕。它最好是先发出告警,让某个人深入查看一下,以决定它是否真的是恶意的。

事实上,重要的是要知道IDS或IPS做对事情的频度。如果它引发太多的**错误告警**(false positives),你最终可能要花费大量的时间和资金来解决它们。另一方面,如果它很保守,当攻击真正发生时也常常**不发出告警**(false negatives),那么,攻击者可能就很容易地攻穿系统。与TP(true positives)和TN(true negatives)相对的FP(false positives)、FN(false negatives)的数量决定了你的防护的有用性。通常用**准确率**(precision)和**召回率**(recall)这样的术语来表达这些属性。准确率表示这样一个度量:IDS或IPS生成的告警中有多少是合理的,用数学公式表达为P=TP/(TP+FP)。召回率表示IDS或IPS检测到的实际攻击的数量,即R=TP/(TP+FN)。有时,将这两个值结合到一个称为**F-测度**(F-measure)的度量中,即F=2PR/(P+R)。最后,我们有时候只对IDS或IPS做对事情的频度感兴趣。在这种情况下,使用**精确度**(accuracy)作为一个度量,即A=(TP+TN)/total。

虽然高召回率和高准确率总是比低的值好,但漏掉告警和错误告警的数量在典型情况下往往为反比关系:如果一个下降,则另一个上升。然而,可接受范围的取舍随情况的不同而有所变化。美国五角大楼就非常重视不被攻陷。在这种情况下,你可能会愿意接受更多的错误告警,只要没有很多漏掉的告警就可以。而对于一所学校,事情可能就没有那么关键，学校可能不会选择把经费花在一个整天分析错误告警的管理员身上。

关于这些度量指标，还需要解释最后一件事情以说明错误告警的重要性。这里使用 Stefan Axelsson 在一篇有影响力的论文中做的一个类比，该论文解释了为什么入侵检测很困难（Axelsson，1999）。假设有一种疾病在现实中影响到每 10 万人中的 1 个人，任何被诊断出患有这种疾病的人都会在一个月内死亡。幸运的是，有一个很好的测试，可以验证某个人是否被感染了。该测试具有 99%的准确率：对于患者（S），那么，在 99%的案例中，其测试呈阳性（Pos，在医学领域，阳性测试结果是坏事）；而对于健康的人（H），其测试在 99%的案例中呈阴性（Neg）。有一天你接受了测试，哦，天哪，测试结果是阳性。此时价值百万的问题是："这有多糟啊?"换成另外一种措辞："你是否应该与朋友和家人说再见，在院子里出售你所拥有的东西，并在剩下的 30 多天里过上一段短暂而放荡的生活？或者什么也不做?"

要回答这个问题，应该看一看数学。我们感兴趣的是，鉴于你的测试是阳性，但你真正得这种病的概率有多大呢，即 $P(\mathrm{S}|\mathrm{Pos})$。我们知道的是

$$P(\mathrm{Pos}|\mathrm{S})=0.99$$
$$P(\mathrm{Neg}|\mathrm{H})=0.99$$
$$P(\mathrm{S})=0.00001$$

为了计算 $P(\mathrm{S}|\mathrm{Pos})$，我们使用著名的贝叶斯定理：

$$P(\mathrm{S}|\mathrm{Pos})=\frac{P(\mathrm{S})P(\mathrm{Pos}|\mathrm{S})}{P(\mathrm{Pos})}$$

在上面的案例中，只有两种可能的测试结果，你是否得这种病也只有两种可能的结果。换句话说：

$$P(\mathrm{Pos})=P(\mathrm{S})P(\mathrm{Pos}|\mathrm{S})+P(\mathrm{H})P(\mathrm{Pos}|\mathrm{H})$$

其中，$P(\mathrm{H})=1-P(\mathrm{S})$，$P(\mathrm{Pos}|\mathrm{H})=1-P(\mathrm{Neg}|\mathrm{H})$，所以：

$$\begin{aligned}P(\mathrm{Pos})&=P(\mathrm{S})P(\mathrm{Pos}|\mathrm{S})+(1-P(\mathrm{S}))(1-P(\mathrm{Neg}|\mathrm{H}))\\&=0.00001\times0.99+0.99999\times0.01\end{aligned}$$

最终：

$$P(\mathrm{S}|\mathrm{Pos})=\frac{0.00001\times0.99}{0.00001\times0.99+0.99999\times0.01}=0.00098$$

换句话说，你患病的可能性小于 0.1%，没必要惊慌（当然，除非你过早地把你所有的房产都卖掉了）。

我们在这里看到的是，最终概率在很大程度上由错误告警率主导，即 $P(\mathrm{Pos}|\mathrm{H})=1-P(\mathrm{Neg}|\mathrm{H})=0.01$。原因是事件数量太少（只占 0.000 01），以至于等式中的所有其他项几乎都不起作用。这个问题被称为**基本比率谬误**（base rate fallacy）。如果用"受攻击"替代"生病"，用"告警"替代"阳性测试"，可以看到基本比率谬误对于任何 IDS 或 IPS 解决方案都是极其重要的。它表明了保持低的错误告警数量的必要性。

除了 Saltzer 和 Schroeder 的基本安全原则以外，很多人还提供了额外的、通常非常实用的原则。其中有一条特别有用并值得一提的是**深度防御实用原则**（principle of defense in depth）。通常，使用多种互补技术保护一个系统是一个好想法。比如，为了阻止攻击，可以使用防火墙、入侵检测系统和病毒扫描工具。虽然单一的措施是不太可能靠自身做到万无一失的，但是要同时绕过所有的保护措施则困难得多。

8.4 密 码 学

密码学(cryptography)一词来自希腊语,原意为秘密书写。它有着辉煌而又悠久的几千年历史。在本节中只展示其中的一些亮点,然后介绍一些后面学习所需的背景知识。有关完整的密码学历史,推荐阅读 Kahn 的专著(1995)。要想全面地了解现代安全和密码算法、协议和应用以及相关的材料,请参考 Kaufman 等的专著(2002)。想了解更多数学化的方法,请参考 Kraft 等的专著(2018)。对于那些不那么数学化的方法,可以参考 Esposito 的文章(2018)。

专业人员对密码和编码作了明确的区分。密码(cipher)是指逐个字符或者逐位进行变换,它不涉及消息的语言结构。相反,编码(code)则是指用一个词或符号代替另一个词或符号。尽管编码学有着非常光荣的历史,但现在已经不再被使用了。

在历史上最成功的编码是第二次世界大战中美国军队在太平洋战场上使用的编码。他们简单地让纳瓦霍海军用他们的土著语言进行交谈,用专门的纳瓦霍词代表军事术语,比如,用 chay-da-gahi-nail-tsaidi(字面意思是“乌龟的克星”)表示反坦克武器。纳瓦霍语言是一门以声调为主的语言,非常复杂,而且没有书面的形式。日本根本没有一个人懂这门语言。在 1945 年 9 月,圣地亚哥联合会发表了一篇文章,描述了以前秘密使用纳瓦霍语言挫败日本人的事实,并阐明了它是多么有效。日本人始终未能破解这一编码,纳瓦霍编码的许多传话者由于突出的服务表现和勇敢精神而获得了很高的军事荣誉。美国破解了日本的编码,而日本却未能破解纳瓦霍编码,这为美国在太平洋战争中赢得胜利起到了至关重要的作用。

8.4.1 密码学简介

历史上,有 4 类人用到了密码学,并且为密码学的发展作出了贡献,他们是军事人员、外交使团、写日记者和情侣。在这 4 类人中,军事人员扮演了最重要的角色,而且几个世纪以来他们不断影响着这个领域的发展。在军事组织内部,需要加密的消息通常被交给收入低微的低级译码员完成加密和传输。庞大的消息数量使得这项工作不能仰仗少数精英专家来完成。

在计算机出现以前,密码学的一个主要限制在于译码员执行必要的变换的能力,通常在战场上只有极少的装备。另一个限制是很难从一种密码方法快速地切换到另一种密码方法,因为这需要重新训练一大批人。然而,译码员有可能被敌人俘虏,这种危险使得在必要时能及时地改变密码方法非常关键。这些冲突的需求导致产生了如图 8-9 所示的加密模型。

待加密的消息称为明文(plaintext),它们通过一个以密钥(key)为参数的函数进行加密变换。此加密过程的输出就是所谓的密文(ciphertext),然后通常由无线电或者通信员传送出去。假设敌人或者入侵者(intruder)可以听到并且精确地复制整个密文。然而,与目标接收者不同的是,他不知道解密密钥是什么,所以他不可能很轻易地对密文进行解密。有时候入侵者不仅可以监听通信信道(被动入侵者),而且可以将消息记录下来并且在以后某个时候回放,或者插入他自己的消息,或者在合法的消息到达接收方以前篡改消息内容(主动入

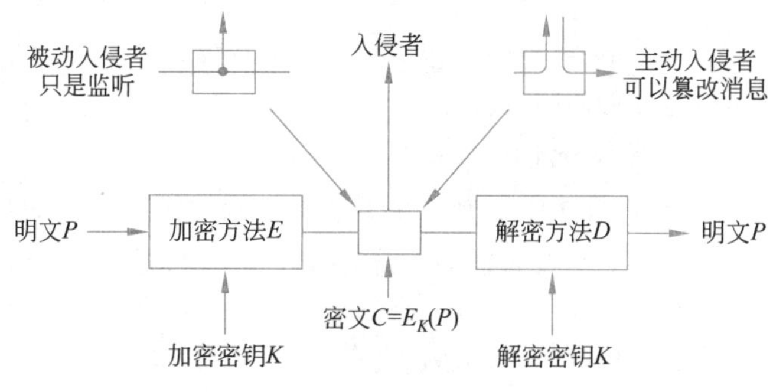

图 8-9　加密模型(对称密钥密码)

侵者)。破解密码的艺术就是所谓的密码分析学(cryptanalysis),它与设计密码的艺术(cryptography)合起来统称为密码学(cryptology)。

用一种合适的表示法将明文、密文和密钥的关系体现出来,往往会非常有用。$C=E_K(P)$表示用密钥 K 加密明文 P 得到密文 C,$P=D_K(C)$表示用密钥 K 解密 C 再得到明文 P。然后可以得到:

$$D_K(E_K(P))=P$$

这种表示法说明 E 和 D 只是数学函数,事实上它们也确实是。唯一特殊的是它们都是带两个参数的函数,只是将其中一个参数(密钥)写成下标的形式而不写成参数的形式,从而将它与消息本身区别开来。

密码学的基本规则是,必须假定密码分析者知道加密和解密使用的方法。换句话说,密码分析者知道图 8-9 中加密方法 E 和解密方法 D 的详细工作过程。每当老的加密算法被攻破(或者认为已被攻破)后,就需要大量的努力来发明、测试和安装新的算法,这使得将加密算法本身保持秘密的做法总是不现实的。当一个加密算法已不再保密时仍然认为它是保密的,这将会带来更大的危害。

这正是密钥的用武之地。密钥由一段比较短的字符串构成,它相当于从大量潜在的加密方法中选择了一种。一般的加密方法可能每几年才会发生变化,与此不同的是,密钥可以根据需要频繁地改变。因此,基本的加密模型是一个稳定的、公开的通用方法,它用一个秘密的、易改变的密钥作为参数。让密码分析者知道加解密算法,并且把所有的秘密信息都放在密钥中,这种思想称为 **Kerckhoffs 原则**(Kerckhoffs' principle),这是用荷兰出生的军事密码学家 Auguste Kerckhoffs 的名字命名的,他于 1883 年在一本军事杂志上首次发表了这一想法(Kerckhoffs,1883)。

Kerckhoffs 原则是:所有的算法必须是公开的;只有密钥是保密的。

算法的不保密性怎么强调都不过分。企图使算法保持秘密的做法在这个领域中被称为由模糊而安全(security by obscurity),这种做法永远不会奏效。而且,将算法公开,让密码设计者可以自由地与大量学院派的密码学家进行交流探讨。这些密码学家总是期望能破解密码系统,从而可以发表论文,以证明他们有多聪明。如果一个密码算法被公开很长时间以后,尽管在此期间许多专家试图破解该算法,但是无人能够成功,那么,这个算法可能就是非常可靠的(研究人员已经在一些开源安全方案,比如具有超过十年历史的 OpenSSL 中,发现了错误,所以,普遍认为的"给予足够多的眼球,所有的错误都是肤浅的"观点在实践中并不总是有效)。

由于真正的秘密在密钥中,所以它的长度是一个非常重要的设计要素。请考虑一个简单的号码锁。一般的原理是按照顺序输入数字。每个人都知道这一点,但是密钥是保密的。两位数字的密钥长度意味着共有100种可能,3位数字的密钥长度意味着共有1000种可能,6位数字的密钥长度意味着100万种可能。密钥越长,密码分析者要处理的工作因子(work factor)就越高。通过穷举搜索整个密钥空间破解密码系统的工作因子随着密钥长度增加而呈指数递增。保密性来自一个强壮的(但是公开的)算法和一个长的密钥。为了防止你的孩子阅读你的电子邮件,可能64位密钥就可以了。对于常规的商业用途,或许应该使用256位。为了阻挡大的政府机构,则至少需要256位的密钥,而且根据需要越长越好。顺便说一句,这些数字是针对对称加密的,其中加密和解密密钥是一样的。

从密码分析者的角度来看,密码分析问题有3个主要的变体。当他得到了一定量的密文,但是没有对应的明文时,他面对的是唯密文(ciphertext-only)问题。报纸上猜谜栏目中的密码难题就属于这一类问题。当密码分析者有了一些相匹配的密文和明文时,密码分析问题称为已知明文(known plaintext)问题。最后,当密码分析者能够加密某一些他自己选择的明文时,就称为选择明文(chosen plaintext)问题。如果允许密码分析者问诸如"ABCDEFGHIJKL经过加密以后是什么?"之类的问题,那么破解报纸上的那种密码难题就容易多了。

密码学领域中的新手通常作这样的假设:如果一个密码能够承受唯密文攻击,那么它就是安全的。这个假设非常幼稚。在许多情况下,密码分析者可以正确地猜测出明文的某些部分。比如,当你启动计算机时许多计算机说的第一件事情是"login:"。有了某些相匹配"明文-密文"对以后,密码分析者的工作就变得容易很多。为了实现安全性,密码设计者应该保守一点,并且确保:即使对手能够加密任意数量的选择明文,密码系统也不会被攻破。

在历史上,加密方法被分成两大类:置换密码和转置密码。8.4.3节和8.4.4节将简要地介绍这两种密码,正好作为现代密码学的背景信息。

8.4.2 两个基本的密码学原则

尽管在后文将要研究许多不同的密码系统,但是,在所有这些密码系统背后的两个原则对于理解它们非常重要。如果违反了它们,只能后果自负。

冗余度

第一个原则是所有加密的消息必须包含一定的冗余,也就是说,有些信息对于理解这条消息不是必要的。一个例子可以清楚地说明为什么这是需要的。考虑一家邮购公司——The Couch Potato(TCP),它有60 000种产品。暂且先认为他们是非常有效率的,TCP公司的程序员决定,订购消息应该包含一个16字节的客户名称,后跟一个3字节的数据字段(一字节是数量,两字节是产品编号)。最后3字节将使用一个非常长的密钥进行加密,该密钥只有客户和TCP公司知道。

起初,这看起来很安全,从某种意义上说,这是因为被动入侵者不可能解密该消息。不幸的是,它还有一个致命的缺陷,使它变得没有用。假设一个最近被解雇的员工想报复

TCP 公司。就在离开前，她带走了客户名单。她连夜编写了一个程序，使用真实的客户名称生成虚构的订单。因为她没有密钥列表，所以她只是在最后 3 字节放上了一些随机数字，然后将数百个订单发送给 TCP 公司。

当这些消息到达时，TCP 公司的计算机使用客户的名称找到密钥并解密消息。对 TCP 公司来说不幸的是，几乎每条 3 字节的消息都是有效的，所以计算机开始打印发货指令。虽然一个客户订购了 837 套儿童秋千或 540 套沙箱看起来有点奇怪，但对于计算机来说，该客户可能正在计划开设一系列特许经营的游乐场。通过这种方式，一个主动入侵者（前雇员）可以造成巨大的麻烦，即使她理解不了她的计算机生成的消息。

这个问题可以通过为所有的消息增加冗余来解决。比如，如果订单消息扩展到 12 字节，其中前 9 字节必须为 0，则此攻击不再起作用，因为前雇员不可能再生成大批量的有效消息。这个故事的启示是，所有的消息必须包含相当的冗余，以便主动入侵者不能发送随机的垃圾消息，并使其被解释为有效消息。因此有了以下原则。

密码学原则 1：消息必须包含一定的冗余。

然而，增加冗余使得密码分析者更容易破解消息。假设邮购业务竞争激烈，TCP 公司的主要竞争对手 The Sofa Tuber 公司非常想知道 TCP 公司卖了多少个沙箱，所以它窃听了 TCP 公司的电话线。在具有 3 字节的原始方案中，密码分析几乎是不可能的，因为在猜测密钥以后，密码分析者无法判断它是否正确，因为几乎每条消息在技术上都是合法的；使用新的 12 字节方案，密码分析者可以很容易地区分有效消息和无效消息。

换句话说，在解密一条消息时，接收者必须能够通过简单地检查消息，并有可能执行一个简单的计算来判断它是否有效。这种冗余是必要的，从而可以防止主动入侵者发送垃圾消息，并诱使接收者解密垃圾消息并将其当作明文使用。

然而，这种冗余同样使被动入侵者更容易破坏系统，所以，这里有一点矛盾。而且，冗余绝不应该是在消息的开始或结尾处以 n 个 0 的形式出现，因为对此类消息运行某些密码算法会给出更可预测的结果，从而使密码分析者的工作更加轻松。CRC 多项式（请参考第 3 章）比一串 0 好得多，因为接收者可以很容易地验证它，但它为密码分析者带来更多的工作量。更好的做法是使用一个密码学散列算法，这个概念在后面再讨论。目前，可以把它想象成一个更好的 CRC。

新鲜度

第二个密码学原则是，必须采取措施以确保接收到的每条消息都可以被验证为新鲜的，即是最近发送的消息。这个措施是必要的，因而可以防止主动入侵者回放旧消息。如果不采取这样的措施，那个前雇员可以利用 TCP 公司的电话线不停地重复发送以前发送过的有效消息。因此有了以下原则。

密码学原则 2：需要某种方法防止重放攻击。

一种这样的措施是在每条消息中包含一个时间戳。比如，该消息只在 60s 内有效。然后，接收者可以将消息保留大约 60s，并且将新到达的消息与以前的消息进行比较，以过滤重复的消息。60s 以前的消息可以被扔掉，因为超过 60s 以后发送的任何回放都将因为太老而被拒绝。这一间隔也不应该太短（比如 5s），因为发送方和接收方的时钟可能会略微不同步。除时间戳以外的其他措施将在稍后进行讨论。

8.4.3 置换密码

在置换密码(substitution cipher)中,每个字母或者每一组字母被另一个字母或另一组字母取代,从而将原来的字母掩盖起来。已知最古老的密码之一是凯撒密码(Caesar cipher),它因凯撒(Julius Caesar)而得名。在这种方法中,a 变成 D,b 变成 E,c 变成 F……z 变成 C。比如,attack 变成 DWWDFN。在这个例子中,明文以小写字母给出,密文则使用大写字母。

凯撒密码的一种更一般化方案是,允许密文字母表被顺序移动 k 个字母,而并不总是移动 3 个位置。在这种情况下,k 变成了这种循环移动字母表的通用加密方法的一个密钥。凯撒密码也许确实欺骗了庞培(Pompey),但自那以后再也没有骗过任何人。

接下来的改进是,让明文中的每个符号(为了简化起见,这里假设为 26 个字母)映射到另一个字母上,比如,

明文: a b c d e f g h i j k l m n o p q r s t u v w x y z

密文: Q W E R T Y U I O P A S D F G H J K L Z X C V B N M

采用这种“符号对符号”进行置换的通用系统被称为单字母置换密码(monoalphabetic substitution cipher),其密钥是对应于整个字母表的 26 个字母组成的串。对于上面给出的密钥,明文 attack 被变换成密文 QZZQEA。

初看起来,这似乎是一个安全的系统,因为虽然密码分析者知道通用的系统(即字母对字母的置换),但是他不知道到底使用了哪一个密钥,而密钥的可能性共有 $26! \approx 4 \times 10^{26}$ 种。与凯撒密码不同的是,要试遍所有这么多种可能的密钥并不是一种可行的做法。即使每一种方案只需要花费 1ns 时间,用百万个核并行工作也需要花费一万年时间才能试遍所有的密钥。

然而,令人惊奇的是,只要给出数量很少的密文,密码就很容易被破解。基本的攻击手段利用了自然语言的统计特性。比如,在英语中,e 是最常见的字母,其次是 t、o、a、n、i 等。最常见的两字母组合(或者两字母连写)是 th、in、er、re 和 an,最常见的三字母组合(或者三字母连写)是 the、ing、and 和 ion。

密码分析者为了破解单字母密码,首先计算所有字母在密文中出现的相对频率。然后试着将最常见的字母分配给 e,将次常见的字母分配给 t。接下来查看三字母组合,找到比较常见的形如 tXe 的三字母组合,这强烈地暗示着其中的 X 是 h。类似地,如果模式 thYt 出现得很频繁,则 Y 可能代表了 a。有了这些信息以后,他可以查找频繁出现的形如 aZW 的三字母组合,它很有可能是 and。通过猜测常见的字母、两字母组合和三字母组合,并且利用元音和辅音的各种可能模式,密码分析者就可以逐个字母地构造出试探性的明文。

另一种做法是猜测一个可能的单词或者短语。比如,考虑以下这段来自一家会计事务所的密文(分成 5 个字符一组):

CTBMN	BYCTC	BTJDS	QXBNS	GSTJC	BTSWX	CTQTZ	CQVUJ
QJSGS	TJQZZ	MNQJS	VLNSX	VSZJU	JDSTS	JQUUS	JUBXJ
DSKSU	JSNTK	BGAQJ	ZBGYQ	TLCTZ	BNYBN	QJSW	

在会计事务所的消息中，一个可能的单词是 financial(财务的)。我们知道在 financial 这个单词中有一个重复的字母(i)，并且这两个 i 之间有 4 个其他的字母，利用这样的知识，在密文中以这样的间距查找重复的字母。我们找到 12 个地方符合这一条件，分别在 6、15、27、31、42、48、56、66、70、71 和 82 位置上。然而，其中只有两个地方，即 31 和 42，它的下一个字母(对应于明文中的 n)重复出现在正确的地方。而在这两者之中，只有 31 也有正确的 a 位置(考虑在 financial 中有两个 a)，所以，我们知道 financial 从位置 30 开始。从这个点开始，利用英语文本的频率统计规律可以很容易地推断出密钥，从而能找出最终的全部单词。

8.4.4 转置密码

置换密码保留了明文符号的顺序，但是将明文伪装起来了。与此相反，**转置密码**(transposition cipher)重新对字母进行排序，但是并不伪装明文。图 8-10 给出了一个常见的转置密码——列转置。该密码用一个不包含任何重复字母的单词或者短语作为密钥。在这个例子中，密钥是 MEGABUCK。密钥的用途是对列进行排序，密钥字母中最靠近字母表起始处的那个字母下面那列为第 1 列，以此类推。明文按水平方向的行来书写，如果有需要的话填满整个矩阵。密文则被按列读出，从密钥字母最小的那一列开始。

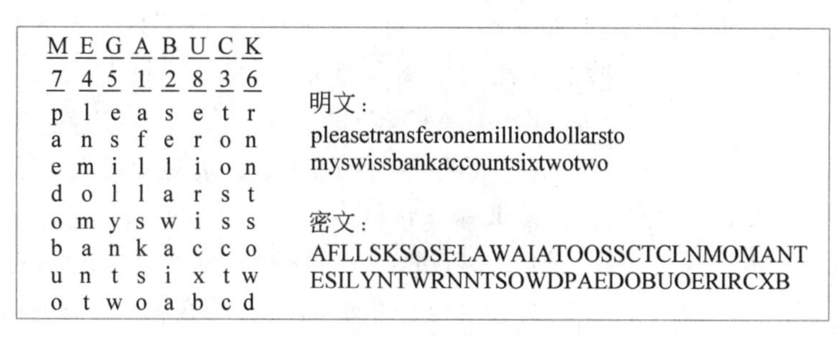

图 8-10　转置密码

为了破解一个转置密码，密码分析者必须首先要知道自己是在应对一个转置密码。通过查看 E、T、A、O、I、N 等字母的频率，很容易就可以看出它们是否吻合明文的常规模式。如果是，则很显然这是一种转置密码，因为在这样的密码中，每个字母代表的是自己，从而使字母出现的频率分布保持不变。

下一步要猜测共有多少列。在许多情况下，从上下文中或许可以猜到一个可能的单词或者短语。比如，假定密码分析者怀疑消息中的某个地方出现了明文短语 milliondollars。他观察到在密文中出现的两字母组合 MO、IL、LL、LA、IR 和 OS 是因为这个短语回绕的结果。密文字母 O 跟在密文字母 M 的后面(即它们在第 4 列的垂直方向上是相邻的)，因为它们在这个可能的短语中被一段等于密钥长度的距离隔开。如果使用的密钥长度为 7，则两字母组合 MD、IO、LL、LL、IA、OR 和 NS 就会相继出现。实际上，对于每一个密钥长度，在密文中都会出现一组不同的两字母组合。通过检查各种可能性，密码分析者往往很容易就能够确定密钥长度。

剩下的步骤是给出列顺序。当列数 k 比较小时，依次检查 $k(k-1)$ 个列对中的每一个，看它的两字母组合出现频率是否和英文明文中的两字母组合频率相同。频率最匹配的那一对假定是在正确位置上的。现在尝试让剩下的每一列跟在这一对的后面。两字母组合和三字母组合出现频率最匹配的那一列假设是正确的。用相同的方法继续找到下一列。整个过程继续下去,直至找到潜在的列顺序。一旦到了明文可识别的时间点,机会就来了(比如,如果出现 milloin,很明显就知道错误在哪里了)。

有些转置密码接受一个固定长度的块作为输入,并产生一个固定长度的块作为输出。通过给出一个指明字符输出顺序的列表就可以完整地描述这些密码。比如,图 8-10 中的密码可以被看作一个 64 个字符的密码。它的输出的序号序列是 4,12,20,28,36,44,52,60,5,13,…,62。换句话说,第 4 个输入字符 a 首先被输出,然后是第 12 个字符 f,以此类推。

8.4.5 一次性密钥

要想构建一个不被攻破的密码其实是非常容易的;相应的技术在几十年前就已经知晓了。首先选择一个随机位串作为密钥。然后将明文转变成一个位串,比如使用明文的 ASCII 码表示法。最后,逐位计算这两个串的异或(XOR)运算值。这样得到的密文是不可能被破解的,因为在数量足够大的密文样本中,每个字母的出现频率是相等的,两字母组合、三字母组合等的出现频率也都是如此。这种方法称为**一次性密钥**(one-time pad),它可以抵御所有现在和将来的攻击,无论入侵者的计算能力有多么强大都是如此。其理由源于信息理论:因为任何可能的给定长度的明文都有相同的可能性,所以消息中根本不存在信息。

图 8-11 给出了一个一次性密钥用法的例子。首先,消息 1"I love you."被转换成 7 位 ASCII 码。然后选择一个一次性密钥 Pad1,并且与消息 1 进行异或(XOR)运算得到密文。密码分析者可以试验所有可能的一次性密钥,并检查每个密钥对应的明文。比如,图 8-11 中列出的一次性密钥 Pad2 可以用来做试验,结果得到明文 2"Elvis lives",这个结果有点似是而非(这个主题超出了本书的范围)。事实上,对于每一个长度为 11 个字符的 ASCII 明文,就有一个生成此明文的一次性密钥。这也正是前面所说的在密文中没有任何信息的含义:你总是可以得到任何一条正确长度的消息。

```
消息 1: 1001001 0100000 1101100 1101111 1110110 1100101 0100000 1111001 1101111 1110101 0101110
Pad1:   1010010 1001011 1110010 1010101 1010010 1100011 0001011 0101010 1010111 1100110 0101011
密文:   0011011 1101011 0011110 0111010 0100100 0000110 0101011 1010011 0111000 0010011 0000101

Pad2:   1011110 0000111 1101000 1010011 1010111 0100110 1000111 0111010 1001110 1110110 1110110
明文:   1000101 1101100 1110110 1101001 1110011 0100000 1101100 1101001 1110110 1100101 1110011
```

图 8-11 利用一次性密钥进行加密,通过其他一次性密钥可从密文获得任何可能的明文

在理论上一次性密钥的确很好,但在实践中却有若干缺点。首先,该密钥无法记忆,所以发送方和接收方必须随身携带书面的密钥副本。如果任何一方被敌人捕获,则显然书面的密钥就会被泄露。除此以外,可被传送的数据总量受到可用密钥数量的限制。如果一名间谍非常走运,发现了一批极有价值的数据,他可能由于密钥已被用尽而无法将这批数据传送回总部。另一个问题是,这种方法对于丢失字符或者插入字符非常敏感。如果发送方和接收方失去了同步,那么失去同步以后的所有数据都变成了垃圾。

随着计算机的出现,一次性密钥方法对于某些应用可能会变得具有实用价值。密钥源可以是一片特殊的 DVD,该 DVD 包含了几千兆字节的信息,如果它被放在 DVD 电影箱中运输,并且开头部分加上几分钟视频,那么这样的 DVD 甚至不会受到怀疑。当然,在千兆

位网络速度上，每隔 30s 就必须插入一片新的 DVD 可能非常烦人。而且，在发送消息以前，必须通过人将 DVD 从发送方传递给接收方，这极大地降低了一次性密钥方法的实用性。此外，考虑到几乎没有人再使用 DVD 或蓝光光盘了，任何被发现带着一盒光盘的人可能都会受到怀疑。

量子密码

有趣的是，针对如何在网络上传输一次性密钥问题，可能有一种解决方案，这种方案来源于量子力学。这个领域现在仍然是试验性质的，但是初始的测试非常有前景。如果它能做得完美并且很有效，那么，几乎所有的密码系统最终都可以利用一次性密钥方法完成，因为它们已经证明是安全的。下面简短地解释这种方法——量子密码学（quantum cryptography）是如何工作的。我们将介绍一个称为 **BB84** 的协议，该协议的名字来源于其作者的名字和发表年份（Bennet 和 Brassard，1984）。

假设 Alice 希望与 Bob 建立一个一次性密钥。这里 Alice 和 Bob 称为主体（principal），他们是这个故事中的主角。比如，Bob 是一个银行家，Alice 希望与他做一些商务交易。自从 Ron Rivest 在很多年前引入这两个名字（Rivest 等，1978）后，几乎所有关于密码学的论文和书籍都使用 Alice 和 Bob 作为主体。密码学家都喜欢传统。如果我们使用 Andy 或者 Barbara 作为主体，就没有人会相信这一章的内容了。所以，我们还是沿用传统的做法。

如果 Alice 和 Bob 能够建立一个一次性密钥，那么，他们就可以用该密钥来安全地通信了。显然的问题是：如果不像前面提到的那样用物理方式交换一次性密钥（通过 DVD、书籍或者 U 盘），他们该如何建立一次性密钥呢？可以假定 Alice 和 Bob 在一根光纤的两端，通过这根光纤他们可以发送和接收光脉冲。然而，一个超级强大的名叫 Trudy 的入侵者能够割断光纤并插入一个主动接头。Trudy 可以读取两个方向上发送的所有数据，也可以在两个方向上发送假消息。这种情形对于 Alice 和 Bob 来说，似乎已经没有希望进行安全通信了，但是，量子密码学却为这个难题带来了一线曙光。

量子密码学基于这样一个事实：光是以一种极小的称为光子（photon）的包的形式传递的，并且光子具有某些偏振特性。而且，光在通过一个偏振滤光镜时可以被调整到一个方向上，戴太阳镜的人或者摄影师都知道这个事实。如果将一束光（即一个光子流）通过一个偏振滤光镜，则该光束中的所有光子都将被偏振到滤光镜的轴向（比如垂直方向）上。如果现在光束再通过第二个偏振滤光镜，则从第二个滤光镜出来的光的强度将与两轴之间夹角的余弦平方成正比。如果这两个轴相互垂直，那么所有的光子都通不过。两个滤光镜的绝对方向并不重要，重要的是它们之间的夹角。

为了产生一次性密钥，Alice 需要两组偏振滤光镜。第一组偏振滤光镜由一个垂直滤光镜和一个水平滤光镜组成。这种选择称为直线基（rectilinear basis）。这里的一个基只是一个坐标系统。第二组偏振滤光镜的组成是一样的，但是旋转了 45°，所以，一个偏振滤光镜的方向是从左下至右上，另一个偏振滤光镜的方向是从左上至右下。这种选择称为对角基（diagonal asis）。因此，Alice 有两个基，她可以根据需要快速地将这些基插入到她的光束中。在现实中，Alice 并没有 4 个独立的偏振滤光镜，而是一个晶体，该晶体的偏振方向可以通过电子方式以极快的速度切换到 4 个允许方向中的任何一个。Bob 也有一套与 Alice 相同的装置。Alice 和 Bob 两个人都有两组可用的基，这对于量子密码系统是非常关键的。

对于每一组基,Alice 现在将一个方向指定为 0,将另一个方向指定为 1。在下面介绍的例子中,假设她选择垂直方向为 0,水平方向为 1。另外,她还选择从左下至右上方向为 0,从左上至右下方向为 1。她通过明文方式将这些选择发送给 Bob,且完全知道 Trudy 可以看到她的消息。

现在 Alice 选择一个一次性密钥,比如她利用了一个随机数发生器(这本身就是一个非常复杂的主题)。她逐位地将密钥传送给 Bob,在传送每一位的时候她随机地选择两个基中的一个。为了发送每一位,她的光子枪发射出来的光子已经被正确地偏振到她为这一位所选择使用的基上。比如,她可能选择对角基、直线基、直线基、对角基、直线基等。为了用这些基发送她的一次性密钥 1001110010100110,她将会发送图 8-12(a)中所示的光子。给定了一次性密钥和基的序列以后,每一位使用的偏振方向也被唯一地确定下来。像这样一次发送一个光子的数据位称为量子位(qubit)。

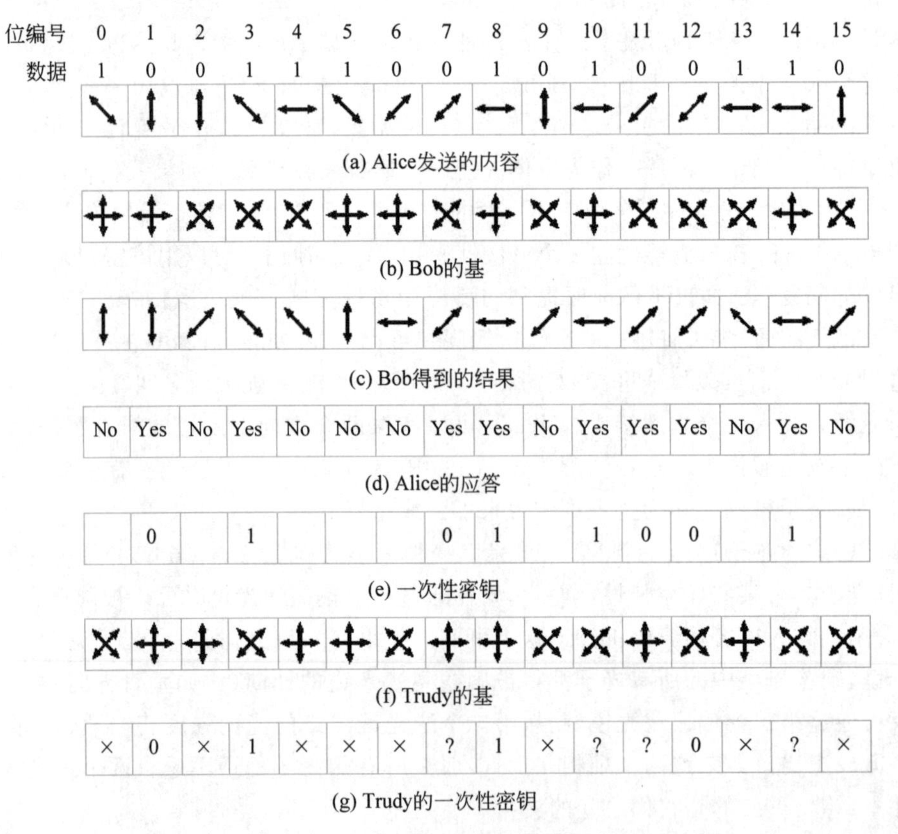

图 8-12 一个量子密码系统的示例

Bob 并不知道 Alice 使用了哪些基,所以他随机地为每一个到来的光子选择一个基,并使用这个基,如图 8-12(b)所示。如果他选择了正确的基,则他会得到正确的数据位;如果选择的基不正确,则得到一个随机的位,因为如果一个光子被发射到一个与它自己的偏振方向成 45°角的滤光器上,那么它将会随机地跳到滤光镜的偏振方向上,或者跳到与滤光镜方向垂直的偏振方向上,这两者的概率相等。光子的这种性质正是量子力学的基础。因此,有些位是正确的,而有些位是随机的,但是 Bob 并不知道哪些位是正确的,哪些位是随机的。

Bob 得到的结果如图 8-12(c)所示。

Bob 如何知道他选择的哪些基是正确的，哪些基是错误的呢？他简单地用明文告诉 Alice，他为明文中的每一位使用了哪个基；然后 Alice 告诉他，明文中哪些位是正确的，哪些位是错误的，如图 8-12(d)所示。利用这些信息，双方就可以根据正确的猜测结果建立一个位串，如图 8-12(e)所示。平均来说，这个位串的长度将是原始位串长度的一半，但是由于双方都知道这个位串了，所以他们可以将该位串用作一次性密钥。Alice 要做的事情仅仅是传输一个略微超过所需长度两倍的位串，于是她和 Bob 就有了一个所需长度的一次性密钥。问题解决了！

但请稍等。我们刚才忘了还有 Trudy 呢。假定她对于 Alice 所说的话非常好奇，所以她割断光纤并插入了她自己的检测器和发射器。对她来说不幸的是，她并不知道每个光子使用了哪一个基。她能够做的就是像 Bob 一样随机地为每个光子选择一个基。图 8-12(f)显示了她选择的一个例子。当 Bob 后来用明文向 Alice 报告他使用了哪些基，并且 Alice 也用明文告诉他哪些基是正确的时候，Trudy 现在也知道她什么时候得到的位是正确的，什么时候得到的位是错误的。她知道以下位是正确的：0、1、2、3、4、6、8、12 和 13。但是，从图 8-12(d)的 Alice 应答中，她知道只有 1、3、7、8、10、11、12 和 14 位才是一次性密钥的组成部分。她猜中了这些位中的 4 位(1、3、8 和 12 位)，并且也捕获了正确的位信息。其他的 4 位(7、10、11 和 14 位)，她猜测错误，并且不知道传输的位是什么。因此，Bob 从图 8-12(e)中知道，一次性密钥的前 8 位为 01011001，但是，Trudy 能得到的是 01?1??0?，如图 8-12(g)所示。

当然，Alice 和 Bob 知道 Trudy 可能已经捕获了他们的一次性密钥的一部分，所以他们希望进一步减少 Trudy 拥有的信息。他们只要对这个一次性密钥执行一个变换就可以做到这一点。比如，他们可以将一次性密钥分成 1024 位的块，然后对每一块做平方操作，从而形成一个 2048 位的数值，再将这些 2048 位数拼接起来当作一次性密钥。Trudy 只有传输过程中的一部分位串信息，所以她无法产生位串的平方，因此她什么也得不到。从原始的一次性密钥变换到另一个一次性密钥削弱了 Trudy 所知的信息，这个变换称为隐私增强(privacy amplification)。在实践中，往往采用这种每一个输出位都依赖于所有输入位的复杂变换，而不用求平方的方法。

可怜的 Trudy。她不仅对一次性密钥一无所知，而且她的存在也不再是一个秘密了。毕竟，她必须把接收到的每一位转发给 Bob 才能欺骗他，让他以为自己是在跟 Alice 通话。麻烦在于，她能做的最好的事情也只是以她用来接收量子位的偏振传输她接收到的量子位，而其中大约有一半的位是错误的，从而导致 Bob 的一次性密钥中有很多错误。

当 Alice 最后开始发送数据时，她使用一种重量级的前向纠错码对数据进行编码。从 Bob 的角度看，一次性密钥中的 1 位错误与 1 位传输错误是相同的。无论哪种情形，他总是得到错误的位。如果有足够的前向纠错能力，那么不管任何错误他都能够恢复出原始的消息，而且他可以很容易地计算出有多少错误得到了纠正。如果这个数值大大超过了该装备的期望错误率，那么，他就知道 Trudy 已经搭接在线路上，并且可以根据情况做出响应(比如告诉 Alice 切换到一个无线电信道上，或者打电话给警察局，等等)。如果 Trudy 有办法复制光子，从而她可以检查其中一个光子，并且将另一个同样的光子发送给 Bob，那么，她就可以避免被检测到，但迄今为止人们尚未发现可以完美地复制光子的办法。即使有一天

Trudy 能够复制光子了,量子密码学用于建立一次性密钥的价值也不会被减弱。

尽管研究人员已经展示了可以在超过 60km 距离的光纤上运行量子密码系统,但这样的装备非常复杂,而且极其昂贵。诚然,如果量子密码学有更大的发展,并且更加便宜,那么它的思想还是很有前途的。有关量子密码学的更多信息,请参考 Clancy 等的论文(2019)。

8.5 对称密钥算法

现代密码学使用了与传统密码学相同的基本思想(转置和置换),但它的重点有所不同。传统上,密码设计者使用了非常简单的算法。现在,情形完全相反:目标是使加密算法尽可能地纷乱复杂,因而即使密码分析者获得了大量的选择密文,在没有密钥的情况下他也不能够做任何有意义的事情。

在本章中将要介绍的第一类加密算法称为对称密钥算法(symmetric-key algorithm),因为它们使用同样的密钥完成加密和解密操作。图 8-9 显示了对称密钥算法的用法。尤其是,我们将焦点集中在块密码(block cipher),它接受一个 n 位的明文块作为输入,并利用密钥将它变换成一个 n 位的密文块。

密码算法既可以用硬件实现(为了速度),也可以用软件实现(为了灵活性)。虽然我们最主要的关注点是在算法和协议上,而算法和协议又是独立于它们的具体实现的,但是,简要地提及有关构造密码系统的硬件可能也是饶有趣味的。转置和置换密码可以用简单的电子电路实现。图 8-13(a)显示了一种称为 P 盒(P-box)的设备(这里的 P 代表数学中的排列——permutation),P 盒的效果相当于对一个 8 位输入实现一个转置操作。如果这 8 位从上到下被指定为 01234567,则这个特定 P 盒的输出就是 36071245。通过适当的内部连线方式,P 盒可以执行任何一个转置操作,而且在实践中可以以光速完成,因为这中间没有涉及任何计算过程,只是信号传播而已。这种设计符合 Kerckhoff 原则:攻击者知道通用的方法是对输入的位重新排列顺序,但他不知道哪一位出现在哪里。

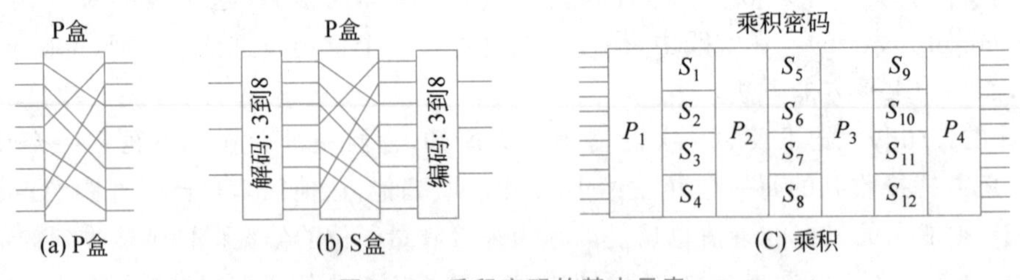

图 8-13 乘积密码的基本元素

置换由 S 盒(S-box)完成,如图 8-13(b)所示。在这个例子中,输入是 3 位明文,输出是 3 位密文。首先,3 位输入从第一阶段的 8 根输出线中选择一根线,并将它设置为 1,所有其他的线均为 0。第二阶段是一个 P 盒。第三阶段再将选中的输入线编码成二进制。按照图 8-13(b)中显示的连线方式,如果依次输入 8 个八进制数 01234567,则输出序列将是 24506713。换句话说,0 被 2 代替,1 被 4 代替,等等。同样,通过正确地设置 S 盒内部的 P 盒,任何一种置换都可以完成。而且,这样的设备可以直接用硬件构造,从而获得极快的速度,因为编码器和解码器只有一两亚纳秒(subnanosecond)的门延迟,而通过 P 盒的传播时间可能小于 1ps，picosec(微微秒)。

只有当我们将一系列盒叠加起来构成一个乘积密码(product cipher)时，这些基本元素的真正威力才显现出来，如图 8-13(c)所示。在这个例子中，第一步(P_1)将 12 根输入线做转置操作(即重新排列)。在第二步中，输入被分成 4 个组($S_1 \sim S_4$)，每个组 3 位，且每个组被独立于其他组做置换操作。这样的安排展示了一种通过多个小 S 盒近似达到一个大 S 盒效果的方法。因为小 S 盒在硬件实现上更容易(比如，一个 8 位 S 盒可以被实现成一个 256 项的查找表)，而大 S 盒笨重、难以构造(比如一个 12 位的 S 盒其中间步骤将至少需要 $2^{12}=4096$ 根交叉线)，所以这种近似方法很有用。虽然这种方法不那么通用，但是它仍然非常强大。通过在乘积密码中包含足够多的步骤，获得的输出可以是输入的极其复杂的函数。

对 k 位输入执行一个乘积密码以产生一个 k 位输出，这非常常见。k 的一个常用值是 256。在硬件实现中，通常至少有 20 个物理步骤而不像图 8-13(c)那样只有 7 个步骤。而在软件实现中，有一个至少执行 8 次迭代的循环，每次迭代都在 64～256 位数据块的子块上执行 S 盒类型的置换操作，然后通过一个转置操作将这些 S 盒的输出全部混合起来。通常这里有一个特殊的初始转置操作，在末尾也有一个转置操作。在文献中，这些迭代被称为轮(round)。

8.5.1 DES——数据加密标准

1977 年 1 月，美国政府采纳了 IBM 公司开发的一个乘积密码作为非机密信息的官方标准。这个密码算法，即 DES(Data Encryption Standard，数据加密标准)已被工业界广泛应用于安全产品中。它最初的形式已经不再安全了，但是它的一个修订形式仍然在各处使用。原始版本的 DES 是很有争议的，因为 IBM 公司最初指定了 128 位的密钥，但在与 NSA 讨论以后，IBM 公司"自愿"决定将密钥长度减少为 56 位，而当时的密码学家都认为这个位数太小。

DES 的运行方式本质上如图 8-13(c)所示，但是在更大的单元上运行。明文信息(二进制)被分解成 64 位的单元，每个单元都被单独加密，通过使用 56 位的密钥作为参数进行排列(permutation)和置换(substitution)，加密过程总共 16 轮，连续进行。实际上，它是一个在 64 位字符的字母表上的巨大单字母置换密码(稍后进一步介绍)。

1979 年，IBM 公司意识到 56 位的密钥长度太短了，就设计了一种向后兼容的方案，通过同时使用两个 56 位密钥(总共 112 位密钥)增加密钥长度(Tuchman，1979)。这种新的方案被称为三重 DES(Triple DES)，它仍然在使用中，其工作方式如图 8-14 所示。

图 8-14 三重 DES

显而易见的问题是：①为什么是两个密钥而不是三个？②为什么顺序是加密→解密→加密？这两个问题的答案是，如果一台使用三重 DES 的计算机与使用单一 DES 的计算机通信，它可以将两个密钥设置为相同的值，然后应用三重 DES 算法，所得结果与单一 DES

相同。这种设计使得分阶段采用三重DES更加容易。它现在基本上已经过时了,但在某些抗变化的应用中仍然在使用。

8.5.2 AES——高级加密标准

随着DES逐渐走到生命的尽头,三重DES也难以避免这样的命运,**NIST**(National Institute of Standards and Technology,**美国国家标准与技术委员会**)作为美国商务部的服务机构,承担着为美国联邦政府核定标准的责任,它决定美国政府需要一个新的密码标准用于非机密用途。NIST对所有关于DES的争议知道得非常清楚,它同时也知道,如果它直接宣布一个新的标准,则任何一个具有丰富密码学知识的人很自然就会假想NSA已经在该标准中内置了一个后门,因而NSA可以读取一切用该标准加密的数据。在这些条件下,可能没有人会使用该标准,从而它会悄悄死去。

所以,NIST出乎意料地采取了一种与政府官僚主义截然不同的做法:它发起了一场密码学比赛(竞赛)。1997年1月,世界各地的研究人员接到邀请,希望他们为一个新的标准提交方案,这个新标准称为**AES**(Advanced Encryption Standard,**高级加密标准**)。比赛规则如下:

(1) 算法必须是一个对称的块密码。

(2) 完整的设计必须公开。

(3) 必须支持128、192、256位密钥长度。

(4) 软件实现和硬件实现必须都是可能的。

(5) 算法必须是公有的,或者毫无歧视地授权给大众使用。

这次比赛收到了15个有效提案,于是NIST组织公开会议来展示这些提案,并积极鼓励参加会议的人寻找这些提案中的漏洞。1998年8月,NIST根据这些算法的安全性、效率、简单性、灵活性和内存需求(对于嵌入式系统来说是非常重要的),选出5个算法进入最后的决赛。接下来NIST又召开了更多的学术讨论会,同时也发生了更多的激烈论战。

2000年10月,NIST宣布Joan Daemen和Vincent Rijmen发明的Rijndael胜出。名称Rijndael是根据两位作者的姓氏(Rijmen+Daemen)合成的,其发音为Rhine-doll(差不多是这样)。在2001年11月,Rijndael成为美国政府标准——FIPS 197(联邦信息处理标准),并被重新命名为AES。由于整个竞争过程的绝对开放性、Rijndael的技术特性以及获胜的小组是由两位年轻的比利时密码学家组成的这一事实(不太可能只是为了迎合NSA而内置一个后门),所以,Rijndael已经变成了世界上占主导地位的密码算法。AES的加密和解密现在是一些CPU指令集的一部分。

Rijndael支持的密钥长度和块长度可以从128位一直到256位(以32位为递进步长)。密钥长度和块长度可以独立选择。然而,AES规定块长度必须是128位,密钥长度必须是128、192、256位。尽管如此,很怀疑是否有人会使用192位密钥,所以,事实上,AES有两个变体:①数据块为128位,密钥为128位;②数据块为128位,密钥为256位。

在下面对算法的讨论中,将仅仅讨论128/128的情形,因为它是现在的商业规范。128位的密钥使得密钥空间有$2^{128} \approx 3 \times 10^{38}$个密钥。即使NSA想办法建造一台内含10亿个并行处理器的计算机,并且每个处理器每微微秒可以计算一个密钥,这样的计算机也需要10^{10}年才能搜索一遍该密钥空间。到那时候太阳已经燃烧尽了,所以那时候的人们只好点着蜡烛阅读解密结果了。

Rijndael

从数学的角度来看，Rijndael是以伽罗瓦(Galois)域理论为基础的，伽罗瓦域理论赋予Rijndael一些可以证明的安全特性。然而，也可以用C语言代码的形式了解Rijndael算法，而不涉及数学理论。

如同DES一样，Rijndael也使用置换和排列操作，并且它也使用了多轮，具体的轮数取决于密钥的长度和块的长度。对于128位密钥和128位块长度的情形，轮数为10；对于最长的密钥或者最长的块，轮数可以增加到14。然而，Rijndael与DES不同的是，所有的操作都涉及整数个字节，从而允许用硬件和软件高效地实现这些操作。而DES是面向位的，因此软件实现很慢。

该算法已经被设计成不仅具有极高的安全性，同时也达到极快的速度。在2GHz的计算机上，一个良好的软件实现应该能够达到700Mb/s的加密速率，这个速度足以实时地加密12个4K视频。当然，用硬件实现会更快。

8.5.3 密码模式

尽管AES(或者DES，或者其他任何块密码算法)如此复杂，但它本质上只是一个使用了大字符集(对于AES是128位字符，对于DES是64位字符)的单字母置换密码。任何时候当同样的明文块进入算法前端时，同样的密文块就从后端输出。如果用同样的DES密钥或者AES密钥对明文abcdefgh加密100次，那么这100次会得到同样的密文。入侵者可以充分发掘这种特性攻破密码系统。

电码本模式

为了看清楚如何利用这种单字母置换密码的特性来局部地破解该密码算法，我们将使用(三重)DES作为例子，因为描述64位数据块比128位数据块更容易，但是AES也有同样的问题。为了使用DES来加密一长段明文，最直接的做法是将它分割成连续的8字节(64位)数据块，然后用同样的密钥依次加密这些数据块。如果有必要的话，将最后一段明文填补至64位。这项技术称为**电码本模式**(Electronic Code Book，**ECB**)，它类似于老式的电码本，其中每个明文单词的旁边列出了它的密文(通常是5个十进制数字)。

如图8-15所示，我们从一个计算机文件开始，该文件列出了某家公司已确定的要发给员工的年终奖金。该文件由连续的32字节长的记录构成，每个员工一条记录，其格式为：16字节的姓名、8字节的职位和8字节的奖金。现在利用(三重)DES将16个8字节块(从0到15编号)的每一个进行加密。

姓名		职位	奖金
Adams, L	eslie	Clerk	$ 10
Black, R	obin	Boss	$500,000
Collins,	Kim	Manager	$100,000
Davis, B	obbie	Janitor	$ 5
字节数 16		8	8

图8-15 一个文件的明文被加密成16个DES块

Leslie 刚刚与老板有过一场争斗,所以他可能不会有很多奖金。而 Kim 深得老板的喜爱,每个人都知道这一点。在这个文件被加密以后,且在它被发送给银行之前,Leslie 有机会访问该文件。请问,在仅仅拿到加密文件的情况下,Leslie 有可能扭转这种不公平的局面吗?

完全没问题。Leslie 需要做的事情是:将第 12 个 8 字节的密文块(包含了 Kim 的奖金)做一份副本,然后用它替换第 4 个密文块(包含了 Leslie 的奖金)。虽然 Leslie 并不知道第 12 个密文块的内容是什么,但是他可以期望今年有一个愉快的圣诞节(复制第 8 个密文块也是可以的,但是极有可能被检测出来;另外,Leslie 并不是一个很贪婪的人)。

密码块链模式

为了对抗这种类型的攻击,所有的块密码可以按各种不同的方式链接起来,那样,Leslie 所做的密文块替换的方法将导致从被替换的块开始,解密得到的明文成为垃圾。一种链接方法是密码块链(cipher block chaining)。在这种方法中,如图 8-16 所示,每个明文块在被加密之前先与上一个密文块执行 XOR(异或)运算。因此,同样的明文块不再被映射到同样的密文块上,加密操作也不再使用一个大的单字母置换密码了。第一个块与一个随机选取的 IV(Initialization Vector,初始向量)执行 XOR 运算,该初始向量(以明文方式)随着密文一起被传输。

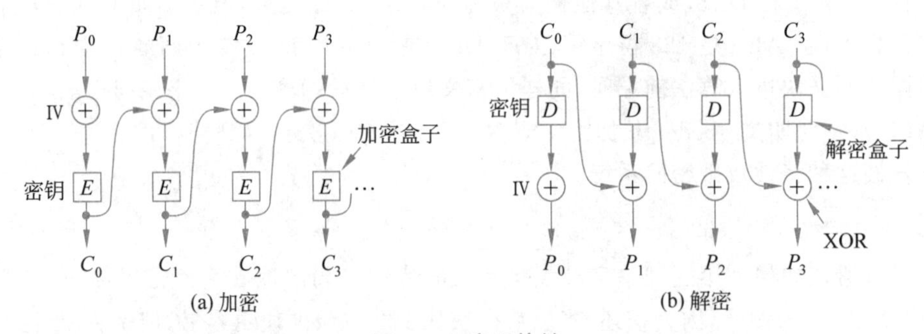

图 8-16 密码块链

通过图 8-16 中的例子,可以看出密码块链模式的工作原理。首先计算 $C_0=E(P_0 \text{ XOR } \text{IV})$,然后计算 $C_1=E(P_1 \text{ XOR } C_0)$,以此类推。解密过程也使用 XOR 运算逆转整个过程:$P_0=\text{IV XOR } D(C_0)$,以此类推。请注意,第 i 块的加密操作是从 0 到 $i-1$ 块所有明文的一个函数,所以,对于同样的明文,根据它出现的位置的不同将生成不同的密文。像 Leslie 所做的这一类变换将导致从 Leslie 的奖金密文块开始的两个块变得没有任何意义。对于精明的安全官员来说,这一特点可能正好暗示了应该从哪里开始进行深入调查。

密码块链模式还有一个好处,即同样的明文块并不导致同样的密文块,这使得密码分析更加困难。实际上,这正是它被广泛使用的主要原因。

密码反馈模式

然而,密码块链模式也有一个缺点,它要求整个 64 位数据块全部到达以后才开始解密。对于逐字节的加密应用,可以使用如图 8-17 所示的密码反馈模式(cipher feedback mode),它使用了(三重)DES。对于 AES,基本思想完全相同,只不过要使用 128 位移位寄存器。在图 8-17 中,正好显示了在字节 0~9 已经被加密并发送出去以后加密机的状态。当明文字节 10 到来时，如图 8-17(a)所示，DES 算法被作用在 64 位移位寄存器上，并产生一个 64 位密文。该密文最左边的字节被提取出来，并且与 P_{10} 进行 XOR 运算。该字节被传送到传输线路上。而且，移位寄存器向左移 8 位，使得 C_2 从最左边被移走，而 C_{10} 被插入到右端 C_9 空出来的位置上。

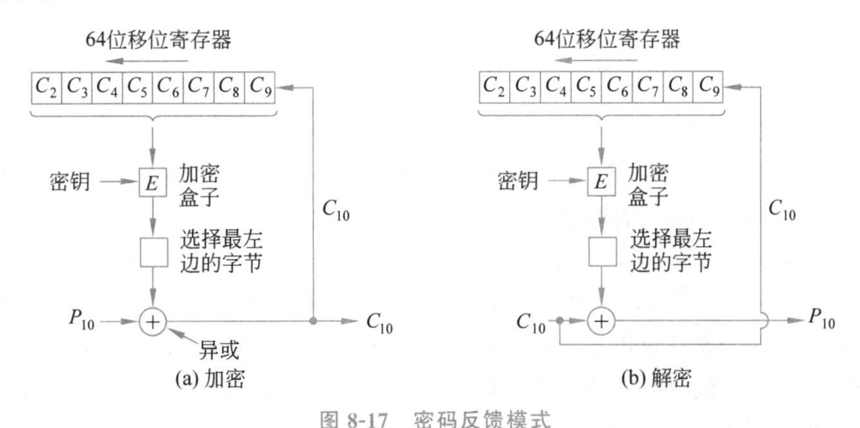

图 8-17　密码反馈模式

请注意，移位寄存器的内容依赖于明文的以前全部历史，所以，若一个模式在明文中重复多次，则经过加密以后，它在密文中每次都不相同。如同密码块链模式一样，密码反馈模式也需要一个初始向量启动整个加密过程。

密码反馈模式的解密的工作方式与加密一样。尤其是，移位寄存器的内容是被加密，而不是被解密，所以，为了生成 P_{10} 而被选出来与 C_{10} 做 XOR 运算的字节与在一开始为了生成 C_{10} 而与 P_{10} 做 XOR 运算的字节是同一字节。只要两个移位寄存器保持不变，解密过程就可以正确地工作。图 8-17(b)显示了这一过程。

密码反馈模式的一个问题是，如果密文在传输过程中有一位意外发生翻转，那么，当这个坏字节位于移位寄存器中时，被解密的 8 字节都将遭到破坏。一旦坏字节移出了移位寄存器以后，后面生成的明文仍然是正确的。因此，单个翻转位的影响仅限于局部的区域，而不会破坏消息中剩余的部分，但是其破坏的位数与移位寄存器的宽度相等。

流密码模式

然而，对于一些应用来说，一位传输错误会搅乱 64 位明文，这种影响还是太大了。对于这些应用来说，还存在第 4 种选项，即**流密码模式**(stream cipher mode)。它的工作方式是：通过加密一个初始向量，用一个密钥生成一个输出块；然后对该输出块再用同样的密钥进行加密，得到第二个输出块；该输出块再被加密，得到第三个输出块；以此类推。输出块的序列(可以任意长)称为**密钥流**(keystream)，它可以被看作一个一次性密钥，与明文进行 XOR 运算得到密文，如图 8-18(a)所示。请注意，IV 仅仅被用在第一步中。在此以后，输出数据块被加密。同时也要注意，密钥流与数据是相互独立的，所以，如果有需要，密钥流可以提前计算出来，而且它对于传输错误完全不敏感。解密过程如图 8-18(b)所示。

解密过程发生在接收侧，它生成同样的密钥流。由于密钥流仅仅依赖于初始矢量 IV 和密钥，所以，它不会受到密文中传输错误的影响。因此，密文中的一位传输错误仅仅导致被解密出来的明文中产生一位错误。

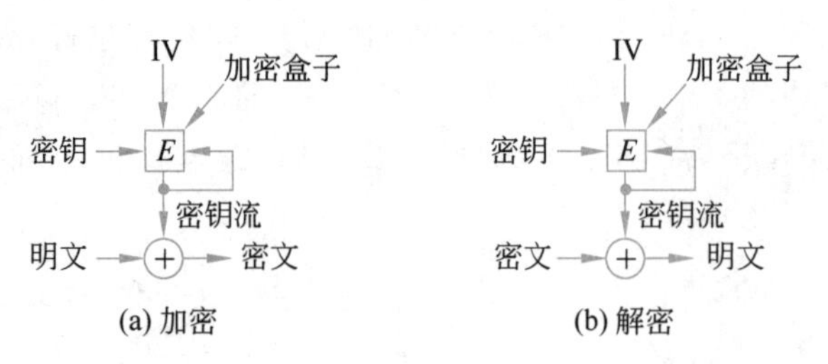

图 8-18 流密码模式

很关键的一点是，对于一个流密码，永远不要两次使用同样的“密钥-IV”对，因为一旦这样做以后，则每次都会生成同样的密钥流。两次使用同样的密钥流将导致密文受到密钥流重用攻击(keystream reuse attack)。假定明文块 P_0 经过一个密钥流加密之后得到 P_0 XOR K_0。后来，第二个明文块 Q_0 也用同样的密钥流加密之后得到 Q_0 XOR K_0。一个入侵者捕捉到这两个密文块以后，他只需将它们 XOR 运算，就可以得到 P_0 XOR Q_0，从而消掉了密钥。现在入侵者有了两个明文块的 XOR 运算结果。如果其中一个明文块被入侵者知道或者被合理地猜中，另一个明文块也暴露无遗。无论如何，两个明文流的 XOR 运算结果可以利用消息的统计特性进行破解。比如，对于英语文本，在流中最常见的特征可能是两个空格的 XOR 运算，其次是空格和字母 e 的 XOR 运算，等等。简而言之，有了两个明文的 XOR 运算信息以后，密码分析者就有更好的机会来推断出这两个明文。

8.6 公 钥 算 法

在历史上，分发密钥往往是绝大多数密码系统中最薄弱的环节。不管一个密码系统有多强，如果入侵者能够偷取密钥，则整个系统就变得毫无价值。密码学家总是想当然地认为，加密密钥和解密密钥是一样的(或者很容易从一个推导出另一个)。但是，这个密钥必须被分发给该系统的所有用户。因此，看起来这里存在一个固有的问题：密钥必须被保护起来，以防被偷；但是它们又必须被分发出去，所以，它们不可能仅仅被锁在银行的保险柜中。

1976 年，斯坦福大学的两位研究人员 Diffie 和 Hellman 提出了一种全新的密码系统，在这种密码系统中，加密密钥和解密密钥并不相同，而且解密密钥不可能很轻易地从加密密钥推导出来。在他们的提案中，(受密钥控制的)加密算法 E 和(受密钥控制的)解密算法 D 必须满足 3 个要求。这 3 个要求可以简述如下：

(1) $D(E(P))=P$。

(2) 从 E 推断出 D 极其困难。

(3) E 不可能被选择明文(chosen plaintext)攻击破解。

第一个要求是指，如果将 D 作用在一条被加密的消息 $E(P)$ 上，则可以恢复原来的明文消息 P。如果没有这个特性，则合法的接收者就无法解密密文了。第二个要求不言自明。第三个要求是必要的，因为正如下面将会看到的那样，入侵者有可能用此算法对他们的核心内容进行试验。具备了上述条件以后，加密密钥就没有理由不公开了。

这种方法的工作过程如下所述。有一个人，比如 Alice，希望接收秘密消息，她首先设计了两个满足以上要求的算法。然后，加密算法和 Alice 的密钥都公开，因此该系统命名为公钥密码系统(public key cryptography)。比如,Alice可以把她的公钥放在她的Web主页上。这里使用标记E_A表示以Alice的公钥作为参数的加密算法。类似地,以Alice的私钥作为参数的(秘密)解密算法是D_A。Bob也做同样的事情,即公开E_B,但是对D_B保密。

现在来看是否能够解决在Alice和Bob(以前两者从来没有联系过)之间建立一个安全通道的问题。假设Alice的加密密钥E_A和Bob的加密密钥E_B位于某些公开可读的文件中。现在,Alice取出她的第一条消息P,并计算$E_B(P)$,然后将它发送给Bob。Bob利用他的秘密密钥D_B对消息进行解密(即,计算$D_B(E_B(P))=P$)。其他人都不能读取已被加密的消息$E_B(P)$,这里假设该加密系统足够强,并且从公开已知的E_B推导出D_B是极其困难的。为了发送一条应答消息R,Bob传输$E_A(R)$。现在Alice和Bob就可以安全地进行通信了。

这里有必要提一下关于术语的说明。公钥密码系统要求每个用户拥有两个密钥:一个公开密钥(简称公钥)和一个私有密钥(简称私钥)。当其他人给一个用户发送加密消息时,他们使用该用户的公钥;当这个用户需要解密消息时,他使用自己的私钥。在下文中将统一地把这两个密钥分别称为公钥和私钥,从而与传统的对称密钥密码系统中用到的秘密密钥区分开。

8.6.1 RSA

现在唯一的问题是,我们需要找到真正满足上述3个要求的算法。由于公钥密码系统的潜在优势,许多研究人员不遗余力地工作,已经发表了一些算法。一个比较好的算法是由MIT的一个小组设计的(Rivest等,1978)。它广为人知的是3个设计者的名字(Rivest、Shamir和Adleman)的首字母**RSA**。40多年来,有大量的工作企图破解该算法,但它还是存活下来了,所以它被认为是一个非常强的公钥算法。实际上有大量的安全保障都建立在它的基础之上。正是这个原因,Rivest、Shamir和Adleman共同获得了2002年的ACM图灵奖。它的主要缺点是要想达到较好的安全性,要求密钥至少2048位(相比之下,对称密钥算法只需256位),这也使得它非常慢。

RSA算法基于数论中的一些原理。现在简要地说明如何使用该算法,有关详细的信息请参考他们的论文。

(1) 选择两个大的素数p和q(典型情况下为1024位)。

(2) 计算$n=p\times q$和$z=(p-1)\times(q-1)$。

(3) 选择一个与z互素的数,将它称为d。

(4) 找到e,使其满足$e\times d=1 \bmod z$。

提前计算出这些参数以后,就可以开始执行加密了。首先将明文(可以看作一个位串)分成块,使得每条明文消息P落在间隔$0\sim n$中。为了做到这一点,只要将明文划分成k位的块即可,这里k是满足$2^k<n$的最大整数。

为了加密一条消息P,只要计算$C=P^e \bmod n$即可。为了解密C,只要计算$P=C^d \bmod n$即可。可以证明,对于指定范围内的所有P,加密和解密函数互为反函数。为了执行加密,需要e和n;为了执行解密,需要d和n。因此,公钥是由(e, n)对组成的,而私钥是由(d, n)对组成的。

这种方法的安全性建立在分解大数的难度基础之上。如果密码分析者能够分解(公开已知的)n,那么他就可以找到 p 和 q,从而得到 z。知道了 z 和 e 以后,只要使用欧几里得算法就能找到 d。幸运的是,数学家们探索大数分解法至少有300年了,这么多年积累起来的经验表明这确实是一个极其困难的问题。

当时,Rivest和同事们的研究结论是,若使用穷举法,分解一个500位十进制数需要 10^{25} 年的时间。在两种情况下,他们假设使用了已知的最佳算法,并且计算机的指令时间为 1μs。使用100万个芯片并行运行,每个芯片的指令时间为1ns,仍然需要 10^{16} 年的时间。即使计算机的速度继续加快,以每10年一个数量级的速度增长,仍然需要许多年才能使分解一个500位十进制数变得实际可行,到那个时候,我们的后代只要选择更大的 p 和 q 就可以了。然而,或许不要感到惊讶的是,攻击手段也会取得进展,这方面现在也在快速发展。

图8-19给出了一个简单的例子,它说明了RSA算法如何工作。在这个例子中,我们选择 $p=3$ 和 $q=11$,因此 $n=33$ 和 $z=20$(因为 $(3-1)\times(11-1)=20$)。由于7和20没有公因子,所以 d 的一个合适的值是7。有了这些选择以后,通过解方程 $7e=1 \bmod 20$ 可以找到 e,结果是 $e=3$。针对明文消息 P 的密文 C 可以通过 $C=P^3 \bmod 33$ 求得。接收方在解密密文时,只要利用 $P=C^7 \bmod 33$ 的规则即可。图8-19中显示了明文“SUZANNE”的加密过程作为一个例子。

明文(P)			密文(C)		解密后	
符号	数值	P^3	P^3 mod 33	C^7	C^7 mod 33	符号
S	19	6859	28	13 492 928 512	19	S
U	21	9261	21	1 801 088 541	21	U
Z	26	17 576	20	1 280 000 000	26	Z
A	01	1	1	1	01	A
N	14	2744	5	78 125	14	N
N	14	2744	5	78 125	14	N
E	05	125	26	8 031 810 176	05	E
发送方计算				接收方计算		

图8-19 RSA算法的例子

因为这个例子中选择的素数很小,所以 P 必须小于33,因而每个明文块只能包含一个字符。其结果是一个单字母置换,让人觉得该方法并无稀奇之处。然而,如果选择 p 和 $q\approx 2^{512}$,则有 $n\approx 2^{1024}$,所以,每个块就可以达到1024位,或者128个8位字符;相比之下,DES的块是8个字符,AES的块是16个字符。

应该指出,像以上描述的RSA用法有点类似于按ECB模式使用对称密钥算法的做法,即同样的输入块得到同样的输出块。因此,需要使用某种链接形式加密数据。然而,在实践中,大多数基于RSA的系统主要利用公钥密码算法分发一次性的128位或256位会话密钥,让这些会话密钥用于某个对称密钥算法,比如AES。RSA若用于加密大量的数据,则速度太慢了,因此它被广泛用于密钥分发。

8.6.2 其他公钥算法

虽然RSA已经得到广泛使用,但它并不是唯一已知的公钥算法。第一个公钥算法是背包算法(Merkle等,1978)。背包算法的思想是:某个人拥有大量的物品,每个物品的重量各不相同。他秘密地选择其中一组物品并将这些物品放到一个背包中来编码一条消息。背包中物品的总重量被公开，所有可能的物品的列表和它们对应的重量也被公开。但是，背包中物品的明细则是保密的。在特定的附加限制条件下，"根据给定的总重量找出可能的物品明细列表"这个问题被认为是一个计算上不可行的问题，从而构成了此公钥算法的基础。

该算法的发明者 Ralph Merkle 非常确信这个算法不可能被攻破，所以他悬赏 100 美元奖金给能够破解该算法的任何人。Adi Shamir（即 RSA 中的"S"）迅速地破解了算法，并领走了奖金。Merkle 并没有气馁，他又加强了该算法，并悬赏 1000 美元奖金给能够破解新算法的任何人。Ronald Rivest（即 RSA 中的"R"）也迅速地破解了新算法，并领取了奖金。Merkle 不敢再为下一个版本悬赏 10 000 美元奖金了，所以"A"（Leonard Adleman）就没有那么幸运了。不管怎么样，背包算法并不被认为是安全的，在实践中也根本没有被采用。

其他一些公钥方案建立在计算离散对数的难度基础之上，或者建立在椭圆曲线的基础之上（Menezes 等，1993）。使用离散对数的算法由 ElGamal（1985）和 Schnorr（1991）发明。而椭圆曲线也是基于数学的一个分支，这个分支除了相关研究者以外并不为人所熟知。

另外还存在其他一些方案，建立在分解大数的难度基础上，或以大素数为模计算离散对数，以及建立在椭圆曲线之上的这些算法是迄今为止最为重要的。这些问题被认为的确很难解决，因为数学家们已经为之钻研了许多年而未能有所突破。椭圆曲线则特别吸引了很多人的兴趣，因为椭圆曲线离散算法问题相比其他分解法更难破解。荷兰数学家 Arjen Lenstra 提出了一种方法，通过计算不同密码算法被破解所耗费的能量来比较这些算法。根据这一计算方法，破解一个 228 位的 RSA 密钥需要的能量相当于煮沸不到一茶匙水的能量，而破解同样长度的椭圆曲线算法所需的能量相当于把地球上所有的水都煮沸。Lenstra 的表述是：随着所有的水，包括那些想要成为代码攻击者的身体上的水分，都被蒸发，这个问题也将自然消失了。

8.7　数字签名

许多法律的、金融的和其他文档的真实性是依据是否有某个授权人物的手写签名断定的，影印件是无效的。为了能够用计算机化的消息系统代替纸质手签文档的物理传输过程，必须找到一种方法可以对文档签名，并且文档的签名不可伪造。

设计一个代替手写签名的方案非常困难。基本上，我们需要的是这样一个系统，其中一方向另一方发送签名消息的方式要满足以下条件：

（1）接收方可以验证发送方所声称的身份。

（2）发送方以后不能否认该消息的内容。

（3）接收方不可能自己编造该消息。

第一个要求是必需的。比如，在金融系统中，当一个客户的计算机向银行的计算机订购一吨黄金时，银行的计算机必须确信发出订单的计算机真正属于付款账号所属的客户。换句话说，银行必须认证客户的身份（客户也要认证银行的身份）。

第二个要求也是必需的，以便保护银行不被欺骗。假设银行购买了一吨黄金，之后黄金的价格立刻急剧跌了下来。一个不诚实的客户可能会起诉银行，宣称自己从来没有发出过购买黄金的订单。当银行在法庭上出示这条消息的时候，客户可能会否认自己曾经发送过这条消息。这种“契约的任何一方以后不能否认自己曾经签过名”的特性称为不可否认性(nonrepudiation)。本节介绍的数字签名方案可以用来提供这样的特性。

第三个要求也是必需的,它可以保护客户的利益不受损害,比如,当黄金的价格暴涨时,银行企图构造一条“客户要求购买一根金条而不是一吨黄金”的签名消息。在这种欺骗的情形下,银行就可以自行保留剩余的黄金。

8.7.1 对称密钥签名

数字签名的一种做法是设立一个既熟知一切又得到每个人信任的中心权威机构,比如称作 Big Brother(简称 BB)。然后,每个用户选择一个秘密密钥,并且亲手将它送到 BB 的办公室。因此,只有 Alice 和 BB 才知道 Alice 的秘密密钥 K_A,其他用户也是如此。为了便于内容的叙述和理解,图 8-20 总结了本节和后续章节最重要的记号。

记号		描述
通用	A	Alice(发件人)
	B	银行业务员 Bob(收件人)
	P	Alice 想要发送的明文消息
	BB	老大哥 Big Brother(值得信赖的中心权威)
	t	时间戳(确保新鲜度)
	R_A	Alice 选择的随机数
对称密钥	K_A	Alice 的密钥(类似地有 K_B、K_{BB} 等)
	$K_A(M)$	用 Alice 的密钥加密/解密的消息 M
非对称密钥	D_A	Alice 的私钥(类似地有 D_B、D_{BB} 等)
	E_A	Alice 的公钥(类似地有 E_B、E_{BB} 等)
	$D_A(M)$	用 Alice 的私钥加密/解密的消息 M
	$E_A(M)$	用 Alice 的公钥加密/解密的消息 M
摘要	MD(P)	明文 P 的消息摘要

图 8-20 关于加密消息的记号

当 Alice 想要给她的银行业务员 Bob 发送一个签名的明文消息 P 时,她生成 K_A(B, R_A, t, P),这里 B 是 Bob 的标识,R_A 是 Alice 选择的一个随机数,t 是一个时间戳(可用来保证该消息是最新的),K_A(B,R_A,t,P)表示用她的密钥 K_A 加密之后的消息。然后,她按照图 8-21 所示的方式将该消息发送出去。BB 看到该消息来自 Alice,于是解密该消息,并按图 8-21 中所示给 Bob 发送一条消息。给 Bob 的消息包含了 Alice 的消息中的明文 P 和一条经过签名的消息 K_{BB}(A,t,P)。Bob 现在执行 Alice 的请求。

如果 Alice 后来拒绝承认自己曾经发送过该消息,那该怎么办呢?无论如何,每个人都可以起诉别人(至少在美国是这样的)。最后,当案子到了法庭上,Alice 顽固地否认自己曾经给 Bob 发送过这条有争议的消息时,法官会问 Bob,他如何能保证这条有争议的消息确实

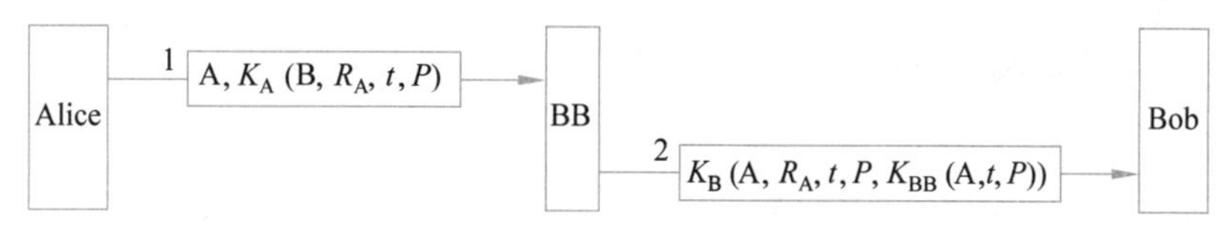

图 8-21 经过 BB 数字签名的消息

来自 Alice 而不是 Trudy。Bob 首先指出，对于 BB 而言，一条来自 Alice 的消息除非是用 K_A 加密的，否则 BB 是不会接受该消息的，所以，Trudy 向 BB 发送一条谎称来自 Alice 的假消息却没有立即被 BB 检测到，这是不可能的。

然后 Bob 在众目睽睽下出示了证据 A：$K_{BB}(A,t,P)$。Bob 说，这是一条由 BB 签名的消息，它可以证明 Alice 曾经发送 P 给 Bob。然后，法官请 BB（人人都信任 BB）解密证据 A。当 BB 证实了 Bob 说的是真话时，法官做出有利于 Bob 的判决。案子结束。

在图 8-21 的签名协议中，有一个潜在的问题，那就是 Trudy 可能会重放其中任何一条消息。为了使这个问题的危险性降低到最小，可以在每一个环节上都使用时间戳。而且，Bob 可以检查所有最近的消息，查看这些消息是否使用过 R_A。如果确有消息用到了 R_A，则他可以将该消息当作重放消息而丢弃。请注意，基于时间戳机制，Bob 将拒绝那些很老的消息。为了对付短时间内的重放攻击，Bob 只要检查每条进来的消息中的 R_A，以此判断在过去的一小时内是否曾经收到过来自 Alice 的此类消息。如果没有，则 Bob 就可以安全地认为这是一个新的请求。

8.7.2 公钥签名

利用对称密钥密码技术实现数字签名存在一个结构性问题：每个人都必须同意 BB 是可信的。而且，BB 能够解读所有经过签名的消息。从逻辑来看，最有可能运行 BB 服务器的候选机构是政府、银行、会计事务所和律师事务所。不幸的是，这些组织也许没有一个能赢得所有民众的完全信任。因此，若能在签名文档的时候不要求一个可信的权威机构就好了。

幸运的是，公钥密码学为这个领域做出了重要的贡献。假设公开密钥的加密算法和解密算法除了具有常规的 $D(E(P))=P$ 属性以外，还具有 $E(D(P))=P$ 属性（RSA 有这样的属性，所以这个假设并非不合理），那么 Alice 就可以通过传输 $E_B(D_A(P))$ 向 Bob 发送一条已签名的明文消息 P。请注意，Alice 知道她自己的（私有）密钥 D_A 以及 Bob 的公开密钥 E_B，所以，Alice 能够构造这条消息。

当 Bob 收到这条消息时，他像往常一样利用自己的私钥对消息做解密变换，从而得到 $D_A(P)$，如图 8-22 所示。他将得到的文本放在一个安全的地方，然后通过使用 E_A 可得到原始的明文。

为了看清这种签名特性的工作原理，不妨假设 Alice 后来否认自己曾经给 Bob 发送过消息 P。当这个案子被提到法庭上时，Bob 可以同时出示 P 和 $D_A(P)$。法官很容易验证 Bob 是否真的拥有一条由 D_A 加密的消息，他只需简单地在消息上应用 E_A 即可。由于 Bob 并不知道 Alice 的私钥是什么，所以，Bob 能获得由 Alice 私钥加密的消息的唯一途径是 Alice 真的给他发送了这条消息。当 Alice 因为作伪证和欺骗罪而被监禁时，她有足够的时

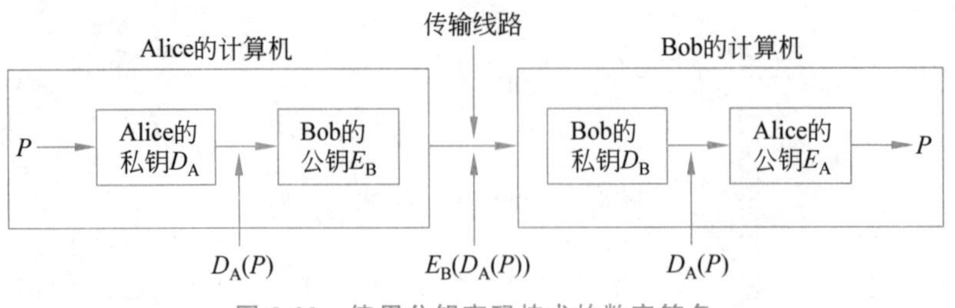

图 8-22 使用公钥密码技术的数字签名

间设计新的有趣的公钥算法。

尽管用公钥密码技术实现数字签名是一种非常优雅的方案,但是,这里还存在一些涉及运行环境的问题,与基本算法无关。首先,只要 D_A 仍然是保密的,Bob 就可以证明一条消息确实是 Alice 发送的。如果 Alice 泄露了她的私钥,那么这个论点就不再成立,因为任何人都可以发送这样的消息,包括 Bob 自己在内。

比如,如果 Bob 是 Alice 的股票经纪人,这时候就可能出现问题。假设 Alice 告诉 Bob 购买一支特定的股票或者国库券。很快地,股票价格急剧下降。Alice 为了否认她曾经给 Bob 发送过消息,她跑到警察局声称她家遭到抢劫,保存密钥的计算机被偷了。根据她所在州或者国家的法律,她可能需要(也可能不需要)承担法律责任,尤其是如果她声称是在下班以后回到家里时才发现被抢了(即发生抢劫几小时以后才发现)。

与这种签名方案有关的另一个问题是,如果 Alice 决定要改变她的密钥,那该怎么办呢?很显然,这样做是合法的,而且定期改变密钥可能是一种很好的做法。如果后来发生了庭审案子,就像上面描述的那样,那么,法官将当前的 E_A 作用在 $D_A(P)$上,发现其结果并不等于 P。这时候 Bob 就会显得很愚蠢。

原则上,任何一种公钥算法都可以被用作数字签名。事实上的业界标准是 RSA 算法。许多安全产品都使用了 RSA 算法。然而,1991 年,NIST 建议使用 ElGamal 公钥算法的一个变体作为它的新数字签名标准(Digital Signature Standard,**DSS**)。ElGamal 算法的安全性建立在计算离散对数的难度基础之上,而并非建立在分解大数的难度基础上。

通常情况下,当政府试图推行一个密码学标准时,它总会招致各种非议。DSS 也受到了批评,理由如下:

(1) 太神秘(NSA 设计了协议,该协议使用了 ElGamal 算法)。

(2) 太慢(在检查签名时用的时间是 RSA 的 10~40 倍)。

(3) 太新(ElGamal 算法还没有被全面地分析过)。

(4) 太不安全(固定的 512 位密钥)。

在后来的修订版本中,当密钥长度允许增加到 1024 位时,上述第(4)点已经消除了。然而前面两点仍然是有效的。

8.7.3 消息摘要

对签名方法的一个批评是,它们通常将认证和保密这两种独立的功能耦合在一起。通常情况下,认证是必要的,但是保密性并不总是需要的。而且,如果一个系统只提供认证而没有提供保密性,往往更加容易获得出口许可。下面介绍一个不要求加密整条消息的认证方案。

这个方案以单向散列函数思想为基础，这里的单向散列函数接受一个任意长度的明文片段作为输入，并且根据此明文片段计算出一个固定长度的位串。这个散列函数 MD 通常称为消息摘要(message digest)，它有 4 个重要的特性：

(1) 给定 P，很容易计算 MD(P)。

(2) 给定 MD(P)，要想找到 P 事实上是不可能的。

(3) 在给定 P 的情况下，没有人能够找到满足 MD(P')=MD(P)的 P'。

(4) 在输入中即使只有一位的变化，也会导致非常不同的输出。

为了满足第(3)条，散列结果应该至少 128 位，最好还能更长一些。为了满足第(4)条，散列结果必须彻底弄乱明文中的位，这与前面讨论过的对称密钥加密算法没有什么不同。

从一段明文计算出一条消息摘要比用公钥算法加密这段明文要快得多，所以消息摘要可以被用来加速数字签名算法。为了看清楚这个工作过程，请再次考虑图 8-21 的签名协议。BB 现在不再利用 $K_{BB}(A,t,P)$对 P 签名，而是计算消息摘要，他将 MD 作用在 P 上，得到 MD(P)。然后 BB 用 $K_{BB}(A,t,MD(P))$代替原来的 $K_{BB}(A,t,P)$，作为他发送给 Bob 的列表(被 K_B 加密)中的第 5 项。

如果发生纠纷，Bob 可以出示 P 和 $K_{BB}(A,t,MD(P))$。当 BB 根据法官的要求将后者解密后，Bob 有了 MD(P)以及他所宣称的 P。这里 MD(P)保证是真实的。然而，由于 Bob 实际上不可能找到另一条具有相同散列结果的消息，所以法官很容易就可以确信 Bob 讲的是事实。按照这种方式使用消息摘要可以节省加密时间和消息传输的开销。

消息摘要也可以在公钥密码系统中用于数字签名，如图 8-23 所示。在这里，Alice 首先计算明文的消息摘要。然后她针对消息摘要进行签名，并且将签名之后的摘要与明文一起发送给 Bob。如果 Trudy 中途替换了 P，那么当 Bob 计算 MD(P)时就可以发现这一点。

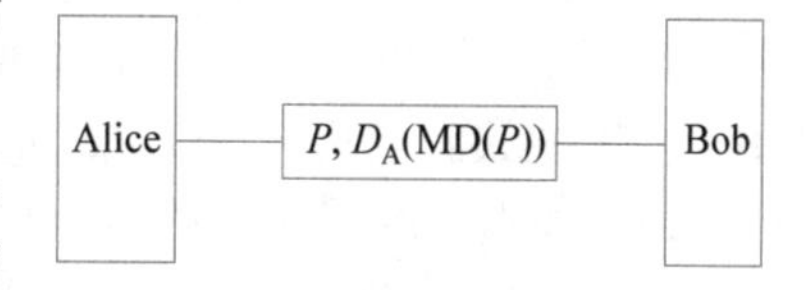

图 8-23 使用消息摘要的数字签名

SHA-1、SHA-2 和 SHA-3

各种各样的消息摘要函数已经被提了出来。在很长一段时间，一个应用最广泛的函数是 SHA-1(Secure Hash Algorithm 1，安全散列算法 1)(NIST，1993)。在开始讨论以前，要说明的很重要的一点是 SHA-1 自 2017 年已经被破解，目前很多系统已经将其淘汰，稍后会对此进行更多的介绍。像所有的消息摘要一样，SHA-1 使用足够复杂的方法来弄乱位，以至于它的每个输出位都受到每个输入位的影响。SHA-1 由 NSA 开发，并且在 FIPS 180-1 中得到 NIST 的祝福。它按照 512 位的块大小来处理输入数据，并且生成一条 160 位的消息摘要。图 8-24 所示为一种典型的使用方式，Alice 发给 Bob 一条未加密的、但有她签名的消息。在此，她的明文消息被送入 SHA-1 算法中，以便得到一个 160 位的 SHA-1 散列值。然后，她用自己的 RSA 私钥对散列值进行签名，并且将明文消息和签过名的散列值发送给 Bob。

Bob 在接收到消息以后，计算 SHA-1 散列值，并且利用 Alice 的公钥解密她签过名的散列值，从而得到原始的散列值 H。如果这两者一致，则认为该消息是有效的。因为

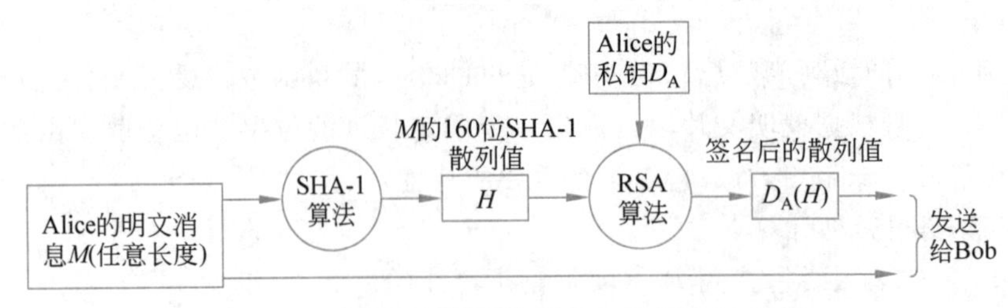

图 8-24 非保密的消息使用 SHA-1 和 RSA 签名

Trudy 无法在传输过程中既要修改(明文)消息,又要使修改之后的新消息也散列到 H 上,所以,Bob 可以很容易地检测到 Trudy 对于消息 P 所做的任何改变。对于那些完整性很重要但内容并不需要保密的消息,图 8-24 所示的方案被广泛采用。作为一个相对低成本的计算,这种方案保证了在传输过程中对明文消息所做的任何修改都将以极高的概率被检测到。

SHA-1 的一些新版本也已经被开发出来,它们分别可生成 224、256、384 和 512 位散列值。这些版本统称为 SHA-2。这些散列值不仅比 SHA-1 散列值长,而且摘要函数也被修改了,以克服 SHA-1 的一些潜在的严重弱点。在 2017 年,SHA-1 被 Google 公司和阿姆斯特丹 CWI 研究中心的研究小组破解。具体来说,这些研究人员能够生成散列冲突(hash collision),而从本质上打破了 SHA-1 的安全性。毫不令人惊奇的是,此攻击提高了人们对 SHA-2 的兴趣。

2006 年,NIST 开始组织一场新的散列标准的竞赛,即现在被称为 SHA-3 的标准。该竞赛在 2012 年结束。3 年以后,新的 SHA-3 标准(被称作 Keccak)正式发布。有趣的是,NIST 并不建议我们废弃 SHA-2 而切换到 SHA-3,因为迄今并没有对 SHA-2 的成功攻击。即便如此,存在一个可随时使用的替代方案以防万一总是好的。

8.7.4 生日攻击

在密码学领域,没有一件事情会像表面上看到的那么简单。有人可能会认为,为了攻破一条 m 位的消息摘要,将需要 2^m 数量级的操作次数。事实上,Yuval(1979)在他的现已成为经典的论文 *How to Swindle Rabin* 中发表了一种生日攻击(birthday attack)方法,用这种方法通常只需要 $2^{m/2}$ 量级的操作次数。

回想一下,在前面介绍的 DNS 生日攻击的讨论中,如果在 n 个输入(人、消息等)和 k 个可能输出(生日、消息摘要等)之间存在着某种从输入到输出的映射关系,那么就有 $n(n-1)/2$ 个输入对。若 $n(n-1)/2>k$,则至少有一个匹配的概率是非常大的。因此,近似地,对于 $n>\sqrt{k}$,一个匹配是可能的。这个结果意味着,通过生成大约 2^{32} 条消息,并且在这些消息中找到两个具有相同的消息摘要,一条 64 位的消息摘要可能就被攻破了。

现在来看一个实际的例子。州立大学的计算机科学系有一个终生教员的职位,并且有两个候选人:Tom 和 Dick。由于 Tom 比 Dick 早入职两年,所以他是首先被考察的对象。如果他通过了,则 Dick 就没有机会了。Tom 知道系行政主管 Marilyn 非常欣赏他的工作,所以他请 Marilyn 为他写一封推荐信给系主任,因为系主任对 Tom 这件事有决定权。一旦发出去以后,所有的信件就都是保密的。

Marilyn 告诉她的秘书 Ellen 给系主任写封信,大略地描述了她在信中要表达的内容。

当 Ellen 写完信后，Marilyn 将会检查一遍，并计算和签署一条 64 位消息摘要，然后将信发送给系主任。Ellen 可以稍后通过电子邮件发送这封信。

对于 Tom 来说很不幸的是，Ellen 正迷恋着 Dick，因而她可能要陷害 Tom，所以，她写了下面这封具有 32 个用括号括起选项的信：

Dear Dean Smith,

This [letter | message] is to give my [honest | frank] opinion of Prof. Tom Wilson, who is [a candidate | up] for tenure [now | this year]. I have [known | worked with] Prof. Wilson for [about | almost] six years. He is an [outstanding | excellent] researcher of great [talent | ability] known [worldwide | internationally] for his [brilliant | creative] insights into [many | a wide variety of] [difficult | challenging] problems.

He is also a [highly | greatly] [respected | admired] [teacher | educator]. His students give his [classes | courses] [rave | spectacular] reviews. He is [our | the Department's] [most popular | bestloved] [teacher | instructor].

[In addition | Additionally] Prof. Wilson is a [gifted | effective] fund raiser. His [grants | contracts] have brought a [large | substantial] amount of money into [the | our] Department. [This money has | These funds have] [enabled | permitted] us to [pursue | carry out] many [special | important] programs, [such as | for example] your State 2000 program. Without these funds we would [be unable | not be able] to continue this program, which is so [important | essential] to both of us.

I strongly urge you to grant him tenure.

对于 Tom 来说，不幸的是当 Ellen 撰写并输入了这封信以后，她马上写了第二封信：

Dear Dean Smith,

This [letter | message] is to give my [honest | frank] opinion of Prof. Tom Wilson, who is [a candidate | up] for tenure [now | this year]. I have [known | worked with] Tom for [about | almost] six years. He is a [poor | weak] researcher not well known in his [field | area]. His research [hardly ever | rarely] shows [insight in | understanding of] the [key | major] problems of [the | our] day.

Furthermore, he is not a [respected | admired] [teacher | educator]. His students give his [classes | courses] [poor | bad] reviews. He is [our | the Department's] least popular [teacher | instructor], known [mostly | primarily] within [the| our] Department for his [tendency | propensity] to [ridicule | embarrass] students [foolish | imprudent] enough to ask questions in his classes.

[In addition | Additionally] Tom is a [poor | marginal] fund raiser. His [grants | contracts] have brought only a [meager | insignificant] amount of money into [the | our] Department. Unless new [money is | funds are] quickly located, we may have to cancel some essential programs, such as your State 2000 program. Unfortunately, under these [conditions | circumstances] I cannot in good [conscience | faith] recommend him to you for [tenure | a permanent position].

现在 Ellen 利用她的计算机彻夜地计算出每封信的 2^{32} 条消息摘要。机会在于,第一封信的消息摘要与第二封信的消息摘要进行匹配。如果没有匹配,她可以增加一些选项,然后再尝试一次。假设她找到了一个匹配。我们将"好的"信称为 A,"坏的"信称为 B。

Ellen 现在以电子邮件的方式将信 A 发送给 Marilyn 进行审核。她将信 B 完全保密,不让任何人看到。Marilyn 当然批准了它,计算她的 64 位消息摘要,并且对摘要签名,然后将签名的摘要发送给系主任 Smith。而 Ellen 则单独地将信 B 以电子邮件方式寄送给系主任(请注意,她寄送的并不是 Marilyn 所想象的信 A)。

系主任在得到了信和签名的消息摘要以后,针对信 B 运行消息摘要算法,发现与 Marilyn 发送给他的摘要一致,于是解雇了 Tom。系主任并没有意识到 Ellen 生成了两封具有相同消息摘要的信,并且发送给他的信与 Marilyn 看到并批准的信不是同一封。(一个可选择的结局是: Ellen 将自己所做的一切告诉了 Dick。Dick 非常震惊,并与她断绝了关系。Ellen 也非常气愤,向 Marilyn 坦白了一切。Marilyn 打电话告诉了系主任。最终 Tom 获得了职位。)使用 SHA-2,生日攻击很难实施,因为即使以每秒产生 1 万亿个摘要这样的恐怖速度,也需要花 32 000 年计算两封信的所有 2^{80} 个摘要(每封信有 80 处变化形式),而这样仍然不能保证总会存在一个匹配。然而,如果使用 1 000 000 个芯片并行工作的云计算环境,则计算时间由 32 000 年变成了两星期。

8.8 公钥管理

公钥密码学使得人们有可能在不预先共享公共密钥的情况下仍然可以安全地进行通信。也有可能在不存在可信第三方的情况下为消息做签名。最后,利用签名的消息摘要,接收方有可能很容易并且很安全地验证自己接收到的消息的完整性。

然而,请等一等,这里还掩盖了一个问题:如果 Alice 和 Bob 彼此并不认识,那么,他们如何获得对方的公钥以开始通信过程呢?一种显而易见的解决方案是将公钥放在自己的 Web 站点上,但是这种方案并不能工作,理由如下所述。假设 Alice 想要在 Bob 的 Web 站点上寻找他的公钥,那么她该怎么办呢?首先,她输入 Bob 的 URL。然后,她的浏览器查找 Bob 主页的 DNS 地址,并且向该地址发送一个 GET 请求,如图 8-25 所示。不幸的是,Trudy 截获了这个请求,并且用一个伪造的主页作为应答,这个伪造的主页可能是 Bob 主页内容的一份副本,只不过其中 Bob 的公钥被替换成 Trudy 的公钥 E_T。当 Alice 现在用 E_T 加密她的第一条消息时,Trudy 解密并阅读该消息,然后用 Bob 的公钥重新进行加密,再发送给 Bob,而 Bob 根本不知道 Trudy 已经阅读了他接收到的消息。更糟的是,Trudy 在给 Bob 重新加密消息之前还可以对消息进行修改。很明显,这里需要某种机制以确保公钥可以被安全地交换。

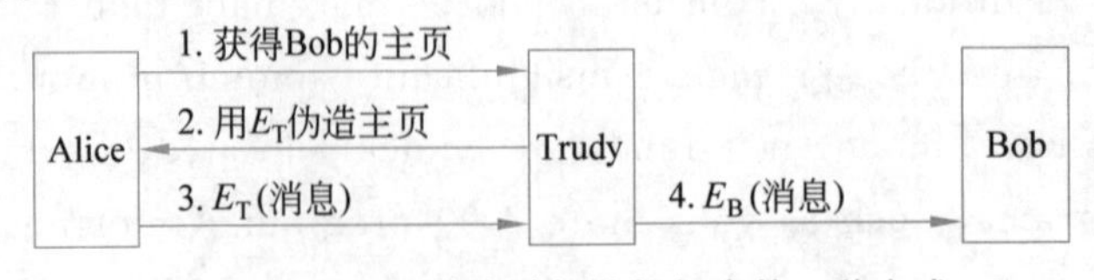

图 8-25 Trudy 暗中破坏公钥加密的一种方式

8.8.1　证书

作为安全地分发公钥的第一种尝试，可以想象有一个 KDC(Key Distribution Center，密钥分发中心)一天 24 小时在线，它根据需要提供公钥。这种方案有很多问题，其中一个问题是它的扩展性差，密钥分发中心将很快成为瓶颈。而且，如果它停止工作，则 Internet 安全性也将突然丧失。

由于这些原因，人们开发了另一种方案，这种方案并不要求密钥分发中心始终在线。事实上，它根本不需要时时在线。相反，它所要做的事情是证明每个公钥属于个人、公司或者其他组织。这种证明公钥所属权的组织现在称为 CA(Certification Authority，证书权威机构)。

作为一个例子，假设 Bob 希望 Alice 和其他不认识的人能够安全地与他进行通信。他可以带上护照或者驾驶证到 CA 那里，请求认证他的公钥。然后，CA 向他颁发一个证书，并且 CA 用自己的私钥对证书的 SHA-2 散列值进行签名，如图 8-26 所示。然后，Bob 支付给 CA 一定的费用，并获得一个包含了证书和签名的散列值的文档(理想情况下，不通过不可靠的信道发送)。

I hereby certify that the public key
　19836A8B03030CF83737E3837837FC3s87092827262643FFA82710382828282A
belongs to
　Robert John Smith
　12345 University Avenue
　Berkeley, CA 94702
　Birthday: July 4, 1958
　E-mail: bob@superdupernet.com

SHA-1 hash of the above certificate signed with the CA's private key

图 8-26　一个证书和 CA 用私钥签名的散列值

证书的基本任务是将一个公钥与安全主体(个人、公司等)的名字绑定。证书本身并不是保密的，也没有被保护。比如，Bob 可能决定将他的新证书放到 Web 站点上，在主页上使用这样一个链接："单击这里可得到我的公钥证书"。单击该链接的结果是返回 Bob 的证书和签名块(即该证书经过签名之后的 SHA-2 散列值)。

现在再来看图 8-25 的场景。当 Trudy 截获了 Alice 请求 Bob 主页的命令时，她该怎么办呢？她可以把她自己的证书和签名块放到伪造的页面上，但当 Alice 读取证书的内容时，她立即就会知道她不是在跟 Bob 通话，因为 Bob 的名字不在证书中。Trudy 可以临时修改 Bob 的主页，用她自己的公钥替换 Bob 的公钥。然而，当 Alice 对证书运行 SHA-2 算法时，她得到的散列值与她将 CA 的公钥(这是众所周知的)应用在签名块上所得到的散列值不一致。由于 Trudy 没有 CA 的私钥，所以她无法生成一个包含她的公钥的签名块，也就无法构造出让 Alice 相信她是 Bob 的 Web 页面。通过这种方式，Alice 可以确信她得到的是 Bob 的公钥，而不是 Trudy 或者其他人的公钥。正如前面所说的，这种方案并不要求 CA 一直提供在线验证服务，从而消除了潜在的瓶颈。

虽然一个证书的标准功能是将一个公钥绑定到一个安全主体上，但证书也可以被用来将一个公钥绑定到一个属性(attribute)上。比如，一个公钥可以表达这样的含义：该公钥属于某一个年龄超过 18 岁的人。这样的公钥可以被用来证明对应私钥的所有者不是一个未成年人,从而可以访问少儿不宜的资料等,但也不需要泄露所有者的身份。典型情况下,持有证书的人会把这个证书发送给 Web 站点、其他的安全主体或者对年龄敏感的进程等。然后,此站点、安全主体或进程将生成一个随机数,并用证书中的公钥对随机数进行加密。如果所有者能够解密该随机数并将其发送回来,那么就会证明所有者确实具备了该证书中声明的属性。另外,此随机数也可以被用来生成一个会话密钥,用于接下来的通信会话。

在证书中可能包含属性的另一个例子是用在面向对象的分布式系统中。每个对象通常有多个方法。对象的所有者可以为每个客户提供一个证书,在证书中给出一个位图以表明允许该客户调用哪些方法,并且用一个签名的证书将该位图与一个公钥绑定。同样,如果证书持有者可以证明自己确实拥有对应的私钥,那么,他将允许执行位图中指定的这些方法。这种做法具有这样的特性:拥有者的身份并不需要知道,这一特性在个人隐私很重要的情形下非常有用。

8.8.2 X.509

如果每一个想要为某些资料做签名的人都向 CA 申请不同类型的证书,那么,管理所有这些不同的证书格式很快就成为一个问题。为了解决这个问题,ITU(国际电信联盟)已经设计并批准了一个专门针对证书的标准。该标准称为 **X.509**,它已经广泛应用于 Internet 上。自从 1988 年首次被标准化以来,它已经经历了 3 个版本。下面将讨论第 3 版。

X.509 深受 OSI 领域的影响,它借用了 OSI 领域中某些非常糟糕的特性(比如命名和编码)。令人惊奇的是,在几乎所有其他的领域中,从机器地址到传输协议,再到电子邮件格式,IETF 一般都忽略 OSI,而努力按照自己的方式做;但是在证书格式上,IETF 却采纳了 X.509。X.509 的 IETF 版本在 RFC 5280 中进行了描述。

在 X.509 的核心,它是一种描述证书的方法。图 8-27 给出了 X.509 证书的主要字段。这里给出的描述提供了这些字段的一般用途。有关 X.509 证书的更多信息,请参考该标准本身或者 RFC 2459。

字　段	含　义
Version	X.509 的版本
Serial number	此数值加上 CA 的名字唯一标识了该证书
Signature algorithm	用来签名该证书的算法
Issuer	该 CA 的 X.500 名称
Validity period	有效期的开始和终止时间
Subject name	证书拥有者的名称
Public key	证书拥有者的公钥和所用算法的 ID
Issuer ID	可选的 ID,唯一标识了证书颁发者
Subject ID	可选的 1D、唯一标识了证书拥有者
Extensions	已经定义的扩展
Signature	该证书的签名(用 CA 的私钥进行签名)

图 8-27　X.509 证书的主要字段

比如,如果 Bob 在 Money 银行的信贷部门工作,那么,他的 X.500 地址可能是这样的:

```
/C=US/O=MoneyBank/OU=Loan/CN=Bob/
```

其中,C 代表国家,O 代表组织,OU 代表部门,CN 是一个普通名称。CA 和其他的实体也用类似的方式命名。关于 X.500 名称的一个实质性问题是,如果 Alice 试图联系 bob@moneybank.com,而她得到的是一个包含 X.500 名称的证书,那么,对于 Alice 来说,该证书是否指向她想要的那个 Bob 却并不那么显而易见。幸运的是,从 X.509 第 3 版开始,允许使用 DNS 名称代替 X.500 名称,所以,这个问题最终可能被消除了。

证书的编码使用了 **OSI ASN.1**(Abstract Syntax Notation 1,**抽象语法标记 1**),可以将这种编码想象成类似于 C 语言中的结构体,除了它包含一个极其特殊和细微的标记以外。有关 X.509 的更多信息,请参考 Ford 等的专著(2000)。

8.8.3　公钥基础设施

由一个 CA 颁发全世界所有的证书显然是不切实际的。它将会不堪重负,并且成为单点故障中心。一种可能的解决方案是使用多个 CA,并且所有的 CA 由同一个组织运行,它们使用同一个私钥为证书签名。虽然这样可以解决负载太重和单点故障的问题,但是它又引入了一个新的问题——密钥泄露。如果有几十台服务器遍布在世界各地,并且所有的服务器都持有该 CA 的私钥,那么私钥被偷窃或者泄露的机会就会显著地增加。由于该私钥的暴露将会破坏全世界的电子安全基础设施,所以采用单个 CA 的做法是非常危险的。

另外,由哪一个组织运行这个 CA 呢?很难想象有哪一个权威机构能在全球范围内被作为一个合法又可信的机构而接受。在有些国家中,人们坚持这个组织应该是一个政府机构;而在其他的国家中,人们又坚持这个组织不应该是一个政府机构。

基于这些理由,人们又提出了另一种证明公钥身份的方法。它的通用名称是 **PKI**(Public Key Infrastructure,**公钥基础设施**)。在本节中,将一般性地概述 PKI 的工作原理,不过,由于有许多关于 PKI 的提案和建议,所以这些细节将来可能会随时间而发生变化。

一个 PKI 有多个组件,包括用户、CA、证书和目录。PKI 所做的事情是提供一种方法将这些组件组织起来,并且定义了各种文档和协议的标准。PKI 的一种特别简单的形式是 CA 层次体系,如图 8-28 所示。在这个例子中,显示了 3 层;但是在实践中,层的数目可能更少,也可能更多。最顶层的 CA,即层次的根,负责认证第二层的 CA,这种 CA 称为 **RA**(Regional Authority,**区域权威机构**),因为它们可能覆盖某个地理区域,比如一个国家或者一个洲。然而,这个术语不是标准的;事实上,PKI 并没有定义标准的术语来表达树结构的不同层。这些区域权威机构又依次认证下一级真正的 CA,这些 CA 才真正为组织和个人颁发 X.509 证书。当根 CA 授权一个新的 RA 时,它生成一个 X.509 证书,在证书中声明它已经批准了这个 RA,同时将新 RA 的公钥也包含在这个证书中。根 CA 为证书签过名以后,将它交给该 RA。类似地,当 RA 批准一个新 CA 时,它产生一个证书并为其签名。该证书声明了它已经批准该 CA,并包含该 CA 的公钥。

PKI 按照如下方式工作。假设 Alice 需要 Bob 的公钥以便与他通信,于是,她搜寻并找到了一个包含 Bob 的公钥的证书,该证书已由 CA5 签过名。但是,Alice 从来没有听说过 CA5。她所知道的是 CA5 也许是 Bob 的 10 岁的女儿。她可以对 CA5 说:"请证明你的合

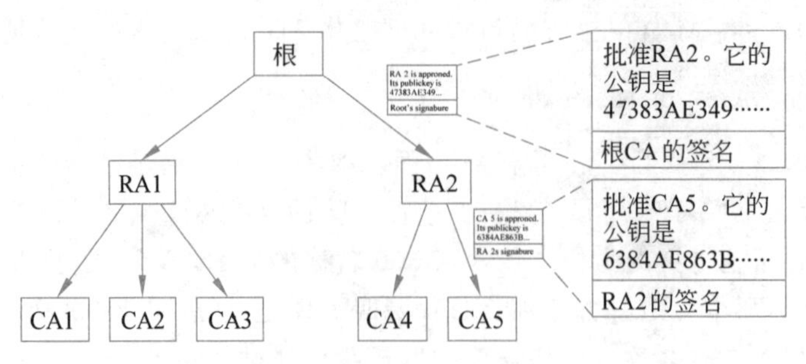

图 8-28 CA 层次体系和证书链

法性。”CA5 用它从 RA2 那里获得的证书作为响应,该证书包含了 CA5 的公钥。现在 Alice 拿到了 CA5 的公钥,所以她可以验证 Bob 的证书确实是由 CA5 签名的,因此是合法的。

接下来的步骤是,Alice 请 RA2 证明它的合法性。RA2 对此的应答是一个由根 CA 签名的证书,其中包含了 RA2 的公钥。现在 Alice 可以确信她真正拿到了 Bob 的公钥。

但是,Alice 如何找到根 CA 的公钥呢? 这正是 PKI 的奥妙所在。它假设每个人都知道根 CA 的公钥。比如,Alice 的浏览器可能在发行的时候已经内置了根的公钥。

Bob 是一个非常友好的伙伴,他不想给 Alice 带来太多额外的工作。他知道她必须检查 CA5 和 RA2 的合法性,所以,为了省去她的麻烦,他把两个必要的证书收集起来,并将这两个证书连同他自己的证书一起交给 Alice。现在,Alice 可以使用她自己了解到的根的公钥验证顶层证书和其中包含的公钥,进而再验证第二个证书。Alice 不需要跟任何人联系就可以完成验证工作。因为证书全都是经过签名的,所以她可以很容易检测到所有对证书内容的篡改行为。像这样由底向上回溯到根的证书链有时候称为信任链(chain of trust),或者证书路径(certification path)。这项技术已经在实践中被广泛使用了。

当然,还有另一个问题,即,谁来运行根 CA 呢? 解决方案是,并非只有一个根,而是有许多个根,每个根都有它自己的 RA 和 CA。实际上,现代浏览器在安装的时候预先加载了 100 多个根的公钥,有时候这些根被称为信任锚(trust anchor)。通过这种方式,就可以避免在全球范围内使用单一的可信权威机构。

但是,现在又引出了另一个问题,即,对于这些声称自己可信任的锚,浏览器厂商如何确定哪些是可靠的,哪些是不可靠的? 对于用户来说,归根到底只能信任浏览器厂商会做出明智的选择,相信它们不会简单地把那些愿意支付收录费的根 CA 全部变成信任锚。大多数浏览器允许用户检查根密钥(通常以证书的形式出现,并且包含根自身的签名),也允许用户删除那些看起来不太让人放心的根密钥。有关 PKI 的更多信息,请参阅 Stapleton 等的专著(2016)。

目录

对于任何一个 PKI,一个重要的问题是这些证书(以及能回溯到某个已知信任锚的证书链)存放在哪里。一种可能的方案是让每个用户保存自己的证书。虽然这样做是安全的(即用户不可能篡改了签名的证书又不被检测到),但是并不方便。另一种方案是将 DNS 当作证书目录使用。Alice 在与 Bob 联系以前,或许要通过 DNS 查找 Bob 的 IP 地址,所以,为什么不让 DNS 在返回 IP 地址的时候也返回 Bob 的完整证书链呢?

有些人认为这是正确的解决之道,但是,其他人则希望使用专用的目录服务器管理

X.509 证书。这样的目录可以提供查找服务，允许使用 X.500 名称的属性提交查找任务。比如，理论上，这样的目录服务可以回答诸如这样的问题："将所有在美国任何地方的销售部门工作的名为 Alice 的人的名单交给我。"

撤销

现实世界中也充满了各种各样的证书，比如护照和驾驶证。有时候这些证书可以被撤销。比如，由于酒后驾车或者其他的违章驾驶行为，司机的驾驶证可以被吊销。在数字世界中也有同样的问题发生：一个证书的颁发者可能因为证书持有者以某种方式滥用其证书而决定撤销其证书。如果证书主体的私钥已被暴露，或者更糟糕的情况下，CA 的私钥被泄露，那么，该证书也要被撤销。因此，一个 PKI 需要处理有关证书撤销的事宜。由于证书有可能被撤销，这使得事情变得复杂很多。

在这个方向上，第一步是让每个 CA 定期地发布一个 **CRL**（Certificate Revocation List，**证书撤销列表**），该 CRL 列出了所有已被撤销的证书的序列号。由于证书包含了过期时间，所以 CRL 只需包含那些尚未过期的证书的序列号。一旦证书的过期时间已到，则该证书自动失效，所以，在那些已经过期的证书与真正被撤销的证书之间并不需要做专门的区分。无论哪一种情形，这些证书都不能再被使用了。

不幸的是，引入 CRL 意味着一个用户在将要使用证书的时候必须立刻获得该 CRL，以便确定该证书是否已被撤销。如果它已被撤销，则它就不应该再被使用了。然而，即使该证书不在 CRL 列表中，它也有可能在 CA 发布 CRL 列表以后刚刚被撤销。因此，真正有保证的唯一途径是询问该 CA。而且，当下次再使用这个证书时，用户必须再次询问 CA，因为该证书有可能在几秒前刚刚被撤销。

另一个复杂之处在于，一个已撤销的证书也可以被恢复为有效证书，比如，如果撤销的原因仅仅是因为用户没有支付必要的费用。由于必须处理证书的撤销（可能还包括恢复），用户在使用证书的时候必须与 CA 联系。

CRL 应该被存放在哪里呢？一个理想的地点是证书本身被存储的地方。一种策略是，让 CA 主动地定期推出 CRL，然后由各个目录对 CRL 进行处理，它们只需删除那些被撤销的证书即可。如果目录本身没有被用来存储证书，那么可以将 CRL 缓存在网络中的各个便利之处。由于 CRL 本身也是一个被签过名的文档，所以，如果它被篡改了，这种篡改很容易被检测到。

如果证书有很长的生命期，那么 CRL 也将很长。比如，如果信用卡的有效期为 5 年，则尚在有效期内而被撤销的信用卡的数量一定比每隔 3 个月发行新卡的情形要多得多。处理这种长 CRL 的一种标准方法是相对不频繁地发行一个主列表，但相对频繁地发行对 CRL 的更新列表。这样做可以减少因分发 CRL 而需要的带宽。

8.9　认证协议

认证（Authentication）是这样的一项技术：一个进程通过认证过程验证它的通信对方是否是它所期望的主体而不是假冒者。在面对一个恶意的主动入侵者时，要验证远程进程的身份是极其困难的，它要求使用一些基于密码学的复杂协议。在本节中，将介绍许多认证协议中的一部分,这些协议可被用在不安全的计算机网络中。

顺便提一下,有些人可能会混淆授权(authorization)和认证(authentication)这两个概念。认证针对的问题是本进程是否真的在与一个特定的进程通信,而授权关注的是允许这个进程做什么样的事情。比如,一个客户进程与一个文件服务器建立联系,并且说:"我是Mirte的进程,我想删除文件cookbook.old。"从文件服务器的角度看,有两个问题是必须回答的:

(1) 这真的是Mirte的进程吗?(认证)

(2) Mirte是否允许删除cookbook.old?(授权)

只有当这两个问题都得到明确肯定的答复以后,客户请求的动作才可以执行。前一个问题实际上是一个非常关键的问题。一旦文件服务器知道了它在与谁通话,那么,检查授权就非常容易了,它只要在本地的数据表或者数据库中查找一些记录即可。由于这个原因,在本节把注意力集中在认证上。

基本上所有的认证协议都使用一个通用的模型,如下所述。Alice首先发起认证过程,她给Bob或者一个可信的KDC(Key Distribution Center,密钥分发中心)发送一条消息,假设这里的KDC是诚实可靠的。接下来在各个方向上继续交换其他一些消息。当这些消息被发送出去以后,Trudy可能截取、修改或者重放这些消息以便欺骗Alice和Bob,或者破坏他们的工作。

然而,当协议完成的时候,Alice确信她是在与Bob通话,而Bob也确信他是在与Alice通话。而且,在绝大多数协议中,通信双方还将建立一个秘密的会话密钥(session key),用在接下来的会话过程中。在实践中,尽管公钥密码算法被广泛应用于认证协议本身,同时也被用于建立该会话密钥,但出于性能上的考虑,所有的数据流量都是用对称密钥密码算法(通常为AES)加密的。

为每个新连接使用一个新的、随机选取的会话密钥,这样做的要点是使通过用户密钥或者公钥发送的流量尽可能地最少,从而减少入侵者可能得到的密文数量,而且,如果进程崩溃或者它的核心转储(即一次崩溃之后的内存印迹)落入敌手,则可将损失降到最小。这样做期望达到的效果是发生崩溃事件后唯一被暴露的密钥是会话密钥。当会话被建立以后,所有的永久密钥应该被谨慎地清零。

8.9.1 基于共享的秘密密钥的认证

作为要介绍的第一个认证协议,假设Alice和Bob已经共享了一个秘密密钥K_{AB}。这个共享的密钥有可能是通过电话或者面对面地达成一致的,但无论如何,不是在(不安全的)网络上建立的。

这个协议以一个在许多认证协议中都找得到的原理为基础:一方给另一方发送一个随机数,然后后者用一种特殊的方式变换该随机数,再把结果返回给前者。这样的协议称为质询-回应(challenge-response)协议。在本节的协议以及后续的认证协议中,将使用下面的记号:

A、B是Alice和Bob的身份标识。

R_i是质询,其中i代表质询方。

K_i 是密钥,其中 i 代表密钥的所有者。

K_S 是会话密钥。

第一个共享密钥认证协议中的消息序列如图 8-29 所示。在消息 1 中,Alice 以一种 Bob 能理解的方式将她的标识 A 发送给 Bob。当然,Bob 无法知道这条消息来自 Alice 还是 Trudy,所以他选择一个质询,即一个大的随机数 R_B,并且以明文方式发送给 Alice,图 9-29 中的消息 2。然后 Alice 用她与 Bob 共享的密钥加密此消息,并且在消息 3 中将密文 $K_{AB}(R_B)$发送回去。当 Bob 看到这条消息时,他立即知道这条消息来自 Alice,因为 Trudy 并不知道 K_{AB},因此她不可能生成此消息。而且,由于 R_B 是在一个很大的空间中被随机选取的(比如是一个 128 位的随机数),所以 Trudy 不太可能曾经在以前的会话中看到过 R_B 和相应的回应。同样,她也不可能猜测到任何一个质询所对应的正确回应。

这时候,Bob 已经确信与他通话的是 Alice,但是 Alice 还不能确定任何事情。Alice 所知道的是 Trudy 可能已经截取了消息 1 并送回了 R_B 作为回应。也许 Bob 昨天晚上已经死了。为了查清楚与她通话的到底是谁,Alice 选取了一个随机数 R_A,并以明文方式发送给 Bob,即图 8-29 中的消息 4。当 Bob 以 $K_{AB}(R_A)$作为回应的时候,Alice 知道她在与 Bob 通话。如果他们现在希望建立一个会话密钥,则 Alice 可以选取一个 K_S,并且用 K_{AB}加密之后发送给 Bob 即可。

图 8-29 中的协议包含了 5 条消息。接下来看是否可以做得更加聪明一些,省掉几条消息。图 8-30 显示了一种做法。在这里,Alice 主动发起了质询-回应协议,而不是等待 Bob 发起。类似地,当 Bob 回应 Alice 的质询时,他也发送自己的质询消息。整个协议可以减少为 3 条消息,而不再是 5 条消息。

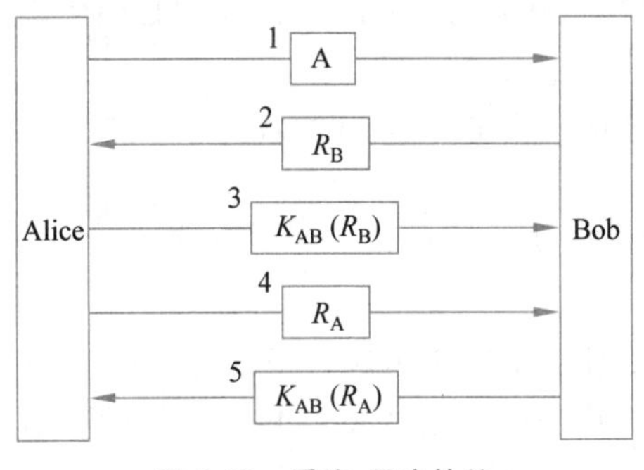

图 8-29　质询-回应协议

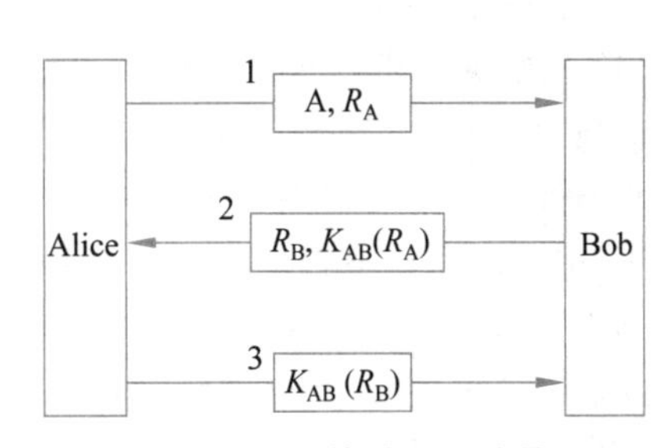

图 8-30　缩短的质询-回应协议

这个新的协议是否比原来的协议有所改进呢?从某种意义上讲是的,新的协议更简洁了。不幸的是,它也是错误的。在特定的条件下,Trudy 利用一种称为**反射攻击**(reflection attack)的方法可以使该协议失败。尤其是如果 Trudy 能够与 Bob 一次打开多个会话,则 Trudy 就可以攻破这个协议。这种情形是有可能成立的。比如,如果 Bob 是一家银行,他随时准备接受来自自动柜员机(ATM)的许多个并发连接。

Trudy 的反射攻击如图 8-31 所示。首先,Trudy 声称她是 Alice,并且发送 R_T。Bob 如同往常一样,用他自己的质询 R_B 作为回应。现在 Trudy 被“定”住了。她该怎么办呢?她并不知道 $K_{AB}(R_B)$。

她可以利用消息 3 打开第二个会话,并且用消息 2 中的 R_B 作为她的质询。Bob 平静地

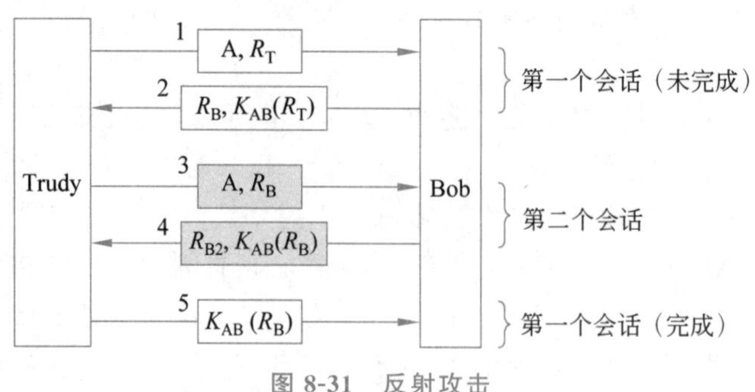

图 8-31 反射攻击

对 R_B 进行加密,并在消息 4 中送回 $K_{AB}(R_B)$。我们为第二个会话上的消息加了阴影,以便突出显示它们。现在,Trudy 有了缺少的信息,所以她可以完成第一个会话,并放弃第二个会话。Bob 现在相信 Trudy 就是 Alice,所以当她请求查询 Alice 的银行账户余额时,Bob 毫无怀疑地告诉了她。然后,当她请求 Bob 将所有的余额转到瑞士银行的一个秘密账户中时,他也毫不犹豫地照办不误。

这个故事的寓意是:设计一个正确的认证协议要比表面看上去的困难得多。

下面 4 条通用规则通常有助于协议设计者避免陷入常见的陷阱:

(1) 让发起方在应答方之前先证明自己是谁。这样可以避免在 Trudy 给出证据来证明自己是谁之前 Bob 先给出了有价值的信息。

(2) 让发起方和应答方使用不同的密钥作为证明,即使这意味着要使用两个共享的密钥 K_{AB} 和 K'_{AB}。

(3) 让发起方和应答方从不同的集合中选取他们的质询。比如,发起方必须使用偶数,而应答方必须使用奇数。

(4) 使协议能够抵抗这种涉及第二个并行会话的攻击,在这样的攻击中,一个会话中得到的信息可以用在另一个会话中。

只要违反了以上规则中的任何一条,则协议通常就会被攻破。在前面的例子中,所有 4 条规则都违反了,所以带来了灾难性的后果。

现在再仔细看图 8-29。这个协议真的不会遭受反射攻击吗?或许吧。情况很微妙。Trudy 能够用反射攻击挫败这个协议是因为她有可能打开第二个与 Bob 之间的会话,然后诱使他回答自己的问题。如果 Alice 是一台能够接受多个会话的通用计算机,而不是计算机前面的一个人,那会怎么样呢?现在我们来看一看 Trudy 能做些什么。

为了看清楚 Trudy 的攻击是如何实施的,请参考图 8-32。Alice 首先在消息 1 中宣告自己的标识。Trudy 截取了这条消息,并通过消息 2 开始她自己的会话,声称自己是 Bob。同样,这里用阴影表示会话 2 的消息。Alice 在消息 3 中回应了消息 2,她这样说:“你是 Bob?请证明这一点。”这时候,Trudy 被“定”住了,因为她无法证明自己是 Bob。

现在 Trudy 该怎么办呢?她又回到第一个会话中,在这里,轮到她发送一个质询,于是,她把在消息 3 中得到的 R_A 发送出去。Alice 非常友好地在消息 5 中做了回应,从而给 Trudy 提供了她所急需的信息,即会话 2 中的消息 6。此时,Trudy 基本上畅行无阻了,因为在会话 2 中,她已经成功地回应了 Alice 的质询。现在她可以取消会话 1 了,对于会话 2 的剩余部分,她发送任何一个老的数值,因此,她获得了一个与 Alice 之间经过认证的会话,

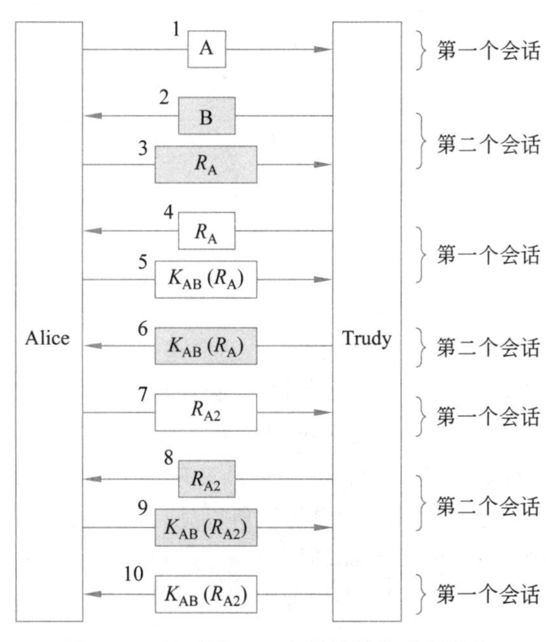

图 8-32 针对图 8-29 中的协议的反射攻击

即会话 2。

但 Trudy 是一个完美主义者，她真的很想炫耀自己精湛的技术。她并不是马上发送一个老的数值来完成会话 2，而是等待 Alice 发送消息 7，即会话 1 中 Alice 的质询数。当然，Trudy 并不知道该如何回应，所以她再次利用反射攻击送回 R_{A2}，即消息 8。Alice 很自然地加密了 R_{A2}，并通过消息 9 发送给 Trudy。Trudy 现在切换回会话 1，并且在消息 10 中把 Alice 想要的加密结果发送给她，实际上她只是将 Alice 在消息 9 中发送过来的加密结果原样发送回去而已。到这时候，Trudy 与 Alice 之间有了两个完全经过认证的会话。

与图 8-31 中的 3 条消息协议的攻击相比较，上面的攻击有一个略微不同的结果。这一次，Trudy 与 Alice 之间有了两个经过认证的连接。而在前一个例子中，她只有一个与 Bob 的认证连接。同样在这里，如果应用了前面讨论过的认证协议的全部通用规则，那么这种攻击就可以被制止。有关这种类型的攻击以及如何阻止这些攻击的详细讨论，请参考 Bird 等的论文(1993)。他们还证明了完全有可能系统性地构造一些可被证明是正确的协议。然而，对于这样的协议，即使是最简单的形式也较为复杂，所以，接下来来介绍他们提出的另外一类同样可以工作的协议。

新的认证协议如图 8-33 所示(Bird 等，1993)。它采用一个 **HMAC**(Hashed Message Authentication Code，**散列消息认证码**)保证消息的完整性和真实性。一个简单但功能强大的 HMAC 由该消息的散列值和一个共享密钥组成。通过发送该 HMAC 以及消息的其余部分，攻击者将无法更改消息或发送欺骗消息：更改任何一位都将导致不正确的散列值，并且在缺失密钥的情况下不可能生成一个有效的散列值。HMAC 很有吸引力，因为它可以被非常高效地生成(比先运行 SHA-2，然后对结果运行 RSA 要快得多)。

Alice 首先向 Bob 发送随机数 R_A 作为消息 1。在这样的安全协议中仅使用一次的随机数被称为**临时值**(nonce)，即 number used once(使用一次的数)的缩写。Bob 的回应是：

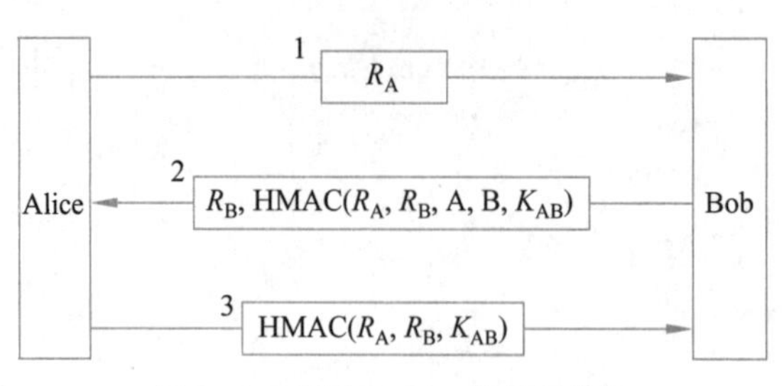

图 8-33 使用 HMAC 的认证协议

选择他自己的临时值 R_B,并连同一个 HMAC 一起发送回去。这里的 HMAC 是这样形成的:构建一个数据结构,其中包含了 Alice 的临时值、Bob 的临时值、他们的标识以及共享的秘密密钥 K_{AB}。然后将这个数据结构散列成 HMAC(比如使用 SHA-2 算法)。当 Alice 接收到消息 2 时,她现在拥有 R_A(这是她自己选取的)、R_B(这是以明文形式传过来的)、双方的标识以及秘密密钥 K_{AB}(这是她一直知道的),所以她自己也可以计算出 HMAC。如果她计算的 HMAC 与消息中的 HMAC 一致,那么她知道她在与 Bob 通话,因为 Trudy 不知道 K_{AB},因而她不可能知道该发送哪一个 HMAC。Alice 回应给 Bob 的也是一个 HMAC,但是此 HMAC 仅仅包含两个临时值和 K_{AB}。

那么,Trudy 能够破坏这个协议吗?不能,因为她不可能像图 8-31 和图 8-32 中那样,强迫任何一方按照她的选择加密或者散列一个值。这里的两个 HMAC 包含了发送方选取的值,这是 Trudy 无法控制的。

采用 HMAC 并不是体现这种思想的唯一做法。除了在一组数据项上计算 HMAC 这种做法以外,另一种常用的方案是利用密码块链(cipher block chaining)模式按顺序加密这些数据项。

8.9.2 建立共享密钥:Diffie-Hellman 密钥交换

到现在为止,我们一直假定 Alice 和 Bob 共享一个秘密密钥。现在假设他们之间并没有共享秘密密钥(因为至今还没有一个被普遍接受的 PKI 可用于签名和分发证书)。他们如何才能建立一个共享密钥呢?一种办法是,Alice 打电话给 Bob,通过电话将她的密钥告诉 Bob。但是 Bob 可能一上来就这样说:"我怎么知道你是 Alice 而不是 Trudy 呢?"他们可能会尝试安排一次会面,每个人都带上护照、驾驶证和 3 个主要的信用卡,但如果他们都很忙,他们有可能几个月都找不到一个双方都能接受的会面日期。幸运的是,虽然听起来有点难以置信,但是存在一种办法可以让完全陌生的人在完全公开的情况下建立一个共享的秘密密钥,即使 Trudy 小心地记录每一条消息也无妨。

允许在陌生人之间建立共享秘密密钥的协议称为 **Diffie-Hellman 密钥交换**(Diffie-Hellman key exchange)(Diffie 等,1976),其工作过程如下所述。Alice 和 Bob 必须就两个大数 n 和 g 达成一致,这里 n 是一个素数,$(n-1)/2$ 也是一个素数,并且 g 需要满足一些特定的条件。这些数可以是公开的,所以,他们两人中的任何一个选取 n 和 g,并且以公开的方式告诉另一个人。现在 Alice 选择一个大数 x(比如 1024 位),并将它保密。类似地,Bob 也选择一个秘密的大数 y。

Alice 发起密钥交换协议,她向 Bob 发送一条(明文)消息,其中包含了三元组(n,g,g^x

mod n),如图 8-34 所示。Bob 给 Alice 发送一条包含了 $g^y \bmod n$ 的消息作为应答。现在,Alice 对 Bob 发送给自己的数计算 x 次方,再对结果进行模 n 运算,得到$(g^y \bmod n)^x \bmod n$。Bob 也执行类似的运算,得到$(g^x \bmod n)^y \bmod n$。根据模运算定理,双方的计算结果都是 $g^{xy} \bmod n$。就像变魔术一样,Alice 和 Bob 突然之间共享了一个秘密密钥,即 $g^{xy} \bmod n$。

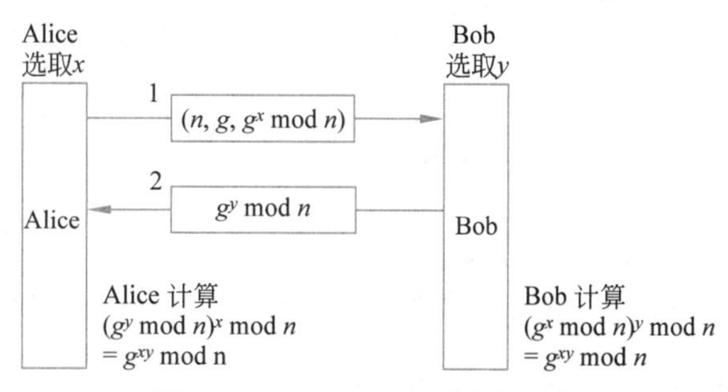

图 8-34　Diffie-Hellman 密钥交换

Trudy 当然也看到了这两条消息。她从消息 1 中知道了 g 和 n。如果她能够计算出 x 和 y,那么,她就可以得到秘密密钥。问题在于,仅仅知道了 $g^x \bmod n$,她不可能找到 x。在以一个非常大的素数为模的情况下,计算离散对数的实用算法目前尚未发现。

为了使上面的例子更加具体化,使用 $n=47$ 和 $g=3$ 这两个值进行说明(这些值完全不切实际,仅供演示)。Alice 选取 $x=8$,Bob 选取 $y=10$。这两个数值都是保密的。Alice 发给 Bob 的消息是(47,3,28),因为 $3^8 \bmod 47$ 是 28。Box 发给 Alice 的消息是(17)。Alice 计算 $17^8 \bmod 47$,等于 4。Bob 计算 $28^{10} \bmod 47$,也等于 4。所以,Alice 和 Bob 现在独立地确定了秘密密钥为 4。为了找到该密钥,Trudyd 现在必须解方程式:$3^x \bmod 47=28$,对于这里给出的小数值,利用穷举搜索可以解出 x 的值,但是当所有这些数值都是几百位或者几千位长时,这种做法就行不通了。所有当前已知的算法都需要太长的时间才能解出 x,即使在具有数千万个核的快如闪电的超级计算机上也是如此。

尽管 Diffie-Hellman 算法非常优美,但是它也存在一个问题:当 Bob 得到了三元组(47,3,28)时,他怎么知道该消息是来自 Alice 而不是 Trudy 呢?他没有办法判断这一点。不幸的是,Trudy 正好可以利用这个事实同时欺骗 Alice 和 Bob,过程如图 8-35 所示。这里,当 Alice 和 Bob 分别选取了 x 和 y 时,Trudy 也选取了她自己的随机数 z。Alice 发送消息 1 给 Bob,但是 Trudy 截获了此消息,并且发送消息 2 给 Bob。在消息 2 中,Trudy 使用了正确的 g 和 n(不管怎么样,这两个数都是公开的),但是她用自己的 z 代替 x。她还将消息 3 送回给 Alice。后来,当 Bob 给 Alice 发送消息 4 时,Trudy 再次截获此消息,并保留不转发。

现在,每个人都做模运算。Alice 计算出秘密密钥为 $g^{xz} \bmod n$,Trudy 也一样(针对所有发送给 Alice 的消息);Bob 计算出 $g^{yz} \bmod n$,Trudy 也做同样的计算(针对所有发送给 Bob 的消息)。Alice 认为她在跟 Bob 通话,所以她建立一个会话密钥(实际上,她与 Trudy 共享此会话密钥);Bob 也如此。Alice 在此加密会话上发送的所有消息都被 Trudy 捕获,并存储下来,如果 Trudy 愿意的话做适当修改,然后(可选择地)传递给 Bob;在另一个方向上也类似。Trudy 看到了所有的消息,而且可以随意地修改所有的消息,而 Alice 和 Bob 都错误地认为自己与对方有一个安全的信道。由于这个原因,这种攻击称为**中间人攻击**(man-

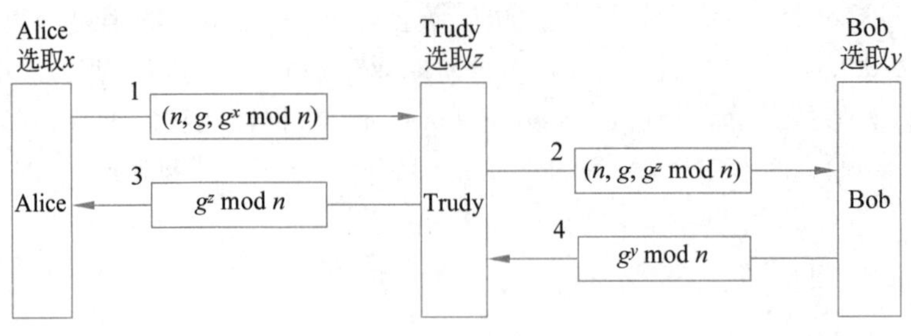

图 8-35 中间人攻击

in-the-middle attack)。它也被称为水桶传递攻击(bucket brigade attack),因为它有点类似于以前的志愿者消防队的做法,他们从救火车到着火点排成一队传递水桶。

8.9.3 使用密钥分发中心的认证

与陌生人建立了共享秘密密钥,就差不多可以工作了,但是并不完全解决问题。另一方面,有可能从一开始就不值得这么做(酸葡萄攻击)。若通过这种方式与 n 个人进行通话,那么就需要 n 个密钥。对于普通人来说,密钥管理将变成一份实实在在的负担,尤其如果每个密钥都必须被存储在一个单独的塑料芯片卡上的时候。

另一种方法是在系统中引入一个可信的密钥分发中心(KDC),比如银行或政府部门。在这个模型中,每个用户与 KDC 共享一个密钥。现在认证和会话密钥管理都通过 KDC 完成。图 8-36 显示了目前已知的最简单的 KDC 认证协议,它涉及两方和一个可信的 KDC。

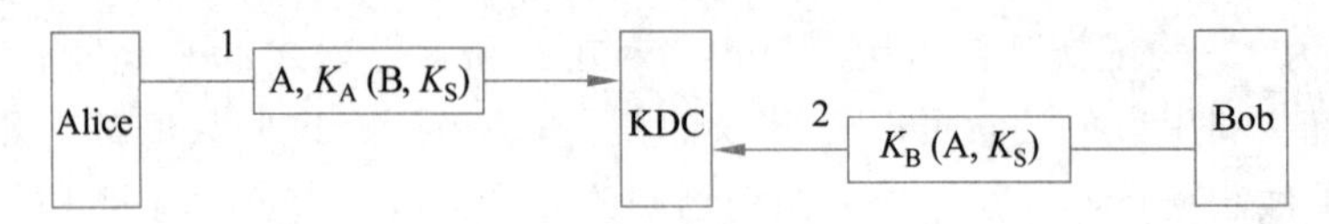

图 8-36 最简单的 KDC 认证协议

这个协议背后的思想非常简单:Alice 选取一个会话密钥 K_S,并且告诉 KDC 她希望利用 K_S 与 Bob 进行通话。这条消息用 Alice 与 KDC 之间共享的秘密密钥 K_A(只有 Alice 和 KDC 才知道)加密。KDC 解密此消息,并提取出 Bob 的标识和会话密钥。然后它构造一个新的消息,其中包含了 Alice 的标识和会话密钥,并且将这条消息发送给 Bob。这次用 Bob 与 KDC 之间共享的秘密密钥 K_B 加密。当 Bob 解密出该消息时,他就知道 Alice 想与他通话,并且她希望使用 K_S 作为会话密钥。

这里的认证完全是自然而然的。KDC 知道消息 1 一定来自 Alice,因为其他人不可能用 Alice 的秘密密钥加密该消息。类似地,Bob 知道消息 2 一定来自 KDC(且 Bob 对 KDC 是信任的),因为没有其他人知道他的秘密密钥。

不幸的是,这个协议有一个严重的缺陷。Trudy 需要一些钱,所以她想出一些自己可以帮助 Alice 处理的合法业务,向 Alice 提出优厚的条件,最后得到了这个任务。在完成了工作以后,Trudy 礼貌地请求 Alice 通过银行转账支付费用。Alice 与她的银行业务员 Bob 建立一个会话密钥。然后她给 Bob 发送一条消息,请求将一笔钱转到 Trudy 的账户中。

同时,Trudy 又故伎重演,她在网络上窃听流量。她将图 8-36 中的消息 2 和随后的转账请求消息复制下来。后来,她又把这两条消息重新发送给 Bob。Bob 收到这两条重放消息后,他会这样想:Alice 一定又雇用了 Trudy,很显然 Trudy 干得不错。于是,Bob 又一次将同样数额的一笔钱从 Alice 的账户转到 Trudy 的账户中。经过了 50 次这样的消息对重放以后,Bob 走出办公室并找到 Trudy,表示愿意为她提供一大笔贷款,以便 Trudy 能够拓展她那看起来显然很成功的业务。这个问题称为重放攻击(replay attack)。

针对重放攻击,有几种可能的解决方案。第一种方案是在每一条消息中包含一个时间戳。然后,如果任何人接收到一条老的消息,则该消息可被丢弃。这种做法的麻烦之处在于,在一个网络上,时钟从来都不是精确同步的,所以,总是存在某个时间间隔使得在此期间一个时间戳是有效的。Trudy 就可以在这个时间间隔中重放消息,逃脱时间戳的检查。

第二种方案是在每条消息中放置一个临时值。然后,每一方必须记住所有此前已经出现过的临时值,如果一条消息包含了以前用过的临时值,那么拒绝该消息。但是,这些临时值必须被永久地记录下来,以免 Trudy 可能会试图重放 5 年前的消息。而且,如果某台计算机崩溃以后丢失了它的临时值列表,那么它会再次遭受重放攻击。可以将时间戳和临时值结合起来,以限制需要记录临时值的时间长度,但是很显然这将导致协议变得更加复杂。

一种更加复杂的实现双向认证的做法是使用多路径的质询-回应协议。这种协议的一个非常知名的例子是 Needham-Schroeder 认证协议(Needham 等,1978),图 8-37 显示了它的一种变化形式。

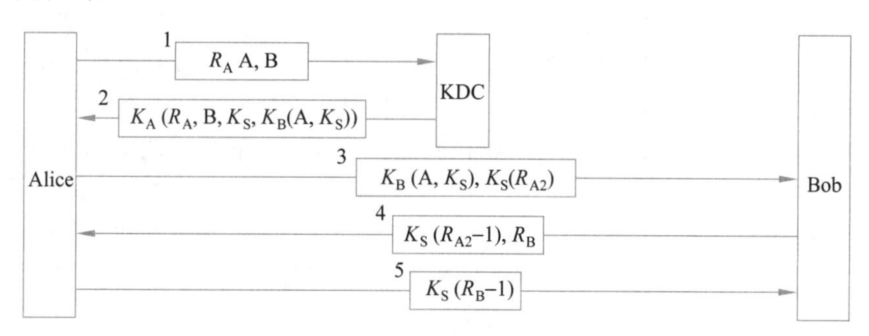

图 8-37 Needham-Schroeder 认证协议

协议开始时,Alice 首先告诉 KDC 她想与 Bob 通话。这条消息包含一个大的随机数 R_A 作为临时值。KDC 发送回消息 2,其中包含了 Alice 的随机数、一个会话密钥以及一个她将来可以发送给 Bob 的票据。这里使用随机数 R_A 是为了使 Alice 相信消息 2 是最新的,而不是一条重放消息。Bob 的标识也被包含在消息中,这是为了防止 Trudy 耍花样,用她自己的标识替换消息 1 中的 B,从而导致 KDC 用 K_T 而不是 K_B 加密消息 2 末尾处的票据。经 K_B 加密的票据也被包含在加密的消息中,这是为了防止在消息返回 Alice 的途中,Trudy 用其他的数据替换此票据。

Alice 现在将票据以及一个用会话密钥 K_S 加密的新随机数 R_{A2} 发送给 Bob。在消息 4 中,Bob 发送回 $K_S(R_{A2}-1)$,以此向 Alice 证明她在跟真正的 Bob 通话。直接送回 $K_S(R_{A2})$是不行的,因为 Trudy 可以简单地从消息 3 中偷到 $K_S(R_{A2})$。

Alice 在接收到消息 4 以后,她现在确信自己正在跟 Bob 通话,而且到现在为止没有任何重放消息。毕竟她仅仅在几毫秒之前才产生了 R_{A2}。消息 5 的用途是为了使 Bob 确信,现在与他通话的是真正的 Alice,而且这里也没有出现任何重放消息。在这个协议中,每一方都生成一个质询并且回应一个质询,因而消除了任何一种重放攻击的可能性。

尽管这个协议看起来似乎非常坚固,但它确实有一个微小的弱点。如果 Trudy 曾经设法获得过一个老的会话密钥的明文,那么她可以向 Bob 发起一个新的会话,具体做法是把对应于泄露密钥的消息 3 重放给 Bob,使 Bob 相信她是真正的 Alice(Denning 等,1981)。这一次,她甚至一次都不用为 Alice 提供合法业务就可以抢劫她的银行账户了。

Needham 和 Schroeder 后来发表的一个协议改正了这个问题(Needham 等,1987)。在同一期刊的同一期上,Otway 和 Rees(1987)也发表了一个同样解决这个问题的协议(Otway 等,1987),而且更加简短。图 8-38 显示了一个略有简化的 Otway-Rees 认证协议。

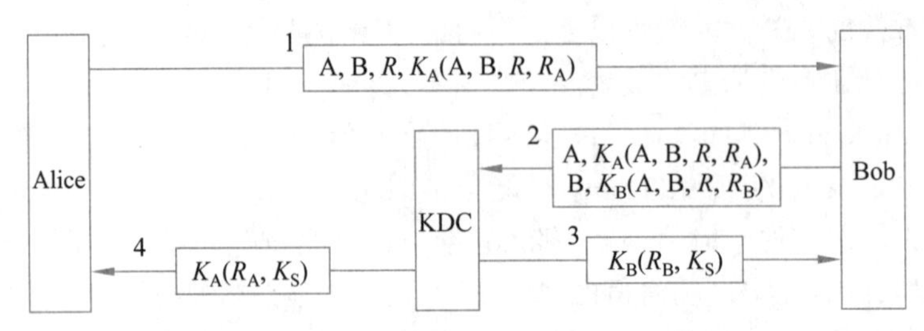

图 8-38 略有简化的 Otway-Rees 认证协议

在 Otway-Rees 协议中,Alice 首先生成一对随机数 R 和 R_A,这里 R 被用作一个公共的标识符,而 R_A 则是 Alice 用来质询 Bob 的随机数。当 Bob 得到了这条消息时,他根据 Alice 消息中的加密部分以及他自己的类似这样一部分,构造一条新的消息。用 K_A 和 K_B 加密的这两部分标识了 Alice 和 Bob,也包含了公共的标识符,还包含一个质询随机数。

KDC 对这两部分中的 R 进行检查,看它们是否相同。它们有可能不相同,比如 Trudy 篡改了消息 1 中的 R,或者替换了消息 2 中的部分数据。如果两个 R 一致,则 KDC 相信 Bob 的请求消息是有效的。然后它生成一个会话密钥,并且对它加密两次,一次为 Alice,一次为 Bob。在它发送给 Alice 和 Bob 的两条消息中,每条消息都包含了接收方的随机数,以此来证明这是 KDC 而不是 Trudy 生成的消息。到这时候,Alice 和 Bob 拥有了同一个会话密钥,于是他们可以开始通信了。当他们第一次交换数据消息时,每一方都看到对方有一个完全相同的 K_S,所以认证过程便完成了。

8.9.4 使用 Kerberos 的认证

许多实际系统(包括 Windows)使用的认证协议是 **Kerberos**,它以 Needham-Schroeder 协议的一种变化形式为基础。Kerberos 得名于古希腊神话中一头专门守卫地狱大门(想必是禁止非法离开)的多头狗。Kerberos 是由 MIT 设计的,设计目标是允许工作站用户以一种安全的方式访问网络资源。它与 Needham-Schroeder 协议的最大差别在于,它假设所有的时钟都得到了很好的同步。Kerberos 协议经历了几次迭代。V5 版已被广泛应用于工业界,它被定义在 RFC 4120 中。较早的版本 V4 版在被发现严重问题后最终退役(Yu 等,2004)。V5 版在 V4 版的基础上对协议做了很多小的改变,也有一些改进的功能,比如它不再基于现在已经过时的 DES。有关更多的信息,请参见 Sood 的专著(2012)。

除了 Alice(一个客户工作站)以外,Kerberos 还涉及 3 个服务器:

(1) 认证服务器(AS):在登录过程中验证用户的身份。

（2）票据发放服务器（Ticket-Granting Server，TGS）：发放身份票据的证明。

（3）Bob 服务器：实际完成 Alice 想要执行的工作。

AS 与 KDC 非常类似，它与每个用户共享一个秘密口令。TGS 的任务是发放票据，这些票据可使实际的服务器相信：TGS 票据的持有者确实是他或她声称的那一位。

为了开始一个会话，Alice 在任意一台公共的工作站前面坐下来，输入她的名字。该工作站将她的名字和 TGS 的名称以明文方式发送给 AS，即图 8-39 中的消息 1。AS 发送回来的是一个会话密钥和一个要提供给 TGS 的票据 $K_{TGS}(A, K_S, t)$。该会话密钥被利用 Alice 的秘密密钥进行加密，所以只有 Alice 才能解密。只有当消息 2 到达时，工作站才会请求 Alice 输入口令——并非在此之前。然后工作站利用该口令生成 K_A 解密消息 2 并获得会话密钥。

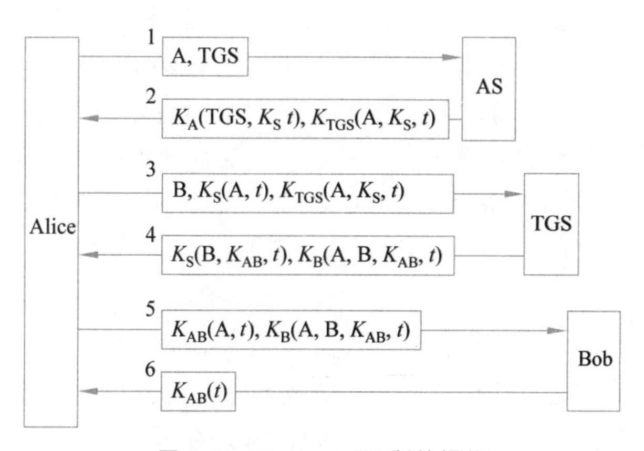

图 8-39　Kerberos V5 版的操作

到这时候，工作站覆盖 Alice 的口令，以确保它只会在工作站里最多停留几毫秒的时间。如果 Trudy 试图以 Alice 的身份登录，那么，她输入的口令将是错误的，工作站将会检测到这种错误，因为消息 2 的标准部分将是不正确的。

当 Alice 登录以后，她可能告诉工作站，她想要联系 Bob 文件服务器。然后工作站给 TGS 发送消息 3，请求一个使用 Bob 文件服务器的票据。这个请求中的关键要素是票据 $K_{TGS}(A, K_S, t)$，它是用 TGS 的秘密密钥加密的，它的用途是证明发送方真的是 Alice。TGS 在消息 4 中回应，它创建了一个会话密钥 K_{AB}，供 Alice 和 Bob 通信使用。该会话密钥的两个版本都被发送回来。第一个版本仅仅用 K_S 加密，所以 Alice 可以读取它。第二个版本是另一个票据，用 Bob 的密钥 K_B 加密，所以 Bob 可以读取它。

Trudy 可以复制消息 3，并尝试再次使用此消息，但是，她将会失败，因为连同消息 3 一起发送的还有一个加密的时间戳 t。Trudy 不可能用一个更新的时间戳替代 t，因为她不知道 K_S，即 Alice 用来与 TGS 通话的会话密钥。即使 Trudy 极为快速地重放了消息 3，她得到的也只不过是消息 4 的另一份副本而已，既然第一次她不能解密消息 4，那么第二次她同样也不能解密它。

现在 Alice 可以通过该新票据将 K_{AB} 发送给 Bob 以便与他建立一个会话（消息 5）。这次消息交换也使用了时间戳。可选的回应（消息 6）向 Alice 证明了她确实在与 Bob 而不是 Trudy 通话。

经过这一系列的消息交换以后,Alice 就可以在 K_{AB}的保护下与 Bob 进行通信了。如果她后来决定要跟另一个服务器 Carol 进行通话,那么她只要向 TGS 再次发送消息 3,只不过这一次指定 C 而不是 B。TGS 将迅速地回应一个用 K_C 加密的票据,Alice 可以将此票据发送给 Carol,而 Carol 接受此票据,作为该消息确实来自 Alice 的证明。

所有这些工作的要点在于,现在 Alice 可以以一种安全的方式访问网络上的服务器了,而且她的口令永远都不会在网络上传输。事实上,她的口令只是在她自己的工作站上停留了几毫秒而已。然而,请注意,每个服务器都有它自己的授权规则。当 Alice 向 Bob 出示她的票据时,此票据仅仅向 Bob 证明了这是谁发送过来的。至于到底允许 Alice 做什么事情,则要取决于 Bob。

由于 Kerberos 的设计者并不期望全世界都信任一个认证服务器,所以他们提供了对多个域(realm)的支持,每个域有它自己的 AS 和 TGS。为了得到一个针对远程域中某个服务器的票据,Alice 需要向她自己的 TGS 请求一个能被远程域中 TGS 接受的票据。如果该远程 TGS 已经向本地的 TGS 注册过了(其做法就如同本地服务器的注册方法一样),则本地 TGS 将给 Alice 一个在远程 TGS 上有效的票据。然后她就可以在那边(即远程域)完成各种业务,比如获取该域中各个服务器的票据。然而,请注意,为了让两个域中的各方能够协同完成业务,每个域必须信任另一个域的 TGS。否则,它们将无法协同工作。

8.9.5 使用公钥密码学的认证

双向认证也可以利用公钥密码学完成。首先,Alice 需要得到 Bob 的公钥。如果存在一个 PKI,它的目录服务器可以提供公钥证书的查询服务,那么 Alice 可以请求 Bob 的公钥证书,即图 8-40 中的消息 1。消息 2 中的应答是一个 X.509 证书,其中包含了 Bob 的公钥。当 Alice 验证了证书中的签名无误时,她给 Bob 发送一条消息,该消息包含了她的标识和一个临时值。

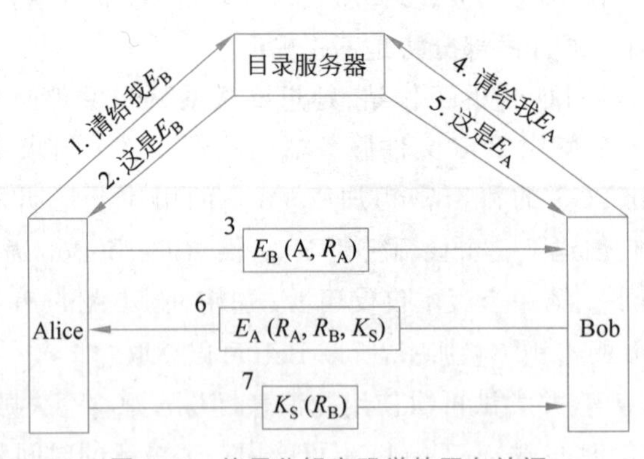

图 8-40 使用公钥密码学的双向认证

当 Bob 接收到这条消息时,他无从判断这条消息到底来自 Alice 还是 Trudy,但是他可以等待一下,并且向目录服务器请求 Alice 的公钥(消息 4),很快他便获得了 Alice 的公钥(消息 5)。然后,他向 Alice 发送消息 6,其中包含了 Alice 的 R_A、Bob 自己的临时值 R_B 和一个建议的会话密钥 K_S。

当 Alice 得到了消息 6 时,她用自己的私钥将它解密。她看到了里边的 R_A,这让她有一种很温暖的感觉。这条消息一定是 Bob 发送过来的，因为 Trudy 无法确定 R_A。而且，它也一定是最新的，而不是一条重放消息，因为她刚刚把 R_A 发送给 Bob。Alice 发回消息 7 表示她同意这次会话。Bob 看到了 R_B 是用他刚刚生成的会话密钥加密的，他知道 Alice 已经得到了消息 6 并且验证了 R_A。现在，Bob 很开心。

Trudy 如何尝试破坏这个协议呢？她可以虚构消息 3，以此引诱 Bob 探查 Alice，但是 Alice 将会看到一个不是她发送的 R_A，所以不会再进行下去。Trudy 不可能伪造出 Alice 发送给 Bob 的消息 7，因为她不知道 R_B 或者 K_S，在没有 Alice 私钥的情况下，她是不可能确定 R_B 和 K_S 的。她要面对这个协议则太不幸了。

8.10　通信安全

现在我们已经结束了对各种安全基础工具的讨论。大多数重要的技术和协议也都已经涵盖了。本章剩余部分将讨论如何把这些技术应用到实践中以提供网络安全性，同时在本章末尾还将提到一些有关安全性的社会因素的思考。

本节将探讨通信安全，也就是说，如何将数据位秘密地、未被篡改地从源传送到目标方，以及如何将有害的数据位排除在外。这些绝不是网络环境中唯一的安全问题，但它们无疑是最重要的。

8.10.1　IPSec

多年以来 IETF 一直很清楚，Internet 上缺乏安全性。要在 Internet 上提高安全性并不容易，因为曾经爆发过一场关于在哪里加入安全机制的论战。绝大多数安全专家相信，为了真正做到安全，加密和完整性检查必须是端到端的（即位于应用层）。这就是说，源进程对数据进行加密，以及/或者实施完整性保护，然后将数据发送给目标进程；在目标进程中，数据被解密，以及/或者被验证其完整性。于是，任何企图在这两个进程之间（包括在操作系统内部）篡改数据的行为都可以被检测到。这种做法的麻烦在于，它要求改变所有的应用程序，以便它们能够感知到安全特性的存在。从这个角度来说，次好的方法是将加密功能放到传输层上，或者放到应用层与传输层之间的一个新层上，这样仍然可以做到端到端的加密，但是不要求改变应用程序。

相反的观点是，用户并不理解安全性，他们不具备正确地使用它的能力，并且没有人愿意以任何一种方式修改已有的程序，所以网络层应该认证和/或者加密数据包，而不应该让用户卷进来。在经过多年的激烈争论以后，这种观点赢得了足够的支持，从而一个网络层的安全标准被定义出来了。在某种程度上，这个观点是在网络层上实施加密操作，并没有妨碍那些了解安全性的用户正确地进行安全防护，但这多少可以帮助那些对安全性一无所知的用户。

这场论战的结果是一个称为 **IPSec**（IP Security，**IP 安全**）的设计，有许多 RFC 文档描述了 IPSec。并不是所有的用户都想要加密功能（因为加密操作的计算代价较高）。IPSec 并没有将加密功能做成可选项，相反，它的决定是，总是要求加密功能，但允许使用一个空算法（null algorithm）。空算法因其简单、易于实现和极高的速度而获得了高度赞赏，RFC 2410

描述了空算法。

完整的IPSec设计是一个多服务、多算法和多粒度的框架。IPSec支持多种服务的原因在于并不是每个人都愿意为所有的服务、所有的时间支付费用,所以,这些服务按照点菜的方式来提供。比如,某人从远程服务器流式下载一部电影可能并不关心加密(但是版权所有者可能会关心)。最主要的服务是保密性、数据完整性以及针对重放攻击(即入侵者重放一次会话过程)的保护。所有这些服务都建立在对称密钥密码学的基础之上,因为高性能在这里非常关键。

IPSec支持多算法的原因在于,任何一个现在被认为安全的算法在将来都可能会被攻破。将IPSec设计成与算法无关的好处是,即使某个特殊的算法以后被攻破了,这个框架仍然可以幸存下来。切换到另一个算法总比重新设计一个新的框架要简单得多。

IPSec支持多粒度的原因是,这样可使得它既能够保护单个TCP连接,也能够保护一对主机之间的所有流量或者一对安全路由器之间的所有流量,以及其他一些可能性。

关于IPSec,一个略微使人惊讶的方面在于,尽管它是在IP层上,但它是面向连接的。实际上,这也无须惊讶,为了实现任何一种安全性,建立一个密钥并且在一定长的时间内使用该密钥——在本质上,这就是一种连接,只是用了不同的名称。而且,建立连接的开销可以被分摊到许多数据包上。在IPSec的上下文环境中,一个"连接"称为一个SA(security association,安全关联)。SA是两个端点之间的单工连接,它有一个与之关联的安全标识符。如果两个方向上都需要安全流量,则要求使用两个SA。在这些SA上通行的数据包中都携带着安全标识符,当一个安全数据包到达时,安全标识符被用来查找密钥和其他有关的信息。

从技术上看,IPSec有两个主要部分:一部分描述了两个新的头,可以将这两个头加入到数据包中,以便携带安全标识符、完整性控制数据和其他的信息;另一部分是ISAKMP(Internet Security Association and Key Management Protocol,Internet安全关联及密钥管理协议),它解决如何建立密钥的问题。ISAKMP是一个框架。完成这项工作的主要协议是IKE(Internet Key Exchange,Internet密钥交换)。随着很多缺陷被纠正,IKE已经迭代了多个版本。

IPSec有两种使用模式。在传输模式(transport mode)中,IPSec头被直接插在IP头的后面。IP头中的Protocol字段要做相应的修改,以表明有一个IPSec头紧跟在普通IP头的后面(但是在TCP头的前面)。IPSec头包含了安全信息,主要是SA标识符、一个新的序号,可能还包括有效载荷数据的完整性检查信息。

在隧道模式(tunnel mode)中,整个IP数据包连同头和所有的数据一起被封装到一个新的IP数据包的体中,并且这个IP数据包有一个全新的IP头。当隧道的终点并不是最终的目标地点时,隧道模式将非常有用。在有些情况下,隧道的终点是一台安全网关,比如公司的一个防火墙。这通常就是VPN(Virtual Private Network,虚拟专用网络)的情形。在这种模式中,当数据包通过安全网关时,安全网关负责封装或者拆封数据包。由于隧道终止于这台安全网关,所以公司LAN上的计算机不必知晓IPSec的存在。只有安全网关必须知道IPSec。

当一束TCP连接被聚合起来,作为一个加密的流被处理的时候,隧道模式也非常有用,因为它可以防止入侵者看到谁给谁发送了多少数据包。有时候,仅仅知道有多少流量去往哪里，这本身就是很有价值的信息。比如，如果在一次军事危机中美国五角大楼和白宫之间的网络流量突然减少了许多，但是五角大楼与科罗拉多州洛基山脉深处某个军事基地之间的流量却增加了同等的数量，那么入侵者就有可能从这些数据中推断出某些有用的信息。研究数据包的流模式（即使数据已被加密）称为**流量分析**（traffic analysis）。隧道模式在某种程度上提供了一种应对的方法。隧道模式的缺点是它加入了一个额外的 IP 头，因此实实在在地增加了数据包的长度。与此相反，传输模式不会明显影响数据包的长度。

第一个新的 IPSec 头是 **AH**（Authentication Header，**认证头**）。它提供了完整性检查和防止重放攻击的安全性，但没有提供保密性（即没有加密数据）。在传输模式下的 AH 如图 8-41 所示。在 IPv4 中，AH 被插在 IP 头（包括可能有的所有选项）和 TCP 头之间。在 IPv6 中，它仅仅是另一个扩展头而已，就如同一般的扩展头那样。实际上，AH 的格式与标准的 IPv6 扩展头的格式非常接近。有效载荷部分有可能必须被填充到某个特殊的长度以适应认证算法的要求，如图 8-41 所示。

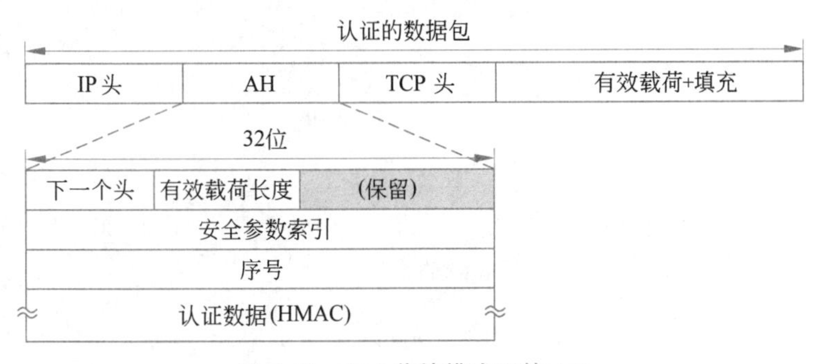

图 8-41　IPv4 传输模式下的 AH

现在我们来考察 AH 头。下一个头（Next header）字段被用来保存原始的 IP 数据包的协议（Protocol）字段，该字段后来被替换成 51 以表明后面紧跟着一个 AH 头。在绝大多数情况下，这里出现的是 TCP 的代码（6）。有效载荷长度（Payload length）字段的值等于 AH 头中 32 位字的个数减 2。

安全参数索引（Security parameters index）是连接标识符。它由发送方插入，用来指明在接收方数据库中一条特定的记录。该记录包含了这个连接上使用的共享密钥，以及有关该连接的其他信息。如果这个协议是由 ITU 而不是 IETF 发明的，则这个字段将会被称为**虚电路号**（virtual circuit number）。

序号（Sequence number）字段被用来对通过一个 SA 发送的所有数据包进行编号。每个数据包都有一个唯一的编号，即使重传的数据包也有唯一的编号。换句话说，重传的数据包与原始的数据包具有不同的序号（尽管它们的 TCP 序号是相同的）。这个字段的用意是为了检测重放攻击。这些序号不会发生回绕的现象。因为如果 2^{32} 个序号全部用完了，则 IPSec 必须建立一个新的 SA 以便继续通信。

最后是认证数据（Authentication data）字段，它是一个可变长度字段，包含了有效载荷的数字签名。当 SA 被建立时，双方协商它们将使用哪个签名算法。通常情况下，这里不使用公钥算法，因为数据包的处理速度必须极快，而所有已知的公钥算法都太慢。由于 IPSec 建立在对称密钥密码学的基础上，而且发送方和接收方在建立 SA 以前协商了一个共享密钥,所以,该共享密钥可以被用在计算签名过程中。换句话说,IPSec使用一个HMAC,很像8.9节中讨论的关于使用共享密钥的认证。正如前面提到的,它的计算速度比先运行SHA-2然后在结果上再运行RSA要快得多。

AH并不支持数据加密功能,所以,当需要完整性检查但不需要保密性时,AH非常有用。AH有一个值得注意的特性,那就是它的完整性检查也覆盖了IP头中的某些字段,即当数据包从一台路由器传送到下一台路由器时不会发生变化的那些字段。比如,TTL(Time to live)字段在每一跳上都要改变,所以它不能被包含在完整性检查的范围内。然而,IP源地址被包含在检查范围内,这就使入侵者无法伪造一个数据包的来源信息。

第二个新的IPSec头是**ESP**(Encapsulating Security Payload,**封装的安全有效载荷**)。图8-42显示了传输模式和隧道模式下的ESP。

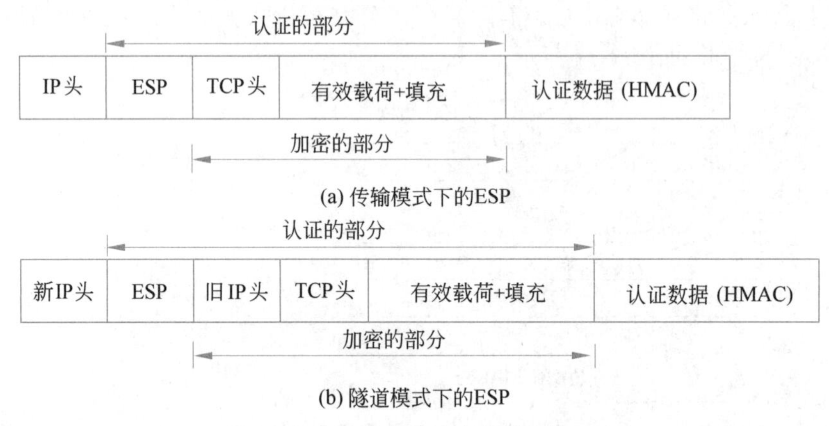

图8-42 传输模式和隧道模式下的ESP

ESP由两个32位字组成。它们是**安全参数索引**(Security parameters index)和**序号**(Sequence number)两个字段,在AH中也包含这两个字段。通常跟在这两个32位字后面的第三个字(从技术上它不属于头)是用于数据加密的初始向量(IV),如果使用空加密算法,则它被省略。

如同AH一样,ESP也提供了HMAC完整性检查,但是该HMAC并不被包含在头部,而是跟随在有效载荷之后,如图8-42所示。将HMAC放在末尾对于硬件实现是有好处的:随着数据位通过网络接口往外发送,该HMAC可以被计算出来,并追加在尾部。这也正是为什么以太网和其他的LAN将它们的CRC(循环冗余校验码)放在尾部而不是头中的原因。若使用AH,则数据包必须被缓冲,并且在数据包被发送出去以前要先计算签名,这样有可能会降低每秒能发送的数据包的数量。

既然ESP可以完成AH能做的任何事情,甚至还能做得更多,而且启动的效率也更高,那么,问题就来了:为什么还要引入AH呢?答案是,这主要是历史原因。最初,AH只处理完整性,而ESP只处理保密性。后来,完整性被加入到ESP中,但是,那些设计AH的人不希望在AH已经实用之后让它死掉。他们唯一提出的真正论点是,AH检查IP头的一部分,而ESP不检查IP头,但是这实际上也是一个很弱的论点。另一个很弱的论点是,如果一个产品支持AH但是不支持ESP,那么它或许可以省去有关出口许可的诸多麻烦,因为它不能够做加密操作。AH在将来有可能被淘汰掉。

8.10.2 虚拟专用网络

许多公司的办公室和分支机构分散在多个城市，有时候甚至分布在多个国家。过去，在公共数据网络出现以前，对于这些公司来说，最常见的做法是从电话公司租用一些线路，将各场所或者全部场所两两连接起来。现在有些公司仍然这样做。利用公司的计算机和租用的电话线路建立起来的网络称为专用网络(private network)。

专用网络工作得很好，而且也非常安全。如果可用的线路仅仅是租用线路，则所有的流量不会泄露到公司各工作场所以外，入侵者必须通过物理搭线的方法才能闯入，而这种物理搭线的方法并不容易做到。这种专用网络存在的问题是，在两个点之间租用一条或多条专用线路的价格非常昂贵。当公共数据网络以及后来的 Internet 出现时，许多公司希望将它们的数据流量(可能还有语音流量)转移到公共网络上，但是又不希望放弃专用网络的安全性。

这种需求很快导致了 VPN(Virtual Private Network，虚拟专用网络)的诞生，VPN 是建立在公共网络之上的层叠网络，但是具有专用网络的绝大多数特性。它们之所以称为“虚拟的”，是因为它们仅仅是一个假想的网络，就好像虚电路并不是真正的电路、虚拟内存并不是真正的内存一样。

一种流行的做法是直接通过 Internet 构建 VPN。一个很常见的设计是在每个办公场所都设置一个防火墙，然后在所有办公场所两两之间通过 Internet 创建隧道，如图 8-43(a)所示。使用 Internet 进行连接的进一步优势是隧道可以根据需要设置，比如包含一个在家办公的员工的计算机，或者一个正在出差的员工接入 Internet 时使用的笔记本计算机。这种灵活性远远优于一个使用租用线路的实际专用网络，且从 VPN 上的计算机的角度来看，其拓扑结构看起来就像专用网络一样，如图 8-43(b)所示。当系统启动时，每一对防火墙必须协商它们的 SA 的参数，包括服务、模式、算法和密钥。如果采用了隧道模式 IPSec，那么很有可能要聚合任何一对办公场所之间的所有流量，组成一个经过认证的加密 SA，从而提供完整性控制、保密性，甚至可考虑对流量分析的防护措施。许多防火墙有内置的 VPN 功能。一些常规路由器在这一点上也能做得很好，但是因为防火墙主要用于安全业务，所以，很自然地防火墙上有隧道的起点和终点，它在公司和 Internet 之间提供了一条清楚的分界线。因此，防火墙、VPN 和隧道模式采用 ESP 的 IPSec 是很自然的一种组合，目前广泛应用于实践中。

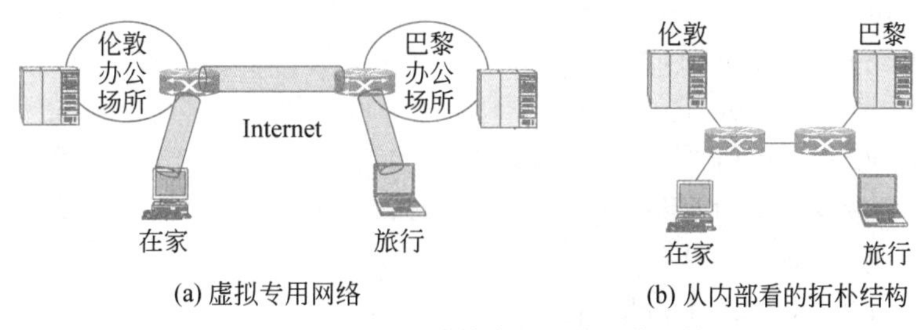

图 8-43 VPN 及其从内部看的拓扑结构

一旦建立 SA，数据包流量就可以开始流动了。对于 Internet 上的一台路由器而言，沿着VPN隧道传递的一个数据包仅仅是一个普通的数据包而已。这个数据包的唯一不同寻常之处在于,在IP头的后面出现了一个IPSec头,但是,由于这个额外的头不影响转发过程,所以,路由器并不关心它。

另一个逐渐流行的方法是让ISP设置VPN。利用MPLS(见第5章所示),VPN流量的路径可以穿越公司办公场所之间的ISP网络而建立起来。这些路径可保持VPN流量独立于其他的Internet流量,并且可以获得一定数量的带宽保证或者其他的服务质量保证。

VPN的一个关键好处是它对于所有的用户软件是完全透明的。防火墙建立并管理SA。知道这种配置方案的人只有系统管理员(他必须配置和管理安全网关)或者ISP管理员(他必须配置MPLS路径)。对于其他人来说,这样的网络与租用线路的专用网络并无区别。有关VPN的更多信息,请参考Ashraf的专著(2018)。

8.10.3 无线安全

利用VPN和防火墙设计一个逻辑上绝对安全的系统是出奇地容易;但是,在实践中,这样的系统仍然有可能像筛子一样漏洞百出。比如,如果有些计算机是无线的,它们使用无线电进行通信,因此就会在进入和出去两个方向上绕过防火墙,则这样的情形就可能发生。IEEE 802.11网络的范围可以达到几百米距离,所以,如果有一个人想要暗中监视一家公司,那么他只需早晨开车到该公司的员工停车场,并把一台支持IEEE 802.11协议的笔记本计算机留在汽车里以便记所有听到的内容,然后他自己离开停车场。到下午晚些时候,该计算机的硬盘上就充满了各种真实数据。理论上,这种泄露是不应该发生的。同样,理论上,人们是不应该抢劫银行的。

大多数安全问题可以被追溯到无线基站(接入点)的生产商,他们总是试图使自己的产品对用户极为友好。通常情况下,如果用户将设备从包装盒中取出来并接通电源,它立即就开始运行了——它几乎没有任何安全性,所有秘密都暴露给无线电范围内的任何人。如果它后来又被接入一个以太网,则所有的以太网流量也突然出现在停车场内。无线使偷窥者的梦想成为现实:无须做任何工作就可以免费获得数据。因此,毋庸多言,安全性对于无线系统比有线系统更加重要。在本节中,将讨论无线网络处理安全问题的一些方法,主要集中在WiFi(IEEE 802.11)上。要想获得更多的信息,请参考Osterhage的专著(2018)。

IEEE 802.11标准的一部分,最初称为**IEEE 802.11i**,规定了一个数据链路层安全协议,用来防止一个无线节点阅读或干扰一对无线节点之间发送的消息。它还有个商标名称**WPA2**(WiFi Protected Access 2)。纯WPA是一个临时方案,它实现了IEEE 802.11i的一个子集。它应该避免被使用,而应该使用WPA2。WPA2的后继版本被高调宣称为**WPA3**,于2018年1月发布,它在个人模式下使用128位加密,在企业模式下使用192位加密。WPA3在WPA2的基础上做了很多改进,其中最主要的可能是被称为"蜻蜓"的功能,这是一种彻底的握手机制,以阻止一些困扰了WPA2的特定类型的密码猜测攻击。在写作本书时,WPA3还未像WPA2一样被广泛部署。此外,在2019年4月,研究人员披露了一组被称为Dragonblood的攻击向量,它消除了WPA3的许多安全优势。因此,本节聚焦在WPA2上。

在介绍IEEE 802.11i以前,首先说明,它是**WEP**(Wired Equivalent Privacy,**有线等效保密**)的替代品,WEP是第一代IEEE 802.11安全协议。WEP由一个网络标准委员会设计，这个过程与 NIST 通过一个全球范围内的公开竞赛选取 AES 设计的过程截然不同，其结果是灾难性的。问题究竟出在哪里？事实证明，从安全角度看，它几乎在每个方面都有问题。比如，为了机密性，WEP 加密数据的做法是将数据与一个流密码的输出进行 XOR 运算。不幸的是，很弱的密钥安排意味着该输出经常被重复使用，由此导致了通过不断尝试就可以攻破它的直接后果。另一个例子是，它的完整性检查基于 32 位的 CRC。这对于检测传输错误是一种有效的编码，但它并不是一个很强的、可用来抵御攻击的密码学机制。

这些问题以及其他设计上的缺陷使 WEP 很容易被攻破。第一个攻破 WEP 的实际演示由 Adam Stubblefield 在 AT&T 公司当实习生时完成（Stubblefield 等，2002）。他能够在一个星期内编写和测试 Fluhrer 等描述的攻击（Fluhrer 等，2001），而且他把大多数时间花在说服管理人员为他买一个 WiFi 卡用于他的实验。现在一分钟内破解 WEP 的软件唾手可得并且是免费的，因此强烈建议不再使用 WEP。虽然它确实可以防止那些随意的访问，但它并不能提供任何形式的真正安全保证。当 WEP 已被彻底破解的局势明朗时，IEEE 802.11i 工作组仓促上马。它于 2004 年 6 月完成了一个正式标准。

现在介绍 IEEE 802.11i，如果它能被正确地设置和使用，那么它确实可提供真正的安全性。WPA2 通常用在两种常见的情形下。第一种情形是企业设置，在这种情形下公司有一台独立的认证服务器，该服务器上有一个用户名和口令数据库，通过该数据库确定一个无线用户是否允许访问网络。在这种设置中，客户使用标准的协议向网络验证他们自己。主要的标准是 **IEEE 802.1x**，接入点通过该协议让客户与认证服务器进行对话并观察其结果，而 **EAP**（Extensible Authentication Protocol，**可扩展的认证协议**）（RFC 3748）则告诉客户和认证服务器如何进行交互。实际上，EAP 是一个框架，其他标准定义了协议消息。然而，本节不会深入到该交互过程的很多细节，因为这些内容对于本节的任务而言并不重要。

第二种情形是在典型的家庭设置中，这里没有认证服务器。相反，只有一个被客户用来访问无线网络的共享口令。这种设置比起认证服务器要简单得多，这也是它通常被用在家庭环境或者小型公司的原因，但相比之下它的安全性也弱了一些。两种设置的主要区别在于：当有认证服务器时，每个客户都拿到一个用来加密流量的密钥，而其他客户不知道该客户的密钥；当只有单个共享口令时，虽然可为每个客户推导出不同的密钥，但所有的客户具有相同的口令，如果他们愿意，也可以推导出其他客户的密钥。

用于加密流量的密钥是在认证握手过程中通过计算得到的。握手过程是在客户关联了一个无线网络并且向一个认证服务器（如果有）认证以后马上发生的。在握手开始时，客户要么有一个共享的网络口令，要么有一个提供给认证服务器的口令。这个口令被用来推导出一个主密钥。然而，该主密钥并没有被直接用来加密数据包。为每一个使用阶段推导出一个会话密钥，为不同的会话改变密钥，以及尽可能少地暴露主密钥以避免被观察到，这是标准的密码学实践。在握手过程中计算出来的正是这个会话密钥。

如图 8-44 所示，会话密钥是通过 4 个数据包（four-packet）握手计算出来的。首先，接入点（AP）发送一个随机数用作标识。客户也选取它自己的临时值（nonce）。它使用这两个临时值、它的 MAC 地址、AP 的 MAC 地址以及主密钥计算出会话密钥 K_S。该会话密钥被分成几部分，每一部分都有不同的用途，但我们忽略这一细节。现在客户有会话密钥，但 AP 还没有。因此客户将它的临时值发送给 AP，AP 执行相同的计算，从而推导出同样的会话密钥。临时值可以以明文方式发送，因为在缺乏额外秘密信息的情况下，这些密钥不可能从临时值推导出来。从客户发出的消息通过一种基于该会话密钥的 **MIC**(Message Integrity Check,**消息完整性检查**)加以保护。当AP计算得到了会话密钥以后,它可以检查该MIC是否正确,从而判断该消息是否的确来自该客户。如同在HMAC中一样,MIC只不过是消息认证码的另一个名称而已。因为它很有可能跟MAC地址混淆,所以术语MIC通常被用来代表网络协议。

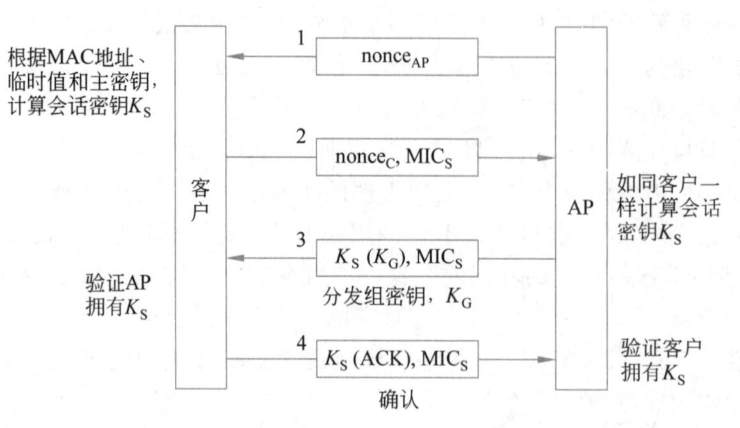

图 8-44 IEEE 802.11i 密钥建立的握手过程

在最后两条消息中,AP分发一个组密钥 K_G 给客户,并且客户确认该消息。客户收到了这些消息,就意味着它验证了AP有正确的会话密钥。组密钥被用于在IEEE 802.11 LAN上的广播和多播流量。因为握手的结果是每个客户都有它自己的加密密钥,所以这些密钥没有一个被AP用来给所有的无线客户广播数据包,AP需要为每个客户使用它的密钥发送一份单独的副本。与此相反,通过分发一个共享密钥,就可以使广播流量只被发送一次,并且被所有的客户接收到。当有客户离开或者加入网络时,该共享密钥必须被更新。

最后讨论这些密钥在哪些地方被真正用来提供安全性。在IEEE 802.11i中有两个协议用来提供消息的保密性、完整性和身份认证。其中一个协议称为 **TKIP**(Temporary Key Integrity Protocol,**临时密钥完整性协议**),它像WPA一样,也是一个临时解决方案。它被设计用来改进老的和慢的IEEE 802.11网卡的安全性,所以,它至少在某些安全性方面比WEP更好,可以作为固件升级被应用到市场上。然而,它现在也被破解了,所以最好用另一个推荐的协议——**CCMP**。CCMP代表什么?CCMP是一个蔚为壮观的名称缩写,它的全称是**采用密码块链的计数器模式的消息认证码协议**(Counter mode with Cipher block chaining Message authentication code Protocol)。本书简称它为 **CCMP**。你可以随意地想怎么称呼就怎么称呼它。

CCMP的工作方式非常简单。它使用AES加密,使用128位的密钥和块大小。它的密钥来自会话密钥。为了提供保密性,消息按计数器模式使用AES加密。回忆一下,在8.2.3节讨论过密码模式。这些模式是为了防止同样的消息每次被加密到同样的一组数据位上。计数器模式将一个计数器混合到加密过程中。为了提供完整性,消息(包括头字段在内)用密码块链模式进行加密,并且最后的128位的块被作为MIC保留下来。然后,消息(用计数器模式加密)和MIC都被发送出去。当客户和AP接收到一个无线数据包时,它们都可以执行这一加密操作,或者验证这个加密消息。对于广播或者多播消息,同样的过程可通过组密钥完成。

8.11 电子邮件安全

当一封电子邮件在两个远程站点之间发送时，通常情况下它沿途要经过几十台主机。这些主机中的任何一台都可以阅读和记录该邮件，以备将来可能之用。在实践中，不管人们怎么想，隐私是不存在的。然而，许多人希望自己发送的电子邮件只有目标接收者才能阅读，其他人都无法阅读，即使他们的老板甚至政府也不能阅读。这种愿望刺激了一些人和组织将前面介绍过的密码学原理应用到电子邮件上，从而形成安全的电子邮件。在本节中，将首先学习一个已经被广泛使用的安全电子邮件系统——PGP，然后再简短地介绍另一个安全电子邮件系统——S/MIME。

8.11.1 PGP

PGP(Pretty Good Privacy，良好的隐私性)本质上是Phil Zimmermann一个人的心血结晶(Zimmermann，1995)。Zimmermann是一个极其注重隐私的人，他的人生格言是："如果隐私是非法的，那么只有违法者才会有隐私"。PGP发布于1991年，它是一个完整的PGP电子邮件安全软件包，提供了私密性、认证、数字签名和压缩功能，而且所有这些功能都非常易于使用。此外，完整的PGP软件包中也包含了所有的源代码，并通过Internet免费分发。由于PGP的质量和价格(免费)，以及在UNIX、Linux、Windows和Mac OS平台上容易获得，因而今天已得到广泛使用。

PGP最初使用一个称为IDEA(International Data Encryption Algorithm，国际数据加密算法)的块密码算法加密数据，该算法使用128位密钥。它是在瑞士被设计的，当时正值DES被认为不够安全而AES尚未发明之际。从概念上讲，IDEA非常类似于DES和AES：它也运行许多轮，在每一轮中将数据位尽可能地混合起来；但是，它的这些混合函数的具体细节与DES和AES的不同。后来，AES作为一个加密算法也被加入进来，现在已经很常用了。

PGP自从诞生第一天起就被卷入一场持久的争论之中(Levy，1993)。因为Zimmermann并没有阻止其他人把PGP放到Internet上，从而全世界的任何人都可以得到PGP，所以，美国政府声称Zimmermann违反了美国的武器出口法律。美国政府对Zimmermann进行了长达5年的调查，但是最终放弃了，这里可能有两个原因。第一，Zimmermann自己并没有把PGP放到Internet上，所以他的律师声称他没有出口任何东西(至于是否创建了一个包含出口物品的Web站点则是一个小问题了)。第二，政府最终意识到，要想赢得这个案子，意味着要使陪审团相信：一个可下载隐私程序的Web站点也属于武器出口法律禁止出口的战争武器(比如坦克、潜艇、军用飞机和核武器等)的适用范围内。而且多年来的反面宣传可能也没有多大帮助。

顺便提一下，将武器出口法律应用在PGP上是非常不恰当的。美国政府认为把代码放在一个Web站点上就是一种非法的出口，并为此侵扰了Zimmermann达5年之久。另一方面，如果某个人以一本书的形式发表PGP完整的C语言源代码(采用比较大的字体，并且每一页带一个校验和,因此扫描识别非常容易),然后出口这本书,那么,政府认为这没有什么关系,因为图书并不被归类为武器。剑利于笔,至少山姆大叔是这样认为的。

PGP的另一个问题是它牵涉到专利侵犯案。拥有RSA专利的公司是RSA Security公司,它宣称PGP使用RSA算法侵犯了它的专利,但是从2.6开始的版本已经解决了这个问题。此外,PGP还使用了另一个受专利保护的加密算法,即IDEA,最初也曾经引起了一些问题。

由于PGP是源码开放的并且可免费获得,所以,所有的人和组织都可以对它进行修改,再产生各种版本。其中有些版本的设计目标是为了回避武器出口法律,还有些版本则是为了避免使用专利算法,其他一些版本则是为了将它变成一个闭源的商业产品。虽然武器出口法律现在已有所放宽(否则,使用AES的产品将不可能从美国出口),而且RSA的专利也已于2000年9月到期,但是,所有这些问题遗留下来的结果是有许多不兼容的PGP版本流传在各处,而且名字也不尽相同。下面的讨论将集中在经典的PGP上,这是最老的也是最简单的版本,不过,在解释过程中将使用AES和SHA-2,而不是最初的IDEA和MD5。另一个流行的版本是OpenPGP,由RFC 2440描述。还有一个版本是GNU Privacy Guard。

PGP特意使用已有的密码学算法,而不是发明新的算法。它主要基于那些已经经过了广泛的同行评审并且其设计未受任何政府机构影响(政府机构总是试图削弱它们)的算法。对于那些不太信任政府的人来说,这个特性是一个很大的吸引点。

PGP支持正文压缩、私密性和数字签名,也提供了可扩展的密钥管理设施,但奇怪的是它没有提供电子邮件工具。它就像一个预处理器,接收明文输入,并产生签名的密文作为输出,其输出格式为Base64。然后这个输出当然被电子邮件程序发送出去。有些PGP实现的最后一步调用一个用户代理,以便真正将消息发送出去。

为了看清楚PGP是如何工作的,我们考虑图8-45中的例子。这里,Alice想要通过一种安全的方式给Bob发送一条已签名的明文消息P。PGP支持不同的加密方案,比如RSA和椭圆曲线密码算法,但是,这里假定Alice和Bob都有私有(D_X)和公开的(E_X)RSA密钥,并假设每一方都知道另一方的公钥。下面将扼要地介绍PGP的密钥管理。

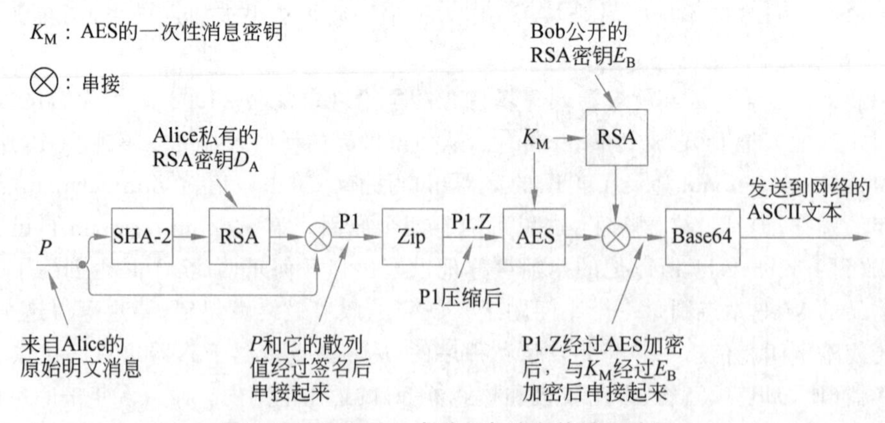

图8-45 利用PGP发送一条消息的操作过程

Alice一开始先调用她自己的计算机上的PGP程序。PGP首先使用SHA-2算法对Alice的消息P做散列运算,然后用Alice的私有RSA密钥D_A加密此结果得到的散列值。

当 Bob 最终得到该消息时，他可以用 Alice 的公钥解密此散列值，并且验证散列值是否正确。即使在这一步其他人（比如 Trudy）能够获得这个散列值，并且也可以用 Alice 公开的公钥对它解密，但 SHA-2 的强度保证了要产生另一个具有相同 SHA-2 散列值的消息在计算上是不可行的。

经过加密的散列值和原始的消息现在被串接成单条消息 P1，然后使用 ZIP 程序进行压缩。ZIP 程序使用了 Ziv-Lempel 算法（Ziv 等，1977）。我们将这一步的输出称为 P1.Z。

接下来，PGP 提示 Alice 提供一些随机的输入。Alice 输入的内容和按键的速度被用来生成一个 256 位的 AES 消息密钥 K_M（在 PGP 的文献中该密钥被称为会话密钥，但是，这实际上并不太恰当，因为这里没有会话）。现在利用 AES 和 K_M 加密 P1.Z。另外，使用 Bob 的公钥 E_B 加密 K_M。然后，这两部分内容被串接起来，并转换成 Base64 编码，正如在第 7 章中讨论 MIME 时介绍的那样。结果消息只包含字母、数字和符号＋、/、＝，这意味着它可以被放到一个 RFC 822 消息体中，并且有望毫无修改地到达另一方。

当 Bob 得到此消息时，他做一个逆向的 Base64 编码，并且利用他的私有 RSA 密钥解密出 AES 密钥。利用这个密钥，他解密此消息，得到 P1.Z。再经过解压缩，Bob 将明文与加密的散列值分离开，并且使用 Alice 的公钥解密此散列值。如果此明文散列值与他自己计算的 SHA-2 散列值一致，那么，他知道 P 是正确的消息，而且它确实来自 Alice。

值得注意的是，在这里只有两个地方用到了 RSA：为了加密 256 位的 SHA-2 散列值，以及加密 256 位密钥。虽然 RSA 非常慢，但是它只需加密少量数据，而不是大量的数据。而且这 512 位明文数据是高度随机的，因此 Trudy 需要做相当大量的工作才能确定一个猜测的密钥是否正确。繁重的加密工作是由 AES 完成的，而 AES 比 RSA 快了几个数量级。因此，PGP 不仅提供了安全性、压缩和数字签名的功能，而且它以一种比图 8-22 中显示的方案要高效得多的方法完成这些功能。

PGP 支持 4 种 RSA 密钥长度。它可以由用户选择一种最合适的长度。比如，如果是一位普通用户，则 1024 位密钥长度就已经足够用了；如果你担心老练的、政府资助的三字母组织，那么可能最低密钥长度要 2048 位；担心比人类技术发展超前一万年的外星人读取你的电子邮件？使用 4096 位密钥总是个不错的选择。另一方面，由于 RSA 仅仅被用于加密少数的数据位，也许用户在任何时候都应该使用星际强度的密钥。

经典 PGP 消息的格式如图 8-46 所示。还有其他许多格式也在实践中使用。PGP 消息有 3 个部分，分别包含了 AES 密钥、签名和原始消息。密钥部分包含的不仅是密钥，还有一个密钥标识符，因为 PGP 允许用户有多个公钥。

签名部分包含一个头，这里我们并不关心这个头。头的后面紧跟一个时间戳、发送方公钥的标识符、一些类型信息以及加密的散列值本身。其中，公钥标识符指定了用来解密签名散列值的那个公钥，而类型信息则标识了使用的算法（当 SHA-4 和 RSA2 被发明出来时就可以允许使用它们）。

消息部分也包含一个头以及一个默认的文件名，如果接收方要将文件写到磁盘中，则可以使用此默认的文件名。另外，消息部分还包含了一条消息创建时间戳，最后是邮件本身（这就不奇怪了）。

在 PGP 中，密钥管理部分最受关注，因为它是所有安全系统的关键所在。PGP 的密钥管理如下所述。每个用户在本地维护两个数据结构：一个私钥环和一个公钥环。私钥环

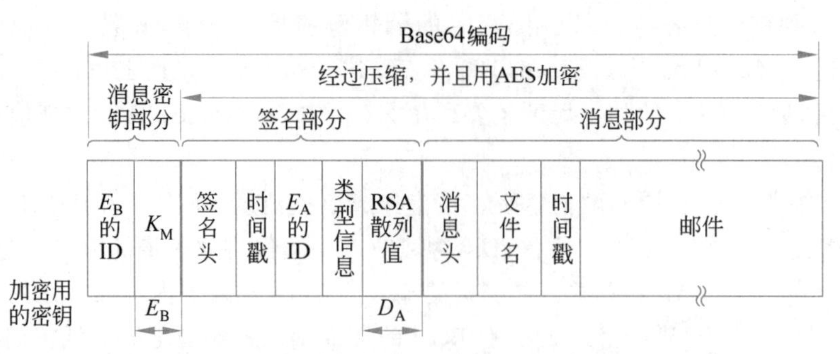

图 8-46 经典 PGP 消息的格式

(private key ring)包含一个或者多个本人的私钥-公钥对。为每个用户支持多对私钥-公钥的原因是允许用户定期地改变他们的公钥,或者当某个私钥被认为已经泄露时,他无须将当前已准备好或者正在传送过程中的消息统统作废。每一对私钥-公钥都有一个标识符与其关联,所以消息发送方可以告诉接收方自己是使用哪一个公钥对它加密的。该消息标识符由公钥的低 64 位构成。避免公钥标识符发生冲突是用户自己的责任。磁盘上的私钥必须使用特殊的口令(任意长)加密,以避免它们遭受偷窃攻击。

公钥环(public key ring)包含了与当前用户通信的其他用户的公钥。为了加密与每条消息相关联的消息密钥,这些公钥是必要的。公钥环上的每个条目不仅包含了公钥,而且也包含它的 64 位标识符以及一个代表当前用户对此密钥的信任程度的指示值。

这里需要解决的问题如下所述。假设这些公钥被维护在 Web 站点上。Trudy 为了阅读 Bob 的秘密电子邮件,一种办法是攻击该 Web 站点,并且用她自己选择的公钥代替 Bob 的公钥。当 Alice 后来获得了这个自称属于 Bob 的公钥时,Trudy 就可以对 Bob 实施水桶传递(MITM)攻击。

为了防止这样的攻击,或者至少将攻击的危害降到最低,Alice 需要知道在她的公钥环中,她对这个自称是“Bob 的公钥”的信任程度。如果她知道 Bob 本人亲自交给她一个包含此密钥的 CD-ROM(或者一个更现代的存储设备),那么她可以将信任程度设置到最高值。正是这种非中心化的、由用户控制的公钥管理方法使得 PGP 无须采用中心化的 PKI 方案。

然而,有时候人们还是要通过查询一个可信的密钥服务器获得公钥。由于这个原因,在 X.509 被标准化以后,PGP 除了支持传统的 PGP 公钥环机制以外,也支持 X.509 证书。PGP 的所有当前版本都支持 X.509。

8.11.2 S/MIME

IETF 冒险进军电子邮件安全领域的结果是 S/MIME(Secure/MIME,安全的 MIME),该方案由 RFC 2632～2643 描述。它提供了认证、数据完整性、保密性和不可否认性。而且,它还非常灵活,支持各种各样的密码学算法。无须惊奇的是,既然使用了 S/MIME 这样的名字,那么它一定与 MIME 集成得很好,从而允许各种类型的消息被保护起来。它也定义了各种新的 MIME 头,比如用来存放数字签名的 MIME 头。

S/MIME 并没有一个严格的、从单个根开始的证书层次结构,因为这样的结构曾经是早期一个被称为 PEM(Privacy Enhanced Mail,隐私增强的邮件)的系统之所以失败的政治问题之一。相反,用户可以有多个信任锚。只要一个证书能够被回溯到当前用户相信的某个信任锚,则它就被认为是有效的。S/MIME 使用了标准的算法和协议,关于这些算法和协议,前面都已经介绍过了,所以这里不再进一步讨论它们。有关 S/MIME 的细节,请参考相应的 RFC 文档。

8.12 Web 安全

前面已经介绍了两个对安全性要求非常高的重要领域:通信和电子邮件,你可以将它们想象成饭前汤和开胃小吃。现在该上主菜了,它就是 Web 安全。Web 是如今大多数像 Trudy 这样的人闲逛的场所,也是他们从事肮脏工作的地方。在本节中,将讨论与 Web 安全有关的一些问题和事项。

Web 安全可以粗略地分成 3 部分。第一,如何安全地命名对象和资源?第二,如何建立安全的、经过认证的连接?第三,当一个 Web 站点向客户发送一段可执行代码时,会发生什么?下面首先看一些威胁,然后再讨论这些问题。

8.12.1 威胁

人们几乎每星期都可以在报纸上看到有关 Web 站点安全的问题。这种状况确实非常严酷。我们现在看一些已经发生过的例子。首先,许多组织的主页受到过攻击,被代之以骇客(cracker)选择的新主页。[流行的出版物将这些侵入别人计算机的人称为黑客(hacker),但是许多程序员把"黑客"这个术语留给了那些了不起的程序员。本书中将这些人称为"骇客"。]曾经遭受过这种破坏的站点包括 Yahoo!、美国军方、Equifax、CIA、NASA 和《纽约时报》。在绝大多数情况下,骇客只是放置一些稀奇古怪的文字,这些站点可在几小时内被修复。

现在我们看一些更加严重的案例。有许多站点曾经因为遭受拒绝服务攻击而停止运行,在这些攻击中,骇客用大流量淹没 Web 站点,使它不能对合法的请求做出响应。通常这种攻击来自大量已被骇客攻破的主机(DDoS 攻击)。这样的攻击极为常见,所以它们已经不再是新闻了,但是,它们却可以使被攻击的站点造成数百万美元的业务损失。

在 1999 年,一名瑞典的骇客侵入了 Microsoft 公司的 Hotmail Web 站点,并创建了一个镜像站点,该镜像站点允许任何人输入 Hotmail 用户的名字,然后读取该用户当前的和已经存档的所有电子邮件。

在另一个案例中,一个名叫 Maxim 的 19 岁俄罗斯骇客侵入了一个电子商务 Web 站点,并且窃取了 30 万个信用卡号码。然后,他联系该站点的所有者,并告诉他们,如果他们不付给他 10 万美元,那么他将把所有的信用卡号码发布到 Internet 上。他们并没有屈从于他的敲诈勒索,结果他真的发布了这些信用卡号码,极大地损害了许多无辜者的利益。

在另一个不同类型的事件中,加利福尼亚一名 23 岁学生以电子邮件的形式给一家通讯社发了一则新闻稿,谎称 Emulex 公司将要发布有关季度亏损的消息,而且它的 CEO 也要立即辞职。在几小时之内,该公司的股票暴跌了 60%,从而导致股票持有者损失了 20 亿美元以上。而作案者在发布公告之前不久卖出了他的股票,他赚了 25 万美元。虽然这起事件不属于 Web 站点入侵,但是很显然,这样的公告放在任何一家大公司的主页上,都会有类似的效果。

我们可以用许多页的篇幅介绍类似这样的事件(这真的很不幸)。但现在该介绍一些与 Web 安全相关的技术事项了。有关各种安全问题的更多信息,请参考 Du(2019)、Schneier (2004)以及 Stuttard 等(2007)的专著。你也可以在 Internet 上搜索到大量的特殊案例。

8.12.2 安全命名和 DNSSEC

本节来重温 DNS 欺骗问题,首先从一些非常基本的功能入手。Alice 希望访问 Bob 的 Web 站点。她在她的浏览器中输入 Bob 的 URL,几秒以后,一个 Web 页面出现了。但是,这真的是 Bob 的主页吗? 可能是,也可能不是。Trudy 可能又故技重施了。比如,她可能截获了 Alice 发出的所有数据包,并查看了这些数据包的内容。当她捕捉到有一个 HTTP GET 请求指向 Bob 的 Web 站点时,她可以自己到 Bob 的 Web 站点获取页面,然后根据她的意愿进行修改,再将修改之后的假页面返回给 Alice。Alice 对此一无所知。更糟的是, Trudy 可以大幅降低 Bob 的电子商场中的货物价格,以便使他的货物看起来非常有诱惑力,从而诱使 Alice 将她的信用卡号码发送给"Bob"以购买一些商品。

这种经典的中间人攻击的一个缺点是,Trudy 必须位于某个位置上才能截获 Alice 的输出流量并且能够伪造她的输入流量。实际上,她必须要么搭接在 Alice 的电话线上,要么搭接在 Bob 的电话线上,因为搭接到光纤骨干线路上是相当困难的。虽然主动搭线这种方法肯定行得通,但是它需要一定的工作量;另外,虽然 Trudy 非常聪明,但是她也非常懒惰。

此外,还有更容易欺骗 Alice 的方式,比如在 8.2.3 节中提到过的 DNS 欺骗。简单来说,攻击者利用 DNS 欺骗,在一个中间名称服务器上存储一个不正确的服务映射,使其指向攻击者的 IP 地址。当用户想要与该服务器通信时,它查找到此地址,但结果是,用户并非与合法的服务器进行通话,而是与攻击者在通话。

真正的问题在于,在 DNS 被设计出来时,Internet 只是一个仅供几百所大学使用的研究工具,而不是让 Alice、Bob 或者 Trudy 加入进来的聚会场所。那时候安全性并不是一个问题;使 Internet 能真正工作起来才最为重要。很多年以来,网络环境已经有了很大的变化,所以,在 1994 年 IETF 成立了一个工作组,致力于使 DNS 从本质上变得更加安全。这个(尚在进行中的)项目被称为 **DNSSEC**(DNS SECurity,**DNS 安全性**);它的第一项成果发表在 RFC 2535 中,而后在 RFC 4033、RFC 4034 以及 RFC 4035 中更新。不幸的是, DNSSEC 尚未得到完全部署,所以,目前有大量的 DNS 服务器仍然会遭受欺骗攻击。

从概念来看,DNSSEC 极其简单。它建立在公钥密码学的基础之上。每一个 DNS 区域(第 7 章中讨论过)有一个公钥-私钥对。DNS 服务器发送的所有信息都要利用发起区域的私钥进行签名,所以接收方可以验证它的真实性。

DNSSEC 提供了 3 个基本服务:

(1) 证明数据是从哪里发出来的。

(2) 公钥的分发。

(3) 事务和请求认证。

主要的服务是第一个,它验证了返回的数据已经经过区域所有者的同意。第二个服务对于安全地存储和获取公钥很有用。第三个服务对于预防重放和欺骗攻击是必需的。请注意，保密性并不是 DNSSEC 要提供的服务，因为 DNS 中的所有信息都应该是公开的。根据 DNSSEC 中的分阶段实施计划，它需要几年时间进行部署，所以，具有安全功能的服务器与不支持安全功能的服务器之间的协同工作的能力是最基本的，这意味着该协议不能被改变。现在考察其中的一些细节。

DNS 的记录被组织成一些称为 **RRSET**（Resource Record SET，**资源记录集**）的集合，所有具有同样名称、类别（class）和类型（type）的记录被归并在一起，放到一个集合中。一个 RRSET 可能包含多个 A 记录，比如，倘若一个 DNS 名称被解析到一个主要的 IP 地址和一个次要的 IP 地址。RRSET 也扩展了几个新的记录类型（后面将讨论到）。对每个 RRSET 都计算一个密码学意义上的散列值（比如使用 SHA-2），然后利用该区域的私钥对该散列值进行签名（比如使用 RSA 算法）。传输给客户的单元是经过签名的 RRSET。当客户接收到一个签名的 RRSET 时，它可以验证此 RRSET 是否被发起区域签过名。如果签名没有问题，则该数据可以接受。由于每个 RRSET 都包含它自己的签名，所以 RRSET 可以被缓存在任何地方，即使被缓存在不可信的服务器上也不会危及安全性。

DNSSEC 引入了几个新的记录类型。其中第一个是 DNSKEY 记录。这种记录包含了一个区域、用户、主机或者其他主体的公钥，以及用于签名的密码学算法、使用的传输协议，还有其他一些位。这里的公钥是直接存储的，没有使用 X.509 证书，因为它们体积庞大。算法字段被设置为 1 代表 MD5/RSA 签名方案，其他的值代表其他的组合。协议字段指示了使用 IPSec 或者其他的安全协议（如果有）。

第二个新的记录类型是 RRSIG 记录。它存放的是经过签名的散列值，其中所用的算法由 DNSKEY 记录指定。这个签名应用在该 RRSET 中的所有记录上，包括所有 DNSKEY 记录，但是不包括 RRSIG 记录自身。RRSIG 记录也包含了该签名有效周期的开始时间和失效时间、签名者的名称以及其他一些项目。

在 DNSSEC 的设计中，每个区域的私钥可以一直保持离线状态，以便保护私钥的安全性。每天一次或者两次将一个区域的数据库的内容通过手工方式（比如通过一个老式的但相当可信的 CD-ROM 之类的安全存储设备）传送到一台未联网的计算机上，私钥就保存在这台计算机上。所有的 RRSET 可以在那里被签名，由此产生的 RRSIG 记录通过一个安全设备传回到该区域的主服务器中。通过这种方式，私钥可存储在一个被锁在保险箱里的存储设备上，只有当每天签名新的 RRSET 时需要将该设备连接到未联网的计算机中。当签名完成以后，内存中和磁盘上所有的私钥副本都被擦除，并且该存储设备又被放回保险箱里。这个过程实际上把电子安全还原为物理安全，人们对于物理安全总是比较容易理解和处理。

这种预先对 RRSET 进行签名的方法大大加速了回答查询的响应过程，因为这样就不需要在处理过程中动态地做密码学运算了。该方法的代价是需要大量的磁盘空间，以便在 DNS 数据库中存储所有的密钥和签名。由于引入了签名，有些记录的长度将增加到 10 倍以上。

当一个客户进程获得了一个签名的 RRSET 时，它必须利用发起区域的公钥解密散列值，同时自己计算一遍散列值，然后比较这两个值。如果它们相等，则认为此 RRSET 数据是有效的。然而，这个过程又引出了另一个问题，即客户如何得到该区域的公钥。一种方法是利用一个安全的连接（比如使用 IPSec）从一台可信的服务器获得该公钥。

然而,在实践中,可以假设客户已经预先配置了所有顶级域的公钥。如果 Alice 现在想要访问 Bob 的 Web 站点,则她可以向 DNS 请求 bob.com 的 RRSET,该 RRSET 中包含了他的 IP 地址和一个 DNSKEY 记录(其中包含了 Bob 的公钥)。此 RRSET 已被 com 顶级域签过名,所以 Alice 很容易验证它的有效性。图 8-47 中显示了这个 RRSET 可能包含的内容作为一个例子。

域名	生存期	类别	类型	值
bob.com.	86 400	IN	A	36.1.23
bob.com.	86 400	IN	DNKEY	3682793A7B73F731029CE2737D…
bob.com.	86 400	IN	RRSIG	86947503A8B848F5272E53930C…

图 8-47 bob.com 的 RRSET 例子

现在 Alice 拥有了 Bob 的公钥的一份副本,并且已经通过了验证,于是她向 Bob 的 DNS 服务器(由 Bob 运行)请求 www.bob.com 的 IP 地址。Bob 返回的 RRSET 已经用 Bob 的私钥做过签名,所以 Alice 可以验证这个 RRSET 的签名。如果 Trudy 或者其他人设法将一个假的 RRSET 插入到任何一个缓存中,则 Alice 很容易就可以检测出它是不真实的,因为该 RRSET 中的 RRSIG 记录将是不正确的。

然而,DNSSEC 还提供了一种密码学机制把应答和特定的查询绑定,从而防止在本节开头讨论过的那种欺骗攻击。这种(可选的)反欺骗手段的做法是:应答方利用自己的私钥对查询消息的散列值做签名,然后把签名后的散列值加入到应答消息中。由于 Trudy 不知道顶级 com 服务器的私钥,所以她不可能为 Alice 的 ISP 发送的查询伪造一个应答。她当然可以让她的应答先返回,但是它将遭到拒绝,因为她对查询的散列值所做的签名是无效的。

DNSSEC 也支持其他一些记录类型。比如,CERT 记录可以被用来存储证书(比如 X.509 证书)。之所以提供这个记录,是因为有些人希望将 DNS 变成一个 PKI。这种变化是否真的会发生还有待于进一步观察。我们对于 DNSSEC 的讨论到此为止。有关更多的细节,请参考 RFC。

8.12.3 传输层安全

安全的命名机制是一个很好的起点,但是,对于 Web 安全而言还有更多内容。下一步是安全的连接。本节考察如何实现安全的连接。安全涉及的事情没有简单的,这不是二选一那么简单。

当 Web 出现在公众面前时,它最初仅仅被用来分发静态页面而已。然而,不久以后,有些公司就想到了将 Web 用于金融交易,比如信用卡购物、在线银行和电子股票交易。这些应用创造了一种新的需求,即迫切需要安全的连接。1995 年,Netscape 通信公司(Netscape Communications Corp.)作为当时占主导地位的浏览器厂商,对此迅速做出了响应,它引入了一个被称为 SSL(Secure Sockets Layer,安全套接字层),现在称为 TSL(Transport Layer Security,传输层安全)的安全软件包以满足这种需求。这个软件包和它的协议现在已被广泛使用,比如已被 Firefox、Brave、Safari 和 Chrome 所采用,所以值得我们考察它的某些细节。

SSL 在两个套接字之间建立一个安全的连接，其中包括以下功能：

(1) 客户与服务器之间的参数协商。

(2) 客户对服务器的认证。

(3) 保密的通信。

(4) 数据完整性保护。

以前介绍过这些功能的确切含义，所以这里不再细致地加以阐述。

应用层(HTTP)
安全层(SSL)
传输层(TCP)
网络层(IP)
数据链路层(PPP)
物理层(调制解调器、ADSL、有线电视)

图 8-48　SSL 在协议栈中的位置

图 8-48 中显示了 SSL 在协议栈中的位置。实际上，它是位于应用层和传输层之间的一个新层，它接收来自浏览器的请求，再将这些请求发送给 TCP 以便传输到服务器上。一旦安全的连接已经被建立起来，则 SSL 的主要任务是处理压缩和加密。当在 SSL 之上使用 HTTP 时，尽管它还是标准的 HTTP，但是它被称为 **HTTPS**(Secure HTTP，**安全的 HTTP**)。有时候它使用一个新的端口 443，而不是端口 80。顺便提一下，尽管 SSL 并不限于用在 Web 浏览器中，但这是它最常见的应用。它也可以提供双向认证。SSL 协议经历了几个版本。下面只讨论第 3 版，这是最为广泛使用的版本。SSL 支持许多种不同的选项。这些选项包括是否使用压缩功能、使用哪些密码学算法以及一些与密码产品出口限制有关的事项。最后一项的意图主要是为了确保高强度的密码学算法仅被用于连接双方都在美国国内的情形。在其他情形下，密钥被限制在 40 位，许多密码学家认为这是一个笑话。为了从美国政府这里拿到出口许可，Netscape 被迫加入了这项限制。

SSL 由两个子协议组成，一个用来建立安全的连接，另一个使用安全的连接。首先来看如何建立安全连接。图 8-49 中显示了连接建立子协议。子协议从消息 1 开始，此时 Alice 向 Bob 发送一个建立连接的请求。该请求指定了 Alice 所用的 SSL 版本以及她优先选择的压缩算法和密码学算法。它也包含一个临时值 R_A，后面将会用到此值。

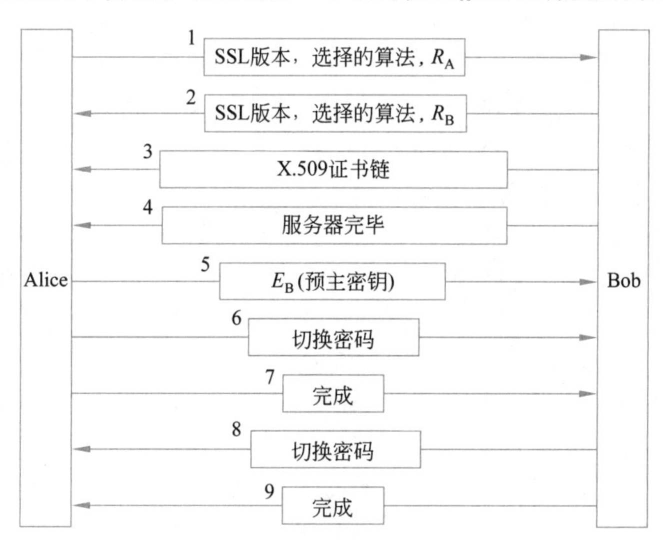

图 8-49　连接建立子协议

现在轮到Bob了。在消息2中,Bob在Alice可能支持的各种算法之中做出选择,并且也发送他的临时值R_B。然后,在消息3中,他发送一个证书,其中包含了他的公钥。如果这个证书并没有被某个知名的权威机构签过名,那么,他还要发送一个证书链,通过这个证书链可以回溯到某个由权威机构签名的证书。所有的浏览器,包括Alice的浏览器,都预装了大约100个公钥,所以,如果Bob能够建立一个证书链,并且此证书链以这100多个证书中的某一个作为信任锚,那么,Alice就能够验证Bob的公钥。这时候,Bob可以发送其他一些消息(比如请求Alice的公钥证书)。当Bob完成时,他发送消息4告诉Alice该轮到她了。

Alice的响应是选择一个随机的384位**预设主密钥**(premaster key),并且用Bob的公钥加密之后发送给Bob(消息5)。用于加密数据的实际会话密钥是从这个预设主密钥和两个临时值通过一种复杂的方法推导得来的。当Bob接收到消息5以后,Alice和Bob都能够计算该会话密钥。由于这个原因,Alice告诉Bob,现在请切换到新的密码(消息6),并且告诉他她已经完成了建立连接子协议(消息7)。然后,Bob对这两条消息分别进行确认(消息8和9)。

然而,虽然Alice知道了Bob是谁,但是,Bob并不知道Alice是谁(除非Alice有一个公钥和相应的证书,而这对于普通个人用户来说是不太可能的情形)。因此,Bob的第一条消息极有可能是一个登录请求,请求Alice用一个预先建立的名字和口令登录。然而,此登录协议超出了SSL的范围。一旦SSL的安全连接已经建立起来,不管怎么样,数据传输就可以开始了。

正如上面所提到的,SSL支持多种密码学算法。最强的一种方案使用3个独立密钥的三重DES加密数据,通过SHA保护消息完整性。这种组合比较慢,所以它主要用于银行和其他一些对安全性有极高要求的应用。对于普通的电子商务应用,则通常使用128位密钥的RC4算法进行数据加密,使用MD5进行消息认证。RC4将这个128位的密钥用作一个种子,并且将它扩展成一个非常大的数以便内部使用。然后,它利用这个内部数生成一个密钥流。该密钥流与明文做异或(XOR)运算,从而提供了一个经典的流密码算法,正如在图8-18中看到的那样。出口版本也使用了128位密钥的RC4,但是其中88位是公开的,以使该密码算法易于被破解。

为了实际传输数据,则需要使用第二个子协议,如图8-50所示。来自浏览器的消息首先被分割成最多16KB的段。当数据压缩功能被启用时,每个段被单独压缩。其次,根据两个临时值和预主密钥推导出来的一个秘密密钥被串接到压缩之后的文本中,再利用已经协商好的散列算法(通常是MD5)对串接之后的结果做散列运算。这个散列值被附加在每一段的尾部,作为它的消息认证码(MAC)。再次,再使用协商好的对称加密算法(通常是与RC4的密钥流进行XOR运算)对压缩之后的段和MAC进行加密。最后,每个段被附上一个分段头,再通过TCP连接按常规的方式被传输出去。

然而,这里有一个建议要提一下。由于研究人员已经证明了RC4存在一些弱密钥,它们很容易被分析,所以相当一段时间以来,使用RC4的SSL其安全性是不可靠的(Fluhrer等,2001)。如果浏览器允许用户选择密码算法组合,则用户应该总是将它配置成使用168位密钥的三重DES和SHA-2,尽管这种组合比RC4和MD5的组合要慢一些。更好的选择是,用户应该升级到支持稍后将要介绍的SSL后续版本的浏览器。

SSL存在一个问题:Alice和Bob可能没有证书,或者即使他们有证书,他们也并不总

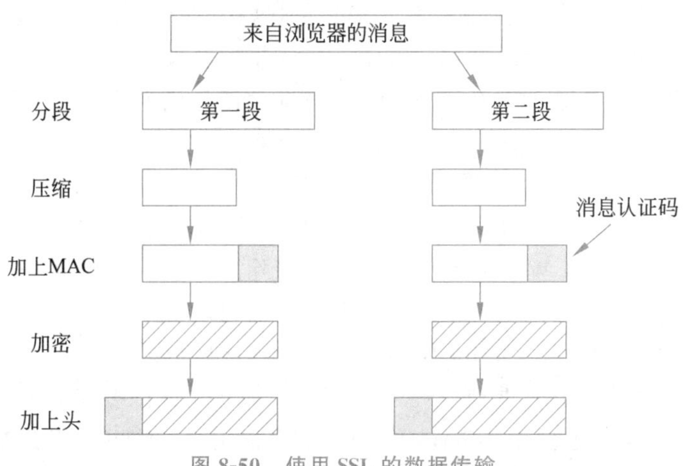

图 8-50　使用 SSL 的数据传输

是验证所用的密钥是否与证书相匹配。

1996 年，Netscape 公司将 SSL 移交给 IETF 进行标准化。移交的结果是 TLS（Transport Layer Security，传输层安全）。RFC 5246 描述了 TLS。

TLS 基于 SSL 版本 3。尽管 IETF 对 SSL 所做的修改较小，但也足以使 SSL 版本 3 和 TLS 无法互操作。比如，从预主密钥和临时值推导出会话密钥的方法被改变了，从而使得密钥更强大（即难以进行密码分析）。由于这种不兼容性，大多数浏览器都实现了两个协议，在协商过程中若有需要可从 TLS 退回到 SSL。这就是所谓的 SSL/TLS。第一个 TLS 实现出现在 1999 年，其 1.2 版本于 2008 年 8 月定义，1.3 版本于 2018 年 3 月定义。它包括对更强的密码套件（特别是 AES）的支持，以及对 SNI（Server Name Indication，服务器名称指示）的加密的支持，这里 SNI 可被用来标识出用户正在访问的 Web 站点（如果该 Web 站点是以明文方式传输的）。

8.12.4　运行不可信的代码

命名和连接是与 Web 安全相关的两个受关注领域。但不止于此。一个特别困难的问题是，我们越来越不限制外来的、不受信任的代码在本地计算机上运行。本节将快速浏览此类不受信任的代码引发的一些问题，以及处理这些问题的一些方法。

在浏览器中编写脚本代码

在早期，当 Web 页面只是静态的 HTML 文件时，它们不包含可执行代码。现在它们通常包含小程序，通常用 JavaScript 编写（有时被编译成更高效的 Web Assembly）。下载和执行这样的移动代码显然是一个巨大的安全风险，因此各种方法被设计出来将这种风险最小化。

JavaScript 没有任何正式的安全模型，但它却有着很长的带漏洞实现的历史。每个供应商以不同的方式处理安全问题。主要的防御措施是，除非有错误，否则该语言不应该能够做非常糟糕的事情——读或写任意文件、访问其他 Web 页面的敏感数据等。通常称这样的代码运行在沙盒环境（sandboxed environment）中。但问题是错误确实存在。

根本的问题是让外来代码在你的计算机上运行是自找麻烦。从安全的角度看，这就像邀请一个窃贼进入你的房子,然后试图密切监视他,这样他就不能从厨房逃到客厅。如果有意料之外的事情发生,从而让你一时分神,则不好的事就会发生。这里矛盾之处在于,移动代码允许华丽的图形和快速的交互,许多 Web 站点设计师认为这比安全性更重要,尤其当这只是别人的计算机处于危险之中的时候。

比如,想象一下,一个包含用户个人数据的 Web 站点允许用户以任何其他用户都可以看到的文本形式提供反馈。Web 站点的想法是,用户现在可以告诉公司他们有多喜欢或讨厌它的服务。然而,除非该 Web 站点非常小心地清除反馈表单中的数据,否则攻击者也可以在文本字段中放置少量 JavaScript 代码。现在假设用户访问了该 Web 站点并查看了其他用户提供的反馈。这些 JavaScript 代码将被发送到该用户的浏览器,该用户的浏览器不知道这应该是反馈内容。它只看到 JavaScript 代码,就像它在许多其他 Web 页面上找到的一样,然后开始执行它。恶意 JavaScript 代码能够窃取用户的浏览器为此 Web 站点维护的所有隐私敏感数据(比如 Cookie),并将其发送给攻击者。这被称为 CSS(Cross-Site Scripting,跨站点脚本)攻击。CSRF(Cross-Site Request Forgery,跨站点请求伪造)攻击也是相似的,甚至允许攻击者冒充用户。

另一个可能出现的问题是,JavaScript 引擎可能没有足够的安全性。比如,浏览器中可能有一个错误,恶意 JavaScript 代码可以利用该错误接管此浏览器甚至整个系统。这就是所谓的偷渡式下载(drive-by download):用户访问一个 Web 站点,没有意识到自己被感染了。这甚至不意味着该 Web 站点是恶意的,也许该 JavaScript 代码是在广告中或者在某个反馈字段中,正如前面看到的那样。一个特别著名的攻击,被称为"极光行动(Operation Aurora)",是对 Google 和其他几家技术公司的攻击,攻击者利用一个偷渡式下载渗透到该公司内,以便获得对其代码仓库的访问。

浏览器扩展

除了用代码扩展 Web 页面以外,浏览器扩展(browser extension)、加载件(add-on)和插件(plug-in)也是一个蓬勃发展的市场。它们是扩展 Web 浏览器功能的计算机程序。插件通常提供了解释或显示特定类型内容(比如 PDF 或 Flash 动画)的能力。扩展和加载件提供了新的浏览器功能,比如更好的口令管理,或者通过诸如标记页面或允许轻松购买相关项目等方式与页面进行交互。

安装一个扩展、加载件或插件非常简单,就像在浏览页面时单击链接便可以安装程序一样。此操作将导致代码被通过 Internet 下载并安装到浏览器中。所有这些程序都被编写到不同的框架中,这些框架随着浏览器被增强的方式而有所差异。然而,大致上,它们成为了浏览器的可信计算基的一部分。也就是说,如果被安装的代码是错误的,那么,整个浏览器可能会被攻陷。

还有另外两个明显的问题。第一个问题是程序可能表现出恶意行为,比如,收集个人信息并将其发送到一个远程服务器。所有的浏览器都知道,用户安装扩展正是为了这个目的。第二个问题是插件使浏览器能够解释新类型的内容。通常这些内容本身就是一种成熟的编程语言。PDF 和 Flash 就是很好的例子。当用户查看包含 PDF 和 Flash 内容的页面时,浏览器中的插件正在执行 PDF 和 Flash 代码。这些代码最好是安全的,但通常存在可以被利用的漏洞。出于所有这些原因,加载件和插件应该只在需要时安装,并且只接受可信的供应商提供的内容。

特洛伊木马和其他恶意软件

特洛伊木马和恶意软件(malware)是另一种形式的不受信任的代码。通常用户会无意识地安装这些代码,因为他们认为这些代码是良性的,或者因为他们打开了一个附件,从而导致了代码的秘密执行,然后安装了一些额外的恶意软件。当恶意代码开始执行时,通常首先会感染其他程序(在磁盘上的程序,或者在内存中运行的程序)。当这些程序中有一个程序被运行时,恶意代码就运行了。它可能会将自己传播到其他计算机上,加密磁盘上的所有文档(以获取赎金),监视你的活动,以及做许多其他令人不快的事情。有些恶意软件会感染硬盘的引导扇区,所以当计算机被引导时,恶意软件就会运行。恶意软件变成了 Internet 上的一个巨大问题,已经造成了价值数十亿美元的损失。没有显而易见的解决办法。也许,基于安全微内核和严格划分用户、进程和资源的全新一代操作系统会有所帮助。

8.13 社会问题

Internet 和它的安全技术是一个使社会问题、公共政策和技术交汇在一起的广阔领域,这种交汇往往又导致重大的后果。下面将简短地讨论 3 个领域:隐私、言论自由和版权。毋庸多言,这里只能涉猎表面而已。有关进一步的讨论,请参看 Anderson(2008a)、Baase 等(2017)、Bernal(2018)以及 Schneier(2004)的专著。Internet 本身也充满了各种材料,只需在任何一个搜索引擎中输入诸如 privacy(隐私)、censorship(审查)和 copyright(版权)之类的词汇即可。

8.13.1 机密通信及匿名通信

人们有隐私权吗?这是个很好的问题。美国宪法的第 4 次修订版本中禁止政府在毫无恰当理由的情况下搜查人们的房屋、文件和私人财产,并且继续限制搜查许可证的发放条件。因此,隐私被提到公开的议程中已经有 200 多年的历史了,至少在美国是如此。

在过去十多年中发生的变化有两个方面:政府监视老百姓更加容易了,而老百姓预防这种监视也更加容易了。在 18 世纪,政府为了搜查一个公民的文件,它必须派出一名骑警到该公民的农场查看特定的文档。这是一个非常烦琐的过程。现在,当出示搜查许可证时,电话公司和 Internet 提供商就会准备好提供窃听装置。这使得警察们的工作更加容易了,而且也没有从马上掉下来的危险了。

智能手机的广泛应用给政府窥探增加了一个新维度。许多人随身携带的手机包含着与他们整个生活有关的信息。一些智能手机可以用面部识别软件解锁。这种方式造成的后果是,如果一个警官想让嫌疑人解锁手机而嫌疑人拒绝了,则警官只需要拿着手机对准嫌疑人的脸,手机便成功解锁。很少人在启用人脸识别(或它的前身——指纹识别)时会想到这种情形。

密码学改变了这一切。任何人只要下载并安装了 PGP,而且使用防护良好的以及星际强度的密钥,他就可以保证宇宙中的任何一个人都不可能读取他的电子邮件,不管他有没有搜查许可证。政府很清楚这一点,并且不喜欢这样的局面。对于政府来说,真正的隐私意味着它们将很难监视各种各样的罪犯,而且也很难监视新闻记者和各种持不同政见者。因此,有些政府限制或者禁止密码技术的使用或出口。比如,在法国,1999年以前所有的密码系统都是禁止的,除非把密钥交给政府。

法国并不是唯一一个禁止密码技术的国家。1993年4月,美国政府宣布它计划制造一种硬件密码处理器,称为密码芯片(clipper chip),作为所有网络通信的标准。据说用它可以保证公民的隐私。该计划同时也提到了这种芯片通过一种称为密钥托管(key escrow)的方案(它允许政府访问所有的密钥),从而为政府提供了解密所有流量的能力。然而,政府承诺,只有当拥有合法的搜查许可证时政府才可以使用这种能力。无须多说,随之爆发了激烈的抗议,隐私保护倡导者公开指责整个计划,而执法者则极力赞美它。最终,政府取消了这个计划,并放弃了这种想法。

在电子前沿基金会(Electronic Frontier Foundation)的Web站点www.eff.org上,有大量关于电子隐私的信息可以参考。

匿名邮件转发器

PGP、SSL和其他的一些技术使得任何两方之间都有可能建立安全的、真实的通信,从而避免受到第三方的监视和干扰。然而,有时候,隐私的真正做法是不要认证,实际上也就是说使通信变成匿名。对于点到点的消息、新闻组或者两者兼而有之的应用场合,人们可能非常期望这种匿名性。

现在来看一些例子。第一,生存在独裁政治体制下的持不同政见者通常希望进行匿名的通信,以此来逃脱被监禁或谋杀。第二,许多企业、教育界、政府以及其他机构中的不正当行为通常被一些勇敢的正义人士揭发出来,而这些揭发者通常希望能保持匿名,以免遭到打击报复。第三,持有非主流的社会、政治或宗教观点的人可能希望在跟其他人通过电子邮件或者新闻组进行通信时不暴露自己的身份。第四,人们可能希望在新闻组中匿名地讨论酗酒、精神病、性骚扰、虐待儿童问题或者受迫害的少数派的成员信息。当然,除此以外,还有许多其他例子。

接下来考虑一个特殊的例子。在20世纪90年代,一个非传统宗教组织的某些批评人士利用一个匿名邮件转发器(anonymous remailer)将他们的观点张贴到一个USENET新闻组中。这个服务器允许用户创建假的名字,并且给服务器发送邮件;然后,该服务器使用这个假名字将邮件寄送或者张贴出去,所以没有人能够知道消息的确切来源。他们的有些帖子泄露了该宗教组织宣称的商业秘密以及受版权保护的文档。该宗教组织对此做了回应,它告诉本地权力机构,它的商业秘密已经被暴露,并且它的版权受到了侵犯,这两者都是转发服务器所在地的犯罪行为。这起事件被闹到法庭上,最终,服务器运营商被迫将那些暴露发帖人真实身份的映射信息交出来(顺便提一下,这并不是第一起因为有人泄露商业秘密而惹怒一个宗教组织的事件,1536年William Tyndale因为将圣经翻译成英文而被绑在树桩上活活烧死)。

相当一部分Internet社群被这种侵犯机密的行为彻底激怒了。人们得出的结论是,那些保存了从真实电子邮件地址到假名字之间映射关系的匿名邮件转发器(现在称为类型1邮件转发器)不再有任何价值。这种情形刺激了各种各样的人开始设计可抵抗法庭传票攻击的匿名邮件转发器。

这些新的邮件转发器通常称为加密朋克邮件转发器(cypherpunk remailer),其工作过程如下所述。用户产生一条电子邮件消息,其中含有完整的 RFC 822 头(当然除了“From:”以外),然后用邮件转发器的公钥对它加密,并发送给该邮件转发器。在邮件转发器上,外部的 RFC 822 头被剥掉,内容被解密,然后消息被重新发送出去。邮件转发器没有任何账号,也不维护日志,所以,即使邮件转发服务器以后被查抄,它也不会保留任何从它这里经过的消息的痕迹。

许多希望发送匿名消息的用户可以使他们的请求穿越多个匿名邮件转发器,如图 8-51 所示。这里,Alice 想要给 Bob 发送一张真的、真的、真的匿名的情人节卡片,所以她使用 3 个邮件转发器。她写好一条消息 M,并且在消息上面放一个头,其中含有 Bob 的电子邮件地址。然后,她用 3 号邮件转发器的公钥 E_3 对整条消息进行加密(如图 8-51 中水平阴影线所示)。她又利用 3 号邮件服务器的邮件地址,在外面套了一个明文头。这是图 4-46 中 2 号和 3 号邮件转发器之间所显示的消息。

然后,她用 2 号邮件转发器的公钥 E_2 加密这条消息(如图 8-51 中垂直阴影线所示),并且在外面套上一个含有 2 号转发器的电子邮件地址的明文头。这是图 8-51 中 1 号和 2 号邮件转发器之间所显示的消息。最后,她再用 1 号邮件转发器的公钥 E_1 加密整条消息,并且套上一个含有 1 号转发器电子邮件地址的明文头。这是在图 8-51 中 Alice 右侧显示的消息,而且这也是她实际传送的消息。

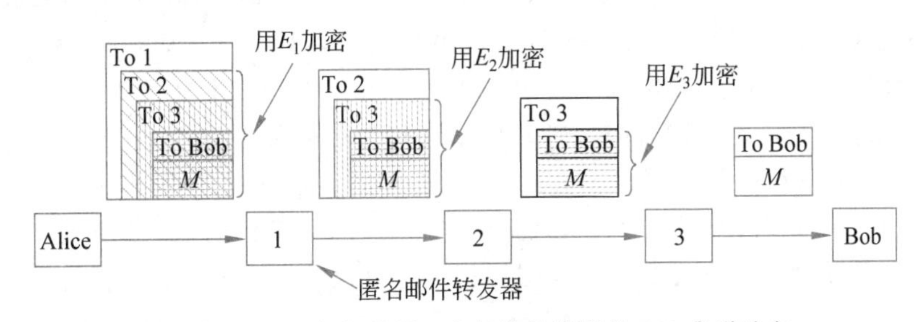

图 8-51 Alice 如何使用三个邮件转发器给 Bob 发送消息

当消息到达 1 号邮件转发器时,首先外部的头被剥掉。消息体被解密,然后被发送给 2 号邮件转发器。在其他两个邮件转发器上也执行类似的步骤。

任何人要想从最终消息追踪回到 Alice 将非常困难,尽管如此,许多邮件转发器还采取了额外的安全预防措施。比如,它们可能将消息保留一段随机的时间,在消息的末尾增加或者删除一些无关紧要的信息,对消息重新排序;它们所做的这一切使得辨别邮件转发器的输出消息对应于哪一条输入消息变得更加困难,以此来抵抗流量分析攻击。有关此类邮件转发器的描述,请参考 Mazières 等的经典论文(1998)。

匿名需求并不仅限于电子邮件。允许匿名 Web 冲浪的服务也存在,它们使用相同的分层路径形式,其中一个节点只知道链中的下一个节点。这个方法称为洋葱路由(onion routing),因为每一个节点剥离了洋葱的另一层才能确定下一步应该将数据包转发到哪里。用户把他的浏览器配置成使用作为代理的匿名用户服务。Tor 是此类系统的一个众所周知的例子(Bernaschi 等,2019)。今后,所有的 HTTP 请求都将通过匿名用户网络,请求页面和将页面发回。该 Web 站点把该匿名用户网络的退出节点而不是用户节点当作该请求的来源。只要匿名用户网络不保留日志,事后没有人可以确定究竟是谁请求了哪个页面。同时,因为信息不在那里,所以不会面对法院传票。

8.13.2 言论自由

匿名通信使得其他人难以看到他们的私人通信的细节。第二个关键的社会问题是言论自由,以及它的对立面,即审查。所谓审查是指政府希望限制每个公民能阅读和发表的内容。由于Web包含了海量的页面,所以Web成了审查员的天堂。根据政治体制和意识形态的不同,被禁止的材料可能是包含了以下内容的Web站点:

(1) 少儿不宜的材料。

(2) 对各种种族、宗教、性别或者其他组织有歧视倾向的言论。

(3) 有关民主和民主价值的信息。

(4) 与政府的说法有抵触的历史事件报道。

(5)介绍撬锁、制造核武器、加密消息等技术的参考材料。

通常采取的响应措施是禁止这样的不良站点。

有时候结果是不可预知的。比如,有些公共图书馆在它们的计算机上安装了Web过滤器,通过阻塞色情站点,从而允许儿童使用这些计算机。这些过滤器一方面禁止黑名单中的所有站点,另一方面在显示页面以前还要检查这些页面是否包含了脏字。在弗吉尼亚州Loudoun县的一个案例中,当一名赞助人搜索有关乳房癌的信息时,过滤器阻止了这一搜索请求,因为它看到了"乳房"一词。这名图书馆的赞助人控告了Loudoun县。然而,在加利福尼亚州的Livermore,一名家长控告公共图书馆的理由是他们没有安装过滤器,所以她12岁的儿子在那里浏览色情内容时被抓。图书馆该怎么办呢?

许多人都知道,万维网(World Wide Web)是一个全球范围的Web。它覆盖了整个世界。然而,对于哪些内容出现在Web上是允许的,并不是所有的国家都有统一的规定。比如,在2000年11月,法国的法院命令美国加利福尼亚州的Yahoo! 公司阻止法国的用户观看Yahoo! 的Web站点上有关纳粹纪念物的拍卖活动,因为按照法国的法律,拥有这样的物品是违法的。Yahoo!向美国的法院提出上诉,美国法院站在它这边,因此问题演变成谁的法律可以适用哪里,这个问题远远没有得到解决。

顺便提一下,作为多年的互联网业宠儿之一,Yahoo! 也不能永久生存下来,在2017年,Verizon公司宣布将花50亿美元买下Yahoo!。由于Yahoo! 一系列数据违规问题导致数十亿用户的账户受到影响,一个直接结果是公司收购价格降低了3.5亿美元。这是安全问题导致的。

回到法院的案例,你可以继续想象。如果美国犹他州的某个法院命令法国阻塞所有做酒生意的Web站点,因为犹他州关于酒的法律非常严格,这些站点不符合它的法律,那么会怎么样呢? 伊朗关于宗教的法律适用于更加自由的瑞典吗? 沙特阿拉伯能够阻塞所有涉及妇女权利的Web站点吗? 整个问题将变成一个名副其实的潘多拉盒子。

一条来自John Gilmore的很中肯的评论是:"网络将审查行为看作一种破坏,并且设法绕过它。"要想了解一个具体的实现,请考虑**永恒服务**(eternity service)(Anderson,1996)。它的目标是保证已被发表的信息不可能被撤销或改写,这在斯大林时期的苏联是很常见的。为了使用该服务,用户需要指定自己的材料将被保留多久,并且支付与材料长度和保留时间成比例的费用,然后上载材料。之后,没有人可以移除或者编辑这些材料,即使上载者也不例外。

这样的服务如何实现呢？最简单的模型是使用一个对等系统，用户的文档被存放在对等系统中的几十台服务器上，并且每台服务器获得一部分费用，以此鼓励服务器加入到对等系统中。这些服务器应该尽可能地分散到不同法律的管辖范围。10台随机选择的服务器的列表被安全地保存在多个地方，所以即使有些地方被攻破了，其他的仍然还在。如果当局下决心要毁掉某个文档，那么它可能永远也无法确定自己是否找到了该文档所有的副本。该系统可以被做成自修复的，也就是说，如果它知道有些副本已经被毁坏，则剩下的站点将试图找到新的代码仓库，以便替换那些被毁坏的副本。

永恒服务是第一个对抗审查系统的方案。自那以后，还有其他一些系统也被提出来了，而且有几个已经实现了。各种新的特性已经被加入进来，比如加密、匿名性和容错性。保存在系统中的文件通常被分割成多个片段，每个片段被保存在许多台服务器上。这样的系统有 Freenet(Clarke 等，2002)、PASIS(Wylie 等，2002)和 Publius(Waldman 等，2000)。

不仅在信息过滤和审查的问题上，而且对虚假信息(disinformation)的扩散，以及故意加工过的错误信息的关注也持续升温。虚假信息现在变成了攻击者可以操弄政治，社会以及财经的手段。2016年，攻击者制作了有关美国总统选举候选者虚假信息的站点并散布到社交媒体上。在其他上下文环境中，虚假信息可以被用来影响房地产价格。不幸的是，检测虚假信息非常有挑战性，而在虚假信息传播出去之前检测到它更是难上加难。

信息隐藏学

在审查制度比较繁多的国家中，持不同政见者通常企图使用技术手段躲避审查。密码学技术使得秘密消息仍然可以被发送出去(不过这样做可能不合法)，但是如果政府认为 Alice 是一个坏人，那么仅仅凭着她与 Bob 进行通信这一事实就可能使他也被归到坏人这一类别中，因为即使高压政府中缺乏数学家，他们也会理解传递闭包的概念。匿名邮件转发器也许有所帮助，但是如果它们在国内是禁止的，并且通向国外转发器的消息都要求得到政府的出口许可，那么它们也无济于事。

希望进行保密通信的人通常试图隐藏所有的通信痕迹，包括发生了通信本身这一事实。隐藏消息的学科称为信息隐藏学(steganography)，它来源于希腊语中的词，意为 covered writing。事实上，古希腊人自己也使用这项技术。希罗多德(Herodotus，希腊历史学家)写到了这样一个故事：一名将军剃光了一个信使的头，再将消息刺在他的头皮上，等到他的头发长出来之后再送他出去。现代技术在概念上是一样的，只不过它们有更高的带宽和更低的延迟，但不要求理发师的服务。

作为一个恰当的案例，请考虑图 8-52(a)。这张照片是本书作者之一(AST)在肯尼亚拍摄的，照片中有3匹斑马凝望着一棵橡胶树。图 8-52(b)看起来也有同样的3匹斑马和一棵橡胶树，但是它加入了额外有趣的东西。它内嵌了5部莎士比亚戏剧的完整文本：*Hamlet*(《哈姆雷特》)、*King Lear*(《李尔王》)、*Macbeth*(《麦克白》)、*The Merchant of Venice*(《威尼斯商人》)和 *Julius Caesar*(《凯撒大帝》)。这些戏剧合起来总共超过了700KB的文本。

这种信息隐藏信道是如何做到的呢？原始的彩色图像有 1024×768 个像素。每个像素

(a) 3匹斑马和一棵树

(b) 3匹斑马、一棵树和5部莎士比亚戏剧的完整文本

图 8-52 信息隐藏案例

由3个8位整数构成,分别对应于该像素的红、绿和蓝颜色的强度。像素的颜色由这3种颜色线性叠加而成。这里的信息隐藏编码方法使用了每个RGB颜色值的最低位作为隐蔽信道。因此,每个像素有3位秘密信息空间:红色值中有1位,绿色值中有1位,蓝色值中也有1位。对于本例中的这样一幅图像,它可以存储至多1024×768×3位或者294 912B的秘密信息。

这5部戏剧的完整剧本以及一份简短的评论累加起来总共有734 891B。首先使用一个标准压缩算法将这些文本信息压缩到大约274KB大小。然后利用IDEA算法对压缩之后的输出进行加密,再将密文插入到每个颜色值的最低位中。当这些颜色值被显示时(实际上,插入的信息是不能被看到的),隐藏信息的存在是完全不可见的。在一张大的、全彩色的照片中,隐藏信息的存在同样是不可见的。眼睛不可能轻易地区分出21位彩色和24位彩色。

在低分辨率下观看两幅黑白图像并不能体现出这项技术是多么强大。为了更好地感受信息隐藏技术的效果,本书作者专门准备了一个演示,其中包括图8-52(b)中内嵌了5部戏剧的全彩色高分辨率图像。可以从本书的Web站点上找到这个演示,包括用来在图像中插入和提取文本的工具。

为了使用信息隐藏技术实现未被检测的通信,持不同政见者可以创建一个Web站点,并在Web站点上放置各种政治正确的图片,比如领导人的照片、本地的体育赛事、影视明星等。当然,这些图片中携带了隐藏的消息。如果这些消息首先被压缩,然后再被加密,那么即使有人怀疑存在这些消息,他们也很难将这些消息与白噪声区分开。当然,这些图像应该是重新扫描的;如果直接从Internet上复制一个图片,再改变其中的一些位,则必将暴露无疑。想知道怎样将一段录音嵌入到静止的图片中,可参见Chaudhary等的论文(2018)。

图像并不是隐藏消息的唯一载体。音频文件也可以工作得很好。在语音IP呼叫中,通过操纵数据包延迟、音频失真甚至数据包头字段都可以携带隐藏的信息(Lubacz等,2010)。即使HTML文件中的布局和标签顺序也可以携带信息。

虽然上面是在讨论言论自由的角度介绍信息隐藏学,但实际上它还有许多其他用途。一种常见的用途是图像所有者编制一些秘密消息来表达他们的版权所有声明。如果这样的图像被别人偷走并放在一个Web站点上,则合法的所有者可以在法庭上出示隐藏的消息,以此证明这到底是谁的图像。这项技术被称为**数字水印**(watermarking)。在Muyco等的论文(2019)中对此有进一步讨论。

信息隐藏学是一个活跃的研究领域，有一些会议是专门围绕这一主题的。这里有一些很有意思的论文，包括 Hegarty 等（2018）、Kumar（2018）以及 Patil 等（2019）的论文。

8.13.3 版权

隐私和审查恰好是技术与公共政策问题的两个领域。第三个领域是版权法。版权（copyright）是对知识产权（Intellectual Property，IP）创造者的一种授权，这样的创造者包括作家、诗人、编剧、艺术家、作曲家、音乐家、摄影师、电影摄影师、舞蹈动作设计师等，这种权利是排他性的，以便在一段时间里他们可以充分利用他们的工作成果。典型的时间长度是作者的一生再加上 50 年；如果是法人所有权，则要加上 75 年。当一件作品的版权过期以后，它就变成公有财产，任何人都可以随意地使用或者销售。比如，古登堡（Gutenberg）工程（www.promo.net/pg）在 Web 上放置了超过 5000 件公有作品（比如莎士比亚、马克·吐温、狄更斯等人的作品）。1998 年，美国国会接受好莱坞的请求，将作品在美国的版权保护期延长了 20 年。好莱坞声称，如果不延长版权保护期，则没有人再愿意创作任何作品了。因此，原版米老鼠电影（1928）的版权保护期到 2024 年为止，在那之后，任何人都可以租一个电影院在无须得到迪士尼公司许可的情况下合法放映该电影。与此形成鲜明对照的是，专利只持续 20 年，但人们仍然在发明各种事物。

当 Napster（一个音乐交换服务）拥有 5000 万成员时，版权便成了引人注目的焦点。虽然 Napster 实际上并没有复制任何音乐，但是法庭认为它拥有的中心数据库记录了谁有哪一首歌，这有助于侵犯版权，也就是说，它在帮助其他人侵犯版权。虽然没有人正式声称版权是一个坏概念（不过，许多人声称这个术语更偏向于大公司而不是公众），但是，下一代音乐共享技术已经引发了一些重要的伦理问题。

比如，在一个对等网络中，人们共享合法的文件（公有的音乐、家庭视频片段、非商业机密的宗教宣传册等），可能还有一些受版权保护的内容。假设每个人通过 ADSL 或者有线电视网全天候地保持在线连接。每台计算机都对自己硬盘上的内容做了索引，同时还有一个其他成员的列表。当有人要查找某一特定作品时，他可以随机选择一个成员，看他是否有这件作品。如果没有，他可以检查此人列表中的所有成员，以及他们的列表中的所有成员，以此类推。计算机很擅长做这种工作。一旦找到了这件作品，请求者只要复制过来即可。

如果这件作品是受版权保护的，那么这种情况就是请求者侵犯了版权（不过，对于跨国家的传输，到底该遵循谁的法律，这个问题很重要，因为在有些国家，上传是非法的，但下载并非不合法）。但是，对于提供作品的人又怎么样呢？你付钱购买了音乐作品并且将它合法地下载到自己的硬盘上，但别人有可能在你的硬盘上找到这件音乐作品，那么，你将这件作品保留在硬盘上算是一种犯罪吗？如果在乡下你有一间没锁门的小屋，一个小偷带着一台笔记本计算机和一台扫描仪，偷偷地溜进来扫描了一本版权书并保存到他笔记本计算机的硬盘上，然后又溜出去了，那么，你是否犯了未保护好他人版权的罪行呢？

在版权方面还有更多麻烦在酝酿中。好莱坞和计算机工业界之间正在进行着一场巨大的斗争。前者希望对所有的知识产权都进行严格的保护，而后者并不愿意成为好莱坞的警察。1998 年 10 月，美国国会通过了 **DMCA**（Digital Millennium Copyright Act，数字千禧年版权法案），这使得破解或绕开一件版权作品中的任何保护机制或者告诉别人怎样破解或绕开的行为都是一种犯罪。同样，欧盟也制定了类似的法律。虽然几乎没有人认为盗版商复制受版权保护的作品应该是允许的,但是,许多人认为DMCA完全改变了版权所有者利益和公众利益之间的平衡。

举一个相关的例子。2000年9月,一个音乐团体负责建立了一个号称不可破解的系统,用于在线销售音乐。它举办了一场竞赛,邀请人们尝试破解这个系统(对于任何一个新的安全系统来说,这种做法是相当正确的)。由普林斯顿大学Edward Felten教授领导的一个小组聚集了来自多所大学的安全研究人员,他们接受了这个挑战,并且最终攻破了系统。然后他们写了一篇论文介绍他们的研究结果,并且将论文提交给USENIX安全会议,经过同行评议之后,这篇论文被接受了。在论文发表前夕,Felten收到了来自美国唱片业协会的一封信,信中威胁他,如果他们坚持要发表这篇论文,则美国唱片业协会将根据DMCA控告他们。

他们的回应是起草一份诉讼文件请求联邦法庭裁定发表关于安全研究的科学论文是否仍然合法。慑于联邦法庭可能会做出不利的裁定,美国唱片业协会撤回了它的威胁,法庭也就驳回了Felten的上诉。毫无疑问,美国唱片业协会肯定被这个案例中暴露出来的弱点所刺激了:他们邀请人们攻击他们的系统,然后又威胁要起诉那些接受了挑战的人。由于威胁被撤回了,所以该论文得以发表(Craver等,2001)。新一轮的对峙已是确定无疑了。

与此同时,对等网络已经开始用来交换有版权的内容。为了应对这种情况,版权拥有者就会使用DMCA给用户和ISP自动发送**DMCA下架通告**(DMCA takedown notice)。版权拥有者最初会直接通知(及起诉)个体,但是这样既不受欢迎,也效率低下。现在他们会起诉ISP,因为他们没有制止违反DMCA的客户。这是一个棘手的问题,因为在对等网络中经常有人谎报分享了什么内容(Cuevas等,2014;Santos等,2011),也许你的打印机会被误认为是罪魁祸首(Piatek等,2008);但是,版权拥有者也有使用这种方法的成功案例:2019年12月,美国联邦法庭以没有正确响应下架通知为由,要求Cox Communications公司向版权拥有者赔偿10亿美元。

一个相关的问题是**合理使用原则**(fair use doctrine)的度,所谓原则是在各个国家中由法庭裁决建立起来的。这一原则说明了一件版权作品的购买者拥有一定的、受限制的权利复制这件作品,包括引用部分内容作为科学研究用途,用作学校或学院的教材,以及在某些情况下当原始介质不能使用时可以做一些副本以供自己使用。合理使用的判断准则包括:①是否出于商业目的;②被复制部分所占的百分比;③这种复制对于该作品销售的影响。由于DMCA和欧盟内部的法律禁止破解或者绕开作品的复制保护方案,所以这些法律也禁止合法的合理使用。实际上,DMCA剥夺了用户的一些历史权利,而赋予内容销售商更多的权力。一场大的冲突已经不可避免。

尽管DMCA改变了版权所有者和用户之间的平衡,但另一方面的发展又使得DMCA相形见绌,这就是由**TCG**(Trusted Computing Group,**可信计算组**)这样的工业组织倡导的**可信计算**(trusted computing)。TCG是由Intel和Microsoft这样的公司领导的。TCG的思想是在操作系统之下的层次提供对谨慎监视用户各种行为(比如听盗版音乐)的支持,以便禁止有害的行为。这是通过一个小芯片实现的,这种小芯片被称为**TPM**(Trusted Platform Module,**可信平台模块**),它很难被篡改。现在销售的有些PC在出厂时就配有TPM。该系统允许内容所有者编写的软件可以以用户无法改变的方式操控用户的PC。这就提出了一个问题:在可信计算中究竟谁是可信的。显然,它不是用户。无须多说,这种方案的社会影响极大。工业界最终注意到了安全性，这是好事，但令人惋惜的是，驱动力都在加强版权法上，而不是对付病毒、破坏者、入侵者和其他一些大多数人都很关心的安全问题上。

简而言之，在接下来的几年中，立法者和律师们将不停地忙于平衡版权所有者的经济利益与公众利益。网络空间与现实空间并没有不同：它经常挑起一群人对抗另一群人，从而导致权力斗争、诉讼以及（希望）最终某种形式的决议案，至少在某一项新的颠覆性技术出现之前是这样的。

8.14　本章总结

安全性是许多重要特性——比如机密性、完整性以及可用性（CIA）的交集。不幸的是，通常很难确切地掌握一个系统的安全性到底如何。我们能做的是严格地执行 Saltzer 和 Schroeder 等人提出的安全性原则。

同时，对手会试图通过侦查（什么程序在什么情况下运行）、嗅探（窃听通信流量）、欺骗（伪装成其他人）以及破坏（拒绝服务）等手段或者将它们组合起来摧毁一个系统。这些手段可以变得极其高级。为了防止这些攻击以及它们的组合，网络管理员应该安装防火墙、入侵检测系统以及入侵防御系统。这些解决方案可以部署在网络以及主机上，它们的工作原理可能建立在特征或者异常的基础之上。不管哪种方式，误报（虚假报警）率和漏报（攻击遗漏）率是检验解决方案有用与否的重要指标。尤其是攻击很少，而事件又很多时候，基础比率谬误（Base Rate Fallacy）原理表明误报率会快速地降低一个入侵检测系统的效力。

密码学是一个可被用来保密信息以及确保信息完整性和真实性的工具。所有现代的密码系统都建立在 Kerckhoff 原则的基础上，即算法是公开的，但密钥是保密的。许多密码学算法使用了涉及置换和转置的复杂变换，从而将明文变换成密文。然而，如果量子密码学可以变得切实可行，那么使用一次性密钥的方法也许可以提供真正牢不可破的密码系统。

密码算法可以分成对称密钥算法和公开密钥算法。对称密钥算法将数据位进行多轮混杂变换，每一轮都以密钥作为参数，从而将明文变成密文。AES（Rijndael）和三重 DES 是目前最为流行的对称密钥算法。这些算法可被用在电码本模式、密码块链模式、流密码模式、计数器模式以及其他一些模式中。

公开密钥算法的特性是加密和解密使用不同密钥，并且从加密密钥不可能推导出解密密钥。这些特性使得公开一个密钥（即公钥）成为可能。一个主要的公开密钥算法是 RSA，它的强度建立在分解大整数非常困难的基础之上。以 ECC 为基础的算法也很常用。

许多法律的、商业的和其他文档需要签名。因此，人们设计了许多种数字签名方案，有的使用对称密钥算法，有的使用公开密钥算法。通常，对需要签名的消息首先使用像 SHA-2 或 SHA-3 这样的算法计算散列值，然后对此散列值进行签名，而不是直接对原始的消息进行签名。

公钥管理可以通过证书完成，所谓证书是指将一个主体与一个公钥绑定在一起的文档。证书需要由可信的权威机构签名，或者由某个得到可信权威机构批准的个体签名（可以如此递归下去）。信任链的根必须事先提前获取，但是浏览器通常已经内置了许多根证书。

这些密码学工具可以被用来保护网络流量。IPSec 运行在网络层上,它加密从主机到主机的数据包流。防火墙可以屏蔽一个组织进出的流量,屏蔽的依据通常是所用的协议和端口。虚拟专用网可以模拟老式的租用线路网络,从而提供某些期望的安全特性。最后,无线网络需要良好的安全性,以免每个人都能读取所有的消息,像 IEEE 802.11i 这样的协议就提供了这种安全性。对于深度防御,使用多种防御机制总是不错的主意。

当两方建立一个会话时,他们必须相互验证对方的身份;如果有必要,还要建立一个共享的会话密钥。现在已经有了各种各样的认证协议,一些使用了可信的第三方,还有一些使用了 Diffie-Hellman、Kerberos 和公开密钥密码学。

电子邮件的安全性可以通过组合本章介绍的技术来实现。比如,首先用 PGP 压缩消息,然后用一个秘密密钥对消息进行加密,并发送用接收方公钥加密的这个秘密密钥。此外,它也计算消息的散列值,并且将签名的散列值发送出去,以便验证消息的完整性。

Web 安全也是一个重要的话题,本章从安全的命名机制开始介绍。DNSSEC 提供了一种防止 DNS 欺骗的方法。大多数电子商务 Web 站点使用 TLS 在客户和服务器之间建立安全的和经过认证的会话。另外,有各种各样的技术被用来处理移动代码,特别是沙箱和代码签名技术。

最后,Internet 引发了许多导致技术与公共政策强烈交汇的问题。这样的领域包括隐私、言论自由和版权。处理这些问题需要来自多学科的专业知识。考虑到技术的演进速度以及立法和公共政策的演进速度,我们预测这些问题在本书下一版问世时也不能够解决。万一我们错了,我们就给读者买一车奶酪。

习 题

1. 考虑完全调解原则。如果严格遵守这一原则,哪些非功能性系统需求可能会受到影响?

2. 第 3 章讨论的循环冗余校验(CRC)是一种检测错误消息的方法。请说明为什么 CRC 不能用于保证消息的完整性。

3. 下面的网络日志代表了哪种扫描类型?请尽可能精确地给出答案,说明你认为哪些主机是开机的,哪些端口是打开或关闭的。

```
Time            From              To                      Flags  Other info
21:03:59.711106 brutus.net.53 > host201.caesar.org.21: F 0:0(0) win 2048 (ttl 48, id 55097)
21:04:05.738307 brutus.net.53 > host201.caesar.org.21: F 0:0(0) win 2048 (ttl 48, id 50715)
21:05:10.399065 brutus.net.53 > host202.caesar.org.21: F 0:0(0) win 3072 (ttl 49, id 32642)
21:05:16.429001 brutus.net.53 > host202.caesar.org.21: F 0:0(0) win 3072 (ttl 49, id 31501)
21:09:12.202997 brutus.net.53 > host024.caesar.org.21: F 0:0(0) win 2048 (ttl 52, id 47689)
21:09:18.215642 brutus.net.53 > host024.caesar.org.21: F 0:0(0) win 2048 (ttl 52, id 26723)
21:10:22.664153 brutus.net.53 > host003.caesar.org.21: F 0:0(0) win 3072 (ttl 53, id 24838)
21:10:28.691982 brutus.net.53 > host003.caesar.org.21: F 0:0(0) win 3072 (ttl 53, id 25257)
21:11:10.213615 brutus.net.53 > host102.caesar.org.21: F 0:0(0) win 4096 (ttl 58, id 61907)
21:11:10.227485 host102.caesar.org.21 > brutus.net.53: R 0:0(0) ack 4294947297 win 0 (ttl 25, id 38400)
```

4. 下面的网络日志代表了哪种扫描类型?请尽可能精确地给出答案,说明你认为哪些主机是开机的,哪些端口是打开或关闭的。

Time	From	To	Flags	Other info
20:31:49.635055	IP 127.0.0.1.56331 >	127.0.0.1.22:	Flags [FPU],	seq 149982695, win 4096, urg 0, length 0
20:31:49.635123	IP 127.0.0.1.56331 >	127.0.0.1.80:	Flags [FPU],	seq 149982695, win 3072, urg 0, length 0
20:31:49.635162	IP 127.0.0.1.56331 >	127.0.0.1.25:	Flags [FPU],	seq 149982695, win 4096, urg 0, length 0
20:31:49.635200	IP 127.0.0.1.25 >	127.0.0.1.56331:	Flags [R.],	seq 0, ack 149982696, win 0, length 0
20:31:49.635241	IP 127.0.0.1.56331 >	127.0.0.1.10000:	Flags [FPU],	seq 149982695, win 3072, urg 0, length 0
20:31:49.635265	IP 127.0.0.1.10000 >	127.0.0.1.56331:	Flags [R.],	seq 0, ack 149982696, win 0, length 0
20:31:50.736353	IP 127.0.0.1.56332 >	127.0.0.1.80:	Flags [FPU],	seq 150048230, win 1024, urg 0, length 0
20:31:50.736403	IP 127.0.0.1.56332 >	127.0.0.1.22:	Flags [FPU],	seq 150048230, win 3072, urg 0, length 0

5. Alice 想要与 Web 站点 www.vu.nl 通信，但是在她的名称服务器中该域的条目被污染了，结果数据包进入了攻击者控制的计算机中。请说明攻击者在下面的情况下能够对机密性、完整性和真实性造成多严重的危害：

(a) Alice 与 www.vu.nl 间未加密(http)通信。

(b) Alice 与 www.vu.nl 间加密(https)通信，并且 Web 站点使用了自签名的证书。

(c) Alice 与 www.vu.nl 间加密(https)通信，并且 Web 站点使用了合法证书机构签发的证书。

6. 某天，一个 IDS 侦测到 1 000 000 个事件。有 50 个触发了警报，其中有 10 个其实是错误警报。当天真正的攻击总次数为 70 次。请计算该 IDS 的准确率、召回率、F-测度以及精确度。

7. 用上一题中的 IDS 表现解释基本比率谬误。

8. 你正在用 TCP 旁路劫持攻击 Herbert 的计算机。第一步，你希望知道他是否从他的计算机登录了在 vusec.net(注意：FTP 命令使用目标端口 21)的 FTP 服务器。两台计算机都运行 Linux 并实现了原始的 RFC 5961。请描述你如何使用 TCP 旁路技术确认 Herbert 登录了 FTP 服务器。

9. 请破解下面的单字母置换密码。明文仅由字母组成，它是从 Lewis Carroll 的诗中摘录下来的名句：

kfd ktbd fzm eubd kfd pzyiom mztx ku kzyg ur bzha kfthcm
ur mftnm zhx mfudm zhx mdzythc pzq ur ezsszcdm zhx gthcm
zhx pfa kfd mdz tm sutythc fuk zhx pfdkfdi ntcm fzld pthcm
sok pztk z stk kfd uamkdim eitdx sdruid pd fzld uoi efzk
rui mubd ur om zid uok ur sidzkf zhx zyy ur om zid rzk
hu foiia mztx kfd ezindhkdi kfda kfzhgdx ftb boef rui kfzk

10. 请破解下面的柱形转置密码。明文是从一本流行的计算机网络教材中摘录的，所以 information 是一个可能的单词。明文全部由字母组成(没有空格)。为了方便阅读，密文被分割成 5 个字符的块。

prort elhfo osdte taxit matec hbcni wtseo datnr tuebc eyeao ncrin nfeee aoeai nirog m

11. Alice 使用一个转置密码对于她发给 Bob 的消息加密。为了增强安全性，她又使用一个置换密码对转置密码的密钥加密，并且在她的计算机上保留了加密的密码。Trudy 设法得到了加密后的转置密码的密钥。Trudy 是否能解密 Alice 给 Bob 的消息？并解释为什么能，或者为什么不能。

12. Bob 使用一个置换密码对他所发给 Alice 的消息加密。为了增强安全性，他又使用一个转置密码对消息进行加密。这样加密后的密文与先用转置密码再用置换密码加密得到的密文有区别吗?请解释你的答案。

13. 从图8-11中的密文中找到用来产生“Hello World”文本的77位一次性密钥。

14. 假设你是一个密探,为了方便起见,假设你有一个具有无限数量书的图书馆任由你处置。你的操作员也有这样一个图书馆可任意处置。你们已经事先同意使用《指环王》(*Lord of the Rings*)作为一次性密钥。请解释你们如何能够使用这样的资源产生一个无限长的一次性密钥。

15. 量子密码学需要一个能根据需要激发单个光子(携带一位信息)的光子枪。在本题中,请计算在一根250Gb/s的光纤链路上一位携带多少个光子?假设光子的长度等于它的波长,在本题中波长为1μm,并且光纤中光的速度为20cm/ns。

16. 假设一个系统使用了量子密码技术,如果Trudy能够捕获并重新生成光子,那么她将会得到一些错误的位,从而导致在Bob的一次性密钥中出现错误。Bob的一次性密钥中错误的位平均占多大的比例?

17.一条基本的密码学原则是所有的消息必须有冗余。但是,我们也知道,消息中的冗余可以帮助一个入侵者识别一个猜测的密钥是否正确。请考虑两种冗余形式:第一,明文的前n位包含一种已知的模式;第二,消息的最后n位包含了该消息的一个散列值。从安全的角度看,这两种形式是等价的吗?请解释你的答案。

18. 一个银行系统为事务消息采用下面的格式:发送者ID两字节,接收者ID两字节,传输的消息数量4字节。在发送前这些事务消息被加密了。你会在这些消息中加入什么使得这些消息符合本章讨论的两个密码原则?

19. 一群恶人在做肮脏的生意,他们不想让警察监听他们的数字通信内容。为了确保不被监听,他们使用了一个采用不可破解密码的端到端加密消息系统。想出两个让警察仍然能监听他们通话的方法。

20. 假设有一台具有100万个处理器的密码破译机,它每纳秒能够分析一个密钥。它将需要10^{16}年时间才能破解128位版本的AES。请计算需要多久才能把这个破译时间下降到1年(当然这个时间还是太长)。为了达到这个目标,计算机的速度要提高到原来的10^{16}倍。如果摩尔定律持续有效(即每18个月计算能力翻一番),则需要多少年才能有一台并行计算机可以将破译时间下降到一年?

21. AES支持256位的密钥。AES-256有多少个密钥?看看你是否可以在物理学、化学或者天文学中找到同样规模的一个数值?你可以使用Internet帮助自己查找大的数值。根据你的调查研究,请给出一个结论。

22. 考虑密文块链模式。这次不再是一个0位被转换成一个1位,而是一个额外的0位被插入块C_i之后的密文流中。结果将有多少明文被弄乱?

23. 请从传输一个大文件所需的加密操作次数的角度,比较密码块链模式与密码反馈模式。哪一个效率更高?高多少?

24. Alice和Bob正在用公钥密码进行通信。谁能从$E_B(D_A(P))$恢复明文P?要做到这一点,需要哪些步骤?

25. 从现在开始的几年以后,你是计算机网络的助教。你向学生解释:在RSA密码系统中,公钥和私钥分别由(e,n)和(d,n)组成。e和d的可能值取决于值z,而z的可能值又

取决于 n。其中一名学生评论说，这个方案不必这么复杂，并建议简化它。不是选择 d 与 z 互素，而是选择 e 与 n 互素。然后找到 d 使得 $e \times d = 1 \bmod n$。这样，z 就不再需要了。这种变化如何影响破解该密码所需要的努力？

26. 假设一个用户发现她的私有 RSA 密钥 (d_1, n_1) 和另一个名叫 Frances 的用户的公共 RSA 密钥 (e_2, n_2) 是一样的。换句话说，$d_1 = e_2$ 且 $n_1 = n_2$。该用户应该考虑更改她的公钥和私钥吗？请解释你的答案。

27. 图 8-21 中的签名协议有一个弱点：如果 Bob 的系统崩溃，他可能会丢失内存中的内容。这种情况会出现什么问题？他该如何修复？

28. 在图 8-23 中，我们看到 Alice 如何给 Bob 发送一条签名消息。如果 Trudy 替换了 P，Bob 就会检测出来。但是，如果 Trudy 将 P 和签名都换了，结果会如何呢？

29. 数字签名有一个由于懒惰的用户而导致的潜在弱点。在电子商务交易中，有可能会形成一份合同，并要求用户对它的 SHA 散列值进行签名。如果用户没有真正对这份合同和对应的散列值进行验证，那么用户有可能无意中签了另一份完全不同的合同。假设黑手党试图利用这个弱点骗一笔钱。他们建立了一个付费的 Web 站点（比如色情或者赌博站点等），并且要求新的客户提供信用卡号码。然后，他们发送了一份合同，声称该客户希望使用他们的服务并通过信用卡支付费用，并且他们要求客户对这份合同进行签名，实际上，他们知道大多数客户根本不检查合同和散列值的一致性，就会进行签名。请说明黑手党如何从一家合法的 Internet 珠宝商处购买一批钻石，并且将费用记到那些轻信的客户身上。

30. 一个数学班有 25 名学生。假设所有的学生都出生在上半年——从 1 月 1 日到 6 月 30 日。假设这个班上没有人在闰日（即 2 月 29 日）出生。问至少两名学生具有相同生日的概率是多少？

31. 当 Ellen 向 Marilyn 坦白了自己在 Tom 的终身职位事件中的欺骗行为以后，Marilyn 决定将想要发送的消息内容以口授的方式记录在一台录音机里，然后让她的新秘书仅仅完成键盘输入工作，以免再次发生同样的问题。Marilyn 打算在消息被输入以后，在自己的终端上检查这些消息，由此确保消息中的内容是她的本意。新秘书仍然可能使用生日攻击伪造一条消息吗？如果可能，她如何做到？（提示：她能做到。）

32. 考虑图 8-25 中 Alice 未能获得 Bob 公开密钥的情形。假设 Bob 和 Alice 已经共享了一个秘密密钥，但是 Alice 仍然想要 Bob 的公钥。现在 Alice 有办法安全地获得 Bob 的公钥吗？如果可以，她该怎么做？

33. Alice 想要利用公钥密码技术与 Bob 进行通信。她与某个人建立了一个连接，她希望这个人就是 Bob。她向他要他的公钥，然后他以明文方式将公钥和一个由根 CA 签名的 X.509 证书一起发送给 Alice。Alice 早就有这个根 CA 的公钥。为了验证她的确是在跟真正的 Bob 进行通话，Alice 需要执行哪些步骤？假设 Bob 并不关心他是在跟谁通话（比如，Bob 是某种公共服务）。

34. 假设一个系统使用的 PKI 建立在一个树状层次结构的 CA 基础之上。Alice 希望与 Bob 进行通信，在与 Bob 建立通信信道以后，她收到 Bob 发送过来的一个证书，该证书的签名者是一个 CA，这里称为 X。假设 Alice 从来没有听说过 X。Alice 该执行哪些步骤来验证自己确实是在跟 Bob 通话？

35. 假设一台计算机位于 NAT 盒子的后面。请问，使用 AH 的 IPSec 可以用在传输模式下吗?请解释你的答案。

36.Alice想用SHA-2散列值给Bob发送一条消息。她请教你关于可用的合适的签名算法。你将给她什么建议?

37. 与用RSA对SHA-2散列值签名的做法相比较,请给出HMAC的一个优势。

38. 请说出一个理由,说明为什么可以把防火墙配置成对进入流量进行检查。再说出一个理由,说明为什么也可以对防火墙进行配置,以便检查输出流量。你认为这两种检查可能会成功吗?

39. 假设一个组织使用了一个安全的VPN,以便通过Internet将它的多个站点安全地连接起来。Jim是这个组织中的一个用户,他使用VPN与他的老板Mary通信。请描述Jim和Mary之间可采纳的一种通信类型,在通信中不需要使用加密或者其他安全机制。请描述另一种通信类型,在通信中要求使用加密或者其他的安全机制。请解释你的答案。

40. 请对图8-31所示的协议中的一条消息做些小的修改,使得它能够抵抗反射攻击。请解释你的修改为什么能发挥作用。

41. Diffie-Hellman密钥交换协议可以用于在Alice和Bob之间建立一个秘密密钥。Alice发送给Bob的是(227,5,82)。Bob的响应是125。Alice的秘密数x是12,Bob的秘密数y是3。Alice和Bob是如何计算秘密密钥的?

42. 两个用户可以使用Diffie-Hellman算法建立一个共享的秘密密钥,即使他们从来没有见过面,没有共享过秘密,也没有证书。

(1) 解释这个算法如何容易遭受中间人攻击。

(2) 如果n或g是秘密的,那么,该算法易受攻击的性质会发生变化吗?

43. 在图8-36的协议中,请问为什么A以明文方式连同加密后的会话密钥一起被发送出去?

44. 时间戳和临时值是否可用于机密性、完整性、可用性、认证或不可否认性?解释你的答案。

45. 在图8-36的协议中,用32个0位作为每条明文消息的开头是一个安全风险。假设每条消息都以每个用户的随机数字作为开头,第二个秘密密钥只有用户本人和KDC知道。这能消除已知明文攻击吗?为什么?

46. 机密性、完整性、可用性、认证和不可否认性是基础的安全特性。对于每一个特性,请说明它是否能由公钥密码技术提供。如果是,请解释是怎么做到的。

47. 考虑上题中列举的基础安全问题。对于每一个特性,请说明它是否能由消息摘要提供。如果是,请解释是怎么做到的。

48. 在Needham-Schroeder协议中,Alice生成了两个挑战值R_{A1}和R_{A2}。这看起来有点多余。一个就无法完成任务了吗?

49. 假设一个组织使用Kerberos作为认证协议。对于安全性和服务可用性,如果AS或TGS停机了会有什么影响?

50. Alice使用图8-40中的公钥认证协议认证她与Bob之间的通信。然而,当发送消息7时,Alice忘记加密R_B。Trudy现在知道了R_B的值。请问Alice和Bob需要用新的参数重复此认证过程来确保安全的通信吗?请解释你的答案。

51. 在图8-40的公钥认证协议中,在消息7中,R_B是用K_S加密的。这一加密是必要的吗？或者不用加密而用明文方式发送回来就足够了？请解释你的答案。

52. 使用磁卡和 PIN 码的销售点终端有一个致命的缺陷：一个恶意的商家可以修改他的读卡器，以便将用户磁卡上的所有信息以及 PIN 码捕捉并记录下来，从而将来可以将其提交给额外的（伪造的）交易。下一代销售点终端使用的卡将配备完整的 CPU、键盘和卡上微显示器。请为这个系统设计一个协议，使得恶意的商家无法攻破系统。

53. 你收到一封来自银行的电子邮件，声称检测到你的账户有异常行为。然而，当你顺着该电子邮件中嵌入的链接登录他们 Web 站点的时候，它没有显示任何交易。你退出。也许是哪里出了差错。一天后，你又登录了银行的 Web 站点。这次，它显示你所有的钱都被转入一个未知账户。发生了什么？

54. 给出两个理由说明 PGP 为什么要压缩消息。

55. 是否有可能多播一条 PGP 消息？这将受到哪些限制？

56. 假设 Internet 上的每个人都使用 PGP。请问可以将一条 PGP 消息发送给一个任意的 Internet 地址，并且被所有涉及的人正确地解码吗？请讨论你的答案。

57. SSL 数据传输协议涉及两个临时值和一个预主密钥。如果有的话，使用的临时值为多少？

58. 考虑一个 2048×1536 像素的图像。假如你想隐藏的文件大小为 2.5MB。利用这个图像你能隐藏这个文件的多少比例？如果你将文件压缩到其原始大小的 1/4，那么你能隐藏的文件比例又是多少？请说明你的计算过程。

59. 如图 8-52(b)所示的图像包含了莎士比亚的 5 部戏剧的 ASCII 文本。试问，有可能在这幅图像中隐藏音乐而不是文本吗？如果可能，它将如何工作，并且可以在这幅图像中隐藏多少音乐呢？如果不行，请解释为什么不行？

60. 给定一个大小为 60MB 的文本文件，采用信息隐藏学的方法，利用一个图像文件中每个颜色的低序位进行隐藏。为了隐藏整个文本文件，图像的尺寸要求多大？如果该文件事先被压缩到原来 1/3，那么，图像的尺寸又需要多大？请用像素数给出你的答案，并说明你的计算过程。假设图像的宽高比是 3∶2，比如，像素数为 3000×2000。

61. Alice 是一个大量使用类型 1 匿名邮件转发器的用户。她在自己喜欢的新闻组 alt.fanclub.alice 上张贴了许多消息，每个人都知道这些消息来自 Alice，因为它们有同样的笔名。假设邮件转发器的工作一切正常，Trudy 不可能模仿 Alice。在类型 1 邮件转发器全部停机以后，Alice 切换到一台加密朋克邮件转发器上，并且在她的新闻组中开始一个新的讨论话题。请为她设计一种方法，可用来阻止 Trudy 模拟 Alice 在新闻组中张贴新的消息。

62. 2018 年，研究人员在现代处理器中发现了两个被称为 Spectre 和 Meltdown 的弱点。请找出 Meltdown 攻击是如何工作的，并说明处理器设计者没有足够地遵守哪些安全原则才导致引入了这些弱点。解释你的答案，并且给出设计者不严格遵守这些原则的可能动机。

63. 当在国外旅行时，你用一个独特的口令连接到酒店中的 WiFi 网络。请说明一个攻击者有可能怎样窃听你的通信。

64. 请搜索 Internet，找到一个涉及隐私的有趣案例，并撰写一页纸的报告。

65. 编写一个程序，它用一个密钥流通过 XOR 运算加密输入数据。寻找或者编写一个尽可能好的随机数发生器，以便生成该密钥流。这个程序应该起到一个过滤器的作用，它接收来自标准输入的明文,并在标准输出上产生密文(或者反之)。该程序应该带一个参数,即作为随机数发生器种子的密钥。

66. 编写一个过程,计算数据块的 SHA-2 散列值。该过程应该有两个参数:一个指向输入缓冲区的指针,另一个指向大小为 20 字节的输出缓冲区的指针。要想查看 SHA-2 的确切规范,可以在 Internet 上搜索 FIPS 180-1,这是完整的规范说明。

67. 编写一个函数,它接收一个 ASCII 字符流,并且通过密码块链模式,使用一个置换密码加密这个输入流。块的大小应该是 8 字节。该程序应该从标准输入获取明文,并在标准输出上打印密文。对于本题,你允许选择任何合理的系统以确定输入流的结束以及/或者何时应该填充以便完成一个整块。你也可以选择任何输出格式,只要它没有歧义即可。该程序应该接收两个参数:

(1) 一个指向初始向量的指针。

(2) 一个代表置换密码漂移位置的 k,表示每一个 ASCII 字符都用字母表中其前面第 k 个字符来加密。

比如,如果 $x=3$,那么,A 被编码成 D,B 被编码成 E,等等。关于到达了 ASCII 字符集最后一个字符以后该怎么办,请做出合理的假设。确保在你的代码里清楚地包含任何有关输入和加密算法的假设。

68. 本题的目的是让你更好地理解 RSA 的机制。编写一个函数,它接收作为参数的素数 p 和 q,使用这些参数计算公开的和私有的 RSA 密钥,并且把 n、z、d 和 e 作为打印输出发送到标准输出。这个函数还应该接收一个 ASCII 字符流,并且使用计算出来的 RSA 密钥加密该输入。这个函数应该从标准输入接收明文,并打印密文到标准输出上。加密应该按字符进行,即从输入得到每个字符,并且独立于输入中的其他字符对它进行加密。对于本题,你允许选择任何合理的系统以确定到达了输入流的末尾。你也可以选择任何输出格式,只要它没有歧义即可。确保在你的代码里清楚地包含任何有关输入和加密算法的假设。

第9章　阅读清单和参考文献

现在我们已经完成了计算机网络的学习，但这仅仅是一个开始。由于篇幅有限，许多有趣的话题未能得到它们应有的篇幅来详细地介绍，还有一些话题则被完全省略了。在本章中，我们针对那些希望继续学习计算机网络的读者，给出了进一步阅读的建议和参考文献。

9.1　进一步阅读的建议

计算机网络的各个方面都有大量的文献资料。在这个领域中发表论文的两个期刊分别是 *IEEE/ACM Transactions on Networking* 和 *IEEE Journal on Selected Areas in Communications*。

ACM 数据通信特殊兴趣组（SIGCOMM）以及移动系统用户数据和计算特殊兴趣组（SIGMOBILE）的期刊发表了许多论文，并且特别关注新出现的话题。这两个期刊是 *Computer Communication Review* 和 *Mobile Computing and Communications Review*。

IEEE 也出版 3 个期刊：*IEEE Internet Computing*、*IEEE Network Magazine* 和 *IEEE Communications Magazine*，它们包含与网络有关的综述、教程和案例研究。前两个期刊强调体系架构、标准和软件，后一个倾向于通信技术（光纤、卫星等）。

还有一些每年或每两年召开的会议，吸引了众多的网络技术论文。特别值得看一下这几个会议：SIGCOMM 会议、NSDI（Symposium on Networked Systems Design and Implementation）、MobiSys（Conference on Mobile Systems, Applications, and Services）、SOSP（Symposium on Operating Systems Principles）和 OSDI（Symposium on Operating Systems Design and Implementation）。

下面以本书的章节为线索，列出进一步阅读的建议。这里给出的许多建议是图书或者图书中的章节，含有一些教程和综述。9.2 节给出了全部的参考文献列表。

9.1.1　概论与综合论著

Comer，*The Internet Book*，第 4 版

任何一个希望快速进入 Internet 大门的读者都应该阅读该书。Comer 以初学者能理解的方式介绍了 Internet 的历史、成长、技术、协议和服务，由于该书覆盖了如此多的素材，所以即使对于非常了解技术的读者来说，该书阅读起来也饶有趣味。

***Computer Communication Review*，50th Anniversary Issue，2019.10**

到 2019 年 ACM SIGCOMM 已经成立 50 周年了，这一期特刊回顾了早期的网络发展，以及 SIGCOMM 在这些年是如何演变的。多位早期 SIGCOMM 主席撰写了文章讲述过去怎么样，以及未来应该怎么样。另一个话题是网络学术研究和工业界之间的关系。此外，关于该期刊的演变也进行了讨论。

Crocker, *The ARPANET and Its Impact on the State of Networking*

为了庆祝 Internet 的前身——ARPANET 诞生 50 周年, *IEEE Computer* 把 ARPANET 设计师中的 6 位请到了一个(虚拟的)圆桌旁,讨论 ARPANET 及其他对世界的众多影响。出现在圆桌旁的设计师是 Ben Barker、Vint Cerf、Steve Crocker、Bob Kahn、Len Kleinrock 和 Jeff Rulifson。这场讨论充满了有趣的洞察,包括这一事实:虽然 ARPANET 最初的目标针对美国最好的研究型大学,但是,开始的时候这些大学很少看得到这个项目中的价值,因而也不太情愿加入到项目中。

Crovella, Krishnamurthy, *Internet Measurement*

我们怎样才能知道 Internet 是否工作良好?这个问题并不容易回答,因为没有人在负责 Internet 的运行。这本书介绍了已开发的网络测量技术,这些技术可用来测量 Internet 的运行状况——从底层网络基础设施到上层应用。

***IEEE Internet Computing*, Jan.-Feb. 2000**

在新千禧年的 *IEEE Internet Computing* 第一期所做的事情正是你所期望的:它要求在上一个千禧年帮助创建了 Internet 的人们推测它在下一个千禧年会发展成什么样。这些专家包括 Paul Baran、Lawrence Roberts、Leonard Kleinrock、Stephen Crocker、Danny Cohen、Bob Metcalfe、Bill Gates、Bill Joy 和其他专家。20 多年后的今天可以看看他们预测的事情是否进展顺利。

Kurose, Ross, *Computer Networking: A Top-Down Approach*

这本书大致上跟本书的内容相似,不过,在引言以后,它从协议栈的顶层(应用层)开始,向下一直到链路层。它没有关于物理层的内容,但关于安全性和多媒体有单独的章。

McCullough, *How the Internet Happened: From Netscape to the iPhone*

如果读者对于 Internet 从 20 世纪 90 年代早期直到现在的发展历史有浓厚兴趣,这本书就值得一读。它涵盖了在 Internet 发展和成长期间曾经扮演了重要角色的很多公司和设备,包括 Netscape、Internet Explorer、AOL、Yahoo、Amazon、Google、Napster、Netflix、PayPal、Facebook 以及 iPhone。

Naughton, *A Brief History of the Future*

究竟是谁发明了 Internet?很多人把功劳归于自己。这么说也正确,因为很多人以不同的方式为 Internet 的发展做了贡献。其中包括撰写了一份描述数据包交换报告的 Paul Baran、各大学中参与了 ARPANET 体系结构设计的学者、编程实现了第一个 IMP 的 BBN 研究人员,以及发明了 TCP/IP 的 Bob Kahn 和 Vint Cerf 等。这些书叙述了有关 Internet 的故事,内容至少涵盖到 2000 年,其间有许多奇闻逸事。

Severance, *Introduction to Networking: How the Internet Works*

如果你想要通过 100 页以内而不是 1000 页以内的书学习网络,那么这就是你要找的书。它在绝大多数关键话题上都是一个快速而又轻松的阅读和入门,内容涉及网络体系结构、链路层、IP、DNS、传输层、应用层、SSL 和 OSI 模型。其中的手绘图非常有趣。

9.1.2 物理层

Boccardi 等,*Five Disruptive Technology Directions for 5G*

5G 蜂窝网络的拥护者说,它们将改变世界。但是如何改变?这篇文章谈到了 5G 可以实施颠覆的 5 种方式,它们包括以设备为中心的体系架构、毫米波的使用、MIMO、更加智能的设备以及对于从机器到机器通信的原生支持。

Hu,Li,*Satellite-Based Internet:A Tutorial*

通过卫星访问 Internet 与使用地面线路访问 Internet 完全不同。这里不仅存在延迟的问题,路由和交换也不尽相同。在本文中,作者探讨了与利用卫星接入 Internet 相关的问题。

Hui,*Introduction to Fiber-Optic Communications*

这本书的标题概括得很好。书中的篇章涉及光纤、光源、检测器、光放大器、光学传输系统等。这本书是技术性的,所以,需要一点工程背景才能完全理解书中的内容。

Lamparter 等,*Multi-Gigabit over Copper Access Networks*

人人都同意,为家庭提供非常高速数据的最佳途径是光纤到户。然而,对这个世界重新进行布线是一件极其昂贵的事情。在这篇文章中,作者讨论了在短期和中期可能都更有意义的混合布线形式,包括光纤到楼宇,也就是说,将光纤引入大型的楼宇(公寓楼和办公楼),但是在楼内复用已有的布线和基础设施。

Pearson,*Fiber Optic Communication for Beginners:The Basics*

如果你对于快速地学习与光纤相关的知识有兴趣,那么这本 42 页的书可能正适合你。它讨论了为什么光纤是未来的发展方向、信号的类型、光电子学、被动设备、光纤模式、线缆、连接器、接头以及测试。

Stockman,Coomans,*Fiber to the Tap:Pushing Coaxial Cable Networks to Their Limits*

作者相信,有线电视网络的物理限制尚未达到,它们可以达到多个 Gb/s 的高带宽。在这篇文章中,他们讨论了线缆系统的各个部分以及如何有可能达到这样的速度。这篇文章要求一些工程背景才能完全理解其中的内容。

9.1.3 数据链路层

Lin,Costello,*Error Control Coding*,第 2 版

检错和纠错编码是可靠计算机网络的核心。这本流行的教科书解释了一些最重要的编码,从简单的线性海明码到更复杂的低密度奇偶校验码。它试图把涉及的必要的代数知识减到最少,但仍然有很多内容。

Kurose,Ross,*Computer Networking*

这本书的第 6 章是关于数据链路层的内容。它也包含了一节介绍数据中心内部的交换技术。

Stallings,***Data and Computer Communications***,**第10版**

这本书的第二部分介绍数字数据传输和各种不同的链路,包括错误检测、带有重传机制的错误控制和流量控制。

9.1.4 介质访问控制子层

Alloulah,Huang,***Future Millimeter-Wave Indoor Systems***

随着5GHz及以下的无线电频率的使用开始变得拥挤,通信工程师正在研究更高的频率,以获得更多尚未使用的带宽。30～300GHz的频谱部分是潜在可用的,但是在这些频率上无线电波容易被水(比如雨水)吸收,这使得它们更适合于室内用途。这篇论文讨论了一些问题、IEEE 802.11ad的应用以及使用毫米波运行的其他系统。

Bing,***WiFi Technologies and Applications***

IEEE 802.11已经变成了无线通信的标准,对于有兴趣学习IEEE 802.11的读者来说,这是一本很好的参考书。该书覆盖了频段、多天线系统以及各种IEEE 802.11标准。它也介绍了其他一些替代方案,比如LTE-U和LAA。最后它以关于调制技术的一章作为结束。

Colbach,***Bluetooth Tutorial:Design,Protocol and Specifications for BLE***

蓝牙已被广泛用于通过短距离无线电信号连接各种移动设备的领域。这本书详细地讨论了蓝牙,包括它的体系结构、协议和应用,覆盖了蓝牙1.0到蓝牙5。

Kasim,***Delivering Carrier Ethernet***

如今,以太网不只是一个局域技术。一个新的趋势是使用以太网作为承运商级别以太网的长距离链路。这本书将许多论文集合在一起,深度地探讨了这个话题。

Perlman,***Interconnections***,**第2版**

这本书中对于网桥、路由器和路由的权威而又趣味的一般性讨论值得一看。作者设计的算法被用在了IEEE 802生成树网桥中,而且该作者还是网络领域不同方面的世界级权威人物之一。

Spurgeon,Zimmerman,***Ethernet:The Definitive Guide***,**第2版**

这本书在关于布线、成帧、协商、以太网供电和信号系统的介绍性材料以后,接下来的几章分别介绍10Mb/s、100Mb/s、1000Mb/s、10Gb/s、40Gb/s和100Gb/s以太网系统,再接下来的几章介绍布线、交换、性能和故障诊断。这是一本更偏向于实践的书,而非理论书籍。

9.1.5 网络层

Comer,***Internetworking with TCP/IP***,**第1卷,第5版**

Comer已经撰写了有关TCP/IP协议族如何工作的一套书。现在已经到了第5版。本书前一半主要关注网络层的IP和相关协议。其他各章主要涉及更高层次,也值得一读。

Hallberg,***Quality of Service in Modern Packet Networks***

Internet上大量的流量是多媒体,这使得服务质量成了一个热门领域。这本书涵盖了许多相关的话题,包括综合服务、区分服务、数据包排队和调度、拥塞避免、服务质量的测量等。

Grayson 等,*IP Design for Mobile Networks*

传统的电话网络和 Internet 进入了一个全面碰撞的历程中,移动电话网络内部是通过 IP 实现的。这本书讲述了如何用 IP 设计一个支持移动电话服务的网络。

Nucci, Papagiannaki, *Design, Measurement and Management of Large-Scale IP Networks*

我们谈到了关于网络如何工作的诸多内容,但是没有从 ISP 的角度讲述应该如何设计、部署和管理一个网络。这本书弥补了这个缺失,它讨论了流量工程的现代方法,以及 ISP 如何利用网络提供服务。

Perlman, *Interconnections*, 第 2 版

在这本书的第 12～15 章中,Perlman 介绍了许多单播和多播路由算法设计涉及的问题,这些算法既有针对广域网的,也有针对局域网的。这本书最好的部分是第 18 章,作者将她在网络协议方面的多年经验提炼为一个集知识性和趣味性为一体的一章。这是协议设计者的必读之书。

Stevens, *TCP/IP Illustrated*, 第 1 卷

这本书的第 3～10 章提供了关于 IP 和相关协议(ARP、RARP 和 ICMP)的全面讨论,并通过实例加以说明。

Feamster 等,*The Road to SDN*

这篇综述文章讲述了软件定义网络的思想历史和根源,回溯到电话网络的中心化控制时期。它也探究了那些导致 SDN 在 21 世纪头 10 年后期崛起的各种条件、技术和政策。

Swami 等,*Software-defined Networking-based DDoS Defense Mechanisms*

软件定义网络以两种方式与安全(也就是 DDoS 攻击防御)关联:第一,SDN 代码自身是攻击目标;第二,SDN 代码有助于保护网络免受 DDoS 攻击。这篇综述文章参考了很多与这些主题相关的论文。

Varghese, *Network Algorithmics*

我们花了很多时间讨论路由器和其他网络元素是如何彼此交互的。这本书的独特之处是关注如何实际设计路由器,使其以惊人的速度转发数据包。要了解这一主题以及相关话题的技术内幕,这是一本很好的书。在实践中如何通过巧妙的算法以软硬件方式来实现高速网络元素,作者是这方面的权威。

9.1.6 传输层

Comer, *Internetworking with TCP/IP* 第 1 卷,第 5 版

如前面所述,Comer 已经撰写了 TCP / IP 协议族如何工作的一套书。这本书的后半部分讨论 UDP 和 TCP。

Pyles 等,*Guide to TCP/IP：IPv6 and IPv4*

这是关于 TCP、IP 和相关协议的另一本书。与其他书不同的是,这本书有相当多关于 IPv6 的资料,包括有关迁移到 IPv6 和部署 IPv6 的篇章。

Stevens,*TCP/IP Illustrated*,第 1 卷

这本书的第 17～24 章结合实例全面讨论了 TCP。

Feamster,Livingood,*Internet Speed Measurement：Current Challenges and Future Recommendations*

作者们讨论了在接入网络越来越快的持续发展过程中与测量 Internet 速度相关联的挑战。作为这一话题的深入读物,这篇文章讲述了 Internet 速度测量的设计原则,以及这个领域在随着接入网络越来越快的发展过程中遇到的挑战。

9.1.7 应用层

Ahsan 等,*DASHing Towards Hollywood*

DASH 和 HLS 使用了 HTTP,从而使得它们与 Web 兼容,但是它们都是建立在 TCP 之上的,即可靠的按序投递优先于及时投递。这篇文章证明了通过使用 TCP 的一个变体,流式视频的性能在停顿点上可以有所改进,因为队列头部的阻塞可以被消除。

Berners-Lee 等,*The World Wide Web*

时光倒流,Web 发明人和他在欧洲核子研究中心的一些同事是如何看待 Web 的呢?本文重点介绍了 Web 体系架构、URL、HTTP 和 HTML 以及未来发展方向,并将 Web 和其他分布式信息系统进行了比较。

Chakraborty 等,*VoIP Technology：Applications and Challenges*

老的模拟电话系统正在退出历史舞台,或者说在有的国家它已经消失了,取而代之的是 VoIP。如果你对 VoIP 如何工作的细节感兴趣,这是一本非常合适的书。它涵盖的话题有 VoIP 技术、协议、服务质量问题、无线基础上的 VoIP、性能、优化、拥塞处理等。

Dizdarevic 等,*A Survey of Communication Protocols for Internet of Things …*

物联网(Internet of Things)是一个正在到来的话题,但是,这些“物”与服务器和云进行通信的协议则非常碎片化。典型情况下,它们运行在 TCP 之上的应用层,但是它们又种类繁多,包括 REST HTTP、MQTT、CoAP、AMQP、DDS、XMPP,甚至 HTTP/2.0。这篇论文讨论了所有这些协议,同时也考察了诸如性能、延迟、能耗、安全等各方面的问题。这篇论文也有超过 130 篇参考文献。

Goralski,*The Illustrated Network：How TCP/IP Works in a Modern Network*

这本书的标题多少有点误导人。在这本书中,对 TCP 肯定有详细的介绍,但是对许多其他的网络协议和技术也有相应介绍。除此以外,它还涵盖了协议和层、TCP/IP、链路技术、光纤网络、IPv4 和 IPv6、ARP、路由、多路复用、对等网络、BGP、多播、MPLS、DHCP、DNS、FTP、SMTP、HTTP、SSL 等。

Held，***A Practical Guide to Content Delivery Networks***，**第 2 版**

这本书给出了 CDN 如何工作的翔实描述，重点强调在设计和运行一个性能良好的 CDN 时该有的实际考虑。

Li 等，***Two Decades of Internet Video Streaming：A Retrospective View***

视频流传输占据了 Internet 的绝大部分流量。绝大多数带宽现在都被专用于 Netflix、YouTube 和其他的流传输服务。这篇论文介绍了视频流传输的历史以及采用的技术。

Simpson，***Video Over IP***，**第 2 版**

作者广泛考察了如何运用 IP 技术通过网络传送视频，既有 Internet 环境，也有专门设计的用来运载视频的私有网络环境。这本书面向学习网络知识的视频专业人员。

Wittenburg，***Understanding Voice Over IP Technology***

这本书介绍了 IP 电话如何工作，从采用 IP 携带音频数据以及服务质量问题到 SIP 和 H.323 协议族。这些必须详细讨论的材料被分解成易于理解的知识点。

9.1.8　网络安全

Anderson，***Making Security Sustainable***

物联网将会改变人们对安全性的看法。过去，汽车制造商将新款原型车交给政府专门的机构进行测试。如果它被批准了，它们就可以生产数百万辆同样的复制品。当汽车连接到 Internet 并且每周都更新软件时，老式的模型就无法工作了。在这篇文章中，Anderson 讨论了这一点，涉及许多即将来临的相关保障和安全性方面的问题。

Anderson，***Security Engineering***，**第 2 版**

这本书提出了一个安全技术的奇妙组合，以帮助读者进一步理解人们是如何使用（和滥用）这些技术的。这本书的技术性比 *Secrets and Lies* 更强，但是比 *Network Security* 一书（见下面）弱。这本书在简单地介绍了基本的安全技术以后，所有的章节都用在介绍各种各样的应用上，包括银行系统、核命令和控制、安全打印、生物测量学、物理安全性、电子战争、电信安全、电子商务和版权保护。

Fawaz，Shin，***Security and Privacy in the Internet of Things***

物联网是一个正在爆发的领域。很快将有数百亿台设备连接到 Internet 中，包括汽车、心脏起搏器、门锁等。在很多物联网应用中，安全性和隐私是至关重要的，但是在绝大多数关于这个主题的讨论中，安全性和隐私往往会被忽略。作者讨论了这种情况，并且提出了一个解决方案。

Ferguson 等，***Cryptography Engineering***

许多书告诉你流行的密码算法是如何工作的。这本书告诉你如何使用密码技术——为什么密码协议是这样设计的，以及如何把这些技术集成到一个系统中以满足安全目标。这是一本相当精练的书，是任何人在设计依赖于密码技术的系统时的必备读物。

Fridrich,*Steganography in Digital Media*

信息隐藏术可以追溯到古希腊。如今,视频、音频和 Internet 上的其他内容提供了传送秘密消息的不同载体。这本书讨论了在图像中隐藏和寻找信息的各种现代技术。

Kaufman 等,*Network Security*,第 2 版

这是一本有关网络安全算法和协议的书,它提供了更多的技术信息,并且兼具权威性和诙谐性。秘密和公开密钥算法和协议、消息散列、认证、Kerberos、PKI、IPSec、SSL/TLS 和电子邮件安全都得到了细致的解释,并有相当长的篇幅,有许多例子说明。第 26 章关于安全传说则是一个真正的宝库。在安全性方面,麻烦体现在细节上。任何人在规划设计一个真正实用的安全系统时,应该好好学习本章给出的源于现实世界的建议。

Schneier,*Secrets and Lies*

如果你从头到尾阅读 *Cryptography Engineering* 一书,你将会了解到有关密码算法的所有方面。如果你再从头到尾阅读 *Secrets and Lies* 一书(少花不少时间),你将了解到密码算法不是故事的全部。大多数安全弱点并不在于有缺陷的算法或者密钥太短,而是安全环境中存在的缺陷。对于在最广泛意义上的计算机安全,这本书给出了非技术性的和引人入胜的讨论,是一本很好阅读的书。

Skoudis,Liston,*Counter Hack Reloaded*,第 2 版

阻止黑客的最好办法是像黑客一样思考问题。这本书展示了黑客是如何看待网络的,并且提出了一个观点:安全应该是整个网络设计的一个功能,而不是基于某个特定技术的事后强化。它涵盖了几乎所有常见的攻击,其中包括社交工程类型的攻击,此类攻击是利用对计算机安全性措施不熟悉的用户实施的。

Ye 等,*A Survey on Malware Detection Using Data Mining Techniques*

恶意软件无处不在,绝大多数计算机都会运行杀毒软件或者反恶意软件的软件。这些程序的厂商如何检测和分类恶意软件呢?这篇综述文章介绍了恶意软件和反恶意软件的软件,以及如何通过数据挖掘检测恶意软件。

9.2 参考文献

本书参考文献可扫如下二维码在线访问。